Gesamtverzeichnis des deutschsprachigen Schrifttums (GV) 1700 – 1910

Bearbeitet unter der Leitung von
Hilmar Schmuck und Willi Gorzny
Bibliographische und redaktionelle Beratung:
Hans Popst und Rainer Schöller

54

Hah - Ham

K · G · Saur München · New York · London · Paris 1982

CIP-Kurztitelaufnahme der Deutschen Bibliothek

Gesamtverzeichnis des deutschsprachigen Schrifttums :
(GV). – München, New York, London, Paris : Saur.
Bd. 1 – 6 bearb. unter d. Leitung von Peter Geils
u. Willi Gorzny.
ISBN 3-598-30000-X

1700 – 1910 / bearb. unter d. Leitung von Hilmar
Schmuck u. Willi Gorzny. Bibliograph. u. red.
Beratung: Hans Popst u. Rainer Schöller

NE: Schmuck, Hilmar [Bearb.]

54. Hah - Ham. - 1982.

Techn. Realisierung und Druck: Norbert Gärtner, Mainz-Kastel
Binden: Karl Schaumann, Darmstadt
Printed in the Federal Republic of Germany
ISBN 3-598-30000-X (Gesamtwerk)

Hahausen [Schlagwort]

Hahausen, s.: Braunschweig. Landeskarte.

Hahl, Albert [Rechtspraktikant]: Zur Geschichte der volkswirtschaftlichen Ideen in England gegen Ausgang des Mittelalters ... Jena, G. Fischer, *1893*; 3 Bl., 58 S., 1 Bl. 8.
Würzburg, Jur. Fak., Inaug.-Diss. v. 1893

Hahl, Alb., zur Geschichte der volkswirtschaftlichen Ideen in England gegen Ausgang d. Mittelalters, s.a. Studien, staatswissenschaftliche.

Hahl A, zur Geschichte der volkswirtschaftlichen Ideen in England gegen Ausgang des Mittelalters. (Studien. Staats- und sozialwissenschaftliche V. 2) Jena 1893

Hahl, Hans, a. Mintraching: Elektrolytische Reduktion des Benzylacetessigesters. Würzburg 1907: F. Staudenraus. (48 S.) 8°
Würzburg, Phil. Fak., Ref. Tafel, Diss. v. 27. März 1907
[Geb. 27. Apr. 80 Mintraching; Wohnort: Würzburg; Staatsangeh.: Bayern; Vorbildung: Realgymn. Meiningen Reife O. 00; Studium: Forstl. Hochsch. Aschaffenburg 1, Univ. München 3, Kiel 1, Würzburg 6 S.; Rig. 14. Dez. 06.]

Haehl, Adrian [app. Arzt aus Pfaffenheim (Oberels.)]: Über Erfolge von Exstirpationen hyperplastischer und tuberculöser Lymphomata colli ... Leipzig, Druck v. J. B. Hirschfeld, 1892; 2 Bl., 24 S. 8.
Strassburg, Med. Fak., Inaug.-Diss. v. 1892

Hähl, Eman., pädagogische Sprichwörter. Stuttgart 857. (Sonnewald.) 8. (61 S.) n. 4 ngr

Haehl, Rich., s.: Anleitung, kurze, f. die Hauspraxis m. homöopathischen Heilmitteln.

Haehl, Rich., illustrierte Festschrift zur Feier des 150jähr. Geburtstages v. Dr. Samuel Hahnemann (1755—1905). Im Auftrage der Hahnemannia (Landesverein f. Homöopathie e. V.) (56 S.) gr. 8. Stuttgart 905. (Holland & Josenhans.) n. — 60

— homöopathischer Hausarzt, s.: Hering, Const.

Hähle, Arth., lerne Buchhaltung. Die Quintessenz der doppelten Buchhaltung. Geeignet f. Lehrzwecke besonders aber f. das Selbststudium. qu. gr. 4. (35 S.) Berlin 901. C. Regenhardt. n. 1. —

Die Quintessenz der doppelten Buchhaltung. Geeignet f. Lehrzwecke bes. aber f. d. Selbststudium. Hrsg. von Arthur **Hähle**, Kaufmann. *Berlin: C. Regenhardt 1901.* (35 S.) quer-8°

Hähle, Arth., die Quintessenz der doppelten Buchhaltg. Geeignet f. Lehrzwecke u. f. das Selbststudium. 3. ergänzte Aufl. (40 S. m. 1 Taf.) 13,5×20,5 cm. Ebersbach i. Sa. 909. B. Clemens. (Leipzig, A. Streller.) 1. —

Hähle, Hermann [Assist. am Polytechnikum zu Dresden]: Ueber Metanitroparaamidophenol und einige Derivate desselben .... Jena, Druck v. Julius Hossfeld, 1889; 87 + 1 S. + 1 Bl. 8°
Jena, Phil. Fak., Inaug.-Diss. v. 1889

Hähle, Otto, approb. Arzt aus Sayda (Sachs.): Ueber die Entstehung und Behandlung des Genu valgum in der Wachstumsperiode. *Leipzig 1904: B. Georgi.* (49 S.) 8°
Leipzig, Med. Diss. v. (16. Mai) 1904

Hähling, Heinrich von. Rotes Banner und weisses Kreuz. Erzählung aus der Geschichte des Johanniterordens. Mit 16 Einschaltbildern [Tafeln] nach geschichtlichen Vorlagen und nach Originalkompositionen von M[elchior] Annen. 174 S. 8. Einsiedeln..., Benziger & Co. A. G., 1909. [geb. fr. 4. 50]

Hähling, H. v., Vorbereitung auf die hl. Firmung. Ein Büchlein f. Firmlinge. 16. (110 S.) Heiligenstadt 893. F. W. Cordier. n. — 20

Hähling, H. v., Vorbereitung auf die hl. Firmung. Ein Büchlein f. Firmlinge. 2. Aufl. 16. (109 S.) Heiligenstadt (901). F. W. Cordier. n. — 20

Hähling, H. v., Vorbereitung auf die hl. Firmung. Ein Büchlein f. Firmlinge. 2. Aufl. (Neue Ausg.) (110 S.) 16. Heiligenstadt (906). F. W. Cordier. n. — 20

Offizier-Stammliste des 5. Badischen Infanterie-Regimentes Nr. 113 u. seines Stamm-Bataillons, des Großh. Bad. 3. Füsilier-Bataillons. Auf Befehl d. Reg. zsgest. von (Paul) **Haehling** v. Lanzenauer, Hauptm. im 5. Bad. Inf. Reg. Abgeschlossen am 15. Juni 1904. *Berlin: E. S. Mittler & Sohn 1904.* (XII, 344 S.) 8° [F.]

Hahlo, Jul., s.: Münz-Verkehr, Berliner.

Hahlweg, Ernst, appr. Arzt: Kasuistische Beiträge zur Kenntnis der otogenen serösen Meningitis. Leipzig 1907: B. Georgi. (28 S.) 8°
Leipzig, Med. Fak., Ref. Hoffmann, Diss. v. 8. Aug. 1907
[Geb. 25. Juli 80 Kölpin W.-Pr.; Wohnort: Potsdam; Staatsangeh.: Preußen; Vorbildung: Gymn. Neu-Stettin Reife O. 99; Studium: Berlin Univ. 1, K. W. A. 9 S.; Coll. 15. Aug. 07; Approb. 15. Febr. 04.]

Hahlweg, (Alexand.) Car. (geb. Schlochau in Westpr. 29. 3. 1817). De rheumatismo ejusque exitu. Berolini (1842). (35 S.) 8°
Berlin, Med. Diss. v. 19. Juli 1842

Hahmann, Gust., die Kunst Stadtverordneter zu werden, od.: dem Verdienste seine Stiefeln. Humoristische Erzählg. (16 S.) Leipzig 871. Stehmann. — 15

Hahmann, Carl Christian Ernst (Dresden), Commentatio ad legem VIII codicis de praescr. XXX vel XL annorum. Diss. jur. Lpz. (Gottfried Bruder) 28. III. 1811. 36 S. (6.—) 12793
Gew.: Joh. Gottl. Ludwig Bode, Friedr. Wilh. u. Friedr. Aug. Loefler.

— **Carl Samuel** (Görlitz), De restitutionis in integrum praescriptione. Präs. Leonhard Ludwig Mencken. Wittbg. (Schlomach) Dez. 1744. 24 S. (6.—) 12794

Hahn, Der. –
Berlin. – 24. VII. 1850 –1851?
Vorh. u. d. T.: Bürger- u. Bauern-Zeitung.

Hahn, der. Eine Bürger- und Bauernzeitung. Redakt.: Gust. Hempel. Jahrg. 1851 und 1852. à 156 Nrn. (½ Bog. mit eingedr. Holzschn.) hoch 4. Berlin, Hempel. à Jahrg. *

Hahn, Friederike, eine württembergische Pfarrfrau. Basel 1869. V: *Blumhardt, Chph.* (Ky)

Hahn, Friederike, eine württembergische Pfarrfrau. [Von Blumhardt.] Basel 869. Spittler. 8. (20 S.) 1 ngr.

Hahn, Der, mit neun Hühnern. Cöln [Leipzig] 1800. V: *Fischer, Christian August* (ps. *Chn Althing*). (Ky) (GGr)

Hahn, d., m. 9 Hühnern. 8. Lpz. Gräff. 800.

Hahn, der, mit 9 Hühnern, (v. Chr. Althing). 8. Leipz. 800. (Wienbrack). 16 gr.

Hahn's, Ludw. Phpp., Biographie, s. Werner, R. M.

Hahn, Michael. Sein Leben u. seine Lehre im Lichte d. göttl. Wortes. (Von H. Staudenmeyer.) gr. 8. (IV, 160 S.) Wilferdingen 893. (Karlsruhe, J. J. Reiff.) n. 1. 50

Hahn, v., s. a. Brixen, v.

* Kurze Belehrung zur richtigen Behandlung der Hahnischen Taschenuhren, von den Gebr. *Hahn*. Stuttgardt b. Mänther. 8. 16 S. 1791.

Hahn, Camphora contra salacitatem. Diss. obs. med. et chir. fasc. Gott. 4°.

1788

Hahn, Entfernungsangaben innerhalb des Kreises Friedberg. Berechnet nach der kürzest. fahrbaren Kreisstraßenverbindg. u. alphabetisch zusammengestellt. Mit Karte d. Kreises Friedberg. (IV, 183 S.) 8. Gießen 909. E. Roth. 2. 50

Hahn, s.: Entscheidungen d. kgl. preuß. Oberverwaltungsgerichts.

Hahn, Festpredigt, s.: Schlepper, H., die Lutherfeier der ev. Bürgerschule zu Hildesheim.

Hahn, Magister, s.: Hausfreund, Hamburger.

Hahn, der erste Kaiser d. neuen deutschen Reichs. Berlin 888.

Hahn, vierstimmige Männerchöre für höhere Unterrichtsanstalten, s.: Bösche.

Hahn. Über Nordlichtbeobachtungen in Rücksicht auf das herannahende Maximum der Erscheinung. Königsberg 1890.

Hahn, Rede über die vollkommene Gleichstellung der Juden mit den übrigen Bürgern, a. d. Holländ. 8. Frankf. Gebhardt und K. 796.

Hahn, Magister, s. Schillings-Bücher.

Hahn, Schulgesangbuch. 8. Lpz. Leo.

— Tagzeiten v. d. heil. Herzen Jesu. 8. Ebend. 779.

Hahn und Silberborth. Unterrichtsbuch für Militärkrankenhauswärter. M. 16 Abb. 1906. (Manuskript.)

Hahn, Verzeichnis kraftlos erklärter u. aufgebotener Wertpapiere, s.: Spanjer-Herford.

Hahn, die Zubereitung der Speisen im Kriege u. e. auf jedem etatsmäßigen Feldfahrzeuge d. Bataillons (Stabs- u. Kompagnie-Packwagen C/87, Lebensmittelwagen, Marketenderwagen) außer der vorschriftsmäßigen Beladung noch verladefähiger Apparat zum Kochen, Braten, Backen, Räuchern f. e. Kompagnie im Felde. gr. 8. (50 S. m. 10 Abbildgn.) Berlin 892. E. S. Mittler & Sohn. n. 1. 20

Hahn, A. v.

— Gerechtigkeit, s. a. Zehnpfennig-Bibliothek, moderne. V. 4.

Gerechtigkeit. Roman von A. v. **Hahn**. Neurode, Hamm i. W., Speyer: W. W. Klambt 1906. (127 S.) 8° [F.]
— **Zehnpfennig-Bibliothek**, Moderne. Jg. 5, Bd 4. [07. 16993 2

Hahn, A: Zur neuen Claviatur. Königsberg 1875

Hahn, A., die Kunst des kirchlichen Vortrags. Eine Anregg. u. Anleitg. gr. 8. (VI, 124 S.) Göttingen 901. Vandenhoeck & Ruprecht. n. 2. —; geb. in Leinw. n. 2. 60

Hahn, A., s.: Neisser, A., stereoscop. medicin. Atlas.

[F.] Die Sternwirtin. Erzählg f. d. Volk v. A. v. **Hahn**. *Weimar & Berlin: Schriftenvertriebsanst. 1898.* (1 Bl., 231 S.) 1 Bd 8. [98. 8791

Hahn A. Untersuch. über Kegelschnitte in solcher Lage, dass jedem v. ihnen Dreiecke umgeschr. werden können, d. dem anderen eingeschrieben sind. 1882. 8. Diss. Marburg

Hahn, A., Ueb. die Verwandtschaft des Hebräischen mit dem Griechischen und Lateinischen. Pr. 1853. 21 S. 4°. 1.20

Hahn, A. B., der deutsche Landmann, ein Buch für den Bauer, besond. für Nachhülfeschulen und Dorfbibliotheken. 1. Bd. 3 Hefte. gr. 8. (1. u. 2. Hft. rest 3. Hft.) Magdeburg 845, W. Heinrichshofen. n. 3/4 ℛ

Hahn, A. G. für Optik und Mechanik: Preislisten üb. artilleristische und ballistische Instrumente usw. 1. 1910 ff. Cassel

Hahn, Adam Friedr. Ant. Otto, s. Hahn, Otto

Hahn, Adelb., Wand- und Schul-Karte von Deutschland mit dem Preußischen Staate. Unter Anleitung des K. Preuß. Reg.- und Schul-Raths K. Hahn entworfen und gezeichnet. Maaßstab 1 : 850,000. (6 lith. u. ill. Blätter in Roy.-Fol.) Magdeburg 843, Rubach'sche Buchh. Ladenpreis 2½ ℛ

Hahn, Adele [wirkl. Name], s. Barden, Brünnhild [Pseud.]

Hahn, Adph., die vorzüglichsten Bäder, Heilquellen u. Curorte Deutschlands, Oesterreichs u. der Schweiz, ihre Analyse, Temperatur, Lage etc. Nach Original-Angaben zusammengestellt. Mit 12 Ansichten (in eingedr. Holzschn.) gr. 16. (60 S.) Breslau 875. Leuckart. n. 1. —

Hahn, Adph., die vorzüglichsten Bäder, Heilquellen u. Curorte Deutschlands, Oesterreichs u. der Schweiz. Ihre Analyse, Temperatur, Lage etc. Nach Orig.-Angaben zusammengestellt. 2. Aufl. 16. (62 S.) Breslau 881. Leuckart. cart. n. — 80

Hahn, Adph., das Intestaterbrecht des adlichen Weibes gegen seine Blutsverwandten, nach dem liv-, esth- und kurländischen Lehn- und Landrechten, von Anfang unserer Rechtsgeschichte bis 1561. Eine rechtsgeschichtl. Abhandlung zur Erlangung der Würde eines Magisters der Rechte verfaßt. gr. 8. (72 S.) Dorpat 849, (Glaeser's Verlag.) *

Hahn, Adolph *(geb. Breslau [16. 10. 1851])*: Über Pseudo-Bulbärparalyse. Breslau 1880. (34 S.) 8° *[Im Buchhandel 1880 bei Koebner in Breslau.]*
Breslau, Med. Diss. v. 3. Juli 1880

— über Pseudo-Bulbärparalyse. Inaugural-Dissertation. gr. 8. (34 S.) Breslau 880. (Koebner.) n. 1. —

Hahn, Adolf, prakt. Arzt a. Berlin: Aus der L. und Th. Landau'schen Frauenklinik Berlin. Ueber Pseudomyxoma peritonei in anatomischer und klinischer Beziehung. Leipzig 1907: B. Georgi. (28 S.) 8°
Leipzig, Med. Fak., Ref. Zweifel, Diss. v. 18. Dez. 1907
[Geb. 28. April 82 Berlin; Wohnort: Berlin; Staatsangeh.: Preußen; Vorbildung: Luisenstädt. Gymn. Berlin Reife O. 01; Studium: Berlin 9 S.; Coll. 23. Dez. 08; Approb. 28. April 06.]

Hahn, Alban von

Hahn, A. v., die Brüder u. anderes, s.: Engelin's Roman- u. Novellenschatz 48. Bd.

Hahn, Alban v., Buch der Spiele Encyklopädie sämtl. bekannten Spiele u. Unterhaltungsweisen f. alle Kreise. Gesellschafts- u. Scherzspiele aller Art, Orakelspiele, Ball- u. Reisenspiele, Sportspiele, Kegelspiele, Tanzspiele, Domino u. Lotto, Brett- u. Positionsspiele, Schachspiel, Billardspiel, Würfel- u. Kartenspiele, Patiencen u. Kartenkunststücke u. s. w. Hrsg. unter Mitwirkg. erfahrener Fachmänner. gr. 8. (XIV, 507 S. m. 277 Abbildgn.) Leipzig 894. O. Spamer. n. 6. — ; geb. n. 7. 50

Hahn, Alban v., Buch der Spiele. Encyklopädie sämtl. bekannten Spiele u. Unterhaltungsweisen f. alle Kreise. Gesellschafts- u. Scherzspiele aller Art, Orakelspiele, Ball- u. Reisenspiele, Sportspiele, Kegelspiele, Tanzspiele, Domino u. Lotto, Brett- u. Positionsspiele, Schachspiel, Billardspiel, Würfel- u. Kartenspiele, Patiencen u. Kartenkunststücke u. s. w. Hrsg. unt. Mitwirkg. erfahr. Fachmänner. 2. (Titel-) Aufl. gr. 8. (XIV, 507 S. m. 277 Abb.) Leipzig (894) 897. O. Spamer. n. 6. —; geb. in Leinw. n. 7.50

Hahn, Alban v., Buch der Spiele. Encyklopädie sämtl. bekannten Spiele u. Unterhaltungsweisen f. alle Kreise. Gesellschafts- u. Scherzspiele aller Art, Orakelspiele, Ball- u. Reisenspiele, Sportspiele, Kegelspiele, Tanzspiele, Domino u. Lotto, Brett- u. Positionsspiele, Schachspiel, Billardspiel, Würfel- u. Kartenspiele, Patiencen u. Kartenkunststücke u. s. w. Hrsg. unter Mitwirkg. erfahrener Fachmänner. 3. [Titel-]Aufl. gr. 8. (XIV, 507 S. m. 277 Abbildgn.) Leipzig [894.] 900. O. Spamer. n. 6. —; geb. in Leinw. n. 7. 50

Hahn, Alban v., Buch der Spiele. Encyklopädie sämtl. bekannten Spiele u. Unterhaltungsweisen für alle Kreise. Gesellschafts- u. Scherzspiele aller Art, Orakelspiele, Ball- u. Reisenspiele, Sportspiele Kegelspiele, Tanzspiele, Domino u. Lotto, Brett- u. Positionsspiele, Schachspiel, Billardspiel, Würfel- u. Kartenspiele, Patiencen u. Kartenkunststücke usw. Hrsg. unter Mitwirkg. erfahrener Fachmänner. 4. [Titel-]Aufl. (XIV, 507 S. m. 277 Abbildgn.) 8. Leipzig [894] 905. O. Spamer. n. 6. — ; geb. in Leinw. n. 7. 50

Hahn, Alban v., Buch der Spiele. Encyklopädie sämtl. bekannten Spiele u. Unterhaltungsweisen f. alle Kreise. Gesellschafts- u. Scherzspiele aller Art, Orakelspiele, Ball- u. Reisenspiele, Sportspiele, Kegelspiele, Tanzspiele, Domino u. Lotto, Brett- u. Positionsspiele, Schachspiel, Billardspiel, Würfel- u. Kartenspiele, Patiencen u. Kartenkunststücke usw. Hrsg. unter Mitwirkg. erfahr. Fachmänner. 5. [Titel-]Ausg. (XIV, 507 S. m. 277 Abb.) 8. Leipzig [894] (909). O. Spamer. 4.—; geb. in Leinw. 5. —

Hahn, Alban v., die Bühnenkünstlerin, s. a. Frauenberufe. 7.

Hahn, Alban v.: Die Bühnenkünstlerin. Schauspiel, Oper, Ballet. Forderungen, Leistungen, Aussichten in diesem Berufe. — Leipzig: Kempe 1899. 46 S. 8° (Frauen-Berufe. [7.])

Hahn, Alban von (Red.), s. Jugendgarten-Laube

— nach Ober-Ammergau. Wanderung zum Passionsspiel. 2. [Titel-]Aufl. gr. 8. (90 S. m. 10 Abbildgn.) Leipzig [890.] 900. O. Spamer. n. 1. —

— illustriertes Spielbuch f. Kinder, s.: Bloch, Ida.

— der Verkehr in d. guten Gesellschaft. Ein Buch üb. Lebensart u. feine Sitte. 2. [Titel-] Aufl. 8. (X, 227 S.) Ebd. (896) 898. n. 2 50; geb. in Leinw. n. 3. 50

— u. Osk. Schlippe, Winke f. d. Reise nach Montenegro. Cattaro, Cetinje, Rijeka, Podgoritza, Plavnitza, Danilovgrad, Nikschitsch, Skutarisee, Antivari. Nebst e. Abhandlg. Montenegro e. Kulturstaat, v. Max Epstein. (75 S. m. Abbildgn., 2 Bildnissen, 1 Taf. u. 1 farb. Karte.) kl. 8. Leipzig (Hospitalstr. 21) 910. F. A. Barthel. 1. —

Hahn, Albert

Hahn, Alb., Chroma. Chromatische Ausg. Hahn, populäre, gute Sachen leichterer und ernsterer Richtung alter und zeitgenöss. Musik enth. 1. Heft. gr. 8. (32 autogr. S.) Königsberg 879, Hahn. ** 1 —

Hahn, (Hugo) Albert. (Clemens) (geb. Pillau 5. 1 1822) De fluxu mensium. Berolini (1847). (48 S.) 8°
Berlin, Med. Diss. v 24. Apr. 1847

Geschichte des im Stiftsbezirke Lokkum gelegenen Fleckens Wiedensahl. Ein deutsches Dorfbild aus der Väter Tagen. Von A(lbert) Hahn, Pastor zu Wiedensahl. *Hannover 1898: Stephansstift.* (125 S.) 8° [oo. 9390

Hahn, Alb., ein Mann unserer Zeit: Paul Lindau. Lex.-8. (20 S.) Berlin 877. Mahlo. n. — 50

—— Petition um Organisation der Musik im ganzen Lande. gr. 8. (8 S.) Königsberg 879, Expeb. der „Tonkunst". * — 10

— Petition um Organisation der Musik im ganzen Lande. [Aus: „Tonkunst".] gr. 8. (8 S.) Königsberg 880. Expedition der „Tonkunst"(?) n. — 10

Hahn, Alb., Mozart's Requiem. Zum besseren Verständniß bei Aufführungen mit einer neuen Uebersetzung nebst einem Nachtrage und den Resultaten eines Vergleiches der Breitkopf und Härtel'schen Partitur mit den Orig.-Mscr. der k. k. Hofbibliothek zu Wien. br. 8. (96 S.) Bielefeld 867, Sulzer. *

—— die Staats-Musik der Zukunft. Lex.-8. (51 S.) Berlin 876, [Stilke.] Freund und Jeckel. * 1 —
Vorstehende zwei Schriften sind aus: Die Tonkunst, besonders abgedruckt.

Hahn, Alfred: Beiträge zur Kenntnis der Mono- und Sesquiterpene. Weida i. Th. 1909: Thomas & Hubert. 81 S. 8°
Leipzig, Phil. Diss. v. 16. Dez. 1909, Ref. Beckmann, Hantzsch
[Geb. 10. Jan. 87 Sommerfeld b. Leipzig; Wohnort: Sommerfeld; Staatsangeh.: Sachsen; Vorbildung: Realgymn. Borna Reife O. 07; Studium: Leipzig 4, Göttingen 1, Leipzig 4 S.; Rig. 14. Dez 09.] [U 10. 3144

Hahn, *Robert Karl* Alfred [app. Arzt]: Aus d. Kgl. Frauenklinik zu Breslau. Zur Entwickelung der Placentarform. 1. D. normale Atrophie d. Placenta ... Breslau, Druck d. Bresl. Gen.-Buchdr., 1896; 44 S., 1 Bl. 8.
Breslau, Med. Fak., Inaug.-Diss. v. 20. Dez. 1896

Hahn, Alfredus, Coburgensis: De Censorini fontibus. Jenae 1905: G. Neuenhahn. (47 S.) 8°
Jena, Phil. Fak., Ref. Goetz, Diss. v. 12. Sept. 1905
[Geb. 5. Okt. 79 Coburg; Wohnort: Coburg; Staatsangeh.: Sachsen-Coburg-Gotha, Vorbildung: Gymn. Coburg Reife O. 01; Studium: München 2, Heidelberg 2, Jena 4 S.; Rig. 27. Mai 05.]

Hahn, Frau Alice v., Russisch Blut, s. a. Welt, alle.

Russisch Blut. Erzählung von A[lice] v Hahn. *Berlin: A. Weichert [1901]* (48 S.) 8° [F.]
— **Welt, Alle** Bd 45. [oo. 1906

— Herrgottswege, s. a. Volksbücher, neue. 87. 88.

Herrgottswege. Bauernroman von A[lice] v. **Hahn.** Berlin: Schriftenvertriebsanst. 1906. (145 S.) 8° [F.]
— **Volksbücher,** Neue. Bdch. 87/88. [o6. 0932

— das arme u. das reiche Lieschen, s. a. Bloch's, Ludw., Kinder-Theater.

Das arme und das reiche Lieschen. Weihnachtsspiel in 3 Aufz. von Alice v. Hahn. *Berlin: E. Bloch (1902).* (16 S.) 8° [F.]
= Kinder-Theater, Ludwig Blochs. No 91. [03. 3388

Hahn, Aloys, aus Contwig (Rheinpfalz) Ein **Beitrag zur Staubmetastase.** *Würzburg 1903: F. Schreiner.* (38 S.) 8°
Würzburg, Med. Diss. v. 1903

Hahn, Andreas Walther, approb. Tierarzt, z. Z. Dresden: Beitrag zur Anatomie der Kammerscheidewand unserer Haustiere. (Aus dem veterinär-anatomischen Institut der Universität Bern.) Bern 1908. 36 S. und fünf Tafeln. 8°. [19. XII. 08.]
Bern, Vet.-med. Diss. 1908/09.

Hahn, Andreas Walther. Beitrag zur Anatomie der Kammerscheidewand unserer Haustiere. Diss. Vet.-Med. Bern. Mit 4 Photographien und 1 farbigen Skizze [5 Tafeln]. *Kopftitel:* Aus dem veterinär-anatomischen Institut der Universität Bern. 36 S. 8. Bern — Buchdr. L. Klemich jr., Dresden — 1908.

Hahn, Antonius *(geb. [Schnellendorf] in Oberschles. 27. 3. 1823)*: De Justinae Sigmundin meritis in artem obstetriciam. Vratislaviae (1849). (36 S.) 8°
Breslau, Med. Diss. v. 17. Okt. 1849

Hahn, Arnold, a. Kollautschen (Böhmen): Über die Einwirkung von Magnesiumhalogenalkylen auf Dicarbonsäureanhydride. (Berlin-Wilmersdorf: C. Arnold 1907.) (48 S.) 8°
Berlin, Phil. Fak., Ref. Fischer, Diss. v. 2. Febr. 1907
[Geb. 28. Aug. 81 Kollautschen (Böhmen); Wohnort: Bischof-Deinitz (Böhmen); Staatsangeh.: Österreich; Vorbildung: K. K. Staatsgymn. Prag Reife M. 00; Studium: Berlin 10 S.; Rig. 17. Dez. 06.]

Hahn, Arnold, Aus Berlin: **Quellenuntersuchungen zu** Richard Rolles Englischen Schriften. *Halle A. S. 1900: (C. Salewski, Berlin).* (50 S.) 8°
Halle, Phil. Diss. v. 21. Mai 1900

Hahn, Arnold, Quellenuntersuchgn. zu Richard Rolles englischen Schriften. Diss. gr. 8. (60 S.) Halle 900. (Berlin, Mayer & Müller). n. 1.20

•Hahn, Artur: „Die Aufeinanderfolge der Dramen in Äschylus' Prometheustrilogie". 20 S. 8
Kaiser Franz Joseph I. Kommunalgymn. *Mährisch-Ostrau* 1906.
Progr.

Hahn, Arth., s.: Berlioz, Hector.

Hector Berlioz, Sinfonie fantastique. Erl. v. Arthur Hahn. *Frankfurt a. M.: H. Bechhold [1897].* (25 S.) 1 Bd 8.
= Musikführer, Der. No 124. [illegible]

Hector Berlioz. Harold in Italien. Erl. von Arthur Hahn. *Stuttgart: J. Schmitt [1899].* (20 S.) 8°
= Musikführer. 156. [01. 9549

Carl Goldmark. 'Ländliche Hochzeit'. (Op. 26.) Erl. von Arthur Hahn. *Leipzig: H. Seemann Nachf. [1901].* (16 S.) 8°
= Musikführer. No 198/99. [illegible]

Edvard Grieg. 'Peer Gynt'-Suiten. (Op. 46 u. 55.) Erl. von Arthur Hahn. *Leipzig: H. Seemann Nachf. [1901].* (16 S.) 8°
= Musikführer. No 176/77. [illegible]

Franz Liszt, Ce qu'on entend sur la Montagne '(Bergsymphonie)'. Erläut. v. Arthur Hahn. *Frankfurt a. M.: H. Bechhold [1896].* (15 S.) 1 Bd 8.
= Musikführer, Der. No 71. [97- 939

Franz Liszt, Dante-Symphonie. Erläut. v. Arthur Hahn. *Frankfurt a. M.: H. Bechhold (1898).* (21 S.) 1 Bd 8.
= Musikführer, Der. No 145. [illegible]

Hahn, Arth., **Franz Liszt's symphonische Dichtungen,** m. e. Einleitg.: **Das Leben Franz Liszts, v. A. Pochhammer,** 8. S. Meisterführer.

Franz Liszt, Symphonische Dichtungen. Erl. von Arthur Hahn. Mit e. Einl.: Das Leben Franz Liszts von A[dolf] Pochhammer. Berlin: Schlesinger; Wien: Haslinger [1910]. 216 S. 8°
(Meisterführer. Nr 8.)
(Schlesinger'sche Musik-Bibliothek.) [11. 4855

Franz Liszt, Faust-Symphonie. Erläut. v. Arthur Hahn. *Frankfurt a. M.: H. Bechhold (1898).* (20 S.) 1 Bd 8.
= Musikführer, Der. No 150. [illegible]

Franz Liszt, Festklänge. Symphon. Dichtg. Erläut. v. Arthur Hahn. *Frankfurt a. M.: H. Bechhold [1897].* (13 S.) 1 Bd 8.
= Musikführer, Der. No 132. [illegible]

Franz Liszt, Hamlet. '(Symphon. Dichtg.)' Erläut. v. Arthur Hahn. *Frankfurt a. M.: H. Bechhold (1897).* (14 S.) 1 Bd 8.
= Musikführer, Der. No 140. [illegible]

Franz Liszt, Héroïde funèbre '(Heldenklage)'. Symphon. Dichtg. Erl. v. Arthur Hahn. *Frankfurt a. M.: H. Bechhold [1897].* (14 S.) 1 Bd 8.
= Musikführer, Der. No 122. [illegible]

Franz Liszt, Hungaria. Erl. v. Arthur Hahn. *Frankfurt a. M.: H. Bechhold [1896].* (13 S.) 1 Bd 8.
= Musikführer, Der. No 99. [97- 1251

Franz Liszt, Hunnenschlacht. Symphon. Dichtg. Erläut. v. Arthur Hahn. *Frankfurt a. M.: H. Bechhold [1897].* (14 S.) 1 Bd 8.
= Musikführer, Der. No 131. [illegible]

Franz Liszt, Die Ideale. Erl. v. Arthur Hahn. *Frankfurt a. M.: H. Bechhold [1897].* (15 S.) 1 Bd 8.
= Musikführer, Der. No 113. [illegible]

Franz Liszt, sein Leben und seine Werke v. Arthur Hahn, Adolph Pochhammer u. Fritz Volbach. *Frankfurt a. M.: H. Bechhold [1898].* (225 S., 1 Portr.) 1 Bd 8.
(Musiker u. ihre Werke.) [98. 11809

— A. **Pochhammer u. Fr. Volbach, Franz Liszt, s. Leben u. seine Werke. 8. (225 S. m. 1 Bildn.) Frankfurt a/M. 898. Leipzig, H. Seemann Nachf. Geb. n. 3.—**

— Adph. **Pochhammer u. Fritz Volbach,** Franz Liszt, s. Leben u. s. Werke. 8. (225 S. m. 1 Bildn.) Frankfurt a/M. 898. Stuttgart, J. Schmitt.
Geb. in Leinw. n. 3.—

(B) —, A. **Pochhammer u. F. Volbach,** Franz Liszt. 898. (KBL 29.) Jetzt: Berlin, Schlesinger'sche Buchh. Ladenpr. aufgeh.

Franz Liszt. Mazeppa. Erl. v. Arthur Hahn. *Frankfurt a. M.: H. Bechhold [1896].* (14 S.) 1 Bd 8.
= Musikführer, Der. No 76. [97- 1254

Franz Liszt, Orpheus. Erläut. v. Arthur Hahn. *Frankfurt a. M.: H. Bechhold [1896].* (11 S.) 1 Bd 8.
= Musikführer, Der. No 64. [97- 933

Franz Liszt, Les Préludes. Erläut. v. Arthur Hahn. *Frankfurt a. M.: H. Bechhold [1896].* (12 S.) 1 Bd 8.
= Musikführer, Der. No 65. [97- 934

Franz Liszt, I. Prometheus. Symphon. Dichtg. II. Chöre zu Herder's 'Entfesseltem Prometheus'. Erl. v. Arthur Hahn. *Frankfurt a. M.: H. Bechhold [1897].* (20 S.) 1 Bd 8.
= Musikführer, Der. No 125. [illegible]

Franz Liszt. I. Tasso. Lamento e Trionfo. II. Le Triomphe funèbre du Tasse. Erl. v. Arthur Hahn. *Frankfurt a. M.: H. Bechhold [1896].* (19 S.) 1 Bd 8.
= Musikführer, Der. No 82. [97- 1453

— **s.: Musikführer, der.**

Arthur HAHN Die tragische Schuld des Helden in der äschyleischen Prometheustrilogie Phil. Diss., Prag 1905/1906

Richard Strauss, Also sprach Zarathustra. '(Op. 30.)' Erläut. v. Arthur Hahn. *Frankfurt a. M.: H. Bechhold [1897].* (21 S.) 1 Bd 8.
— Musikführer, Der. No 129. [9.. 2571]

Richard Strauss. Don Quixote. '(Op. 35.)' Erläut. v. Arthur Hahn. *Frankfurt a. M.: H. Bechhold (1898).* (27 S.) 1 Bd 8.
= Musikführer, Der. No 148. [9.. 7580]

— **Richard Strauss' Don Quichotte. Variations fantasques sur un thème chevaleresque. (Op. 35.) Commentaire analytique. Traduction française par Ernest Closson. 12. (24 S.) Stuttgart (900). Leipzig, H. Seemann Nachf.** n. — 40

— s.: Strauss', Richard, Symphonien u. Tondichtungen.

Hahn, Arthur [aus Berlin]: Studien über die verschiedene Flüchtigkeit einiger stellungsisomerer Benzolderivate ... Erlangen, k. b. Hof- u. Univ.-Buchdr. v. F. Junge, 1896; 81 S., 1 Bl. 8.
Erlangen, Phil. Fak., Inaug.-Diss. v. 1896.

— s.: Symphonien u. symphonischen Dichtungen, die beliebtesten.

Richard Wagner. Ouverture zu 'Tannhäuser.' Erl. von Arthur Hahn. *Leipzig: H. Seemann Nachf. [1901].* (13 S.) 8°
= Musikführer. No 178. [.. 1171]

Hahn, Aug., theolog.-kirchliche Annalen, s. Annalen.

Hahn, **Aug. II., Antitheses Marcionis Gnostici, liber deperditus nunc quoad fieri potuit restitutus. 8maj. Königsb. 823. (Hinrichs in Leipz.) 6 gr**

Hahn, (Aug.,) **Authitheses Marcionis Gnostici, liber deperditus nunc quoad fieri potuit restitutus. 8 maj. Königsberg 823, (Universitäts-B.)**

— s. Anzeiger, kirchl.

— **Bardesanes Gnosticus Syrorum primus hymnologus. Commentatio historico-theolog. 8maj. Königsb. 819. u. Leipz. 820. W. Vogel. 16 gr**

Bardesanes
— Hahn, Augustus, Bardesanes gnosticus Syrorum primus hymnologus. Lipsiae 1819.

Hahn, Aug., das Bekenntniß der evangel. Kirche und die ordinatorische Verpflichtung ihrer Diener. Ein Wort an Alle, welche augsburgische Confessions-Verwandte nicht nur heißen, sondern es auch noch seyn wollen. 8. (V und 225 S.) Leipzig 847, Vogel.

Hahn, Aug., das Bekenntniß der evangelischen Kirche in seinem Verhältniß zu dem der römischen und griechischen. Eine beurtheilende Darstellung der Unterscheidungslehren der streitenden Kirchen. gr. 8. (XI und 192 S.) Leipzig 853, Brockhaus.

Hahn, Aug., s.: Biblia hebraica.

Hahn, Aug., s.: Bibliotheca hebraica.

Hahn, Aug., Bibliothek der Symbole u. Glaubensregeln der apostolisch-kathol. Kirche. gr. 8. Breslau 842, Graß, Barth u. Comp. 3/4 rß

Hahn, Aug., Bibliothek der Symbole u. Glaubensregeln der alten Kirche. 2., vielfach veränd. u. verm. Ausg. von G. Ludw. Hahn. gr. 8. (XVI, 300 S.) Breslau 877. Morgenstern. n. 5. —

Hahn, Aug., Bibliothek d. Symbole u. Glaubensregeln d. alten Kirche. 3., vielfach veränd. u. verm. Aufl. von G. Ludw. Hahn. Mit e. Anh. v. Adf. Harnack. gr. 8. (XVI, 412 S.) Breslau 897. E. Morgenstern, Verl. n. 6. 50

— **Diss. de canone Marcionis antinomi. Prs I. et II. 4. Königsb. 824, 26.**

— **et Fr. Ldw. Sieffert, Chrestomathia Syriaca cum notis philol. hist. atque glossario locupletissimo, S. Ephraemis carmina selecta continens. 8maj. Leipz. 825. W. Vogel. 1 rß 8 gr**

— d. Christen auf d. Wege. Eine Predigt. Auf Verlangen u. zum Besten d. Vereins zur Erziehung verwaister Mädchen d. Druck übergeben. gr. 8. Leipz. 826. Gräfe. (Unzer in Königsb.) 6 gr

Hahn, Aug. I., Darstell. eines merkwürd. Justizmordes, s. Fr. Hahn.

— Ephräm, d. Syrer; ist d. zweite Denkschrift d. histor.-theolog. Gesellschaft zu Leipzig, v. Illgen, s. Abhandll. d. Gesellsch.

Hahn, Aug., Erinnerung an d. allgem. Christenpflicht unbedingter Huldigung Jesu. Pred. am Sonnt. Palmarum 1836. gr. 8. (1 B.) Breslau 838, Schulz u. Comp.

– s. Erskine, Th.: Versuch über d. Glauben.

— das Evangelium Marcions in seiner ursprüngl. Gestalt, d. Freunden d. N. Testam. u. d. Kritikern ins besondere vorgelegt. gr. 8. Königsberg 823, Universitäts-Buchh.

Hahn, Aug., von d. gegenwärt. Gefahren d. Evangel. Kirche. Eine Pred., am 4. Sonntag nach d. Erschein. Christi gehalt. gr. 8. (1¼ B.) Leipzig 830, (Reclam.)

Hahn, s.: Genesis, die.

— über den Gesang in d. Syrischen Kirche, s. Archiv, kirchenhistor. von Stäudlin u. Tzschirner. 1823.

— **Diss. de gnosi Marcionis antinomi. Prs I. et II. 4. Königsb. 820 u. 21.**

Hahn, August Über die Gründe des Sachsenkrieges unter Heinrich IV. 21 S. **Progr.** *Dramburg* 1885.

— an d. evangel. Kirche, besonders in Preußen u. Sachsen. 8. Lpz. 827. W. Vogel. 18 gr

Hahn, s.: Jesaias, der Prophet.

Hahn, August u. (Respond.) **Moritz Meurer,** De rationalismi qui dicitur vera indole et qua cum naturalismo contineatur ratione. Comment. histor.-tholog. Tl. I. 1/2. Lpz. (Fried. Christ. Wilh. Vogel) 4./7. IV. 1827. 76 S. (6.30) 12795

— für grammat. Interpretation, s. Studien u. Kritiken, theol. 1830. 1s Heft.

— erstes Kapitel d. Evangel. Marcions, s. Archiv, kirchenhistor. 1825. 1s Heft.

— über d. Lage d. Christenthums in uns. Zeit u. d. Verhältniß christl. Theologie z. Wissenschaft überh., nebst e. Beil.: Der St. Simonismus als relig.-polit. System im Zusammenhange dargest. — Ein Sendschreiben an etc. D. Bretschneider in Gotha. gr. 8. (11 B.) Leipzig 832, Liebeskind.

— Lehrbuch d. christl. Glaubens. gr. 8. (46 B.) Leipzig 828, Vogel.

—— Lehrbuch des christlichen Glaubens. 2., durchaus verb. Aufl. 1. Thl. gr. 8. (XXIV und 408 S.) Leipzig 856(57,) Vogel.

— Lehrbuch des christlichen Glaubens. 2. durchaus verb. Aufl. 2 Thle. Leipzig 857, 58. Vogel. gr. 8. (XXIV, 408; XIV, 477 S.) 3 ℛ 7½ ngr

Hahn, Aug., Lehrbuch des christlichen Glaubens. 2., durchaus verb. Aufl. 2. Thl. gr. 8. (XIV und 477 S.) Leipzig 859, Vogel. 1
1. Thl. Ebendas. 1856. 1 Thlr. 15 Ngr.

– s. Liebetrut, Fr.: Die Ehe nach ihrer Idee.

Hahn, August: Materialien zum geographischen Unterricht. A. Oberitalien. Stettin, Druck v. Herrcke & Lebeling, 1890; S. 1–15; 4°
Stettin, König-Wilhelms-G, OP 1890

Hahn, August: Materialien zum geographischen Unterricht. B. Die Niederlande. (Forts. d. P-Beil. 1890.) Stettin, Druck v. Herrcke & Lebeling, 1891; S. 1–14; 4°
Stettin, König-Wilhelms-G, OP 1891 (141)

Hahn, Augustus: De religionis et superstitionis natura et ratione. Commentationis historicae et theologicae p. 1. Vratislaviae (1834). *[Forts. sind d. Progr. z. Rekt.-Wechsel v. 26. 10. 1840 u. d. Glückw. z. 50jähr. Dienstjub. d. Univ.-Kurators Ferd. Wilh. Heinke v. 31. 10. 1854]*
Breslau, Ev.-theol. Fak., Antr.-Progr. als ord. Prof. v. 28. Okt. 1834

— — u. (Respond.) **Carl Sehmisch,** De religionis et superstitionis natura et ratione. Comment. histor.-theolog. Tl. I. Breslau (Grass, Barth & Co.) 28. X. 1834. 40 S. (5.50) 12796
Opponenten: Heinrich Julius Alt (Breslau), Friedrich August Engel (Halbau/Schles.). — Gew.: Ernst Friedrich Wilhelm Rothe.

Hahn, Augustus: De superstitionis natura ex sententia veterum, inprimis Romanorum. Vratislaviae 1840. (27 S.) 4° *[Forts. z. Antr.-Progr. v. 28. 10. 1834, s. auch d. Glückw. z. 50-jähr. Dienstjubil. d. Univ.-Kurators Ferd. Wilh. Heinke v. 31. 10. 1854]*
Breslau, Progr. z. Rektoratswechsel am 26. Okt. 1840

Hahn, Augustus: De superstitionis natura ex sententia patrum ecclesiae priscae. Vratislaviae (1854). (16 S.) 4° *[Forts. zu d. Verf. Antr.-Progr. als ord. Prof. v. 28. 10. 1834 u. Rekt.-Progr. v. 1840; im Buchhandel 1855 bei Hirt in Breslau]*
Breslau, Glückwunsch d. ev.-theol. Fak. z. 50-jähr. Dienstjubil. d. Univ.-Kurators Ferd. Wilh. Heinke am 31. Okt. 1854

— commentatio de superstitionis natura ex sententia patrum ecclesiae priscae. Vratislaviae 855. (Hirt.) gr. 4. (16 S.) n. 10 ngr

– s. Octavius.

Ordini theologorum evangelicorum Vindobonensium summe reverendo sollemnia semisaecularia a. d. VII. Cal. Maj. celebranda pie gratulantur theologi evangelici in Universitate Litterarum Vratislaviensi. (Vratislaviae 1871.) (2 Bl.) 2° *[Lat. Adresse verf. v. August Hahn.]*

– s. Peschel, C.: D. Buch Tobiä.

—— Predigt am Constitutionsfeste, bei d. akadem. Gottesdienste am 4. Sept. 1832 gehalt. gr. 8. (1 B.) Leipzig, (Liebeskind.)

—— Predigten und Reden unter den Bewegungen in Kirche und Staat seit dem 3. 1830 gehalten. gr. 8. (XI und 319 S.) Breslau 852, Hirt's Verlag. *

—— Predigten, in d. Universitäts-Kirche zu Leipzig geh. 8. (11 B.) Leipzig 829, Vogel.

—— zwei Predigten im Jubeljahr 1830, geh. in d. Universitätskirche zu Leipzig. (Der ersten dieser Pred. 2. Aufl.) gr. 8. (3 B.) Leipzig, Reclam.

— zwei Predigten im Jubeljahr 1830 gehalten in d. Universitätskirche zu Leipzig. gr. 8. Leipz. 830. Reclam. 6 gl

— s.: Propheten, die kleinen.

— s.: Psalmen, die.

—— Sendschreiben an die ehrwürdige evangel. Geistlichkeit in der Provinz Schlesien. 8. (20 S.) Breslau 830, Max und Comp.)

* **Hahn,** Bened.,
— — de spectro endoreo. Jen. 722. 4.

Hahn, Bernhard

Hahn, B., Gesänge zum Gebrauch beim Sonn- u. Wochentägl. Gottesdienst auf kathol. Gymnasien. Bresl. 821. (Leukart). 18 gl

Hahn, Bernh., Handbuch beim Unterr. im Gesange f. Schüler auf Gymnasien u. Bürgerschulen. 1. Aufl. (4½ B.) 829., 2., umgearb. A. (5½ B.) gr. 8. Breslau 833, Leuckart. à

Hahn, Bern., Handbuch beim Unterricht im Gesange für Schüler auf Gymnasien u. Bürgerschulen. 2e umgearb. Aufl. gr. 8. Breslau 833. Leuckart. ⅓ ℛ — 3e Aufl. gr. 8. Ebd. 836. ⅓ ℛ — 4e Aufl. Ebd. 840. ⅓ ℛ

Hahn, Bern., Handbuch beim Unterr. im Gesange f. Schüler auf Gymnasien u. Bürgerschulen. 4. u. 5. Aufl. gr. 8. (à 5½ B.) Breslau 842, 46, Leuckart. à

Hahn, Bernard, Handbuch beim Unterricht im Gesange f. Schüler auf Gymnasien u. Bürgerschulen bearb. 5. (Ster.-)Aufl. gr. 8. (VIII u. 80 S.) Breslau 852, Leuckart. ¼ ℛ

Hahn, Bernh., Handbuch beim Unterricht im Gesange für Schüler auf Gymnasien u. Bürgerschulen. 6. [Stereot.-] Aufl. Breslau 863. Leuckart. gr. 8. (VIII, 80 S.) 7½ ngr

— 30 zweistimmige Lieder zum Gebrauch für Gymnasien u. Schulen. 4. Bresl. 828. (Leukart). 6 gl

— Lieder zum Gebrauch beim Sonn- u. Wochentäglichen Gottesdienst auf kathol. Gymnasien. 3. umgearb. u. verm. Aufl. gr. 4. Ebend. 844. n. ⅓ ℛ

Hahn, Bernard, Lieder zum Gebrauch beim Sonn- und Wochentäglichen Gottesdienst auf katholischen Gymnasien. 4. umgearb. Aufl. Breslau (854). Leuckart. gr. 4. (28 S.) n. 8 ngr

Hahn, Botho *Eugen Gustav* [pr. Arzt aus Kölln Westpr.]: Statistisches über die paralytische Geisteskrankheit beim weiblichen Geschlecht in der Provinzial-Irrenanstalt zu Neustadt Wstpr. ... Danzig, Druck v. A. W. Kafemann, 1896; 24 S. 8.
Leipzig, Med. Fak., Inaug.-Diss. v. 5. Nov. 1896

Hahn C.: Geschichte d. k. b. Zentral-Tierarzneischule in München 1790-1890. Festschr. Unter Mitwirk. v. F. Viandt. Münch. 1890. 285, 53 S. 3 Tvl. 4°.

C. Hahn, Die Merinos-Stammschäferei in Schleißheim in ihrer Entstehung und Entwicklung zur jetzigen Herde.
Verf. Prosector a. d. Central-Tierarzneischule und Lehrer an der Kreisackerbauschule Schleißheim.

München 1858

Hahn, C., De Dionis Chrysostomi orationibus, quae inscribuntur Diogenes. (VI, VIII, XI, X.) Diss. 1896. 73 S. 2.50

Hahn, C. A., s. H a h n , Karl August

Hahn, C. F., de septem sapientibus Graeciae. Dresd. 793. 4.

Hahn, C. Hugo, Grundzüge einer Grammatik des Hereró (im westlichen Afrika) nebst einem Wörterbuche. Lex.-8. (X und 197 S. mit 4 Tab. in qu. Fol. und qu. Imp.-Fol.) Berlin 857, Hertz. *

Hahn, C. Hugo, omahungi nomambo omatororoa nomambo oa mukuru uetostamente ekuru nepe puna oviprente ovingi na katekismus katiti ka Mart. Luther nomaimburiro tyiva. Gutersloh 861. Bertelsmann. gr. 8. (V, 506. S. mit Holzschn. u. 30 Holzschntaf.) n. 2 Rthlr 20 ngr.

Hahn, C. L. Accurate Post-Carte von dem Königl. Preuss. Herzogthum Schlesien, nach der jetzigen Einrichtung entworfen. Breslau 1770. 1 Bl. c. Hz. v.

Hahn, C. L. Post-Charte von dem Churfürstenthum Brandenburg. Breslau 1776. 1 Bl. c. Hz. v.

Hahn, C. L. Post-Charte von den Königlich Preuss. Ländern zwischen der Weser und dem Rhein. Breslau 1778. 1 Bl. c. Hz. v.

Hahn, C. L. Post-Charte von dem Herzogthum Magdeburg und überhaupt von denen zwischen Elbe und Weser liegenden Königl. Preuss. Provinzen, desgl. die in dem Fürstenthum Anhalt und auch die bis Hamburg und Cassel gehenden Königl. Preuss. Posten. Breslau 1777. 1 Bl. c. Hz. v.

Hahn, C. L. Post-Charte von dem Fürstentum Ost-Friesland. Breslau 1779. 1 Bl. c. Hz.

Hahn, C. L. Postcharte von dem Herzogthume Pommern. Breslau 1776. 1 Bl. c. Hz.

Hahn, C. U.

— die große Erweckung in den Vereinigten Staaten von Amerika. Sammlung von Gedanken u. Thatsachen darüber, zur Prüfung vorgelegt. Basel 859. Bahnmaier. 8. (IV, 42 S.) n. 3 ngr.

Hahn, C. U., ob die evangelische Kirche ein Babel und als solches zu verlassen sei? Predigt gehalten während der Feier der evangel. Allianz in Genf (11. Septbr. 1861). 8. (11 S.) Stuttgart 862. (Basel, Riehm.)

— ob die evangelische Kirche ein Babel u. als solches zu verlassen sei? Predigt gehalten während der Feier der evangelischen Allianz in Genf [11. Septbr. 1861]. Stuttgart 862. (Ludwigsburg, Riehm.) 8. (11 S.) 1 ngr.

— Register zu Bd. 1—25 der Zeitschrift für die historische Theologie, s. Zeitschrift etc.

— kirchengeschichtliches Repertorium. Jubelgabe zu dem 25jährigen Bestehn der Zeitschrift für die historische Theologie. Enthaltend ein Register über die 25 Bde. der Zeitschrift für die histor. Theologie von 1833—1857. gr. 8. (III und 125 S.) Gotha 857, F. A. Perthes. *

Hahn, C. W., s. H a h n , Karl Wilhelm

Hahn, Camillo, Assistenzarzt: Aus d. Eisenbahnheilstätte Moltkefels in Schreiberhau. Chefarzt Muttray. Beitrag zur Hyperaemiebehandlung der Lungentuberculose vermittelst der Kuhn'schen Lungensaugmaske. Leipzig 1909: Georgi. 57 S. 8°

Leipzig, Med. Diss. v. 30. Jan. 1909, Ref. Curschmann

[Geb. 7. Sept. 77 Berlin; Wohnort: Halensee; Staatsangeh.: Preußen; Vorbildung: Gymn. Spandau Reife O. 97; Studium: Berlin 9 S.; Coll. 17 Febr. 09; Approb. 8. Dez. 04.] [illegible]

Hahn, Camillo (geb. Dobrilugk 11. 6. 1845): Ueber Infection und Desinfection, mit besonderer Berücksichtigung der in der neuesten Zeit eingeführten und versuchten Desinfectionsmittel. Berlin (1869) (40 S.) 8°

Berlin, Med. Diss. v. 11. Aug. 1869

Hahn, Carl, s. H a h n , Karl

Hahn, Ch. D. G. M., Vergleichende Darstellung der gefährlichen Energien und der Bremswege, welche stattgefunden haben bei dem Fangen der Exzenterfangvorrichtung und der Münzner'schen patentierten, bremsend wirkenden Fangvorrichtung. Essen, 1893. 6 S.

Hahn, Ch. D. G. M., Münzner'sche Sicherheitsfangvorrichtung an Fördergerüsten und Fahrstühlen. Siebenlehn, 1892. 19 S. mit 8 Taf.

Hahn, Chr. Detl. (Resp.): De paralysi sine nervorum et arteriarum laesione, s. B u e c h n e r, And. El. (Praes.)

Hahn, Chr. Fr., über d. Ausführung eines Planes zur Beförder. d. Menschenwohls. 8. Neisse 813.

— Briefsamml. in Betreff d. Schrift: Wie ist d. leidenden Menschheit zu helfen? 4. Neisse 813.

— über d. obige Briefsamml. etc. 4. Ebd. 813.

— s. J. M. Seiz, ewiges Evangelium.

— Widerlegung d. Vorurtheile für u. wider d. Christenthum; nebst Vorschlägen zu e. Universal-Kirchen-Reform, Vereinigung aller Religionen etc. 8. Neisse 813.

— wie ist d. leidenden Menschheit zu helfen? Ein Bittschreiben an Europens Regenten. 4. Neisse 811. (Bresl., W. G. Korn). 2 gr.

— Zuruf an d. Christen, meine Brüder, ohne Unterschied d. Confession u. Glaubensparthey! 8. Neisse 818.

Hahn, Chr. Friedr. Leop.

Hahn, Charakterzüge des weiblichen Herzens, s. Charakterzüge.

CHARAKTERZÜGE. Zur Kenntniß des weiblichen Herzens (von *Chr. Friedr. Leop. Hahn*). Frankfurt an der Oder, 1793. bei J. A. Kunze. 8°. (In Warmbrunn.)
Anon.-Lex. I. p. 317 (nach Kayser u. Meusel).

Hahn, Chr. L.

— Charaktere, ausgezeichnet im Gange d. Geschichte, nebst e. Abhandl. über menschl. Sonderbarkeiten. 8. Leipz. 820.

— Eutychia, oder d. Weg zum Lebensglück. Für gebildete Leser. 8. Nürnb. 830. Campe. 1 Rthlr

Hahn, Chr. L., die beiden Freunde; Schspl. in 3 A. 8. Altenb. 818. (Fr. Weber in Ronneb.) 6 gr.

— s. 1) L. P. v. Jussieu, Anton u. Moritz. 2) Lefebüre, Zahlenlotterie.
(Schrieb auch unter d. Namen Gallus ein Schauspiel im 11n Bde d. Augsburg. Schaubühne.)

— Ernst Liebreichs Wanderungen auf d. Markte d. Lebens. Nebst e. Schatzkästlein prakt. Lebensweisheit etc. gr. 8. Mainz 829. Müller. 12 gr.

—, Ernst Liebreich's Wanderungen auf d. Markte d. Lebens. Nebst e. Schatzkästlein prakt. Lebensweisheit, d. heißt, wie man haushalten u. leben muß, um glückl. u. zufrieden zu seyn. Ein Buch z. Unterhalt. u. Belehr. f. Jung u. Alt. gr. 8. (20¼ B.) Mainz 829, [Kirchheim, Schott u. Thielmann.]

Hahn, Chr. Traug. Herm., prakt. Anleit. zu Denk- u. Verstandesübungen für d. Jugend, in Vorlegeblättern, nebst e. Hülfsbuch für Lehrer etc. 2 Thle. 8. Leipz. 820. Dürr. (à 1 Rthlr 12 gr.) 3 Rthlr (2r Thl. A. u. d. T.: Anleit. zu Denk- u. Verstandesübungen in Beziehung auf d. Sprachlehre d. Deutschen.)

Hahn, (C. T. H.,) Anleit. z. richtigen Setzen d. Interpunktionszeichen in d. deutschen Sprache, f. d. Jugend. — Nebst e. Hülfsbuche für Lehrer u. die, welche sich selbst rc. unterrichten wollen. 2 Thle 8. Lpz. 823, Hinrichs.

Hahn, Chr. Traug. Herm., Athanasia. Erhebungen des Herzens in Liedern bei Todesfällen u. Begräbnissen; nebst einem Anhang kurzer Gedanken bei denselben. gr. 8. Leipzig 843, Brauns. n. 1/4 Thlr.

— d. Geschichte d. letzten Leiden u. des Todes Jesu, nach d. Erzählung d. Evangelisten, für den kirchl. Gebrauch, für d. häusl. Erbauung u. für Schulen geschrieben u. mit Liederversen u. umständl. Erläuterungen begleitet. 8. Neust. a. d. O. 817. Wagner. 6 gr. Dass. ohne umständl. Erläuterungen. Ebd. 3 gr.

— d. Weltbeobachter. 1r Bd., 3 Hefte. gr. 8. Leipz. 794. Grieshammer. 18 gr. u. 1795 unt. d. neuen T.: Blicke auf d. Natur. Ebd. 18 gr.

Hahn, Chr U[lrich]. Beschreibung des Kantons Appenzell, mit besonderer Rücksicht auf seine Kuranstalten, von Chr. U. H., nebst einem Vorwort von Dr. Georg Reinbeck ... ([und] Anhang: Einige Appenzeller Volkslieder im Appenzeller Dialekt, nebst der Melodie derselben). 8. Heilbronn 1827.

Hahn, Chr. Ulr., Beschreib. d. Kantons Appenzell, hauptsächl. mit Berücksichtigung seiner Molkenkur-Anstalten, Geis, Weißbad, Herisau u. Appenzell. 12. Heilbr. 827. Claß. 18 gr.

— s. Ph. M. Hahn, hinterlass. Schriften.

Hahn, Chr. Wlh.

* Hahn, C. W., Gedichte. 8. Berl. N. Soc. Buchh. 797.

Hahn, Chr. Wlh., († d. 16. März 1804.) Gedichte. 8. Zerbst 797. 1 Thlr. 8 gr. (Berl., Sander). 1 Thlr.

Hahn, C. W., Gedichte. 8. Zerbst, W. (Oehmigke B.) 797.

— Gedichte für gefühlvolle Seelen. 8. Leipz. 798.

— s. Tempel d. Freiheit.

Hahn, Christian

Hahn, (Christ.,) arithmetisches Exempelbuch f. Schul- u. Privatunterricht. 8, Frankf. 823, Hermann.

Hahn, Chrstn., arithmet. Exempelbuch f. d. Schul- u. Privatunterr. 1. u. 2. Kurs. 2. Aufl. gr. 8. (4½ u. 4¼ B.) Frankfurt a. M. 831, 32, Sauerländer. à 8 Gr.

Hahn, Chrstn., arithmet. Exempelbuch f. d. Schul- u. Privatunterr. 1. Kurs. 3. Aufl. gr. 8. (5 B.) Frankfurt a. M. 840, Sauerländer. *
2. Kurs. 2. Aufl. * 8 Gr., Resultate hierzu 1. u. 2. Kurs. à * 4 Gr. Ebendas. 1831, 32.

Hahn, Chrstn., arithmetische Exempelbuch für den Schul- und Privatunterricht. 1. Cursus. 4. Aufl. gr. 8. (80 S.) Frankfurt a. M. 849, Sauerländer's Verlag. *

Hahn, Chrn., arithmetisches Exempelbuch für den Schul- und Privatunterricht. 1. Kursus. 5. Aufl. gr. 8. (88 S.) Frankfurt a. M. 858, Sauerländer's Verlag.

Hahn, Chrn., arithmetisches Exempelbuch für den Schul- u. Privatunterricht. 2. Kursus. 4. Aufl. Frankfurt a. M. 861. Sauerländer. gr. 8. (64 S.) 10 ngr.

—— Resultate d. Aufgaben d. arithmet. Exempelbuches. 1. u. 2. Kurs. 2. Aufl. gr. 8. (2 u. 2½ B.) Frankfurt a. M. 832, Sauerländer. à 4 Gr.

— Resultate der Aufgaben des arithmetischen Exempelbuchs. 2r Cursus. gr. 8. Frankfurt a. M. 832. Sauerländer. 1/6 Thlr.
— 2e Aufl. Ebd. 832. 1/6 Thlr.

— Resultate d. Aufgaben. 1. Kurs. 3. Aufl. 8. Ebd. 841. 1/6 Thlr.

— d. Soldat, in Hinsicht seiner Pflichten u. Moralität zu seiner bessern Würdigung. 8. Leipz. 818. (Rein). 9 gr.

Hahn, Chr., der Soldat, in Hinsicht seiner Pflichten und Moralität zu seiner bessern Würdigung. 8. Leipzig, W. Vogel. 818.

Hahn, Christian Diedrich [aus Osten]: Ueber das Deichrecht der Altendorfer Schauung .... Stade, Druck v. A. Pockwitz (1886); 1 + 31 S. 8°.
Berlin, Phil. Fak., Inaug.-Diss. v. 16. März 1886.

Hahn, Christian Diedrich, über das Deichrecht der Altendorfer Schauung. Diss. Berlin 1886, Mayer & Müller. 8°. 31 S.

Hahn, Christian Ludwig: Brasilien wie es ist. Ein Leitfaden für alle diejenigen, welche sich nähere Kenntnisse über dieses Land erwerben wollen. 2., verb. und verm. Aufl. — Frkf. a. M.: Wesché 1826. 174 S. [1. Aufl. nicht ermitt.]

— **Christian Siegfried** (Langensalza), De judicio oculari. Disp. jur. Rector Philipp Wilhelm Grf. v. Boineburg. Prorector Johann Philipp Streit. Erfurt (Grosch) o. J. (Anf. 18. Jahrh.). 18 Bl. (6.50) 12799
Gew.: Johann Rockenthien.

Hahn, Chrstn. Ulr., der symbol. Bücher d. evangel.-protestant. Kirche Bedeutung u. Schicksale. gr. 8. (8 B.) Stuttgart 833, Steinkopf.

Hahn, Chrstn. Ulr., Worte d. Andenkens an d. Confirmations-Unterricht. Eine Mitgabe f. d. konfirm. Jugend. 8. (3 B.) Stuttgart 835, Belsersche Buchh.

Hahn, Christian Wilhelm

Hahn, Chr. Wlh., s. Räubermädchen, das.

RAUBERMADCHEN, Das, von *H. W. C.* (i e. *Chrn. Wilh. Hahn*). Leipzig, Rein, 1796. 8°.
Titelkpf., 350 Seiten. Zahm. Anon.-Lex. II. p. 328 mit der unrichtigen Jahrz. „1795" (nach A. G. Schmidt u. Kayser). — Th. 2 siehe tit.: Salvatara, Raphael van, oder Mann ohne Liebe. ib. 1800.

Hahn, C(hristoph) U(lrich), die Auswanderung. Aufruf an christl. Menschenfreunde. 8. (55 S.) Heilbronn 853, Scheurlen. Thlr. *

Hahn, Chrph. Ulrich, die Bezirkswohlthätigkeitsvereine, ihre Gegenwart u. Zukunft. Ein Beitrag zur Lösung der Armenfrage. 8. (21 S.) Stuttgart 847, J. F. Steinkopf. 4 ngr.

Hahn, Chr(istoph) U(lrich), die Bezirkswohlthätigkeitsvereine, ihre Gegenwart und Zukunft. Ein Beitrag zur Lösung der Armenfrage. 8. (21 S.) Stuttgart 848, J. F. Steinkopf.

Hahn, C. U., die evangelische Brüdergemeine in Herrnhut, ihre Gründung, Ausbreitung, Lehre und Einrichtung. Aus den vorhandenen größeren Werken für das evangel. Volk zusammengestellt. 8. (39 S.) Heilbronn 854(61), (Scheurlen.) **

Hahn, C. U., die deutschen Frauenvereine unter dem rothen Kreuze. Mit besond. Beziehung auf die Gewinnung weibl. Pflegekräfte. Reutlingen 870. Rupp. gr. 8. (IV, 106 S.) n. 12 ngr.

Hahn, Eph. Ulrich, Geschichte der Ketzer im Mittelalter, besond. im 11., 12. und 13. Jahrh., nach den Quellen bearb. 1. Bd. A. u. d. T.: Geschichte der neu-manichäischen Ketzer. Mit 1 Karte über den Schauplatz d. Albigenserkriegs. gr. 8. Stuttgart 845, J. F. Steinkopf. 2¾ ₰

— Geschichte der Ketzer im Mittelalter, besonders im 11., 12. und 13. Jahrh., nach den Quellen bearb. 2. Bd. Geschichte der bibelgläubigen Ketzer. A. u. d. T.: Geschichte der Waldenser und verwandter Sekten. gr. 8. (XXII und 820 S. mit 1 lithogr. und ill. Karte der waldenser Thäler in qu. gr. 4.) Stuttgart 847, J. F. Steinkopf.

— dass. — 3. Bd. A. u. d. T.: Geschichte der Pasagier, Joachim's von Floris, Amalrich's von Bena und anderer verwandter Sekten. gr. 8. (XV und 306 S. mit 6 Stnt.) Ebdf. 850.
1. Bd. Ebendas. 1845. 2 Thlr. 22½ Ngr.

— Handbüchlein für Kirchenälteste oder Pfarrgemeinderäthe zunächst in Württemberg. Mit mehreren Beilagen. gr. 8. (V und 68 S.) Heilbronn 851, Scheurlen.

— Heilmittel für die zunehmende Entsittlichung und Verarmung des Volks. Ein Beitrag zur Sache der innern Mission, besonders in Württemberg. gr. 8. (46 S. mit 2 Beilagen.) Stuttgart 851, J. F. Steinkopf. *

— über den gegenwärtigen Zustand unserer Armenversorgungsanstalten. Bedenken und Vorschläge. Nebst Mittheilungen über die Armenversorgungsanstalt in Neuwied. gr. 8. (28 S.) Stuttgart 847, J. F. Steinkopf.

Hahn, Cl., Spruchsammlung, aus Gustav Frenssens Werken zusammengestellt. (106 S.) kl. 8. Dresden 906. E. Pierson. 1.—; geb. n 2.—

Hahn, D., Predigt am Siegesfeste d. 14. Nov. 1813 zu Gröningen gehalten. 8. Halberst. 813. (Vogler in Potsd.) 2 Gr.

Hahn, Daniel: Die Phosphorescenz der Mineralien. Halis Saxonum 1874: Gebauer-Schwetschke. VI, 37 S. 8°
Halle-Wittenberg, Phil. Diss. v. 23. Febr. [vielmehr: 2. März] 1874
Geb. Bethanien (Süd-Afrika) 5. 1. 1849. V.
Aus: Zeitschrift f. d. ges. Naturwissenschaften. Bd 43. Berlin 1874 S. 1—37. Forts. ersch. ebda S. 131—213.

Hahn, Detlev. Rich. Theod.: Theses theologicae. Berolini (1853). (2 Bl.) 4°
Berlin, Theol. Thes. v. 7. Mai 1853

Hahn, Diederich, Landwirtschaft u. Industrie, s. a. Materialien zum Zolltarif. 11. Hft.

Landwirtschaft und Industrie. Von Dr. Diederich Hahn. *Berlin: W. Ipleib in Komm. [1901].* (23 S.) 4° [S.]
— Materialien z. Zolltarif. H. 11.

Hahn, Dorothea [von Hamburg]: Untersuchungen am Eierstocke der Fledermaus:
I. Entstehung des Follikelepithels. II. Herkunft der Eier im Keimepithel. III. Ausbildung der Graaf'schen Follikel. (Folliculi oophori vericulosi). Zürich 1900. 28 S. 1 Taf. 8°.
Zürich, Med. Diss. 1900/1901.

Hahn, E.: Erzählungen,

§ — —, Vier piquante (von *E. Hahn*). 2. Aufl. Würzburg, Julien, o. J. (1869). 8°.
Zuerst gedr. ebd. 1869. (In Hamburg, Bibl. der „Harmonie".) — 3. Aufl. ebd., o. J. (187*). (2 Mk. Kühl, Berlin, c. 1882.)

Hahn, E., üb. Kehlkopfsexstirpation, s.: Sammlung klinischer Vorträge.

v. **Hahn**, E., s.: Kinderblüthen.

— s.: Mittheilungen aus der chirurg. Station des Krankenhauses Friedrichshain zu Berlin.

Hahn, E., über Siedepunktsregelmässigkeiten bei den gechlorten Aethanen. Inaugural-Dissertation. gr. 4. (60 S. mit 2 Steintaf.) Tübingen 879. (Fues.) n. 2. 50

Hahn, E. A., mein Dresden. Eine Rundfahrt durch Dresden u. Umgebg. in Bild u. Lied. gr. 8. (41 S.) Dresden (902). (E. Weise). n. 1. —

Hahn, E. M., zuverlässiger Rathgeber bei verschiedenen politischen u. Finanzrechnungen. Oder: Leichtfaßliche Anweisung, wie eine Reihe der im Geschäftsleben wie in der Staatswirthschaft vorkommenden zusammengesetzteren Rechnungsfragen ohne Algebra, ohne Hülfe der Logarithmen u. blos vermittelst der einfachen vier Rechnungsarten leicht, schnell und äußerst genau aufzulösen sei. Durch eine Anweisung zum Rechnen mit Dezimalbrüchen eingeleitet. Mit 16 Tabb. gr. 4. Breslau 838. Aderholz. n. 1 ₰

Hahn, E. M. Zuverlässiger Rathgeber bei verschiedenen politischen und Finanzrechnungen. gr. 8°. Breslau 1856.

Hahn, E. M., zuverlässiger Rathgeber bei verschiedenen politischen und Finanzrechnungen. Oder: Leichtfaßliche Anweisung, wie eine Reihe der im Geschäftsleben wie in der Staatswirthschaft vorkommenden zusammengesetzteren Rechnungsfragen ohne Algebra, ohne Hülfe der Logarithmen und blos vermittelst der einfachen vier Rechnungsarten leicht, schnell und äußerst genau aufzulösen sei. Ein unentbehrl. Hülfsbuch für Staats- und Landwirthe, Kaufleute, Justiz- und höhere Rechnungs-Beamte rc. Bearb. und durch eine Anweisung zum Rechnen mit Dezimalbrüchen eingeleitet. 2. (Titel-)Ausg. gr. 4. (X und 34 S. mit 16 Tab.) Breslau (838)57, Schletter'sche Buchh.

Hahn, E. R., That u. Gedanke, s. Unterwegs u. Daheim.

Der Hirse, seine geographische Verbreitung und seine Bedeutung für die älteste Cultur. Von **Ed. Hahn.** (Aus: Verhandlungen der Berliner anthropologischen Gesellschaft. Sitzung vom 15. December 1894.) Berlin. o. J. 8° m.

Hahn, Ed., pharmacognostische Untersuchung der Adstringens-Rinden der Sammlung d. Dorpater pharmaceutischen Instituts. Diss. gr. 8. (54 S.) Jurjew (Dorpat) 892. (E. J. Karow) n. 1. 20

Hahn, Edm., populäre Darstellung der Pensionsversicherg. der privaten Angestellten. Zum prakt. Gebrauche f. Dienstgeber u. Versicherungspflichtige, sowie f. die m. der Durchführg. des Gesetzes betrauten Behörden. (VIII, 178 S.) gr. 8. Wien 908. M. Perles. 2. 40

Hahn, Edm., die falsche Gräfin. Novelle. 8. (188 S.) Leipzig und Berlin 873, Luckhardt'sche Verlagsh.

Hahn, Edm., das graue Haus in der Rue Richelieu u. eine Criminalgeschichte. Würzburg 867. Julien. 16. (134 S.) n. 10 ngr.

Hahn, Edm., Hilfs- u. Übungsbuch f. d. Unterricht in d. Rechtschreibung, enth. Beispiele, Regeln u. Übgn. Zum Gebr. auf d. Mittel- u. Oberstufe 8. (83 S.) Krefeld (889). Kramer & Baum. Kart. n. — 90

Hahn, Edm., Hohenzollern und Welfen. Historisch-politischer Roman aus der Gegenwart. (In 18 Lfgn.) 1. — 14. Lfg. 8. (1. Bd. 384 S., 2. Bd. 297 S., 3. Bd. S. 1—96.) Würzburg 867,68, Julien. à Lfg. * 6 Ngr.

Hahn, Erm., Hohenzollern und Welfen. Historisch-politischer Roman aus der Gegenwart. 15.—18. (Schluß-)Lfg. 8. (3. Bd. S. 97—263.) Würzburg 869, Julien. [Kreßner.] à Lfg. — 60 Pf. *
1.—14. Lfg. Ebendas. 1867.68. *M. 8,40.

Hahn, Edm., Hohenzollern-Buch. Mit vorwieg. Berücksicht. der Verdienste unseres Herrscherhauses um das Wohl des Landes u. des Volkes, entsprechend den ministeriellen Bestimmgn. Für den Gebrauch im Geschichtsunterrichte in Volks- u. Mittelschulen hrsg. 8. (V, 73 S. m. Abbildgn.) Trier 893. H. Stephanus. Kart. n. — 60

Hahn, Edm. Präparationen f. den Anschauungsunterricht. Ausgeführte Lektionen, im Anschluſſe an die Bildertafeln v. Schumacher u. Lüppers hrsg. 8. (122 S.) Paderb. 891, F. Schöningh. * 1 —

Hahn, Edmund, die Ceremonien des heiligen Meßopfers. Nach den Schriften berühmter Katecheten zum Gebrauche in Schule und Haus zusammengestellt. 16. (67 S.) Münster 887, Regensberg'sche Buchh., Verlag.

Ed[uard] Hahn. Das Alter der wirtschaftlichen Kultur der Menschheit. Ein Rückblick u. e. Ausblick. Heidelberg: C. Winter 1905. (XVI, 256 S.) 8°
105. 3000 3

Hahn, Eduard: Demeter und Baubo. Versuch einer Theorie der Entstehung unsres Ackerbaus. Lubeck (1896). 77 S. 8°.

Hahn, Ed., Demeter u. Baubo. Versuch e. Theorie d. Entstehg. uns. Ackerbaues. gr. 8. (V, 77 S.) Lübeck 897. (M. Schmidt.) 1.50

— Die Entstehung der wirtschaftlichen Arbeit. (IV, 109 S.) 8. Ebd. 908. 2.50

Hahn, Ed., die Entstehung der Pflugkultur (unsres Ackerbaus.) (VIII, 192 S.) 8. Heidelberg 909. Carl Winter. 3.60

Hahn, Ed., die wichtigsten der bis jetzt bekannten Geheimmittel und Specialitäten mit Angabe ihrer Zusammensetzung und ihres Werthes. 1. Aufl. (80 S) 1871. 75 Pf.; 2. stark verm. und verb. Aufl. (166 S.) 1873, und 3. verm. und verb. Aufl. 8. (IV, 226 S.) Berlin 875, Springer's Verlag. *

Hahn, Ed., die wichtigsten der bis jetzt bekannten Geheimmittel und Specialitäten. 3. Aufl. gr. 8. Berlin 876. Gera, Köhler's Verlag.

Hahn, Eduard, die wichtigsten der bis jetzt bekannten Geheimmittel und Specialitäten mit Angabe ihrer Zusammensetzung und ihres Werthes zusammengestellt. 4. völlig umgearb., stark verm. und verb. Aufl. 8. (IV, 314 S.) Berlin 879, Springer.

— — die wichtigsten d. bis jetzt bekannten Geheimmittel u. Specialitäten. 4. Aufl. 1881. 1.80

— die Haustiere u. ihre Beziehgn. z. Wirtschaft d. Menschen. E. geograph. Studie. M. e. chromolith. Karte: Die Wirtschaftsformen der Erde. gr. 8. (X, 581 S.) Leipzig 896. Duncker & Humblot. n. 11.—

Hahn, Eduard: Die kultivirten Knollenpflanzen der Hochebenen der Anden von Peru und die dort ublichen Konservirungsmethoden. ([S.-A.] Zeitschrift für Spiritus-Industrie. Nr. 19. 1894.) (Berlin 1894.) 4 S. 4°.

Hahn, Ed., Siedelungskolonien, Plantagenkolonien, Faktoreikolonien, s. a. Sammlung geograph. u. kolonialpolit Schriften.

[5.] Siedelungskolonien, Plantagenkolonien, Faktoreikolonien. Von Dr. Ed[uard] Hahn. SA. aus ... 'Aus allen Weltteilen'. *Berlin: H. Paetel 1897.* (14 S.) 1 Bd 8.
= Sammlung geographischer u. kolonialpolit. Schriften. No 4. 97. 378.

Hahn, Edu., u. J[oh.] *Holfert*, Spezialitäten und Geheimmittel. Ihre Herkunft u. Zusetz. E. Samml. von Analysen u. Gutachten zsgest. 6. verm. u. verb. Aufl. Bearb. von G[eorg] *Arends*. Berlin 1906. 8°. *[1. Aufl. 1871.]*

— u. J. Holfert, Specialitäten u. Geheimmittel m. Angabe ihrer Zusammensetzung. Eine Samınlg. v. Analysen, Gutachten u. Litteraturangaben. 5., völlig umgearb., verm. u. verb. Aufl. gr. 8. (V, 440 S.) Berlin 893. J. Springer. n. 4. —; geb. in Leinw. n. 5. —

Hahn, Eduard, u. J. Holfert, Spezialitäten u. Geheimmittel. Ihre Herkunft u. Zusammensetzung. Eine Sammlg. v. Analysen u. Gutachten. 6., verm. u. verb. Aufl. Bearb. v. G. Arends. (IV, 488 S.) 8. Berlin 906. J. Springer. Geb. in Leinw. n. 6. —

Hahn, Eduard: Zur wirtschaftlichen Stellung des Negers.
in: Festschrift fur Ferd. Frhr. v. Richthofen. S. 371—383. Berlin 1893. 13 S. 4°

Hahn, Eduard: Zur Theorie der Entstehung des Ackerbaues. ([S.-A.] Globus. Bd. 75 Nr. 18. S. 281—287.) (Braunschweig 1899.) 7 S. 4°.

Hahn, Eduard [aus Lubeck]: Die geographische Verbreitung der coprophagen Lamellicornier .... Lübeck, Druck v. Max Schmidt, 1887; 1 Bl. + 87 + II + 1 S. u. 1 Taf. 8°.
Jena, Phil. Fak., Inaug. Diss. v. 1887.

Hahn, E., die geographische Verbreitung der Coprophagen Lamellicornier. Inaug.-Diss. 8. (90 S. m. 1 Taf. u. 2 Karten.) Lübeck 887. Max Schmidt. 2. —

Hahn, Ed., die Wirtschaft der Welt am Ausgange d. XIX. Jahrh. Eine wirtschaftsgeograph. Kritik nebst einigen positiven Vorschlägen. gr. 8. (VIII, 320 S.) Heidelberg 900. C. Winter. n. 6.50; geb. in Leinw. n. 7. —

Hahn, Eduard Moritz

Hahn, Ed. Mor., (?) barometr. Tafeln, vermittelst welcher d. Abstände d. Oerter von d. Meeresfläche u. von einander etc., mit Hülfe d. einfachen vier Rechnungsarten sehr leicht u. genau gefunden werden können. Mit 1 Steindr. gr. 4. Bresl. 823. Graß, B. u. C. 1 Rthlr

Barometrische Tafeln vermittelst welcher die Abstände der Oerter von der Meeresfläche... mit Hülfe der einfachen vier Rechnungsarten... gefunden werden können. Berechnet u. mit e. Anleitung zur Kenntniß der Einrichtung u. d. Gebrauchs der meteorologischen Werkzeuge versehen von Eduard Moritz Hahn, begleitet von einer freien Bearbeitung der von Biot modifizirten Laplac'schen Theorie dieser Formel, nebst e. Geschichte derselben. Breslau: Graß & Barth; Leipzig: Barth 1823. 76 S. 4°

v. Hahn, Elis. Chor. Benigne, vergl. Korff.

Hahn, Elkan Markus

— 1. 1) Amondieu, Versuch. 2) Lacroix, Anfangsgr. d. Arithmetik, Dessen Algebra u. Trigonometrie.

Hahn, Elkan Mark., vollständ. Lehrbuch d. Arithmetik u. Algebra, mit vorzügl. Rücksicht auf den Selbstunterricht u. mit sorgfält. Entwickelung aller schwier. Stellen in Meier Hirsch's Samml. von Beispielen etc. 1r Bd. gr. 8. Bresl. 820. 2e A. 825. Graß, B. u. C. 2 Rthlr 12 Gr

Hahn, (Elcan M.,) vollständ. Lehrbuch d. Arithmetik u. Algebra, mit vorzügl. Rücksicht auf den Selbstunterricht u. mit sorgfält. Entwickelung aller schwierigen Stellen in Meier Hirsch's Sammlung von Beispielen etc. 1r Bd. 2e Aufl. gr. 8. Breslau 825, Holdufer.

Hahn, Elkan Mark., vollständ. Lehrbuch d. ebenen Geometrie u. Trigonometrie, zum Gebrauch für zwei Lehrcurse auf Gymnasien etc. Mit 4 Kpf. 8. Bresl. 818. (Graß, B. u. C.) 2 Rthlr

Vollständiges Lehrbuch der ebenen Geometrie und Trigonometrie zum Gebrauche für zwei Lehr-Curse auf Gymnasien... Verf. von Elcan Marcus Hahn. Breslau: Holäufer 1818. XII, 424 S. 8°

Hahn, Elkan Mark., vollständ. Lehrbuch d. Stereometrie, Projectionslehre u. sphär. Trigonometrie. Zum Gebr. f. Schulen, u. besond. f. diejen., welche sich durch Selbstunterr. e. gründl. Kenntniß dies. Wissenschaften verschaffen wollen. M. 11 Kpfrt. gr. 8. (29½ B.) Leipzig 828, Kummer.

– s. Monge, G.: Anfangsgründe d. Statistik.

– s. Puissant, L.: Sammlung

— neue logarithm.-trigonomet. Tafeln, nebst andern zur Anwendung d. Mathematik nützl. Tafeln u. Formeln. F. Schulen u. besonders f. Feldmesser. Mit franz. u. deutsch. Text. gr. 4. Breslau 823, Graß, B. u. C.

— Progr. Umriß d. mathemat. Wissenschaften. 8. Berl. 817.

— erleichterter Unterricht in d. Decimalrechnenkunst; nebst deren Anwendung auf d. im Königr. Westphalen eingeführte System d. Münzen, Maaße u. Gewichte. 8. Marb. 809. Krieger. 12 gr

— üb. den Werth d. holländ. Uitgestelden Schuldbriefe, auch Kans Billetten oder Todtenscheine genannt. 8. Bresl. 818. Graß, B. u. C. 4 gr

Hahn, Em[anuel]. Brief des Philhellenen Em. H' aus Griechenland. Gedruckt auf Kosten des Griechen-Vereines in Bern. 8. *o. O.* 1827.

Hahn, E[mil]. Kupferstecher Carl Arnold Gonzenbach (1806–1885) ⟨Lebensabriss, Briefe, Werke⟩. Mit 3 Beilagen [Tafeln]. 4. St. Gallen 1898.
Jahres-Berichte des Präsidenten und des Konservators über die Thätigkeit des Kunstvereins St. Gallen in den Jahren 1896 und 1897.

Hahn, E., Kupferstecher Carl Arnold Gonzenbach (Lebensabriss — Briefe — Werke). Jahres-Berichte d. Präsidenten u. d. Konservators üb. d. Thätigkeit d. Kunstvereins St. Gallen in den J. 1896 u. 1897. Mit 3 (Kunst-) Beilagen. gr. 4. (55 S.) St. Gallen 898. (Fehr.) n. 2. 40

Hahn, Aemilius (Albertus Hugo) *(geb. Ohlau 26. 11. 1853)*: Observationes criticae in Maximum Tyrium. Vratislaviae 1877. (36 S.) 8°
Breslau, Phil. Diss. v. 29. Mai 1877

Hahn, Emilie

— Jungi Madamme. Lustspiel in 1 Aufzug in Straßburger Mundart. (40 S.) 8. Straßburg 908. Schlesier & Schweikhardt. 1. —

Hahn, Emilie, des Glückes Weg, s.: Haus u. Herd 2. Bd.

E(rnestus) Hahn: Commentatio de arteriis anatis. Hannoverae: Hahn 1830. 60 S. 4°
Göttingen, Med. Diss. v. 7. Sept. 1830

Hahn, Dr. E., Commentatio de arteriis adnatis. Acced. II tabb. aen. 4maj. Hannov. 830. Hahn. 20 gr Velinp. 1 rf 4 gr

Hahn, Ernst [approb. Arzt aus Hannover]: Beiträge zur Casuistik des Fibroma molluscum . . . . Würzburg, k. Universitätsdr. v. H. Stürtz, 1888; 20 S. + 1 Bl. 8°
Würzburg, Med. Fak., Inaug.-Diss. v. 1888

Hahn, Ernst, approb. Arzt in Elmshorn i. H.: Casuistische Beiträge zur Behandlung von Sarkomen der langen Röhrenknochen durch Resection. *Kiel 1900: P. Peters.* (20 S.) 8°
Kiel, Med. Diss. v. [18. Sept.] 1900

Hahn, Ernst, u. Heinr. **Sachs**, 32 Frontalschnitte durch e. Grosshirnhemisphäre, s.: Wernicke, Carl, Atlas d. Gehirns.

Hahn, Ernst, die Strafrechtsreform u. die jugendlichen Verbrecher, s. a. Zeit- u. Streitfragen, neue. I. 5. 6.

Die Strafrechtsreform und die jugendlichen Verbrecher. Vortrag geh. 1904 im staatswiss. Praktikum d. Gehe-Stiftung von Ernst Hahn, Oberl., Dresden. *Dresden: v. Zahn & Jaensch 1904.* (46 S.) 8° [F.]
—Zeit- u. Streit-Fragen, Neue. Hrsg. von d. Gehestiftung. H. 5. 6. (04. 1905

Hahn, Ernst, der physiolog. Weg zur Lösg. d. Frauenfrage. Gemeinverständl. Studie. (32 S. m. 1 Fig.) 8. Leipzig 908. Modernes Verlagsbureau. — 75

Hahn, Ernst Ludw., die heutige Natur- und Wasserheilkunde gegenüber der alten von Priessnitz begründeten Heilmethode, oder die innere Fortentwickelung der Hydriatik. Uebersichtlich dargestellt. gr. 8. (24 S.) Magdeburg 853, Heinrichshofen'sche Buchh.

Hahn, Eug. Ueber die Behandlung d. Genu valgum etc., s. Klinik, Berliner.

Hahn, F. Eine Feuerlösch-Rentenbank. Anregung zur Verbesserung des Feuerlöschwesens auf dem Lande. Mittelrheinischer Verbands-Kalender für 1879. Frankfurt a. M.

Hahn, Haftpflicht u. Unfallversicherung. Ein Referat, erstattet in der Generalversammlung deutscher Müller zu Stettin am 27. Juni 1882. Nebst den von dem Verbande deutscher Müller einstimmig gefaßten Resolutionen. [Aus: „Bericht über die General-Versammlung d. Verbandes deutscher Müller".] gr. 8. (64 S.) Leipzig 882. M. Schäfer. n. 1. —

Hahn, F., allgemeines Münz-, Maß- u. Gewichtsbuch, s.: Treuber, Wilh.

Hahn, F. Repetitorium des österreichisch-ungarischen Heerwesens im Felde für Militärärzte. Wien 1906.

SALVATARA, Raphael v., oder der Mann ohne Liebe, von *F. H(ahn)*. Mit TKpfr. u. gestoch. Tit. Leipzig, W. Rein, 1817. 8°. 360 S. Zahm.
Zuerst gedr. 1801. 8°. (1½ Rthlr.). — Bildet auch Th. 2 von: „Das Räubermädchen." Ebd. 1798.

Hahn, F., Vertheidigung der Wachtmeister Stiegel u. Gärtner, welche angeschuldigt worden, die Anstifter der in der Nacht vom 9. zum 10. April 1848 v. Leuten der ehemal. Garde-du-Corps in Cassel verübten Excesse zu sein. gr. 12. (24 S.) Kassel 849, Luckhardt. n. 2 ngr

Hahn, F. (Hrsg.), s. Zeitschrift für Wundärzte und Geburtshelfer.

Hahn, F. C., heil. Reden über d. blutige Leiden Jesu. 8. Frankf. 750. (Schäfer). 4 gr

Hahn, F. Ch. Diss. sistens sonorum varietatem. Regiomonti 1750. 4.

Hahn, F. G., über die Beziehungen der Sonnenfleckenperiode zu meteorologischen Erscheinungen. Mit 2 lith. Taf. (in qu. gr. 4. u. qu. Fol.). gr. 8. (IV, 184 S.) Leipzig 877. Engelmann. n. 5. —

Hahn, F. G., topograph. Führer durch d. nordwestl. Deutschland. E. Wanderbuch f. Freunde d. Heimats- u. d. Landeskunde. M. Routenkarten. 8. (XII, 322 S.) Leipzig 895. Veit & Co. n. 4. —; geb. in Leinw. n. 4. 60

Hahn, F. G. Zur Geschichte der Grenze zwischen Europa und Asien. in Mitteilungen des Vereins für Erdkunde zu Leipzig. 1881 S. 83—104. Leipzig 1882. 22 S., 1 Krt. 8°

Hahn, F. G. Über Gewitter und Gewitterbeobachtungen. 1887 4.

Hahn, F. G., Insel-Studien. Versuch einer auf orograph. und geolog. Verhältnisse gegründeten Eintheilung der Inseln. Mit 1 Karte in Farbendr. gr. 8. (IV, 208 S.) Leipzig 883, Veit und Comp.

— Untersuchungen über das Aufsteigen u. Sinken der Küsten. Ein Beitrag zur allgemeinen Erdkunde. gr. 8. (IV, 223 S.) Ebend. 879. n. 4. —

Hahn, F. W. G., Handbuch für Destillateure, enthaltend über 300 der neuesten Recepte zur Fabrikation der Berliner, Breslauer und Danziger Doppel-Branntweine und Liqueure, der Danziger Wein-Liqueure, der französ. Liqueure, Crèmes u. Ratafia's ꝛc. gr. 12. Berlin 844, Amelang'sche Sort.-B. 1 ₰

Hahn, F. W. G., Handbuch f. Destillateure, enth. über 300 der neuesten Recepte zur Fabrikation der Berliner, Breslauer u. Danziger Doppel-Branntweine u. Liqueure ꝛc. Verfaßt nach eignen, durch prakt. Versuche erworbenen Erfahrungen. 2. (Titel-)Aufl. gr. 12. (XVI u. 239 S.) Berlin (844) 850, Gaertner. 3/4 ₰

Hahn, F. W. G., Handbuch für Destillateure, enth. über 300 der neuesten Recepte zur Fabrikation der berliner, breslauer und danziger Doppel-Branntweine und Liqueure ꝛc. Verfaßt nach eignen, durch prakt. Versuche erworbenen Erfahrungen. 2. (Titel-)Aufl. gr. 12. (XVI und 239 S.) Berlin 850, Amelangsche Sortimentsb.

Hahn, F X.

— Fuchs und Lamm, — drei Schulkameraden, — das Testament, } s. Volks- und Jugendbibliothek, neue.

Hahn, F. X., Fuchs u. Lamm, — drei Schulkameraden, — das Testament e. Findlings, } s.: Zehnpfennigbibliothek, Regensburger, für Volk u. Jugend.

Hahn, F. X., Bischof Michael Wittmann, das Bild eines frommen und segensreichen Lebens. Mit 1 Stahlst. Regensburg 860. Manz. 8. (219 S.) 22½ ngr.

Hahn, Fel., der deutsche Kriegs-Sanitätsdienst unter Berücksicht. der durch die modernen Geschosse bedingten sanitätstaktischen u. chirurgischen Massnahmen. (36 S.) gr. 8. Wien 906. M. Perles. n. 1. 20
Sonderabdruck aus: „Der Militärarzt".
— Repetitorium des österr-ungar. Heerwesens im Felde f. Militärärzte, s: Publikationen, militärärztliche. Nr. 66.

Hahn, Fel., üb. d. gegenwärt. Stand der Aseptik in der Chirurgie. (40 S.) gr. 8. Wien 907. J. Safář. 1. —

Hahn, Felix, a. Leipzig: Beiträge zur Kenntnis der Triglyceride. Weida i. Thür. 1904: Thomas & Hubert. (71 S.) 8°
Leipzig, Phil. Fak., Ref. Beckmann u. Hantzsch, Diss. v. 6. Dez. 1904
[Geb. 2. Okt. 77 Leipzig; Wohnort: Leipzig; Staatsangeh.: Sachsen; Vorbildung: Thomasgymn. Leipzig Reife O. 97; Studium: Leipzig 4, Freiburg i. B. 1, Leipzig 10 S.; Rig. 23. Nov. 04.]

Hahn, Ferdinand

Hahn, Ferd., 50 Bilder aus d. Goßnerschen Kols-Mission, s.: Rausch, H.

Hahn, Ferd., Blicke in die Geisteswelt der heidnischen Kols. Sammlung v. Sagen, Märchen u. Liedern der Oraon in Chota Nagpur. Bevorwortet v. Herm. Dalton. (X, 116 S.) gr. 8. Gütersloh 906. C. Bertelsmann. n. 1. 50; geb. n. 2. —

— Dale Pritammasih Tiga od. Wie aus d. Sohne e. Zauberers e. christl. Katechist geworden ist. Von ihm selbst erzählt. Übers. v. H. 2. Aufl. gr. 16. (11 S.) Friedenau-Berlin 898. Buchh. d. Goßner'schen Mission n.n — 05

— Dale Pritammasih Tiga od.: Wie aus dem Sohne e. Zauberers e. christl. Katechist geworden ist. Von ihm selbst erzählt. Uebers. v. H. 3. Aufl. 12. (15 S.) Ebd. (901). n.n. — 05

Hahn, Ferd., Denkschrift zur hundertjährigen Erinnerungsfeier an den großen Brand von Gera am 18. Septbr. 1780. 8. (63 S.) Gera 880. (Burow.) n. — 75

Hahn, Ferd., Einführg. in das Gebiet der Kols-Mission. Geschichte, Gebräuche, Religion u. Christianisierg. d. Kols. (VIII, 159 S.) 8. Gütersloh 907. C. Bertelsmann. 2.—; geb. 2. 80

[Umschlagt..] [F.] Die Feuerbusse eines indischen Heiligen. Von Missionar Ferd Hahn *Friedenau-Berlin: Buchh. d. Gossn. Mission [1896].* (8 S.) 1 Bd 8. 98 544

— d. Feuerbuße e. indischen Heiligen. 2. Aufl. gr. 16 (8 S.) Ebd. 898. n.n — 05

Hahn, Ferd., die Feuerbuße e. indischen Heiligen. 3. Aufl. 12. (8 S.) Friedenau-Berlin (901). Buchh. der Goßner'schen Mission. n.n. — 05

Hahn, Ferd., kleines Fremdwörterbuch. Enthalt. leichtfaßl. Erklärung von beinahe an 1100 aus fremden Sprachen entlehnten Ausdrücken, welche in der Umgangssprache, in Zeitungen, überhaupt aber in dem polit. Leben der Gegenwart am häufigsten vorkommen. 8. (28 S) Gera 848, (Kanitz.)

Hahn, Ferd., kurzgefaßte Geschichte des Reußenlandes, für die Volksschule bearb. 2. vielfach verb. und verm. Aufl. 8. (VI, 102 S.) Gera 872, Issleib und Rietzschel. *

Hahn, Ferd., Harkhu der Aussätzige. gr. 8. (20 S.) Friedenau-Berlin 892. Buchh. der Goßner'schen Mission. n. — 10

— Harkhu d. Aussätzige. 3. Aufl. 8. (24 S m. 1 Bild) Ebd. 897. n n. — 10

Harkhu der Aussätzige. Von Ferdinand Hahn, Gossner'scher Missionar in Lohardagga. 4. Aufl. *Friedenau-Berlin: Buchh. d. Gossnerschen Mission [1901].* (24 S.) 8° [F.] 98 933

— Harkhu der Aussätzige. 5. Aufl. (20 S. m. Abbildgn.) 8. Friedenau-Berlin (905). Buchh. der Goßner'schen Mission. n.n. — 10

[F.] Pastor Suleman Khalkho. Von Ferdinand Hahn, Missionar in Lohardagga in Ostindien. *Friedenau-Berlin: Buchh. d. Gossn. Mission [1893]* (16 S.) 1 Bd 8. 98 545

— Pastor Suleman Khalkho. 2. Aufl. gr. 16. (12 S) Ebd. 898. n.n. — 05

— Pastor Suleman Khaltho. 3. Aufl. 12. (16 S.) Ebd. (901). n.n. — 05

Hahn, Ferdinand [(Dr. med.) aus Frankfurt a. M.]: Über Morbus Basedowii und seine Behandlung ... Frankfurt a. M., Druck v. Gebr. Knauer, 1893; 26 S., 2 Taf. 8.
Würzburg, Med. Fak., Inaug.-Diss. v. 1893

Hahn, Florian, approb. Arzt aus Nürnberg: Ein Fall von Gallertkrebs des Magens und der Speiseröhre. *Erlangen 1899: F. Junge.* (19 S.) 8°
Erlangen, Med. Diss. v. (15. Juni) 1897

Hahn, Fr. und A. Darstellung eines merkwürdigen Justizmordes, unter der Regierung des Jerome Napoleon. 8. Eschwege 1813.

— u. Aug. Hahn I., Darstell. eines merkwürd. Justizmordes unter Jérome Napoleon. 8. Cassel u. Marb. 814. Krieger. 3 gl

Hahn, Fr., fünf Elfenbein-Gefässe des frühesten Mittelalters. gr. 4. (VI und 67 S. mit 3 Stnt. Abbild. in Tondr. in qu. gr. Fol. und mehren eingedr. Holzschn.) Hannover 862, Hahn'sche Hofbuchh. cart. *

Hahn, Fr., der Fund von Lengerich im Königreiche Hannover. Goldschmuck und römische Münzen. Beschrieben. Mit 2 Taf. in Steindr. Hannover 854. Hahn. 8. (2 Bl., 58 S.) 15 ngl

Hahn, Fr. v., s.: Zeitschrift f. d. ges. Handelsrecht.

Hahn, Fr. G., s.: Forschungen zur deutschen Landes- u. Volkskunde.

Hahn, Fr. G., die Klassiker der Erdkunde und ihre Bedeutung für die geographische Forschung der Gegenwart. 8. (30 S.) Königsberg 887, Hübner und Matz. *
Aus: Königsberger Studien, besonders abgedruckt.

—— die Städte der norddeutschen Tiefebene in ihrer Beziehung zur Bodengestaltung, s. a. Forschungen zur deutschen Landes- und Volkskunde.

Hahn, F. G.: Die Städte der Norddeutschen Tiefebene in ihrer Beziehung zur Bodengestaltung. Stuttgart 1885. 76 S.
= Forschungen zur deutschen Landes- und Volkskunde. Bd. 1. Heft 3. 8°. [E 1830

Hahn, Fr. Jos von: Chronicon Gotwicense, s. Bessel, Gottfried von

Hahn, Franz: Statistischer Bericht über die Infectionskrankheiten auf der II. med. Abteilung des Münchener allgemeinen Krankenhauses l. d. I. in den Jahren 1890—1895. *München 1897: Kastner & Lossen.* (32 S.) 8°
München, Med. Diss. v. 1898

Hahn, Frz., kaufm. Korrespondenz, s.: Findeisen, C. F.

Hahn, Frz., von d. Pflicht zur Denuntiation d. Verbrechen. Eine jurist. Abhandl. gr. 8. (5¾ B.) Bern 830, Jenni, Sohn.

Hahn, Franziska, s.: Ehrhardt, F.

Hahn, Fred. De re militari veterum ad mores praesertim medii aevi. Brunsvigae 1724.

Hahn, Friedrich

Hahn, F., Adreß-Buch der großh. badischen Kreishauptstadt Offenburg.

Hahn, Frdr., Afrika. 2. Aufl., nach der v. Wilh. Sievers verf. 1. Aufl. umgearb. u. erneuert. Mit 173 Abbildgn. im Text, 11 Karten u. 21 Taf. in Farbendr., Holzschn. u. Ätzgn. v. E. T. Compton, Th. v. Eckenbrecher, Paul W. Ehrhardt u. a. (Allgem. Länderkunde. Hrsg. v. Wilh. Sievers.) Lex.-8. (XII, 681 S.) Leipzig 901. Bibliograph. Institut. Geb. in Halbfrz. n n. 17.—; auch in 15 Lfgn. à n. 1.—

Hahn, *Johannes Ernst* Friedrich [aus Neuhaldensleben]: Beiträge zu der Lehre von der Leyden'schen Schwangerschaftsniere ... Zoerbig, Buchdr. v. G. Huster, 1896; 27 S., 1 Bl. 8.
Halle, Med. Fak., Inaug.-Diss. v. 21. März 1896

Hahn, Frdr., Berlin—Danzig—Königsberg—(Memel)—Eydtkuhnen, s.: Rechts u. links der Eisenbahn 15. u. 16. Heft.

Hahn, Frdr., die Blankettfälschung. Ihre Stellg. innerhalb der Urkundenfälschg. Zugleich e. Beitrag zur Strafrechtsreform. (Diss.) (76 S.) gr. 8. Berlin 910. J. Guttentag. 1,20

Hahn, Frdr., Dämonen. Erzählg. (166 S.) 8. München 904. A. Langen. n. 2.—; geb. n. 3.—

Hahn, Friedrich: Das Königreich Dänemark.
in: Länderkunde der fünf Erdteile, herausgegeben von Alfred Kirchhoff. Bd. 1. Länderkunde von Europa. Th. 2. 1: S. 281—306. Wien, Prag u. Leipzig 1890. 26 S. 8°.

— die Eisenbahnen, ihre Entstehung u. gegenwärtige Verbreitung, s. a. Aus Natur u. Geisteswelt. 71. Bd.

Die Eisenbahnen, ihre Entstehung und gegenwärtige Verbreitung. Von F[riedrich] Hahn, Prof., Königsberg. Mit 1 Doppeltaf. u. zahlr. Abb. Leipzig: B. G. Teubner 1905. (150 S.) 8° [F.]
= Natur, Aus, u. Geisteswelt. Bdch. 71. [05. 10303

Hahn, Frdr., Entwickelg. u. Stand d. Leibesübgn. rc., s.: Leutheußer, Gust.

Hahn, F[riedrich]. Über geistliche Erweckungen. Aus Rev. Charles G Finneys Reden nebst einem kurzen Abriss seines Lebens. 2. durch Anmerkungen vermehrte Aufl. VIII + 194 S. 8. Basel, Kober, 1903. [fr. 1. 50, geb. fr. 2. 50]

Hahn, Friedrich: Frankreich.
in: Länderkunde der fünf Erdteile, herausgegeben von Alfred Kirchhoff. Bd. 1. Länderkunde von Europa. Th. 2. 1. S. 1—162. Wien, Prag u. Leipzig 1890. 162 S. 8°.

Hahn, Friedr. (II.). Frankreich — die britischen Inseln — das Königr. Dänemark — Schweden u. Norwegen — die nordischen Inseln, s. Wissen, unser, v. der Erde.

— das Fresko. Erzählungen. (VII, 99 S.) 8. Wien 903. C. W. Stern. n. 2.—

Hahn, Friedrich: Die britischen Inseln.
in: Länderkunde der fünf Erdteile, herausgegeben von Alfred Kirchhoff. Bd. 1. Länderkunde von Europa. Th. 2. 1 S. 163—280. Wien, Prag u. Leipzig 1890. 118 S. 8°.

Hahn, Friedrich: Die nordischen Inseln
in: Länderkunde der fünf Erdteile, herausgegeben von Alfred Kirchhoff. Bd. 1. Länderkunde von Europa. Th. 2. 1. S. 383—399. Wien, Prag u. Leipzig 1890. 17 S. 8°.

Hahn, Friedrich [approb. Arzt aus Altona]: Ueber Carcinom der weiblichen Mamma mit besonderer Berücksichtigung der Knochenmetastasen .... Freiburg i. Baden, Univ.-Buchdr. v. H. M. Poppen & Sohn, 1887; 30 S. + 2 Bl. 8°
Freiburg i. B., Med. Fak., Inaug.-Diss. v. 1887

Hahn, Friedr. v., Commentar zum allgemeinen deutschen Handelsgesetzbuch. 2 Bde. gr. 8. Braunschweig 862—67, Vieweg und Sohn. *

Inhalt:

1. Bd. 1. Abthl. Das 1. Buch des Handelsgesetzbuchs. (X und S. 1—203.) * 24 Ngr.
1. » 2. » Das 2. und 3. Buch des Handelsgesetzbuchs. (XLVIII und S. 204—518.) * 1 Thlr. 15 Ngr.
2. » 1. » Der 1. Titel des 4. Buchs des Handelsgesetzbuchs. (VII und S. 1—174.) * 24 Ngr.
2. » 2. » Der 2.—5. Titel des 4. Buchs des Handelsgesetzbuchs nebst einem Sachregister über Bd. 1 und 2. (VIII und S. 175—586.) * 2 Thlr.

Hahn, Friedr. v., Commentar zum allgemeinen deutschen Handelsgesetzbuche. 1. Bd. Das 1., 2. und 3. Buch des Handelsgesetzbuchs. 2. verb. und mit besond. Bezugnahme auf die Einführungsgesetze und die neue Reichsgesetzgebung bearb. Aufl. 2 Abthlgn. gr. 8. Braunschweig, Vieweg und Sohn. [1. Abthl. (S. 1—368.) 871. *ℳ 4,80., und 2. Abthl. (LXVII, S. 369—723.) 873. *ℳ 6.] *

Hahn, Frdr. v., Commentar zum allgemeinen deutschen Handelsgesetzbuche. 1. Bd. Das 1., 2. u. 3. Buch d. Handelsgesetzbuchs. 2. verb. u. m. besond. Bezugnahme auf die Einführungsgesetze u. die neue Reichsgesetzgebg. bearb. Aufl. gr. 8. (LXVII, 723 S.) Braunschweig 872. Vieweg & Sohn. n. 10. 80

— dasselbe. 2. Bd. Das 4. Buch d. Handelsgesetzbuches nebst e. Sachregister üb. Bd. I u. II. 2. verb. u. m. besond. Bezugnahme auf die Einführungsgesetze, die neue Reichsgesetzgebg. u. die Rechtsprechg d. Reichsoberhandelsgerichts bearb. Aufl. 1. u. 2. Lfg. Art. 271—347. gr. 8. (S. 1—320.) Braunschweig 875. 76 Vieweg & Sohn. à n. 2. 80

Hahn, Friedr. v., Commentar zum allgemeinen deutschen Handelsgesetzbuch. 1. Bd.: Das 1., 2. und 3. Buch des Handelsgesetzbuchs. 3. verb. und mit besond. Bezugnahme auf die Rechtsprechung des Reichsoberhandelsgerichts bearb. Aufl. 2 Abthlgn. gr. 8. Braunschweig, Vieweg und Sohn. [1. Abthl. Art. 1—84. (S. 1—304.) 877. *ℳ 5,20.; 2. Abthl. Art. 85—270.) (LXXXI, S. 305—840.) 879. *ℳ 10,40.] *

Hahn, Frdr. v., Commentar zum allgemeinen deutschen Handelsgesetzbuch. 2. Bd. Das 4. Buch des Handelsgesetzbuchs, nebst einem Sachregister über Bd. I. u. II. 2., verb. u. mit besonderer Bezugnahme auf die Einführungsgesetze, die neue Reichsgesetzgebung u. die Rechtsprechung des Reichsoberhandelsgerichts bearb. Aufl. 3. Lfg.: Art. 348 bis 379. gr. 8. (S. 321—536.) Braunschweig 881. Vieweg & Sohn. n. 3. 80 (I—II. 3.: n. 25. —)

Hahn, Frdr. v., Commentar zum allgemeinen deutschen Handelsgesetzbuch. 2. Bd. Das 4. Buch des Handelsgesetzbuchs, nebst e. Sachregister üb. Bd. II. 2. verb. u. m. besond. Bezugnahme auf die Einführungsgesetze, die neue Reichsgesetzgebg. u. die Rechtsprechg. d. Reichsoberhandelsgerichts u. d. Reichsgerichts bearb. Aufl. 4. Lfg.: Art. 379 bis 431. gr. 8. (V—VIII u. S. 537-785.) Braunschweig 883. Vieweg & Sohn. n. 5. — (cplt.: n. 30. —)

Hahn, Frdr. v., Commentar zum allgemeinen deutschen Handelsgesetzbuch. 1. Bd. 1. Lfg. Das 1. Buch des Handelsgesetzbuchs. 4., verm. u. verb. Aufl. gr. 8. (378 S.) Braunschweig 894. F. Vieweg & Sohn. n. 7. —

— dasselbe. 1. Bd. 2. Lfg. 2. Buch des Handelsgesetzbuchs. 1. Titel u. 1. Abschn. des 2. Titels. 4., verm. u. verb. Aufl. gr. 8. (S. 379—662.) Ebd. 894. n. 5. —

Hahn, Friedrich: Schweden und Norwegen.
in: Länderkunde der fünf Erdteile, herausgegeben von Alfred Kirchhoff. Bd. I. Länderkunde von Europa. Th. 2 ... S. 307—382. Wien, Prag u. Leipzig 1890. 76 S. 8°.

Hahn, Friedr. v., die materielle Uebereinstimmung der römischen und germanischen Rechtsprincipien. Jena 856. Mauke. 8. (XXXVI, 584 S.) n. 2 ℳ

Hahn, Friedr., Vertheidigung d. Geh. Kabinetsarchivar Müller, mit einigen Hindeutungen auf d. Veranlassung d. Staatsreform in Kurhessen. 8. (9¼ B.) Cassel 831, (Bohné.)

Hahn, Frdr., Wie steht es mit den Kellnerinnen in sozialer und christlicher Beziehung? Ein Notschrei. 12°. Basel, C. F. Spittler, 1892. 2. Aufl. 8°. Basel, Jaeger u. Kober, 1893. 22 S.

Hahn, Friedrich: Wie steht es mit den Kellnerinnen in sozialer und christlicher Beziehung! Ein Notschrei. — Gernsbach 1892: Buchdr. Bethlehem. 22 S. 8°

— Friedrich Ludwig August (Zeitz), De judicio falsi ejusque in vindicatione limitibus. Präs. Johann Christian Francke. Wittbg. (Chn. Phil. Meltzer) 29. VII. 1799. 38 S. mit Widm. v. Präs. (5.50) 12800

Hahn, Fritz, das große Polterabendbuch, s.: Behrens, Curt.

Hahn, Fritz Felix

Hahn (F. Felix), Geologie der Kammerker-Sonntagshorngruppe. Wien.
1. Stratigraph.-paläont. Teil. M. 20 Fig. i. T. u. 2 paläont. Taf. 1910. 110 S.
Aus: Jahrb. d. K. K. geol. Reichsanst. 1910, Bd 60, H. 2.

Hahn, F(ritz) Felix: Stratigraphische und paläontologische Untersuchungen in der Kammerker-Sonntagshorngruppe. Mit 20 Fig. im Text u. 2 paläontol. Taf. Wien 1910: Hollinek. 110 S. 8° ¶ (Aus: Jahrbuch d. k. k. geol. Reichsanstalt. Bd 60, H. 2.)
München, Phil. Diss. v. 18. Febr. 1910, Ref. Rothpletz
[Geb. 29. Mai 85 München; Wohnort: München; Staatsangeh.: Bayern; Vorbildung: Maximilians-Gymn. München Reife Juli 04; Studium: München 4, Berlin 1, Marburg 1, München 5 S.; Rig. 18. Febr. 10.] [U 10. 3650

Hahn, G., Anfangsgründe d. musikal. Singkunst, durch Frag u. Antwort, nebst 1 Tabelle. Regensb., Reitmayr. 2 K

Hahn, der industrielle Arbeitslohn, s. a. Zeitfragen, volkswirtschaftliche, Hft. 222.

Hahn, G., Der industrielle Arbeitslohn. Vortrag, gehalten in der Staatswissenschaftlichen Gesellschaft zu Jena. Berlin, 1906. 41 S. mit 1 Abb.

Hahn, G., die wichtigsten Bestimmungen üb. den Dienst des Reserve- u. Landwehr-Offiziers innerhalb d. Landwehrbezirks, nebst zahlreichen Formularen. 12. (79 S.) Berlin 901. A. Haack. Geb. in Leinw. n. 1.60

Hahn, G., s. J. D. Deßmann, Rechenbuch und dessen Rechenaufgaben.

Hahn, G., De censorum locationibus. Diss. 1879. 51 S.

Hahn G, nach welcher Methode muss der Zeichenunterricht geleitet werden, um den Sinn für die Kunst zu wecken und das Verständnis derselben zu fördern? (Einladungsschrift der Handelslehranstalt Dresden.) Dresden 1867

Hahn, G., S. J, die Probleme der Hysterie u. die Offenbarungen der hl. Therese. Deutsch von Paul Prina. (195 S.) 8. Leipzig 906. J. Zeitler. n. 2. 50

— Ratgeber in allen Militär-Angelegenheiten, s. a. Ullstein's Sammlung prakt. Hausbücher. 1. Bd.

Ratgeber in allen Militär-Angelegenheiten vom Beginn d. Militärpflicht bis z. Übertritt in d. Landsturm. Von G. Hahn. *Berlin: Ullstein & Co. [1901].* (116 S.) 8° [F.]
= Sammlung, Ullstein's, prakt. Hausbücher. [1.] [02. 761

Ratgeber in allen Militär-Angelegenheiten vom Beginn d. Militärpflicht bis z. Übertritt in d. Landsturm. Von G. Hahn. 2. Aufl. *Berlin: Ullstein & Co. [1902].* (116 S.) 8° [F.]
— Sammlung, Ullstein's, prakt. Hausbücher. [1.] [03. 8957 II

Hahn, G.: Der deutsche Unterricht am Gymnasium. 39 S. – Zweibrücken, Progr. 1870.

Hahn, G. Versuchsresultate über Fangversuche mit Lessings Fangvorrichtung. Freiberg i/S., 1896.

Hahn, G. F., Dr., Topographischer Führer durch Nordwest-Deutschland. Leipzig 1895.

Hahn, G. J. J., wohlunterwiesener Generalbaßschüler. Augsb. Lotter u. S. 1 ₰ 20 ℊ

Hahn, G. L., das Evangelium des Lucas. Erklärt v. G. L. H. 2 Bde. gr. 8. Breslau, E. Morgenstern, Verl. n. 26. —
1. (VIII, 635 S.) 892. n. 12. — . — 2. (VI, 715 S.) 894. n. 14. —

Hahn, G. Ludw., Bibliothek d. Symbole u. Glaubensregeln d. alten Kirche, s: Hahn, Aug.

Hahn, Geo., Ernst Abbe als Sozialpolitiker, s. a. Fortschritt, soz.

Hahn G., Ernst Abbe als Sozialpolitiker. (32 S) (Soz. Fortschr. 85 86) Leipzig 1906

v. *Hahn*, Geo., de auctoritate pacti, de hereditate tertii in jure Romano et Germanico. Dissertatio. 8maj. Heidelb. 832. (Winter). 8 ℊ

Hahn, Georg, Assistenzarzt aus Rybnik O.-S.: Aus d. inneren Abteil. d. städt. Krankenhauses in Frankfurt a. O. Dirigierender Arzt: Dr. Glaser. Casuistischer Beitrag zur Lehre von der Mischinfektion. *Leipzig 1904: B. Georgi.* (32 S.) 8°
Leipzig, Med. Diss. v. (9. Febr.) 1904

Hahn, Geo., Ueberlinger Geschlechterbuch. 1595. Hrsg. v. Herm. Sevin. Fol. (VI, 66 S. m. ca. 100 kolor. Wappenbildern.) Ueberlingen 889. A. Schoy. n. 60. —
Vergriffen.

Hahn, Georg, prakt. Arzt, Breslau: Aus der Mediz. Univ.-Poliklinik in Breslau. Über die bakterizide Wirkung des menschlichen Blutserums gegenüber Typhusbazillen. (Nachweis des Zwischenkörpers.) Naumburg a./S. 1905: Lippert & Co. (31 S.) 8°
Breslau, Med. Fak., Ref. Stern, Diss. v. 21. Jan. 1905
[Geb. 6. Febr. 78 Breslau; Heimatsort: Gleiwitz; Staatsangeh.: Preußen; Vorbildung: Gymn. Gleiwitz Reife O. 98; Studium: Berlin 4, München 1, Berlin 3, München 2 S.; Coll. 30. Juni 04; Approb. 30. März 03.]

— **Georg Christian** (Liegnitz), De arteriarum tunicis. Diss. med. Präs. Christian Gottlieb Ludwig. Lpz. (Langenheim) 4. IX. 1739. 36 S. (6.20) 12801
Gewidm.: Gottfried Hahn (Schweidnitz). — Widm. v. Präs.

Hahn, Georg Gli.

Hahn, G. G.: „Anleitung zur niedern und höhern Mathematik, in so fern solche dem Offizier überhaupt, als auch dem Ingenieur und Artilleristen unentbehrlich ist", 2 Bände, Stuttgart 1788, 1789 (Metzler).

Hahn, Geo. Gli., († d. 6. Dec. 1823.) vollständ. Anleit. zur niedern u. höhern Mathematik für Ingenieurs. 2 Bde, mit Kpf. gr. 8. Stuttg. 789, 90. Metzler. 4 ₰

Hahn, Georg Ludwig

Hahn, G. L., die Lehre von den Sakramenten in ihrer geschichtl. Entwickelung innerhalb der abendländischen Kirche bis zum Concil von Trient. gr. 8. (VIII und 447 S.) Breslau 864, Morgenstern. *

Hahn, Georgius Ludovicus: Doctrinae Romanae de numero sacramentorum septenario rationes historicae. Vratislaviae: J. Max et soc. (1859). (68 S.) 8° *[Buchausg. ebenda.]*
Breslau, Ev.-theol. Fak., Antr.-Progr. als außerord. Prof. v. 25. Juni 1859

Hahn, Geo. Ludov., doctrinae Romanae de numero sacramentorum septenario rationes historicae. Commentatio. Breslau 859. Max & Co. gr. 8. (2 Bl., 68 S.) n. 12 *ngr.*

Hahn, Georgius Ludovicus *(geb. Königsberg i. Pr. 26. 4. 1823)*: Schwenckfeldii sententia de Christi persona et opere exposita. Vratislaviae (1847). (IV, 76 S.) 8° *[Im Buchhandel 1847 bei Max & Ko. in Breslau.]*
Breslau, Ev.-theol. Liz.-Diss. v. 17. Nov. 1847

Hahn, Geo. Ludov., Schwenckfeldii sententia de Christi persona et opere exposita. Commentatio histor.-theol. 8maj. (IV und 76 S.) Vratislaviae 847, (Max et soc.) Thlr. –

Hahn, Georg Ludwig: Ueber den gegenwärtigen Stand der neutestamentlichen Kritik. Breslau: J. Max & Ko. 1848. (42 S.) 8° [F.]
Breslau, Ev.-theol. Fak., Hab.-Vorles. v. 19. Febr. 1848

Hahn, Geo. Ludw., die Theologie des neuen Testaments. (In 2 Bdn.) 1. Bd. gr. 8. (XII und 475 S.) Leipzig 854, Dörffling und Franke. *

— **Georg Sigismund** (Sorau/Laus.) De obligatione expromissione rei incertae. Dissert. jur. Präs. Christian Thomasius. Halle (Salfeld) 24. X. 1715. 71 S. (7.—) 12802

Hahn, Gerhard, approb. Arzt aus Breslau: Ueber die Wirkung der Nebennierenpräparate, speziell des Adrenalins, mit besonderer Berücksichtigung der Oto-Rhino-Laryngologie. *Leipzig 1903: B. Georgi.* (30 S.) 8°
Leipzig, Med. Diss. v. (17. Juli) 1903

Hahn, Gottfried, Gut Heil! Humoristisch-patriotisches Duett, Mühlhausen i. Thür., 3/3 S., 4°.

Hahn, Gotthold

—— und Otto Müller, Abbildung und Beschreibung der am häufigsten vorkommenden Pilze Deutschlands, nebst Angabe ihrer Schädlichkeit und ihres Nutzens. Mit 93 nach der Natur gezeichneten Abbild. (16 Chromolithogr. in qu. 4.). Zum Gebrauch für Jedermann bearb. 8. (35 S.) (Ebenda.) 881. cart. *

Hahn, G., u. Otto **Müller,** Abbildung u. Beschreibung der am häufigsten vorkommenden Pilze Deutschlands, nebst Angabe ihrer Schädlichkeit u. ihres Nutzens. Mit 93 nach der Natur gezeichneten Abbildungen. (16 Chromolith. in qu. 4.) Zum Gebrauch für Jedermann bearb. 8. (35 S.) Gera 882. Kanitz' Sort. in Comm. cart. n. 2. 70

Hahn, Ghold., Flechten-Herbarium m. Beschreibung. gr. 4. (16 S. nebst 8 Bl. m. aufgeklebten Pflanzen.) Gera 884. Kanitz' Sort. In Mappe. n.n. 7. —

Hahn, Ghold., Gefäßkryptogamen-Herbarium (Cryptogamae vasculares). Fol. (20 Bl.) Gera (893). H. Kanitz' Verl. In Mappe n.n. 5.—

—— Deutschlands verbreitetste, wildwachsende Gräser, Halbgräser und Binsengewächse. Zum Gebrauch für Schulen und alle Freunde des Pflanzenreichs. Mit einem Herbarium von 100 Exemplaren. Fol. (15 S.) Ebendas. 883. geb. **

Hahn, Ghold., die Lebermoose Deutschlands. Ein Vademecum für Botaniker. 8. (XIV, 90 S. mit 12 Taf. in Farbendr.) Gera 885, Kanitz' Verlag. geb. *

Hahn, Ghold., die Lebermoose Deutschlands. Ein Vademecum f. Botaniker. 2. (Titel-)Aufl. gr. 8. (XIV, 90 S. m. 12 farb. Taf.) Gera 894. H. Kanitz. Geb. in Leinw. n. 4.—

Hahn, Ghold., Moos-Herbarium. I. Musci frondosi. II. Musci hepatici. gr. 4. (10 Bl. mit 90 getrockneten Pflanzen.) Gera 882. Kanitz'sche Buchh. In Mappe. n. 4.—

Hahn, G., kleine Pilzkunde. Praktisches Handbuch f. Schule u. Haus. Mit 24 Taf. in Farbendr. 12. (VIII, 80 S.) Gera 887. Kanitz' Verl. geb. n. 2.40

— kleine Pilzkunde. Praktisches Handbuch f. Schule u. Haus. 2. (Titel-)Aufl. gr. 16. (VIII, 80 S. m. 24 farb. Taf.) Ebd. 894. Geb. in Leinw. n. 2.—

— der Pilz-Sammler od. Anleitg. zur Kenntnis der wichtigsten Pilze Deutschlands u. der angrenz. Länder. Mit 135 nach der Natur gemalten Pilzarten (23 chromolith. Taf.) gr. 8. (XI, 87 S.) Ebend. 883. cart. n. 4.—

Hahn, Ghold. Der Pilz-Sammler od. Anleitg. zur Kenntnis der wichtigsten Pilze Deutschlands u. der angrenz. Länder. 2. Aufl. gr. 8. (XVI, 204 S. m. 32 farb. Taf.) Gera 890, Kanitz' Verlag. geb. * 6 —

Hahn, Ghold., der Pilz-Sammler oder Anleitung zur Kenntnis der wichtigsten Pilze Deutschlands u. der angrenzenden Länder. Mit 176 nach der Natur gemalten Pilzarten auf 32 Taf. in Farbendr. Zum Gebrauche f. jedermann. 3. verb. u. verm. Aufl. (XXIII, 208 S.) gr. 8. Gera 903. H. Kanitz' Verl. Geb. in Leinw. n. 6.—

—— Die besten Speise-Schwämme. Mit kolor. Abbildgn. gr. 8. (12 Taf. u. 5 S. Text.) Ebd. 891. cart. * 1 20

Hahn, Gl. Herm., sechs heilige Reden. 4. Schneeberg, Fulde. 759.

Hahn, Gustav, appr. Arzt a. Berlin: Über Angina Vincenti. Berlin (1905): G. Schade. (40 S.) 8°
Berlin, Med. Fak., Ref. Kraus, Diss. v. 13. Juli 1905
[Geb. 2. Dez. 78 Berlin; Heimatsort: Berlin; Staatsangeh.: Preußen; Vorbildung: Joachimsthalsches Gymn. Berlin Reife O. 98; Studium: Tübingen 1, Bonn 1, Berlin 2, Freiburg i. B. 1, Berlin 3 S.; Coll. 26. Juni 05; Approb. 26. Aug. 03.]

Hahn, Gustav [Referendar aus Hanau]: Die Bedingungen für den Effektenhandel der wichtigsten deutschen Fondsbörsen. . . . Berlin, Buchdr. v. G. Schade, *1891*; 71 S., 1 Bl. 8°
Berlin, Jur. Fak., Inaug.-Diss. v. 7. Aug. 1891

Hahn, Gust., der Gürtel des Jeremias; ein Spiegel auch für das liebe deutsche Volk. Katechese über Jeremias 13, 1—11, gehalten zu Erdmannsdorf in einer Bezirks-Lehrerkonferenz am 15. Juli 1880. gr. 8. (8 S.) Hirschberg 881. Heilig. n. —30

Hahn, Gust. (Adolph. Franc.) (geb. Zehdenick 23. 7. 1834): De hydrocephalo chronico novaque punctionis ejus methodo. Berolini (1859). (31 S.) 8°
Berlin, Med. Diss. v. 8. Okt. 1859

Hahn, Gust. De articuli apud Tragicos Graecos loco pronominis relativi usu. 17 S.
Salzwedel, Progr. 1846

Hahn, Gust., Ornamenten-Schule für den Zeichnen-Unterricht u. zum Selbststudium. Nach den vorzüglichsten Ornamenten aller Stylarten systematisch geordnet u. gezeichnet. (In 2 Abthlgn.) 1. Abthl. Dresden 868. Meinhold & Söhne. gr. Fol. (10 Steintaff.) 3 Thlr

—— 2. Abthl. Ebend. 869. gr. Fol. (15 Steintaff. in Tondr.) 4 Thlr 15 ngr

Hahn, Gustav: Das neue Schulgebäude und seine Einweihung. S. 1—12. 4. Progr. Neustädter Realschule *Dresden* 1904 (656).

[J.] Aus der Tyrolerschule zu Zillerthal im Riesengebirge in den ersten 50 Jahren ihres Bestehens. Jubiläumsschr. enth. Lebensbilder aus d. kleinen u. grossen Welt vf. v. Gustav Hahn, Lehrer an d. Tyrolerschule... *Breslau: Comm.-V. v. C. Dülfer; Dr. v. A. Ike in Hirschberg 1896.* (459 S., 1 Bl.) 1 Bd 8. [98. 8]

Hahn, Gustav: Lord Beaconsfields Roman Venetia, ein Denkmal Byrons und Shelleys. *Dresden 1898: B. G. Teubner.* (3—29 S.) 4°
Dresden-Altstadt, Annen-S (RG), OP 1898 (577)

Hahn, Gust., systematisch geordnetes Verzeichniß der Abhandlungen, Reden und Gedichte, die in den an den Preußischen Gymnasien u. Progymnasien 1842—50 erschienenen Programmen enthalten sind. Salzwedel 854. Schmidt in Comm. 4. (IV, 50 S.) n. 8 ngr

Hahn, Gust., systematisch geordnetes Verzeichniß der Abhandlungen, Reden und Gedichte, die in den an den preuß. Gymnasien und Progymnasien 1851—1860 erschienenen Programmen enthalten sind. Salzwedel 864. Schmidt in Comm. 4. (VIII, 62 S.) n. 10 ngr

Hahn, G[ustavus]: *De vita, moribus ac scriptis C. Sallustii Crispi. 70 S. 4°
Halle-Wittenberg, Phil. Diss. v. [16. Sept. 1829]
Geb. [Osterburg (Altmark) 28. Aug. 1807]
Verf. erlebte die Diplomerneuerung 1879 als Oberlehrer a.D. in Salzwedel, vgl. Anh. Nr. 572.

Hahn, Gust., Waldelse. Ein Sang aus dem Walde. 16. (131 S.) Straßburg i/E. 893. G. L. Kattentidt. n. 1. 20

Hahn, Gust. Das französische Zeitwort in tabellarischer Uebersicht. 4. (IV, 77 S.) Lpz. 890, Teubner. cart. * 1 20

Hahn, Gust., die Zillerthaler im Riesengebirge. Was ist aus den hier eingewanderten Zillerthalern und ihren Nachkommen geworden? Denkschrift zum 50jähr. Jubiläum der Einwanderung der evangel. Tyroler aus dem Zillerthale. gr. 8. (175 S. mit 1 Lithogr. und 9 Abbild. im Text.) Schmiedeberg 887, Sommer. *

Hahn, Gustav Georg, Referendar: Das Personalstatut und die Geschäftsfähigkeit im deutschen internationalen Privatrecht (Art. 7 des Einführungsgesetzes v. 18. 8. 1896). Borna-Leipzig 1909: Noske. VIII, 55 S. 8°
Leipzig, Jur. Diss. v. 13. Jan. 1909
[Geb. 3. Febr. 86 Obergruna; Wohnort: Chemnitz; Staatsangeh.: Sachsen; Vorbildung: Gymn. Freiberg Reife O. 04; Studium: Leipzig 7 S.; Rig. 26. Juni 07.] [U 09. 2530]

Hahn, Gust. Paul Rich., Basedow u. sein Verhältniss zu Rousseau. Ein Beitrag zur Geschichte der Pädagogik im 18. Jahrh. gr. 8. (VIII, 113 S.) Leipzig 885. (Weiss & Schack.) n. 1. 50

Hahn, H., Alphabete für die Volksschule. Deutsch u. lateinisch. 1 Steintaf. qu. 4. Dresden 879. Huhle. n. —5

Hahn, H., die Hoffnungen der katholischen Kirche in China, s. Broschüren, zeitgemäße.

Gute Lebensformen im Hause und in der Gesellschaft. Leitfaden f. alle Stände von H. Hahn. *Langensalza: F. G. L. Gressler 1903.* (VIII, 171 S.) 8° [F.] [03. 6763 3]

Hahn, H., gute Lebensformen im Hause u. in der Gesellschaft. Leitfaden f. alle Stände. 1. u. 2. Aufl. (à VIII, 171 S.) 8. Langensalza 903. 906. Schulbuchh. n. 1.80; geb. n. 2.50

Hahn, H., Observata ad Wesenbeckium. fol. Frft. et Lps. (Waisenh. Halle) 706.

Hahn, H., Die Ritter vom Fleische. Beitrag zur Lösung der socialen Frage. 8°. Berlin 1869. .

– Dass., s.a. Hahn, Theodor

— Schreib-Wandtafeln für die Volksschule. Deutsch u. lateinisch. 2 Taf. à 2 Bl. Lith. Imp.-Fol. Ebend. 879. n. 4. —; auf Leinw. mit Holzrollen n.n. 13. —; einzeln à n. 2. 50; auf Leinw. mit Holzrollen n.n. 7. 50

— die Verirrungen der Jugend. Ein warnendes und belehrendes Wort für Knaben reiferen Alters, deren Eltern, Lehrer und Erzieher. Chemnitz (854). Defoy. (Focke.) gr. 8. (2 Bl., 32 S.) n. 5 ngr

— Weltgeschichte für die Volksschule und zum Selbstunterrichte mit besonderer Berücksichtigung der deutschen Geschichte. Leipzig 854. Klinkhardt. gr. 8. (VI, 122 S.) 7½ ngr

— Weltgeschichte für einfache Volksschulen. Nach den Bestimmungen des allgemeinen Lehrplanes vom 5. Novbr. 1878 bearb. 8. (VI, 98 S.) Leipzig 879. Klinkhardt. n. — 50

Hahn, H. A., des Kindes Engel. Ein Gebetbuch für fromme Kinder. Burgstädt 855. (Leipzig, A. Winter.) 16. (2 Bl., 84 S. u. 1 Holzschn.) n. 5 ngr

Hahn, Hans, Aimee, s.: Bonsels, Waldem.

— Über Annäherung an Lebesguesche Integrale durch Riemannsche Summen. S. 123. Ha. 713 . . . . 1.—
Separatabdruck

Hahn, H. u. H. Nienaber, die Anstellungsgrundsätze. 2 Thle. gr. 8. Berlin, E. S. Mittler & Sohn. n. 8. 30; geb. in Leinw. n. 9. 50
1. Grundsätze f. die Besetzung der Subaltern- u. Unterbeamtenstellen bei den Reichs- u. Staatsbehörden m. Militäranwärtern. Mit Genehmigg. des kgl. preuß. Kriegsministeriums unter Benutzg. amtl. Quellen erläutert. (X, 309 S.) 899. n. 3. 50; geb. n. 4. —
2. Die Laufbahnen der Militäranwärter u. der versorgungsberechtigten Offiziere im Reichs- u. Staatsdienste. Mit Genehmigg. des kgl. preuß. Kriegministeriums unter Benutzg. amtl. Quellen bearb. (XIV, 493 S.) 900. n. 4. 80; geb. n. 5. 50

Hahn, H., u. H. Nienaber, die Anstellungsgrundsätze. 1. Tl. gr. 8. Berlin 905. E. S. Mittler & Sohn. n. 3. 50; geb. n. 4. —
Grundsätze für die Besetzung der Subaltern- u. Unterbeamtenstellen bei den Reichs- u. Staatsbehörden m. Militäranwärtern. Mit Genehmigg. des königl. preuß. Kriegsministeriums unter Benutzg. amtl. Quellen erläutert. 2., verb. Aufl. (XII, 324 S.)

Hahn, Hans, Chemie f. Techniker, s.: **Bibliothek der gesamten Technik.**

Hahn, Hans, Eisenhüttenkunde. Eisen-, Metall-Giesserei, Schmieden, Walzen, s.a. **Uhland's**, Wilh. Heinr., Handbuch f. den praktischen Maschinen-Konstrukteur.

Eisenhüttenkunde. Eisen-Metall-Giesserei, Schmieden, Walzen. Bearb. von Dipl.-Ingen. Dr. Hans **Hahn**. Mit 224 Abb. u. 3 Taf. Berlin: W. & S. Loewenthal (1906). (VIII, 144 S.) 4°
— **Handbuch**, Uhland's, f. d. prakt. Maschinen-Konstrukteur. 2. Aufl. Bd 3, T. 2, Abt. 1. 2. [06. 11094]

Hahn, Hans, über **Extremalenbogen**, deren Endpunkt zum Anfangspunkt konjugiert ist. (18 S.) gr. 8. Wien 909. A. Hölder. — 55

— Über d. nicht-archimedischen **Grössensysteme**. (55 S.) gr. 8. Ebd. 907. 1. 85
2 Sonderabdr. aus: „Sitzungsber. d. k. Akad. d. Wiss."

— Grundriss der Chemie f. Techniker. I. Tl.: Anorganische Chemie, s.a. **Bibliothek der gesamten Technik.**

Grundriss der Chemie für Techniker. Zugleich e. Repetitorium d. Chemie f. Studierende d. Ingenieur-Wissenschaften. Bearb. von Hans **Hahn**. T. 1. Hannover: Jänecke 1909. 8°
(Bibliothek d. gesamten Technik. Bd 117.) [09. 11444 7]

Hahn, Hans (Komm.), s.a. Grundsätze f. d. Besetzung der Subaltern- u. Unterbeamtenstellen bei d. Reichs- u. Staatsbehörden . . .

Hahn, H. u. H. Nienaber. Grundsätze für die Besetzung der Subaltern- und Unterbeamtenstellen bei den Reichs- und Staatsbehörden mit Militäranwärtern. T. 1. 2. Berlin 1899. 8°.
Dass. 2. Aufl. 1905.

Hahn, Hans [aus München]: Über Kondensationsprodukte aromatischer Basen. . . . Erlangen, Druck d. Univ.-Buchdr. v. Junge & Sohn, 1899; 45 S. 8°
Erlangen, Phil. Fak., Inaug.-Diss. v. 1899

Die Laufbahnen der Militäranwärter und der versorgungsberechtigten Offiziere im Reichs- u. Staatsdienste. Mit Genehm. d. Preuss. Kriegsminist. unter Benutz. amtl. Quellen bearb. von H[ans] **Hahn**, Major, u. H[einrich] Nienaber, Geh. exped. Sekr. *Berlin: E. S. Mittler & Sohn 1900.* (XIV, 493 S.) 8° [F.]
— **Anstellungsgrundsätze**. Th. 2. [01. 2074]

— Über einfach geordnete Mengen. S. 122. Ha. 946 . . . . —.80
Separatabdruck

Hahn, Hans, über die Lagrangesche Multiplikatorenmethode in der Variationsrechnung. (S. 325—342.) gr. 8. Wien (903). (J. Eisenstein & Co.) n. 1. —
Sonderabdruck aus: „Monatshefte f. Mathematik u. Physik".

— Mac Omer. Das Ende e. Verbrechers. Ein amerikan. Roman. (Das Titelblatt zeichnete Willi Geiger.) (237 S.) 8. München(-Schwabing) 909. E. W. Bonsels & Co. 3.—; geb. 4. —

Hahn, Hans: Über Spontanluxationen bei Coxitis. Mit 2 Abb. Karlsruhe 1910: Badische Verlagsdr. 34 S. 8°
Freiburg i. B., Med. Diss. v. 1910, Ref. Kraske
[Geb. 3. Aug. 85 Laband; Wohnort: Laurahütte; Staatsangeh.: Preußen; Vorbildung: Gymn. Beuthen Reife O. 04; Studium: Freiburg i. B. 3, Breslau 1, Freiburg i. B. 1, München 2, Berlin 1, Freiburg i. B. 2 S.; Coll. 25. Juni 09.]
[U 10. 969

Hahn, Heino, aus Stralsund i. P.: Eine neue Methode zur Gewinnung alkylierter Benzolkohlenwasserstoffe. *Heidelberg 1903: K. Rößler.* (51 S.) 8°
Heidelberg, Naturw.-math. Diss. v. 1903

Hahn, Heinrich: De alienationibus libellus. Denuo rec. Helmstadii 1745.

– (Präs.), s. Barckhusen, Johann: De corpore delicti.

Hahn, Heinr., Bonifaz u. Lul. Ihre angelsächsischen Korrespondenten. Erzbischof Luls Leben. gr. 8. (XII, 351 S.) Leipzig 883. Veit & Co. n. 10. —

— — Tractatio jurid. de exceptionibus, tam in genere, quam in specie, et primo quidem absolute, quoad principia, deinde relate ad processum consideratis, una cum iis, quae in novissimo imperii recessu de anno 1654 circa hanc materiam sunt mutata. Ed. nov. Frankf. u. Lpz. (Ernst Gottlieb Crug) 1724. 144 S. (6.50) 12816

— — Dasselbe. 1730. (6.50) 12817

– Dass. 1755, s. Rivinus, Q. Sept. Flor.

Hahn, Heinr., geographische Fragen zur Anspornung der Selbstthätigkeit für die Schüler der untern Klassen von Gymnasien, Real- und andern Lehranstalten. Berlin 859. Th. Enslin. 8. (VIII, 42 S.) n. 5 ngr.

Geschichte des Böckelheimer Kirchspiels und des Ursprungs der Sponheimer (Grafen) von Heinrich **Hahn**, Bürgerm. zu Waldböckelheim. *Kreuznach: F. Harrach 1900.* (100 S.) 8° [01. 1733 B

Hahn, Heinr., Geschichte der katholischen Missionen seit Jesus Christus bis auf die neueste Zeit. Für die Mitglieder der katholischen Missionsvereine und alle Freunde der Mission bearb. 1–6. Liefg. Köln 857, 58. DuMont-Schauberg in Comm. gr. 8. (1. Bd.: XII, 454 S.) Jede Liefg. n. 10 ngr.

Hahn, Heinr. (II.), Geschichte der katholischen Missionen seit Jesus Christus bis auf die neueste Zeit. Für die Mitglieder der kathol. Missions-Vereine und alle Freunde der Missionen bearb. 2 Bde. gr. 8. (XII und 454 S., 540 S.) Köln 857. 58(61), (Du Mont-Schauberg'sche Buchh.) à Bd. * 2 Thlr. Thlr. *

Hahn [Dr.]: Johann Nikolaus Götz, die Winterburger Nachtigall. Ein Beitrag zur deutschen Literaturgeschichte. 1. Teil. Birkenfeld, Druck v. C. F. Kittsteiner, 1889; S. 8–32; 4°
Birkenfeld, Großh. G, OP 1889 (627)

Hahn, Heinrich. Jahrbücher des fränkischen Reichs 741—752. Auf Veranlassung und mit Unterstützung Seiner Majestät des Königs von Bayern Maximilian II. Herausgegeben durch die historische Commission bei der königl. Akademie der Wissenschaften. Demselben beigebunden: Jahrbücher des fränkischen Reiches. 714—741. Die Zeit Carl Martells von Theodor **Breysig**. Die Anfänge des karolingischen Hauses. Von Heinrich Eduard **Bonnell**. (Aus: „Jahrbücher der deutschen Geschichte".) (1 Bd.)
8. Berlin, Leipzig 1863—1866.

Hahn, Heinr., Jahrbücher des fränkischen Reichs 741—752. gr. 8. (X und 250 S.) Berlin [Leipzig] 863, Duncker und Humblot. *
Vgl.: Jahrbücher der deutschen Geschichte.

Können Bayrische Beamte [2. Aufl.:] & Militärpersonen Mitglieder der Freimaurer-Logen werden? Vortrag, gehalten in der Sitzung des fränkischen Bezirks des Vereins deutscher Freimaurer zu Nürnberg, am 9. März 1874 von einem rechtskundigen Br. [d. i. Heinr. Hahn]. Fürth [1874]: Volkhart & S. 16 S. 8° [Umschlagtit.]
[Dasselbe.] 2. verb. Aufl. Fürth [1874]: Volkhart. 16 S. 8°
Tt. 1049. Bejaht die Frage.

Hahn, Heinr. (III.), die Meningitis tuberculosa vom klinischen Gesichtspunkte betrachtet. Eine von der medicin. Gesellschaft zu Bordeaux gekrönte Preisschrift. Deutsch von P. L. Pauls. gr. 8. (VIII und 211 S.) Köln 857, Du Mont-Schauberg'sche Buchh. *

Hahn, Henricus *(geb. Breslau 24. 2. 1829)*: Qui hierarchiae status fuerit Pippini tempore, quaestio. Vratislaviae (1853). (42 S.) 8° *(Teil einer Breslauer Preisarbeit.)*
Breslau, Phil. Diss. v. 29. Dez. 1853

Hahn, Heinr., die Reise des heiligen Willibald nach Palästina. Eine historisch-geograph. Abhandlung. (Aus dem Programm der Louisenstädtischen Realschule vom J. 1856 abgedr.) 4. (25 S.) Berlin 856, Gebauer'sche Buchh. *

Hahn, Henricus: De verborum cum praepositionibus compositorum apud veteres Romanorum poetas scaenicos cum dativo structura. Halis Saxonum 1878: Karras. 43 S. 8°
Halle-Wittenberg, Phil. Diss. v. 18. Juni 1878
Geb. Waldböckelheim (Kr. Kreuznach) 18. 6. 1854. V.

— — Disputatio de tutela matris. Ed. nov. Helmstedt (Schnorr) 1754. 68 S. (6.40) 12818

Hahn, Heinr. Über das gegenseitige Verhältnis der platonischen Dialoge Phädrus und Symposion. 18 S. **Progr.** *Birkenfeld* 1882.

Hahn, Heinrich, a. Cöln: Ueber **zwanzigjähriges Verweilen eines Kupfersplitters im Auge mit anatomischer Untersuchung des Augapfels.** Bonn 1907: E. Eisele. (31 S.) 8°
Bonn, Med. Fak., Ref. Saemisch, Diss. v. 28. März 1907
[Geb. 2. Sept. 82 Cöln; Wohnort: Cöln-Nippes; Staatsangeh.: Preußen; Vorbildung: Gymn. a. d. Kreuzgasse Cöln Reife O. 01; Studium: Bonn 6, Marburg 1, Bonn 2 S.; Coll. 11. April 06; Approb. 15. März 07.]

Hahn, [Heinrich]: **Verzeichnis der Lehrer-Bibliothek des Grossherzogl. Gymnasiums zu Birkenfeld. 1. T.: Die Sprachen ausser Hebräisch.** *Birkenfeld 1898: (W. M. Hoestermann).* (42 S.) 8°
Birkenfeld, grossh. G m. Realabt., OP 1898 (705)

Hahn, [Heinrich], Dr., Prof.: **Verzeichnis** der Lehrer-Bibliothek des Grossherzogl. Gymnasiums zu Birkenfeld. T. 2: Die übrigen Fächer. *Birkenfeld 1899: (W. M. Hoestermann).* (43 S.) 8° ¶ [Schluss d. P-Beil. 1898.]
Birkenfeld, grossh. G m. Realabt., OP 1899 (705 [vielm. 711])

Hahn, [Heinrich]: **Vorlagen** zu übersichtlichen Wiederholungen im Geschichtsunterrichte. *(Köln 1898: J. P. Bachem.)* (28 S.) 8° [Kopft.]
Köln, st. G u. RG in d. Kreuzgasse, OP 1898 (455)

Hahn, Heinrich, Gerichts-Ref. aus Magdeburg: Der **Wiederkauf.** *Magdeburg 1902: Faber.* (107 S.) 8°
Marburg, Jur. Diss. v. [14. Mai] 1902

Hahn, Heinr., der Wiederkauf. Eine civilist. Studie. gr. 8. (112 S.) Berlin 902. Struppe & Winckler. n. 2. 40

Hahn, Heinrich August

— s. *Δανιὴλ κατὰ τοὺς Ἑβδομήκοντα.*

Hahn, Heinr. Aug., Commentar über das Buch Hiob. Lex.-8. (VI und 338 S.) Berlin 850, J. A. Wohlgemuth. *

Hahn, Heinr. Aug., Commentar über das Predigerbuch Salomo's. gr. 8. (VIII und 205 S.) Leipzig 860, Dörffling und Franke. *

Hahn, Heinr. Aug., das hohe Lied von Salomo. Uebers. und erklärt. br. 8. (III und 98 S.) Breslau 852, Hirt's Verlag. *

Hahn, Henricus Augustus *(geb. Königsberg i. Pr. 19. 6. 1821)*: De spe immortalitatis sub veteri testamento gradatim exculta. Vratislaviae (1845). (79 S.) 8° *[Im Buchhandel 1845 bei Max & Ko. in Breslau.]*
Breslau, Ev.-theol. Liz.-Diss. v. 12. Juli 1845

Hahn, Henr. Aug., de spe immortalitatis sub veteri testamento gradatim exculta. Dissert. Smaj. (5¼ B.) Vratislaviae 845. (Max u. Comp.)

Hahn, Heinrich Jh. v. (Hrsg.), s. Abbadie, Jacques: Von der Wahrheit der christl. Religion.

– s. Addison, Joseph: Von der Wahrheit.

Hahn, H. J. v., Entw. z. Unterr. in der geoffenb. Religion. 2 Thle. gr. 8. Heidelb. Braun. 789.

v. Hahn, Hnr. Jh., († d. 27. Aug. 1803.) Entwurf zum Unterr. in den nothwend. Wahrheiten d. natürl. u. geoffenbarten Religion. gr. 8. Frankf. 779. Varrentrapp; a. Stenz in Mainz. 20 gl. N. Aufl. 2 Bde. 8. Kehl 789. Braun in Heidelb. 1 rf 16 gl.

— Entwürfe zum Unterricht in der natürl. Religion 1r Thl. gr. 8. Frft. Varrentrapp. 779.

– s. Hill: Abhandl.

– s. Littleton: Anmerkungen.

– s. Lucas, R.: Moral.

Hahn, Helena, Novellen, s. Rußlands Novellendichter.

—— eine Schwester. Russisches Familiengemälde. 2 Thle. 8. (190 und 237 S.) Leipzig 848, Arnoldische Buchh.

Hahn, Herb. A., s.: Musenalmanach, e.

Hahn, Hermann, approb. Arzt aus Döttingen a. K.: Aus d. Tübinger Universitäts-Augenklinik. **Beitrag zur Kasuistik der Orbitalblutungen bei Hämophilie.** *Tübingen: F. Pietzcker 1900.* (16 S.) 8°
Tübingen, Med. Diss. v. 1900

Beziehungen der Hämolyse zur Praxis. Von Dr. [Hermann] **Hahn,** Bad-Nauheim. ⟨Vortrag geh zu Berlin 1905.⟩ Bad-Nauheim: Selbstverl. (1905). 9 S. 8° [illegible]

Hahn, Hermann: Die Brechung des Lichtes in einer Ebene. Berlin, R. Gaertner, 1893; 3–10 S. 4.
Berlin, Margarethen-S, OP 1893**

Hahn, Herm., die Brechung d. Lichtes in e. Ebene. – Von Horaz-Verdeutschungen. Von Karl Staedler. Progr. 4. (28 S.) Berlin 893. R. Gaertner. n. 1. –

Breidenborn und die Breidenborner. Mit 2 Plänen u. 1 Siegelabb. Von Hermann **Hahn,** Oberl. in Berlin. Speier 1898: H. Gilardone. (88 S.) 8° [Umschlagt.]
Aus: Mitteilungen d. hist. Vereines d. Pfalz. H. 22. [07. 7339

Hahn, Hermann [app. Arzt aus Neu-Ulm]: Über Duplicität im Gebiete der oberen und unteren Hohlvene und ihre Beziehung zur Entwicklungsgeschichte ... München, Druck v. Knorr & Hirth, 1896; 1 Bl., 17 S., 1 Bl., 2 Taf. 8.
München, Med. Fak., Inaug.-Diss. v. 1896

Hahn, Herm., physikalische Freihandversuche. Unter Benutzg. des Nachlasses v. Bernh. Schwalbe zusammengestellt u. bearb. I. Tl.: Nützliche Winke. Mass u. Messen. Mechanik d. festen Körper. (XVI, 187 S. m 269 Fig.) gr. 8. Berlin 905. O. Salle. n. 3. –; geb. n.n. 3. 75

Hahn, Herm., physikalische Freihandversuche. Unter Benutzg. d. Nachlasses v. Bernh. Schwalbe zusammengestellt u. bearb. II. Tl.: Eigenschaften der Flüssigkeiten u. Gase. (VII, 293 S. m. 569 Fig.) gr. 8. Berlin 907. O. Salle. 5.—; geb. 6. —

Hahn, Herm., die Frühgeburt. Einiges aus Karlchens Jugend. Die Zeichngn. sind v. Heinz Kurscheid. (62 S.) gr. 8. Köln (906). W. Hassel. 1.—; geb. 2. –

— Handbuch f. physikal. Schülerübgn. (XV, 507 S. m. 340 Fig.) gr. 8. Berlin 909. J. Springer. 20.—; geb. in Leinw. n 22. —

Hahn, Herm. Die geographischen Kenntnisse der älteren griechischen Epiker. I. Die Ilias. II. 1. Die Ilias 2. Die Odyssee. III. (Schlufs.) 19, 16, 12 SS. *Beuthen O/S.* 1878. 1881. 1885.
Progr.

Hahn, Herm, 5 zweistimmige Konfirmations-Lieder m. Orgelbegleitung. Ausg. f. Schüler. 8. (7 S.) Kaiserslautern 884. A. Gotthold's Verl. n. — 10; Partitur dazu qu. gr. 4. (7 S.) n. — 75; in Leinw. geb. n. 1. 50

Hahn, Herm., fünf zweistimmige Konfirmations-Lieder m. Orgelbegleitung. Ausg. f. Schüler. 5. Aufl. [16.—20. Tausend]. 8. (8 S.) Kaiserslautern 891. A. Gotthold. n.n. — 10

Hahn, Herm., 5 zweistimmige Konfirmations-Lieder m. Orgelbegleitung. Ausg. f. Schüler. 6. Aufl. (21.—22. Tauf.) 8. (8 S.) Kaiserslautern 897. A. Gotthold's Verl. n.n. – 10

Hahn, Hermann: Die Lehraufgaben des physikalischen und chemischen Unterrichts an den höheren Schulen Frankreichs. Berlin 1906: Weidmann. (32 S.) 4°
Berlin, Dorotheenst. RG OP 1906 (109)

Hahn, Herm., Leitfaden der alten Geographie für Gymnasien u. andere höhere Schulen, sowie für den Privatgebrauch. gr. 8. (IV, 164 S.) Leipzig 882. Teubner. n. 1. 60

— Leitfaden f. physikal. Schülerübgn. (IV, 357 S. m. 225 Fig.) 8. Ebd. 909. Geb. 3. —

Hahn, Hermann: Eulers Methode der Parameterdarstellung algebraischer Kurven. Berlin, R. Gaertners Verlagsbuchh. H. Heyfelder, 1889; 32 S. 4°
Berlin, Margarethen-S, OP 1889 **

Hahn, H., Euler's Methode der Parameterdarstellung algebraischer Kurven. gr. 4. (32 S.) Berlin 889. Gaertner. n. 1. —

Hahn, Hermann [Oberl. Dr.]: *Prolog zur Vorfeier des Geburtstages Sr. Maj. des Kaisers.* Hamburg, gedr. bei Lütcke & Wulff, 1891; S. 11–18; 4°
Hamburg, RG d. Johanneums, OP 1891 (723)

Hahn, Hermannus *(geb. Breslau 2. 1. 1847)*: Quaestionum Statianarum part. I. Vratislaviae (1872). (32 S.) 8° *[Forts. in: Neue Jahrbücher f. Philol. u. Päd. Bd 115. 1877.]*
Breslau, Phil. Diss. v. 20. Dez. 1872

Hahn, Hermann, Dr., Prosektor am kgl. anatom. Inst. München: Experimentelle Studien über die Entstehung des Blutes und der ersten Gefäße beim Hühnchen. T. 1. Intraembryonale Gefäße. Leipzig: W. Engelmann 1909. 97 S. 8° ¶(Aus: Archiv f. Entwicklungsmechanik. Bd 27.)
München, Med. Hab.-Schr. v. 1909
(Nicht für den Austausch) [U 09. 3535

— griechisches Übungsbuch im Anschluß an ein systematisches Vocabularium. 1. Tl. Für Quarta. gr. 8. (VII, 107 S.) Hannover 881. Hahn. n. 1. 20

Hahn, Herm., de particularum „quasi" et „velut" usu Taciteo. Dissertatio inauguralis. gr. 8. (68 S.) Göttingen 877. (Vandenhoeck & Ruprecht.) n. 1. 60

— wie sind die physikalischen Schülerübungen praktisch zu gestalten?, s. a. Abhandlungen zur Didaktik u. Philosophie der Naturwissenschaft. I. 4.

Wie sind die physikalischen Schülerübungen praktisch zu gestalten? Von Hermann Hahn, Oberl. zu Berlin. Berlin: J. Springer 1905. (67 S.) 4°(8°)
= Abhandlungen z. Didaktik u. Philos. d. Naturwissensch. Bd 1, H. 4.
= Zeitschrift f. d. physik. u. chem. Unterricht. Sonderh. 4. 05. 1916

— Die Zeit- u. Kostenfrage d. physikal. Schülerübgn. Vortrag, geh. am 29. IX. 1909 zu Graz auf der 50. Versammlg. deutscher Philologen u. Schulmänner. (31 S.) 8. Leipzig 910. Quelle & Meyer. — 80

Hahn, Herm. Joach.

— — (Grabow/Mecklenb.), De iis, quae circa receptam de Sabbatho doctrinam, a non-nemine nuper in dubium vocata sunt. Diss. theol. Präs. Gottlob Friedrich Seligmann. Lpz. (Phil. Wilh. Stock) 11. V. 1703. 72 S. (6.50) 12820

Hahn, Hermann Joseph

— z. Beicht. und Abendm. einger. Communicant. 8. Dresden, Gerlach. 747.

Hahn, Herm. Ios., Deliciae Deliciar. Adami, oder auf die Evang applicirte deliciae bibl. Adami. 8. Dresden. 727 -

— Grabmal Jesu od. Charfreytagspredigten. 8. Ebend. 727.

— gründl. unterr. Katechet. 12. Ebend. 729.

Hahn, Herm. Vikt. Fragen üb. Raum, Zeit u. Gott. Zur Prüfg. e. jeden Weltanschauung hinsichtl. ihrer allgem. Grundlagen besprochen. gr. 8. (120 S.) Stuttg. 889, Brennwald. * 1 50

Hahn, Hugo, s.: Jena, s. 7 Wunder u. sonst Denkwürdigkeiten.

Hahn, Hugo (geb. Valparaiso 20. 2. 1854): Ueber die Wechselbeziehungen zwischen Herz und Niere bei einseitigem Nierenmangel. Berlin (1879). (32 S.) 8°
Berlin, Med. Diss. v. 9. Aug. 1879

Hahn, J., a german grammar containing easy rules for attaining that language. 8. (XII, 388 S.) Koblenz 876. Hergt. 2. 50

— praktische englische Grammatik nach e. neuen u. leicht faßl. Methode. 8. (IV, 131 S.) Freiburg i/Br. 876. Herder. 1. —; cart. 1. 20

Hahn, J., praktische englische Grammatik, nach e. neuen u. leichtfaßlichen Methode bearb. 8. (IV, 131 S.) Freiburg i/B. 889. Herder. n. 1. —; geb. n. 1. 20

Hahn, J., die Grundlage des Jugendbundes f. entschiedenes Christentum. Vortrag auf der IV. Konferenz des Jugendbundes in Deutschland zu Berlin am 25. X. 1898. 12. (16 S.) Bielefeld (898). Berlin-Friedrichshagen, Jugendbund-Verl. — 10

Hahn, J., therapeutisches Lexikon. (IV, 818 S.) kl. 8. Leipzig 910. W. Engelmann. Geb. in Leinw. 12. —

Hahn, J., Pastor. Die Trunksucht — deren Folgen u. Heilung. Vortrag. (Sp.-Abd. aus „Verh. d. 14. Generalvers. d. Schlesisch-Posenschen Gefängnisvereins.) Liegnitz 1894. 20 S. 8°. Mk. —.35.

Hahn, J. (Red.), s. Zeitschrift, Meteorologische.

Hahn, J. B. C., Nouveau Calendrier du très illustre Ordre equestre de Bavière sous le titre de defenseurs de la gloire de dieu sous la protection de S. Michel Archange pour l'an . . . .
1776. M. 102 Wapp. u. 5 Portr.
Munic.

Hahn, J. C., die Bürgerschule nach ihrem Bedürfnisse und im Verhältnisse zum Real- und reinen Gymnasium betrachtet. gr. 8. (17 S.) Greifswald 848, Otte.

— Darstellung der Weltgeschichte in synchronistischen Tabellen, für die mittlern Klassen der Gymnasien. 3 lithogr. und ill. Bl. in gr. Fol. Berlin 848, Kortmann. (Leipzig, Rein'sche Buchh.)

Hahn, J. C., Geschichte der Mauren in Spanien, für gebildete Leser. 8. Greifswald 845. (Bamberg.) n. 2/3 ℛ

Hahn, J. C., über die Ursachen und Folgen der Kreuzzüge. Greifswald 859. (Koch.) 8. (82 S.) n. 15 ngr.

Hahn, J. Ch. W., Lieder f. die turnende Jugend. Zweistimmig bearb. 1. Hft. 16. (2 B.) Heilbronn 846, Drechsler'sche Bh.

Hahn, J. Ch. W., Lieder für die turnende Jugend. Zweistimmig gesetzt. 2. Heft. 16. (32 S.) Heilbronn 847, Drechsler.
1. Heft. Ebendas. 1846. 3¾ Ngr.

Hahn, J. Ch. W., Lieder für die turnende Jugend. Zweistimmig bearb. 1. Heft. 2. Aufl. Stuttgart 862. Lubrecht & Co. 16. (31 S.) 4 ngr.

— 32 methodisch geordnete 2stimm. Lieder für den Gesang-Unterricht. 16. Ebend. 846. 2 ngl

— 32 methodisch geordnete 2stimmige Lieder für den Gesang-Unterricht. 16. (32 S.) Heilbronn 847, Drechsler.

Hahn, J. Chr., Geschichte d. Ostgothen. 12. Gotha ... 2e Aufl. 832. Hennings u. Hopf. 4 gl (s. auch Kabinettsbibliothek d. Geschichte.)

Hahn, J. F. E., über die aus der Zeichnung von Actien hervorgehenden Rechtsverhältnisse. gr. 8. (67 S.) Strassburg 874, Trübner. (ℳ 1,50.)

Hahn, J. G., u. ... Nützlich, Chronik d. Stadt Schweinfurt, aus verschiedenen Handschriften zusammengetragen. 3 Thle. 4. Schweinf. 817—19.

Hahn, J. G., Lehre von der Erbsünde, freien Willen, Gnaden-Wahl, Gesetz, Glauben u. guten Werken, der Person Christi u. den Sacramenten; wie solche in den Schriften Dr. Martin Luthers, Melanchthons u. Brenzius zu finden ist. Nebst einer Beleuchtung der Concordien-Formel. Philadelphia 868. (Schäfer & Koradi.) 8. (132 S.) geb. 1 ℛ

Hahn, J. H., Lehrbuch z. Erlernung d. Decimal-Rechnungen. 8. Heerb. (Marb. Krieger.) 812.

Hahn, J. Ph. A., s. Archiv, Pommersches.

Hahn, J. W. G., das Christenthum. Ein Hülfsb. beim Religionsunterr. 8. (8 B.) Berlin 833, Natorff u. Comp.

Hahn, J. W. G., Lesebuch, zunächst für Bürgerschulen. 8. Berl. 824. Mittler. 12 gl.

Hahn, J. W. G., Luther, ein ermunterndes Beyspiel der Wachsamkeit 2c. Eine Predigt am Feste der Kirchenverbesserung 2c. gr. 8. Berlin, Stuhr. 817.

Hahn, Iac. Ioh., ultima fata Noachi ex Gen. IX. 8. Erf. Wittekind. 750.

Hahn, Jak. Sigm., s.a. Hahn, Joh. Sigm.

Hahn, Jak. Sigm., († ...) Unterr. von d. wunderbaren Heilkraft d. frischen Wassers, bei dessen innerl. u. äußerl. Gebrauche. 8. Bresl. 770. 6 gl. 5e A., nach d. allerneuesten Erfahrr. in d. Wasserheilkunde verbess. v. E. F. Chr. Oertel. Mit 1 Steindr. 8. Ilmenau 831. 2r Abdr. 833. (832.) Voigt. 18 gl.

Hahn, Jac. Sigm., Unterr. v. Wirkung d. frischen Wassers in d. Leibe der Menschen. 8. Breslau. 770.

Hahn, Ign., († ...) christl. Lehrgedanken über d. Sonn- u. Festtägl. Evangelien auf d. ganze Jahr, sammt Einkleidungs-Profession u. Primizpredigten, nebst Fastenermahnungen. 2 Thle. Fol. Augsb. 764—68. Rieger. 5 rℬ 8 gl.

Hahn, Imm. Ernst, d. göttlichen Gnadenmittel im Werk unsrer Seligkeit, in Mittagspredigten. 4. Dresden. 762.

— Passionspredigten. 1r Thl. 4. Dresd. 741.

— **Jo. Gottfried** u. **Jo. Sigismund Hahn** (Schweidnitz/Schles.), Manum hominem a brutis distinguentem. Lpz. (Joh. Gottlieb Bauch) 19. VIII. 1716. 27 S. (6.20 12828

Hahn, Jo. Joachim (Präs.), s. Brückner, Jacob Ernst: De Obligatione alternativa.

Hahn, Joh. B., und J. W. Straffer, gemeinschaftliche Meßandachten n. Form von Zirnneyer. 8. Constanz, Waibel. 807.

— **Joh. Bernhard** (Brückenau-Fuldens.), De jure proprium persequendi interesse, cum damno proximi. Exercit. jurid. Rector Phil. Wilh. Grf. v. Boineburg. Präs. Tobias Jacob Reinharth. Erfurt (Joh. Heinr. Grosch) 19. XI. 1716. 20 Seiten. (6.—) 12821

Hahn, Johann David

— oratio de mutuo matheseos et chemiae auxilio. 4maj. Utrecht 768.

Hahn, Jh. Dav., († d. 19. März 1784.) oratio de chemiae cum botanica conjunctione utili et pulchra. 4maj. Utrecht 759.

— Diss. de consuetudine. 4. Leyd. 751.

— Diss. de efficacia mixtionis in mutandis corporum voluminibus. 4. Leyd. 751.

— explicatio quaestionum mathematicarum de maximo et minimo in scientia machinali. 4. Utrecht 761.

— Diss. de igne. 4. Utrecht 765.

Hahn, Jh. Dav., oratio de vera logica eaque singulis disciplinis prima. 4maj. Utrecht 756.

— oratio de medico speculatore. 4maj. Leyd. 776. (Weidmann in Leipz.) 12 gl.

— Diss. mechanica de potentiis oblique agentibus. 4. Utrecht 755.

— sermo acad. de scientia naturali ab observationum et experimentorum sordibus repurganda. 4. Utrecht 753.

— oratio de usu venenorum in medicina. 8. Leyd. 773. N. A. 8. Leipz. 775. (Brockhaus). 6 gl.

— orat. de usu venenorum in med. 8. Lps. Gleditsch. 775.

— **Johann Friedrich** (Brückenau-Fuldens.), De aere alieno ex feudo solvendo. Disp. jur. feudal. Präs. Matthias Nicolaus Braun (Ziegenhain u. Ober-Topstet). Jena (Werther) 15. X. 1712. 28 S. mit Widm. v. Präs. (6.—) 12823

Hahn, Johann Georg von

Hahn, Joh. Geo. v., Aphorismen über den Bau der auf uns gekommenen Ausgaben der Ilias und Odyssee. Lex.-8. (XII und 84 S. mit 4 Tab. in qu. 4. und Fol.) Jena 856, Mauke. *

Hahn, J. G, v., die Ausgrabungen auf der homerischen Pergamos in 2 Sendschreiben an Georg Finlay. Leipzig 865. Engelmann. gr. 8. (36 S. mit 4 Steintaff. in gr. 8. u. gr. 4.) 24 *ngr.*

Hahn, J. G. v., Bemerkungen über das albanesische Alphabet. gr. 8. (27 S. und 1 Stnt.) (Wien 851, Braumüller.) *

Aus: Sitzungsberichte der philosoph.-histor. Classe der k. Akademie der Wissenschaften 1850, besonders abgedruckt.

Hahn Johann Georg von. Dr.: Bericht über Auffindung eines uralten albanesischen Alphabetes. S. 3. 52 . . . . ngr.
Separatabdruck

Hahn, J. G. v. *Griechische und albanesische Märchen*. Gesammelt, übersetzt und erläutert von J. G. v. Hahn . . . Erster [Zweiter] Theil. Mit (je) einem in Farben gedruckten Titelbilde. Leipzig, Wilh. Engelmann, 1864. XIV, 319, VI, 339 S. 8°. Leinenbde. d. Z. 42.—

★ Erstausgabe der ersten größeren Sammlung dieser Art in deutscher Sprache, sehr selten. M. interess. Einleitung, Märchen- und Sagformeln, Anmerkungen und 114 Märchen. — Teilw. ganz leicht wasserfl., der 2. Einbd. etwas fleckig und m. kleiner Nagelspur.

—— Motive der jonischen Säule. Lex.-8. (10 S. mit 1 Stnt. in gr. 4.) Wien 863, (Gerold's Sohn.) **

Aus: Sitzungsberichte der k. Akademie der Wissenschaften, 1862, besonders abgedruckt.

Hahn, J. G. v., mythologische Parallelen. gr. 8. (IV und 191 S.) Jena 859, Mauke. **

—— Proben Homerischer Arithmetik. gr. Lex.-8. (VIII und 96 S. mit 1 Tab. in Imp.-Fol.) Jena 858, Frommann. *

Hahn, J. G. v., k. k. Consul für das östliche Griechenland. Reise von Belgrad nach Salonik. Mit 4 Tafeln. Besonders abgedruckt aus dem 11. Bande der „Denkschriften der philosophisch-historischen Classe der k. Akademie der Wissenschaften". (Vorgelegt in der Sitzung am 30. Jänner 1860.) 4. Wien 1861.

— Reise von Belgrad nach Salonik. (Abdr. aus den Denkschriften d. k. Akad. d. Wiss.) Wien 861. Gerold in Comm. gr. 4. (245 S. u. 4 lith. Karten in Fol.) n. 4 rℬ

Hahn, J. G. v., Reise von Belgrad nach Salonik nebst 4 Abhandlgn. zur alten Geschichte d. Morawagebietes. 2., v. der kaiserl. Akad. d. Wiss. genehmigte Aufl. Mit 2 (chromolith.) Karten (in gr. u. qu. Fol.) gr. 8. (IV, 268 S.) Wien 868. (Leipzig, Fues.) n. 6. —

Hahn Johann Georg von, Dr.: Reise durch die Gebiete des Drin und Wardar, im Auftrage der Kaiserlichen Akademie der Wissenschaften unternommen im Jahre 1863. 1. Abteilung: Reiseskizzen. D 15. II. 1 . . . . vgr.
— — 2. Abteilung: Chorographische Notizen. D 16. II. 1 . . . . vgr.
— — 3. Abteilung: Geschichtliches, Volkswirtschaftliches, Statistisches (mit 1 Karte und Erläuterungen zu derselben). D 16. II. 81 . . . . vgr.
Separatabdruck

Hahn, J. G. v., Reise durch die Gebiete der Drin und Wardar im Auftrage der kaiserl. Akademie der Wissenschaften unternommen im J. 1868. Imp.-4. (IV, 374 S. mit 1 chromolithogr. Karte in Imp.-Fol.) Wien 870, (Gerold's Sohn.)
Aus: Denkschriften der k. Akademie der Wissenschaften, besonders abgedruckt.

— Schreiben an Safařík am 16. December 1858. S. 29. 22 . . . . vgr.
Separatabdruck

von Hahn, Johann Georg: Albanesische Studien. Nebst einer Karte und andern artistischen Beilagen. Heft 1. 1. Geographisch-ethnographische Uebersicht. 2. Reiseskizzen. 3. Sittenschilderungen. 4. Sind die Albanesen Autochthonen? 5. Das albanesische Alphabet. 6. Historisches. Heft 2. 1. Beiträge zu einer Grammatik des toskischen Dialektes. 2. Albanesische Sprachproben. Heft 3. 1. Beiträge zu einem albanesisch-deutschen Lexikon. 2. Deutsch-albanesisches Verzeichniss der in dem albanesisch-deutschen Lexikon enthaltenen Wörter. Verfasst von J. E. A. Martin. Wien 1853. 1 Bd. XIII. 347; 169; 241 S. 4°

– albanesische Studien. Nebst 1 (lith.) Karte (in Farbendr. in Fol.) u. andern artist. Beilagen (1 lith. Schrifttaf.). Jena 854. Mauke. 4. (XIII, 347; VI, 169; VIII, 244 S.) n. 10 ℳ

— sagwissenschaftliche Studien. gr. 8. (XII, 801 S.) Jena 871—75. Bonn, Lempertz. 12. --

—— Sagwissenschaftliche Studien. 1.—7. Lfg. gr. 8. (S. 1—640.) Jena 872—74, F. Mauke. à Lfg. *ℳ 1,50. *

Hahn, Johann Gottfried

Jo. Gothofr. Hahn variolarum antiquitates nunc primum e Graecis erutae. Accedit de Mesuae Syri scriptis epistola. Brigae 1733. 4.

— avertissement sur le nouveau systeme de la petite vérole 4. Bresl. 751.

Hahn, Johann Gottfried: Carbo pestilens a carbunculis sive variolis veterum distinctus. 84 S., gbd.
Vratislaviae: Korn 1736
beigedr.: Triller, Daniel Wilhelm: Epistolae duae de anthracibus et variolis veterum. 1736

JB 5.002

Jo. Gothofr. Hahn carbo pestilens a carbunculis sive variolis veterum distinctus. Accedunt binae Dan. Wilh. Trilleri de eodem argumento epistolae. Vratislav. 1736. 4. — *Tr. bene opp. rubr. et in* Ejusd. opusc. med. Vol. II. 1766. p. 1 – 36.

Hahn, I. Gf., Carbo pestilens a carbunculis s. variolis veterum distinct, etc. 4. Bresl. W. G. Korn. 736.

HAHN, Johann Gottfried: Gemeinnütziges Forsttaschenbuch zur Belehrung und angenehmen Begleiter des Forstmannes auf seinen Reisen, bei seinen Geschäften im Walde und am Schreibtisch. - Erfurt 1809 u. 1811. 2 Bd.

— gemeinnütz. Forst-Taschenbuch, zum belehrenden u. angenehmen Begleiter d. Forstmannes auf seinen Reisen rc. 2 Bde. 8. Erfurt 809—11. Keyser. 1 ℛ 12 𝑔𝑟

— — de variolis et morbillis fragmenta medicorum Arabistarum: Constant. Afric., Matth. Silvat., Bern. Gordon., Jo. Angl. de Gaddesden, Gentil. de Fulgin., Mich. Scoti, Rolandi Parm., Guid. de Cauliaco, Guil. Varignan., Valesci de Taranta, Jo. de Concoreg., Petr. Hisp., Ant. de Gradis, Menghi Favent., Blas. Astarii et Jo. Saliceti. Jen. 1790. 4.

— — fragmenta medicorum Arabum et Graecorum de variolis. Jen. 1786. 1787. 4.

— d. Hausbierbrauerei, oder prakt. Anweis. zur Bereitung d. Malzes u. Hausbieres rc. Mit 1 Kpf. 8. Erfurt 804. Keyser. 16 𝑔𝑟

Johann Gottfried von Hahn

Historia podagrae eminentissimi cardinalis Philippi Ludovici nati comitis a Sinzendorff S.R.E. presbyteri episcopi Wratislaviensis,... conscripta ab Ioanne Godofr(edo) de Hahn. Norimbergae: Endter & Engelbrecht 1751. 32 S. 8°

Hahn J. G.: Gemeinnütziges Jagd-Taschenbuch, od. compendiöser aber belehrender Rathgeber f. Jäger u. Jagdliebhaber . . . Erfurt 1811. 284 S.
(=: Gemeinnütziges Forst-Taschenbuch . . . Bd. 2).

Hahn, J. G., gemeinnütziges Jagd-Taschenbuch f. Jäger u. Jagdliebhaber. 8. Erfurt, Keyser. 811. Rthlr.

Hahn, Jh. Gf., Campanologie, oder prakt. Anweis., wie Läut- u. Uhrglocken verfertigt, dem Glockengießer veraccordirer, behandelt u. reparirt werden rc. Mit 2 Kpf. 8. Erfurt 802. Keyser. 18 𝑔𝑟

Johann Gottfried von Hahn

Johannes Godofredus [von] Hahn: De Medicina Germanorum veterum. Lipsiae 1717: Scholvinus. 11 Bl. 8°
Leipzig, Phil. Diss. v. 29. Mai 1717

Johann Gottfried von Hahn

Variolarum Ratio exposita,... a Ioh[anne] Gothofredo de Hahn. Wratislaviae 1751: Korn. 94 S. 8°

— Febrium continuar., 1730 Vratislaviae grassat. recensio. 4. Bresl. Meyer. 731.

Jo. Gfr. de Hahn de veris Mesue scriptis non deperditis sed sub Jani Damasceni nomine conservatis. Vratisl. 1733. 4.

v. Hahn, Jh. Gf., († d. 30. April 1753.) morbilli variolarum vindices. 4. Bresl. 753. W. G. Korn. 3 𝑔𝑟

— **Johann Gottlob** (Langensalza/Thür.), Observationes ad L. VI. D. de transactionibus, quando efficaciter de testamento transigatur non inspectis tabulis. Präs. Christoph Ludw. Crell. Wittenbg. (Scheffler) Okt. 1739. 22 S. (5.50) 12829

Hahn, Joh. Heinr., Choralbuch für die Kirchen und Schulen der Fürstenthümer Waldeck und Pyrmont bearb. 4. (VIII und 107 S.) Arolsen 848, (Speyer.) *

Hahn, Joh. Jak.

— Abschiedspredigt bei d. Niederlegung seines Feldpredigeramts d. 11. Aug. 1805 gehalten. 8. Stendal, Franzen u. Gr. 2 𝑔𝑟

Hahn, Jh. Jak., über Eintracht u. Frieden. Eine Predigt. 8. Stendal 802. Franzen u. Gr. 2 𝑔𝑟

— für adeliche Eltern, welche ihre Söhne dem Militärstande widmen. Eine Rede. Mit e. Vorrede v. Consistor.-Rath Küster. gr. 8. Stendal 790. Franzen u. Gr. 3 𝑔𝑟

— Predigten, zur besond. Anwendung bibl. Lehren; nebst Confirmationsreden. 8. Stendal 805. Franzen u. Gr. 12 𝑔𝑟

Hahn, Johann Michael

– – Betrachtungen, Gebete und Lieder auf Sonn-, Fest- und Feiertage über die erste Epistel Pauli an die Korinther und Kapitel 53 bis 55 des Propheten Jesaja, nebst einem Anhang von Gebeten und Liedern von Johann Michael Hahn. 2. Aufl. – Stuttgart: Hahn'sche Gemeinschaft 1903. 1102 S. (Hahn: Schriften. 9.)

– Betrachtungen und Lieder über die Psalmen. Nebst einem Brief über den 119. Psalmen. – Hanau: Kittsteiner 1820.
– – 3. Aufl. Abth. 1. – Stuttgart 1853.

Hahn, Johann Michael: B e t r a c h t u n g e n auf alle Tage des Jahrs über den Brief Pauli an die Römer . . . . Tübingen 1824. (Hahn: Schriften. 7.) 2. Aufl. 1849.

Hahn, Johann Michael: B e t r a c h t u n g e n auf alle Tage des Jahrs über einzelne biblische Texte. Tübingen 1825. (Hahn: Schriften. 8.) 2. Aufl. 1849.

– Briefe und Lieder über die Apostelgeschichte, die Epistel Pauli an die Galater, den Brief Judä, die zweite Epistel Petri und die Epistel Jakobi von Johann Michael Hahn. 2. Aufl. – Darmsheim: Kolb; Stuttgart: Griesinger 1893. 1010 S. (Hahn: Schriften. 2.)

– – Briefe und Lieder über die zweite Epistel Pauli an die Korinther, die Episteln an die Epheser, Kolosser, Philipper und Thessalonicher und die zweite und dritte Epistel Johannis von Johann Michael Hahn. 2. Aufl. – Darmsheim: Kolb 1887. 991 S. (Hahn: Schriften. 3.) 124.

– Briefe von der ersten Offenbarung Gottes durch die ganze Schöpfung bis an das Ziel aller Dinge, oder das System seiner Gedanken, an Freunde der Wahrheit auf Begehren geschrieben von Johann Michael Hahn. Herausgegeben von einer Gesellschaft wahrheitsliebender Freunde. – Tuebingen: Fues 1825. VII, 582 S. *(Dieses grundlegende Werk fehlt in der Gesamtausgabe.)*
– – 2., verm. Aufl. – Tübingen: Fues 1839. VIII, 598 S.

– Geistliches Liederkästlein, oder kurzer Auszug aus den sämmtlichen Liedern J. M. Hahn's. Zusammengetragen von Freunden der Wahrheit und zum Druck befördert von der Druckgesellschaft. T. 1. 2. – Tübingen: Fues 1831. IV, 382, 390 S. *(Enthält Auszüge aus dem Gesamtwerk, bringt geglättete Texte.)*
– – 2. Aufl. T. 1. 2. – Tübingen: Fues 1831. VI, 382, 390 S.
– – 3. Aufl. T. 1. 2. – Tübingen: Fues 1837. VI, 382, 372 S.
– – 5., verm. u. verb. Aufl. T. 1. 2. – Stuttgart: Hasselbrink 1847.
– – 6. Aufl. T. 1. 2. – Stuttgart 1850.
– – 8. Aufl. T. 1. 2. – Böblingen 1868: Maier.
– – 10. Aufl. – Tübingen 1886.
– – 4. Aufl. T. 3. – Darmsheim: Kolb 1887. XXXVI, 416 S.
– – 5. Aufl. T. 3. – Stuttgart: Hahn'sche Gemeinschaft 1901. XXXVI, 416 S.
– – 12. Aufl. T. 1. 2. – Stuttgart: Hahn'sche Gemeinschaft 1908. 381, 402 S.

– Sammlung von auserlesenen geistlichen Gesängen zur Erbauung und Glaubensstärkung in manchen Erfahrungen, Proben und Anfechtungen des Christen und wahren heilsbegierigen Seelen zum gesegneten Gebrauch verfaßt von Johann Michael Hahn in Sindlingen. Mit Fleiß zusammengetragen von einer Gesellschaft Wahrheitsliebender Freunde. Abt. 1. 2. – Tübingen: Fues 1822. XXIX, 710, 576 S.

– – Tübingen 1827. (Hahn: Schriften. 10.)

Hahn's, Jh. Mich., (Schriften. 7. Thl. in 2 Abthl.:) Sammlung von auserles. geistlichen Gesängen zur Erbauung und Glaubensstärkung in manchen Erfahrungen, Proben u. Anfechtungen des Christen u. wahren heilsbegier. Seelen zum gesegn. Gebrauch verfaßt. Mit Fleiß zusammengetragen von einer Gesellschaft Wahrheitsliebender Freunde. 2. Aufl. 8. Tübingen 838, Fues. n. $1^{2}/_{3}$ ß

– – 2. Aufl. Bd [1.] 2. – Tübingen: Fues 1838. XXXV, 710, 576 S.

– – 3. Aufl. T. 1. 2. – Stuttgart: Hasselbrink'sche Buchdruckerei 1851. XXXII, 607, 466 S. *(T. 2 u. d. T. Erbauungs-Lieder.)*

– – Bd 2. 2. Aufl. – Dagersheim: Ziegler; Herrenberg: Heckenhauer & Haas 1866. XVI, 1100 S. (Hahn: Schriften. 2. Aufl. Bd 10.)

– – Liederband 1. Abt. 1. 2. 4. Aufl. – Darmsheim: Kolb; Stuttgart: Griesinger 1881. (Hahn: Schriften. 7, 1. 2.)

– – 5. Aufl. – (Stuttgart): (Scheufele) 1891. Zu haben bei J. Kolb in Darmsheim und Wilhelm Griesinger, Oberlehrer in Stuttgart. XXXII, 1072 S. (Hahn: Schriften: Erster Liederband.)

– Sammlung von Liedern zum täglichen Gebrauch. – Stuttgart 1843.
– – 2. Aufl. – Stuttgart 1850.
– – 3. Aufl. – Stuttgart 1869.

Hahn, J. M., Sammlung von Liedern zum täglichen Gebrauch, nebst einem Anhang. Ein fortgesetzter Auszug aus den Liedern des Verf. (Liederkästlein. 3. Thl.) Zusammengetragen von Freunden der Wahrheit. 2. Aufl. 8. (XVI und 416 S.) Stuttgart 850(59). (Tübingen, Fues'sche Sortimentsbuchh.) geb. *

Johann Michael Hahn's Schriften. Bd 1–13. – Tübingen: Fues (Bd 3: Schramm) 1819–1841.
Bd 1: Lieder über die Berg-Predigt Jesu Matthäi 5. 6. und 7. Kapitel. Aus Veranlassung geschrieben von Johann Michael Hahn in Sindlingen, gebürtig von Altdorf, Böblinger Oberamts, im Jahr unsers Welterlösers 1802. Nebst einem Anhang Lieder I. von der Versöhnung, II. von der Weisheit, III. auf die Festtage, IV. vom menschlichen Gewissen, und vorgedrucktem Lebenslauf des Verfassers. Herausgegeben nach seinem sel. Hingang von einer Gesellschaft Wahrheitsliebender Freunde. – 1819. VIII, 204, 359, 236 S.
Bd 2: Briefe über die Apostel-Geschichte, den Brief an die Galater und Judae. Briefe und Lieder über die Epistel Petri und Jakobi von Johann Michael Hahn. Herausgegeben von einer Gesellschaft Wahrheitsliebender Freunde. – 1820. XV, 610, 512 S.
Bd 3: Briefe und Lieder über die zweyte Epistel Pauli an die Corinther, Epheser, Colosser, Philipper, die erste und zweyte Epistel an die Thessalonicher und die zweyte und dritte Epistel Johannis, von Johann Michael Hahn. Herausgegeben von einer Gesellschaft Wahrheitsliebender Freunde, im Jahr Christi 1819. – Tübingen: Schramm 1820. 291, 320, 215, 107, 207 S.
Bd 4: Briefe und Lieder über die Briefe Pauli an den Timotheus, Titus, Philemon und an die Ebräer, von Johann Michael Hahn. Herausgegeben von einer Gesellschaft Wahrheitsliebender Freunde. – 1820. XXII, 320, 803 S.
Bd 5: Briefe und Lieder über die heilige Offenbarung Jesu Christi. Zur Erbauung an Freunde der Wahrheit geschrieben von Johann Michael Hahn, im Jahr Christi 1815. Zum Druck befördert von einer Gesellschaft Wahrheitsliebender Freunde. – 1820. XXII, 379, 352, 336 S.
Bd 6: Betrachtungen und Lieder über die Psalmen, von Johann Michael Hahn. Nebst einem Brief über den 199. Psalmen als Einleitung. Herausgegeben von einer Gesellschaft Wahrheitsliebender Freunde. – 1843. XII, 557, 577 S.
Bd 7: Betrachtungen auf alle Tage des Jahrs über den Brief Pauli an die Römer, den ersten Brief Petri, den ersten Brief Johannis und einzelne biblische Texte von Johann Michael Hahn. Herausgegeben von einer Gesellschaft Wahrheitsliebender Freunde. – 1824. XX, VIII, 354, 400, 308 S.
Bd 8: Betrachtungen auf alle Tage des Jahrs über einzelne biblische Texte aus dem alten und neuen Testament und über das Hohelied Salomos, von Johann Michael Hahn. Herausgegeben von einer Gesellschaft Wahrheitsliebender Freunde. – 1825. XXXIX, 572, 372, 370 S.
Bd 9: Betrachtungen, Gebete und Lieder auf die Sonn-, Fest- und Feyertage, über die Erste Epistel Pauli an die Corinther und über Jesaia 53, 54 und 55 Cap. Nebst einem Anhang von einigen Gebeten und Liedern. Herausgegeben von einer Gesellschaft Wahrheitsliebender Freunde. – 1826. XVI, 811, 268 S.
Bd 10: Sammlung von auserlesenen geistlichen Gesängen, zur Belehrung, Erbauung und Glaubensstärkung in manchen Erfahrungen, Proben und Anfechtungen des Christen und wahren heilsbegierigen Seelen zum gesegneten Gebrauch verfaßt von Johann Michael Hahn in Sindlingen. Mit Fleiß zusammengetragen von einer Gesellschaft Wahrheitsliebender Freunde. – 1827. XIII, 473, 339, 324 S.
Bd 11: Send-Briefe über einzelne Capitel aus dem alten Testament und den vier Evangelisten, und Antworten auf Fragen über Herzenserfahrungen, auf Verlangen an Freunde der Wahrheit geschrieben von Johann Michael Hahn. Herausgegeben von einer Gesellschaft Wahrheitsliebender Freunde. – 1828. XVI, 818.
Bd 12: Send-Briefe über einzelne Capitel aus dem alten und neuen Testament und Antworten auf Fragen über Herzenserfahrungen. Nebst einem Anhang von Briefen über das hohe Lied Salomo und einigen Liedern. Auf Verlangen an Freunde der Wahrheit geschrieben von Johann Michael Hahn. Herausgegeben von einer Gesellschaft Wahrheitsliebender Freunde. – 1830. XVII, 736, 333.
Bd 13: Sendschreiben und Lieder an Freunde der Wahrheit als Antworten auf ihre Fragen von Michael Hahn in Sindlingen, gebürtig von Altdorf, Oberamts Böblingen. Nach seinem Tode herausgegeben von einer Gesellschaft Wahrheitsliebender Freunde. – 1841. XVIII, 452, 768 S.

Auszug aus Johann Michael Hahns Schriften, enthaltend dessen Schrift-, Erfahrungs- und Erleuchtungs-Erkenntniß, hrsg. von einer Gesellschaft wahrheitsliebender Freunde. Bd 1. 2. – Stuttgart: Druck der G. Hasselbrink'schen Buchdruckerei. Zu haben bei Gebrüder Ziegler in Dagersheim. 1857–1858.
Bd 1: Schrift-Erkenntniß. XXXVIII, 288, 1001 S.
Bd 2: Abt. 1: Erfahrungs-Erkenntniß. XIX, 512 S. *Abt. 2:* Erleuchtungs-Erkenntniß. 727 S.

– Send-Briefe über einzelne Capitel aus dem alten Testament . . . – Tübingen 1828. (Hahn: Schriften. 11.)
– – 2. Aufl. – 1855. (Hahn: Schriften. 11.)

– Versregister zu den drei Teilen des »Geistlichen Liederkästleins« von J. M. Hahn. – Darmstheim: Kolb 1887. 128 S.

Hahn, Joh. Philipp (Präs.), s. C a r l , Joh. Bapt. Mor. Ludw.: De ancipiti in terris . . . mixtae religionis asylorum Jure.

Hahn, Joh. Phil.: Compendium systematicum theoretico-practicum universi juris, ostendens quomodo facili et jucunda via solida totius jurisprudentiae . . . recapitulari acquirive valeant. Moguntiae 1763.

Hahn, Joh. Philipp [Präs.], s. D i n g e r k u s , Johann Eberhard: Quid statuendum de doctrina.

Hahn, Johann Siegmund, s.a. H a h n , Jak. Sigm.

Hahn, Joh. Sigm., d. wunderbare Heilkraft d. frischen Wassers bei dessen innerlichem u. äusserl. Gebrauche durch die Erfahrg. bestätigt. 6. Aufl. M. Vorwort v. Wilh. Winternitz. 8. (VIII, 251 S.) Leipzig 898. Krüger & Co. n. 3. –; geb. n. 3. 60

—— Unterricht v. d. Heilkraft d. frischen Wassers. Nunmehr nach Ausdr. u. Inhalt völlig umgearb. u. zeitgemäß umgestaltet v. (E. F. Chr.) Oertel. Mit e. Register. kl. 8. (11¼ B.) Nürnberg 834, Campe.

Hahn, Joh. Sigm., Unterricht v. d. wunderbaren Heilkraft d. frischen Wassers, bei dess. innerl. u. äußerl. Gebr., durch d. Erfahr. bestät. 5. Aufl., 1., u. 2. unveränd. Abdr. Nach d. allerneuesten Erfahrn. in d. Wasserheilkunde verb. u. verm. v. (E. F. Chr.) Oertel. M. 1 Stndr. 8. (à 14½ B.) Ilmenau 831 u. 33, [Weimar,] Voigt. à

Hahn, Joh. Sigm., Unterricht von d. wunderb. Heilkraft d. frischen Wassers, bei dess. innerl. u. äußerl. Gebrauche, durch d. Erfahr. bestätigt. 5. Aufl. 3. Abdr. Nach d. allerneuesten Erfahrn in d. Wasserheilkunde verb. u. verm. v. (E. F. Chr.) Oertel. Mit Titlbild. 8. (14½ B.) Weimar 839, Voigt.

Unterricht von Krafft und Würckung des frischen Wassers in die Leiber der Menschen bes. der Krancken bey dessen innerlichen und äusserlichen Gebrauch... ertheilet Johann Siegemund Hahn. 3., u. verm. Aufl. Breßlau & Leipzig: Pietsch 1749. 290 S. 8°

[Unvollst.]

Hahn, Jh. Sigm., Unterricht v. der Kraft u. Wirkung des kalten Wassers, s. Taschenbuch d. Wasserheilkunde, 1. Bdchn.

Hahn, Jh. Zach. Herm., († d. 22. Nov. 1826.) Beitrr. zur Beförderung e. vernünft. Ascetik überhaupt, u. zur Vervollkommnung d. öffentl. Gottesverehrungen ꝛc. insbesondere. 8. Schneeberg 804.

— Beschreib. e. Festes d. Menschenveredlung, oder d. ersten Stiftungsfeier d. Schneeberger Museums; als Beitr. zur Darstell. d. Geistes dieser Bildungsanstalt, nebst e. raisonnirenden Verzeichnisse d. derselben zugehör. Bibliothek. 8. Schneeb. (803.) Fulda. 8 gGr.

— Brandpredigt, zunächst in Bezug auf Gera, zugleich aber auch anwendbar auf einen jeden Ort, den ein gleiches Brandunglück betroffen hat. Nebst e. Anh. histor. gemeinnütz. Bemerkk. gr. 8. Gera 811. 2e A. 812. Heinsius. 4 gGr.

— Denkschrift auf d. Einnahme v. Paris u. den Sturz Napoleons. Zweiter Beitrag zur großen Tagesgeschichte. gr. 8. Gera 814. Verf. 6 gGr.

— Dienstjubiläum eines verdienten Forstmanns, im Walde gefeiert. gr. 8. Schneeb. 804. Fulda. 4 gGr.

— Freuden d. Religion u. des häusl. Glücks. gr. 8. Gera 805. Verf. 6 gGr.

— Gebete zum Geraer Gesangbuch, s. Gesangbuch, Geraer.

— religiöse Gedächtnißfeier d. großen Sieges bei Leipzig, auf dem Markte u. in d. Kirche zu Gera; enthalt. d. am 19. Oct. Abends vom Balkon des Rathhauses gehalt. Rede u. die Tags darauf am Bußtage von d. Kanzel vorgetragene Predigt. 3r Beitr. zur großen Tagesgeschichte. gr. 8. Eisenb. 814. Schöne. 4 gGr.

— Gedächtnißpredigt zu Ehren d. verstorb. Superint. Hertel gehalten zu Schleiz; nebst d. Sargrede d. Archidiak. Mell u. d. Parentation d. Subdiak. Frommhold. 8. Schleiz 814. Mauke. 3 gGr.

— s. Gesangbuch, Schneeberger, u. setze hinzu: (v. J. Z. H. Hahn).

— von d. vernünft. Glücksbau. Eine Bergpredigt, gehalten am Bergfeste. gr. 8. Schneeb. 801. Verlag d. sämmtl. Steiger d. Schneeb. Bergreviere. 4 gGr.

— d. Größe Gottes im Lebensanfange jedes Menschgebornen. Eine relig. Betracht. in Bezug auf d. Geburt d. jungen Königs v. Rom, Napoleon. gr. 8. Gera 811. Verf. (Heinsius). 4 gGr.

— d. Kinderfest. 8. Schneeb. 804. Schill. 4 gGr.

— d. gesellschaftl. Leben als Erziehungsmittel zu einem höhern Leben nach d. Tode. gr. 8. Leipz. 795. (Brockhaus). 3 gGr.

Hahn, d. gesellschaftliche Leben, als Erziehungsmittel. gr. 8. Lpz. Gleditsch. 795.

— Lebensregeln für Confirmanden. 8. Schneeb. 804.

— d. Lob e. guten Ehefrau. Ein Gesang nach Sprüchw. Sal. 31, 10. ff. Nebst Jos. Scaligers griech. Uebersetzung desselben. 8. Schneeb. 804. Schill. 4 gGr.

— unserm vollend. Morus. Ein Trauergedicht. gr. 4. Leipz. 792. Solbrig. 4 gGr.

— Ode auf d. hohe deutsche Bundesversammlung, derselb ehrfurchtsvoll gewidmet. Dazu e. Herzensergießung üb. d herrlichste gedenkb. Tripelallianz: Politik, Moral u. Relig. im heil. Bunde; nebst einig. and. Anmerkungen als Nachwort. gr. 4. Gera, Verfass. (Ronneb. Literar. Commiss Comt.) 816.

— Ode auf d. hohe deutsche Bundesversammlung, derselben ehrfurchtsvoll gewidmet. Dazu e. Herzensergießung über d. herrlichste gedenkbare Tripelallianz: Politik, Moral u. Religion im heil. Bunde; nebst einigen and. Anmerkk. als Nachwort. gr. 4. Gera 817. Verf. (Ronneb., Weber). 8 gGr.

Hahn, J. Z. H., Ode auf die hohe deutsche Bundesversammlung. 4. Ronneburg, Lit. Com.-Exp. 817.

— Parentation bei d. feierl. Beerdigung d. österr. Kapitäns, Hrn. Andr. Führer aus Mähren, (kathol. Confession, welcher bei dem Durchmarsch aus Schwermuth sich selbst entleibt hatte). 4. Gera 813. Heinsius. 3 gGr.

— Politik, Moral u. Religion in Verbindung. 2 Thle. 8. Leipz. 800. 1r Thl. Voß. 16 gGr. 2r Thl. Graffe. 18 gGr. 1 Rthlr. 10 gGr.

— polit. Predigten. 1s Bdchen. 8. Leipz. 797. Voß. 16 gGr.

– s.a. Prüfung, Bescheidene, d. Cirkularverordn. Sr kön. Maj. v Preußen, Friedrich Wilhelm III.

• — bescheidene Prüfung d. Cirkularverordnung Sr. kön. Maj. v. Preußen, Fr. Wilhelm III., d. Unterricht in d. Garnisonschulen betreff., so wie d. darin enthalt. Grundsf. üb. Volksschulen u. Volksunterricht überhaupt. gr. 8. Lpz. Sommer. 800. Rthlr.

— recitatio philolog. super Psalmo V. 8. Leipz. 795. Müller. 5 ℛ

— Rede am ersten Tage d. 19ten Jahrhunderts; nebst Schilderung d. bei dieser Säcularfeier angeordn. Festes d. Jugend u. d. Greise. 4. Schneeb. 801. Fulda. 4 ℛ

• — unserm verewigten Reltz. 4. Leipz. Solbrig. 792.

— unserm verewigten Reltz. 4. Leipz. 794. Solbrig. 4 ℛ

— d. Sieg d. Glaubens u. d. reinen Herzens über Tod u. Betrübniß. Gedächtnißpredigt auf den Tod d. Fürsten Reuß zu Lobenstein. gr. 8. Leipz. 810. Grieshammer. 3 ℛ

— Siegespredigt zu Ehren d. denkw. Sieges bei Leipzig; sämmtl. hohen verbünd. Mächten geweiht. Nebst e. Anh., enth. 1) histor. Belege zu vorsteh. Predigt; 2) eine Anrede an Se. Maj. d. Kaiser v. Oesterreich bei Höchst Ihrem Einzuge in Gera bald nach d. Leipziger siegreichen Schlacht. Erster Beitr. zur großen Tagesgeschichte. gr. 8. Gera 814. Verf. 6 ℛ

— des Feindes Sturz, d. Deutschen Aufschwung. Einige Vorträge üb. d. seit d. Wiener Congreß bis z. abermaligen Entthronung Napoleons in d. bürgerl. Welt erfolgten groß. Ereignisse; mit besond. Hinsicht auf die neue deutsche Bundesverfassung. Viert. Beitrag z. groß. Tagesgeschichte. gr. 8. Ronneb. Literar. Commissions-Comtoir. 815.

— d. Feindes Sturz, d. Deutschen Aufschwung. Einige Vorträge über die seit d. Wiener Congreß bis zur abermaligen Entthronung Napoleons in d. bürgerl. Welt erfolgten großen Ereignisse; mit besond. Hinsicht auf d. neue deutsche Bundesverfassung. 4r Beitrag zur großen Tagesgeschichte. gr. 8. Ronneb. 815. Weber. 8 ℛ

— — des Feindes Sturz, der Deutschen Aufschwung. Einige Vorträge über die seit dem Wiener Congreß bis zur abermaligen Entthronung Napoleons in der bürgerlichen Welt erfolgten großen Ereignisse. gr. 8. Ebend. 819. -

— d. Tiefen d. Gottheit. 8. Lobenst. 805. Illgen. 4 ℛ

— d. Tiefen d. Gottheit. Ein Religionsvortrag, nebst einig. Hymnen u. e. prakt. Abhandl. über den d. unbekannten Gott in Athen geweihten Altar. gr. 8. Schneeb. 816. (Leipz., Grieshammer). 6 ℛ

— von d. hohen u. seligen Verein, in welchem eine gute Gemeinde mit ein. rechtschaff. Religionslehrer auch nach sein. Tode bleibt. Eine Gedächtnißpredigt auf den verstorb. Hrn. Superintendenten Hertel zu Schleiz. 8 Schleiz, Mauke. 813.

— über Volksdespotismus. Aus d. Latein., mit Anmerkk. u. angehängter Betracht. Nebst e. Vorrede: was heißt wider d. Staat, Religion u. gute Sitten schreiben? 8. Leipz. 793. Grieshammer. 10 ℛ

— wer seinen Bruder hasset, der ist e. Todtschläger. Eine Betrachtung bei Gelegenheit d. öffentl. Hinrichtung eines Mörders. 8. Leipz. 798. Graffe. 4 ℛ

— wie beweist man sich als Menschenfreund bey Einführ. eines verbess. Gesangbuchs. 8. Lpz. Sommer. 797.

— wie ruhig wir von d. Erde scheiden können, wenn wir denen, mit welchen wir verbunden waren, Geist zurücklassen. Eine Pfingstpredigt. 8. Gera 811. (Leipz., Grieshammer). 3 ℛ

Hahn, Jh. Zach. Herm., 1) Wie wichtig es für d. Eintreten in neue Verbindungen sei, seine vorige Verbindung mit e. guten Gewissen zu verlassen. 2) Was ist e. Seelsorger? Zwei Kanzelreden beim Abschiede u. Anzuge. gr. 8. Leipz. 800. (Barth). 4 ℛ

— Wort u. That. Ein Beitrag zur Säcularfeier d. Gymnasiums zu Gera. Enthalt. 1) d. erste Verzeichniß d. Geraischen gemeinnütz. in auserles. Schriften besteh. Schul- u. Erziehungsbibliothek u. and. zum Unterr. nöthig. Materialien rc., mit eingestreuten Bemerkk. über d. Geist d. Schriften u. den Gegenstand, welchen sie behandeln; 2) nebst e. Vor- u. Fürwort zum Besten des Schul- u. Erziehungswesens, wie zur Beförder. d. Geistesbildung überhaupt. 8. Gera 808. Verf. 4 ℛ

— Wortes d. Ernstes u. d. Liebe beim Antritt meiner Aemter in Gera. 8. Leipz. 805. Rein. 6 ℛ

Hahn, J. Z. H., d. Würde eines Landtags. 2 Hefte. 8. Lpz. Graffé. 799. (1s 8 gr. 2s 10 gr.)

— von d. Würde ein. religiös. Versammlung. Ein Beitrag z. Wiederherstellung d. den öffentl. Gottesverehrungen gebühr. Achtung. Nebst beigefügt. erklärend. Uebersicht v. 1. Cor. 14. gr. 8. Gera, Verf. (Schneeb. Fulde.) 802.

— von d. Würde e. relig. Versammlung. Ein Beitr. zur Wiederherstellung d. den öffentl. Gottesverehrungen gebühr. Achtung. Nebst beigefügter erklär. Uebersicht von 1. Cor. 14. gr. 8. Gera 804. Verf. (Schneeb., Fulda). 4 ℛ

Die Grundlage des Jugendbundes für Entschiedenes Christentum. Vortrag von J[ohannes] Hahn Pastor in Berlin am 25. Okt 1898. o. O.: Schriften Verl. d Jugendb. f Entsch Christent (1898). (16 S.) 8 [ll] 1910

Die Grundlage des Jugendbundes für Entschiedenes Christentum. Vortrag von J[ohannes] Hahn, Pastor in Berlin, am 25. Okt. 1898. *Bielefeld: Jugendbund [1900]* (16 S.) 8° [ll.] [00. 10372

Hahn, Johannes [app Arzt aus Weiterstadt (Hessen)]: Über Transplantation ungestielter Hautlappen nach Wolfe mit Berücksichtigung der übrigen Methoden Kiel Verl v Gnevkow & von Gellhorn. 1888 59 S + 2 Bl 8°
Kiel, Med Fak Inaug Diss v 29 Dez 1888

Hahn, Johannes: Julius von Voß. T. 1 u. 2, Abschn. 1. (Berlin: Mayer & Müller 1909.) 94 S. 8° ¶ (Ersch. vollst. als: Palaestra. Bd 94.)
Berlin, Phil. Diss. v. 16. Dez. 1909, Ref. E. Schmidt
[Geb. 11 Juli 86 Berlin, Wohnort Berlin; Staatsangeh Preußen; Vorbildung. Sophien-Gymn. Berlin Reife M. 04, Studium. Berlin 10 S., Rig. 22 Juli 09.] [U 10. 169

Hahn, Jòhs., Jul. v. Voss, s.a. Palaestra. 94.

Julius von Voß. Von Johannes Hahn. Berlin Mayer & Müller 1910. VI, 213 S. 8°
Ein Teil erschien als Berliner Inaug.-Diss.
(Palaestra. 94.) [10. 4728

Hahn, Johannes Ernst Friedrich, s. Hahn, Friedrich

Hahn, Jos. [Dr.]. Beiträge zur Geometrie des Dreiecks. Leipzig, Druck v. B. G. Teubner, 1892; 16 S. 4.
Heppenheim a. d. Bergstr., grossh. R. OP 1892 (638)

Hahn, Jos., Erlösung, s.: Eckartshausen, Karl v.

— vollst. Gebetbuch. 8. Ebend. 793.

Hahn, Jos., Harfenklänge. Lieder u. Gedichte. 12. (VIII, 182 S.) Leipzig 898. M. v. Ehrenberg.
Geb. in Leinw. n. 2. —

Hahn, Joseph, Harfenklänge. Lieder u. Gesänge. 12. (VIII, 182 S.) Leipzig 898. Doberan, H. Ziemssen Nachf.
Geb. 2. —

— Harfenklänge. Lieder u. Gedichte. 2. Aufl. (VIII, 182 S. m. Titelbild.) kl. 8. Stuttgart (906). C. u. A. Ulshöfer. Geb. in Leinw. m. Goldschn. 1. 50

Hahn, Jos., auf dem Heimweg. Lieder u. Gedichte. (VI, 63 S.) kl. 8. Stuttgart 908. C. u. A. Ulshöfer nn — 50

— Predigten üb. d. Leiden u. Sterben Jesu. 8. Augsburg, M. Rieger. 791.

— s.: Stein. der echte. der Weisheit.

Hahn, Joseph, aus Cöln a. Rh.: Voltaires Stellung zur Frage der menschlichen Freiheit in ihrem Verhältnis zu Locke und Collins. Borna-Leipzig 1905: R. Noske. (VIII, 52 S.) 8°
Erlangen, Phil. Fak., Ref. Falckenberg, Diss. v. 13. März 1905
[Geb. 3. Juni 79 Cöln a. Rh.; Staatsangeh.: Preußen; Vorbildung: Marzellen-gymn. Cöln u. Gymn. an der Kreuzgasse Reife O. 98; Studium: Bonn 1, Lille 1, Marburg 3, Bonn 4 S.; Rig. 13. März 05.]

Hahn, Joseph (Mainz)
Untersuchung der Kegelschnittnetze, deren Jacobi'sche Form oder Hermite'sche Form identisch verschwindet.
Giessen: Keller 1878. 15 S.
Diss. phil. 19.7.1878. vorh. 56.

Hahn, Jos., Untersuchung der Kegelschnittnetze, deren Jacobi'sche Form od. Hermite'sche Form identisch verschwindet. gr. 4. (14 S.) Leipzig 886. Fock. n. — 80

Hahn, Jos. Ant., s.a. Nahontani, Jos.

Hahn, Jos. Ant., vollst. Betbuch f. Verehrer d. allerheil. Altarsakrament. 8. Augsb. 775. N. Aufl. 793. Rieger. 10 кr

Hahn, Jos. Ant., (+ ...) katechet. Erklärung d. Festtagsevangelien f. Kinder. 8. Augsb. 790. Rieger. 12 кr

— katechet. Erklärung aller Sonntagsevangelien. 8. Augsb. 788. Rieger. 12 кr

— neue Meßerklärung, oder Vortrefflichkeit, Würde u. Hoheit des heil. Meßopfers. 8. Augsb. 788. Rieger. 12 кr

— Predigten auf alle Festtage Mariä. 5 Jahrg. 8. Ebend. 780–83.

— Predigten auf alle Marian. Festtage üb. die Beweggründe d. Andacht zu Mariä. 8. Augsb. 777.

— geistige Reden auf d. Festtage Mariä, 1r 3r 4r 5r Jahrg. (der 2te fehlt) 8. Ebend. 780–83. (1r 10 gr. 3r 12 gr. 4r u. 5r à 10 gr.)

— geistreiche Reden auf d. Marian. Festtage. 5 Jahrgg. 8. Augsb. 780—83. Rieger. 1 fl 18 кr

— Tagzeiten von d. heil. Herzen Jesu f. jeden Tag in d. Woche. 8. Augsb. 779. Rieger. 8 кr

— sichere Zuflucht bedrängter Herzen, od. 9tägige Andacht. 8. Ebend. 774.

— sichre Zuflucht bedrängter Herzen zu d. heil. Herzen Mariä. 8. Augsb. 774. Rieger. 3 кr

Hahn, Julius: Mit der groß. Armee 1812, s. Als Deutschland erwachte. H. 12.

Hahn, Julius (Hrsg.), Mit der großen Armee 1812, s. Armee, ...

Hahn, Jul., Beziehungen der Versicherungsträger zu einander u. zu anderen Verpflichtungen nach der Reichsversicherungsordnung. (10 S.) Lex. 8. Berlin 909. Groß-Lichterfelde, Verl. d. Arbeiter-Versorgg., A. Troschel. — 50
Sonderabdr. aus: „Die Arbeiter-Versorgg."

Hahn, J., das Eherecht der europ. Staaten u. ihrer Kolonien, s. a. Rechtsverfolgung, die, im internationalen Verkehr. IV.

Hahn, J[ul.], Das Eherecht der europäischen Staaten und ihrer Kolonien. Unter Mitwirk. . . . bearb. Hrsg. von Franz *Leske* u. William *Loewenfeld*. Berlin 1904. 8°
(*Leske*, Fr. u. W. *Loewenfeld*. D. Rechtsverfolgung im internat. Verkehr. Bd. 4.)

— s.: Erörterungen zur Reichsversicherungsordnung.

Hahn, Jul., d. Hülfskassengesetz v. 7. April 1876 / 1. Juni 1894. Nebst Ausführungsbestimmgn. u. d. d. Hülfskassen betr. Bestimmgn. and. Gesetze. Ausführl. erläut. gr. 8. (VIII, 154 S.) Berlin 896. Siemenroth & Troschel. n. 3. —;
geb. in Leinw. n. 4. —

Hahn, Jul. Das Krankenversicherungsgesetz vom 15. Juni 1883 / 10. April 1892, Mit Einleitg. u. Kommentar. gr. 8. (VIII, 236 S.) Berl. 892, Siemenroth u. Worms. • 4 50; geb. • 5 50

— d. Krankenversicherungsgesetz v. 15. VI. 1883 / 10 IV. 1892, nebst d. d. Krankenversicherung betreff. Bestimmgn. d. übrigen Reichsversicherungsgesetze u. d. wichtigeren Ausführungsbestimmgn. M. Einleitg. u. Kommentar. 2., umgearb. u. reich verm. Aufl. gr. 8. (VIII, 360 S.) Berlin 898. Verlag d. Arbeiterversorgg. A. Troschel. n. 6. —;
geb. n. 7. —

Hahn, J., Das Krankenversicherungsgesetz m. den Abänderungsgesetzen u. den die Krankenversicherung betr. Bestimmungen der übrigen Reichsversicherungsgesetze sowie die wichtigeren Ausführungsbestimmungen. Mit Einleitg. u. Kommentar. 3., umgearb. u. reich verm. Aufl. (VIII, 483 S.) gr. 8. Berlin-Grunewald, Verlag der Arbeiter Versorgg. 1904 6. —; geb. 7. —

Hahn, J[ul.], Das Krankenversicherungsgesetz mit den Abänderungsgesetzen u. den d. Krankenversicherung betr. Bestimm. d. übrigen Reichsversicherungsgesetze sowie d. wichtigeren Ausführungsbestimm. M. Einl. u. Komment. [illegible] verb. u. verm. Aufl. Berlin-Grunewald 19[illegible]. 8°.
[Dasselbe.] [illegible] verb. u. verm. Aufl. Gr. Lichterfelde [illegible]. 8°.

Hahn, J., Das Krankenversicherungsgesetz m. den Abänderungsgesetzen u. den die Krankenversicherung betr. Bestimmungen der übrigen Reichsversicherungsgesetze sowie den wichtigeren Ausführungsbestimmungen. Mit Einleitg. u. Kommentar. 5, verb. u. verm. Aufl. (VIII, 523 S.) gr. 8 Gross-Lichterfelde, A. Troschel. [illegible] 6. 50; geb. 7. 50

— Das Krankenversicherungsgesetz m. den Abänderungsgesetzen u. d. die Krankenversicherung betr. Bestimmgn. der übrigen Reichsversicherungsgesetze sowie den wichtigeren Ausführungsbestimmgn. Mit Einleitg. u. Kommentar. 6., verb. u. verm. Aufl. (VIII, 541 S.) gr. 8. Groß-Lichterfelde 909. Verl. der Arbeiter-Versorgg., A. Troschel. 8.—; geb. 9. —
5. Aufl. (VIII, 523 S.) 907. 6.50; geb. 7. 50.

— Die Schlacht im Teutoburger Walde. Ein Gedenkblatt. Mit 6 Illustr. u. 1 Kartenskizze. (48 S.) 8. Hamburg 909. G. Schloeßmann. n — 50

— Aus Hamburgs Schreckenstagen, s.a. Als Deutschland erwachte.

Aus Hamburgs Schreckenstagen. Von Julius Hahn. Mit 1 Pl. u. 22 Abb. Hamburg: Schloeßmann 1909. 128 S. 8°
(Als Deutschland erwachte H. 3.) [09. 17113

Hahn, K., Demosthenis contiones num re vera in contione habitae sint quaeritur. Diss. 1910. 65 S. 2.50

Fest-Arbeit zur Schiller-Feier im Bruderkränzchen „Munificentia" am 7. Mai 1905 von Br. K. Hahn. Leipzig [1905]: Zechel. 4 Bl. 4°.

Hahn, K. K. A. u. M. Gerber, Gedichte. Mit 1 Steindr. 8. Ludwigsb. 826. (Nast). 16 ℛ

Hahn, K. W.

HAHN, C. W.: Gesetz, den Diebstahl an Holz und anderen Waldproducten betr. vom 2. Juni 1852. Nebst den Gesetzen über die Ausübung der Waldstreu-Berechtigung, die Strafe der Widersetzlichkeit gegen Forst- und Jagdbeamte, den Waffengebrauch derselben etc. und den auf diese Gesetze bezüglichen Verfügungen und Entscheidungen des Kgl. Ober-Tribunals. - Breslau 1859. 62 S.

Hahn, C. W., das Holzdiebstahl-Gesetz v. 7. Juni 1821, mit Commentar, Ergänzn. u. Beiln. Handbuch f. Forstrichter, Forstbeamte u. Waldeigenthümer aller Provinzen. gr. 8. (8 B.) Breslau 833, Aderholz.

Hahn, C. W., das Holzdiebstahl-Gesetz v. 7. Juni 1821, mit Commentar, Ergänzungen u. Beilagen. Handb. f. Forstrichter, Forstbeamte u. Waldeigenthümer. 2., umgearb. u. verm. Aufl. gr. 8. (9 B.) Breslau 836, Aderholz.

Hahn, C. W. (II.), das Holzdiebstahl-Gesetz vom 2. Juni 1852 mit Motiven, Kammer-Verhandlungen, Kommentar und Beilagen. Handbuch für Forstrichter, Forstbeamte und Waldeigenthümer. gr. 8. (VI und 136 S.) Breslau 852, Aderholz.

HAHN, C.W.: Das preußische Jagdrecht. - Breslau 1836. VII, 362 S. - 2. Aufl. ebd. 1848. 429 S.

—— das preuß. Jagd-Recht. Aus d. allgem. Landesgesetzen, d. Provinzial-Jagdordnn., d. Ministerial- u. Regierungs-Verordnn. systemat. entwickelt u. mit Abdrücken d. Provinzial-Jagd-Gesetze versehen. gr. 8. (23¼ B. u. 1 Tab.) Breslau 836, Aderholz.

Hahn, C. W., das preußische Jagd-Recht. 2., umgearb. Aufl. 2 Abthlgn. (Jagd-Civilrecht. — Polizei- und Strafrecht.) gr. 8. (XIV und 429 S.) Breslau 848, G. P. Aderholz, Vrlgsh. à Abthl. 1 Thlr.

C. W. Hahn, Das Preuß. Jagdrecht. Aus den allgemeinen Landesgesetzen, den Provinzial Jagdordnungen, den Minist.- und Reg.-Verordnungen systematisch entwickelt und mit Abdrücken der Prov.-Jagdgesetze versehen. (1836.) 3. Aufl. Breslau, 1856.

Hahn, Karl

– Anleit. für Landschullehrer, auf eine leichte, den Geist bildende Art die Kinder zum Lesen zu führen. 8. Münst. 820. Coppenrath. 2 ℛ

– üb. d. Art, d. deutsche Sprache in Volksschulen vorzutragen. 8. Berl. Dieterici. 803.

– üb. d. Art, d. deutsche Sprache in Volksschulen vorzutragen. 8. Berl. 803. (Mittler). 4 ℛ

– Auszug ders. 8. Berl. 803. 2e A. 819. Mittler. 12 ℛ

– Progr. Ueber die erste Behandlung d. Religionsunterrichts in d. untern Klassen d. Gelehrtenschulen. gr. 8. Erf. 824.

Hahn, Karl, die Familie Bendheim, 18, 2 Bdchn., mit 29 ill. Kpf. 8. Berl. 800. Maurers B. 6 rf Dass. in 16. Ebd. 804, 5. Ebd. Mit 9 Kpf. 4 rf

*** — — dass. wohlfeil. Ausg. auf Druckp. mit 9. K. 12 Ebend. 804. gebund.**

HAHN. *Die Familie Bendheim.* Lehrreiche Unterhaltungen für die Jugend. Von K. Hahn . . . [2 Bde.]. Mit 17 [2. Bd.: 12] illum. Kupfern. Berlin, bei Friedrich Maurer, 1804, [1805]. XII, 396; VIII, 422 S. und zusammen 29 handkolor. Tafeln. Kl.-8°. Etw. ben. u. verblaßte Leinenbde. von ca. 1840 mit Goldpressung auf Deckeln u. Rücken im romant. Stil. 65.—
★ Erste Ausgabe dieses mit vielen Dialogen durchflochtenen, stark belehrenden Buches. Die lebendigen Kupfer zeigen verschiedene Szenen nebst hübschen Tierbildern. Ein Kupfer (Krebse) verkehrt eingebunden.

Hahn, C., allgemeines Berggesetz für die preußischen Staaten vom 24. Juni 1865. Nebst den vollständ. Materialien zur Erläuterung desselben. Berlin 865. v. Decker. gr. 8. (IV, 423 S.) 1 rf 7½ ngr.

Hahn, [Karl]: [Bericht über die Schülerfahrt der Oberprima B nach Rom während der Osterferien 1904.] S. 30—32. 4.
Progr. Goethe-Gymn. *Frankfurt a. M.* 1905 (464).

Hahn, C. v., Bilder aus dem Kaukasus. Neue Studien z. Kenntnis Kaukasiens. gr. 8. (VII, 335 S.) Leipzig 900. Duncker & Humblot. n. 6. —

Hahn, Carl, Erläuterungen u. Novellen zum Strafgesetzbuche für die Preußischen Staaten und zum Gesetze über die Presse. 854. (2 Bl., 104 S.) 25 ngr — 2. bis zur neuesten Zeit fortgeführte Ausg. Breslau 855. Kern. 16. (2 Bl., 204 S. u. Supplement, die Gesetze 2c. bis zur neuesten Zeit enthaltend, 1 Bl., 102 S.) 1 rf 7½ ngr; Supplem. einzeln 12½ ngr

— — 3. bis zur neuesten Zeit fortgeführte Ausg. Ebend. 856. 16. (2 Bl., 306 S. u. 2. Supplem. 90 S.) 1 rf 15 ngr; 2. Supplem. einzeln 12 ngr

Hahn, Karl, kurze moralische Erzählungen für ganz kleine Kinder von 3 bis 6 Jahren. 2. Aufl. Mit (8 lith. u.) color. Bildern. Stuttgart 860. Chelius. 16. (VII, 260 S.) 1 rf

Hahn, Carl, kurze moralische Erzählungen für ganz kleine Kinder von 3 bis 6 Jahren. 3. Aufl. Stuttgart 867. Chelius. 16. (VII, 260 S. mit 8 lith. u. color. Bildern.) cart. 1 rf

Hahn, Karl, kurze moralische Erzählungen für ganz kleine Kinder von 3—6 Jahren. 3. Aufl. Mit (8 lith. u.) kolor. Bildern. gr. 16. (VII, 260 S.) Leipzig 878. Berndt. cart. 3. —

Hahn, Carl, aus Stommeln: Über die **Estersäuren** und die Anilsäuren der Phenylbernsteinsäure. *Bonn 1902: C. Georgi.* (37 S.) 8°
Bonn, Phil. Diss. v. 5. Aug. 1902

Das Faustproblem. Vortrag zur Weihe des Johannisfestes 1909. Von Carl Hahn. o. O. 1909. 16 S. 8° [Kopftit.]

Hahn, C., die Feld-Polizei-Ordnung vom 1. Novbr. 1847 mit Ergänzungen u. Erläuterungen, insbesondere durch die Instruktion vom 1. Juli 1856 u. durch Entscheidungen des königl. Ober-Tribunals. Breslau 864. Kern. gr. 8. (IV, 43 S.) 7½ ngr.

— Fibel od. erstes Lesebuch f. Anfänger im Lesen. 8. Münst. 820. 2e A. 825. 3e A. 830. 4e A. 832. Coppenrath. 1 ggr

Hahn, Karl, Fibel, od. erstes Buch f. d. Anfänger im Lesen. 3. u. 4. Aufl. (à 3 B.) 8. Münster 830, 33, Coppenrath. à

Hahn, Karl, Fibel, oder erstes Buch für den Anfänger im Lesen. 4e Aufl. 8. Münster 833. Coppenrath. 1 ggr — 6e Aufl. Ebd. 836. 1 ggr

Hahn, Karl, Fibel oder erstes Buch f. den Anfänger im Lesen. 6. Aufl. 841. 7. mit Zusätzen u. Veränderungen verm. Aufl. 8. Münster 846, Coppenrath'sche Buchh. 1/24 Thlr.

Hahn, Carl (II.), Fibel oder erstes Buch für den Anfänger im Lesen. 8., mit Zusätzen und Veränderungen versch. Aufl. 8. (48 S.) Münster 850, Coppenrathsche Buchh. Thlr.

Hahn, Karl v., Geschichte des großherzogl. hessischen Feldartillerie-Regiments Nr. 25, s.: Beck, Fritz.

Geschichte der Loge Sokrates zur Standhaftigkeit, Or.·. Frankfurt am Main, im ersten Jahrhundert ihrer Werkthätigkeit 1801—1901 von Karl Hahn. Frankfurt a. M. 1901: Mahlau & Waldschmidt. 192 S. 8⁰
Recens: BZC. 31 (1902) S. 35—36.
cf. Bbl. 16 (1902) S. 196 (G. Diercks); L. 25 (1902) S. 8 (R. Fischer).
Nebst Mitglverzeichn. f. 1901—1902.

— kurze Geschichten für kleine Kinder von 3—6 Jahren. 2. Aufl. 16. (174 S. mit 8 ill. Bildern in Stahlst.) Stuttgart 861, Chelius.

— kurze Geschichten für kleine Kinder von 3—6 Jahren. 2. Aufl. Mit 8 color. Bildern (in Stahlst.). Ebend. 863. 16. (174 S.) 25 ngr.

— kurze Geschichten für kleine Kinder von 3 bis 6 Jahren. 3. Aufl. 16. (174 S. mit 8 ill. Bildern in Stahlst.) Stuttgart 865, Chelius. cart.

Hahn, Karl, kurze Geschichten f. kleine Kinder von 3—6 Jahren. 4. Aufl. Mit (8 lith. u.) color. Bildern. gr. 16. (176 S.) Leipzig 877. Berndt. 2. 75

Hahn, Carl (I.), Gesetz, den Diebstahl an Holz betreffend, s. a. Gesetz.

— Gesetz den Diebstahl an Holz und anderen Waldprodukten betreffend, vom 2. Juni 1852. Nebst den Gesetzen über die Ausübung der Waldstreu-Berechtigung, die Strafe der Widersetzlichkeit gegen Forst- und Jagdbeamte, den Waffengebrauch derselben rc. und den auf diese Gesetze bezüglichen Verfügungen u. Entscheidungen des Königl. Ober-Tribunals. Ebend. 859. 8. (2 Bll., 62 S.) 10 ngr.

— das Gesetz über die Presse, s. Gesetz.

— die preußischen Gesetze und Verfügungen über offene Handels-Gesellschaften, Kommandit-Gesellschaften und Aktien-Gesellschaften. Zusammengestellt und mit einer Einleitung versehen. gr. 8. (56 S.) Berlin 850, Hertz. *

— die preußischen Gesetze über die Verjährung. Mit Ergänzungen und Erläuterungen, insbesondere den Entscheidungen des königl. Ober-Tribunals. gr. 8. (IV und 74 S.) Breslau 861, Kern.

Hahn, die Gesetze üb. den Unterstützungswohnsitz, die Bundes- u. Staatsangehörigkeit u. die Freizügigkeit nebst dem preuß. Ausführungsgesetz üb. den Unterstützungswohnsitz. Text-Ausg. m. Anmerkgn. u. vollständ. Sachregister. 16. (V, 195 S.) Berlin 872. Guttentag. n. 1.20

— die preußische Gesetzgebung über das mündliche und öffentliche Verfahren in Untersuchungssachen und über die Geschworenen-Gerichte. Ergänzt und erläutert durch Ministerial-Verfügungen und Entscheidungen des königl. Ober-Tribunals. 2 Lfgn. gr. 8. (III und 276 S.) Berlin 857, Guttentag. [1. Lfg. * 10 Ngr., 2. Lfg. * 27⅓ Ngr.] *

Hahn, Karl, Grundzüge des Lehnrechts. Für Repetitorien. gr. 8. Breslau 846, Kern. 1/4 Thlr.

Hahn, Carl, Grundzüge d. Lehnrechts. Für Repetitorien. gr. 8. (46 S.) Breslau 847, Kern. 1/4 Thlr.

— die Helden. Gedicht. 8. Neustrel. 813. Albanus. 2 ggr

HAHN. *Theresens Hilfsbuch*, um dem kleinen Karl Geschichten zu erzählen, und denselben im Lesen zu üben. Für Mütter geschrieben von Karl Hahn ... Mit 11 [hand]colorirten Kupfern [K. HAHN del.]. Leipzig, K. Tauchnitz, 1808. Titel, VIII, 316 SS. 1 Bl. 8°. Benutzter alter Pappbd. 48.—
★ Erste Ausgabe. Sehr hübsch illustriert. (Kinderspiele, Spielzeugbude usw.) Der Verfasser war „mit Pestalozzi und den ... Philanthropisten in nächster Gemeinschaft". — Die Seiten 307—310 fehlen. 2 SS. eingerissen, einige kl. Fl. ★★

Hahn, Karl, a. Leipzig: Herzog Johann Wilhelm von Weimar und seine Beziehungen zu Frankreich. Jena: G. Fischer 1907. (175 S.) 8° ¶(Aus: Zeitschrift des Vereins f. thüring. Gesch. N. F. 18 H. 1.)
Leipzig, Phil. Fak., Ref. Brandenburg-Seeliger, Diss. v. 6. Mai 1907
[Geb. 3. Juli 83 Leipzig; Wohnort: Leipzig; Staatsangeh.: Preußen; Vorbildung: Nikolai-Gymn. Leipzig Reife O. 02; Studium: Jena 1, Leipzig 3, München 1, Leipzig 3 S.; Rig. 29. Mai 06.]

Hahn, C. Aus dem Kaukasus. Reisen u. Studien. Beiträge zur Kenntnis d. Landes. gr. 8. (IX, 299 S.) Lps. 892, Duncker u. Humblot. * 6 —

— Kinderfreuden. 2 Bdchn., mit 4 Kpf. 8. Berl. 805, 6. Maurers B. 2 Thlr 4 ggr Schrbp. 2 Thlr 20 ggr

— Kommt mit mir — oder Vademecum f. Kinder, e. Ueb. d. Geisteskräfte. 8. Berl. Dieterici. 806.

— Kommt mit mir — oder Vademecum f. Kinder, e. Uebung d. Geisteskräfte. 8. Berl. 806. (Mittler). 14 ggr Hbg. Pr. 8 ggr

— die preußische Konkurs-Ordnung. Ergänzt u. erläutert durch die neuere Gesetzgebung, insbesondere das allgemeine deutsche Handels-Gesetzbuch u. durch Rescripte u. Entscheidungen des königl. Ober-Tribunals. Ebend. 862. gr. 8. (VI, 206 S.) 1 Thlr.

— die preußische Konkurs-Ordnung. Ergänzt u. erläut. durch die neuere Gesetzgebung, insbesond. das allgemeine deutsche Handels-Gesetzbuch u. durch Reskripte u. Entscheidungen des königl. Ober-Tribunals. 2. Ausg. Mit Ergänzungen bis zur neuesten Zeit. Breslau 866. Kern. gr. 8. (VI, 242 S.) 1 Thlr 5 ngr.

— — Suppl. Ergänzungen u. Erläuterungen derselben bis zur neuesten Zeit. Ebend. 866. gr. 8. (36 S.) 5 ngr.

— die preußische Konkurs-Ordnung u. das Anfechtungsgesetz vom 9. Mai 1855. Ergänzt u. erläutert durch die neuere Gesetzgebung, insbesondere durch das Gesetz vom 12. März 1869 u. das allgemeine deutsche Handels-Gesetzbuch, sowie durch Reskripte u. Entscheidungen des königl. Ober-Tribunals. 3. verm. Aufl. Ebend. 869. 8. (VI, 292 S.) 1 ℳ 7½ ngr.

— Frohbergs Lesebuch f. Karln. Ein Lesebuch, in dem d. Kinder selbst lesen lernen können. gr. 8. Leipz. 808. Tauchnitz. 12 gr.

Hahn, Karl, London, s.: Grieben's Reisebücher.

London und Umgebung mit der Insel Wight. 10. Aufl., neu bearb. von Karl Hahn. Mit 5 Karten. *Berlin: A. Goldschmidt 1902–03.* (IV, 247 S.) 8° [F. u. Ant.]

– Reisebücher, Griebens. Bd 9.

– (Hrsg.), s.a. M a t e r i a l i e n , Die gesammten, zum Gerichtsverfassungsgesetz . . .

Hahn's Materialien z. Gerichtsverfassungsgesetz. 2. Aufl. v. **Stegemann.** Berlin 898.

– (Hrsg.), s. M a t e r i a l i e n , Die gesammten, zur Konkursordnung . . .

– (Hrsg.), s.a. M a t e r i a l i e n , Die gesammten, zu den Reichs-Justizgesetzen.

Hahn, C., die gesammten Materialien zu den Reichs-Justizgesetzen. Auf Veranlassung des kaiserlichen Reichs-Justizamts hrsg. 4 Bde. gr. 8. Berlin 878—81. v. Decker. n. 126. 35

1. Materialien zu dem Gerichts-Verfassungs-Gesetz. (VII, VI, 1824 S.) n. 34. 60
2. Materialien zur Civilprozeßordnung. (VIII, 1442 S.) n. 28. 40
3. Materialien zur Strafprozeßordnung. (VIII, 2502 S.) n. 47. 35
4. Materialien zur Konkursordnung. (VII, 835 S.) n. 16. —

Hahn, C., die gesammten Materialien zu den Reichs-Justizgesetzen. Auf Veranlassung des kaiserl. Reichs-Justizamts hrsg. 4 Bde. gr. 8. Berlin, v. Decker's Verlag. * 1

Inhalt:

Bd. 1. Materialien zu dem Gerichts-Verfassungs-Gesetz. 2. Aufl. Hrsg. von Ed. Stegemann. 6 Lfgn. [1.—5. Lfg. (V, S. 1—1594.) 882,83. à Lfg. ℳ 6.; 6. Lfg. (VIII, S. 1595—1834) 883. *ℳ 4,80.] *ℳ 34,80.

" 2. Materialien zur Civilprozeßordnung. 4. und 5. (Schluß-)Lfg. (VIII, S. 961—1492.) 880. *ℳ 10,40.; 2. Aufl. Hrsg. von Ed. Stegemann. 5 Lfgn. (VIII, VII, 1791 S.) 880,81. *ℳ 34.

" 3. Materialien zur Strafprozeßordnung. 4.—8. (Schluß)Lfg. [4.—6. Lfg. (VIII, S. 961—1914.) 880. à *ℳ 6.; 7.—8. Lfg. (VIII, S. 1915—2502.) 881. *ℳ 11,35.] *ℳ 29,35.; 3. Bd. compl. *ℳ 47,35.

" 4. Materialien zur Konkursordnung. 3 Lfgn. [1. und 2. Lfg. (S. 1—640.) 880,81. à ℳ 6.; 3. Lfg. (VII, S. 641—835.) 881. *ℳ 4.] *ℳ 16.

— dasselbe. 3. Bd. Materialien zur Strafprozeßordng. 2. Aufl., hrsg. v. Ed. Stegemann. gr. 8. (VIII, 2521 S.) Ebend. 884—86. n. 48. —

Hahn, C., die gesammten Materialien zu den Reichs-Justizgesetzen. Auf Veranlassung des kaiserl. Reichs-Justizamtes hrsg. 3. Bd.: Materialien zur Strafprozeßordnung. 2. Aufl., hrsg. von Ed. Stegemann. [In 8 Lfgn.] gr. 8. (VIII, 2521 S.) Berlin 886, R. v. Decker's Verlag. à Lfg. *ℳ 6.—. * 1., 2. und 4. Bd. Ebendas. 1880—83. *ℳ 84,80.

Hahn, C., d. ges. Materialien zu d. Reichs-Justizgesetzen. Auf Veranlassung d. kaiserl. Reichs-Justizamtes hrsg. 4. Bd. gr. 8. Berlin 898. R. v. Decker. n. 11. —; geb. in Halbfrz. n. 12. —

Materialien zu d. Konkursordng. u. d. Einführungsgesetz vom 10. II. 1877. Nachdruck 1898. Chemisch-anastat. Reproduction. (VII, 835 S.)

— dasselbe. Fortges. v. B. Mugdan. 5.—8. Bd. gr. 8. Ebd. n. 21. 50; geb. in Halbfrz. n. 28. — (I.—VIII., erm. Pr. geb. n. n. 100. —)

5. Materialien z. Gesetz üb. d. Zwangsversteigerg. u. d. Zwangsverwaltg. u. z. Grundbuchordng. 2 Hälften. gr. 8. (IV, 281 S.) 897. n. 4. —; geb. n. 5. 50
6. Materialien z. Handelsgesetzbuch. gr. 8. (IV, 781 S.) 897. n. 6. —; geb. n. 8. —
7. Materialien z. Gesetz üb. d. Angelegenheiten d. freiw. Gerichtsbarkeit. Materialien z. Gesetz, betr. Aenderungen der Konkursordng. nebst Einführungsgesetz. (IV, 444 S.) 898. n. 4. —; geb. n. 5. 50
8. Materialien z. Gesetz betr. Aendergn. d. Civilprozeßordng., Gerichtsverfassungsgesetz u. Strafprozeßordng. (IV, 816 S.) 898. n. 7. 50; geb. n. 9. —

– (Hrsg.), s. M a t e r i a l i e n , Die gesammten, zur Strafprozeßordnung . . .

– (Hrsg.), s. M a t e r i a l i e n , Die gesammten, zur Civilprozeßordnung.

Hahn, Materialien zur Civilprozessordnung. 2. Aufl. v. **Stegemann.** Berlin 898.

Hahn's, K. H. A., neues Methodenbuch zum faßlichen Unterricht in der latein. Sprache, für die Anfänger. Berlin 810-13. 3 Theile. 1 rthlr. 2 gr.

— neues Methodenbuch z. Unterr. in d. latein. Sprache. 1r — 3r Curs. 8. Berl. 810 — 12. Maurers B. (Heinemann in Stolpen). 1 ℳ

—— Nachträge zur Konkurs-Ordnung, s. Konkurs-Ordnung.

— Omar, ein Andachtsb. f. d. Jugend u. d. Alter. 2 Thle. 8. Elberf. Büschler. 810.

— — Omar. Ein Erbauungsbuch für die Jugend; auch für das Alter. 2 Bdchen. 2te Aufl. Mit 1 Kupf. 8. Elberfeld, Büschler. 820.

— Omar, e. Andachtsbuch f. d. Jugend u. das Alter. 2 Thle. 8. Elberf. 810. 2e A. 820. (Schönian). 1 ℳ 12 gr

Hahn, Carolus *Fridericus Ricardus* [Francofurtensis]: De Dionis Chrysostomi orationibus, quae inscribuntur Diogenes '(VI, VIII, IX, X.)' ... Homburgi in monte Tauno, J. G. Steinhæusser, 1896; 73 S., 1 Bl. 8.

Göttingen, Phil. Fak., Inaug.-Diss. v. [15. Dez.] 1896

— Parabeln, beim Unterrichte d. denkenden Jugend, in d. Sittenlehre zum Grunde zu legen. 1r Bd. 8. Elberfeld, Büschler. 811.

— Parabeln, beim Unterrichte d. denkenden Jugend, in d. Sittenlehre zum Grunde zu legen. 1r Bd. 8. Elberf. 811. (Schönian). 18 gr

Hahn, K., Plan u. Wegweiser v. London u. Umgebungen, s.: Grieben's Reisebücher.

— meine Reise durch einen Theil d. preuß. Staaten, Galizien, Mähren ꝛc. 1s Bdch. 8. Ebend. 812.

Hahn, C., kaukasische Reisen u. Studien. Neue Beiträge z. Kenntnis d. kaukas. Landes. gr. 8 (VII, 299 S.) Leipzig 896. Duncker & Humblot. n. 6. —

— meine Reisen durch einen Theil der Preuß. Staaten, damaliges Galizien, Schlesien, Mähren, Böhmen, Sachsen u. Mecklenburg. 3 Thle. 8. Elberf. 812—17. (Schönian). 2 ℳ 16 gr

Hahn, C., meine Reisen durch einen Theil der Preuß. Staaten, damaliges Gallizien, Schlesien, Mähren, Böhmen, Sachsen und Mecklenburg. 2r und 3r Theil. 8. Elberfeld, Büschler. 816. (2r. Thl. 20 Gr. 3r Theil 1 Rthlr. 6 Gr. Rthlr.
(Alle 3 Theile 2 Rthlr. 16 Gr.)

Hahn, Carl, die Rinderpest in Bayern im J. 1867. 8. Stuttgart 868, Cotta'sche Buchh.

Hahn C.: Die Rinderpest in den Niederlanden. Münch. 1866. 107 S. (Thierärztliche Mittheilungen ... H. 12). 327.

— s. Chr. G. Salzmann, Anweisung (Krebsbüchlein).
(NB. Oben verzeichnete Schriften sollen laut Meusels gelehrten Deutschland zwei verschiedenen Verfassern angehören; es war aber durchaus nicht zu ermitteln, was dem einen oder dem andern zugehört, weshalb ich Alles unter einem Karl Hahn aufgeführt habe. Sollte es vielleicht auch richtiger so sein!)

— angenehme Schulstunden. Gedichte u. gereimte Erzähll. für d. Jugend. 8. Leipz. 807. Voß. 1 ℛ 4 𝔤𝔯

— Seid d. Bestimmung eingedenk. Ein Gespräch. 8. Berl. 803. Dieterici. 2 𝔤𝔯

Logo Sokrates zur Standhaftigkeit im Or.·. Frankfurt a. M. Tafelloge am 8. Dez. 1901. Kettenlied. [Unterz.:] K[arl] H[ahn]. [Frankfurt a. M. 1901.] 1 Bl. 4° [Kopftit.]
Ohne Noten.

— gemeinnützl. deutsche Sprachlehre, mit besond. Rücksicht auf Volksschulen. 8. Berl. 803. 2e A. 808. 3e A. 816. (Mittler). 16 𝔤𝔯

— — gemeinnützige deutsche Sprachlehre für Selbstbelehrung und Schulen bearbeitet. 3te verm. Ausg. gr. 8. Berlin, Mittler. 816.

— — Auszug aus Obigem. 2te bericht. und verm. Aufl. gr. 8. Ebend. 819.

— gemeinnütz. u. wohlf. Sprachlehre ungelehrter Bürger- u. Volksschulen. 8. Berl. Dieterici. 806.

— kleine deutsche Sprachlehre. 8. Leipz. 803. (Mittler). 6 𝔤𝔯

— Stoff zur Bildung des Geistes u. Herzens. 3 Bdchn. 8. Berl. 803—10. (1s B. 2e A. 804. 3e A. 808. 4e A. 812. 18 𝔤𝔯 2s B. 2e A. 814. 18 𝔤𝔯 3s B. 16 𝔤𝔯) (Mittler). 2 ℛ 6 𝔤𝔯

— Stoff z. Bildung d. Geistes u. Herzens. 3 Bändch. 8. Berl. Dieterici. 804. (1r u. 2r Bd. à 18 gr. 3r 16 gr.)

— Stoff z. Bildung d. Herzens u. Geistes. 1r Thl. 4te Aufl. 8. Berl. Dieterici. 812.

— — desselben 2r Thl 2te Aufl. 8. Ebend. 814.

—— Strafgesetzbuch für den norddeutschen Bund. Mit Erläuterungen aus den Motiven und der auf das bisher. preuß. Strafgesetzbuch bezügl. Rechtsprechung des königl. Obertribunals hrsg. gr. 8. (VII, 319 S.) Breslau 871, Kern's Verlag. *

—— dass. — für das deutsche Reich. Mit Erläuterungen aus den Motiven und der Rechtsprechung des königl. preuß. Ober-Tribunals. 2. Aufl. gr. 8. (VII, 332 S.) Ebendas. 872.

— dasselbe. Mit den Abändergn. der Novelle vom 26. Febr. 1876. Erläutert aus den Motiven u. der Rechtsprechg. d. königl. preuß. Ober-Tribunals, sowie der außerpreuß. höchsten Gerichtshöfe. 3. Aufl. gr. 8. (1. Hälfte 320 S.) Ebend. 876. n. 10. —

—— Strafgesetzbuch für das Deutsche Reich. Mit den Abänderungen der Novelle vom 26. Febr. 1876. Erläutert aus den Motiven und der Rechtsprechung des königl. preuß. Ober-Tribunals, sowie der außerpreuß. höchsten Gerichtshöfe. 3. Aufl. gr. 8. (VIII, 608 S.) Breslau 877, Kern's Verlag. * 10 —

Hahn, Carl (I.), Strafgesetzbuch für die preußischen Staaten, s. a. Strafgesetzbuch.

—— Strafgesetzbuch für die preußischen Staaten und Gesetz über die Einführung desselben vom 14. April 1851. Mit Weglassung der aufgehobenen und Einschaltung der neueren Bestimmungen und allen auf das Strafgesetzbuch bezüglichen Entscheidungen des königl. Ober-Tribunals. gr. 8. (IV und 128 S.) Breslau 856, Kern.

—— Strafgesetzbuch für die preußischen Staaten und Gesetz über die Einführung desselben. Mit Weglassung der aufgehobenen und Einschaltung der neueren Bestimmungen und allen auf das Strafgesetzbuch bezüglichen Entscheidungen des königl. Ober-Tribunals. 3. Aufl. Mit den Nachträgen bis Mitte 1857. gr. 8. (IV und 144 S. mit Suppl. enthaltend Nachträge bis Mitte 1857. 78 S.) Breslau 857, Kern.
Suppl. apart

— Strafgesetzbuch für die preußischen Staaten. Mit den auf dasselbe bezüglichen neueren Bestimmungen u. Entscheidungen des Königl. Ober-Tribunals. 4. Aufl. 860. (VI, 219 S.) 20 ngr. — 5., stark verm. Aufl. Ebend. 864. gr. 8. (IV, 240 S.) 22½ ngr.

— das Strafgesetzbuch für die preußischen Staaten. Mit den auf dasselbe bezügl. neueren Bestimmungen u. Entscheidungen des Königl. Ober-Tribunals. 6. stark verm. Aufl. Ebend. 868. gr. 8. (IV, 308 S.) 1 ℛ

— Strafprozeßordnung vom 1. Febr. 1877 u. Gerichtsverfassungsgesetz vom 27. Jan. 1877 mit den Einführungsgesetzen. Text-Ausg. mit Anmerkungen u. vollständigem Sachregister. 16. (XX, 71 u. 204 S.) Berlin 877. Guttentag. cart. n. 1. 60

— der Sylvesterabend. Eine Begebenheit in d. Familie Hellwang, als Neujahrsgeschenk f. die reifere Jugend bearbeitet. 8. Berl. 812. (Mittler). 8 𝔤𝔯

— (Hrsg.), s. Tacitus, Publius Cornelius: Libri qui supersunt.

— Therese, oder das Buch für Mütter zum Selbstunterricht d. Kinder. gr. 8. Ebend. 808.

—— der erzählende Vater. Bildende Erzählungen für Kinder von 7—10 Jahren. 2. Aufl. gr. 16. (251 S. mit 8 lithogr. und ill. Bildern.) Stuttgart 862, Chelius.

— der erzählende Vater. Bildende Erzählungen für Kinder von 7 bis 10 Jahren. 3. Aufl. Ebend. 866. 16. (IV, 247 S. mit 8 lith. u. color. Bildern.) cart. 1 ℛ

Hahn, Karl, der erzählende Vater. Bildende Erzählungen für Kinder von 7—10 Jahren. 4. Aufl. 8. (247 S. mit 8 color. lithogr. Bildern.) Stuttgart 875, Chelius. [Leipzig, Berndt's Verlag.] cart.

Hahn, Karl, der erzählende Vater. Bildende Erzählungen für Kinder von 7—10 Jahren. 4. Aufl. 12. (IV, 247 S. mit color. Bildern.) Leipzig 880, Berndt's Verlag. cart.

Hahn, C. v., erster Versuch e. Erklärung kaukasischer geographischer Namen (zirka 2000). (VIII, 62 S.) gr.8. Stuttgart 910. Strecker & Schröder. 3. —

— Wilhelmine, oder d. erste Buch für Mütter, die auf d. Verstand d. Kinder von d. frühesten Zeit an wirken wollen. 2 Thle. Mit 1 Kpf. 8. Berl. 809. Maurers B. 1 ℛ 8 gGr

Hahn, Karl, Gießen: Die ladende Wirkung der Röntgenstrahlen. Gießen 1905: J. Weinert. (40 S.) 8°

Gießen, Phil. Fak., Ref. Drude, Diss. v. 26. Juli 1905

[Geb. 4. Jan. 82 Gießen; Wohnort: Gießen; Staatsangeh.: Hessen; Vorbildung: Realgymn. Gießen Reife O. 00; Studium: München 1, Gießen 6 S.; Rig. 3. Dez. 04.]

Hahn, Karl, 4 Wochen in Mezöhegyes. Mittheilungen üb. das königl. ungar. Staatsgestüt daselbst. Mit e. (lith.) Plane d. Gestüts u. 1 Futtertabelle (in qu. 4.) gr. 8. (32 S.) Stuttgart 873. Schickhardt & Ebner. n. 1. —

Hahn, Karl August

Hahn, K. A., auswahl aus Ulfilas gothischer bibelübersetzung. Mit e. wörterbuch u. m. e. grundriss zur gothischen buchstaben- u. flexionslehre. gr. 8. (VIII u. 110 S.) Heidelberg 849, J. C. B. Mohr. ¾ ℛ

Hahn, C. A., Auswahl aus Ulfilas gothischer bibelübersetzung. Mit einem wörterbuch u. mit einem grundriss zur goth. buchstaben- u. flexionslehre. 2. Aufl. Heidelberg 864. J. C. B. Mohr. gr. 8. (VIII, 112 S.) n. 20 ngr.

Hahn, K. A., Auswahl aus Ulfilas gothischer bibelübersetzung. Mit glossar u. e. grundrisz zur gothischen laut- u. flexionslehre. 3. Aufl. hrsg. u. bearb. v. Adalb. Jeitteles. gr. 8. (IX, 121 S.) Heidelberg 874. J. C. B. Mohr. n. 2. 40

Hahn, C. A., Auszwahl ausz Gottfrids v. Straszburg Tristan, s. Gottfried v. Straszburg.

Hahn, K. A. — Auszwahl ausz Gottfrieds von Straszburg Tristan als Manuskript für Vorlesungen herausgegeben von — —. Wien, 1855. Druck von Zamarski. Wilhelm Braumüller. (IV. S. 244. Anhang XXI. 8.)

Hahn, Karl Aug., s. Bibliothek der gesammten deutschen National-Literatur, 13r Bd. 3r Thl.

Hahn, K. A., Gedichte d. XII. u. XIII. Jahrh., s. Bibliothek d. gesammt. deutsch. National-Literatur, 20. Bd.

— althochdeutsche grammatik m. einigen lesestücken u. glossen. gr. 8. (VIII u. 102 S.) Prag 852, Calve. 18 ngr.

—— althochdeutsche grammatik mit einigen lesestücken und glossen. gr. 8. (VIII und 102 S.) Prag 852, [Tempsky.]

—— althochdeutsche Grammatik mit einigen Lesestücken und einem Glossar. 2. Aufl. bearb. von Adalb. Jeitteles. gr. 8. (XII und 125 S.) Prag 866, Tempsky.

Hahn's, K. A., Althochdeutsche Grammatik. Nebst einigen Lesestücken und einem Glossar. Mit Rücksicht auf die Fortschritte der Wissenschaft bearb. von Adalb. Jeitteles. 3. vielfach veränd. und verm. Aufl. gr. 8. (XV, 132 S.) Prag 870, Tempsky. *

— althochdeutsche Grammatik nebst einigen Lesestücken u. e. Glossar. Hrsg. v. Adb. Jeitteles. 4. wesentlich veränd. u. verm. Aufl. gr. 8. (XVI, 152 S.) Prag 875. Tempsky. n. 3. —

Hahn's, K. A., althochdeutsche Grammatik, nebst einigen Lesestücken u. einem Glossar. Hrsg. von Jos. Strobl. 5., wesentlich veränd. Aufl. gr. 8. (IV, 114 S.) Prag 882. Tempsky. n. 3. —

Hahn, C. A., mittelhochdeutsche Grammatik. 2 Abthl. 8. Frankfurt a. M., Brönner. *

A. u. d. Ttln.:

Abthl. 1. Laut- u. Flexionslehre. (8½ B.) 842. * 18¾ Ngr.
» 2. Wortbildung (10½ B.) * 18¾ Ngr.

— mittelhochdeutsche Grammatik. 1. Abthl. Laut- und Flexionslehre. 8. Frankfurt a/M. 843, Brönner. n. ⅝ ℛ

— mittelhochdeutsche Grammatik. 2. Abthl. Wortbildung. 8. (VIII u. 156 S.) Frankfurt a. M. 847, Brönner. n. ⅝ ℛ (1. 2. n. 1¼ ℛ)

Hahn's, K. A., mittelhochdeutsche Grammatik. Neu ausgearb. von Frdr. Pfeiffer. Frankfurt a. M. 865. Brönner. 8. (XV, 200 S.) n. 24 ngr.

—— mittelhochdeutsche Grammatik. Neu ausgearb. von Friedr. Pfeiffer. 8. (XV und 200 S.) Frankfurt a. M. 865, [Winter.] *

— mittelhochdeutsche Grammatik. Neu ausgearb. v. Frdr. Pfeiffer. 2. Ausg. gr. 8. (XIX, 208 S.) Frankfurt a. M. 871. Winter. n. 2. 40

— dasselbe. 3. Ausg. gr. 8. (XVII, 211 S.) Ebend. 875. n. 3. —

Hahn's, K. A., mittelhochdeutsche Grammatik. Neu ausgearb. v. Frdr. Pfeiffer. 4. Ausg. (XVIII, 221 S.) Basel 884. Schwabe. n. 3. 50

—— neuhochdeutsche grammatik. Die lehre von den buchstaben und endungen als versuch. 8. (XX und 152 S.) Frankfurt a. M. 848, Brönner. *

—— mittelhochdeutsches Lesebuch oder Uebungen zur mittelhochdeutschen Grammatik. Mit Anmerkungen und einem Glossarium. Neue verm. Ausg. gr. 8. (XII und 300 S.) Frankfurt a. M. 847, Brönner.

Hahn, C. A., echte Lieder von Gudrun und Auswahl aus Gottfrids von Strassburg Tristan, s. Dichtungen, mittelhochdeutsche.

Hahn, K. A. Echte Lieder von Gudrun nach Müllenhofs Kritik als Manuskript für Vorlesungen. 8. (VIII u. 80 S.) Wien, Wilhelm Braumüller, Druck. J. P. Sollinger's Witwe 1853.

—— die echten lieder von den Nibelungen nach Lachmanns kritik, s. Lieder.

— s. Passional, d. alte.

Hahn, C. A., der moderne Staat u. die evangelische Kirche. Gedanken üb. Stolgebühren u. Selbstverwaltg. d. kirchl. Vermögens. gr. 8. (III, 33 S.) Nördlingen 875. Beck. n. — 60

– Der jüngere Titurel, s. Bibliothek d. gesammt. deutsch. National-Literatur. 24 Bd.

—— Uebungen zur mittelhochdeutschen Grammatik. Mit Anmerk. u. Glossarium. gr. 8. (17¼ B.) Frankfurt a. M. 843, Brönner. *

– s. Ulrich v. Zatzikhofen, Lanzelot.

Hahn, Carolus Augustus: •De brevibus versibus epicis seculo decimo tertio apud Germanos usitatis. 25 S. 8° (4°)

Halle-Wittenberg, Phil. Diss. v. 19. Okt. 1839

Geb. [Heidelberg 14. 6. 1807]

Verf. gab heraus: Gedichte des 12. und 13. Jh. Quedlinburg & Leipzig: Basse 1840. VIII, 147 S. 8° (Bibliothek der gesamten deutschen Nationalliteratur. Bd 20.)

Hahn, Car. Christian. (geb. Köppern 21. 3. 1795): De difficultate urinae. Berolini (1819). (20 S.) 8°

Berlin, Med. Diss. v. 30. März 1819

Hahn, Carl Fr., Elementarbuch für den Schulunterricht in der Geographie. 8te umgearb. und verm. Aufl. 8. Bamberg, Göbhardt. 820.

— — Libellus precum in usum literarum studiosorum aliorumque christianorum, cum 1 tab. aen. 8. Ebend. 820. ·

Hahn, Karl Fr., († d. 21. Febr. 1803.) populäre deutsche Sprachlehre. Mit e. Vorr. v. K. H. L. Pölitz. 8. Dresd. 801. Hilscher. 18 gl

Hahn, C. C. F., populäre deutsche Sprachlehre. 8. Dresden, Hilscher. 806.

— Carl Friedrich, De septem sapientibus Graeciae. Diss. valedictoria. Dresden (Harpeter) 26. III. 1793. 28 S. (5.50) 12797
Gew.: Christoph Gottlob v. Burgsdorf.

— Carl Heinrich August (Zeitz), Jesus pro divina doctrinae suae origine nuspiam usus esse legitur argumento interno. Dissertatio. Präs. Michael Weber. Wittbg. (Tzschiedrich) 27. III. 1798. 18 Seiten. (5.—) 12798
Gewidm.: Wilhelm August v. Wolfframsdorff (Wolfframsdorff).

Hahn, Karl Heinrich Hermann Ludwig, s. Hahn, Ludwig

Hahn, Carl Heinrich Theodor, pract. Arzt a. Ballersbach ⟨Hessen-Nassau⟩: Aus d. patholog. Institut zu Leipzig. Ueber einen Fall von ausgedehnten amniotischen Verwachsungen. Oranienbaum 1904: Buchdr. Oranienbaum. (46 S.) 8°

Leipzig, Med. Fak., Ref. Marchand, Diss. v. 17. Nov. 1904

[Geb. 21. Okt. 78 Ballersbach, Hessen-Nassau; Wohnort: Oranienbaum; Staatsangeh.: Preußen; Vorbildung: Gymn. Weilburg Reife O. 97; Studium: Marburg 5. Leipzig 7 S.; Coll. 19. Dez. 04; Approb. 28. April 03.]

Hahn, Car. Maxius Eugen. (geb. [Ortelsburg in Ostpr.] 27. 4. 1851 [vielmehr 1841]): De carcinomate uteri. Berolini (1865). (32 S.) 8°

Berlin, Med. Diss. v. 9. Aug. 1865

Hahn, Karl Wilhelm

C. W. Hahn, Naturgetreue Abbildungen zur allgemeinnützigen Naturgeschichte der Tiere Bayerns. Nürnberg 1826

Hahn, Carl Wilh., gründl. Anweisung Krustenthiere, Vielfüße, Asseln, Arachniden u. Insecten aller Klassen zu sammeln, zu präpariren, aufzubewahren u. zu versenden; nach mehr als zwanzigjähr. Erfahr. u. eig. Ausübung f. Sammler u. Liebhaber bearb. 8. (10 B. u. 4 Stnt.) Nürnberg 834, Zeh.

Hahn, C. W., gründliche Anweisung Krustenthiere, Vielfüße, Asseln, Arachniden und Insekten aller Klassen zu sammeln, zu präpariren, aufzubewahren und zu versenden; nach mehr als zwanzigjähriger Erfahrung u. eigener Ausübung für Sammler und Liebhaber bearb. 2. (Titel-) Ausg. Nürnberg (834.) 854. Lotzbeck. 8. (VI, 154 S. u. 4 lith. Taf.) 9 ngl

Hahn, Karl Wlh., die Arachniden. Getreu nach d. Natur abgebildet u. beschrieben. 1r Bd. 1s—3s Hft. Jedes mit 6 ill. Tafeln. gr. 8. Nürnb. 831, 32. Zeh. (Subscr.-Pr. à 20 gl) 2 Rthlr 12 gl

Hahn, Karl Wlh., die Arachniden. Getreu nach der Natur abgebildet u. beschrieben. 1r Bd. 4s—6s Hft. u. 2r—10r Bd. à 6 Hfte. Vom 3n Bande an fortgesetzt von K. L. Koch. Jedes mit 6 fein ausgemalten Tafeln. gr. 8. Nürnberg 833—40. Zeh. (Prän.-Pr. à n. 5/6 Rthlr Ladenpreis à 1 1/6 Rthlr

Hahn, Carl Wilh., die Arachniden. — Fortsetz., s. Koch, C. L.

Hahn, Karl Wlh., ornithologischer Atlas, oder naturgetreue Abbildung u. Beschreib. d. außereuropäischen Vögel. 1e Abthl. Papageien. 1s—5s Hft. Jedes mit 8 fein ausgemalten Taf. gr. 8. Nürnb. 833—36. Zeh. (Pr.-Pr. à 5/6 Rthlr Ladenpreis à 1 1/6 Rthlr) Fortgesetzt von H. C. Küster. 1e Abthl. Papageien. 6s u. 7s Hft., mit 8 ill. Taf. gr. 8. Ebd. 836. à 5/6 Rthlr Ladenpreis 1 1/6 Rthlr — 8s Hft. Nectariniaden. — 9s u. 11s Hft. Papageien. — 10s Hft. Spechtartige Vögel. — 12s Hft. Leniaden. — 13s Hft. Pipiriden. 1. — 14s Hft. Spechtartige Vögel. 2. — 15s Hft. Crotophaga, Scythrops, Pipra. Jedes mit 8 color. Taf. 838, à n 5/6 Rthlr Ladenpreis à n. 1 1/6 Rthlr — 16s u. 17s Hft. 840, à n 5/6 Rthlr Ladenpreis 1 1/6 Rthlr Mit 8 ill. Taf. gr. 8. Ebd. 836, 37. 5/6 Rthlr Ladenpreis 1 1/6 Rthlr

—— Fauna Boica, s. Fauna.

— Fauna Boica, s. v. Reider.

—— Icones Orthopterum. — Abbildungen d. hautflügel. Insecten. 1. Lfg. gr. 4. (4 ill. Taf., Zinkstich, u. ¼ B. Text.) Nürnberg 835, Lechner. *

HAHN, Carl Wilhelm u. G. A. W. HERRICH-SCHAEFFER: Die wanzenartigen Insecten. Getreu nach der Natur abgebildet und beschrieben. - Nürnberg 1831-1852. In einz. H. ersch. - Schlußheft Regensburg 1853

—— die wanzenart. Insekten. Getreu nach d. Natur abgebildet u. beschr. 1. u. 2. Bd. à 6 Hfte. Jed. m. 6 Kpfrt. gr. 8. (13¼ u. 7¼ B.) Nürnberg 831—34. Zeh. à Hft.

Hahn, Carl Wilh., die wanzenartigen Insecten. Getreu nach d. Natur abgeb. u. beschrieben. 3. Bd. 1. u. 2. Hft. à 6 col. Taf. gr. 8. (1¼ u. 2 B. Text.) Nürnberg 835, 36, Zeh'sche Buchh. à Thlr. *

1. u. 2. Bd. à 6 Hfte. Ebendas. 1831—34. à Hft. * 20 Gr. — Forts., s. Herrich-Schäffer.

— die wanzenartigen Insekten. Getreu nach der Natur abgebildet u. beschrieben. 1r Bd. 4s—6s H. — 7r Bd. à 6 Hfte. Jedes mit 6 fein ausgemalten Taf. 3r Bd. 2s u. ff. v. Herrich — Schäffer. gr. 8. Nürnberg 832—40. Zeh. (Prän.-Pr. à Hft. 5/6 Rthlr Ladenpreis à Hft. 1 1/6 Rthlr)

(——) Monographia Aranearum. — Monographie d. Spinnen. 5—7. Hft. gr. 4. (à 4 ill. Taf. u. 1 Bl. Erklär. in Lat. u. Deutscher Sprache.) Nürnberg 828—33, Lechner. à Hft.

1—4. Hft. Ebendas. 1821—26. 5 Thlr. 8 Gr.

— Monographia Aranearum. Monographie d. Spinnen. 7e u. 8e Lfrg. (fortgesetzt) von mehrern Naturkundigen. Jede mit 4 ill. Kpfrtaf. u. Text. gr. 4. Nürnb. 18..—36. Lechner. (à n. 1 1/3 Rthlr) 2 2/3 Rthlr 1e—8e L. 10 2/3 Rthlr

Hahn, Karl Wlh., Monographie d. Spinnen. Deutsch u. latein. 1s—6s Hft. Mit 24 ill. Kpf. gr. 8. Nürnb. 820—31. (v. Ebner). 8 rß

Hahn, C. W., Monographie der Spinnen. 1s und 2s Heft. Jedes Heft mit 4 illum. Kupf. u. deutsch u. lat. Text gr. 8. Nürnberg, Lechner. 820 und 821. à 1 Rthlr. 18 Gr.

Hahn, (C W.,) Monographie d. Spinnen. 3s u. 4s Heft. Mit 8 Kpfrt. u. deutschem u. latein. Text. gr. 4. Nürnb. 822—26, Lechner. à 1 Rthlr. 8 gr.

— s. J. E. Reider, fauna boica.

— die Vögel aus Asien, Afrika, Amerika u. Neuholland, in Abbildd. nach d. Natur mit Beschreibb. 1e—15e Liefr. Jede Liefer. mit 6 ill. Kpf. 4. Nürnb. 818—27. (v. Ebner). 20 rß

— Vögel aus Asien, Afrika, Amerika u. Neuholland in Abbild. nach d. Natur mit Beschreib. 11e u. 15e Lief., jede mit 6 ill. Abbild. 4. Nürnb. 822—27. Lechner. à 1 Rthlr. 8 gr.

—— neuer verbess. u. revid. Text zu d. 1—12. Hft. v. dess. „Voegeln aus Asien, Africa, America u. Neuholland etc." gr. 4. (6 B.) Nürnberg 823, (v. Ebner.)
Dess. „Vögel aus Asien, Afrika, Amerika u. Neuholland," 1—12. Lfg. od. 1. Bd. 1819—21. à Lfg. 1 Thlr. — Ausserdem erschien 13—16. Lfg. od. 2. Bd. 1—4. Lfg. 1822—27. Ebendas. à Lfg 1 Thlr.

[F.] Clara Hahn. Mein Ehescheidungsprozess. [Nebst] Fortsetzung. *Wien: Selbstr.; (Dr. v. F. Jasper) 1895.* (2 Bl., 110 S., 1 Bl., 111—220 S., 3 Bl., 181, 16 S.) 1 Bd 8. (96. 3747

Hahn, Clara, mein Ehescheidungsprozeß 1. Thl. u. Fortsetzg. gr. 8. Wien 895. (Leipzig, Literar. Anstalt, A. Schulze.) n. 14. –
1. 2. Tausd. (111 u. 181 S.) n. 8. —
2. Fortsetzung. (S. 109—223.) n. 6. —

Hahn, Kurt, s. a Gesetz üb. die allgem. Landesverwaltung.

Hahn, Kurt, Gesetz üb. die allgem. Landesverwaltg. v. 30. VII. 1883, nebst Gesetz v. 27. IV. 1885, Verordngn. v. 28. V. 1890, v. 9. VIII. 1892, v. 23. VIII. 1899, v. 29. VIII. 1900, v. 30. VI. 1901, v. 28. VII. 1902. — Gesetz üb. die Zuständigkeit der Verwaltungs- u. Verwaltungsgerichtsbehörden v. 1. VIII. 1883 nebst Gesetzen v. 12. VI. 1889, v. 13. VI. 1900, v. 28. VII. 1902, v. 27. III. 1907, v. 7. III. 1908, v. 23. VI. 1909, Verordngn. v. 11. V. 1885, v. 16. VIII. 1888, v. 31. XII. 1883, v. 19. VIII. 1897, v. 23. III. 1898, v. 30. VII. 1900, v. 23. III. 1906. Mit Anmerkgn. verseh. 6. rev. Aufl. (VII, 171 S.) 8. Berlin 910. R. v. Decker. Geb. 2.25

Hahn, Kurt, Frau Elses Verheißung. Erzählung. (174 S.) 8. München 910. A. Langen. 2.50; geb. in Leinw. n 3.50; in Halbfrz. 5.50

Hahn, L. (Hrsg.), s. Austria, Neue.

v. Hahn, Frhr. L., allegorische Gedichte. 2 Thle. 8. Wien 807. Haßlinger in Linz.

Hahn, L., Helgri und Sigrun. 12 Lieder germanischer Heldensage. Nebst einer Abhandlung über die Helgilieder der Edda. Berlin. *XVI u. 116 p. 1867.*
Schul-/Univ.-Schrift

v. Hahn, Freiherr L., Baron von Weidenthal, oder die Laune des Schicksals; Lstspl. in 5 A. 8. Linz 807. Haslinger. 6 gl.

Hahn, Leonard [aus Sangerberg i. Böhmen]: Ueber die Nitroderivate der o-Xylol-(4)-Sulfonsäure und über o-Xylol-Di-Sulfonsäure. . . . Freiburg i. Baden, Univ.-Buchdr. v. H. M. Poppen & Sohn, 1889; 65 S. + 1 Bl. 8°
Freiburg i. B., Phil. Fak., Inaug.-Diss. v. 1889

Hahn, Leop., Documenta ad historiam rei pharmaceutica Silesiae. Commentatio medico-histor. 8. (36 S.) Vratislaviae 848, (Trewendt et Granier.)

Hahn, Louis: Handbuch f. Gespannführer . . ., s. Becker, Konrad

Hahn, Ludw., Fürst Bismarck. Sein polit. Leben und Wirken urkundlich in Thatsachen und des Fürsten eigenen Kundgebungen dargestellt. [Vollständige, pragmatisch geordnete Sammlung der Reden, Depeschen, wicht. Staatsschriften und polit. Briefe des Fürsten.] 2 Bde. gr. 8. Berlin 878, Hertz. à Bd. * ℳ 11. *
Inhalt:
Bd. 1. Bis 1870. (XVI, 910 S.)
» 2. 1870—1877. (XVI, 893 S.)

Hahn, Ludw., Fürst Bismarck. Sein polit. Leben und Wirken urkundl. in Thatsachen und des Fürsten eigenen Kundgebungen dargestellt. [Vollständige, pragmat. geordnete Sammlung der Reden, Depeschen, Staatsschriften und polit. Briefe des Fürsten.] 3. Bd. bis 1879. gr. 8. (XII, 765 S.) Berlin 881, Hertz.
1. und 2. Bd. Ebendas. 1878. à * ℳ 11.

Hahn, Lud., Fürst Bismarck. Sein polit. Leben und Wirken, urkundl. in Thatsachen und des Fürsten eigenen Kundgebungen dargestellt. [Vollständige, pragmat. geordnete Sammlung der Reden, Depeschen, wicht. Staatsschriften und polit. Briefe des Fürsten.] 4. Bd.: 1879—1885 bis zur Nationalfeier des 70. Geburtstages des Fürsten. gr. 8. (XV, 684 S.) Berlin 886, Besser'sche Buchh. * ℳ 11.—.; geb. **
1.—3. Bd. Ebendas. 1878—81. à * ℳ 11.—.; geb. ** ℳ 12.50.

Hahn, Ludw., Fürst Bismarck. Sein polit. Leben u. Wirken, urkundlich in Thatsachen u. d. Fürsten eigenen Kundgebgn. dargestellt. [Vollständige pragmatisch geordnete Sammlg. der Reden, Depeschen, wicht. Staatsschriften u. polit. Briefe d. Fürsten.] [4. Bd. 1879—1885 bis zur Nationalfeier d. 70. Geburtstages d. Fürsten.] gr. 8. (XV, 684 S.) Berlin 886. Hertz. n. 11. —; geb. n.n. 12.50 (1—4.: n. 44. —; geb. n.n. 50. —)

Hahn, Ludw., Fürst Bismarck. Sein polit. Leben und Wirken, urkundlich in Thatsachen u. d. Fürsten eigenen Kundgebgn. dargestellt. [Vollständige, pragmatisch geordnete Sammlg. der Reden, Depeschen, wicht. Staatsschriften u. polit. Briefe d. Fürsten.] Fortgeführt v. C. Wippermann. 5. (Schluß-)Bd. 1885—1890 bis zum Rücktritt d. Fürsten. gr. 8. (XI, 653 S.) Berlin 891. Hertz. n. 11. —; geb. n.n. 12.50

—— Elementar-Geographie. 3. Aufl. Neu bearb. von Jul. Desselberger. gr. 8. (VIII, 118 S.) Heilbronn 883, Gebr. Henninger.

Hahn, Ludw., Ludwig Philipps Fall beleuchtet durch die Ereignisse seines letzten Regierungsjahres. gr. 8. (140 S.) Berlin 848, Dümmler. n. 1/2 rß

Hahn, Ludwig [Unterarzt im K. Bayer. 8. Inf.-Reg.]: Ein Fall von Thrombose der arteria mesenterica superior. . . . München, Buchdr. v. M. Ernst (1889); 23 S. 8°
Strassburg, Med. Fak., Inaug.-Diss. v. 1889

Hahn, Ludw., Kurfürst Friedrich der Erste von Brandenburg, Burggraf zu Nürnberg, der Ahnherr des Preußischen Königshauses. Ein deutsches Fürstenbild. Berlin 859. Hertz. gr. 8. (VIII, 256 S.) n. 1 rß 6 ngr.

Hahn, Ludw., Friedrich der Große. Für das deutsche Volk dargestellt. gr. 4. (VIII und 344 S. mit 10 Bildern aus dem Leben Friedrichs des Großen von W. Camphausen und 10 Bildnissen Friedrichs und seiner Zeitgenossen in Holzschn.) Berlin 855, Hertz.

—— dass. — (Ausg. ohne Bilder.) hoch 4. (VIII und 344 S.) Ebds. 855.

Hahn, Ludw., Friedrich der Große. 2. Aufl. Berlin 865. Hertz. 8. (VIII, 452 S.) 1 ₰; geb. 1 ₰ 10 ngr.

(Hahn, Ludwig.) Der Gang der preußischen Politik in der schleswig-holsteinischen Angelegenheit vom November 1863 bis zum Juni 1865. Berlin, R. v. Decker 1865. VIII 188 S. 8.

Hahn, *Karl Heinrich Hermann* Ludwig [aus Voelkershausen]: Lo Gardacors. Provenzal. Dichtg d. vierzehnten Jhs. aus e. Florentiner Hs. z. ersten Male vollst. veröffentl. 1. Tl: Metr. u. sprachl. Untersuchg ... Marburg, Univ.-Buchdr. '(R. Friedrich)', 1896; 2 Bl., 30 S., 1 Bl. 8.
Marburg, Phil. Fak., Inaug.-Diss. v. [21. Mai] 1896

(Hahn, Ludwig.) Kaiser Wilhelm's Gedenkbuch. 1797—1873. 8. Berlin 1874.

— Kaiser Wilhelms Gedenkbuch. 1797—1877. Lebens- und Charakterbild des Kaisers aus eigenen Aeußerungen und amtl. Kundgebungen. 2. verm. Aufl. Volks-Ausg. 1.—4. Abdr. gr. 8. (X, 318 S.) Ebendas. 877. M 2,10.; geb.
Die 1. Aufl. erschien u. d. T.: Gedenkbuch Kaiser Wilhelms.

— Kaiser Wilhelms Gedenkbuch. 1797—1879. Lebens- und Charakterbild des Kaisers aus eigenen Aeußerungen und amtl. Kundgebungen. Volks-Ausg. 5. bis zur goldenen Hochzeit des Kaiserpaares fortgeführter Abdr. 8. (X, 396 S.) Ebendas. 880. M 2,70.; geb.

Hahn, Ludwig. Geschichte der Auflösung der Jesuiten-Congregationen in Frankreich im Jahre 1845. Nach den besten Materialien und unter Benutzung handschriftlicher Quellen bearbeitet. Leipzig, Brockhaus und Avenarius 1846. XIII 218 S. 8.

— Geschichte des „Kulturkampfes" in Preußen. In Aktenstücken dargestellt. Mit einer Uebersicht. gr. 8. (XXXII, 277 S.) Ebend. 881. n. 4. 50

— Geschichte des preußischen Vaterlandes. Für die reifere Jugend beiderlei Geschlechts und für das größere gebildete Publikum. Mit Tabellen und einer Zeittafel. 1. Aufl. (XX und 631 S.) und 2. Aufl. gr. 8. (XX und 591 S.) Berlin 855, Hertz. *

— — 3. Aufl. (In 10 Liefgn.) 1—3. Liefg. Berlin 857. Hertz. gr. 8. (S. 1—192.) Jede Liefg. n. 5 ngr

— Geschichte des preußischen Vaterlandes. Mit Tabellen u. Stammtaf. 4. Aufl. 4—10. Liefg. 858. à Liefg. n. 5 ngr. — 5. Aufl. 860. — 6. verm. Aufl. Ebend. 863. gr. 8. (XVI, 632 S. u. 1 Tab. in Fol.) n. 1 ₰ 20 ngr.

— Geschichte des preußischen Vaterlandes. 6. Aufl. 1863. * 1 Thlr. 20 Ngr. und 7., verb. und verm. Aufl., fortgeführt bis zum 3. 1867. Mit Tab. und Stammtaf. 10 Lfgn. gr. 8. (XVI und 616 S. mit 1 Tab. in qu. gr. Fol.) Berlin 867, Hertz. à Lfg. * 5 Ngr. * geb. *

Hahn, Ludw., Geschichte d. preußischen Vaterlandes bis zur Gründung d. deutschen Kaiserreichs. [1871.] 8. verm. Aufl. m. e. Geschichte d. Krieges gegen Frankreich. Mit Tab. u. Stammtaf. gr. 8. (XVIII, 741 S.) Berlin 872. Hertz. n.n. 6. —

— Geschichte des preußischen Vaterlandes bis zur Gründung des deutschen Kaiserreichs [1871]. 8. verm. Aufl. 2.—6. Abdr. Mit einer Geschichte des Krieges gegen Frankreich. gr. 8. (VIII, 742 S. mit Tab. und Stammtafeln.) Ebendas. 873—78. *

— Geschichte des preußischen Vaterlandes bis zur Gründung des deutschen Kaiserreichs [1871]. 8., verm. Aufl. 6. Abdr. Mit einer Geschichte des Krieges gegen Frankreich. Mit Tabellen u. Stammtafeln. gr. 8. (VIII, 742 S.) Ebend. 879. n. 6. —

Hahn, Ludw., Geschichte des preußischen Vaterlandes bis zur Gründung des deutschen Kaiserreichs [1871]. 8. verm. Aufl. 7. und 8. Abdr. Mit einer Geschichte des Krieges gegen Frankreich. gr. 8. (XVIII, 742 S. mit Tab. und Stammtaf.) Berlin 880,83, Hertz. *

— Geschichte des preußischen Vaterlandes. 20. und 21. Aufl. [oder 9. und 10. Abdr. der 8. Aufl.]. Fortgeführt bis zur Gegenwart. gr. 8. (XVIII, 762 S. mit Tab. und Stammtaf.) Ebendas. 885,88. * M 6.—.; geb. *

Hahn, Ludw., Geschichte d. preuß. Vaterlandes. 22. Aufl. Fortgeführt bis zur Gegenwart. Mit Tab. u. Stammtaf. gr. 8. (XVIII, 797 S.) Berlin 891. Besser. n. 6. —; geb. in Leinw. n. 7. 20; in Halbfrz. n. 7. 50

— dasselbe. 23. Aufl. Fortgeführt bis zur Gegenwart. Mit Tab. u. Stammtaf. gr. 8. (XVIII, 798 S.) Ebd. 893. n. 6. —; geb. in Leinw. n. 7. 20

Hahn, Ludw., Geschichte d. preuß. Vaterlandes. 24. Aufl. Fortgef. bis z. Gegenwart. M. Tab. u. Stammtafeln. gr. 8. (XVIII, 798 S.) Berlin 895. Besser. n. 6. —; geb. n. 7. 20

— das Heer u. das Vaterland. Ein Gedenkbuch f. das deutsche Volk. Aussprüche hervorrag. Männer üb. Wesen u. Einrichtgn. unserer Armee, systematisch zusammengestellt. gr. 8. (XIV, 287 S.) Berlin 883. Mittler & Sohn. n. 5. —

— zwanzig Jahre. 1862—1882. Rückblicke auf Fürst Bismarcks Wirksamkeit für das deutsche Volk. Eine polit., aber keine Parteischrift. 1—3. Abdr. gr. 8. (V, 112 S.) Ebend. 882. n. 1. 50

Zwei Jahre preußisch-deutscher Politik, 1866—1867. Sammlung amtl. Kundgebungen u. halbamtl. Aeußerungen von d. Schlesw.-Holst. Krisis bis zur Gründung des Zoll-Parlaments. Hrsg. von Ludwig Hahn. — Berlin: Hertz 1868. XVI, 660 S. 8°

Hahn, Ludw., Das sociale Königthum. Ein Ausspruch Lassalle's und die sociale Praxis Kaiser Wilhelms. Eine Schrift zu den Wahlen. 8°. Berlin, W. Hertz, 1884.

— der Krieg Deutschlands gegen Frankreich u. die Gründung d. deutschen Kaiserreichs. Die deutsche Politik 1867 bis 1871. In Actenstücken, amtl. u. halbamtl. Aeußergn. gr. 8. (866 S.) Berlin 871. Hertz. n. 10. —

Hahn, Ludw., Leitfaden der vaterländischen Geschichte für Schule und Haus. Mit Tabellen und einer Zeittafel. 1. Aufl. 1855. und 3., unveränd. Aufl. 8. (VI und 186 S.) Berlin 856, Hertz. Thlr. *

— Leitfaden der vaterländischen Geschichte für Schule und Haus. Mit Tabellen und einer Zeittafel. 4—7. Aufl. Ebend. 857—60. 8. (VI, 190 S.) n. 10 ngr.

— Leitfaden der vaterländischen Geschichte für Schule und Haus. Mit Tab. und einer Zeittaf. 17. verm. Aufl. Mit einem Anhang, enth. die neueste Geschichte Preußens bis 1867. 8. (IV, 195 S.) Berlin 867. Hertz. cart. *

— Leitfaden der vaterländischen Geschichte [bis zur Gründung des deutschen Kaiserreichs 1871] für Schule und Haus. 18. verm. Aufl. 2.—9. Abdr. 8. (IV, 222 S. mit Tab. und 1 Zeittaf.) Ebendas. 872—76. cart. *

—— Leitfaden der vaterländischen Geschichte [bis zur Gründung des deutschen Kaiserreichs 1881] für Schule und Haus. 18. verm. Aufl. 10.—13. Abdr. 8. (IV, 222 S. mit Tab. und 1 Zeittaf.) Ebendas. 879,80. cart. *

— Leitfaden der vaterländischen Geschichte [bis zur Gründung des deutschen Kaiserreichs 1871] für Schule u. Haus. Mit Tabellen u. einer Zeittaf. 18., verm. Aufl. 13. Abdr. 8. (V, 222 S.) Ebend. 880. cart. n. 1. —

—— Leitfaden der vaterländischen Geschichte für Schule und Haus. 41. und 42. Aufl. [oder 4. und 5. Abdr. der 19. Aufl.]. 8. (IV, 229 S. mit Tab. und 1 Zeittaf.) Ebendas. 886. cart. *

— Leitfaden der vaterländischen Geschichte f. Schule u. Haus. Mit Tabellen u. e. Zeittafel. 44. Aufl. 8. (IV, 229 S.) Ebd. 889. cart. n. 1. —

—— Leitfaden der vaterländischen Geschichte f. Schule u. Haus. Mit Tabellen u. 1 Zeittafel. 46. Aufl. 8. (IV, 245 S.) Ebd. 889. cart. * 1 —

— Leitfaden der vaterländischen Geschichte f. Schule u. Haus. Mit Tabellen u. 1 Zeittaf. 48., durchgesch. Aufl. 8. (IV, 246 S.) Ebd. 894. Kart. n. 1, —

— Leitfaden d. vaterländ. Geschichte f. Schule u. Haus. M. Tabellen u. e. Zeittafel. 49., durchges. Aufl. 8. (IV, 246 S.) Ebd. 896. Kart. n. 1. —

Hahn, Ludw., Leitfaden der vaterländischen Geschichte f. Schule u. Haus. Mit Tabellen u. e. Zeittafel. 50., durchgesch. Aufl. 8 (IV, 246 S.) Berlin 899. [Besser.] J. G. Cotta Nachf., Zweigniederlassg. Kart. n. 1. —

Leitfaden der vaterländischen Geschichte f. Schule u. Haus. Von Dr. Ludwig Hahn Mit Tab. u. 1 Zeittaf. 51. Aufl. (Hrsg.: Oskar Hahn.) *Berlin: J. G. Cotta Nachf. 1904.* (IV, 272 S.) 8° [F.] 04. 1097

Leitfaden der vaterländischen Geschichte für Schule und Haus. Von Dr. Ludwig **Hahn**. Bearb. von Prof. [Paul] Esternaux, Gymn. Dir. 52. Aufl. Stuttgart & Berlin: J. G. Cotta Nachf. 1906. (V, 324 S.) 8° [F.] 07. 17171

Hahn, Ludw., Leitfaden der vaterländ. Geschichte f. Schule u. Haus. Bearb. v. Esternau. 55—57. Aufl. (VI, 324 S.) 8. Berlin 909. J. G. Cotta Nachf., Zweigniederlassg. Kart. 1.20

[**Hahn**, Ludw.]: Die innere Politik der Preußischen Regierung von 1862 bis 1866. Sammlung der amtl. Kundgebungen u. halbamtl. Außerungen. Berlin 1866.

— der kleine Ritter. Elementar-Geographie. Nach dem neuesten Stande der Wissenschaft bearb. Breslau 869. Leipzig, Leuckart. 8. (IV, 145 S.) 7½ ngr.

—— der kleine Ritter. Elementar-Geographie. Nach dem neuesten Stande der Wissenschaft bearb. 1. Aufl. (IV, 145 S.) 1869, und 2. Aufl. revid. und erweitert von Carl Winderlich. gr. 8. (IV, 156 S.) Leipzig 871, Leuckart. [Heilbronn, Gebr. Henninger.]

Rom und Romanismus im griechisch-römischen Osten. Mit besond. Berücks. d. Sprache. Bis auf d. Zeit Hadrians. Eine Studie von Dr. Ludwig **Hahn**, Prof. zu Nürnberg. Leipzig: Dieterich 1906. (XVI, 278 S.) 8° 06. 13404

Hahn, Ludw. (Hrsg.), s. Sonntags-Blatt, Allgemeines schlesisches.

Die Sprache der sogenannten »Expositio totius mundi et gentium«. — Von Ludwig Hahn, G.-A. — 1893, Nürnberg, ebenda. — S. 3—93.

Progr. Nürnberg. Realgymn.

Hahn, Ludwig, aus Würzburg: **Die Sprache der sogenannten Expositio Totius Mundi et Gentium.** *Bayreuth 1898: E. Mühl.* (98 S.) 8°

Erlangen, Phil. Diss. v. 19. Jan. 1898

Hahn, Ludwig, Prof. Dr.: Roms Sprache und der Hellenismus zur Zeit des Polybius. Leipzig 1906: G. Kreysing. (52 S.) 8°

Nürnberg, k. Neues G P 1906*

Hahn, Ludw., zum Sprachenkampf im römischen Reich bis auf die Zeit Justinians. (Umschlag: Romanismus u. Hellenismus. Bis auf die Zeit Justinians.) Eine Skizze. (S. 675—718.) 8. Leipzig 907. Dieterich. 1.40

Sonderabdr. aus: „Philologus".

Hahn, Ludwig [aus Pyritz (Pommern)]: Über den Symptomenkomplex der halbseitigen motorischen und sensiblen Lähmung mit gleichzeitiger Beteiligung der höheren Sinne .... Berlin, Buchdr. v. Gustav Schade (Otto Francke) (1887); 30 S. + 1 Bl. 8°.

Berlin, Med. Fak., Inaug.-Diss. v. 12. März 1887.

Hahn, Ludwig, über den Symptomenkomplex der halbseitigen motorischen und sensiblen Lähmung mit gleichzeitiger Beteiligung der höheren Sinne. Diss. Berlin 1887, Mayer & Müller. 8°. 30 S.

(**Hahn, Ludw.**,) Das Deutsche Theater und seine Zukunft. Von einem Staatsbeamten. 2. sehr verm. Aufl. Berlin 1880. 8.

Hahn, Ludw. (I.), das Unterrichts-Wesen in Frankreich, mit einer Geschichte der pariser Universität. 2 Abthlgn. Lex.-8. (XVI und 746 S.) Breslau 848, Gosohorsky's Buchh. *

— Wilhelm, der erste Kaiser d. neuen deutschen Reichs. Hrsg. v. Osc. Hahn. 8. (X, 476 S. m. Stahlst.-Bild.) Ebd. 888. n. 2. —; geb. n. 2. 80

— **Ludwig August** (Camburg/Thür. u. Ronneburg), Puerperam suffocationis hypochondriaco-hystericae periculo expositam. Disp. med. Präs. Jo. Hadrian Slevogt (Ober=Roßla). Jena (Gollner) 28. IX. 1701. 33 S. (5.50) 12836

Hahn, Ludwig Philipp

— s. Aufruhr, der, in Pisa.

— s. Jo. Ehrlich.

Hahn, Ldw. Ph., († 1813.) lyrische Gedichte. gr. 8. Zweibr. 786. Hahn. 16 gr.

– s. Hohenecken, Robert von

Hahn, Ldw. Ph., Graf Karl von Adelsberg; Trspl. in 5 A. 8. Leipz. 776. Weygand. 7 gr.

§ **LIEDER**, Oden und Gesänge (von *Ludw. Phil. Hahn*). Zweibrücken, bei den Gebrüdern Hahn. 1786. 8°.

Selten! Einiges derb u. frei.

Mühlenpraktik, oder Unterricht in dem Mahlen der Brodfrüchte, für Polizeybeamte, Gewerksleute und Hauswirthe. von *L. Ph. Hahn.* Zweybrücken 8. 16. B. 1790.

— Mühlenpraktika, oder Unterr. im Mahlen der Brodfrüchte. 8. Zweibr. 790. Schwan u. G. in Manh. 16 gr. N. A. 8. Münch. 820. Lentner. 14 gr.

— Reduktionstabellen des französ. u. sächs. Geldes in 20 u. 24 fl. Fuß. gr. 8. Leipz. 785. (Wienbrack). 4 gr.

— s. Siegfried; e. Singspiel.

Hahn, L. P., Unterricht im Mahlen der Brodfrüchte. N. Aufl. 8. München, Lentner. (Leipzig, Hartmann) 820.

WALLRAD und Evchen (von *Ludw. Philipp Hahn*). O. O. 1778. (1779.)
Anon.-Lex. IV. p. 370 (nach Goedeke). — Sehr selten!

— Wallrad u. Evchen, oder d. Parforcejagd. Singspl. 8. Dessau 792. (Fr. Fleischer in Leipz.) 4 gr.

* ZILL und Margreth eine Ballade aus den Werken des Westricher Bänkelsängers (d. i. *Ludwig Philipp Hahn*, geboren 1746 zu Trippstadt in der Pfalz, seit 1780 Rechnungsrevisor mit dem Charakter eines fürstlichen Rentkammersekretärs in Zweibrücken, gestorben 1814 ebendas.) Frankfurt u. Leipzig, 1781. 8⁰. (2 Mk. 50 Pfg. W. H. Kühl, Berlin, ca. 1882; jetzt viel theurer!)

Zill und Marte. Eine Ballade von Ludwig Philip **Hahn**. Zweibrücken 1786: Gebr. Hahn. (Neu aufgelegt. Leipzig: J. Zeitler 1907.) (46 S.) 8° [F.] [07. 9403

Hahn, M...., belehrende Gespräche auf Spaziergängen über d. Naturlehre. 8. Pirna... 3e Aufl. 806. Friese, 6 gr.

Hahn, M., sur le lieu de naissance de Charlemagne. Mémoire présenté à l'Acad. Royale de Belgique réponse à la question suivante: Charlemagne est-il né dans la province de Liège? Berlin 861. Dummler's Verlhdlg. gr. 8. (115 S.) n. 20 ngr.

Hahn, M. (Hrsg.), s. Sport und Salon.

Hahn, M. C. F., populäre Sprachlehre. 8. Dresd. Hilscher. 801.

Hahn, Maria, die sieben Sakramente, s.: Dilettantenbühne, katholische.

Hahn, Mart., prakt. Anleitung zur Bewirthschaftung der Bauernwaldungen. Populär dargestellt. Prag 869. Dominicus. gr. 8. (VIII, 93 S.) n. 13 ngr.

Hahn, Martin [app. Arzt aus Berlin]: Zur Aetiologie und Pathogenese der Arteriosclerose. . . . München, Buchdr. v. M. Ernst, 1889; 28 S. 8°
München, Med. Fak., Inaug.-Diss. v. 1889

Hahn, Martin (Hrsg.), s.a. Berufswahl u. körperliche Anlagen.

Hahn, M., Berufswahl u. körperliche Anlagen, unter Mitarbeit v. Nadoleczny, Ed. Hirt, R. Schneider, Fr. Lange u. H. Neumayer bearb., s.: Veröffentlichungen des deutschen Vereins f. Volks-Hygiene. 2.

Hahn, Martin [Dr. med., Assist. am hygien. Inst. zu München]: Ueber die Beziehungen der Leucocyten zur bactericiden Wirkung des Blutes. '(Aus d. hygien. Institute.)' . . . München, Druck v. R. Oldenbourg, 1895; 42 S. 8.
München, Med. Fak., Hab.-Schr. v. 1895
(Nicht für den Austausch)

Deutsche Sektion, Gesellschaft für Soziale Reform. — Die Gesundheitsverhältnisse im polygraphischen Gewerbe Deutschlands mit besonderer Berücksichtigung der Bleivergiftung. Bericht an die Internationale Vereinigung für gesetzlichen Arbeiterschutz, erstattet von Prof. Dr. med. MARTIN HAHN in München. Berlin. Druck der Vaterländischen Verlags- und Kunstanstalt. Als Manuskript gedruckt. 8°.

Hahn, Mart., d. Säuglingsverhältn. in Bayern, s.: Groth, Alfr.

Hahn, Martin: Versuche über die Leistungsfähigkeit des Budenberg'schen Desinfektionsapparates. Dortmund (1890) (Aus: Deutsche med. Wochenschrift. 1890 Nr 12)

Hahn, Mart., die Zymasegärung, s.: Buchner, Eduard.

Kompendium der Bahnen niederer Ordnung. Unt. Benutzg offizieller Quellen bearb. v. Max **Hahn,** Eisenbahn-Bau- u. Betriebs-Unternehmer. 1. Aufl. Th. I. II. *Berlin: Selbstv.; (Dr. v. O. Haebringer [II: R. Falk]) 1895.* 2 Bde 8.
I. (XXXX S., 1 Bl., 321, XVII S.)
II. (1 Bl., XXXXI—XXXXIII, 323—466, XXX S.) [96. 695

Hahn, Max, Kompendium d. Bahnen niederer Ordnung. 1. Thl. Unt. Benutzg. officieller Quellen bearb. gr. 8. (XL, 321 u. XVII S.) Berlin (W, Friedrichstr. 61) 895. Selbstverl. Geb. in Leinw. 20. —

— dasselbe. (Jahrg. 1898.) gr. 8. (XLVIII, 716 u. LVI S.) Berlin 898. (M. Zolki.) Geb. in Leinw. n.n. 10. —

Hahn, Max, Kompendium der Bahnen niederer Ordnung. Jahrg. 1899/1900. Unter Benutzg. officieller Quellen bearb. u. hrsg. gr. 8. (XLVIII, 702 u. LVIII S.) Berlin, L. Zolki. Geb. in Leinw. n. 10.—

Hahn, Max [aus Breslau]: Die Narkose der Chirurgie und Zahnheilkunde . . . Jena, Univ.-Buchdr. G. Neuenhahn, 1896; 39 S. 8.
Jena, Med. Fak. Inaug.-Diss. v. [26. Sept.] 1896

Hahn, Maxim.

Hahn, Gesetz u. Zahnheilkunde. gr. 8. (121 S.) Berlin 899. Berlinische Verlagsanstalt. n. 3. —

Hahn, Mich., historisch-topographisch-statistische Beiträge zur Kenntniß des heutigen Ungarns. 1. Heft. Größe und Grundkräfte des heutigen Ungarns. Mit 1 (lith. u. color.) Landkarte (in Fol.). Pest 855. (Lauffer u. Stolp.) gr. 8. (12 S.) n. 20 ngr.

Hahn, Michael —. Das österreichische Gebührengesetz vom 9. Februar und 2. August 1852, erläutert durch die dazu erflossenen Nachtrags-Verordnungen von — —. 8. (X, 306 S.) Wien. Gedruckt bei U. Klopf sen. und Alex. Eurich. 1853.

Hahn Michael — Oesterreichisches Gesetz-Lexikon. Eine encyklopädische Darstellung der gesammten österreichischen Staatsgesetzgebung in alphabetischer Ordnung bearbeitet von — —. 1. und 2. Lieferung. Pesth, 1856. Buchdr. von Emil Müller. In Kommission bei Hermann Geibel. (S. 1—100. Aale—Abtretung. 8.)

— Handbuch für den Adel und die Ordensritter Oesterreichs. Ein Rathgeber in allen österreich. Adels- u. Ordens-Angelegenheiten, enthltd. die systematisch geordnete Gesetzgebung des Adels, dessen Erwerbung etc. sowie das chronolog. Namensverzeichniss aller lebenden, mit österreich. Orden decorirten Personen des In- und Auslandes. Pesth 856. Geibel. gr. 4. (X, 283 S.) n. 3 rf. 10 ngr.

HAHN, MICHAEL: Handbuch für den Adel und für Ordensritter, für alle mit Decorationen und Auszeichnungen betheilte Personen, dann für die k. k. Militärs, Beamte und Geistliche in Adels- und Ordensangelegenheiten. Auf Kosten des Verfassers u. im Selbstverlag. Pest. 1858: Druck v. Emil Müller. X, (2), 283, 1 S. - 260 mm

Hahn, Mich., *k. k. Steuer-Inspekt. des Arader-Com.* Handbuch für den prakt. Dienst der Gemeinde-Vorstände und Kommunal-Magistrate. *Arad* 1858. Druck v. *H. Goldscheider.* 1. Lief. S. 1--112. 8°. Prän.-Pr.: 3 fl., Ladenpr.: 5 fl.
Erscheint in 5 Liefer.

Hahn, Michael, *k. k. Steuer-Inspektor des Arader Comitates.* Handbuch für den praktischen Dienst der Gemeindevorstände und Kommunal-Magistrate. 2., 3, u. 4. Lief. *Arad* 1859. Im Selbstverlage des Verfassers. 113--357 S. X, 8°.

— der Ortsnotär in seinem Berufe als Beamter und Rathgeber der Gemeinde. Ein Hülfsbuch für Gemeinden, Gemeindevorstände, Gemeindeglieder, Ortsnotäre ꝛc. A. u. d. T.: A helység jegyzöje hivatásában mint a község hivatalnoka s tanácsadója etc. Pest 854. Heckenast. Lex.-8. (439 S.) n. 2 ngr 7½ ngr

—— der praktische Rathgeber in Steuer- und Gebühren-Angelegenheiten. 6 Hefte. gr. 8. (1. und 2. Heft. S. 1—244.) Pest 854, Heckenast's Verlag. *

Hahn, Michael —. Der praktische Rathgeber in Steuer- und Gebühren-Angelegenheiten. Von — —. 2. Heft. (S. 137 — 488.) Gyakorlati tanácsadó adó és illetéki ügyekben. Hahn Mihály. Masodik füzet. 8. Pesth. Gedruckt bei Landerer und Heckenast. 1854.

Hahn, Michael — Der praktische Rathgeber in Steuer- und Gebühren-Angelegenheiten. Von — — Gyakorlati tanácsadó ado és illetéki ügyekben. Hahn Mihály, cs. k. adófelügyelötöl. Drittes bis sechstes Heft. Harmadik füzet hatodikig. (Schluß des ganzen Werkes. — Vége az egész munkának.) Pesth, 1856. Gedruckt bei Landerer und Heckenast. Verlag von Gustav Heckenast. (S. 489—1369. 8.) (Deutsch und ungarisch zugleich.)

—— die direkten Steuern Oesterreichs. Vollständiges alphabet. Nachschlagebuch der neuesten und noch in Anwendung stehenden älteren Steuergesetze. gr. 8. (V und 408 S.) Wien 852. Tendler und Comp. *

Hahn, Michael, *k. k. Steuer-Inspektor in Pest.* Versuch einer vergleichenden Darstellung der Höhe und Ergebnisse der Besteuerung mit kurzen Anmerkungen über die Boden-Katastrirungen und direkten Steuergattungen in sämmtlichen europ. Staaten. *Pest* 1857. *Selbstverlag des Verf. Buchdr. v. G. Emich.* Tab. in gr. Fol. 36 kr.

— Versuch einer vergleichenden Darstellung der Höhe und Ergebnisse der Besteuerung mit kurzen Anmerkungen über die Boden-Catastrirungen u. direkten Steuergattungen in sämmtl. europäischen Staaten. Pest 857. (H. Geibel.) (1 Bgn. in gr. Fol.) n. 12 ngr

—— das Zoll- und Steuerwesen und die finanziellen Ergebnisse der verschiedenen Zoll- und Steuer-Systeme aller Staaten der Erde zusammen verglichen. I. Buch. A. u. d. T.: Die Zölle von Oesterreich und Frankreich zusammen verglichen. Lex.-8. (VIII und 282 S.) Pesth 855(56,) (Geibel.) *

Hahn, Modest (wirkl. Name), s.a. Vogel, Benedict (Pseud.)

— Anhang, d. verderbliche, an dem Irdischen, in d. Fastenzeit vorgestellt an dem Verräther Judas. 8. Const. 780. Wagner.

— s. Autor nach d. Mode.

– s.a. Campazes, Gerund. v.

CAMPAZAS, Des berühmten Predigers Gerundio v., Lotterie für die Herren Prediger (von ***Modest Hahn***). Kanzelburg, Verid. Ernst der Aeltere (Fritz in München), 1777.
— — Neue Aufl. Zankerhausen (Constanz, Wagner) 1777.
Weller, fing. Druckorte.

— d. leidende Erlöser in 10 Fasten-Predigten. gr. 8. Augsb. 783. Rieger. 12 xr

BETTELMONCHE. — Etwas an den Totengräber der Bettelmönche (von *Modestinus Hahn*). O. O. 1781. 8°. (1 Mk. 50 Pfg. J. Halle, München, c. 1905.)

— Geist der wahren Andacht, in Betrachtungen, Anmuthungen u. Gebeten. 8. Const. 786. Wagner.

Hahn, Modest., († d... 1794.) Geist d. Erneuerung f. den innern Menschen. Aus d. Französ. 8. Const. 783. Doll. (a. Wolf in Augsb.) 20 xr

KAPITELPREDIGT, Der gnädigen Frau Abtissinn (sol) vom Kloster Hadersleben rührende —, herabgeworfen am dritten Sonntag des Advents. (Vf.: *Modest Hahn.*) (Kl. Ornam. u. Druckerst.) 1776. Blasenburg bey Lipsius Offenherzig. 8°. 40 S. (In Wien, Stadtbibl.: Secr. A 143.) (4 Mk. Adolf Weigel, 1907.)
Derb-jocose Satyre. Hierzu erschien noch folgende, in der „Nachricht" am Schluss angekündigte, ebenfalls sehr seltene Scherzschrift: Nonnen-Kapitel (s. d.). — Anon.-Lex. I. p. 300 hat „Konstanz" (nach Baader u. Meusel).

– s. Kunstkabinet.

LEBEN, Das, des berühmten Layenbruders Quadratus Holzschlägel, zur Auferbauung aller Layenbrüder. Hrsg. v. Pater Benedict Vogel, Kapitularen in dem Kloster ***. (Verfasst von *Modest Hahn.*) Büffelhausen im Verlag bey Rogatian Niesel in der Flössergasse neben der grünen Gans. 1777. 8°. 111 S. Selten!

VOGEL, Pater Benedict (d. i. *Modest Hahn*). — Das Leben des berühmten Layenbruders Quadratus Holzschlägel, zur Auferbauung aller Layenbrüder herausgegeben von Pater *Benedict Vogel*, Kapitularen in dem Kloster *** 1777. Büffelhausen im Verlag bey Rogatian Stiesel in der Flössergasse, neben der grünen Gans. 8°. 111 S. (4 Mk. Scheible, c. 1888; 5 Mk. 50 Pfg. Max Perl's Berliner Octob.-Auct. 1907, no. 564:)

Des berühmten Predigers Gerundio von Kampazas sonst Gerundio Zotes Lotterie für die Herren Prediger 1777. Eine Uebersezung aus dem Spanischen des Gerundio selbst. (Verfasst von *Modest Hahn.*) Kanzelburg bey Vericidius Ernst dem ältern. O. O. u. J. (1777). 8°. 203 S. (In München 3 Expll.: Hom. 879, 1; Var. 541, 4, 546, 10.) (4 Mk. 50 Pfg. Rich. Bertling, 1889; 4 Kr. Halm & Goldmann, 1889.)

§ NONNEN-KAPITEL, Unschuldiges, gehalten in dem Kloster Zanckershausen (von *Modest Hahn*). (Ornam. u. Zierleiste.) Bey dem Verleger (Konstanz). 1777. 8°. (In Wien, Stadtbibl.: Secr. A 144.) (6 Kr. Halm & Goldmann, 1904; 6 Mk. Adolf Weigel, 1906.)
Anon.-Lex. II. p. 215 (nach Meusel u. Baader).

— Predigten (nach seinem Tode herausgeg. von einem Freunde). 5 Thle. gr. 8. Augsb. 794, 95. Rieger. 5 ₰

— Predigten auf die Festtage der Heiligen. 2 Bde. 8. Konst. 782, 84. Wagner.

— Predigten a. d. Festtage der seligsten Jungfrau Maria. 5 Bde. gr. 8. Augsb. Wolf.

— Predigten auf d. Festtage der seligsten Jungfrau Maria, des h. Joseph u. Johann des Täufers. gr. 8. Konst. 777.

— Predigten auf d. Festtage d. seligsten Jungfrau Maria. 3 Bde. 8. Konst. 780—84. (Wolff in Augsb.) 2 ₰

— Predigten bei verschiedenen Gelegenheiten. 8. Konst. 782. Doll. (a. Wolff in Augsb.) 1 ₰

— neue Predigten a. d. Feste der Heiligen. 2 Bde. gr. 8. Ebend. 791.

— Predigten auf alle Sonntage des ganzen Jahres. 3 Thle. 8. Konst. 784, 85.

— 10 Predigten von dem Gebet, für die Bittwoche. 8. Konst. 789. Wagner.

Pfarrers-Mägde. — Staats-Maximen der Jungfern Hauserinen (sic!), ungebethen (sic!) hrsg. von dem Herausgeber zu Pfaffenhausen bey Ancillander Gunkelmann in der Löfelstrasse (sic!). (Verf.: *Modest Hahn*.) O. O. u. J. (Konstanz 1777.) 8°. (Auch in Darmstadt: 5752.) (3 Mk. L. Rosenthal, c. 1888; jetzt viel theurer!)
112 SS. Derb-pikante u. höchst seltene Satyre auf d. Wirthschaft der Pfaffen-Mägde. Vgl. Meusel's gel. Teutschl. 1786. I. Nachtr. p. 240.

— prakt. Verehrung d. heiligen Blutzeugen Sebastian. 8. Augsb. 790. Rieger. 3 Kr

— prakt. Verehrungen d. heil. Blutzeugen Seb. 8. Augsb. M. Rieger. 760.

— die Zerstörung Jerusalems, od. das endliche Verderben d. Sünders. in 6 Kastenpredigten. 8. Konst. 782. Wagner.

Hahn, Naemi, die erste Pflicht. Erzählg. (104 S.) 8. Straßburg 908. J. Singer. 2. —

Hahn, O. Giebt es ein Eozoon canadense? Stuttgart 1876.

Hahn O, Canada. Reiseberichte. (96 S) Reutlingen (1882)

Hahn, O., Katechismus der Geographie, s.: Arenz, Karl.

— O., Die paedagog. Mythen Platons. Pr. 1860. 88 S. 4°.

Gedenkblatt zum goldenen Jubiläum der Berliner Gesellschaft für das Studium der neueren Sprachen, 26. Okt. 1907, von Odwart **Hahn** u. Wilhelm Mangold. (Braunschweig 1907: G. Westermann.) (79 S.) 8° (07.176)

Hahn, Odwart, zur Verbal- und Nominal-Flexion bei Robert Burns. I. gr. 4. (35 S.) Berlin 887, Gaertner's Verlag. *
2. Tl. u. d. T.:

—— zur Verbal- und Nominalflexion bei den schottischen Dichtern [John Barbour — Robert Burns]. II. gr. 4. (27 S.) Ebendas. 888. *

Hahn, Odwart. Zur Verbal- u. Nominalflexion bei den schottischen Dichtern. [John Barbour—Burns.] III. gr. 4. (26 S.) Berl. 889, Gaertner. ' 1 —
I. u. II. Ebd. 1887,88. à * 1 —

Hahn, Oskar, aus Leipzig: Beiträge zur Thermodynamik des Wassergases. Das Gleichgewicht: $CO_2 + H_2 = CO + H_2O$. Mit 10 Fig. im Text. *Leipzig: W. Engelmann 1903.* (41 S.) 8° ¶ Aus: Zeitschr. f. physikal Chemie, Bd 44, H. 5.
Leipzig, Phil. Diss. v. [31. Juli] 1903

Hahn, O., die preußischen Gesetze und Verfügungen über Vorfluth, Ent- und Bewässerungen ꝛc., s. a. Gesetze und Verfügungen.

Hahn, Osk., die Preußischen Gesetze und Verfügungen über Vorfluth, Ent- und Bewässerungen und das Deichwesen, sowie überhaupt die Benutzung der öffentlichen und Privatgewässer. Zusammengestellt. Breslau 858. Kern. gr. 8. (4 Bl., 101 S.) 15 ngr

Hahn, Osk., die preußische Gesetzgebung über Vorfluth, die Ent- und Bewässerungen und das Deichwesen, sowie überhaupt in Bezug auf das Wasserrecht. Mit einem Anhang, enthaltend Provinzialgesetze. 2. Aufl. gr. 8. (VIII, 803 S.) Breslau 886, Kern's Verlag. * ℳ 7.—; geb. *

—— s. Hahn, Ludw., Wilhelm ꝛc.

HAHN, Oskar (in London, geb. zu Breslau am 5. Juni 1876), Die widernatürliche Heirat. Der Roman einer sittenlosen Ehe.... 1906. 8°. (Origlwd. Mk. 3—.) (1 Mk. 25 Pfg., wie neu, J. Eckhard Mueller, Halle, 1907; 2 Mk. F. Waldau, Fürstenwalde, 1909.)

Hahn, Osk., Kreis-Ordnung für die Prov. Preußen, Brandenburg, Pommern, Posen, Schlesien und Sachsen. Vom 13. Dezbr. 1872. Aus den Regierungs-Motiven, den Verhandlungen des Landtags und den älteren Gesetzen erläutert. gr. 8. (XLIII, 357 S.) Berlin 873, Guttentag. *

— u. Kurt Hahn, Landgemeindeordnung f. die sieben östlichen Provinzen der Monarchie. Vom 3. Juli 1891. Auf Grund der Materialien der Gesetzgebg. u. Rechtsprechg. erläutert u. m. ausführl. Sachregister versehen. gr. 8. (VI, 177 S.) Ebd. 891. n. 2. 75

Hahn, Osk., Provinzial-Ordnung für die Provinzen Preußen, Brandenburg, Pommern, Schlesien und Sachsen. Vom 29. Juni 1875. Aus den Regierungsmotiven, den Verhandlungen des Landtags und den hierauf bezügl. Gesetzen erläutert. gr. 8. (VIII, 275 S.) Berlin 875, Guttentag. *

Hahn, Osc., Reichsgesetz betr. die Invaliditäts- u. Altersversicherung. Vom 22. Juni 1889. Auf Grund der Materialien der Gesetzgebg. ergänzt u. erläutert, sowie m. e. Inhaltsverzeichniß u. Sachregister versehen. 8. (XIII. 140 S.) Berlin 889. v. Decker. n. 2. 50

Hahn, Osc., Reichs-Militär-Pensions-Gesetz. Gesetz, betr. die Pensionirg. u. Versorgg. der Militärpersonen d. Reichsheeres u. der kaiserl. Marine, sowie die Bewilliggn. f. die Hinterbliebenen solcher Personen, vom 27. Juni 1871, in der zufolge der Abänderungsgesetze vom 4. Apr. 1874, vom 21. Apr. 1886, vom 24. März 1887, vom 17. Juni 1887 u. vom 22. Mai 1893 geltenden Gestalt. 12. (IX, 85 S.) Berlin 893. R. v. Decker. n. 1

— Nachtrag I u. II vom 14. u. 25. Jan. 1894 zum Reichs-Militär-Pensions-Gesetz u. den dazu gehörenden Bestimmungen, Abänderungsgesetzen ꝛc. 12. (15 S. m. 1 Tab.) Ebd. 894. 30

Hahn, Osc., Reichs-Militär-Pensions-Gesetz. Gesetz, betr. d. Pensionirg. u. Versorgg. d. Militärpersonen d. Reichsheeres u. d. kaiserl. Marine, sow. d. Bewilliggn. f. d. Hinterblieb. solcher Personen, v. 27. VI. 1871, in d. zufolge d. Abänderungsgesetze v. 4. IV. 1874, v. 21. IV. 1886, v. 24. III. 1887, v. 17. VI. 1887, v. 22. V. 1893, v. 14. I. 1894, v. 22. V. 1895 u. v. 13. VI. 1895 gelt. Gestaltg. M. Erläutergn. 2. Aufl. 12. (113 S.) Berlin 897. R. v. Decker. Kart. n. 1. 60

Hahn, Oscar, aus Liegnitz: **Ursprung und Bedeutung der Goldenen Bulle Karls IV. Auf Grund d. Untersuchung d. Inhalts, d. Disposition u. d. Sprache.** *Breslau 1902: Schulze, Wohlau.* (58 S.) 8°
Breslau, Phil. Diss. v. 8. Nov. 1902

Hahn, Osc., aus Altpreußens Vergangenheit. Kurzgefaßte Geschichte der Provv. Ost- u. Westpreußen. (VI, 132 S. m. Abbild., 1 Taf. u. 1 Kartenskizze.) 8. Kattowitz 910. Gebr. Böhm. Geb. 3. —

— Eigene Weisen aus allen Kreisen! Gedichte ernster u. heiterer Art. (VIII, 137 S.) 8. Dresden (907). E. Uhlmann. nn 1. —

Hahn, Otto, Amerika. Der Bauer u. Arbeiter in Schwaben u. in Amerika. Tübingen 866. (Osiander'sche Buchh.) gr. 8. (24 S.) n. 2½ ngr.

Hahn, Otto (II.), die bisherige Auslegung des § 65 Ziffer 1 des Unterstützungswohnsitzes. gr. 8. (14 S.) Tübingen 884, Fues. *
Aus: Württembergisches Archiv für Recht und Rechtsverwaltung, besonders abgedruckt.

Hahn, Otto, aus Frankfurt a. M.: **Über Bromderivate** des **Isoeugenols.** *Marburg 1901: R. Friedrich.* (60 S.) 8°
Marburg, Phil. Diss. v. [28. Nov.] 1901

Hahn, O., Elemente d. Experimentalchemie, s. a. Hording, J. F.

Hahn, (Adam Friedr. Ant.) Otto (geb. Ziegenhals in Schles. 2. 11. 1862): Ueber die Entstehungsweise idiopathischer Herzvergrösserung beim Soldaten. Berlin (1884). (32 S.) 8°
Berlin, Med. Diss. v. 31. Juli 1884

— die Frau auf dem Gebiete der Arbeit. Die Pflicht d. Staats f. die Frauen. Die Frauen-Arbeit u. -Erziehg. durch Frauenarbeitsschulen. gr. 8. (48 S.) Reutlingen 884. Kocher. n. — 70

Hahn, Otto, „Fritzi". Drama in 1 Aufzug. (42 S.) 8. München (Feilitzschstr. 1) (906). Verlag „Die Bühne". n. 1. —

Hahn, Otto, das Handelsrecht, s. a. Bibliothek der gesammten Handelswissenschaften.

— O, das Handelsrecht nach dem allgemeinen deutschen Handelsgesetzbuch, nebst Anhang über das französische Recht und das Seerecht. Stuttgart 1870

Hahn, d. Handelsrecht nach d. allgemeinen deutschen Handelsgesetzbuch. Stuttg. 871.

Hahn, Otto, das geschlagene Heer. Sozialer Roman. (Aus dem Orig.-Dialekt der Schriftsprache näher gebracht.) (239 S.) 8. Leipzig (908). R. Sattler. 2. —

— die widernatürliche Heirat. Der Roman e. sittenlosen Ehe. 1. u. 2. Aufl. (8, 129 bezw. VIII, 128 S.) 8. Berlin 906. H. Bermühler. n. 2. —; geb. n. 3. —

[Hahn, Otto]: *Der kursächsische Oberhofprediger D. Matthias Hoë von Hoënegg und sein Antheil an der Politik während des Böhmischen Aufstandes von 1618. Ein Beitrag zur Geschichte des dreissigjährigen Krieges. 36 gez. Bl. 4° (2°)
Halle-Wittenberg, Phil. Diss. v. 1. Juni 1876
Geb. [Kassieck (Kr. Gardelegen) 17. 8. 1848]
Vollständigkeit des Ms. zweifelhaft.

Hahn, Otto, das deutsche Markenschutzgesetz, sowie Vorschläge zur Aenderg. desselben auf Grund der bisher. Erfahrgn. Im Auftrage hervorr. Industrieller verf. gr. 8. (IV, 48 S.) Stuttgart 887. Kohlhammer. n. 1. —

Hahn, Otto (I.), König Maximilian I. in Reutlingen. Ein Volksschauspiel. gr. 8. (III, 142 S.) Stuttgart 885, Kohlhammer. * 2 60

Hahn, Otto (I.), die Meteorite [Chondrite] und ihre Organismen, dargestellt und beschrieben. 32 Taf. mit 142 Abbild. Lichtdr. von Mart. Rommel in Stuttgart. gr. 4. (V, 56 S.) Tübingen 880, Laupp'sche Buchh. *

Hahn, Otto (III.), die österreichisch-ungarische Nordpol-Expedition, } s. a. Jugendbibliothek.

Hahn, Otto, Die österr.-ungar. Nordpol-Expedition. Mit 5 Abbild. (Rothaug's Jugend-Bibliothek. II. Abthlg.) 8. (84 S.) Prag, F. Tempsky. In braunem Leinwd.-Einbd. 40 kr. 1883.

Hahn, Otto, die Noth unserer Bauern u. ihre Ursachen: I. die Volksvermehrung; II. die Güterzerstückelung, Zwergwirthschaft; III. der Eisenbahntarif; nebst einem Anh.: die Gesetze der Arbeit. 8. (56 S.) Reutlingen 880. (Tübingen, Osiander.) n. — 60

Hahn, Otto [app. Arzt]: **Über die primäre akute Osteomyelitis der Wirbel ...** (Aus: Beitr. z. klin. Chir., Bd XIV Heft 1.) **Tübingen, H. Laupp'sche Buchh.,** 1895; 2 Bl., 16 S. 8.
Tübingen, Med. Fak., Inaug.-Diss. v. 1895

– wider Pest und Halbmond, s. a. Jugendbibliothek.

— — Wider Pest u. Halbmond. Eine Erzählung aus der Zeit der Türkenbelagerung Wiens im J. 1683. Mit 5 Abbild. (Rothaug's Jugendbibliothek. III. Abth.) 8. (66 S.) Ebds. In grün. Leinwd.-Einband 40 kr. 1883.

Hahn, Otto (II.), die Philosophie des Bewußten. Grundzüge der Naturphilosophie der Gegenwart, unter Berücksicht. der Kirchenlehren dargestellt. gr. 8. (XVI, 266 S.) Tübingen 887, Fues. * 4 —

—— das Recht auf Arbeit, staatsrechtl. und volkswirthschaftl. auf Grund der Kaiserl. Botschaft vom 17. Novbr. 1881 erörtert. gr. 8. (XII, 362 S.) Ebendas. 885. * 3 40

Hahn, Otto, Recht und Licht. Das Gottleben in der Natur und im Menschen rhythmisch dargestellt. Stuttgart 861. Nonnelsbacher. gr. 8. (283 S.) n. 1 ₰ 6 ngr.

— Religion im Recht. Eine auf die Seelenlehre gebaute Untersuchung des Rechts. Tübingen 862. Osiander. gr. 8. (VIII, 220 S.) 21 ngr.

Hahn, Otto (III.), ein nachgeborener Sprosse des Hauses Habsburg, s. a. Jugendbibliothek.

Hahn, Otto, Ein nachgeborener Sprosse d. Hauses Habsburg. (Aus d. Jugendbibliothek. Herausgeg. v. J. G. Rothaug.) 8. (90 S. m. 8 Abbild.) Prag, F. Tempsky. geb. 40 kr. 1885.

Hahn, Otto, die Urzelle. Nebst dem Beweis, dass Granit, Gneiss, Serpentin, Talk, gewisse Sandsteine, auch Basalt, endlich Meteorstein und Meteoreisen aus Pflanzen bestehen: die Entwickelungslehre durch Thatsachen neu begründet. gr. 8. (VII, 71 S. mit 30 lithogr. Taf.) Tübingen 879, Laupp'sche Buchh. *

(Hahn, Otto.) Die Wappentafel der Kirche von Spiez. [Mit 2 Tafeln.] Separat-Abdruck aus: Schweiz. Archiv für Heraldik. 1903. Heft 4. II + 12 S. gr.-8. [Zürich, Schulthess & Co.]

Hahn, Otto: Der Weinbau in Reutlingen und seine Zukunft. Reutlingen: Schauwecker [1886]. 16 S. -- 24°

Hahn, Otto, der Zerfall der radioaktiven Elemente, s.a. Klinik, medizinische. 1907. Beiheft 2.

Der Zerfall der radioaktiven Elemente. Von Dr. phil. Otto **Hahn**, Berlin. Berlin: Urban & Schwarzenberg 1907. (S. 33–64.) 8°
= **Klinik**, Medizinische. Beihefte. Jg. 3, H. 2. 108. 3933

Hahn, P., Varzin. Persönl. Erinnergn. an d. Fürsten Otto v. Bismarck. Mit e. Beitrag „Johanna Bismarck" v. Max. Harden. (293 S. m. 12 Taf.) 8. Berlin (909). A. Schall. 3.30; geb. 4.25

Varzin. Persönl. Erinnerungen an d. Fürsten Otto v. Bismarck von P. Hahn. Mit e. Beitrag 'Johanna Bismarck' von Maximilian Harden. Mit 12 Bild. Berlin: Verein d. Bücherfreunde [1909]. 293 S. 8°
(Verein d. Bücherfreunde. Jg. 18, 6.) 10. 1611

Hahn, Paul: Die Ansprüche wegen Immissionen nach dem Recht des Bürgerlichen Gesetzbuches in ihrer prozessualen Geltendmachung. Jena 1908: Vopelius. 41 S. 8°
Heidelberg, Jur. Diss v. 1908, Ref. Endemann
[Geb. 22. Mai 76 Züllichau; Wohnort: Plön; Staatsangeh.: Preußen; Vorbildung: Gymn. Züllichau Reife O. 95; Studium: Berlin 9 S.; Rig. 22. Juli 08.] [U 09. 1799

Hahn, Paul, „Deutscher Turner-Wahlspruch", Marsch, Hf., 2 S., 2°.

Hahn, Philipp Matthäus

– KURZE ANMERKUNGEN zum erbaulichen Verstand der Wirtembergischen Confirmations-Fragen. – 1774.

– AUSLEGUNG DES BRIEFS AN DIE HEBRÄER, in einem kurzen, gemeinfaßlichen Auszug von Pfarrer M. Flattich, d.J. – Reutlingen 1859: Rupp & Baur. VI, 173 S. *(Philipp Matthäus Hahn zugeschrieben, vermutlich aber von Karl Friedrich Hartmann verfaßt.)*

Hahn's, Phil. Matth., Auslegung des Briefs an die Hebräer, in einem kurzen, gemeinfaßlichen Auszug von Flattich d. j. Reutlingen 859. Rupp & Baur. 12. (VI, 174 S.) n. 12 ngr.

– s. C. G. Barth, süddeutsche Originalien.

Hahn, Philipp Matthäus (Hrsg.), s. Bengel, Johann Albrecht: Die Hauptsache der Offenbarung Johannis. 1772. 1773.

– BESCHREIBUNG MECHANISCHER KUNSTWERKE, welche unter der Direction und Anweisung M. Philipp Matth. Hahns, Pfarrers in Kornwestheim, durch seine Arbeiter seit sechs Jahren verfertiget worden sind. Stück 1–3. (mit mehreren Abbildungen). – Stuttgart: Mezler 1774.
St. 1. 2.: enthält: *I.* Beschreibung einer astronomischen Maschine, welche sich in der öffentlichen Herzoglichen Bibliothek zu Ludwigsburg befindet, herausgegeben von G.F. Vischer, Professor der schönen Wissenschaften und Herzoglichem Bibliothecar. 2. Beschreibung einer kleinen beweglichen Welt-Maschine, welche für Se. Hochfürstliche Durchlaucht, den regierenden Fürsten zu Hohenzollern Hechingen, verfertiget worden. XXI, 52 S.
St. 3: enthält: *I.* die Beschreibung einer allgemeinen hydrostatischen Wange, welche zugleich 1. als eine kleine Kaufmannswaage, 2. als eine Goldwaage, nach allen üblichen Arten des Goldgewichts, 3. als eine Probierwaage gebraucht werden kann. *II.* eine hydrostatische Abhandlung von dem Neccarmost und den Neccarweinen, als ein Anhang aus Herrn D. Reußens Inaugural-Dissertation *(u.d.T.: Auszug aus Herrn D. Reußens Inaugural-Dissertation. Von dem Neccarmost und den Neccarweinen, S. 61ff.)* 93 S.

— Beschreib. e. kleinen astronom. Maschine, welche f. d. Fürsten v. Hechingen verfertigt worden. 4. Const. 769.

— Beschreib. von seinen seit 6 Jahren durch seine Arbeiter verfert. Maschinen. 3 Stcke. 8. Stuttg. 774. Metzler. 12 gr.

Hahn's, Phil. Matth., Betrachtungen und Predigten, s. a. Schriftforschers, eines unbekannten, Betrachtungen ꝛc.

[–] Eines ungenannten Schriftforschers BETRACHTUNGEN UND PREDIGTEN über die Sonn- und Feiertägliche Evangelien wie auch über die Leidensgeschichte Jesu für Freunde der alten Schrift-Wahrheit. 2., aufs neue durchges. und verb. Ausg. – Frankfurt & Leipzig: Steiner ‹in Komm.› 1780. VIII, 1042 S. *(1. Aufl. nicht ermittelt.)*
– – Betrachtungen und Predigten. 3., aufs neue durchges. u. verb. Ausg. – Reutlingen: Grözinger. Schauwecker & Kalbfell 1825. VII, 418, 568 S.

Hahn, Phil. Matth., Betrachtungen u. Predigten üb. d. Sonn- u. Feiertägl Evangelien, wie auch üb. d. Leidensgeschichte Jesu, f. Freunde d. alten Schrift-Wahrheit. (2 Thle.) 3., aufs neue durchgeseh. u. verb. Ausg. 8. (62½ B.) Reutlingen 825. (Heidelberg, A. Oßwald.)

– BETRACHTUNGEN UND PREDIGTEN. 4. Ausg. – Reutlingen: Grözinger & Schauwecker 1831. LIV, 976 S.
– – 5., nach der 2. vom Verfasser durchges. u. verb., wortgetreu abgedr. Ausg. nebst der eigenhändigen Lebensbeschreibung Hahns *[S. 615–642]* u. zwei Gedichten Schubarts an ihn *[S. 643–646; 647–650]*. – Stuttgart & Cannstatt 1847: Sprandel. VI, 650 S.

Hahn's, Phil. Matthäus, Betrachtungen und Predigten über die sonn- und feiertäglichen Evangelien wie auch über die Leidensgeschichte Jesu für Freunde der alten Schriftwahrheit. 5., nach der 2. vom Verf. selbst durchges. und verb., wortgetreu abgedr. Ausg. nebst der eigenhändigen Lebensbeschreibung Hahn's und zwei Gedichten Schubarts an ihn. gr. 8. (VI und 650 S.) Stuttgart 847. (Kornthal, Paulus.)

(–) Eines unbekannten Schriftforschers [Phil. Matth. Hahn's] Betrachtungen und Predigten über die sonn- und festtäglichen Evangelien ꝛc. 6. Ausg., nebst der eigenhändigen Lebensbeschreibung und 1 (lith.) Bildnisse Hahns und zwei Gedichten Schubert's an ihn. Basel 863. Balmer & Riehm gr. 8. (V, 759 S.) n. 1 Thlr 6 ngr.

Hahn's, Phpp. Math., Betrachtungen u. Predigten über die sonn u. feiertäglichen Evangelien, wie auch über die Leidensgeschichte Jesu für Freunde der alten Schriftwahrheit. Nebst der eigenhändigen Lebensbeschreibung u. einem Bildnisse Hahn's (in Tondr.) u. zwei Gedichten Schubart's an ihn. 7., sorgfältig rev. Aufl. gr. 8. (XII, 654 S.) Basel 877. Riehm. n. 4.

Hahn, Phpp. Matthäus, Betrachtungen u. Predigten üb d. sonn- u. feiertägl. Evangelien, wie auch üb. d. Leidensgeschichte Jesu f. Freunde d. alten Schriftwahrheit M. Hahns Bildnis u. Lebensbeschreibg, nebst e. Charakteristik s. Persönlichkeit u. s. Wirkens v. Paul Wurm. 8. Aufl. gr. 8. (XXIV, 557 S.) Basel 896. Kober. n. 4. —; geb. in Halbfrz n. 5. --

– DIE GUTE BOTSCHAFT VOM KÖNIGREICH JESU. – Ludwigsburg 1856. (Hahn: Die Lehre Jesu und seiner Gesandten [1.]).

– ERBAUUNGS-REDEN ÜBER DEN BRIEF PAULI AN DIE KOLOSSER. – Winterthur 1780.
– – Erbauungsreden über den Brief Pauli an die Kolosser oder kurze Reden über einen jeden Vers dieses Briefs, welche zur Erweckung eines erbaulichen Gesprächs einer Gesellschaft vorgelesen werden, nebst Gedanken vom Himmel von Philipp Matthäus Hahn. Zum Besten der Mission neu hrsg. von dem Enkel desselben Ph. W. Paulus, Apotheker in Kornthal. – Stuttgart & Cannstatt 1845: Sprandel. IV, 313 S.
– – Neue Ausg. – Basel [um 1875]: Riehm. 313 S.

—— Erbauungsreden über den Brief an die Kolosser oder kurze Reden über einen jeden Vers dieses Briefs, welche zur Erweckung eines erbaulichen Gesprächs einer Gesellschaft vorgelesen worden, nebst Gedanken vom Himmel. Zum Besten der Mission neu hrsg. von dem Enkel desselben Ph. W. Paulus. 8. (IV und 313 S.) Stuttgart 845. (Kornthal, Paulus.)

– ERBAUUNGS-STUNDEN ÜBER DEN BRIEF AN DIE EPHESER. – Winterthur 1779. (Hahn [Teils.]: Eines ungenannten Schriftforschers vermischte Theologische Schriften. 1.)

– – Erbauungs-Stunden über den Brief an die Epheser oder kurze Reden über einen jeden Vers dieses Briefs, welche zur Grundlegung eines erbaulichen Gespräches einer Gesellschaft vorgelesen worden von Philipp Matthäus Hahn. Zum Besten der Mission neu hrsg. von dem Enkel desselben, Ph. W. Paulus. – Stuttgart & Cannstatt 1845: Sprandel. 316 S.

—— Erbauungsstunden über den Brief an die Epheser oder kurze Reden über einen jeden Vers dieses Briefs, welche zur Grundlegung eines erbaulichen Gesprächs einer Gesellschaft vorgelesen worden. Zum Besten der Mission neu hrsg. von dem Enkel desselben Ph. W. Paulus. 8. (II und 317 S.) Stuttgart 845. (Kornthal, Paulus.)

— Erbauungs-Stunden über den Brief an die Epheser Mit dem (lith.) Bildnisse Hahn's u. einem Vorwort v. H. W. Rinck. 4., sorgfältig durchgeseh. Aufl. 8. (IV, 288 S.) Ebend. 878. n. 2. —

– ERBAUUNGSSTUNDEN ÜBER DIE OFFENBARUNG JOHANNIS. – Stuttgart 1795. VI, 874 S.

– – Oder kurze Reden über einen jeden Vers derselben; auf alle Tage im Jahr eingetheilt, und jedesmal mit einem dazugehörigen Liede und Gebete versehen; gehalten von M. Philipp Matthäus Hahn, Pfarrer in Echterdingen. Mitglied der gelehrten Societät zu Erfurt. 3. Aufl. – Stuttgart: Löflund 1804. VI, 806 S.

— — dasselbe. 8. Stuttg. Erhard. 795.

—— Erbauungsstunden über die Offenbarung Johannis oder kurze Reden über einen jeden Vers derselben auf alle Tage im Jahr eingetheilt und jedesmal mit einem dazu gehörigen Liede und Gebete versehen. 4. unveränd. Aufl. 1. Lfrg. Stuttgart 863. Cammerer. 8. (VI, S. 1—96.) n. 5 ngr.

— die Erklärung der Bergpredigt Jesu Christi oder die geistliche Bedeutung der neutestamentlichen Gebote. Neu herausg. von Phil. Paulus. Aus Hahn's „Lehre Jesu“ abgedr. Ludwigsburg 856. Riehm. gr. 8. (172 S.) n. 8 ngr

—— die Erklärung der Bergpredigt Jesu Christi oder die geistliche Bedeutung der neutestamentlichen Gebote. gr. 8. (172 S.) Kornthal 856, Paulus. *

Aus des Verf. „Die Lehre Jesu“ rc., besonders abgedruckt.

Hahn, Phpp. Matthäus, die Erklärung der Bergpredigt Jesu Christi od. die geistliche Bedeutung der neutestamentlichen Gebote. 2. Aufl. gr. 8. (168 S.) Basel 885. Riehm. — 90

– ERZÄHLUNG VON ANFANG UND FORTGANG DER ERBAUUNGSSTUNDEN IN KORNWESTHEIM. – Winterthur 1779. – in: Hahn [Teils.]: Eines ungenannten Schriftforschers vermischte Theologische Schriften, Bd 1, S. 49 ff.

— Fingerzeug zum Verstand d. Königreichs Gottes u. Christi. 8. (Winterth.) 774; auch 778. Steiner. 5 K

— Fingerzeig z. Verst. d. Königreichs Gottes. 8. Winterth. Steiner. 778.

– FINGERZEIG ZUM VERSTAND DES KÖNIGREICHS GOTTES UND CHRISTI. – Frankfurt & Leipzig 1774.

– – Winterthur 1778.

– – Fingerzeig zum Verstand des Königreichs Gottes und Christi, bestehend: 1. in einer Einleitung zum Verstand des ersten Capitels des Briefes an die Epheser. 2. in einem kurzen Lehrbegriff von dem Geheimniß des Willens Gottes. 3. in einer Abhandlung von der Schöpfung und der bewundernswürdigen ununterbrochenen Reihe der Geschöpfe. Von Philipp Matthäus Hahn. Nebst einem Anhang */des Hrsg. S. 64ff./*. – Reutlingen: Enßlin & Laiblin [1873]. 112 S.

— Fingerzeig zum Verstand d. Königreichs Gottes und Christi bestehend: 1. in e. Einleitg. zum Verstand d. ersten Capitels d. Briefes an die Epheser, 2. in e. kurzen Lehrbegriff v. dem Geheimniß d. Willen Gottes, 3. in e. Abhandlg. v. der Schöpfg. u. der bewundernswürd. ununterbrochenen Reihe der Geschöpfe. 8. (112 S.) Reutlingen 874. Enßlin & Laiblin. geb. — 60

— die Hauptsache d. Offenbarung Johannis. 8. Frankf. u. Leipz. 772.

– DAS WÜRTTEMBERGISCHE CONFIRMATIONSBUCH erläutert von Philipp Matthäus Hahn. Mit einigen Zugaben von J. A. Bengel, A. H. Francke, Ph. Fr. Hiller, F. C. Oetinger. – Tübingen: Osiander 1863. 108 S.

1. Oetinger: Ansprache.

2. Hahn: Kurze Anmerkungen zum erbaulichen Verstand des würtemberg. Confirmationsbuchs 1774 (S. 1–46).

3. Hahn: Catechismus für Kinder (S. 47–49).

4. Hahn: Morgengebet (S. 49–51).

5. Hahn: Abendgebet (S. 51–52).

6. Oetinger: Tägliche Erneuerung des Bundes mit Gott (S. 52–54).

7. Hiller: Das würtemb. Confirmationsbuch zur Aufmunterung und Erweckung der Jugend in Verse gebracht. 1771 (S. 54–86).

8. Franke und Hiller: Der Glaubensweg eines evangelischen Christen, von Franke, in Verse gebracht von Hiller (S. 86–96).

9. Bengel und Hiller: Harmonie des Lebens Jesu, von Bengel, in Gedächtnisreime gebracht von Hiller (S. 96–108).

Hahn, Phpp. Matth., d. württembergische Confirmationsbuch erläutert. Mit einigen Zugaben v. J. A. Bengel, A. H. Francke, Ph. Fr. Hiller, F. C. Oetinger. 2. Ausg. gr. 16. (IV, 108 S.) Heilbronn 872. Scheurlen. — 60; geb. m. Goldschn. n. 1. 20

– DIE LEHRE JESU UND SEINER GESANDTEN. – Winterthur 1779–1780. (Hahn [Teils.]: Eines ungenannten Schriftforschers vermischte Theologische Schriften. 2. 3.)

– – Neu hrsg. von Philipp Paulus. (mit 1 Bildnis Hahns). – Ludwigsburg: Riehm 1856.

Sondert. 1: Hahn: Die gute Botschaft vom Königreich Jesu. Neu hrsg. von Philipp Paulus, Direktor der Knaben-Erziehungsanstalt »Salon« bei Ludwigsburg. H. 1. 2. – Ludwigsburg: Riehm 1856. X, 120, 116 S.

Sondert. 2: Hahn: Die Reden Jesu von seinem Auftritt an bis zum Ende seiner Bergpredigt, nebst den göttlichen Vorbereitungen hiezu. Neu hrsg. von Philipp Paulus. H. 1. 2. – Ludwigsburg: Riehm 1856. 151, 172 S.

—— die Lehre Jesu und seiner Gesandten. Neu hrsg. von Phil. Paulus. 4 Hefte. gr. 8. Ludwigsburg 856, Riehm. à Heft * 8 Ngr. *

Inhalt:

Heft 1., 2. Die gute Botschaft vom Königreich Jesu. 2 Hefte. (X und 236 S.)

„ 3., 4. Die Reden Jesu von seinem Auftritt an bis zum Ende seiner Bergpredigt, nebst den göttl. Vorbereitungen hiezu. 2 Hefte. (323 S. mit lithogr. Portr.)

– LEITFADEN ZUM VERSTÄNDNISS DER OFFENBARUNG von Philipp Matthäus Hahn. Mit einem Wort über uns're Zeit von Philipp Paulus *(S. 1–27)*. – Ludwigsburg: Salon ‹Druck von F. Kühnle› 1851. 75 S.

– NACHRICHTEN VON SEINEN seit sechs Jahren durch seine Mitarbeiter verfertigten MASCHINEN. Stück 1–3. – Stuttgart 1774.

– PREDIGT VON DER BEKEHRUNG. – Tübingen 1762.

— Predigten über d. Leiden u. Sterben Jesu. gr. 8. Augsb. 791. Rieger. 8 K

– SAMMLUNG VON BETRACHTUNGEN über alle Sonn-, Fest- und Feyertägliche Evangelien durch das ganze Jahr. Nebst 16 Passions-Predigten. – o.O. 1774. 988 S.

– SAMMLUNG VON BETRACHTUNGEN über die Sonn-, Fest- und Feiertägliche Evangelien, vom Neuen Jahr bis Ostern, für Freunde der Wahrheit. – Frankfurt & Leipzig 1774.

Hahn, Ph. Matth., († d. 2. Mai 1790.) Samml. v. Betrachtt. üb. die Sonn-, Fest- u. Feiertägl. Evangelien ꝛc. 8. Frankf. u. Lpz. 3e A. unt. d. T.: Betrachtt. u. Predigten üb. d. Sonn- u. Feiertägl. Evangelien, wie auch über die Leidensgeschichte Jesu. (2 Thle.) 8. Reutling. 825. (Oßwald in Heidelb.) 1 ɤß 12 K

– SAMMLUNG VON PREDIGTEN über alle Sonn- und Festtage, nebst Passionspredigten. – Winterthur 1780.

— Samml. von Predigten üb. d. Evangel. Texte. 8. Winterth.. N. A. 780. Steiner. 1 ɤß 12 K

– DIE HEILIGEN SCHRIFTEN DER GUTEN BOTSCHAFT VOM VERHEISSENEN KÖNIGREICH oder das sogenannte neue Testament. Zum Dienst derer, welche sich aus den ersten Quellen der göttlichen Schriften selbst erbauen wollen, nach der heutigen teutschen Spruchart neu übersetzt; und mit vielen zum lautern Wortverstand leitenden Hülfsmitteln, Fingerzeigen und Erklärungen versehen. – o.O. 1777. 930 S.

— d. heiligen Schriften d. guten Botschaften, oder das sogen. Neue Testament. Mit d. Portr. des Verf. 12. Winterth. 777. Steiner. 1 ɤß 12 K

– M. Philipp Matthäus Hahns, ehemaligen Pfarrers in Echterdingen HINTERLASSENE SCHRIFTEN. Auf Verlangen Vieler Hrsg. von Chr. Ulr. Hahn. Bd 1. 2. – Heilbronn & Rothenburg: Claß 1828. X, 148, VIII, 168 S.
Bd 1: Lebenslauf nebst Anhängen: Mit einem Vorworte von Stadtpfarrer M. Wurster in Güglingen.
a. Lebenslauf [Selbstbiographie] (S. 1–14).
b. Einige kurze Andeutungen in Beziehung auf die sittlich-religiöse und intellektuelle Bildungsstufe Hahns von Dr. Chr. U. Hahn (S. 15–67).
c. Einige kräftige, wahrhaftige Aeußerungen Dr. Martin Luthers, welche in der gegenwärtigen Zeit wohl zu beherzigen sind. Nebst einer Zugabe von Dr. Chr. Ulr. Hahn (S. 68–96).
d. Lobrede auf Philipp Matthäus Hahn, gehalten in Stuttgart am 26. September 1815 (S. 97–111).
e. An Hahn bei Seiner Pfarrveränderung 1781. Von Schubart, auf dem Asperg (S. 112–115).
f. Grablied. Von Schubart. (S. 116–119).
g. Gedanken über H. Witzemanns Apologie für das wirksame Leben der Seele nach dem Tode (S. 120–123).
h. Schrieb-Antwort auf H. Witzemanns Antwort von der Wirksamkeit der Seele nach dem Tode (S. 124–130).
i. Meine Antwort auf Herrn Witzemanns neuen Aufsatz (S. 131–147).
k. Gespräch mit Brüdern vom Zustande nach dem Tode (S. 148).
Bd 2: Auserwählte Kasual-Predigten. Mit einer Vorrede von M. Gottlob Rhein.

— theolog. Schriften. 4 Thle. 8. Winterth. 779, 80. Steiner. 2 ɤß 16 K

[–] Eines ungenannten Schriftforschers VERMISCHTE THEOLOGISCHE SCHRIFTEN. Bd 1–4. – Winterthur: Steiner (in Kommission) 1779–1780.
Bd 1: welcher Erbauungs-Stunden über den ganzen Brief an die Epheser, und einige Aufsätze von Gottes Dreyeinigkeit und der Versöhnung, wie auch die Geschichte der Erbauungsstunden in K[ornwestheim] in sich enthält. – 1779. 316, 80 S.
Zwischent.: 1. Erbauungs-Stunden über den Brief an die Epheser. Oder: kurze Reden über einen jeden Vers dieses Briefs, welche zur Grundlegung eines erbaulichen Gesprächs einer Gesellschaft vorgelesen worden.
Zwischent.: 2. Etliche Aufsätze von GOttes Dreyeinigkeit und von der Versöhnung. Im Jahr 1778, aus Gelegenheit der Urlspergerischen Dreyeinigkeits-Lehre in das schwäbische Magazin eingerückt, und nun auf Begehren einiger ausländischen Freunde besonders abgedruckt. Nebst einer angehängten Erzählung *[S. 19 ff.]* vom Anfang und Fortgang der Erbauungs-Stunden in K[ornwestheim], welche auf Begehren eines auswärtigen Freundes aufgesetzt worden.
Bd 2: welcher das erste Stück der Lehre Jesu, nämlich eine Sammlung aller Weissagungen des alten Bundes, vom künftigen Königreich des Messias, und dem vorhergehenden Zorntage in sich enthält. – 1779. 413 S.
Sondert.: Die Lehre JEsu und seiner Gesandten. Erstes Stück, welches die gute Botschaft vom Königreich, womit JEsus seine Lehre angefangen, in sich begreift.
Bd 3: welcher das zweyte Stück der Lehre JEsu, nämlich den Anfang der Reden JEsu, nach der Ordnung seiner Lebensgeschichte, bis zum Ende der Bergpredigt, in sich enthält. – 1780. 412 S.
Sondert.: Die Lehre JEsu und seiner Gesandten. Zweytes Stück, welches die Reden JEsu, von seinem Auftritt an, bis zum Ende seiner Bergpredigt; nebst den göttlichen Vorbereitungen hiezu, in sich begreift.
Bd 4. Gedanken vom Himmel. Von dem Verfasser der vermischten theologischen Schriften. Zum vierten Band gehörig. – 1780. 124 S.

— tabula chronologica, qua aetas mundi septem chronis distincta sistitur. ... 774.

— v. Verbesserung d. Taschenuhren u. H. C. Rumpels Betrachtt. über d. Sonnenuhren. gr. 4. Erf. 784. Keyser. 4 K

— Versuch über d. Richtigkeit d. Lokischen Witterungsregeln, aus d. Lauf u. Aspekten d. Planeten. 8. Tübing. 762.

– VERSUCHE ÜBER DIE LOKISCHEN WITTERUNGSREGELN aus dem Lauf und den Aspekten der Planeten. – Tübingen 1762.

Hahn, R., **Herbarts Ästhetik u. d. Kunstanschauungsunterricht in d. Volksschule, s. a. Magazin, pädagogisches.**

Herbarts Ästhetik und der Kunstanschauungsunterricht in der Volksschule. Von R. Hahn in Berlin. Langensalza: Beyer 1908. 24 S. 8°
(Pädagogisches Magazin. H. 350.) (08. 3300)

Hahn, R., d. Geschlechtskrankh., s.: **Engel-Reimers**, Jul.

Hahn, R., s. a. **Harz**, der, in Bild u. Poesie.

Der Harz in Bild und Poesie ... Ill. v. Ernst Küpers, hrsg. v. R. Hahn.
Magdeburg: J. Neumann [1896]. (17 Bl.) 1 Bd S. (96. 7159)

— u. **Deycke**-Pascha, Knochensyphilis im Röntgenbild, s.: Fortschritte auf d. Gebiete d. Röntgenstrahlen. 14. Erg.-Bd.

Hahn, R. (Hrsg.), s. Mitteilungen des Geschichts- und Altertums-Vereins für die Stadt und das Fürstentum Liegnitz.

Hahn, R., üb. extragenitale Primäreffekte, s.: Jahrbücher d. hamburg. Staatskrankenanstalten.

Hahn, R., Z. Religionsgeschichte d. zweiten Jahrhunderts: Die Religion d. C. Suetonius Tranquillus. Pr. 1898. 19 S. 4°. 1.20

Hahn, R., der deutsche Ring. Naturgemäße Wirtschafts-Reform f. das Deutsche Reich. (19 S.) gr. 8. Woldenberg 905. (Breslau, M. Schierlein.) n. — 60

Hahn, R., das Schiffsjournal, s.: **Kruse**.

Hahn, R., lateinische Vorschule insbesondere für das jüngere Alter, eine Anleitung zu leichter Erlernung und geläufiger Anwendung der Conjugation und Declination, enth. zahlreiche Aufgaben zum Uebersetzen nebst dem dazu gehörigen Wörterbuche; zum Gebrauch in Schulen und beim Privatunterricht. Dresden 864. Dietze. gr. 8. (104 S.) n. 10 ngr.

Hahn, R., lateinische Vorschule insbesondere für das jüngere Alter, eine Anleitung zu leichter Erlernung u. geläuf. Anwendung der Conjugation u. Declination, enth. zahlreiche Aufgaben zum Uebersetzen nebst dem dazu gehör. Wörterbuche; zum Gebrauch in Schulen u. beim Privatunterrichte. 2. verb. Aufl. Dresden 868. G. Dietze. gr. 8. (104 S.) n. 10 ngr.

— das Wetter, die Winde u. die Strömungen der Meere. Für die Seepraxis bearb. Mit 3 Taf. u. e. Anh. (III, 48 S.) Lex.-8. Leer 904. (Hamburg, Eckardt & Meßtorff.) Geb. in Leinw. n. 4. 50

Hahn, Reinhold, Gedichte. 16. (VI und 104 S.) Duisburg 849, Bagel.

—— Katechismus für Turner. 16. (VII und 55 S.) Duisburg 849, [Ewich.]

Hahn, Reinhold: Mikrometrische Vermessung des Sternhaufens Σ 762 ausgeführt am zwölffüssigen Aequatoreal der Leipziger Sternwarte. . . . (Aus: Abh. d. K. S. Ges. d. Wiss. XXIX. M. 1 Taf.) Leipzig, Druck v. Breitkopf & Härtel, 1891; 1 Bl., S. 161-298; 8°
Leipzig, Phil. Fak., Inaug.-Diss. v. [4. Apr.] 1891

Hahn, Rhold. Mikrometrische Vermessung des Sternhaufens Σ 762, ausgeführt am zwölffüssigen Aequatoreal der Leipziger Sternwarte. Lex.-8. (144 S. m. 1 Karte.) Lpz. 891, Hirzel. * 6 —
Aus: Abhandlungen d. kgl. sächs. Gesellsch. der Wissenschaften, besonders abgedruckt.

Hahn, Reinhold Edmund

Hahn, R Edmund [Pseud.]
s.a. Pierson, Karoline [Wirkl. Name]

Hahn, R. Edm., Bilder aus der Dichter- und Künstlerwelt. 8. Leipzig 870, Licht und Meyer.

Hahn, R. Edm., Bilder aus der Dichter- und Künstlerwelt. Nach der Natur gezeichnet. 8. (V, 231 S.) Leipzig 870, Matthes.

Hahn, R(einh.) E(dmund), das Document, s. Album. Bibliothek deutscher Orig.-Romane.

Hahn, R. Edm., Ehen werden im Himmel geschlossen. Roman in 3 Büchern. 8. (342 S.) Dresden 886, Pierson. * 4 50
geb. * 5 50
—— dass. — Wohlf. Ausg. 8. (343 S.) Ebendas. 886. * 2 —

⑧ Hahn, R. E., Ehen werden im Himmel geschlossen. 886. (KBL 23), sowie d. übrigen Romane etc. aus E. Pierson's Verl. Jetzt: Berlin, Verlag Berlin-Wien.

Hahn, R. Edm. Das Erbfräulein. Roman. 2 Bde. gr. 8. (242; 241 S.) Dresd. 889, Pierson. * 6 —; geb. * 8 —

Hahn, R. Edm., schöne Frauen. Roman. 2 Bde. 8. (226 u. 250 S.) Dresden 881. Pierson. 6. —

—— die Geheimnisse des Waldschlosses. Roman in 2 Bdn. aus der Zeit des Wiener Congresses. 8. (223; 222 S.) Ebendas. 885. * 6 —

Hahn, R. Edm., die Geheimnisse des Waldschlosses. Roman aus der Zeit des Wiener Congresses. (2 Thle. in 1 Bde.) 4. Aufl. 8. (355 S.) Dresden 894. E. Pierson. n. 3. —; geb. n. 4. —

— die beiden Gräfinnen. Roman in 2 Bdn. 8. (238 u. 224 S.) Ebend. 884. n. 6. —

—— Schloß Hrawodar. Roman aus den J. 1842—1850. 3 Bde. 8. (243; 227; 139 S.) Berlin 870, v. Decker'sche Geh. Ober-Hofbuchdr.

Hahn, R. Edm. (Karoline Wilhelmine Pierson), d. letzte Jagiello. Histor. Trauersp. in 5 Aufzgn. 8. (III, 72 S.) Dresden 895. E. Pierson. n. 2. —

Hahn, R. Edm., ein Jahr in der großen Welt. Roman in 5 Büchern. 2 Bde. 8. (224; 272 S.) Dresden 879, Pierson. *

— Novellen, s. Abende, deutsche.

— im Park zu Rodenstein. Roman. 2 Bde. 8. (263 u. 199 S.) Ebend. 881. n. 8. —

Hahn, R. Edm., die Sklaverei der Liebe. Roman in 2 Bdn. 8. (222 u. 212 S.) Dresden 872. Baensch. 8. —

—— die Sklaverei der Liebe. Roman in 2 Bdn. 8. (222; 212 S.) Leipzig 872, Baensch. [Frankfurt a. M., Strauß'sche Buchh.] (M 8.)

Hahn, R(einh.) E(dmund), Starhemberg oder die Bürger von Wien. Historisches Drama in 4 Aufzügen. (Den Bühnen gegenüber Mscr.) Wien 865. Pfautsch's Verlag. 8. (88 S.) n. 20 ngr

— Stephanie. Roman. 2 Bde. 8. (248 u. 269 S.) Berlin 873. Wedekind u. Schwieger. n. 8. —

— der Zögling d. Diplomaten. Roman. 3 Bde. 8. (188, 175 u. 184 S.) Leipzig 876. Dege. n. 12. —

—— Zu früh vermählt. Roman. 8. (425 S.) Berlin 876, [Wedekind und Schwieger.] Neufeld. *

Hahn, Richard, a. Reutlingen: Über die psychischen Störungen bei Tabes Dorsalis. Emmendingen: Druck- u. Verlags-Ges. vorm. Dölter 1907. (56 S.) 8°
Freiburg i. B., Med. Fak., Ref. Hoche, Diss. v. 1907
[Geb. 20. Okt. 83 Reutlingen; Wohnort: Freiburg i. B.; Staatsangeh.: Württemberg; Vorbildung: Gymn. Reutlingen Reife Juli 01; Studium: Tübingen 3, Kiel 2, Genf 1, Freiburg i. B. 4 S.; Coll. 25. Jan. 07.]

Hahn Richard: Studien über die Entwicklung des österr. Künstlerdramas 1810 bis 1826.
H. 1897 PN 1079 Diss. Wien. Univ. 82

Hahn, Rob. (geb. Greifswald 1828): De syphilidis secundariae contagio. Berolini (1852). (34 S.) 8°
Berlin, Med. Diss. v. 5. Aug. 1852

Die psychologischen Grundlagen der sittlichen Erziehung. Von Robert Hahn, Lehrer in Potsdam. Langensalza: Beyer 1910. 30 S. 8°
(Pädagogisches Magazin. H. 433.) A 12 5282

Hahn, Robert *Clarus Heinrich* [aus Hof i. B.]: Zur Pathologie und Therapie des Genu valgum ... Berlin, C. Vogts Buchdr., *1895*; 28 S., 2 Bl. 8.
Berlin, Med. Fak., Inaug.-Diss. v. 15. März 1895

Hahn, Robert, Referendar a. Finsterwalde N.-L.: Das Recht auf Ergänzung des Pflichtteils nach dem Bürgerlichen Gesetzbuch (§§ 2325 ff.) unter Berücksichtigung der gemeinrechtlichen querela inofficiosae donationis sive dotis Berlin 1905. (124 S.) 8° ¶[Nur 12 Exempl. abgeliefert.]
Rostock, Jur. Fak., Ref. Matthiass, Diss. v. 28. Febr. 1905
[Geb. 5. Mai 80 Finsterwalde, N.-L.; Wohnort: Finsterwalde; Staatsangeh.: Preußen; Vorbildung: Gymn. Cottbus Reife O. 99; Studium: Freiburg i. B. 1, Leipzig 2, Berlin 3 S.; Rig. 28. Nov. 04.]

Hahn, Rob., das Recht auf Ergänzung des Pflichtteils nach dem bürgerlichen Gesetzbuch (§§ 2325 ff.), unter Berücksicht. der gemeinrechtlichen querela inofficiosae donationis sive dotis. (124 S.) gr. 8. Berlin 905. F. Vahlen. n. 2. 80

Hahn, R., die Schiffs-Dampfmaschine. Behandelt f. Seeschiffer u. Steuerleute, m. besond. Berücksicht. der Vorschriften betr. den Unterricht in Schiffs-Maschinenkunde auf den Navigationsschulen. Nebst e. Anh. gr. 8. (IV, 108 S. m. 12 Taf. Zeichngn.) Papenburg 890. (Rohr.) geb. n. 4. 50

—— u. Wegener. Die Schiffs-Dampfmaschine u. das Manövriren m. Dampfschiffen. Bearb. f. Seeschiffer u. Seesteuerleute m. besond. Berücksicht. der Vorschriften f. den Unterricht in der Maschinenkunde. 2. Aufl. gr. 8. (VIII, 143 S. m. 4 z. Tl. farb. Zeichngn.) Brem. 891, Hampe. geb. in Leinw. * 6 —

Die Schiffs-Dampfmaschine und das Manövrieren mit Dampfschiffen. Bearb. f. Schiffskapitäne u. Seesteuerleute m. bes. Berücks. der Vorschriften f. d. Unterricht in d. Maschinenkunde auf d. Navigationsschulen u. z. Selbstunterr. v. (R[obert]) Hahn, Navigationslehrer. M. 4 Taf. Zeichngn, color. u. schwarz. 3. Aufl. *Bremen: E. Hompe 1897.* (4 Bl., 160 S., 4 Taf.) 1 Bd 8. 97. 7476 Ki

Hahn, Robert, aus Charlottenburg, approb. Arzt: **Über das Wesen und die Ursache der im Anschluss an die Narkose auftretenden Lungenentzündungen.** *Leipzig: G. Fock 1899.* (173 S.) 8°
Leipzig, Med. Diss. v. 15. Juli 1899
(Nur in beschränkter Zahl für den Austausch)

Hahn, Robert Karl Alfred, s. Hahn, Alfred

Hahn, Roland (geb. am 2 Okt. 1852 in Walberberg bei Brühl): Ueber das Colobom der inneren Augenhäute ... Bonn, Druck v. J. F. Carthaus (1876). 25 S., 1 Bl. 8.
Bonn, Med. Fak., Diss. v. 27 Juli 1876

Hahn, Rudolf

Hahn, Rud., Alles für die Neffen, s. Theater-Mappe.

Hahn, R., der erste April, s.: Bloch's, E., Theater-Correspondenz.

Hahn, Rud., o Arthur, s. Kühling's, A., Album für Liebhaber-Bühnen.

— ein Paar Ballschuhe, s.: Bloch's, E., Theater-Correspondenz.

Hahn, Rud., Berliner im Harem. Posse m. Gesang in 1 Akt. gr. 8. (13 S.) Berlin (887). M. Böhm. 1. 60

— die Berliner mang die Wilden, s.: Kühling's, A., Album f. Liebhaber-Bühnen.

Hahn, Rudolf, med. prakt., von Steckborn: Über die Beziehungen zwischen Fehlreaktionen und Klangassoziationen. Leipzig 1906. 48 S. 8°. S.-A. aus „Kräpelin, Psychol. Arbeiten". Bd. 5. Heft 1. [7.II.06.]
Zürich. Med. Diss. 1905/1906.

Hahn, Rudolf. **Über die Beziehungen zwischen Fehlreaktionen und Klangassoziationen. Diss. Med. Univ. Zürich. (Sonderabdruck aus [Emil] Kraepelin, Psycholog. Arbeiten [Band] 5, [Heft] 1.) 48 S. 8. Leipzig, Wilhelm Engelmann, 1906.**

—— **Unter Blumen, s. Kühling's, A., Album für Solo-Scenen.**

– eine Berliner Bonne, s. Bloch's, E.: Dilettanten-Bühne.

—— **Jettchen's Brautgedanken, s. Kühling's, A., Album für Solo-Scenen.**

– ein alter Dienstbote, s. Bloch's, E.: Dilettanten-Bühne.

— Dienstmädchen u. Conducteur od. Am Omnibus, s.: Bloch's, Ed., Dilettanten-Bühne.

Hahn, (Rudolf), Dr.: Die **Entwickelung** der Leibnizischen Metaphysik und der Einfluss der Mathematik auf dieselbe bis zum Jahre 1686. ([Kopft.:] Entwickelung der Leibnizischen Monadenlehre.) *Torgau 1899: Buchdr. d. Torgauer Bank.* (S. 1—35.) 4° [Fk.] ¶ [= Phil. Diss. Halle 1899.]
Torgau, G, OP 1899 (201 [vielm. 265])

Hahn, Rudolf, aus Torgau: **Die Entwickelung der Leibnizischen Metaphysik und der Einfluss der Mathematik auf dieselbe, bis zum Jahre 1686.** *Halle a. S. 1899: (Buchdr. d. Torgauer Bank in Torgau).* (35 S.) 4° ¶ (= Beilage zum Programm d. Gymnasiums in Torgau 1899.)
Halle, Phil. Diss. v. 21. Jan. 1899

Hahn, R., er ist Baron! s. Bloch's, E., Volks-Theater.

— es wird gerückt, s.: Kühling's, A., Theater-Specialität.

—— **Zum grünen Esel, s. Bloch's, E., Theater-Correspondenz.**

Hahn, Rudolf, aus Leipzig: **Über die bei der Farbstoffproduktion der Chromobakterien wirksamen Faktoren.** *Leipzig [1898]: O. Leiner.* (51 S.) 8°
Rostock, Phil. Diss. v. [2. Aug.] 1898

Hahn, R., aus guter Familie, s. Bloch's, E., Theater-Correspondenz.

Hahn, Rudolf [pr. Arzt in Hamburg]: **Über Folgen und Operationen alter Schussverletzungen. E. kasuist. Beitr. zu den aus d. Kriege 1870/71 herrührenden u. spät operierten Schusswunden** ... Jena, G. Neuenhahn, Univ.-Buchdr., 1892; 73 S., 1 Bl. 8.
Jena, Med. Fak., Inaug.-Diss. v. [21. Dez.] 1892

— fromm u. weltlich, s.: Bloch's, E., Dilettantenbühne.

— Hanau brennt, s.: Kühlings's, A., Album f. Liebhaberbühnen.

— Hermann u. Dorothea, s.: Theater-Mappe.

– die silberne Hochzeit, s. Bloch's, E.: Dilettanten-Bühne.

— ein Hochzeitsgedicht, } s.: Polterabend-Salon.
— eine unruhige Hochzeitsnacht, } s.: Polterabend-Salon.

— eine Hochzeitsreise, s.: Bloch's, E., Theater-Correspondenz.

— ein Don Juan aus Familien-Rücksichten, s. Bloch's, E., Dilettanten-Bühne.

— u. Edm. Braune, Onkel Don Juan od. Lust. Putzmacherinnen, s.: Album f. Liebhaber-Bühnen.

— Kadetten-Launen, s.: Bloch's, E., Theater-Gartenlaube.

— in der Kochschule, s.: Kühling's, A., Theater-Specialität.

– erste Coulisse links, s. Bloch's, E.: Dilettanten–Bühne.

— ein Lendemain, s.: Polterabend-Salon.

Hahn's, Rud., Liebhaber-Theater. Mit besond. Rücksicht auf Gesellschafts- und Privat-Theater herausg. 1. u. 2. Bd. Berlin 855. Faudel. 8. (2 Bl., 147; 2 Bl., 163 S.) Jeder Bd. n. 1 ℛ

Inhalt: 1. Bd.: Die Pikarde in Berlin. Genrebild in 1 Akt. Der Alexandriner oder: Korporal Püffke in Dresden. Genrebild in 1 Akt. Wie denken Sie darüber? Posse in 1 Akt. Zwei alte Soldaten. Lustsp. in 2 Akten. Der alte Junggeselle. Lustsp. in 2 Akten. — 2. Bd.: Hempel, oder: Dorotheenstraße 99. Schwank in 1 Akt. Herr Pannemann. Dramat. Kleinigkeit in 1 Akt. Meyer in der Mördergrube, oder: Der 1. April. Schwank in 1 Akt. Der geheime Registrator und sein Paletot, oder: Nur ein Orden! Posse in 1 Akt. Zum grünen Esel, oder: Drei Freier und ein Liebhaber. Vaudev.-Posse in 1 Akt. Er will Scandal! Posse in 1 Akt u. einem Vorspiel.

—— Lieschen vor'm Spiegel, s. Bloch's, E., Dilettanten-Bühne.

—— pikante Lokal-Nachrichten, s. Bloch's, E., Dilettanten-Bühne.

—— mein Mann sitzt im Reichstag, s. Kühling's, A., Album für Liebhaber-Bühnen.

—— 15 Minuten vor'm Scheidungstermin, s. Bloch's, E., Dilettanten-Bühne.

Hahn, R., Nachtigall und Nichte, s. Bloch's, E., Theater-Correspondenz.

— Noten in Nöthen, s.: Theater-Mappe.

— durch Nußschalen, s.: Kühling's, A., Album für Liebhaber-Bühnen.

— am Omnibus, s.: Bloch's, E., Theater-Correspondenz.

— Onkelchen spionirt, s.: Kühling's, A., Theater-Specialität.

– Parquet-Loge Nr. 3, s. Bloch's, E.: Dilettanten-Bühne.

—— Sennora Pepita, s. Bloch's, E., Theater-Gartenlaube.

Hahn, Rud., Sennora Pepita, mein Name ist Meyer! Schwank in 1 Aufzuge mit Gesang und Tanz. Berlin 855. Faudel. 8. (31 S.) n. 5 ngl

—— Peter in der Fremde, s. Bloch's, E., Dilettanten-Bühne.

—— die Picarde in Berlin, s. Bloch's, E., Dilettanten-Bühne.

Hahn, R., u. H. Klaeger, in der Polizei-Wachtstube, s. a. Danner's, G., Herren-Bühne. Nr. 29.

—— und H. Klaeger, in der Polizei-Wachtstube, s. a. Kühling's, A., Theater-Specialität.

In der Polizei-Wachtstube. Posse in 1 Akt von R. Hahn u. H[einrich] Kläger. *Mühlhausen i. Thür.: G. Danner [1900].* (24 S.) 8° [F.]
= Herrenbühne, G. Danners. No 29. [wo. 8739

– auf Posten am Weihnachts-Abend, s. Bloch's, E.: Dilettanten-Bühne.

—— Präsentirt das Gewehr! s. Bloch's, Ed., Theater-Correspondenz.

— Punkt Eins zu Tisch, s.: Kühling's, A., Album f. Soloscenen.

—— eine Rekrutirung in Krähwinkel, s. Bloch's, E., Theater-Correspondenz.

– Rieke und Pieke, s. Bloch's, E.: Dilettanten-Bühne.

— im Schlafrock, s.: Bloch's, E., Dilettanten-Bühne.

Hahn, Rudolf, Referendar: Der Schleppvertrag des Binnenschiffahrtsverkehrs. Borna-Leipzig 1910: Noske. VIII, 53 S. 8°
Leipzig, Jur. Diss. v. 23. März 1910
[Geb. 3. April 84 Neustadt i. S.; Wohnort: Dresden; Staatsangeh.: Sachsen; Vorbildung: Kgl. Gymn. Dresden-N. Reife O. 03; Studium: München 1, Leipzig 6 S.; Rig. 8. Febr. 07.] [U 10. 2722

—— Schulze und Müller unter den Zulu-Kaffern. Schwank in 2 Bildern. 8. (31 S. mit 1 Holzschn.) Berlin 854, Hofmann und Comp. **

— des Theaterdieners Töchterlein, s.: Bloch's, E., Dilettanten-Bühne.

Hahn, Rud., und Frauenzimmer sind doch Menschen! Dramatische Kleinigkeit. (Den Bühnen gegenüber als Mscr. gedr.) 16. (15 S.) Dresden 861, Zeh. *

—— der Verschwundene, s. Unterwegs und Daheim.

— Vettern u. Basen, s. Theater, deutsches.

—— Im Vorzimmer Sr. Excellenz, s. Bloch's, E., Theater-Correspondenz.

— im Vorzimmer Sr. Excellenz, s.: Mode's, E., Theatercorrespondenz.

Hahn, R., in Wartesalon vierter Klasse s.: Bloch's, E., Theater-Gartenlaube. — Theater-Mappe.

— wo bleibt da die Moral, s.: Kühling's, A., Album f. Soloscenen.

—— das Zukunftsmädchen für Alles, s. Kühling's, A., Theater-Specialität.

Hahn, S., zwei Reden, gehalten am Stiftungstage d. Hanseatischen Legion, d. 16. März 1828; u. zur Säcular-Gedächtnißfeier d. Geburt Moses Mendelssohns, am 10. Sept. 1829. 8. (1½ B.) Hamburg 829, Hoffmann u. Campe.

Hahn, S., üb. den Ursprung u. den Werth d. Homöopathie. Eine Skizze. gr. 8. Hamb. 834. Perthes, Besser u. Mauke. ⅓ ℛ

Hahn, Salomo: * De falsis, quae Mohammetus de Iudaeis tradiderit, quaestiones aliquot. 65 S. 4° (2°)
Halle-Wittenberg, Phil. Diss. v. 13. Aug. 1857
Geb. Sohrau (Kr. Rybnik, Oberschles.) 20. 10. 1828. V.

Hahn, Sebastian, a. Rast: Thomas Bradwardinus und seine Lehre von der menschlichen Willensfreiheit. Münster 1904: Aschendorf. (55 S.) 8°
Freiburg i. B., Phil. Fak., Ref. Rickert, Diss. v. 11. Nov. 1904
[Geb. 17. Jan. 69 Rast; Wohnort: Meersburg (am Bodensee); Staatsangeh.: Baden; Vorbildung: Gymn. Konstanz; Studium: Innsbruck 2, Freiburg 4 und 4 S.; Rig. 14. Nov. 03.]

Hahn, Seb., Thomas Bradwardinus u. seine Lehre v. der menschlichen Willensfreiheit, s. a. Beiträge zur Geschichte der Philosophie des Mittelalters. V. 2.

Thomas Bradwardinus und seine Lehre von der menschlichen Willensfreiheit. Von Dr. Sebastian **Hahn**. Münster: Aschendorff 1905. (55 S.) 8°
= **Beiträge** z. Geschichte d. Philosophie d. Mittelalters. Bd 5, H. 2. [04. 1344 a

Hahn, Siegfr.

— Bäder- und Badekuren, s. Hausbücher, medicinische.

Hahn, Siegfr., Bäder u. Badekuren. 2. Aufl. gr. 8. (VI, 151 S.) Berlin 881. Münchhoff. n. 1. 50

Hahn, Siegfr., Bad Elster, seine Heilmittel, Heilanzeigen und Kurdiät. Nebst Führer durch die Umgebung des Kurortes. gr. 16. (V, 98 S. mit 1 lithogr. Kärtchen.) Berlin 879, Münchhoff. cart.

Hahn, Siegfr., Bad Elster, seine Heilmittel, Heilanzeigen und Kurdiät. Nebst Führer durch die Umgebung des Kurortes. 2. gänzlich umgearb. und verb. Aufl. 12. (VI, 111 S.) Berlin 880, Münchhoff. cart. *
— dass. — 3. und 4. verm. und verb. Aufl. 16. (VI, 111 S. mit 3 lithogr. Plänen.) Berlin 881,82, (Stuhr'sche Buchh.) cart. *

Hahn, Siegfr., Bad Elster, seine Heilmittel u. Heilanzeigen. 10., verm. u. verb. Aufl. gr. 16. (91 S.) Berlin 890. (Stuhr.) n. 1. 50

Hahn, Siegfr. (geb. Neustädtel in Schles. 6. 11. 1843): Ueber die verschiedenen Leiden der Prostata. Berlin (1869). (31 S.) 8°
Berlin, Med. Diss. v. 1. Juli 1869

Hahn, Siegfr., internationales Wörterbuch der gebräuchlichsten Arzneimittel in lateinischer, deutscher, französischer, englischer u. italiänischer Sprache. Nach der Pharmacopoea germanica ed. alter. 1883 bearb. Mit Wortregister f. jede einzelne Sprache. gr. 8. (IV, 72 S.) Berlin 883. Dümmler's Verl n. 2. —

Hahn, Sigm., Reichsraths-Almanach für die Session 1867. 1. Jahrg. Prag 867. Satow. 8. (219 S.) n. 20 ngr

Hahn, Siegm., Reichsraths-Almanach f. die Session 1873—1874. gr. 16. (191 S.) Wien 874. Rosner. n. 2. 80

Hahn, Sigm., Reichsraths-Almanach für die Session 1879/80. fl. 8. (240 S.) Wien 879, Hölder. * 3 —
— dass. — Für die Session 1885/86. fl. 8. (278 S.) Ebendas. 885. * 3 20

Hahn, Sigm. Reichsraths-Almanach f. die Session 1891—1892. 12. (297 S.) Wien 891, (Hölder). * 3 20

Hahn, Sigism. Samuelis: Theses medico-chirurgicae. Berolini (1816). (2 Bl.) 4°
Berlin, Med. Thes. v. 5. Okt. 1816

Hahn, D. Simonius Fridericus, historiarvm in academia Jvlia professor pvblicus ordinarius. Collectio monvmentorvm, vetervm et recentivm, ineditorvm, ad codicvm fidem restitvtorvm, selectiorvm, et rariorvm, diplomatvm nempe, sigillorvm, litterarvm, chronicorvm, aliorvmqve insignivm scriptorvm, antiqvitates, geographiam, historiam omnem, ac nobiliores ivris partes havd mediocriter illvstrantivm. Tomvs I., II. (VIII.—XVII. Jahrhundert.) 8. Brvnsvigae 1724—1726.

— collectio monumentorum vet. et recentium ineditor. II Tom. 8. Brunsv. Meyer. 724–26.

Hahn, S. Friedr.: „Einleitung zu der Teutschen Staats-, Reichs- und Kayser-Historie", 5 Teile, Halle und Leipzig 1721 bis 1742. — Vorh.: Bibl. des German. Museums Nürnberg.

— Einleit. z. d. deutschen Staats-Reichs- u. Kaiserhistorie u. jure publ. 5 Thle. 4. Halle, Fritsch. 721—42.

— — desselben Buchs 4r u. 5r Thl. gr. 4. Halle (Hermann in Frankf.

— — dieselbe 4r Thl. gr. 4. Quedlb. Ernst. 765.

— — De medii aevi geographia per Germanos uberius excolenda. Progr. auspic. Helmstedt (Herm. Dan. Hamm) 1717. 24 S. (4.—) 12842

— Simon Friedrich (Bergensis), Henricus Auceps, historia anceps. Präs. Johann Peter Ludewig. Halle (Joh. Gruner) 8. IV. 1713. 32 S. mit Widm. v. Präs. (6.50) 12839

— — Dasselbe. Halle (Chph. Andr. Zeitler). (6.20) 12840

— — Dasselbe. Halle (Joh. Heinr. Grunert) 1739. (6.—) 12841

— — Jus imperii in Florentiam ex monumentis editis et ineditis ipsisque Etruscis scriptoribus inde a Caroli M. aetate per omnia saecula solide ostensum et a speciosis objectionibus commentatoris nuperi de Florentini status libertate plene vindicatum. Halle (Jo. Fried. Zeidler's Erb.) 1722. 68 S. (7.—) 12844
Gew.: Johann Friedrich Frh. v. Stain.

— — De genuino ac Salico Cuonradi II, imperatoris Augusti, ortu et vera falsaque Salicae stirpis cum Guelphis convenientia. Nunc aucta, et necess. adnot ill. Insertae sunt vindiciae diplomatis fundationis, Bergensis ad Albim coenobii. Helmstedt (Herm. Dan. Hamm) 1717. 100 Seiten. (10.—) 12843
Gew.: Andreas Gottlieb v. Bernstorf, Urban Dieterich v. Luedecke.

Hahn, T.

— „wie dünket euch um Christo, weß Sohn ist Er?" Offener Brief an Adolf Harnack. gr. 8. (20 S.) Leipzig 892. J. Naumann. n. — 40

— Zeichen der Zeit. 2 Predigten üb. 2. Thessal. 2, 1—17, geh. in der St. Nicolai-Kirche zu Pernau am 6. u. 7. XI. 1905. (38 S.) 8. Ebd. 905. n. — 50

Hahn, Th., u. E. Roos, Anleitung zum Gebrauch d. französischen Sprech-, Schreib-, Leseunterrichts f. Mädchenschulen. 12. (IV, 16 S.) Halle a/S. 892. H. Gesenius. — 30

Hahn, Th. Die Erklärung der Bergpredigt Jesu Christi über die geistliche Bedeutung der neutestamentlichen Gebote. 2. Aufl. In-8°. Basel, Riehm. 1885. 1 —

Hahn, Th. u. E. Roos. Französischer Sprech-, Schreib-, Leseunterricht für Mädchenschulen. 12. (VII, 111 S.) Halle a. S. 892, Gesenius. cart. * 1 —
Anleitung z. Gebrauch d. Vorstehenden. 12. (IV, 16 S.) Ebd. 892. — 30

— — dasselbe. 2. Stufe, bearb. v. Th. Hahn. gr. 8. (XII, 89 S.) Ebd. 894. Kart. n. 1. 30

Hahn, Th., u. E. Roos, französischer Sprech-, Schreib-, Leseunterr. f. Mädchenschulen. 3. Stufe, bearb v. Th. Hahn. gr. 8. (VIII, 180 S.) Halle 896. H. Gesenius. n. 1. 80 (1.—3.: n.n. 4. 10)

Hahn, Th., u. E. Roos, französischer Sprech-, Schreib-, Leseunterricht f. Mädchenschulen. 1. Stufe. 2. Aufl. gr. 8. (VII, 135 S. m. Abbildgn.) Halle 902. H. Gesenius. n. 1. 20; geb. n. 1. 50

Hahn, Th., u. E. Roos, französischer Sprech-, Schreib-, Leseunterricht f. Mädchenschulen. 2. Stufe, bearb. v. Th. Hahn. 2. nach den Bestimmgn. v. 1894 bearb. u. in neuer Rechtschreibg. gedr. Aufl. (XIII, 122 S. m. Abbildgn.) gr. 8. Halle 903. H. Gesenius. n. 1. 20; geb. n. 1. 50

Hahn, Th., u. E. Roos, französ. Sprech-, Schreib-, Leseunterricht f. Mädchenschulen. I. Stufe. 3. Aufl. (VIII, 135 S.) 8. Halle 908. H. Gesenius. Geb. 1. 50

Hahn, Thdr., s. a. + Hennemann, H.

Hahn, Thdr. (II.), Anleitung zur Ausübung der Wasserheilkunde, s. Rausse, J. H.

[F.] Franziska Eppners 'Badereise'. E. krit. Betrachtg v. H. Hennemann [d. i. Theodor Hahn]. *Delitzsch: A. Beckert 1893.* (29 S.) 1 Bd 8. [96. 48]

Hahn, Theodor Frh. von, Referendar: Die objektive Begrenzung der Rechtskraft. *Berlin 1902: W. Pilz.* (x, 55 S.) 8°
Rostock, Jur. Diss. v. [25. Okt.] 1902

Hahn, Thdr., Herr Prof. Dr. C. Bock in der Gartenlaube. Eine Kritik seiner Heil- u. Gesundheitslehre. Berlin 868. Grieben. gr. 8. (30 S.) n. 5 ngr.

Hahn, Thdr., die häutige Bräune [Croup] u. ihre wasserärztl. Behandlung nach Rausse'schen Prinzipien. Eine Anleitg. f. Jedermann, der zu lesen u. zu denken versteht. 8. (IV u. 50 S.) St. Gallen 851, Scheitlin & Zollikofer. n. 12 ngr.

Hahn, Thdr., das Büchlein vom gesunden u. kranken Magen. Receptblätter aus der Mappe eines Naturarztes. gr. 8. (VIII, 112 S.) Köthen 881. Schettler's Verl. n. 1. 60

— die Cholera u. ihre Behandlung mit kaltem Wasser, nach Rausse'schen Principien u. nach eigener prakt. Erfahrung. gr. 8. (19 S.) Rostock 849, Stiller in Comm. — 2. Ausg. gr. 8. (19 S.) St. Gallen 851, Scheitlin & Zollikofer. n. 4 ngr.

Hahn, Thdr., die naturgemäße Diät, die Diät der Zukunft. Nach Erfahrung und Wissenschaft aller Zeiten und Völker zusammengestellt. 8. (XV und 304 S.) Cöthen 859, Schettler. *

—— die naturgemäße Diät, die Diät der Zukunft. Nach Erfahrung und Wissenschaft aller Zeiten und Völker. 2. neu durchgeseh. und verm. Aufl. 8. (XIII, 248 S.) Ebendas. 881. *

— die vegetarianische Diät, ihre hohe Bedeutung für die Wiederherstellung, wie für die Erhaltung der Gesundheit u. ihre wissenschaftliche Begründung. Aerztliche u. andere Zeugnisse für dieselbe v. Graham, Trall, Virchow, Liebig, Cuvier, Flourens u. A. 3., reich verm. Aufl. gr. 8. (IV, 93 S.) Ebend. 882. n. 1. 60

— die Diphtheritis, der Croup u. der Keuchhusten. Ihre Ursachen, ihr Wesen u. ihre sichere Heilung volksthümlich dargestellt. 2. Aufl. gr. 8. (102 S.) Zürich 879. Schmidt. n. 1. 50

Hahn, Theodor (geb. am 8 Aug. 1846 in Nettesheim Kr. Neuss): Ueber den Einfluss heftiger Erysipele auf andere Affektionen, besonders auf organisirte Neubildungen ... Jülich, Druck v. M. Becker [1871]. 26 S., 1 Bl. 8.
Bonn, Med. Fak., nachträgl. erschienene Diss. v. 18 Juli 1870

— Grundzüge der naturgemäßen Heil- u. Lebensweise. Zugleich 1. Abthl. des „prakt. Handbuches der naturgemäßen Heilweise." 2. Aufl. Ebend. 870. gr. 16. (VIII, 228 S.) n. 20 ngr.

Hahn, Thdr. (II.), Habt ihr den heiligen Geist empfangen? Vortrag, bei der Conferenz für innere Mission am 10. Octbr. 1883 zu Frankenstein gehalten. 8. (40 S.) [Strehlen 884, Gemeinhardt.] Breslau, Woywod. *

Hahn, Thdr., praktisches Handbuch der naturgemäßen Heilweise. 2 Abthlgn. gr. 8. Berlin 865,67, Grieben. [1. Abthl. (VIII und 228 S.) * 24 Ngr., 2. Abthl. (XIII und 282 S.) * 1 Thlr. 10 Ngr.] *

—— dass. — 2., verm. Aufl. gr. 8. (XXII und 414 S.) Ebendas. 867. *

—— praktisches Handbuch der naturgemäßen Heilweise. 3. umgearb. und verm. Aufl. 2 Abthlgn. in 10 Lfgn. gr. 8. (XVI, 136; VIII, 301 S.) Berlin 870, Grieben. à Lfg. * 50 Pf. *

Hahn, Thdr., praktisches Handbuch der naturgemäßen Heilweise. 2 Abtheilgn. in 1 Bde. 4. Aufl. gr. 8. (VIII, 135 u. VIII, 301 S.) Berlin 874. Grieben. n. 4. —

Hahn, Th., praktisches Handbuch der naturgemäßen Heilweise. 2 Abthlgn. in 1 Bde. I. Grundzüge der naturgemäßen Heil- u. Lebensweise. II. Specielle Krankheits- u. Heillehre (Pathologie u. Therapie). 5. Aufl. gr. 8. (XXIII, 436 S.) Leipzig 889. Grieben. n. 4. —; geb. n. 5. —

— der Hausarzt. Populär-medicin. Briefe, Abhandlungen u. Rathschläge für Kranke u. Solche, die es nicht werden wollen. Mit dem (photogr.) Portr. des Verf. u. seinem Fcsm. gr. 8. (III, 476 S.) Ebend. 878. n. 5. —

— der Hausarzt. Populär-medicinische Briefe, Abhandlungen und Rathschläge für Kranke und Solche, die es nicht werden wollen. Mit dem (photogr.) Portr. des Verf. und seinem Facs. gr. 8. (III, 476 S.) Ebendas. 879. * 5 —

—— der Hausarzt. Populär medicinische Briefe, Abhandlungen und Rathschläge für Kranke und Solche, die es nicht werden wollen. 2. wohlf. (Titel-)Ausg. gr. 8. (IV, 476 S. mit 1 Portr. in Lichtdr.) [Zürich 882, Schmidt.] Köthen, Schettler's Verlag. *

— volksthümliche Heil- und Gesundheitspflege. Das beste Brod, die beste Diät und die beste Heilweise. Ein Flugblatt. 1.–20. Aufl. gr. 8. (16 S.) Köthen 875,76, Schettler's Verlag. * — 20

—— volksthümliche Heil- und Gesundheitspflege. Das beste Brot, die beste Diät und die beste Heilweise. Ein Flugblatt. 21.—26. Aufl. gr. 8. (16 S.) Köthen 876, Schettler's Verlag. *

— die Hypochondrie, Ursachen, Wesen und Heilung. gr. 8. (IV, 95 S.) Ebendas. 875. * 1 20

— die Hypochondri, Ursachen, Wesen u. Heilg. gr. 8. (IV, 95 S.) Ebend. 876. n. 1. 20

— medizinische Inquisition d. 19. Jahrh. in Deutschland u. der Schweiz. gr. 8. (IV, 31 S.) Ebend. 876. — 60

— kleines Kochbuch f. Freunde der naturgemäßen Diät (Vegetarianer.) gr. 8. (IV, 75 S.) Ebend. 876. n. 1. —

Hahn, Thdr., kleines Kochbuch f. Freunde der naturgemäßen Diät [Vegetarier]. 2. Aufl. gr. 8. (IV, 69 S.) Köthen 883. Schettler's Verl. n. 1. —

— makrobiotisches Kochbuch od.: Die Kunst, recht zu kochen, gut zu essen, u. fröhlich, gesund u. lange zu genießen. Ein prakt. Handbuch f. die Küche d. deutschen Volkes. 2 Thle. in 1 Bd. gr. 8. (VIII, 130 u. XXIV, 318 S.) Ebend. 876. n. 4. —; geb. n. 5. —

— makrobiotisches Kochbuch od. die Kunst, recht zu kochen, gut zu essen, u. fröhlich, gesund u. lange zu genießen. Ein prakt. Handbuch f. die Küche d. deutschen Volkes. 2 Thle. in 1 Bd. 2. Aufl. gr. 8. (VII, 112 u. XVII, 328 S.) Ebend. 883 n. 4. —; geb. n. 5. —

— diätetisches Laienbrevier. Eine populäre Physiologie u. Philosophie der gesunden u. kranken Ernährung in Sinn-, Denk- u. Aussprüchen der berühmtesten Aerzte u. Forscher, Denker, Dichter u. Weisen alter u. neuer Zeit. gr. 8. (IV, 119 S.) Köthen 880. Schettler's Verl. n. 1. 60

Hahn, Thdr. (I.), deutsche Lieder für Gymnasien, Seminarien und höhere Bürgerschulen, theils für Männerstimmen, theils für gemischten Chor bearb. und hrsg. 1. Heft. 16. (56 S.) Berlin 851, Bote und Bock. *

Hahn, Theod., 16 zweistimmige Lieder für Schulen. 2s Heft. qu. Lex.-8. Berlin 838. Trautwein. n. 1/12 ₰

— zweistimmige Lieder f. Schulen. 1. Hft. qu. gr. 8. (15 S.) Berlin 845. (G. Bethge.) 3 ngr

— üb. die Menschenpocken [Blattern], üb. die Impfung u. den Impfzwang. Physiatrische Antworten auf Herrn Prof. Dr. Kußmaul's 20 Pocken- u. Impf-Briefe. Ebend. 870. 8. (87 S.) n. 6 ngr.

— die Naturheillehre des Hippokrates [Physiatrik u. Physiautokratie] volksthümlich dargestellt nach dem Standpunkte heutiger Wissenschaft. Ebend. 870. gr. 8. (IV, 113 S.) n. 12 ngr.

Hahn, Theodorus [liber baro] de: De ea numeratione qua dominium nummorum ad accipientem non transfertur. Halae (1870): Hendel. IV, 55. S. 8°
Halle-Wittenberg, Jur. Diss. v. 10. [Diplom: 11.] Febr. 1870
Geb. [Lübb-Essern (Kur- bzw. Russland) ...]

— ein Opfer d. Impf- u. Arzneiaberglaubens der heutigen Medizinärzte. [Meine Krankheitsgeschichte.] [Aus: „Naturarzt".] gr. 8. (14 S.) Ebend. 882. n. — 20

— das Paradies der Gesundheit, das verlorene u. das wiedergewonnene. gr. 8. (VIII, 432 S. m. photogr. Portr. u. Fcsm. des Verf.) Ebend. 879. n. 5. —

—— die Ritter vom Fleische. Offene Briefe über die Ernährungsfrage an Prof. Dr. Virchow, Voit, Liebig, Bock, Moleschott, Richter, Steinbacher, Ule ꝛc. Zugleich ein Beitrag zur Lösung der sozialen Frage. gr. 8. (VIII, 88 S.) Berlin 869, Grieben. *

– Dass., s.a. Hahn, H.

—— 41 zweistimmige Singe-Uebungen für Sopran- und Alt- oder Tenor- und Bass-Stimmen. Zum Gebrauch in Schulen hrsg. qu. gr. 8. (16 S.) Berlin 845, (G. Bethge.)

— 336 vegetarianische Speise- od. Küchenzettel, f. 3, 4 u. 5 Gerichte f. je 4 Frühlings-, Sommer-, Herbst- u. Winterwochen, nebst 4 vegetarian. Festessen. Zusammengestellt u. befürwortet, m. Bezugnahme auf sein „Makrobiotisches Kochbuch". 2. Aufl. gr. 8. (32 S.) Ebend. 882. n. — 40

—— der Vegetarianismus, seine wissenschaftl. Begründung und seine Bedeutung für das leibl., geist. und sittl. Wohl des Einzelnen, wie der gesammten Menschheit. Ein Beitrag zur Lösung der socialen Frage. Nach Erfahrung und Wissenschaft zusammengestellt. gr. 8. (IV, 44 S.) Berlin 869, Grieben.

— der Vegetarianismus als neues Heilprincip zur Lösung der socialen Frage. Seine wissenschaftl. Begründg. u. seine Bedeutg. f das leibl., geist. u. sittl. Wohl d. Einzelnen, wie der gesammten Menschheit. 2. Aufl. 8. (XII, 43 S.) Berlin 874. Grieben. — 60

— die Wasserheilkunde im Gegensatze zur Medicinheilkunde im Geiste J. H. Rausse's. gr. 8. (20 S.) Leipzig 848, G. Senf in Comm. (Schwerin, Hildebrand.) — 2. Ausg. gr. 8. (20 S.) St. Gallen 850, Scheitlin & Zollikofer. n. 4 ngr

—— die Wasserheilkunde im Gegensatze zur Medizinheilkunde im Geiste J. H. Rausse's. 1. Ausg. Schwerin 1848, und 2. Ausg. gr. 8. (20 S.) St. Gallen 850, Scheitlin und Zollikofer. *

— praktischer Wegweiser in die naturgemäße Heil- u. Lebensweise. 3. Aufl. gr. 8. (VIII, 185 S.) Leipzig 882. Grieben. n. 2. —

Hahn, Theophilus: Beiträge zur Kunde der Hottentotten. (Dresden 1870.) 73 S. an: Jahresbericht des Vereins für Erdkunde zu Dresden. 6 u. 7. 8°.

Hahn, Theophilus: Die Sprache der Nama. Nebst einem Anhange, enthaltend Sprachproben aus dem Munde des Volkes. Leipzig 1870. 76 S. 8°.

Hahn, Theophil., die Sprache der Nama. Nebst e. Anh., enth. Sprachproben aus dem Munde d. Volkes gr. 8. (75 S.) Leipzig 871. Barth. n. 3. —

Hahn, Traugott: Die Anträge der Ehstländischen Provinzialsynode vom 13. Juni 1905 in Sachen der Glaubens- und Gewissensfreiheit. — Reval: Kluge & Ströhm; Lpg: Hartmann 1905. 43 S.

Hahn, Traug., die Bibelkritik im Religionsunterricht, s. a. Zeit- und Streitfragen, biblische.

Die Bibelkritik im Religionsunterricht. Von Mag. theol. Traugott Hahn, Prof., Dorpat. Gr.Lichterfelde: Runge 1910. 20 S. 8°
(Biblische Zeit- u. Streitfragen z. Aufklärung d. Gebildeten. Ser. 6, H. 2.) [10. 14413

— Blicke in Jesu Seelenleben. Vortrag, geh. in Riga den 11. XI. 1905. (24 S.) 8. Riga 905. Jonck & Poliewsky. — 60

Hahn, T., Bußtags-Predigt üb. Offenbarung Johannis 3, 1—6, am 26. Febr. 1892 geh. gr. 8. (11 S.) Reval 892. (F. Kluge's Verl.) n. — 25

Hahn, Traug., der hl. Ehestand, die Ehescheidung u. die Wiederverheirathung Geschiedener. 3 Bibelstunden. gr. 8. (40 S.) Reval 901. (Kluge & Ströhm.) n. — 50

Der heilige Ehestand, die Ehescheidung und die Wiederverheirathung Geschiedener. 3 Bibelstunden von Traugott Hahn, Pastor in Reval. *g. Revel 1901: A. Mikvic.* (40 S.) 8° [F.] [03. 8916 10

— Evangelisation u. Gemeinschaftspflege. Mit bes. Berücksicht. der luther. Kirche Rußlands. I. Tl.: Die Evangelisation. (VIII, 229 S.) gr. 8. Reval 909. F. Kluge. 3. 50

Glaubens- oder Gewissens-Freiheit. Von Pastor T[raugott] Hahn. Revel': Revalsche Zeitung 1905. (47 S.) 8° [F.]
Aus: Revalsche Zeitung. [05. 9050 10

— „ich glaube an Jesum Christum, Gottes eingeborenen Sohn, unsern HErrn" u. das Nahen der antichristlichen Zeit. Confirmationsrede u. Predigt üb. 1. Joh. 2, 15 – 29. gr. 8. (15 S.) Reval 892. (F. Kluge's Verl.) n. — 25

Hahn, Traug., ist die Forderung e. modernen Christentums u. e. modernen Theologie berechtigt? Vortrag. (39 S.) 8. Riga 903. Jonck & Poliewsky. n. — 80

— dasselbe. 2. unveränd. Aufl. (39 S.) 12. Ebd. 903. n. — 60

Hahn, T., zur Schriftfrage. Vortrag gehalten auf der Werroschen Sprengelssynode den 29. Mai und auf der Werroschen Sprengelsconferenz den 7. Aug. 1885. 8. (151 S.) Reval 885, (Wassermann.) * 2 50

Hahn, T., Traurigkeit u. Trost i. Lichte d. Christenhoffng. E. Bibelstunde u. 2 Predigten. gr. 8. (52 S.) Reval 895. (F. Kluge.) n. — 75

— „Tröstet, tröstet Mein Volk!" Predigt üb. Matthäus 3, 1—6 am Sonntag, den 18./31. XII. 1905 (IV. Advent) nach der Schreckenswoche üb. Ehstland vom 12.—17. VII. 1905, geh. in der St. Olai-Kirche zu Reval. (16 S.) 8. Ebd. 905. n. — 30

— Tyconius-Studien. s.a. Studien zur Geschichte der Theologie u. der Kirche. VI. 2.

Tyconius-Studien. Ein Beitrag z. Kirchen- u. Dogmengesch. d. 4. Jhs. Von Traugott Hahn, Reval. *Leipzig: Dieterich 1900.* (VII, 116 S.) 8° — Studien z. Geschichte d. Theologie u. d. Kirche. Bd 6, H. 2. [illegible]

Was bedarf Rußland zu seiner Rettung u. Heilung? Predigt am Sonntage nach d. Seeschlacht von Tsuschima d. 22. Mai (4. Juni) 1905 geh. zu Reval von Pastor T[raugott] Hahn über Ezechiel 36, 22–27. Reval: Kluge & Ströhm in Komm. 1905. (10 S.) 8° [F.] [illegible] 10

— was bedarf Rußland zu seiner Rettung u. Heilung? Predigt am Sonntage nach der Seeschlacht v. Tsuschima den 22. V. (4. VI.) 1905, geh. in der St. Olai-Kirche zu Reval üb. Ezechiel 36, 22—27. 2. Aufl. (16 S.) 8. Ebd. 905 n. — 25

Hahn, Viktor

Hahn, Vict., Felix Austria. Ein Festspiel zu Kaiser Franz Josephs 60jähr. Regierungs-Jubiläum. (87 S.) 8. Berlin 908. H. Paetel. 1. 50

Hahn, Vict., ein Kaisertag zu Nürnberg. Schauspiel in 1 Aufzug. (40 S.) 8. Berlin 906. H. Paetel. n. 1. —

— Moses. Eine Tragödie in 5 Akten u. e. Vorspiel. (152 S.) 8. Stuttgart 907. J. G. Cotta Nachf. 2.50; geb. in Leinw. 3. 50

Hahn, W.: Zur Entstehungsgeschichte der Scholien des Donat zum Terenz. (II) 14 S.– Stralsund, Progr. 1872.

Hahn, W. (Hrsg.), s. Zeitschrift für den Preußischen Gerichtsvollzieher-Verband.

Hahn, Werner

Hahn, W., Abriß der deutschen Litteraturgeschichte f. den Schulgebrauch. gr. 8. (IV, 71 S.) Berlin 890. Hertz. cart. n. — 80

Hahn, Werner, Abriß d. deutschen Litteraturgeschichte. F. d. Schulgebr. 2. Aufl. gr. 8. (IV, 71 S.) Berlin 898. Besser. Kart. n. — 80

— 1870 und 1871. Der Krieg Deutschlands gegen Frankreich. Illustrirt mit zahlreichen Abbild. (in 8 Holzschn.). 12 Lfgn. 4. (X, 590 S. mit 1 chromolithogr. Karte in qu. 4.) Bielefeld 871, Velhagen und Klasing. à Lfg. * 50 Pf. * geb. *

Hahn, Wern., Ernst Moritz Arndt, s.: Lohmeyer's, Jul., vaterländische Jugendbücherei.

Hahn, Werner, geschichtl. Begründung u. Ankündigung d. wahren Gotteswissenschaft. Nebst e. Sendschreiben an Karl Hase u. an David Strauß. gr. 8. (10½ B.) Leipzig 839, Otto Wigand.

— deutsche Charakterköpfe E. M. Arndt, J. G. Fichte, Hans Joachim v. Zieten, Friedrich Wilhelm als Kronprinz, Königin Luise, s.: Lohmeyer's, Jul., vaterländ. Jugendbücherei. 5. Bd.

— Edda. Lieder german. Göttersage 8. VIII, 329 S.) Berlin 872. Haude & Spener. n. 4. —; geb. n. 5. —

Hahn, Werner, Friedrich, der Erste König in Preußen. Im J. 1851 dem Einhundert und Funfzigjähr. Königreich. gr. 8. (XII und 259 S. mit Ttlbld. in Holzschn.) Berlin 851, Deckersche geheime Ober-Hofbuchdr. Thlr. Vlnp.

Hahn, Werner, Friedrich der erste König in Preußen. 2. vielfach verb. Aufl. Mit 1 Titelbilde (in Holzschn.). Berlin 861. v. Decker. 8. (XVI, 256 S.) 20 ngr.

— Friedrich der Erste, König in Preußen. 3. Aufl. Mit e. Titelbilde (Holzschn.-Taf.) 8. (XII, 270 S.) Berlin 876. v. Decker. 2. 25

— Kurprinz Friedrich Wilhelm. Geschichte der Kindheit des nachmal. Königs Friedrich Wilhelm I. gr. 16. (VI und 120 S. mit dem Portr. des Kurprinzen in Holzschn.) Berlin 867, A. Duncker. 27 Ngr.; geb. mit Goldschn.

— Kurprinz Friedrich Wilhelm. Geschichte der Kindheit des nachmal. Königs Friedrich Wilhelm I. Berlin 867. Gebr. Paetel. gr. 16. (VI, 120 S. mit dem Portr. des Kurprinzen in Holzschn.) 27 ngr.; geb. mit Goldschn. 1 ₰ 6 ngr.

— Friedrich Wilhelm III. und Luise König und Königin von Preußen. 217 Erzählungen aus ihrer Zeit und ihrem Leben. gr. 8. (VIII und 389 S.) Berlin 850, Deckersche geheime Ober-Hofbuchdr. Vlnp.

Hahn, Werner, Friedrich Wilhelm III. und Luise, König und Königin von Preußen. 217 Erzählungen aus ihrer Zeit und ihrem Leben. 2. Aufl. Mit 17 Abbildgn. (Holzschn.) Ebend. 860. gr. 8. (XII, 326 S.) 18 ngr.

Hahn, Werner, Friedrich Wilhelm III. u. Luise, König u. Königin v. Preußen. 222 Erzählungen aus ihrer Zeit u. ihrem Leben. 3. Aufl. gr. 8. (XII, 326 S.) Berlin 877. v. Decker. 1. 80; geb. n.n. 2. 60

Hahn, W., Geschichte der poet. Literatur d. Deutschen. 2. Aufl. Berlin 1853. br. 8. (6 Fr.) 3. —

— Geschichte der poetischen Literatur der Deutschen. Ein Buch für Schule und Haus. gr. 8. (VIII und 355 S.) Berlin 860, Hertz.

Hahn, Werner, Geschichte der poetischen Literatur der Deutschen. 2.—4., verm. und verb. Aufl. gr. 8. (VIII und 333 S.) Berlin 863—68, Hertz.

— Geschichte der poetischen Literatur der Deutschen. 5.—7. verb. Aufl. gr. 8. (VIII, 333 S.) Berlin 870,73,75, Hertz.

— Geschichte der poetischen Literatur der Deutschen. 8. und 9. verb. Aufl. gr. 8. (VIII, 334 S.) Berlin 877,79, Hertz. 4 50
geb. 5 50

Hahn, Werner, Geschichte der poetischen Litteratur der Deutschen. 10., verb. Aufl. gr. 8. (VIII, 338 S.) Berlin 883. Hertz. n. 3. 60

Hahn, Werner, Geschichte der poetischen Litteratur der Deutschen. 11. verb. Aufl. gr. 8. (VIII, 346 S.) Berlin 888, Besser'sche Buchh. (W. Hertz.) *ℳ 3.60.; geb. * 4 60

[F.] Geschichte der poetischen Litteratur der Deutschen. Von Werner Hahn. 12. Aufl. *Berlin: W. Hertz 1893.* (VIII, 352 S.) 1 Bd 8.

— Geschichte d. poetischen Litteratur d. Deutschen. 13. Aufl., hrsg. v. Gthold. Kreyenberg. gr. 8. (X, 358 S.) Berlin 897. Besser. n. 3. 60;
geb. in Leinw. n.n. 4 60

[F.] Geschichte der poetischen Litteratur der Deutschen. Von Werner Hahn. 13. Aufl. hrsg. v. Gotthold Kreyenberg. *Berlin: W. Hertz 1897.* (X, 358 S.) 1 Bd 8.

— Geschichte der poetischen Literatur der Deutschen. Bearb. v. Gthold. Kreyenberg. 15. Aufl. Ergänzt bis auf die neueste Zeit. (X, 363 S.) gr. 8. Stuttgart 906. J. G. Cotta Nachf. n. 3. 60; geb. n. 4. 60

— Geschichte der poetischen Literatur der Deutschen. Bearb. v. Gthold. Kreyenberg. 16. Aufl. Ergänzt bis auf die neueste Zeit. (X, 363 S.) gr. 8. Stuttgart 910. J. G. Cotta Nachf. 3.60; geb. 4. 60

— vom lieben Gott. Erzählungen für Kinder. 4. (III und 235 S. mit 7 Illustrationen in Holzschn. und Tondr.) Berlin 854, Deckersche geheime Ober-Hofbuchdr.
Blnp.

— Helgi u. Sigrun. 12 Lieder german. Heldensage. Nebst einer Abhandlung über die Helgilieder der Edda. Berlin 867. Schroeder's Verlag. gr. 8. (XVI, 116 S.) n. 20 ngr.

Hahn, Werner. Kriemhildlied. Älteste Gestalt d. Nibelungenliedes. Ausgabe f. Schulen, nebst drei litterarhistor. Abhandlgn. 8. (106 S.) [Eisenach 890, Bacmeister.] Wolfenb., Zwißler. * 1 —
— dass. — s.a. Bücherschatz, deutscher.

Hahn, Werner, Kunersdorf am 12. Aug. 1759. gr. 8. (VI und 195 S. mit 1 Titelbilde und 4 Plänen in Holzschn.) Berlin 852, Deckersche geheime Ober-Hofbuchdr. *
Blnp. *

Hahn, Werner, das Leben Jesu. Eine pragmat. Geschichts-Darstellung. gr. 8. Berlin 844, A. Duncker. 1⅓ ℛ

— deutsche Literaturgeschichte in Tabellen. Handbuch für den Schulgebrauch. Berlin 869. Hertz. gr. 8. (56 S.)
n. 8 ngr

— deutsche Literaturgeschichte in Tabellen. Handbuch f. den Schulgebrauch. 2., verb. Aufl. gr. 8. (57 S.) Ebend. 874. n. 1. —

— deutsche Litteraturgeschichte in Tabellen. Handbuch f. den Schulgebrauch. 3., verb. Aufl. gr. 8. (57 S.) Ebend. 881. n. 1. —

— deutsche Litteraturgeschichte in Tabellen. Handbuch f. d. Schulgebr. 4. Aufl. gr. 8. (57 S.) Ebd. 896. n. 1. —

— Metrik der deutschen Sprache. Lehrbuch f. die mittleren Klassen höherer Schulen. 8. (IV, 60 S.) Ebend. 882. cart. n. — 80

— poetische Mustersammlung. Erklärungen u. Beispiele zu den Gattungen der Poesie. Für Schule u. Haus. gr. 8. (VIII, 304 S.) Ebend. 882. n. 3. —; geb. n. 4. —

— Odin u. sein Reich. Die Götterwelt der Germanen. gr. 8. (XVI, 347 S.) Berlin 887. Simion. n. 4. —;
geb. n. 5. —

Werner Hahn: Odin und sein Reich. Die Götterwelt d. Germanen. 6. Taus. Berlin: J. M. Spaeth [übergekl.: Patria] [1906]. (XII, 272 S.) 8° [F.]

— Odin u. sein Reich. Die Götterwelt der Germanen. 7. Taus. (XII, 272 S. m. 4 farb. Taf.) gr. 8. Berlin (906). Patria-Verlag. Geb. in Leinw. n. 4. —
6. Taus. (XII, 272 S.) Geb. n. 3.50.

— deutsche Poetik. gr. 8. (VIII, 319 S.) Ebendas. 879. 4 50

— die Verirrung u. das wahre Ziel der religiös-kirchlichen Bewegung unserer Zeit. Ein offnes Schreiben an Czerski, Ronge u. an sämmtl. christkathol. Gemeinen. gr. 8. Berlin 845, Vossische Buchh. n. ⅙ ℛ

— Hans Joachim von Zieten königl. preuß. General der Kavallerie, Ritter des schwarzen Adlerordens, Chef des Regiments der königl. Leib-Husaren, Erbherr auf Wustrau. gr. 8. (V und 123 S. mit Titkpfr.) Berlin 850, Deckersche geheime Ober-Hofbuchdr.
Blnp.

— Hans Joachim v. Zieten, königl. preuß. General der Kavallerie. 2. Aufl. gr. 8. (VII und 115 S. mit 5 Illustr. in Holzschn.) Berlin 853, Deckersche geheime Ober-Hofbuchdr.
Blnp. (3. Aufl.)

— Hans Joachim v. Zieten königl. preuß. General der Kavallerie. 3. Aufl. gr. 8 (VII und 115 S. mit 5 Illustr. in Holzschn.) Berlin 858, Decker'sche geheime Ober-Hofbuchdruckerei.
Blnp.

— Hans Joachim v. Zieten, Königl. Preuß. General der Kavallerie. 4. Aufl. 8. (VIII und 147 S. mit 5 Illustr. in Holzschn.) Berlin 867, v. Decker'sche geheime Ober-Hofbuchdruckerei. 9 Ngr.; geb.

— Hans Joachim v. Zieten, königl. preuß. General der Kavallerie. 5. Aufl. Mit 5 (Holzschn.-)Illustr. 8. (VIII, 147 S.) Berlin 878. v. Decker. cart. 1. 20

Hahn, Werner, Hans Joachim v. Zieten, königl. preußischer General der Kavallerie. 7. Aufl. 12. (VIII, 147 S. m. 5 Illustr.) Berlin 893. R. v. Decker. Kart. 1. 20

Hahn, Wilhelm

—: [Abschiedsworte an den scheidenden Direktor Dr. Rudolf Peppmüller.] S. 13—14. 4. Progr. Gymn. *Stralsund* 1905 (177).

Hahn, [Wilhelm], Direktor Dr.: Antrittsrede. Stralsund 1905: Regierungs-Buchdr. (S. 3—8.) 4°
Stralsund, G OP 1905 (177)

Hahn, Wilh., die Benutzung der menschlichen Ausscheidungen etc. s. Duncker's landwirthschaftliche Bibliothek.

Hahn, Wilhelm, a. Prausnitz i./Schlesien: Über das 3-Thiopyrin und das 3-Selenopyrin. Rostock 1905: C. Hinstorff. (69 S.) 8°
Rostock, Phil. Fak., Ref. Michaelis, Diss. v. 7. März 1905
[Geb. 27. März 71 Prausnitz; Wohnort: Schönau; Staatsangeh.: Preußen; Vorbildung: Gymn. Oels Prima-Reife O. 89; Studium: Breslau 2, Rostock 4 S.; Rig. 2. März 05.]

Hahn, Wilh., d. Entstehg. d. Weltkörper, i. Sinne d. bezügl. Rundschreiben Leos XIII. unters. u. f. Gebildete aller Stände beleuchtet. gr. 8. (XII, 228 S.) Regensburg 895. Nationale Verlagsanstalt. n. 4. —

Hahn, Wilhelm [aus Breslau]: Die syphilitische Erkrankung der Hirnarterien im Anschl. an e. Fall v. Thrombose d. Art. fossae Sylvii auf luet. Basis ... München, kgl. Hof-Buchdr. Kastner & Lossen, 1897; 29 S. 8.
München, Med. Fak., Inaug.-Diss. v. 1897

Hahn, Guilemus [!] ⟨geb. 1824 in Burtscheid bei Aachen⟩: De gastritide mucosa ... Bonnae, form. F. P. Lechneri 1848. 34 S., 1 Bl. 8.
Bonn, Med. Fak., Diss. v. 7 Aug. 1848

Kommt zu Jesu! Evangelisationsvorträge von Wilhelm Hahn †, weil. Pfarrer in Cranz. Aus s. Nachlaß hrsg. (von [Paul] Brügmann). Königsberg i. Pr.: Ostpr. Dr. & Verlagsanst. 1909. 32 S. 8° [10. ...] 10

Hahn, Wilh., kommt zu Jesu! Evangelisationsvorträge. Aus seinem Nachlaß hrsg. (32 S.) gr. 8. Königsberg 909. (Evangel. Buchh. des ostpreuß. Prov.-Vereins für innere Mission.) — 30

— Merk- u. Wiederholungsheft f. Volksschüler. Ergebnisse d. geograph., geschichtl. u. naturkundl. Unterrichtes. Zum Zwecke d. Einprägg. u. Wiederholg. zusammengest. gr. 8. (55 S.) Ludwigshafen 898. F. Baumgartner. n. — 30

Hahn, (Wilhelm): Mitteilungen aus dem älteren Bestande des Archivs ⟨1015–1815⟩. Stralsund 1910: Kgl. Regierungs-Buchdr. S. 101–140. 8°
Stralsund, G. in Festschr. z. Feier d. 350j. Bestehens, OP 1910 (214) [S 10. 158

Hahn, Guil., scaenicae quaestiones Plautinae. Dissertatio philologica. Greifswald 867. (Berlin, Calvary & Co.) 8. (50 S.) n. 10 ngr.

Hahn, Wilh., Register, s.: Bergk, Th., griechische Literaturgeschichte.

Hahn, Wilh., der schmerzhafte Rosenkranz, gebetet für uns selbst und für die armen Seelen; in einer Doppelreihe von Fastenpredigten, gehalten zu Neiße 1846 u. 1847. gr. 8. (VIII u. 107 S.) Breslau 848, Leuckart. ½ ℛ — 2. Aufl. gr. 8. (VI u. 107 S.) Ebd. 851. n. ⅓ ℛ

Hahn, Wilh[elm], Direktor Dr.: Stimmungen und Stimmungsbilder bei Homer, namentlich in der Odyssee. Stralsund 1906: k. Regierungs-Buchdruckerei. (15 S.) 4°
Stralsund, G OP 1906 (187)

— s.: Übungsaufgaben z. mündl. u. schriftl. Rechnen.

Hahn, [Wilhelm], Prof. Dr., Konrektor: [Worte beim Abschied des Konrektors Prof. Dr. Theodor Reishaus und des Oberlehrers Wilhelm Panck.] *Stralsund 1902: k. Regierungs-Buchdr.* (S. 15.) 4°
Stralsund, G, OP 1902 (165)

Hahn, Wilh., Zeus in der Ilias. I. gr. 4. (26 S.) Stralsund 888. (Leipzig, Fock.) * 1 —

Hahn, Wilhelm [Oberl. Dr.]: Zeus in der Ilias. II. Stralsund, Druck d. k. Regierungs-Buchdr., 1889; S. 1–28; 4°
Stralsund, G, OP 1889 (137)

Hahn, Wilh. Friedr., Anleitung zu Abfassung d. Arzneiformeln f. d. äußerl. Gebrauch. 8. (3¼ B.) Stuttgart 842, [Stoppani.]
Bildet auch den Anhang des nachstehenden Werkes.

Hahn, Wilhelm Friedrich: Die äußerlichen Heilmittel, ihre Eigenschaften, Wirkungen auf den Organismus und Anwendung für praktische Aerzte und Wundärzte. 560 S., gbd.

Stuttgart: Weise & Stoppani 1839

JB 1.383

Hahn, Wilh. Fr., die äußerlichen Heilmittel, ihre Eigenschaften, Wirkungen auf d. menschl. Organismus u. Anwendung f. prakt. Aerzte u. Wundärzte. 2., unveränd., mit e. Anh. verm. Aufl. 8. (39¾ B.) Stuttgart 842. [Stoppani.] 1
Der Anhang unt. folg. Titel einzeln:

Hahn, Wlh. Fr., über die Sacrocoxalgie. Eine Monographie. Mit e. Vorworte von Prof Dr. Riecke. Mit 1 Steindr. gr. 8. Stuttgart 833. Hoffmann. ½ ℛ

Hahn, Wilh. Friedr., über d. Sacrocoxalgie. Eine Monographie. Mit e. Vorw. v. Riecke. M. 1 lith. Taf. (gr. 4.) gr. 8. (3½ B.) Stuttgart 833, [Weise.]

Hahn, Willi, approb. Arzt aus Altfelde: Ueber einen Fall von Vagina duplex. *Berlin (1899): E. Ebering.* (27 S.) 8°
Leipzig, Med. Diss. v. 14. Juli 1899
(Nur in beschränkter Zahl für den Austausch)

Das Deutsche Handelsrecht. Eine Darstellung nach dem H. G. B. vom 10. Mai 1897 nach Genossenschaftsgesetz, Ges. betr. d. Gesellschaften mit beschr. Haftung, Börsenges., Bankdepotges. u. s. w. ⟨unter Ausschluss d. Seerechts⟩ mit bes. Berücks. d. BGB. z. Vorbereitung f. d. erste jur. Prüfung von Dr. jur. W[illy] Hahn. *Berlin: P. Nitschmann 1901.* (VIII, 367 S.) 8° [F.]
— Reichsrecht in Einzeldarstellungen. 2. [01. ...]

Hahn, W., das deutsche Handels- u. Seerecht, s. a. Reichsrecht, das, in Einzeldarstellungen. II.

Das deutsche Handels- und Seerecht mit Einschluß d. Gesetze z. Schutze d. gewerbl. Eigentums u. d. Versicherungsrechts. Eine Darstellung nach d. HGB. ... u. a., mit besond. Berücks. d. BGB. von Dr. jur. W[illy] Hahn. 2. verm. Aufl. Berlin: P. Nitschmann 1905. (VIII, 476 S.) 8° [F.]
— Reichsrecht, Das, in Einzeldarstellungen. 2. [... ...]

Hahn, W., das deutsche Handels- u. Seerecht m. Einschluß der Gesetze zum Schutze des gewerbl. Eigentums u. des Versicherungsrechts. Eine Darstellg. nach dem H. G. B., Genossenschaftsgesetz, Ges. betr. die Gesellsch. m. beschr. Haftg., Börsengesetz, Bankdepotgesetz, Scheckgesetz, Verlagsgesetz, Binnenschiffahrtsgesetz, Postgesetz, Telegraphengesetz, Ges. zur Bekämpfg. des unlauteren Wettbewerbs, Patent-, Marken-, Muster- u. Warenzeichengesetz, Privatversicherungsgesetz u. a. m. besond. Berücksicht. des bürgerl. Gesetzbuchs. 3. u. 4. verm. Aufl. (VIII, 517 S.) 8. Berlin (909). P. Nitschmann. Geb. in Leinw. 7. —

— die Unfallversicherungsgesetze d. Deutschen Reiches, nebst den Verordnungen, Ausführungsbestimmungen u. Materialien. 1. Bd. Das Gesetz, betr. die Abänderg. der Unfallversicherungsgesetze u. das Gewerbe-Unfallversicherungsgesetz vom 30. VI. 1900. gr. 8. (XVI, 304 S.) Leipzig 901. C. L. Hirschfeld. n. 5. 60; geb. n. 6. 60

Ⓑ — Die Unfallversicherungsgesetze. 901. (ABL 31.) Jetzt: Tübingen, J. C. B. Mohr.

— das deutsche Wechselrecht, s. a. Reichsrecht, das, in Einzeldarstellungen. IV.

Das Deutsche Wechselrecht. Die Allgem. Deutsche Wechselordnung, nebst d. Wechselprozeß nach d. Reichs-Justizgesetzen u. d. Wechselstempelsteuerges., dargest. z. Vorbereitung f. d. erste jurist. Prüfung von Dr. jur. W[illy] Hahn. *Berlin: P. Nitschmann 1903.* (VIII, 193 S.) 8° [F.]
— Reichsrecht, Das, in Einzeldarstellungen. 4. [... ...]

Hahn, Willy. Wie schützt Ihr Euch vor der Syphilis? Ein ernstes Wort an Männer u. Jünglinge üb. die Bedeutg. u. Verhütg. dieser Krankheit. 8. (77 S.) Münch. 890, Münchener Handelsdruckerei u. Verlagsanstalt M. Poessl. * 1 50

Hahn, Woldemar [aus Fraustadt i. S.]: Beitrag zur Lehre vom hohen Steinschnitt beim Manne mit besonderer Berücksichtigung etwaiger Unregelmässigkeiten im Verlaufe des Peritoneum sowie der Gefahren der Harninfiltration .... Berlin, Buchdr. v. M. Niethe (1886); 31 S. 8°.

Berlin, Med. Fak., Inaug.-Diss. v. 6. Aug. 1886.

Hahn, Woldemar, Beitrag zur Lehre vom hohen Steinschnitt beim Manne mit besonderer Berücksichtigung etwaiger Unregelmässigkeiten im Verlaufe des Peritoneum sowie der Gefahren der Harninfiltration. Diss. Berlin 1886, Mayer & Müller. 8°. 31 S.

Hahn-Basedow, Graf Frdr. Frz., illustr. Patience-Buch m. erläut. Text u. Tableaux. (48 S. m. farb. Abbildgn.) 8. Berlin (N., Oranienburgerstr. 50) (907). Berliner Spielkarten-Fabrik Eduard Büttner & Co. — 50

Hahn von Dorsche, Bernhard (geb. Bartenstein in Ostpr. 14. 8. 1857) Ueber Psoriasis. Berlin (1881). (30) (vielmehr 28) S.) 8°

Berlin, Med. Diss. v. 16. März 1881.

Hahn-Hahn, Ida Gräfin, Astralion. Eine Arabeske. 16. (3½ B.) Berlin 839, Alex. Duncker.

Hahn-Hahn, Ida Gräfin, Ben-David, ein Phantasiegemälde von Ernest Renan. Mainz 864. Kirchheim. 16. (60 S.) n. 5 ngr.

Hahn-Hahn, Ida Gräfin, jenseits der Berge. 2 Thle. 8. (50 B.) Leipzig 840, Brockhaus. Thlr.

Hahn-Hahn, Ida Gräfin
Jenseits der Berge. 2.verm.Aufl. Th.2.
Leipzig: Brockhaus 1845. 500 S. 8°

Hahn-Hahn, Ida Gräfin, Bilder aus der Geschichte der Kirche. 1. u. 2. Bd. Mainz 856, 57. Kirchheim. gr. 12. 2 ℛ 17½ ngr
1. Bd.: Die Martyrer. Bilder aus den drei ersten Jahrhunderten der christl. Kirche. (XVI, 472 S.) 1 ℛ 7½ ngr
2. Bd.: Die Väter der Wüste. (XVI, 512 S.) 1 ℛ 10 ngr

Hahn-Hahn, Ida Gräfin, Bilder aus der Geschichte der Kirche. 2. und 3. Bd. gr. 12. Mainz, Kirchheim. à Bd. 1 Thlr. 10 Ngr.
Inhalt:
Bd. 2. Die Väter der Wüste. (XVI und 512 S.) 858.
„ 3. Die Kirchenväter. 1. Abthl.: Väter der orientalischen Kirche. (XIV und 516 S.) 859.
1. Bd. Ebendas. 1856. 1 Thlr. 7½ Ngr.

— Bilder aus der Geschichte der Kirche. 1—3. Bd. Mainz, Kirchheim. gr. 8. 3 ℛ 27½ ngr
1. Bd.: Die Martyrer. Bilder aus den drei ersten Jahrhunderten der christlichen Kirche. 2. Aufl. 862. (XVI, 472 S.) 1 ℛ 7½ ngr
2. Bd.: Die Väter der Wüste. 2. Aufl. 864. (XVI, 512 S.) 1 ℛ 10 ngr
3. Bd.: Die Kirchenväter. 1. Abth.: Väter der orientalischen Kirche. 859. (XIV, 516 S.) 1 ℛ 10 ngr

— Bilder aus der Geschichte der Kirche. 4. Bd. Die Kirchenväter. 2. Abthl.: St. Augustinus. Ebend. 866. (VIII, 341 S.) 1 ℛ

Hahn-Hahn, Ida Gräfin, Bilder aus der Geschichte der Kirche. 1. Bd. Die drei ersten Jahrhunderte. Die Martyrer. 3. Aufl. gr. 8. (XVI, 471 S.) Mainz 874. Kirchheim. 4. —

— orientalische Briefe. 3 Bde. 8. (72 B.) Berlin 844, A. Duncker.

— ein Büchlein vom Guten Hirten. Eine Weihnachtsgabe. 8. (VIII und 150 S.) Mainz 853, Kirchheim.

Hahn-Hahn, Ida Gräfin. Cecil. 2 Bde. 8. Berlin 844, A. Duncker. 4 ℛ — 2. Aufl. 845. 4 ℛ

— Clelia Conti. 8. (22 B.) Berlin 846. A. Duncker.

— Doralice. Ein Familiengemälde aus der Gegenwart. 2 Bde. 8. (X und 614 S.) Mainz 861, Kirchheim.

Hahn-Hahn, Ida Gräfin, Doralice. Ein Familiengemälde aus der Gegenwart. 2 Bde. 2. Aufl. 8. (X und 614 S.) Mainz 863, Kirchheim.

— Doralisa. Obraz rodzinny z dzisiejszych czasow. Z niemieckiego. 2 Tomy. Berlin 863. Behr. 8. (597 S.) 2 ℛ

— die Erbin von Cronenstein. 2 Bde. 8. (III, 424; III, 371 S.) Mainz 869, Kirchheim.

— Erinnerungen aus u. an Frankreich. 2 Bde. 8. (33¾ B.) Berlin 842, A. Duncker.

— die Erzählung des Hofraths. 2 Bde. 8. (III, 334; III, 367 S.) Mainz 872, Kirchheim.

— Eudoxia, die Kaiserin. Ein Zeitgemälde aus dem 5. Jahrh. 2 Bde. Ebend. 867. 8. (X, 523 S.) 1 ℛ 22½ ngr

— Gräfin Faustine. 1. u. 2. Aufl. 8. (à 23¼ B.) Berlin 841, 43, Alex. Duncker. à

— Gräfin Faustine. 8. Ebend. 846. 2 ℛ — 2. Aufl. 8. Ebend. 843. 2 ℛ — 3. Aufl. 845. 2 ℛ

— Gräfin Faustine. 3. Aufl. gr. 16. (320 S.) Berlin 848, A. Duncker.

— Sigismund Forster. 1. Aufl. gr. 12. (12⅔ B.) 843 u. 2. Aufl. 16. (14⅛ B.) Berlin 45, A. Duncker.

Hahn-Hahn, Ida Gräfin, eine reiche Frau. 2 Bde. 8. (228; 291 S.) Mainz 877, Kirchheim. 6 —

— Unsrer Lieben Frau. 16. (VII und 142 S.) Mainz 851, [Kirchheim.]

— Unsrer Lieben Frau. 3. Aufl. 16. (X und 145 S.) Mainz 856, Kirchheim.

— zwei Frauen. 2 Bde. 8. (28⅚ B.) Berlin 845, A. Duncker.

— Gedichte. 8. (20 B.) Leipzig 835, Brockhaus.

Hahn, Ida, Gedichte. (IV, 70 S. m. Bildnis.) 8. Dresden 903. E. Pierson. n. 1. 50; geb. n. 2. 50

— neue Gedichte. 8. Leipzig 836. Brockhaus. 1⅙ ℛ

— neuere Gedichte. 8. (15½ B.) Leipzig 836, Brockhaus.

— die Geschichte eines armen Fräuleins. 2 Bde. 8. (VI, 255; VI, 212 S.) Mainz 869, Kirchheim.

— aus der Gesellschaft. Novelle. 8. (18 B.) Berlin 838, Duncker u. Humblot.

Hahn-Hahn, Ida, aus der Gesellschaft. Gesammt-Ausgabe der Romane derselben. 12 Lfgn. gr. 16. Berlin 844, A. Duncker. Pränum.-Preis Thlr. *

Inhalt:

Ilda Schönholm (früher u. d. Tit.: Aus der Gesellschaft.) 2. Aufl. — Der Rechte. 2. Aufl. — Gräfin Faustine. 3. Aufl. — Ulrich. 2 Thle. 2. Aufl. — Sigismund Forster. 2. Aufl. — Cecil. 2 Thle. 2. Aufl.

Hahn-Hahn, Ida Gräfin

Aus der Gesellschaft. Gesammt-Ausg. der Romane.
2.Aufl. Th.1.6.
Berlin: Duncker 1845. 8°

1. Ilda Schönholm.
6. Sigismund Forster.

—— die Glöcknerstochter. 2 Bde. 8. (à Bd. III, 413 S.) Mainz 871, Kirchheim.

Hahn-Hahn, Gräfin Ida, s. Haffner, P.

—— das Jahr der Kirche (in Gedichten). 16. (XVI und 303 S.) Mainz 854, Kirchheim.

— das Jahr der Kirche. (Salon-Ausg.) (824 S.) 8. Ebd. (904). Geb. in Leinw. n. 8. —

— Aus Jerusalem. 8. (179 S.) Mainz 851, Kirchheim & Schott. — 2. Aufl. 8. (179 S.) Ebd. 851. 26 ngr.

Hahn-Hahn, Ida Gräfin, der hl. Karl Borromäus, Erzbischof v. Mailand. Ein Lebensbild. [Aus „Vier Lebensbilder".] (132 S.) kl. 8. Regensburg (909). J. Habbel. Geb. in Leinw. 1.

— die Kinder auf dem Abendberg. Eine Weihnachtsgabe. 8. Berlin 843, A. Duncker. 1/3 ℛ

— das Leben d. heil. Wendelinus. Neueste Aufl. gr. 8. (16 S.) Aachen 876. Schweitzer. n. — 10

— vier Lebensbilder. Ein Papst, ein Bischof, ein Priester, ein Jesuit. Mainz 861. Kirchheim. 8. (XII, 332 S.) 20 ngr.

—— Legende der Heiligen, s. Legende.

—— Levin. 2 Thle. 8. (665 S.) Berlin 848, A. Duncker.

— s. Lichtstrahlen aus d. Gemüthswelt.

— die Liebhaber des Kreuzes. 2 Bde. 8. (211 u. 244 S.) Mainz 852, Kirchheim & Schott. 2 ℛ

—— Lieder u. Gedichte. gr. 8. (11½ B.) Berlin, Posen u. Bromberg 837, Mittler. *

—— Maria Regina. Eine Erzählung aus der Gegenwart. 2 Bde. 1. Aufl. 1860. und 2. Aufl. 8. (X und 1122 S.) Mainz 861, Kirchheim.

Hahn-Hahn, Ida Gräfin, Maria Regina. Eine Erzählung aus der Gegenwart. 2 Bde. 3. Aufl. Mainz 865. Kirchheim. 8. (VI, 1098 S.) 3 ℛ

— Maria Regina. Eine Erzählg. aus der Gegenwart. 2 Bde. 4. Aufl. 8. (574 u. 548 S.) Mainz 876. Kirchheim. 9. —

Hahn-Hahn, Ida Gräfin, Maria Regina. Eine Erzählg. aus der Gegenwart. 2 Bde. 5. Aufl. 8. (576 u. 549 S.) Mainz 890. Kirchheim. 9. —; geb. n. 12. —

Hahn-Hahn, Ida Gräfin, Maria Regina. Eine Erzählg. aus d. Gegenwart. 2 Bde. 6. Aufl. 8. (575 u. 549 S) Mainz 898. F. Kirchheim. n. 9. —

— Maria Regina. Eine Erzählg. aus der Gegenwart. Mit e. biographisch-literar. Einleitg. v. Otto v. Schaching. (Volksausg. in 1 Bd.) (XVI, 595 S. m. 2 Abbildgn. u. Bildnis). kl. 8. Ebd. 910. Geb. in Leinw. 2. —

—— venezianische Nächte. (Gedichte.) 8. (12½ B.) Leipzig 836, Brockhaus.

— Nirwana. 2 Bde. 8. (VIII, 376 u. VIII, 422 S.) Ebend. 875. 9. —

—— Peregrin. Ein Roman. 2 Bde. 8. (VI und 823 S.) Mainz 864, Kirchheim.

— Peregrin. Ein Roman. 2 Bde. 2. Aufl. 8. (416 u. 407 S.) Mainz 879. Kirchheim. 7. 50

— s.: Perlen aus Ida Gräfin Hahn-Hahn's Werken.

—— der Rechte. 8. (23¼ B.) Berlin 839, Alex. Duncker.

—— der Rechte. 2. Aufl. 16. (20½ B.) Berlin 845, A. Duncker.

—— Reisebriefe. 2 Bde. 8. (54 B.) Berlin 841, Alex. Duncker.

—— ein Reiseversuch im Norden. 8. (16 B.) Berlin 843, A. Duncker.

— Ilda Schönholm. 2. Aufl. 8. Ebend. 845. 1½ ℛ (Erschien 1838 u. d. T.: „Aus der Gesellschaft.")

Hahn-Hahn, Ida, gesammelte Schriften. (30 Lfgn.) 21 Thle. 8. Berlin 851, A. Duncker. *

Inhalt:

Zwei Frauen. 2 Thle. (VI und 447 S.)
Clelia Conti. (345 S.)
Orientalische Briefe. 3 Bde. (VIII und 1137 S.)
Levin. 2 Thle. (661 S.)
Erinnerungen aus und an Frankreich. 2 Thle. (527 S.)
Sibylle. Eine Selbstbiographie. 2 Thle. (VI und 602 S.)
Ein Reiseversuch im Norden. (249 S.)
Sigismund Forster. (220 S.)
Ulrich. 2 Thle. (546 S.)
Cecil. 2 Thle. (549 S.)
Gräfin Faustine. (520 S.)
Der Rechte. (III und 323 S.)
Ilda Schönholm. (VIII und 236 S.)

— zwei Schwestern. Eine Erzählung aus der Gegenwart. 2 Bde. Ebend. 863. 8. (VI, 790 S.) 2 ℛ 15 ngr.

—— Sibylle. Eine Selbstbiographie. 2 Bde. 8. (38½ B.) Berlin 846, A. Duncker.

—— Ulrich. 2 Bde. 8. (44¼ B.) Berlin 841, Alex. Duncker.

—— Ulrich. 2 Bde. 2. Aufl. 16. (34½ B.) Berlin 845, A. Duncker.

—— Vergieb uns unsere Schuld. Eine Erzählung. 2 Bde. 8. (246; 284 S.) Mainz 874, Kirchheim.
Vgl.: Wurzbach, Alfr. v., Zeitgenossen.

Hahn-Hahn, Ida Gräfin, Von Babylon nach Jerusalem. Mainz, Kirchh., 1851, 8°, 247 S., 2. Aufl., 3,50 Mk.
Konversionsschrift. Hist.-pol. Blätt. Bd. 27, S. 800—30.

—— Wahl und Führung. Ein Roman. 2 Bde. 8. (283; 276 S.) Ebendas. 878. 7 50

— der breite Weg u. die enge Straße. Eine Familiengeschichte. 2 Bde. 8. (IV, 340 u. III, 230 S.) Ebend. 877. 7. 50

Hahn-Hahn, Ida Gräfin, gesammelte Werke. Mit e. biographisch-literar. Einleitg. v. Otto v. Schaching. I. Serie. Romane u. Gedichte. (In 120 Lfgn.) 1.—5. Lfg. 8. Regensburg (902). J. Habbel. à — 30; Subskr.-Pr. für d. Bd. geb. 1.50

Maria Regina. Eine Erzählung aus der Gegenwart. (1. Bd. XIX, 487 S. u. 2. Bd. S. 1—128 m. Abbildgn. u. Bildnis.)

Hahn-Hahn, Ida Gräfin, gesammelte Werke. Mit e. biographisch-literar. Einleitg. v. Otto v. Schaching. I. Serie. Romane u. Gedichte 6.—120. (Schluß-)Lfg. 8. Regensburg (902. 903). J. Habbel. à — 30; geb. in Leinw. à Bd. n. 1.50; Einzelpr. n. 2. —

6.—8. 2. Bd. Maria Regina. Eine Erzählg. aus der Gegenwart. (2. Bd. S. 129—468.)
9.—16. 3. u. 4. Bd. Doralice. Ein Familiengemälde aus der Gegenwart. 2 Bde. (328 u. 328 S.)
17.—24. 5. u. 6. Bd. Zwei Schwestern. Eine Erzählg. aus der Gegenwart. 2 Bde. (391 u. 429 S.)
25.—32. 7. u. 8. Bd. Peregrin. Ein Roman. 2 Bde. (407 u. 395 S.)
33.—40. 9. u. 10. Bd. Eudoxia, die Kaiserin. Ein Zeitgemälde aus dem 5. Jahrh. 2 Bde (256 u. 256 S.)
41.—48. 15. u. 16. Bd. Die Erzählung des Hofrats. 2 Bde. (311 u. 312 S.)
49.—52. 11. Bd. Die Erbin v. Cronenstein. 1. Bd. (410 S.)
53.—56. 12. Bd. Die Erbin v. Cronenstein. 2. Bd. (360 S.)
57.—64. 13. u. 14. Bd. Die Geschichte e. armen Fräuleins. 2 Bde. (250 u. 204 S.)
65.—72. 17. u. 18. Bd. Die Glöcknerstochter. 2 Bde. (434 u. 431 S.)
73.—80. 19. u. 20. Bd. Vergib uns unsere Schuld. 2 Bde. (252 u. 295 S.)
81.—88. 21. u. 22. Bd. Nirwana. (391 u. 432 S.)
89.—96. 23. u. 24. Bd. Eine reiche Frau. 2 Bde. (235 u. 300 S.)
97.—104. 25. u. 26. Bd. Der breite Weg u. die enge Straße. 2 Bde. (350 u. 239 S.)
105.—112. 27. u. 28. Bd. Wahl u. Führung. Ein Roman. 2 Bde. (290 u. 286 S.)
113.—116. 29. Bd. Unsrer lieben Frau. (155 S.)
117.—120. 30. Bd. Das Jahr der Kirche. (324 S.)

Hahn-Hahn, Ida Gräfin, gesammelte Werke. 31.—45. (Schluß-)Bd. (II. Serie: Apologetische u. histor. Schriften.) 8. Regensburg, J. Habbel. à Bd. n. 1.20; geb. in Leinw. n. 1.50; Einzelpr. n. 2. —

31. Von Babylon nach Jerusalem. (258 S.) (904.)
32. Aus Jerusalem. (189 S.) (904.)
33. 34. Ein Liebhaber des Kreuzes. 2 Bde. (215 u. 261 S.) (904.)
35. 36. Die Martyrer. Bilder aus den drei ersten Jahrhunderten der christl. Kirche. (VIII, 627 S.) (904.)
37. 38. Die Väter der Wüste. Bilder aus der Geschichte der Kirche. (VIII, 666 S.) (904.)
39. 40. Die Väter der orientalischen Kirche. Bilder aus der Geschichte der Kirche. (XVI, 666 S.) (904.)
41. 42. St. Augustinus. Bilder aus der Geschichte der Kirche. (VII, 520 S.) (904.)
43. 44. Leben der hl. Theresa v. Jesus, v. ihr selbst geschrieben. Nach der neuesten Orig.-Ausg. des Don Vicente de la Fuente, Professor der Theologie an der Universität zu Madrid, aus dem Span. übers. (VIII, 565 S. m. 1 Bildnis.) (905.)
45. Vier Lebensbilder. Ein Papst [Gregor VII.], e. Bischof [Karl Borromäus], e. Priester [Vinzenz v. Paul], e. Jesuit [Franz Regis]. (XI, 359 S.) (905.)

— die heilige Zita. Dienstmagd zu Lucca im 13. Jahrh. gr. 16. (144 S. m. Portr. in Holzschn.) Ebend. 878. — 75

Die Frühgeburt. Einiges aus Karlchens Jugend von Hermann **Hahn-Juechen**. Die Zeichn. sind von Helene Kurscheid. Köln a. Rh.: W. Hassel [1907]. (26 Bl.) 8° [F.] (07. 13089)

Hahn & Koplowitz: Special-Katalog über landwirthschaftliche Maschinen. Mittel-Neuland b. Neiße 1894

Hahn & Koplowitz Nachf.: Special-Katalog über Saug-, Druck- und Jauche-Pumpen. Mittel-Neuland bei Neiße (1897?)

Hähn

— vergl. Hän.

Hähn, Emil, Bürger- u. Haushaltungskunde. Eine Stoffsammlung f. Lehrer u. e. Wiederholungsheft f. Schüler u. Schülerinnen der Sonntags- u. Fortbildungsschule. (80 S.) 8. Ludwigshafen (907). F. Baumgartner. Kart. — 80

—— Erläuterungen zu deutschen Lesestücken in Poesie und Prosa. Ein Kommentar zu den Lesebüchern der Volksschule. 2. Tl. [104 Lesestücke für die Oberstufe.] gr. 8. (III, 158 S.) Kaiserslautern 884, Gotthold's Verlag.

—— und L. Huffong, Geschichtsbilder. Für bayer. Schulen in drei konzentrisch sich erweiternden Kursen bearb. gr. 8. Ludwigshafen 880, Lauterborn. [1. Kursus. (39 S.) * 25 Pf.; 2. Kursus. (75 S.) * 45 Pf.; 3. Kursus. (VIII, 143 S.) * 60 Pf.]

Hähn, Emil, Kommentar zu den pfälzischen Lesebüchern. 1. Tl.: 317 Lesestücke aus der Fibel, dem Lesebuch für das zweite Schuljahr und jenem für die Mittelklasse, unterrichtlich behandelt und erläutert. gr. 8. (IV, 220 S.) Ludwigshafen a. Rh. 883. (Kaiserslautern, Gotthold's Verlag.)

—— s. Mittheilungen aus der chirurgischen Station d. Krankenhauses Friedrichshain zu Berlin.

Hähn, Emil, illustrierte Naturgeschichte f. die Volksschule. In 3 aufsteigenden Stufen bearb. Mit 83 (eingedr. Holzschn.-)Illustr. gr. 8. (V, 134 S.) Mannheim 882. Bensheimer. n. — 60; geb. n. — 75

— dasselbe. Im Anschluß an die pfälz. Lehrordng. bearb. 2. Aufl. gr. 8. (III, 106 S.) Ebd. 886. n. — 50

Hähn, E., illustrierte Naturgeschichte f. d. Volksschule. 3. u. 4. Aufl. gr. 8 (III, 106 S.) Mannheim 886. 889. Bensheimer's Verl. n. — 50

Hähn, Emil. Illustrierte Naturgeschichte f. die Volksschule. 4.—6. Aufl. gr. 8. (III, 106 S. m. Bildern.) Mannh. 889, 90, Bensheimer. * — 50

Hähn, Emil, illustr. Naturgeschichte f. die Volksschule. 7. Aufl. gr. 8. (III, 106 S.) Mannheim 893. J. Bensheimer's Verl. n. — 50

Hähn, Emil, illustrierte Naturgeschichte f. die Volksschule. 16.—18. Tauf. (III, 106 S.) gr. 8. Mannheim (904). J. Bensheimer's Verl. n. — 50

Hähn, Emil, Naturlehre, s.: Matt, W.

—— grammatische und orthographische Übungen. Nach den Bestimmungen der Lehrordnung und mit steter Bezugnahme auf das Lesebuch bearb. [Für 2- und 1-klass. Schulen.] Jahrespensum der 2.—7. Klasse. gr. 8. Ludwigshafen 886, Lauterborn. [2. Klasse. 1. und 2. Aufl. (16 S.) * 15 Pf.; 3. Klasse. (29 S.) * 20 Pf.; 4. und 5. Klasse. 2. Aufl. (47; 44 S.) à * 20 Pf.; 6. und 7. Klasse. (38 S.) * 20 Pf.] *

—— dass. — [Für 3- und mehrklass. Schulen.] Jahrespensum der 2.—7. Klasse. gr. 8. Ebendas. 886. [2. Klasse. 1. und 2. Aufl. (16 S.) * 15 Pf.; 3. Klasse. (16 S.) * 15 Pf.; 4. Klasse. 2. Aufl. (89 S.) * 20 Pf.; 5. Klasse. (44 S.) * 20 Pf.; 6. und 7. Klasse. (38 S.) * 20 Pf.] *

— Uebungsaufgaben, s.: Matt, W.

—— s. Übungs-Aufgaben z. mündl. u. schriftl. Rechnen.

[F.] **Hähn**, Hans [aus Braunschweig]: Die herrschende und die Jheringsche Theorie des Besitzes ... Braunschweig, Hof-Buchdr. v. J. Krampe, 1896; V, 52 S. 8.
Erlangen, Jur. Fak., Inaug.-Diss. v. 1896

Haehn, Hugo, aus Herzberg a. Elster: 1. **Styrole** der Gruppierung Ar.·CH:C $<^{R}_{R}$ und ihr Verhalten gegen Natrium und Alkohol. 2. Ueber ein Allenderivat der aromatischen Reihe vom Typus Ar.·C:C:C $<^{R}_{R}$. *Heidelberg 1901: K. Rößler.* (48 S.) 8°
Heidelberg, Naturw.-math. Diss. v. 1901

Hähn, Johann Friedrich

— ausführl. Abhandl. d. Litteral-Methode. 8. Berl. 777. Reimer. 5 gr

– s.a. Agenda scholastica.

Agenda scholastica, oder Vorschläge ..., welche zur Einrichtung guter Schulanstalten abzielen. Berlin 1750. V: *Hähn, Johann Friedrich*. (Ky)

– s. Anweisung zur Rechenkunst.

– s. Beschreib. verschied. Maschinen.

— Betr. d. Weihnachtsfestes. 8. Ebend. 754.

Hähn, Jh. Fr., († d. 4. Juni 1789.) Betrachtt. über Josias XXXV, 3. 4. 8. Aurich 781. 2e A. 8. Bremen 782. Förster. 10 gr

Hähn, Jh. Fr., Betrachtungen über Josias rc. soll heißen: Jesaias.

— — Cur tam multa consilia atque auxilia in emendanda re scholastica exspectationi minus responderint, disquis. — Ad actum orator. April 1766. Magdeburg (Johann Christian Pansa). 31 Seiten mit Namen u. Literatur. (5.—) 12607

— — Dasselbe. III. — Ad audiendas non nullas orationes valedict. 8. IV. 1768. Magdeburg (Gabriel Gotthilf Fabri & S.) 37 S. mit Namen. (5.—) 12608

— — Dasselbe. V. — Ad actum orator. in coenobio Bergensi instit. human. invitat. 5. IV. 1770. Magdeburg (Gabr. Gotth. Fabri & S.) 32 S. mit Namen. (5.—) 12609

— 1) Erläuterung e. in Kupfer gestoch. Vorstellung d. Brandenburg. Hauses; 2) d. Geographie; 3) d. bibl. Geschichte; 4) des Erdbebens; 5) aller röm. Kaiser; 6) d. Reformationsgesch., s. Erläuterungen.

— Erläuterung einer in Kupfer gestochenen Vorstellung von d. sächs. Historie. 8. Berl. 751. (Reimer).

— Erläut. e. in Kupf. gest. Vorstell. aller Röm. Kaiser. 8. Ebend. 764. (Text 4 gr. d. Kupf. 6 gr.)

Hähn, J. Fr. Gedanken, wie dem künftigen Verfall der Mathematik abzuhelfen. Magdeburg 1747. 4.

– s. Geographie in Tabellen.

– s.a. Glaubenslehren d. Christen.

— Glaubenslehren u. Lebenspflichten d. Christ. 8. Berl. Realsch. 767.

Hähn, Jh. Fr., d. Glaubenslehren u. Lebens-Pflichten d. Christen, in Tabellen. 4e Aufl. 8. Berl. 767. (Reimer). 5 gr

– s. Magazin, Geistl.

— — Observationes practicae in syntaxin latinam tironibus rite tradendam. — Ad lustration. juvent. scholast. in paedag. Bergensi 7. X. 1748. Magdeburg (Siegeler). 24 S. mit Namen. (5.—) 12606

– s.a. Predigten.

— Predigten. 5 Thle. gr. 8. Ebend. 771. 72.

– s. Rechenbüchlein.

— — Commentatio de rudimentis linguae latinae tironibus solide, jucunde et compendiose tradendis. — Actum orator. in paedag. Bergensi 4. X. 1745. Magdeburg (Chn. Leber. Fabri). 28 S. mit Namen. (5.—) 12605

— Samml. kleiner Schriften für Eltern u. Kinder. 8. Berl. 754. (Reimer). 10 gr

— kl. Schriften. 8. Ebend. 753.

– s. Schulbuch, Berliner.

— — Commentatio de systemate quodam scholastico conficiendo. — Ad actum orat. in paedag. Bergensi 6. IV. 1744. Magdeburg (Chn. Leber. Fabri). 22 S. mit Namen. (5.—) 12604

Haehn, Johann Friedrich, De tirocinio Romanorum ad feliciorem praeceptorum formationem in scholis accommodando. (Ad examen publ. in paedagogio coenobii Bergensis). Magdeburg (Christian Leberecht Fabri) 1743. 24 S. mit Namen. (5.—) 12603

– s. Trigonometrie in Tabellen.

— Untersuchung, was Gründlichkeit, hauptsächl. in Schulsachen heiße? 3 Stücke. 4. Berl. 757—59. (Reimer). 4 gr

– s. Völkerhistorie.

– s. Wirkungen, Gute.

Hahna, P., praktische Anleitung zur Führung einer Fruchtwechselwirthschaft in der ausführl. Darstellung der Musterwirthschaft Libiejitz. Im Auftrage des Begründers und Leiters dieser Musterwirthschaft Hrn. Wirthschaftsraths Franz Horsky mit einem Anhange, die Beschreibungen und Abbildungen neuer landwirthschaftl. Maschinen und Einrichtungen enth., versehen. gr. 8. (VIII und 59 S. mit 4 Stnt. in Fol.) Prag 849, Calve'sche Brlgsb. –

Hahn-Abc-Buch, einsylbiges (oder.) 1. Aufl. 1854. und 2. Aufl. gr. 8. (16 S. mit 44 bunten Bildern in eingedr. Holzschn.) Stuttgart 856, Chelius.

Hahn-Abc-Buch, einsilbiges. Mit 44 bunten Bildern (Holzschn.). 3. Aufl. Stuttgart 863. Chelius. gr. 8. (16 S.) 1½ ngr.

Hahn-Abc-Buch, oder einsilbiges. 4. Aufl. 1869. 45 Pf., und 5. Aufl. gr. 8. (16 S. mit 44 eingedr. bunten Bildern in Holzschn.) Stuttgart 875, Chelius. [Leipzig, Berndt's Verlag.] cart.

Hahn-ABC-Buch, oder einsilbiges ABC-Buch. Mit 44 (eingedr.) bunten Bildern. 6. Aufl. gr. 8. (16 S.) Leipzig 881, Berndt's Verlag. geb.

Hahn-ABC-Buch, oder einsilbiges ABC-Buch. Mit 44 (eingedr.) bunten Bildern. 6. Aufl. gr. 8. (16 S.) Leipzig 883. Berndt. geb. — 50

Hahndel S.: Einige Bemerkungen über die Verwaltung von Mittelschulbibliotheken. 26. Baden. 86.
Progr.

Hahndel, S.: Über die gegen den Götterglauben gerichteten Schriften Lukians v. Samosata. St. Pölten 1875. 33 S.
Progr.

Haehndel, [Julius] *(geb Strachwitz bei Wahlstatt [19. 9. 1842]):* Ueber das Cheyne-Stokes'sche Respirations-Phänomen. Breslau (1871). (38 S.) 8°
Breslau, Med. Diss., nachgeliefert von dem am (22. Juli 1870) auf Thesen promovierten Verf.

Haehndel, Julius *[geb. Strachwitz bei Wahlstatt 19. 9. 1842]:* Thesen . . . behufs Erlangung der medicinischen Doctorwürde. Breslau (1870). (1 Bl.) 2°
Breslau, Med. Thesen v. 22. Juli 1870

Hahndorf, S., Anekdoten und Charakterzüge Napoleons, s. Anekdoten.

Hahndorf, S., Bericht über ein vom Verein für Handel und Gewerbe in Cassel verlangtes Gutachten: „den zünftigen Gewerbebetrieb betreffend." Kassel 860. (Württenberger.) gr. 8. (32 S.) 6 *ngr.*

—— Federzeichnungen z. Geschichte Napoleons. s. Anekboten.

Hahndorf, S. Federzeichnungen zur Geschichte Napoleons. (20¾ B.) 8. Cassel 1841. 3,00. — N. Aufl. (VIII, 323) 8. ib. 1847. 3,00.

—— die Gemeinde-Ordnung v. 23. Okt. 1834; erläut. u. faßl. dargest. f. d. Bürger Kurhessens. 8. (13½ B.) Kassel 835, (Bohné.) *

— zur Geschichte der deutschen Zünfte. Cassel 861. Fischer. gr. 8. (IV, 100 S.) 10 *ngr.*

Hahndorf, S., Gewerbefreiheit u. Zunftzwang. Bemerkungen zu dem, der kurhess. Ständeversammlung vorgelegten Gesetz-Entwurf: „die nöthig befund. Abänderungen in der Zunftgesetzgebung betreffend." gr. 8. Kassel 840, Luckhardt'sche Hofbuchh. n. 1/6 ℛ

— Kassel vor 50 Jahren. Denkschrift zur Jubelfeier im J. 1863. Den Bürgern Kassel's gewidmet. Ebend. 863. gr. 8. (64 S.) n. 5 *ngr.*

—— der Kurhessische Landtag von 1862—63. gr. 8. (29 S.) Kassel 863, Württenberger.

— die Casseler Schützen von 1559 bis 1865. Ein Gedenkblatt zur 100jähr. Jubelfeier der Erbauung des dermal. Schützenhauses am 11. Octbr. 1865. Ebend. 865. gr. 8. (16 S.) n.n. 2½ *ngr.*

Hahndorf, S., die Volksversammlung, ihr Wesen u. Charakter, sowie das Gesetz vom 19. Juli 1848, das Petitions-, Einigungs- u. Versammlungsrecht betreff., nebst Erläuterung desselben u. die parlamentar. Regeln f. die Volksversammlgn. 12. (X u. 26 S.) Kassel 848, Luckhardt in Comm. n. 1/6 ℛ

— der Vormund im Kurfürstenth. Hessen. Eine Anleitung zur gesetzmäßigen Verwaltung der Angelegenheiten der Pflegebefohlenen. gr. 8. Ebend. 846. n. 1/3 ℛ

—— der Vormund im Kurfürstenthum Hessen. Eine Anleitung zur gesetzmäßigen Verwaltung der Angelegenheiten der Pflegebefohlenen. gr. 8. (88 S.) Kassel 847, (Luckhardt'sche Buchh.) *

Hahndorf, S., der Vormund im Kurfürstenthum Hessen. Eine Anleitung zur gesetzmäßigen Verwaltung der Angelegenheiten der Pflegebefohlenen. 2. (Titel-) Aufl. Kassel (847.) 854. Raabé u. Co. (Württenberger.) gr. 8. (88 S.) n. 10 *ngr.*

Hahndorf, S., was die Carlsaue erzählt. Eine geschichtl. Darstellung der in u. mit derselben in Verbindung steh. Ereignisse, von der Zeit ihrer Entstehung an [1308] bis auf die gegenwärt. Zeit. Cassel 870. Württenberger. gr. 8. (IV, 65 S.) n. 7½ *ngr.*

Hahndorff, Theod. Ludov. (geb. Crossen a. O. 17. 11. 1819): De ophthalmia neonatorum. Berolini (1845). (33 S.) 8°
Berlin, Med. Diss. v. 3. Apr. 1845

Hahne, A. [in Sontra]: Ueber Fistula auris congenita. . . . Göttingen, Druck d. Dieterichschen Univ.-Buchdr. W. Fr. Kaestner, 1889: 24 S. 8°
Göttingen, Med. Fak., Inaug.-Diss. v. 11. März 1889

Hahne, A., üb. Fistula auris congenita. Inaug.-Diss. gr. 8. (24 S.) Göttingen 889. (Vandenhoeck & Ruprecht's Verl.) n. — 60

Hahne, A. Ueber Fistula auris congenita. Diss. gr. 8. (24 S.) Gött. 890, (Vandenhoeck u. Ruprecht). * — 60

Hahne, Albert [aus Gleidingen bei Hannover]: Jean-François Regnard als Lustspieldichter . . . . Lingen, Druck v. I. L. v. d. Velde Veldmann, 1886; 220 S. 8°.
Erlangen, Phil. Fak., Inaug. Diss. v. 1886.

Hahne, Albert, Jean-François Regnard als Lustspieldichter. Diss. Erlangen 1886, Th. Blaesing. 8°. 220 S.

Hahne, Ernst, a. Altona, Referendar am kgl. Amtsgericht zu Altona: Die objektiven Voraussetzungen des Erwerbes einer Servitut durch Ersitzung nach Gemeinem Recht und dem Bürgerlichen Gesetzbuche. Erlangen 1907: Junge & Sohn. (VIII, 60 S.) 8° [J.]
Erlangen, Jur. Fak., Ref. Binder, Diss. v. 11. Juni 1907
[Geb. 12. Juni 76 Altona; Wohnort: Altona; Staatsangeh.: Preußen; Vorbildung: Gymn. Wandsbeck Reife M. 99; Studium: München 3, Heidelberg 1, Kiel 3 S.; Rig. 8. Mai 07.]

Hahne, F., griechische Elementargrammatik. Lehrpensum f. die Unterstufe. 8. (77 S.) Braunschweig 885. Schwetschke & Sohn. n. 1. 20

— dasselbe. 2. Tl. Lehrpensum f. die Mittelstufe. 8. (34 S.) Ebend. 886. n. — 60

Hahne, F., griechische Elementargrammatik. [Formenlehre.] 2. Aufl. gr. 8. (IV, 121 S.) Braunschweig 889. Schwetschke & Sohn. n. 1. 60; geb. n. 2. —

Hahne, F., kurzgefasste griechische Schulgrammatik. 2. Tl.: Syntax. 2. Aufl. gr. 8. (IV, 127 S.) Braunschweig 901. A. Graff. n. 1. 60

Hahne, F., kurzgefaßte griechische Schulgrammatik. 4. Aufl. (IV, 232 S.) gr. 8. Braunschweig 907. A. Graff. Geb. nn 2. 80

Hahne, F., kurzgefasste griechische Syntax f. den Schulgebrauch. gr. 8. (IV, 110 S.) Braunschweig 891. C. A. Schwetschke & Sohn. n. 1. 60

— Wörterbuch, s.: Schwarz, A., lateinisches Lesebuch.

Hahne, F., Wörterbuch zu dem lateinischen Lesebuche von A. Schwarz. gr. 8. (IV, 79 S.) Braunschweig 880. Gebr. Haering. n. — 80

— Wörterbuch zu dem lateinischen Lesebuch von A. Schwarz. 2. Aufl. 8. (IV, 83 S.) Braunschweig 886. Gebr. Haering. 1. —

Hahne II, Franz: Zur sprachlichen Ästhetik der Griechen: Die Lehre von den Stilarten. Braunschweig, Druck v. J. H. Meyer, 1896; 38 S. 4.
Braunschweig, herz. Neues G, OP 1896 (706)

Hahne, Franz, August Hermann † (Monatsschr. f. d. Turnwesen, Jg. 25, H. 5). Berlin 1906. 7 S., 8°.

Hahne (I), F[ranz], Prof. Dr.: Über Lucians Hermotimus. *Braunschweig 1900: J. H. Meyer.* (22 S.) 4°
Braunschweig, herz. Neues G, OP 1900 (742)

Hahne, Frz., Neck- u. Kampfspiele f. deutsche Knaben. Regeln der auf deutschen Spielplätzen übl. Knabenspiele. (VI, 72 S. m. 13 Abbildgn.) kl. 8. Berlin 907. Weidmann. 1. 20

Hahne, Frz., orationem pro M. Marcellio quam Frid. Aug. Wolfius a. M. Tullio Cicerone abiudicavit, denuo defendit eamque eius putandam esse, cuius prae se ferat nomen novis argumentis comprobare studuit. Dissertatio inauguralis. gr. 8. (55 S.) Brunsvigae 876. (Jena, Deistung.) n. 1. —

Hahne, F, orationem pro M Marcellio quam FA Wolfius a M Tullio Cicerone abiudicavit, denuo defendit eamque eius putandum esse, cuius prae se ferat nomen novis argumentis comprobare studuit 8. (55) Brunsv. 77. (Jena, Deistung.) *n.* 1.-

Hahne, Gustav

Hahne, G., Präparationen f. den Katechismusunterricht auf der Mittelstufe. I. Tl.: Das erste Hauptstück. (VII, 52 S.) 8. Osterwieck 905. A. W. Zickfeldt. n. — 80

Präparationen für den Katechismusunterricht auf der Mittelstufe. Von Rektor G[ustav] **Hahne** in Ilsenburg. T. 1. 2. Osterwieck a/H.: A. W. Zickfeldt 1905–08. 2 Bde 8° [F.]
1. Das erste Hauptstück. 1905. 2. Der erste u. zweite Artikel. 1908. [08. 9849

Präparationen für den Katechismusunterricht auf der Mittelstufe. Von Rektor G[ustav] **Hahne** in Ilsenburg. 2. Aufl. T. 1. Osterwieck/Harz: A. W. Zickfeldt 1908. 8° [F.] [08. 5496

Hahne, G., Präparationen f. den Katechismusunterricht auf der Mittelstufe. I. u. II. Tl. 8. Osterwieck, A. W. Zickfeldt. à — 80; in 1 Bd. geb. 2. 20
I. Das 1. Hauptstück. 3. verb. Aufl. (VIII, 53 S.) 910.
II. Der 1. u. 2. Artikel. 2. Aufl. (41 S.) 909

Hahne, Hans, das vorgeschichtliche Europa, s. a. Monographien zur Weltgeschichte.

Das vorgeschichtliche Europa. Kulturen u. Völker. Von Hans **Hahne.** Mit e. Titelbilde u. 150 Abb. Bielefeld & Leipzig: Velhagen & Klasing 1910. 130 S. 4°(8°)
(Monographien z. Weltgeschichte 30.) [10. 16163 9

Hahne, Hans, Referendar in Berlin: Der Fund in den Geschäftsräumen oder den Beförderungsmitteln einer öffentlichen Behörde oder einer dem öffentlichen Verkehre dienenden Verkehrsanstalt. Nach dem Rechte des B.G.B. für das Deutsche Reich. Borna-Leipzig 1907: R. Noske. (67 S.) 8°
Leipzig, Jur. Fak., Diss. v. 21. Jan. 1907
[Geb. 25. Apr. 81 Berlin; Wohnort: Berlin; Staatsangeh.: Preußen; Vorbildung: Luisenstädt. Gymn. Berlin Reife O. 01; Studium: Berlin 2, Freiburg i. B. 1, Berlin 4 S.; Rig. 15. Juli 05.]

Hahne, Hans, approb. Arzt: Über wiederholte Masern. *Leipzig (1899): A. Edelmann.* (47 S.) 8°
Leipzig, Med. Diss. v. 10. März 1899
(Nur in beschränkter Zahl für den Austausch)

Hahne, Hermann, approb. Arzt aus Flegessen: Ein Fall von Struma carcinomatosa. *Düsseldorf 1898: E. Lintz.* (24 S.) 8°
Würzburg, Med. Diss. v. 1898

Hahne, Kurt, die Illustrationsphotographie. Ein leicht verständl. Lehrbuch üb. Anfertigg. u. gewinnbring. Vertrieb v. Photos f. Illustrationszwecke in Zeitschriften u. Werken, nebst e. Anh., enth. e. ausführl. Adressen-Material v. Absatz-Quellen f. Illustrationsbilder. (29 S.) kl. 8. Bunzlau (908). (A. Neudecker.) 1. 20

Hahne, L., De fano Apollinis Delphico. Diss. 1872. 52 S.

Selmar Hahne's Spezial-Karte der Oberspree bezw. der wendischen Spree und der angrenzenden See'n zwischen Berlin und Teupitz einerseits, sowie zwischen Berlin und Woltersdorfer Schleuse andrerseits. Mit beschreibendem Text. 1 : 40 000. Berlin 1884. 1 Bl. c. L.

Selmar Hahne's Spezialkarte des Wasserlaufs von Prieros (Wendische Spree-Dahme) nach dem Scharmützelsee. 1 : 40 000. Berlin 1884. 1 Bl. c. L.

Hähne, P. O., Die Gymnastik der Jugend, oder das Turnen im Spiel, 25 Taf., Abb. u. Beschreibungen d. Turnspielen, Dresden u. Radeberg, 8°.

Hahnefeld, Paul, Med.-Prakt.: Beitrag zur Kenntnis der Orbitaltuberkulose. Weida i. Th. 1910: Thomas & Hubert. 33 S. 8°
Leipzig, Med. Diss. v. 14. Juni 1910, Ref. Sattler
[Geb. 23. Nov. 82 Sohrigen; Wohnort: Magdeburg-Sudenburg; Staatsangeh.: Sachsen; Vorbildung: Realgymn. Zittau Reife O. 05; Studium: München 1, Leipzig 9 S.; Coll. 29. Juni 10.] [U 10. 2977

HAHNEKAMP, GEORG: Johann Ev. Zalka, Diöcesanbischof von Raab. Ein Lebensbild für das Volk als Erinnerung an sein 25jähr. Bischofsjubiläum. Frei nach dem Ungarischen. Mit Abbildungen und Bildnis. Budapest 1892: Verleger F. Maxa. 44 (1) S. 1 t. - 8°

HAHNEKAMP, JOSEF; ANTON AISTLEITNER: Gesang- und Gebetbuch. Zunächst für die Katholische Schuljugend, jedoch auch für Erwachsene. Zusammengestellt von Josef Hahnekamp und Anton Aistleitner. Ödenburg 1893. Im Verlage bei Josef Printz. St. Norbertus-Druck. 196 S. - 1350 mm

Hahnel, Paul, die Bedeutung der Bastarner für das germanische Alterthum. Dresden 865. Naumann. gr. 8. (63 S.) 10 *ngr.*

Hahnel, Paul: Geschichte des Königlichen Konvikts zu Glatz. *Glatz 1899: L. Schirmer.* (30 S.) 4°
Glatz, k. kath. G, OP 1899 (192)

Hähnel, A.: Deutsche Sprachlehre ..., s. Hähnel, E.

Hähnel, Alexander, appr. Arzt a. Lauban (Schles.): Über Foetus papyraceus bei Zwillingsschwangerschaft. Halle a. S. 1905: (Starke & Sachse, Großenhain.) (22 S.) 8°
Halle, Med. Fak., Ref. Veit, Diss. v. 11. Febr. 1905
[Geb. 8. Febr. 77 Lauban; Wohnort: Lauban; Staatsangeh.: Preußen; Vorbildung: Gymn. Dresden Reife O. 96; Studium: Leipzig 6, Berlin 1, Leipzig 1, Halle 1 S.; Coll. 3. Febr. 05; Approb. 21. Juli 04.]

Hähnel, C. L., bei den Fahnen d. XII. [kgl. sächsischen] Armeekorps. Aufzeichnungen e. Angehörigen d. 107. Regiments im Feldzug 1870/71. 8. (VIII, 150 S. m. 3 Plänen auf 1 Bl.) München 890. Beck. n. 1. 60; cart. n. 2. 20

Hähnel, C. L., bei den Fahnen des XII. (k. sächs.) Armeekorps. Aufzeichnungen e. Angehörigen des 107. Regiments im Feldzug 1870/71. Mit den (farb.) Plänen der Schlachtfelder v. Gravelotte, Sedan u. Villiers. 2. durchgesch. Aufl. (X, 150 S.) 8. München 908. C. H. Beck. 1.60; kart. 2. 20

Hähnel, Carl Heinr., s. Hähnel, Karl Heinrich

Hähnel, Elise Walter-
s. Walter-Hähnel. [10. 11550

Hähnel, Emil, R. Patzig

— — u. A. Oßwald, durch die Auen deutscher Dichtung. Literaturheft f. Volks- u. Fortbildungsschulen. (80 S.) 8. Ebd. 909. — 50

Hähnel, A. u. R. Patzig. Deutsche Sprachschule in konzentrischen Kreisen m. besond. Berücksicht. der Wortbildung u. Wortbedeutung. 6 Hefte. 8. Lpz. 892, Hirt u. Sohn. [1. Heft. 3. Schulj. (32 S.) * — 20. — 2. Heft. 4. Schulj. (48 S.) * — 20. — 3. Heft. 5. Schulj. (64 S.) * — 25. — 4. Heft. 6. Schulj. (80 S.) * — 30. — 5. Heft. 7. Schulj. (80 S.) * — 30. — 6. Heft. 8. Schulj. (80 S.) * — 35.] * 1 60

Hähnel, E., u. R. Patzig, deutsche Sprachschule. Die deutsche Sprachlehre im Anschl. an Sprachganze m. bes. Berücksicht. d. Wortbildg. u. Wortbedeutg. 6 Hfte. 3. Aufl. gr. 8. Leipzig, F. Hirt & Sohn. n. 1. 20
I. 2. Schulj. (10.—16. Taus.) (24 S.) 897. n. — 15
II. 3. Schulj. (10.—16. Taus.) (40 S.) 897. n. — 20
III. 4. Schulj. (10.—14. Taus.) (56 S.) 897. n. — 20
IV. 5. Schulj. (10.—15. Taus.) (32 S.) 898. n. — 20
V. 6. Schulj. (10.—15. Taus.) (32 S.) 898. n. — 20
VI. 7. u. 8. Schulj. (10.—15. Taus.) (56 S.) 898. n. — 25

Hähnel, E., u. R. Patzig, deutsche Sprachschule. Die deutsche Sprachlehre im Anschluß an Sprachganze m. besond. Berücksicht. der Wortbildg. u. Wortbedeutg. 6 Hfte. 8. Leipzig, F. Hirt & Sohn. n.n. 1. 20
I. 2. Schulj. 6. Aufl. (24 S.) (902.) n.n. — 15
II. 3. Schulj. 6. Aufl. (29.—30. Taus.) (40 S.) (902.) n. — 20
III. 4. Schulj. 6. Aufl. (28.—29. Taus.) (68 S.) (902.) n. — 20
IV. 5. Schulj. 4. Aufl. (16.—24. Taus.) (32 S.) (900.) n. — 20
V. 6. Schulj. 4. Aufl. (16.—24. Taus.) (32 S.) (900.) n. — 20
VI. 7. u. 8. Schulj. 4. Aufl. (16.—24. Taus.) (56 S.) (900.) n. — 25

Hähnel, E., u. R. Patzig, deutsche Sprachschule. Mündliche u. schriftl. Uebungen f. Satzbildung, Wortbildung u. Rechtschreibg. im Anschluß an Sprachstücke. Ausg. A in 6 Heften. 8. Leipzig, F. Hirt & Sohn. n. 1. 40
I. 2. Schulj. 55.—63. Taus. (48 S.) 906. n. — 20
II. 3. Schulj. 56.—64. Taus. (48 S.) 906. n. — 20
III. 4. Schulj. 54.—62. Taus. (48 S.) 906. n. — 20
IV. 5. Schulj. 47.—55. Taus. (48 S.) 906. n. — 25
V. 6. Schulj. 37.—45. Taus. (48 S.) 904. n. — 25
VI. 7. u. 8. Schulj. 37. 45. Taus. (72 S.) 904. n. — 30

— — dasselbe. Ausg. B in 3 Heften, f. einfache Volksschulen bearb. unter Mitwirkg. v. A. Oßwald. 8. Ebd. à n. — 20
I. 2.—4. Schulj. 25.—30. Taus. (64 S.) 906.
II. 5.—6. Schulj. 22.—25. Taus. (48 S.) 906.
III. 7.—8. Schulj. 18.—21. Taus. (48 S.) 906.

Hähnel, E., u. R. Patzig, deutsche Sprachschule. Mündliche u. schriftl. Übgn. f. Satzbildg., Wortbildg. u. Rechtschrbg. im Anschluß an Sprachstücke. Ausg. A. in 6 Heften. 8. Leipzig, F. Hirt & Sohn. 1. 40
I. 2. Schulj. 11. Aufl. (48 S.) 908. — 20
II. 3. Schulj. 13. Aufl. (48 S.) 910. — 20
III. 4. Schulj. 13. Aufl. (48 S.) 910. — 20
IV. 5. Schulj. 10. Aufl. (48 S.) 910. — 25
V. 6. Schulj. 46 bis 51. Taus. (48 S.) 907. — 25
VI. 7. u. 8. Schulj. 10. Aufl. (72 S.) 910. — 30

— — — Deutsche Sprachschule. Mündl. u. schriftl. Übgn. f. Satzbildg., Wortbildg. u. Rechtschreibg. im Anschluß an Sprachstücke. Ausg. B. in 3 Heften. 8. Ebd. 910. à — 20
I. 2—4. Schulj. 11. Aufl. (48 S.)
II. 5. u. 6. Schulj. 10. Aufl. (40 S.)
III. 7. u. 8. Schulj. 10. Aufl. (40 S.)

— — — dasselbe. Ausg. C in 1 Hefte f. alle Schuljahre. 3. Aufl. (80 S.) 8. Ebd. 910. — 35

Der deutsche Sprachunterricht nach den Forderungen der Gegenwart von Emil Hähnel u. Richard Patzig. [illegible] Zur Wortbildung u. Wortbedeutung [illegible] Leipzig: Hirt [illegible]

Hähnel, E., u. R. Patzig, zur Wortbildung u. Wortbedeutung im deutschen Sprechunterrichte. Lehrerheft zur deutschen Sprechschule. gr. 8. (128 S.) Leipzig 893. F. Hirt & Sohn. n. 1. 25

— — zur Wortbildung u. Wortbedeutg. im deutschen Sprachunterr. Lehrerheft zur deutschen Sprachschule. 4., umgearb. Aufl. gr. 8. (160 S) Ebd. 898. n. 1. 25

— — zur Wortbildung u. Wortbedeutung. Methodische Winke zur Erteilg. des deutschen Sprachunterrichtes nach den Fordergn. der Gegenwart, zugleich Lehrerhandbuch zur deutschen Sprachschule. 5., umgearb. Aufl. (207 S.) gr. 8. Ebd. 904. n. 1. 60; geb. n. 2 —

Hähnel, Emil: Zur Wortbildung u. Wortbedeutung. 6. Aufl. 1905 s. Hähnel: Der deutsche Sprachunterricht nach d. Forderungen d. Gegenwart. [illegible]

Hähnel, Ernst Friedrich Julius, s. Hähnel, Julius

Hähnel, Ernst Julius, der Bacchuszug an dem alten [abgebrannten] königl. Hoftheater zu Dresden. qu. Fol. (8 Lichtdr.-Taf.) Dresden 881. Gilbers' Verl. In Leinw.-Mappe. n. 20. —

Hähnel's, Ernst Jul., litterarische Reliquien. Im Auftrag der Hinterbliebenen gesichtet u. hrsg. nebst e. Charakterbild des Meisters als Einleitg. v. Jul. Grosse. 8. (356 S.) Berlin 893. G. Grote. Kart. n. 5. —; geb. n. 6

— Sculpturen an dem königl. Museum u. dem alten königl. Hoftheater zu Dresden, ferner: Denkmäler, Statuen, Entwürfe, Reliefs etc. 20 Lfgn. Fol. (à 6 Bl. in Lichtdr.) Ebend. 880—82. à n. 6. —

Hähnel, Ernst Jul., Sculpturen an dem königl. Museum und dem alten königl. Hoftheater zu Dresden, ferner: Denkmäler, Statuen, Entwürfe, Reliefs etc. 21.—25. (Schluss-)Lfg. Fol. (à Lfg. 6 Lichtdr.-Taf.) Dresden 887, Gilbers' Verlag. à Lfg. *ℳ 6.—. * 30 —
1.—20. Lfg. Ebendas. 1880—82. à *ℳ 6.—; compl. in Mappe *ℳ 156.—.

Hähnel, F.

— für Feierstunden. Gesammelte Volkserzählgn. (VII, 136 S.) gr. 8. Bremen 904. O. Melchers. n. 1. 25; geb. n. 2. —

Hähnel, Franziskus (wirkl.Name), s.a. Bardewieck, Erich (Pseud.)

Hähnel, Franz., Alkoholismus u. Erziehung, s. Bibliothek f. mod. Geistesleben. I. 5.

Hähnel, Franziskus, Alkoholismus u. Erziehung. Der Wahrheit zu Nutz', der Jugend zum Schutz. 4. Aufl. (32 S.) gr. 8. Hamburg 910. Deutschlands Grossloge II. — 40

Hähnel, Franzisk., s.: Bericht über den IX. Internationalen Kongress gegen den Alkoholismus.

Die Bremischen Dichter und Schriftsteller der Gegenwart. Eine litterar. Plauderei von Franziskus Hähnel. Bremen: J. Kühtmann 1893. (64 S.) 8° [B.] (ck. 0478

— psychodramatische Dichtungen. Unter Mitwirkg. von Rich. v. Meerheimb, Pauline Hoffmann v. Wangenheim, Ernst Roeder etc. hrsg. 16. (XVI, 111 S.) [illegible] 893. n. 2

Hähnel, F., Einer f. Alle. Ein Lehrerfestspiel. Der deutschen Lehrerschaft zum Diesterweg-Jubiläum gewidmet. gr. 8. (28 S.) Leipzig 890. Siegismund & Volkening. n. — 75; cart. n. — 90

Hähnel, Franziskus: Das Gemeinde-Bestimmungsrecht und die Frauen. ⟨Vortrag auf d. Rhein.-Westfäl. Frauentage in Essen am 8. Mai 1910.⟩ — Berlin: Dt. Alkoholgegnerbund 1910. 27 S. 8°

Hähnel, Franzisk., auf festem Grunde. Festspiel in 1 Akt. gr. 8. (25 S.) Bremen 900. G. Winter. n. 1. —

— zur Kraft u. z. Können, s. a. Festspiel-Sammlung f. Bühnen- u. Gesellschafts-Zirkel.

Zur Kraft und zum Können. Festsp. in 1 Aufzug f. techn. Fachschulen, gewerbl. Vereine u.s.w. von Franziskus Hähnel. *Berlin: Kühling & Guttner (1896).* (24 S.) 8° [F.]
= Festspiel-Sammlung f. Bühnen- u. Gesellsch.-Zirkel. No 6. [w. 6921

— Lehr- u. Lesebuch d. englischen Sprache nebst Materialien f. Konversation u. Korrespondenz zum Gebr. an techn. Lehranst. (Schulen f. Seemaschinisten, Maschinen- u. Schiffbauer, Elektrotechniker 2c.) u. techn. Bureaus. M. Anleitg. z. Selbststud. u. z. Einführg. in d. Lektüre engl. techn. Zeitschriften. Unt. Mitwirkg. v. Fachleuten bearb. gr. 8. (XVI, 352 S.) Bremen 897. G. Winter. Geb. in Leinw. n. 6. —

— Lehr- u. Lesebuch der englischen Sprache, nebst Materialien f. Konversation u. Korrespondenz, zum Gebrauche an techn. Lehranstalten (Schulen f. Seemaschinisten, Maschinen- u. Schiffbauer, Elektrotechniker 2c.) u. techn. Bureaus. Mit Anleitg. zum Selbststudium u. zur Einführg. in die Lektüre engl. techn. Zeitschriften. Unter Mitwirkg. v. Fachleuten bearb. 2. Aufl. gr. 8. (XVI, 355 S.) Ebd. 902. Geb. in Leinw. n. 6. —

— Lehr- u. Lesebuch der englischen Sprache, nebst Materialien f. Konversation u. Korrespondenz, zum Gebrauche an techn. Lehranstalten (Schulen f. Seemaschinisten, Maschinen- u. Schiffbauer, Elektrotechniker usw.) u. techn. Bureaus. Mit Anleitung zum Selbststudium u. zur Einführg. in die Lektüre engl. techn. Zeitschriften. Unter Mitwirkg. v. Fachleuten bearb. 3. Aufl. (XVI, 363 S.) gr. 8. Bremen 904. G. Winter. Geb. in Leinw. n. 6. —

— Lehr- u. Lesebuch der englischen Sprache, nebst Materialien f. Konversation u. Korrespondenz, z. Gebrauche an techn. Lehranstalten (Schulen f. Seemaschinisten, Maschinen- u. Schiffbauer, Elektrotechniker usw.) u. techn. Bureaus. Mit Anleitg. zum Selbststudium u. zur Einführg. in die Lektüre engl. techn. Zeitschriften. Unter Mitwirkg. von Fachleuten bearb. 6. Aufl. (XVI, 364 S.) gr. 8. Bremen 910. G. Winter, Verl. Geb. in Lw. 6. —

— Lehrerpflicht u. Lehrerliebe. Festspiel in 1 Aufzuge. gr. 8. (21 S.) Ebd. 890. n. — 60; cart. n — 75

— die Notwendigkeit der Unterstützung des Kampfes gegen den Alkoholismus durch die Erziehung in Schule u. Haus. Vortrag auf dem X. internationalen Kongresse gegen den Alkoholismus in Budapest am 14. IX. 1905. (28 S.) gr. 8. Jena 906. G. Fischer. n. — 50

— Postheft zum Gebrauche in technischen Lehranstalten, gewerblichen Fachschulen 2c. Fol. (12 S. m. Formularen.) Nebst: Post- u. Telegraphen-Nachrichten f. das Publikum. 8. (32 S.) Ebd. 900. Geb. n. 1. 20

— dasselbe, nach den neuesten amtl. Bestimmgn. hrsg. u. zusammengestellt. 2. Aufl. (53 S. m. 25 Mustern.) gr. 8. Ebd. 902. Geb. in Leinw. n. 1. 50

Der Sieg muss uns doch bleiben! Ein Gedenkblatt zu William Lloyd Garrisons hundertstem Geburtstage von Franziskus **Hähnel**. Flensburg: Deutschlands Grossloge II ⟨I. O. G. T.⟩, P. Jepsen 1906. (59 S.) 8° [F.] [07. 1440 8

— Harro Tienbeck. Eine einfache Geschichte aus dem deutschen Volksleben, der Wirklichkeit nacherzählt. [Aus: „Hannov. Haushaltgskldr."] 1. u. 2. Aufl. gr. 8. (à 61 S.) Ebd. 901. 902. n. — 75

— Harro Tienbeck. Eine einfache Geschichte aus dem deutschen Volksleben, der Wirklichkeit nacherzählt. 3. Aufl. (63 S.) 8. Ebd. 906. n. — 50

— Der Väter wert! Ein dramat. Sittenbild in 1 Aufzuge aus der Vorzeit unseres Vaterlandes f. Wehrlogen und Jugend-Enthaltsamkeits-Vereine. (31 S.) 8. Hamburg 910. (Deutschlands Großloge II.) — 50

Hähnel, Franziskus. Der Weg zum Glücke. Volkserzählung. Preisgekrönte Schrift. Bremen 1900. 400. 8°. Mk. —.15.

— der Weg zum Glücke. Volkserzählung aus dem Leben der Gegenwart. Vom Alkoholgegnerbund m. e. Preise bedacht. 8. (40 S.) Basel (902). Schriftstelle des Alkoholgegnerbundes (durch F. Reinhardt). n. — 15

— der Weg zum Glücke. Volkserzählung aus dem Leben der Gegenwart. Vom Alkoholgegnerbund m. e. Preise bedacht. 7.—9. Taus. (40 S.) 8. Basel (906). Schriftstelle des Alkoholgegnerbundes. n. — 15

— Der Weg zum Glücke. Volkserzählung aus dem Leben der Gegenwart. Vom Alkoholgegnerbund m. e. Preise bedacht. (16—18. Taus.) (40 S.) 8. Basel (910). Schriftstelle des Alkoholgegnerbundes. p — 15

Haehnel, Georg

Haehnel, G., Hilfsbuch für die Geschichtserzählungen in Sexta und Quinta, s.: Jaenicke, H.

Kanon der einzuprägenden Jahreszahlen. Zsgest. von Dr. G[eorg] **Haehnel** u. Dr. W[alter] Thoma, Oberlehrern zu Bunzlau. *Bunzlau: E. Muschket 1902.* (32 S.) 8° [F.] [02. 2791

Haehnel, Georg [Dr.]: Die Morphologie und Hydrographie der Oasen in der Sahara. Bunzlau, C. A. Voigts Buchdr., 1895; 1 Bl., 23 S. 4.
Bunzlau, k. Waisen- u. Schul-A (G), OP 1895 (183)

Haehnel, Georg [aus Buchwald]: Die Quellen des Cornelius Nepos im Leben Hannibals . . . . Greifswald, Druck v. Julius Abel, 1888; 2 Bl. + 41 S. 8°
Jena, Phil. Fak., Inaug.-Diss. v. 1888

Haehnel, Georg, die Quellen des Cornelius Nepos im Leben Hannibals. Diss. Jena 1888, G. Neuenhahn. 8°. 41 S.

Haehnel, Geo., aus deutscher Sage u. Geschichte. D. deutschen Jugend erzählt. gr. 8. (VIII, 222 S. m. 1 Karte.) Berlin 896. Weidmann. Geb. in Leinw. n. 4. —

Haehnel, Jo. Christoph (Dresden), Justinianus in definiendo jure naturali et distinguendis juribus summus artifex. Diss. jur. Präs. Gottlieb Sturm. Wittbg. (Schlomach) 18. XII. 1733. 40 Seiten. (7.—) 12610
Widm. v.: Präs., Johann Georg Haehnel (Dresd.; Bruder), J. G. Muncke (dtsch.), Heinr. Salom. Quentzel, Carl Ludewig Siegert (Dr. Misn.; dtsch.), Friedrich August Fischer (Dr. Misn.; dtsch.), Friedr. Gottlob u. Dav. Gottwalt Tischer (beide Dr. Misn.), C. H. Krieg (Dresd.; dtsch.), Johann Christoph Ossenfelder (Dresd.; dtsch.), Johann Friedrich John (Dr. Misn.; dtsch.), Sam. Gottfried Spinhirner (Dr. Misn.).

Hähnel, Julius

Hähnel, *Ernst Friedrich Julius* [Oberl. Cand. rev. min.]: Verhältnis des Glaubens zum Wissen bei Augustin. (= Inaug.-Diss. Leipzig 1891; 8°) Chemnitz, Druck v. J. C. F. Pickenhahn & Sohn, 1891; 24 S. 4°
Chemnitz, RG m. Realschulkl., OP 1891 (546)

Hähnel, *Ernst Friedrich* Julius [aus Rödern]: Verhältnis des Glaubens zum Wissen bei Augustin. Ein Beitrag zu Augustins Erkenntnistheorie. . . . (= Progr. d. Realgymn. zu Chemnitz v. 1891.) Chemnitz, Druck v. H. Wilisch, 1891; 89 S. 8°
Leipzig, Phil. Fak., Inaug.-Diss. v. [2. Jun.] 1891

Haehnel, K.: Friedr. v. L o g a u . Literarhistor. Charakteristik. Pilsen 1883. 35 S. Progr.

Haehnel, Karl, Aufsatzregeln. Für Schüler höherer Lehranstalten zusammengestellt. (12 S.) kl. 8. Landskron 906. R. Piffl's Söhne. n. — 20

Haehnel, Karl, d. Behandlg. v. Goethes „Faust" in d. ob. Klassen höh. Schulen. 2, verb. u. verm. Aufl. gr. 8. (48 S.) Gera 896. Th. Hofmann. n. — 75; f. d. Abnehmer v. „Aus deutschen Lesebüchern" n. — 60

Haehnel, Karl: 25 Dispositionen zu deutschen Aufsätzen für die achte Gymnasialklasse. 8 (S. 5—20).
Progr. K. k. Staats-Oberg. *Leitmeritz i. Bö.* 1899.
Aus des Verf. 200 Entwürfe zu deutschen Aufsätzen für die oberen Classen der Gymnasien und verwandten Lehranstalten. 8 (XVII, 207 S.). Innsbruck 1900, Wagner. *M.* 2,—.

Haehnel, Karl: Entwürfe zu deutschen Aufsätzen für die oberen Gymnasialklassen. Neue Folge. Erste Reihe. (Aufgaben für die V. und VI. Klasse.) (Umschlagtitel: . . . Folge.) S. 3—16. 8. Zweite Reihe. (Aufgaben für die VII. und VIII. Klasse.) (Umschlagtitel: . . . Folge.) S. 11—28. 8. Dritte Reihe. (Aufgaben für die V.—VIII. Klasse.) (Umschlagtitel: . . . Neue Folge.) S. 3—22. 8.
Progr. K. k. Staats-Obergymn. *Landskron i. Bö.* 1904. 1905. 1906.

Haehnel, Karl, 200 Entwürfe zu deutschen Aufsätzen f. die oberen Classen der Gymnasien u. verwandter Lehranstalten. gr. 8. (XIX, 207 S.) Innsbruck 900. Wagner. n. 2. —

— Goethes „Faust" im Gymnasialunterricht. Progr. gr. 8. (31 S.) Leitmeritz 894. Ebd. n. — 60

Haehnel, Karl Festhymne zur vierzigjährigen Feier der Vermählung des Allerhöchsten Kaiserpaares am 24. April 1894. (Umschlagtitel: . . Kaiserpaares.) 8 (S. 3).
Progr. K. k. Staats-Ober-G. *Leitmeritz in Böhm.* 1894.

Haehnel, Karl: Zu Schillers Gedächtnis. (Ansprache an die Schüler der Anstalt, gehalten am 9. Mai 1905.) (Umschlagtitel: . . . Gedächtnis.) S. 3—10. 8.
Progr. K. k. Staats-Obergymn. *Landskron i. Böhm.* 1905.

— d. schöne Literatur als Bildungsquelle. 8. (94 S.) Danzig 890. Berlin, Deutschverlag v. Ernst Cumme. n. 1. —; ermäss. Preis — 60

Haehnel, Karl: Auf den Tod Ihrer Majestät der Kaiserin und Königin Elisabeth. Dichtung. 8 (S. 3—4).
Progr. K. k. Staats-Ober-G. *Leitmeritz i. Bö.* 1899.

Haehnel, Karl: Des jungen Kaisers Traum. (Zum 2. Dezember 1908.) S. 3—6. 8. K. k. Staats-Obergymn. *Landskron i. Bö.* 1909.
Progr.

Haehnel, Karl, Übersicht der deutschen Literaturgeschichte. Als Leitfaden für den Unterricht zunächst im Anschluß an das „Deutsche Lesebuch für österreichische Gymnasien" von Kummer und Stejskal bearb. gr. 8. (IV, 73 S.) Wien 888, Manz'sche Hof- und Universitäts-Buchh. * — 80

Haehnel, Karl, Übersicht der deutschen Literaturgeschichte. Als Hilfsbuch f. Wiederholgn. bearb. 2., umgearb. Aufl. gr. 8. (VI, 90 S.) Wien 892. Manz. n. 1. 20

— Übersicht der deutschen Literatur-Geschichte. Als Hilfsbuch f. Wiederholgn. bearb. 3., verb. u. verm. Aufl. gr. 8. (VI, 99 S.) Wien 902. Manz. n. 1. 50

Hähnel, Carl Heinr., die practische Landwirthschaft. Handbuch bei Erlernung und Ausübung der Landwirthschaft, das Wichtigste aus der Praxis enthaltend, systematisch zusammengestellt gr. 8. (VII und 544 S. mit 2 Tab. in 4. und 8 eingedr. Holzschn.) Döbeln (861)62, Schmidt. *

Hähnel, Carl Traug., Aufgaben zur leichten und sichern Erlernung der Rechtschreibung. I. Heft, für Lehrer, Schüler und Laien. 8. (31 S.) Mügeln 850. (Leipzig, Klinkhardt.) **

Hähnel, Otto: 1. Über die Darstellung von reinem Rohargon und reinem Stickstoff. 2. Über die kathodische Verstäubung von Metallen in verdünnten Gasen. (Berlin: Trenkel 1909.) 50 S. 8°
Berlin, Phil. Diss. v. 29. März 1909, Ref. Fischer
[Geb. 25. Dez. 84 Berlin; Wohnort: Berlin; Staatsangeh.: Preußen; Vorbildung: Luisenstädt. Oberrealsch. Berlin Reife O. 04; Studium: Berlin 9 S.; Rig. 4. März 09.] [U 09. 181

Hähnel, Paul Richard: Friedrich Rückerts Ansichten über Bildung und Erziehung. Leipzig 1905: A. Pries. (96 S.) 8° [F.]
Leipzig, Phil. Fak., Ref. Volkelt u. Köster, Diss. v. 5. Aug. 1905
[Geb. 14. Febr. 73 Siegmar b. Chemnitz; Wohnort: Siegmar; Staatsangeh.: Sachsen; Vorbildung: Seminar Grimma Wahlfähigkeitsprüf. Nov. 95; Studium: Leipzig 6 S.; Rig. 1. Febr. 05.]

Hähnel, Paul Rich., Friedrich Rückerts Ansichten üb. Bildung u. Erziehung. (96 S.) 8. Leipzig 905. F. Brandstetter. n. 1. 20

Haehnel, Wolfram: Aus d. physikal.-chem. Abt. d. chem. Inst. d. Univ. Breslau. Gleichgewichtsstudien an heterogenen Systemen. 1. Die Reaktion $Ag^{\cdot} + Fe^{\cdot\cdot} \rightleftharpoons Ag + Fe^{\cdot\cdot\cdot}$ 2. Das Chromat-Bichromat-Gleichgewicht. 3. Die Oxydationskraft des Braunsteins. Breslau (1910): Graß, Barth & Co. 80 S. 8°
Breslau, Phil. Diss. v. 8. Jan. 1910, Ref. Abegg
[Geb. 24. Dez. 84 Lahr i. B.; Wohnort: Breslau; Staatsangeh.: Baden; Vorbildung: Gymn. Lahr Reife Juli 03; Studium: Straßburg 2, Breslau 11 S.; Rig. 1. Dez. 09.] [U 10. 606

Hähnelt, Wilh., die drei Bahnbrecher der evangel. Mission in China, s. a. Missionsschriften, neue. Nr. 24.

Die drei Bahnbrecher der evangelischen Mission in China. Von Propst W(ilhelm) Hähnelt, Angermünde. 3. Aufl. Berlin: Berliner Ev. Missionsgesellsch. [1909]. 32 S. 8° [Umschlagt.]
(Neue Missionsschriften. Nr 22.) [09. 17175

Haehnelt, Wilh., ich bin der Herr, dein Arzt. Gedenkblatt für die Armee nach der Rückkehr des Kaisers. Predigt, gehalten in der Garnisonkirche zu Berlin am 8. Dec. 1878. [Auf Befehl gedr.] gr. 8. (15 S.) Berlin 879. Wiegandt & Grieben. — 25

Haehnelt, Wilh., nur treu. Festpredigten. (Mit e. Anh. üb. das Studium der Theologie u. das Ephoralamt. (104 S.) 8. Angermünde 904. (C. Windolff.) n. 1. —

— der Thurmbau zu Babel, s.: Sammlung von Vorträgen.

— Um den Abend wird es licht sein. Der Prophet Sacharja, in 14 Betrachtgn. f. die Gemeinde ausgelegt, nebst e. poet. Anh. gr. 8. (VII, 140 S.) Lpz. 891, Fr. Richter. * 2 —; geb. m. G. * 3 —

Hahnemann, Christian Friedrich Samuel. Ein biographisches Denkmal. Aus den Papieren seiner Familie u. den Briefen seiner Freunde. Von einem seiner Freunde u. Verehrer. gr. 8. (IV u. 139 S.) Leipzig 851, Hinrichs. n. 2/3 ℳ

Hahnemann, s. auch Hanemann.

Hahnemann: Bewegung zweier durch eine starre Linie verbundenen materiellen Punkte auf einem vertikalen Kreise. 24 S.– Halle R., Progr. 1861.

Hahnemann's Briefe an e. Patienten aus den J. 1793—1805. [Bisher noch nicht veröffentlicht.] Mit Einleitg. u. Anmerkgn. hrsg. v. Bernh. Schuchardt. 8. (V, 72 S.) Tübingen 886. Laupp. n. 1. —

— Fragmente aus seinen hinterlassenen Schriften, siehe: Memoiren aus d. Leben eines Arztes.

Hahnemann, über den mathematischen, namentlich geometrischen Unterricht auf Gymnasien. Programm der lateinischen Hauptschule in Halle für das Schuljahr 1871—1872. 4. (70 S.) Halle 872, Buchh. des Waisenhauses. *

Hahnemann, C. A., ausgeführte städtische Wohngebäude in Berlin, s. a. Wohngebäude.

Hahnemann, C. A., Ausgeführte städt. Wohngebäude in Berlin. 15 Tfln. mit Text. Berlin (1868). Fol.

Hahnemann, Chrn. Friedr., kurzer Abriß über die richtige Auffassungsweise des Lebens Jesu. Jena 864. (Deistung.) 8. (45 S.) n. 7½ ngr.

— Luther u. sein Auftreten als Reformator im Hinblick auf unsere Zeit. Eine Darstellung einzig nach den Grundsätzen der heil. Schrift. Ebend. 865. 8. (VIII, 70 S.) n. 10 ngr.

Hahnemann, Chrn. Frdr., die göttliche Offenbarung im Verhältnisse zur sittlichen Weltordnung. Jena 864. Deistung in Comm. 8. (30 S.) n. 4 ngr.

Hahnemann, Chrn. Frdr., die über den Erdboden hereingebrochene Sündfluth der geistigen Gewässer. 8. (10 S.) Jena 848, Frommann. 1½ ngr.

— was ist unter kirchlicher Lehrfreiheit zu verstehen? Eine Beantwortung. 8. (IV und 52 S.) Jena 866, (Deistung.)

— unsere Zeitbewegung. Eine Mission für die Gegenwart. 8. (24 S.) Jena 862, (Deistung.)

Hahnemann, Christian Friedr. Sam., s. Hahnemann, Samuel

Hahnemann, Edmund. Predigt ... zum Gedächtniss des Herrn Pfarrer (Ch[arle]s) Wagner-Groben, gehalten im Trauergottesdienst den 21. Februar 1886. [Mit Portrait-Tafel.] 8. Lausanne.

Hahnemann, Edm. Karl Wagner-Groben, Pfarrer. Sein Leben u. Wirken. Mit Wagner's Photogr. 8. (VIII, 183 S.) Basel 889, Missionsbuchh. * 1 60; geb. ** 2 40

Hahnemann's, F., homöopathische Hausapotheke als Hausfreund und Reisearzt. Nebst einem Anhange, enth. 500 beste Hausmittel, Hufeland's Reiseapotheke, und einer Anweisung zur Bereitung des berühmten Lebens-Elixirs. 8. (60 S.) Bautzen 848, Reichel.

Hahnemann, Friedrich

Hahnemann, Fr., Diss. de medicamentorum confectione et exhibitione per pharmacopolas. 8. Jena 818. Cröcker. 10 gr.

— — De ulceris venerei cancrosi (Chancre) ortu et curatione. Diss. med. Lpz. (Carl Tauchnitz) 25. IX. 1812. 39 S. (6.—) 12847

— Diss. inaug. de ulceris venerei et cancrosi ortu et curatione. 4. Leipz. 812. Ed. II. 4. Halle 818.

— Diss. philologica de somno naturali. 4. Leipz. 810.

Hahnemann, Friedrich u. Christian Gottlob Wilke, De somno naturali. Diss. philos. Lpz. (Klaubarth) 13. XI. 1811. 44 S. (6.—) 12846

Friedrich Hahnemanns [Hahnemann] Widerlegung der Anfälle Hecker's auf das Organon der rationellen Heilkunde. Ein erl. Kommentar zur homoopathischen Heillehre. Dresden: Arnold 1811. 228 S. 8°

Hahnemann, Jh. Dav.

Hahnemann, J. Dav., Anwend. z. Engl. Sprache. 2 Thle. gr. 8. Freyb. Craz. 788. 89.

— s. Lesebuch, anthologisches.

Hahnemann, Jh. Dav., († 1801.) Versuch e. Anweis. zur Engl. Sprache. 2 Thle. gr. 8. Frberg 787, 89. Craz u. G. 2 ℛ 12 gr.

Hahnemann, Karl, Referendar in Oelsnitz: Das Prokuraindossament nach dem deutschen Wechselrechte. Borna-Leipzig 1908: R. Noske. (VIII, 55 S.) 8° [J.]
Leipzig, Jur. Fak., Diss. v. 2. Jan. 1908
[Geb. 29. Jan. 83 Zwickau (Sachsen); Wohnort: Oelsnitz (Vogtland); Staatsangeh.: Sachsen; Vorbildung: Gymn. Zwickau Reife O. 01; Studium: Jena 3, München 1, Leipzig 4 S.; Rig. 21. Jan. 05.]

Hahnemann, Lukas, Beitrag zur Praxis des Zeichenunterrichtes in Volksschulen. gr. 8. (48 S. nebst 19 lithogr. Taf.) Annaberg 888, Rudolph und Dieterici. * 1 80

Hahnemann, M., Gottes Weltordnung e. Naturgesetz. Log. Kritik der Kultur in Vergangenheit, Gegenwart u. Zukunft. gr. 8. (40 S.) Berlin 896. C. Skopnik. n. -- 60

Hahnemann, S., Stallmeister, s. Taplin, W.

Hahnemann, Samuel

— Abhandl. über d. Vorurtheile gegen die Steinkohlenfeuerung; nebst e. Anh. der Herren Lanoix u. Bruns. Mit 2 Kpf. gr. 8. Dresd. 787. Walther. 9 gr.

Hahnemann, (Chrstn. Friedr.) Sam., die Allöopathie. Ein Wort d. Warnung an Kranke jeder Art. gr. 8. (2¼ B.) Leipzig 831, Baumgärtner.

Anleitung alte Schäden und faule Geschwüre gründlich zu heilen nebst e. Anh. über eine zweckmässigere Behandlung der Fisteln, der Knochenfäule, des Winddorns, des Krebses, des Gliedschwamms und der Lungensucht. Von Samuel Hahnemann. Leipzig: Crusius 1784. 192 S. 8°

— Anleit. alte Schäden u. Geschwüre zu heilen. 8. Leipzig. F. C. W. Vogel. 784.

Hahnemann, Samuel (Friedrich Christian): Apothekerlexikon. Th.1/$_{1-2}$ - 2/$_{1-2}$, gbd.

Leipzig: Crusius 1793 - 1799

JB 2.588

Hahnemann, S., Apothekerlexikon. 2 Bände in 4 Abtheil. gr. 8. Leipz. F. C. W. Vogel. 793. 99. (I. 1e Abthl. 18 gr. I. 2e 16 gr. II. 1e Abthl. 20 gr. II. 2te 1 Thlr. 18.)

Hahnemann, Samuel (Friedrich Christian): Ueber die Arsenikvergiftung, ihre Hülfe und gerichtliche Ausmittelung. 276 S., gbd.

Leipzig: Crusius 1786

JB 5.265

— üb. die Arsenikvergiftung. 8. Leipz. 786. W. Vogel. 14 gr

— reine Arzneimittellehre aus Beobachtungen. 6 Thle. gr. 8. Dresd. 811—20. 2e A. 822—27. Arnold. 12 Rthlr 2 gr 1r, 2r Thl. 3e Aufl. 830—33. à 2 Rthlr 12 gr 5 Rthlr Alle 6 Thle. 12 Rthlr 12 gr Hbg. Pr. 9 Rthlr 12 gr

Hahnemann, S., reine Arzneimittellehre. 3r bis 6r Bd. gr. 8. Dresden, Arnold. 817 — 821. (3r — 5r Bd. à 1 Rthlr. 12 Gr. 6r Bd. 1 Rthlr. 8 Gr.)
(Alle 6 Bände 8 Rthlr. 20 Gr.)

Hahnemann, Samuel (Friedrich Christian): Reine Arzneimittellehre. 2.verm.Aufl. Th.1 - 6, gbd.

Th.1 - 4: Dresden: Arnold 1822 - 1825
Th.5 - 6: Dresden u.Leipzig: Arnold 1826 - 1827

JB 2.590

Hahnemann, (Sam.,) reine Arzneimittellehre. 1r — 4r Thl. 2e verm. Aufl. gr. 8. Dresden 823 — 25, Arnold. (1r, 2r Thl. 5 Rthl. 3e, 4r Thl. 3 Rthl. 18 gr.) Rthlr.

Hahnemann, Samuel (Friedrich Christian): Reine Arzneimittellehre. 3.verm.Aufl. Th.1 - 2, gbd.

Dresden u.Leipzig: Arnold 1830 - 1833

JB 2.591

Hahnemann, Sam., reine Arzneimittellehre. 1. 2. Thl. 4. (Titel-) Ausg. u. 3—6. Thl. 3. (Titel-) Ausg. Leipzig (825—33.) 856. Arnold. 8. (504; 461; 368; 356; 346; 333 S.) 3 Rthlr

— Aeskulap auf d. Wagschale. 8. Dresd. 805. Arnold. 8 gr

—— Aufruf an denk. Menschenfreunde üb. d. Ansteckungsart d. asiat. Cholera. gr. 8. (1¼ B.) Leipzig 831, Berger.

– s. Ball, J.: Neuere Heilkunst.

— Bereitung d. Caßler Gelbs u. Fuchs Uranium metall. 4. Erf. Keyser. 793.

– s. Bönninghausen, C. M. F. v.: Repertorium.

Hahnemann, S. C. F., Conspectus adfectuum spasmodicorum aetiologicus et therapeuticus. 20 pp. Erl. 4°.

1779

Hahnemann, Samuel (Friedrich Christian) (Übers.u.Comm.):

s.: Cullen, William: Abhandlung über die Materia medika. (A Treatise of materia medica. Dt.) Bd 1 - 2. Leipzig: 1790

JB 1.445

Hahnemann, Samuel (Friedrich Christian) (Übers.):

s.: Neues Edinburger Dispensatorium. (The new Edinburgh Dispensatory. Fourth edition. Dt.) Th.1 - 2. Leipzig: 1797 - 1798

JB 1.653

— Exposé de la reforme de l'art, medicale, Trad. par E. G. do Brunnow. gr. 8. Dresden 824, Arnold.

– s. Fabroni: Kunst.

– s. Falconer: Über Bäder.

— Freund d. Gesundheit. 1r Bd. 1s Stck. Mit 1 Kpf. 8. Frkf. a. M. 792. W. Fleischer. 10 gr 1r Bd. 2s Stck. 8. Lpz. 795. (W. Vogel). 6 gr

– s. Grigg, J.: Vorsichtsmaßregeln.

– s. Haller, A. v.: Arzneimittellehre.

— Handbuch f. Mütter oder Grundsätze der ersten Erziehung der Kinder; nach d. Französ. bearb. Mit 1 Kpf. 8. Lpz. 796. 2e Aufl. 804. Gr. Fleischer. 12 gr

— Heilkunde der Erfahrung. 8. Berl. 805. Reimer. 8 gr

Heilkunde der Erfahrung. Von Samuel Hahnemann. Berlin: Wittich 1805. 99 S. 8°

– s. Heilung und Ausrottung der Cholera.

—— Heilung d. asiat. Cholera u. Schutzmittel dageg. 8. (¾ B.) Cöthen 831, Aue.

—— dass. Nebst e. Zusatz, das diätet. Verhalten beim Gebr. d. Streukügelchen betreff. Hrsg. v. ***. (Cöthen d. 29. Aug. 1831.) 8. (½ B.) Nürnberg, Stein.

—— dass. 2., ganz umgearb., viel verm. u. mit interessanten Zusätzen u. authent. Berichten bereich. Aufl. Hrsg. v. ***. (Cöthen d. 16. Sept. 1831.) 8. (1 B.) Ebds.

—— dass., s. a. Boenninghausen, Cl. Marc. Fr. v.

— Heilung u. Verhütung des Scharlachfiebers. 8. Nürnb. 801. Stein. (Becker in Gotha). 3 gr

Hahnemann's, Sam., Heilung u. Verhütung des Scharlachfiebers u. Purpurfriesels mit einigen Zusätzen v. J. Buchner. gr. 8. (2 B.) München 844, Franz.

Hahnemann's, Sam., Heilung u. Verhütung des Scharlachfiebers u. Purpurfriesels m. Zusätzen v. J. Buchner. 2. verm. Ausg. gr. 8. (31 S.) München 851, Franz. ⅙ Rthlr

— Dissertatio hist. med. de Helleborismo veterum. 8maj. Leipz. 812. Steinacker. 6 gr.

— **Samuel** u. (Respond.) **Friedrich Hahnemann** (Sohn), De helleborismo veterum. Diss. histor.-med. Lpz. (Carl Tauchnitz) 26. VI. 1812. 86 S. (6.50) **12848**

Sam. Hahnemann (resp. Fred. Hahnemann fil.) diss. hist. med. de helleborismo veterum. Lips. 1812. S. — *Redit in* S. Hahnemann kleine medic. Schriften, herausgegeb. von E. Stapf. Dresd. u. Leipz. 1829 8.

– s. H o m e , Er.: Bemerkungen.

— d. Kaffee u. seine Wirkungen. 8. Leipz. 803. Steinacker; (auch Arnold in Dresd.) 6 gr.

Der Kaffee in seinen Wirkungen. Nach eignen Beobachtungen von Samuel Hahnemann. Leipzig: Steinacker 1803. 56 S. 8°

— s. K. Kammerer, Die Homöopathie heilt ohne Blutentziehungen.

—— die chron. K r a n k h e i t e n, ihre eigenthüml. Natur u. homöopath. Heilung. 1. u. 2. Thl. 1. Aufl. (39 B.) 828. 3 Thlr. 12 Gr., 2., verm. A. (36 B.) gr. 8. Dresden 835, Arnold.

—— dass. 3. u. 4. Thl. Antipsor. Arzneien. gr. 8. Ebds. [3. (19½ B.) 828. 1 Thlr. 12 Gr., 4. (26 B.) 830. 2 Thlr. 12 Gr.]

H a h n e m a n n, Sam., die chron. Krankheiten, ihre eigenthüml. Natur u. homöopath. Heilung. 3—5. (letzt.) Thl. Antipsorische Arzneien. 2., verm. u. verb. Aufl. gr. 8. Düsseldorf, Schaub. [3. (26 B.) 837. * 2⅙ Thlr., 4. (34 B.) 838. * 2⅚ Thlr., 5. (35 B.) 839. * 2 11/12 Thlr.] *
1. u. 2. Thl. Dresden u. Leipzig 835, Arnold. 4 Thlr.

– s. L a m e t h e r i e de: Über die Luft.

– s. M a c h y de: Kunst.

— Materia medica pura sive doctrina de medicamentorum viribus in corpore humano sano observatis, e germanico sermone in latinum conversa Conjunctis studiis edid. E. Stapf, Guil Gross et E Ga. Brunnow. Vol. I. 8 mai. Dresdae et Lips. 826. Arnold.

—— M a t e r i a medica pura, sive doctrina de medicamentor. viribus in corpore humano sano observatis, e Germanico sermone in Latin. conversa. Conjunctis stud. ed. E. Stapf, Guil. Gross et Ern. G. a Brunnow. Vol. II. 8 maj. (24 B.) Dresdae 828, Arnold.
Vol. I. Ebendas. 1826. 2 Thlr. 18 Gr.

– s. M o n r o , D.: Arzneimittellehre.

– s. N u g e n t : Versuche.

— Organon de l'art de guérir. Trad. de l'Allemand par E. G. de Brunnow. gr. 8. Dresd. 824. Arnold.

—— Organon de l'art de guérir, ou théorie fondamentale de la méthode curative homéopathique. Trad. de l'Allemand par Ern. G. de Brunnow. Nouv. Edit., revue, corr. et augm. d'après la 4. Edit. de l'original. gr. in-8. (23½ B.) Dresde 832, Arnold.

— Organon d. rationellen Heilkunde. gr. 8. Dresd. 810. 2e, mit des Verf. Bildniß verm. Aufl. gr. 8. Ebd. 819. 3e Aufl. 824. 4e Aufl. 829. Arnold. 2 rthl 8 gr

Hahnemann, Samuel (Friedrich Christian): Organon der Heilkunst. 3.verbess.Aufl. 282 S., gbd., Abb.

Dresden: Arnold 1824

JB 2.592

—— O r g a n o n d. Heilkunst. 4., u. 5., verb. u. verm. Aufl. Mit d. Bildn. d. Verf. (à 20½ B.) gr. 8. Dresden 829, 33, Arnold. à

Hahnemann, Samuel (Friedrich Christian): Organon der Heilkunst. 5.verbess.und verm.Aufl. 304 S., gbd., Abb.

Dresden u.Leipzig: Arnold 1833

JB 2.593

Hahnemann's, Sam., Organon der Heilkunst. 6. Aufl. Mit Abdr. der Vorreden u. wichtigsten Varianten der 5 bis jetzt erschien. Aufl., neuen Bemerkungen, u. einem Anh. aus Sam. Hahnemann's Schriften hersg. von Arth. Lutze. Coethen 865. Verlag der Lutze'schen Klinik. gr. 8. (XVI, 352 S. mit Portr. in Stahlst.) 1 rthl; geb. 1 rthl 12½ ngr.

H a h n e m a n n ' s, Sam., Organon der Heilkunst. Mit Abdruck der Vorreden und wichtigsten Varianten der 1. bis 5. Aufl., neuen Bemerkungen und einem Anhang aus Sam. Hahnemann's Schriften 1865 hrsg. von Arth. Lutze. 7. Aufl. Mit Hahnemann's Stahlst. gr. 8. (XVI, 286 S.) Köthen 881, Schettler's Verlag.

– s. R i g b y , Ed.: Vers. üb. Zucker.

– s. R y a n : Untersuchung.

Hahnemann, Samuel (Friedrich Christian) (Übers.u.Bearb.):

s.: Sande, J(ean) B(aptiste) van den: Die Kennzeichen der Güte und Verfälschung der Arzneymittel. (La Falsification des médicaments dévoilée... Dt.) Dresden: 1787

JB 1.438

Hahnemann, Samuel (Friedrich Christian): Kleine medicinische Schriften. Gesammelt und hrsg. von Ernst Stapf. Bd 1 - 2, gbd.

Dresden u.Leipzig: Arnold 1829

JB 2.595

—— kleine medicin. Schriften. Gesammelt u. hrsg. v. E. Stapf. 2 Thle. gr. 8. (35 B.) Dresden 829, Arnold.

—— S e n d s c h r e i b e n üb. d. Heilung d. Cholera u. d. Sicherung vor Ansteckung am Krankenbette. Nebst e. erläut. Nachtr. d. Verf., u. bestätigenden Mittheiln. d. Hrsgeb. 8. (1 B.) Berlin 831, Hirschwald.

– s. S t e d m a n n , J.: Phys. Versuche.

— nouveau Système de Médicine, trad. de l'allemand d'après la seconde édition. gr. 8. Dresd. 822, Arnold.

– s. T a p l i n : Pferdearzneikunst.

— Traité sur les effets du café. Trad. par E. G. de Brunnow. gr. 8. Dresden 824. Arnold.

(Der Kaffee in seinen Wirkungen. Franz.:] Traité sur les effets du café, trad. de l'original allemand du Samuel Hahnemann par E[rnst] G[eorg] de Brunnow. Dresde: Verl. 1824. XIV,48 S. 8°

Hahnemann, Samuel (Friedrich Christian): Unterricht für Wundärzte über die venerischen Krankheiten, nebst einem neuen Quecksilberpräparate. Th.1 - 2, Anh., 292 S., gbd.

Leipzig: Crusius 1789

JB 4.657

— Unterr. f. Wundärzte üb. d. Venerischen Krankh. gr. 8. Lpz. F. C. W. Vogel. 789.

— Fragmenta de viribus medicamentor. positivis. II Part. 8. maj. Lips. Barth. 806. 5. (1r 20 gr. 2r 1 Thlr. 16 gr.)

— fragmenta de viribus medicamentorum positivis sive in sano corpore humano observatis. II Pts. 8maj. Leipz. 805. Barth. 2 ℳ 12 ℊ

Hahnemann, Samuel(Friedrich Christian)

s.: Viro illustri medicinae homoeopathicae auctori Samueli Hahnemanno...fausto illum diem, quo ante hos quinquaginta annos Erlangae summis in medicina et chirurgia honoribus rite ornatus est, amici et medici metodo homoeopathicae addicti pie laete congratulantur... Merseburgi: 1829

JB 5.836

— üb. d. Vorurtheil gegen d. Steinkohlenfeuerung etc. m. K. gr. 8. Dresd. Walther. 787.

– s. Weber, G. A.: Darstellung der reinen Arzneiwirkungen.

—— über d. Wiederholung (der Gabe) e. homöopath. (Heilmittels) Arzneimittels, s. Bönninghausen, Cl. Marc. Fr. v., Repertorium etc.

– s. Young, A.: Annalen.

Hahnemann, Samuel Friedrich Christian, s. Hahnemann, Samuel

Hahnemannia, s. Blätter, fliegende, über Homöopathie.

Hahnemannia. Fliegende Blätter f. Stadt u. Land üb. Homöopathie. Begründet im J. 1858 v. Arth. Lutze, fortgesetzt v. Ernst Arth. Lutze. 26. Jahrg. (der neuen Folge 1. Jahrg.) Apr.—Dezbr. 1890. 9 Nrn. gr. 4. (IV, 112 S.) Berlin, (G. F. Lenz). n. 3. 60
Früher u. d. T.: Blätter, fliegende, f. Stadt u. Land üb. Homöopathie. (Hörte im J. 1883 auf zu erscheinen.)

— dasselbe. Illustrirte flieg. Blätter f. Stadt u. Land üb. Homöopathie. Red.: R. Crüwell. Jahrg. 1891. 1892. à 12 Nrn. (à ca. 1½ Bog.) gr. 4. Ebd. à Jahrg. n. 4. —

Hahnemannia. Illustrirte flieg. Blätter f. Stadt u. Land üb. Homöopathie. Begründet im J. 1858 v. Arth. Lutze. Fortgesetzt v. Ernst Arth. Lutze. Redact.: R. Crüwell. [28.] Jahrg. 1892. 12 Nrn. (à Nr. 1½—2 Bog.) gr. 4. Berl., (Lenz). * 4 —
1.—26. Jahrg. erschien u. d. T.: Blätter, fliegende, f. Stadt u. Land üb. Homöopathie, s. XVII. Bd. 1. Abthl. S. 180; d. 27. Jahrg. erschien im Selbstverlag d. Herausg.

— dasselbe. Jahrg. 1893. 1894. à 12 Nrn. (à ca. 1½ Bog.) gr. 4. Berlin, (R. Jassé). à Jahrg. n. 4.

Hahnemannia. Illustr. flieg. Blätter f. Stadt u. Land üb. Homöopathie. Begründ. i. J. 1858 v. Arth. Lutze, fortges. v. Ernst Arth. Lutze. Jahrg. 1895. 12 Nrn. (à ca. 12 S. m. Abb.) gr. 4. Berlin-Carlshorst, Verlag Humanitas. n. 4. —

— dasselbe. 32. Jahrg. 1896. 12 Nrn. (à ca. 12 S. m. Abb.) gr. 4. Ebd. n. 2. 50
Preis des 1. Quartals n. 1. —; des 2.—4. je n. — 50.

— dasselbe. 33. u. 34. Jahrg. 1897—1898. à 12 Nrn. (à ca. 12 S.) gr. 4. Ebd. à Jahrg. n. 2. —

Hahnemannia. Illustr. flieg. Blätter f. Stadt u. Land üb. Homöopathie. Unter Mitwirkg. namhafter homöopath. Aerzte, u. A.: Adph. Schaper, hrsg. u. red. v. Ernst Arth. Lutze. (Im J. 1858 begründet v. Arth. Lutze.) 36.—38. Jahrg. 1899—1901. à 12 Nrn. hoch 4. (à ca 12 S.) Berlin, M. Harrwitz. à Jahrg. n. 2. —

— dasselbe. 39. Jahrg. 1902. 12 Nrn. hoch 4. (à ca. 12 S.) Ebd. n. 2. —

Hahnemannia. Illustrirte flieg. Blätter f. Stadt u. Land üb. Homöopathie. Unter Mitwirkg. namhafter homöopath. Aerzte, u. A.: Adph. Schaper hrsg. u. red. v. Ernst Arth. Lutze. (Im J. 1858 begründet v. Arth. Lutze.) 40. u. 41. Jahrg. 1903 u. 1904. à 12 Nrn. (à ca. 12 S.) hoch 4. Berlin, M. Harrwitz. à Jhrg. n. 2. —

— dasselbe. Hrsg. v. E. Arth. Lutze. (Im J. 1858 begründet v. Arth. Lutze.) Red.: A. Adam. 42. u. 43. Jahrg. April 1905—März 1907 à 12 Nrn. (à ca. 12 S.) 4. Berlin (H. Bermühler.) à Jhrg. n. 2. —

Hahnemannia. Illustrierte flieg. Blätter f. Stadt u. Land üb. Homöopathie. Hrsg. v. E. Arth. Lutze. (Im J. 1858 begründet v. Arth. Lutze.) Red.: A. Adam. 44. Jahrg. April 1907—März 1908. 12. Nrn. (à ca. 12 S.) 32×24 cm. Berlin, (H. Bermühler). 2. —

Hahnemanniana. gr. 8. (6 B.) Berlin 830, Th. Enslin.

Hahnemann's, Sam., Leben und Wirken, s. Albrecht, Frz.

Hahnencamp, Jos., s. Hahnenkamp

Hahnenfeld, C. v., die religiöse Bewegung zu Königsberg in Preußen in der ersten Hälfte des 19. Jahrhunderts und die heutige Kirchengeschichte beleuchtet aus den v. Wegnerschen „Mittheilungen" und ihren „authentischen Urkunden". gr. 8. (VI und 187 S.) Braunsberg 858. (Königsberg, Theile's Buchh.) *

— ein Moment aus den „Mittheilungen" des Consistorialrath Kähler über das Leben und die Schriften seines Vaters beleuchtet. Braunsberg 856. Beyer. (Königsberg, Theile.) gr. 8. (15 S.) 3 ngr

Hahnenfeld, C. v., ein Wort über die Zuverlässigkeit der Brockhaus'schen Conversations-Lexika. Braunsberg 864. Peter in Comm. 8. (16 S.) 1½ ngr.

[**Hahnenfibel**, littauisch.] *Tiltàje: H. Post [um 1900].* (8 Bl.) 8° [F.] (o2-1907)10

Das grosse Hahnengeschrey, oder: Vorstellung der jetzigen Kriegszeiten. Gedicht. 1758. 4. (8 S.)

Hahnonkamm, Wilhelm, aus Kassel (Hess.): Über Kondensationsprodukte des 2.4-Dinitrotoluols und den 2.4-Dinitrobenzaldehyd. *München 1902. V. Hofling.* (42 S.) 8°
München, Phil. Diss. v. 1902

Hahnenkamp, Josef

Hahnenkamp, Jos., Elementar-, Lese- und Sprachbuch für Anfänger in der ungarischen Sprache. Oedenburg 862. Sevring. 8. (VIII, 155 S.) n. 10 ngr.

HAHNENKAMP, JOSEF: Verschiedene christ-katholische Kirchenlieder. Oedenburg 1877

Hahnenkamp, Jos., Liederschatz. Eine ausgewählte Sammlung von frommen, Gemüth und Charakter bildenden, wie auch erheiternden Schul- und Volksliedern mit bewährten, leichten und angenehmen Melodien und Volksweisen für Schüler katholischer Volksschulen. 1. Bdchn., insbesondere für Schüler der I. Classe. 12. (40 S.) Wien 860, Sallmayer und Comp.

Hahnenkamp Jos. Methodisch geordnete Stoffsammlung zu Sprach- und Aufsatzübungen für Volksschulen. Oedenburg, C. Romwalter 1852. 8.

Hahnenkamp, Jos., methodisch geordnete Stoffsammlung zu Sprach- und Aufsatzübungen für Volksschulen, besonders für höhere Knaben- und Mädchenschulen wie auch für Sonntags- und Wiederholungsschulen. 2. Aufl. (148 S.) 1854. und 3., verm. und verb. Aufl. 8. (VII und 174 S.) Wien 856, Sallmayer und Comp.

—— methodisch geordnete Stoffsammlung zu Sprach- und Aufsatzübungen für Volksschulen, besonders für höhere Knaben- und Mädchenschulen, wie auch für Sonntags- und Wiederholungsschulen. 3. Aufl. 1857. und 4., sehr verm. und verb. Aufl. gr. 8. (VI und 174 S.) Wien 858, Sallmayer und Comp. *

— Stoffsammlung zu Sprach- und Aufsatzübungen für Volksschulen, besonders für höhere Knaben- und Mädchenschulen, wie auch für Sonntags- u. Wiederholungsschulen. 5., umgearb. u. verm. Aufl. Wien 863. Sallmayer & Co. (VII, 200 S.) n. 14 ngr.

Hahnenkamp, Jos., Stoffsammlung zu Sprach- u. Aufsatzübungen für Volksschulen, besond. für höhere Knaben- u. Mädchenschulen, wie auch für Sonntags- u. Wiederholungsschulen. 6. verb. Aufl. Wien 868. Sallmayer & Co. 8. (VII, 201 S.) n. 14 ngr.

Hahnenkamp, Jos., Stoffsammlung zu Sprach- u. Aufsatzübungen f. Volks- u. Bürgerschulen, wie auch f. Gewerbe u. Fortbildungsschulen. 7., verb. Aufl. gr. 8. (VII, 213 S.) Wien 872. Graeser. geb. n. 1. 40

Hahnenkamp, Jos., Stoffsammlung zu Sprach- und Aufsatzübungen für Volks- und Bürgerschulen, wie auch für Gewerbe- und Fortbildungsschulen. 7. verb. Aufl. gr. 8. (VII, 213 S.) Wien 872, Sallmayer und Comp. geb. *

Hahnenkamp, Jos., Stoffsammlung zu Sprach- u. Aufsatzübungen für Volks- u. Bürgerschulen, wie auch für Gewerbe- u. Fortbildungsschulen. 8., verb. Aufl. gr. 8. (IV, 166 S.) Wien 878. Graeser. n. 1. 20

Hahnenklee [Schlagwort]

Hahnenklee. Touristen-Karte von Hahnenklee u. Umgegend. 1:25,000. 40×46 cm. Autogr. u. Farbdr. Einbeck 899. H. Ehlers. n. — 35

Hahnenrieder, Ueber die Verbindung elektromotor. Elemente zu einer Batterie. 1873.

Der Hahnenruf: May 1851--? New York, NY

Hahnepampel, Athenasius, Dagelöhner. Deutschland muß in Preußen uffgehen! So un anderscht nich. Rede gehalten vor eene große Volks-Versammlung. Druck von Brandes u. Schultze. 1 Bl. Fol.
Flugblatt. Berlin, 1848/49.

Hahner, Lorenz: Kulturhistorisches im englischen Volkslied. 1. Naturgefühl — Mann und Frau, Eltern und Kinder — Essen und Trinken in den Robin-Hood-Balladen ... (Soll erweitert werden.) Freiburg i. B., Univ.-Buchdr. v. Ch. Lehmann, 1892; 88 S. 8.
Freiburg i. B., Phil. Fak., Inaug.-Diss. v. 1892

Hahner, Otto, die Keglerpartie. Eine lustige Geschichte in Versen. Mit Bildern v. Geo. Erler. (41 S.) gr. 8. Berlin (906). Harmonie. n. 2. —; geb. in Leinw. n. 3. —

(B) **Hahner,** Otto, die Keglerpartie. 906. (KBB 33.) Ladenpreis aufgehoben.

Haehner, Alfred, appr. Arzt a. Düsseldorf, Assistenzart am Kadettenhause Plön: Über die rationelle Beköstigung der Soldaten im Frieden und im Kriege. Berlin (1905): G. Schade. (30 S.) 8°
Berlin, Med. Fak., Ref. Rubner, Diss. v. 5. Aug. 1905
[Geb. 27. Jan. 80 Düsseldorf; Heimatsort: Düsseldorf; Staatsangeh: Preußen; Vorbildung: Städt. Gymn. Cöln a. Rh. Reife O. 98; Studium: Berlin, K. Wilh.-Akad. 10 S.; Coll. 3. August 05; Approb. 2. Apr. 04.]

Hähner, Chrstn., die christl. Religion, zur leichtern Uebersicht kurz u. in ihrem natürl. Zusammenhange dargestellt. Auch e. Leitfaden beim Confirmanden-Unterrichte. gr. 12. (2½ B.) Darmstadt 837, [Dingeldey.]

Haehner, Herm. (geb. Lobe in Westf. 30. 11. 1851): Ueber den schädlichen Einfluss feuchter Wohnungen. Berlin (1873). (27 S.) 8°
Berlin, Med. Diss. v. 23. Jan. 1873

Hähner, Hermann: Natur und Naturgemässheit bei Comenius und Pestalozzi. . . . Chemnitz, Druck v. G. Lamprecht, 1890; 1 Bl. + 87 + 1 S. 8°
Leipzig, Phil. Fak., Inaug.-Diss. v. 19. Jul. 1890

Hähner, H., Natur u. Naturgemässheit bei Comenius u. Pestalozzi. Eine philosophisch-pädagog. Studie. gr. 8. (87 S.) Chemnitz 890. (Leipzig, Gräfe.) n. 1. 20

Hahn-Fibel. 8. (16 S. m. 1 Abbildg.) Berlin 890. Trowitzsch & Sohn. n.n. — 5

— dasselbe. 2 Nrn. 12. (à 8 S. m. 4 farb. Taf.) Wesel 890. Düms. à — 10

— 12. (6 farb. Taf. m. 6 S. Text.) Stuttgart 895. G. Weise. — 10; m. 8 farb. Taf. u. 8 S. Text — 15

Hahnfibel (Neudr.) 8. (8 S. m. 1 Bild.) Berlin 897. Trowitzsch & Sohn. 25 Stück n. 1. 20

Hahnfibel. 3 Sorten. (Je 8 [4 farb.] S. Abbildgn.) 12. Stuttgart (903). G. Weise. à n.n. — 05

Hähnge, Heinr., zwei Novellen. (33 S.) 8. Strassburg 905. J. Singer. n. 1. —

Hahnke, Friedr. Wilh. M. v., Elisabeth Christine, Königin von Preußen, Gemahlin Friedrichs des Großen. Eine Biographie. 8. (VIII und 519 S.) Berlin 848, G. Reimer.

Hahnke, W. v., die Operationen der III. Armee. 1. Thl. Bis zur Kapitulation v. Sedan. Mit 2 (lith.) Karten (in gr. Fol.) gr. 8. (197 S.) Berlin 873. Mittler & Sohn. 4. —

Hähnle, Erwin [app. Arzt aus Reutlingen]: Über die Lebensdauer der an Retinitis albuminurica Erkrankten ... Tübingen, F. Pietzcker, 1897; 16 S., 1 Bl. 8.
Tübingen, Med. Fak., Inaug.-Diss. v. 1897

HÄHNLE, Hermann: Das Schutzgebiet Behr Steckby (Anhalt) des Bundes für Vogelschutz e. V. Stuttgart. Bericht über die Einleitung von Versuchen zur Schädlingsbekämpfung durch ihre natürlichen Feinde, insbesondere durch die Vogelwelt, bis zum Jahre 1932 und Nachtrag über den Verlauf der Kieferspannerbekämpfung bis 1940. - Stuttgart o. J. 20 S.

Haehnle, [Max], Forstamtmann, Stuttgart: Sortimentstafeln für annähernd gleichaltrige, geschlossene und regelmäßig durchforstete Fichtenbestände Württembergs. Ulm 1905: Ulmer Zeitung. (67 S.) 8°
Tübingen, Staatsw. Fak., Ref. Bühler, Diss. v. 11. Sept. 1905
[Geb. 9. Nov. 67 Giengen; Wohnort: Stuttgart; Staatsangeh.: Württemberg; Vorbildung: Gymn. Heilbronn Reife S. 86; Studium: Tübingen 8 S.]

Hähnle, Otto, aus Giengen: **Ein Beitrag zur Kenntnis des Mesitoltribromids.** *Ulm a. D. 1899: Ulmer Zeitung.* (38 S.) 8°
Heidelberg, Naturw.-math. Diss. v. [11. Nov.] 1898

Haehnlein, Andr. Jos., Mariologia, s. Mariologia.

Hähnlein, Andr. Jos., Principia theologiae moralis, quae ex optimis auctoribus selecta exercitationibus moralibus quibus in seminario clericorum Wirceburgensi praeest, accommodavit. 8maj. (XX und 791 S.) Wirceburgi 855, libr. Stahel. *

Hähnlein, Ernst, Erzählungen aus der Algerie. (Neue [Titel-]Ausg. 8. (78 S.) Leipzig 902. W. A. G. Müller. — 75

— unter fremder Fahne. 5 Jahre in der Fremdenlegion. gr. 8. (32 S.) Gebersdorf (902). E. Hähnlein. — 75

— ein Fremdenlegionär. Wahrheitsgetreue Schilderg. aus der Fremdenlegion in Algerien. 8. (V, 112 S. m. Abbildgn.) Leipzig (902). Gebersdorf, E. Hähnlein. 1. —

Hähnlein, N.: Die Verkehrsschrift ..., s. Schaible

Hahnloser, Emil [von Winterthur]: Die Namenaktie nach dem Bundesgesetz über das Obligationenrecht mit Berücksichtigung des deutschen Handelsrechtes. Zürich 1903. 106 S. 8°.
Bern. Jur. Diss. 1903/1904.

Hahnloser, Emil. Die Namenaktie nach dem Bundesgesetz über das Obligationenrecht, mit Berücksichtigung des deutschen Handelsrechts. Diss. Jur. Bern. 106 S. 8. Zürich, Schulthess & Co., 1903.

Hahnloser, Rob[ert] Arthur, med. pract. von Winterthur [Kt. Zürich]: Aus der Universitäts-Augenklinik in Zürich. Die Erfolge der Glaucombehandlung an der Züricher Augenklinik in den Jahren 1865–1895. Winterthur G. Binkert Dr. 1896. 59 S. 8°.
Zürich. Med. Diss. [v. 20. Juni 1896].

Hahnrey n, die gedoppelten, a. d. Franzos. 8. Hannover, Helwing. 750.

Hahnreyprobe, Die. Ein Lustspiel. Frankfurt u. Leipzig 1752. 8°. $2\frac{1}{2}$ Bogen. Rar!

Hahnreyschafft, Die Welt-bekannte, doch nicht von jedermann recht-erkannte, nach ihrer eigentlichen Natur, Ursprung u. Würckungen, samt den sogenannten Hahnreyen u. Hahnreyinnen u. deren Mannigfaltigkeit; wie nicht weniger dienlicher Unterricht, wie sich vor solcher beschwerlichen Bürde zu hüten, u. wie man derselben auf gewisse Masse wieder loß werden könne. Wobey auch allenfalls ein besonderer Trost für alle, so ihr verdrießliche Ordenszeichen u. hartes Joch fernerweit zu tragen haben. Alles aufrichtig vorgestellt durch Eine neutrale Feder. (Druckerstock.) Franckfurt u. Leipzig, 1733. 8°. (Auch in Stuttgart.) (4 Mk., Paul Neubner, 1888; 10 Mk. M. Edelmann, 1904.)
Höchst curioses Buch, voll derb-pikanter Satyre u. bitterer Ironie, gespickt mit erotischen Historien. — Titel (roth u. schwarz), 7 Bll. Vorr. des Autoris (vielleicht eines Studenten, jedenfalls aber keines Ungelehrten), 285 S. Sehr rar!

Hahnreyschaft, d. weltbekannte ꝛc. 8. Lpz. F. E. W. Vogel. 733.

Hahnrieder: Anleitung zum Lösen planimetrischer Aufgaben. 16 S. und Fgt.,–Meseritz, Progr. 1854

Hahnrieder, Ernst Bestimmung des richtigen Verhältnisses von Beitrag und Aussteuer bei Sterbekassen. 10 S. Progr. *Meseritz* 1885.

Hahnsche Gemeinschaft, die. Ihre Entstehung u. seitherige Entwicklung. Mit einer Reihe von Lebensbildern. gr. 8. (XVI, 366 S.) Stuttgart 877. (J. F. Steinkopf.) geb. n. 3. —

Hahnzog, A. Ctthlf., Lehrbuch der Militair-Geographie von Europa, eine Grundlage bei dem Unterricht in deutschen Kriegsschulen. 2 Thle. 8. Magdeb. 820. Rubach. 2 ℛ 21 ℊ

Hahnzog, A. Gthe., Lehrbuch d. Militär-Geographie v. Europa, e. Grundlage bei d. Unterr. in deutschen Kriegsschulen. 2 Thle. Mit v. Liechtenstern's Atlas. (4 lith. Karten, Imp.-Fol. Wohlf. Ausg.) 8. (71 B.) Magdeburg 820—30, Rubach.

Hahnzog, (A. G.,) Lehrbuch der Militär-Geographie v. Europa. 2r Thl. 8. Magdeburg 823, Rubbach. 1 Rthl. 21 gr. 1r u. 2r Thl.

Hahnzog, Chr. Ldw., (✝ ...) Predigten wider den Aberglauben. gr. 8. Magdeb. 784. Hessenland. (Lauffer in Leipz.) 1 ℛ 12 ℊ

Hahnzog, C. Ludw., Predigten wider den Aberglauben. gr. 8. Magdeb.-Hessenland (a. Schütz) 787.

— patriot. Predigten. 8. Halle, Hemmerde u. S. 785.

— patriot. Predigten. 8. Halle 785. Schwetschke u. S. 15 ℊ

— kl. Sittenlehre. 8. Magdeb. Heinrichshofen. 803.

— über Volksaufklärung, oder ob es rathsamer sei, daß d. Bauer aufgeklärt, oder in sr. bisher. Kultur erhalten werde? 8. Magdeb. 803. Heinrichshofen. 8 ℊ

Hahnzog, C. L.: „Ueber Volksaufklärung, oder ob es rathsamer sey, daß der Bauer aufgeklärt, oder in seiner bisherigen Kultur erhalten werde?" Magdeburg 1803 (Keil).

— s. H. G. Zerrenner, Volksreden.

Hahr, Aug., geografisk och militar statistik Karta ofver Sverige och Norrige. Efter authentika Uppgifter sammandragen och utgifven. gr. Fol. (8 lith. u. col. Bl.) Stockholm 815. (Bonnier.) n. 5⅓ ℛ

Konst och Konstnärer vid Magnus Gabriel De la Gardies hof. Bidrag till d. Svenska konstforskningen. Af August **Hahr**. Uppsala: ⟨C. J. Lundström⟩; Leipzig: O. Harrassowitz (1905). (200, VII S.) 8°
— **Skrifter** utg. af Humanist. Vetenskaps-Samfundet i Uppsala 9,4. (16.1098) 9

Hahr, Aug., die Architektenfamilie Pahr, s. a. **Studien** zur deutschen Kunstgeschichte. 97. Heft.

Die Architektenfamilie Pahr. Eine für d. Renaissancekunst Schlesiens, Mecklenburgs u. Schwedens bedeutende Künstlerfamilie von August **Hahr**, Doz., Lund. Mit 46 Abb. Straßburg: J. H. E. Heitz 1908. (132 S.) 8°
Verkürzte Arbeit der in schwed. Sprache erschienenen Abh. von Hahr: Studier i Johan III:s renässans. 1. Arkitektfamiljen Pahr.
— **Studien** z. deutschen Kunstgeschichte. H. 97. (08. 1108

Hahr, Otto, Referendar: Der Parteibegriff im heutigen Zivilprozeß. Straßburg 1909: Du Mont Schauberg 53 S. 8°
Heidelberg, Jur. Diss. v. 30. März 1909, Ref. v. Lilienthal
[Geb. 3. Dez. 84 Potsdam; Wohnort: Straßburg; Staatsangeh.: Preußen; Vorbildung: Protest. Gymn. Straßburg Reife Sommer 03; Studium: Straßburg 6, Berlin 1 S.; Rig. 2. März 09.] [U 09. 1800

Hahvich Sohn. Triers Alterthümer und Umgebungen in 22 pittoresken Ansichten. Trier 1823. Fol.

Hái dschóu, s.: Tschili.

'Hái yang hsiën, s.: Tschili.

Haibel, Johannes Aloys, das heilige Vater Unser oder das Gebet des Herrn in Umschreibungen, Andachtsübungen, Gesangen, Erklärungen und erbaulichen Anwendungen 2c. Ein Gebet- u. Erbauungsbuch f. kathol. Christen. Mit 3 Stahlst. 8. Leipzig 845, Woller. 1 rf

Haibel, Joh. Aloys, Vater unser, der Du bist in den Himmeln, geheiliget werde dein Name! Vollständ. Gebet- u. Betrachtungsbuch für kathol. Christen. 2. wohlfeilste (Titel-)Ausg. bevorwortet von Frz. Laurenz Mauermann. Nebst 2 Stahlst. 12. (331 S.) Leipzig (845) 847, Woller. 2/3 rf

Haibel, Johs. Alois, Vater unser, der du bist in den Himmeln, geheiliget werde Dein Name! Vollständiges Gebet- und Erbauungsbuch für kathol. Christen. 3. (Titel-)Aufl. 8. (330 S. mit 2 Stahlst.) Glatz 853, Hirschberg. *

Haibl, Apollinar, Aphorismen u. Sprüche. (III, 124 S.) 8. Langensalza 908. J. Beltz. Geb. 2. —

HAICHEN, Paul. Harems Freud und Leid. Berlin, W. R. Jacobsthal (um 1890). 8°.
Verb. d. Ldg. Leipzig A. III. 63/92.

Haicke, Albert: [illegible] Berolini (1835) [illegible] 8°
Berlin, Med. Diss. v. 3. Mai 1835

Haicke, Ernestus Fridericus: De hydrargyro. Halis Saxonum (1822): Grunert. 29 S. 8°
Halle-Wittenberg. Med. Diss. v. 23. Aug. 1822
Geb. Leschwitz (Oberlausitz) 31. 12. 1797. V.

Haid, Dr. Herenäus, Jubelpriester und erzbischöfl. geistl. Rath. Sein Leben und Wirken. 8. (46 S.) München 873, Stahl.

Haid, F. S., Juden-Emancipation. Eine Untersuchung üb. die staatsrechtl. Principien des Mosaismus im Verhältniß zu den Principien der Gegenwart. 8. (VI u. 210 S.) Ellwangen 848, Brantegger in Comm. 24 ngl

Haid, G.: Der Rosenkranz ..., s. **Haid**, Herenäus

Haid, Herenäus, eine Abhandl. als Ankündigung üb. die Metamorphose des Rosenkranzes nach dem Geiste d. kathol. Kirche. 8. Landsh. 809. Thomann. 3 kr

Haid, **Herenäus**, Des Priestertums göttliche Abkunft, Wesenheit und Glorie, dargestellt in 14 Sermonen zur Primizfeier edler Priester, mit einem erklärenden Dedikations-Worte an einen Freund, welcher sich dem Studium der hl. Theologie zu weihen im Begriffe steht. Landshut, Krüll, 1842, Lex.-8°, 23 3/4 Bogen, 3,30 Mk.

— der Kirche Anfang, Fortgang u. Bestand; 10 Reden bei Besezzung des erzbischöfl. Stuhles von München u. Freising, mit Uebersetzungen aus dem röm. Pontificale 2c. gr. 8. Münch. 822. Lentner. 22 kr

— Beicht- u. Kommunionunterricht. 12. Landsh. 813. Thomann. 1 kr

— Beicht-Unterricht, od. eigentl. Unterr. von d. würd. Empfang d. heil. Bußsacraments f. Kinder. 12. Landsh., Thomann. ½ kr

— Betrachtt. u. Gebete am Fronleichnamsfeste u. für die ganze Oktav zum Gebr. bei der heil. Messe 2c. 8. Münch. 813. (Thomann in Landsh.) 1½ kr

(**Haid**, Herenäus,) Briefe d. Freundschaft üb. d. Röm. Brevier, s. **Briefe**.

— s. **Canisius**, P., Gebetbuch f. Katholiken.

Haid, **Herenäus**, Über das Christentum vor, in und nach Christus. Ebenda. 1812. 8°, 1,50 Mk.

Haid, Herenäus, **Christus** im Kampfe mit Belial. Eine Pred. zur Feier d. 400jähr. Jubiläums d. Kirche der heil. Martin u. Kastulus in Landshut. 8. (1½ B.) Landshut 836, Thomann'sche Bh.

— Einleitung in d. Ritual nach d. Geiste d. kathol. Kirchen. 2 Hälften. 8. Münch. 812. Lentner. 1 rf 8 kr

— Einleitung in d. Ritual nach d. Geiste d. kathol. Kirche. 2 Hälften. 8. Ebend. 815.

— Ende u. Schlußstein d. biblischen Exegese. 8. Münch. 818. Lentner. 5 kr

— z. Feier d. Fasten, e. Rede d. heil. Basilius, sammt e. Litaney 2c. Aus d. Griech. u. Latein. übers. 8. Münch. 822.

– s. **Feier**, Die, des Fronleichnams.

— **Feierpredigt**, s. J. N. **Hortig**, Predigten.

— ein katechet. Fragment als e. rechtfertigende Erläuterung zu d. kleinen Katechism. 8. Landsh. 815. Thomann. 5 kr

— Früchte des Geistes. Eine Samml. auserlesener Stellen z. Erbauung u. Belehrung. 1e — 3e Gabe. 12. Münch. 821 — 23. Lentner. 2e G. 8 kr 3e G. 4 kr

— das Gebet des Herrn. Ausgelegt v. d. heil. Vätern d. Kirche. 8. Münch. 821. Giel. 10 kr

— **Gebetbuch** sammt den christ-kathol. Katechismus. 12. Ebend. 812.

— Gebetbuch, sammt d. christ-kathol. Katechismus nach Petrus Canisius, f. Kinder d. 3n Classe. gr. 12. Ebd. 813. 4 gl

— **Gebetbüchlein sammt d. Hauptlehren des Christenthums, od. kleiner Katechismus f. Kinder der 1sten, 2n u. 3n Classe. gr. 12. Ebend. 813 u. 14.**

— Gebetbüchlein, sammt d. Hauptlehren d. Christenthums, f. alle frommen Kinder d. 1n Classe. gr. 12. Landsh. 813. 3e A. Ebd. 814. Thomann. 1 gl

—— Gebetbüchlein, sammt d. Hauptlehren d. Christenthums, f. Kinder d. 1. Klasse. 3., verm. u. verb. Aufl. 24. (108 S. u. 3 Stndr.) Landshut 833, Thomann.

—— dass. f. Kinder d. 2. Klasse. M. 3 Stndr. 2., sehr verm. u. verb. Aufl. 12. (6 B.) Ebds. 833.

—— dass. sammt d. christkathol. Katechismus nach Petrus Canisius f. Kinder d. 3. Klasse. M. 3 Stndr. 16. (17¼ B.) Ebds. 833.

— Dass., sammt d. kl. Katechismus od. den Hauptlehren d. Christenthums, f. Kinder der 2n Classe. 12. Ebd. 2e A. 813. 2 gl

— die Geburt Christi im Christen. Eine Predigt. 8. Münch. 814. Giel. 2 gl

— Gedanken u. Empfindungen am Fuße d. Altars, z. Feier von Ostern u. Fronleichnam. 8. Münch. 822. Giel. 6 gl

— die Geistesweihe, e. Rede. 8. o. O. 814.

HAID, Herenaeus (Geisenfeld): Der Geistliche nach der Grundansicht.- München: Lentner 1809.
1 Bl., 56 S.
26.3.1809 - Pe 291; F 43
Diss.Ingolst.-Landsh.-Mchn.

— der Geistliche nach d. Grundansicht; nebst e. kurzen Darstell. d. Theologie im organ. Zusammenhange aller ihrer Theile rc. gr. 8. Münch. 809. Lentner. 5 gl

— d. Geistliche des 19n Jahrh., kein Apostel d. Welt, sondern ein Apostel Christi. 8. Bregenz 815.

— Goldkorner, d. Frommen im Lande geweiht. 8. St. Gallen 815.

Haid, Herenäus, Jesus der Gekreuzigte allein unser Heil. Dargestellt in drei Sieben von Fasten-Predigten rc. gr. 8. Landshut 843, Krüll'sche Universitätsbuchh. $1\frac{1}{8}$ ß

Haid, H., Jesus der Gekreuzigte allein unser Heil. Dargestellt in drei Sieben von Fasten-Predigten, deren drittes Sieben Sermonen des heil. Papstes Leo des Großen mit mehreren Bruchstücken und Stellen derselben aus dem Lateinischen, und mit den zwei Fasten-Reden des großen heiligen Vaters und Lehrers Basilius, aus dem Griechischen übersetzt, enthält. Neue Ausg. gr. 8. (XL, 362 S.) Würzburg 888, Bucher. * 2 —

Haid, Herenäus, die 3 Kirchen d. Christen; e. Rede am Feste d. Kirchenweihe 1811 gehalten. 8. Landsh. 812.

—— der heil. Kreuzweg unsers Herrn Jesu Christi in 14 Stationen sammt einer Litanei zum gekreuzigten Heilande. 12. (1¾ B. u. 14 Stnt.) Landshut 843, Thomann'sche Buchh. *

— s. Leben u. Regel Franz v. Assis.

—— die gesammte kathol. Lehre in ihrem Zusammenhange. Vorgetragen in Katechesen an d. Metropolitankirche Unser L. Frau in München. 3 Bde. gr. 8. München, Giel.
Bd. 1. Von dem Glauben. (22 B.) 837. 1 Thlr.
: 2. Von der Hoffnung. (22 B.) 838. 1 Thlr.
: 3. Von der Liebe. Mit e. Beyl. Von d. Staate der auf d. zehn Gebote sich gründet, u. von d. weltl. Regimente als göttl. Einsetzung; od. auch: Von d. göttl. Rechte d. Könige. (28 B.) 838. 1 Thlr. 8 Gr.

— die gesammte kathol. Lehre in ihrem Zusammenhange. 4.—7. (letzter) Bd. gr. 8. München 841—45, Giel. (4. $1\frac{5}{8}$ ß 5. $1\frac{3}{4}$ ß 6. $1\frac{1}{2}$ ß 7. $2\frac{3}{8}$ ß) $7\frac{1}{4}$ ß — Alle 7 Bde. $10\frac{7}{12}$ ß

— dass. 1., 2. Bd. 2. Aufl. Von dem Glauben. — Von der Hoffnung. gr. 8. München 844, Liter.-Artist. Anstalt. 2 ß — Dass. 3. Bd. 2. verm. Aufl. Von der Liebe u. den göttl. Geboten. Ebend. 845. $1\frac{1}{3}$ ß — Dass. 4. Bd. 2. Aufl. Von der Kirche u. ihren Geboten. Ebend. 845. $1\frac{5}{8}$ ß — 5. Bd. Von den heil. Sacramenten und Sacramentalien. gr. 8. Ebend. 846. $1\frac{3}{4}$ ß 1.—5. Bd. 6 ß $21\frac{1}{4}$ ngl

— dass. 2. Aufl. (In 36 Liefg.) 1.—11. Liefg. gr. 8. Ebend. 845, 46. à $8\frac{3}{4}$ ngl

Haid, Herenäus, die gesammte kathol. Lehre in ihrem Zusammenhange. Vorgetragen in Katechesen. 2. verm. Aufl. 6. Bd. Von den Sünden u. ihrer Reinigung, als dem verneinenden Theile der christl. Gerechtigkeit. gr. 8. (XLIV u. 403 S.) München 847, Liter.-art. Anstalt. $1\frac{1}{2}$ ß — 7. Bd.: Von dem Guten u. von der Weise, das Gute zu üben, od. von den Tugenden, als dem bejahenden Theile der christl. Gerechtigkeit u. der Ascese. gr. 8. (LXXXIV u. 602 S.) Ebd. 847. 2 ß 12 ngl (cplt. 7 Bde.: 10 ß 18 ngl)

— dass. (In 36 Lfgn.) 12—36. Lfg. gr. 8. (3. Bd. S. 211—424. 4. Bd. LII u. 491 S. 5. Bd. LII u. 501 S. 6. Bd. XLIV u. 403 S. 7. Bd. LXXXIV u. 602 S.) Ebd. 847. à $8\frac{3}{4}$ ngl (1—36: $10\frac{1}{2}$ ß)

— das Licht d. Evangeliums Jesu Christi in u. durch d. heil. Gallus, d. Apostel d. Schweiz rc. gr. 8. St. Gallen 814. Huber u. C. 7 gl

—— ohne Priesterthum keine Kirche, ohne Kirche kein Heil. 8. (2 B.) Rotweil 830, Herder.

— gute Perlen, in irdenen Gefäßen. Aus Angelus Silesius cherub. Wandersmann. 8. Münch. 815. Lentner. 6 gl

— die Predigt des Evangel. Jesu Christi. 8. Münch. 816. Lentner. 3 gl

— u. Jh. Bapt. Zartl, Predigten, zwei, während der zweiten hundertjährigen Jubelfeier d. Marianischen Congregation der Herren u. Bürger in Landshut. 8. Landsh., Thomann. 4 gl

—— der Priester in St. Augustin, dem heil. Vater u. Lehrer der Kirche. Eine Primiz-Feier-Predigt. Lex.-8. (1¾ B.) Landshut 842, Krüll'sche Univers.-Buchh.
Bildet einen Nachtrag zu:
Haid: Des Priesterthums göttliche Abkunft. ...

— über das Priesterthum, vor, in u. nach Christus. 8. München 812. Lentner. 16 gl

— christl. Reden in d. Schweiz. 1s — 4s Sieben. 8. Münch. 815. Lentner. 3 ß 4 gl

— — christl. Reden in der Schweiz. 2s Heft. 8. Ebend. 816.

— — — — 3s 4s Heft. 8. Ebend. 817. 818. (3s Heft 20 Gr. 4s Heft 22 Gr.)

— s. Regel des heiligen Benedict.

— der Rosenkranz zum Gedächtniß d. armen Seelen im Fegfeuer. 8. Landsh. 810. Thomann. 1 kr

— der Rosenkranz nach Meinung d. heil. kathol. Kirche zum häusl. u. öffentl. Gebrauche. 3 Thle. 8. Landsh. 810. 2e Aufl. 811. Thomann. 9 kr Schrbp. 12 kr

— das heil. Sakrament d. Firmung, nach d. Lehrbegriffe d. kathol. Kirche dargestellt. 8. Münch. 821.

— selig sind, die Gottes Wort hören u. halten. Dargest. in e. Rede an die Christengemeinde zu Waldkirch im Kanton St. Gallen rc. 8. St. Gallen 814.

— katechet. Sendschreiben. Eine Erläuterung zu seinen Gebetbüchern. 8. Landsh. Thomann. 812.

—— der Priester göttl. Sendung z. Dienste Jesu Christi d. Herrn, zur Verwaltung d. Geheimnisse Gottes. Eine Primiz-Predigt. gr. 8. (2½ B.) Landshut 832, Thomann.

— eine kleine Sermon zur feierlichen Professionen zweier Novizinnen im Kloster zu Dietramszell. gr. 8. (1½ B.) Landshut 842, Thomann'sche Buchh.

— 2 Sermonen. I. Ich habe einen guten Kampf gekämpft; vorgetragen zum 50jähr. Jubiläum der ehrwürdigen Chorschwester Maria Cäcilie, geb. v. Adam. II. Das Opfer seiner selbst; vorgetr. z. feierl. Profeß d. beiden Chorschwestern Maria Klothilde Schwarz und Aloysia Koska Häckel. gr. 8. Landshut 846, Thomann'sche Buchh. n. 1/6 Thlr

Haid, Herenäus. Die Sünde ist das Verderben der Leute. Eine Rede an das versammelte Volk nach der Hinrichtung der Maria Franziska Bruckmann ... zu St. Gallen, am 19. September 1815. 8. St. Gallen 1815.

— die Weihe des Priesters aus u. durch die Pontifikate. 8. Münch. 817. Lentner. 5 kr

—— zwei Primiz-Predigten: Des Priesters Weihe, Heiliges zu wirken, Heiliges zu spenden. — Des Priesters erhabene Würde u. gewichtige Last. gr. 8. (3 B.) Landshut 835, Thomann'sche Buchh.

— ein Wort üb. Erziehung u. Unterricht als Gestalten der Zeit. 8. Landsh. 815. Thomann. 2 kr

Haid, Herm., s.a. H a i d , Herenäus

— der Kirche Anfang, Fortgang u. Bestand; 10 Reden bei Besetzung des erzbischöfl. Stuhles von München u. Freising, mit Uebersetzungen aus dem röm. Pontificale rc. gr. 8. München 832. Lentner.

Haid, Herm., sichere Erwerbsquelle für den fleißigen Bürger und Landmann u. vortheilhafte Nebenbeschäftigung für den Volksschullehrer oder kurzgefaßte Darstellung der Maulbeerbaum- u. Seidenraupenzucht. Schw. Hall 854. Haspel. (Stuttgart, Zitzbaber.) 12. (80 S.) 7½ ngr

Haid, (Herm.,) Früchte des Geistes. Eine Samml. auserles. Stellen z. Erbauung u. Belehrung. 1e bis 3e Gab. 12. München 821—23, Lentner. 2e G. 8 gr. 3e G.

— das Gebet des Herrn. Ausgelegt v. d. heil. Vätern d. Kirche. 8. München, Giel.

Haid, J. A. P. „Methodischer Beitrag zur trigonometrischen Berechnung des rechtwinkligen Dreiecks". pg. 17—27. 4°. Mit Textfig. Beck'sche Off. Nördlingen, Progr. 1845/46

Haid, J. A. P. „Historischer Rückblick auf die verflossenen 25 Jahre des Bestehens der Anstalt". pg. 3—16. 4°. C. H. Beck'sche B. Nördlingen, Progr. 1860/61

Haid, Jh. Herk., († d. 23. Aug. 1788.) ökonom.-praktische Abhandlung f. Schwaben. 4. Ulm 780. Stettin. 18 kr

Haid, J. H., ökon. prakt. Abhandl. f. Schwaben. 4. Ulm, Stettin. 782.

Haid, Joh. Herkules (Hrsg.), s. A b h a n d l u n g e n, Oekonomische, für Schwaben...

— Geschichte von Baiern von Otto I. 1180 bis 1778. 8. Regensb. 779. Montag u. W. 6 kr

— geograph.-statist., des Schwäbischen Kaisers u. and. in Schwaben gelegenen Länder. 2 Bogen in Fol. Ulm 788.

— s. 1) neueste Geschichte d. Welt, u. setze hinzu: 5r u. 6r Thl. (v. J. H. Haid). 2) Ladvocat, histor. Handwörterbuch.

— Ulm mit seinem Gebiet. 8. Ulm 786. Wohler. 1 fl 8 kr

Haid, Jh. Jak., s. Jak. Brucker.

Haid, J[oh.] J[acob]. [Haartrachten] à Augsbourg, chez J. J. Haid et fils [um 1770].
10 Bl. in Schabkunstmanier 2°.
Unvollständige Folge.
Bez. a Augsbourg chez J. J. Haid et fils [Joh. Elias].

Haid, M. P., ein Jugendtraum. Eine Geschichte aus dem Schwarzwald. (231 S.) 8. Wien 904. C. W. Stern. n. 2.50

Bestimmung der Intensität der Schwerkraft durch relative Pendelmessungen in Karlsruhe, Straßburg, Leiden, Paris, Padua, Wien ⟨Sternw.⟩, Wien ⟨Mil.-Geogr. Inst.⟩ u. München, ausgeführt im Auftr. d. internat. Erdmessung von M[atthäus] Haid. Mit 1 Taf. *Berlin: G. Reimer 1904.* (IV, 74 S.) 4°
= Zentralbureau d. internat. Erdmessung. Veröffentlichungen. N. F. No 10. [94. 1906]

Haid, M., über Gestalt u. Bewegung der Erde. Festrede, bei dem feierl. Akte des Direktorats-Wechsels an der grossh. bad. techn. Hochschule zu Karlsruhe am 3. XI. 1894 geh. Lex.-8. (16 S.) Karlsruhe 894 (G. Braun'sche Hofbuchdr.) n. 1. —

Haid, M., Untersuchung der Beobachtungsfehler u. Genauigkeit des bayerischen Präcisions-Nivellement. Inauguraldissertation. gr. 8. (39 S. m. 2 Tab.) München 880. (Jena, Deistung.) n. 1. —

Haid, M. Untersuchung des Bodensee-Pegels zu Konstanz. 1890. 4.

Haid, M., Dr., Untersuchung der Senkung des Bodensee-Pegels zu Konstanz. (Sep.-Abdr.) Karlsruhe 1891.

— die modernen Ziele der Erdmessung. Festrede, bei dem feierl. Akte des Rektorats-Wechsels an der grossh. technischen Hochschule zu Karlsruhe am 9. XI. 1901 geh. Lex.-8. (20 S.) Ebd. 901. n. — 60

Haid, Paul „Formeln zur Zins- und Prozentrechnung". Eine Gabe für den Bürger. pg. 17—25. 4°. C. H. Beck'sche Off. Nördlingen, Progr. 1850/51

Haid, Paul (kgl. Gewerbslehrer) „Die Schlacht bei Nördlingen am 7. September 1634". pg. 19—24. 4°. Mit einer Karte. Beck'sche Off.
Nördlingen, Progr. 1843/44

v. d. Haid', Ph. L. M., Novellen der Neuzeit. 8. (295 S.) Cöln 850, F. C. Eisen. n. 1½ ℛ

—— das Testament, oder drei Mal Mitternacht. Orig.-Drama. Episode aus der neueren Geschichte Posens. (Den Bühnen gegenüber Mscr.) 8. (74 S.) Cöln 850, F. L. Eisen. *

Haid, Roman: Ueber einige wichtigere Punkte in der Behandlung des deutschen Unterrichts auf Gymnasien. 18 S. – Hedingen, Progr. 1853.

Haid Rudolf: Nitro- und Aminoderivate des α-Naphtochinolins und ihre Oxydation zur 7, 8-Chinolindicarbonsäure. S. 115. IIb. 141 . . . . vgr.
Separatabdruck

Haidacher, Sebastian

Haidacher, Seb., s.: Chrysostomus, des hl. Johs., Büchlein über Hoffart u. Kindererziehung.

Haidacher, Sebast., d. Lehre d. hl. Johannes Chrysostomus üb. d. Schriftinspiration. gr. 8. (79 S.) Salzburg 897. A. Pustet. n. 1.60

Haidacher, Seb., Studien üb. Chrysostomus-Eklogen. gr. 8. (70 S.) Wien 902. (C. Gerold's Sohn.) n. 1.70
Sonderabdruck aus: „Sitzungsber. d. k. Akad. d. Wiss."

Haide, Die Dresdner. O. O. u. J. V: *Stichler, Hnr. Leop.* (Bibl. d. stat. Bureaus Dresden 1890.)

Haide, C. zur, daheim u. auf Reisen, s.: Für Herz u. Haus.

Haide, C. zur, um ein Dambrett. Frei nach dem Holl. (60 S.) 8. Lingen 905. R. van Acken. n. —40

— s.: Ebedjesu.

— Vergeudete Jugend. Roman. Nach E. Schoyen „En Sjaels Historie" frei bearb. (224 S.) 8. Osnabrück (907). G. Pillmeyer. 2.50; geb. in Leinw. 3.50

— Der Löwe v. Flandern, s.: Conscience, H.

— der Strahl. Alleinberechtigte nach der 37. Aufl. bearb. deutsche Ausg. v. M. N. Moulaur: „Le Rayon". (VI, 162 S.) 8. München 904. [J. Roth.] Osnabrück, G. Pillmeyer. n. 1.80; geb. in Leinw. n. 2.50

- vom Strahl erreicht, s.: Für Herz u. Haus. 25. Bd.

— s.: Zum gelobten Lande.

† Haide, Ernst von der, Buch d. Wanderungen. Ostsee u. Rhein. Hrsg. v. Karl Grün (ist zugl. d. Verf.). 8. (21⅛ B.) Cassel 839, Fischer.

Haide, Ernst von der, Nord u. Süd. Charakteristiken u. Poesieen. 8. Cassel u. Leipz. 838. Krieger'sche B. (Fischer.) 1½ ℛ

Haideblumen, Taschenbuch für gemüthliche Unterhaltung auf das J. 1854. Hrsg. von Herm. Schulze. gr. 16. (III und 165 S. mit 1 Stahlst. und 1 Holzschnt. in gr. 8.) Gifhorn 854, Schulze.

Haideblumen. Mainz 863. Kirchheim. 16. (IV, 92 S.) n. 12½ ngr.

Haideblüthen nordische; aus d. Russ. v. F. C. B. Wächtler. 8. Quedlinb. 812. Basse. 1 ℛ 8 gr

Hajdecki, Alexander

Hajdecki, Alex., kunstkritische Wiener Dilettanten-Scholien. I. Ein neu aufgetauchter Pharmigianino. (41 S. m. 1 Taf.) Lex. 8. Wien 909. C. W. Stern. 1.80

Hajdecki, A., Militär-Heirats- und Kautionsvorschriften. [Österr. Gesetze. Heft 84.] 8°. (III, 203 S.) K 3.60, geb. K 4.40

Hajdecki, Alex., Militär-Heirats- u. Kautions-Vorschriften. Mit Erläutergn. u. Formularen. (III, 203 S.) kl. 8. Wien 909. M. Perles. 3.60; geb. n 4.40

Hajdecki, Alex., Officiers-Standes-Privilegien. System u. Praxis d. gelt. Officiersrechtes d. k. u. k. bewaffneten Macht. gr. 8 (VII, 211 S.) Wien 897. M. Perles. n. 3.60

Haidegger, Wendelin, Der nationale Gedanke im Lichte des Christentums. Brixen, Preßverein, 1900, gr. 8°, IV, 149 S., 1,80 Mk.
Vgl. Monatsblätt. f. d. kath. Religionsunterr. x. 1900, S. 222 (Rosenberg).

Haidegger, Wendelin, der nationale Gedanke im Lichte des Christenthums. 2., vielfach verm. u. verb. Aufl. gr. 8. (V, 174 S.) Brixen 902. Buchh. des kath.-polit. Preßvereins. n. 1.80
1. Aufl. (IV, 149 S.) Ebd. 900. n. 1.80.

Haidekraut. Gedichte. Berlin 1884. V: *Witte, Anna Maria.* (Rothsch)

Haidelmann, Jos., evangel. Seelenweide, Kommunionbuch. (Mit Vorrede v. J. B. Riederer.) 8. Altd. u. Leipz. 758. 4 gr

(v. Haiden, Thom. Jos.:) Gedanken über die Punktation d. Embser Congresses u. in Streit befangenen Nunziatursachen im Röm. Deutsch. Reiche v. H. D. F. J. 790. gr. 4.

v. Haiden, Thom. Jos., († d. 14. Dec. 1813.) s. 1) Grundsätze zur Feststellung der Eintracht rc. 2) Reflexionen üb. die Note.

Haidenreich, Johann Ludwig

Haidenreich, Lud., Hist. astheniae scorbuticae in comit. Aradiensi 1803. saevientis. 8. Temesw. (Pest. Eggenberger.) 805.

— Jedermann sollte sein Arzt seyn. 8. Pest, Eggenberger. 784.

— instructio medico chirurgica in usum gremialium ruralium chirurgorum conscripta. 8. Pesth 785.

Haidenreich, I. L., medicina aradiensis de morbis in Dacia frequent. etc. Pest, Eggenberger. 783. Rthlr.

— v. d. Nahrung ganz kleiner Kinder. 8. Wien 793. Gerold. 8 gr

Haidenreich, B. d. Nahrung ganz kleiner Kinder und einigen Arten von Convulsionen. Wien. 8°. Salzb. med. chir. Zt. 1800, III, 30.
1799.

Haidenröslein, eine deutsche Rittergeschichte. Zofingen 1801. V: *Wächter, Leonhard.* (BGE III³, 12)

Haidenschaft [Schlagwort]

Haidenschaft, s.: Geologische Karten. Spezialkarte. (Oesterr.-Ung.)

Haidenthal, Aug. v., e. Roman v. J. Strela, m. Kupf. 8. Lpz. Voß. 804.

Haidenthaler, Josef, s. Haidenthaller

Haidenthaller, Josef

— Jodsoolbad Bad-Hall in Ober-Oesterreich, s. a. Wanderbilder, europäische. Nr. 262.

Haidenthaller, J . Jodsoolbad Bad-Hall in Ober-Oesterreich. Hrg. vom ob der ennsischen Landesausschuss. Mit 24 Illustrationen, [illustr. Umschlag,] 1 Situationsplan und 1 Routenkarte. IV + 36 S. 8. Zürich, Orell Füssli, [1904]. (fr. —.50)
(Europäische Wanderbilder. No. 262.)

Haidenthaller, Jos., Führer v. Bad Hall in Oberösterreich. M. 16 Abb., 1 Panoramakarte u. mehr. Plänen. 12. (IV, 65 S.) Linz 898. E. Mareis. n. 1. —

Haidenthaller, Jos., Bad Hall in Oberösterreich, s.: Städtebilder u. Landschaften aus aller Welt.

Haidenthaller, J., Hall-Les-Bains, s. a. l'Europe illustrée. Nr. 196.

Haidenthaller, J . Hall-Les-Bains ⟨Bad Hall⟩, Haute-Autriche. Ses eaux jodées fortes. Publié par les Etats de la Haute-Autriche. Avec 24 illustrations, un plan et 1 carte. IV + 38 p. 8. Zurich, Orell Füssli, [1905]. (fr. —. 50)
(L'Europe Illustrée. No. 196.)

— the saline jodureted springs of Hall-Baths in Upper Austria, s. a. Europe, illustrated. Nr. 183.

Haidenthaller, J . The Saline Jodureted Springs of Hall-Baths in Upper Austria. Edited by the Provincial Diet of U' A'. With 24 Illustrations, 1 Topographical and 1 Tourist's Map. IV + 38 p. 8. Zürich, Orell Füssli, [1906]. ([fr. —. 50,] Each number 6 d.)
(Illustrated Europe. No. 183.)

(**Halder**, D.), Historischer Bericht von denen Reichs-Vogteyen. bey denen Erb-, Frey- und Reichs-Städten. Hoch-Stifft u. and. Clöstern etc. 3 Theile. Mit Urkunden. Ulm 1733. 4.

Haider, Max, die Jagd in Bildern. Eine Sammlung aller möglichen Vorkommnisse und Abenteuer auf dem Gebiete der gesammten hohen und niedern Jagd. München 862. Braun & Schneider. gr. 4. (50 Holzschntaf.) 3 ℛ

Haider, Max, die Jagd in Bildern. Eine Sammlung aller mögl. Vorkommnisse und Abenteuer auf dem Gebiete der gesammten hohen und niederen Jagd. 2. Aufl. gr. 8. (50 Holzschnitttaf.) München 881, Braun und Schneider. * 5 —

Haider, Max, immerwährender Jagdkalender. gr. 4. (12 Holzschn.-Taf. mit eingedr. Texte.) München 877, Braun und Schneider. cart. * 1 50

Haider-Mappe. Hrsg. v. Kunstwart. (14 Taf. m. 12 S. illustr. Text.) 43,5×32 cm. München (910). G. D. W. Callwey. In Mappe 6. —

Halderosen. Ein Gang durch Wald u. Flur. kl. 4. (32 S. m. farb. Illustr.) Leipzig 889. Meissner & Buch. cart. m. Goldschn. n. 2. —

Haidheim, Luise [Pseud.]
s.a. Ahlborn, Luise [Wirkl. Name]

— Prinz Dino Adorno. Roman. 8. (V, 389 S.) Jena 890. Costenoble. n. 5. —

Haidheim, L. (Luise Ahlborn), anonym. Roman. (Neue Titel-Ausg.) 8. (184 S.) Stuttgart (890) 895. Deutsche Verlags-Anstalt. n. 1. —; geb. n. 1. 25

— im Beguinenturm. Roman. 8. (341 S.) Berlin 890. Janke. n. 5. —

Haidheim, L., Familie Braunau. Roman. 3 Bde. 8. (280, 275 u. 269 S.) Berlin 883. Janke. 12. —

— Johann Duve. Roman aus d. Hannover'schen Stadtgeschichte. 2 Bde. 8. (225 u. 229 S.) Jena 897. H. Costenoble. n. 6. —; in 1 Bd. geb. n. 7. 20

— Elisabeth von Brandenburg. Historischer Roman. 3 Bde. 8. (188, 235 u. 185 S.) Ebend. 878. n. 10. —

— Schloß Favorite. Roman. 3 Bde. 8. (236, 253 u. 256 S.) Berlin 887. Janke. n. 10. —

Haidheim, L. (Frau Luise Ahlborn), Schloß Favorite. Roman. (Neue Aufl.) 12. (314 S. m. Bildnis.) Baden-Baden 900. C. Wild. n. 3. 50; geb. n. 4. 50

— Schloß Favorite. Roman. 3. Aufl. (314 S. m. 1 Bildnis.) kl. 8. Baden-Baden (906). C. Wild. n. 3. 50; geb. n. 4. 50

— der Fechtbruder. Erzählung. 8. (204 S.) Ebd. 890. 1. 50

— im tiefen Forst. Roman. 3 Bde. 8. (252, 230 u. 221 S.) Freiburg i/Br. 885. Kiepert & v. Bolschwing. n. 12. —

— im tiefen Forst. Roman. 2. (Titel-)Aufl. 3 Bde. 8. (252, 230 u. 221 S.) Freiburg i/Br. 889. Kiepert. n. 12. —

Haidheim, L., im Geist u. in der Wahrheit! Roman. 3 Thle. 8. (164, 180 u. 160 S.) Hannover 877. Rümpler. n. 10. —

— Gundel v. Buchsweiler. Historischer Roman. 2 Bde. 8. (300 u. 273 S.) Jena 890. Costenoble. n. 8. —

Haidheim, L., (Frau Luise Ahlborn), zwei Herzoginnen. Histor. Roman. (379 S.) 8. Berlin (903.) O. Janke. n. 4. —

— hilf Dir selbst. Roman. 8. (392 S.) Berlin 895. O. Janke. n. 5. —; erm. Pr. n. 2. —

— das schlimme Jahr. Roman aus der Schweizergeschichte. 3 Bde. 8. (216, 237 u. 240 S.) Ebend. 880. n. 10. —

Haidheim, L. (Frau Ahlborn), Ippolito de' Medici. Roman. 2 Bde. 8. (259 u. 201 S.) Jena 892. H. Costenoble. n. 7. —; in 1 Bd. geb. n. 8. 20

— Pflicht u. Wunsch. Roman. 8. (343 S.) Berlin 894. Deutsches Verlagshaus Bong & Co. n. 4. – ; geb. n. 5. 50

Haidheim, L., Philipp van Artevelde. Historischer Roman. 2 Bde. 8. (226 u. 255 S.) Berlin 883. Janke. 9. —

— in bösem Schein, s.: Weichert's Wochen-Bibliothek.

—— sich selbst der Nächste. Roman. 8. (336 S.) Berlin 888, Janke. * 5 —

—— Sich selbst der Nächste. Roman. Wohlf. Ausgabe. 8. (336 S.) Berl. 889, Janke. * 2 —

— Unordnungen. Roman. 2 Tle. in 1 Bd. 8. (174 u. 183 S.) Berlin 894. O. Janke. n. 7.

— Unversöhnlich, s. a. Kürschner's, Jos., Bücherschatz.

Unversöhnlich. Roman von L. Haidheim (d. i. L[uise] Ahlborn). Mit Ill. von W. Roegge. *Berlin, Eisenach, Leipzig: H. Hillger [1899].* (127 S.) 8° [8.]
— Bücherschatz. Kürschner's. No 157. [illegible]

Haidinger, Andreas, Anleitung zur Abfassung aller Arten Gesuche in politischen Angelegenheiten, in Armen- Dienstbothen- Ehe- Gewerbs- Handels- Haus- Militär- Paß- Steuersachen u. dgl. 2 Thle. Theorie. — Formulare. gr. 8. Wien 841, Tendler u. Schaefer. 2 ℛ

HAIDINGER, Andr.: Anleitung z. pract. u. sachrichtigen Abfassung d. Contracte u. and. Privaturkunden. 2. Aufl. *Wien*, Tendler u. Schäfer. (835.) 839. 8.

Haidinger's, Andr., Anleitung, Privat-Urkunden im richtigen Geschäftsstil und im Sinne der neuesten Gesetzgebung abzufassen. Eine gemeinfaßliche Belehrung für Alle, welche Urkunden, als: Contracte, Obligationen ꝛc. auszufertigen haben. 3. Aufl., gänzlich umgearb. und verm. von Ernest Mayerhofer. 8. (VIII und 259 S.) Wien 853, Tendler und Comp.

— s. de Filippi, D. A., prakt. Lehrgang zur Erlernung d. italien. Sprache.

— Handbuch der Patente, Gesetze u. Verordnungen über die in den österr. Staaten bestehende Erwerbsteuer, nebst Formularien zu Eingaben, Protokollen u. Berichten. Mit 2 Tab. 8. Wien 843, Pichler's Wwe. (Leipzig, Liebeskind.) 1 ℛ

—— der deutsche Orthograph nach den anerkannten Grundsätzen d. neuern Schule. Eine theoret.-prakt. Anleitung, die deutsche Rechtschreibung auf eine ganz neue, leichtfaßl. Art gründl. zu erlernen. Nebst e. Anleitung z. Korrektur d. Bücher. 8. (12½ B.) Wien 846, Jasper's Verl.

Haidinger, Andr. Die österr. Postanstalt, besonders mit Hinsicht auf die gegenwärtige Reform dargestellt. gr. 8°. Wien, Pichler's Wittwe, 1844. (Abdr. aus dessen: Das wohlthätige und gemeinnützige Wien. gr. 8°. Wien, Pichler's Wittwe, 1842.)

— der populäre Rechtsfreund, oder Belehrungen, Rathschläge, Warnungen u. Winke bei Eingehung von Rechtsgeschäften aller Art sich vor Mißgriffen u. nachtheiligen Folgen zu bewahren. Auf Grundlage der bestehenden Gesetze, überall durch Beispiele u. Formulare erläutert. Nebst e. Anhange über die zweckmäßigste Benützung der gemeinnützigen Anstalten. gr. 8. Wien 844, Jasper'sche Buchh. ¾ ℛ

Haidinger's, Andr., Selbstadvokat, od. gemeinverständl. Anleitung wie man sich in Rechtsgeschäften aller Art selbst vertreten, sich vor Mißgriffen u. nachtheiligen Folgen bewahren, u. die nöthigen schriftl. Aufsätze: Eingaben, Gesuche, Recurse ꝛc. ohne Hilfe eines Advokaten abfassen kann. Auf Grundlage d. neuesten Gesetze m. besond. Rücksicht auf die neue Notariats- u. Wechselordnung, das neue Stempelpatent, die Reichsverfassung ꝛc. überall durch Beispiele u. Formulare erläutert. 4. v. einem pract. Advokaten gänzlich umgearb. u. verm. Aufl. gr. 8. (XVIII u. 301 S.) Wien 851, Jasper, Hügel & Manz. — 5. neuerdings sorgfältig rev. u. m. 200 neuen Formularen verm. Aufl. gr. 8. (X u. 399 S.) Wien 852, Manz. 1 ℛ

—— Selbstadvokat, oder gemeinverständl. Anleitung wie man sich in Rechtsgeschäften aller Art selbst vertreten, sich vor Mißgriffen und nachtheiligen Folgen bewahren, und die nöthigen schriftl. Aufsätze wie: Eingaben, Gesuche, Rekurse, Kontrakte ꝛc. ohne Hilfe eines Advokaten vollkommen rechtsgiltig abfassen kann. Auf Grundlage der neuesten Gesetze ꝛc. durch 370 Beispiele und Formularien erläutert. 6. Aufl. (XVI und 436 S.) 1854. 1 Thlr. 6 Ngr. und 7., gänzlich umgearb. und bedeutend verm. Aufl. gr. 8. (XII und 496 S.) Wien 855, Manz.

— Selbstadvokat, oder gemeinverständliche Anleitung, wie man sich in Rechtsgeschäften aller Art selbst vertreten, sich vor Mißgriffen und nachtheiligen Folgen bewahren und die nöthigen schriftlichen Aufsätze ꝛc. ohne Hülfe eines Advokaten vollkommen rechtsgültig abfassen kann. Auf Grundlage der neuesten Gesetze ꝛc. durch mehr als 400 Beispiele u. Formularien erläutert. 6. Aufl. 853. (XVI, 436 S.) 1 ℛ 6 Ngr. — 7. Aufl. 855. (XII, 496 S.) 1 ℛ 10 Ngr. — 8. gänzlich umgearb. ꝛc. Aufl. Wien 858. Manz. Lex.-8. (X, 458 S.) 1 ℛ 10 Ngr.

Haidinger's, Andr., Selbstadvokat, oder gemeinverständliche Anleitung, wie man sich in Rechtsgeschäften aller Art selbst vertreten, sich vor Mißgriffen und nachtheiligen Folgen bewahren und die nöthigen schriftlichen Aufsätze, wie: Eingaben, Gesuche, Recurse ꝛc. ohne Hilfe eines Advokaten vollkommen rechtsgiltig abfassen kann. Auf Grundlage der neuesten Gesetze ꝛc. 9. gänzlich umgearb. u. sehr verm. Aufl. Wien 862. F. Manz. Lex.-8. (XI, 535 S.) 1 ℛ 20 Ngr.

Haidinger's, Andr., Selbstadvokat, oder gemeinverständliche Anleitung, wie man sich in Rechtsgeschäften aller Art selbst vertreten, sich vor Mißgriffen u. nachtheiligen Folgen bewahren u. die nöthigen schriftlichen Aufsätze wie: Eingaben, Gesuche, Recurse ꝛc. ohne Hilfe eines Advokaten vollkommen rechtsgiltig abfassen kann. Auf Grundlage der neuesten Gesetze ꝛc. 10., verm. u. verb. Aufl. Wien 867. Manz' Verlag. Lex.-8. (XLIV, 571 S.) n. 1 ℛ 20 Ngr.; geb. n.n. 2 ℛ

Haidinger's, Andreas, Selbstadvokat, oder gemeinverständl. Anleitung wie man sich in Rechtsgeschäften aller Art selbst vertreten, sich vor Mißgriffen und nachtheiligen Folgen bewahren, und die nöthigen schriftl. Aufsätze wie: Testamente, Verträge, Eingaben und Gesuche aller Art ꝛc. ꝛc. ohne Hilfe eines Advokaten vollkommen rechtsgiltig abfassen kann. Auf Grundlage der neuesten Gesetze und mit Rücksicht auf die gegenwärtig in Ungarn gelt. Justizgesetze, durch mehr als 400 Beispiele in Formularien erläutert. 11. vielfach verm. Aufl. gr. 8. (XXVIII, 688 S.) Wien 872, Manz.

Haidinger's, Andr., Selbstadvocat, oder gemeinverständliche Anleitung, wie man sich in Rechtsgeschäften selbst vertreten, sich vor Mißgriffen und nachtheil. Folgen bewahren, und die nöth. schriftl. Aufsätze wie: Testamente, Verträge, Eingaben und Gesuche aller Art ꝛc. ꝛc. ohne Hilfe eines Advocaten vollkommen rechtsgiltig abfassen kann. Auf Grundlage der neuesten Gesetze bearb. und durch mehr als 400 Beispiele und Formularien erläutert. 12. vielfach verm. Aufl. gr. 8. (XXVIII, 714 S.) Wien 876, Manz'sche Hofbuchh. ℳ 8.; geb. * 9 —

Haidinger's, Andr., Selbstadvocat, od. gemeinverständliche Anleitung, wie man sich in Rechtsgeschäften aller Art selbst vertreten, sich vor Mißgriffen u. nachtheiligen Folgen bewahren, u. die nöthigen schriftlichen Aufsätze, wie: Testamente, Verträge, Eingaben u. Gesuche aller Art ꝛc. ꝛc. ohne Hilfe eines Advocaten vollkommen rechtgiltig abfassen kann. Auf Grundlage der neuesten Gesetze bearb. u. durch mehr als 400 Beispiele u. Formularien erläutert. 13., vielfach verm. u. verb. Aufl. gr. 8. (XXXII, 738 S.) Wien 880. Manz. n. 8. —; geb. n. 9. 20

Haidinger's, Andr., Selbstadvocat, od. gemeinverständl. Anleitg., wie man sich in Rechtsgeschäften aller Art selbst vertreten, sich vor Mißgriffen u. nachtheil. Folgen bewahren u. die nöth. schriftl. Aufsätze wie: Testamente, Verträge, Eingaben u. Gesuche aller Art ꝛc. ohne Hilfe e. Advocaten vollkommen rechtsgiltig abfassen kann. 14. Aufl. gr. 8. (XXX, 762 S.) Wien 884. Manz. n. 8. —

— dass. — 14. vielfach verm. und verb. Aufl. 16 Lfgn. gr. 8. (XXX, 762 S.) Ebendas. 884. à Lfg. * 50 Pf. * geb. *

Haidinger's, A., Selbstadvocat. Auf Grundlage der neuesten Gesetze bearb. u. durch mehr als 500 Beispiele u. Formularien erläutert. 15., verb. Aufl. 18 Lfgn. gr. 8. (XXXII, 875 S.) Wien 889. Manz. à n. — 50 (cplt.: n. 9. —; geb. n. 10. 20)

Haidinger's, Andr. Selbstadvocat, od. gemeinverständl. Anleitg., wie man sich in Rechtsgeschäften selbst vertreten kann. 15. Aufl. 18 Lfgn. gr. 8. (XXXII, 875 S.) Wien 889, Manz.
à Lfg. * — 50; * 9 —; geb. * 10 20

Haidinger's, Andr., Selbstadvocat, od. gemeinverständl. Anleitg., wie man sich in Rechtsgeschäften aller Art selbst vertreten u. d. nöth. schriftl. Aufsätze, wie: Eingaben, Gesuche, Recurse, Contracte ꝛc. ohne Hilfe e. Advocaten vollkommen rechtsgiltig abfassen kann. Auf Grundlage d. neuesten Gesetze bearb. u. durch mehr als 500 Beispiele u. Formularien erläut. 16., vielfach verm. u. verb. Aufl. gr. 8. (XXXII, 1039 S.) Wien 895. Manz. n. 9. 60
Erschien auch in 16 Lfgn. à n. — 60.

— dasselbe. 17., vielfach verm. u. verb. Aufl. (In ca. 16 Lfgn.) 1.—3. Lfg. gr. 8. (S. 1—192.) Ebd. 898. à n. — 60

Haidinger's, Andr., Selbstadvocat. Gemeinverständliche Anleitg., wie man sich in Rechtsgeschäften aller Art selbst vertreten u. die nöth. schriftl. Aufsätze, wie: Eingaben, Gesuche, Recurse, Contracte ꝛc. ꝛc. ohne Hilfe e. Advocaten vollkommen rechtsgiltig abfassen kann. Auf Grundlage der neuesten Gesetze bearb. u. durch mehr als 500 Beispiele u. Formularien erläutert. 17., vielfach verm. u. verb. Aufl. 4.—19. Lfg. gr. 8. (XXXII u. S. 193—1221.) Wien 899. 900. Manz. à n. — 60; (kplt. geb. n. 13. 30)

Haidinger's, Andr., Selbstadvokat. Gemeinverständliche Anleitg. zur Selbstverfassg. v. Verträgen u. sonst. Privaturkunden, dann v. Eingaben, Beschwerden u. Rekursen in allen Rechts- u. Verwaltungssachen. Mit mehr als 1000 Beispielen u. Formularen. 18. Aufl. (In 20 Lfgn.) 1.—15. Lfg. (S. 1—720). gr. 8. Wien 905. 906. Manz. à n. — 50

Haidinger's, Andr., Selbstadvokat. Gemeinverständliche Anleitg. zur Selbstverfassg. v. Verträgen u. sonst. Privaturkunden, dann v. Eingaben, Beschwerden u. Rekursen in allen Rechts- u. Verwaltungssachen. Mit mehr als 1000 Beispielen u. Formularen. 18. Aufl. 16—24. (Schluß-) Lfg. (XIV u. S. 721—1138.) gr. 8. Wien 907. Manz. à — 50 (Vollst. geb. in Leinw. n 14.—)

— die sowohl für die Jugend, als für das gebrechliche Alter in Wien bestehenden Versorgungsanstalten. gr. 8. Ebend. 844. 5/12 ℛ

—— das wohlthätige u. gemeinnützige **Wien** od.: ausführl. Beschreibung der in der k. k. Haupt- u. Residenzstadt zum allgem. Besten bestehenden öffentl. u. Privat-Anstalten ꝛc. 1. u. 2. verm. Abdr. gr. 8. (35¼ u. 38¾ B.) Wien 842, 44, Pichler's sel. Wwe. à

Hieraus besonders abgedruckt:

Die in Wien zur Sicherung gegen Elementar-Unfälle bestehenden Anstalten, als: die k. k. priv. wechselseitige Brandschaden-Versicherungs-Anstalt u. die k. k. priv. erste österr. Versicherungs-Gesellschaft. (5¾ B.) 12½ Ngr.
Die in Wien bestehenden Krankenanstalten. (6¼ B.) 12½ Ngr.
Die österreichische Postanstalt, besonders m. Hinsicht auf die gegenwärt. Reform dargestellt. (10¾ B.) 17½ Ngr.
Die sowohl f. d. Jugend, als f. das gebrechliche Alter in Wien bestehenden Versorgungsanstalten. (6¾ B.) 12½ Ngr.

— das wohlthätige und gemeinnützige Wien oder: ausführl. Beschreibung der in der k. k. Haupt- u. Residenzstadt zum allgemeinen Besten bestehenden öffentl. u. Privat-Anstalten ꝛc. gr. 8. Wien 842, Pichler's Wwe. (Leipzig, Liebeskind.) 2 ℛ
— 2. verm. Abbruck. Ebend. 844. n. 2 ℛ
Hieraus sind folgende Broschüren abgedruckt:
— die in Wien zur Sicherung gegen Elementar-Unfälle bestehenden Anstalten, als: die k. k. priv. wechselseitige Brandschaden-Versicherungs-Anstalt u. die k. k. priv. erste österr. Versicherungs-Gesellschaft. gr. 8. Ebd. 844. 5/12 ℛ
— die in Wien bestehenden Krankenanstalten. gr. 8. Ebend. 844. 5/12 ℛ

Haidinger, Frz. Ant., Anleit. z. Rechenkunst. 1r Thl. 8. Wien 800.

— achthundert Uebungsaufgaben nach dem Leitfaden der Rechenkunst f. die deutschen Schulen. 8. Wien 816, Pichler. 12 gr

Haidinger, Karl

— dispositio rer. naturalium musei Caesarii Vindobonensis. 4. Wien 782. Beck. 8 gr

Haidinger, K., Eintheilung d. Gebirgsarten. gr. 4. Petersb. (Hartknoch in Lpz.) 786.

- Eintheilung der kaiserl. konigl. Naturaliensammlung zu Wien. Hrsg. von - . . . Wappler. Wien 1782. 1 vol. 104 S.

— Eintheil. d. K. K. Naturaliensammlung zu Wien. 8. Wien, Beck. 782.

HAIDINGER Carl. Systematische Einteilung d. Gebirgsarten. Wien 1787.

Haidinger, Karl, († d. 16. März 1797.) Entwurf e. Eintheilung d. Gebirgsarten. 4. Petersb. 786. Acad. B. 12 gr Dass. auch u. d. T.: systemat. Eintheil. d. Gebirgsarten. 4. Wien 787.

Haidinger, Rud. Ritter v., Beitrag zur Kenntniss der Bolzen u. Pfeilformen vom Beginn der historischen Zeit bis zur Mitte des XVI. Jahrh. gr. 8. (24 S. m. 2 Steintaf. in qu. Fol.) Wien 879. Braumüller in Comm. n. 3. —

Haidinger, Wilhelm (Hrsg.), s.a. Abhandlungen, Naturwissenschaftliche.

Haidinger (W.), Naturwissenschaftliche Abhandlungen. Band 1—4. Wien 1847 bis 1851. Fol.

Haidinger, W. Ritter v., der Ainsa-Tucson-Meteoreisenring in Washington u. die Rotation der Meteoriten in ihrem Zuge. Mit 1 lith. Taf. [Aus d. Sitzungsber. d. k. Akad. d. Wiss.] Wien 870. (Gerold's Sohn.) Lex.-8. (16 S.) 5 ngr

Haidinger Wilhelm Ritter von, Dr.: Der Ainsa-Tucson-Meteoreisenring in Washington und die Rotation der Meteoriten in ihrem Zuge (mit 1 Taf.) 1. Die Rotation. Kraluzberg. 2. Gangartige Bildung von Meteoreisen. 3. Die Meteoreisenmassen Carleton-Tucson und Ainsa-Tucson. 4. Orientierung der Bewegung. Übersicht. S. 61. II. 4[illegible] . . . . vgr.
Separatabdruck

Haidinger, Wilh.(Hrsg.), s. A l t h , Alois: Geognostisch-palaentolog. Beschreibung der nächsten Umgebung.

— Ueber den durchsichtigen Andalusit von Minas novas in Brasilien und den Diaspor von Schemnitz, vorzüglich in Beziehung auf einige ihrer merkwürdigsten optischen Eigenschaften. (Aus den Abh. d. k. böhm. Gesellsch. d. Wiss.) Prag. 1844. 4.

Haidinger, Will., Anfangsgründe d. Mineralogie. Zum Gebr. bei Vorlesn. Nebst 15 Kpfrt. gr. 8. (20¼ B.) Leipzig 829, Barth.

— Einige neuere Ansichten über die Natur der Polarisationsbüschel. S. 12. 758 . . . vgr.
Separatabdruck

Haidinger, Wilhelm: Ansprache gehalten in der ersten Jahresversammlung der k. k. Geographischen Gesellschaft in Wien am 3. November 1857. Wien 1857. 21 S. 8°.

Haidinger, W.: Ansprache gehalten am Schlusse des ersten Decenniums der k. k. geologischen Reichsanstalt in Wien. Wien 1859.

— Über den Antigorit. S. 1. 278 . . . . vgr.
Separatabdruck

— Über Russeggers Arbeiten zu Wieliczka für geologische Zwecke. S. 1. 110 . . . vgr.
Separatabdruck

— Der Aspasiolith als Pseudomorphose nach Cordierit, nebst Bemerkungen über Metamorphismus. (Aus den naturwissenschaftlichen Abhandlungen herausgegeben von Haidinger.) Wien. 1847. 4.

Haidinger, Wilh., ein optisch-mineralogischer A u f s c h r a u b e - G o n i o m e t e r. (Aus d. Sitzungsberichten d. k. Akad. d. W.) (Wien 855. Gerold.) gr. 8. (11 S. mit Holzschn. im Text.) n. 4 ngr

Haidinger, W(ilh.), ein optisch-mineralogischer Aufschraube-Goniometer. Lex.-8. (11 S. mit eingedr. Holzschn.) Wien 856, (Gerold's Sohn.) *

— Die [illegible] Maresyd. S. 11. 367 . . . . . . vgr.
Separatabdruck

Haidinger Wilhelm Ritter von, Dr.: Auszug aus einem Berichte des Dr. Konstantin von Ettingshausen [illegible] Forschungen. S. 5. 12[illegible] . . . . vgr.
Separatabdruck

Haidinger, W.: Barytkrystalle als Absatz der neuen Mühlbrunnquelle in Karlsbad. (Aus dem Jahrb. d. k. k. geol. R.-A.) Wien. 1851. 4.

— Beitrag zur Erklärung der Farben der Polarisationsbüschel durch Beugung. S. 12. 3 . . . . vgr.
Separatabdruck

— eine B e m e r k u n g über die Anordnung der kleinsten Theilchen in Krystallen. (Aus d. Sitzungsberichten d. k. Akad. d. W.) Ebend. 853. gr. 8. (18 S.) n. 4 ngr

Bemerkungen zu Herrn Director J. F. Julius Schmidt's [illegible] Beobachtungen von Sternschnuppen [illegible]. S. 41. II. [illegible] . . . . . . vgr.
Separatabdruck

Haidinger, W., Bemerkungen über die optischen Eigenschaften einiger chrysamminsauren Salze. Lex.-8. (10 S. mit eingedr. Holzschn.) Wien 859, (Gerold's Sohn.) ✦
Aus: Sitzungsberichte der k. Akademie der Wissenschaften, Jahrg. 1859, besonders abgedruckt.

— Bemerkungen über den Glanz der Körper. S. 1. 45[illegible] . . . . . . vgr.
Separatabdruck

— Bemerkungen [illegible] Herrn Professor Kenngott in der Züricher Universitäts-Sammlung [illegible] Meteoreisen. S. 49. II. 9[illegible] . . . . . . vgr.
Separatabdruck

— Bemerkungen zu Herrn Dr. Stanislaus M e u n i e r ' s Note über den Victorit oder Enstatit von Deesa. Preise für aufzusuchende Meteorsteine aus altbekannten Fällen, von welchen unsere Museen noch nichts besitzen. Lex.-8. (6 S.) Wien 870, (Gerold's Sohn.)
Vorstehende elf Schriften sind aus: Sitzungsberichte der k. Akademie der Wissenschaften, besonders abgedruckt.

— Bemerkungen über den S p r ü h r e g e n b o g e n. Lex.-8. (18 S. mit 8 eingedr. Holzschn.) Wien 870, (Braumüller.) *
Aus: Sitzungsberichte der k. Akademie der Wissenschaften, besonders abgedruckt.

Haidinger, W. Ritter v., Bemerkungen über den Sprühregenbogen. Mit VIII Holzschnitten. (Sonder-Abdr. a. d. Sitzungsber. d. k. Akad. d. Wiss.) gr. 8. (18 S.) Wien, Gerold in Comm. [illegible] 20 kr.

— Bemerkungen über die zuweilen im geschmeidigen Eisen entstandene krystallinische Struktur, verglichen mit jener des Meteoreisens (mit 1 Taf.). S. 15. 354 . . . . . vgr.
Separatabdruck

— Bemerkungen über die krystallographisch-optischen Verhältnisse des Phenakits. S. 21. 30 . . . . —10
Separatabdruck

— Beobachtung der Lichtpolarisationsbüschel im geradlinig polarisirten Lichte. (Aus Poggend. Annalen der Physik und Chemie.) Leipzig. 1846. 8.

— Herrn Direktor Julius Schmidt's Beobachtung der Meteore in der Nacht des 13. zum 14. November 1866. S. 51. II. 371 . . . . vgr.
Separatabdruck

— Herrn Director Julius S c h m i d t ' s Beobachtung der Meteore in der Nacht des 13—14. Novbr. 1868. [Aus den Sitzungsber. der k. Akad. der Wiss.] Wien 867. (Gerold's Sohn.) Lex.-8. (4 S.) 1½ ngr

— Arensteins Beobachtungen der Eisperiode des Winters 1849–1850 in Pest. S. 5. 18[illegible] . . . . vgr.
Separatabdruck

— [illegible] „Über den Asterismus." S. [illegible] . . . . vgr.
Separatabdruck

— B e r i c h t über die Eisdecke der Donau in Ungarn im Winter und ihren Bruch im März 1858, nach den Mittheilungen des Hrn. Landes-Baudir. und Ritters Florian Menapace in Ofen. Imp.-4. (8 S. mit 18 Taf., wovon 13 lithogr., in Imp.-4., gr. Fol., qu. gr. Fol. und qu. Imp.-Fol.) Wien 859(61), (Gerold's Sohn.) *
Aus: Denkschriften der k. Akademie der Wissenschaften, besonders abgedruckt.

Haidinger, Wlh., Bericht über die Mineraliensammlung der k. k. Hofkammer im Münz- und Bergwesen. Mit 2 Steindrucktaf. gr. 4. Wien 843, Gerold u. Sohn. 2⅔ Thlr

Haidinger, W. (Hrsg.), s. B e r i c h t über die Mittheilungen von Freunden der Naturwissenschaften.

— [illegible] und [illegible] S. 24. 367 . . . vgr.
Separatabdruck

— Bericht [illegible] Substanz (Dopplerit). S. 3. 287 . . . . vgr.
Separatabdruck

— Bericht über die [illegible] naturwiss. [illegible] der kais. Akad. d. Wiss. von Hrn. Bergrath Doppler vorgelegte Substanz (Dopplerit). (Aus d. Sitzungsb. d. k. Akad.) Wien. 1849. 8.

Haidinger, W.: Bericht über die geognostische Übersichts-Karte der österreichischen Monarchie. Wien 1848.

Haidinger, W.: Bericht über die geognostische Uebersicht Karte Oesterreichs. Wien. 1847. 8.

Haidinger, Wilhelm (Hrsg.):

s.a. Berichte über die Mittheilungen von den Freunden der Naturwissenschaften in Wien. Bd 1-7. Wien: 1847-51

Jb 6.086

Haidinger, W. Berichte über die Mittheilungen von Freunden der Naturwissenschaften in Wien; gesammelt und herausgegeben von W. Haidinger. 7 Vol. Wien. 1847–1851. 8.

— Berichtigung einer Angabe des Hrn. Prof. Breithaupt, den Herderit betreffend. (Aus Poggend. Ann. Vol. 51.) Leipzig. 1841. 8.

— Beschreibung des Sternbergits, einer neuen Mineralspecies. Aus dem Engl. mit einem Nachtrage von F. Zippe. (Aus d. Monatschrift des vaterländischen Museums in Böhmen.) Prag. 1827. 8.

— Annähernde Bestimmung der Brechungsexponenten am Glimmer und Pennin. S. 14. 330 . . . . . vgr.
Separatabdruck

— Ueber die tropfsteinartigen Bildungen im Mineralreiche. (Aus Holger's Zeitschrift für Physik.) Wien. 1840. 8.

— s.: Blätter, neue litterarische.

— ein kugelförmiger Blitz, am 30. Aug. 1865 gesehen zu Feistritz bei Peggau in Steiermark. Lex.-8. (4 S.) Wien 869, (Gerold's Sohn.)
Aus: Sitzungsberichte der k. Akademie der Wissenschaften, besonders abgedruckt.

Haidinger, W. Blitz ohne Donner, am 22. Juni 1845 in Wien. (Aus Poggendorff's Annalen.) Leipzig. 1845. 8.

— die südwestlichen Blitzkugeln am 20. Octbr. 1868. Nachtrag zu der Mittheilung am 5. Novbr. Mit 1 (eingedr.) Holzschn. [Aus d. Sitzungsber. d. k. Akad. d. Wiss.] Ebend. 869. Lex.-8. (2 S.) 1½ ngr.

— Ueber den Botryogen, oder den rothen Eisenvitriol von Fahlun. (Aus Poggendorff's Ann. Vol. 12.) Leipzig. 1828. 8.

— Das Carleton-Tucson-Meteoreisen im k. k. Hof-Mineralienkabinett (mit 1 Taf.). S. 48. II. 301 . . . . . vgr.
Separatabdruck

— Ueber den Cordierit. (Aus d. Abh. d. kgl. böhm. Gesellschaft der Wissenschaften.) Prag. 1845. 4.

— Die zwei Cranbourne Meteoreisenblöcke in Victoria. (Aus d. Sitzungsb. d. k. Akad.) Wien. 1861. 8.

— Freiherrn A. de Zignos Genus *Cycadopteris*. S. 44. II. 32 . . . . . vgr.
Separatabdruck

— Die Dandenong-Meteoreisenmasse in Melbourne. S. 44. II. 31 . . . . . vgr.
Separatabdruck

— Darstellung der bisherigen Entwicklung des k. k. Reichsinstitutes für die geologische Durchforschung der Monarchie. S. 3. 523 . . . . . vgr.
Separatabdruck

— Der Datolith von Baveno. S. 29. 230 . . . . . vgr.
Separatabdruck

— Dauer des Eindruckes der Polarisationsbüschel auf die Netzhaut. S. 12. 678 . . . vgr.
Separatabdruck

— die Innsbrucker Dendriten auf vergilbtem Papier alter Bücher. 2. Bericht. [Aus d. Sitzungsber. d. k. Akad. d. Wiss.] Ebend. 865. Lex.-8 (6 S.) 1½ ngr.

— Die Innsbrucker Dendriten auf vergilbtem Papier alter Bücher. 3. Bericht. S. 51. I. 493 . . . . . vgr.
Separatabdruck

— Dendriten von Schwefelkupfer in vergilbtem Papier, mitgeteilt von Herrn Professor Dr. A. Kerner in Innsbruck. 1. Bericht. S. 51. I. 192 . . . . . vgr.
— — 2. Bericht. S. 51. I. 485 . . . . . vgr.
Separatabdruck

— Das Doppelmeteor von Elmira und Long Island. S. 43. II. 304 . . . . . vgr.
Separatabdruck

— Basaltsäulenförmiger Dopplerit von Aussee. S. 52. I. 281 . . . . . vgr.
Separatabdruck

— üb. den Dutenkalk, s.a. Denkschriften der k. Akademie der Wissenschaften. Mathemat.-naturwissenschaftl. Classe. I. Bd.

— Über den Dutenkalk. D 1. I. 181 . . . . . vgr.
Separatabdruck

— Das Eis der Donau bei Wien und das Eis des Rheins bei Koblenz. S. 15. 300 . vgr.
Separatabdruck

— Über das Eis der Donau im gegenwärtigen Winter 1848—1849. S. 2. 24 . . . . vgr.
Separatabdruck

Haidinger, W. v., Das Eisen bei den homer. Kampfspielen. S.-A. 1870. 6 S.

— Das Eisen von Kurrukpur nicht meteorischen Ursprungs. S. 45. II. 672 . . . . vgr.
Separatabdruck

— Ueber das Eisenstein-Vorkommen bei Pitten in Oesterreich. (Aus den Verhandlungen d. k. böhm. Gesellsch. d. Wissensch.) Prag. 1846. 4.

— Die Eisverhältnisse der Donau in den Jahren 1851–1860. S. 42. 739 . . . . . vgr.
Separatabdruck

— über den Eliasit von Joachimsthal. (Aus d. Sitzungsberichten d. k. Akad. d. W.) Ebend. 853. gr. 8. (5 S.) n. 2 ngr

— Über das Ergebnis der Weltausstellung zu Paris. S. 18. 316 . . . . . vgr.
Separatabdruck

— Erhebungen über das Erdbeben vom 15. Jänner 1858 von Herrn Dr. Julius Schmidt. Mitteilung aus einem Schreiben. S. 29. 237 . . . . . vgr.
Separatabdruck

— Zur Erinnerung an Leopold v. Buch. (Aus dem Jahrbuche der kais. k. geolog. Reichsanst.) Wien. 1853. 4.

Haidinger, W. v.: Erinnerung an den Schwimm-Unterricht. Wien 1870. 10 S. Sonderdr. a. d. 12. Jahresber. d. Oberrealsch. Wien-Innenstadt.

— Der Fall eines Meteoriten bei Dacca in Bengalen am 11. August 1863. S. 48. II. 395 . vgr.
Separatabdruck

Haidinger, W. Ritter v., ein vorhomerischer Fall von zwei Meteoreisenmassen bei Troja. [Aus den Sitzungsber. der k. Akad. der Wiss.] Wien 865. (Gerold's S.) Lex.-8. (8 S.) n. 2 ngr.

— Die grüne Farbe der oxalsauren Eisenoxyd-Alkalien und die weiße der Eisenoxyd-Alaune. S. 11. 1015 . . . . . vgr.
Separatabdruck

— Die Farben des Mausits. S. 11. 393 . . . . . vgr.
Separatabdruck

— Farbenringe durch Anhauchung auf frischen Teilungsflächen des Glimmers. S. 8. 246 „ —.10
Separatabdruck

— eine Federwolke am 17. Juni 1865. [Aus den Sitzungsber. der k. Akad. der Wiss.] Ebend. 865. Lex.-8. (8 S.) n. 2 ngr.

— Über den Felsöbányt, eine neue Mineralspezies. S. 12. 183 . . . . . vgr.
Separatabdruck

— Herrn Direktor Julius Schmidts Feuermeteor vom 18. Oktober 1863. S. 48. II. 559 . vgr.
Separatabdruck

—— krystallographisch mineralogische Figurentafeln zu d. Handb. d. bestimmenden Mineralogie. (15 Taf. u. ⅓ B. in qu. ½ Fol.) Wien 846, Braumüller u. Seidel. *

— Form und Farbe des Weltzienits. S. 12. 1083 . . . . —.10
Separatabdruck

— Über die Formen und einige optische Eigenschaften der Magnesium-Platin-Cyanüre. S. 2. 20 . . . . vgr.
Separatabdruck

— Die Formen des Kalichlorcadmiates. S. 17. 189 . . . . vgr.
Separatabdruck

—— drei Fund-Eisen, von Rokitzan, Gross-Cotta und Kremnitz. Lex.-8. (10 S. mit 1 Kpfrt.) Wien 864, (Gerold's Sohn.) *
Vorstehende vier Schriften des Verf. wurden aus: Sitzungsberichte der k. Akademie der Wissenschaften, besonders abgedruckt.

— Über die Galmeihöhle und die Frauenhöhle bei Neuberg in Steiermark. S. 1. 139 . . vgr.
Separatabdruck

— Über eine vollständige, nicht zerdrückte Geode von rotem Glaskopf. S. 1. 33 . . vgr.
Separatabdruck

— Die hohlen Geschiebe aus dem Leitha-Gebirge (mit 1 Taf.). S. 21. 480 . . . . . vgr.
Separatabdruck

— Die geographische Gesellschaft in Wien. S. 18. 317 . . . . vgr.
Separatabdruck

— Über die regelmäßige Gestalt des Wismuts. S. 1. 644 . . . . vgr.
Separatabdruck

— Der rothe Glaskopf, eine Pseudomorphose nach braunem. (Aus d. Abhandl. der k. böhm. Gesellschaft der Wissensch.) Prag 1846. 4.

— Über die symmetrische Gruppierung ungleichartiger Feldspate. S. 1. 130 . . . . vgr.
Separatabdruck

—— Handbuch der bestimmenden Mineralogie, enthalt. die Terminologie, Systematik, Nomenklatur u. Charakteristik der Naturgeschichte des Mineralreiches. 2 Lfgn. gr. 8. (41⅝ B. m. Holzschn.) Wien 845, Braumüller u. Seidel. *

—— Handbuch der bestimmenden Mineralogie, enth. die Terminologie, Systematik, Nomenclatur und Charakteristik der Naturgeschichte des Mineralreiches. 2., unveränd. (Titel-)Ausg. gr. 8. (XXXVI und 630 S. mit 560 eingedr. Holzschn.) Wien 850, Braumüller. *

—— Handbuch der bestimmenden Mineralogie. Enth. die Terminologie, Systematik, Nomenklatur und Charakteristik der Naturgeschichte des Mineralreiches. Neue (Titel-)Ausg. gr. 8. (LII und 630 S. mit 560 eingedr. Holzschn.) Wien (845)65, Braumüller. *

— Ueber den Hartit, eine neue Species aus der Ordnung der Erdharze. (Aus Poggend. Ann.) Leipzig. 1841. 8.

— s. Hauer, Frz., die Cephalopoden d. Salzkammergutes aus d. Sammlung des Fürsten v. Metternich.

— Ueber den Hauerit, eine neue Mineralspecies aus der Ordnung der Blenden, nebst der chemischen Analyse des Hauerits, von Adolph Patera. (Aus den naturwissensch. Abhandl. herausg. von Haidinger.) Wien. 1847. 4.

— s. v. Helreichen, B., über das geognost. Vorkommen d. Diamanten.

— Herapathit-Zangen, von Herrn Professor von Norrenberg geschenkt. S. 15. 82 vgr.
Separatabdruck

— Hessle, Rutlam, Assam, 3 neue Meteoriten. Vorläufiger Bericht. [Aus den Sitzungsber. der k. Akad. der Wiss.] Wien 869. (Gerold's Sohn.) Lex.-8. (7 S.) n. 2 ngr.

— Niedrigste Höhe der Gewitterwolken. S. 9. 308 . . . . —.20
Separatabdruck

— niedrigste Höhen von Gewitterwolken. In Erinnerung gebracht. (Aus d. Sitzungsberichten d. k. Akad. d. W.) Ebend. 853. gr. 8. (10 S.) n. 2 ngr.

— Der Hornesit, eine neue, von Herrn Professor Dr. G. A. Kenngott bestimmte Mineralspezies. S. 40. 18 . . . . vgr.
Separatabdruck

— Die zwei Hypothesen der Richtung der Schwingungen des Lichtäthers nach ihrer Wahrscheinlichkeit. S. 15. 86 . . . . vgr.
Separatabdruck

— Das zweite Jahr der Erdumsegelung S. M. Fregatte „Novara". Bericht von Herrn Dr. Karl Scherzer vom 29. April 1859. S. 37. 5. Siehe auch Scherzer Karl, Dr. . . . . —.36
Separatabdruck

— die Interferenzlinien am Glimmer. Berührungsringe u. Plattenringe. (Aus d. Sitzungsberichten d. k. Akad. d. W.) Ebend. 855. gr. 8. (16 S.) n. 4 ngr.

— Das Interferenz-Schachbrettmuster und die Farbe der Polarisationsbüschel. S. 7. 389 . vgr.
Separatabdruck

— über die von Herrn Dr. Herapath und Herrn Prof. Stokes in optischer Beziehung untersuchte Jod-Chinin-Verbindung. (Aus d. Sitzungsberichten d. k. Akad. d. W.) Ebend. 853. gr. 8. (9 S.) n. 4 ngr.

— Ueber den Johannit, eine neue Species des Mineralreiches. (Aus den Abhandlungen der kgl. böhm. Gesellsch. der Wiss.) Prag. 1830. 8.

— Ist Magnesit ein feuerfester Stein. (Aus d. Jahrb. d. geol. Reichsanst.) Wien. 1863. 4.

— Die Kalkutta-Meteoriten von Shalka, Futtehpore, Pegu, Assam und Segowlee im k. k. Hof-Mineralienkabinett. S. 41. 745 . . . . vgr.
Separatabdruck

— Über Johann Čjžeks geognostische Karte der Umgebungen Wiens. S. 1. 58 .
Separatabdruck

Haidinger Wilhelm Ritter von, Dr.: Dr. H. v. Dechens geologische Karte von Westfalen und der Rheinprovinz. S. 44. II. 28 . . . . vgr.
Separatabdruck

— Über Herrn von Dechens neue geologische Karte von Rheinland-Westfalen. S. 19. 386 . . . . vgr.
Separatabdruck

— Über des Herrn k. k. Hauptmannes J. Scheda neue Karte des österreichischen Kaiserstaates. S. 18. 178 . . . . vgr.
Separatabdruck

— Über zwei von Foetterle geologisch kolorierte Karten von Brasilien. S. 13. 255 vgr.
Separatabdruck

— Der Kenngottit, eine neue Mineralspezies von Felsőbánya. S. 22. 236 . . . . . vgr.
Separatabdruck

— Über das Kokain, eine organische Base in der Coca. Schreiben Fr. Wöhlers an W. Haidinger. Vorwort von W. Haidinger. S. 40. 7 . . . . vgr.
Separatabdruck

— Die Kristalle des essigsauren Manganoxyduls. S. 16. 145 . . . . vgr.
Separatabdruck

— Über Senarmonts gefärbte Kristalle. S. 12. 409 . . . . vgr.
Separatabdruck

— Ueber die Krystallformen und Eigenschaften der Manganerze. (Aus Poggendorff's Ann. Vol. VII.) Leipzig. 1826. 8.

Haidinger Wilhelm Ritter von, Dr.: Neueste genaue Längen- und Breitenbestimmungen auf St. Paul, durch Herrn k. k. Schiffsfähnrich Robert Müller von S. M. Fregatte „Novara" ausgeführt. S. 31. 351 . . . . vgr.
Separatabdruck

—— eine Leitform der Meteoriten. Lex.-8. (14 S. mit 2 Stnt. in Tondr. in Lex.-8. und gr. 4.) Wien 860, (Gerold's Sohn.) *

— Licht, Wärme u. Schall bei Meteoritenfällen. Bemerkungen. [Aus den Sitzungsber. der k. Akad. der Wiss.] Ebend. 869. Lex.-8. (50 S.) n. 8 ngr.

— die **Lichtabsorption** des Cadmacetits, der Krystalle des essigsauren Cadmiumoxydes. (Aus d. Sitzungsberichten d. k. Akad. d. W.) Ebend. 855. gr. 8. (11 S.) n. 4 *ngr.*

— Drei neue Lokalitäten von Pseudomorphosen nach Steinsalz in den nordöstlichen Alpen. (Aus d. Jahrbuche d. k. k. geolog. Reichsanst.) Wien. 1853. 4.

— Die Lokalstunden von 178 Meteoritenfallen. S. 55. II. 651 . . . . vgr.
Separatabdruck

— Ueber den Löweit, eine neue Species aus der Ordnung der Salze. (Aus den Abhandlungen der kgl. böhm. Gesellsch. der Wiss.) Prag. 1846. 4.

— Über die dichroskopische Lupe. S. 1. 70 . . . . vgr.
Separatabdruck

Haidinger. W. Ueber Magneteisenstein, pseudomorph nach Glimmer. (Aus dem Jahrbuche der k. k. geolog. Reichsanstalt.) Wien. 1852. 4.

— ein **Mannaregen** bei Karput in Klein-Asien im März 1864. (Aus d. Sitzungsber. d. k. Akad. d. Wiss.) Ebend. 864. gr. 8. (8 S.) 1⅓ *ngr.*

— Über die Metamorphose der Gebirgsarten. S. 1. 51 . . . . vgr.
Separatabdruck

— Ein Meteor des 10. August 1863. S. 18. II. 330 . . . . vgr.
Separatabdruck

Haidinger. W. Elektrisches Meteor am 30. Oktober 1868 in Wien beobachtet.

— Das Meteor von Quenggouk in Pegu und die Ergebnisse des Falles daselbst am 27. Dezember 1857. (mit 1 Taf.) S. 44. II. 637 . . . . vgr.
Separatabdruck

— elektrische **Meteore** am 20. Octbr. 1868 in Wien beobachtet. [Aus den Sitzungsber. der k. Akad. der Wiss.] Ebend. 869. Lex.-8. (9 S. mit 1 Chromolith.) n. 5 *ngr.*

— Über das von Herrn A. Auerbach in Moskau entdeckte Meteoreisen von Tula. S. 42. 507 . . . . vgr.
Separatabdruck

— Ueber das von Herrn Dr. J. Auerbach in Moskau entdeckte Meteoreisen von Tula. (Aus den Sitzungsb. d. k. Akad.) Wien. 1860. 8.

— Das Meteoreisen von Cranbourne im k. k. Hof-Mineralienkabinett, ein Geschenk von dem königl. großbritannischen Gouverneur von Viktoria in Australien, Sir Henry Barkly (mit 1 Taf.). S. 45. II. 65 . . . . vgr.
Separatabdruck

— Meteoreisen von Rogue River Mountain in Oregon und von Taos in Mexiko, gesandt von Herrn Dr. Charles T. Jackson. S. 44. II. 29 . . . . vgr.
Separatabdruck

— das **Meteoreisen** von Sarepta. Mit 2 (lith.) Taf. (in 4.) (Aus d. Sitzungsber. d. k. Akad. d. Wiss.) Ebend. 862. gr. 8. (12 S. m. Holzschn.) n. 15 *ngr.*

— Die zwei Cranbourne Meteoreisenblöcke in Viktoria. S. 44. II. 378 . . . . vgr.
Separatabdruck

— eine grosskörnige **Meteoreisen-Breccie** von Copiapo. Lex.-8. (8 S. mit 1 Kpfrt. in gr. 4.) Wien 864, (Gerold's Sohn.) * *

— Über den Meteoreisenfall von Hraschina bei Agram am 26. Mai 1751 (mit 1 chromolithographischen Taf.). S. 35. 361 . . . . vgr.
Separatabdruck

— die zwei homerischen **Meteoreisenmassen** von Troja. Nachtrag zu den Mittheilungen über dieselben vom 6. Octbr. 1864. [Aus den Sitzungsber. der k. Akad. der Wiss.] Ebend. 870. Lex.-8. (8 S.) n. 2 *ngr.*

— Zwei Meteoreisenmassen in der Nähe von Melbourne in Australien aufgefunden. S. 43. II. 583 . . . . vgr.
Separatabdruck

— ein **Meteorfall** bei Trapezunt am 10. Decbr. 1863. Lex.-8. (5 S.) Wien 864, (Gerold's Sohn.)

— Der Meteorit von Albareto im k. k. Hof-Mineralienkabinett vom Jahre 1766 und der Troilit. S. 47. II. 283 . . . . vgr.
Separatabdruck

— Der Meteorit von Dhurmsala im k. k. Hof-Mineralienkabinett, ein Geschenk von dem königl. großbritannischen Vizekönig und General-Gouverneur von Indien, Lord Viscount Canning. S. 44. II. 285 . . . . vgr.
Separatabdruck

— der **Meteorit** von Goalpara in Assam, nebst Bemerkungen über die Rotation der Meteoriten in ihrem Zuge. [Mit 2 (lith.) Taff. (in qu. 4.) u. 2 (eingedr.) Holzschn.] [Aus den Sitzungsber. der k. Akad. der Wiss.] Ebend. 869. Lex.-8. (14 S.) n. 10 *ngr.*

— Der Meteorit von Kakova bei Oravitza (mit 1 lithographierten Taf.). S. 34. 11 . vgr.
Separatabdruck

— Der Meteorit von Parnallee bei Madura im k. k. Hof-Mineralienkabinett. S. 44. II. 117 . . . . vgr.
Separatabdruck

— Der Meteorit von St. Denis-Westrem im k. k. Hof-Mineralienkabinett. S. 42. 9 . vgr.
Separatabdruck

— Der Meteorit von Shalka in Bancoorah und der Piddingtonit. S. 41. 251 . . . . vgr.
Separatabdruck

— der **Meteorit** von Simonod. [Aus den Sitzungsber. der k. Akad. der Wiss.] Ebend. 867. Lex.-8. (4 S.) 1⅓ *ngr.*

— Der Meteorit von Taranaki, Wellington, Neu-Seeland. Vorläufiger Bericht. S. 52. II. 151 . . . . vgr.
Separatabdruck

— der **Meteorit** von Turakina, Wellington, Neuseeland. [Aus den Sitzungsber. der k. Akad. der Wiss.] Ebend. 865. Lex.-8. (3 S.) 1⅓ *ngr.*

— Der Meteorit von Yatoor bei Nellore in Hindostan. S. 44. II. 73 . . . . vgr.
Separatabdruck

— Die Meteoriten von Bachmut und von Paulowgrad, beide im Gouvernement Jekaterinoslaw. S. 46. II. 307 . . . . vgr.
Separatabdruck

— Die Meteoriten des k. k. Hof-Mineralienkabinettes am 7. Jänner 1859, chronologisch geordnet. S. 34. 21 . . . . vgr.
Separatabdruck

— Die Meteoriten des k. k. Hof-Mineralien-Kabinets am 30. Mai 1860, 1861, 1862, 1863. Wien. 8.

— Die Meteoriten des K. K. Hof-Mineralien-Kabinets am 1. Jänner 1865. (2 Blatt.)

— Die Meteoriten des k. k. Hof-Mineralienkabinettes am 1. Juli 1867 und der Fortschritt seit 7. Jänner 1859. S. 56. II. 175 . . . . vgr.
Separatabdruck

— Der Meteoritenfall von Tourinnes-la-Grosse Nr. 2. S. 49. II. 158 . . . . vgr.
Separatabdruck

— Die Meteoritenfälle von Quenggouk bei Bassein in Pegu und Dhurmsala in Punjab. S. 42. 301 . . . . vgr.
Separatabdruck

— Die Meteoritensammlung des k. k. Hof-Mineralienkabinettes am 30. Mai 1861. S. 44. II. 31 . . . . vgr.
Separatabdruck

— Über den Meteorstaubfall in Wien am 1. Februar 1848. S. 1. 77 . . . . vgr.
Separatabdruck

— der **Meteorstein** von Manbhoom in Bengalen, im k. k. Hof-Mineraliencabinette aus dem Falle am 22. Decbr. 1863. (Aus d. Sitzungsber. d. k. Akad. d. Wiss.) Ebend. 864. gr. 8. (6 S.) 1⅓ *ngr.*

— Der Meteorstein von Tourinnes-la-Grosse bei Tirlemont im k. k. Hof-Mineralienkabinett. S. 49. II. 123 . . . . vgr.
Separatabdruck

— Der Meteorsteinfall im Gorukpurdistrikte in Oberbengalen am 12. Mai 1861. S. 45. II. 665 . . . . vgr.
Separatabdruck

— Der Meteorsteinfall von Hraschina bei Agram am 26. Mai 1751. (Aus den Sitzungsb. d. k. Akad.) Wien 1859. 8.

— der **Meteorsteinfall** vom 30. Jänner 1868 unweit Warschau. Nebst einem Anh. in Bezug auf den angeblichen Meteorsteinfall in Baden-Baden. [Aus den Sitzungsber. der k. Akad. der Wiss.] Ebend. 868. Lex.-8. (8 S. mit eingedr. Holzschn.) n. 2 *ngr.*

— der **Meteorsteinfall** am 9. Juni 1866 bei Knyahinya nächst Nagy Berezna im Ungher Comitate. [Aus den Sitzungsber. der k. Akad. der Wiss.] Ebend. 866. Lex.-8. (6 S.) 3 *ngr.*

— — (2. Bericht.) [Aus den Sitzungsber. der k. Akad. der Wiss.] Ebend. 867. Lex.-8. (48 S. mit 3 Steintaff., wovon 1 color. in qu. 4.) n. 28 *ngr.*

— Der Meteorsteinfall am 22. Mai 1868 bei Slavetić. 2. Bericht (mit 1 Taf. und 5 Holzschnitten). S. 58. II. 913 . . . . vgr.
Separatabdruck

— Der Meteorsteinfall zu Montpreis am 31. Juli 1859. S. 44. II. 373 . . . . vgr.
Separatabdruck

— Der Meteorsteinfall von Parnallee bei Madura in Hindustan. S. 43. II. 367 . . . vgr.
Separatabdruck

— Der Meteorsteinfall von Pohnos in den Kykladen. S. 50. II. 478 . . . . vgr.
Separatabdruck

— der **Meteorsteinfall** von Slavetič in Croatien am 22. Mai 1868. Vorläufiger Bericht. [Aus den Sitzungsber. der k. Akad. der Wiss.] Ebend. 868. Lex.-8. (7 S.) n. 2 *ngr.*

— — 2. Bericht. [Aus den Sitzungsber. der k. Akad. der Wiss.]. Ebend. 869. Lex.-8. (12 S. mit eingedr. Holzschn. u. 1 Steintaf. in qu. gr. 4.) n. 6 *ngr.*

— Graphische Methode annähernder Winkelmessungen, besonders an kleineren Kristallen. S. 14. 3 . . . . vgr.
Separatabdruck

— Über Pateras neue Methode des Ausziehens von Metallgehalt aus den Erzen. S. 5. 130 . . . . vgr.
Separatabdruck

— Vereinfachte Methode der graphischen Winkelmessungen kleiner Kristalle. S. 17. 187 vgr.
Separatabdruck

— Mitteilung eines Briefes von R. Göppert in Breslau über die Versteinerungen der Steinkohlenformation in den Schieferbrüchen aus der Gegend von Troppau. S. 5. 147 . . . . vgr.
Separatabdruck

— Mitteilung dreier Briefe von der Expedition der k. k. Fregatte „Novara" von Singapore erhalten: 1. Brief von B. v. Wüllerstorf. Über Nikobaren; über Erdumsegelungen im allgemeinen, mit Bemerkungen von A. v. Humboldt und W. Haidinger. 2. Brief von K. Scherzer. Über angekaufte Manuskripte für die k. k. Hofbibliothek auf Talipotblättern; Münzen für Herrn Regierungsrat Arneth. Heilsteine für Dr. Hebra. 3. Brief von Fr. Hochstetter. Über Besteigung von Adamspick auf Ceylon; Erwerbung von Büchern und Werken gegen Austausch mit den Instituten von Madras, Calcutta und Singapore; Zahl der Besucher im Zentralmuseum in Madras im Jänner 1858. S. 30. 175 . . . . . vgr.
Separatabdruck

— Mitteilung eines an ihn gerichteten Schreibens des Sir David Brewster über die Natur der Polarisationsbüschel. S. 5. 412 . . . . K —.06
Separatabdruck

— Mitteilung aus einem Schreiben des Herrn Professors Stokes über das optische Schachbrettmuster. S. 12. 670 . . . . vgr.
Separatabdruck

— Mitteilung über Dr. Konstantin von Ettingshausens Synopsis der fossilen Flora von Radoboj. S. 5. 91 . . . . vgr.
Separatabdruck

— Mitteilungen: *a)* Dechens geologische Karte, *b)* die Durchstechung des Isthmus von Suez, *c)* Porträte der Mitglieder der „Novara"-Expedition. S. 24. 513 . . . . —.10
Separatabdruck

— **Mittheilungen** von Herrn kais. russ. Staatsrath Hermann Abich in Tiflis. [Aus den Sitzungsber. der k. Akad. der Wiss.] Ebend. 869. Lex.-8. (4 S.) 1½ *ngr.*

— **Mittheilungen** der Herren Baron Paul des Granges, seiner Photographien von Santorin, u. Sternwarte-Directors Julius Schmidt, über Feuermeteore, Meteoreinfälle u. über die Rillen auf dem Monde, aus Athen. [Aus den Sitzungsber. der k. Akad. der Wiss.] Ebend. 867. Lex.-8. (6 S.) 1½ *ngr.*

— Mittheilungen von Herrn J. H. Julius Schmidt über Feuer-Meteore. (Aus den Sitzungsber. d. k. Akad.) Wien. 1859. 8.

— Zwei Mitteilungen: 1. Von Bernhard von Wüllerstorf-Urbair: Zur Verteilung der Winde auf der Oberfläche der Erde. Die Monsune, insbesondere jene des chinesischen Meeres. — 2. Von M. F. Maury: Schreiben an Herrn Commodore Bernhard von Wüllerstorf-Urbair. S. 36. 143 . . . . —.50
Separatabdruck

Haidinger, Wilhelm Ritter v., emeritirter Director der k. k. geologischen Reichs-Anstalt. Das k. k. montanistische Museum und die Freunde der Naturwissenschaften in Wien in den Jahren 1840 bis 1850. Erinnerungen an die Vorarbeiten zur Gründung der k. k. geologischen Reichs-Anstalt. 8. Wien 1869.

—— das kaiserlich-königliche montanistische **Museum** und die Freunde der Naturwissenschaften in Wien in den J. 1840—1850. Erinnerungen an die Vorarbeiten zur Gründung der kaiserl.-königl. geolog. Reichs-Anstalt. gr. 8. (XIV, 135 S.) Wien 870, Braumüller. *

— Nachricht aus Herrn P. v. Tchihatchefs diesjähriger Reise in Klein-Asien. Klimatische Übersicht auf einer schnellen Fahrt durch 34 Längengrade von Paris nach Samsun in Klein-Asien im Frühjahre 1858. S. 30. 83 . . . . —.14
Separatabdruck

— Vorläufige Nachricht von der Auffindung einer Anzahl von neuen Fundorten von Gosau-Petrefakten in Steiermark, durch Herrn von Morlot entdeckt. S. 1. 313 . . vgr.
Separatabdruck

— Einige neuere Nachrichten über Meteoriten, namentlich die von Bokkeveld, New-Concord, Trenzano, die Meteoreisen von Nebraska, vom Brazos, von Oregon. S. 41. 568 . . . . vgr.
Separatabdruck

— Neueste Nachrichten aus Sydney vom 10. November 1858. S. 31. 71 . . . . . . K —.10
Separatabdruck

— Über die Natur der Meteoriten in ihrer Zusammensetzung und Erscheinung: 1. Die Ankunft der Meteoriten auf der Erde. 2. Die ursprüngliche Bildung der Meteoriten. S. 43. II. 389 . . . . vgr.
Separatabdruck

— Ueber die Natur der Polarisationsbüschel. (Aus den Sitzungsber. d. kais. Akad.) Wien. 1860. 8.

— Note über gewundene Bergkristalle. S. 12. 545 . . . . vgr.
Separatabdruck

— Note über den kristallisierten Enstatit aus dem Meteoreisen von Deesa. Von St. Meunier. S. 61. II. 86 . . . . vgr.
Separatabdruck

— des Herrn Professor Gustav Hinrichs **Note** über den Bau des Quarzes. Bemerkungen. [Aus den Sitzungsber. der k. Akad. der Wiss.] Ebend. 870. Lex.-8. (5 S.) 1½ *ngr.*

Haidinger, Wilh., Note üb. die Richtung der Schwingungen des Lichtäthers in geradlinig polarisirtem Lichte. [Aus d. Sitzungsberichten 1852 d. k. Ak. d. Wiss. abgedr.] gr. 8. (14 S.) Wien 852. (Braumüller.) n. 4 *ngr.*

—— **Note** über die Richtung der Schwingungen des Lichtäthers in geradlinig polarisirtem Lichte. gr. 8. (14 S.) Wien 852, (Gerold's Sohn.) *

— Note über den metallähnlichen Schiller des Hypersthens. (Aus d. Sitzungsb. d. kais. Akad.) Wien. 1849. 8.

— Notiz über den Hatchettin von Rossitz in Mähren. S. 2. 312 . . . . vgr.
Separatabdruck

— Notiz über das Meteoreisen von Nebraska. S. 42. 744 . . . . vgr.
Separatabdruck

— Notiz über den Meteorit von Aussin im k. k. Hof-Mineralienkabinette. S. 34. 365 vgr.
Separatabdruck

— Notiz über das Rotbleierz von den Philippinen. S. 42. 712 . . . . vgr.
Separatabdruck

— Notiz über den rhomboedrischen Wismuthglanz. (Aus Baumgartner's Zeitschrift.) Wien 1831. 8.

Wien. Kaiserl. Akademie der Wissenschaften.
— — Der 8. November 1845. Jubel-Erinnerungstage. Ruckblick auf die Jahre 1845 bis 1870, von Wilh. Ritter v. Haidinger. Wien 1870.

— Die Oberflachen- und Korperfarben des Andersonits, einer Verbindung von Jod und Codein. S. 3. 225 . . . . vgr.
Separatabdruck

Haidinger Wilhelm Ritter von, Dr.: Oberflachen- und Korperfarben von Wöhlers Jod-Tellur-Methyl. S. 15. 3 . . . . vgr.
Separatabdruck

— Die Oktober-Feuermeteore in den Wiener Blättern 1862. S. 46. II. 333 . . . . . . vgr.
Separatabdruck

— Paläo-Kristalle durch eine Pseudomorphose verändert. S. 11. 297 . . . . vgr.
Separatabdruck

— Über die schwarzen und gelben Parallellinien am Glimmer. S. 2. 123 . . . . vgr.
Separatabdruck

— II. Parnallee. Dritter Bericht. S. 47. II. 420 . . . . vgr.
Separatabdruck

— der **Partschin** von Oláhpian. (Aus d. Sitzungsberichten d. k. Akad. d. W.) Ebend. 854. gr. 8. (8 S.) n. 4 ngr

— Ueber den Periklin als Varietät des Albits. (Aus Poggendorff's Annalen.) Leipzig. 1846. 8.

— die grosse **Platin-Stufe** im k. k. Hof-Mineraliencabinet. Geschenk des Fürsten Anatole von Demidoff. (Aus den Sitzungsber. d. k. Akad. d. Wiss.) Ebend. 859. gr. 8. (6 S. u. 1 lith. Taf.) n. 4 ngr.

— Ueber den Pleochroismus des Amethysts. (Aus den naturwissenschaftlichen Abhandlungen, gesammelt und durch Subscription herausgegeben von W. Haidinger.) Wien. 1846. 4.

— Pleochroismus einiger Augite und Amphibole. S. 12. 1074 . . . . vgr.
Separatabdruck

— Über den Pleochroismus des oxalsauren Chromoxydkalis. S. 1. 244 . . . . vgr.
Separatabdruck

— Ueber den Pleochroismus des Chrysoberylls. (Aus den Berichten über Mittheilungen von Freunden der Naturwissenschaft.) Wien. 1849. 8.

Haidinger, W. Ueber den Pleochroismus der Krystalle. (Aus den Abh. d. k. böhm. Gesellschaft d. Wiss.) Prag. 1845. 4

— Pleochroismus an mehreren einachsigen Kristallen in neuerer Zeit beobachtet. S. 13. 3 . . . . vgr.
Separatabdruck

— **Pleochroismus** an einigen zweiaxigen Krystallen in neuerer Zeit beobachtet. (Aus d. Sitzungsberichten d. k. Akad. d. W.) Ebend. 854. gr. 8. (28 S. m. Holzschn. im Text.) n. 5 ngr

— Über den Pleochroismus und die Kristallstruktur des Amethystes. S. 12. 401 . . vgr.
Separatabdruck

— Die ersten Proben des Meteoreisens von Cranbourne in Australien. S. 44. II. 465 . vgr.
Separatabdruck

— Ueber eine Pseudomorphose von Gyps. (Aus Holger's Zeitschrift f. Physik.) Wien. 1840. 8.

— Über eine nach Gipskristallen gebildete Pseudomorphose von Brauneisenstein. S. 2. 8 . . . . vgr.
Separatabdruck

— **Pseudomorphose** von Glimmer nach Cordierit von Greinburg im Mühlkreise in Österreich ob der Enns. (Aus den Sitzungsber. d. k. Akad. d. Wiss.) Ebend. 863. gr. 8. (8 S.) n. 2 ngr.

— Ueber die Pseudomorphosen und ihre anogene und katogene Bildung. (Aus den Abhandl. d. k. böhm. Gesellsch. d. Wiss. V. Folge. 3 Vol.) Prag. 1844. 4.

— Pseudomorphosen des Feldspates. S. 1. 220 . . . . vgr.
Separatabdruck

— Ueber Pseudomorphosen von Feldspathen. (Aus den Sitzungsber. der kais. Akad.) Wien. 1849. 8.

— Ueber einige neue Pseudomorphosen. (Aus den Abhandl. der k. böhm. Gesellschaft der Wissensch.) Prag. 1841. 4.

— Ueber die Pseudomorphosen nach Steinsalz. (Aus den naturwissenschaftlichen Abhandlungen herausgegeben von Haidinger.) Wien. 1847. 4.

— die konische **Refraction** am Diopsid, nebst Bemerkungen über einige Erscheinungen der konischen Refraction am Aragon. (Aus d. Sitzungsberichten d. k. Akad. d. W.) Ebend. 855. gr. 8. (20 S. mit Holzschn. im Text.) n. 4 ngr

— Über das Regenbogenphänomen am 28. Juli 1861. S. 45. II. 421 . . . . vgr.
Separatabdruck

Haidinger, W. Prof. Ungers Reclamationen gegen C. v. Ettingshausen. 1851.

— Die Richtung der Schwingungen des Lichtäthers im polarisierten Licht. Mitteilung aus einem Schreiben des Herrn Professors Stokes, nebst Bemerkungen. S. 12. 665 . . . . vgr.
Separatabdruck

Haidinger, W. (Hrsg.), s. Riedl von Leuenstern, Joseph: Über das vergleichende Mass der Körperwinkel.

— Das Riesenhirschskelett aus der k. k. geologischen Reichsanstalt in den zoologischen Garten ubertragen. S. 45. II. 797 . . . . vgr.
Separatabdruck

— die Löweschen Ringe, eine Beugungs-Erscheinung. [Aus den Sitzungsber. 1852 d. k. Akad. d. Wissensch.] Lex. 8. (11 S.) Wien 852. (Braumüller.) n. 4 ngr

—— die **Löwe'schen Ringe**, eine Beugungs-Erscheinung. Lex.-8. (11 S.) Wien 853, (Gerold's Sohn.)

— Die Rutilkristalle von Graves' Mount in Georgia, U. S. N. A. S. 39. 5 . . . . . . vgr.
Separatabdruck

— Sammlung rezenter Konchylien. Geschenk von Sir William Th. Denison in Sydney. S. 40. 12 . . . . vgr.
Separatabdruck

— Über 2 Schädel von *Ursus spelaeus* aus der Slouper Hohle in Mähren. S. 5. 140 . vgr.
Separatabdruck

Haidinger, W. Das Schallphänomen des Monte Tomatico bei Feltre. (Aus d. Jahrb. d. k. geol. Reichsanst.) Wien. 1853. 4.

— Zwei Schaustufen von Brauneisenstein mit Kernen von Spatheisenstein in der Sammlung der k. k. geolog. Reichsanstalt (Aus dem Jahrb. der geolog. Reichsanst.) Wien. 1854. 4.

— Über den metallähnlichen Schiller des Hypersthens. S. 1. 311 . . . . vgr.
Separatabdruck

— Ueber das Schillern von Krystallflächen. (Aus Poggendorff's Annalen der Physik und Chemie.) Leipzig. 1847. 8.

Haidinger, W. Über den metallähnlichen Schimmer des Hypersthens. 1840?

— Der rote Schnee in Salzburg am 5. und 6. Februar 1862. Schreiben des k. k. Bergmeisters K. Reissacher in Bockstein an W. Haidinger. S. 45. II. 796 . . . . vgr.
Separatabdruck

— Über das Schreiben des Herrn Dr. August Beer über die Richtung der Schwingungen des Lichtäthers im polarisierten Lichte. S. 15. 8 . . . . vgr.
Separatabdruck

— Schreiben des Herrn Prof. Beer aus Bonn an denselben: Über Bahnkurven materieller Teilchen. S. 24. 318 . . . . vgr.
Separatabdruck

— Aus einem Schreiben von Herrn Dr. Scherzer, von Batavia am 22. Mai (1858) datiert. S. 31. 286 . . . . vgr.
Separatabdruck

— — Schreiben des Herrn Dr. Ferd. Stoliczka aus Simla am 3. October 1864. (Sonder-Abdr. a. d. Sitzungsber. d. k. Akad. d. Wiss.) gr. 8. (4 S.) Ebds. in Comm. 5 kr.

—— die Schwefelkupfer-Dendriten in Papier. 2. Bericht. Lex.-8. (6 S.) Wien 865, (Gerold's Sohn.)

Haidinger, W. Ritter v., die Schwefelkupfer-Dendriten in Papier. 2. Bericht. [Aus den Sitzungsber. der k. Akad. der Wiss.] Ebend. 865. Lex.-8. (6 S.) 1½ ngr.

— Über die Schwefelstufe von Warasdin bei Teplitz in Kroatien. S. 3. 237 . . . . vgr.
Separatabdruck

Haidinger, W. — Sendschreiben an die hochverehrten zur Wahl 1857 versammelten wirklichen Mitglieder der kaiserl. Akademie der Wissenschaften in Wien. Von — — Wien, 1857. Druck von M. Auer. (16 S. 4.)

— Über von Morlots Sendschreiben an Herrn Elie de Beaumont, die Bildung des Dolomites betreffend. S. 1. 408 . . . . vgr.
Separatabdruck

—— des Herrn Dr. A. J. D. Steenstra Toussaint in Batavia Sendung ost-asiatischer Skeletschädel für das k. k. Museum für vergleichende Anatomie. Lex.-8. (8 S.) Wien 859, (Gerold's Sohn.) *

Haidinger, W. Ueber zwei neu bestimmte Species aus dem Geschlechte der Gyps-Haloide des Systemes von Mohs. (Aus Poggend. Ann.) Leipzig. 1825. 8.

— Stannern. Ein zweiter Meteorstein, durch seine Rinde genau in seiner kosmischen Bahn orientiert (mit 1 Taf.). S. 45. II. 790 . . . . vgr.
Separatabdruck

— Das Stauroskop, ein optisch-mineralogischer Apparat von Herrn Franz von Kobell. S. 15. 351 . . . . vgr.
Separatabdruck

— Sternschnuppen, Feuerkugeln und Meteoritenschwärme im Zusammenhange betrachtet. S. 49. II. 6 . . . . vgr.
Separatabdruck

Haidinger, W. (Hrsg.), s. Streffleur, V.: Die Erscheinungen der Ebbe und Fluth unter dem Einflusse der Rotation.

Haidinger, Wilh. Ritter v., d. Herrn Joachim Barrande système silurien du centre de la Bohème. Schreiben an Ed. Döll. [Aus „die Realschule."] gr. 8. (13 S.) Wien 872. (Mayer & Co.) n. — 50

— Tabelle der Eisbedeckung der Donau bei Galacz in den Jahren 1836—1853. S. 12. 9 . . . . vgr.
Separatabdruck

—— die Tageszeiten der Meteoritenfälle. 1. und 2. Reihe. Lex.-8. (24 S. mit 2 Tab. in 4.) Wien 867, (Gerold's Sohn.) à Reihe * 3 Ngr. *
'Vorstehende 14 Schriften des Verf. wurden aus: Sitzungsberichte der k. Akademie der Wissenschaften, besonders abgedruckt.

— Über Ed. J. Heiders „Theorie der schiefen Gewölbe und deren praktische Ausführung". S. 1. 80 . . . . vgr.
Separatabdruck

— Der für Diamant oder noch Wertvolleres ausgegebene Topas des Herrn Dupoisat. S. 32. 3 . . . . vgr.
Separatabdruck

Haidinger, Wilhelm —. Geologische Uebersicht der Bergbaue der österr. Monarchie. Im Auftrage der k. k. geologischen Reichsanstalt. Zusammengestellt von — —. Herausgegeben von dem k. k. Central-Comité für die allgemeine Agrikultur- und Industrie-Ausstellung in Paris. — Wien, 1855. Aus der k. k. Hof- und Staatsdruckerei. (VIII. 222. S. 4.) Mit einer geognostischen Karte des österreichischen Kaiserstaates mit einem großen Theile Deutschlands und Italien. Hauptsächlich nach Hrn. Bergrath Haidinger's geognostischer Karte dieses Staates bearbeitet von Joseph Scheda. Wien.

—— Uebersicht der Resultate mineralogischer Forschungen im Jahre 1843. Lex.-8. (9⅓ B. u. 1 Stnt.) Erlangen 845, Enke's Vrlgsh. *

Haidinger, W. Geognostische Uebersichtskarte der österreichischen Monarchie. Wien. 1845

Haidinger Wilhelm Ritter von, Dr.: Über die unter seiner Leitung am montanistischen Museum in Wien zusammengestellte „Geognostische Übersichtskarte der österreichischen Monarchie." S. 1. 3 . . . . vgr.
Separatabdruck

— Eine dritte Urkunde über den Meteoreisenfall von Hraschina bei Agram. S. 39. 519 . vgr.
Separatabdruck

— Über die Ursache der Erscheinung der Polarisationsbüschel. S. 1. 465 . . . . . . vgr.
Separatabdruck

— Über eine eigentümliche Varietät von Talk. S. 1. 580 . . . . vgr.
Separatabdruck

— üb. eine neue Varietät v. Amethyst, s. a. Denkschriften der k. Akademie der Wissenschaften. Mathemat.-naturwissenschaftl. Classe. I. Bd.

— Über eine neue Varietät von Amethyst (mit 1 Taf.). D 1. I. 196 . . . . vgr.
Separatabdruck

Ueber eine neue Varietät von Aragonit. (Aus Poggend. Annalen.) Leipzig. 1841. 8.

— Über eine neue Varietät von Datolith. S. 2. 215 . . . . vgr.
Separatabdruck

— Über eine neue Varietät von Vivianit. S. 1. 75 . . . . vgr.
Separatabdruck

— Vergleichung von Augit und Amphibol nach den Hauptzügen ihrer krystallographischen und optischen Eigenschaften. (Aus d. Sitzungsberichten d. k. Akad. d. W.) Ebend. 855. gr. 8. (22 S. mit Holzschn. im Text.) n. 4 ngr

—— Vergleichung von Augit und Amphibol nach den Hauptzügen ihrer krystallograph. und optischen Eigenschaften. Lex.-8. (22 S. mit eingedr. Holzschn.) Wien 856, (Gerold's Sohn.) *

Haidinger, W. Ueber das Vorkommen von Gediegen Kupfer zu Recsk bei Erlau in Ungarn. (Aus dem Jahrbuche d. k. k. geolog. Reichsanstalt.) Wien. 1850. 4.

— Ueber das Vorkommen einer vollständigen Geode von Rotheisenstein. (Aus den Mittheilungen von Freunden der Naturwiss.) Wien. 1848. 8.

— Ueber ein interessantes Vorkommen von Kalkspath im Basalttuff. (Aus d. Verhandl. d. böhm. Museums.) Prag. 1843. 8.

— Über ein neues Vorkommen von Kupferkies im Salzberge von Hall in Tirol. S. 1. 184 . vgr.
Separatabdruck

Haidinger, Wilh., über das Vorkommen v. Pflanzenresten in d. Braunkohlen- u. Sandstein-Gebilden d. Elbogner Kreises in Böhmen, nebst einigen damit zusammenhäng. Bemerkn. gr. 4. (1½ B. m. 1 Holzschn.) Prag 839, (Kronberger u. Rziwnatz.)
Aus den: Abhandln. d. k. böhm. Gesellsch. d. Wissenschaften, besond. abgedruckt.

—— Vorlage eines Schreibens von Herrn Dr. F. Hochstetter, abgesandt von Sydney am 12. Novbr. 1858. Lex.-8. (8 S.) Wien 859, (Gerold's Sohn.) *
Vorstehende vier Schriften des Verf. wurden aus: Sitzungsberichte der k. Akademie der Wissenschaften, Jahrg. 1859 und 1860, besonders abgedruckt.

Haidinger, W. Die Werner-Feier am 25. Sept. 1850 in Oesterreich. (Aus dem Jahrb. d. k. k. geolog. Reichsanst.) Wien. 1851. 4.

– – Ueber den Zusammenhang des orientirten Flächenschillers mit der Lichtabsorbtion farbiger Krystalle. (Aus den Sitzungsber. der kais. Akad.) Wien. 1840. 8.

—— über den Zusammenhang der Körperfarben, oder des farbig durchgelassenen, und der Oberflächenfarben, oder des farbig zurückgeworfenen Lichtes gewisser Körper. Lex.-8. (40 S.) Wien 852, (Gerold's Sohn.) *-
Vorstehende Schriften des Verf. wurden sämmtlich aus den Sitzungsberichten der Jahre 1852—55. der k. Akademie der Wissenschaften, besonders abgedruckt.

— Ueber den Zustand des Eises auf der Donau am 4. Februar 1848. (Aus den Mitth. v. Freund. d. Naturw.) Wien. 1848. 8.

– – Eine eigentümliche Zwillingskristallbildung am Kupfer. S. 48. II 6 . . . . vgr.
Separatabdruck

Haidinger, Medaille. Die —. Bericht des Subskriptions-Ausschusses. Aus dem Jahrbuche der k. k. geologischen Reichsanstalt. 7. Jahrg. 1856. Wien, 1857. Dr. von M. Auer. (15 S. 8.)

Haidl, Heinrich: Die Näherungsmethoden zur Auflösung numerischer Gleichungen. S. 3—25. 8.
K. k. Staats-Gymn. u. gewerbl. Fortbildungsschule *Oberhollabrunn* 1907.
Progr.

Haidl, Heinrich: Die physikalisch-chemischen Schülerübungen an unserem Gymnasium. S. 3—31. 8.
Progr. K. k. Staatsgymn. *Oberhollabrunn* 1909.

[F.] **Haidlen**, Manfred [Rechtsanw. in Stuttgart]: Der Hochverrat und Landesverrat nach altdeutschem Recht ... Stuttgart, Druck v. W. Kohlhammer, 1896; VI, 64 S. 8.
Tübingen, Jur. Fak., Inaug.-Diss. v. 1896

[F.] **Haidlen**, *Manfred* [Landrichter in Stuttgart]: Das Neue landwirtschaftliche Nachbarrecht in Württemberg nach dem Gesetz vom 15. Juni 1893. Erläutert. Stuttgart, W. Kohlhammer, 1893; 2 Bl., 98 S. 8.
Tübingen, Jur. Fak., Inaug.-Diss. v. 1893
(Nicht für den Austausch)

Haidlen, das neue landwirtschaftliche Nachbarrecht in Württemberg nach dem Gesetz vom 15. Juni 1893. Erläutert v. H. 8. (IV, 98 S.) Stuttgart 893. W. Kohlhammer. n. 1.20; geb. n. 1.50

– dasselbe. 2. u. 3. unveränd. Aufl. gr. 8. (VII, 103 S.) Ebd. 894. n. 1.20

Haidlen, Osk., Gerichtskostenordnung u. Gebührenordnung f. Notare, Rechtsanwälte u. andere in Rechtsangelegenheiten thätige Personen. Handausg. m. der amtl. Begründg., Erläutergn. u. Berechnungstabellen. gr. 8. (XIII, 222 S.) Stuttgart 900. W. Kohlhammer. Geb. in Leinw. n. 4. —

Haidlen, O., Gerichtskostenordnung nebst Notariats- u. Rechtsanwaltsgebührenordnung u. Vollzugsverfügung. Handausg. m. Erläutergn. u. Berechnungstabellen. 2. umgearb. u. verm. Aufl. (XIV, 432 S.) 8. Stuttgart 907. W. Kohlhammer. 5.60; geb. 6.50
[1. Aufl. 1900.]

Haidlen, Bürgerliches Gesetzbuch nebst Einführungsgesetz m. d. Motiven u. sonst. gesetzgeber. Vorarbeiten. Lex.-8. 5 Bde. Stuttgart 897. W. Kohlhammer. n. 44. —; Einbde. à n. 2. —
1. 1. Buch. Allgem. Thl. 2. Buch. Recht d. Schuldverhältnisse. (XI, 980 S.) n. 13. 80
2. 3. Buch. Sachenrecht. (VI, 498 S.) n. 7. —
3. 4. Buch. Familienrecht. (VI, 813 S.) n. 11. 40
4. Erbrecht. Einführungsgesetz. (VI, 616 S.) n. 9. —
5. Inhaltsübersicht. (181 S.) n. 2. 80
Erschien auch in 22 Lfgn.

— Lehrbuch des Familien- u. Erbrechtes, s.: Mayer u. Reis.

— das württembergische Nachbarrecht. 4. im Hinblick auf die durch das bürgerl. Gesetzbuch veranlaßten Ändergn. umgearb. u. verm. Aufl. des neuen landwirtschaftl. Nachbarrechts in Württemberg. 8. (VIII, 115 S.) Ebd. 899. n. 1. 20; geb. n. 1. 50

— das württemb. Privatrecht, s.: Mandry, Gust.

— Rechtskunde (Recht des bürgerl. Gesetzbuches) des deutschen Landwirtes. gr. 8. (VI, 218 S.) Stuttgart 900. E. Ulmer. Geb. n. 3. —

— Reichsgesetz üb. d. Angelegenheiten der freiwilligen Gerichtsbarkeit v. 17. V. 1898. Textausg. m. Einleitg., Anmerkgn. u. Sachreg. 12. (103 S.) Ebd. 898. Kart. n. 1. —

Haidlen, Paul Julius (Stuttgart)
Ueber die Salze und die Analyse der Kuhmilch.
[In: Annalen d. Chemie u. Pharmacie, Bd 45 (1843) 263.]
Dr. phil. Giessen 27.2.1843.

Haidler, Ernst, Erlauschtes, Erschautes, Erlebtes. (152 S.) kl. 8. Straßburg 910. J. Singer. 3. —

Haidlinger, Arn., die Sünde am Weibe. Roman. (324 S.) 8. Stuttgart 908. Heller & Schmidt. 3. —

* **OBSOPEUS**, Vincentius (d. i. *Vincenz Haidnecker*, erster Rektor des Gymnasiums zu Ansbach, lebte in der 1. Hälfte des XVI. Jh.). — Die biecher *Vincentij Obsopei:* / Vonn der kunst zutrincken, auß dem latein in vnser / Teutsch sprach transferiert, durch Gregorium (nicht identisch mit Georg) Wickgram' Gerichtschreiber zu Colmar. // Getruckt zu Freyburg im // Breyßgöw, im Jare M.D./XXXVII. (1537.) 4°. 4 Bll. Vorst. u. 50 Bll. (Auch in Wolfenbüttel.) (60 Mk. Jos. Baer & Co., Frf. a. M., 1911:)
— — Dasselbe. Neudruck. Köln 1891. 8°. (Mk. 2—.) (1 Mk., wie neu, Jul. Neumann, Magdeb., 1906.)

Haiduk, Eduard, die Gottesboten. Drama in 4 Aufzügen. (109 S.) 8. Strassburg 904. J. Singer. n. 2. 50

Haiduk, Theodor, II. Assist. an d. med. Veterinärklinik: Arbeiten aus d. med. Veterinärklinik d. Univ. Giessen. Dir.: Gmeiner. Die Fussräude des Geflügels. ⟨Mit 6 Tafeln.⟩ Giessen 1909: v. Münchow. 57 S. 8°
Gießen, Veterinär-Med. Diss. v. 28. Sept. 1909, Ref. Olt
[Geb. 31. März 83 Körnitz; Wohnort: Gießen; Staatsangeh.: Preußen; Vorbildung: Gymn. Beuthen O.-S. Reife O. 05; Studium: Gießen 7 S.; Rig. 23. Juli 09.] [U 10. 1206

Hajduska, Jos., Feuerversicherung u. Statistik. [Aus dem ungar. Actionär.] Pest 868. Grill. gr. 8. (15 S.) n. 4 ngr.

Haidy, Hans, d. Fahrt wider Willen, s. a. Kleinkindergarten.

Die Fahrt wider Willen. Von Hans Haidy. Berlin: Christl. Zeitschriften-ver. 1896. (10 S.) 8° [F.]
= Kleinkindergarten. No 18.

Hajek, Alois, Gedenkschrift des Troppauer Turnvereins anläßlich seines 25jähr. Stiftungsfestes. Troppau 1886, 26 S., 8°.

Hájek, Frz., üb. die Möglichkeit der Erzeugung eines Bieres v. demselben Geschmack wie das Pilsner aus dem bürgerl. Brauhause u. der 1. Pilsner Actien-Brauerei zu Pilsen, nebst e. Kritik üb. mehrere Biere. gr. 8. (16 S. Reichenberg 874. Schöpfer. — 50

Hajek, G.: Compendio di geografia ..., s. Zucalli, M.

Hajék, Karl, Lehrgang d. ungarischen Sprache. Im Auftr. d. Reichs-Kriegs-Ministeriums als Lehrbehelf f. die k. u. k. Militär-Bildungs-Anst. u. Cadettenschulen verf. I. Thl. 1.—4. Jahrgang. gr. 8. Mähr. Weißkirchen. (Wien, L. W. Seidel & Sohn.) Kart. à n. 2. —
1. (VIII, 92 u. XXIV S.) 892. — 2. (VI, 93 S.) 892. 3. (V, 97 S.) 893. — 4. (V, 95 S.) 894.

— dasselbe als Lehrbehelf f. d. k. u. k. Militär-Ober-Realschule u. d. Cadettenschulen verf. II. Thl. 1.—3. Jahrg. gr. 8. (VII, 84; VII, 77 u. VII, 85 S.) Ebd. 895. Geb. in Halbleinw. à n. 2. —

Hajek, Markus

Hajek, M., klin. Atlas d. Laryngologie, s.: Schnitzler, Joh.

Hajek, M., Pathologie u. Therapie der entzündlichen Erkrankungen der Nebenhöhlen der Nase. Mit 103 grösstenteils Orig.-Abbildgn. 2., verm. Aufl. gr. 8. (XVI, 361 S.) Wien 903. F. Deuticke. n. 10. —
1. Aufl. (XV, 328 S. m. 89 Abb.) Ebd. 899. n. 8. —.

Hajek, M., Pathologie u. Therapie der entzündlichen Erkrankungen der Nebenhöhlen der Nase. Mit 150 Abbildgn., grösstenteils nach eigenen Originalen, u. 2 Taf. in Lichtdr. 3., verm. Aufl. (XX, 443 S.) Lex. 8. Wien 909. F. Deuticke. 13. —

— 100 Schemata zum Einzeichnen postrhinoskopischer Befunde. Gummirt u. perforirt zum Einkleben in Krankenjournale etc. 64. Wien 893. J. Šafář. n. 1. 60

Hajek, M., die Tuberkulose der Nasenschleimhaut. [Aus: „Internat. klin. Rundschau".] gr. 8. (17 S.) Wien 889. Braumüller. n. — 40

Hajek, S., Geschichte der k. k. Gesellschaft der Aerzte in Wien von 1837 bis 1888. Bei Gelegenheit des 50jähr. Jubiläums dargestellt. gr. 8. (IV, 108 S.) Wien 889. Hölder. n. 2. —

Hajek, Thdr., Taschenrechenbuch f. Brauer. Anleitung zur Ausführg. der am häufigsten vorkomm. Rechngn. in der Brauerei. 12. (VIII, 64 S. m. Fig.) Halle 901. W. Knapp. n. 1. —

Hájek, Thom., kurzgefaßter Abriß des Lebens der heiligen Slawenapostel Cyrill und Method. Zum 1000jährigen Feste der Christianisirung der slawischen Völker. Olmütz 863. Halauska. 12. (58 S. m. Holzschn.) 6 ngr.
Auch zu gleichem Preise in böhmischer Sprache erschienen.

Hajek, Thomas: Worin soll alle Bildung basieren, s. Programm der öffentlichen und selbstständigen königl. städtischen Unterrealschule . . .

Hajen, Gerh[ard], prakt. Arzt in Ratzeburg i. Lauenb.: Über die **Zulässigkeit** der Taxis bei Brucheinklemmung. *Kiel 1902: Schmidt & Klaunig.* (23 S.) 8°
Kiel, Med. Diss. v. [25. März] 1902

Haienlein, H. C. A., observationes crit.-exeget. ad loca quaed. vet. Test. Spec. I. 8. maj. Memmingen, Seyler. 789.

— sechs Predigten. gr. 8. Ebend. 789.

Haier, X., Geschichte d. Reformation, veranlaßt durch d. Konferenz-Aufgabe: Welche Verdienste hat sich Luther um sein Zeitalter erworben? Bearb. f. Schulen, ihre Lehrer u. denk. Christen. Mit 1 Tab. (: Skizzen üb. die in d. Reformations-Periode vorgekomm. merkwürd. Männer, Fol.) 8. (3½ B.) Stuttgart 837, Sonnewald'sche Buchh.

Haier, Ferdinand

Haier, F., Dampfkessel-Feuerungen zur Erzielung e. möglichst rauchfreien Verbrennung. Im Auftrage des Vereines deutscher Ingenieure bearb. Mit 301 Fig. im Text u. auf 22 lith. Taf. Imp.-4. (XX, 142 S.) Berlin 899. J. Springer. Geb. in Leinw. n. 14. —

Haier, F., Dampfkessel-Feuerungen zur Erzielung e. möglichst rauchfreien Verbrennung. 2. Aufl., im Auftrage des Vereines deutscher Ingenieure bearb. vom Verein f. Feuerungsbetrieb u. Rauchbekämpfg. in Hamburg. (XXIV, 320 S. m. 375 Fig., 29 Zahlen- u. 10 lith. Taf.) 32×25 cm. Berlin 910. J. Springer. Geb. in Leinw. 20. —

Haier, F., s. a. Feuerungsuntersuchungen des Vereins für Feuerungsbetrieb usw. in Hamburg.

Feuerungsuntersuchungen des Vereins für Feuerungsbetrieb und Rauchbekämpfung in Hamburg, durchgeführt unter d. Leitung d. Vereinsoberingen. u. Berichterstatters F[erdinand] **Haier**. Mit 30 Zahlentaf., 85 Textfig. u. 14 lith. Taf. Berlin: J. Springer 1906. (VIII, 92 S.) 4° (8°) [illegible]

Haier, F., Die Rauchfrage, die Beziehungen zwischen der Rauchentwicklung und der Ausnutzung der Brennstoffe und die Mittel und Wege zur Rauchverminderung im Feuerungsbetrieb. Berlin, 1905. 16 S. mit 7 Abb.

Haig, Alexander

Diät und Nahrungsmittel. Ihre Beziehung zu Kraftleistung u. Ausdauer, Training u. Athletik [Diet and food: considered in relation to strength and power of endurance, training and athletics]. Von Dr. med. Alex. **Haig**. Nach d. 3. engl. Aufl. übers. von Hans Knoch. (Vorr.: Dr. med. [Joh. Jaroslaw] Marcinowski, Woltersdorfer Schleuse.) Mit Fig. *Berlin: O. Salle 1902.* (V, 87 S.) 8° [F.] [illegible] 11

Diät und Nahrungsmittel [Diet and food]. Ihre Beziehung zu Kraftleistung u. Ausdauer, Training u. Athletik. In gemeinverständl. Darstellung von Dr. med. Alex. **Haig**. 2., gänzl. umgearb. u. verb. Aufl., frei nach d. engl. Orig., von Dr. J[aroslaw] Marcinowski. Mit 6 Abb. *Berlin: O. Salle 1903.* (VII, 77 S.) 8° [F.] [illegible]

— dasselbe. 3. deutsche Aufl., durchgesehen v. Paul Grabley. (VIII, 79 S. m. 6 Abbildgn.) gr. 8. Ebd. 906. n. 1. —

Haig, Alex., Diät u. Nahrungsmittel sowie die Bedeutung der Harnsäure als Krankheits-Ursache. Ein Führer zu Kraftleistg. u. Ausdauer, Training u. Athletik. In gemeinverständl. Darstellg. 4. deutsche Aufl., durchgesehen v. Paul Grabley. (VIII, 79 S. m. 6 Abbildgn.) gr. 8. Berlin 909. O. Salle. 1. —

— **Harnsäure als e. Faktor bei der Entstehung von Krankheiten. Ein Beitrag zur Pathologie des hohen Blutdruckes, des Kopfschmerzes, der Epilepsie, der Geisteskrankheiten, d. paroxysmalen Haemoglobinurie u. der Anaemie, der Bright'schen Krankheit, des Diabetes, der Gicht, des Rheumatismus u. and. Störgn.** Autoris. Uebersetzg. d. 5. engl. Ausg. v. Max Bircher-Benner. gr. 8. (XII, 647 S. m. 62 Abbildgn.) Ebd. 902. n. 10. —

— **Harnsäure als e. Faktor bei der Entstehung v. Krankheiten. Ein Beitrag zu der Pathologie des hohen Blutdruckes, des Kopfschmerzes, der Epilepsie, der Geisteskrankheiten, der paroxysmalen Hämoglobinurie u. der Anämie der Brightschen Krankheit, des Diabetes, der Gicht, des Rheumatismus u. anderer Störgn.** Autoris. Übersetzg. der 7. engl. Ausg. 2. verm. deutsche Ausg. v. Max Bircher-Benner. (X, 661 S. m. 62 Abbildgn.) gr. 8. Ebd. 910. 12. —

— Harnsäure als e. Krankheitsursache, s.: Bücherei, freie, medizinische.

Haiger, Ernst, **Grabmonumente u. Reihengrabsteine. Erläuternder Text von v. Grolman. (50 Taf. m. 7 S. illustr. Text.) 34,5×30 cm. Berlin (907). O. Baumgärtel.** 20. —

Ernst **Haiger.** Tempel und Symphonie. Mit 7 Taf. d. Entwurfes z. e. Symphoniehause. Jena: Diederichs 1910. 12 S. 4° [11. 1146

Haigerloch [Schlagwort]

Haigerloch, s.: Württemberg, Höhenkurvenkarte.

Haight, David, **über Blasenbildung bei einigen Hautkrankheiten. [Mit 1 (lith.) Taf. (in qu. 4.)] [Aus den Sitzungsber. der k. Akad. der Wiss.] Wien 868. (Gerold's Sohn.) Lex.-8. (8 S.)** n. 5 *ngr.*

Haigold, Johann Josef [Pseud.], s.a. Schlözer, August Ludwig von

Haigold, J. J., Beylage z. neu veränd. Rußland. 2 Thle. 8. Riga. (Hartknoch in Leipz.) 769. 70. (ps. von Schlözer.) (1r 14 gr., 2r 18 gr.)

Haigold, Jo. Jos., (Aug. Ludw. v. Schlözer), neu veränd. Rußland. 2 Thle. 8. Riga u. Mitau 767, 68. Neue Aufl., mit Beylagen rc. 771, 72. (Hartknoch in Lpz.) 2 ℛ Hbg. Pr. 1 ℛ 8 gr.

Haji Khalfa. Lexicon bibliographicum et encyclopaedicum a Mustafa Ben Abdallah Katib Jelebi dicto et nomine Haji Khalfa celebrato compositum. Ad cod. vindob. paris. et berolin. fidem primum ed. lat. vert. et commentario indicibusque instruxit Gust. Fluegel. Tom. I—IV. gr. 4. London 835, 37, 42 and 45, printed for the orient. translation fund of Great Britain and Ireland. (Leipzig, T. O. Weigel.) n. 62 ℛ — (Bei Brockhaus et Avenarius) n. 64 ℛ

Haji Khalfa. كشف الظنون عن اسامى الكتب والفنون **Lexicon bibliographicum et encyclopaedicum a Mustafa Ben Abdallah Katib Jelebi dicto et nomine Haji Khalfa celebrato compositum. Ad codicum Vindobonensium, Parisiensium et Berolinensis fidem primum edidit Latine vertit et commentario indicibusque instruxit Gustav. Fluegel. Tomus V. VI. literas Kaf— Ya complectens. gr. 4. (T. V.: X u. 661 S. T. VI.: VIII u. 679 S.) London 1850. 52: printed for the Oriental translation fund of Great Britain and Ireland. (Leipzig, Brockhaus.) V: n. n. 15⅚ ℛ VI: n. n. 16¼ ℛ (Leipzig, T. O. Weigel.) V: n. n. 12 ℛ VI: n. n. 13 ℛ (1—5: n. n. 60 ℛ)**

[Hebr.] **Ḥajjē** ʿolam. Qobēṣ miktebe geone dorenu ʿa"d pinnuj ham-metim ū-qeburat efer han-niśrāfim. Me-haṣ-ṣaʿir Meïr Lʿruʿer (Lerner). Berlin: (M. Poppelauer 1905). (XXIV, 133 S.) 8°
[Nebent.:] Gutachten Rabbiner aller Länder über Exhumierung u. Aschenurnenbeisetzung auf jüd. Friedhöfen. Hrsg. von Oberrabb. Dr. M. Lerner. [08.13417

Haike, H., die Röntgenuntersuchung der Nasennebenhöhlen der Kinder u. ihre Ergebnisse f. Entwicklungsgesch., Diagnostik u. Pathologie. (48 S. m. 4 Abb. u. 23 Taf.) Lex. 8. Berlin 910. A. Hirschwald. 6. —
Sonderabdruck aus „Archiv f. Laryngol."

Hailbronner, Johann Jacob (Ulm), **De justa jurisjurandi a perjuro aut infami facta delatione. Diss. jur. Altdorf (Joh. Gg. Meyer) Jan. 1742. 28 S. (6.30)** Widm. v.: Wolfg. Albert Spis. 12851

Hailbronner, Karl v., Cartons aus d. Reisemappe e. deutschen Touristen. Gesammelt u. hrsg. v. rc. 3 Bdchn. gr. 8. (77½ B.) Stuttgart u. Tübingen 837, Cotta'sche Buchh. [1. 1½ Thlr., 2. u. 3. à 1⅓ Thlr.]

(**Hailbronner,** Karl v.) Morgen- und Abendland. Bilder von der Donau, Türkei, Griechenland, Aegypten, Palästina, Syrien, dem Mittelmeer, Spanien, Portugal und Südfrankreich. Vom Verfasser der „Cartons". (3 Bde.) 8. Stuttgart u. Tübingen **1841.**

Haile, Adjunct Dr. Ed., der steirische Mineralog. Anleitung zur Bestimmung der bisher in Steiermark aufgefundenen Minerale mittelst der einfachsten Versuche. gr. 8°. (IV, 56 S.) Graz. Peckel. fl. —.90. 1887.

Hailer: Studien über die Lagerungsverhältnisse..., s. Schafhäutl

Hailer, Studien üb. die Lagerungsverhältnisse des Gebirges u. d. Salzgebildes bei Berchtesgaden, siehe: **Untersuchungen,** geognost., der Bayer. Lande.

Hailer, Eduard, Prof.: **Beiträge** zur Erklärung des poetischen Plurals bei den römischen Elegikern. *Freising 1902: A. Fellerers Wwe.* (28 S.) 8°
Freising, k. humanist. G, P 1902*

Hailer, Eduard, Beiträge zur Erklärung des poetischen Plurals bei den römischen Elegikern. Progr. gr. 8. (28 S.) Freising 902. (Leipzig, Buchh. G. Fock.) n. 1. 20

Hailer, Eduard: Sextus Aurelius Propertius. Progr.Gym.Rosenheim 1888/89.

Properzstudien. — Von Eduard Hailer, Stdl. 1889, Rosenheim, M. Niedermayr. — S. 3 - 28.
Progr. Rosenheim (Oberbayern), Kgl. isolierte Lateinschule

Hailer, Eduard, prakt. Arzt aus Weissenburg a. S.: **Ueber eine Art Spontanluxation** des Penis. *München 1901: C. Wolf & Sohn.* (13 S.) 8°
München, Med. Diss. v. 1902

Hailer, Ekkehard, aus Horb: Die **Einwirkung von Diazoverbindungen auf Acyl-1.3-Ketosäureester.** *Tübingen: F. Pietzcker 1901.* (67 S.) 8°
Tübingen, Naturw. Diss. v. 1901

Festschrift zur Feier des 100jährigen Bestehens der K. B. Gewehrfabrik Amberg. Verf. v. derzeit. Dir. Major [Florian] **Hailer.** München: Bruckmann 1901. 44 S. 4° [09. 7044

H. Hailer, Stallmist und Kunstdünger. München 1897.

Hailer, Hermann

Haller, H., der Butterhandel in Dänemark, Frankreich u. den Niederlanden, s.: Hollmann.

— Deutschlands Kartoffel-Absatz, s.a. Arbeiten der deutschen Landwirtschafts-Gesellschaft. 93. Hft.

Deutschlands Kartoffel-Absatz. Statist. Untersuchungen über d. in- u. ausländ. Kartoffelbau u. Kartoffelhandel. Im Auftr. d. Deutschen Landwirtsch.-Gesellsch. Sonderausschuß f. Absatz ausgeführt von Dr. H[ermann] Hailer. Mit graph. Darstellungen u. Karten d. Handelsbewegungen. *Berlin: Deutsche Landwirtsch.-Ges. 1904.* (136 S.) 8° [F.]
— Arbeiten d. Deutschen Landwirtsch.-Gesellschaft. H. 93.

Haller, Herm., Studien üb. d. deutschen Brot-Getreidehandel, s.a. Abhandlungen des staatswissenschaftl. Seminars zu Jena. I. 8.

Studien über den deutschen Brot-Getreidehandel in den Jahren 1880–1899, insbes. über d. Einfluss d. Staffeltarife u. d. Aufhebung d. Identitätsnachweises von Dr. Hermann Hailer. *Jena: G. Fischer 1902.* (162 S.) 8°
— Abhandlungen d. staatswiss. Seminars zu Jena. Bd 1, H. 3.

Hailer, Hermann, aus Horb a. Neckar: **Studien über die Erstellung und Aufhebung der Staffeltarife und die Aufhebung des Identitätsnachweises bei Getreide und statistische Untersuchungen über deren Wirkungen auf den Verkehr und die Preise von Brotgetreide im nordöstlichen und südwestlichen Deutschland. Einleitender Teil.** *Jena: G. Fischer 1901.* (30 S.) 8°
Jena, Phil. Diss. v. (22. Juli) 1901

Hailer, Richard [aus Leonberg]: Über einige amidirte Amidinbasen ... Tübingen, F. Pietzcker, 1893; 57 S. 8.
Tübingen, Naturw. Fak., Inaug.-Diss. v. 1893

Haller, Robert [diplomierter Chemiker aus Bern]: Einwirkung von Aldehyden auf das 3,4-Dioxycumaranon. Linz 1898. 44 S. 8°.
Zürich, Phil. Diss. II. S. 1897/98.

Hailey, G., Life of John Milton with conjectures on the origin of Paradise lost. 8. Basel. (Tourneysen à Cassel.) 799. Velinp.

Hallig v. Hailingen, Emil Ritter, k. und k. Hauptmann. Geschichte des k. und k. Infanterie-Regimentes Nr. 30. (Mit 11 Abbildungen.) 8. Lemberg (1896).

Haillet de la Couronne, Lettres inédites, publiées par A. I. de S. Antoine, s.: Correspondants, les, de Grandidier.

Haillant, Napoléon (geb. Lesa in P. 17. 8. 1856): Die römischen Privatstrafen. Breslau 1884. (66 S.) 8° (Im Buchhandel 1884 bei Köhler in Breslau.)
Breslau, Iur. Diss. v. 2. Juli 1884

Haillot, C. A., Essai d'une instruction sur le passage des rivières et la construction des ponts militaires à l'usage des troupes de toutes armes. Livr. I—III. gr. in-8. (Mit 7 Steintafeln.) Paris 835 – 37. (Strasbourg, Schmidt et Grucker.) (à Livr. n $1^{1}/_{2}$ ₰) $4^{1}/_{2}$ ₰

— Versuch einer Anweisung über Flußübergänge und den Bau der Kriegsbrücken, zum Gebrauche aller Waffen. Aus dem Franz. übersetzt von Dettinger u. Tschierschky. 1e–3e Lfrg. Mit 11 Lithographieen. gr. 8. Glogau 836–38, Prausnitz. (I. $1^{1}/_{4}$ ₰ II. u. III. à $1^{1}/_{2}$ ₰) $4^{1}/_{4}$ ₰

Hailmann, August, appr. Arzt a. Bad Kissingen: Ueber die Entstehung und Verhütung der Bauchbrüche. Freiburg i. B. 1904: Karl Henn. (37 S.) 8°
Freiburg i. B., Med. Fak., Ref. Kraske, Diss. v. 1904
[Geb. 29. Juni 71 Kissingen; Wohnort: Freiburg; Staatsangeh.: Bayern; Vorbildung: Kgl. Studienanstalt Münnerstadt; Studium: Würzburg 6, München 1, Freiburg 11 S.; Coll. 4. März 04; Approb. 17. Mai 02.]

[F.] **Haimann,** Julius [Rechtspraktikant in München]: Die rechtliche Natur der subsidiarischen Vertretungsverbindlichkeit dritter Personen nach den Zoll- und Steuer-Gesetzen des deutschen Reichs ... München, J. Schweitzer, 1892; IV, 56 S. 8.
München, Jur. Fak., Inaug.-Diss. v. 1892

Haimäsy, E., Orgelbuch, s.: Hosanna.

Haimb, Joannes Henricus Sesslacensis, J. U. Candidatus. Schwarzenberga gloriosa, sive Epitome historica de Ortu et Gestis serenissimae Gentis Schwarzenbergicae, Oriundae ex Vetustissima etc. Illustrissima hodie Seinsheimiorum Francorum Familia. Ubi plurima de Gloriosis Nobilitatis Franconicae factis, haectenus minus cognita, interserentur. 8. Ratisbona 1708.

Haimb, J. H., Schwarzenberga gloriosa sive epitome histor. de ortu et gestis sereniss. gentis Schwarzenbergicae oriundae ex vetustiss. et illustriss. hodie Seinshemiarum familia. Cum tab. Herbipoli 1708. 8.

Haimbach, Philipp. Poetische Blätter. Philadelphia: Selbstverlag, 1899. GSP. UC

Herbst-Idyll. Von Philipp Haimbach. Philadelphia: Selbstverl. 1894. (37 S.) 8° [F.]

Haimberger, A., Jus romanum privatum. IV Vol. 8maj. Leopolis 830, Millikowski.

Haimberger, Paul Freiherr von, Markscheider: Beiträge zur Bestimmung der Strahlenbrechung über der Meeresfläche. Freiberg i. S.: Craz & Gerlach 1910. 45 S. 4°
Danzig, Dr.-Ing.-Diss. v. 18. 1. 1910

Haimendorf, Christoph Fuerer von, s. Fuerer von Haimendorf

Haimer, Karl, s.: Buchführung, die, des Landmanns.

— Formulariensammlung f. den Verkehr m. der Post, Eisenbahn u. Bank, sowie f. den eigenen inneren Geschäftsbetrieb. Schülerausg. m. besond. Berücksicht. f. den Schulgebrauch in ländl. Fortbildungs- u. Sonntagsschulen zusammengestellt. (S. 1—3 u. Doppels. 4 - 31.) 33,5×21,5 cm. Diessen (910). J. C. Huber. —75

— dasselbe u. Geschäftsaufsätze f. den Verkehr m. der Post, Eisenbahn u. Bank, sowie f. den eigenen inneren Geschäftsbetrieb. I. Tl.: Formulierte Aufsätze. II. Tl.: Stilisierte Aufsätze. III. Tl.: Die landwirtschaftl. Buchführg. Lehrerausg. Mit besond. Berücksicht. f. den Schulgebrauch in ländl. Fortbildungs- u. Sonntagsschulen zusammengestellt. (3 S., Doppels. 4—31, S. 1—3, Doppels. 4—31 u. 15 S.) 33,5×21,5 cm. Ebd. (910.) Geb. 4. —

Haimer, Karl, Lehrstoff-Verteilung f. die ungeteilte, nach Geschlecht. getrennte Sonntagsschule, deren Schüler im Dienste d. Landwirtschaft stehen. (Mit e. Lehrkraft.) Nach dem neuen Lehrgange (25. IV. 1907) u. den v der kgl. Regierg. empfohlenen Unterrichtsbüchern bearb. Ausg. A. (16 S.) gr. 8. München 908. M. Kellerer. —65

— dasselbe f. die geteilte, nach Geschlechtern getrennte Sonntagschule. (Mit zwei u. mehr Lehrkräften.) Ausg. B. (Nur f. Knaben.) (16 S.) gr. 8. Ebd. 908. —65

— dasselbe. Ausg. C. (Nur f. Mädchen.) (16 S.) gr. 8. Ebd. 908. —65

— Merkstoff zum Sachunterricht in der landwirtschaftlichen Feiertags- u. Fortbildungsschule. Nach 3 Jahrgängen geordnet u. bearb. gr. 8. Diessen (909). J. C. Huber. 1. 30
1. (42 S.) —40. — 2. (52 S.) —40. — 3. (80 S.) —50.

— Der Sachunterricht in der landwirtschaftl. Feiertags- u. Fortbildungsschule. 3 Tle. f. den Stoff des 1—3. Jahrganges. Handbuch u. Stoffnachweis f. den Lehrer. Nach den Quellen u. Vorträgen im direkten Anschlusse an des Verf. „Lehrstoff-Verteilg." (sämtl. Ausg. 1—3. Jahrg.) u. möglichster Anlehng. an das neue Lesebuch bearb. (47, 32 u. 74 S.) gr. 8. Ebd. (909.) à 1. 50

— Die Volksschule u. das Sexualproblem. Ein Beitrag zur Sexualpädagogik u. Sexualethik, nach Quellen bearb. Vortrag, geh. in der allgem. Volksschullehrerkonferenz in Landsberg a/L. am 10. VII. 1909. (44 S.) gr. 8. Ebd. 909. 1.—

Haimer, Victor (ps.), Der edle Kaisersohn. Eine Erzählung aus unseren Tagen. Gedruckt in Berlin bei Kroll 1889. Verlag v. Werner Grosse in Berlin (1889).
In Oesterreich verboten.

Haimer, V., der edle Kaisersohn. Eine Erzählg. aus unseren Tagen. 75 Hfte. gr. 8. Berlin 889. W. Grosse. à —10

Haimer, Vikt., unschuldig verurteilt od. die Flucht nach Deutschlands Kolonien. Neueste Erzählg. 1—84. Hft. gr. 8. (1. Bd. 790, 2. Bd. 209, 3. Bd. 712 S. u. 4. Bd. S. 1—280 m. je 1 Chromolith.) Neusalza 886. Oeser. à —10

— unschuldig verurteilt oder die Flucht nach Deutschlands Kolonien. Neueste Erzählg. 85.—100. (Schluß-) Hft. gr. 8. (4. Bd. S. 281—791, m. je 1 Chromolith.) Neusalza 887. Oeser. à —10

Haimeram, Trauerspiel in 5 Aufz. mit einem Vorspiele: das Heiligthum, von A. Erhard. gr. 8. München, Lentner. 819.

Haimerl, Frz., Anleitung zum Studium des Wechselrechtes mit besonderer Rücksicht auf die in Oesterreich derzeit bestehenden Gesetze. Wien 855. Manz. gr. 8. (VIII, 292 S.) 1 ℔ 21 ngr

— Darstellung der gesetzlichen Bestimmungen über die Parteien und deren Stellvertreter im civilgerichtlichen Verfahren in Oesterreich. Wien 857. Braumüller. gr. 8. (VII, 227 S.) n. 1 ℔ 10 ngr

Haimerl, Dr. Franz. Darstellung der gesetzlichen Bestimmungen über die Parteien und deren Stellvertreter im civilgerichtlichen Verfahren in Oesterreich von — —. Wien, 1857. Dr. von Josef Stöckholzer v. Hirschfelt. (227 S. 8.)

Haimerl, Dr. Franz — Darstellung der neuesten gesetzlichen Bestimmungen über die innere Einrichtung und Geschäftsordnung der Civilgerichte in Oesterreich. Von — —. Wien, 1856. Druck und Verlag von Friedrich Manz. (IX. 230 S. 8.)

Haimerl, Dr. Franz — Darstellung der neuesten Competenz-Vorschriften (Jurisdiktionsnormen) für die Civilgerichte in Oesterreich. Von — —. 3. vermehrte und verbesserte Aufl. Wien, 1856. Druck und Verlag von Fried. Manz. (XII. 246 S. 8.)

Haimerl, Frz., die deutsche Lehenhauptmannschaft [Lehenschranne] in Böhmen. Ein Beitrag zur Geschichte des Lehenwesens in Böhmen m. urkundl. Beilagen. gr. 8. (IV u. 136 S.) Prag 848, Heß. 18 ngr

— siehe: Magazin f. Rechts- u. Staatswissenschaft.

—— Quellen des böhm. Lehenrechts. Zum Gebrauch bei den öffentlichen Vorträgen für seine Schüler zusammengestellt. gr. 8. (156 S.) Prag 847, (Credner und Kleinbub.) *

—— die Verfassung der Civilgerichte in Oesterreich. 2 Abthlgn. gr. 8. Wien 856, Manz.
Inhalt:
Abthl. 1. Darstellung der neuesten gesetzlichen Bestimmungen über die innere Einrichtung und Geschäftsordnung der Civilgerichte in Oesterreich. (IX und 230 S.) 1 Thlr. 10 Ngr.
2. Die Bestimmungen über den Wirkungskreis der Civilgerichte (Jurisdictionsnormen). A. u. d. T.: Darstellung der neuesten Competenz-Vorschriften (Jurisdictionsnormen) für die Civilgerichte in Oesterreich. 3., verm. und verb. Aufl. (XII und 246 S.) 1 Thlr. 18 Ngr.

—— Versuch einer kurzen geordneten Darstellung der neuen Competenz-Vorschriften (Jurisdictionsnormen) für das civilgerichtl. Verfahren in Oesterreich. 1. Aufl. (VI und 162 S.) 1854. 27 Ngr. und 2., verm. und verb. Aufl. gr. 8. (VIII und 216 S.) Wien 855, Manz.

Haimerl, Frz. Xav.: Beitrag zur Erklärung d. §. 338. der österreich. allgem. Gerichtsordnung. *Wien*, Sollinger. 833. 8.

Haimerl, Fr. Xav., die Lehre von d. Civilgerichtsstellen in d. deutschen u. italien. Ländern d. österreich. Kaiserstaates, nach B. A. Wagner Systeme, u. mit Benützung seiner Materialien bearb. 1. Thl. gr. 8. (16½ B.) Wien 834, v. Mösle sel. Witwe. u. Braumüller. Thlr.

Haimerl, Fr. Xav., die Lehre von d. Civilgerichtsstellen in d. deutschen u. italien. Ländern d. österreich. Kaiserstaates. 2. Thl. gr. 8. (16½ B.) Wien 835, [Braumüller u. Seidel.]
1. Thl. Ebendas. 1834. 1 Thlr. 18 Gr.

—— Vorträge üb. d. Concurs d. Gläubiger, nach den in d. österreich. Staaten gelt. Gesetzen. gr. 8. (17½ B.) Wien 840, [Braumüller u. Seidel.]

(F) Haimerle's Deutsches Lesebuch für kommerzielle Lehranstalten. 8. Aufl. Gr.-8°. (VII, 387 S.) geb. K 2.60
Wien: Hölder 1902.

Haimhoffen G. v.: Beobachtungen üb. die Blattgalle u. deren Erzeuger auf *Vitis vinifera L.* 1875. [Rostr. Saml.].

Haiminsfeld, Melchior Goldast von, s. Goldast von Haiminsfeld

Haimonskinder, s. a. Montauban. — Montelban.

Die Haimonskinder.

Ein schöne vnd lustige history von den Vier Heymons Kindern | Adelhardt | Ritsardt | Writsardt vnd Reinoldt | vnd jhrem Ross Beyardt | was sie für Ritterlicher Thaten | gegen die Heyden zu zeiten Caroli Magni König in Franckreich vnd ersten römischen Kaysers begangen haben. . . . Auss dem Nidern Teutsch in vnser gemein Teutschs vbergesetzt vnd in Truck verfertigt durch P. V. D. Æ (= Paul von der Aelst). — Beigefügt ist vielfach die Legende vom h. Reinoldus.

o. J. u. O. mit Vermerk: „Ehedem auch gedruckt zu Cölln".
Nach Fr. Pfaff wahrscheinlich Dortmund, 17. Jahrh.
Berlin KB., ehemals K. H. G. von Meusebach gehörig.

o. J.* u. O. mit Vermerk „Ehedem auch gedruckt zu Cölln".
Ende des 17. Jahrh. Neu-Aufl. der vorigen Ausgabe mit wenigen Aenderungen.
Bibl. Wolfenbüttel.

1780,* Berlin, Christian Friedrich Himburg, 8°.
Reichhards Bibl. der Romane, Bd. VI, S. 7–48, Bd. VII, S. 7–36.

o. J.,* Kölln a. Rh., mit Vermerk: „Gedruckt in diesem Jahr". 18. Jahrh.
Berlin KB., ehedem K. H. G. von Meusebach gehörig.

1809, Wien, Die vier Haimonskinder, komisches Volksmärchen mit Gesang in 4 Aufzügen von Gleich, Musik von Kapellmeister Tuczek.

1821, Reutlingen, Fischer und Kurtz, 8°.
Straßburg, Cd 130.659.

1822, Reutlingen, Kurtz und Fischer, 8°.
Straßburg, Cd 130.660.

1830, Leipzig, C. H. F. Hartmann, 8°, hrsg. von Ludwig Bechstein in Versen, mit 5 Vignetten.
Straßburg Cd 130.657. s.a. Bechstein, Ludwig

1885, Tübingen, 8°.
Reinolt von Montelban, hrsg. von Friedr. Pfaff in Bibl. des literar. Vereins in Stuttgart, Nr. 174. Mit einleitender Untersuchung über die Reinoltsage, den Prosaroman und das Volksbuch, S. 33–46.

1887, Freiburg i. Br., B. Herder, 8°.
Hrsg. von Friedrich Pfaff, nach dem Niederländischen bearbeitet von Paul von der Aelst. Mit einer Einleitung über Geschichte und Verbreitung der Reinoltsage.

1895, Tübingen, 8°.
Hrsg. von A. Bachmann, XXIII, 310 S. In Bibl. des Stuttgarter litt. Vereins, Nr. 206.

Haimonskinder, die, hrsg. v. Alb. Bachmann, s. a. Bibliothek d. litterar. Vereins in Stuttgart.

Die Heymonskinder. Ein Gedicht in 20 Gesängen. Nördlingen: Beck 1840. 287 S.
1:Yn 11101. 12:P. o. germ. 618 h. 7.
8.12499
— 2. Ausg. Ebd. 1846. 287 S. 12:P. o. germ. 618 hb.
8.12500

Die Haimonskinder in deutscher Übers. des 16. Jahrhunderts hrsg. von Albert Bachmann. — Tübingen: Litterarischer Verein in Stuttgart 1895. XXIII,310 S. (Bibliothek des Litterarischen Vereins in Stuttgart. 206.)
1:Ag 308–206. 12:H. misc. 33 t–206 [u.] 33 ta–206.
200:393.111–B.Per. 206. 2. 3. 4. 5. 6. 7. 8. 9. 10. 11.
8.12531

Haimovici, Eman., der Eisenbetonbau, s. a. Aus Natur u. Geisteswelt.

Der Eisenbetonbau. Von Dipl.-Ing. Emanuel Haimovici. Mit 81 Abb. Leipzig: Teubner 1909. VI, 131 S. 8°
(Aus Natur u. Geisteswelt. Bdch. 275.) 1909. 11910

Graphische Tabellen und graphisch dargestellte Formeln zur sofortigen Dimensionierung von Eisenbeton-Plattendecken resp. Plattenbalken bei beliebiger, aber wirtschaftlich-rationeller Ausnutzung der Materialien, Eisen u. Beton, hinsichtl. ihrer Inanspruchnahme auf Zug resp. Druck. Aufgest. in vollkomm. Übereinstimmung mit d. preuß. Ministerialbestimm. v. 16. April 1904 von Emanuel Haimovici. Hierzu 5 Lichtdrucktaf. Leipzig: B.G.Teubner in Komm. 1906. (52 S.) 4°(8°) 1906 8637

Hain, der, u. seine Mysterien, s. a. Reich der Flora.

Hain, der, und seine Mysterien. Eine Gabe der Erinnerung; den Verehrern der Natur, der Liebe und der Freundschaft gewidmet. Vom Verf. des Werkes: Der Selam des Orients. gr. 12. Berlin 841, Burmeister. 1⅙ ℛ

Programm des evangelischen Gymnasiums in Schäßburg und der damit verbundenen Lehranstalten zum Schluß des Schuljahres 1853/54. 4. (40 S.) Kronstatt. Gedruckt bei Joh Gött. 1854. Inhalt: Beiträge zur Witterungskunde Siebenbürgens. Von Prof. Dr. Hain. — Schulnachrichten.

Hain, A. Postangelegenheit. Schweidnitz 1848. 7 S. 8.

Hain, Adf., Gedichte. 8. (XII und 300 S.) Edinburgh 855. Leipzig, Brockhaus. *

Hain, Anna, Nachlese im Garten der Poesie. Gedichte. (104 S.) kl. 8. Dillenburg 904. (Gebr. Richter.)
Geb. in Leinw. n. 1. 60

Hain, Ant., medicinische Prager Ephemeriden f. d. J. 1803 u. 4. 8. Prag 807. u. f. 1805 als 1e Fortsetzung. 809. Ebd. Widtmann. 16 gl

Hain, A., Prager medicin. Ephemeriden für d. Jahr 1805, als erste Fortsetzung. 8. Prag, Widtmann. 809.

Hain, Arnold, der doge von Venedig seit dem sturze der Orseoler im j. 1032 bis zur ermordung Vitale Michiels II im j. 1772. Ein beitrag zur venetian. verfassungsgeschichte im 11. und 12. jahrh. Inauguraldissertation. gr. 8. (133 S.) Königsberg 883, (Hartung'sche Verlagsdruckerei.)

Hain, Aug., der zuverlässige Geschwindrechner beim Ein- u. Verkauf. Ein Rathgeber f. Stadt- u. Landbewohner. 16. (5 B.) Leipzig 841, Hunger.

Hain, Aug., der zuverlässige Geschwindrechner beim Ein- u. Verkauf. (Wohlf. Ausg.) 16. (5⅛ B.) Leipzig 845, Hunger.

Hain, Emil, mathematische Unterrichtsstunden. Anschliessend an die Volksschule für die Bedürfnisse der Selbstbelehrung. 1. Heft: Einfache Gleichungen des 1. Grades mit 1 Unbekannten. gr. 8. (32 S.) Leipzig 884, C. A. Koch's Verlagsh.

Hain, Emil, mathematische Unterrichtsstunden. Anschliessend an die Volksschule für die Bedürfnisse der Selbstbelehrung. 2. Heft: Leichte geometrische Constructionsaufgaben. gr. 8. (16 S. mit 1 lithogr. Fig.-Taf.) Leipzig 885, C. A. Koch. * — 50
1. Heft. Ebendas. 1884. * 50 Pf.

Hain, Jh. Gf., († d. 7. Mai 1809.) fundamenta juris civilis in tabulis ordine systematica reducta. 4. Dresd. 754. Ed. II. 774. Edit. III. 784. Edit. IV. 789. (Schöps in Zittau). 1 ℛ 4 gl

Hain, J. Gf.: Fundam. jur. priv. civ. in tab. ord. syst. redacta. *Dresd.*, Gerlach. (Ed. 1–3a. 757–84.) Ed. 4a. 798. 8. (1 Thl. 4 Gr.)

Hain, L Gf., fundamenta juris civilis in tabulis. 4. Dresd. Gerlach. (et. Schöps in Zittau.) 798.

Hain, Jos., reine und Militair-Geographie für die Schulen des k. k. Bombardier-Corps. (2 Abthlgn.) gr. 8. (693 S. mit eingedr. Holzschn.) Wien 848, Tendler und Comp.

Hain, Jos., Handbuch der Statistik des österreichischen Kaiserstaates. 1—7. Hft. od. 1. Bd. 4 Hfte. u. 2. Bd. 1—3. Hft. gr. 8. (1. Bd.: XII u. 510 S. 2. Bd. S. 1—384.) Wien 852, Tendler & Co. (à n. $^2/_3$) n. $4^2/_3$

Hain, Jos., Handbuch der Statistik des österreichischen Kaiserstaates. 8—10. Heft oder II. Bd. 4—6. Heft. Wien 853. Tendler u. Co. gr. 8. (2 Bl., S. 385—763.) Jedes Heft n. 20

Hain, Handbuch d. Statistik d. österr. Kaiserstaats. 2 Bde. Wien 883. (20. —)

Hain, Ludwig, s. Alfieri: Denkwürdigkeiten.

Hain, Ldw., s. Bouché v. Clügny, J. B., Christus u. der Pabst. — Dess. Sendschreiben.

Hain, Ludw(ig) (Übers.):

s.: Desruelles, H(enri) M(arie) Joseph: Briefe über die venerischen Krankheiten und deren zweckmäßigste Behandlung... (Lettres écrites du Val-de-Grace sur les maladies vénériennes. Troisième édition. Dt.) Leipzig: 1848

JB 4.697

– s. Emiliane, Gabriel de: List und Trug der Priester.

– s. Fernow, K. L.: Franz. Petrarka.

– s. Lebensbeschreibungen ... berücht. Räuber

– s. Nizami, poetae.

– s. Ramon de la Sagra: Zur Reform der Straf-Anstalten.

Hain, Ldw., (F. Thbr.) Rath an meine Tochter, s. Bouilly.

Hain, Ludw.: Zur Reform der Strafanstalten. Beschreibung der berühmtesten Straf- u. einiger Wohlthätigkeits-Anstalten der Vereinigten Staaten von Nordamerika. Nach dem Reisetagebuch des Spaniers Don Ramon de la Sagra, deutsch bearb. Quedlinburg u. Leipzig 1846.

Hain, Lud. Repertorium bibliographicum, in quo libri omnes ab arte typographica inventa usque ad annum MD. Typis expressi, ordine alphabetico vel simpliciter enumerantur vel adcuratius recensentur. Volum. I. Pars 1—2; Volum. II. Pars 1—2. (4 Bde.) 8. Stuttgartiae et Lutetiae Parisiorum 1826—1838.

Hain, (L.,) Repertorium bibliographicum, in quo libri omnes ab arte typographica inventa usque ad annum. M. D. Typis expressi ordine alphabetico vel simpliciter enumerantur vel adcuratius recensenter. Vol. I. pars. I. 8 maj. Stuttg. 826, v. Cotta.

Hain, Ludov., Repertorium bibliographicum, inquo libri omnes ab arte typographica inventa usque ad an. MD. typis expressi, ordine alphabet. vel simpliciter enumerantur vel adcuratius recensentur. Vol. I. P. II. et Vol. II. P. I. 8 maj. Stuttgartiae, Cotta. [I. 2. (56 B.) 827., II. 1. (35 B.) 831.] à 5 Thlr., Schrbp.
Vol. I. P. I. Ebendas. 1826. 5 Thlr., Schrbp. 6 Thlr. 16 Gr.

Hain, Lud., Repertorium bibliographicum, in quo libri omnes ab arte typographica inventa usque ad ann. MD. Typis expressi ord. alphabet. vel simpliciter enumerantur vel adcuratius recensentur. Vol. II. Ps. II. (et ult.) 8maj. ($34^1/_4$ B.) Stuttgartiae 838, libr. Cotta. * 5 Thlr., Schrbp. *
Vol. I. 1. 2., II. 1. Ebendas. 1826—31. * 15 Thlr., Schrbp. * 17 Thlr.

Hain, Ludovicus. Repertorium bibliographicum in quo libri omnes ab arte typographica inventa usque ad a MD. typis expressi ordine alphabetico vel simpliciter enumerantur vel adcuratius recensentur. Opera L. H. Indices uberrimi opera Conr. Burger. gr. 8. (VI, 428 S.) Lpz. 891, Harrassowitz. * 16 —; auf holländ. Pap. * 25 —

Hain, Ludov., Repertorium bibliographicum, in quo libri omnes ab arte typographica inventa usque ad annum MD. typis expressi ordine alphabetico vel simpliciter enumerantur vel adcuratius recensentur. 2 voll. in 4 partes Stuttgartiae MDCCCXXVI—MDCCCXXXVIII. (Fksm.-Dr.) (596, 566, 558 u. IV, 548 S.) gr. 8. Frankfurt a/M. (903). J. Baer & Co. n. 100. —

—— dass. — s.a.Centralblatt f. Bibliothekswesen.

Hain's Repertorium bibliographicum, Nachträge, s.a. Nachträge.

Nachträge zu [Ludwig] Hain's Repertorium bibliographicum und seinen Fortsetzungen. Als Probe d. Gesamtkatalogs d. Wiegendrucke hrsg. von d. Kommission f. d. Gesamtkatalog d. Wiegendrucke. Leipzig: Haupt 1910. IV, 81 S. 4° [11. 1101

– s. Simonde, Sismondi: Literatur.

– s. Thibiage, M. v.: Gesch. der berühmt. Ritterburgen Frankreichs ...

Hain, Serap., Fastenbuch, d. i.: Der das Leiden Jesu betrachtende Christ 2c. 8. Wien 799.

Haina [Schlagwort]

Haÿna. s.: Preussen. Messtischblätter.

„Hajnal". A magyarországi szabadkömivesek közlöny. [Red. Ladisl. Hollós, [Nr 11—22:] Anton Rózsaagi, [Nr 23—62:] Adalb. Erödi Harrach.] Kézirat a Sz.·. k.·. Tt.·. részére. Evfolyam 1. Pest: [Selbstverl. d. Gr. O. v. Ungarn] 1871—1872. 780 S. 4⁰ [Kopftit.] [Nebentit.:] „Morgenroth". Organ der Freimaurer Ungarns. Hs. f. Frmrr.·.
[Fortges. u. d. Tit.:]
[Ungar.] Szabadkömivesi Figyelö. A magyarországi sz.·. k.·. ek közlönye. Szerkesztö és kiádo-tulajdonos. Hollos Lazlo. Evfolyam 1. Pest 1873: [Pesti könyvnyomda-részvény-társulat]. 216 S. 4⁰ [Kopftit.]
[Nebentit.:] Freimaurer-Beobachter. Organ der ungar. Fr.·. M.·.ei. Red. u. Eigenth. Hollós László.
[Fortges. u. d. Tit.:]

Hajnal. Magyarország Nagy-Oriensének hivatalos közlönye. Kiadótulajdonos: Magyarország Nagy-Oriense; [Jg. 4—13:] Havi szemle az összes szabadkömivesség köreböl. [Red. Ludw. Rosenberg, [Jg. 5—6:] Ladil. Wekerle, [Jg. 7—12:] Ludw. v. Aigner.] Evfolyam 2—[13]. Kézirat sz.·. kk.·. számára. Budapest: [Selbstverl. d. Gr. O. v. Ungarn] 1875—1886. 4° [Kopftit.] [Nebentit.:] Amtliches Bulletin des Gross-Orientes von Ungarn. Eigenthümer und Hrsg.: Der Gross Orient von Ungarn. [Jg. 4—13:] Monatsrevue aus dem Bereiche der Gesammt Maurerei. Ms f. BBr.
1. 780 S. 1871—1872; 2. 200 S. 1875; 3. 190 S. 1876; 4. 253 S. 1877; 5. 204 S. 1878 [unvollst.]; 6. 156 S. 1879; [7.] 136 S. 1880 [unvollst.]; 8. 184 S. 1881; [9.] 172 S. 1882; [10.] 164 S. 1883; 11. 148 S. 1884 [unvollst.]; [12.] 164 S. 1885; [13.] 146 S. 1886.
Tt. 171—172, 238. In ungar. u. deutsch. Sprache.

Hajnalpir (Morgenröthe), Anhaltspunkte d. Erziehung. gr. 8. (151 S.) Budapest 897. (O. Nagol jun.) n. 4. —

Hajnalpir (Morgenröthe), Klärung der Begriffe. gr. 8. (61 S.) Budapest 900. (O. Nagel jun.) n. 2. —

HAJNALY, FRANZ: Zur Namensfeyer des . . . Franz von Stipcsics . . . Pfarr-Herrn zu Alt-Ofen. (Ofen o. J.). o. Dr. (1 1.) - 2°

Hainau [Schlagwort]

Hainau, s.: Deutschland. Kürschner-Pelp.

Hainauer, Jul., die Gesellschaft der Freunde in Breslau. Erinnerungsblätter f. das 50. Stiftungsfest gesammelt. br. 8. (96 S.) Breslau 871. Hainauer. n. 1. 50

v. **Hainault,** (Henault) H., chronolog. Auszug d. Geschichte von Frankreich. Aus d. Französ. v. K. F. Troltsch. 4. Bamb. 759. Nachtrag 761. N. Tit. 768. (Wesche in Frankf.) 2 ℳ 8 gr.

Hainault, H. v., chronol. Ausz. d. Gesch. v. Frankreich. 4. Bamb. Göbhard. 768.

Hainbach. Rud., Technik der Dekorierg. keramischer Waren. Eine Darstellg. aller Verfahren zur Verzierg. v. Steingut u. Porzellan auf mechan. u. chem. Wege durch Glasuren, Angüsse, Malerei, Farbendruck, Photographie, Sandstrahlgebläse, Galvanoplastik, Metalle u. Lüster. Nebst e. Anleitg. zur Herstellg. v. Siderolithware. (VIII, 312 S. m. 22 Abbildgn.) 8. Wien 907. A. Hartleben. n. 6. —; geb. n. 6. 80

Hainbach R, Technik der Dekorierung keramischer Waren. (312 S.) (Bibliothek Chemisch-technische 298) Wien 1907

Hainberg, E., s.: Diederich, E.

Hainburg [Schlagwort]

Hainburg, s.: Geologische Karten. Spezialkarte. (Oesterr.-Ung.)

Haindl

Doppelt wirkende Wassersaulenmaschine mit Hahnsteuerung, auf Lwd m St.

Haindl, einfach wirkende Wassersaulenmaschine mit Kolbensteuerung, auf Lwd m St.

Haindl, Anton Franz: Anleitung zur Darstellung der Muskeln des menschlichen Körpers. Für Anfänger im Zergliederungs-Geschäfte bearbeitet. 93 S., gbd., 2 Taf.

Prag: Kronberger & Weber 1829

JB 730

Haindl, A. Frz., Anleit. zur Darstell. der Muskeln des menschl. Körpers. Für Anfänger im Zergliederungs-Geschäft bearbeit. Mit 2 Steintaf. gr. 8. Prag 829. Sommer. (Kronberger u. W.) 21 gr

Haindl, Fr. X., Unterricht für Gold- u. Silberarbeiter über die denselben nöthigen Kenntnisse zur Herstellung eines richtigen Gehaltes. Mit besond. Rücksicht auf die im Königreich Bayern darüber geltenden Bestimmungen. gr. 4. München 843. (Palm.) n. 5/12 ℳ

Haindl, Georg, appr. Arzt a. Pfaffenhofen a. Ilm: Über die Indikationsstellung zum klassischen und zum vaginalen Kaiserschnitt bei Eklampsie. Erlangen 1906: Junge & Sohn. (34 S.) 8°
Erlangen, Med. Fak., Ref. Menge, Diss. v. 16. Nov. 1906
[Geb. 10. März 69 Pfaffenhofen; Wohnort: Reinhausen (Bezirksamt Stadtamhof); Staatsangeh.: Bayern; Vorbildung: Luitpold-Gymn. München; Studium: München 3, Würzburg 5, Leipzig 1, Erlangen 5 S.; Coll. 30. Okt. 06; Approb. 27. Juni 99.]

Haindl, S.: Die darstellende Geometrie. Munchen 1835. 4°

Haindl, Sebastian

Haindl, S., Construction der Verzahnungen, mit besond. Rücksicht auf die beste Form der Zähne. Handbuch zum Gebrauche bei Maschinenzeichnungs-Unterrichte, besonders aber zum Selbstunterrichte f. prakt. Mechaniker, Werkmeister an Eisengießereien, Uhrmacher, Mühlenbaumeister u. Windenmacher. Mit 9 lith. Taf. in Fol. gr. 8. Stuttg. 830. v. Cotta. 1 ℳ

Haindl, S., Cursus der Zeichnungs-Wissenschaften. Lehr- und Handbuch für Kunst u. technische Schulen. 1r Thl. A. u. d. T.: Die darstellende Geometrie (la Géometrie descriptive). Mit 14 Steintaf. gr. 4. Münch. 835. J. Lindauer (Sauer.) 2 ℳ

Haindl, Sebast., die Linear-Zeichnung als Vorbereitung für die wissenschaftl. u. techn. Zeichnung. Ein Handbuch für Anfänger, besonders für Schüler an Kunst-Akademien, Gymnasien, Militairschulen rc. Mit 71 eingedr. Holzschn. u. 4 lith. Beilagen. gr. 4. München 843, literar.-art. Anst. n. 1 1/3 ℳ

— über Maschinen u. Apparate zur Oelfabrikation. (Aus d. Kunst- u. Gewerbebl. f. Bayern abgedr.) Mit 3 Kupfertaf. gr. 8. München 843, Palm. 5/6 ℳ

Haindl, Sebast., Maschinen für den Straßen-, Wasser- und Brückenbau, das gewerbliche, Fabriks-, landwirthschaftl. und Militär-, dann das Berg- und Hüttenbauwesen; mit Tabellen der in den europäischen Handelsorten und Staaten gebräuchl. Maße; dann mit specieller Angabe aller altbayer. und der rheinpfälz. metrischen. Zur Ausführung, für den Unterricht und zum Selbststudium. In detaillirten Zeichnungen und Beschreibungen, mit Erfahrungs-Resultaten und Berechnungen, dann Kosten-Voranschlägen. I. Abthl.: Die Wasser-Förderung. 1. und 2. Lfg. gr. 4. (XXXII und S. 1—56 mit 12 Stnt. in qu. Fol.) München 849—52, (Rieger'sche Buchh.) à Lfg. * 1 Thlr. 10 Ngr. Thlr. *
Bildet eine Fortsetzung von des Verf.: Maschinenkunde und Maschinenzeichnung.

Haindl, Sebast., Maschinen für den Straßen-, Wasser- und Brückenbau, das gewerbliche, Fabriks-, landwirthschaftliche u. Militär-, dann das Berg- und Hüttenbauwesen ꝛc. In detaillirten Zeichnungen und Beschreibungen. 1. Abth.: Die Wasser-Förderung. 3. Liefg. München. (853.) Rieger. gr. 4. (S. 57—88 u. 6 lith. Taf. in Fol.) n. 1 ß 10 ngr

Haindl, Sebast., Maschinen für den Straßen-, Wasser- und Brückenbau, des gewerbl., Fabriks-, landwirthschaftl. und Militär-, dann das Berg- und Hüttenbauwesen. In detaillirten Zeichnungen und Beschreibungen ꝛc. (Fortsetzung von des Verf. Maschinenkunde und Maschinenzeichnung.) 1. Abthl.: Die Wasser-Förderung. 3. Lfg. gr. 4. (S. 57—88 mit 6 Stnt. in qu. Fol.) München 854, Rieger'sche Buchh. *
1. und 2. Lfg. Ebendas. 1849—52. * 2 Thlr. 20 Ngr.

— Maschinenkunde u. Maschinenzeichnen. 1e u. 2e Lfrg. gr. 4. u. Tafel 1—21 der Zeichnungen (in gr. Fol.). München 839, 40. Literar.-artist. Anstalt. (à n. 3 ß) 6 ß

— Maschinenkunde u. Maschinenzeichnen. 3., 4. u. letzte Liefg., bestehend aus Bog. 18 bis Ende des Textes und Taf. 22 bis 52 der Zeichn. München 841 u. 43, literar.-artist. Anstalt. (3. Liefg. n. 3 ß 4. Liefg. n. 5 1/3 ß) n. 8 1/3 ß — Alle 4 Liefg. n. 14 1/3 ß

Haindl, Sebast., Maschinenkunde u. Maschinenzeichnung. (4 Lfgn.) gr. 4. (46 1/2 B., u. 52 Stnt., nebst 2 Bl. Regist. gr. Fol.) München 841—43, Literar.-artist. Anstalt. *

— Maschinenkunde u. Maschinenzeichnen. 2. Aufl. 4 Lfgn. gr. 8. (XXX u. 558 S. m. Atlas von 61 lith. Taf. in gr. Fol.) München 852. 53, Literar.-artist. Anstalt. (à n. 2 1/2 ß) n. 10 ß

—— Maschinenkunde und Maschinenzeichnen. 2. Aufl. gr. 8. (XXX und 558 S. mit Atlas von 16 Stnt. in gr. Fol., wovon 5 ill. und 6 S. Erklärung.) München 855, Literarisch-artistische Anstalt. *

— die geometr. Schatten-Construction. Handbuch m. Vorbildern f. den Unterricht an Kunst- u. techn. Schulen, u. zum Selbstunterrichte f. Architekten, Maler ꝛc. In 2 Thln. 1. Bd. m. 10 in Stein gravirten Constructions- u. 7 m. Kreide gezeichn. Musterbl. (in qu. Imp. Fol.) — Cours complet de la construction géométrique des ombres. Tome I. Fol. (IV u. 91 S.) Regensburg 848, Manz. n. 4 1/3 ß

Haindorf, Alexander: Beiträge zur Culturgeschichte der Medizin und Chirurgie Frankreichs und vorzüglich seiner Hauptstadt, mit einer Uebersicht ihrer sämmtlichen Hospitäler und Armenanstalten nebst mehreren während der Jahre 1813 und 1814 dort gesammelten medizinisch-chirurgischen Beobachtungen. 526 S., gbd.

Göttingen: Vandenhoeck & Ruprecht 1815

JB 5.636

— Geschichte der Deutschen. Ein histor. Lesebuch f. gebildete Leser u. Leserinnen. 8. Hamm 825. Wundermann. 1 ß

Haindorf, Alex., Geschichte von Italien. Historisches Lesebuch für gebildete Leser u. Leserinnen. gr. 8. Münster 835. Wundermann'sche Buchh. 1 ß

— Geschichte v. Spanien u. Portugal; histor. Lesebuch f. gebildete Leser u. Leserinnen. 8. Hamm 830. Wundermann. 1 ß

— Eine gekrönte Preisschrift, über d. Frage: Quaenam est vis, quae dicitur nervea in corpore animali etc. 4. Heidelb. 810.

— s. J. Kald, Versuche üb. Hypochondrie.

— theses ex universa medicina pro facultate legendi. 4. Heidelb. 810.

— Versuch einer Pathologie u. Therapie d. Geistes- u. Gemüthskrankheiten. gr. 8. Heidelb. 811. Braun. 1 ß 12 gr

Haindorff, Herm.

Haindorff, H., das Bekenntniß vor dem Tode, s. Bibliothek interessanter Erzählungen.

Haindorff, Herm., ein dunkles Geheimnis, s. Bibliothek interessanter Erzählungen.

Haindorff, H., die verstümmelte Hand. Auf der Jagd. Drei Gauner, s. Bibliothek interessanter Erzählungen.

– Die verstümmelte Hand, s. Unterhaltungs-Bibliothek.

— falsche Noten,
— der Wildschütz u. sein Sohn, } s.: Unterhaltungs-Bibliothek.

Haine aux femmes, Comédie au un Acte, par Bouilly, gr. 8. Rudolst. Hofbuchh. 811.

Haine, C. d', der Policei-Spion. Denkwürdigkeiten des Grafen von Mortain, ehemal. geh. Policei-Agenten. Nach dessen Angaben 1845 und 1846 niedergeschrieben. Aus dem Französ. übers. von Ludw. Hain. 4 Thle. in 2 Bdchn. 8. (307 S.) Leipzig 847, [Bibliopolische Anstalt.]

Haine, Carl, s. Haine, Karl

Haine, Georg Christian (Berlin), Vindicias demonstrationum divinitatis sacrae scripturae a suspicione circuli vitiosi. Präs. Sigismund Jacob Baumgarten. Halle (Joh. Friedr. Grunert) 18. VII. 1742. 64 S. (6.50) 12853
Gewidm.: Georg Christian Haine (Vater). — Widm. v.: Präs., Jo. Gottlob Krüger, I. S. Diterich, Christ. Gotthilff Gutschmid.

— — Dasselbe. Halle (Joh. Chn. Grunert) 1753. Ohne Widm. a. G. Ch. Haine. (5.50) 12854

– Dass., s.a. Baumgarten, Siegm. Jakob

Haine, Karl

[Gedicht.] Den Schwestern. Gedichtet und gesprochen am Winter-Johannisfeste in der □ z. w. T. d. Br.·. im Or.·. Worms am 27. Dez. 5866 von C[arl] H[aine?]. [Worms 1866]: Boeninger. 2 Bl. 8⁰ [Umschlagtit.]
„Ergreift die Gläser, meine lieben Brüder . . .“

Haine, Carl, eines Lebens Morgen, Mittag u. Abend. Gedichte. (VII, 112 S.) 8. Dresden 904. E. Pierson. n. 1. 50; geb. n. 2 50

— beim Theater. Ein Stück Künstlerleben des Winters 1851—52. (195 S. m. Bildnis.) 8. Worms 904. H. Kräuter. n. 3. 50; geb. n. 4. 50

Hainebach, 3 Abhandlungen: Ueber die hannövrischen orthographischen Regeln, ein Referat. — Ueber deus und θεός. — Ueber lucus. gr. 4. (23 S.) Gießen 866. (Berlin, Calvary und Comp.)

Hainebach, Deus und θεός. — Lucus. Pr. 1866. 9 S. 4°.

Hainebach, Heinrich [aus Seligenstadt (Hessen)]: Ein Fall von Endotheliom der behaarten Kopfhaut ... Würzburg, Becker's Univ.-Buchdr., 1893; 26 S., 1 Bl. 8.
Würzburg, Med. Fak., Inaug.-Diss. v. 1892

Hainebach, J.(Red.), s. Aerzte-Correspondenz, Frankfurter.

Hainebach, J. H.

– Ueb. consul u. consulere m. e. Anhang üb. famulus u. familia. Pr. 1870. 26 S. 4°.

— – Die Wurzeln ΓΕΣ und ΕΣ mit ihren Ableitungen. Pr. 1860. 29 S. 4°.

Hainebach, J. H., De particula „quum“. Pr. 1867. 18 S. 4°.

Hainebach, J. H., de Graecae linguae reduplicatione praeter perfectum. Dissertatio scholastica. 4maj. (26 S.) Giessen 847, Ricker. *

Hainebach, J. M., s. Specimen scriptorum Graecorum minorum.

Hainebach, Julius [aus Frankfurt a. M.]: Beitrag zur Behandlung der Fracturen im Ellbogengelenk ... Würzburg, Becker's Univ.-Buchdr., 1893; 25 S., 1 Bl. 8.
Würzburg, Med. Fak., Inaug.-Diss. v. 1893

Hainebach, Jul., die hauptsächlichsten Krankheiten des Kehlkopfes m. besond. Berücksicht. des Kehlkopfkrebses u. der Kehlkopfschwindsucht. (Schumanns medizin. Volksbücher.) (80 S.) kl. 8. Leipzig 903. W. Schumann Nachf. Geb. in Leinw. n. 1. 50

Hainebach, Jul., d. Krankheiten d. Kehlkopfes. Jetzt: Ulm, J. Ebner.

Hainebach, Jul., Nierenkrankheiten. (Schumann's medizin. Volksbücher.) 8. (93 S.) Leipzig 902. J. F. W. Schumann. Geb. in Leinw. n. 1. 50

Hainemann,

— s. a. **Haynemann.**

Hainemann, Christoph Theodor

— — De praescriptionis tempore circa hereditatis immixtionem et aditionem. Diss. jur. Präs. Gottfried Strauss. Wittbg. (Christian Kreusig) 8. IX. 1701. 20 Bl. (6.50) 12857

— **David Theodor** (Leipzig), De testamento privato solemni, praesertim scripto, sive clauso. Diss. jur. Präs. Conr. Wilh. Strecker. Erfurt (Hering) 12. VIII. 1743. 68 S. (6.50) 12858

Hainer, G., Ob das Princip des Protestantismus oder das des Katholicismus der Philosophie mehr zusage? Amberg 1827. 4°, 12 S., Programm.

Haines, Heinrich (geb. am 3 Sept. 1860 in Bensberg Rgbz. Köln). Zur Geschichte und Kritik der Hypothesen zur Erklärung der erworbenen Immunität nebst eigenen mikroskopischen Untersuchungen ... Bonn, Hauptmann'sche Buchdr. 1885. 42 S., 1 Bl. 8.
Bonn, Med. Fak., Diss. v. 10 Aug. 1885

Hainfeld [Schlagwort]

Hainfeld, s.: Wiener Ausflugskarten.

Haingesang, Der, ein Liedchen. [Leipzig 1794.] V: *Schöpfel, Johann Wolfgang Andreas.* (Fiker) (MGT)

Hainhofer, ein Besuch am Hofe zu Stettin, s. Besuch.

Hainholz, Georges, Sinnestäuschung od. Verbrechen? (111 S.) 8. Berlin 908. L. Simion Nf. 2.—; geb. 2. 75

Hainich, F. W., kurze Beschreibung über den Lauf der Himmelskörper. (32 S. m. 2 Taf.) 8. Borna 905. (O. Engert) n n. — 75

Hainichen [Schlagwort]

Hainichen, s.: Frankenberg.

Hainichen, Bezirk, s.: Nossen, Bezirk.

Haining, Briefe an Emma, herausgeg. v. L. Th. Kosegarten. 2 Bde. m. K. 8. Lpz. Gräff. 791.

Haining, Th., der Fischzug. Eine ländl. Dichtung. Halle 866. Heynemann. 8. (IV, 50 S.) 6 ngr

Haining, Theod., Poesien. gr. 8. (14 B.) Halle 832. (Merseburg, Weidemann.)

Hajnis, Ladislav, historisch-kritische Studie üb. das Liernur-System m. besond. Berücksicht. d. Entwässerungs-Systems mittelst Injectoren. [Uebersetzung aus dem Böhm.] gr. 8. (37 S. m. 8 Abbildgn. u. 1 Tab.) Prag 886. Borový. 1. –

Hainisch, Marianne, Aufwand u. Erfolg der Mittelschule vom Standpunkte der Mutter. Vortrag, geh. am 25. I 1904. (27 S.) gr. 8. Wien 904. F. Deuticke n. — 60

Hainisch, Marianne: Die Brodfrage der Frau. — Wien: Gistel 1875. 31 S. 8°

Hainisch, Marianne, die Brodfrage der Frau. 8. (31 S.) Wien 875. (Sintenis.) n. — 30

Hainisch, Marianne, e. Mutterwort üb. die Frauenfrage. s. a. Jahresbericht d. Vereines f. erweiterte Frauenbildung in Wien.

— Ein Mutterwort über die Frauenfrage. »Jahresber. d. Vereins f. erweiterte Frauenbildung in Wien. Beilage.« Ebd. 1891/92. Bermann & Altmann.

Hainisch, Marianne: Seherinnen, Hexen und die Wahnvorstellungen über das Weib im 19. Jahrhundert. Vortr., geh. im Verein f. erw. Frauenbildung i. Wien 1896. — Wien: Pernerstorfer 1896. 20 S. 8°
Aus: Deutsche Worte. H. 2. 1896.

Die Entstehung des Kapitalzinses von Dr. Michael **Hainisch.** (2. Aufl.) Leipzig & Wien: F. Deuticke 1907. (112 S.) 8°
Die 1. Aufl. erschien in d. Festgaben f. Adolf Wagner. 1905. [07. 10?]

Hainisch, Dr. Mich.,
— Das bäuerliche Erbrecht. Referat. (Schrift. d. Ver. f. Soz.-Pol., Bd. 61.) gr. 8⁰. Leipzig 1895.

Hainisch, Mich., s: Festgaben f. Adolph Wagner.

Hainisch, Michael, Die Heimarbeit in Oesterreich. Bericht, erstattet der internationalen Vereinigung für gesetzlichen Arbeiterschutz. gr. 8⁰. Wien, F. Deuticke, 1906. (Schriften d. österr. Gesellschaft f. Arbeiterschutz, Heft 10.)

Hainisch, Mich., der Kampf ums Dasein u. die Socialpolitik. gr. 8. (75 S.) Wien 899. F. Deuticke. n. 2. —

Hainisch, Mich., Otto Wittelshöfer, Eug. v. Philippovich, zur österreich. Wahlreform. [Aus: „Deutsche Worte".] gr. 8. (40 S.) Wien 895. M. Perles. n. — 60

Einige neue Zahlen zur Statistik der Deutschösterreicher. Von Dr. Michael **Hainisch.** Leipzig & Wien: Deuticke 1909. 49 S. 8° [09.6080]

Hainisch, Mich., die Zukunft der Deutsch-Österreicher. Eine statistisch-volkswirtschaftl. Studie. gr. 8. (VIII, 165 S.) Wien 892. F. Deuticke. n. 3. —

Hainisch, Wilh., die Heimarbeit in Oesterreich, s.: Schriften der österr. Gesellschaft f. Arbeiterschutz. 10. Hft.

Haink, Paul, appr. Arzt a. Berlin: Aus der Poliklinik für Haut- und Geschlechtskrankheiten von Sanitätsrat Dr. med. O. Werler zu Berlin. Ueber Jodopyrin, seine Wirkung und Anwendungsweise. Leipzig 1900: B. Georgi. (50 S.) 8°
Leipzig, Med. Fak., Ref. Boehm, Diss. v. 21. März 1900
[Geb. 25. Okt. 67 Berlin; Wohnort: Berlin; Staatsangeh.: Preußen; Vorbildung: Humboldt-Gymn. Berlin Reife O. 88; Studium: Berlin 14, Gießen 10, Berlin 4 S.; Coll. 21. März 00; Approb. 13. März 05.]

Hainlein, K. Chr., Grundzüge der Geologie für Anfänger. Mit e. allgem. Uebersicht der Gebirgsarten, 1 geognost. Kärtchen von Württemberg u. mehrern Abbild. ꝛc. (auch 7 Taf.) gr. 8. Stuttgart 846, J. F. Steinkopf. **n. 2/3 ₰**

– dass., s.a. H a i n l e n

Hainlen, Adolf (Geislingen a./St.), Ueber Propan und Aethan in flüssigem Zustand. Diss. naturw. Tübing. (H. Laupp jr.) 1894. 20 S. (4.50) 12859

Hainlen, K. Chr., gemeinfaßliche natürliche Beschreibung Württembergs. Mit besond. Beziehung auf die Landwirthschaft, für Landwirthe u. Schüler der landwirthschaftlichen Fortbildungsschulen. Stuttgart 867. Belser's Verlag. gr. 8. (101 S.) 12 ngr.

Hainlen, K. Ch., Grundzüge der Geologie f. Anfänger. Mit e. allgem. Uebersicht der Gebirgsarten, 1 geognost. Kärtchen v. Württemberg u. mehr. verdeutl. Abbild. u. Durchschnittszeichnungen. gr. 8. (8 B.) Stuttgart 846, Steinkopf'sche Buchh. *

– dass., s.a. H a i n l e i n

— Wanderungen im württembergischen u. nächst angrenzenden Schwarzwalde. Für Freunde der Natur u. Naturkunde, insbesondere für die Lehrer unserer vaterländischen Schulen. Stuttgart 868. J. F. Steinkopf. gr. 16. (120 S. mit 1 lith. Karte in gr. 8.) cart. n. 8 ngr.

Hainlen Karl: Parallelismus und Panpsychismus bei Fechner und Wundt.
H. 1910 PN 3063 **Diss.**Wien, Univ. 151

Hainlin, Joh. Ludw. Friedrich (Hrsg.), s. Die H a u s t a f e l .

Hainlin, Jh. Ldw. Fr., s. Predigten f. Kinder.

HAJNOLD, ANTON: Predigt am neuen Jahres-Tag 1817, vorgetragen in der Haupt-Stadtpfarrkirche der kön. freyen Stadt Pest. (Pest 1817). Landerers Erben. 23 S. - 8°

HAINOVICH, Josephus: De principio religionis christianae. — (1840) 46 S. 8° (Handschr.) Diss. 136
Diss.Wien, Univ.

Hains, J., Obersteuermann Trunnell, s.: Aegir-Serie. 6. Bd.

Hains, J., Obersteuermann Trunnell, s.: Lutz' Kriminal- u. Detektiv-Romane.

Hainski, Osc., ein Fall von Lebervenenobliteration. Inaugural-Dissertation. gr. 8. (33 S.) Helmstedt 884. (Göttingen, Vandenhoeck und Ruprecht's Verlag.)

Hainz von Stain, der Wilde, ein vaterländisches Schauspiel . . . München 1782. V: *Hübner, Lor.* (HThPP) (Ky)

Hainz von Stein, der Wilde; Schspl. (v. Lor. Hübner). 8. Münch. 782. Strobl. 6 ɣ.

Ueber die Berechnung der christlichen Ostern von Jacob Hainz, ?. B. — 1846. Ebend. — S. 3—8.
Progr. Amberg

***Hainzel,* Jos. Wlh., († d. 4. März 1784.) astronomiae compendium. 8. Bresl. 771.**

— allgem. Weltgeschichte z. Gebr. d. studir. Jugend. 8. Bresl. 775.

Hainzl, M. Additamentum ad dissertationem mineralogicam compl. descriptionem lapidum ferrariorum montis Arzberg. — Additamentum Secundum: Descriptio lapidum ferrariorum Musei Graecensis. (Ohne Titelblatt.) 8.

Hajós, Ludw., neue Beiträge z. Psychologie d. hyster. Geisteszustandes, s.: Ranschburg, Paul.

Hajós, Samuel

Hajós, S., Beiträge zur Frage üb. die Umlaufswerte Woltmann'scher Flügel, s.a. Verbands-Schriften d. deutsch-österr.-ungar. Verbandes f. Binnenschiffahrt. Nr. 9.

Beiträge zur Frage über die Umlaufswerte Woltmann'scher Flügel. ⟨Mit 18 Abb.⟩ Von S[amuel] **Hajós,** Buda-Pest. *Budapest: V. Hornyánszky; (Berlin: A. Troschel) 1901.* (50 S.) 8°
= Deutsch-Oesterr.-Ung. Verband f. Binnenschiffahrt. Verbands-Schriften. [N. F. No 9.] [02. 11?38]

Hajota, gedenkst Du ...?, s.: Bibliothek der fremden Zungen.

Hairié Ben-Aiad. Die türkische Frau, ihr soziales Leben und der Harem. Vortrag der Prinzessin H'Ben-A'. Mit (Porträt[-Tafel und]) Vorwort von Goswina von Berlepsch. 64 S. 8. Wien, Georg Szelinski, 1904. [M. 1. —]

HAIS, Josephus: De rescriptis pontificiis iuxta titul. 3. in decret. Gregor. IX. et Bonifacii VIII. ac titul. 2. in decret. Clement. — (1857) 113 S. 4° (Handschr.) Diss. 121
Diss. Wien, Univ.

Haisch, J. P., Anleitung zum Selbstunterricht in d. gewöhnl. Baurechnungen. gr. 12. Ravensburg 843, Knapp. 1/4 ₰

Die Bücherei der Stadt Herne i. W. Ein Bericht über d. Gründung, Einrichtung u. Verwaltung d. Bücherei im J. 1906/7 erstattet von d. Bücherei-Verwalter Oberl. [Bruno] **Haise**. Herne 1907: C. Th. Kartenberg. (23 S.) 8° fol. 1034

Haise, Carl Bruno: Der Aufstand der Ostsachsen im Jahre 1073. Nach d. zeitgenoss. [!] Geschichtsquellen dargest. Boxhagen-Rummelsburg 1909: Ockler, Berlin. 24 S. 4°
Boxhagen-Rummelsburg, RPG OP 1909 (117) [S 09. 154

Haise, Karl Bruno: Voltaires Philosophie. Herne 1906: C. Th. Kartenberg. (22 S.) 8°
Herne, R u. PG P 1906 (472)

Haiser F.: Zur Kenntnis der Inosinsäure. S. 104. IIb. 96 . . . . . vgr.
— und Wenzel Franz: Über Karmin und Inosinsäure. 1. Mitteilung. S. 116. IIb. 1401 . vgr.
— — — 2. Mitteilung. S. 117. IIb. 877 . . . . . vgr.
— — — 3. Mitteilung. S. 118. IIb. 153 . . . . . vgr.
— — — 4. Mitteilung. S. 119. IIb. 243 . . . . . vgr.
Separatabdruck

Haiser, Karl, zur Genealogie der Schwabenspiegelhandschriften. I. Lex.-8. (III, 172 S.) Weimar 876. Böhlau. n. 5. —

Haiser, Karl, zur Genealogie der Schwabenspiegelhandschriften. II. Lex.-8. (V, 230 S.) Weimar 877. Böhlau. n. 7. — (I. u. II.: n. 12. —)

Haiser, Genealogie d. Schwabenspiegel-Handschriften I. II. Wien 878.

HAISS, AUGUST. Ueber die α-Ditolylpropionsäure. (Freiburg in Baden) München, 1882.

Haiss, Wilh., Traditio und Investitura. Ein rechtsgeschichtl. Versuch. gr. 8. (164 S.) München 876, Th. Ackermann. * 2 —

Haist, Denkschrift zur 50jährigen Jubelfeier des Gewerbevereins Nürtingen 1856-1906. (50 S 2 T) Nürtingen 1906

Haist, G. F., die christliche Lehre auf biblischen Grund u. kirchl. Bekenntniß für den Religions-Unterricht in der Schule und Confirmanden-Unterricht zusammengest. gr. 12. Tübingen 842, Laupp. 3/8 ₰

Haist, Otto, approb. Arzt aus Tübingen: Die operative Behandlung des Postoperativen Ileus. *Tübingen: F. Pietzcker 1901.* (22 S.) 8°
Tübingen, Med. Diss. v. 1901

HAISZL, FRANZ: Fasten-Predigten über die wichtigsten Wahrheiten der Religion. Vorgetragen in der Theresienstädter Pfarrkirche zu Pesth 1829 von Franz Haißl, Kaplan allda. Gran 1829: Jos. Beimel. 120 S. - 8°

Haiti [Schlagwort]

Haiti, s.: Santo Domingo.

Haiti, s.: Seekarten.

Haiti. Zollgesetz u. Zolltarif nebst den Tarifen der Kai-, Wiege-, Konsulats-, Tonnen-, Wach- u. Lotsengebühren sowie den Gebühren f. die gesundheitspolizeilichen Untersuchungen. (30 S.) Lex. 8. Berlin 908. E. S. Mittler & Sohn. 1. —
Sonderabdruck aus „Deut. Handels-Archiv".

Haitinger, Ludw., u. Karl **Ulrich**, Bericht üb. die Verarbeitung v. Uranpecherzrückständen, s.: Mitteilungen der Radium-Kommission d. kaiserl. Akademie d. Wissensch.

— Über die Dehydracetsäure. S. 91. II. 85 . . . . . vgr.
Separatabdruck

— Über die Einwirkung von Schwefel auf Phenolnatrium. S. 87. II. 484 . . . . . vgr.
Separatabdruck

Haitinger, Ludw., üb. die Emissionspectra d. Neodym- u. Praseodymoxydes u. üb. neodymhaltende Leuchtsteine. [Vorläufige Mittheilg.] [Aus: „Sitzungsber. d. k. Akad. d. Wiss."] Lex.-8. (6 S. m. 1 Fig.) Wien 891. (F. Tempsky.) n.n. 20

— Vorläufige Mitteilung über Glutaminsäure und Pyrrol. S. 85. II. 58 . . . . . vgr.
Separatabdruck

Haitinger, Ludwig, Karl Peters

— — und Meyer Stephan[1]: Mitteilungen aus dem Institut für Radiumforschung: 3. Über Radium und Mesothor aus Monazitsand (mit 1 Textfigur). S. 120. IIa. 1199 . . . „ — 35
Separatabdruck

— und Ulrich K.[1]: Mitteilungen der Radium-Kommission der Kaiserlichen Akademie der Wissenschaften: 1. Bericht über die Verarbeitung von Uranpecherzrückständen S. 117. IIa. 619 . . . . . „ — 40
Separatabdruck

Haitinger, L., über Nitrobutylen. 1. Abhdlg. [Aus dem Laboratorium des Herrn Prof. A. Lieben.] [Aus: „Sitzungsber. d. k. Akad. d. Wiss."] Lex.-8. (15 S.) Wien 878. Gerold's Sohn in Comm. n.n. — 30

— Über Nitroolefine. S. 83. II. 927 . . . . . vgr.
Separatabdruck

Haitinger, L., u. K. **Peters**, Notiz über das Vorkommen von Radium im Monazitsand. (2 S.) gr. 8. Wien 904. (A. Hölder.) n.n. — 10
Sonderabdruck aus: „Sitzungsber. d. k. Akad. d. Wiss."

— und Lieben Adolf: Untersuchungen über Chelidonsäure. 1. Abhandlung. S. 90. II. 66 . . . . . vgr.
— — — 2. Abhandlung. S. 91. II. 919 . . . . . vgr.
Separatabdruck

— Über das Vorkommen organischer Basen im käuflichen Amylalkohol. S. 86. II. 698 . . . vgr.
Separatabdruck

Haitinger Ludwig: Über das Vorkommen von Zitronensäure und Äpfelsäure im *Chelidonium majus*. S. 84. II. 424 . . . . . vgr.
Separatabdruck

Haito. Bischof H'. oder Basel unter fränkischer Herrschaft. (Njbl.) *s.* [Streuber, Wilhelm Theodor].

Haits, Ernst [aus Meersburg]: Ueber Netzhautblutungen nach Glaukomoperationen ... München, kgl. Hof-Buchdr. Kastner & Lossen, 1897; 36 S. 8.
Freiburg i. B., Med. Fak., Inaug.-Diss. v. 1897

Haitz, Ernst, Tafeln zur binokularen Untersuchung des Gesichtsfeldzentrums vermittelst des Stereoskops. (7 Taf. m. 14 S. Text.) qu. 16. Wiesbaden 905. J. F. Bergmann. In Mappe n. 2. —

Haitz, F., die katholische Abendmahlslehre nach der heilig. Schrift u. Tradition u. in ihrer Bedeutg. f. das religiös-sittl. Leben dargestellt. gr. 8. (IV, 144 S.) Mainz 872. Kupferberg. 1. 20

Haitz, Io., Genuina Ecclesiae idea in suo imperio ipsi a Christo fundatore suo collato per positiones canonicas stabilita et contra neotericorum (Febronianorum) systema vindicata. Einsiedeln 1821.

Haitz, Michael: Hartmann Schedel's **Weltchronik**. Mit d. Accessit ausgezeichnete Bearbeitung d. hist. Preisaufgabe 1896/98. *München: H. Lüneburg 1899.* (72 S.) 8° ¶ (Soll im Buchhandel gemeinsam mit Sprengler herausgegeben werden.)
München, Phil. Diss. v. 1899

Hajuin, Paul: Historia juris hungarici a tempore St. Stephani, primi regis, ad gloriose regnantem Franciscum I. III Voll. *Budae*, (Eggenburger.) 808. Fol. (2 Thlr. 8 Gr.)

Haiz, F., das kirchliche Synodal-Institut vom positiv histor. Standpunkte aus betrachtet mit besond. Rücksicht auf die gegenwärt. Zeit. gr. 8. (68 S.) Freiburg im Br. 849, Wagner.

[Haiz, Fidelis, Domkap.:] Das Leben Ign. Heinr. v. Wessenbergs. Freiburg i. B.: Wagner 1860.

Haizinger, Ant., Lehrgang bei dem Gesang-Unterricht in Musikschulen. Zunächst für die Musikbildungs-Anstalt des Cäcilien-Vereins in Karlsruhe. Geordnet und mit begleitendem Texte, zum Theil in catechet. Form von F. S. Gaßner. 4. Karlsruhe 843, Creuzbauer. n. 5/6 ₰

Haizmann, Wilhelm, aus Hochdorf: Der Weiße **Jura** γ und δ in Schwaben. Mit 2 Taf. *Stuttgart: E. Schweizerbart 1902.* (S. 473 - 501.) 8° ¶ (Aus: N. Jahrbuch f. Mineral. etc., Beil.Bd 15.)
Tübingen, Naturw. Diss. v. 1902

Hack, Dav., s. a.: Helbing, Frz. — Helling, Hans.

[F.] Abenteuer in Sibirien. Erlebnisse bei d. Volksstämmen Kamtschatkas u. Nordasiens. Nach d. Engl. d. Georg Kennan frei f. d. Jugend bearb. v. D[avid] **Haek.** M. 5 Abb. v. Th. Johannsen u. 1 Kt. *Berlin: A. Wertheim [1897].* (4 Bl., 216 S., 5 Taf., 1 Kt.) 1 Bd 8. [98. 543

Hack, Dav. Apophthegmata. Deutscher Citatenschatz, s. Bibliothek der Gesamt-Litteratur d. In- u. Auslandes, 362,63.

— Arabesken u. Grotesken. Einfälle in Vers u. Prosa. 64. (191 S.) Leipzig 889. Liebeskind. geb. n. 1. 50

Hack, D., Charles Darwin u. der Darwinismus, s. a. Männer, bedeutende. VIII.

Charles Darwin und der Darwinismus. Von D[avid] **Haek.** *Berlin: H. Schildberger [1901].* (20 S.) 8° [F.]
— **Männer, Bedeutende,** aus Vergangenheit u. Gegenwart. 8.

Hack, D., Demokrit der Jüngere. Aus den Papieren e. lach. Philosophen. 2 Bde. 8. (622, 632 S.) Leipzig 893. 894. Abb. Fischer. à n. 4. —; geb. n 5. —

In den Eiswüsten des Nordens. Erzählung aus d. Polargebiet von D[avid] **Haek.** *Erfurt: F. Bartholomäus [1903].* (117 S.) 8° [F.]
(Kollection Fahrten u. Abenteuer. No 27.) [03. 7470

Hack, D., Ernst u. Heiter. Novelletten u. Skizzen. 8. (101 S.) Leipzig 896. [F. Simon.] Berlin, J. Gnadenfeld & Co. n. 1. 40

[F.] Die Eroberung des Nordpols. Schilderg d. Fahrten u. Entdeckgsreisen nach d. Polargebiete, m. bes. Berücks. d. Nordpolfahrt Nansens. F. d. Jugend dargest. v. D[avid] **Haek.** M. 5 Abb. v. Th. Johannsen u. 1 Kt. *Berlin: A. Wertheim [1897].* (4 Bl., 228 S., 5 Taf., 1 Kt.) 1 Bd 8. [98. 317

— der Geschäftsreisende. Handbuch für deutsche Geschäftsreisende im Deutschen Reiche u. im Auslande. 2 Tle. (VIII, 512 u. VIII, 389 S.) gr. 8. Berlin (906). Regenhardt'sche Verlagsanstalt à n. 6. —; geb. à n. 7. 50 (Zusammenbezogen n. 10. —; geb. n. 12. —)

— Geschichte des Handels. (V, 134 S.) 8. Ebd. 904. Geb. in Leinw. n. 3. —
Sonderabdr. a: „Schlössing, der Kaufmann auf der Höhe der Zeit".

— Hamburg-Amerika-Linie u. Norddeutscher Lloyd, s. a. Handel, Industrie u. Verkehr in Einzeldarstellungen. 4. Bd.

Haek, D., Hamburg-Amerika-Linie und Norddeutscher Lloyd. E. Beitr. z. Gesch. d. deutschen Schiffahrt. M. 10 Abb. Berlin [1905]. 8°.
(Handel, Industrie u. Verkehr in Einzeldarstell. Bd 4.)

Hamburg-Amerika-Linie und Norddeutscher Lloyd. Ein Beitrag z. Geschichte d. Deutschen Seeschiffahrt von D[avid] **Haek.** Mit 10 Abb. Berlin: S. Simon [1900]. (104 S.) 8° [F.]
= **Handel,** Industrie u. Verkehr in Einzeldarstellungen. Bd 4. [08. 1938

— Handelsgeographie f. Handelsschulen sowie zum Selbstunterricht. (VII, 200 S.) 8. Berlin 904. Regenhardt'sche Verlagsanstalt. Geb. in Leinw. n. 3. —
Sonderabdr. a: „Schlössing, der Kaufmann auf der Höhe der Zeit".

— s.: Herren-Abende.

— neue Herren-Abende. 8. (112 S.) Erfurt 896. F. Bartholomäus. n. 1. 25

— aus dem Junggesellenleben. Bilder u. Skizzen. 8. (III, 174 S.) Leipzig 892. K. F. Pfau. n. 2. 50

-- der Kaufmann auf der Höhe der Zeit, s: Schlössing, F. H.

— die Krupp-Werke, s. a. Handel, Industrie u. Verkehr in Einzeldarstellungen. 2. Bd.

Die Krupp-Werke von D[avid] **Haek.** Mit 12 Abb. Berlin: S. Simon [1906]. (79 S.) 8° [F.]
— **Handel,** Industrie u. Verkehr in Einzeldarstellungen. Bd 2. [08. 1630

— die Kunst, die holländische Sprache durch Selbstunterricht sich anzueignen, s. a. Kunst, die, der Polyglottie. 14. Bd.

Hack, D. Die Kunst, die holländische Sprache durch Selbstunterricht sich anzueignen. Lehrbuch der niederländischen Sprache. (Aus: „Die Kunst der Polyglottie". 14. Th.)
8. Wien. Pest. Leipzig 1889.

Haeß, D., Die Kunst, die holländische Sprache durch Selbstunterricht sich anzueignen. Lehrbuch der Niederländischen Sprache. Zweite verbesserte Auflage. 8. (VIII, 182 S.) [Bibliothek der Sprachenkunde, 14. Theil, 2. Aufl.] Gebdn. 1.10
Wien: Hartleben 1896.

Hack, D . Die Kunst, die Holländische Sprache durch Selbstunterricht sich anzueignen. Lehrbuch der Niederländischen Sprache. 3., verbesserte Aufl. VIII + 183 S. 8. Wien-Pest-Leipzig, A. Hartleben, [1903]. [geb. M. 2. —]
Die Kunst der Polyglottie.... (Bibliothek der Sprachenkunde.) Teil 14....

— der Kuß. Eine poet. Anthologie. 8. (XV, 174 S.) Leipzig 896. A. Warnecke. 3. 50; geb. in Celluloid m. Goldschn. 4. 50

Hack, D., Lehrbuch der niederländischen Sprache, s. Kunst, die, der Polyglottie.

— ungarische Lyrik, s.: Bibliothek der Gesamt-Litteratur d. In- u. Auslandes.

— Frau Musika. E. poet. Anthologie f. Musikfreunde. 8. (XI, 196 S.) Ebd. 896. 3. 50; geb. in Leinw. m. Goldschn. 4. 50

Pfennige. Verse u. Prosa von D[avid] **Haek.** Leipzig: Warnecke [1897]. 133 S. 8° A 12. 1060

— Phantasie- u. Lebensbilder, s.: Universal-Bibliothek.

— Prisma. Humoresken. 8. (127 S.) [Leipzig 896. F. Simon.] Berlin, J. Gnadenfeld & Co. n. 1. 60

— lustige Radler. Anekdoten u. Scherze, Schnurren u. Witze vom Radfahr-Sport. gr. 8. (78 S.) Stuttgart 899. Schwabacher. n. 1.50

— kaufmännisches Rechnen. (Einbd.: Schlössing kaufmänn. Rechnen.) (VIII, 156 S.) 8. Berlin 904. Regenhardt'sche Verlagsanstalt. Geb. in Leinw. n. 3.—

— Herrn Knurigs Schlafrockpredigten u. Reiseerlebnisse. Humoristisches. 8. (VI, 160 S.) Stuttgart 898. Levy & Müller. n. 1.50

Hack, D., deutsche Sinngedichte, s.: Bibliothek der Gesamt-Litteratur d. In- u. Auslandes.

— Splitter u. Späne. Aphorismen u. Sarkasmen. 16. (235 S.) Leipzig 893. Adb. Fischer. Geb. in Leinw. m. Goldschn. n. 2.—

— Spottdrossel-Klänge. (III, 113 S.) Zürich 890. Verlags-Magazin. 1.40

— Spottdrossel-Klänge. 8. (III, 113 S.) Zürich 891. Verlags-Magazin. n. 1.40

— Justus van den Vondel, s.a. Sammlung gemeinverständlicher wissenschaftl. Vorträge.

Hack D., Justus van den Vondel. (Samml. wiss. Vorträge NF 108) Hamburg 1890

— Was der junge Kaufmann wissen muss! 300 Fragen u. Antworten üb. Handel, Industrie u. Verkehr. (66 S.) 8. Hamburg (908). Paustian Gebr. 1.20

—— Wiener Xenien. 12. (180 S.) Leipzig 888, O. Wigand. * 2 —

Hack, D., deutscher Citatenschatz, e. Sammlg. deutscher Citate, Redensarten, Schlagwörter usw. (IV, 229 S.) 8. Halle (903.) O. Hendel. Geb. in Leinw. n. 1.50

Håkanson, Claes, John **Swartz** u. F. **Stahl,** Wie viel? Internationales Aufschlagebuch f. Kaufleute u. Gewerbetreibende. schmal Fol. (44 S.) Lübeck 897. (R. Quitzow.) n. 2.50

Hake,

— **s. a. Haacke, Haake.**

Hake: Ueber die Bedeutung und Stellung der Religionslehre in dem Gesammtorganismus unseres Gymnasialunterrichtes. 31 S.–Arnsberg, Progr. 1863.

Hake, Bar. v., Fabeln, Lieder u. Sinngedichte. 8. Dessau, Gel. Handl. 784.

— geistl. Gesänge. 8. Ebend. 784.

Hake, A. v., Sophonisbe. Trauersp. in 1 Act. 8. (3 B.) Leipzig 839, Brockhaus.

v. Hake, weil. Ad., über höhere Gartenkunst. — A. u. d. T.: Fragmente aus dem Tagebuche eines alten Gärtners. Mit 5 lith. Taf. gr. 4. Stade 842, Pockwitz. n. 2⅔ ₰

(Hake A. v.): Fragmente aus dem Tagebuche eines alten Gärtners. Stade 1842. 94 S. 5 Tvl. 4°.
(O. m. Tit.: Über höhere Gartenkunst. Sst. o. A.).
— — 2. Ausg. Stade 1863. 94 S. 5 Tvl. 4°.
(Do.).

Hake, Bruno, a. Leer in Ostfriesland: Wilhelm Müller. Sein Leben und Dichten. Kap. 4: Die schöne Müllerin. (Berlin: Mayer & Müller 1908.) (59 S.) 8° ¶ (Erscheint vollst. in d. „Palaestra".)

Berlin, Phil. Fak., Ref. E. Schmidt, Diss. v. 4. Juli 1908

[Geb. 18. März 83 Leer; Wohnort: Berlin; Staatsangeh.: Preußen; Vorbildung: Gymn. Leer Reife O. 01; Studium: Tübingen 1, Berlin 1, Tübingen 1, Berlin 9 S.; Rig. 25. Juli 07.]

Hake, C. Frhr. v., populäre Anleitung zur Erziehung, Pflanzung u. Pflege hochstämmiger Obstbäume, nebst kurzer Beschreibg. u. Empfehlg. der f. Straßen u. größere Obstbaumpflanzungen sich eignenden Sorten. 16. (VII, 41 S.) Hameln 890. Fuendeling. n. —50

Hake, C. Frhr. v., praktische Anleitung zur Erziehung der Kernobstbäume in den zweckmäßigsten Formen, nebst Sortenverzeichnis f. Lehrer u. Landwirte. (VI, 69 S.) gr. 8. Kaiserslautern 903. H. Kayser. n.n. —75

Hake, C. W., Betracht. üb. d. Leiden Jesu. 8. Königsb. Kanter. 762.

— Erläut. d. Stadtgesch. von Stolpe. 2 Stck. 8. Danzig, Wedel. 775.

— diplomat. Gesch. d. St. Cöslin. 4. Lemgo, Meyer. 765.

— — Forts. od. 2r Thl. 4. Stett. Drevenstedt. 767.

v. Hake, Chr. H. Gll., Commentar über das Bergrecht mit steter Rücksicht auf d. vornehmsten Bergordnungen. Mit 7 Tafeln. gr. 8. Sulzb. 823. v. Seidel. 2 ₰ 16 Kr

Hake, Christian (Bremen), De jure confusionis. Disp. jur. Präs. Georg Werner. Helmstedt (Henning Müller) 14. IX. 1660. 12 Bl. (6.50) 12860
Widm. v.: Heinrich Hahn, E. Glaeser.

— — Dasselbe. Germanis: Wie das Recht aus der Verwirrung, wenn Glaubiger, Schuldner und Bürgen, durch Anweisung und Gegenrechnung etc. befangen, zu wickeln sey. Jena (Heller) 1758. 24 S. ohne Widm. (6.—) 12861

— **Christian Friedrich** (Torgau), De memoriae et capitis laesione gravissima a colica spasmodica male curata. Diss. med. Präs. Christian Vater. Wittbg. (Gerdes) 1. X. 1722. 24 S. (6.20) 12862

Hake, Christian Heinrich

— — Dissertatio de saeva bonitate. Präs. Christian Philipp Dohm. Rinteln (Joh. Gottfr. Enax) Sept. 1718. 22 S. (6.30) 12865
Gew.: Joh. Gottfried v. Cocceji, Heinr. Ernst Kestner. — Widm. v.: Präs., Johann Weißbach (Magdeb.), Johann Henrich Simon (dtsch.), J. Helper (dtsch.), W. S. v. Mackphaill, H. v. Ulrich.

— **Christian Heinrich** (Halle), De jure retentionis ex diversa etiam causa competente. Diss. jur. Präs. Jacob Friedrich Ludovici. Halle (Christian Henckel) Sept. 1716. 28 S. (6.30) 12863
Gew.: Ludwig Otto v. Plotho (Parey, Resen . . .), Heinrich v. Platen (Dörnerthien, Siegersleben).

— — De rogationibus. Diss. acad. Präs. Heinr. Ernst Kestner. Rinteln (Joh. Gottfr. Enax) 2. IV. 1718. 16 S. (5.—) 12864
Gew.: Joh. Heinr. Hake (Vater).

Hake, Christian Wilhelm David [aus Regis]: Giebt es eine „syphilis hereditaria tarda"? ... Leipzig. Druck v. M. Hoffmann, 1893; 51 S. 8.
Würzburg, Med. Fak., Inaug.-Diss. v. 1893

Hake, F. R. T. v., Mensch und Capital. Die Versöhnung beider durch einen neuen Vertrag ums Dasein. gr.-8°. Leipzig, Schwabe, 1873.

Hake, F. R. T. v., Mensch u. Capital. Die Versöhnung beider durch einen neuen Vertrag um's Dasein. gr. 8. (24 S.) Berlin 877. Verlagshandlung (F. Graf Behr). n. — 60

Hake, Friedr. Aug. Gust. Adph. Frhr. v., Geschichte der freiherrlichen Familie v. Hake in Niedersachsen [Hannover-Braunschweig]. gr. 8. (359 S. mit 12 Taf. und 7 genealog. Tab.) Hameln 887, (Fuendeling.) * 9 —
geb. ** 11 —

Hake, G. H. v: Patentirte Dachdeckungen. Freiburg (1880)

— **Heinrich Friedrich** (Bremen), De donationibus inter circum et uxorem non ipso jure nullis. Dissert. jur. Präs. Gottfried Ludwig Mencken. Helmstedt (Schnorr) 17. XI. 1752. 41 S. (6.30) 12866

Hake, J., s. *Bibliotheca* Lubecensis.

Hake, J. C. C. (Hrsg.), s. Provinzialblätter, Pommersche für Stadt und Land.

— **Johann Christoph** (Bautzen), Disputatio prior ad universum jus judiciarium commune et Saxonicum. Präs. Jacob Born. 10. XI. 1664. Lpz. (Coler) 1678. 45 Bl. mit Widm. v. Präs. (7.—)
— und Müller, Johann Philipp (Leipzig), Disputatio secunda, continens actus processuales mixtos. Präs. Jacob Born. 20. IV. 1665 (1678). 11 Bl. mit Widm. v. Präs. (5.50) 12868

— — — — Dieselben Arbeiten. Lpz. (Brandenburger) 1704. 119 S. (6.50 u. 5.50) 12869

— **Johann Ernst** (Neuburg/Lüneburg), Jura finium. Die Gräntz Rechte. Präs. Heinrich Linck. Jena (Müller) 3. XII. 1673. 24 Bl. (6.50) 12871
Widm. v.: Präs., Georg Paul Rötenbekk (Nürnberg; dtsch.), M. H. v. Lith, Melchior Stör (Wehrdâ-Noricus), Christoph Vierthaler (Cöthen), Gerhard Rungius (Sydenburg/Lünebg.; dtsch.), Heinrich Raphke (Celle), Gedeon Heinrich Breyhan (Neub./Lüneb.), Joh. Blume (Stade), Johann Conrad Wodroff (Hannover; dtsch.).

— — Dasselbe. Jena (Samuel Adolph Müller) 1677. 20 Bl. ohne Widm. (6.—) 12872

— — Dasselbe. Jena (Wwe. Müller) 1693. 20 Bl. ohne Widmung. (6.—) 12873

— — Dasselbe. Jena (Paul Ehrich) 1718. 18 Bl. ohne Widm. (4.50) 12874

Hake, P(eter), Prof.: Die Abiturienten des Gymnasiums von Herbst 1875 (erste Reifeprüfung) bis Ostern 1906. Eine statistische Zusammenstellung. Siegen 1907: W. Vorländer. (32 S.) 4°
Attendorn, G P 1907 (421)

Hake, P., katholische Apologetik f. Gymnasial-Prima. gr. 8. (XII, 221 S.) Freiburg i/Br. 890. Herder. n. 2. 40

Hake, P., katholische Apologetik. 2. Ausg. gr. 8. (XII, 221 S) Freiburg i/B. 892. Herder. n. 2. 40

Hake, P., Katholische Apologetik. 2., verb. Aufl., bearb. v. Joh F. Hickelheim. gr. 8. (VIII, 232 S.) Freiburg i/B. 897. Herder. n. 2. 40;
Einbd. in Halbldr. n.n.n. — 45

Hake, Pet., die Apostelgeschichte. Uebersetzt u. erklärt für jeden Gebildeten. Paderborn 868. Schöningh. gr. 8. (VIII, 86 S.) n. 8 *ngr.*

Hake, Peter, Sprachliche Bemerkungen zu dem Psalmentexte d. Vulgata. Arnsberg, 1872. Gymnas.-Programm.

Hake, P., Chrestomathia sacra f. mittlere Gymnasialklassen. Zunächst Supplement d. Katechismus. 8. (III, 27 S.) Freiburg i/Br. 885. Herder. n. — 25

Hake, Peter, Pragmatisch-systematische Darlegung der Apostelgeschichte nach ihrem Hauptinhalt, zugleich als Apologetik der Kirche und allgemeine Einleitung ins Neue Testament. Mit besonderer Berücksichtigung des neuern Kriticismus. Auch u. d. T.: Vorhallen zu der biblischen Gotteswissenschaft des Neuen Testam. Bd. I. Paderborn, Schöningh, 1867, gr. 8°, VIII u. 294 S., 2,80 Mk.
Recens. von Langen, (Bonner) Theol. Litt.-Bl. 1867, S. 214—215; von Hülskamp, Litter. Handw. 1867, S. 296—297; von J. B. Kraus, (Wiener) Allgem. Litt.-Ztg., Jahrg. XIV, Nro 40; (Mainzer) Katholik 1867, Bd. I, S. 750.

Hake, P., sprachliche Erläuterungen zu dem lateinischen Psalmentexte. 8. (49 S.) Arnsberg 872. Grote. n. — 40

— **Handbuch der allgemeinen Religionswissenschaft. Für Studirende u. studirte Gebildete. 1. Thl.: Die natürl. Grundlagen der kathol. Religion u. deren Gegensätze. gr. 8. (VII, 216 S.) Freiburg i/Br. 875. Herder. 2. —**

— Handbuch der allgemeinen Religionswissenschaft. Für Studirende u. Studirte. 2. Thl.: Die übernatürl. Grundlagen der kathol. Religion und deren Gegensätze. gr. 8. (VII, 428 S.) Ebd. 887. n. 4. — (cplt.: n. 6. —)

Hake, P., die christliche Idee des Königthums. Festrede zur Feier des Geburtstages Sr. Maj. des Königs Wilhelm I. in der Aula des königl. Laurentianums zu Arnsberg gehalten. Paderborn 864. Schöningh. gr. 8. (29 S.) 3 *ngr.*

— katholischer Katechismus f. untere u. mittlere Klassen höherer Schulen. 8. (VIII, 112 S.) Ebend. 885. n. — 70;
Einbd. n.n. — 10

— die Religion als tiefstes Fundament der sozialen Ordnung. Ein Vortrag zur Feier d. Geburtstages Sr. Maj. d. Kaisers u. Königs Wilhelm II. gr. 8. (22 S.) Arnsberg 891. Stein. n. — 40

— Vorhallen zu der biblischen Gotteswissenschaft des neuen Testaments. 1. Bd.: A. u. d. T.: Pragmatisch-systematische Darlegung der Apostelgeschichte nach ihrem Hauptinhalt, zugleich als Apologetik der Kirche u. allgemeine Einleitung in's neue Testament. Mit besond. Berücksichtigung des neueren Kriticismus. Ebend. 867. gr. 8. (VIII, 294 S.) n. 28 *ngr.*

Hake, R. v., der Gewehrschuß. Die physikal. u. mechan. Grund-Bedingungen seiner günstigsten Flugbahn mit besond. Berücksichtigung u. zum Verständniß der vergleich. Waffenkunde dargestellt. Mit 13 Fig. (in eingedr. Holzschnitten.) Berlin 869. Schlesier. gr. 8. (52 S.) n. 8 *ngr.*

— **Richard von** (Berlin), Ueber die Vergiftung durch Kohlenoxydgas. Diss. med.-chir. Berlin (Gustav Lange [Paul Lange]) 20. V. 1876. 32 S. mit Biogr. (5.—) 12875
Oppon.: Ludwig Müller, Franz Simon, Otto Alisch.

— **Robert Christian von** (Anhalt. Adel), De usu actionum poenalium juris Romani in foris Germaniae. Disp. practic. Präs. Christian Thomasius. Halle (Chph. Salfeld) 12. IV. 1693. 84 S. (6.50) 12876

— — Dasselbe. Halle (Salfeld) 1725. (6.50) 12877

— — Dasselbe. Halle (Joh. Hein. Grunert) 1740. (6.50) 12878

Hake-Genshagen, W. J. F. v., Histor.-geneal. Beschreibung des Geschlechts von Hake. Mit 3 Stammtfln. Frankfurt a. O. 1757. 4.

Hake-Ohr, A. v., Geschichte der freiherrlichen Familie von Hake in Niedersachsen (Hannover und Braunschweig). Mit 12 Tfln. Hameln 1887.

Kompendium des Wechselrechts nebst Abdruck der Wechselordnung. Ein Hilfsbuch z. Studium von G. **Haekel**, Ass. a. D. in Münster i. W. Berlin: W. Weber 1908. (80 S.) 8° [F.] 08. 4989

Haekel, G., Kompendium des Wechselrechts nebst Abdruck der Wechselordnung u. Anh. üb. Scheckrecht. 2., auf Grund der neuen Fassung der Wechselordng. veränd. Ausg. (84 S.) gr. 8. Berlin 910. W. Weber. 2.—; geb. in Leinw. 2. 60
1. Aufl. (80 S.) 908. 1.80; geb. 2.40.

Haekel, M., Mit Gott f. Kaiser u. Reich! Volkstümliche Darstellg. der preußisch-deutschen Geschichte, bearb. für Schule, Heer u. Haus. Mit dem Bilde Kaiser Wilhelms II. gr. 8. (XII, 244 S.) Breslau 899. M. Woywod. Geb. in Leinw. n. 2. 50

Haekel, M., aus der Schulpraxis. Methodische Winke zur Erteilg. e. fruchtbring. Unterrichtes, nebst Angabe der neuesten Lehrmittel, die zur Präparation auf die Unterrichtsstunden resp. zur Vorbereitg. f. die II. Prüfg. u. f. das Mittelschullehrer-Examen notwendig sind. gr. 8. (74 S.) Leipzig 883. Klinkhardt. n. 1. —

Häkel-Album. Jahrg. 1859. 2 Hefte. gr. 8. (1. Heft 6 lithogr. Häkel- und Tapisserie-Beilagen in gr. 4. und qu. gr. Fol.) Stuttgart 859, Verlag der Frauenzeitung. à Heft * 8 Ngr. *

(Paul) Hoffmann's **Häkel-Album**. Th. 1. 2. *Ruhrort: P. Hoffmann [1899].* 2 Bde. 4° [Umschlagt.]

Hakelberg, E., Lohnberechnungs-Tabellen (Faulenzer). Geeignet f. jeden Lohnauszahler zur Berechng. von Lohnguthaben nach Tagen, Stunden, Bruchtagen u. Bruchstunden. (IV, 115 S.) gr. 8. Mannheim (910). J. Bensheimer's Verl. Geb. in Halbleinw. 2. 80

Häkel-Büchlein, oder leichtfaßl. Anweisung zum Häkeln von Spitzen, Manschetten, Mützen 2c. Mit vielen Abbildungen. qu. 16. (35 S. mit 30 Stnt.) Schw. Hall. 854, Haspel'sche Buchh.

Häkel-Büchlein, oder leichtfaßliche Anweisung zum Häkeln von Spitzen, Manschetten, Mützen, Damenkragen, Geldbörsen 2c. Mit vielen Abbildgn. Schw. Hall (854.) Haspel. (Stuttgart, Fischhaber.) qu. 16. (18 S. u. 30 lith. Taf.) 6 ngr

Häkel-Mappe, kleine. Vorlagen zu Häkel- u. Filet-Arbeiten, nebst mehreren Alphabeten. qu. gr. 8. (10 Taf.) Leipzig 888. Fock. — 75

Häkelmappe, neue. Eine Anzahl schöner Häkelmuster nebst genauer Beschreibung. gr. 4. (12 Bl.) Leipzig 879, [Kramer und Comp.] Roßberg'sche Buchh. 1 —

Häkelmappe, neue praktische. Originalmuster nebst Beschreibungen. 4. (16 Bl.) Leipzig 882, Most.
—— dass. — 19 Blatt Originalmuster nebst Beschreibungen. 4. Leipzig 884, J. Fritsche.

Häkelmuster. o. O. u. J. [um 1850].
Leporelloalbum mit 11 Abb. in Lithogr. u. Text. 8°.

Häkel- u. Strickmuster d. Modenwelt. 1. Sammlung. hoch 4. (32 S. m. 84 Abb.) Berlin 897. F. Lipperheide. 1. 25

Häkel-Muster-Album. 4 Hefte. Stuttgart 868. (Wittwer.) Jedes Heft (6 Steintaff.) in Mappe. 18 ngr

— — Große Ausg. 1. Heft. Ebend. 868. gr. 4. (12 Steintaff.) In Mappe. 1 ₰ 6 ngr

(S) **Häkelmuster-Album.** 896. (KBL 29.) Jetzt: Berlin, J. Gnadenfeld & Co.

Häkelmuster-Album der „Wiener Mode". (Kleidungsstücke u. Gebrauchsgegenstände etc.) Hrsg. v. d. Handarbeits-Abtheilg. d. Wiener Mode. M. 168 Abb. u. beschreib. Texte. gr. 4. (32 Taf. m. 29 S. Text.) Wien 896. Gesellschaft f. graph. Industrie. In Mappe n. 2. —

Häkelmuster-Album der „Wiener Mode" (Kleidungsstücke und Gebrauchsgegenstände etc.) Herausgegeben von der Handarbeits-Abtheilung der Wiener Mode ... Wien, Verlag der „Wiener Mode" [1896].
29 S., 1 Bl.; 32 Taf. 4°.

Haken, s.: Charakterköpfe, deutsche.

Haken, Alex., kosmische Bilder im Lichte der Offenbarung und Sternkunde. Eine eschatologische Studie. Riga 863. Kymmel in Comm. (Leipzig, C. F. Fleischer.) gr. 8. (XII, 205 S.) n. 25 ngr

— und **H. Koser**, die Lehre der evangelischen Kirche auf der Grundlage des kleinen Katechismus Luthers. Stargard 863. Weber in Comm. gr. 8. (90 S.) 15 ngr

– dass., s.a. Haken, C.

Haken, Alex., Sabbathsharfe. Lieder zum Choralgesange über sämmtliche Evangelien und Episteln des Kirchenjahres. Nebst einem Anhang von 9 Chorälen von J. Johannis. 16. (IV und 392 S.) Riga 860, Kymmel. (Leipzig, C. F. Fleischer.) *

Haken, C., und **H. Koser**, die Lehre der evangelischen Kirche auf der Grundlage des kleinen Katechismus Luthers. gr. 8. (90 S.) Stargard 863, (Weber'sche Buchh.)

– dass., s.a. Haken, Alex.

Haken, C., u. **H. Koser**, die Lehre der evangelischen Kirche auf Grundlage des kleinen Katechismus Luthers. 2., für den Schulgebrauch geordn. Aufl. Stargard 868. Weber. 8. (IV, 76 S.) 7½ ngr

Haken, Carl, s. Haken, Karl

Haken, Chr. Wlh.

— 1r u. 2r Beitr. zur Erläut. d. Stadtgeschichte von Stolpa. 8. Danzig 773 u. 75. Wedel. 8 gr

Haken's 3 Beiträge zur Erläuterung der Stadtgeschichte von Stolp. Neu hersg. von F. W. Feige. Stolp 866. (Schrader.) gr. 8. (IV, 167 S. mit 4 Steintaff. u. 1 Tab. in Fol.) n. 20 ngr.

Haken, Chr. Wlh., († d. 20. Dec. 1791.) Betrachtt. über d. Leiden Jesu (in Versen). 8. Königsb. 762. (Lpz., Hartknoch). 5 ggr

— wohlverdiente Ehrensäule d. Cösliner, wegen d. Treue gegen ihren Landesfürsten. 4. Berl. 770.

— histor.-krit. Untersuchung sämmtl. Nachrr. von d. ehemal. auf d. Pommerschen Küste befindlich gewesenen berühmten Seestadt Jansburg. (Eine Preisschr.) 4. Kopenh. u. Leipz. 776. Proft. (Brunner). 9 ggr

— Versuch einer diplomat. Geschichte d. Stadt Cöslin in Preuß. Hinterpommern seit ihrer 500jähr. Städtischen Einrichtung. 4. Lemgo 765. Meyer. 1 Thlr Fortsetz. od. 2r Thl. 4. Stettin 767. Drevenstedt. 16 ggr

Haken, F. Aug., allgemeine Bemerkungen zu den Hernien und Laparotomie mit Darmimplantation. Inaug.-Dissert. Dorpat 861. (Gläser.) gr. 8. (V, 119 S.) n. 20 ngr.

Katalog der Kupferstich-Sammlung der Stadt Stettin. (Verf.: [Hermann] **Haken**, Oberbürgerm.) Stettin 1907: F. Hessenland. (142 S.) 4° (07. 8339 9

(J. C. **HAKEN** und C. G. SAGER), Ueber die Entstehung, Einrichtung und den Fortgang der Medicinischen Privatgesellschaft zu Stralsund in den ersten 25 Jahren. Stralsund, 1798. Gedruckt bey C. L. Strucks Wittwe. 8°.

Haken, J. Ch. L. [mutmaßl. Verf.], s. Geschichte, Meine, eh' ich gebohren wurde.

Haken, Jh. Chr. Ldw., († d. 5. Juni 1835.) s. 1) Amaranthen. 2) Ausstellungen. 3) Bibliothek d. Abentheurer. 4) Bibliothek d. Robinsone.

— s. J. Byron's Schiffbruch.

Haken, J. C. L., Gemälde d. Kreuzzüge nach Palästina zur Befreyung d. heil. Grabes, m. 1 Karte. 2 Bde. gr. 8. Frankf. Academ. Buchhdl. 808–10. (1r 2 Rthlr. 4 gr., 2r 2 Rthlr.)

Haken, J. C. L., Gemälde der Kreuzzüge nach Palästina zur Befreyung des heil. Grabes. 3 Theile. gr. 8. Frankfurt a. d. O., Flittner. 808 — 820. (1r Thl. 2 Rthlr. 4 Gr. 2r Thl. 2 Rthlr. 3r Thl. 2 Rthlr.)

Haken, Jh. Chr. Ldw., Gemälde d. Kreuzzüge nach Palästina z. Befreiung des heil. Grabes. 3 Bde. Mit 1 Karte. gr. 8. Frkf. a. d. O. 808—20. (Sander in Berl.) 6 Thlr 4 ggr

— s. Haafner, J.: Fußreise.

Der Heckethaler. Beitrag zur Kunde geheimer Gesellschaften. Von Joh. Christ. Ludw. Haken. o. O. 1798.

cf. L. 23 (1864) S. 20.

TB. 181. Diese geheime Gesellschaft, welche sich zu Frankfurt a. M. unter freimaurerischen Formen mit geheimen Zeichen versammelt, ist eine Rotte von Spielern und Gaunern. Dieser Roman ist nicht bei Goedeke, Heinsius und Kayser verzeichnet.

— s.a. Inquiraner.

Haken, (J. C. L.,) die Inquiraner. Eine Robinsonade. Neue Ausg. Mit 1 Vign. 8. Chemnitz 825. Starke.

— s.a. Mappe, Die graue.

MAPPE, Die graue, aus Ewald Rinks Verlassenschaft.) (Verfasst von *Joh. Chrn. Ludwig Haken*, 1767—1835.) 4 Bde. Berlin 1790—94. 8°. Zahm.
Vgl. Allg. dtsch. Bibl. 108, 483 ff.; Neue Allg. dtsch. Bibl. 12, 60; Anon.-Lex. III. p. 114 (nach Kayser, Engelmann, Goedeke, Meusel, W. v. Maltzahn).

— — Dasselbe. Magdeburg 1813. 8°.
Goedeke VI, 380, 3, 1.

— s. Meißner, A. G.: Leben d. Jul. Cäsar.

Haken, J. C. L., s.a. Nettelbeck, Joachim.

Joachim Nettelbeck Bürger zu Kolberg. Eine Lebensbeschreibung, von ihm selbst aufgezeichnet, herausgegeben von **J. C. L. Haken**. 2 Theile. 3. Auflage. Leipzig 1863. 8°.

— s.a. Phantasus, 1001 Mährchen.

HAKEN, J. C. L. Phantasus des Morgenlandes oder Tausend und eine Nacht. 3 Bde. Neue Auflage. Mit Titelkupfer und -vignette von Fr. Bolt. Berlin und Leipzig 1816. 12°.

Haken, J. C. L., neue pommer. Provinzialblätter, s. Provinzialblätter.

Haken, J(ohann) C(hristian) L(udwig). Ferdinand von Schill. Eine Lebensbeschreibung nach Original-Papieren. 2 Bde. Mit Schills Bildniß und einer Karte. Leipzig, F. A. Brockhaus 1824. XII 346, 223 S. 8.

— s. Simplicissimus.

Haken, J. C. L., s. Volks-Bibliothek.

— Xenophon u. die 10,000 Griechen; e. histor. Versuch. 2 Thle. 8. Magdeb. 805. Heinrichshofen. 5 Thlr

Haken, Jh. Karl, de febre scarlatina. Diss. inaug. med. 4. Götting. 781. Dieterich. 2 ggr

Haken, Karl

Haken, Carl, Wir sahen Seine Herrlichkeit. Predigten. 853. — 2. verm. Ausg. Berlin 854. Janke. gr. 8. (V, 147 S.) 15 ngr
Die 1. Aufl. erschien anonym.

Haken, M. v., Methode Haken. Wie man den Unterricht in der Muttersprache dem Schüler lieb u. interessant macht u. zur Entwicklung seines Denkvermögens verwertet. (VIII, 189 S.) gr. 8. Leipzig 906. Renger. n. 2.60

— Uebungsstoff zur Methode Haken. (86 S.) gr. 8. Ebd. 906. n. 1.80; kart. n. 1.50

Haken, Martin [Dr. med. aus Storkow b. Lens (Pomm.)]: **Wahre cystische Degeneration von Nasenpolypen. . . . Würzburg, Druck d. Stahel'schen k. Hof-Buchdr., 1890; 24 S., 1 Taf. 8°**
Würzburg, Med. Fak., Inaug.-Diss. v. 1890

Hoffmanns Erzählungen. Komische Oper in 4 Akten von Jacques Offenbach. 〈Text ... gedichtet von Jules Barbier ...〉 Textlich u. musikal. erl. von Max v. **Haken**. Leipzig: H. Seemann Nachf. [1904]. (52 S.) 8° [F.]
— **Opernführer.** No 104. (03. 9809

— dass., s.a. Opernführer.

Der polnische Jude. Volks-Oper in 2 Akten von Carl Weis. Text nach Erckmann-Chatrian von Victor Léon u. Richard Batka. Textl. u. musikal. erl. von Max v. **Haken**. *Leipzig: H. Seemann Nachf. [1902]*. (31 S.) 8° [F.]
— **Opernführer.** No 92. (03. 8881

– dass., s.a. Opernführer.

Haken, Max v., August Klughardt's Oratorium Judith, s.a. **Musikführer, der.**

August Klughardt. Oratorium Judith. Erl. von Max v. Haken. *Leipzig: H. Seemann Nachf. [1902].* (28 S.) 8°
= Musikführer. No 259.

Manru von J. J. Paderewski. Text von Alfred Nossig. Textl. u. musikal. erl. von Max v. **Haken**. *Leipzig: H. Seemann Nachf. [1902].* (39 S.) 8°
= Opernführer. No 73.

– dass., s.a. Opernführer.

Haken, Ottomar, über den Begriff der Ehre, deren Verletzung und Wiederherstellung. Eine, zur Erlangung der Würde eines Magisters der Rechtswissenschaft verfert. Abhandlung. gr. 8. (17 S.) Dorpat 850, (Glaeser's Verlag.)

Haken, Werner: Beitrag zur Kenntnis der thermoelektrischen Eigenschaften der Metallegierungen. Mit 8 Taf. Leipzig: J. A. Barth 1910. 64 S. 8° ¶ (Aus: Annalen d. Physik. F. 4, Bd 32.)
Berlin, Phil. Diss. v. 19. Jan. 1910, Ref. Rubens
[Geb. 19. März 85 Bischofsburg; Wohnort: Treptow b. Berlin; Staatsangeh.: Preußen; Vorbildung: Gymn. Koslin Reife O. 04; Studium: Techn. Hochschulen Berlin 2, Darmstadt 3, Berlin Univ. 4 S.; Rig. 16. Dez. 09.] [U 10. 170

Hakenberg, H., Kosakenblut, nach Nikol. Gogols „Taras Bulba" erzählt, s.a. **Kranzbücher.**

Kosakenblut. Nach Nikolaus Gogols 'Taras Bulba' erzählt von H. **Hakenberg**. Mit Bild. von Adolf Brandt. Berlin: Kranz-Verl. [1910]. 110 S. 8°
(Kranzbücher. Bd 1.)

Haker, s.a. **Hacker.**

Haker, Frdr., Frau Erna. Ein Sang v. Meer u. Schönheit. Buchschmuck v. Karl Prahl. (186 S.) 8. Stettin 903. P. Niekammer. n. 2.—

FRIEDRICH HAKER, Die Lage der deutschen Ärzte und ihr Kampf gegen den Niedergang ihres Standes. Sonderabdruck aus den Beilagen zur „Allgemeinen Zeitung" Nr. 90 und 91 vom 23. und 24. April 1903. Herausgegeben im Auftrage der Vorstandschaft des ärztlichen Bezirksvereins in München. München 1903. Druck der Buchdruckerei der „Allgemeinen Zeitung". 8°.

Haker, Friedrich *Wilhelm* [aus Stettin]: Über Pyaemia post abortum ... Berlin, Buchdr. v. G. Schade, *1893;* 29 S., 1 Bl. 8.
Berlin, Med. Fak., Inaug.-Diss. v. 11. Aug. 1893

Haker, Carolus: *Disquisitiones de trajectoria orthogonali hyperbolarum systematis, in quibus, quum idem centrum habent, ratio, quae intercedit inter minorem et majorem semiaxem, constans invenitur. 73 S. 4° (2°)
Halle-Wittenberg, Phil. Diss. v. 11. März 1862
Geb. Greifswald 22. 4. 1832. V.

Haker, W[ilhelm]: Claudii apud Tacitum Ann. XI, 24 oratio et una cum capite praecedente commentario critico et exegetico enarratur et cum oratione vere habita ita comparatur, ut, quid inde de omni orationum Tacitearum indole colligatur, eluceat. Malchin 1904: C. H. Heese. (S. 1—21.) 4°
Malchin, st. RG OP 1904 (770)

Haefer, H., Wesen u. Bedeutung der nationalen Bildung u. die f. die Volksschule daraus sich ergebende Aufgabe. gr. 8. (32 S.) Hannover 891. C. Meyer. n. —40

Häker, Wilh., Heil Kaiser Wilhelm II.! Festspiel zur Feier d. Geburtstages d. Kaisers. D. Volksschule gewidmet. 8. (16 S.) Düsseldorf 897. L. Schwann n. —50

Häker, Wilh., Heil Kaiser Wilhelm II.! Festspiel z. Feier des Geburtstages Sr. Maj. des Kaisers. Der Volksschule gewidmet. 2. Aufl. 8. (16 S.) Düsseldorf (902). L. Schwann. n. —50

Hakeschreth. (Der Regenbogen.) Illustr. hebr. Monatsschrift f. Kunst, Literatur u. Leben. Red.: Jos. Lion. 1. Jahrg. 1903. 12 Nrn. (à ca. 48 Sp.) gr. 4. Berlin (S.W. 68, Lindenstr. 93). Lewent'sche Buchdr. n.n. 6.—

Hakkam, historisches Schaudergemählde ... Leipzig 1821. V: *Leibrock, Aug.* (Ky) (MGT)

Hakkam, histor. Schaudergemälde aus Spanien, (v. A. Leibrock). 8. Leipz. 821. Kollmann. 1 ₰

Hakluyt, Rich.

Hakluyt, R., voyagers' tales from the collections of R. H. gr. 16. (192 S.) Leipzig 887. Gressner & Schramm. n. — 80

— voyages in search of the north-west-passage. From the collection of R. H. 16. (192 S.) Ebd. 888. n. — 80

Hakmann, nationale und kirchliche Bestrebungen der Rumänen in der Bukowina 1848—1865, in e. Sendschreiben dargestellt. Hrsg. von Stef. Smal-Stocki. gr. 8. (VIII, 212 S.) Czernowitz 899. (H. Pardini). Geb. in Leinw. n.n. 3.—

Hakohen, Aharon, aus Lunel. Orchoth Chajim. 2. Tl. Zum 1. Male hrsg. u. m. Stellennachweisen u. Anmerkgn. versehen v. M. Schlesinger. 4 Lfgn. (LVI, 656 S.) gr. 8. Berlin 899—902. (M. Poppelauer.) n. 12.—

Hákonarbók, s.: Lögbók.

Haksteen v. Cadier, Jacob Peter (Rotterdam), **De emancipatione. Diss. jur.** Lüttich (P. J. Collardin) **1830. 24 S. (5.50)** 12879

Das Saptaçatakam des Hâla. Herausgegeben von Albrecht Weber. [AKM Band VII. No. 4.] Leipzig 1881.

Conspectus florae graecae auctore E[ugen] de **Halácsy**. Vol. 1—3 [nebst] Suppl. Lipsiae: G. Engelmann 1900—08. 4 Bde 8°
1. 19(00—)01. 2. 1902. 3. 1904. Suppl. 1908.

Halácsy, E. de, Conspectus florae graecae. Vol. I, (3 fasc.) gr. 8. (825 S.) Leipzig 901. W. Engelmann. n. 18.—
1. (S. 1—224.) n. 5.—. — 2. (S. 225—576.) n. 8.—. — 3. (S. 577—825.) n. 5.—.

— dasselbe. Vol. II, fasc. 1 et 2. (S. 1—612.) gr. 8. Ebd. 902. n. 14.—
1. (256 S.) n. 6.—. — 2. (S. 257—612.) n. 8.—.

Halácsy, E. de, Conspectus florae graecae. Vol. III, 2 fasc. (XXV, 520 S.) gr. 8. Leipzig 904. W. Engelmann. n. 13.50
Vol. I u. II Ebd. 901. 902. n. 32.—.

Halácsy, E. de, Supplementum conspectus florae graecae. Opus editum subsidiis academiae litterarum caesareae Vindobonensis. (IV, 182 S.) gr. 8. Leipzig 908. W. Engelmann. 6.—
Hauptwerk 3 vols. Ebd. 901—04. 45.50

Halácsy, Eug. v., botanische Ergebnisse e. im Auftrage der hohen kaiserl. Akademie der Wissenschaften unternommenen Forschungsreise in Griechenland. I. u. II. [Aus. „Denkschr. d. k. Akad. d. Wiss."] Imp.-4. Wien 894. (F. Tempsky.) n. 5. 70
I. Beitrag zur Flora v. Epirus. (52 S. m. 3 Taf.) n. 3. 50
II. Beitrag zur Flora v. Aetolien u. Acarnanien. (14 S. m. 2 Taf.) n. 2. 20

Halácsy, Eug. v., botanische Ergebnisse e. im Auftr. d. kaiserl. Akademie d. Wissenschaften unternomm. Forschungsreise in Griechenland. III. u. IV. Beitrag. [Aus: „Denkschr. k. k. Akad. d. Wiss."] Imp.-4. Wien 894. (C. Gerold's Sohn.) n. 4. 70 (I.—IV.: n. 10. 40)
III. Zur Flora v. Thessalien. (22 S. m. 2 Taf.) n. 2. 20
IV. Zur Flora v. Achaia u. Arcadien. (51 S.) n. 2. 50

— Flora v. Niederösterreich. Zum Gebr. auf Excursionen u. z. Selbstunterr. bearb. 8. (IX, 631 S.) Wien u. Prag 896. F. Tempsky. — Leipzig, G. Freytag. n. 7. —

Halácsy, Eug. v., u. Heinr. **Braun**, Nachträge zur Flora von Nieder-Oesterreich. Hrsg. von der k. k. zoologisch-botan. Gesellschaft in Wien. gr. 8. (354 S.) Wien 882. Braumüller. — Leipzig, Brockhaus' Sort. in Comm. n. 8. 50

Halácsy, Eugen v. u. Heinrich Braun, Nachträge z. Flora v. Nieder-Oesterreich. Herausg. v. d. k. k. zoolog.-botanischen Gesellschaft in Wien. 8. 354 S.) Wien. *Alfred Hölder. 4 fl. 1883.

Halácsy, Irma v., Antinoos. Operndichtung in 2 Abteilgn. Text u. Musik v. H. (Textbuch.) (VII, 64 S.) 8. Wien 909. W. Braumüller. — 80

Halaf al Ahmar. Chalef elahmar's Qasside. Berichtigter arabischer Text, Uebersetzung und Commentar ... Nebst Würdigung Josef von Hammer's als Arabisten, von W. Ahlwardt. Greifswald 1859.

Halähr, Wilh.

Brockmann, W (Wilh. Halähr): Usse Bännatz od. Wat döht 'm nich füö de Blagen! od. Suppdil s. Volksbühne, Niederdeutsche.

Halähr, Wilh. (W. Brockmann), dat aolle Leed met'n nien Tüx od.: De Anhäöller winnt!, s. a. **Vereinstheater, neues. Nr. 51.**

Dat aolle Leed met'n nien Tüx, oder: De Anhäöller winnt! Große Posse mit Gesang in 3 Akten von Wilh. Halähr (W. Brockmann). *Essen-Ruhr: Fredebeul & Koenen 1903.* (30, 32 S.) 8° [F.]
— Vereinstheater, Neues. No 51.

Schulten-Dina od. Ei, wie niedlich! od. Soss't nu gleiwen un beliäwen? s. Volksbühne, Niederdeutsche.

Halähr, Wilh. (W. Brockmann), Willem Täppken od.: Allehn is allehn! od.: Et ist erreicht!, s.: Vereinstheater, neues.

Halali. Jagd u. Fischerei. Hrsg.: Gust. Schuster. Red.: Joh. Schieber. Jahrg. 1910. 12 Nrn. (à ca. 40 S. m. Abbildgn.) 31×22,5 cm. Wien (VII, Halbgasse 26), Administration. 10. —

Halama, Adf., Liederkranz, s.: Erk, Ludw.

HALANDER. Die Unschätzbarkeit des Galanten und sonderlich des Kostbaren. Entworffen von Halander. Sr. Excellenz dem Herrn Legat.-Rath von Kühlewein, als jetz. Zeit hohen Besitzer v. Auerbachs-Hofe überreichet. Mit 2 Titelkupfern. Leipzig, bey Joh. Th. Boëtio, 1717. Kl. 8°. Ppbd. 44 ungezeichn. Bl.
Äußerst selten. nicht bei Goedeke.

Halász, Aladár. Erfahrungen m. Triferrin. (8 S.) 8. Leipzig 906. B. Konegen. n. 1. —
Sonderabdruck aus: „Reichs-Medizinal-Anzeiger".

Halász, Alex.

— und **Budai**, die Handelskorrespondenz in ungarischer und deutscher Sprache, s. Taschenbuch der Handelskorrespondenz.

Halász, Alex., was der Schulverein will. gr. 8. (30 S.) Budapest 882. Gebr. Révai. n. — 80

HALÁSZ, JOHANN NEPOMUK: Rede an das löbl. bürgerl. uniformierte Scharf-Schützen-Corps der königlichen Frey-Stadt Tyrnau bey Gelegenheit als selbes das Jahresfest ihrer Errichtung und Fahnen-Weihung in der vormaligen Trinitarier-Kirche ... am 22ten Juni 1806 feyerte. Gehalten von Johann Nepomuk Halász. Tyrnau 1806. Gedr. bey Wenzel Jelinek. 16 S. - 8°

Halatschka, Raimund

Wien.
— VII. St. R.: Katalog der Lehrerbibl. 02—05. v. Dr. Raimund Halatschka. 44. 28. 28. 15.
Progr.

Halatschka, R., Versuch e. sprachlichen Commentares zu Goethe's Iphigenie auf historischer Grundlage. Lex.-8. (67 S.) Halle a/S. 890. Niemeyer. n. 1. 60

Halatschka, Raim., Zeitungsdeutsch. gr. 8. (VI, 88 S.) Wien 883. Pichler's Wwe. & Sohn. n. 2. —

Halauska, Anton

Halauska, Ant., s.: Jahrbuch, techn., f. Buch- u. Kunstdruck.

Halauska, Ant., Vorträge über Stenografie. Waidhoven 870. Wien, Klemm. 8. (58 S.) n. 10 *ngr.*

Halaváts, Julius

— der artesische Brunnen von Szentes. Mit 4 Taf. [Aus: „Mittheilgn. aus dem Jahrbuche der kgl. ungar. geolog. Anstalt".] Lex.-8. (32 S. m. 4 Blatt Erklärgn.) Ebd. 888. n. 1. 50

Halaváts, J., die zwei artesischen Brunnen von Hód-Mező-Vásárhely. [Mittheilgn. aus dem Jahrbuche der kgl. ungar. geolog. Anstalt, VIII. Bd., 8. Hft.] Lex.-8. (21 S. m. 2 Taf.) Budapest 889. (Kilián.) n. 2. —

— Die zwei artesischen Brunnen v. Szeged, s. Mittheilungen aus dem Jahrbuche der kön. ungarischen geologischen Anstalt.

Halaváts, Jul., palaeontologische Daten zur Kenntniss der Fauna der süd-ungarischen Neogen-Ablagerungen. I. Die pontische Fauna v. Langenfeld. Mit 2 lith. Taf. [Aus: „Mittheilgn. aus dem Jahrbuche d. k. ung. geol. Anstalt".] gr. 8. (12 S.) Budapest 883. (Kilián.) n. 1. —

— dass. — s. a. Mittheilungen aus dem Jahrbuche der königl. ungar. geologischen Anstalt.

Halaváts, Jul., paläontologische Daten zur Kenntniss der Fauna der südungarischen Neogen-Ablagerungen. [2. Folge.] Lex.-8. (20 S. mit 2 Taf. und 2 Bl. Erklärungen.) Budapest 887, (Kilián's Universitäts-Buchh.) *
1. Publikation. Ebendas. 1883. *ℳ 1.—.
Vorstehende zwei Schriften sind aus: Mittheilungen aus dem Jahrbuche der k. ungarischen geologischen Anstalt, besonders abgedruckt.

Halaváts, Gyula, allgemeine u. paläontologische Litera-tur der pontischen Stufe Ungarns. (Publikationen der kgl. ungar. geolog. Anstalt.) (Ungarisch, deutsch u. französisch.) (134 S.) Lex.-8. Budapest 904. (F. Kilián's Nachf.) n.n. 3.—

— Umgebungen v. Fehértemplom [Weisskirchen] u. Kubin, s.: Erläuterungen zur geologischen Specialkarte der Länder der ungar. Krone.

Halaváts, Jul., d. geolog. Verhältnisse d. Alföld (Tieflandes) zwischen Donau u. Theiss, s.: Mitteilungen aus d. Jahrbuche d. kgl. ungar.-geolog. Anstalt.

Halâyudha's Kavirahasya, hrsg. v. Ludw. Heller, s.a. Sanskrit-Drucke. I.

Halâyudha's Kavirahasya in beiden Recensionen hrsg. von Ludwig Heller. *Greifswald: J. Abel 1900.* (VIII, 101 S.) 8°
= Sanskrit-Drucke 1. [oo 7028 8

Halbach, C. A. (Red.), s. Gemeinwohl.

Geschichte des Bergischen Vereins für Gemeinwohl. Ein Beitrag zur Kenntnis der privaten sozialen Fürsorge im Bergischen Lande, dargereicht aus Anlass der Rheinisch-Westfälischen Industrie-, Gewerbe- und Kunstausstellung in Düsseldorf 1902 vom Centralvorstand des Berg. Vereins für Gemeinwohl (Vorsitzender: Ed. G. Wittenstein) und verfasst von C. A. HALBACH. Barmen 1902. Kommissionsverlag von Fr. Könker in Elberfeld. 8°.

Halbach, Frdr., Jesus v. Nazareth. Ein dramat. Versuch. (80 S.) 8. Leipzig-Gohlis 910. B. Volger. 1.50

— Lebensakkorde. (88 S.) 8. Ebd. 906. n. 2.—

Halbach, Fritz, Romerike Berge. (84 S.) 8. Elberfeld 906. A. Martini & Grüttefien. n. 1.50; geb. n. 2.—

— Blühen u. Glühen. Gedichte. (158 S.) 8. Strassburg 904. J. Singer. n. 2.50

Halbach, Georg (geb. Berlin 7. 7. 1835). De dolorum partus spastiicorum natura et medela. Berolini (1861). (32 S.) 8°
Berlin, Med. Diss. v. 17. Juni 1861

Halbach, Hermann, a. Essen ⟨Ruhr⟩: Die Einwirkung der Arbeiterversicherungsgesetze auf die Knappschaftsvereine und ihre Einrichtungen. Mit besonderer Berücksichtigung der Knappschaftsvereine im Ruhrkohlenbezirke. Leipzig 1906: J. B. Hirschfeld. (IV, 57 S.) 8° ¶(Erscheint vollst. als: „Abhandlungen aus dem staatswissenschaftlichen Seminar zu Münster i. W." H. 3 im gleichen Verlage.)
Münster, rechts- u. staatsw. Fak., Ref. Schmöle, Diss. v. 16. Dez. 1906
[Geb. 23. Sept. 81 Barmen; Wohnort: Munster; Staatsangeh.: Preußen; Vorbildung: Oberrealsch. Barmen Reife O. 98; Studium: Bonn, Gießen, Berlin, Munster, zus. 8 S.; Rig. 24. Apr. 06.]

Halbach, Herm., die Einwirkung der Arbeiterversicherungsgesetze auf die Knappschaftsvereine u. ihre Einrichtungen, s.a. Abhandlungen aus dem staatswiss. Seminar zu Münster i. W. 3.

Die Einwirkung der Arbeiterversicherungsgesetze auf die Knappschaftsvereine und ihre Einrichtungen. Mit besond. Berücks. d. Knappschaftsvereine im Ruhrkohlenbezirke. Von Dr. Hermann **Halbach**, Essen. Leipzig: C. L. Hirschfeld 1906. (IV, 234 S.) 8°
= **Abhandlungen** aus d. staatswiss. Seminar zu Münster i. W. H. 3. [07. 159

Weibliche Berufe. Eine Zusammenstellung, den Schülerinnen bei d. Entlassung aus d. Volksschule z. Belehrung u. z. Anleitung f. d. Berufswahl dargeboten von C[arl] A[lbert] **Halbach**, Rektor. (Barmen: [Selbstverl.] 1905.) (23 S.) 8° [F.] [06. 3608

Halbach-Bohlen, Juliet, s.: Blankenstein, Amanda M.

Halban, A. v.: Die Francisco-Josephina in ihren Beziehungen zu den Nachbarreichen. Czernowitz: Pardini 1900.

Halban, Alfr., z. Geschichte d. deutschen Rechtes in Podolien, Wolhynien u. d. Ukraine. gr. 8. (XII, 135 S.) Berlin 896. R. L. Prager. n. 4.—

Halban, Alfr. v., das römische Recht in den german. Volksstaaten, s.a. Untersuchungen zur deutschen Staats- u. Rechtsgeschichte. 56. u. 64. Hft.

Das Römische Recht in den Germanischen Volksstaaten. Ein Beitrag z. deutschen Rechtsgeschichte von Prof. Dr. Alfred v. **Halban**. Th. 1–3. Breslau: M. & H. Marcus 1899–1907. 3 Bde 8°
1. 1899. 2. 1901. 3. 1907.
= **Untersuchungen** z. Deutschen Staats- u. Rechtsgeschichte. H. 56. 64. 89. [07. 12197

Halban, Johann R[itter] von, Dr.: Über den Einfluss des Lösungsmittels auf die Reaktionsgeschwindigkeit. Würzburg 1909: Stürtz. 93 S. 8°
Würzburg, Phil. Hab.-Schr. v. 1909 [U 10. 4412

Halban, Johann Ritter von [aus Wien]: Untersuchungen über Chromammoniakverbindungen. Wien 1902. 48 S. 8°.
Zürich. Phil. Diss. II. 8. 1901/1902.

Halban, Johann Ritter von. Untersuchungen über Chromammoniakverbindungen. Diss. Phil. [II.] Univ. Zürich. 48 S. 8. Wien. Selbstverlag, 1902.

Anatomie und Ätiologie der Genitalprolapse beim Weibe von Dr. Josef **Halban** u. Prof. Dr. Julius Tandler in Wien. Mit 60 Taf. u. 44 Fig. Aus d. 1. Anatom. Inst. in Wien. Wien & Leipzig: W. Braumüller 1907. (XII, 273 S.) 8° [07. 7910

HALBAN, Josef

Ovarium und Menstruation. Eine experimentelle Studie von Dr. Josef Halban. (Aus den Sitzungsberichten der kaiserl. Akademie der Wissenschaften in Wien. Mathem.-naturw. Classe; Bd. CX. Abth. III. Juli 1901.) Wien. 1901. In Comm. Gerold's Sohn. Gr.-8°. 22 S. K —.50

Halban, Jos., Über d. Resorption d. Bakterien bei localer Infection. [Aus: „Sitzungsber. d. k. Akad. d. Wiss."] gr. 8. (103 S. m. 2 Taf.) Wien 896. (C. Gerold's Sohn.) n. 2.—

— Topographie des weibl. Ureters, s.: Tandler, Jul.

Halbau [Schlagwort]

Halbau, s.: Preussen. **Messtischblätter.**

Halbau-Blumenstock [Verfasser]

Halbau-Blumenstock, Dr. Alfred, Entstehung des deutschen Immobiliar-Eigenthums. I. Bd. Grundlagen. Gr.-8. (VI, 374 S.) 3.60
Innsbruck: Wagner 1894.

Halbauer, s. Hallbauer.

Halbauer, C. F., was wäre Sachsen ohne seinen Bergbau. Zur Beherzigung für Patrioten beantwortet. 8. Freyberg, Craz und G. 821. Rthlr.

Halbauer, F. A., profana in sacris s. specimen illorum, quae ex scriptoribus profanis in N. T. obvia sunt. Jen. 1735. 4.

Halbaur, K., der practische Rathgeber für Gewerbtreibende, Land- u. Hauswirthschaften, s. Fortbildungs-Schule.

Halbblutzüchter, der. Wochenschrift f. Pferdezucht u. Volkswirthschaft. Officielles Organ der Section 6 [f. Pferdezucht] der k. k. Landwirthschafts-Gesellschaft. Hrsg.: Carl Suchomel. Red.: Otto Mayr. 2. Jahrg. 1874. 52 Nrn. (B.) Fol. Wien 874. Fr. Beck in Comm. n. 12. —

Halbbruder, Faustins, oder Ludwig Schobinger. Freyberg 1801—2. V: *Jacobi, Johann Georg Ferdinand & Carl Gottlob Albrecht.* (Ky) (MGT)

Halbe [Schlagwort]

Halbe, s.: Mark.

Halbe [Verfasser]

Halbe, Albert, Rechtspraktikant am kgl. Landgerichte Landshut: Hatte und hat ein Verstoss gegen ein gesetzliches Verbot immer die Nichtigkeit eines Rechtsgeschäfts zur Folge? Borna-Leipzig 1906: R. Noske. (VI, 81 S.) 8°
Erlangen, Jur. Fak., Ref. Binder, Diss. v. 10. Dez. 1906
[Geb. 25. Juli 79 Schubin; Wohnort: Landshut; Staatsangeh.: Bayern; Vorbildung: Gymn. Bromberg Reife O. 99; Studium: München 1, Berlin 1, Kiel 1, Berlin 3, München 2 S.; Rig. 26. Okt. 06.]

Halbe, Alb., u. Rud. **Neschreiter.** Wanderungen im Isar- u. Loisachtal (München-Wolfratshausen-Kochel). Mit 5 Kunstblättern u. zahlreichen Textbildern. (24 S.) 4. München 905. G. Lammers. n. 1. —
Sonderabdruck aus: „Deutsche Alpenzeitg."

Halbe, Alois: Beiträge zur Kenntniss der Oxymethylenketone. *Kiel 1898: P. Peters.* (36 S.) 8°
Kiel, Phil. Diss. v. [27. Juli] 1898

Halbe, Ernst, der gewerbliche Arbeiter, seine Rechte u. Pflichten, s.: Wissen, eigenes. 19. Bd.

— Herrschaft u. Dienstboten, ihre Rechte u. Pflichten, s.: Wissen, eigenes. 17. Bd.

Halbe, Jh. Aug., der neueste Arzt; e. dramat. Anekdote. 8. Prag 790.

— Bauernstolz. Posse in 1 A. 8. Hamb. 806. (Campe). 6 gr.

— das Gewissen. Gemälde. 8. Prag 789. Diesbach. 5 gr.

Halbe, Jh. Aug., die Pastore. 8. Prag 789. Diesbach. 16 gr.

— Theaterstücke. 1s Bdchn. 8. Elbing 788.

— die leidenschaftlichen Unbedachtsamen; Lstspl. 8. Prag 790. Diesbach. 6 gr.

— s. Vernunft und Vorurtheil.

Halbe, Max, der Amerikafahrer. Ein Scherzspiel in Knittelreimen. 8. (183 S.) Berlin 894. S. Fischer Verl. n. 2. —; geb. n 3. —

Halbe, Max, blaue Berge. Komödie in 4 Akten. 1. u. 2. Taus. (181 S.) 8. München 909. A. Langen. 2.50; geb. 3. 50

Halbe, Max: Die Beziehungen zwischen Friedrich II. und dem päpstlichen Stuhl vom Tode Innocenz III. bis zum Goslarer Tage (Juli 1219) .... *Berlin, Druck v. F. Cynamon* (1888); 1 Bl. + 45 S. 8°
München, Phil. Fak., Inaug.-Diss. v. 1888

Halbe, Max, die Beziehungen zwischen Friedrich II. und dem päpstlichen Stuhl vom Tode Innocenz III. bis zum Goslarer Tage (Juli 1219). Diss. München 1888, A. Buchholz. 8°. 45 S.

Halbe, Max. Eisgang. Modernes Schauspiel in 4 Aufzügen. 8. (89 S.) Berl. 892, S. Fischer, Verlag. * 1 50

Halbe, Max, e. Emporkömmling. Sociales Trauerspiel in 4 Aufzügen. 8. (III, 175 S.) Norden 889. Fischer Nachf. n. 3. —

Halbe, Max: Mutter Erde. Drama in 5 Aufzügen. 3. u. 4. Taus. — Berlin: Bondi 1898. 246 S. 8°
— — 7. u. 8. Taus. 1925. 104 S.

1. Aufl. 1897.

Halbe, Max, Mutter Erde. Drama in 5 Aufzügen. 5. Taus. (246 S.) 8. Berlin 906. G. Bondi. n. 2. —; geb. n. 3. 50

— Mutter Erde. Drama in 5 Aufzügen. 6. Taus. (246 S.) 8. Berlin 909. G. Bondi. 2. —

[S.] Max Halbe. Der Eroberer. Tragödie in 5 Aufz. 1. u. 2. Taus. *Berlin: G. Bondi 1899.* (168 S.) 1 Bd 8. [illegible]

Halbe, Friedrich II. u. der päpstliche Stuhl. Bis zur Kaiserkrönung [Nov. 1220]. 8. (96 S.) Berlin 888. Mayer & Müller. n. 2. 40

— **Das wahre Gesicht. Drama in 5 Akten u. 1 Vorspiel. 1. u. 2. Tauf. (VII, 222 S.) 8. München 907. A. Langen.** 3.—; geb. 4. —

Halbe, Max, die Heimathlosen. Drama in 5 Aufzügen. 1. u. 2. Taus. 8. (141 S.) Berlin 899. G. Bondi. n. 2. —; geb. n. 3. —

— die Insel der Seligen. Eine Komödie in 4 Akten. 1.–3. Taus. (157 S.) 8. München 906. A. Langen. n. 2. 50; geb. n. 3. 50

— Jugend. Ein Liebesdrama in 3 Aufzügen. 8. (111 S.) Ebd. 893. n. 2. —

[F.] Max Halbe. Jugend. Ein Liebesdrama in 3 Aufzügen. 5. Aufl. *Berlin: G. Bondi 1897.* (111 S.) 1 Bd 8. [97. 4172

— Jugend. Ein Liebesdrama in 3 Aufzgn. 6. Aufl. 8. (111 S.) Ebd. 898. n. 2. —

Max Halbe. Jugend. Ein Liebesdrama in 3 Aufz. 7. Aufl. *Berlin: G. Bondi 1899.* (111 S.) 8° [F.] [01. 3054

— Jugend. Ein Liebesdrama in 3 Aufzügen. 8.—12. Aufl. 8. (à 111 S.) Ebd. 900—902. n. 2. —; geb. n. 3. —

— Jugend. Ein Liebesdrama in 3 Aufzügen. 13.—17. Aufl. (110 S.) 8. Berlin 904. 905. G. Bondi. n. 2. —; geb. n. 3. —

— Jugend. Ein Liebesdrama in 3 Aufzügen. 18. u. 19. Aufl. (110 S.) 8. Berlin 908. G. Bondi. 2. —; geb. 3. —

Max Halbe. Lebenswende. Eine Komödie. *Dresden: G. Bondi 1896.* (145 S.) 8° [F.] [95. 30004

— freie Liebe. Modernes Drama. 8. (121 S.) Guben 890. Krollmann. n. 1. 50

— freie Liebe. Modernes Drama. (Neue [Titel-] Ausg.) 8. (121 S.) Ebd. (890) 895. n. 2. —

[F.] Max Halbe. Frau Meseck. E. Dorfgeschichte. (2. Taus.) *Berlin: G. Bondi 1897.* (74 S.) 1 Bd 8. [97. 3924

Max Halbe. Ein Meteor. Eine Künstlergesch. 1. u. 2. Taus. *Berlin: G. Bondi 1901.* (92 S.) 8° [F.] [01. 354

— das tausendjährige Reich. Drama in 4 Aufzügen. 1. u. 2. Taus. 8. (150 u. Musikbeilage 2 S.) Ebd. 900. n. 2. —; geb. n. 3. —

— Der Ring des Lebens. Ein Novellenbuch. 1—4. Taus. (242 S.) 8. München (904). A. Langen. 3. —; geb. 4. —; in Halbfrz. 6. —

— Hans Rosenhagen. Drama in 3 Aufzügen. 1.—3. Taus. 8. (à 156 S.) Ebd. 901. n. 2. —; geb. n. 3. —

— der Strom. Drama in 3 Aufzügen. 1.—9. Taus. (114 S.) 8. Ebd. 904—906. n. 2. —; geb. n. 3. —

— Walpurgistag. Eine Dichter-Komödie. 1. u. 2. Taus. 8. (187 S.) Ebd. 903. n. 2. —

Halbeis, Jos., die adenoiden Vegetationen d. Nasenrachenraumes (Hyperplasie der Tonsilla pharyngea) bei Kindern u. Erwachsenen u. ihre Behandlung. Aus 3 im ärztl. Vereine im Herzogth. Salzburg geh. Vorträgen zusammengestellt. Nebst e. Uebersichts-Tabelle üb. die 1881 bis 1891 beobachteten u. behandelten einschläg. Krankheitsfälle. gr. 8. (53 S.) München 892. J. F. Lehmann's Verl. n. 2. —

[F.] **Halbon**, Hermann [Dr. jur., Referendar in Hamburg]: Ueber den Schadenersatz aus nichtigen Verträgen … Hamburg, Druck v. H. P. Festersen, Hadersleben, 1895: 61 S. 8.
Erlangen, Jur. Fak., Inaug.-Diss. v. 1895

Halben, Johs., Diesterweg unser Vorbild. Festrede, geh. am 25. Oktbr. 1890. gr. 8. (27 S.) Hamburg 890. G. W. Niemeyer Nachf. n. — 60

Halben, Johs. Diesterweg, unser Vorbild. Festrede zum 100jährigen Geburtstage. 8. (27 S.) Hamb. 890, Niemeyer Nachf. * — 60

Halben, Johs., des Kindes Schreiblesefibel mit Bildern. Ein Elementarbuch. 8. (IV, 68 und 24 lithogr. S.) Hamburg 857(60). (Rittler.) geb. *

Halben, Johs., des Kindes Schreiblesefibel mit Bildern. Ein Elementarbuch. 857. n. 8 ngr. — 2., theils umgearb. Aufl. Altona 862. Hestermann in Comm. 8. (IV, 88 S.) nn. 7½ ngr.

Halben, Johs., des Kindes Schreiblesefibel mit Bildern. Ein Elementarbuch. 3—5. Aufl. Hamburg 865—69. Niemeyer. (VI, 67 u. 16 lith. S.) geb. n. 6 ngr.

Halben, Johs., des Kindes Schreiblesefibel. Ein Elementarbuch zur Verbindung des reinen Schreiblesens mit der analytisch-synthet. Methode. 13. Aufl. mit Zeichnen-Vorübungen und 56 Anschauungsbildern. 8. (118 S., wovon 18 lithogr., mit eingedr. Holzschn.) Hamburg 878, Niemeyer's Nachf. cart. * — 60

Halben, Johs., des Kindes Schreiblesefibel. Ein Elementarbuch zur Verbindung des reinen Schreiblesens mit der analytisch-synthet. Methode. 14.—21. Aufl. mit Zeichen-Vorübungen und 57 Anschauungsbildern. 8. (118 S., wovon 18 lithogr., mit eingedr. Holzschn.) Hamburg 879—83, Niemeyer Nachf. geb.

Halben, Johs., des Kindes Schreiblesefibel. Ein Elementarbuch. 22.—31. Aufl. Schreibschrift von Chr. Seemann. 8. (120 S. mit Zeichenvorübungen und 57 Anschauungsbildern.) Hamburg 884—88, Niemeyer Nachf. cart. *

— des Kindes Schreiblesefibel. Ein Elementarbuch. 39. Aufl. m. Zeichenvorübgn. u. Anschauungsbildern. Schreibschrift v. Chr. Seemann. Ausg. A. 8. (140 S.) Ebd. 894. Kart. n. — 60

— dasselbe. Ausg. B. 8. (140 S.) Ebd. 894. Kart. n. — 60

— die allgemeine Volksschule. (Einheitsvolksschule.) Ein pädagog. Programm. Vortrag, geh. am 29. Sept. 1894. gr. 8. (24 S.) Ebd. 894. n. — 60

Halben, Reinhold: In welchem Verhältnis wächst das menschliche Auge von der Geburt bis zur Pubertät? Es soll durch direkte Messungen die Länge der Augenachse bestimmt werden. *Breslau 1900: Bresl. Genossenschafts-Buchdr.* (24 S.) 8°
Breslau, Med. Diss. v. 28. Juli 1900

Halben, R., die Kopulation der Netzhaut m. der Aderhaut durch Kontaktverbindung zwischen Sinnesepithel u. Pigmentepithel. Ein bisher in Anatomie, Physiologie u. Pathologie des Auges, besonders in der Pathogenese der Netzhautablösung, nicht gewürdigtes mechan. Moment. (31 S.) Lex. 8. Berlin 910. S. Karger. 1. —

Halbeportionen-Streit, der, in Darmstadt. Ein episches Gedicht in 4 Gesängen, den Wirthen u. Gästen zu Nutz u. Frommen verfaßt v. Verf. d. Laternenmännchens. Als zweites Büchschen gelegentlich fortgesetzt erscheinen sollender darmstädter Streichfeuerzeuge. 32. (36 Seit.) Darmstadt 837, Pabst.

Halberbach, Ch., (Halbach? Hallwachs?) Abhandlung über die sichere Anwendung des Kalkes, als Vorbeugungsmittel wider die Krankheiten des Lymphsystems, besonders wider den Rotz und den Hautwurm bei dem Pferdegeschlecht. 12. Berlin 22. Dümmler. M. 1.

Halberg, Friedrich Karl Heller-
s. **Heller**-Halberg. [09. 6829

Halberg-Broich v., s. H a l l b e r g - B r o i c h

Halberkann, Gerhart, Gerichtsref. aus Köln: Der **Staatscharakter** der deutschen Einzelstaaten. *Köln 1902: J. Pohl.* (67 S.) 8°
Freiburg i. B., Rechts- u. staatswiss. Diss. v. 1902

Halberkann, Josef, a. Xanten am Rhein: **Abwandlungen des 1-Nitrocumarons und des 1-Nitro-2-bromcumarons.** Parchim 1908: H. Freise. (103 S.) 8°
Rostock, Phil. Fak., Ref. Stoermer, Diss. v. 24. Dez. 1907
[Geb. 17. Jan. 80 Xanten; Wohnort: Rostock; Staatsangeh.: Preußen; Vorbildung: Gymn. Cöln bis Obersekunda M. 96; Studium: Bonn 2, Rostock 8 S.; Rig. 20. Dez. 07.]

Halberstadt [Sachliches OW]

Halberstadt in Wort und Bild, mit 8 Vollbild. u. 51 Textill., 4 kartogr. Beigaben. Hrsg. unter Mitw. d. Ver. z. Förderung d. Fremdenverkehrs. (Halberstadt: L. Koch [1906].) (36 S.) 8° [<4. 1900

Halberstadt in Wort und Bild, mit 8 Vollbild., 51 Textill., 4 kartogr. Beigaben. Hrsg. unter Mitw. d. Vereins z. Förderung d. Fremdenverkehrs. (Halberstadt): Koch [1900]. 84 S. 8° [op. 11889 5

Halberstadt [Schlagwort]

-- s. a.: Deutschland. Karte (Abt. Preussen).

Halberstadt, Kreis, s. a. Harz. **Rappard, F. v.**

Halberstadt, s. a. Preussen. **Messtischblätter.**

Halberstadt. Allihn, M., **Wandkarte des Kreises Halberstadt u. der angrenzenden Gegenden.** 1 : 25,000. 8 Blatt à 46 × 57 cm. Farbendr. Halberstadt 895. (J. Schimmelburg.) n.n. 17. 50; auf Leinw. n.n. 25. —

Halberstadt — Carte de la Principauté de — y compris les pays incorporés, savoir le Comté de Reinstein etc. Publiée par les soins des Héritiers de Homann. Delineata primum a G. Hier. Riese etc. Dein correctior reddita a Tobia Majero etc. Norimbergae. 1:170,000 1 Bl.

Halberstadt — Karte vom Fürstenthum — den Grafschaften Wernigerode und Hohenstein, und der Abtey Quedlinburg. Bearbeitet und mit Königl. Preuss. allergnädigster Freyheit und Aprobation der Königl. Academie der Wissenschaften zu Berlin herausgegeben durch A. E. Treuer 1783. Im Jahre 1794. verbessert und in Special Creise abgetheilt durch C. L. v. Oesfeld. Berlin bey Simon Schropp et Comp. 1 : 200,000. 1 Bl.

Halberstadt. Liebenow, W., **Verkehrs-, Rad- u. Wanderkarte v. Halberstadt, dem Harz u. weiterer Umgebung. Von Braunschweig bis Halle u. Duderstadt bis Burg b. Magdeburg.** 1 : 300,000. 29,5×40 cm. Farbdr. Halberstadt (909). E. Schroeder. — 75; auf Leinw. 1. 25

Halberstadiensis — Principatus, Abbat. Quedlinburgens. etc. ex acta prodiit ex officina geogr. Matthaei Seutteri. Aug. Vindel. 1 : 150,000. 1 Bl.

Halberstadt [Verfasser]

Halborstadt, Egmont [aus Berlin]: Beiträge zur Kenntnis der meta-Nitrobenzidine ... Berlin, Druck v. M. Driesner, *1892*; 39 S., 1 Bl. 8.
Berlin, Phil. Fak., Inaug.-Diss. v. 21. Dez. 1892

Halberstadt, P. Hermann Alberts-, s. A l b e r t s - H a l b e r s t a d t.

Halberstadt, Samuel, Arzt a. Hamburg: **Ueber kongenitale Atresie der Arteria pulmonalis bei intaktem Septum ventriculi.** Halle a. S. 1905: S. Schlesinger. (41 S.) 8°
Halle, Med. Fak., Ref. Weber, Diss. v. 5. Dez. 1905
[Geb. 20. Aug. 79 Hamburg; Wohnort: Hamburg; Staatsangeh.: Hamburg; Vorbildung: Wilh.-Gymn. Hamburg Reife M. 99; Studium: Würzburg 4, Marburg 2, Halle 3 S.; Coll. 21. Nov. 05; Approb. 1. Okt. 05.]

HALBERSTADT, WILHELM. Ueber Metanitroparanitrobenzoësäure, eine neue fünfte isomere Dinitrobenzoësäure und das Verhalten der Paranitrobenzoësäure gegen substituirende Agentien. Freiburg i. B., 1880.

Halberstadt, (Wilhme,) Briefe üb. Moralität, Würde u. Bestimmung des Weibes. Jungen Frauenzimmern geweiht. 2e Aufl. 8. Cassel 825, Luckhardt. 18 gr. Mit Jahrz. 828.

Halberstadt, Wilhelmine, la conversation française, od. Versuch zu e. neuen naturgemäßern Lehrmethode d. franz. Sprache. 2 Abthln. 8. (9½ B.) Cassel 830, (Luckhardt.)

Halberstadt, Wilhelmine, Ehrentempel europäischer Klassiker, s. Ehrentempel.

Halberstadt, Wilhelmine, s. Ehrentempel, classischer.

Halberstadt, Wilhelmine, Gemälde häuslicher Glückseligkeit für Jungfrauen. 2 Bde. 8. Frankfurt a. M., Jäger. 820. (1r 18 Gr. 2r 1 Rthlr.)

— Gemälde häusl. Glückseligkeiten f. Jungfrauen. 3r u. 4r Bd. 8. Frkf. 821—22, Jäger. 1 Rthlr. 18 gr. Alle 4 Bde. cpl.
N. Aufl., s. Die sorgsame Mutter.

— **Lettres sur la Moralité, la Dignité et la Déstination de la Femme.** 8. Lübeck 816. Niemann. 22 gr Deutsch, s.
Halberstadt: Briefe.

(Halberstadt, Wilhelmine:) Über Mittel und Zweck weiblicher Bildung, ein trautes Wort auf daß es besser werde, gerichtet an edle deutsche Männer, die sich im höchsten Sinne zu wirken berufen fühlen. — (o. O. u. J. [Wahrscheinl. um 1820.] XXXII S. 8°

—— die sorgsame Mutter im Umgange mit ihren Töchtern, od. Anleit. z. Erzieh. guter Mädchen, Hausfrauen u. Mütter. Ein Geschenk f. Jungfrauen, Bräute u. junge Gattinnen. Neue, wohlf. Ausg. (von: Gemälde häusl. Glückseligkeit.) in 2 Bdn. M. 2 Kpfr. 8. (51½ B. u. 1 Stndr.) Frankfurt a. M. 828, Jäger.

— Schul-Buch als erste Uebung im Lesen u. Denken, nach der Lautmethode. 2e Aufl. 8. Cassel 825. Luckhardt. 4 gr

—— Sophie, die Kinderfreundin, od. d. ersten Blicke d. Kindes in sich u. von da in d. Welt. Ein Preisgeschenk f. liebenswürd. Kinder. 12. (4½ B.) Cassel 829, (Bohné.)

—— ein trautes Wort, gerichtet an Deutschland zum Segen d. Hilfsbedürftigen im Volke. 8. (1 B.) Cassel 831, Luckhardt.

Halberstädter, Jos.

– s. Rindviehpest, über die.

Halberstädter, Jos., († d. 17. Aug. 1802.) Unterr. für d. Landmann üb. die dermalen herrsch. Hornviehseuche. 8. Würzb. 796.

Halberstaedter, L., über die Beeinflussung der experimentellen Trypanosomeninfektion durch Chinin, s.: Morgenroth, J.

Halberstaedter, L(udwig), approb. Arzt aus Beuthen O.S.: Aus d. kgl. chirurg. Universitätsklinik zu Königsberg i. P. Die Folgen der Unterbindung der Vena femoralis unterhalb des Ligamentum Poupartii. *Tübingen 1903: H. Laupp jr.* (24 S.) 8° ¶ (Aus: Beiträge zur klinischen Chirurgie, Bd 38, H. 2.)
Breslau, Med. Diss. v. 13. Mai 1903

Halberstädter, Seb. Joh., Über die Rindviehpest und die Notwendigkeit durch frühzeitiges Schlagen und schleunige Absonderung den Fortgang derselb. zu hemmen. 8. Würzburg 796. (Bamberg, Lachmüller.) M. —.20

Halberstam Mechel: Buch vom Wesen der Seele. 1909 PN 2708 Diss. Innsbruck. Univ. 2906

Halberstam, Mich., Beitrag zur Lehre vom Icterus neonatorum. gr. 8. (35 S.) Dorpat 885. (Karow.) n. 1. —

Halbert, A., „Hinauf!" Künstler-Roman aus der jüngsten Vergangenheit. (171 S.) 8. Breslau 906. Berlin, S. Schottlaender's schles. Verlagsanstalt. n. 2. —; geb. n. 3. —

Das Rätsel: Jude. Der Roman eines modernen Juden von A. Halbert. *Berlin-Steglitz: H. Priebe & Co. 1904.* (142 S.) 8° [F.]

Das Rätsel: Jude. Der Roman eines modernen Juden von A. Halbert. 2. Aufl. *Berlin Steglitz: H. Priebe & Co. 1904.* (142 S.) 8° [F.]

— Heinrich v. Kleist. Eine psycholog. Würdigung des Dichters. Vortrag, geh. im Bund für Menschenrechte. (22 S.) 8. Berlin-Steglitz 904. Deutsch-Eylau. H. Priebe & Co. n. — 60

— s.: Kritik der Kritik.

Halbert, A. (Abraham Halberthal), Lebensfieber. Der Roman e. Dichters u. e. Schauspielerin. (211 S.) kl. 8. München 909. G. Müller. 3.—; geb. 4. —

— der Mann u. das Weib. Novellen u. Skizzen. (VII, 160 S.) 8. Berlin-Steglitz 904. Dt. Eylau, H. Priebe & Co. n. 2. —; geb. n. 3. —

A. Halbert. Zionstöchter. Frauenstudien. *Berlin, Steglitz. Leipzig: H. Priebe & Co. 1904.* (94 S.) 8° [F.]

Halberthal, Awrum [wirkl. Name]
s. Halbert, A. [Pseud.]

[Halbertsma, J. H. u. E.] *Der Lappenkorb* von Gabe Schneider aus Westfrisland, mit Zuthaten aus Nord-Frisland. Bearbeitet und herausgegeben von K. J. Clement. Mit einem illuminirten Titelbilde: ein Mädchen in alter Brauttracht auf Sylt vorstellend und vier Abbildungen. Leipzig, W. Engelmann [1846]. VI, 347 S. 1 Bl. 8°. Hübscher Pappbd. Illustr. farb. Or.-Vorderdeckel u. Rücken aufgezogen. 36.—
Nicht bei R., Rüm.KB. usw. Seltene erste hochdeutsche Ausgabe dieses wichtigen fries. Volksbuches; der Schneider Gabe Pibes ist eine Art friesischer Eulenspiegel. Das handkolor. Frontispiz und die vier komischen lithogr. Tafeln sind von C. Reinhardt gezeichnet. — Schönes Ex.

Halbertsma, Justus, lexicon Frisicum. A—Feer. Post auctoris mortem ed. et indices adjectit Tiallingius Halbertsma. gr. 8. (XI, 1044 S. m. 1 Stahlst.) Haag 874. Nijhoff. geb. n. 14. —

Lexicon Frisicum. A — Feer. Composuit Justus Halbertsma. Post auctoris mortem edidit et indices adjecit Tiallingius Halbertsma Hagae Comitis. 1876. 8°.

Halbertsma, P., Specimen lit. de magist. probatione apud Athenienses. Diss. 1891 54 S.

Halbertsma, T., über die Aetiologie der Eclampsia puerperalis, s.: Sammlung klinischer Vorträge.

Halbertsma, T, Emil Baehrens, geb 24./9. 1848, gest. 26./9. 1888. S.-A. 1890. 40 S

Halbertsma, T., Spec. lit. I. partem prosographiae Aristophaneae. Diss. 185. 128 S. 2–

Halbertsma, Tiallingius

Halbertsmae, Tjallingi, adversaria critica. E schedis defuncti selegit, disposuit, edidit Henr. van Herwerden. Accedit epimetrum de codicibus bibliothecarum exterarum, quos descripsit aut adhibuit Halbertsma. Lex.-8. (XXXVII, 175 S. m. Bildn.) Leiden 896. Buchhandlg. u. Buchdr. vorm. E. J. Brill. n.n. 5. —

Halbertsma, Tialingius, Lectiones Lysiacae. Utrecht 868. Kemink & Sohn. gr. 8. (VIII, 76 S.) n. 18 ngr.

Halbey, Kurt Albrecht, approb. Arzt aus Bendorf (Rh.): Aus d. med. Klinik zu Kiel. Das Vorkommen von Stauungsneuritis bei Hirnblutungen. *Kiel 1902: Schmidt & Klaunig.* (25 S.) 8°
Kiel, Med. Diss. v. 15. Apr. 1902

Halbey, Oscar: Über das Olibanum. Bern 1898. 69 S. und 1 Tab. 8°.
Bern. Phil. Diss. 1898/99.

Halbey, Th., d. Gemeindeverfassungs- u. Verwaltungsrecht d. sieben östl. Provinzen Preußens. 1. Bd. gr. 8. (V, 763 S.) Berlin 896. C. Heymann's Verl. n. 16. —

Halbey, Th. Die preußische Landgemeindeordnung f. die 7 östlichen Provinzen der Monarchie vom 3. Juli 1891. Erläutert. gr. 8. (V, 278 S.) Berl. 892, C. Heymann. geb. in Leinw. * 6 —
Aus: M. v. Brauchitsch, preuß. Verwaltungsgesetze, 3. Bd., besonders abgedruckt.

Halbfas, Robert [cand. med. aus Olpe (Westf.)]: Ein Fall von Blasenstein, bedingt durch ein in der Blase befindliches Stück Gummischlauch ... Erlangen, Druck v. A. Vollrath's k. b. Hofbuchdr., 1892; 20 S. 8.
Erlangen, Med. Fak., Inaug.-Diss. v. 1892

Halbfass, Wilh., Beiträge zur Kenntnis d. Pommerschen Seen, s. a. Petermann's, A., Mitteilungen aus Justus Perthes' geograph. Anstalt. 136. Erg.-Hft.

Beiträge zur Kenntnis der Pommerschen Seen. Von Dr. Wilhelm Halbfass. Mit 6 Karten u. 1 Profiltaf. *Gotha: J. Perthes 1901.* (VI, 131 S.) 4°(8°)
— Mitteilungen, Petermanns, aus J. Perthes' Geogr. Anstalt. Erg.H. 136.

Halbfass, Wilh., die Berichte des Platon u. Aristoteles über Protagoras, m. besonderer Berücksichtigung seiner Erkenntnisstheorie kritisch untersucht. [Aus: „Jahrbb. f. class. Philol. 13. Suppl.-Bd."] gr. 8. (59 S.) Leipzig 882. Teubner. n. 1. 80

Halbfass, Wilhelm Gustav Theodor Fechner als Naturphilosoph I. Ein Beitrag zur Geschichte des Positivismus. 4 (S. 13—46).
Progr. G. Neuhaldensleben 1887 (228).

Halbfass, Wilh., Frankfurt a. A. — Passau, s.: Rechts u. links der Eisenbahn 23/24. Hft.

Halbfass, Wilh., s.: Führer durch d. bayer. Hochland.

Halbfass, Wilhelm, Dr.: Ein Kapitel aus der modernen Seenforschung (Umschlagt.: Seeenforschung). *Neuhaldensleben 1900: C. A. Eyraud.* (S. 3—15.) 4°
Neuhaldensleben, G, P 1900 (259)

Halbfass, Wilhelm: Ein Kapitel aus der modernen Seenforschung. (Wissensch. Beilage zum 25. Jahresbericht des Gymnasiums zu Neuhaldensleben.) Neuhaldensleben 1900. 15 S. 8°.

Halbfass, Wilhelm [Dr.]: Morphometrie des Genfersees. M. 1 Figurentaf. u. 3 Tab. [Erschien vollst. in: Zeitschr. d. Ges. f. Erdk. zu Berlin, Bd 32.] Neuhaldensleben, Druck v. C. A. Eyraud, 1897; 45—71 S., 1 Taf. 8.
Neuhaldensleben, G, Festschr. 1897

Halbfass, W[ilhelm], Prof. Dr.: Klimatologische Probleme im Lichte moderner Seenforschung. Neuhaldensleben 1907: E. Pflanz. (21 S.) 4°
Neuhaldensleben, G OP 1907 (301)

Halbfass, W[ilhelm]: Klimatologische Probleme im Lichte moderner Seenforschung. T. 2. Mit 4 Taf. Neuhaldensleben 1908: Eyraud. S. 1—26. 4° ¶ [Forts. d. P-Beil. 1907.]
Neuhaldensleben, G P 1908 (318) [S 08. 159

Halbfass (W.), Der Mohriner See in der Neumark. 4°
Aus: Globus 1910, Bd 98, No 16.

Halbfass, Wilh., üb. ein. Seen im Stromgebiet der Elbe. [Aus: „Archiv d. Ver. d. Freunde d. Naturgesch. in Meckl.“] gr. 8. (7 S. m. 1 Taf.) Güstrow 896. (Opitz & Co.) n. — 30

Halbfass, Wilhelm: Stehende Seespiegelschwankungen (Seiches) im Madüsee in Pommern. ([S-A] Zeitschrift für Gewässerkunde. Bd. 5. Heft 1. S. 15--38.) Leipzig 1902. 24 S., 3 Tf. 8°.

— Strassburg—Stuttgart—München, s.: Rechts u. links der Eisenbahn. 21/22. Hft.

Halbfass, Wilhelm. Die Verkehrsgeschichte eines Binnensees. ([Besprechung des Werkes von] Friedrich Pernwerth v[on] Bärnstein [über] die Dampfschiffahrt auf dem Bodensee, Erschienen 1905 und 1906.) [Mit 1 Ansicht.] 8.
In: Deutsche Rundschau für Geographie und Statistik. ... hrg. von Professor Dr. Friedrich Umlauft, Wien. Jahrg. 29. Heft 8. Mai 1907. (Wien, A. Hartleben.) S. 337—347.

Halbfaß, Wilh[elm], Prof. Dr.: Eine Wanderung durch die deutschen Sprachinseln in Piemont. *Neuhaldensleben 1903: E. Pflanz.* (S. 1—24.) 4°
Neuhaldensleben, G, P 1903 (285)

Ueber die Halbfräulein, Kammerjungfern, Stadtstutzer u. dergl. in Wien. Ebd. 1781. 8°. (In Wien, Bibl. des Finanzministeriums.)
l. c. no. 5023. — Ra.l

Halbgebauer, Heinr., Geometrie u. geometrisches Zeichnen für Knaben-Bürgerschulen, s.: Močnik, Frz. Ritter v.

– Rechenbuch für ...Bürgerschulen, s. Močnik, Frz. v.

Halbgebauer, d. Unterricht im Freihandzeichnen an Bürgerschulen. gr. 8. (34 S.) Wien 900. A. Pichler's Wwe. & Sohn. n. — 50

— dasselbe an Volksschulen. gr. 8. (24 S.) Ebd. 902. n. — 50
2 Sonderabdrucke aus: „Österr. Schulbote“.

Halbheit u. Consequenz. Zwei Worte an die Deutschkatholiken. gr. 8. (16 S.) Mannheim 847, Hoff. 3 ngr

Halbheit und Consequenz. Zwei Worte an die Deutschkatholiken. gr. 8. (16 S.) Mannheim 848, Hoff.

Halbjahr-Beyträge. d. Commissionsrathes Riem ... se Neue Sammlung vermischter ökonom. Schriften.

(Halb Jahrhundert): Jahrgang I, no. 1, Oct. 16, 1907 - ?
Sub-title: Zeitung für die Kolonie Zone. This is a special, small paper for this colony and its problems. Edited by an unnamed number of editors: „Redakteure Verschiedene.“ Twice monthly. Title simply the number 100, with a line drawn through it.
Agudo

Zweiter Halbjahrs-Bericht über den Bestand und das Wirken des Kunst-Vereins in München. 1824 und 1826. München. 4°.

Johann HALBICH Herakles und die Amazonen
Phil. Diss., Prag 1893/94

Halbig, Adolf

Halbig, A., s.: Armen-Seelen-Freund, der.

Halbig, Adf., hie Glaube! Hie Wissen! Ein Beitrag zur Aufklärg. (VIII, 186 S.) 8. Dresden 910. E. Pierson. 2.50

— s.: Marienblüten.

Halbinsel [Sachliches OW]

Californische Halbinsel. 3,500,000. G. M. 1868.

Halbinsel [Schlagwort]

Piraeneischen Halbinsel — Charte der — oder der Königreiche Spanien und Portugal. Nach dem Entwurf und der Angabe des Herrn Joseph Marx Freyherrn von Liechtenstern gezeichnet von Louis Anton Schmidt von Brandenstein, gestochen von Jos. Schütz. Wien. 1897. 1 : 3,500 000. 1 Bl.

Halbkart, Karl Wlh., Feierstunden. (Samml. f. Gedichte.) 8. Bresl. 815. (J. F. Korn). 1 ß

Halbkart, K. W. De necessitate hodiernam Graecorum pronunciationem in scholas reducendi. 2 S. . . . . . .
Progr. Schweidnitz 1830

Halbkart, C. W., Observationes ad locum Plutarchi Pericl. XXVIII. et Livii XXX, 44. Pr. 1825. 4 S. 4°. —.75

Car. Guil. Halbkart psychologia Homerica, sive de Homerica circa animam vel cognitione vel opinione commentatio. Züllichau 1796. 8.

— psychologia homerica. 8. Züllichau 797. Frommann in Jena. 10 gl.

— Tentamina criseos in difficilioribus quibusdam auct. veter. et Graecor. et Latinorum. 8. Bresl. (812). Holäufer. Max u. C. 815. 10 gl. Hbg. Pr. 4 gl.

Halbkart, C. G., Tentamina criseos in difficilioribus quibusdam auct. veter. et graecor. et latinorum. 8. Bresl. Holäufer. 813.

— s. Xenophons Anabasis.

Die Oestliche Halbkugel nach den zuverläſsigsten und neuesten Nachrichten, besonders aber nach der zweiten Ausgabe von Arrowsmiths Weltkarte und dessen Globular Projection den Gatterer'schen Angaben gemäſs. Die Westliche Halbkugel etc. etc.
Nürnberg bey A. Gottl. Schneider und Weigel. 1797.
2 Bl.

Halbkugel, östl. u. westliche, s.a. Erdkarten. — Generalkarten. Flemming.

Halbkugel, östliche u. westliche, s.a. Erdkarten. — Schulwandkarten.

Halbkugel, östliche und westliche der Erde. Fol. (1 Bl) Wien. Preis 12 kr. C M.
Verlag der Schulbücher-Verschluß-Administration 1855.

Halblatein (Semilatin). Ein neues „Weltsprache"-Projekt. Der humanistisch gebildeten Welt zu wohlwoll. Studium u. gewissenhafter Prüfg. gewidmet v. Austriacus. (35 S.) gr. 8. Wien 910. A. Opitz Nachf. 1. —

Halbmeyer, F. G., leichtfaßliche Anleitung zur Schnellschreibekunst vermittelst einfacher Zeichen, womit ganze Silben und einzelne Buchstaben dargestellt werden. Zum Selbst-Studium. 4. Aufl. 8. (8 lithogr. S.) Bern 859, (Heuberger's Buchh.) *

—— dass. — s.a. Anleitung.

Halbmonats-Blätter des Goethebunds in Augsburg. Hrsg. vom Goethebund. Red.: H. Sand. Jahrg. 1901. 24 Nrn. gr. 8. (à ca. 8 S.) Augsburg, (M. Rieger). 8. —
Fortsetzung s.: Monats-Blätter.

(F) **Agrarische Halbmonatshefte.** 1. Jahrg. 1907. Gr.-8°. Erscheint in 24 Nrn. komml. K 12.—
Budweis: Verlagsanstalt „Moldavia" 1907.

Halbmonatshefte, agrarische. Blätter f. die Vertretg. der polit. Interessen der österreich. Landwirtschaft. Hrsg., Hauptschriftleiter u. Red.: Frhr. Frdr. Karl Rokitansky. 3. Jahrg. 1909. 24 Hefte. (à ca. 24 S.) gr. 8. Schloß Laubegg, Post St. Georgen a. d. Stiefing (Steiermark), Geschäftsstelle. Postfrei nn 6. 70

Berliner zahnärztliche **Halbmonatsschrift.** Organ f. d. wissenschaftl. u. sozialen Interessen d. Zahnarztes. Hrsg. von d. Berliner Verband zahnärztl. Vereine. Jg. 1, No 1. Red.: Dr. J[ulius] Misch, Berlin, [&] Zahnarzt [Bruno] Bernstein, Cöpenick-Berlin. Berlin: Vogel & Kreienbrink 1907. 4° [07. 285]

Halbmonatsschrift, Berliner zahnärztliche. Organ f. die wissenschaftl. u. sozialen Interessen des Zahnarztes. Hrsg. v. dem Berliner Verband zahnärztl. Vereine. Red.-Kommission: Bernstein, Bernh. Landsberg, Jul. Misch, Müller-Stade, Max Schreiber. Red. f. den wissenschaftl. Tl.: I. V. Jul. Misch, f. den sozialpolit. Tl.: Bernstein. 3. Jahrg. 1909. 24 Nrn. (à ca. 16 S.) Lex. 8. Berlin, G. Ehrke. 4. —
Fortsetzg., s.: Zeitschrift f. Zahnheilkunde.

Halbmonatsschrift f. Haut- u. Harnkrankheiten. Red. v. Rich. Leo Grünfeld. 1. u. 2. Jahrg. 1904 u. 1905 à 24 Nrn. (à ca. 8 S.) gr. 8. Wien, Zittor. à Jhrg. n.n. 8. —
Erscheint nicht mehr.

Halb-Monatsschrift d. bayer. Verkehrs-Beamten-Vereins, s. Verkehrsblätter, bayerische.

Halboth, Wilhelm [Gymnasialassist.]: **Anwendung der Tangential- und Schmiegungs-Bewegung auf einige Bewegungen des Punktes.** Augsburg, Druck d. Literar. Inst. v. Haas & Grabherr, 1893; 33 S. 8.
Augsburg, k. RG., P. 1893.

Halbreiter, die neuen Bäder Rosenheim's in Oberbayern, ihrem Zwecke und ihren Wirkungen gemäss dargestellt. gr. 8. (IV und 39 S. mit 1 Stnt.) München 847, (Finsterlin.) *

Halbreiter, Badearzt rc. Dr., die Mineral-Soolbad-Anstalt zu Rosenheim in Oberbayern. gr. 12. München 838. (Fleischmann.) n. 1/6 Thlr.

Halbreiter, Dr., ..., balneologische Notizen über Bad Rosenheim in Oberbayern. gr. 8. München 846, Finsterlin. n. 8 ngr.

Halbreiter, Marie. Johannes-Liebe. Ein dramat. Gedicht. 2. Aufl. 8. (110 S.) Münch. 890, Literar. Institut v. Huttler. * 1 —

HALPREITER, Michael (München): Ophthalmiatrix praecipue ad ceterum corporis organismum spectans.- Monachii: Roesl 1836. 16 S.
26.5.1834 - Urk: F 61 Diss. Ingolst.-Landsh.-Mchn.

Halbreiter, Ulr.

§ **HALBREITER,** U., Sammlung auserlesener Gebirgslieder hrsg. u. S. H. Herzog Maximilian in Bayern gewiedmet. (Text u. Melod.) 3 Hfte. München 1839. 4°. Rar! (25 Mk. Süddeutsches Antiqu., München, 1911.)

Halbreiter, Ulr., Sammlung auserlesenen Gebirgslieder mit Randzeichnungen und Singstimme. 3 Hefte, à 12 Bl. Fol. München 840. Bergmann u. Roller. (à Heft 1 Thlr.) 3 Thlr.

Halbreiter, Ulr., Sammlung auserlesener Gebirgslieder. 3 Hfte. à 12 Bl. mit Randzeichn. 4. Münch. 846, Roller. 3 Thlr.

Halbritter, Otto, neue Entwürfe zu Blumen-, Teppich-Beeten u. Staudenanlagen, s.: Levy, E.

Halbrock, Franz [appr. Arzt]: Der Hals als Angriffspunkt grosserer Kraft bei geburtshulflichen Operationen. Ein Beitrag zur Methodik des Veit'schen Handgriffes . . . . Marburg, *Druck v. W. Crüwell Dortmund,* 1886; 15 S. 8°.
Marburg, Med. Fak., Inaug.-Diss. v. 7. Apr. 1886.

Halbrock, Franz, der Hals als Angriffspunkt grösserer Kraft bei geburtshülflichen Operationen. Ein Beitrag zur Methodik des Veit'schen Handgriffes. Diss. Marburg 1886, N. G. Elwertsche Univ.-Buchh. 8°. 15 S.

Halbrock, Theodor, Referendar zu Bielefeld: Einheitlichkeit des Reichsheeres und Kontingentsverfassung. Borna-Leipzig 1904: R. Noske. (52 S.) 8° [F.]
Leipzig, Jur. Fak., Diss. v. 7. Dez. 1904
[Geb. 14. Okt. 81 Bielefeld; Wohnort: Bielefeld; Staatsangeh.: Preußen; Vorbildung: Gymn. Bielefeld Reife Juli 00; Studium: Genf 1, Heidelberg 1, Berlin 2, Münster 3 S.; Rig. 22. Dez. 03.]

Halcat, Recherches chimiques etc. 8. Strasb. König.

Halchter [Schlagwort]

Halchter, s.: Braunschweig. Landeskarte.

Halcke, Paul

HALKE'S, PAUL, Aufgaben, neu bearb. und herausgeg. für Freunde der Mathematik von J. SIEVERS. 1. Th. Die Aufgaben. Itzehoe. 1836. (M. 5 Tabeller). (Mere udkom ikke).

Celiciae matematicae oder mathematisches Sinnen-Confect, bestehend in fünffhundert vier und siebentzig auserlesenen, zum Theil gar kunstreichen Algebrai-Geometri-und astronomischen Aufgaben... Von Paul Halcken [Balcke]. Hamburg 1719: Sauer. 382 S. 8°

Paul Halken's deliciae mathematicae oder mathematisches Sinnen-Confect, bestehend in 574 kunstreichen algebr. geom. und astronomischen Aufgaben, mit vielen künstlichen Solutionen und Regeln, und insonderheit einer curieusen Erfindung der Logarithmorum von der quadratura circuli gezieret. Hamb. bey Schiller und Kissner. 8. (12 gr.) 1719.

Hald, Frz., ächt kathol. Auslegung d. Fasten-Evangelien. 8. Wien, Al. Doll. 790.

Hald, Frz., († d. 31. Dec. 1793.) ächt kathol. Auslegung d. an jedem Tage der heil. Fastenzeit vorkomm. Evangelien. 8. Wien 790. Al. Doll. 1 ₰

— s. Charwochenbuch.

— d. fromme Christ in d. Adventzeit. 8. Ebend. 795.

— der fromme Christ vor d. Altarsakrament. 8. Wien 792. (Al. Doll). 4 gr

— der fromme Christ in d. Zubereitung zur Ankunft Christi, durch erbaul. Betracht. auf jeden Tag d. heil. Adventzeit. 8. Wien... N. Aufl. 796. Al. Doll. 8 gr

— Fastenpredigten. 2 Thle. gr. 8. Augsb. 785. Doll. (Landsb., Krüll). 18 gr

Hald, Fr., neues Charwochenbuch, oder Gebete und Ceremonien, wie sie in der ganzen heil. Charwoche, nach dem Ritus der römisch-kathol. Kirche abgehalten werden. Neue Aufl. 8. (Wien, Wimmer in C.) 821.

— d. betracht. Leiden Jesu in d. heil. Fastenzeit; aus d. Werken d. P. Ldw. Bourdalue. 8. Wien... N. Aufl. 797. Al. Doll. 8 gr

— christkathol. Lese- u. Gebetbuch f. alle Stände. 8. Wien 796. Al. Doll. 12 gr

— Lob- u. Sittenreden an Gedächtnißtagen d. Heiligen. gr. 8. Augsb. 786. Doll. (Landsb., Krüll). 12 gr

— Predigten auf einige Festtage d. Jahres. gr. 8. Augsb. 785. Doll. (Landsb., Krüll). 9 gr

Hald, Franz, Über die Wunder u. Reliquien der Heiligen. Augsburg 1784. 8°.

Hald, P. T., Historia ecclesiast. synoptice enarrata. Pars I. Historia VI. prior. seculor. compl. 4 maj. (7 B.) Hauniae 830, Gyldendal.

— id. Pars II. — E. s. t.: Histor. ecclesiast. medii aevi synoptice enarrata. P. I. Historiam annor. 604—858 compl. 4 maj. (19¾ B.) Hauniae 832, (Schubothe.)

Haldane, Rob., Auslegung d. Briefes an die Römer, mit Bemerkn. üb. d. Commentare Macknigth's, Mos. Stuart's u. Tholuck's. A. d. Engl. 1. u. 2. Bd. 16. Hamburg 839, (Leipzig, Barth.) *
Bd. 1. Capit. I—V. (28 B.) * 20 Gr.
„ 2. „ IV—X. (32½ B.) * 1 Thlr.

Haldane, Rob., Auslegung des Briefes an die Römer, mit Bemerkungen üb. die Commentare Macknigth's, Mos. Stuart's u. Tholuck's. A. d. Engl. 3. Bd. Capitel XI—XVI. 8. (21½ B.) Hamburg 843. (Leipzig, Barth.) *
1. u. 2. Bd. Ebendas. 1839. * 1 Thlr. 25 Ngr.

— Beweis für die Echtheit u. wörtliche Eingebung der heiligen Schrift alten und neuen Testaments, mit einer Untersuchung über d. Werth der Apokryphen. Nach der 4n erweiterten Aufl. des Originals aus d. Engl. übersetzt. 8. Stuttgart 840. J. F. Steinkopf. ½ ₰

— the Books of the old and new Testaments proved to the canonical, and their verbal inspiration maintained and established; with an account of the introduction and character of the Apocrypha. IV. edit., enlarged. 8. Edinburgh 832. (Leipzig, Barth.) n. 1⅓ ₰

Haldane, Rob., die Heiligung des Sonntags. 8. (47 S.) Leipzig 850, Gebhardt & Reisland. n. 4 ngr

Haldane, Rob., die Wahrheit und Auctorität der göttlichen Offenbarung. Aus dem Engl. übers. 2 Thle. 2. Ausg. Hamburg 864. Oncken. gr. 8. (XI, 605 S.) 1 ₰ 20 ngr

HALDAT DU LYS, C. N. A.
Chymische Untersuchungen über die Tinte. Strassburg, 1803. 8vo.

Haldat, C. N. A., chym. Untersuchungen üb. die Dinte, über ihre Vertilgbarkeit, d. Ursachen derselben u. die Mittel, ihr vorzubeugen. 8. Straßb. 803. König. 4 gr

Halde, s. a. *Dukalde.*

Halde, Georg von der (Pseud.), s.a. P o s t e l , Georg

Halde, Geo. v. der, d. Bergmann v. Falun. Eine Bergmannsmär. gr. 8. (146 S. m. Abbildgn.) Kiel 902. Lipsius & Tischer. n. 3. 50

— aus dem Tornister. Launige Erinnergn. gr. 8. (76 S.) Ebd. (902). n. 1. 50

Halde, J. Bapt. du, Beschr. d. chines. Reichs u. d. gr. Tartarey. a. d. Franz. 4 Bde m. K. 4. Rostock, Stiller. 747—750. Rthlr.

— — Zusätze dazu. 4. Wien, Doll. 756.

Haldemann, Christian. Topographische, statistische und ökonomische Beschreibung der Gemeinde Eggiwyl, welche im Jahre 1827 der Tit. ökonomischen Gesellschaft des Cantons Bern von ihrem Mitglied Ch' H' von Horben eingegeben ward. ([Mit Zusätzen,] Schlusswort der Herausgeber: F[riedrich] Kocher, Pfarrer, *etc.*, [illustr. Umschlag, 1 Vignette, 13 Ansichts-Tafeln und 1 Karte].) 130 S. 8. Langnau, Wyss & Cie., 1903.

Halden, Arnold, an der, s. Arnold.

Halden, d. Familie v., 2 Thle., s. Familiengeschichten v. A. Lafontaine 1r 2r.

Halden, die Familie von, von A. Lafontaine, 2 Thle, mit Kupf. gr. 8. Berlin, 797. Voß. Schreibpap. 2 Rthl. 8 sgl.
Dasselbe Buch, 8. Schreibp. 3 Rthl 10 sgl.
Auch unter dem Titel:
Lafontaine, A. Familiengeschichten, 2 Theile.

Halden, Elisab. (Agnes Breitmann), in der Christnacht, s.: Goldkörner.

Halden, Elisab. (Agnes Breitzmann), im Doktorhause. Eine Erzählung f. Kinder. Mit 4 Farbdr.-Bildern nach Aquarellen v. Fritz Bergen. gr. 8. (242 S.) Stuttgart (902). Levy & Müller. Geb. in Leinw. n. 4.—

Halden, E s. Familienbibliothek, Schweizer. Nr. 52.

— Feriengeschichten. 20 Erzählungen f. Knaben u. Mädchen. Mit 8 doppelfarb. Vollbildern. (IV, 252 S.) 8. Stuttgart (906). Levy & Müller. Geb. in Leinw. n. 4.—

Halden, Elisab. (Agnes Breitzmann), eine edle Frau. Kulturgeschichtliche Erzählg. für junge Mädchen. Mit 3 Voll- u. 21 Textbildern nach Orig.-Zeichnungen v. W. Claudius. 8. (V, 335 S.) Stuttgart (900). Loewe. Geb. in Damast 5. 50

— der Kinder Freud u. Leid. Kleine Geschichten f. Knaben u. Mädchen. Mit 4 Vollbildern nach Originalen v. Fritz Bergen. (160 S.) 8. Ebd. (903). Geb. in Leinw. n. 2. 50

— Gertrud. (3. Aufl. v. „Reseda".) Erzählg. f. junge Mädchen. M. 1 Heliograv. nach e. Aquarell v. Hans Looschen. 4. bis 6. Taus. gr. 8. (III, 204 S.) Ebd. 897. Geb. in Leinw. n. 4.—

— lustige Geschichten. Den Kindern erzählt. Mit 8 Vollbildern nach Originalen v. Fritz Bergen. (321 S.) gr. 8. Ebd. (903). Geb. in Leinw. n. 4.—

HALDEN, ELIS. *Lustige Geschichten.* 4. Aufl. Stuttgart, Levy & Müller, c. 1908. M. 8 Taf. 8°. Etwas benützter Orlwd. 8.—

— das wahre Glück. Erzählung f. junge Mädchen. Mit e. Heliogravüre nach e. Aquarell v. Marie Stüler. gr. 8. (III, 272 S) Ebd. 894. Geb. in Leinw. n. 3.—

— das wahre Glück. Erzählg. f. junge Mädchen. M. e. Heliograv. nach e. Aquarell v. Marie Stüler. 2. Aufl. (4. bis 6. Taus.) gr. 8. (III, 272 S.) Ebd. 898. Geb. in Leinw. n. 4.—

— In Heimat u. Fremde. Erzählg. f. junge Mädchen. M. 1 Heliograv. n. e. Aquarell v. Rudi Rother. gr. 8. (V, 260 S.) Ebd. 897. Geb. in Leinw. n. 4.—

— vor 500 Jahren. Ein Lebensbild. Mit 1 Titelbild in Kpfer.-Lichtdr. v. M. Raenike. gr. 8. (III, 290 S) Ebd. (900). Geb. in Leinw. n. 4.—

— in Treue bewährt. Erzählg. f. junge Mädchen. Mit 4 Tonbild. v. W. Claudius. 8. (III, 128 S.) Stuttgart 897. F. Loewe. Geb. in Leinw. n. 2.—

— in Treue bewährt. Erzählung f. junge Mädchen. Mit 4 Tonbildern v. W. Claudius. 2. Aufl. 8. (III, 128 S.) Stuttgart (901). Loewe. Geb. in Leinw. n. 2.—

— in Treue bewährt. Erzählung f. junge Mädchen. Mit 4 Tonbildern v. W. Claudius. 3. Aufl. (III, 128 S.) 8. Stuttgart (905). Loewe. Geb. 2.—

— In Treue bewährt. Erzählung f. junge Mädchen. Mit 4 Tonbildern v. W. Claudius. 4. Aufl. (III, 128 S.) kl. 8. Stuttgart (909). Loewe. Geb. in Leinw. 2.—

— f. die Jugend s.: Trewendt's Jugendbibliothek.

— aus goldener Jugendzeit. Kleine Geschichten f. Kinder. Mit 4 Vollbildern nach Originalen v. Fritz Bergen. (160 S.) gr. 8. Ebd. (903). Geb. in Leinw. n. 2. 50

— im Kampf um die Krone. Historische Erzählg. Mit 4 bunten Bildern v. Ant. Hoffmann. 8. (206 S.) Nürnberg (902). Th. Stroefer. Geb. in Leinw. 3.—

— Kindergeschichten. 10 Erzählgn. f. die junge Welt. Mit 5 Autotyp. nach Originalen v. G. Schöbel. gr. 8. (III, 208 S.) Berlin (899). H. J. Meidinger. Geb. in Leinw. n. 3.—

— Kindergeschichten. 10 Erzählgn. f. die junge Welt. Mit 5 Autotyp. nach Originalen v. G. Schöbel. (III, 208 S.) 8. Berlin (908). Meidinger's Jugendschriften-Verlag. Geb. in Leinw. 2. 25

— Klippen, s.: Enslin's Roman- & Novellenschatz. 85. Bd

— Evas Lehrjahre. Erzählung f. junge Mädchen. gr 8. (III, 221 S. m. 1 Photograv.) Berlin 892. H. J. Meidinger. Geb. in Leinw. n. 3.—

Halden, Elis. (Agnes Breitzmann), Evas Lehrjahre. Erzählg. f. junge Mädchen. 2. Aufl. 4. bis 6. Taus. gr. 8. (V, 221 S. m. 1 Photograv.) Berlin 895. H. J. Meidinger. Geb. in Leinw. n. 3.—; erh. Pr. n. 4.—

— Königin Luise. Mit Titelbild in Heliogr. nach e. Original v. G. Schöbel. gr. 8. (V, 262 S.) Ebd. (899). Geb. in Leinw. n. 4.—

— Königin Luise. Mit Titelbild in Lichtdr. 2. Aufl. (V, 262 S.) gr. 8. Berlin (903). Meidinger's Jugendschriften-Verlag. Geb. in Leinw. n. 4.—; erm. Pr. 3.—

— Königin Luise. 4. Aufl. (VII, 282 S. m. Titelbild.) 8. Ebd. (910). Geb. in Leinw. 3.—

HALDEN. *Mädchengeschichten.* Erzählungen für die liebe Jugend. Stuttgart, Effenberger [c. 1890]. 8°. 2 Bll. 160 SS. u. 4 farb. Taf. Orlwd. 8.—

— Mädchengeschichten. Erzählgn. f. d. liebe Jugend. M. 4 Farbdr.-Bildern v. W. Claudius. 2. Aufl. gr. 8 (III, 160 S.) Stuttgart 897. F. Loewe. Geb. in Leinw. 3.—

— Mädchengeschichten. Erzählungen f. d. liebe Jugend. Mit 4 Farbdr.-Bildern v. W. Claudius. 3. Aufl. gr. 8. (III, 160 S.) Stuttgart (900). Loewe. Geb. in Leinw. 3.—

— Mädchengeschichten. Erzählungen f. d. liebe Jugend. Mit 4 Farbdr.-Bildern v. W. Claudius. 4. Aufl. (III, 160 S.) 8. Stuttgart (904). Loewe. Geb. in Leinw. 3.—

— Mädchengeschichten. Erzählungen f. die liebe Jugend. Mit 4 Farbdr.-Bildern v. W. Claudius. 5. Aufl. (III, 160 S.) 8. Stuttgart (907). Loewe. Geb. in Leinw. 3.—

— Neue Mädchengeschichten. Erzählgn. f. d. liebe Jugend. M. 4 Farbdr.-Bildern v. M. Flashar. gr. 8. (IV, 191 S.) Ebd. 898. Geb. in Leinw. 3.—

— neue Mädchengeschichten. Erzählungen f. die liebe Jugend. Mit 4 Farbdr.-Bildern v. W. Flashar. 2. Aufl. gr. 8. (IV, 191 S.) Ebd. (900). Geb. in Leinw. 3.—

— neue Mädchengeschichten. Erzählungen f. die liebe Jugend. Mit 4 Farbdr.-Bildern v. W. Flashar. 3. Aufl. (IV, 191 S.) 8. Ebd. (904). Geb. in Leinw. 3.—

Halden, Elisab. (Agnes Breitzmann), neue Mädchengeschichten. Erzählungen f. die liebe Jugend. Mit 4 Farbdr.-Bildern v. W. Flashar. 4. Aufl. (IV, 191 S.) 8. Stuttgart (910). Loewe. Geb. in Leinw. 3.—

— Marienkäferchen. Eine Erzählg. f. jüngere Mädchen. 1. u. 2. Aufl. (244 S. m. 4 farb. Vollbildern.) 8. Stuttgart (907. 10). Levy & Müller. Geb. in Leinw. 4.—

Halden, Elisabeth, das Nest. Eine Familiengeschichte f. meine jungen Freundinnen. 8. (III, 249 S.) Halle 883. Abenheim. n. 3.—; geb. n. 3. 60

— das Nest. Erzählg. f. junge Mädchen. M. 1 Heliograv. n. e. Aquarell v. G. Schöbel. 2. Aufl. (3. bis 5. Taus.) gr. 8. (III, 218 S.) Berlin 895. H. J. Meidinger. Geb. in Leinw. 4.—

— etwas Neues. Erzählgn. f. d. Jugend. M. 5 Bild. nach Aquarellen v. G. Schöbel. gr. 8. (III, 162 S.) Ebd. 896. Geb. in Leinw. n 3.—

Halden, Elis., Tante Adelgundens Nichten. Erzählung für die weibl. Jugend. 8. (220 S. mit 1 Farbendr.-Illustr., gezeichnet und lithogr. nach e. Aquarelle von Marie Koch.) Berlin (885), Drewitz Nachf. geb.

Halden, Elis., Tante Adelgundens Nichten. Erzählung f. die Backfischwelt. Mit Farbendr.-Illustr., gezeichnet u. lith. v. O. Woite. 2. Aufl. gr. 8. (III, 220 S.) Leipzig 893. O. Drewitz Nachf. Kart. 4. 50

— an des Lebens Pforte. Erzählg. f. junge Mädchen. M. 1 Heliograv. nach d. Original v. G. Schöbel. gr. 8. (II, 262 S.) Ebd. 896. Geb. in Leinw. n. 3.—; erh. Pr. n. 4 —

— Reseda. Eine Erzählg. f. junge Mädchen. 8. (VI, 270 S.) Erlangen 889. Palm & Enke. n. 2.—; geb. n. 3.—

— dass. — 2. (Titel-)Aufl. 8. (V, 270 S.) Berl. 892. Meidinger. geb. * 3 —

— d. Familie Ritzewitz. (Fortsetzg. v.: „Die Rosen von Hagenow".) Erzählg. f. junge Mädchen. M. Titelbild in Photograv. n. e. Original v. G. Schöbel. gr. 8. (III, 267 S.) Ebd. 898. Geb. in Leinw. n. 4.—

— Die Familie Ritzewitz (Fortsetzung v. „Die Rosen v. Hagenow"). Erzählung f. junge Mädchen. Mit Titelbild in Photograv. nach e. Original v. G. Schöbel. (272 S.) 8. Berlin (910). Meidinger's Jugendschriften-Verlag. Geb. in Leinw. 3.—

— d. Rosen v. Hagenow. Erzählg. f. j. Mädchen Mit 1 Heliograv. n. e. Aquarell v. G. Schöbel. gr. 8. (III, 206 S.) Ebd. 895. Geb. in Leinw. n. 3.—; erh. Pr. n. 4.—

— die Rosen v. Hagenow. Erzählung f. junge Mädchen. Mit Titelbild nach e. Original v. Otto Lagemann. 2., durchges. Aufl. (4.—6. Taus.) (III, 220 S.) gr. 8. Berlin (902). H. J. Meidinger. Geb. in Leinw. n. 4.—

— das Schloß am Meer. Erzählung f. junge Mädchen. Mit 1 Titelbild in Heliograv. nach e. Original v. Marie Stüler. gr. 8. (III, 244 S.) Ebd. 893. Geb. in Leinw. n. 3.—

— das Schloß am Meer. Erzählg. f. j. Mädchen. M. e. Titelbild in Heliograv. n. e. Original v. Marie Stüler. 2. Aufl. (4. bis 6. Taus.) gr. 8. (III, 220 S.) Ebd. 898. Geb. in Leinw. n. 4.—

— Das Schloß am Meer. Erzählung f. junge Mädchen. Mit e. Titelbild in Heliograv. nach e. Original v. Marie Stüler. (III, 220 S.) 8. Berlin (909). Globus Verlag. Geb. in Leinw. 1. 50

Halden, E., in Schnee u. Eis, s.: Trewendt's Jugendbibliothek.

— unser Schwalbenheim. Eine Erzählg. m. 40 eingestreuten Märchen u. Geschichten. (IV, 227 S. m. 8 z. Tl. farb. Vollbildern.) 8. Stuttgart (905) Levy & Müller. Geb. n. 4.—

— die Schwestern. Erzählung f. junge Mädchen. Mit 4 Vollbildern v. Geo. Mühlberg. (207 S.) 8. Nürnberg (903). Th. Stroefer. In Leinw. kart. 3.—

— Die Schwestern. Erzählung f. junge Mädchen. Mit 4 Vollbildern v. Geo. Mühlberg. 2. Aufl. (192 S.) 8. Nürnberg (910). Th. Stroefer. Geb. in Leinw. 3.—

— bunte Steine. Erzählungen u. Märchen f. Kinder v. 7 bis 12 Jahren. 8. (162 S. m. 2 Bildern.) Leipzig 893. E. Wunderlich. Geb. in Leinw. n. 2. 50

— bunte Steine. Erzählungen u. Märchen f. d. Jugend. Mit 6 Farbdr.-Bildern v. W. Claudius. gr. 8. (III, 156 S.) Stuttgart (899). Loewe. Geb. in Leinw. 3.—

— aus den Tagen der Königin Luise. Eine Erzählg. f. die Jugend. 1.—3. Aufl. gr. 8. (222 S. m. farb. Illustr.) Leipzig 893. 894. O. Drewitz Nachf. Kart. 4. 50

— aus den Tagen der Königin Luise. Eine Erzählg. f. die Jugend. 7. Aufl. 8. (302 S. m. Titelbild.) Leipzig (899). O. Drewitz Nachf. Geb. in Leinw. 3.—

— dasselbe. 8. Aufl. 8. (302 S. m. Titelbild.) Ebd. (901). Geb. in Leinw. 5. 50

— die Tochter des Generals. Eine Erzählg. f. junge Mädchen. Mit 4 Vollbildern nach Originalen v. Osk. Herrfurth. 2. Aufl. (V, 278 S.) 8. Stuttgart (904). Levy & Müller. Geb. in Leinw. n. 4. 50

— Goldschmieds Töchterlein. Erzählg. f. junge Mädchen. Mit e. Titelbild in Heliograv. von Max Block. gr. 8. (III, 285 S.) Berlin (901). H. J. Meidinger. Geb. in Leinw. n. 4.—

Halden, Elisab. (Agnes Breitzmann), Goldschmieds Töchterlein. Erzählung f. junge Mädchen. Mit e. Titelbild in Heliograv. v. Max Block. (III, 285 S.) 8. Berlin (909). Globus Verlag. Geb. in Leinw. 1. 50

— Mamsell Ubermut. Erzählung f. junge Mädchen. gr. 8. (III, 270 S. m. 1 Photograv.) Berlin 891. H. J. Meidinger. Geb. in Leinw. n. 3. —

— dasselbe. Mit e. Photograv. nach e. Original v. Ed. Klingebeil. 2. Aufl. gr. 8. (III, 250 S.) Ebd. 892. Geb. in Leinw. n. 3. —

— Mamsell Ubermut. Erzählg. f. junge Mädchen. M. 1 Photograv. n. e. Original v. Ed. Klingebeil. 4. Aufl. (Unveränd. Neudr. d. 3. Aufl.) D. ganzen Reihe 9. bis 12. Tausd. gr. 8. (III, 250 S.) Berlin 897. H. J. Meidinger. Geb. in Leinw. n. 4. —

— Mamsell Uebermut. Erzählung f. junge Mädchen. Mit e. Photograv. nach e. Original v. Ed. Klingebeil. 6. Aufl. 16. u. 17. Tausd. (III, 250 S.) gr. 8. Berlin (903). Meidinger's Jugendschriften-Verlag. Geb. in Leinw. n. 4. —; erm. Pr. 3. —

— Mamsell Ubermut. Erzählung f. junge Mädchen nach e. Original v. Ed. Klingebeil. 8. Aufl. 23/25. Tausd. (III, 250 S.) 8. Berlin (908). Meidinger's Jugendschriften-Verlag. Geb. in Leinw. 3. —

— Mamsell Ubermut als Braut. Paulas Freundinnen erzählt. Mit 4 Vollbildern v. M. Raenike. gr. 8. (267 S.) Berlin 902. H. J. Meidinger. Geb. n. 4. —

— Mamsell Ubermut als Braut. Paulas Freundinnen erzählt. Mit 4 Vollbildern v. M. Raenike. 3. Aufl. (267 S.) 8. Ebd. (909). Geb. in Leinw. 3. —

— Mamsell Ubermut als junge Frau. Erzählung. Titelbild nach Original v. F. Müller-Münster. 4. u. 5. Tausd. (213 S.) 8. Ebd. (908). Geb. in Leinw. 3. —

— Verwaist. Eine Erzählg. f. die Jugend. Mit 8 Vollbildern v. Karl Schmauk. (240 S.) 8. Stuttgart (909). Levy & Müller. Geb. in Leinw. 4. —

Halden, Elis. (Agnes Breitzmann), das Waldfräulein. Erzählg. f. junge Mädchen. Mit 28 Textbild. v. Fritz Bergen. 8. (III, 370 S.) Stuttgart 896. F. Löwe. Geb. in Leinw. 5. —

Halden, E., was Liebe vermag, s.: Trewendt's Jugendbibliothek.

— aus rosiger Zeit. 4 Erzählgn. f. junge Mädchen. Mit 6 Farbdr.-Bildern von Curt Liebich u. W. Hoffmann. gr. 8. (III, 241 S.) Stuttgart (902). Loewe. Geb. in Leinw. 4. —

Ⓢ — Aus rosiger Zeit. 902. (KVL 31.) Ladenpr. aufgeh.

Halden, Franziska, Eifersucht u. Eigenwille. Eine Erzählung. gr. 12. (11 B.) Jena 830, Schmid.

Halden, Ronald, die Bettlerin v. der Marienbrücke od. das Testament der Wahrsagerin. Die tief ergreif. Schicksale einer schuldlos Verstoßenen, v. Allen Verlassenen, nach den eigenen Aufzeichngn. der Gräfin Editha Mettenborn. Sensations-Roman. 100 Hfte. gr. 8. (2398 S. m. je 1 Vollbild.) Berlin 902. A. Weichert. à — 10

Die Bettlerin von der Marienbrücke oder: Das Testament der Wahrsagerin. Die tief ergreifenden Schicksale einer schuldlos Verstoßenen ... nach d. eigenen Aufzeichn. d. Gräfin Editha Mettenborn. Sensations-Roman von Ronald **Halden.** (In 100 H.) Berlin: A. Weichert [1904]. (2398 S.) 8° [F.] [05. 4351

Haldenwang, Frdr., Leitfaden f. die Prüfung der Grundbücher insbesondere f. Pfand-, Güter- u. Kaufbuchsvisitationen. 12. (VIII, 123 S.) Stuttgart 886. Kohlhammer. n. 1. 50

Haldenwang, Friedr. Das Verfahren in Unterpfandssachen. Wegweiser f. württemberg. Gemeinderäte u. Pfandbuchführer. 12. (IV, II, XXII, 224 S.) Cannstatt 889. (Stuttg., Gerschel.) cart. ** 2 40

Haldenwang, J. M., sollen wir den königl. Verfassungsentwurf als wirkl. Verfassung annehmen od. nicht? Stuttg. 818. (Sattler). 3 gr

Haldenwang, K., Ideen aus dem Gebiete der schönen Künste. Mit Kpf. Leipz. 804. Tauchnitz. 3 ℳ 12 gr

Haldenwang, Otto: Ueber echte Schenkelhalsfrakturen im kindlichen und jugendlichen Alter. Tübingen 1908: Laupp. 13 S. 8° ¶(Aus: Beiträge z. klin. Chirurgie. Bd 59, H. 1.)
Tübingen, Med. Diss. v. 8. Jan. 1909, Ref. v. Bruns
[Geb. 20. Okt. 83 Rottweil; Wohnort: Stuttgart; Staatsangeh.: Württemberg; Vorbildung: Gymn. Ulm Reife Juli 02; Studium: Tübingen 5, Berlin 1, München 1, Tübingen 3 S.; Coll. 22. Juli 08; Approb. 31. Dez. 08.] [U 09. 3920

Halder: Kritischer Beitrag zu den griechischen Grammatiken von Kühner und Szepesi. 4 S.– Erlau, Progr. 1856.

Halder. Flugbahnen der Geschoße aus dem Podewils-Gewehr. 1 Taf. Augsburg 1863.

Halder-Cramer, Grundriß der freiwilligen Krankenpflege im Anschluß an den Militär-Sanitätsdienst. Zum Gebrauch f. die freiwill. Sanitätskolonnen zusammengestellt. (80 S. m. 1 Taf.) kl. 8. München (905). Seitz & Schauer. n. — 50

Halder. Hand-Tabellen der kgl. bayer. Artillerie. o. O. u. J. (Vor 1825.) 42 S.

Halder, Arnold, Bergluft. Sonntagsstreifereien eines alten Clubisten. Mit einem Vorwort von Abraham Roth. Bern 869. Dalp 8 (VII, 221 S. mit eingedr. Holzschn.) n. 1 ℳ; Velinpap. in gr. 8. n. 1 ℳ 10 ngr.

Halder, Arnold. Gedichte in Schriftsprache u. Mundart. Kl. in-8⁰, 100 S. St. Gallen, Huber & Cie. (E. Fehr). 1888. 1 80

Halder, Arnold, Gedichte in Schriftsprache u. Mundart. M. e. Charakteristik d. Dichters v. Osk. Fäßler. 2., verm. Aufl. 8. (VII, 110 S) St. Gallen 897. Fehr. n. 1. 50; geb. in Leinw. m. Goldschn. n. 2. 40

Halder, Arnold, Humor u. doch Wohr. St. Galler G'spröödch d' im Aarocke vom Eidgenössische Sängerfest 1886. 8. (12 S.) St. Gallen 886. F. B. Müller. — 30

Halder, A., Interlaken und seine Umgebung. Gestochen von R. Leuzinger. 1 : 13,000. 1. Aufl. 1869, und 2. Aufl. Fol. Bern 874, Dalp'sche Buchh. *

Halder, A. Karte von Interlaken und Umgebung. 1 : 130000. Mit Bewilligung des eidg. topogr. Bureaus neu bearb. von *K. G. Hofer* u. *G. Ch. v. Hoven*. Bern, Schmid, Francke & Co. 1 —
1896. Aufgezogen 2 —

Halder, A. Karte von Interlaken u. seiner Umgebung. gestochen von R. Lenzinger. Massstab: 1 : 13.000. fol. in-8 gefalzt. Bern, Dalp'sche Buchhandlung (K. Schmid.) 1874.

Halder, Arnold, Reimereien in Appenzellischer und St. Gallischer Mundart. 2. Aufl. der „Poetischen Versuche." St. Gallen 854. Huber u. Co. 8. (1 Bl.. 32 S.) 5 ngr

— Reimereien in Appenzellischer u. St. Gallischer Mundart. 3. verm. Aufl. 8. (IV, 64 S.) St. Gallen 884. Huber & Co. n. 1. 20

Halder, A. Die Stiefelchen, oder „Was sich in Interlaken Alles treffen kann". In-8°, 162 S. Bern, J. Dalp. 1884. 2 —

— die Stiefelchen od. was sich in Interlaken Alles treffen kann. gr. 8. (VIII, 162 S.) Bern 884. Schmid, Francke & Co. n. 1. 60

Halder, Arnold, Vergißmeinnicht. Poet. Freundesgabe. 8. (6½ B.) St. Gallen 838, Huber u. Comp.

—— kleine poet. Versuche (in St. Gallener u. Appenzeller Mundart). gr. 8. St. Gallen 836, Huber u. Comp.

Halder, E., zur Pfarrbesoldungs-Frage im Konsistorialbezirk Wiesbaden. Referat für die Kreissynode Nastätten-St. Goarshausen. 1882. 8. (16 S.) Wiesbaden 882. Riedner. n. — 24

Halder, Ferdinand [cand. med. aus Biberach '(Württemb.)']: Ueber spontane Netzhautablösungen ... Strassburg i. E., Buchdr. C. Goeller, 1895; 92 S., 2 Bl. 8.
Strassburg, Med. Fak., Inaug.-Diss. v. 1895

HALDER, Franz Anton: Beobachtungen über die Temperatur der Vegetabilien und einige damit verwandte Gegenstände. - Tübingen 1826. 16 S., 1 Tab. - Diss.

Halder, Jos., († d. 6. April 1850), Ermahnungsreden an Candidaten des kathol. geistlichen Standes, auch an junge Geistliche zur Anfachung u. Erhaltung heil. Eifers im Priesteramte. br. 8. (XX u. 284 S.) Tübingen 848, Laupp. ⅚ ₰

Halder, Jos., Burghauser Geschichten. Säkular-Erinnergn. 2 Tle. (69 u. 70 S.) kl. 8. Burghausen (905). W. Trinkl. à n. 1. —

Halder, Jos., das königlich bayerische auf Rückladung abgeänderte Infanterie-Gewehr. Muster 1858. Würzburg 867. (Stahel'sche Buchh.) qu. 4. (12 Steintaff. u. 18 S. Text in gr. 8.) n. 1 ₰ 14 ngr

Halder, Jos., christliche Kanzel-Vorträge auf alle Sonntage u. Feste des katholischen Kirchenjahres. gr. 8. Tübingen 834. Laupp. 2⅙ ₰

Halder, Jos., christl. Kanzel-Vorträge auf alle Sonntage u. Feste d. Kirchenjahres. 2 Thle. 2., verb. Aufl. gr. 8. (58½ B.) Tübingen 838, Laupp'sche Buchh.

— fünfzig Leichen-Predigten, od. Einiges von den Belehrungen, Ermahnungen und Tröstungen der katholischen Kirche an den Gräbern der Todten. gr. 8. Tübingen 837. Laupp. 1⅙ ₰

Halder, Jos., 52 Leichen-Reden, oder Einiges von den Belehrungen, Ermahnungen u. Tröstungen der kathol. Kirche an den Gräbern. Auch eine Samstags-Postille f. christkathol. Familien. 2. verb. u. verm. Aufl. gr. 8. Tübingen 843, Laupp-sche Buchh. 1⅛ ₰

—— ausgewählter Nachlaß. gr. 8. (XXXVII und 562 S. mit Halder's Portr. in Steindr.) Tübingen 850. Laupp'sche Buchh.

—— neue Predigten auf alle Sonntage u. Feste d. kathol. Kirchenjahres. 2 Thle. gr. 8. (72⅝ B.) Tübingen 841, 42, Laupp'sche Buchh.

— neue Predigten auf alle Sonntage u. Feste des katholischen Kirchenjahres. 2 Thle. 2. neu durchgeseh. Aufl. gr. 8. 1. Thl.: Die heil. Weihnachts- u. Oster-Periode umfassend. (XVI u. 560 S.) 2. Thl.: Die heil. Pfingst-Periode umfassend. (VI u. 541 S.) Ebd. 851, 52. 3 ₰ 4 ngr

Halder, Karl, Adreßbuch f. den Vogel-, Vogelfutter-, Vogelkäfig-, Aquarien- u. Zierfischhandel, sowie verwandte Branchen des In- u. Auslandes, nebst Bezugsquellenregister. 2., vollständig umgearb. Aufl. (64 S.) 8. München 910. B. Höfling. 8. 60

Halder, Karl, u. L. Rothenaicher, Handbuch f. freiwillige Sanitätskolonnen. 2 Tle. 12. München 900. Seitz & Schauer. n. 2. 25; zusammenbezogen n. 2. —
1. Die deutsche Heeresorganisation u. die Organisation der freiwilligen Krankenpflege. Kolonnen-Verzeichnis, Verlesttabellen 2c. Von Karl Halder. (XL, 98 u. 12 S.) Geb. in Leinw. n. 1. 50; 2. vielfach ergänzte u. umgearb. Aufl. (XVI, 147 S.) n. 1. 50
2. Vademecum. Von L. Rothenaicher. (VII, 60 S. m. Abbildgn.) n. — 75

Halder, u. Herm. Cramer, Handbuch f. freiwillige Sanitätskolonnen. Nach den heute gelt. amtl. Bestimmgn. neu bearb. u. in 4. Aufl. hrsg. (86 S.) kl. 8. Heidelberg 910. J. Hörning. — 80

Halder, M., Frankreichs Armee in Bezug auf taktische Gliederung u. taktische Formen, s. a. Beiheft zum Militär-Wochenblatt.

Halder, M. Frankreichs Armee in Bezug auf taktische Gliederung u. taktische Formen. Würzburg 1885. 34 S.

Halder, M. Frankreichs Armee in Bezug auf taktische Gliederung und taktische Formen. Berlin 1886. 8°. (Aus: Bh. z. M. W. B.)

Haldersonii, B., Lexicon Islandico-Latino-Danicum. Ex Manuscriptis Legati Arna-Magnaeani, cura R. K. Raskii. II Voll. 4. Kopenh. 814. Schubothe. 9 ₰ 8 ggr Schrbp. 11 ₰ 8 ggr

Haldimann, A[dolf]. Die gegenwärtige Lage des Wirtschaftsgewerbes. Vortrag des Herrn A. Haldimann [Münsingen], Präsident des Vereins der Wirte des Kantons Bern, gehalten an der Generalversammlung ... am 19. März 1902. 8 S. 8. Zürich, Emil Cotti's Wwe., 1902.

Haldimann, Hedwig. Der Vokalismus der Mundart von Goldbach (im Emmental). Diss. Phil. Bern. 64 S. 8. Heidelberg, Carl Winter, 1903.
(Teil *einer* Arbeit, *die* in der Zeitschrift für hochd. Mundarten, Jahrg. 4 (1903) erscheinen soll; = l. c.) S. 296—351.

Haldimann, Hedwig [aus Signau, Bern]: **Der Vokalismus der Mundart von Goldbach.** [Die vollst. Arbeit ersch. in d. Zeitschr. f. hochd. Mundarten. Jahrg. 4. 1903.] Heidelberg 1903. 6 + 59 S. 8°. [12. XII. 02.]
Bern. Phil. Diss. 1903/1904.

Haldimann, V[ictor]. Bericht an die Tit. Aufsichtskommission der Lehrwerkstätten der Stadt Bern von V. H', Direktor, über seine Studienreise nach Ungarn vom 25. September bis 1. Oktober 1908. [Mit 2 Illustrationen.] Separatabdruck aus «Blätter für den Zeichen- und gewerblichen Berufsunterricht» [Jahrg. 35, 1910, Nr. 14]. II + 16 S. 4. St. Gallen, Honegger, 1910.

Haldner, Rob., ſparſames Licht, ſparſame Heizung! Praktiſche u. erprobte Anleitg. zur rationellen Sparſamkeit in Heizungs- u. Beleuchtungs-Material im Haushalt des Mittelſtandes u. des „Kleinen Mannes". (19 S.) 8. Leipzig (908). E. Marré — 60

Haldy, zwei Anklagen wegen Mordes ohne objektiven Tatbeſtand, ſ.: Rätſel, pſychologiſche.

Haldy, J., Ida de Tockenbourg, s. Bibliothèque de drames nationaux.

Haldy, S., Jeanne d'Arc, Drame en 4 actes, en vers, imités en partie de Schiller. gr. 8. (6⅜ B.) Basel 846, Schweighauser'sche Buchh.

Haldy, Wilh., der Belagerungszustand in Preussen, s. a. Abhandlungen aus dem Staats-, Verwaltungs- u. Völkerrecht. II. 2.

Der Belagerungszustand in Preussen. Von Dr. Wilhelm **Haldy**. Tübingen: J. C. B. Mohr 1906. (XI, 79 S.) 8°
— **Abhandlungen** aus d. Staats-, Verwalt.- u. Völkerrecht. Bd 2, H. 2. [06.678]

Haldy, Wilhelm, Referendar: Das **Recht zur Verhängung des Belagerungszustandes** und der Suspension von Verfassungsgesetzen in Preussen. *Bonn 1902: P. Bieberstein.* (74 S.) 8°
Bonn, Jur. Diss. v. 9. Juni 1902

Haldy, Wilh., das Recht zur Verhängung des Belagerungszustandes u. der Suspension v. Verfassungsgesetzen in Preussen. Diss. gr. 8. (VII, 74 S.) Bonn 902. (Berlin, Mayer & Müller.) n. 1.60

Hale, Alexander von, s. Endres, Joseph Ant.

Hale Jr., Edward Everett [Harris Fellow of Harvard Univ. aus Boston U. S. A.]: Die Chronologische Anordnung der Dichtungen Robert Herricks ... Halle a. S., Hofbuchdr. v. C. A. Kaemmerer & C., 1892; 54 S., 1 Bl. 8.
Halle, Phil. Fak., Inaug.-Diss. v. [25. März] 1892

Hale's, Edwin M., neue amerikanische Heilmittel. Nach der 3. Aufl. bearb. von F. G. Oehme. gr. 8. (449 S.) Leipzig 873, Schwabe's Homöopath. Buchh. 6 —

The solar observatory of the Carnegie Institution of Washington. By George E[llery] **Hale**. o. O. (1905). (22 S.) 8°
= Contributions from the Solar Observatory Mt. Wilson, California. No 2. [05.7710]

A study of the conditions for solar research at Mt. Wilson by George E[llery] **Hale**. o. O. [1905]. (27 S.) 8°
= Contributions from the Solar Observatory Mt. Wilson, California. No 1. [05.7709]

Hale, Matth., Betrachtungen. a. d. Engl. v. Sommer. 2 Thle. 8. Breslau, Korn d. ä. 737.

— Betr. üb. d. Gebet d. Herrn ꝛc. 8. Hamb. 716.

— Weg z. Leben d. Chriſtum. 12. Ebend. 704.

Hale, William Gardner, die Cum-Konstruktionen. Ihre Geschichte u. ihre Funktionen. Übers. v. A. Neitzert. Mit e. Vorwort v. B. Delbrück. gr. 8. (X, 341 S.) Leipzig 891. B. G. Teubner. n. 6. —

Halein, Kathinka [Übers.]
s. Arlincourt, V. d': Die Fremde. 1826.

Halein, Kathinka, ſ. d'Arlincourt, die Freunde.

— ſ. V. Hugo, Marion de Lorme.

Halein, (Cathinka,) Phantaſie-Blühten u. Tändeleien. 8. Mainz 826, Müller. (Leipz., Hinrichs.)

Halein, Kathinka, Tribulet, oder des Königs Hofnarr. Trauerſpiel in 5 Aufz. nach Vict. Hugo's Le Roi s'amuse bearbeitet. gr. 12. Mainz 835. Kirchheim, Schott u. Thielemann. ⅔ ℛ

Halein, Paul. Aug. Cathinka Roſa, Phantaſie-Blüthen u. Tändeleien. 8. Mainz 826. Müller. 1 ℛ 8 gr

Halein, P. A., Phantaſieblüthen ꝛc. Mainz ... Iſt jetzt Verlag v. Kirchheim, Schott u. Thielemann, u. der Pr. nur ⅔ ℛ

Halek's, Vítězslav, Abendlieder. Aus dem Böhm. v. Gust. Dörfl. 16. (60 S.) Prag 874. Urbanek. n. 1. 20; cart. n. 1. 60; geb. n. 2. 80

Hálek, Vitězslav, Abendlieder (večerní písně). Übers. v. Erwin Frhrn. Nádhorný v. Borutin. Illustr. von Vict. Oliva. hoch 4. (68 S.) Prag 896. (Bursík & Kohout.) n. 5. —; geb. in Leinw. m. Goldschn. n. n. 8. —

Hálek, V., Komediant, s. Besedy, slovanské.

— večerní písně. Prag 859. (Dominicus.) 16. (64 S.) n. 10 ngr.

— spisů sbírka prvá. Díl I. II. Prag 862. Kober. 16. Jeder Bd. n. 22½ ngr.
Inhalt: I. Spisy básnické. (307 S.) — II. Spisy prosou. (328 S.)

— Záviš z Falkenštejna, s. Biblioteka, dramat.

Haleluja, ſ. Halleluja.

HALEM: Jetzt gelt. Oldenb. Particular-Recht, im systemat. Auszuge. 3 Thle. *Oldenb.*, Schulze. 804. 6. gr. 8. (2 Thl. 20 Gr.)

v. **Halem**, Aug., ſ. a. Anſichten, maleriſche, von Städten, Gegenden u. Baudenkmälern in Oſtfriesland.

Halem, Aug. v., malerische Ansichten von Städten, Gegenden und Baudenkmälern in Ostfriesland, nach d. Natur gezeichnet u. in Stahl gest. v. den bewährt. Künstlern, m. begleit. Texte. 2 Lfgn. Lex.-8. (3¾ B. u. 6 Stahlst.) Leer 842, 43, Prätorius u. Seyde. à * —

Halem, B. J. F. v., s. Freiheitskampf der Griechen.

v. Halem-Ilksen, B. J. F., († d. 1. Nov. 1823.) s. 1) H. Hallam, Darstell. v. Europa. 2) Lucchesini, histor. Entwickelung. 3) Moore, Geschichte d. brit. Revolution.

Halem, B J F Frhr. von [Übers.]
s. Morgan, Sidney: Florentina Macarthy. 1821

– s. Paris, J. J.: Betrachtungen.

– s. Pradt, de: Griechenland.

– s. Raffenel, M. C. D.: Geschichte.

Halem, B J F [Übers.]
s. Scott, Walter: Nigels Schicksale. 1822.

Halem, B J F [Übers.]
s. Scott, Walter: Walter Scotts Werke. 1824.

v. Halem, B. J. F., die heldenmüthige Tochter, s. Bibliothek, wohlfeile, von Unterhaltungsschriften 15s Bdchn.

v. Halem-Ilksen, B. J. F., s. Tochter, die heldenmüthige.

Halem, D. v., üb. d. Seebade-Anst. auf d. Ostfries. Insel Nordvenev. 8. Ebend. 802.

Halem, Elimar von (Oldenburg), De mutationibus unguium morbosis. Diss. med. Halle (Ploetz) 5. II. 1835. 33 S. mit Biogr. (M.: F. Gramberg.) (5.50) 12883
Oppon.: A. v. Eelking, H. Runde. — Gew.: Peter Krukenberg, Chr. Fr. Hellwag (Eutin).

Halem, Friedrich Wilhelm von

— s. Abhandll. der batav. Gesellsch. zu Harlem, u. verbessere D. in 3. B.

Halem, v., Anleit. z. holländischen Sprache, z. Gebr. f. Geschäftsmänner. 8. Bremen, Müller. 808.

— Anleit. z. holländ. Sprache, f. Geschäftsmänner u. Kaufleute; nebst Wörterbuch. gr. 8. Bremen u. Aurich (808). Altenb. 812. Petersen. 12 gr.

v. Halem, Fr. Wlh., kleines holländ. Handwörterbuch für Geschäftsmänner u. Kaufleute. gr. 8. Brem. 810. (Heyse). 4 gr.

– s. Murray, J. A.: Enumeratio.

— d. zum Fürstenth. Ostfriesland gehörige Insel Norderney u. ihre Seebade-Anstalten. Mit 3 Kpf. 8. Brem. 815. Heyse. 18 gr. Hannov. 822. Hahn. 1 Rthlr. 8 gr.

Die Insel Norderney und ihr Seebad nach dem gegenwärtigen Standpuncte. Von F[riedrich] W[ilhelm] von Halem. Mit 3 Kupfern. Hannover: Hahn 1822. VIII, 240 S. 8°

— dreifaches Register üb. Baldingers Magazin u. neues Magazin, s. Baldinger.

v. Halem, Fr. Wlh., über d. Seebade-Anstalt auf d. Ostfries. Insel Norderney. 8. Brem. u. Aurich 802. Müller. 6 gr.

Halem, G. A. von

— — Beschreibung der Insel Norderney und ihrer Seebade-Anstalten. Mit 3 Kupfern. 8. Bremen, Heyse. 815.

— statist. Handbuch, f. das Departem. d. Wesermündungen, f. d. Jahr 1813. 8. Bremen, Heyse.

Halem, G. A. E. von, s. Halem, Gerhard Anton von

Andenken an (Georg Christian) Oeder. Von [Gerhard Anton von] Halem. Altona. 1793. 8°.

— Andenken an Oeder. 8. Altona 793. Hammerich 12 gr.

Halem, G[erhard] A[nton] v[on]. Blicke auf einen Theil Deutschlands, der Schweiz und Frankreichs, bey einer Reise vom Jahre 1790. 2 Theile. 8. Hamburg 1791.

v. Halem, Grhd. Ant., († d. 5. Jan. 1819.) Blicke auf einen Theil Deutschl., der Schweiz. 2 Bde. 8. Hamb. 791. Bohn. 1 Rthlr. 16 gr.

— Blüthen aus Trümmern. Mit Kpf. 8. Bremen 798. Fr. Wilmanns in Frankf 1 Rthlr. 4 gr.

Halem, G. A. v., Erinnerungsblätter von ein. Reise nach Paris im Sommer 1811. 8. Hamb. Bohn. 813.

Halem, G. A. v., Erinnerungsblätter von einer Reise nach Paris im J. 1811. N. Ausg. 8. Leipzig, Lauffer. 818.
Schreibpap.

— Erzählungen u. Geschichten. 8. Münster 825. (Leipz., Barth). 1 Rthlr. 16 gr.

— Gedichte, ist der kleinen Schriften 5r 6r.

— s. Gesangbuch, Oldenburgisch.

Halem, Gerh. Ant. v., Geschichte d. russ. Feldmarschalls Grafen v. Münnich. M. M's. Portr. gr. 8. Oldenburg 838, Schulze'sche Buchh.

Geschichte des Herzogthums Oldenburg v. Gerhard Anton von **Halem.** (Mit Urkunden und Stammtafeln.) Bd. 1—3. Oldenburg. 1791–96. 8°.

— Geschichte d. Herzogthums Oldenburg. 3 Bde. gr. 8. Altenb. 794 — 96. (Müller in Bremen). 5 Rthlr. Schrbp. 6 Rthlr.

— Gesch. d. Herzogth. Oldenburg. 3 Bde. gr. 8. Oldenburg. (Müller in Brem.) 794–96. (1r u. 2r à 1 Rthlr. 8 gr. 3r 2 Rthlr. 8 gr.)
Schreibp. (1r u. 2r à 1 Rthlr. 12 gr. 3r 3 Rthlr.).

– s. Gramberg, G. Ant. H.: Kränze, 4. u. 5.

— Jesus d. Stifter d. Gottesreichs. 2 Thle. (ist d. Schriften 7r 8r) 8. Hannov. Hahn. 810.

— Irene, eine Monatsschr. s. Irene.

Dissertatio iuridica inauguralis de iure eliminatorum. (Vulgo der **Ausgedeichten**) eorumque indemnisatione, aequitati et iuri magis **consentanea**, quam praeside Petro Kofod Ancher 1770 publico eru**ditorum** examini subiiciet auctor Gerardus Antonius de **Halem. Hafniae**. (1770.) 4°.

— Leben Peter d. Großen. 3 Bde. Mit dem Portrait Peters u. 2 Schaumünzen. gr. 8. Münst. 803—5. (Theissing). 4 Rthlr 20 gGr Fein Druckp. 5 Rthlr 16 gGr Velinp. 10 Rthlr 8 gGr

— Leben Peters d. Großen. 3 Bde m. K. gr. 8. Münster, Waldeck. 8o3—5. (I. 1 Rthlr. 12 gr. II. III. à 1 Rthlr. 16 gr.)
Fein Druckpapier. (I. 1 Rthlr. 20 gr. II. 2 Rthlr. III. 1 Rthlr. 20 gr.)
Velinp. (I. 3 Rthlr. 8 gr. II. 3 Rthlr. 16 gr. III. 3 Rthlr. 8 gr.)

Halem, Ger[hard] Ant. von: Lebensbeschreibung des Russischen Kaiserl. General-Feldmarschalls B. C. Grafen von Münnich. — Oldenburg: Schulze 1803 272 S mit 1 Bildn.

— Klopstock's Manen geweiht. Lapidarschrift, lateinisch u. deutsch. 4. Leipz. 819.

Halem, G[erhard] A[nton] v.: Der Maurer-Strohm. o. O. 1787. 4 S. 8°
[Merzdorf, Th.: Geschichte d. Frmrlogen i. Herzogthume Oldenburg. 1852 S. 73.]

— Poesie u. Prosa. Mit 1 Kpf. gr. 8. Hamb. 789. (Campe). 1 Rthlr 8 gGr

— Poesie u. Prosa. gr. 8. Hamb. Hoffmann. 789.

Sammlung der wichtigsten Actenstücke zur neuesten Zeitgeschichte, nebst chronologischer Übersicht der merkwürdigsten Begebenheiten; hrgg. v. G. A. von **Halem** und **C. L. Runde**. 8°.
Jg. 1. 1806. Abth. 1. Januar—Junius. Abth. 2. Julius—December. Oldenburg. 1807.

— u. C. L. Runde, Samml. d. wichtigsten Aktenstücke z. neuesten Zeitgeschichte. 1r Jahrg. 1806. gr. 8. Oldenb. 807. Schulze. 3 Rthlr 16 gGr

— Schriften. 6 Bde. 8. Münst. 804—10. (Theissing). 10 Rthlr 8 gGr holl. Pap. 15 Rthlr 4 gGr Velinp. 18 Rthlr 8 gGr (1r — 4r Bd. Auch unt. d. T.: Prosaische Schriften. 4 Bde. 6 Rthlr 16 gGr 4r Bd. Auch u. d. T.: kl. histor. Schriften. 807. 1 Rthlr 16 gGr 5r u. 6r Bd. A. u. d. T.: 1) Gedichte u. 2) lyr. Gedichte. 807. 3 Rthlr 16 gGr 7r—8r Bd. Auch u. d. T.: Jesus, d. Stifter d. Gottesreichs, Gedicht in 12 Gesängen. 8. Hannov. 810. Hahn. 2 Rthlr

— Schriften, 8r 9r Bd. 8. Hannov. Hahn. 810.

— gesamm. poetische u. prosaische Schriften. 1r Bd. gr. 8. Hamb. 787. Hoffmann. 1 Rthlr 8 gGr

— gesamm. poetische u. prosaische Schriften. 1r Bd. gr. 8. Hamb. Hoffmann. 788.

— kleine Schriften. 6 Bde. 8. Münster, Waldeck. 804—10. (I—V. à 1 Rthlr. 16 gr. VI. 2 Rthlr.)
Holl. Pap. (I—V. à 2 Rthlr. 12 gr. VI. 2 Rthlr. 16 gr.)
Velinp. (I—V. à 3 Rthlr. VI. 3 Rthlr. 8 gr.)

— kleine histor. Schriften, ist d. klein. Schriften 4r.

— prosaische Schriften, ist d. kl. Schrift. 1r 2r 3r.

Halem, Gerh. Anton v.: Der Maurer Schwestern-Lied, zur Feier des ersten Mays. o. O. 1805. 4 S. 8°
[Merzdorf, Th.: Geschichte d. Frmrlogen im Herzogthume Oldenburg. 1852 S. 73.]

v. Halem's, Gerhard Anton, Selbstbiographie, nebst einer Sammlung von Briefen an ihn von Biester, Bode, Bürger, Cramer, Ewald, v. Fredenheim, Gramberg, Heerwagen, v. Hennings, Justi, v. Knigge, Kosegarten, Lavater, Marcard, Meißner, v. Meister, Nicolai, Oelsner. v. Ompteda, Reinhold, v. Schlieffen, Schröder, F. L. Graf zu Stolberg, Stolz, v. Ungern, Voß u. Wieland; zum Druck bearbeitet von seinem Bruder Ludwig Wilhelm Christian v. Halem u. herausg. von C. F. Strackerjan. Mit G. A. v. Halem's Bilde in Kupferstich. 8. Oldenburg 840. Schulze. 2 Rthlr

TEUDELINDE. (Episches Gedicht von *Gerh. Ant. v. Halem*, 1752—1819, dessen Stoff aus Paul Warnefried's [Winfried's] Gesch. d. Lombarden geschöpft ist.) Dem Grafen Friedrich Leopold zu Stolberg gewidmet. (4 Versz. in engl. Sprache.) Hamburg, in der Heroldschen Buchhdlg. 1780. — *A. E.*: Gedr. bey Gottlieb Friedr. Schniebes. Gr. 4°.
Seltene Original-Ausgabe. 16 S. (incl. Tit. u. 1 Bl. Vorw.). Wiedergedr. in Halem's „Poesie u. Prose" (sol). Ebd., Hoffmann, 1789. 8°. S. 353—79. — Vgl. auch: Bertarid u. Grimoald, Könige der Longobarden. E. hist.-romant. Gemälde aus d. Mittelalter". Wien, Doll, 1810. 8°. VI—200 S., mit Titelkpf.

— Töne der Zeit. 1r Bd. gr. 8. Bremen 814. Heyse. 1 Rthlr 8 gGr

— Töne d. Zeit. 1r Band. gr. 8. Ebend. 815.

— Trudelinde; e. Gedicht. 4. Hamb. 780.

— Vernunft aus Gott, in Bezug auf die neuesten Widersacher derselben. gr. 8. Lübeck 818. v. Rohden. 10 gGr

— s. Visurgin, ...

— Wallenstein; Schspl. 8. Götting. 786. Dieterich. 5 gGr

v. Halem, Gerh. Ant., dramatische Werke. (Johanna v. Neapel. 4 gGr Wallenstein. 8 gGr Agamemnon. 6 gGr) 8. Berl. (Rost.) 794. a. 96. Stiller. 20 gGr

— u. G. A. Gramberg, Zeitschrift, s. Zeitschrift.

— s. Zeitschrift, Oldenburgische.

Halem, H. v., ein juristischer Wegweiser in Grundbuchs-, Erbschafts-, Vormundschaftssachen und beim Viehhandel. Zusammengestellt auf Anregung des landwirthschaftl. Provinzialvereins für das Fürstent. Lüneburg unter Berücksichtigung des gemeinen Rechts, preuß. Landrechts und einiger Particularrechte [außer den particularen Erbrechten] für die Landwirte in Preußen. gr. 8. (64 S.) Hildesheim 887, Lax. cart. *

Halem, L. W. C. v., dramat. Werke. 8. Rostock, Stiller. 794.

v. Halem, Edw. Wlh. Chr., s. Staats-Kalender, Oldenburg.

v. Halem, Ldw. Wlh. Chr., bibliograph. Unterhaltungen. 16 u. 2. Stck. 8. Oldenb. 794. Schulze. ...

— **Ulrich Edzard von** (Ostfriesland), De gravissimorum, qui laeso capite, exoriri solent, morborum diagnosi, deque iis rebus, quibus cranii perforatio indicatur. Diss. med.-chir. Bln. (C. F. Brettschneider) 26. I. 1831. 42 S. mit Biogr. (M.: M. Knottner.) (6.—) 12884
Oppon.: G. Levens, U. Scholtz, L. Elbers.

Die Freimaurerei in ihrem Ursprunge und ihren Geheimnissen, ihren Zielen und Mitteln. Aktenmässige Darstellung nach alten und neuen Dokumenten von J. v. **Halen.** o. O. [ca 1886]. 160 S. 8°
Will dartun, dass der Orden der „Drei-Punkte-Brüder“ nichts weniger als eine unschuldige Spielerei ist.

Halen, J. van, was muß man v. der Geologie wissen? Allgemeinverständlich geschildert. 8. (64 S.) Berlin (902). H. Steinitz. n. 1.—

— was muß man v. der Meteorologie od. Wetterkunde wissen? Allgemeinverständlich dargestellt. gr. 8. (70 S.) Ebd. 902. n. 1.—; geb. n. 1.50

van Halen, Don Juan, s. Denkwürdigkeiten.

van Halen, Juan. Denkwürdigkeiten des Don Juan van Halen, Chef des Generalstabes bei einer von den Divisionen der Armee Minas in Catalonien, in d. J. 1822—1823. A. d. Französ. 2 Bde. (29 B.) 8. Stuttgart 1828. 5,50.

van Halen, Juan. Gedenkschriften. Naar het Fransch vertaald. 2 deel. 8. Dordrecht 1829. 30.

Halenbeck, L., Ausflüge in Bremens weitere Umgebung. Ein Führer für Touristen. Mit Karten und Plänen. 1., 2., 4.—6. und 8. Heft. 16. Bremen 878, Kühtmann und Comp. à Heft * 60 Pf. * 3 60

Inhalt:
Heft 1. Eine Dampfschifffahrt von Bremen nach Vegesack. (25 S. mit 1 lithogr. Karte in qu. 8.)
Heft 2. Vegesack und Umgebungen. (41 S. mit 1 lithogr. Karte in qu. 8.)
„ 4. Eine Fahrt nach dem Weiherberge. (27 S. mit 1 lithogr. Karte in qu. 8.)
„ 5. Syke und Umgebungen. (27 S. mit 1 lithogr. Karte in 4.)
„ 6. Der Dümmer und seine Umgebungen. (26 S. mit 1 lithogr. Karte in qu. 8.)
„ 8. Das Zwischenahner Meer und seine Umgebungen. (26 S. mit 1 lithogr. Karte in qu. 8.)
3. und 7. Heft sind noch nicht erschienen.

Halenbeck, L., Ausflüge in Bremens weitere Umgebung. Ein Führer für Touristen. Mit Karten u. Plänen. 1—6. u. 8. Hft. 16. Norden 878—81. Fischer Nachf. à n. — 60
1. Eine Dampfschifffahrt von Bremen nach Vegesack. Mit einer (lith.) Karte (in qu. 8.). (25 S.)
2. Vegesack u. Umgebung. M. einer (lith.) Karte (in qu. 8). (41 S.)
3. Ritterhude, Stoteler Wald, Elm, Osterholz-Scharmbeck. (38 S.)
4. Eine Fahrt nach dem Weiherberge. Mit einer (lith.) Karte (in qu. 8.). (27 S.)
5. Syke u. Umgebungen. Mit einer (lith.) Karte (in 4.). (27 S.)
6. Der Dümmer u. seine Umgebungen. Mit einer (lith.) Karte (in qu. 8.). (26 S.)
8. Das Zwischenahner Meer u. seine Umgebungen. Mit einer (lith.) Karte (in qu. 8.). (26 S.)

— dasselbe. 2. Reihe 1. u. 2. Hft. 16. Mit je 1 chromolith. Karte. Ebend. 881. à n. — 60
1. Die Ahlhorner Heide. (22 S.)
2. St. Jürgensland. (48 S.)

Halenbeck, L., Ausflüge in Bremens weitere Umgebung. Ein Führer f. Touristen. Mit Karten u. Plänen. VII. 8. Norden 882. Fischer Nachf. n. — 60
Delmenhorst-Stuhe-Hasbruch-Hude. Mit e. (chromolith.) Karte. (64 S.)

50 Ausflüge in die Umgegend von Bremen von L. **Halenbeck**. Mit Plänen u. Karten. *Bremen: E. Hampe 1893.* (IV, 291 S.) 8° [F.]

— Blumenthal u. Schönebeck. Ein Beitrag zur bremischen Geschichte. Mit 2 (phototyp.) Illustrationen. gr. 8. (IV, 89 S.) Ebend. 878. n. 3. —; geb. in Leinw. n. 4. —; in Ldr. m. Goldschn. n. 10. —

Halenbeck, L., Geschichte der Stadt Vegesack. Ein Beitrag zur Heimathkunde u. brem. Geschichte. 2. erweit. Aufl. Mit 12 Plänen, 2 Ansichten der Lesummündg. aus den J. 1557 u. 1573, sowie Ansicht Vegesacks v. 1670. (236 S.) gr. 8. Vegesack 893. J. F. Rohr. n. 2. —; geb. n.n. 3. —

— s. Lüben, Aug., Naturgeschichte für Kinder.

— nach Norderney u. Helgoland. Eine Unterweser-, Watt- u. Nordseefahrt. Mit mehreren (eingedr. Holzschn.-) Abbildgn. 8. (IV, 108 S.) Bremen 883. Kühtmann & Co. n. 2. —

Halenbeck, L., Uebersichts-Karte des Unter-Weser- und Jade-Gebiets. 1 : 400000. Bremen, v. Halem, 1881. 4. Chromolith. (25 Pf.)

Halenke, A., der heutige Standpunkt bei der Beurtheilung v. Kupfer, Zink, Blei u. Zinn in Lebensmitteln u. s. w., s.: Mitteilungen aus der 18. Jahresversammlung d. freien Vereinigung bayer. Vertreter der angewandten Chemie.

HALENKE, Joseph (Regensburg): De fistula urethrae congenita. (Titel nach der Urkunde)
4.8.1869 - Urk; F 72; Chr 1869/70,12
Diss.Ingolst.-Landsh.-Mchn.

Halensee [Sachliches OW]

[F.] Deutsche Versuchs-Anstalt f. Handfeuerwaffen. Der Schiessplatz **Halensee** bei Berlin-Grunewald. '(Ausgeg. im Herbst 1894.)' ... *Berlin: Dr. c. W. Büxenstein 1894.* (16 S.) 1 Bd 4.(8.)

Halensee [Schlagwort]

Halensee, s.: Charlottenburg, Straube, J.

Hales, I., hist. concilii Dordraceni, ex angl. vert. I. L. Mosheim. 8. Hamb. 724

Hales, Stephen

[Statical Essays, containing haemastaticks, or an account of some hydraulical and hydrostatical experiments made in the blood ... Deutsch:] Statick [Statik] des Geblüts, bestehend in neuen Erfahrungen an lebendigen Thieren, ihres Bluts Bewegung zu erforschen, nebst [An Account of some experiments and observations on Mr. Stephen's medicines for dissolving the stone. Deutsch:] Besondern Versuchen an Nieren- und Blasenstein, die Natur u. Beschaffenheit dergleichen schädlichen Anwachses zu entdecken ... von Stephan Hales beschrieben, u. mit des [François Boissier de] Sauvages [de La Croix] Anm., auch [Theoria inflammationis. Deutsch:] Abhandlungen von Entzündungen im menschlichen Körper u. wahren Ursachen des Fiebers, übers., bey dieser Ausg. aber verm. u.m. ... Reg.

Halle im Magdeb.: Renger 1748. XXVIII, 408 S. 8°
Beigeb.: Hales: [Vegetable Staticks. Deutsch:] Statick der Gewächse. Halle im Magdeb. 1748.

[Vegetable Staticks. Deutsch :]Statick [Statik] der Gewächse oder Angestellte Versuche mit dem Saft in Pflantzen und ihrem Wachsthum, nebst Proben von der im Körpern befindlichen Luft...von Stephan Hales im engl. Sprache hrsg. u. nebst des [Jean Louis Leclerc Cte] de Buffon seiner frantz. Ausg. beygefügten Erl. ins Deutsche übers., mit e.Vorr. des [Christian] von Wolff [1679-1754] u. e.Vorbericht von der Pflantzen Structur und Geschlechtern. Halle im Magdeb.: Renger 1748. L,264 S. 8°
Angeb.an: Hales:[Statical Essays, containing haemastaticks...Deutsch:]Statick[Statik] des Geblüts. Halle im Magdeb.1748.

Haley, die Triumphe des Frohsinns, ein Gedicht. 8. Zürich, Orell. 787.

Halevi, Abraham Ben David, s. Abraham.

Halevi, Jehuda, Divan, s.a.Schriften d. Vereins f. jüdische Geschichte u. Litteratur.

Halevi, Jehuda, Diwan. Eine Auswahl in deutschen Übertraggn. v. S. Heller, Abr. Geiger, Michael Sachs u. a. Hrsg. v. Gust. Karpeles. 2. Aufl. (XI, 180 S.) kl. 8. Leipzig 907. M. W. Kaufmann. 2.50; geb. in Leinw. 3.50

— Die Gebote des Judentums. (48 S.) 8. Tilsit 909. H. Kaptuller. — 50

Halévy, Jacques Fromental

Halévy, J. F., Blitz, — dasselbe. Leipz. Ausg., } s.: Breitkopf & Härtel's Textbibliothek. 152. 221.

Halevy, J. F., der Blitz, s.: Mode's Opern-Text-Bibliothek.

Halévy, Jacques Fromental. Der Blitz, s. Universal-Bibliothek.

Halévy, J. F., Guido und Ginevra, s. Mode's, G., Operntext-Bibliothek.

—— s.a. Jüdin, die.

– Jüdin
– dass. Leipz. Ausg. } s.a. Breitkopf & Härtel's Textbibliothek. 91. 222.

—— Die Jüdin, s.Lucas' Operntexte.

– Die Jüdin, s.a. Mode's Opern-Text-Bibliothek.

– dass., s.a. Universal-Bibliothek.

Halévy, Jacques Fromental, die Jüdin, s.a. Hendel's Operntexte.

Die Jüdin [La Juive]. Oper in 5 Akten von Eugen Scribe. Musik von Jacques Fromental **Halévy**. Halle a. S.: Hendel [1910]. 75 S. 8°
(Hendels Operntexte. 32.) [11. 7141 3

—— die Musketiere der Königin, s. Mode's, G., Operntext-Bibliothek.

Halevy, Isaak, Dorot Harischonim. Geschichte d. jüd. Litoratur. III. Thl. Vom Abschlusse d. Talmuds b. zu d. letzten Gaonim. (In hebr. Sprache.) gr. 8. (X, 316 S.) Pressburg 898. (Frankfurt a/M., J. Kauffmann.) n.n. 6. —
Thl. I u. II erscheinen später.

Halevy, Isaak, Dorot Harischonim. Die Geschichte u. Literatur Israels. II. Thl. 2 Hälften. Umfasst den Zeitraum von der Beendigg. der Mischnah bis zum Abschlusse des Talmuds. (In hebr. Sprache.) gr. 8. (VII, 619 S.) Frankfurt a/M. 901. (J. Kauffmann.) n.n. 8.50
III. Ebd. 898. n. 6. —; Thl. I erscheint später.

Halevy, Isaak, Dorot Harischonim. Die Geschichte u. Literatur Israels. Tl. 1c. Umfasst den Zeitraum vom Ende der Hasmonäerzeit bis zur Einsetzg. der röm. Landpfleger. Gedruckt auf Kosten der jüdisch-literar. Gesellschaft zu Frankfurt a. M. (In hebr. Sprache.) (V, 736 S.) gr. 8. Frankfurt a/M. 906. (J. Kauffmann.) n. 10.; geb. in Leinw. n. 11. —

Halevy, Léon, le Czar Demetrius, s.a.Théâtre français S. II. Liv. 3.

Halevy, Léon, le Czar Demetrius, s.a.Théâtre franç. mod.

Halevy, Léon, le Czar Demetrius; traged. en 5 actes et en vers, publ. par J Louis. 16. Dessau 831. Ackermann. 6 gl

Halévy, Ludovic: Arien und Gesänge aus Carmen, s. Meilhac, Henry

Halévy, Ludovic., Madame und Monsieur Cardinal. Zwölf Novellen. Mit 12 Illustr. (in eingedr. Holzschn.) von Edmond Morin. Autoris. Uebersetzung. 1. Aufl. 1873. *M 4., und 2. Aufl. 8. (248 S.) Wien 875, Rosner.

Halévy, Ludovic., Carmen, s. Meilhac, Henry.

Halévy, Ludovic, l'abbé Constantin, bearb. v. H. Nehry, s.a.Bibliothèque française 54. Bd.

Halévy, L., Abbé Constantin, s.a.Engelhorn's allgemeine Romanbibliothek.

— dasselbe, hrsg. v. L. Wespy, s.a.Prosateurs français. 143. Lfg.

L'abbé Constantin. Par Ludovic Halévy. Mit Anm. [= Anhang] z. Schulgebr. hrsg. von Dr. L[éon] Wespy, Dir. in Hannover. [Nebst] Wörterbuch. *Bielefeld & Leipzig: Velhagen & Klasing 1903[-04].* 3 Bde 8°
Text. Anhang. 1903. Wörterbuch 1904.
= Sammlung. Velhagen & Klasing, franz. u. engl. Schulausgaben. Prosateurs franç. Lfg 143 B.

Abbé Constantin. Roman von Ludovic **Halévy**. Autor. Uebers. aus d. Franz. von Max Schoenau. Stuttgart: Engelhorn [1909]. 143 S. 8°
(Engelhorns Allgemeine Romanbibliothek. Jg. 1, Bd 11.)
(Bibliothek August Scherl. Bd 535, [2.])

—— Criquette, s. Engelhorn's allgemeine Romanbibliothek.

– Es läutet, s. Meilhac, Henry

— der Feind im Land! Erinnerungen aus dem Kriege 1870/71. Nach dem Tagebuche e. Franzosen hrsg. Deutsche autoris. Uebersetzg. v. Hans Altona. 1.—3. Aufl. gr. 8. (IV, 124 S.) Braunschweig 892. 893. O. Salle. n. 1.50; geb. n. 2.25

[F.] Der Feind im Land! Erinnergn aus d. Kriege 1870/71. Nach d. Tageb. v. Franzosen hrsg. v. Lud. Halévy. Deutsche, autoris. Uebs. v. Dr. Hans Altona. 4. Aufl. *Berlin: O. Salle 1898.* (2 Bl., 124 S.) 1 Bd 8. [illegible]

Halévy, Ludovic, der Feind im Land! Erinnerungen aus dem Kriege 1870/71. Nach dem Tagebuche v. Franzosen hrsg. Deutsche, autoris. Uebersetzg. v. Hans Altona. 5. Aufl. (11.—13. Taus.) gr. 8. (118 S.) Berlin 902. O. Salle. n. 1. 50; geb. n. 2. 25

Der Feind im Land! Erinnerungen aus d. Kriege 1870/71. Nach d. Tagebuche von Franzosen (L'Invasion) hrsg. von Lud[ovic] Halévy. Deutsche autor. Übers. von Dr. Hans Altona. 6. Aufl. Berlin: Salle 1906. 118 S. 8° [illegible] 11

Halévy, L., Frou-Frou, s. Kühling's, A., Volks-Schaubühne. — Theater-Bibliothek, classische, aller Nationen.

— s.: Guerre de 1870/71.

— eine Heirat aus Liebe, s.: Meyer's Volksbücher.

— Der kleine Herzog, s. Meilhac, Henry

— l'invasion, s. a. Bibliothèque française.

— l'Invasion, hrsg. v. Emil Tournier, s. a. Prosateurs français.

— L'Invasion, hrsg. v. Jos. Vict. Sarrazin, s. a. Schulbibliothek, französische u. englische. A. 84.

— l'invasion. Souvenirs et recits. Im Auszug zum Schulgebrauch hrsg. v. R. Ackermann. Mit 3 Kärtchen u. Wörterverzeichnis. 8. (IV, 115 S.) München 895. J. Lindauer. Kart. n. 1. 20

— Der Mann der Debutantin, s. Meilhac, Henry

— Margot, die reiche Bäckerin, s. Meilhac, Henry

— Schloß Montbeliard, s. Meilhac, Henry

— s.: Prosateurs modernes.

— Tricoche u. Cacolet, s.: Theater, neues Wiener.

Ha-Lewi, A. H. J., sämmtliche Gedichte, s.: Auswahl hebräischer Classiker.

Half, Claus, der Darwinianer. Humoreske. Mit 22 (eingedr.) Orig.-Illustr. (in Holzschn.) von G. Sundblad. 1.—4. Aufl. 8. (101 S.) Leipzig 876, Exped. des Allgem. literar. Wochenberichts.

Half, Claus, der Darwinianer. Humoreske. Mit 22 (eingedr.) Orig.-Illustr. (in Holzschn.) v. G. Sundblad. 8. (101 S.) Leipzig 876. Wölfert. n. 1. 50

Half, Claus, der Darwinianer. Humoreske. Mit 22 (eingedr. zinkograph.) Orig.-Illustr. von G. Sundblad. 5. Aufl. 8. (101 S.) Leipzig 877. Wölfert. n. 1. —

Halfar und Koch, M. Geologische Karte des Okerthales. Berlin. 1893.

(Halfeld, H. G. F. und Johann Jakob von Tschudi: Die brasilianische Provinz Minas Geraes. Originalkarte nach den offiziellen Aufnahmen des Civil-Ingenieurs H. G. F Halfeld. 1836—1855. unter Benutzung älterer Vermessungen und Karten gezeichnet von Friedrich Wagner. Beschreibender Text von J. J. von Tschudi. 1862. Gotha 1862. 42 S., 1 Tf. 1 Krt.
= Ergänzungsheft zu Petermann's Geographischen Mittheilungen. No. 9. 8°.

Halfeld, H. W., de origine quatuor evangeliorum et de eorum auctoritate canonica. Götting. 1794. f.

Halfeld, H. G., de origine IV. evangelior. etc. 4. maj. Gotting. Dieterich. 795.

Halfer, Jos., die Fortschritte der Marmorirkunst. Ein prakt. Handbuch f. Buchbinder u. Buntpapierfabrikanten. Nach techn.-wissenschaftl. Grundlagen bearb. gr. 8. (206 S.) Budapest 885. (Stuttgart, Hugendubel.) n. 2. 80

Halfer, Jos., die Fortschritte der Marmorierkunst. Ein prakt. Handbuch f. Buchbinder u. Buntpapierfabrikanten. Nach technisch-wissenschaftl. Grundlagen bearb. 2., verb. u. verm. Aufl. Mit Anh.: Verzierung der Buchschnitte. gr. 8. (224 S. m. Abbildgn.) Stuttgart 891. Leo. 2. 50; m. 10 Taf., Proben enth., 3. 50

Halfer, Jos., decorative Kunstschätze. Eine Sammlg. v. ausgewählten kunstgewerbl. Arbeiten berühmter Meister. In 100 chromolith. Farbendr.-Taf. Für Buchbindereien, Plattengraveure, Albumfabrikanten etc. gr. 8. Budapest (901). (Leipzig, P. Stiehl.) In Leinw.-Mappe n. 17. —

Halfern, A. v., der Squire. Ein Bild aus den Hinterwäldern Nordamerikas. 2 Thle. Hamburg 857. Hoffmann u. Campe. 8. (2 Bl., 230; 2 Bl., 258 S.) 2 ℳ

v. Halfern, Alb., der Letzte der Seminolen. Scenen aus den Kämpfen d. Indianer Florida's gegen d. Weißen, nebst Rückblick auf die Zustände der Vereinigten Staaten. 12. Leipzig 846, Arnold'sche Buchh. $1^1/_2$ ℳ

v. Halfern, Albert, Scenen aus den Kämpfen der Indianer Florida's gegen die Weißen, oder der Letzte der Seminolen. Nebst Rückblick auf die Zustände der Vereinigten Staaten. 2. (Titel-) Ausg. gr. 12. (311 S.) Leipzig (846) 848, Arnold. 1 ℳ

Halfern, Carl von: Die Rechte der unehelichen Kinder nach gemeinem Recht und bürgerlichem Gesetzbuch. *Aachen 1898: C. H. Georgi.* (64 S.) 8°
Erlangen, Jur. Diss. v. 18. Dez. 1897

Halfes, Henricus: De impedimento erroris (secundum praecepta juris canonici Catholicorum). Creveldiae 1861: Klein. 38 S. 8°
Halle-Wittenberg, Jur. Diss. v. [11. Okt. 1862]
Geb. [Bockum bei Krefeld 28. 2. 1824]

Halff, Joseph [aus Basel]: Die marantische Thrombose der Duralsinus (autochthone Sinusthrombose). Basel 1904. 78 S. 8°. [16. V. 04.]
Basel, Med. Diss. 1903/1904.

Halff, Joseph. Die marantische Thrombose der Duralsinus (autochthone Sinusthrombose). Diss. Med. Basel. 78 S. 8. Basel, Basler Druck- und Verlags-Anstalt, 1904.

Halffter, mixtura antiepileptica, das bewährteste Arzneimittel unserer Zeit gegen Epilepsie (Fallsucht), Veitstanz, Hysterie, Lach- und Wein-Krampf, nervöse Menstrual-Leiden, sowie überhaupt gegen alle Nerven-Uebel, nebst einer Anzahl von Zeugnissen, Danksagungen und Briefen Geheilter. Für den Laien bearb. Berlin 854. (Altona, Verlags-Bureau.) 8. (90 S.) n. 10 ngr

Halffter, ..., (Bade-Arzt Dr.,) die See-Bade-Anstalten zu Zoppot bei Danzig in ihrem gegenwärtigen Zustande. 8. Danzig 842. (Homann'sche Kunst- u. Buchh.) n. $^1/_2$ ℳ

Halffter, Eduard Theodor (Berlin), De prosopalgia. Diss. med. Bln. (Joh. Friedr. Starck) 1. X. 1825. 30 S. mit Biogr. (6.—) 12885
Oppon.: Nicolai, Truistedt, Bauer. — Gew.: I. N. Rust.

Halfmann, s.: Eisenbahn-Technik, die, d. Gegenwart.

Halfmann, Chrph., Blicke in die Ewigkeit, in Gesängen aus älterer u. neuerer Zeit. Mit Einlage, Kaiser- u. Friedenslied. 8. (35 S.) Ruhrort 871. Andreae & Comp. in Comm. n. — 50

— Friedens-Klänge, geistliche Dichtungen. 8. (31 S.) Ruhrort 871. (Andreae und Comp.) *

— Kriegs- und Siegeslieder. 8. (15 S.) Ruhrort 871. (Andreae und Comp.) *

Halfmann, Chrph., Kriegs- u. Sieges-Lieder. Neue Aufl. 8. (28 S.) Ruhrort 879. Andreae & Co. n. — 30

Halfmann, Chrph., Zeitgedichte aus den ereignißvollen Jahren 1848 u. 1849. 12. (54 S.) Ruhrort 850. (Duisburg, Ewich.) n. 6 ngr

Halfmann, Hermann

Halfmann, H., Beiträge zur Syntax der hebräischen Sprache. 1. Stück. 4. (X, 33 S.) Wittenberg 888. (Wunschmann.) n. 2. —

Halfmann, Hermann [Dr.]: Beiträge zur Syntax der hebräischen Sprache. 2. Stück. (1: P-Beil. 1888.) Leipzig, Druck v. W. Drugulin. 1892; VII, 25 S. 4.
Wittenberg, G, OP 1892 (256)

Halfmann, Herm. Beiträge zur Syntax der hebräischen Sprache. 2. Stück. Progr. gr. 4. (VII, 25 S.) Wittenberg 892, (Wunschmann). * 2 —
1. Stück. Ebd. 1888. * 2 –

Halfmann, [Hermann], Dir. Dr.: **Bemerkungen** mit Proben zu einem neuen Hilfsbuch für den Religionsunterricht etc. *Eisleben 1899: A. Klöppel.* (S. 3—17.) 4° [Umschlagt.]
Eisleben, st. R, OP 1899 (281)

Biblische Geschichten für die Vorschule höherer Lehranstalten nebst entsprechendem Gedächtnisstoff. Bearb. von Dr. H[ermann] **Halfmann**, Dir. in Itzehoe, u. Dr. J[ulius] Köster, Prof. in Iserlohn. Berlin: Reuther & Reichard 1904. (VIII, 50 S.) 8° [F.]
= **Halfmann**: Hülfsbuch f. d. ev. Religionsunterricht. [Vorstufe.] [05. 13060

Biblische Geschichten für die Vorschule höherer Lehranstalten nebst entsprechendem Gedächtnisstoff. Bearb. von Dr. H[ermann] **Halfmann**, Dir. in Itzehoe, u. Dr. J[ulius] Köster, Prof. in Iserlohn. Mit 26 Bild. von Schnorr v. Carolsfeld. 2., verb. u. verm. Aufl. Berlin: Reuther & Reichard 1905. (VIII, 58, 12* S.) 8° [F.]
= **Halfmann**: Hülfsbuch f. d. evang. Religionsunterr. [1.] [06. 3173

Biblische Geschichten für die Vorschule höherer Lehranstalten nebst entsprechendem Gedächtnisstoff. Bearb. von Dr. H[ermann] **Halfmann** u. Dr. J[ulius] Köster, Prof. Mit 26 Bildern von Schnorr v. Carolsfeld. 3. durchges. Aufl. Berlin: Reuther & Reichard 1907. (58, 12* S.) 8° [F.]
= **Halfmann**: Hülfsbuch f. d. evang. Religionsunterr. Vorstufe. [07. 13624

Biblische Geschichten für die Vorschule höherer Lehranstalten nebst entsprechendem Gedächtnisstoff. Bearb. von Dr. H[ermann] **Halfmann** u. Dr. J[ulius] Köster, Prof., Friedenau. Mit 26 Bild. von Schnorr v. Carolsfeld. Sondersausg. f. d. **Prov. Hannover**. Berlin: Reuther & Reichard 1907. (VIII, 60, 12* S.) 8° [F.]
= **Halfmann**: Hülfsbuch f. d. evang. Religionsunterr. [Vorstufe.] [08. 1624

— u. J. **Köster**, biblische Geschichten f. die Vorschule höherer Lehranstalten, nebst entsprech. Gedächtnisstoff. (Hilfsbuch f. den evangel. Religionsunterricht an den höh. Lehranstalten.) Mit 26 Bildern von Schnorr v. Carolsfeld. 5. unveränd. Aufl., besorgt v. Halfmann. (VIII, 58 u. 12 S.) 8. Berlin 910. Reuther & Reichard. Geb. nn — 90; Sonderausg. f. die Prov. Hannover. 2. unveränd. Aufl. (VIII, 60 u. 12 S.) 910. Geb. nn — 90

Hülfsbuch für den evangelischen Religionsunterricht an den höheren Lehranstalten von Dr. H[ermann] **Halfmann**, Dir. in Itzehoe, u. Dr. J[ulius] Köster, Prof. in Iserlohn. [Vorstufe &] T. 1–3. Mit Abb. u. Karten. Berlin: Reuther & Reichard 1900–04. 5 Bde 8° [F.]
[Vorstufe =] Halfmann & Köster: Bibl. Geschichten f. d. Vorschule höh. Lehranst. 1904.
1. Für Sexta bis Qarta aller Anstalten. 1900.
2. Ausg. A. Für Unter-Tertia bis Unter-Sek. d. Nichtvollanst. 1900.
Ausg. B. Für Unter-Tertia bis Unter-Sek. d. Vollanst. 1900.
3. Für Obersekunda u. Prima. 1903. [05. 13059

Halfmann, H., u. J. Köster, Hülfsbuch f. den evangel. Religionsunterricht an den höh. Lehranstalten. 1. Tl. Für Sexta bis Quarta aller Anstalten. Mit 6 Abbildgn. u. 2 Karten. 2., durchgeseh. Aufl. gr. 8. (VIII, 204 S.) Berlin 901. Reuther & Reichard. Geb. in Leinw. n.n. 2. 25

— — dasselbe. 2. Tl. Ausg. A. Für Unter-Tertia bis Unter-Sekunda der Nichtvollanstalten, insbesondere f. die III. bis I. Klasse der Realschulen. Mit 4 Karten. 2., durchgeseh. u. verm. Aufl. gr. 8. (VIII, 201 S.) Ebd. 902. Geb. in Leinw. n.n. 2. 25

— — dasselbe. Ausg. B. Für Unter-Tertia bis Unter-Sekunda der Vollanstalten. Mit 4 Karten. gr. 8. (VI, 154 S.) Ebd. 900. Geb. in Leinw. n.n. 2. —

Hülfsbuch für den evangelischen Religionsunterricht an den höheren Lehranstalten von Dr. H[ermann] **Halfmann**, Dir. zu Eisleben, u. Dr. Julius Köster, Prof. in Iserlohn. T. 2, Ausg. B. Für Unter-Tertia bis Untersekunda d. Vollanstalten. 3., durchges. u. verm. Aufl. *Berlin: Reuther & Reichard 1903.* 8° [F.] [03. 14918

Hülfsbuch für den evangelischen Religionsunterricht an den höheren Lehranstalten von Dr. H[ermann] **Halfmann**, Dir., u. Dr. J[ul.] Köster, Prof. Mit 6 Abb. u. 7 Karten. 4. durchges. Aufl. Berlin: Reuther & Reichard 1903–07. 3 Bde 8° [F.]
1. Für Sexta bis Quarta aller Anstalten. 1903.
2. Ausg. A. Für Unter-Tertia bis Unter-Sek. d. Nichtvollanst., insbes. f. d. 3. bis 1. Klasse d. Realschulen. 1904.
3. Für Obersekunda u. Prima. 1907. [07. 13411

Hülfsbuch für den evangelischen Religionsunterricht an den höheren Lehranstalten von Dr. H[ermann] **Halfmann**, Dir. in Itzehoe, u. Dr. J[ulius] Köster, Prof. in Iserlohn. 6., unveränd. Aufl. T. 1. Berlin: Reuther & Reichard 1905. 8° [F.] [05. 10034

Hülfsbuch für den evangelischen Religionsunterricht an den höheren Lehranstalten von Dr. H[ermann] **Halfmann**, Dir. in Itzehoe, u. Dr. J[ulius] Köster, Prof. in Iserlohn. Ausg. B. 5., unveränd. Aufl. T. 2. Berlin: Reuther & Reichard 1905. 8° [F.] [05. 10033

— — Hülfsbuch f. den evangelischen Religionsunterricht an den höheren Lehranstalten. 1. Tl.; 2. Tl. Ausg. A u. B. u. 3. Tl. 8. Ebd. Geb. n.n. 9. —
I. Für Sexta bis Quarta aller Anstalten. Mit 6 Abbildgn. u. 2 Karten. 7. unveränd. Aufl. (VIII, 208 S.) 906. Geb. n.n. 2. 25; 7., unveränd. Aufl. (Sonderausg. f. Hannover.) (VIII, 218 S.) n.n. 2. 25
II. Ausg. A. Für Unter-Tertia bis Unter-Sekunda der Nichtvollanstalten, insbesondere f. die III. bis I. Klasse der Realschulen. Mit 4 Karten. 6., durchgeseh. Aufl. (VIII, 208 S.) 906. Geb. n. 2. 25; 8., durchgeseh. Aufl. (Sonderausg. f. Hannover.) (VIII, 205 S.) (903.) n.n. 2. 25
II. Ausg. B. Für Unter-Tertia bis Unter-Sekunda der Vollanstalten. Mit 4 Karten. 6., durchgeseh. Aufl. (VI, 178 S.) 906. Geb. n.n. 2. —; 8., durchgeseh. u. verm. Aufl. (Sonderausg. f. Hannover.) (VI, 175 S.) n.n. 2. —
III. Für Obersekunda u. Prima. 3., neu bearb. Aufl. v. Jul. Köster. Mit e. Karte der Reisen des Apostels Paulus. (VI, 156 S.) 905. Geb. n.n. 2. 60

Hülfsbuch für den evangelischen Religionsunterricht an den höheren Lehranstalten von Dr. H[ermann] **Halfmann** u. Dr. J[ulius] Köster, Prof. 8., durchges. Aufl. 3. Sonderausg. f. Hannover. T. 1. Berlin: Reuther & Reichard 1907. 8° [F.] [07. 13537

Halfmann, H., u. J. Köster, Hilfsbuch f. den evangelischen Religionsunterricht an d. höh. Lehranstalten. I. Tl., II. Tl. Ausg. A u. B u. III. Tl. Ausg. A u. B. 2 Bdchen. 8. Berlin, Reuther & Reichard. Geb. in Leinw. nn 11. 95

1. Für Sexta bis Quarta aller Anstalten. Mit 6 Abbildgn. u. 2 (farb.) Karten. 10. Aufl., besorgt v. Halfmann. (VIII, 208 S.) 910. Geb. nn 2.30; 5. Sonderausg. f. Hannover. Besorgt v. Halfmann. 10., unveränd. Aufl. (VIII, 218 S.) 910. Geb. nn 2.30
2. Ausg. A. Für Unter-Tertia bis Unter-Sekunda der Nichtvollanstalten, insbesondere f. die III. bis I. Klasse der Realschulen. Mit 4 (farb.) Karten. 9. Aufl., besorgt v. Halfmann. (VI, 210 S.) 910. Geb. nn 2.30.
2. Ausg. B. Für Unter-Tertia bis Unter-Sekunda der Vollanstalten. Mit 4 (farb.) Karten. 9. Aufl., besorgt v. Halfmann. (VI, 180 S.) 910. Geb. nn 2.—; 3. Sonderausg. f. Hannover. Besorgt v. Halfmann. (VI, 180 S.) 910. Geb. nn 2.—
3. Für Obersekunda u. Prima. 6. Aufl., besorgt v. Halfmann. Mit e. Anh. üb. kirchl. Kunst u. Kirchenbau u. 1 (farb.) Karte der Reisen des Apostels Paulus. (VI, 260 u. 15 S. m. Abbildgn.) 910. Geb. nn 2.75; Anh. allein nn — 15
3. Ausg. B. I. Kirchengeschichte nebst e. kurzen Bibelkunde, v. H. (X, 168 S.) 909. Geb. 1. 80
3. Ausg. B. II. Einführung in die Weltanschauungsprobleme u. Abriß der Glaubens- u. Sittenlehre, v. H. (VIII, 48 S.) Geb. — 80

— — dasselbe. Ausg. f. höhere Mädchenschulen, bearb. v. G. Porger. I. Tl. 2 Bdchn., II. Tl. 2 Bdchn. u. IV. Tl. 8. Ebd. Geb. nn 6. 90

I, 1. Biblische Geschichten d. Alten Testaments. 1. Hauptstück. (Für Klasse VII.) Mit 6 Abb. u. 2 Karten. (IV, 94 S.) 909. Geb. 1. 20
I, 2. Biblische Geschichten d. Neuen Testaments. 3. Hauptstück. (Für Klasse VI.) Mit 2 Karten. (IV, 64 S.) 909. Geb. 1. —
II, 1. Geschichte des Volkes Israel. (Für Klasse V.) Mit 3 (farb.) Karten. (IV, 81 S.) 909. Geb. 1. 20
II, 2. Geschichte u. Lehrtätigkeit Jesu. (Für Klasse IV.) Mit 2 (farb.) Karten. (IV, 74 S.) 909. Geb. nn 1. 10
IV. (Für Klasse I.) (VI, 236 S.) 910. Geb. 2. 40
Der III. Tl. ist noch nicht erschienen.

Halfmann, Herm., Cardinal Humbert, sein Leben u. seine Werke m. besond. Berücksicht. seines Traktates: „Libri tres adversus Simoniacos". gr. 8. (83 S.) Göttingen 883. Dieterich's Verl. n. 2. —

Kleines Quellenbuch für den evangelischen Religionsunterricht ⟨Obertertia bis Prima⟩ von Dr. H[ermann] **Halfmann**, Dir. in Eisleben u. Dr. J[ulius] Köster, Prof. in Iserlohn. *Berlin: Reuther & Reichard 1903.* (136 S.) 8° [F.] [04. 5379

Halfmann, [Hermann]: [Scheidegruß für den in den Ruhestand tretenden Direktor Prof. Dr. Kaiser.] S. 9—11. 4.
Progr. Oberrealschule *Barmen* 1907 (620).

Halfmann, Hermann: Weltanschauung. Ein philos.-apologet. Versuch als Grundlage f. d. Abschluss des Religions-Unterrichts in Prima. Itzehoe 1909: Pfingsten. 16 S. 4°
Itzehoe, st. Reform-RG u. R OP 1909 (389) [S 09. 155

Halfmann, H., s.: Zeitschrift f. den evangel. Religionsunterricht.

Halfmann, Johannes: Das auf der Bibliothèque Nationale zu Paris befindliche Manuscript der Canterbury Tales. *Kiel 1898: A. Bockel.* (57 S.) 8°
Kiel, Phil. Diss. v. [2. Juni] 1898

[F.] Isentrud. E. Epos aus d. Sachsenlande v. Martha **Halfmann**. *Wittenberg: P. Wunschmann 1896.* (74 S.) 1 Bd 8. [96. 5678

Halfmann, R., die Bilder u. Vergleiche in Pulci's Morgante, s.: Ausgaben u. Abhandlungen aus dem Gebiete der romanischen Philologie.

Halfmann, R. Die Bilder und Vergleiche in Pulci's Morgante, nach Form und Inhalt untersucht und mit denen der Quellen dieses Gedichtes verglichen. Diss. Marburg 1884. 66 S.

Halford, Henry, kurzer Rathgeber für Lungensüchtige, mit Vorschriften für Linderung und Heilung aller Arten von Auszehrung und Schwindsucht, sowie aller Brustleiden. Nach dem Engl. 8. (39 S.) Ulm 847. [Aderf, Müller's Buchh.]

Halfort, A.C.L.: Entstehung, Verlauf und Behandlung der Krankheiten der Künstler und Gewerbetreibenden. 621 S., gbd.

Berlin: Amelang 1845

JB 2.982

Halfort, A. C. L., Entstehung, Verlauf und Behandlung der Krankheiten der Künstler u. Gewerbetreibenden. Nach dem neuesten Standpunkte der Medizin, Chemie, Mechanik und Technologie, so wie nach den Mittheilungen berühmter Gewerksärzte des In- und Auslandes und eigenen Forschungen bearb. gr. 8. Berlin 845, C. F. Amelang. $2^3/_4$ ₰

Halfpaap, Gustav, Apotheker aus Breslau: **Aus d. chemischen Institut d. Universität Breslau. Ueber die Einwirkung von m-Xylylenbromid auf primäre, sekundäre und tertiäre Amine, sowie auf cyansaures und Rhodankalium.** *Breslau 1903: H. Fleischmann.* (56 S.) 8°
Breslau, Phil. Diss. v. 4. März 1903

Halfpaap, O., die Schmiedekunst älterer und neuerer Zeit, s. Trelenberg, G.

Halfpap gen. Klotz, Rich., Quaestiones Servianae. Dissertatio inauguralis philologica. gr. 8. (54 S.) Gryphiswaldiae 882. (Jena, Frommann'sche Buchdruckerei.)

Halfpap, gen. Klotz, Rich., quaestiones Servianae. Dissertatio inauguralis philologica. gr. 8. (54 S.) Gryphiswaldiae 882. (Jena, Pohle.) — 75

Halfred, Th. L., Kamönens Gaben. (Romant. Erzählungen.) gr. 12. ($8^1/_2$ B.) Marburg 828. [Cassel, Krieger.]

Halfred, Th. L., der Gefangene, od. die Liebe im Pauli-Thale. 8. Quedlinb. 826. Basse. 20 gr

Halfred, Theophil Ludwig [Pseud.], s. Vilmar, Georg Christian Leo

Hálfs Saga ok Hálfsrekka, hrsg. v. A. Le Roy Andrews, s.: Saga-Bibliothek. altnordische. 14. Heft.

Halft, Franz: Die Schließhaut der Hoftüpfel im Xylem der Gefäßkryptogamen. Cöln-Ehrenfeld: Muench 1910. 28 S. 8°
Bonn, Phil. Diss. v. 23. Febr. 1910, Ref. Strasburger
[Geb. 16. Jan. 85 Cöln-Sülz; Wohnort: Cöln-Sülz; Staatsangeh.: Preußen; Vorbildung: Friedrich-Wilhelm-Gymn. Cöln Reife O. 06; Studium: Bonn 3, Berlin 1, Bonn 5 S.; Rig. 15. Dez. 09.] [U 10. 373

Hälfte: Die bessere Hälfte
v. Genossenschaftliches Volksblatt (I).

Halfter, Franz [pr. Arzt]: Eine Complication von myoma uteri mit Gravidität ... Greifswald, Druck v. J. Abel, 1897; 24 S. 8.
Greifswald, Med. Fak., Inaug.-Diss. v. 11. Aug. 1897

Halfter, J. P., 18 Normal-Figuren als Grundlage f. den Schön-Zeichenunterricht in der Oberklasse der Volksschule. Mit einem die ganze Schulzeit umfassenden Plane des Zeichen-Unterrichtes u. einem speciell ausgeführten Lehrgange für die Oberklasse einer dreiklassigen Volksschule. Nach Herbartischen Grundsätzen bearb. gr. 8. (VIII, 59 S. m. 28 Steintaf.) M.-Gladbach 881. Boltze. n. 2. 40

Haliczky, Andr., s.: Mitterpacher v. Mitternburg, Ludw., Auszug aus Chaptal.

HALICZKY, ANDREAS FRIEDRICH: Schematismus des Königreiches Hungarn mit dem dazu gehörigen Theile. Ofen-Tyrnau 1790. Gedr. mit königl. Pester Universitätsschriften. 346, 34 S. - 8°

Halifa al-Halabi, das Buch vom Genügenden in der Augenheilkunde, s.: Augenärzte, die arabischen. 2.

Halifax, John, gentleman, s.a.Collection of british authors.

Halifax, John, gentleman, hrsg. v. A. W. Sturm, s.a.Textausgaben französischer u. englischer Schriftsteller.

—— Gentleman. Aus dem Engl. von Sophie Verena. Autorisirte Ausg. 2 Bde. 8. (980 S.) Leipzig 861, Voigt und Günther. *

Vgl.: Bibliothek, europäische.

Halifax, John, Gentleman. Aus dem Engl. v. Sophie Verena. Autoris. Ausg. 2. Aufl. 2 Bde. 8. (500 u 480 S.) Leipzig 873. E. J. Günther. n. 9. –

Halifax John

John Halifax, Gentleman. 2. Aufl. Bd 1.2. 1874

s.a. Mulock, Dinah Maria [Verf]

Halifax, John, Gentleman. A. d. Engl. von Sophie Verena. 2. Aufl. Leipz. 1874. V: *Craik, Dinah Mary geb. Mulock.* (Russell II/1 S. 134)

Halifax, Lord, üb. d. Einigung d. Kirchen. D. anglikan. Kirche u. d. römische. Rede, geh. am 14. Febr. 1895 zu Bristol. Übers. u. m. bericht. Erklärgn. vers. v. Ceslaus Maria Schneider. gr. 8. (IV, 114 S.) Regensburg 896. Nationale Verlagsanstalt. n. 1. 50

Charakterbild eines Königs. Vom (Sir George Savile) Marquis von **Halifax**. Nebst Aphorismen des Autors. (A Character of King Charles the Second; and political, moral and miscellaneous thoughts and reflections.) Erste deutsche Übers. (von Gräfin Agnes zu Reventlow). Hrsg. m. Einl. u. Anm. von Ferdinand Tönnies. Berlin: Curtius [1910]. 100 S. 8° [10. 1164]

Halifax, John, zwei Heirathen, s. Romane, moderne, des Auslandes.

Halifax Gazette 1752 1789 Halifax, NS

Published by Stemer on types obtained from Justus Fox, Germantown, pa

Halik, Joh., Handbuch d. Glasfabrikation. 1. Bd. Gründliche Abhandlg. üb. Rohmaterialien. Ausgiebigkeit u. Glühverluste derselben. Erlerng. d. Anwendg. u. Zerlegg. chem. Formeln. Vorausbestimmung der chem. Zusammensetzg. des zu erschmelz. Glases. Zurichtg. v. Glasgemengen nach chem. Formeln d. Glases u. s. w. m. prakt. Beispielen u. erprobten Recepten versehen. (142 S.) 8. Prag 908. (F. Rivnáč.) 4. 80

Halill, Ali, d. Sohnes Jesischichdda Reden; aus d. Span. Uebersetzung d. Arab. Originals ins Deutsche, übers. v. Matth. Naufrost. 8. Stendal 781. Franzen u. Gr. 4 gr

Haeling, J. B., Rundschrift. Darstellung der Grundformen und systematisch geordnete Uebungen nach der Taktschreibmethode, nebst einem Vorlegeblatt. Für den Schul- und Privatgebrauch. 3 Hefte. 2. Aufl. qu. gr. 4. (à Heft 20 lithogr. S.) Mainz 878, (Diemer.)

Die 1. Aufl. erschien 1878 im Selbstverlag.

Haeling, J. B., Rundschrift. Darstellung der Grundformen u. systematisch geordnete Uebungen nach der Taktschreibmethode, nebst einem Vorlegeblatt. Für den Schul- u. Privat-Gebrauch bearb. 3 Hfte. 4. Aufl. qu. 4. (à 20 lith. S.) Mainz 881. Diemer. n. 1. 80

Häling, P. Über die dramatische Dichtung Deutschlands im Mittelalter. 22 S. **Progr.** *Bensheim* 1883.

Halik, Ant. Handbuch, enthaltend die Anleitung zur Verfassung der richtigsten Repartizionsschlüsseln in der möglichst kürzesten Zeit nach einer leicht faßlichen Methode. Herausgegeben von — —. Weißwasser, 1857. Dr. von J. Zwickl in Jungbunzlau 1857. (18 S. 13 Bl. 4.)

Halik, Anton, *k. k. Steueramts-Controlor.* Handbuch zur schnellen und genauen Umrechnung der alten Währungen in neue österreichische Währung und ebenso umgekehrt, nebst vier Reductions-Tabellen u. s. w. *Königsaal* 1858. Druck der k. k. Hofbuchdr. von *Gottlieb Haase Söhne* in Prag. 8 S. 4°. 20 kr. CM.

Halirsch, Ldw., († d. 19. März 1832.) Balladen u. lyrische Gedichte. gr. 12. Leipz. 829. Focke. 1 ℛ 6 gr

—— die beiden Bilder, s. Original-Romane, 7. Thl.

Halirsch, (L.,) die Demetrier. Trauerspiel in 5 Aufzügen. 8. Leipz. 824, Wienbrack.

— s. Miscellen, dramatische.

—— der Morgen auf Capri. Dramat. Gedicht in 3 Aufz. gr. 12. (6½ B.) Leipzig 829, Focke.

Halirsch, Ludw., literar. Nachlaß. Hrsg. v. Joh. Gabr. Seidl. 2 Bdchn. gr. 12. (19 B.) Wien 840, [Gerold's Vrlsh.]

Halirsch, Ludw., Novellen. Aus dess. Nachlasse hrsg. v. Joh. Gabr. Seidl. — Die jungen Herzen. — Belladonna. gr. 12. (10 B.) Wien 842, Gerold, Verl.

Halirsch, L., Novellen u. Geschichten. 8. Brünn 827. Traßler. 1 ℛ

— s. Novellen-Mappe.

— Petrarca, dramatisches Gedicht in 3 Aufz. 8. Leipz. 824, Wienbrack.

— Hans Sachs; Schspl., s. A. v. Kotzebue, Almanach. J. 1824.

— Schwärmer Sansfaçon und Gleichgültiger, s. A. v. Kotzebue, Almanach. J. 1823.

—— dramaturg. Skizzen. 2 Bde. gr. 12. (19 B.) Leipzig 829, Focke.

Halka, Alexander

Halka, Alex., s.: Afrika-Bibliothek, kleine.

— Geschichte d. Silberguldens, der gerne nach Afrika gewandert wäre. 2. Aufl. (16 S.) kl. 8. Ebd. (900). n — 10

Halka, Alex., s. a.: Ledóchowska, Gräfin M. Theresia.

Halka, Alex., die heilige Odilia. Schauspiel in 8 Aufzügen. 8. (71 S.) Wien 884. Kirsch. n. — 80

Halka, Alexander, Mein Polen. Reise-Erinnerungen. 2. Auflage. 8. (166 S.) 1.—
Wien: Drescher 1892.

— mein Polen. Reise-Erinnergn. (2. Aufl.) 12. (166 S. m. Abbildgn.) Wien 892. Verlag „Austria". n. 2.—

Halka, Alex. St. Aloisius wacht! Schauspiel in 3 Aufzügen. 12. (84 S.) Wien 891, (Verlag „St. Norbertus"). * 1 —

— Das Scapulier des Sclaven. Erzählung aus dem schwarzen Welttheile. (16 S. m. Abb.) kl. 8. Salzburg (901). St. Petrus Claver-Sodalität. — 10

—— Was geht das uns an? Gedanken u. Erwäggn. üb. das Werk der Antisclaverei u. die kathol. Missionsthätigkeit in Afrika. Mit e. Geleitswort v. Msgre. Ant. Schöpfleuthner. gr. 16. (62 S. m. Bildern.) Salzb. 892, Pustet. * — 40

— Das Weinkörbchen. Drama in 3 Akten. (66 S.) kl. 8. Ebd. 907. p — 45

— Zaïda, d. Negermädchen. Volksdrama in 5 Aufzügen. (87 S.) kl. 8. Ebd. (889). — 85; geb. 1. 70

Halke, Heinrich

Halke, H., Einleitung in das Studium der Numismatik. gr. 8. (XII, 164 S.) Berlin 882. F. & P. Lehmann. n. 3.—

Halke, H., Einleitung in das Studium der Numismatik. 2., m. 8 Taf. Münzabbildgn. u. 2 Textillustr. verseh. Aufl. gr. 8. (XVI, 227 S.) Berlin 889. F. & P. Lehmann. n. 7.—

Halke, H., Einleitung in das Studium der Numismatik. 3., verm. u. verb. Aufl. Mit 8 Taf. Münzabbildgn. u. 2 Textillustr. (XVI, 219 S.) gr. 8. Berlin 905. G. Reimer. n. 6.—; geb. in Leinw. n. 7.—

Halke, H., Handwörterbuch der Münzkunde u. ihrer Hilfswissenschaften. (VI, 396 S.) gr. 8. Berlin 909. G. Reimer. 9.—

Halke, Paul, s. H a l c k e

General Halkett. Commandirender General der Hanover. Truppen in Schlesw. Holstein. Hamburg. o. J. Lithogr. 1 Bl. Fol.

Halkiziki [Schlagwort]

Halkiziki, s.: Europa. Generalkarte.

Hall [Sachliches OW]

Hall. Bad in Oberösterreich. (Badhaus. Trinkhalle. Marktplatz. Pfarrkirche.) Nach der Natur gezeichnet und lithogr. von L. Czerny. Gr. Quer-Quart. Tondruck. Wien. Anton Paterno. 185-.
Pr. Blatt 25 kr., color. 50 kr.

Hall eines Eydgenossen. St. Gallen 1789. V: *Müller von Friedberg, Carl Ritter.* (AarK) (Ky) (MGT) (BrMm)

Hall eines Eidgenossen. 8. St. Gallen. Huber. 789.

An den Königlich Dänischen Minister Hall in Kopenhagen (von einem Eidesverweigerer). o. O. (1863.) 8°

Hall, Die Stadt, in Tirol und das Elektrizitätswerk a. Vomperbach in Schwyz. [Schwyz 1909.] V: *Zischer, Gottlieb.* (margr)

Hall in Tirol und seine Umgebung. Ein Führer für Einheimische und Fremde. Innsbruck 1899. 2. Aufl. 1903. V: *Strompen, Karl.* (margr)

Hall in Tirol u. seine Umgebung. Ein Führer für Einheimische u. Fremde. Hrsg. auf Veranlassg. des Magistrates der Stadt Hall. Mit 40 Illustr. u. 1 Karte der Umgebg. 8. (VIII, 81 S.) Innsbruck 899. Vereins-Buchh. u. Buchdr. n. — 80

Welt-erklingender Hall u. Wieder-Schall der Schwedischen Trommeln bey general-musterung in der Gegend von Stralsund. (1¼ B.) 4. 1715.

Hall [Schlagwort]

Hall, s. a. Deutschland, Kürschner-Pelp.

Hall, s. a. Geognostische Karten (Württemberg).

– s.a. T o u r i s t e n k a r t e n. Hopf.

Hall, s. a. Württemberg. Generalkarte.

Hall. Karte von Hall u. Umgebung. 1 : 200,000. Lith. gr. Fol. Tübingen 890. Fues. n. 1. 40; auf Leinw. n. 2.—

Hall [Verfasser]

Hall, Albertine, praktische Anweisung zur Erteilung des Handarbeitsunterrichts, s.: Schallenfeld, Agnes.

Hall, Archibald A., B. Sc., aus Liverpool ⟨Engl.⟩: Beiträge zur Kenntnis der Diazoanhydride. *Jena 1903: G. Neuenhahn.* (32 S.) 8°
Jena, Phil. Diss. v. (28. Juli) 1903

Hall, Basil, Auszüge aus e. Tagebuche geschrieben auf d. Küsten von Chili, Peru u. Mexiko, in d. J. 1820—22. Aus d. Engl. 2 Bde. 8. Stuttg. 824—25. v. Cotta. 2 ꝛf 16 ℊ

— Entdeckungsreise nach der Westküste von Korea u. der Lutschu-insel, s. Bibliothek, neue, d. Reisebeschreibb. 19r Bd.

— Schloß Hainfeld, oder: Ein Winter in Steiermark. Unter d. Augen des Verfassers aus d. Engl. übersetzt von Minna Herthum, 8. Berlin 836, Eichler, jetzt Thome. 1½ ꝛf

— Reise an d. Küsten v. Chili, Peru u. Mexiko, in d. J. 1820, 21 u. 22. Aus d. Engl. (Aus d. ethnograph. Archiv abgedr.) gr. 8. Jena 824. Bran. 1 ꝛf

Hall, B., Aus dem Seelleben, s. Conversations- u. Reisebibliothek.

Hall, Basil
Aus dem Seelenleben. Aus dem Engl. von W.E. Drugulin. Leipzig: Lorck 1855. 152 S. 8°
(Conversations- und Reisebibliothek.)

Hall, Basil, See- u. Land-Reisen, n. d. Engl. bearb. v. C. M. Winterling. 2 Bde. 8. (à 10 B. u. Titvign.) Berlin 836, Bade. à * ½ Thlr. Thlr. *

Hall, C. H: Der Pulsometer. Berlin (1877)

Hall, Charles, die Wirkungen der Zivilisation auf die Massen, s. a. Hauptwerke des Sozialismus u. der Sozialpolitik. 4. Hft.

Die Wirkungen der Zivilisation auf die Massen [The effects of civilisation] von Charles **Hall**. Aus d. Engl. übers. von B[abette] Oldenberg. Mit e. Einl. von Georg Adler. Leipzig: C. L. Hirschfeld 1905. (82 S.) 8° [F.]
= **Hauptwerke** d. Sozialismus u. d. Sozialpolitik. H. 4. (05. 6577 8

Hall, Christian Hans, s. Hall, Hans

Hall, F[riedrich]: Die älteren rein geometrischen Beweise zu Steiners Konstruktion der Malfattischen Aufgabe. *Wattenscheid 1898: C. Busch.* (1—13 S. mit Taf.) 4°
Wattenscheid, PG, P 1898 (384)

Hall, Granville Stanley

Hall, G. Stanley, ausgewählte Beiträge zur Kinderpsychologie u. Pädagogik, s. a. Bibliothek, internationale f. Pädagogik. IV.

Ausgewählte Beiträge zur Kinderpsychologie und Pädagogik. Von Dr. G[ranville] Stanley Hall, Prof., Worcester in Mass. Mit Erlaubnis d. Verf. aus d. Engl. übers., mit e. Einl. vers., sowie durch Anm. u. Zusätze erg. von Dr. Joseph Stimpfl, Seminarl. zu Bamberg. *Altenburg, O. Bonde 1902.* (134 S.) 8°
— Bibliothek, Internat., f. Pädagogik u. deren Hilfswiss. Bd. 4

Hall, H. Effektenbewertung in den Bilanzen der Lebensversicherungsgesellschaften. Zeitschr. f. Staats- u. Volkswirtsch. Wien 1901. 26.

Hall, H. C. van, Elementa botanices, in us. lection. academicar. conscripta. 8maj. (17 B.) Groningae 831, Oomkens. (Bremae, Kaiser.) *

— s. Car. Linnaei epistolae.

Hall, H. C., Marian, s.: Collection of british authors.

van Hall, (H. C.,) Specimen botanicum, exhib. Synopsin graminum indigenarum Belgii partis septentr., olim VII provinc. una c. App qua nonnullae indigenae novae indicantur. 8maj. Traj. ad Rh. 821. (Fr. Fleischer in Leipzig.)

***van Hall*, H. C., Dissert. medica inaug. de stethoscopii in morbis pectoris usu. 8maj. Traj. ad Rh. 823. (Leipz., Fr. Fleischer). 22 gr.**

Hall, Hans, die Versicherung gegen Stellenlosigkeit im Handelsgewerbe. [Aus: „Bayer. Handelszeitg."] gr. 8. (20 S.) München 893. (Ch. Kaiser.) n. 20

[F.] **Hall,** *Christian* Hans (in d. Vita: Johannes) [aus Oberndorf]: Die Versicherung gegen Stellenlosigkeit im Handelsgewerbe auf Grund d. Enquête d. deutschen Verbandes kaufmänn. Vereine v. Herbste 1892 ... München, J. Schweitzer, 1894; 72 S., 1 Bl. 8.
Erlangen, Phil. Fak., Inaug.-Diss. v. 1894

Hall, Hermann, appr. Tierarzt: Über den Nachweis der Tuberkelbazillen durch das Antiformin-Ligroinverfahren, unter besonderer Berücksichtigung der Darmtuberkulose. Hildesheim 1909: Lax. 29 S. 8°
Gießen, Veterinär-Med. Diss. v. 14. Jan. 1910, Ref. Olt
[Geb. 19. Jan. 84 Donaueschingen; Wohnort: Pforzheim; Staatsangeh.: Baden; Vorbildung: Gymn. Ludwigsburg Reife Juni 03; Studium: Stuttgart Tierarztl. Hochsch. 7 S.; Rig. 3. Dez. 09.] [U 10. 1207

Hall, Herm. van, Observationes de Zingiberaceis. Imp.-4. (VI und 54 S. mit 2 Stnt. in gr. Fol.) Leyden 858, Brill. * *

Hall, J. van der

v. d. Hall, s. Vander.

Hall, J. van der, die Hugenottin. 8. (17¼ B.) Berlin 828, Herbig.

—Jokosen. Mit 5 Kpf. 12. Meiß. 827. Goedsche. 22 gr

—die Jüdin. 2 Thle. 8. Meiß. 830. Goedsche. 1 Thlr 14 gr

— die Jüdin. 2 Thle. 8. (20½ B.) Meißen 830. [Leipzig, Vetter u. Rostosky.]

Hall, J., Legenden des Westens, s. Bibliothek, amerikanische.

—Ritter Paladour von d. blutigen Kreuze, oder die Waldenser in Frankreich im 12. Jahrhund. 2 Thle. Mit 2 Steindr. 8. Meißen 827. Goedsche. 2 Thlr 4 gr

Hall, J van der

Ritter Trautwangen oder die Zigeuner in Deutschland zur Zeit des dreißigjährigen Krieges. Mit 1 Lithogr. Th. 1. 2.
Meißen: Goedsche. Freiburg: Wigand 1827. 8°

Lithogr. fehlt.

Hall, J., van der, Der Verschworene, od. die letzten Regierungsjahre Königs Jakob II. 8. Berlin 828. (A. Förstner.) 1⅓ Thlr

Hall, J. van der, der Verschworne, od. d. letzten Regierungsjahre Königs Jacob II., aus d. Hause Stuart. Ein histor. Roman. 8. (16½ B.) Berlin 828, Schüppel. Thlr.

Hall, J. C., can wrong be right, s. Collection of British authors.

Hall, J. Sparkes

Hall, J. S., das Buch der Fußbekleidungskunst aller Zeiten und Nationen; mit gegen 100 (in den Text gedr.) Abbildgn. (in Holzschn.) Nebst Winken und Rathschlägen für Schuh- und Stiefel-Fabrikanten, und einem Anhang über Hühneraugen u. deren sichere Heilung. Arnstadt 853. Verlags-Comptoir. 8. (2 Bl., 92 S.) 6 ngr

Hall, J. S[parkes]. Das illustrirte Schusterbüchlein. Oder Die Fussbekleidungskunst bei den alten Egyptern, Hebräern, Persern, Griechen, Römern im Mittelalter bis auf unsere Tage. Mit einem Anhang: Die Entstehung der Hühneraugen ... Leipzig: Verlag von Otto Spamer 1852
Tit., 36 S. m. 35 Holzschn. 8°

Hall, J. S., das illustrirte Schusterbüchlein. Oder die Fußbekleidungskunst bei den alten Egyptern, Hebräern, Persern, Griechen, Römern, im Mittelalter bis auf unsere Tage. Winke und Rathschläge für Schuh- und Stiefelfabrikanten und Leistenschneider. Mit einem Anhange: Die Entstehung der Hühneraugen und deren gründl. Heilung rc. 2. Aufl. 8. (86 S. mit eingedr. Holzschn.) Leipzig 851(52,) Spamer. Thlr. *

Hall, Jacob van, Oratio de meritis Belgarum in excolendo historico juris Romani studio. Amsterdam 12. IV. 1824. 56 S. (6.50) 12886

Hall, Joh. Nep. —. Der Haunsberg und seine Umgebung. Von — —. 8. (48 S. und 1 Abbild.) Salzburg. Oberer'sche (Endl und Penker) Buchdruckerei. 1854.

Hall, John, der Verf. d. Traktats: „Der Sünderfreund." Barmen 868. (Buchh. der evang. Gesellsch.) 16. (31 S.) n. 2 ngr.

Hall, Jos., 140 Andachten bey Betr. d. natürl. Dinge. 8. Leipz. Zedler. 724.

Hall, Joseph. Betrachtungen über die biblische Geschichte. Gera 1770 —74. H: *Gräf, Joh. Sam. Glob.* (Ky)

Hall, Jos., Betrachtt. über die biblische Geschichte. (Herausgeg. von J. S. G. Gräf.) 4 Thle. gr. 8. Gera 770—74. Rothe. 4 ℛ 12 𝔤𝔯

Hall, Jos., Betrachtungen über das Leiden und Sterben, die Auferstehung und Himmelfahrt des Herrn Jesu Christi. Aus dem Engl. übers. von L. Valett. Bremen 862. Valett & Co. 8. (VIII, 126 S.) n. 12½ ngr.

— — CHARACTERES der Menschen, oder die Entlarvete Weldt in ihrer innerl. Eigenschafft, Handlung und Betrügligkeit &c. Amsterdam 1701. 8°. 1 Alphab. 5 Bog. (l. c.)
Französ.: Caracteres de Vertus & de Vices, Tirez de l'Anglois de M. *Joseph Hall.* Geneve, Pour Pi. & Jaq. Chouët. 1619. 8°. (In Wolfenb.)

— biblische Gesch. ic. 4. Ebend. 710.

— Gewissensrath. 8. Leipz. Müller. (Joachim.) 755.

— Himmelslust auf Erden, od. Seelenruh. 8 Ebendas. 754.

Hall, Jos.: „Salomons Regler-, Haushaltungs- und Sitten-Kunst". Aus dem Englischen übersetzt, Leipzig 1713 und 1714 (Fleischer).

— Salomons Regler-, Haus- u. Sittenkunst. 12. Leipzig, Fleischer. 714.

Hall, Jos., Roma irreconciliabilis. 8. Greifsw. (Hamburg. Brand.) 706. Rthlr.

— Trost- u. sinnr. Schrift. 8. Leipz. Zedler. 700.

Hall, Julius [app. Arzt aus Gutmadingen (Baden)]: Ueber Kiefercysten ... Freiburg i. B., Buchdr. E. Kuttruff, 1896; 31 S. 8.
Freiburg i. B., Med. Fak., Inaug.-Diss. v. 1896

Hall, Karl

Hall, Carl, spiel mit! Bilderbuch f. die Kleinen. Hrsg. v. der freien Lehrer-Vereinigg. f. Kunstpflege. (20 farb. S.) qu. 8. Berlin (905). J. Räde. Auf Pappe 3. —

Hall, Clara, die glückliche Familie. Eine Erzählung für Kinder zum Vorerzählen für die Kleineren, zum Selbstlesen für die größeren. Nebst einem Vorworte für Eltern und Erwachsene, zugleich enth.: Andeutungen und Winke über das zweckmäßige Spielen und Beschäftigen der Kinder. gr. 8. (47 S. mit 3 lithogr. Illustr. von H. Zumpe.) Leipzig 856. Friese.

—— neue Gedichtchen und Geschichtchen für kleine Kinder, welche noch in der Kutte gehen. Zum Erzählen, zum Auswendiglernen, zur Freude, zum Nutzen. gr. 8. (31 S. mit eingedr. Abbildungen in Holzschn.) Leipzig 856, Friese.

Hall, Ludw., aus alter Zeit. Eine Geschichte f. das neue Deutschland, nebst einigen Beigaben. 8. (VII, 226 S.) Freiburg i/Br. 886. Troemer. n. 3. —; geb. n. 4. —

Hall, Lyman B., über Orthonitrosalicylsäure und einige Abkömmlinge derselben. Inaugural-Dissertation. gr. 8. (31 S.) Göttingen 875. (Vandenhoeck und Ruprecht's Verlag.) *

Hall, Marshall, s. Marshall.

Hall, Marshall, Abhandlungen üb. d. Nervensystem. Aus d. Engl. m. Erläuterungen u. Zusätzen v. G. Kürschner. gr. 8. (14½ B. u. 1 Stnt.) Marburg 840, Elwert'sche Universit.-Buchh.

Hall, Marshall: Beobachtungen und Vorschläge aus dem Gebiete der practischen Medicin. (Practical Observations and suggestions in medicine. Dt.) Übers. und bearb. von L(ouis) Posner. Sammlung 1 - 2, gbd.

Leipzig: Kollmann 1846 - 1847

JB 2.534

Hall, Marshall, Beobachtungen u. Vorschläge aus dem Gebiete der pract. Medicin. Deutsch bearb. v. L. Possner. 2. Sammlung. gr. 8. (VIII u. 240 S.) Leipzig 847, Kollmann. 1 ℛ (1. u. 2: 1⅚ ℛ)

Hall, Marshall, über Blutentziehung. Deutsch bearb. v. H. Bressler. gr. 8. (11 B.) Berlin 837, Förstner.

Hall, Marshall: Ueber Blutentziehung. (Researches principally relative to the morbid and curative effects of loss of blood. Dt.) Übers. von H(eimann) Bressler. 172 S., gbd.

Berlin: Schüppel 1837

JB 2.654

Hall, Marshall: Darstellung der Verrichtungen des Nervensystems, insbesondere des eigentlichen Rückenmarkssystems. (Memoirs of the nervous system... Dt.) Übers. von E. Dieffenbach. 128 S., gbd., 3 Taf.

Hamburg: Hoffmann & Campe 1839

JB 4.547

— — Darstellung der Verrichtungen des Nervensystems, insbesond. des eigentl. Rückenmarkssystems. Aus d. Engl. v. E. Dieffenbach. gr. 8. (9½ B. u. 3 Stnt.) Hamburg 840, Hoffmann u. Campe.

—— Grundzüge der Theorie u. Praxis d. innern Krankheiten, s. a. Bibliothek von Vorlesgn. üb. Medizin XXVIII. Bd.

Hall, Marsh, Grundzüge der Theorie und Praxis der innern Krankheiten nebst Beobachtungen über d. wechselseitigen Beziehungen der Anatomie u. Physiologie zur Pathologie und Therapie. Eine Reihe von Vorlesungen. Aus d. Engl. von Dr. Levin. Nebst 4 Taf. Abbild. gr. 8. Leipzig 843, Kollmann. 3⅓ ℛ

Hall, Marschall, Handbuch d. Diagnostik; aus d. Engl. mit Anmerkk. v. A. Fr. Bloch. 2 Thle. gr. 8. Helmst. 823. Fleckeisen. 2 ℛ 12 𝔤𝔯

—— über d. Krankheiten etc. d. Nervensystems, s. a. Bibliothek von Vorlesungen etc., XXIX. Bd.

— über die Krankheiten und Störungen des Nervensystems in ihren primären, so wie in ihren nach Alter, Geschlecht, Konstitution, erblicher Anlage u. andern Umständen modifizirten Formen. Getreu in's Deutsche übertragen unter Aufsicht u. Bevorwortung des Fr. J. Behrend. Mit 8 in Stahl grav. Taf. gr. 8. Ebend. 842. $2^1/_3$ *ß*

—— das Nervensystem u. dess. Krankheiten. Deutsch bearb. von e. prakt. Arzte. gr. 8. (9 B.) Berlin 836, Plahnsche Buchh.

Hall, Marshall: Neue Untersuchungen über das Nervensystem. (New Memoir of the nervous system. Dt.) Übers.von Adolf Winter. 61 S., gbd.

Leipzig: Weigel 1844

JB 4.777

Hall, Max, 32 dreistimmige Lieder gemischten Inhalts für 2 Kinder-Stimmen u. 1 Männer-Stimme. Zunächst für die reifere Schuljugend komponirt und zur Einübung nach dem Gehör eingerichtet. München 863. Lentner. qu. 16. (2 Bl., 68 S.) n. 5 ngr.

Hall, Newman, Folge Jesu! Aus dem Engl. übersetzt von Wiedenfeld. 3. Aufl. (Ster.-Ausg.) Barmen 865. (Berlin, Beck.) 8. (60 S.) n. 2 ngr.

Hall, Newman, Folge Jesu! Aus dem Engl. übers. von Wiedenfeld. 5. Aufl. 8. (60 S.) Barmen 874. Wiemann. *

Hall, Newman, folge Jesu! Hrsg. von der Wupperthaler Tractat-Gesellschaft. 12. (60 S.) Barmen 881. Wiemann. n. — 20

Hall, Newman, folge Jesu nach. Aus dem Engl. übers. v. K. Schaal. (52 S.) kl. 8. Reutlingen (906). Enßlin & Laiblin. — 20

Hall, N., ich bin es, s.a. Brosamen.

Hall, Newmann, Ich bin es! oder des Herrn Stimme im Sturm. Aus dem Engl. übers. von L. v. S. 32. (118 S.) Frankfurt a. M. 852, Brönner. Thlr.

— dass. Aus dem Engl. v. K. W. Wiedenfeld. 16. (IV u. 90 S.) Elberfeld 852, Friderichs. In Engl. Einb. m. Goldschn. n. 16 *ngl*

—— dass. — Aus dem Engl. von C. W. Wiedenfeld. 16. (IV und 90 S.) Elberfeld 853, Friderichs. *

Hall, Newman, Ich bins! oder Jesu Stimme im Sturme, frei bearb. von Otto Kühn. Altenburg 856. Schnuphase. 32. (1 Bl., 82 S.) n. $7^1/_2$ *ngl*

Hall, Newman. „Ich bin es" oder: die Stimme Jesu im Sturme. Aus dem Engl. von C. W. Wiedenfeld. 16. (90 S.) Gütersloh 859. (Berlin, Beck.) * *

Hall, Newman, „Ich bin es" oder: die Stimme Jesu im Sturme. Aus dem Engl. von K. W. Wiedenfeld. Gütersloh 859. (Berlin, Evangel. Buchhdlg.) 16. (90 S.) nn. $7^1/_4$ ngr.

Hall, Newman, Ich bin es! oder des Herrn Stimme im Sturm. Nach dem Engl. von L. v. S. 3. Aufl. 24. (106 S.) Frankfurt a. M. 860, Brönner. geb. Thlr. *

— Ich bin es! oder des Herrn Stimme im Sturm. Nach dem Engl. von L. v. S. 3. Aufl. 861. — 4. Aufl. Frankfurt a. M. 863. Brönner. 24. (106 S.) n. 8 ngr.

—— Ich bin es! oder des Herrn Stimme im Sturm. Nach dem Engl. von L. v. S. 4. Aufl. 24. (106 S.) Frankfurt a. M. 863, [Winter.] geb. mit Goldschn. *

— — Frei bearb. von Otto Kühn. 2. Aufl. Altenburg 865. Schnuphase'sche Buchh. 16. (80 S.) geb. m. Goldschn. n. 10 ngr.

—— „Ich bin es!" oder: die Stimme Jesu im Sturme. Hrsg. von der Wupperthaler Traktat-Gesellschaft. 1.—3. Aufl. gr. 16. (47 S.) Barmen 869, (Buchh. der evangel. Gesellschaft.) geb. mit Goldschn. *

— „Ich bin es!" oder: die Stimme Jesu im Sturme. Herausg. von der Wupperthaler Traktat-Gesellschaft. Barmen 869. (Klein.) gr. 16. (47 S.) geb. mit Goldschn. n. 5 ngr.

Hall, Newmann, ich bin es, od. die Stimme Jesu in Sturme. Hrsg. v. der Wupperthaler Traktat-Gesellschaft 4. Aufl. 8. (47 S.) Barmen 874. Wiemann in Comm n. — 2

Hall, Newman, „ich bin es" od. die Stimme Jesu im Sturme. 5. Aufl. Hrsg. v. der Wupperthaler Traktat-Gesellschaft. 8. (47 S.) Barmen 882. (Wiemann.) n. — 16

—— Komm zu Jesus! Aus dem Engl. in's Deutsche übersetzt. 12. (56 S.) Breslau 854, Dülfer's Buchh. *

—— dass. — Aus dem Engl. Von B. v. Cramm. 16. (84 S.) Braunschweig 856, Leibrock.

—— Komm zu Jesu! Aus dem Engl. 16. (95 S.) New-York 859. (Philadelphia, Schäfer und Koradi.) geb. *

— Komm zu Jesu! Aus dem Engl. Bremen 860. Verlag des Tractathauses. 16. (72 S.) nn. $2^1/_4$ ngr.

— komm zu Jesus! Barmen 868. Klein. 8. (56 S.) geb. mit Goldschn. n. 5 ngr.

—— Komm zu Jesus! 8. (56 S.) Barmen 869, (Buchh. der evangel. Gesellschaft.) geb. mit Goldschn. *

Hall, N., komm zu Jesus. 27. u. 28. Aufl. 12. (56 S.) Barmen 891. 894. Wupperthaler Traktat-Gesellschaft. n. — 15

Hall, Newman, komm zu Jesus! Aus dem Engl. übers. v. J. Krauß. Neue Ster.-Ausg. 12. (52 S. m. Titelbild.) Reutlingen (900). Enßlin & Laiblin. — 20

— Kommt zu Jesu! Aus dem Engl. von B. von Cramm. Braunschweig 856. Leibrock. 16. (84 S.) $7^1/_2$ *ngl*

—— Kommt zu Jesu, Alle, die ihr mühselig und beladen seid. Aus dem Engl. von Wilh. Raible. 12. (77 S.) Reutlingen 858, Enßlin und Laiblin. *

—— Widerstrebet nicht dem heiligen Geist! Aus dem Engl. 16. (70 S.) Bremen 864, Verlag des Tractathauses. *

[H.] Die Geisha. Eine japanische Theehaus-Geschichte. Text v. Owen Hall. Musik v. Sidney Jones. Deutsch v. C. M. Roehr. Gesangstexte v. Julius Freund. *Berlin: C. M. Roehr [o. J.]* (31 S.) 1 Bd 8. 193. 1037 5

Hall, R., Anleitung zum Unterricht in der englischen Sprache auf Grund der Anschauung. Für Mädchenschulen bearb. gr. 8. (VI, 156 S.) Frankfurt a/M. 899. C. Jügel's Verl. Geb. in Halbleinw. n. 1. 80

Hall, R., Lehrbuch der englischen Sprache. Für Mädchenschulen bearb. in 2 Tln. 8. Frankfurt a/M. 904. C. Jügel. Geb. n. 5. 10
1. 2. Aufl. (VII, 108 S.) n. 1. 30
2. (X, 402 S.) n. 3. 80

Hall, R., Lehrbuch der englischen Sprache. Für Mädchenschulen bearb. in 2 Tln. I. Tl. 8. Aufl. (VI, 110 S.) 3. Frankfurt a/M. 908. [C. Jügel.] Heidelberg, C. Winter. Geb. 1. 30

Hall's, R. u. Billings Reisen in d. nordöstl. Ocean, s. Sarytschew, Reise d. Sibirien.

Hall, Robert (geb. am 25 Juli 1845 in Merton Hall in Irland): Aus d. pathol. Institut zu Bonn. — Ueber Tuberculose der Haut ... Bonn, Univ.-Buchdr. v. C. Georgi 1879. 24 S., 1 Bl. 8.
Bonn, Med. Fak., Diss. v. 19 März 1879

Hall, S. Charles, s. Hall, Samuel Carter

Hall, Samuel Carter

— s. Album der Nationen.

Hall, Samuel Carter

Der Bucanier. Ein historischer Roman aus der Zeit Cromwell's. Aus dem Engl. von Louis Lax. Th. 1-3.
Aachen, Brüssel, Leipzig: Mayer 1833. 8°

Hall, S. C., Erzählungen, s. Erzählungen, kleine, v. E. L. Bulwer etc.

Hall, S. C., irländische Erzählungen. A. d. Engl. Uebers. v. Tinette Homberg. 8. (21 B.) Rees 841. (Leipzig, C. H. Reclam.)

Hall, S. C., europäische Gallerie, s. Gallerie.

Hall, Samuel Carter

Der Geächtete. Roman. Aus dem Engl. von C. Richard. Bd. 1 - 3.
Aachen, Leipzig: Mayer 1836. 8°

Hall, S. C., der Geächtete, histor. Roman von der Verfasserin des „Bukkanier." Nach dem Engl. von H. Roberts. 3 Thle. gr. 12. Braunschweig 836. Vieweg. 3 1/2 ß

Hall, S. Charles, Leiden der Frauen. Moralische Erzählungen für die reifere weibl. Jugend. Nach dem Engl. von Fennimore. 1. Bdchn. 8. (VII und 172 S.) Fürth 848, Schmid's Buchh. *

Hall, Mrs. S. Charles, Leiden der Frauen. Moralische Erzählungen f. die reifere weibliche Jugend. Nach dem Engl. v. Fennimore. 1. Bdchn. 8. (VIII u. 172 S.) Fürth 849, Schmid. — 2—4. Bdchn. 8. (160. 170 u. 171 S.) München 850, Franz. à n. 16 ngl

Hall, S. C., Marianne, oder Schicksale eines jungen Mädchens. Erzählung für die reifere weibl. Jugend. Nach dem Engl. von Fennimore. gr. 16. (IV und 435 S.) München 852, Franz.

Hall, S. C., Uncle Sam's money-box, s. Library, entertaining, for the young.

Hall, S. C. Vide: Notes (Social).

Hall, Samuel Carter. Skizzen aus Irland. Berlin 1850. Ü: *Huber, Victor Aimé.* (BrMm)

Allerhand. [Unterz.:] W[ilh.] **Hall.** [Köln] o. J.: [Hoster]. 2 Bl. 8° [Kopftit.]
Lied ohne Noten: „Sonst waltet hier ein ernster Geist . . ."

Brudergruss und Willkomm. [Unterz.:] Wilh. **Hall.** [Köln] o. J.: [Du Mont-Schauberg]. 1 Bl. 8° [Kopftit.]
Lied ohne Noten: „Wie die Macht der Red' entflammet, . . ."

Deutschland. [Unterz.:] [Wilh.] Hall. [Köln o. J.: Du Mont-Schauberg.] 1 Bl. 8°. [Kopftit.]
„Du schönes Land, das in Europas Herzen" . . .

Gedankenspäne. Carneval 1900. [Unterz.:] W[ilh.] Hall. o. O. u. J. 1 Bl. 8°. [Kopftit.]

Beseke, Jul.: [Lied.] Dem gel.·. Br.·. Jul. Beseke zum 70ten Geburtstage. [Unterz.:] Wilh. **Hall.** o. O. u. J. 1 Bl. 8° [Kopftit.]
Ohne Noten: „Ein Lied, es gilt dem Veteranen, . . ."

Mertke, Edu.: [Lied.] Einem Königlichen Musik-Director [d. i. Edu. Mertke]. [Unterz.:] Wilh. **Hall.** [Köln] o. J. 1 Bl. 8° [Kopftit.]
Ohne Noten: „Jedes Bruders Herz wir ehren, . . ."

Fischer, Wilh.: [Lied.] Zum 70. Geburtstage unseres Br.·. Wilh. Fischer Or.·. Köln, am 21. Jan. 1899. [Unterz.:] W[ilh.] **Hall.** [Köln 1899.] 1 Bl. 8° [Kopftit.]
Ohne Noten: „Erreicht hast Du der Jahre siebzig, . . ."

Möhl, Karl Hugo: [Lied.] Zum siebenzigsten Geburtstage dem gel.·. Br.·. Karl Hugo Möhl. [Unterz.:] Wilh. **Hall.** [Köln 1901: Elkan.] 1 Bl. 2° [Kopftit.]
Ohne Noten: „Hurrah! wir sind des Lobes voll . . ."

[Lieder.] Zum Neubau! [Unterz.:] [Wilh.] **Hall.** [Köln 1885.] 1 Bl. 8⁰ [Kopftit.]
Lied ohne Noten: „Ein fröhlich Willkommen! Ihr Jungen und Alten!" Nebst einem Vorspiel zum Rheinlied von Peters: „Hier in schön geschmückten Räumen, . . ."

E Mädche. [Unterz.:] [Wilh.] **Hall.** [Köln o. J.: Du Mont-Schauberg.] 1 Bl. 8⁰. [Kopftit.]
„Wann durch leeve Goddes Säge" . . .

Schumacher, Klemens: Ein Toast dem Br.·. Clemens Schumacher. [Unterz.:] W[ilh.] H[all]. Köln o. J.: Du Mont-Schauberg. 1 Bl. 8⁰ [Kopftit.]
Ohne Noten: „Der Tag Sanct Johannes, so wonnig umflossen . . ."

Hall, William M. [aus Boston (Nordamer.)]: Ueber Tumoren der Mittelhirnregion ... Heidelberg, Univ.-Buchdr. v. J. Hörning, 1892; 32 S. 8.
Heidelberg, Med. Fak., Inaug.-Diss. v. [18. Dez.] 1891

Hall, Winfield Scott [Chicago, U. S. A.]: The changes in the proportions of the human body during the period of growth ... (Aus: Journ. of the Anthropol. Inst., Vol. XXV.) *London, Harrison & Sons, Print. in Ordin. to H. M., 1894;* 2 Bl., 26 S., 1 Bl., 3 Taf. 8.
Leipzig, Phil. Fak., Inaug.-Diss. v. [28. Juni] 1895

Halla (Hrsg.), s. Zeitschrift für Heilkunde.

Halla, Matthias: Abschied, Ankunft u. Willkomm der . . . Benediktiner St. Blasii in Klagenfurt . . ., s. Felner, Ignaz

Halla, Mathias. In adventum adm. rev. patrum O. S. Benedicti Monasterii inperialis (sic!) ad S. Blasii in Sylva Nigra. Laeta Carinthia. Clagenfurti, Leon, 1807. Quart. 5 S.

Halla Ottokar: Beitrag zur Kenntnis der Friedel-Craftsschen Reaktion. S. 120. Hb. 461 . . . . vgr.
Separatabdruck

— Über Toluyl- und Xyloylpicolinsäure. S. 120. Hb. 558 . . . . vgr.
Separatabdruck

Hallacher, Ernst Friedrich (Sommerhausen/Limburg), Principia juris Romani de praescriptione criminali, junctis cogitatis nonnullis de abrogatione ejus suadenda. Diss. jur. Erlang. (Junge) Dez. 1787. 52 S. (6.50) 12887

— — Dasselbe. Erlang. (Joh. Jac. Palm) 1788. (6.50) 12888

Hallacher, Ernst. Fr., princ. juris roman. de praescript. crim. 4. Erlang. 788. Palm. 4 gr.

Hallada, W., Schiller's Ansichten üb. die Erziehung d. Einzelnen u. d. Volkes. gr. 8. (16 S.) Znaim 888. Fournier & Haberler. n. — 40

Hallada, W. (Red.), s. Schulzeitung, Laibacher.

Halladat, od. das rothe Buch, s. Gleim.

Halladat oder das rothe Buch . . . Hamb. 1774. Halberstadt 1811. V: *Gleim, Johann Wilhelm Ludwig.* (Ky) (EE) (Körte)

Halladat, od. das rothe Buch, z. Vorlef. in Schulen, (v. Jh. Wlh. L. Gleim). 8. Hamb. 774. (Halberst., Vogler). 6 gr. N. Aufl. (v. G. F. Dinter). Neust. 812. Wagner. 4 gr.

Halladat, od. das rothe Buch z. Vorlef. in Schul. (v. Gleim) 8. Frankfurt, Eßlinger. (C. F. Günther in Glogau, a. Böhme in Leipz.) 776.

— od. d. rothe Buch, nebst Anh. vermischter Gedichte, (v. J. W. L. Gleim). 8. Halberst. 811. (Brüggemann in Leipz.) 18 gr.

Hallali! Sammlung beliebter alter u. neuer Jagdlieder. Zusammengestellt v. Warsteiner Jägern. 16. (134 S. Lippstadt 872. Rempel. 1. 20; geb. n. 1. 8

Hallam, Henry, Geschichtliche Darstellung des Zustandes von Europa im Mittelalter. Nach der 2. Ausgabe aus dem Engl. übertragen von B. J. F. v. Halem. Leipzig 1820/21. 2 Bde. 8⁰.

Hallam, Henry, geschichtl. Darstell. des Zustandes von Europa im Mittelalter. Nach der engl. Ausgabe übers. von B. J. F. von Halem. 2 Bde. gr. 8. Leipz. 820. Hinrichs. 6 rthl holl. Pap. 7 rthl 20 gr

Hallam, Henry, die Geschichte d. Verfass. v. England, v. Heinrich VII. bis Georg II. Uebertr. u. fortges. v. F. A. Rüder seit d. Anfang d. Regier. Georgs II. bis 1829. 2 Thle. in 8 Abthln. gr. 8. Leipzig, Lehnhold. [1. u. 2. 1. (48 B.) 828, 29. 4 Thlr., 2. 2. (21 B.) 829. 1 Thlr. 12 Gr.]

— die Geschichte d. Verfassung v. England von Heinrich VIII. bis Georg II. Uebertragen u. fortgesetzt bis z. J. 1819 unter Georg IV. von F. A. Rüder. 1r u. 2r Thl. 1e u. 2e Abtheil. gr. 8. Leipz. 828, 29. (Lehnhold). 5 rthl 12 gr

Halland, Hans (A ..... K ....), König Edelherz. Schausp. in 5 Akten. Mit Orig.-Zeichngn. v. Heinr. Rudolph. gr. 8. (III, 85 S.) Hamburg 895. (Hamburg-Barmbek, E. Fenkhausen.) n. 2.

Hallart, v., Tagebuch üb. die Belagerung u. Schlacht v. Narva 1700. Hrsg. v. Fr. Bienemann jun. [Aus: „Beiträge zur Kunde Ehst-, Liv- u. Kurlands".] gr. 8. (82 S. m. 1 Karte.) Reval 894. F. Kluge. n. 2. —

Hallaschka, Cassianus

— kurze Anleit. zur Kenntniß d. Sternbilder; entlehnt aus Bode's Kenntniß d. gestirnten Himmels. 8. Brünn 814.

Hallaschka, C., astronom. Beobachtungen etc., s. David, Alo.

Hallaschka, **Cassianus, calculus eclipsis solis observatae 19 Nov. 1816, cui acced. elementa eclipsium etc. ab anno 1861 usque 1900. Mit 16 Kpf. 4 maj. Prag 820. (Calve). 4 rthl 6 gr**

— **Diss. de constructione et usu barometri et thermometri, cui accedunt tabulariae subsidiariae. 8. Brunn 814.**

— **elementa eclipsium, quas patitur tellus, luna eam inter et solem versante, ab anno 1816 usque 1860. Cum tabb. aen. XXII. 4 maj. Prag 817. Calve. 4 rthl 22 gr**

— Elemente d. Naturlehre, Mit 1 Kpft. 8. Brünn 813. Traßler.

— Handbuch d. Naturlehre. 3 Thle. Mit 8 Steintaf. gr. 8. Prag 824 u. 25. Calve. 5 ₰ 4 ℊℊ (Kronberger u. W.) 5 ₰

— Längen- u. Breitenbestimmung mehr. Oerter d. Herrschaften Reichenau u. Czernikowitz ꝛc. gr. 8. Prag 821. (Haase S.) 14 ℊℊ

Hallaschka, Cassian, Priester etc. Längen-, Breiten- und Höhenbestimmungen mehrerer Orte der Herrschaft Tetschen.
8. Prag 1824.

— Diss. mathematico-physica de lege dilatationis per calorem quorundam fluidorum stillatissiorem. 8. Prag 818.

— materia tentaminis publici ex physica et mathesi explicata. 8. Prag 814 recusa 818.

Hallaschka, Cassian: Geographische Ortsbestimmung von Altbunzlau nebst topographischer Beschreibung des Gutes gleichen Namens. Mit der Ansicht von Altbunzlau und dem Schlosse von Brandeis. Prag 1822. 56 S. 8°.

— —. Geographische Ortsbestimmung von Steinschönau. Nebst der geographischen Karte der Herrschaft Böhmisch-Kamnitz.
Prag 1826.

— Diss. de phaenomenis electro-magneticis. Prag, (Calve).

—— Sammlung der v. 8. May 1817 bis 31. Dec. 1827 in k. k. Conviktgebäude nächst d. Piaristenkolleg. auf d. Neustadt Prag Nro. C. 856 angestellten astronom., meteorolog. u. phys. Beobachtn. gr. 4. (34 B.) Prag 830, (Calve.)

— Versuch e. geschichtl. Darstellung dessen, was an d. Karl-Ferdinand'schen Universität zu Prag in d. Experimentalphysik gearbeitet wurde. 8. Prag 818.

Hallaschka, F. C., die freie Municipalstadt Bautsch in Mähren, in geograph.-topograph. u. historischer Beziehung dargest. gr. 4. (10 ¼ B.) Prag 842. (Wien, Beck's Universit.-Buchh.)
Aus: Abhandlungen d. k. böhm. Gesellsch. d. Wissensch. besond. abgedruckt.

Prag.
— K. K. Konvikt, (Hallaschka, F. C.), Sammlung der vom 1. Januar 1828 bis 31. August 1832 zu Prag angestellten astronomischen, meteorologischen und physischen Beobachtungen. Wien 1845.

Hallauer, Benno, approb. Arzt aus Danzig: **Über Eiweißausscheidung** im Fieber. *Würzburg: A. Stuber 1903.* (72 S.) 8° ¶(Von d. med. Fak. zu Würzb. preisgekr. Arbeit. — Aus: Verhandl. der phys.-med. Gesellsch. Würzb., N. F. Bd 36.)
Würzburg, Med. Diss. v. 1903

Über Eiweißausscheidung im Fieber. Von Benno **Hallauer**, Danzig. Von d. med. Fak. zu Würzburg preisgekr. Arbeit. *Würzburg: A. Stuber 1904.* (S. 121–192.) 8°
— Verhandlungen d. physikal.-medic. Gesellschaft zu Würzburg. N. F. Bd 36, No 2.
[04. 636

Hallauer, Bertha, aus der Heimat. Gedichte. 8. (83 S.) Zürich 888, (Schröter und Meyer.) * 80 Pf.; geb. *

Hallauer, Berta. Späte Rosen. Gedichte. IV + 142 S. 8. (Frauenfeld, Huber & Co., 1910.) [geb. fr. 3.—]

Hallauer, J.: Der Weinbau im Kanton Schaffhausen in geschichtlich-statistischer Darstellung mit 5 Tab. und 4 Taf. Schaffhausen: Hurter in Komm. 1880. 82 S. -- 180°. Zentralbibliothek Zürich*

Hallauer. [Conrad]. Die Curanstalt Haslach im Kanton Schaffhausen, Unterklettgau. Abhandlung von Dr. H'.... 8. Schaffhausen 1856.

Hallauer, O. Erfahrungen über Woolf'sche und Compound-Maschinen. Referat von Gust. Schmidt. 1878.

Hallauer, Otto. med. pract., in [und von] Trasadingen [Kt. Schaffhausen]: Klinischer Beitrag zur Lehre von der Aktinomycose. Schaffh. H. Meier Dr. 1892. 38 S., 1 Bl. 8°.
Zürich, Med. Diss. [v. 6. Juli 1892].

Hallauer, Otto [Assistenzarzt der ophthalmologischen Poliklinik und Augenarzt in Basel]: Werth der Iridectomie an Hand von 1200 Iridectomiefällen zusammengestellt. (S.-A. aus Archiv. f. Augenheilkunde Bd. 47 H. 2—4.) Wiesbaden 1903. 119 S. 8°.
Basel. Hab.-Schr. 1902/1903.
Nicht für den Austausch.

Hallauer, Otto. Werth der Iridectomie an Hand von 1200 Iridectomiefällen zusammengestellt. Habilitationsschr. Med. Basel ... 23. Mai 1901. [Sep.-Abdr. aus: Archiv für Augenheilkunde, Band 47, Heft 2 u. 3.] VIII + 119 S. 8. Wiesbaden, J. F. Bergmann, 1903.

Hallauer, Richard. Der Basler Stadtwechsel 1504—1746. Ein Beitrag zur Geschichte der Staatsbanken. 160 S. 8. Basel ... 1904.
Ausg. A: Diss. Phil. Bern. Basel, Emil Birkhäuser....
Ausg. B: Basel, Komm. Helbing & Lichtenhahn.... [fr. 3.—]

Christiani Gottlob **Hallausii** Calendarium medii aevi praecipue Germanicum in quo obscuriora mensium, dierum, festorum ac temporum nomina ... eruuntur atque illustrantur ... Lipsiae. 1729. 8°.

Hallaway, Robert Railton, aus Carlisle i. Engl.: Ueber das Hydrazid und Azid der m-Nitrohippursäure. *Heidelberg 1901: K. Rössler.* (36 S.) 8°
Heidelberg, Naturw.-math. Diss. v. 1901

Hallbauer, ..., (Schullehrer,) s. Hecht, Dn. Fr., Beispiele u. Aufgaben aus d. allgem. Arithmetik.

Hallbauer, Anton, industrielle Mechanik, s. Poncelet.

Hallbauer, Ant., s. Poncelet, J. V., industrielle Mechanik.

Hallbauer, Friedrich Andreas

— animadv. in licentiam nov. S. Codicis Versiones condendi etc. 4. Jen. Buch. 741.

Hallbauer, F. And., Anleit. z. polit. Beredsamkeit ꝛc. 8. Jena, Cröker. 736.

Hallbauer, Friedrich Andreas, M. Friedrich Andreas Hallbauers// Der Hochlöbl. Philosophischen Facultät zu Jena // ADIUNCTI // Anweisung // Zur // Verbesserten // Teutschen Oratorie // Nebst einer Vorrede // von // Den Mangeln // Der Schul-Oratorie. // Mit Kön. Pohlnis. und Churfürstl. Sächsis. gnädigsten PRIVILEGIO. // JENA, // Verlegts Johann Bernhard Hartung, // 1725. - 16 Blatt (nicht paginiert) Titelblatt, Widmung und Vorrede.- 781 S. und noch 17 Blatt (nicht paginiert) Register.
B. S. T. 8°.279.

— Anweis. z. verbess. deutsch. Oratorie. 8. Jena, Hartung. 736.

Hallbaueri Collectio opusculor. de imitatione oratoria Des. Erasmi, Dornmeieri, J. Pici Mirandulani, Petr. Bembi etc. Jenae 726. 8. 16 gr.

— collectio opusculorum de imitatione oratoria. 8. Jen. Buch. 726.

Hallbauer, Friedrich Andreas [Präs.], s. C r o p h i u s, Philipp Jacob: Sacra in profanis seu res scripturae sacrae in scriptoribus gentilibus.

— Einl. in d. Uebung d. latein. Styls. 8. Jena. (Fritsch in Leipz.) 730. -

Hallbauer's Einleitung in die nützlichsten Übungen des latein. Stils. Jena 726. 8. Eb. 728. 8. Eb. 730. 8. 12 gr.

— exercitationes societatis lat. Jenens. II Tmi. 8. Lips. F. C. W. Vogel. 741. -

Hallbauer, F. A., pristina christianae rei facies a Plinio repraesentata. Jen. 1738. 4.

— drey merkw. Glaubensbekenntnisse. 8. Jena, Cröcker. 730.

— Jenaische Jubelfreude. 8. Jena, Cröcker. 730.

Hallbauer, Friedrich Andreas (Alstad. [= Allstedt] Saxo-Palat.), De origine philosophiae. Dissert. acad. Präs. Heinr. Melch. Schüttenius (Soest/Westf.). Jena (Müller) 17. VI. 1713. 26 Seiten. (7.—) 12889

— Parentationen. 8. Ebend. (Fritsch, Lpz.) 728-34.

Hallbauer, Frdr. Andr., Sammlung Teutscher auserlesener sinnreicher Inscriptionen. Jena 1725.

—, — Jena 1732.

— Samml. sinnreich. Inscriptionen. 8. Jena. (Fritsch in Leipz.) 732.

— Unterr. z. Klugh. erbaul. zu predigen. 8. Ebend. 747.

— — dasselbe. 8. Halle, Waisenh. 747.

Hallbauer, Friedrich Andreas. Kurze Vorschläge zu nöthiger Verbesserung des Schulwesens ... Jena u. Weissenfels 1746. Ü: *Hauptmann, Johann Gottfried.* (ML)

Hallbauer, G., zur Frage des sächsischen Armenwesens u. der Selbstverwaltung ländlicher Gemeinden mit besond. Rücksicht auf den Armenversorgungs-Verein der Amtslandschaft Meißen. Meißen 868. (Mosche.) gr. 8. (IV, 112 S. mit 2 Tabb. in qu. 4.) n. 15 ngr.

Hallbauer, G. M., über Vorschuß- oder Credit-Vereine, mit besonderer Rücksicht auf den Credit-Verein in Meißen. Meißen 857. Mosche in Comm. gr. 8. (57 S.) n. 10 ngr

Nach Pergamon. Reiseskizze aus dem Jahre 1892. Von J. Hallbauer. Als Hs. gedr. Berlin 1893: E. S. Mittler & Sohn. (92 S.) 8° 108. 4234

Hallbauer, Karl Fr., († d. 26. Dec. 1825.) über unsere Bürgerschulen. 8. Frberg 812. Craz u. G. 8 gr.

— s. Sallust, Catilina.

— was wäre Sachsen ohne seinen Bergbau. Zur Beherzigung f. Patrioten beantwortet. 8. Frberg 821. Craz u. G. 4 gr.

Hallbauer, Max
s. **Hallbauer**, Max Gustav. 110. 5235

Hallbauer, Max Gustav: Das neue E h e r e c h t des Deutschen Bürgerlichen Gesetzbuches, s.a. H a n d b i b l i o t h e k, Leipziger juristische.

Das neue Eherecht des Deutschen Bürgerlichen Gesetzbuches. Von M[ax] **Hallbauer**, Oberlandesger.R., u. Dr. C. Mannsfeld, Landrichter. Leipzig: A. Berger 1900. (X, 176 S.) 8° [F.]
— **Handbibliothek**, Meinholds Juristische. Bd 103. 108. 13238 7

Hallbauer, Max, das deutsche Erbschaftsrecht, s. Handbibliothek, juristische.

Das neue Erbschaftsrecht des Deutschen Bürgerlichen Gesetzbuches. Eine gemeinverst. Darlegung d. Vorschriften über d. Erbfolgeordnung u. über d. Rechte u. Pflichten d. Erben, insbes. auch gegenüber d. Nachlaßgläubigern. Mit ausführl. Sachreg. Von M[ax] Hallbauer. *Leipzig: A. Berger 1899.* (X, 266 S.) 8° [F.]
— Handbibliothek, Meinhold's Juristische. Bd 102. 104. 13236

Hallbauer, M(ax): Das neue Erbschaftsrecht des Deutschen BGB. E. gemeinverst. Darlegung der Vorschriften üb. die Erbfolgeordnung u. üb. d. Rechte u. Pflichten des Erben. 2. Aufl. Leipzig 1900.
(Meinholds Jur. Handbibliothek. Bd 102.)

– G e s e t z über das Auswanderungswesen, s. M e i n h o l d ' s juristische Handbibliothek.

Hallbauer, Max, das neue Gesetz üb. die Invaliditäts- u. Altersversicherung. Eine Darlegung in Gesprächsform f. Jedermann. 2., verb. u. verm. Aufl. 3.—29. Tausend. 12. (V, 66 S.) Leipzig 890. Alb. Berger. n. — 60
Die erste Aufl. erschien unter dem Pseudonym: Haller, M.

Hallbauer, Max, das neue Gesetz üb. die Invaliditäts- u. Altersversicherung. Eine Darlegg. in Gesprächsform f. Jedermann. 30.—50., 63.—73. Tausend. 8. (72 S.) Leipzig 890. Alb. Berger (Serig'sche Buchh.). n. — 60
— dasselbe, unter besond. Berücksicht. der Verhältnisse im Großherzogth. Hessen. 51.—57. Tausend der Gesammtausg. 12. (80 S.) Ebd. 890. n. — 60
— dasselbe unter besond. Berücksicht. der Verhältnisse im Königr. Sachsen. 58.—62. Tausend der Gesammt-Ausg. (1. u. 2. Abdr.) 12. (V, 96 S.) Ebd. 891. n. — 60
— dasselbe. Polnische Ausg. 12. (IV, 56 S.) Graudenz 891. Gaebel. n. — 60

Hallbauer, Max, Gesetz üb. den Verkehr m. Kraftfahrzeugen v. 3. V. 1909, s.a Handbibliothek, juristische.

Hallbauer, M[ax]. Gesetz über den Verkehr mit Kraftfahrzeugen vom 3. Mai 1909. Leipzig 1909. 8°.
(Jurist. Handbibliothek. hrsg. von Max *Hallbauer* u. W. *Schelcher*. Bd 294.)

— Das bürgerliche Gesetzbuch f. das Deutsche Reich, s.a. Handbibliothek, juristische.

– Das bürgerliche G e s e t z b u c h für das Deutsche Reich, nebst Einführungsgesetz, s.a. M e i n h o l d ' s juristische Handbibliothek.

Hallbauer, B. G. B. nebst Einführungsgesetz. Mit Sachregister. Leipzig 896.

– Die königlich preußische G e s e t z g e b u n g über Landwirthschaftskammern, s.a. M e i n h o l d ' s juristische Handbibliothek.

Hallbauer, die Preussische Gesetzgebung über die Landwirthschaftskammern Gesetz vom 30. Juni 1894 und Verordnung vom 3. August 1895 nebst den Satzungen der bis jetzt errichteten Landwirthschaftskammern, m. Erltgn. Leipzig 895.

— **das deutsche Grundstücksrecht, s.a. Handbibliothek, juristische.**

Hallbauer, Max, Das deutsche Grundstücksrecht (mit Ausnahme des Hypothekenrechts). E. Leitf. durch d. Grundstücksrecht . . . Leipzig 1905. 8°.
(Jur. Handbibliothek, hrsg. von Max *Hallbauer* u. W. *Schelcher*. Bd 177.)

Das deutsche Hypothekenrecht, s.a. Handbibliothek, juristische.

Das deutsche Hypothekenrecht. Ein Leitfaden durch d. Hypothekenrecht von M[ax] G[ustav] **Hallbauer**, Senatspräs. 2. verb. u. verm. Aufl. Leipzig: Rossberg 1908. VIII, 258 S. 8°
(Juristische Handbibliothek. Bd 137.) (10. 5233

Das Hypothekenrecht des Deutschen Bürgerlichen Gesetzbuchs. Ein Leitfaden. Von M(ax) **Hallbauer**, Oberlandesger.R. *Leipzig: Rossberg & Berger 1901.* (XI, 218 S.) 8° [F.]
— Handbibliothek, Leipziger Juristische. Bd 137. (01. 8907 11

– Das neue preußische Jagdscheingesetz, s. Meinhold's juristische Handbibliothek.

— das Invalidenversicherungsgesetz, f. preuß. Verhältnisse bearb. v. Alfr. Jsling,
— dasselbe, f. das Königr. Sachsen bearb. v. Clem. Uhlmann,
— dasselbe, f. die Thüring. Staaten neu bearb. v. G. Elle,
— dasselbe, f. Württemberg bearb. von Thdr. Frhr. v. Soden,
s. Handbibliothek, Leipziger juristische.

Hallbauer M. das Invalidenversicherungsgesetz vom 13.-19.7.99 in Gesprächsform. 3. Auflage von Th v Soden. (122 S) Leipzig 1907

— **das Krankenversicherungsgesetz.** Mit den einschlag. reichs- u. landesgesetzl. Bestimmgn. u. e. alphabet. Sachregister unter Hervorhebg. der Parallelstellen hrsg. 8. (236 S.) Leipzig 892. Alb. Berger (Serig'sche Buchh.). n. 2.25; kart. n.n. 2.50

– Preuß. Lehrerbesoldungs-Gesetz, s. Meinhold's juristische Handbibliothek.

— la nouvelle loi concernant l'assurance contre l'invalidité et la vieillesse. Traité populaire à l'usage de tout le monde. D'après la 2. éd. revue et augmentée. Traduction et édition autorisées par l'auteur. 1—2000. 8. (V, 66 S.) Metz 890. Scriba. n. — 80

— la nouvelle loi concernant l'assurance contre l'invalidité et la vieillesse. Traité populaire à l'usage de tout le monde. D'après la 2. éd. revue et augmentée. Traduction et éd. autorisées par l'auteur. 12. (66 S.) Metz 891. Scriba. n. — 80

— s.: Meinhold's jurist. Handbibliothek.

— u. Thdr. **Fuchs**, das deutsche Pfandrecht, s.a. Handbibliothek, juristische.

Das deutsche Pfandrecht. Ein Leitfaden durch d. Pfandrecht u. e. Hilfsbuch für alle, die sich mit Pfand-, Lombard- u. ähnl. Geschäften zu befassen haben. Von Max [Gustav] **Hallbauer**, Senatspräs., u. Dr. Theodor Fuchs, Rechtsanw. Leipzig: Roßberg 1907. VII, 240 S. 8°
(Juristische Handbibliothek. Bd 184.) (10. 4234

— **das neue Reichsgesetz üb. die Krankenversicherung, s.a. Handbibliothek, juristische.**

— das neue Reichsgesetz üb. die Krankenversicherung vom 10. Apr. 1892. Eine Darlegg. in Gesprächsform f. Jedermann. 8. (112 S.) Leipzig 892. Alb. Berger (Serig'sche Buchh.). n. — 80

— **das deutsche Testamentenrecht, s.a. Handbibliothek, juristische.**

Hallbauer, Max, Das deutsche Testamentenrecht. E. Leitf. durch d. Testamentenrecht u. e. Hilfsbuch . . . Leipzig 1905. 8°. *[1. Aufl 1899.]*
(Jurist. Handbibliothek, hrsg. von Max *Hallbauer* [u.] W. *Schelcher*. Bd 170.)

— **Das Vereinsrecht d. deutschen bürgerl. Gesetzbuchs, s.: Bose, C. E. v.**

– Das neue Verwandtenrecht des Deutschen Bürgerlichen Gesetzbuches, s.a. Handbibliothek, Leipziger juristische.

Hallbauer, M(ax): Das neue Verwandtenrecht des Deutschen BGB. E. gemeinverst. Darlegung der Vorschriften über die rechtl. Beziehungen zwischen Eltern u. Kindern sowie die gesetzlichen Unterhaltungspflichten, die Annahme an Kindes Statt u. die Ansprüche unehelicher Kinder. Leipzig 1899.
(Meinholds Jur. Handbibliothek. Red. von Max Hallbauer. Bd 104.)

Hallbauer, Viehseuchengesetzgbg. d. deut. Reichs und des Königreichs Preussen. Zusammenstellung der einschlagenden gesetzlichen Bestimmungen. Leipzig 895.

-- dass., s.a. Meinhold's juristische Handbibliothek.

— d. Viehseuchengesetzgeb. d. Deutschen Reiches u. d. Königr. Sachsen, s. Meinhold's juristische Handbibliothek.

— u. R. **Thieme-Garmann, das deutsche Vormundschaftsrecht, s. Handbibliothek, juristische.**

Das neue Vormundschaftsrecht des deutschen Bürgerlichen Gesetzbuches. Eine gemeinverständl. Darlegung d. Vormundschaftsrechts, zugleich e. Hülfsbüchlein f. Vormünder. Von M[ax Gustav] **Hallbauer**, Oberlandesger.R., u. R. Thieme-Garmann, Oberamtsrichter. Leipzig: Berger 1899. X, 152 S. 8°
(Meinholds Juristische Handbibliothek. Bd 101.) (12. 14997

– Die neuen gesetzlichen Vorschriften über den Handel mit Giften, s. Meinhold's juristische Handbibliothek.

Hallbauer, O. Life and works of George Farquhar. Diss. Erlangen, und Holzminden, G., 1880. 33 S. 4. **Progr.**

Hallbauer, Otto (Hrsg.), s. Mitford, Mary Russell: Selected stories from our village.

Hallbauer, Otto, engl. Parlamentsreden, s.a. Authors, English.

Englische Parlamentsreden. Mit Anm. z. Schulgebr. hrsg. von Dr. Otto **Hallbauer**, Prof. zu Holzminden. [Nebst] Anm. *Bielefeld & Leipzig: Velhagen & Klasing 1901.* 2 Bde 8°
— **Sammlung, Velhagen & Klasings**, franz. u. engl. Schulausgaben. Engl. authors. Lfg 77 B. (01. 46,2

Hallbauer, Otto (Hrsg.), s. Sharp, Robert Farquharson: Architects of English literature.

Hallbauer, [Otto], Prof. Dr.: Französisch-deutsches Vokabular für den Gebrauch an hiesigem Gymnasium zusammengestellt. Holzminden 1905: J. H. Stock. (26 S.) 8°
Holzminden, herz. G P 1905 (838)

Hallbauer, Philipp, Mei Begasus, s. a. Bloch's, Eduard, Original-Deklamatorium. Nr. 50.

Mei Begasus. Humorist. u. Gelegenheits-Gedichte in sächs. Mundart, nebst e. Anh.: Travestien klassischer Dichtungen von Philipp Hallbauer. (Neue unveränd. Aufl.) *Dresden-Blasewitz: R. v. Grumbkow;* [auf d. Umschl. übergekl.: *Berlin: E. Bloch] 1902.* (48 S.) 8° [ʒ.]
– Original-Deklamatorium, [Eduard Blochs]. [Lfg] 50. [04. 1:817

Hallbauer, Philipp, der Nonnen Entführung. Dramatisches Gedicht. (16 S.) 8. Grimma (909). (G. Gensel.) — 30

Hallbauer, Walter: Über den Einfluß allseitiger mechanischer Hemmung durch einen Gipsverband auf die Wachstumszone und die innere Differenzierung der Pflanzen. Mit 7 Abb. Borna-Leipzig 1909: Noske. 73 S. 8°
Leipzig, Phil. Diss. v. 14. Sept. 1909, Ref. Pfeffer, Chun
[Geb. 27. März 85 Leipzig; Wohnort: Dresden; Staatsangeh.: Sachsen; Vorbildung: Kreuz-Gymn. Dresden Reife M. 04; Studium: Berlin 1, Rostock 1, Tübingen 1, Leipzig 7 S.; Rig. 13. Juli 09.] [U 10. 3145

v. Hallberg. Postkarte von Italien. 1820. 1 Bl. K.

Hallberg, Emilie Emma v., Najade. Dichtung. Trier 857. Troschel. 16. (150 S.) 18 ngr

—— die neue deutsche Nationalliteratur, s. Nationalliteratur

Hallberg, Emilie Emma v., Waldmährchen und Balladen. 16. (III und 222 S.) Trier 854, Troschel. *

—— dass. — 2. Thl. 16. (IV und 332 S.) Ebds. 855. *

Hallberg, Ernst, Schönheits-Spiegel, s.: Wissen, eigenes. 13. Bd.

v. Hallberg, Thdr. Karl u. Alex. Franz, Gebrüder, deutsches Kochbuch, oder die vornehmste Küche für Leckermäuler u. Guipsons. 2 Thle. 3e Aufl. 8. Düsseld. 819. Schreiner. 1 ß

HALLBERG, Theod., Karl, Alex., Frz., Gebrüder, Freiherren v., Deutsches Kochbuch für Leckermäuler und Guippes. 2 Thle. 2. Aufl. Düsseldorf (181*). 8°. (3 Mk. 50 Pfg. Adolf Weigel, 1893.)
155 u. 156 SS. — Enthält eine reiche Sammlung historischer Anekdoten, Calembourgs, pikanter Sentenzen und Epigramme, auch viel Preussenfeindliches. Nur durch den Titel „Kochbuch" konnten die Verfasser die Censur täuschen. Wurde später verboten.
Der Freiherr *Karl Theodor von Hallberg* war 1813—15 Kommandeur des bergischen Landsturms (gegen Napoleon) und führte ihn 1814 über den Rhein.

— — Dasselbe. 2 Thle. 3. verbess. Aufl. Ebd. 1819. Kl. 8°. 152 u. 156 S. (12 Mk., Hlwd., Tit. gestemp., Wilh. Jacobsohn & Co., Breslau, 1911.)

Hallberg-Broich, Frz. Frh. v., die Armen-Kolonie. Eine Epistel an seinen Freund J. B. Greger. 8. (2½ B.) München 829, Lindauer.
Vgl. Patriotische Ansichten über Armen-Kolonien.

—— Till Eulenspiegels Geniestreiche, in Knittelversen. 8. (7 B. u. 1 Stndr.) Crefeld 830, Schüller.

HALLBERG, F. v., Zur Geschichte der Sitten, Gebräuche und Moden. Aachen 1831. 8/. (1 Mk. H. Kerler, Ulm, 1892.)

—— zur Geschichte d. Sitten, Gebräuche u. Moden. 8. (5 B.) Aachen 832, Mayer.

v. Hallberg zu Broich, Frhr. Frz., Historia der alten Genovefa, in Knittelversen bearb. gr. 12. Crefeld 833. Schüller; auch Funke. ⅙ ß

—— Reise durch Italien. gr. 8. (16 B.) Augsburg 830, v. Jenisch u. Stage's Brlsbuchh.

Hallberg-Broich, Freyh. von, Reise durch Skandinavien im Jahr 1817. gr. 12. Kölln, Rommerskirchen. 818.

— Reise-Epistel durch den Isarkreis. Mit 1 Karte. 8. Augsb. 825. Baumer. 12 gr

— über den Rhein-Donau-Kanal u. den alten Handlungsweg nach Indien. gr. 8. Augsb. 831. Wolfhart. 3 gr

—— der Soldat. 12. (2 B.) Augsburg 828, (Wohlf.) 5 Gr.. Vlnn.

—— Stammbuch d. eisernen Hand d. Götz v. Berlichingen. 12. (1½ B.) München 828, [Jaquet.]

Hallberg-Broich, Theod. Hubert von

Hallberg, Theod. Hubert Frhr. v., s.a.† Gauting, der Eremit v.

v. Hallberg-Broich, Thdr. Frhr., (Eremit von Gauting,) Deutschland, Rußland, Caucasus, Persien; 1842—1844. 2 Thle. 8. Stuttgart 844, Schweizerbart. 3⅜ ß

— s. Frankreich — Algier.

v. Hallberg-Broich, [Eremit v. Gauting], Kriegsgeschichten, Reisen und Dichtungen. Aus den hinterlassenen Papieren des Verf. Mit biograph. Skizzen über den Verf. Herausg. von M. t. Künßberg-Thurnau. Landshut 862. Rietsch. gr. 8. (VII, 221 S.) 1 ß

Hallberger, (I.,) fünfzig Denksprüche f. Confirmanden, mit sinnvollen lith. Verzierungen am Rande. qu. 8. Schwäb. Hall 838, Haspel'sche Buchh.

Hallberger, Handbuch f. d. Jugend, zum Schul- u. Haus-Gebr. zusammengestellt. 2 Thle. (1. Leseübungen. 2. Gedächtnißübungen.) 8. (34¼ B.) Schwäb. Hall 832, 33, Haspel.

Hallberger, (II.,) Schul-Kalender. Ein Normal-Handb. f. Volks-Schullehrer. 1. u. 2. Lfg. Lex.-8. (11½ u. 9½ B.) Stuttgart 837. 40. Hallberger'sche Brlsh. à

Hallberger, Schul-Kalender. Ein Normal-Handbuch f. Volks-Schullehrer. 3. u. 4. Lfg. (Abthl.) Lex.-8. Stuttgart 842, Hallberger'sche Brlgsh. [3. (11½ B.) 842., 4. (15½ B.) 44. à 22½ Ngr.]

Hallberger, Schul-Kalender. Ein Normal-Handbuch f. Volks-Schullehrer. 2. Ausg. 2 Bde. Lex.-8. (48½ B.) Stuttgart 846, Hallberger'sche Brlgsh. Thlr.

Hallberger, Prof. Dr., Schul-Kalender. Ein Normal-Handbuch f. Volks-Schullehrer. 3. Liefg., die vollständ. 3. Abthl. enth. u. 4. u. letzte Liefg. enth. die 4. Abthl. Lex.-8. Stuttgart 842, 44, Hallberger. à ¾ ß — 2. Ausg. 2 Bde. Lex.-8. Ebend. 846. 2 ß

Hallberger, J. D., de consecratione eucharistica. Tubing. 1748. 4.

Hallberger, Karl

Hallberger, K., drum prüfe, wer sich ewig bindet!, s.a. Weichert's Wochen-Bibliothek.

[F.] D'rum prüfe, wer sich ewig bindet! Bühnen-Roman v. K(arl) Hallberger. M. 3 Vollb. Berlin: A. Weichert [1897]. (95 S., 3 Taf.) 1 Bd 8. = Wochen-Bibliothek, Weichert's. Bd 23.

Hallberger's illustrirter Weihnachts-Catalog f. 1872. Fol. (24 S. m. eingedr. Holzschn.) Stuttgart 873. Hallberger. n.n. — 25

Halle [Sachliches OW]

— Vergl. Academica.

Halle in d. Gegenwart. Mit histor. Rückblicken. Unter Mitwirkg. namhafter Fachmänner hrsg. v. Max Reinus. (XII, 422 S. m. Abb. u. 96 [1 farb.] Taf.) 19,5×27 cm. Halle 907. C. Nietschmann. Geb. in Leinw. 6. —

Halle, die graue, oder Erdmanns Wanderung. Ein Wort zur Zeit. 8. (16 B.) Coblenz 841, Hölscher. *

Halle u. die Halloren. Mit Hallorenbildern sowie Abbildgn. der Stadt Halle u. der Burg Giebichenstein aus dem J. 1601. 8. (24 S.) Leipzig 894. Verlag zum Greiffen. — 75

Halle u. Jerusalem. Ein Studentenspiel u. Pilgerabenteuer. 8. Heidelb. Mohr u. W. 811.

Halle vor einem Menschenalter. Patriotische Reminiscenzen von H. J. Halle 866. Buchh. des Waisenhauses. 8. (66 S.) n. 6 ngr

Halle, im October 1806. 8. Magdeb. Heinrichshofen.

Halle im October 1806. Magdeburg 1808. V: *Niemeyer, August Hermann.* (Erman u. Horn, Bibliogr. d. dtsch. Universitäten. 2. Leipzig u. Berlin 1904.)

Halle im Portemonnaie. 1877/78. [Winter-Semester.] Mit den neuen Winter-Fahrplänen vom 15. Octbr. 1877, einem vollständ. Kalender für 1878, Wechsel-Stempel-Tarif, lithogr. Stadttheater-Plan zu Halle a/S. etc. 128. (188 S.) Halle, Puppendick.

—— dass. — 1878. [Sommer-Semester.] Mit den neuen Sommer-Fahrplänen und amtl. Post-Coursen vom 15. Mai 1878, einem Kalender für die Monate April—Decbr. 1878, Wechsel-Stempel-Tarif etc. 128. (192 S.) Ebendas. Nicht weiter erschienen.

Halle a. S. u. Umgebung. (19 S. m. Abbildgn. u. 2 farb. Karten.) kl. 8. Leipzig (910). O. Dietrich. — 50

Halle u. seine Umgebungen. (Ein Kupferstich mit 15 Ansichten.) gr. Fol. Halle 834. Hoffmann. 1 ℳ

Halle u. Umgegend. Ein Wegweiser f. Fremde u. Einheimische. 8. (40 S. m. Illustr., 1 Plan u. 1 Karte.) Halle 886. Gundlach. n. — 50

Halle u. Umgegend. Ein Wegweiser. 2. Aufl. 8. (80 S. m. Illustr., 1 Plan u. 3 Karten.) Halle 888. Gundlach & Eggers. n. — 50

Halle u. Umgegend. Ein Wegweiser f. Fremde u. Einheimische. 3. Aufl. 8. (II, 96 S. m. Abbildgn., Plan u. Karte.) Halle a. S. 892, Wischan u. Wettengel. * — 50

Halle, Die Universität, seit den Befreiungskriegen. Verbindungswesen und Streben nach einem allgemeinen Studentenleben daselbst. Sudenburg-Magdeburg 1845. V: *Pröhle, Heinrich.* (Erman u. Horn, Bibliogr. d. dtsch. Universitäten. 2. Leipzig u. Berlin 1904.)

Halle, die Universität, seit den Befreiungskriegen. Verbindungswesen u. Streben nach einem allgemeinen Studentenleben daselbst. („Academica" III. Hft.) gr. 8. Sudenburg-Magdeburg 845, Baeß u. Comp. n. 1/4 ℳ

Halle der Völker. Sammlung vorzügl. Volkslieder, s. O. L. B. Wolff.

Halle a.S. [Schlagwort]

— s. a.: Deutschland. Grundkarte. Karte (Abt. Sachsen). Übersichtskarte. — Europa. Übersichtskarte. — Geologische Karten. Beyschlag. Karte.

— s. a.: Deutschland. Karte (Abt. Sachsen). — Preussen. Messtischblätter. — Radfahrerkarten. Franke. Ravenstein. — Thüringen. Neubert.

— s. a.: Europa. Liebenow. — Radfahrerkarten. Freytag. Gaebler. Mittelbach.

— s. a.: Leipzig, Umgegend. — Saalkreis.

Halle-Berlin, s.: Automobilkarten. Pharus-Auto-Strecke.

Halle — Abbildung der vornehmsten Prospecten der K. Pr. Magdeb. und des Saal-Creises Hauptstadt — etc. verlegts Joh. Bapt. Homann etc. in Nürnberg. Ohne Maasstab. 1 Bl.

Halle — Darstellung des Grundrisses und Prospectes der K. Pr. Magdeburgischen und des Saal-Crayses Haupt-Stadt — welcher etc. ausgemessen und Geometrice verzeichnet worden von J. C. Homann etc. zu finden in Nürnberg bey dem Authore. 1 : 16,500. 1 Bl.

Halle a/S. Driesemann, Plan der Stadt Halle a/S. m. Giebichenstein, ergänzt durch die Bebauungspläne v. Lohausen. 1 : 10,000. 3. Aufl. Chromolith. gr. Fol. Mit Strassenverzeichniss. 8. (2 S. m. Karte der Umgegend.) Halle 888. Hofstetter. n. 1. —

—— Plan der Stadt Halle a. d. S. m. Giebichenstein, zusammengestellt durch C. Driesemann u. ergänzt durch die Bebauungspläne v. Lohausen. 1 : 10,000. 5. Aufl. Farbendr. 52×37 cm. Mit Strassenverzeichnis. 8. (2 S.) u. Karte der Umgegend. qu. 4. Ebd. 892. n. 1. —

—— der Stadt Halle a/S. 1 : 5000. Farbendr. 98,5×77 cm. Ebd. 893. n. 6. —

Halle a/S. Driesemann, C., Plan der Stadt Halle a. d. S. m. Giebichenstein, ergänzt durch die Bebauungspläne v. Lohausen u. Genzmer. 1 : 10,000. 6. Aufl. 52×37 cm. Farbendr. Mit Strassenverzeichniss. 12. (12 S.) Nebst Karte der Umgebg. qu. 4. Lith. Halle 895. L. Hofstetter. n. 1. —

Halle a/Saale, Gegend von, s.: **Geologische Karten.** Beyschlag, Frz.

— **Gier**, H., Plan der Stadt Halle a/S. Lith. u. color. Imp.-Fol. Halle 890. Hofstetter. n.n. 5. —; auf Leinw. m. Stäben n.n. 7. 50

Halle a/S. Günther, W., Stadtkreis Halle u. Saalkreis. Karte zur Heimatskunde. 1 : 100,000. 43 × 40,5 cm. Farbdr. Halle 897. F. Starke. n. — 50

— **Mey**, C., Specialkarte der Umgegend v. Halle a/S. 1 : 60,000. Chromolith. qu. Fol. Halle 889. Pfeffer. n. 1. 20

— **Müller**, C. A. A., topographische Karte d. Gegend um Halle a/S. 1 : 40,000. Rev. 1888. Kpfrst. qu. Fol. Berlin 888. Schropp. n. 1. 50

— **Müller**, C. A. A., topograph. Karte der Gegend um Halle an der Saale. 1 : 40,000. Neue Ausg. 1895. 43 × 57,5 cm. Kpfrst. Berlin 895. S. Schropp. n. 1. 50

Halle a. S. Müller, C. A. A., topographische Karte der Gegend um Halle an der Saale. 1 : 40,000. Neue Ausg. 1900. 43,5 × 58,5 cm. Kupfrst. Berlin, S. Schropp. n. 1. 50

Halle a/S. Pharus-Plan Halle a/S. 1 : 10,000. 52 × 38 cm. Farbdr. Nebst Text. (15 S.) kl. 8. Berlin (907). (Halle, L. Hofstetter Sort.) — 60

Halle — Plan der Stadt — nebst der ihr umliegenden Gegend v. P. A. W. Henke 1808. 1 : 10,000 circa. 1 Bl. a. d. W. der Feldzug der Franzosen und alliirten nordischen Völker 1813 — 7 von L. Colln Leipzig. 1810.

— **Plan der Stadt Halle m. Giebichenstein.** 1 : 12,000. 42,5 × 32,5 cm. Farbdr. Mit Strassenverzeichniss an der Seite. Nebst Karte der Umgegend v. Halle (auf der Rückseite). 15 × 24,5 cm. Lith. Ergänzt bis Ende 1898. Halle 899. O. Hendel. n. — 50

— — der Stadt Halle a. S. m. den Vororten, im Stadtbauamt bearb. 71 × 40,5 cm. Nebst e. Karte der Umgegend v. Halle a. S. (auf der Rückseite). 1 : 100,000. 31 × 40 cm. Farbdr. 9. Aufl. m. Strassenverzeichniss (an der Seite). Halle 901. L. Hofstetter, Verl. n. — 50

Halle a. S. Plan der Stadt Halle a/S., neu aufgenommen u. gezeichnet vom Stadtbauamt. Ergänzt bis Ende 1906. 1 : 10,000. 63,5 × 44,5 cm. Farbdr. (Mit Strassenverzeichnis usw. an den Seiten.) Halle 906. O. Hendel. n. — 50

— **Schroedel's**, H., kleiner Heimatatlas von Halle. Auszug aus Eckerts Schulatlas. 27. Aufl.) Bearb. v. e. Halleschen Schulmanne. (3 Bl.) 4. Halle 906. H. Schroedel. n. — 40

— **Schroedel's**, H., Plan der Stadt Halle a. S. (1 : 20,000) nebst Umgebungskarte (1 : 10,000). 3. verb. Aufl. (2 Bl.) (28 × 20,5 u. 28,5 × 21,5 cm. (Mit Text auf dem Umschlag.) Halle (910). H. Schroedel. — 25

— **Stadt-Plan** v. Halle a/S. u. Giebichenstein, nach amtl. Quellen bearb. 1 : 12,500. Chromolith. Fol. Halle 888. Gundlach & Eggers. — 25

Halle i. W., Kreis, s.: **Minden**, Reg.-Bez. — **Westfalen**, Wegekarte.

Halle, August, approb. Arzt aus Lübeck: Ein Beitrag zur Kenntnis des Xeroderma pigmentosum. *Leipzig 1901: B. Georgi.* (48 S.) 8°
Leipzig, Med. Diss. v. (1. Juni) 1901

Halle, Daniel [cand. med. aus Hockenheim '(Baden)']: Ueber einen Fall von Mediastinaltumor ... München, Buchdr. v. M. Ernst, 1895; 26 S., 1 Bl. 8.
München, Med. Fak., Inaug.-Diss. v. 1895

Halle, Ernst (Levy) von

Halle, Ernst v., s. a. **Amerika.**

Halle, Ernst v., Amerika. S. Bedeutung für d. Weltwirtschaft u. s. wirtschaftl. Beziehungen zu Deutschland insbes. zu Hamburg. In Einzeldarstell. Hamburg 1905. 8°.

Weltwirthschaftliche Aufgaben und weltpolitische Ziele. Von Dr. Ernst v. **Halle**, Prof., Berlin. Berlin: E. S. Mittler & Sohn 1902. (VI, 252 S.) 8°
— **Halle**, v.: Volks- u. Seewirthschaft. Bd 2. (02. 15009

Halle, Ernst v., Baumwollproduktion u. Pflanzungswirtschaft in d. nordamerikan. Südstaaten, s. a. **Forschungen**, staats- u. socialwissenschaftl.

Halle, Ernst v., Baumwollproduktion und Pflanzungswirtschaft in den Nordamerikanischen Südstaaten. Tl 1. 2. Leipzig 1897 – 1906. 8°.
1. Die Sklavenzeit ... 1897.
2. Sezessionskrieg u. Rekonstruktion. Grundzüge e. Wirtschaftsgesch. d. Baumwollstaaten von 1861 – 1880. 1906.
(Staats- u. sozialwissenschaftl. Forschungen, hrsg. von Gust. *Schmoller* u. Max *Sering*. Bd 15, H. 1; Bd 26, H. 1.)

— die Bedeutg. d. **Seeverkehrs** f. Deutschland. Ein Vortrag, geh. in d. internat. Vereinigg. f. vergleich. Rechtswissenschaft u. Volkswirtschaftslehre zu Berlin am 14. XII. 1897. [Aus: „Schmoller's Jahrb. f. Gesetzgebg. etc."] gr. 8. (25 S.) Leipzig 898. Duncker & Humblot. n. — 60

— u. G. **Koch**, s.: **Cholera**, die, in Hamburg.

Halle, Ernst v., die großen Epochen der Kolonialgeschichte, s. a. **Abhandlungen**, koloniale. 7. Heft.

Die großen Epochen der Kolonialgeschichte. Erw. Vortrag geh. im Inst. f. Meereskunde 1906. Von Ernst v. **Halle**. Berlin: W. Süsserott [1907]. (38 S.) 8° [Fr.]
Aus: Zeitschrift f. Kolonialpolitik, Kolonialrecht u. Kolonialwirtschaft.
— **Abhandlungen**, Koloniale. H. 7. (07. 13354

Zur Geschichte des Maklerwesens in Hamburg. Von Dr. Ernst v. **Halle**, Berlin. Mit 2 Ill. u. e. Einschaltbl. Hamburg: Neue Börsen-Halle 1897. (IV, 44 S.) 8°
— [**Studien** z. Hamburgischen Handelsgeschichte. H. 2.] (98. 1647

— zur Geschichte d. **Maklerwesens** in Hamburg. M. 2 Illustr. u. 1 Einschaltblatte. [Aus: „Hamburgs Handel u. Verkehr".] gr. 8. (IV, 44 S.) Hamburg 897. A.-G. „Neue Börsen-Halle". n. 1. —

v. Halle, E. L. Die Hamburger Giro-Bank und ihr Ausgang. Berlin 1891.

— Handelsmarine u. Kriegsmarine, s. a. **Zeit- u. Streitfragen**, neue. XIII, 4. 5.

Handelsmarine und Kriegsmarine. Vortrag, geh. zu Dresden 1906 von Dr. Ernst v. **Halle**. Dresden: v. Zahn & Jaensch 1907. (69 S.) 8° [Fr.]
— **Zeit**- u. Streit-**Fragen**. Neue, hrsg. v. d. Gehestiftung. Jg. 4, H. 4 u. 5. (07. 8874

— **Reisebriefe** aus Westindien u. Venezuela. Skizzen währ. e. 10 wöchentl. Tour m. d. Schnelldampfer „Columbia" d. Hamburg-Amerika-Linie. [Aus: „Hamburg. Correspondent".] gr. 8. (128 S.) Ebd. 896. n. 1.

Halle, Ernst v., die Schiffbauindustrie in Deutschland u. im Auslande, s.: Schwarz, Tjard.

— Die Seemacht in d. deutschen Geschichte, s.a. Sammlung Göschen.

Die Seemacht in der deutschen Geschichte. Von Dr. Ernst v. **Halle**, Prof., Berlin. Leipzig: G. J. Göschen 1907. (154 S.) 8° [F.]
(Sammlung Göschen. 370.) [07. 16334

Halle, Ernst Levy v. Studien zur Hamburgischen Handelsgeschichte. I.: Die Hamburger Giro-Bank u. ihr Ausgang. gr. 8. (IX, 143 S.) Berl. 892, Puttkammer u. Mühlbrecht. 3 60

— **Studien zur hamburg. Handelsgeschichte, Fortsetzg., s.: Studien zur hamburg. Handelsgeschichte.**

von Halle, Ernst: Die Vertheilung der Industrie auf die klimatischen Zonen. Vortrag gehalten auf dem VII. Internationalen Geographen-Kongress in Berlin im Jahr 1899. ([S.-A.] Verhandlungen des VII. Internationalen Geographen-Kongresses in Berlin, 1899. S. 516—528.) Berlin 1900. 13 S. 8⁰.

Die deutsche Volkswirthschaft an der Jahrhundertwende. Von Dr. Ernst v. **Halle**, Prof., Berlin. Berlin: E. S. Mittler & Sohn 1902. (XIV, 219 S.) 8°
= **Halle**, v.: Volks- u. Seewirthschaft. Bd 1. [07. 13908

— Volks- u. Seewirthschaft. Reden u. Aufsätze. 2 Bde. gr. 8. Berlin 902. E. S. Mittler & Sohn. n. 5. 50 geb. in Leinw. n.n. 7.—
1. **Die deutsche Volkswirthschaft a. d. Jahrhundertwende. (XV, 219 S.)**
2. **Volkswirthschaftl. Aufgaben u. weltpolit. Ziele. (VI, 252 S.)**

— s.: Weltwirtschaft, die.

— **Die Wirtschaftswissenschaft in der heutigen Beamtenvorbildung, s.: Schriften d. deutschen volkswirtschaftlichen Verbandes. III, 2.**

Die Wirtschaftswissenschaft in der heutigen Beamtenvorbildung. Referat von Dr. Ernst von **Halle**, Prof. Berlin: Heymann 1909. 48 S. 8°
(Volkswirtschaftliche Streitfragen. Reihe 1, H. 2.)
(Schriften d. Deutschen Volkswirtschaftlichen Verbandes. Bd 3, H. 2.) [10. 7080

Halle, Friedrich, a. Leipzig: **Ueber einen Fall von Carcinom des Skrotums bei einem Braunkohlenträger.** Leipzig 1908: B. Georgi. (33 S.) 8°
Leipzig, Med. Fak., Ref. Trendelenburg, Diss. v. 15. Juli 1908
[Geb. 20. Febr. 84 Leipzig; Wohnort: Probstdeuben; Staatsangeb.: Sachsen; Vorbildung: Thomasch. Leipzig Reife O. 03; Studium: Freiburg i. B. 1, Leipzig 9 S.; Coll. 29. Juli 08; Approb. 27. Mai 08.]

Halle, Georg Benjamin (Sonneb. Neu-Mark), **De incompetentia actionis pignoratitiae contra tertium.** Diss. jur. Präs. Jo. Frideman Schneider. Halle (Chph. Andr. Zeitler) Sept. 1705. 32 Seiten. (6.50) **12890**

Halle, Heinrich. Ueber Antimon und Arsen. (Basel) München, 1893.

Halle, Henriette v., Didaskalia. Erzählungen aus dem Leben. Für die reifere Jugend hrsg. 8. (175 S.) Erfurt 878. Bartholomäus. 1. 20

[Umschlagt.:] Sensationelle Satire. Das 100,000. Lied vom Rhein. Text u. Musik v. Hermann **Hallo**. Op. 43 ... (Part. u. Singst.) *Berlin: A. Hoffmann [1896?].* (3 S., 1 Bl.) 1 Bd 8. [97. 1017

Auswahl von Seltenen und kostbaren Porträts meist hervorragender Personen ... Schöne Damenbildnisse. Blätter d. hervorragendsten Meister d. XVI. bis XIX. Jhs in vorzügl. Abdrücken. Mit zahlr. Abb. Katalog von J. **Halle**, Antiquariat, München. *(München: J. Halle [1900])* (159 S.) 8°
Kunst-Katalog 28. [00. 6,20

Verzeichniss einer sehr reichhaltigen und werthvollen Sammlung von Kupferstichen der englischen und französischen Schule des XVIII. Jahrhunderts in Farbenstich, Linier-, Punktier- & Schabmanier. Darunter Blätter der hervorrag. Künstler. Schöne Damen- u. Kinderbildnisse ... J. **Halle**, Antiquariat, München. *München: J. Halle 1899.* (170 S.) 8°
(Kunst-Katalog. No 25.) [99. 6874

Hallé, (Jean Noël): Das Bad als Mittel zur Erhaltung und Wiederherstellung der Gesundheit und Schönheit. (Dictionnaire des sciences médicales. 1812. Tom. 2: Bain. Dt.) Von (J.N.) Hallé, (Jean Nicolas) Guilbert und (Pierre Hubert) Nysten, übers. von J(ohann) C(laudius) Renard. 173 S., gbd.

Mainz: Kupferberg 1814

JB 2.715

Halle, Johann Samuel

— prakt. Anweis. alle Stahlarten zu kennen, zu härten, anzulassen u. zu bearbeiten. Nach Perrets Preisschr. 8. Berl. 783. Maurers B. 3 ℛ

– s. Aubin, St.: Stickerkunst.

— Ausw. von Merkwürdigk. aus d. Natur rc. m. K. (ist neue fortgesetzte Magie 1r Bd.)

Joh. Samuel Hallen's Beschreibung der heutigen Künste : : : 5ter Band. (Brandenb. und Leipz. 1772. 4.) liefert p. 208. u. f. auch Nachrichten von Feuerspritzen.

– s. Bottermann, Jos.: Beiträge ...

– s. Chaulnes de: Neue Art ...

– s. Denkwürdigkeiten aus der alten und neuen Weltgeschichte u. setze hinzu: (v. J. S. Halle.)

– s. Duhamel: Seifensiederkunst.

– s. Encyklopädie, Kleine oder Lehrbuch.

– s. Fougeraux: Siebmacherkunst.

Halle, Jh. Sam., († d. 9. Jan. 1810.) Gifthistorie des Thier-, Pflanzen- u. Mineralienreichs, nebst d. Gegengiften u. d. medicin. Anwend. d. Gifte. gr. 8. Berl. 786. Maurers B. 18 ℛ

Halle, Johann Samuel: Gifthistorie des Thier-, Pflanzen- und Mineralreichs, nebst den Gegengiften und der medicinischen Anwendung der Gifte, nach den neuesten Toxicologen. 301 S., gbd.

Berlin: Maurer 1787

JB 1.226

• **Halle, Joh. Sam., die deutschen Giftpflanzen z. Verhütung traurig Vorfälle in d. Haushaltungen, nach ihren botan. Kennzeichen beschrieben; nebst Hinzufügung des bei dem zufälligen Genuß derselben erforderl. Gegenmittels. 2 Bde. neue Aufl. gr. 8. Berl. N. Soc. Buchh. (Ir 1801 mit 16 ausgemalt. Kupf. 1 Rthlr. 20 gr. IIr 1803 mit 8 ausgemalt. Kupf. 1 Rthlr. 4 gr.) Rthlr.**

Halle, Joh. Sam., Die deutschen Giftpflanzen nach ihren botanischen Kennzeichen, nebst den Heilungsmitteln. Th. 1. 2. Mit 24 kolor. Kupfern. Berlin 1784—1793. 8. (FBA.)

— deutsche Giftpflanzen, z. Verhütung trauriger Vorfälle in den Haushaltungen, nach ihren botan. Kennzeichen, nebst den Heilmitteln. Mit 16 Kpf. gr. 8. Berl. 784. 2e Aufl. (von F. G. Hayne) mit 24 ill. Kpf, 801—5. (Sander). 3 rthl

Halle, Johann Samuel: Die deutsche Giftpflanzen zur Verhütung der tragischen Vorfälle in den Haushaltungen, nach ihren botanischen Kennzeichen, nebst den Heilungsmitteln. Th.1 - 2, gbd., Abb.

Wien: typ.v.Trattnern 1785 - 1793

JB 1.225

Die deutsche [!] Giftpflanzen zur Verhütung der tragischen Vorfälle in den Haushaltungen, nach ihren botanischen Kennzeichen, nebst den Heilungsmitteln. Von Johann Samuel Halle. (Th.[1.])2. Berlin: Oehmigke 1792-93. 1 Bd 8

Halle, Johann Samuel. Die Deutschen Giftpflanzen ... nach ihren botanischen Kennzeichen, nebst den Heilungsmitteln. Mit 16 nach der Natur ausgemahlten Kupfern [Tafeln]. 3. umgearbeitete Aufl. 8. Berlin 1794.

Halle, Johann Samuel. Die deutschen Giftpflanzen ... 2. Aufl. 1801—5. II: *Hayne, Friedrich Gottlob.* (EngM) (Hitzig) (Ky) (Call)

— deutsche Giftpflanzen z. Verhüt. traur. Vorfälle. m. K. gr. 8. Berlin, W. Oehmigke. 808.

– s. Gursault: Leinwandhandel u. dess. Riemer u. Sattler.

Halle, Johann Samuel (Übers.):

s.: Haller, Albrecht von: Anfangsgründe der Phisiologie des menschlichen Körpers. (Elementa physiologiae corporis humani. Dt.) Berlin: 1759 - 1776

JB 998

– s. Herbert: Kornpolizei.

— Kenntn. z. Verfert. d. engl. Steinguts, d. Fayence u. d. ächt. Porzellains. m. K. gr. 8. Berlin, W. Oehmigke. 793.

— Kenntniß z. Verfertigung des Englischen Steinguts, d. Fayence u. des ächten Porzellans. Mit 1 Kpf. gr. 4. Berl. 793. (Sander). 8 gr

Halle JS, praktische Kenntnisse zur Verfertigung des englischen Steinguts, der Fayence und des echten Porzeilans. 4° Berlin 1793

– s. Kunst des Bleiarbeiters.

— Kunst d. Orgelbaues. m. K. 8. Brandb. Halle. 779.

– s. Kunst des Stahlblattmachens.

— theoret. u. prakt. Kunst des Orgelbaues. Mit Kpf. 8. Brandenb. 770. Halle. 20 gr

– s. Laplatière: Baumwollen-Sammtfabrik.

— Leinenmanufactur, od. Oekonomie d. Flachsb. m. K. gr. 4. Berlin, Pauli. 788.

— die Leinenmanufaktur, oder vollst. Oekonomie des Flachsbaues. Mit 9 Kpf. gr. 4. Berl. 788. (Reimer). 1 rthl 16 gr (Rücker). 1 rthl 16 gr

– s. Lorry: Übersicht.

Halle, J. S., Magie oder die Zauberkräfte der Natur. Berlin 783—86. IV. Bde. 8.

— Magie, oder die Zauberkräfte der Natur, so auf den Nutzen u. die Belustigung angewendet werden. 4 Thle. Mit Kpf. gr. 8. Berl. 784—86. (Maurers B.) 7 rthl Fortgesetzte Magie. 12 Bde. gr. 8 Berl. 788—801. Pauli. 23 rthl 16 gr

§ **HALLE**, Joh. Sam. (1727—1810), Magie, oder die Zauberkräfte der Natur. 4 Thle. Mit Kpfrn. 2. Aufl. Berlin 1784—86. 8°.

Halle, Johann Samuel: Magie oder die Zauberkräfte der Natur, so auf den Nutzen und die Belustigung angewandt worden. Th.1 - 4, Fortgesetzte Magie, Th.1 - 12, gbd., Abb.

Wien: v.Trattnern 1785 - 1803

JB 2.696

§ — — Fortgesetzte Magie. 13 Thle. Mit Kpfrn. Wien 1788—1803. 8°. (Th. 13 fehlt in München.)
Cplt.: 17 starke Bde. Wien 1784—1803. Hfz. 26 Mk. Heckenhauer; 16 Bde., 1784—1801, 25 Mk. Ernst Geibel, 1908.

— neue fortgesetzte Magie, od. die Zauberkräfte d. Natur. 1r, od. des ganzen Werks 17r Thl. Mit 11 Kpf. gr. 8. Berl. 802. (Maurers B.) 2 rthl

– s. Milly: Kunst.

— Naturgeschichte der Thiere in systemat. Ordnung. 2 Thle. Mit Kpf. gr. 8. Berl. 757—60. Voß. 2 rthl 20 gr

— die Staatshistorie d. Welt. 2 Thle. gr. 8. Brandenb. 768—70. (Hessenland in Magdeb.) 3 rthl

— Tobaksfabrikatur. m. K. gr. 4. Berl. Pauli. 788.

— die Tabaksfabrikatur, od. vollst. Oekonomie d. Tabaksbaues. Mit 6 Kpf. gr. 4. Berl. 788. (Reimer). 16 gr (Rücker). 16 gr

— — vollst. Tabacksmanufactur. Ist jetzt Verlag von Rücker und der Preis

— Technologie, od. d. mechan. Künste, als Ausz. f. Werkstätte. m. K. gr. 8. Brandb. (Hessenland in Magdeb.) 784.

— Technologie, od. d. mechan. Künste, als e. verm. Ausz. der neuen Kunsthistorie. Mit Kpf. gr. 8. Brandenb. 782. (v. Schutz in Magdeb.) 2 rthl

Halle, J. Sam., Uebers. d. Denkwürdigk. a. d. alten u. neuen Weltgesch. d. Staats- u. Völkerkunde. m. K. gr. 8. Berlin, Maurer. 796.

Halle, Joh. Samuel: „Werkstätte der heutigen Künste oder die neuere Kunsthistorie", 6 Bände, 1761—1779.

— Werkstätte d. heut. Künste. 6 Thle. 4. Brandb. (Hessenland in Magdeb.) 761—79. (à 2 Rthlr.)

— Werkstätte d. heutig. Künste. 6 Thle. 4. Brandenb. 761—79. (v. Schütz in Zerbst). (à 2 ℔) 12 ℔

Halle, Kasper

Halle, die Schiedsmannsordnung vom 29. März 1879. Darstellung d. schiedsamtl. Verfahrens mit Berücksicht. der ergangenen Ausführungs-Bestimmungen u. Ministerial-Reskripte, nebst Mustern zu Verhandlgn. u. Sachregister zum prakt. Gebrauch. 16. (VI, 68 S.) Berlin 887. Vahlen. cart. n. 1. —

Die Schiedsmannsordnung vom 29. März 1879. Darstellung d. schiedsmänn. Verfahrens mit Berücks. d. ergangenen Ausführungs-Bestimmungen u. Ministerial-Erlasse, nebst Mustern zu Verhandlungen u. Sachreg. z. prakt. Gebr. Von [Kasper] Halle, Landger.R. in Stettin. 2., neubearb. Aufl. *Berlin: F. Vahlen 1903.* (VIII, 106 S.) 8° [F.] [04. 4267]

HALLE, LEOPOLD. Zur Kenntniss des Diisoamylharnstoffchlorides, einiger Derivate und einiger neuer Reactionen desselben. (Basel) Berlin, 1893.

Halle, Max, appr. Arzt a. Posen: Die Behandlung bei spondylitischen Lähmungen. Freiburg i. B. 1905: A. Mehlhase. (40 S.) 8°
Freiburg i. B., Med. Fak., Ref. Kraske, Diss. v. 1905
[Geb. 29. Juni 73 Posen; Wohnort: Freiburg; Staatsangeh.: Preußen; Vorbildung: Gymn. Freienwalde a. O. Reife M. 95; Studium: Berlin 11, Freiburg . S.; Coll. 14. Mär 05.]

Halle, Max, approb. Arzt aus Berlin: **Aus d. III. med. Klinik zu Berlin. Direktor: Geh. Med.-Rat Prof. Dr. Senator. Inwieweit beeinflusst der durch das Kauen von Magenkautabletten erzeugte Speichel die einzelnen Magenfunktionen?** *Berlin 1898: G. Pintus.* (34 S.) 8° [Ant. u. F.]
Leipzig, Med. Diss. v. 11. Nov. 1898
(Nur in beschränkter Zahl für den Austausch)

Halle, P. Über die Beziehungen des Alkoholismus zur Epilepsie. D. Berlin. 1881.

Halle, P. I. G., de Haemorrhagiis. 4. Helmst. Fleckeisen. 801.

Halle, Rudolf, Ebstorf in Hannover: **Zur Casuistik von Chondrombildungen an den knöchernen Gelenkenden. Ein Fall von Osteochondrom der Tibia.** [Köln 1907] Kölner Verlags-Anstalt u. Druckerei, A.-G. (14 S.) 8°
Kiel, Med. Fak., Ref. Helferich, Diss. v. 10. Okt. 1907
[Geb. 23. Febr. 81 Ebstorf; Wohnort: Ebstorf; Staatsangeh.: Preußen; Vorbildung: Gymn. Johanneum Lüneburg Reife O. 01; Studium: Tübingen 3, Kiel 2, Göttingen 1, Kiel 4 S.; Coll. 27. Aug. 06; Approb. 1. Okt. 07.]

Modulationslære. Teoret.-prakt. Vejledning, særlig for vordende Organister. Anbefalet af Minist. for Kirke- og Undervisningsvæsenet. Til Brug ved Seminarier ... Udarb. af Sophus **Halle**, Organist. Kjøbenhavn & Leipzig: W. Hansen (1900). (XI, 90 S.) 4° [04. 13187]

Halle, Theod., casuistische Beiträge zur Lehre v. den Krampfkrankheiten. Inaugural-Dissertation. 8. (46 S.) Göttingen 877. (Vandenhoeck & Ruprecht.) n. — 80

Zur Kenntnis der mesozoischen Equisetales Schwedens. Von Thore G. **Halle**. Mit 9 Taf. Uppsala & Stockholm 1908: Almqvist & Wiksell. (50 S.) 4°
= **Handlingar**, K. Svenska Vetenskapsakademiens. Bd 43, No 1. [08. 13910]

Halle, Thore G., zur Kenntnis der mesozoischen Equisetales Schwedens. (56 S. m. 9 Taf.) 31,5×25 cm. Uppsala 908. (Berlin, R. Friedländer & Sohn.) nn 5. 70
Sonderabdr. a. „Kungl. svenska vetenskapsakademiens handlingar".

— Einige krautartige Lycopodiaceen paläozoischen u. mesozoischen Alters. (17 S. m. 3 Taf.) 8. Ebd. 908.
Sonderabdruck aus „Arkiv f. botanik". nn 1. 60

Halle, W., s.: Neisser, A., stereoskop. medicin. Atlas.

Halle, Walter L(udwig), aus Wien: Zur **Kenntnis** 1¹-alkylierter Styrole. *Heidelberg 1904: K. Rößler.* (49 S.) 8°
Heidelberg, Naturw.-math. Diss. v. 1904

Halle, Wilhelm *Theodor August Rudolf* [aus Anklam]: Die Verbreitung der Lungenschwindsucht, mit besonderer Berücksichtigung der Zu- bezw. Abnahme derselben.... Halle a. S., Hofbuchdr. v. C. A. Kaemmerer & Co., 1891; 39 S., 2 Bl. 8°
Halle, Med. Fak., Inaug.-Diss. v. 28. Jul. 1891

Halleen, Ad. A., die christliche Feier des Sonntages. Predigt am 17. Sonnt. nach Trin. Greifswald 856. Koch. gr. 8. (20 S.) n. 2 ngr

Halleen, Ad. Ant. Eug., drei Monate in Canada nebst Hin- u. Herreise über Hamburg u. New-York, vom 29. Juli bis zum 15. Decbr. 1868. Tagebuch. Mit e. selbstentworfenen (lith.) Karte eines Theils von Ober-Canada (in qu. Fol.). Stralsund 870. Hingst's Nachf. gr. 8. (VI, 122 S.) n. 15 ngr

Hallei [Halley], Edmund, Curieuse Erzehlungen von denen Winden, nach der heutigen Seefahrer und Anwohner des Meers beständigen Anmerkungen, wie solche Herr Johann Clerc aus denen Actis Philosophicis Londinensibus a. 1686, num. 183 gezogen, und dem 3. Buch seiner Naturkundigung C. 8. einverleibet hat. Leypzig 1723.

Halley, Edmund, Logarithmische Tabellen für Seefahrer über den Unterschied in der Breite und Abweichung auf Minuten und Zehendtheile.
Stockholm, Leipzig 1764.

Hallei, F., der Sohn des Raubritters, oder: Lasterstrafe u. Tugendlohn. Romantische Rittergeschichte aus den Zeiten des Vehmgerichts. gr. 16. (144 S.) Berlin 850. (Danz. — Leipzig, O. Klemm.) 5/6 ℔

Hallei, Fr., der Abt von St. Sever, oder: Die Verfolgten. Romantische Ritter- und Klostergeschichte. 8. Nordhausen 841, Fürst. 11/12 ℔

Hallei, Gttfr. Aug., Werner v. Winzingen der Schreckliche, oder: Rettung durch höhere Macht. Romantische Ritter- u. Geistergeschichte. kl. 8. Nordhausen 841, Fürst. 1 ℔

Hallein [Sachliches OW]

Hallein, Der k. k. Forstwirthschaftsbezirk... Salzburg 1897.
V: *Klier, Emil.* (Hr)

Hallein [Schlagwort]

Hallein, Bez., s.: **Salzburg.**

Hallein [Verfasser]

Hallein, Leop. Mainzer Civilrecht im 14. u. 15. Jahrh., dargestellt auf Grund mehrerer Gerichtsformeln. Mainzer Gerichtsformeln aus dem 15. Jahrh., nach 2 Copiehandschriften hrsg. gr. 8. (71; 122 S.) Würzb. 891, Gnad u. Comp. * 3 —

Halleiner Bothe. 4 Hefte. gr. 8. Salzb. Duyle. 805.

Halleluja!

— Religiöse Blätter für Erbauung u. Belehrung. Redigirt von P. Kaatzer. 1r Jahrg. 1835. 24 Lfrgg. (etwa 60 Bog.) Mit 4 artist. Beilagen u. Vignetten. gr. 4. Aachen 835. Kaatzer. (Mainz, Kirchheim, Schott u. Thielmann.) $1^{2}/_{3}$ ₰

Halleluja! oder: Wie kann der gebildete Katholik im Sinne seiner Kirche Gott im Geiste und in der Wahrheit anbethen? Ein vollständ. Gebethbuch für kathol. Christen. Mit 1 Stahlstich. gr. 12. Münster 838. Katholischer Bücher-Verlag. (J. H. Deiters.) $^{5}/_{6}$ ₰ (Hat mit dem Werke: Das hochheilige Opfer Jesu Christi gleichen Inhalt.)

Halleluja. Organ für ernste Hausmusik. Hrsg. von G. Postler und Friedr. Zimmer. 1.—3. Jahrg. 1880—1882. à Jahrg. 12 Nrn. Lex.-8. (à Nr. ca. 14 S.) Quedlinburg, Vieweg's Buchh. à Jahrg. *

Halleluja. Organ f. ernste Hausmusik, hrsg. von G. Postler u. Frdr. Zimmer. 2. u. 3. Jahrg. 1881 u. 1882. à 12 Nrn. Lex.-8. (à Nr. ca. 14 S.) Hildburghausen. Gadow & Sohn. à Jahrg. n. 4. —

—— Organ für die geistliche Musik in Kirche, Haus, Verein und Schule. Hrsg. von Theophil Becker und Fr. Zimmer. 4. und 5. Jahrg. Octbr. 1882—Septbr. 1884. à Jahrg. 24 Textnrn. (à Nr. $^{3}/_{4}$ Bog.) und 4 Musikhefte (à Heft $^{3}/_{4}$ Bog.) Lex.-8. Hildburghausen, Gadow und Sohn. à Jahrg. *
Musikhefte allein à *

Halleluja. Organ für geistliche Musik in Kirche, Haus, Verein und Schule, zugleich Organ des evangel. Kirchengesangvereins für Deutschland. Hrsg. von H. A. Köstlin, Theophil Becker u. a. 6. und 7. Jahrg. Octbr. 1884—Septbr. 1886. à Jahrg. 24 Nrn. (à Nr. $^{3}/_{4}$—$1^{1}/_{2}$ Bog.) Lex.-8. Hildburghausen, Gadow und Sohn. à Jahrg. *
Nicht weiter erschienen.

Hallelujah! Choräle, Lieder, Motetten u. Märsche. Zunächst f. Posaunen-Chöre. 4 Thle. 8. Hermannsb., Missionshausdruckerei. à Thl. 1 —
1. Choräle. (XV, S. 1—120) 888. 2. Aufl. (XV, S. 1—112) 889. — 2. Lieder. (IV, S. 129—252.) 889. — 3. Lieder u. Choräle. (IV, S. 257—360.) 889. — 4. Motetten u. andere Stücke, Märsche u. Marschlieder. (IV, S. 369—414.) 890.

Halleluja! Liederbuch f. evangel. Jungfrauenvereine u. christl. Gemeinschaften. Hrsg. vom Vorstände-Verband der evangel. Jungfrauenvereine Deutschlands. Textausg. 12. (160 S.) Berlin 902. Buchh. des ostdeutschen Jünglingsbundes. Geb. in Leinw. n.n. — 60

— dasselbe. Melodien-Ausg. 12. (IV, 800 S.) Ebd. 902. Geb. in Leinw. n. 1. 60

— Liederbuch f. evangel. Frauen- u. Jungfrauenvereine u. christl. Gemeinschaften. Klavier- u. Harmoniumbegleitung. (260 S.) 8. Berlin 909. Buchh. des ostdeutschen Jünglingsbundes. Geb. in Leinw. 3. 50

Halleluja! Liederbuch f. evang. Frauen- u. Jungfrauenvereine u. christl. Gemeinschaften. Klavier- oder Harmoniumbegleitung. Berlin: Verband d. ev. Jungfrauenvereine Deutschlands 1909. 260 S. 8°

Halleluja! Neue schlichte Lieder. Von H. v. R. (56 S.) 8. Neumünster (910). Vereinsbuchh. G. Ihloff & Co. — 75

Hallen, Tharands heilige. Dichtung für Declamation. Leipzig 1815. V: *Engelhardt, Carl August.* (MGT)

HALLEN, Heinr. v. (ps.?), Launen des Schicksals. Ein (zahmer) Roman. Leipzig, bey C. H. F. Hartmann. 1819. 8°. Tit. u. 254 S.

v. Hallen, Hnr., Launen des Schicksals; e. Roman. 8. Leipz. 819. (Lehnhold). 1 ₰ 8 gr

Hallenberg [Schlagwort]

Hallenberg, s.: Preussen. Messtischblätter.

Hallenberg [Verfasser]

Hallenberg, Frdr., Judas. Ein Drama. (53 S.) 8. Leipzig-Gohlis 909. B. Volger. 1. —

Hallenberg, Jon., collectio nummorum cuvicorum, c. tabb. aen. Stockh. 804. Ulrich. 1 ₰ 18 gr

— disquisitio de nominibus in lingua Suio-Gothica lucis et visus cultusq. solaris in ead. lingua. II Voll. 8. Stockh. 816. (Leipz., Kummer). 6 ₰

Hallenberg, (J.,) disquisitio de nominibus in lingua vestigiis additae hinc inde sunt genialiores de linguarum origine observationes. II. Partes. 8. Stockh. 816. (Lips., Kummer.)

— numismata orientalia aere expressa brevique explanatione enotata. II Pts. 8. Upsala 823. (Lpz., Kummer). 4 ₰

— ex occasione nummi cuvici de nom. Dei Gud in Suio-Goth. cognatisq linguae origine, disquisitio histor. et philol. 4. Hamb. 796. (Campe). 16 gr

— dogmatis de resurrectione mortuorum origo. 8. Stockh. 798. Ulrich. (Campe in Hamb.) 4 gr

Kurze Geschichte und Sehenswürdigkeiten der Stadt Hersfeld von J. Hallenberger. 2. Aufl. Hersfeld 1904: E. Hoehl. (31 S.) 8°

Hallenberger, J., Hersfeld u. seine Umgebung. 12. (IV, 78 S. m. Abbildgn., Plan u. Karte.) Hersfeld 893. Hoehl. Kart. n. 1. 25

Stiftsruine, Stadtkirche und Denkmäler der Stadt Hersfeld von J. Hallenberger, Lehrer. *Hersfeld 1899: E. Hoehl.* (10 S.) 8° [Umschlagt. 𝔉.]

Hallenberger O[tto], appr. Arzt: Aus dem pathologischen Institut der Universität Marburg. Über die Sklerose der Arteria radialis. Marburg 1906. (27 S.) 8° ¶ Aus: Deutsch. Archiv für klinische Medizin Bd 87.
Marburg, Med. Fak., Ref. Aschoff, Diss. v. 16. April 1906
[Geb. 20. Jan. 82 Hersfeld; Wohnort: Hersfeld; Staatsangeh.: Preußen; Vorbildung: Gymn. Hersfeld Reife O. 00; Studium: Heidelberg 4, Kiel 1, Berlin 3, Marburg 2 S.; Coll. [illegible]]

Konung Augusts politik åren 1700–01. Ett bidrag af C[arl] Hallendorff. *Upsala: (Akad. Bokh.; Leipzig: O. Harrassowitz) 1898.* (109, X S.) 8° = Skrifter utg. af K. Humanist. Vetenskapssamfundet i Upsala. Bd 6, 4.

Hallenhorst

— Friedrich Anton (Erfurt), De eo, quod justum est circa venationes in genere, et in specie circa venationes precarias, vulgo Gnaden = Jagten. Diss. jur. Rector Philipp Wilhelm Grf. v. Boineburg. Prorector Johann Philipp Streit. Erfurt (Joh. Heinr. Grosch) 16. I. 1713. 39 S. (7.—)
12893

Hallenser, Die, in Landsberg oder der Gruftbesuch zur Mitternacht. Eine historische Novelle aus Halle. O. O. (Halle, Hendel) 1790. 8°.

Hallensleben, Zur Geschichte des patriotischen Liedes. I. II. Arnstadt 1855—62. Progr.

Hallensleben, F., neuester Gelegenheits-Dichter, oder: Raths- u. Hülfsbüchlein für Diejenigen, welche zu Polter-Abenden, Hochzeiten, Geburts- u. Neujahrstagen u. m. a. Gelegenheiten passende Gedichte u. Glückwünsche gebrauchen, nebst einigen noch ganz unbekannten Gedichten zum declamator. Vorträge in geselligen Kreisen. 12. Nordhausen 836. Köhne. 1/3 ₰

— die Töffeliade. Ein komisches Heldengedicht in Knittelversen. Seitenstück zur Jobsiade. gr. 16. Nordhausen 836. Fürst. 7/8 ₰

Hallensleben, F., die Töffeliade. Ein komisches Heldengedicht in Knittelversen. Seitenstück zur Jobsiade. Neue Ausg. 8. (168 S.) Nordhausen 847, Fürst.

Hallensleben, *Hermann* De orationis, quae inter Lysiacas fertur octava, ratione et tempore. 4 (S. 3—21). G. *Arnstadt* 1887 (663).

Progr.

Hallensleben, [Hermann], Prof.: Die neue deutsche Rechtschreibung. Arnstadt 1904: E. Frotscher. (S. 1—16.) 4° [F.]
Arnstadt, fürstl. G OP 1904 (835)

Hallensleben, P. W. [Dr. iur. Referendar in Aachen]: Das Vitium furti und seine Purgatio im römischen Recht ... Aachen, Druck v. C. H. Georgi, 1895; 59 S. 8.
Erlangen, Jur. Fak., Inaug.-Diss. v. 1895

Hallensleben, Richard, a. Harsleben: Studien in der Triphenylmethangruppe. Würzburg 1904: C. J. Becker. (47 S.) 8°
München, Phil. Fak., Ref. v. Baeyer, Diss. v. 18. Aug. 1904
[Geb. 29. März 77 Harsleben, Prov. Sachsen; Vorbildung: Realgymn. Halberstadt bis 1. Juli 92; Apothekerprüf. Sommer 00; Studium: München pharm. 5 S.; Rig. 25. Juli 03.]

Hallenstein, Bernhard [aus Lemgo in Lippe]: Zur Casuistik und Symptomatologie der sporadischen Meningitis cerebrospinalis epidemica .... Halle, Buchdr. v. S. Schlesinger, 1885: 62 | 2 S. 8°.
Halle, Med. Fak., Inaug.-Diss. v. 21. Sept. 1885.

Hallenstein, Bernhard, zur Casuistik und Symptomatologie der sporadischen Meningitis cerebrospinalis epidemica. Diss. Halle 1885, Lippertsche Buchh. 8°. 62 S.

Hallenstein's, C. H. A., Volks-Theater in frankfurter Mundart. 2 Bde. (Mscr. für Bühnen.) gr. 16. (XI und 627 S.) Frankfurt a. M. 855, (Auffarth.) •

Hallenstein, E. Ph. J., Prof. Eugen Klimsch. (S. 45—60 m. Abbildgn. u. 6 Taf.) 36×27 cm. München (896). F. Hanfstaengl. 4. —
Sonderabdruck aus „Die Kunst unserer Zeit".

Hallenstein, E. Ph. J., das Lied vom Meister Dürer. Zum Festabend in der Frankfurter Künstlergesellschaft am 26. Nobr. 1873 zu Ehren d. Herrn Heinrich Anton Cornill-d'Orville gewidmet. gr. 8. (32 S.) Frankfurt a/M. 874. Keller. n. — 80

Hallenstein, Ernst, Onkel Bollinger, s.: Album f. Liebhaber-Bühnen.

Hallenstein, Ernst, Vice versa. Treffer u. Nieten, s.: Universal-Bibliothek.

Haller. Albert de H'.... Biographie. Lausanne 1840 s. [Chavannes, Mlle Herminie].

HALLER, Albert, oder der Verliebte im ersten Kreuzzuge gegen die Neufranken. Longwy (Ruppin, Kühn) 1802. 8°. 181 S. Zahm.

Haller, A. v. Festschrift, dem Andenken A. v. H. dargebracht von den Aerzten der Schweiz. Bern 1877. 4.

Haller, Albrecht von. [Leipzig 1792.] V: *Manso, Joh. Caspar Frdr.* (MGT)

Haller, Albrecht von; Darstellung seines Lebens. Basel 1878. V: *Schnell, Johann.* (Cat. d. Stadtbibl. Zürich. Zürich 1864—97.)

Haller, Albrecht v., geb. den 8. October 1708 — gest. den 12. Decbr. 1777. Denkschrift hrsg. v. der damit beauftragten Commission auf den 12. Decbr. 1877. 4. (VIII, 120 S. mit photogr. Portr.) Bern 877. Haller. n. 4. —

Haller, Eva, die Seemannsbraut. Eine Erzählung. Deutsch von Henr. Helms. Leipzig 864. Gerhard. 8. (230 S.) 25 ngr.

Haller. Franz Ludwig H' von Königsfelden. Bern 1838 s. [Mülinen, Gottfried von].

[Haller, Carl Ludwig von]. Bünden. SA. fol. ‹Bern 1798.›

Haller, Dem Ehrwürdigsten Meister von Stuhl Br. von, und seiner verehungswürdigsten Schwester bey der Feyer Ihres fünf und zwanzigiährigen Vermählungsfestes ... O. O. 5800. V: *Friderich, Johann Andreas.* (will)

Haller u. Tzschirner, oder d. von Tzschirner beleuchtete Uebertritt des Hrn. v. Haller zur kathol. Kirche. Neu beleuchtet von Iren. Eupistinus. gr. 8. Mainz 822. Müller. 8 gl

Haller u. Salis-Seewis. Auswahl, herausgegeben von *A. Frey.* Bd. 43 d. deutschen National-Literatur, hrsg. von Jos. Kürschner. In-8°, XLVIII und 371 S. Berlin u. Stuttg., Spemann. 1885. 3 40

Haller, Description des Salines du Gouvernem. d'Aigle. 8. Berne, Haller. 778.

Haller, Festschrift zur Feier des 50jähr. Stiftungsfestes der Turngemeinde Nürtingen, m. Abb., Nürtingen 1909, 80 S., 8°.

Haller, Zur Frage des Erfindungsschutzes. Vortrag. Bern 885.

Haller, v., die Kohlennoth. Ein Vortrag vor Nürnberger Arbeitern. 8. (21 S.) Nürnberg 900. Fränkische Verlagsanstalt & Buchdr. — 15

Haller & Co.: Preisliste über Badeeinrichtungen, Petroleumkocher usw. Ottensen b. Hamburg 1895

Haller, A. Das theologische Alumneum in Basel. 1844—1894. Zur Feier des fünfzigjährigen Jubiläums im Auftrag der Alumneums-Commission dargestellt. Mit 5 Lichtdruckbildern. Gr. in-8°. 120 S. Basel, Emil Birckhäuser. 1894 2 —

Haller, A., d. theolog. Alumneum in Basel. 1844—1894. Zur Feier d. 50jähr. Jubiläums im Auftr. d. Alumneums-Kommission dargest. gr. 8. (120 S. m. 3 Taf. u. 3 Bildn.) Basel (Hebelstr. 17) 894. Theolog. Alumneum. 2.40

Haller, A., Führer durch die Reichsjustizgesetze, s. Arnold, Gg.

Haller, A., die im Großherzogth. Hessen dermalen gültige Jagdgesetzgebung, nebst den darauf bezügl. Verordnungen, Ministerialentschließungen und gerichtl. Entscheidungen [des vormal. hess. Ober-Appellationsgerichts, des Reichsgerichts und des Oberlandesgerichts]. Mit Rücksicht auf die durch die Reichsgesetze herbeigeführten Aenderungen nach dem neuesten Stande der Gesetzgebung und amtl. Quellen zusammengestellt. 3. völlig umgearb. Aufl. gr. 8. (IX, 114 S.) Darmstadt 884, Bergsträßer. cart.

Haller, A. v. Siehe: *Vierordt.*

Haller, A. H., bist du getauft? 8. (119 S.) Reval 897. F. Wassermann. n. 2.—

Haller, A. H., über modernes Christenthum. Ein Vortrag. (16 S.) 8. Reval 903. (Kluge & Ströhm.) n. —80

Haller, A. H., tägliche Hausandachten in Schriftbetrachtung und Gebet auf alle Tage im Jahre. gr. 8. (IV, 548 S.) Reval 884, Wassermann. * geb. *M 8.; mit Goldschn. *

Haller, A. H., tägliche Hausandachten in Schriftbetrachtung u. Gebet auf alle Tage im Jahre. 3. Aufl. gr. 8. (IV, 548 S.) Reval 893. F. Wassermann. Geb in Leinw. n. 8.—

— tägliche Hausandachten in Schriftbetrachtung u. Gebet auf alle Tage im Jahre. 4. Aufl. (IV, 466 S.) gr. 8. Reval 905. F. Wassermann. n. 4.50; geb. n. 5.50

Haller, A. H. Der gute Kampf d. Glaubens. Predigten auf alle Sonn- u. Festtage d. Kirchenjahres. gr. 8. (430 S.) Reval 891, Wassermann. * 7 —; geb. in Leinw. * 8 —; m. Goldschn. * 9 —

— „Kirchenzwang" u. „Religionsfreiheit" im Lichte des „historischen Moments". Eine zeitgemäße Betrachtg., den balt. Heimathgenossen zur Verständigg. dargeboten. (23 S.) gr. 8. Ebd. 905. n. — 70

Haller, A. H., Predigten auf alle Sonn- u. Festtage d. Kirchenjahres. 2 Thle. gr. 8. (304 u. 232 S.) Reval 878. Wassermann. n. 9. —

— Schicke dich, Israel, u. begegne deinem Gott. Predigten u. Beichtreden z. Bereitg. auf d. Abendmahlsfeier. 8. (V, 138 S.) Ebd. 897. Geb. in Leinw. n. 2.50

— das Wort vom Kreuz. Passionspredigten. gr. 8. (IV, 244 S.) Ebend. 880. n. 3.60

Haller, Alb[ert]. Einiges über die academischen-theologischen Beziehungen zwischen Bern und den niederländischen Hochschulen im 17. Jahrhundert. zusammengestellt von Alb. H'.... [S.A.] 8. [Bern 1875.]

Haller, A[lbert]. Albert Friedrich Haller (1813–1882). Ein Lebensbild. [Mit Porträt-Tafel. S.A.] 8. [Bern 1884.]

Haller, A[lbert]. Johannes Haller der Aeltere. 1487–1531. und Johannes Haller der Jüngere. 1523–1575. Zwei biographische Skizzen. Separatabdruck aus der „Sammlung Bernischer Biographien". [Band 2.] 8. Bern 1887.

Haller, Alb., Benedikt Marti (Aretius), s.a. Neujahrsblatt, hrsg. v. histor. Verein d. Kantons Bern. 1902.

Haller, Albert. Benedikt Marti (Aretius). Ein bernischer Gelehrter und Forscher des XVI. Jahrhunderts. Mit dem Bildnis des Aretius. 56 S. 4. Bern, K. J. Wyss, 1901. [fr. 2.50]

Neujahrsblatt hrg. vom Historischen Verein des Kantons Bern für 1902.

Haller, A[lbert]. Wolfgang Musculus. 1497–1563 — David Müslin. 1747–1821. Zwei Skizzen aus der bernischen Kirche. ⟨Separatabdruck aus der „Sammlung bernischer Biographien". [Band 2.]⟩ 8. Bern 1893.

Haller, Alb[ert]. Worte der Erinnerung an Herrn Carl Haaf-Haller, gesprochen bei seiner Beerdigung den 21. September 1906 von Alb. H'-v[on] Erlach, Pfarrer in Bern. II + 9 S. 8. Bern, Haller, 1906.

Haller, Albert Mgn., († d. 7. Oct. 1798.) Examen justum: an creatio et conservatio mundi caeteraeque operationes dei transeuntes mutationem quandam in deo efficiant? 4 maj. Reval 772. (5 B.)

Haller, Albrecht von

Haller, [Albert] v.: Abhandlung über das Faulfieber ... samt e. Anh. e. fäuligten Epidemie mit Anm. von (J. G.) Zimmermann. Solothurn 1786. 52, 19 S.

— Abhandl. über das Faulfieber. 8. Solothurn. Haller. 786.

— Abhandl. von d. reizbaren Theilen d. menschl. Korpers. 4. Lpz. 756. Compt. f. Liter. 9 gr

Haller, Albr. v., Abhandlg. v. d. Viehseuche. 8. Bern 773. Typ. Soc. M. —.25

v. Haller. Albr. I., Abhandl. von d. Viehseuche. 8. Bern 774. Typogr. Soc. 2 gr

— additamenta ad J. Scheuchzeri agrostographiam. 4. Zürich 775. Orell. 10 gr

— authent. Akten, das neu errichtete Waisenhaus betreff., v. 1755 zu 1757. 8. Zürich 758.

Haller, Albr. v., Alfred, König d. Angelsachsen. 8. Gött. Vandenhök. (a. Haller in Bern) 774.

Haller, A. v. Alfred, König der Angelsachsen. 2. A. Leipzig 1774.

v. Haller, Albr., Alfred, König der Angelsachsen. 8. Götting. 774. Vandenhöck u. R. 14 gr 8. Münster 779. (Coppenrath). 14 gr

v. Haller, Albr. Alfred, König der Angelsachsen. 8. Carlsruhe 1779.

— Alfred, Roi des Anglo-Saxons, trad. de l'anglais. 8. Bern, Haller. 773.

— die Alpen; e. Gedicht. 8. Bern 805. Jenni. 3 gr

Haller, Albrecht von. Die Alpen. Mit einer Beilage und Kupfern [wovon 8 Tafeln]. Dem Andenken Hallers gewidmet (* *Umschlag:* Hrg.) von Karl Geiser. Kupferdruck von Kehrli & Pick, Bern. Bern, im Mai 1902. 40 S. 4. Bern, A. Francke, 1902. [geb. fr. 10.—]

S. 23–37 (Beilage): Vorrede zur Geschichte der schweizerischen Pflanzen (von Haller).

— Alpengedicht. N. Ausg., nebst d. französ. Uebersetz. von Tscharner v. Aubonne u. e. Beschreib. d. Alpen, deutsch u. französ. von J. G. Heinzmann. Mit 10 Vign. gr. 4. Bern 795. Typogr. Societ. 2 ℛ

Haller, Albrecht von. A' von Haller's erste Alpenreise <1728>. Originalbericht des Dichters, zum ersten Mal mitgeteilt durch Walther von Arx <Solothurn>. (SA.) 8. [Zürich 1892.]

Haller, A. v. Les Alpes; Poëme . . . Gottingue 1749. Ü: *Tscharner, Vincenz Bernh. von.* (ML)

— les alpes, poëme, et la descript. phys. des alpes, trad. par Struve. 4. Bern 796. Typograph. Soc. 2 ℛ

— le Alpi, poëmetto tradotto dal tedesco in italiano. 12. Lausannae 797, (Levrault in Strassb.) 9 ℊ

— anatome cadaveris virilis, c. tab. n. diaphragmatis et fig. fol. Gött. Vandenhök. 741.

Albrecht von Haller
1708 - 1777

Duorum monstrorum Anatome et de causis monstrorum ulteriorem disquisitio. [Resp.:] Christianus Ieremias Pollinus[Pollin]. Gottingae: Vandenhoeck (1742). 24 S. 8°

Göttingen, Med. Diss. v. 13. Sept. 1742

Albrecht von Haller
1708-1777

Albrecht von Hallers [Haller: Primae Lineae physiologiae. Deutsch:] Anfangsgründe der Phisiologie des menschlichen Körpers. Aus d. Lat. übers. von Johann Samuel Haller ([viels.] Halle; 2-4: Hallen). Bd 1-8. Berlin: Voß 1759-76. 8 Bde 8°

Bd 1: Die Faser, die Gefässe, der Umlauf des Blutes, das Herz. 1759.
Bd 2: Das Blut, dessen Bewegung. Die Absonderung der Säfte davon. 1762.
Bd 3: Das Atemholen. Die Stimme. 1766.
Bd 4: Das Gehirn, die Nerven u. Muskeln. 1768.
Bd 5: Die äusserlichen u. innerlichen Sinne. 1772.
Bd 6: Das Niederschlukken. Der Magen. Die Nesze. Die Milz. Gekrösdrüse u. Leber. 1774.
Bd 7: Die Gedärme. Die Nahrungsmilch. Der Urin. Der Saame. Die weiblichen Theile. 1775.
Bd 8: Von der menschlichen Frucht. Dem Leben u. Tode der Menschen. 1776.

— Anfangsgründe der Physiologie; aus d. Latein. von Jh. S. Halle. 8 Thle. gr. 8. Berl. 762—76. Voß. 17 ℛ

Haller, Albrecht von: Ad viri illustris Antonii de Haën difficultates apologia. 28 S., gbd.

Vindobonae: typ. Trattner 1757
in: Haën, Anton de: Quaestiones saepius motae super methodo inoculandi variolas... 1757

JB 5.054

— ad viri illustris Ant. de Haën difficultat. apologia. 8. Lausanne 761, 62 u. Bern 761. Dass. deutsch, s. unten: Vertheidigung.

— append. in Scheuchzeri agrostographiam 4. Tüb. (Orell F. et Comp. in Zürich.) 775.

— (Hrsg.), s. Aretaeus Cappadox.

v. Haller, Albr. l., Arzneimittellehre d. vaterländ. Pflanzen; aus d. Französ. übers. von Sam. Hahnemann. gr. 8. Leipz. 806. Steinacker. 1 ℛ 16 ℊ

— s. Auctarium ad A. Halleri elementa physiologiae.

— s. Aurelianus, Caelius: De morbis acutis.

— Ausz. u. Beschreib. d. Salzwerke im Amte Aelen. 8. Bern 765. N. Ausg. u. d. T.: Bemerkk. über d. schweizer. Salzwerke rc. berichtigt u. mit Zusätzen herausgeg. von K. Chr. v. Langsdorf. Mit Kpf. 8. Frankf. a. M. 788. (Krieger in Marb.) 18 ℊ

Albrechts von Haller [Disputationes practicae selectae, Ausz. Deutsch:] Beyträge [Beiträge] zur Beförderung der Geschichte und Heilung der Krankheiten. Aus dessen Sammlung praktischer Streitschriften in e. vollst. Ausz. gebracht u. mit Anm. versehen von Lorenz [von] Crell. Bd 1-6. Berlin & Stettin: Nicolai 1781-84. 8°

Bd 1.2: 1781.
Bd 3: 1782.
Bd 4: 1783.
Bd 5.6: 1784.

— Beyträge z. Beförder. d. Gesch. u. Heil. d. Krankh. a. dess. Streitschr. m. Anm. herausg. v. Crell. 6 Thle. 8. Berl. (Kummer, a. Hinrichs in Lpz.) 797.

— medicin.-prakt. Beiträge z. Beförderung d. Geschichte u. Heilung der Krankheiten. Aus dess. Streitschrift mit Anmerkk. herausgeg. von Lor. v. Crell. 6 Thle. 8. Berl. 781—84. (Kummer; auch Hinrichs in Leipz.) 7 ℛ 12 ℊ

— Bemerk. üb. d. schweizer. Salzwerke v. Langsdorf. m. K. 8. Frkf. (Krieger in Marb.) 788.

— Beschr. d. Geschlecht. Art. u. Spielarten des Getreides, a. d. Lat. m. K. 8. Ebend. 78

— Beschr. versch. Salzwerke in d. Schweiz. 8. Bern, Typ. 767.

Haller, Albrecht von: Bibliotheca anatomica, qua scripta ad anatomen et physiologiam facientia a rerum initiis recensentur. Tom. 1 - 2, gbd.

Tiguri: Orell, Gessner, Fuessli & Socc.
1774 - 1777

JB 760

Haller, Albrecht von: Bibliotheca botanica, qua scripta ad rem herbariam facientia a rerum initiis recensentur. Tom. 1 - 2, gbd.

Tiguri: Orell, Gessner & Fuessli 1771 - 1772

JB 71

Haller, Albrecht von. Bibliotheca Botanica, Auctore Alberto de H'. Index Emendatus.... Bernae ... 1908 s. Bay, J Christian.

Haller, Albertus de, bibliotheca botanica. Index emendatus perfecit J. Christian Bay. Ad diem natalem Alberti de Haller ante hos ducentos annos Bernae nati celebrandum die XVI mensis octobris a. MDCCCCVIII ed. societas Bernensis rerum naturae peritorum. (V, 57 S.) Lex. 8. Bernae 908. (Bümpliz-Bern, Buch- u. Kunstdr. Benteli.) 4, 80

Haller, Albrecht von: Bibliotheca chirurgica qua scripta ad artem chirurgicam facientia a rerum initiis recensentur. Tom.1 - 2, gbd.

Basileae: Schweighauser
Bernae: Haller } 1774 - 1775

JB 3.125

Haller, Albrecht von: Bibliotheca medicinae practicae, qua scripta ad partem medicinae practicam facientia a rerum initiis ad annum MDCCLXXV recensentur. Tom.1 - 4, gbd.

Basileae: Schweighauser
Bernae: Haller } 1776 - 1788

JB 1.848

— bibliotheca medicinae practicae. IV Tom. (Tom. III. ed. F. L. Tribolet. Tom. IV. ed. Joach. Dietr. Brandes.) 4 maj. Bern 776—88. (Schweighäuser in Basel). 9 ℛ

Haller, Albr. v., s. Bodemann, E.

Haller, Albrecht von (Ed.):

s.: Boerhaave, Hermann: Praelectiones academicae in proprias institutiones rei medicae. Tom.1 - 6. Gottingae: 1740—1744

JB 2.002

— deutsche Briefe an denselben, s. Briefe.

— Briefe üb. ein. Einwürfe d. Freygeister wid. d. Offenb. 3 Thle. 8. Bern, Typ. 778.

Schrdp.

— Briefe üb. einige Entwürfe d. Freigeister wider d. Offenbarung. 1r Thl. 8. Bern 775. N. Aufl. 778. u. 2r u. 3r Thl. 776. Typograph. Societ. 1 ℛ 8 gr

Haller, Albrecht von s. Briefe. Einiger gelehrter Freunde deutsche Briefe.... Bern 1777

— s. Briefe deutscher Gelehrten v. Haller.

Haller. *Bodemann, E.* Von u. über Albr. v. Haller. Ungedruckte Briefe und Gedichte Hallers, sowie ungedruckte Briefe und Notizen über denselben. Hannover, Meyer. 1885. 6 —

Haller's, Albr. v., Briefe über die wichtigsten Wahrheiten der Offenbarung, mit einer einleitenden Charakteristik Haller's auf's Neue hrsg. von C. A. Auberlen. 8. (135 S.) Stuttgart 858, J. F. Steinkopf.

— Briefe über die wichtigsten Wahrheiten d. Offenbarung. gr. 8. Bern 772. Typograph. Societ. 12 gr

— u. Eberh. Frdr. v. Gemmingen, Briofwoohsol, nobst dom Briofwoohsol zwisohon Gommingon u. Bodmor, hrsg. v. Horm. Fisoher, s. a. Bibliothok dos littorarisohon Vorolns in Stuttgart (Tübingon). 219.

Briefwechsel zwischen Albrecht v. Haller und Eberhard Friedrich v. Gemmingen. Nebst d. Briefwechsel zwischen Gemmingen u. (Joh. Jak.) Bodmer. Aus Ludwig Hirzels Nachlass hrsg. von Hermann Fischer. *Tübingen: Litt. Ver. in Stuttgart 1899.* (IX, 184 S.) 8°
— Bibliothek d. litterarischen Vereins in Stuttgart. 219. (se. 3876

— compend. Virium medicar., dubiar. declarat. novar. et varior., quo uberior. hist. et icones continentur. II Tmi. fol. Gött. Vandenhök. 742.

Haller, A. v. Denkschrift auf den 12. Dezember 1877. Bern 1877. Nebst Programm der Haller-Feier.

Haller, Albrecht von: Descriptio foetus bicipitis ad pectora connati ubi in causas monstrorum ex principiis anatomicis inquiritur. 46 S., gbd., 5 Taf.

Hannoverae: Foerster 1739

JB 875

— descr. foetus bicipitis ad pectora connati. c. fig. 4. Hann. Helwing. 739.

— novarum plantarum descript. ad Societatem regiam Göttingensem missae. 4. ... 700.

Disputationum anatomicarum selectarum vol. 1-7. [Nebst] Ind. Coll., ed. praef. est Albertus Haller [Albrecht von Haller]. Gottingae: Vandenhoeck 1746-1752. 8°

Vol.1: Ad chylificationem. 1746.
Vol.2: Ad cor arterias glandulas cerebrum. 1747.
Vol.3: Ad lienem, hepar, renes, cutem, musculos. 1748.
Vol.4: Sensus externi, interni, respiratio. 1749.
Vol.5: Organa generationis. 1750.
Vol.6: Ad administrationem, ossa, musculos et varias observationes. 1751.
Vol.7,P.[1]2: Suppl.: Suppl. priorum vol. 1751.
Ind.: 1752.

Des Albrecht von Haller [Disputationes chirurgicae selectae, Ausz. Deutsch:] Auserlesene chirurgische Disputationes, in e. Ausz. gebracht u. m. Anm. versehen von Friedrich August Weiz. Bd 1 - 5. Leipzig: Hertel 1777 - 87. 5 Bde 8°

Bd 1: 1777.
Bd 2: 1780.
Bd 3: 1782.
Bd 4: 1784.
Bd 5: 1787.

— disputationes chirurgicae selectae. V Voll. c. fig. Lausannae 755—56. Bousquet. 16 ℛ 16 gr

— disput. ad morborum hist. et curationem. VII Tmi. 4. maj. Laus. Bousquet. 757-60

— disputation. ad. morbor. hist. et curation. facientes c. fig. VII Tmi. gr. 4. Laus. (Stage, Augsb.) 757-60.

— disputationes practicae selectae, c. fig. VII Tom. 4 maj. Laus. 757—60. (v. Jenisch u. St. in Augsb.) 30 ℛ Deutsch, s. unten: Samml. acad. Streitschriften.

— elementa physiologiae corporis humani. VIII Tom. c. supplem. et fig. 4 maj. Lausanne 757—66. (Vandenhöck u. R. in Götting.) 28 ℛ 16 gr 2e Ausg. s. oben: De praecipuarum corporis humani etc. fabrica.

— Elementa physiolog. corp. hum. c. fig. VIII Tmi. gr. 4. Laus. (Stage in Augsb.) 757-78.

— Elementa physiologiae corpor. humani. Tom. 6. 7. 8. et supplement seu auctarium. 4. Lausann. Pott et Comp. 777-782.

— auctarium ad Element. physiolog. corp. hum. III Fasc. 4. Lips. Gleditsch. 780.

— — auctar. seu supplement. ad Alberti Halleri elementa physiol. corpor. humani. 4 part. 4. ibid. 782.

Alberti [von] Haller Brevis Enumeratio stirpium Horti Gottingensis acc. animadversiones aliquae et novarum descriptiones. Gottingae: Vandenhoeck 1743. 90 S. 8°

Haller, Albrecht [von]. D. Alberti H' ... Enumeratio methodica stirpium Helvetiae indigenarum. Qua omnium brevis descriptio et synonymia ... et icones [24 tabulae] continentur. 2 Tomi. fol. Gottingae 1742.

— ad enumerationum stirpium Helveticarum emundationes et auctaria. VI Ptes. 4. u. 8. Basel u. Bern 760—65

Haller, Albrecht von: Enumeratio plantarum horti regii et agri Gottingiensis. 442 S., gbd., Abb.

Gottingae: Vandenhoeck 1753

JB 28

— enumeratio stirpium, quae in Helvetia rariores proveniunt. 8. (Lausanne) 760.

— epistolae ad Levelingium scriptae, quas edid., praef. est. not. illustr. H. M. v. Leveling. 8. Erlang. 795. (Heyder). 3 gl

Haller, A., Epistolarum ab eruditis viris ad Alb. Hallerum scriptarum Partes VI. Bernae 1773—1775. 8°.
1773

— epistolarum ab eruditis viris ad ipsum script. VI Tom. 8 maj. Bern 773—77. Typogr. Soc. 3 ℛ 16 gl

— — eaed. VI Vol. c. fig. 8 maj. Münst. Platvoet. 775.

Epistolarum ab eruditis viris ad Alb[ertum] Hallerum [Albrecht von Haller] scriptarum pars 1. Bernae: Societatis typogr. 1773. 8°

P.1, Vol.1: Epistolae 194. Scriptae ab anno 1727 ad annum 1739. 1773.

— experiences sur les parties sensibles et irritables. IV Pties. 12. Laus. 759. Pott. 2 ℛ 8 gl

— experimenta quaedam circa corpus callosum, cerebellum, duram meningem, in vivis animalibus instituta. 4. Götting. 751.

— Fabius u. Cato. 8. Götting. Vandenhök. (a. Haller in Bern.) 774.

— Facius u. Cato; e. Stück aus d. Röm. Geschichte. 8. Bern 774. Haller. (Vandenhöck u. R. in Götting.) 16 gl

— Fabius et Caton.; trad. de l'alleman. 8. Lausanne 772. Pott. 9 gl

Haller, A. v. Fabius et Caton, Fragment de l'histoire Romaine ... Lausanne 1782. Ü: *König, Ludwig Friedrich.* (MGT)

— Fabius et Caton, trad. de l'allem. 8. Lausanne, Pott. 782.

— de praecipuarum corporis humani partium fabrica et functione. Libri XXX. Opus quinquaginta annorum, c. fig. VIII Tom. 8 maj. Bern 777—78. Typ. Soc. 8 ℛ

Alberti Halleri [Albrecht von Haller] De partium corporis humani praecipuarum Fabrica et functionibus, opus 50 annorum. T.1-8. Bernae & Lausannae 1778. 4 Bde 8°

T.1: Fibra. Vasa. Circuitus sanguinis.
T.2: Cordis fabrica. Motus.
T.3: Elementa sanguinis.
T.4: Sanguinis motus.
T.5: Secretio humorum.
T.6: Respiratio.
T.7: Respiratio. Vox.
T.8: Cerebrum. Nervi.

de Haller, A., De fele capito semibifido. progr. Gott. 4°. 1742

— Flora Jenens. Ruppii. 8. Jen. Stahl. (Voigt.) 745.

* Haller, Alb., sur la formation du Coeur dans le Poulet etc. II Vol. gr. 12. Lausanne. (Augsb. Wolf.) 758.

Haller, A., Pr. de foetu humano septimestri sine cerebro edito agit. Gött. 4°.
1745

— über die Futterkräuter d. Neuern. 8. Bern, Typ. 771.

Haller's, Albr. v., Gedichte, s.: Bibliothek älterer Schriftwerke der deutschen Schweiz u. ihres Grenzgebietes.

Haller, Albrecht v. Gedichte (Auswahl). Siehe: *Nationalbibliothek.*

Haller's, Albrecht von. Gedichte. Herausgegeben u. eingeleitet von Dr. *Ludwig Hirzel* (Prof. an der Universität Bern). In-8°, DXXXVI und 423 S. Frauenfeld, J. Huber. 1882. **12 —**
Elegant gebunden 15 —
*** Siehe auch: „Bibliothek älterer Schriftwerke der deutschen Schweiz", Bd. III.

— la Génération. II Tom. gr. 8. Paris, König, 774.

— de allii genere naturali, c. fig. 4. ibid. 745.

v. Haller, A., resp. D. D. Langhans, De gibbo ejusque causis. Gött. 4°. Pr. Gibbi descriptio. Gott. 4°. 1749

Haller, Albrecht von: Grundriß der Physiologie für Vorlesungen. (Primae lineae physiologiae. Dt.) Nach der 4. lateinischen... verm. Ausg. aufs neue übers., und mit Anmerkungen... versehen von Konrad Friedrich Ude. Th. 1-2, 732 S., gbd.

O.O.: 1785

JB 999

Haller, Albrecht von: Grundriß der Physiologie für Vorlesungen. (Primae lineae physiologiae. Dt.) Nach der 4. lateinischen... verm. Ausg. aufs neue übers., und mit Anmerkungen versehen von (Samuel Thomas von) Sömmerring ..., mit einigen Anmerkungen begleitet und besorgt von P(hilipp) F(riedrich Theodor) Meckel. 710 S., gbd.

Berlin: Haude 1788

JB 1.000

Albert's von Haller [Primae Lineae physiologiae. Deutsch:] Grundriß der Physiologie... mit den Verbesserungen von Wrisberg, Soemmerring u. Meckel. umgearb. von Heinrich Maria von Leveling. Th.1.2. Erlangen: Walther 1795-96. 8°

Th.1: Die Grundstoffe des menschlichen Körpers, seine Lebens-u.thierischen Verrichtungen.1795.
Th.2: Die natürlichen-u.Geschlechtsverrichtungen, Wachsthum, Leben und Tod des Menschen. 1796.

Haller, A. v. Grundriss der Physiologie . . . 2. . . . Ausgabe. Nürnb. 1800. H: *Harles, Johann Christian Friedrich.* (Ky) (MGT)

Haller, Albr. v., Grundr. der Physiologie m. d. Verbeff. v. Wrisberg rc. umgearb. v. Leveling. 2 Thle. gr. 8. Erlang. Walther. 800.

— Grundriß d. Physiologie, mit d. Verbeff. von Wrisberg, Sömmerring u. Meckel, umgearb. v. H. M. v. Leveling. 2 Thle. gr. 8. Erlang. 795. verb. A., (mit Zusätzen v. J. C. F. Harles). 800. 4e A. 821. (Heyder). 3 ₰

— Grundriß d. Physiologie f. Vorlesungen mit den Verbesserungen von Wrisberg, Sömmering u. Meckel, umgearbeitet von Leveling. 2 Thle. 3te Aufl. gr. 8. Erlangen, Heyder. 812.

Haller, Alb. von, Grundriß der Physiologie für Vorlesungen und zum Privatstudium. Mit den Verbesserungen von Wrisberg, Sömmering und Meckel. Herausgegeben von Dr. Heinr. Maria von Leveling. 2 Theile. 4te Aufl. gr. 8. Erlangen, Heyder. 821.

Haller, Albert (Prorector), cum senatu novum prorectorem et felicitatem ex severioris tenore disciplinae commendat. Götting. (Abrah. Vandenhoeck) 25. VI. 1747. 2 Bl. (3.—) 12894

Haller, Alb[recht] von. Histoire des plantes suisses, ou Matière médicale et de l'usage économique des plantes; par M. Alb. de H'. Traduit du latin. 2 Tomes. 8. Berne 1791.

Alberti v. Haller [Albrecht von Haller] Historia stirpium indigenarum Helvetiae inchoata. T.1-3. Bernae: Societatis typographicae 1768. 2 Bde 2°

T.1: Plantae flore composito.Didynamiae. Papilionaceae. Cruciatae. Meiostemones. Isostemones. Diplostemones.
T.2: Polystemones. Liliaceae. Gramineae.Apetalae.
T.3: Apetalae staminibus inconspicuis.

— iconum anatomicarum VIII Fasc. Fol. Götting. 743—82. Vandenhöck u. R. 25 ₰

Iconum anatomicarum quibus praecipuae partes corporis humani delineatae continentur fasc. ... ([Verf.:] Albertus Haller [Albrecht von Haller].) Fasc. 1-8. Gottingae: Vandenhoeck 1743-56. 1 Bd 2°

Fasc.1: Diaphragma, medulla spinalis, vagina uteri, omentum & cranii basis. 1743.
Fasc.2: Arteria maxillaris. Coeliacae. T.1&2. Thyreoidea inferioris. T. 1&2. Uterus. 1745.
Fasc.3: Arteriae capitis, thoracis, mesenterii, renum. 1747.
Fasc.4: Foramen ovale, nares internae et vasa pelvis. 1749.
Fasc.5: Arteriae pedis. 1752.
Fasc.6: Arteriae pectoris & brachii. 1753.
Fasc.7: Arteriae cerebri. Medullae spinalis. Oculi. 1754.
Fasc.8: Arteriarum totius corporis systema cum suppl. ad descriptiones vasorum. 1756.

Haller, A. v. Icones Plantarum Helvetiae . . . Bernae 1795. H: *Wyttenbach, Jac. Sam.* (Ky) (AarK)

— Icones plantar. Helvetiae. Additis notis editoris (J. F. Wyttenbach), c. LII tabb. aen. Fol. maj. Bern 795. Typ. Soc. 10 ₰

Haller, A. v. Icones plantarum Helvetiae. Ed. J. S. Wyttenbach. Bernae 1813. fol.

— Iter helvetic. ann. 1739 et Hercinicum 1738. c. fig. 4. Gött. Vandenhök. 740.

v. **Haller, A.**, resp. M. L. **Berkelmann**, De nervorum in arterias imperio. 27 pp. Goett. 4°. Auch in: Disp. anat. Gött. 1749, IV, 425—445. *Haller*, Bibl. anat. II, 201. 1744

— Lebensbeschreibung, s. Tscharner.

— Lettres sur les vérites les plus importantes de la révolution, trad de l'allemand. 8. Bern, Soc. Typ.

Haller, A. de. Lettres sur les vérités les plus importantes de la révélation. Trad. de l'allemand. In-12°, XIV u. 132 p. Avec portrait. Berne, (Beroud, Genève). 1878.
*** Réimpression de l'édition de 1772.

— Lettres contre M. de Voltaire, trad. p. König. II Tms. 8. Bern, Typ. 781.

— le même I. II Tom. 8. Lausanne, Pott. 780.

— primae lineae physiologiae in us. praelect. academ. 8 Götting. 747. Ed. aucta 751. Ed. auctior 765. Ed. IV. ed. H. A. Wrisberg. 8 maj. Götting. 780. Vandenhöck u. R. 1 ₰ 16 gr. 12 maj. Laus. 771. Pott u. C. 16 gr. Daff. deutsch, (theils v. Verf. selbst, theils v. Tribolet, nach d. Ausg. v. 1765) u. d. T.: Erster Umriß d. Geschäfte d. körperl. Lebens, f. d. Vorles. eingerichtet, (v. F. L. Tribolet). 8. Berl. 770.

Alberti Haller [Albrecht von Haller] Primae Lineae physiologiae in usum praelectionum academicarum. Gottingae: Vandenhoeck 1747. 480 S. 8°

— Primae lineae physiologiae ... Tertio auctae et emendatae. Goetting. et Leidae 1765. 444 S.

Alberti v[on] Haller Primae Lineae physiologiae in usum praelectionum academicarum nunc 4.conscriptae em. et pluribus animadversionibus auctae ab Henrico Augusto Wrisberg. Goettingae: Vandenhoeck 1780. 526 S. 8°

— de lue bouilla agri Bernens. 4 maj. Götting. 774). Dieterich. 2 gr.

v. Haller, A., Diss. de malo hypochondriaco. Gott. 4°. 1752

— s.a. Materia medica.

[Historia stirpium Helvetiae indigenarum. Ausz. Deutsch:] Materia medica oder Geschichte der Arzneyen des Pflanzenreichs, aus des Herrn [Albrecht] von Hallers [Haller] Beschreibung der Schweizerischen Pflanzen gezogen, m.desselben ungedr. Zusätzen sowohl, als mit eigenen...Verm.vers. von [Philipp Rudolph] Vicat. Aus d. Franz. Th.1.2. Leipzig: Haug 1782. 1 Bd 8°

[Ausz. ersch.zuerst franz.]

— mémoire sur la nature sensible et irritable des parties du corps animal. IV Tom. 12. Laus. Pott. 760.

* — sur la nature sensible et irritable. IV Vol. gr. 12. la même. 756.

— deux mémoires sur la formation des os. gr. 12. Laus. 758. Pott. 8 ℊ

— deux mémoires sur la formation de poulet. 12. Laus. 758. Pott. (Wolf in Augsb.) 1 ℔ 4 ℊ

— deux mémoires sur le mouvement du sang et sur les effets de la saignée. 8. Lausanne 756. Pott u. C. 12 ℊ (a. Haller in Bern). 17 ℊ

v. Haller, A., Deux memoires sur les parties sensibles et irritables du corps animal. 4 tom. Laus. 1756—1760. 4°. Deutsch v. Chr. Krause. Lpz. 1756. 8°. Engl. v. Taussot. Lond. 1756. 8°. Ital. Venez. 1758. 12°. v. Fabri, Bol. 1757. 1759. 8°. Haller, Bibl. anat. II, 208.

— de monstris dissertationes II. c. fig. 4. Gött. Vandenhök. 742.

Albertus Haller [Albrecht von Haller]: De Motu sanguinis per cor. [Resp.:] Diedericus Wilhelmus Schmidt. Gottingae (1737:) Vandenhoeck. 28 S. 8°
Göttingen, Med. Diss. v. 12. Sept. 1737
2. Ex.: Mx 245 (6)

Alberti Haller [Albrecht von Haller]De Musculis diaphragmatis dissertatio anatomica. Bernae: N.E. Haller 1733. 30 S. 4°

de Haller, Alb., De la nature et de l'existence du fluide des nerves. Brl. 8°. Haller, Bibl. chir. II, 179.
1765

— nomenclator ex hist. plantar. indig. Helvet. excerptus. 8. Bern, Typ. 769.

— — **Inaugur. disputat. viri clar. Joh. Diet. Walstorf (Heidelberg) indicit et de monstrosis fabricis observationes profert. Götting. (Joh. Christ. Ludolph Schultz) 28. III. 1753. 11 S. mit Biogr. W.'s. (M.: Ch. C. Hoffstadt.) (6.—)**
12895

Haller, Albert v.: Observationes de induratis corporis humani partibus. Gottingae (1753). 12 S. 4°

Onomatologia medica completa oder medicinisches Lexikon das alle Benennungen und Kunstwörter, welche der Arzneywissenschaft eigen sind, erkläret zu allgemeinem Gebrauch hrsg. von e. Gesellschaft gelehrter Aerzte u. mit e. Vorr. von Albrecht von Haller. [Nebst] Anh. Ulm, Frankfurt u. Leipzig (1755). 1352. 38 S.

— opera minora anat. argum. III Tmi. 4 maj. Bern, Typ. 762-67.

— — end. c. fig. III Tmi. gr. 4. Laus. Pott. (Stage in Agsb.) 762-67. (I. 4 Rthlr. II. 5 Rthlr. 8 gr. III. 5 Rthlr.)

— opera minora anatom. argum III Tom. 4 maj. Bern 762—68. Typogr. Soc. 10 ℔ 8 ℊ

v. *Haller*, Albr. I., opuscula anatomica, de respiratione, de monstris, aliaque minora, c. tabb. aeneis. 8. Götting. 751. (Hannov., Hahn). 1 ℔ 8 ℊ

Haller, Albrecht von: Opuscula sua anatomica. 358 S., gbd., Abb.
Gottingae: Schmidt 1751
JB 597

— opuscula anatomica, c. X tabb. aen. 8 maj. Götting. 751. (Varrentrapp in Frankf. a. M.) 1 ℔ 4 ℊ

— — botan. c. fig. 8. Götting. (Hahn in Hannover.) 749.

— opuscula pathologica, partim recusa, partim inedita, in quibus sectiones cadaverum, morbosor. potissimum, continentur, c. fig. 8 maj. Lausanne 755. Pott u. Comp. (Typogr. Soc. in Bern), 20 ℊ

— — pathologica, c. fig. 8. maj. Laus. Pott. (Typ. Bern.) 768.

— Oratio de amoenitatibus anatomes. 4. Götting. 751.

— oratio de hermaphroditis. 4. Götting. 751.

v. Haller, A., resp. W. Lud. Taube, De vera nervi intercostalis origine. 20 pp. Gott. 4°. Auch: *Haller*, Diss. anat. 4°. Gött. 1747. II, 939—951. Bibl. chir. II, 201. 1743

von Haller, A., De partibus corp. hum. sensibilibus et irritabilibus. Comm. I et II. Gott. 4°. Franz. Lausanne 1754. 12°. 1755. 8°. 1756. 12°. 1757. 8°. Deutsch v. Ch. *Krause*. Lpz. 1756. 4°. Ital. v. V. *Petrinio*. Rom 1755. 4°. Rom et Neap. 1755. 8°. Englisch Lond. 1755. 8°. Schwedisch 1753.

1753

de Haller, A., resp. J. H. Oschwald, De phrenitide. 32 pp. Gott. 4°. 1747

— Physiologia, seu de functionib. corporis humani. VIII Tomi. 8 maj. Bern, Soc. Typ.

— poesie trad. in versi italiani p. Abato Soresi. 8. Yverd. 769 (Typograph. Soc. in Bern). 12 ℊ

— Poesie di Helvezia. 8. ibid.

— Poésies, trad. p. de Tscharret. 8. Gött. Vandenhök. 750.

— Poésies en franç. et en allem. 8. Zürich. 751.

Haller, A. v. Poésies choisies . . . Gottingue 1750. Ü: *Tscharner, Vincenz Bernhard von.* (BrMm) (ML) »Berne 1775« (AarK)

— poesies chois. trad. en prose. 8. Zürich 750 u. 58. Orell. 8 gr

— poésies, choisies trad. en prose p. V. E. Tscharner. 8. Götting. 750. Vandenhöck u. R. 5 gr

— s. Principes artis medicae.

Haller, Albr. (v.), religiöse Prophezeyungen, s. Prophezeyungen.

— Prüfung d. Secte, d. an Allem zweifelt, s. Prüfung, u. setze hinzu: Aus d. Französ. (d. Hrn. Formey). Mit e. Vorrede v.

— Prüfung d. Secte, d. an allem zweifelt. 8. Zürich, Vandenhöck. 751.

Haller, Albrecht von. Eine Rektoratsrede Albrechts von H' <gehalten zu Göttingen den 2. Januar 1747>. Aufgelegt und übersetzt von C[arl] L[udwig] von Haller. 4. Bern 1877.

— eine Rektoratsrede [geh. zu Göttingen den 2. Jan. 1747.] Aufgelegt u. übers. von C. L. v. Haller. Lex.-8. (16 S.) Bern 877. Dalp. n. — 60

— Relation de travaux economiques. 4. à Roche 764.

Haller, A. v. De respiratione. Gottingae 1746. 4.

— de respiratione, experim. anatom. III pts. 4. Götting. Vandenhök. 747.

— Samml. kl. Schriften. 8, Bern 756 auch 771. unter d. Titel: Erster Theil kl. Hallischer Schriften.

— Samml. kl. Schriften. 3 Thle. 8. Bern. (Vandenhök in Gött.) (a. Haller in Bern.) 772.

Haller, A. v. Sammlung kleiner Hallerischer Schriften. 2. A. Bern 1772.

Albrecht von Hallers [Haller: Disputationes practicae selectae, Ausz. Deutsch:] Sammlung academischer Streitschriften die Geschichte und Heilung der Krankheiten betr. In e. vollst. Ausz. gebracht u. mit Anm. versehen von Lorenz [von] Crell. Bd 1-3. Helmstedt: Kühnlin 1779-80. 8°

Bd 1.2: 1779.
Bd 3: 1780.

— Samml. academ. Streitschriften, d. Krankheiten betreff., im Ausz. v. Lor. v. Crell. 3 Thle. 8. Helmst. 779, 80. Fleckeisen. 3 rf 12 gr Fortsetz., s. oben Beitrr. zur Beförder d. Gesch. ꝛc.

— kl. deutsche Schriften, 3 Thle. 8. Bern 771. Haller. (Vandenhöck u. R. in Götting.) 1 rf 12 gr

Albertus de Haller: De venae Sectione veterum ac recentiorum quam divinis auspiciis. [Resp.:] Io[annes] Iulius Walbaum. Goettingae (1748): Hager. 76 S. 8°

Göttingen, Med. Diss. v. 30. Sept. 1748

Haller, Albrecht von. Albrechts von H'... Tagebuch seiner Beobachtungen über Schriftsteller und über sich selbst. Zur Karakteristik der Philosophie und Religion dieses Mannes. ([Mit Porträt-Vignette. Hrg. von] Johann Georg Heinzmann.) 2 Theile. 8. Bern 1787.

— Tagebuch seiner Beobachtt. über Schriftsteller u. über sich selbst, (herausg. v. J. G. Heinzmann). 2 Bde. 8. Bern 787. Haller. 2 rf 4 gr

Des [Albrecht] von Hallers [Haller] Tagebuch der medicinischen Litteratur der Jahre 1745. bis 1774. Ges., hrsg. u. mit verschiedenen Abhandlungen aus der Geschichte u. Litteratur der Medicin begleitet von J[ohann] J[akob] Römer u. P[aul] Usteri. Bd 1-3. Bern: E. Haller 1789-91. 3 Bde 8°

Bd 1, Th. (1.)2: 1789-90.
Bd 2.3: 1791.

Haller's, Albr., Tagebücher seiner Reisen nach Deutschland, Holland u. England 1723—1727. Mit Anmerkgn. hrsg. v. Ludw. Hirzel. Anhang: Ein bisher unbekanntes Gedicht Hallers aus dem J. 1721. gr. 8. (146 S.) Leipzig 883. Hirzel. n. 2. 40

— Wilhelm Tell, e. Vorles. 8. Bern, Typ. 772.

— tractatio anatom., qua omenti nov. figuram tradit c. fig. fol. Gött. Vandenhök. 743.

Albrechts von Haller [Primae Lineae physiologiae. Deutsch:] Erster Umriß der Geschäfte des körperlichen Lebens... Aus d. Lat. unter der Aufsicht des Verf. übers. ([Übers.: Franz Ludwig] Tribolet.) Berlin: Haude & Spener 1770. 528 S. 8°

— Usong; eine oriental. Geschichte. 8. Bern 771. N. A. 772, 775 u. 778. Typ. Soc. 1 rf (Coppenrath in Münst.) 12 gr

— Dass. Französisch. 8. Frankf. 772. Eßlinger. (Schäfer). 20 gr

— le même. 8. Glogau 772. Chr. Fr. Günther. 20 gr

— le même. 12. Berl., Rottmann. 20 gr

— Usong an oriental History in four Books. 12. London, (Bauer, Lpz.) 773.

Albertus [von] Haller: De Vagis cordis propriis. [Resp.:] Henricus Christianus Peyman. Goettingae: Vandenhoeck (1737). 32 S. 8°

Göttingen, Med. Diss. v. 7. Sept. 1737

v. Haller, Albr. II., (Sohn), s. Ventenat, Anfangsgründe.

Albertus Haller [Albrecht von Haller]: De Veronicis quibusdam alpinis observationum botanicarum specimen 1. 2. Gottingae: Vandenhoeck 1737. 8°

Specimen 1: (1737.)
[Einladungsschrift zur Dr. med.- Promotion von Heinrich Christian Reyman. Göttingen, 7. Sept. 1737.]

Specimen 2: (1737.)
[Einladungsschrift zur Dr. med.- Promotion von Diedrich Wilhelm Schmidt. Göttingen, 7. Sept. 1737.]

Haller's, A. v., Versuch schweizerischer Gedichte, s. a. Volks-bibliothek, schweizerische.

Haller, Albrecht von, Versuch // Schweizerischer // Gedichten // - - - Stulta est Clementia, cum tot ubique // Vatibus occurras, periturae parcere Chartae. // Juvenal. // BERN /// Bey Nicolaus Emanuel Haller /// MDCCXXXII. - 3 Blatt (nicht paginiert) Titelblatt und Vorbericht. 103 Seiten.
Auf dem Titelblatt steht die Widmung:
Der
Deutschen Gesellschafft ver.
M. Lotten.
B. S. T. 8°.280.

Haller, Albrecht von, Dr. Albrecht Hallers // Versuch // Von Schweizerischen // Gedichten. // Zweyte / vermehrte und veränderte // Auflage. // BERN /// Bey Niclaus Emanuel Haller /// MDCCXXXIV. - Mit Holzschnitten. - 6 Blatt (nicht paginiert) Titelkupfer, Titelblatt, Widmung un Vorrede. - 114 S. und 24 S. und noch 4 Blatt (nicht paginiert).
B. S. T. 8°.281.

— Versuch Schweizer. Gedichte, rechtmäß. Ausg. 8. Bern 732. Vermehrt 734, 743. 8. Götting. 748, 51 u. 758. 9e Aufl., mit Kpf. gr. 8. Ebd. 762. Vandenhöck u. R. 1 ℛ 4 𝔤 Dies., mit Vign. von Dunker. gr. 8. Götting. 749, 51, 58 u. 777. Ebd. 2 ℛ 11e u. letzte von ihm besorgte Ausg. 8. Bern 777. Typ. Soc. 16 𝔤 Schrbp. mit Kpf. 2 ℛ 12 𝔤 12e verb. Ausg., begleit. mit d. Lebensbeschreib. des Verf., durchges. u. besorgt v. J. R. Wyß. Mit 1 Kpf., Facsimile u. 15 Vign. gr. 8. Bern 828. Typogr. Soc. 1 ℛ 8 𝔤 Nachdrücke: 8. Zürich 750, 58, 62, 65 u. gr. 8. Ebd. 768. (Vandenhöck u. R. in Götting.) 16 𝔤 Mit d. französ. Uebersetz. gr. 8. Zürich 762. (Ebd.) 1 ℛ

— — dies. 8. Berl. 743.

HALLER, ALBRECHT VON. Versuch Schweizerischer Gedichte. Dritte/vermehrte und veränderte Auflage. Bern, Bey N. E. Haller, 1743. Kl. 8°. *Frontispiz (Alpenlandschaft, S. Grimm. inv., D. Herrliberger sc.)* 3 Bl., 153 S. Etwas berieb. Ld. d. Z. 45.—
G. IV 1. 24 c. Lundsgaard-Hansen-v. Fischer 553

— Versuch Schweizerischer Gedichte. Sechste, rechtmäßige, vermehrte und veränderte Auflage. Göttingen, A. Vandenhoecks Witwe, 1751. 8°. 16 und 280 S. *Mit gestoch. Titelvignette, 20 Kopfvignetten von A. Schmid, Schrader, Kiltenhofer und Philips, sowie hübschen Holzschnittzieraten.* Schöner, an den Rückenenden leicht lädierter Kalblederbd. d. Z. mit reicher Rv., Deckelfileten und Stehkantenvergoldung.
Goed. IV¹, 24, 21. Lundsgard-Hansen 559. Rümann 397. Die erste Ausgabe mit diesen ganz reizenden Rokokovignetten, die in ihrer Art den späteren Dunckers durchaus ebenbürtig sind. Diese vermehrte Aug. enthält schon fast alle Gedichte, spätere Ausgaben brachten nur noch geringe Zusätze.

— Versuch schweizerischer Gedichte. Zehnte, rechtmäßige, vermehrte und veränderte Auflage. Göttingen 1768. *Mit Titelvign. von Bernigeroth.* 8 Bl. 211 S. (Etwas abgen. Pbd. d. Z., Rücken lädiert. 25.—

— — [Dasselbe Werk, spätere Ausg.:] Eilfte vermehrte und verbesserte Auflage. Bern, Typographische Gesellschaft, 1777. 8°. 8 Bl. 343 S. *Mit Frontispiz („Dessiné et gravé a l'eauforte par Dunker. Terminé par Lacroix".) und hübschen Holzschnittzieraten.* Etw. ben. HLd. d. Z. (Rücken läd.). 55.—

Haller, Albrecht von. Versuch Schweizerischer Gedichte. Mit des hohen Standes Bern Privilegio. Bern, Walthard, 1772. Kl. 8°. 228 S. 3 Bl.

Haller, Albr. v., Versuch schweizer. Gedichte. gr. 8. Blck. (Typ, Bern.) 776. Velblr.

— — dies. 8. Basel, Thurneysen. 776.

— — dieselben m. Vignetten von Deuber. gr. 8. Ebendas. 777.

— Versuch Schweizerischer Gedichte. Eilfte vermehrte und verbesserte Auflage. Carlsruhe, Schmieder, 1778. 8°. XVI, 336 S. *Mit kleiner Vign. a. d. Titel.* Leicht berieb. guter HLdbd. d. Z. m. Rv. und Rückentitel (Haller, Schriften I).
Lundsgaard-Hansen Nr. 873. Mit der Vorrede von 1776.

Haller, Albrecht von: Versuch schweizerischer Gedichte. Th. 1 - 2, gbd., Abb.

Wien: Schraembl 1793

JB 5.751

Haller, Albr. v., Versuch schweizer. Gedichte. 12., verm. u viel verbess. Orig.-Ausg., begleitet mit d. Lebensbeschreib. d. Verf. Durchges. u. besorgt v. J. R. Wyß. gr. 8. (18 B., d. Verf. Bildn. u. Fac-simile u. 15 Vign.) Bern 828. (Aarau, Sauerländer, Vrlsh.)

[Ad A. de Haen difficultates Apologia. Deutsch:] Albrechts von Haller Vertheidigung [Verteidigung] gegen die Einwürfe welche Herr Anton von Haen wider die Lehre von der Reitzbarkeit und Empfindlichkeit der Theile des menschlichen Leibes vorgetragen. Aus d. Lat. übers. ([Übers.:] H[ans] C[aspar] Hirzel [1725-1803].) Zürich: Heidegger 1761. 40 S. 8°

— Vertheidigung gegen H. v. Haen, deutsch v. G. K. Hirzel. 8. Zürich 761. Orell. 3 𝔤

— — dass. 8. Zürich, Geßner. (Schmidt in Lpz.) 761.

Haller, A. v. Vorlesungen über die gerichtliche Arzneywissenschaft . . . Bern 1782—85. Ü: *Weber, Frdr. Aug.* (MGT)

Haller, Albrecht von: Vorlesungen über die gerichtliche Arzneiwissenschaft. Aus einer nachgelassenen lateinischen Handschrift übers. Bd 1, 432 S., gbd.

Bern: Neue typographische Gesellschaft 1782

JB 5.263

Albrechts von Haller Vorlesungen über die gerichtliche Arzneiwissenschaft. Aus e. nachgelassenen lat. Hs. übers. [Übers.: Friedrich August Weber, 1753 - 1806]. Bd 1. 2. Bern: Neue typogr. Gesellschaft 1782 - 84. 8°

Bd 1: 1782.
Bd 2, Th. 1.2: 1784.

Haller, Alfred: Zum Anfangsunterricht im Französischen. (Bingen a. Rh., Druck v. O. Borysƶewski, 1890); S. 18—16; 4°
Bingen a. Rhein, großh. R, P 1890 (622)

Haller, Alfred: Einübung des Vortrags eines Gedichts in der Klasse. (Bingen a. Rh., Druck v. O. Borysƶewski, 1890); S. 11—18; 4°
Bingen a. Rhein, großh. R, P 1890 (622)

Haller, Alfred: Untersuchungen über Ätiologie und Vorkommen der Scoliosis capitis. Borna-Leipzig 1910: Noske. 33 S. 8°
Freiburg i. B., Med. Diss. v. 1910, Ref. Krönig
[Geb. 21. Juni 84 Schwenningen a. N.; Wohnort: Freiburg i. B.; Staatsangeh.: Württemberg; Vorbildung: Realgymn. Ulm Reife M. 03; Studium: Tübingen 5, Berlin 2, Freiburg i. B. 3 S.; Coll. 25. Febr. 10.] [U 10.970

HALLER, Andreas (Amberg): De chlorosi.- Ambergae: Rigg 1843. 15 S.
23.7.1841 - Urt: P 65
Diss. Ingolst.-Landsh.-Mchn.

Haller, Ant. Herm., Diss. inaug. de tumore capitis sanguineo neonatorum. 8maj. Dorpat 824.

Haller, August, k. u. k. Hauptm. des Armeestandes. Die österreichische Militär-Repetir-Windbüchse des vorigen Jahrhunderts. Nach Originalacten zusammengestellt. (Aus: „Organ der milit.-wissenschaftl. Vereine in Wien" 1891.) (Mit 1 Taf.)
8. Wien (1891).

Haller, Aug., die Silbergruben bei Annaberg in Niederösterreich. Mit e. Bergwerksplane. [Aus: „Blätter d. Ver. f. Landeskde. v. N.-Ö."] 12. (13 S. m. 2 Abbildgn.) Wien 893. (Lesk & Schwidernoch.) n. — 60

Haller, Béla

Haller, B., die Anatomie v. Siphonaria gigas, Less., e. opisthobranchen Gasteropoden. [Aus: „Arbeiten d. zoolog. Instituts".] gr. 8. (30 S. m. 3 Taf.) Wien 892. A. Hölder. n. 11.20

Haller, B., Beiträge z. Kenntnis d. Morphologie v. Nautilus pompilius, s.: Denkschriften d. medicin.-naturwissenschaftl. Gesellschaft zu Jena.

Haller, Béla, Beiträge zur Kenntniss der Nerven im Peritoneum v. Doris tuberculata, Lam. Mit 1 (lith.) Taf. [Aus: „Arbeiten d. zoolog. Instituts zu Wien".] gr. 8. (18 S.) Wien 884. Hölder. n. 2.40

Haller, B., Beiträge zur Kenntniss der Textur d. Central-Nervensystems höherer Würmer. [Aus: „Arbeiten d. zoolog. Instituts zu Wien".] gr. 8. (138 S. m. 4 Holzschn. u. 5 Taf.) Wien 889. Hölder. n. 20. —

[Umschlagt.:] **Haller**, Béla [Dr.]: Betrachtungen über die Nieren von Oncidium celticum, Cuvier ... (Aus: Verhandl. d. Naturhist.-Med. Ver. zu Heidelberg, N. F. Bd. v Heft 3.) Heidelberg, C. Winter's Universitätsbuchh., 1894; 10 S. 8.
Heidelberg, Naturw.-math. Fak., Hab.-Schr. v. [26. Okt.] 1894

Haller, Béla, zur Kenntniss der Muriciden. Eine vergleichend-anatom. Studie. 1. Thl.: Anatomie des Nervensystems. [Arbeiten aus dem zoologischen Institute der Universität Wien.] Imp.-4. (22 S. mit 3 lithogr. Taf. und 2 eingedr. Holzschn.) Wien 882, (Gerold's Sohn.)
Aus: Denkschriften der k. Akademie der Wissenschaften, besonders abgedruckt.

Haller, B., Lehrbuch der vergleichenden Anatomie. 1. Lfg. gr. 8. (VI, 424 S. m. 412 Abbildgn.) Jena 902. G. Fischer. n. 8. —

Haller, B., Lehrbuch der vergleichenden Anatomie. 2. (Schluss-)Lfg. (VIII u. S. 425—914 m. 466 Abbildgn.) gr. 8. Jena 904. G. Fischer. n. 12. —
Lfg. 1 Ebd. 902. n. 8. —

— die Organisation der Chitonen der Adria. Mit 8 (lith.) Taf. u. 2 (eingedr.) Holzschn. [Aus: „Arbeiten aus dem zoolog. Institute zu Wien".] gr. 8. (74 S.) Wien 882. Hölder. n. 12. —

— die Organisation der Chitonen der Adria. 2. Thl. Mit 8 (lith.) Taf. [Aus: „Arbeiten aus d. zoolog. Institute d. Univ. Wien".] gr. 8. (32 S.) Ebend. 883. n. 5.20 (1. u. 2.: n. 17.20)

Haller, B., Studien üb. docoglosse u. rhipidoglosse Prosobranchier, nebst Bemerkgn. üb. die phylet. Beziehgn. der Mollusken untereinander. gr. 4. (V, 173 S. m. 6 Textfig. u. 12 Taf.) Leipzig 894. W. Engelmann. n. 32. —

Einladung zur öffentlichen Probe-Vorlesung, welche Dr. phil. **Béla Haller** zur Erlangung der Venia legendi bei der naturwissenschaftlich-mathematischen Facultät der Ruprecht-Carls-Universität zu Heidelberg Freitag, d. 26. Oct. ... abhalten wird. Thema: Der stammesgeschichtliche Ursprung des Nervensystems. *Heidelberg*, Druck v. J. Hörning, *1894*; 1 Bl. 8.
(Nicht für den Austausch)

— der Ursprung d. Vagusgruppe bei den Teleostiern, s.: Festschrift z. 70. Geburtstage v. Carl Gegenbaur.

Haller, Berchtold, Bern in seinen Rathsmanualen 1465—1565. Hrsg. vom histor. Verein des Kantons Bern. 1.—3. Thl. gr. 8. (IV, 512; 494 u. 600 S.) Bern 900—902. K. J. Wyß. à n. 5. —

Bern in seinen Rathsmanualen 1465–1565. Von Berchtold **Haller**. Hrsg. v. Hist. Ver. d. Kantons Bern. (Vorr.: Dr. Heinrich Türler.) Th. 1–3. Bern: K. J. Wyß 1900–02. 3 Bde 8° [J.]
1. 1900. 2. 1901. 3. 1902. [01 435]

Haller, Berchtold. Die Beute von Grandson. [Mit 1 Tafel.] SA. 8. Bern [1884].

Haller, B., die bernische Marine auf dem Genfersee. [Aus: „Berner-Heim".] 8. (20 S.) Bern 894. Exped. des Berner Tagblatt. n. 30

Niklaus Friedrich Steiger, der letzte Schultheiss der alten Stadt und Republik Bern 1729–1799. Von Berchtold **Haller**. *Bern: Schmid & Francke 1901.* (249 S.) 8° [J.] [01. 12430]

v. **Haller**, Bercht. Fr., s. 1) Beschreib. d. St. Bern. 2) Berneaud, d. Insel Elba. 3) Gebr. Kopp, Darstell. v. Oesterreich. 4) v. Liechtenstern, über statist. Bureau's.

Haller, Bernhard: Album der estländischen Ritter- und Domschule zu Reval vom 12. Jan. 1859 bis 18. Juni 1892. — Reval: Kluge 1893. IX, 144 S.

Haller, [Bernhard Friedrich]. Anleitung zur zweckmässigen (°*Umschlag:* Ueber die) Benutzung der Heilquellen des Gurnigels: zum Gebrauch der Badegäste. 8. Bern 1835.

Haller, [Bernhard Friedrich]. Badärztliche Beobachtungen, gesammelt im Gurnigel in den Jahren 1829 und 1830. Der medizinisch-chirurgischen Gesellschaft des Kantons Bern vorgelesen von Dr. H'..., mit einem Vorwort von Dr. [Friedrich Benedict Jacob] Lutz. 8. Bern 1833.

Haller, badärztl. Beobachtungen, gesammelt im Gurnigel in d. J. 1829 u. 1830. Der medizin.-chirurg. Gesellschaft d. Kantons Bern vorgelesen; mit e. Vorw. v. Lutz. gr. 8. (4½ B.) Bern 833, (Huber u. Comp.)

Haller, [Bernhard Friedrich]. Conseils aux baigneurs du Gournigel sur la vraie manière d'y prendre les eaux. 8. Berne 1837.

Haller, Bruno, aus Schleiz: Die Aufgabe des Staates und der Kirche bezüglich des Religionsunterrichtes in der deutschen Volksschule. *Gera: Fisahn & Habenicht 1900.* (XX, 76 S.) 8°
Erlangen, Phil. Diss. v. 18. Juli 1900

Haller, Bruno, die Aufgabe des Staates u. der Kirche bezüglich des Religionsunterrichtes in der deutschen Volksschule. Diss. gr. 8. (XX, 76 S.) Gera 900. (Lobenstein, F. Krüger.) n. 1.20

Haller, G., Entwurf e. Normal-Preisnote f. d. Hochbau in Bern u. d. Umgegend. 4. (11¼ B. u. 7½ B. Tab.) Bern 834, Jenni, Sohn.

Haller, Carl, s. Haller, Karl

Haller, Christine, neues Augsburger Kochbuch. 365 Speisezettel u. die dazu gehörigen Anweisungen, sowohl f. die gut bürgerl., als höhere Küche. Mit vielen Abbildungen u. Vorlagen zum Vertheilen der Speisen. (In 10 Lfgn.) 1—4. Lfg. gr. 8. (320 S.) Augsburg 882. Schmid's Verl. à n. — 50

Haller, Christine, neues Augsburger Kochbuch. 365 Speisezettel u. die dazu gehör. Anweisgn., sowohl f. die gut bürgerl. als höhere Küche. Mit vielen Abbildgn. u. Vorlagen zum Vertheilen der Speisen. 5—7. (Schluß-)Lfg. gr. 8. (S. 321—557.) Augsburg 883. Schmid's Verl. à n. — 50; cplt.: n. 3.80; cart. n. 3.80; geb. in Halbleinw. n. 4. —; in Leinw. n. 4.50

Haller, Frau Christine, neues Augsburger Kochbuch f. die gut bürgerl. u. Herrschafts-Küche. 1650 in langjähr. Praxis erprobte Kochrezepte u. 365 Speisenzettel f. alle Tage des Jahres m. ganz besond. Rücksicht auf die jeweil. Jahreszeit u. deren Erzeugnisse, nebst e. Anh. v. Menus f. größ. Dejeuners, Diners u. Soupers. Mit viel. Abbildgn. u. Vorlagen z. Vertheilen der Speisen. 2. u. 3. Aufl. gr. 8. (à 557 S.) Augsburg 900. B. Schmid's Verl. 2. 20; geb. in Halbleinw. n. 2. 70; in Leinw. n. 3. —

Haller, Frau Christine, neues Augsburger Kochbuch f. die gut bürgerliche u. Herrschafts-Küche. 1650 in langjähr. Praxis erprobte Kochrezepte u. 365 Speisenzettel f. alle Tage d. Jahres m. ganz besond. Rücksicht auf d. jeweil. Jahreszeit u. deren Erzeugnisse, nebst e. Anh. v. Menus f. größere Dejeuners, Diners u. Soupers. Mit vielen Abb. u. Vorlagen zum Vertheilen der Speisen. 4. Aufl. (557 S.) 8. Augsburg 908. B. Schmid. Geb. in Leinw. 3.—

Haller, Dn. Vinc., († d. ... Mai 1802.) Auszüge von Predigten aus Handschriften über d. Festtage u. and. Schriftstellen. 8. Bern 778. Haller. 8 gr Fortsetzung. 8. Ebd. 784. 16 gr

Haller, E., Mathilde, od. der gelöste Zauber. (A. u. d. T.: Chr. H. Spieß, das Petermännchen. 3r Thl.) 8. Leipz. 802. Joachim. 22 gr

Haller, E. A., Emilie Lieder, s.: Nimm u. lies.

Haller, Elisabeth, aus Bern: Jeremias Gotthelf. Studien zur Erzählungstechnik. Bern 1905. IV + 72 S. 8°. [15. VII. 04.]

Bern. Phil. Diss. 1905 1906.

Haller, Ernst [d'Aarau]: Die rechtliche Stellung der Juden im Kanton Aargau. Aarau 1900. 310 p. 8°.

Lausanne. Thèse dr. 1900/1901.

Haller, Ernst, die rechtliche Stellung der Juden im Kanton Aargau. gr. 8. (XII, 311 S.) Aarau 901. H. R. Sauerländer & Co. n. 4.—

Das grosse Loos oder Die Tochter des Freimaurers. **Eine wahre Erzählung aus der Gegenwart von Fr. v. Haller.** Oberhausen: Schumann & Co. [ca 1875]. 1439 S. 8°

TB. 381. **Berührt die Frmrei nur ganz oberflächlich.**

Haller, Fr. Ludw.

— La vie de Rupert Scipion, Baron de Lentulus, Lieutenant-Général des armées du roi de Prusse. D'après la traduction de M. Hedelhofer ornée de son portrait. Berne 1788. 8.

Haller, Frz., Leitfaden f. den Unterricht in der Technik der breiten, spitzenartigen Gewebe. (IV, 26 S. m. 12 Taf.) gr. 8. Plauen 902. (Ch. Stoll.) Geb. n. 4.—

Haller, Frz., neue Motive. (15 Taf.) 31×41,8 cm. Plauen (909). C. F. Schulz & Co. In Mappe 24.—

Haller, Frz., berndeutsche Verschen und Lieder für Kinder von 3 bis 8 Jahren. 1.—4. Aufl. 32. (290 S. mit 6 Illustr., Holzschntaf.) 1871; 5. Aufl. 12. (XVI, 208 S. mit 6 Illustr., Holzschntaf.) Bern 880, Haller. *M 2.; geb. *

Haller, Frz., berndeutsche Verschen und Lieder für Kinder. 6. Aufl., durchges. und erweitert von Emma Matthys. 12. (XI, 328 S. mit 13 Illustr.) Bern 887, Nydegger und Baumgart. *M 2.50.; geb. **

Haller, Frz., berndeutsche Verschen u. Lieder f. Kinder. Durchgesehen u. erweitert v. Emma Matthys. 7. Aufl. 12. (XI, 332 S. m. 13 Abbildgn.) Bern 895. Nydegger & Baumgart. n. 2. 50; geb. n.n. 3. 50

Haller, Franc. Ludov., Catalogus numismatum veterum, Graecor. et Latinor., maxime vero imperator., Augustarum, Caesarumque Romanorum, quae exstant in Museo civitatis Bernensis. 8maj. (27 B. u. 1 Kpfrt.) Bernae 829, (Jenni, Sohn.)

—Catalogus numismatum veterum, Graeci et Latinor., maxime vero imperat. August. Caesar. Rom. quae exstant in Museo civitatis Bernensis. Mit 1 Kpft. 8maj. Bern 829. (Frankf., Streng). 1 ₰ 8 gr

Haller, F[ranz] L[udwig]. Militärischer Charakter und merkwürdige Kriegsthaten Friedrich des Einzigen, Königs von Preussen. nebst einem Anhang über einige seiner berühmtesten Feldherren und verschiedene Preussische Regimenter. 8. Berlin 1796.

Haller, F. L., milit. Charakt. u. merkw. Kriegsthat. Friedrichs II. gr. 8. Berl. W. Oehmigke. 796.

— militär. Charakter u. merkwürd. Kriegsthaten Friedrichs II. gr. 8. Berl. 789. N. Titel 796. (Sander). 1 ₰

Haller v. Königsfelden, Frz. Edw., histor. u. topograph. Darstell. von Helvetien unter d. röm. Herrschaft. 2e verb. Aufl. 2 Thle, mit Karten u. Kpf. gr. 8. Bern 818. (Enobloch in Leipz.) 3 ₰

— Darstell. d. merkwürd. Schweizerschlachten v. J. 1298—1499. Nach den Grundsätzen d. Strategie u. Taktik beschrieben. Mit 8 Plänen. gr. 8. Constanz 826. Wallis. 2 ₰ 18 gr

— s. Enumeratio numismatum.

— Gesch. d. Helvetier unt. d. Römern. m. K. gr. 8. Zürich, Geßner. 793.

Haller, Franz Ludwig. Helvetien unter den Römern. Von F' L' von H' von Königsfelden. 2 Theile. 8. Bern. Suhr bey Aarau 1811–1812.

Theil 1. Geschichte der Helvetier unter den R'. [Mit 2 Tafeln.]
Theil 2. Topographie von Helvetien unter den R'. Mit [2] Charten und Kupfern.

Haller v. Königsfelden, Franz Ludwig, Helvetien unt. d. Römern. 2 Thle. gr. 8. Berl. (Erlang. Palm in Comm.) 812.

— Helvetien unter den Römern. Bern 812. 2 Thle. 8. Eb. 818. 2 Thle. 8. 3 rthl.

Haller, Fr[anz] Ludwig. Leben des Herrn Robert Scipio von Lentulus (1714–1786), weiland Generalleutnant in Königl. Preußischen Diensten und der Bernerischen Völker, &c. ... Beschrieben von Fr. L' H'... 8. Bern 1787.

— Leben d. General-Lieutenants Robert Scipio v. Lentulus. 8. Bern 787. Haller. 6 gr

— acht d. merkwürd. Schweizerschlachten, vom Treffen am Donnersbühl, oder im Jammerthal an, bis zu dem von Dornach inclusive, taktisch beschrieben u. jede mit e. kleinen Plan erläutert 2c. 8. Bern 808.

Haller v. Königsfelden, Frz. Ldw. Acht der merkwürdigsten Schweizerschlachten vom Treffen am Donnersbühl an bis zu dem von Dornach. 8. M. 8 Pl. Bern 1808. — Neue Ausg.: Darstellung der merkwürdigsten Schweizerschlachten v. 1298 bis 1499. 8. M. 8 Pl. Constanz 1826. 8,25.

— Versuch e. Geschichte d. Helvetier unter den Römern, vom Tode Cäsars bis auf d. große Völkerwanderung unter Honorius. Mit Kpf. gr. 8. Zürich 793. Geßner. 1 ₰

— poet. Versuche. 8. Bern 781.

Haller, Fred, erste Verse. (X, 104 S.) 8. Dresden 903. E. Pierson. n. 2. —; geb. n. 3. —

Haller, Friedrich (Pseud.), s.a. Baumblatt, Luitpold

Haller, Frdr., Handbuch des Armenrechts, s.: Scharpff, Rud.

HALLER, Friedrich (Regensburg): De suppurationis processu.- Monachii: Wolf 1834. 16 S. 29.8.1834 - Urk: F 61
Diss. Ingolst.-Landsh.-Mchn.

Haller, Friedrich, Regierungsrat zu Ludwigsburg: Über Selbstverteidigung und Selbsthilfe nach dem bürgerlichen Gesetzbuche. *Ludwigsburg 1900: Ungeheuer & Ulmer.* (VIII, 128 S.) 8° [J.]
Würzburg, Jur. Diss. v. 1900

Haller, Friedr., die Tochter des Bauherrn. Eine historische Novelle aus dem 17. Jahrh. Kaiserslautern 866. (Tascher.) 8. (72 S.) 9 ngr.

Haller, Frdr., württembergisches Wassergesetz vom 1. XII. 1900. Aus der Gesetzesbegründg., den Kommissionsberichten u. den Kammerverhandlgn. erläutert u. m. den Vollzugsvorschriften hrsg. 7 Lfgn. gr. 8. (XXII, 571 S.) Stuttgart 902. W. Kohlhammer. n. 7. —; geb. n. 8. —

— s.: Zeitschrift, württembergische, f. Rechtspflege u. Verwaltung.

Haller, Fritz

Haller-Bion, Fritz, 5 Jahre, drei, in Süd-Amerika.

(**Haller**, Fritz.) Drei Jahre in Süd-Amerika, 1884—1887. Erlebnisse eines Berners in der Argentinischen Republik. ([Von] F' H'-Bion.) 128 S. 8. Bern, Haller, (Juni) 1908. fr. —. 25
(*Neue Ausgabe eines Teiles der* »Erl' eines B' in Argentinien«.) — Verein für Verbreitung guter Schriften (Verein Bern). Nr. 69.

Haller, G. Anleitung ... 1877.

Haller, G. Beiträge zur schweizer. ...

Haller, G., einige Bemerkungen üb. die natürlichen Feinde der Phylloxera. [Aus: „Annalen d. Oenol."] gr. 8. (4 S.) Heidelberg 878. C. Winter. n. — 20

Haller, G. Kleine Beiträge ... Anatomie der Arthropoden

— die kleinen Feinde der Phylloxera. Studie. Mit einer (lith.) Taf. (in qu. 4.). gr. 8. (15 S.) Ebend. 878. n. 1. 60

Haller, G. ... Milbenzeitungen ... 1880

Haller, G., die Hydrachniden der Schweiz. gr. 8. (68 S. mit 4 lithogr. Taf.) Bern 882, (Huber und Comp.)
Aus: Mittheilungen der naturforschenden Gesellschaft in Bern, besonders abgedruckt.

Haller, G., Krämpfe u. Krampfleiden. Ihr Wesen, ihre Erscheingn. u. ihre Bekämpfg. Gemeinverständlich dargestellt. (62 S.) 8. Leipzig (909). Modern-medizin. Verlag. 1. —

— die Milben als Parasiten der Wirbellosen, in's Besondere der Athropoden. gr. 8. (90 S. mit eingedr. Holzschn.) Halle 880. Schwetschke. n. 1. 60

Haller, G. Revision der Gattung Analges Nitzsch. Leipzig 1877.

— Was muß der moderne Mensch wissen? (80 S.) 8. Berlin (909). H. Steinitz. 1. —

Pilger-Fahrt von Brüdern der Loge: „Der Pilger" in London nach Hannover, Einbeck und Hamburg vom 27. Febr. bis 5. März 1910, beschrieben durch Georg Haller. London: 1910. 38 S. 8°

Haller, Gottlieb Emm.

— Beschreib. schweitzer. Münzen u. Medaillen. 2 Thle. 8. Ebend. 780. 81.

Haller, Gott[lieb] Em[anuel] von. Gottl. Em. von Hallers Beschreibung der Eidgenössischen Schau- und Denkmünzen nach den Kantonen und zugewandten Orten: nebst Anzeige der Münzwardeins und Anagrammen von Künstlern. [Mit 11 Tafeln.] 2 Bände. 8. Bern 1795.

— specimen bibliothecae Helvetiae. 4. Bern 757

v. Haller, Gtl. Emm., († d. 9. April 1786.) Bibliothek d. Schweizergeschichte u. aller Theile, so dahin Bezug haben, systemat.-chronolog. geordnet. 6 Thle, mit Register. (3r—6r v. J. J. Stapfer). gr. 8. Bern 785—87. Haller. 10 ₰ Schrbp. 15 ₰

Haller, G. E. Bibliothek der Schweizergeschichte. Bern 1785–88. 7 Bde.

— Catalogue raisonné des auteurs qui ont écrit sur l'histoire naturelle de la Suisse. 4. Basel 773.

— conseils pour former une bibliothèque hist. de la Suisse. 8. Bern 771. Typogr. Soc. 10 gl.

— dubiorum contra Sect VII. Fundam botan. Linnaei manipulus I. ad D Leonhard 4. Götting. 753.

— II. ad D. Sprögel. 4. ibid. 753

— dubia similia ad J. G. Zimmermann. 4. Götting. 750.

— ad D. Walsdorf. 4. Götting 752

— epistola ad patrem, dubia ex Linnaei fundamentis botanicis hausta continens. 4. Götting. 750.

— Schweizer. Münz- u. Medaillen-Kabinet. 2 Thle, mit 12 Kpft. 8. Bern 780, 81. Typogr. Soc. 3 ₰ 8 gl.

Haller, Gottlieb Emanuel [von]. Wilhelm Tell. Eine Vorlesung, gehalten im Hochlöblichen äußern Stande zu Bern, den 21ten Merz 1772. 8. Bern.

— Wilhelm Tell; eine Vorlesung zu Bern d. 21. März 1772 gehalten. 8. Bern 772. Typogr. Soc. 3 gl.

Haller, Gottlieb Emanuel von s. Tscharner, Vincenz Bernhard, und Haller, Gottlieb Emanuel von.

Haller, Gottlieb Emanuel. Erster Versuch eines kritischen Verzeichniss aller Schriften, welche die Schweiz ansehen. (6 Bde.) 8. Bern 1759–1770.

Haller, Gust., humoristische Dichtungen, s. Bibliothek humorist. Dichtungen.

HALLER, H.: Die im Großherzogthum Hessen dermalen gültige Forststrafgesetzgebung. Nach amtlichen Quellen zusammengestellt und mit Anmerkungen über Rechtsprechung etc. versehen. - Michelstadt 1876. 95 S. 2. nach dem neuesten Stande d. Gesetzgebung verb. u. verm. Aufl.

Haller, Hans, Apotheker von Bern: Ueber die Beziehungen zwischen Säurezahl, Verseifungszahl, Jodzahl und Petrolätherlöslichkeit beim Kolophonium und der Abietinsäure, wenn dieselben geschmolzen oder der Einwirkung von verschiedenen Gasen ausgesetzt werden. [Mit 10 Tafeln.] Bern 1907. 76 S. 8°. [19. I. 07.]
Bern, Phil. Diss 1906/1907.

Haller, Hans. Ueber die Beziehungen zwischen Säurezahl, Verseifungszahl, Jodzahl und Petrolätherlöslichkeit beim Kolophonium und der Abietinsäure, wenn dieselben geschmolzen oder der Einwirkung von verschiedenen Gasen ausgesetzt werden. Diss. Phil. Bern. [Mit 4 graphischen Tafeln.] 76 S. 8. Bern, Haller, 1907.

Haller, Helene, Pastoratskinder. Eine Kindergeschichte aus dem Baltenland. (VII, 268 S.) 8. Reval 910. F. Kluge. Geb. in Leinw. 3. 50

Haller, J., das Leben im Basler Missionshaus. 8. (44 S. m. 2 Abb.) Basel 897. Missionsbuchh. n. — 15

Haller, J., Theorie u. Praxis der konstituierten Missionskonferenzen. gr. 8. (32 S.) Basel 902. Missionsbuchh. n. — 20

Tuttlingen vor hundert Jahren. Ein Jubiläumsblatt z. Erinnerung an d. Stadtbrand am 1. Nov. 1803. Im Auftr. d. bürgerl. Kollegien. Von Stadtpfarrer J. Haller. *Tuttlingen: J. F. Bofinger 1903.* (44 S.) 8° [F.]

Haller, J., Tuttlingen vor 100 Jahren. Ein Jubiläumsblatt zur Erinnerg. an den Stadtbrand am 1. XI. 1803. Im Auftrag der bürgerl. Kollegien. (44 S. m. 1 farb. Plan.) gr. 8. Tuttlingen 903. (E. L. Kling.) n. – 90

Haller, J., die Verschwörung v. Segewold (1316) (44 S.) gr. 8. Riga 908. (N. Kymmel.) 1. 20
Sonderabdr. a. „Mittlgn. a. d. Geb. d. Gesch. Liv-, Est- u. Kurlands".

— die Vorbildung unserer Missionare, s.: Missions-Studien, Basler. 23. Hft.

Haller, J. G., s. Fremde, Der.

Haller, J. G., der Obriste von Hohenthal. Original Lstspl. 8 Prag 788. (Leipz., Hinrichs). 3 gr

— der Ring, oder die unvermuthete Entdeckung; e. Schspl. in 3 A. 8. Prag u. Wien 787. Schönfeld. 4 gr

(v. Haller, J. L.) Leben des Generals von Lentulus. 8. Bern 1787.

(v. Haller, J. L.) Vie du général de Lentulus. Trad. de l'allem. par Heidelhoter. 8. Genève et Lausanne 1787. — Revue et augm. 8. Berne 1788.

Haller J. S.: Die Naturgeschichte d. Thiere in sistemat. Ordnung. Bd. (1)-2. Berl. 1757-60. 19 Tvl.
[1. Pattedyr. — 2. Fugle].

HALLER, JAKOB: Der katholische Jugendbildner. Ein Elementarbüchlein zum ersten Schreib- und Lese-Unterricht und zur Rechtschreibung, mit besonderer Berücksichtigung der Religion. Pest 1852: Lantosy u. Lampel. 48 S. - 8°

Haller, Jak., Lehr- und Uebungsbuch im Rechnen mit Regeln und Beispielen für Elementar- und Volksschulen, auch zum Selbstunterricht. Pesth 853. Lampel. 8. (72 S.) n. 6 ngr

HALLER, JAKOB: Schul- und Kirchenlieder. Deutscher u. ungarischer Text. Pesth 1856. Druck v. Emil Müller. 23 S. - 32°

Haller, Johann — Mittheilung an meine Landsleute über die Reise nach Heiligenblut und auf den Pasterzengletscher bei Gelegenheit der Anwesenheit Ihrer k. k. Majestäten Franz Josef und Elisabeth im September 1856. Von— — nebst dem allerhöchsten Handschreiben Sr. k. k. apostol. Majestät an den Herrn kaiserl. Statthalter Freih. v. Schloißnigg. Villach, 1857. Druck von F. F. Hoffmann. (32 S. 8.)

— Johann Gottlob (Plauen/Vogtl.), De morsu canis non rabidi pernicioso. Diss. med.-chir. Präs. Herm. Friedr. Teichmeyer. Jena (Fickelscherr) 21. VII. 1736. 24 S. (6.—) 12896

Haller, Johannes s. Concilium Basiliense. Band 1. Basel 1896.

— England u. Rom unter Martin V. (60 S.) Lex.-8. Rom 905. Loescher & Co. n. 2. —
Sonderabdruck aus: „Quellen u. Forschgn. aus ital. Archiven u. Biblioth."

— Papsttum u. Kirchenreform. Vier Kapitel zur Geschichte des ausgeh. Mittelalters. 1. Bd. (XX, 556 S.) gr. 8. Berlin 903. Weidmann. n. 12. —

Haller, J[ohannes]. Die Protokolle des Konzils von Basel. [A.] 8. (München und Leipzig 1895.)

[F.] Haller, Johannes [aus Reval]: Die Deutsche Publizistik in den Jahren 1668—1674. Ein Beitr. z. Geschichte d. Raubkriege Ludwigs XIV. ... (Erschien m. Beil. 1892.) Heidelberg, C. Winter's Universitätsbuchh., 1892; 2 Bl., 66 S., 1 Bl. 8.
Heidelberg, Phil. Fak., Inaug.-Diss. v. [21. Dez.] 1891

Haller, Johs. Die deutsche Publizistik in den J. 1668–1674. Ein Beitrag zur Geschichte der Raubkriege Ludwigs XIV. gr. 8. (VII, 160 S.) Heidelb. 892, C. Winter. * 4 —

Haller, Johs., s. a. Quellen, die, z. Geschichte d. Entstehg. des Kirchenstaates.

Die Quellen zur Geschichte der Entstehung des Kirchenstaates von Johannes Haller. Mit 1 Karte von Mittelitalien. Leipzig & Berlin: B. G. Teubner 1907. (XV, 259 S.) 8°
= Quellensammlung z. deutschen Geschichte. 1.

Haller, J[ohannes]. Eine Rede des Enea Silvio (Piccolomini) vor dem Concil zu Basel. (SA.) 8. Rom 1900.

— s.: Urkundenbuch der Stadt Basel. 7. Bd.

HALLER, Joseph (Rothenkirchen): Ein Beitrag zur Localbehandlung des Typhus.- München: Mühlthaler 1870. 15 S.
24.7.1869 - Urk (Titel: De typho.); F 72; Chr 1869/70,12
Diss.Ingolst.-Landsh.-Mchn.

Haller, Josephus (geb. am 15 Mai 1815 in Zons a. Rh.): De putredinis diagnosi et quaedam de morbi putridi significatione ... Bonnae, typ. F. P. Lechneri (1843). 3 Bl., 34 S., 2 Bl. 8.
Bonn, Med. Fak., Diss. v. 31 März 1843

Haller, Dr. Jos., *Handelsvertrag* u. *Zollverein*, zugleich zur Beantwortung der Frage: Kann *Preussen* den Zollverein sprengen? München, Selbstverl. d. Vf., 1863. 8°. Cart. Tit. nicht ganz rein.
16 S. – Extrabeil zum „Münchener Omnibus".

Haller, Jos., s. Reisebilder.

Haller, Jos., altspanische Sprichwörter und sprichwörtliche Redensarten aus den Zeiten vor Cervantes, in's Deutsche übersetzt, in span. und deutscher Sprache erörtert, und verglichen mit den entsprechenden der alten Griechen und Römer, der Lateiner der späteren Zeiten, der sämmtl. german. und roman. Völker und einer Anzahl der Basken, endlich mit sachl., sprachl., geschichtl., literarhistor., biograph., geograph. und topograph. Erläuterungen versehen, nebst Vorwort, Einleitung, Index und einem kleinen Anhang. 2 Thle. Lex.-8. Regensburg 883, (Manz.) [1. Thl. (XXXII, 652 S.) *M 15.; 2. Thl. (XVI, 304 S.) *M 9.] *

Haller, J[oseph]. Die Vorbildung unserer Missionare. (Vortrag, zu Herrenhut im Oktober 1903 gehalten.) 40 S. 8. Basel, Missionsbuchh., 1904. (fr. —. 65)
Basler Missions-Studien. Heft 23.

Haller, K., Geschichte der russischen Literatur. gr. 8. (VII, 247 S.) Dorpat 882. Schnakenburg. n. 6. —

Haller, K., deutsche Handelsbriefe zum Uebersetzen in das Russische f. das Selbststudium Erwachsener, sowie zum Gebrauch in Schulen. 8. (IV, 127 S.) Riga 884. Schnakenburg. cart. n. 1. 60

Haller, K., deutsche u. russische Handelsbriefe f. das Selbststudium sowie zum Gebrauch in Schulen. 3. verb. Aufl. (VIII, 260 S.) gr. 8. Riga 902. C. J. Sichmann. Geb. n. 2. —

Haller, C., phraseologisches deutsch-russisches Wörterbuch d. Handels-Correspondenz. (In 8—10 Lfgn.) 1. u. 2. Lfg. gr. 8. (S. 1—160.) Riga 898. Jonck & Poliewsky. (Für Deutschland: Elberfeld, E. Loewenstein.) à n. 1. —

Haller, K., phraseologisches deutsch-russisches Wörterbuch der Handels-Correspondenz. 3.—9. Lfg. gr. 8. (III u. S. 161—696.) Riga 898. Jonck & Poliewsky. (Für ausserruss. Länder: Elberfeld, E. Loewenstein.) à n. 1. —; (kplt. geb. in Leinw. n. 10. 50)

— dasselbe. 2., bedeutend verm. u. verb. Aufl. 3.—10. Lfg. gr. 8. (III, 772 S.) Riga 902. Jonck & Poliewsky. n. 11. —; (geb. in Leinw. n. 11. 60)
Erschien auch in 10 Lfgn. à n. 1. 10.

Haller, Karl v., ein Ausflug nach Algier im Jahre 1857, nebst einem geographischen, statistischen u. historischen Anhang. Mit (lith.) Karte u. Plan von Algier (in 4.). Solothurn 859. Scherer. gr. 8. (VIII, 263 S.) n. 1 ⅓ ♃

Haller, Carl von. Orientalische Ausflüge von K' von H'.... Mit fünf Stadtplänen und den Grundrissen der Aja Sophia und der heil. Grabeskirche. 8. Ingenbohl ... 1871.

Haller, Carl, *Dr., Primararzt des k. k. allgem. Krankenhauses in Wien.* Die Cholera-Epidemie des Jahres 1854 in London, nach den von dem allgemeinen Gesundheitsrathe veröffentlichten und von dem k. k. Ministerium des Innern, der k. k. Gesellschaft der Aerzte in Wien mitgetheilten Berichten. Besprochen im Auftrage der Gesellschaft. Mit Rückblicken auf die Wiener Epidemie. Wien 1858. Druck von *C. Gerold's S.* 22 S. 4°.

Haller, Carl von. Ein Ehrenkranz auf Franz Tugginer's (1818–1884) Grab. Vortrag, gehalten in der Concordia zu Solothurn ... am 11. Dezember 1884. 8. Solothurn 1884.

Haller, Carl von. Eröffnungsrede, gehalten von Hrn. K' von H'... an einer Versammlung konservativer Männer in Murgenthal, den 30. Marz 1869. 8. *o. O.*

Haller, Carl, d. Förderg. d. deutschen Ausfuhrhandels, namentl. nach Amerika, s. a. Zeitfragen, volkswirthschaftliche.

Haller C, die Förderung d. Deutschen Ausfuhrhandels, namentlich nach Amerika. (34 S) (Zeitfragen, Volkswirtschaftliche 132) Berlin 1895

Haller Karl, Dr.: Über den periodischen Gang der Krankheiten und ihren Zusammenhang mit den atmosphärischen Veränderungen. (Auszug.) S. 29. 261 . . . . vgr.
Separatabdruck

Haller, Carl, die Lüftung und Erwärmung der Kinderstube und des Krankenzimmers. Nach Prof. Meissner's Grundsätzen mitgetheilt. 2., verm. Abdr. gr. 8. (IV und 39 S. mit eingedr. Holzschn.) Wien 860, (Prandel und Ewald.) *

Haller, Carl von. Die zwei eidgenössischen Streitfragen. Eine staatsrechtliche Erorterung von K' von H'.... 8. Solothurn 1847.

—— die Volkskrankheiten in ihrer Abhängigkeit von den Witterungs-Verhältnissen. Ein statist. Versuch nach 10jähr. Beobachtungen im k. k. allgemeinen Krankenhause zu Wien. Imp.-4. (40 S. mit 10 meteorolog. Taf. auf 5 Stnt. in qu. gr. Fol. und 28 Darstellungen des Krankheitsganges auf 13 Stnt. in Imp.-4., qu. Fol. und qu. gr. Fol.) Wien 860, (Gerold's Sohn.) *
Aus: Denkschriften der k. Akademie der Wissenschaften, besonders abgedruckt.

Haller, Karl, s. Zeitschrift der k. k. Gesellschaft der Aerzte zu Wien.

Haller, Karl Fr. v., s. Haller, Karl Ludwig von

Haller, Karl Frdr., die Vestalin. Eine Künstler-Novelle. gr. 16. (47 S.) Halle a/S. 892. J. Fricke's Verl. n. — 60

Haller. C(arl) L(udwig) v(on). Hrn. C. L. v. Hallers Brief an seine Familie, worinn er derselben seinen Uebertritt zu der katholischen Religion anzeigt. Aus einer... Abschrift des ursprünglichen Originals neu übersetzt, mit allen von dem Verfasser in der Pariserausgabe späterhin beygefügten Zusätzen und Veränderungen. Das Ganze mit ... Anmerkungen auch einigen Beylagen begleitet von S[amuel] Studer.... 8. Bern 1821.

v. Haller, Karl Ldw., Brief an seine Familie, worin er ihr seinen Uebertritt zu d. kathol. Religion anzeigt; aus einer sorgfältigen Abschrift d. ursprüngl. Originals u. übersetzt u. mit allen spät. Zusätzen begleitet von S. Studer. 8. Bern 822. Jenni. 10 gr

— Dass., aus d. Französ. gr. 8. Wien 823. (Wimmer). 6 gr

— Denkmal d. Wahrheit auf Johann Casp. Lavater, n. Nachtr. 8. Berl. Gädike. 801.

— Denkmal d. Wahrheit auf Johann Kasp. Lavater, nebst Nachtr. 8. Weimar (Berl.) 801. (Henning in Greiz). 9 gr Nachtrag: Lavater's Menschenfreund. 8. Ebd. 801. (Ebd). 1 gr

Haller, Carl Ludwig: „Ueber Domainen und Regalien", 1807.

(Haller, Carl Ludw. v.,) Entwurf e. Bundes d. Getreuen rc., s. Entwurf rc.

Haller, Carl Ludwig von s. Erklärung der zu Herstellung ihres Vaterlandes vereinigten Schweizer...

Haller, Carl Ludwig von. La frammassoneria e sua influenza sulla Svizzera. esposta e dimostrata istoricamente da Carlo Ludovico de H'. Tradotta ... in lingua italiana da un amico del popolo e del progresso. 8. Lucerna 1847.

Die Freymaurerey und ihr Einfluss in der Schweiz. Dargest. und histor. nachgewiesen von Carl Ludw. v. Haller. [Nebst] Nachtr. Schaffhausen: Hurter 1840. III, 106 S. 8⁰ Nachtr. Ebendas. 1841. -46 S. 8⁰ [Umschlagtit.]
Recens: Archiv f. Frmrei. 1, 1 (1841) S. 103 bis 107; Globe. 3 (1841) S. 39—40; L. 1 (1842) S. 170—174.
Kl. 3589, Tt. 1611. Ultramontane Gegnerschr., aufgebaut auf Larudans Francs-Maçons écrasés.

– s. Geist und Gang der lezten Pariser Revolution.... Deutschland... 1800

– s. a. Geschichte.
Geheime G' der Rastadter Friedensverhandlungen. Germanien 1799.

(v. Haller, C. L.:) Geheime Gesch. d. Rastadt. Friedensverhandll. in Verbind. mit d. Staatshändeln dieser Zeit v. ein. Schweitzer, nebst d. wichtigsten Urkunden. *Germanien*. **799. 6 Thle. gr. 8.**

— **Geschichte d. kirchl. Revolution oder protestant. Reform des Kantons Bern u. umliegenden Gegenden. gr. 8. Luzern 836. Gebr. Räber. (St. Gallen, Scheitlin u. Zollikofer.) 1 1/12 ℛ (Augsburg, Kollmann.) 1 ℛ**

Haller, Carl Ludwig von. Geschichte der Wirkungen und Folgen des Östreichischen Feldzugs in der Schweiz; ein Historisches Gemälde (*2. Aufl.: Gemählde) der Schweiz vor, während und nach ihrer versuchten Wiederbefreyung; mit mancherley unbekannten Aufschlüssen über die Ereignisse dieser Zeit. 2 Theile. 8. Weimar.
[1. Aufl.] 1801 [2. Aufl.] 1802.

— **Gesch. d. Wirkungen u. Folgen d. österr. Feldzugs in d. Schweiz. 2 Bde. gr. 8. Berl. Gädike. 801.**

— **Geschichte d. Wirkungen u. Folgen d. Oesterreich. Feldzugs in d. Schweiz 2c. 2 Bde. gr. 8. Weimar (Berl.) 801. (Hinrichs in Leipz.) 2 ℛ Hbg. Pr. 1 ℛ 8 gr**

— **staatsrechtl. Grundsätze, s. Bibliothek f. moderne Politik 2c., 2. Heft.**

Karl Ludwig von Haller's staatsrechtliche Grundsätze. Nach dessen Restauration der Staatswissenschaft bearb. u. beleuchtet v. Karl Riedel. Darmstadt. 1842. = Bibliothek für moderne Politik und Staatswissenschaft. Heft 2. 8º.

Haller, Carl Ludwig von: „Handbuch der allgemeinen Staatenkunde, des darauf gegründeten allgemeinen Staatsrechts und der allgemeinen Staatsklugheit, nach den Gesetzen der Natur", Winterthur 1808. — Vorh.: Com. Bibl. Hamburg, Bibl. des Oberlandesgerichts Celle — Qa 176 — und Preuß. Staatsbibl. Berlin.

v. Haller, Karl Fr., Handbuch d. allgem. Staatenkunde. gr. 8. Winterth. 808. Steiner. 1 ℛ 6 gr

— **Constitution für Bern, s. Constitution.**

Haller, Karl, Ludw. v., Constitution f. Bern. abgef. im Merz 1789. Bern, Typ.

Haller, C. L. v., über Constitution der spanischen Cortes. gr. 8. Winterthur, Steiner. 820.

v. Haller, K. L.: Ueber d. Nothwendigkeit einer andern obersten Begründ. des allgem. Staatsrechts. *Bern*. **807. 8.**

Haller, Carl Ludwig [von]. Ueber den Patriotismus, eine vor dem Außeren Stand in Bern am 13ten März 1794 gehaltene Rede. 8. Bern 1794.

Haller, Carl Ludwig [von]. Projekt einer Constitution für die Schweizerische Republik Bern. Abgefaßt im Merz 1798, auf die Voraussetzung daß solche einstweilen Platz haben könne. 8. Bern 1798.

Haller, Carl Ludw. v., staatsrechtliche Prüfung des vereinigten preuß. Landtags nebst redlichem Rath an den König zur Behauptung seines guten Rechts. 8. (66 S.) Schaffhausen 847, Hurter'sche Buchh.

Haller, Carl Ludwig von: „Politische Religion, oder die biblischen Lehren vom Staate", Winterthur 1811 (Steiner).

— **Restauration d. Staats-Wissenschaft, oder Theorie d. natürl.-geselligen Zustandes d. Chimäre des künstl.-bürgerl. entgegengesetzt. 1r—4r Bd. gr. 8. Winterth. 816—20. 2e A. 1r—4r Bd. 820—22. Steiner. 8 ℛ 18 gr 6r Bd. gr. 8. Ebd. 825. 2 ℛ 16 gr (Der 5e Bd. ist noch nicht erschienen.)**

— **Restauration d. Staatswissenschaft. 3r u. 4r Bd. 2te Aufl. gr. 8. Winterthur 821, Steiner. Alle 4 Bde.**

— **dass. 6r Bd. gr. 8. Ebend. 825. (Der 5te ist noch nicht erschienen.)**

—— **Restauration d. Staats-Wissenschaft, od. Theorie d. natürl.-gesell. Zustands d. Chimäre d. künstl.-bürgerl. entgegengesetzt. 5. Bd. Makrobiotik d. geistl. Herrschaften od. Priesterstaaten. Ausg. f. d. Besitzer d. 1. Aufl. 8. (25½ B.) Winterthur 834, Steiner.**

—— **dass. f. d. Besitzer d. 2., verm. u. verb. Aufl. gr. 8. (25½ B.) Ebds. 834.**
1—4. (1. Aufl. 1816—20., 2. A. 1820—22.) u. 6. Bd. 1825. Ebendas. 11 Thlr. 10 Gr.

—— **Satan u. d. Revolution. Ein Gegenstück zu d. Paroles d'un croyant. gr. 8. (1 B.) Luzern 834. (Augsburg, Kollmann.)**

Haller, Carl Ludwig von. Satan und die Revolution. Ein Gegenstück zu den Paroles d'un Croyant [von Félicité de Lamennais]. Von K' L' von H'. 3. vermehrte Aufl. 8. Luzern 1835.

Haller, Carl Ludwig von. C' Ludwigs von H'... Schreiben an seine Familie, zur Erklärung seiner Rückkehr in die katholische, apostolische, römische Kirche. Französisch und Teutsch, nach der vierten Ausgabe, Paris und Lyon 1821. Mit Beleuchtungen von Dr. H[einrich] E[berhard] G[ottlob] Paulus. 8. Stuttgart 1821.

Haller, Carl Ludwig von. Schreiben des Herrn K' L' von H'... an seine Familie, worin er ihr seinen Rücktritt in die Katholisch-Apostolisch-Römische Kirche ankündet. Aus dem Französischen. 8. Luzern 1821.

Haller, Carl Ludwig von. Schreiben des Herrn C' L' von H'... an seine Familie, worin er ihr seinen Uebertritt zu der katholisch-apostolisch-römischen Kirche erklärt. Aus dem Französischen übersetzt. 8. Reutlingen 1821.

Haller, Carl Ludwig von.
Sendschreiben an seine Familie . . . Luzern 1821. Ü: *Geiger*, *Franz*. (schmal)

Haller, Carl Ludwig von. K' L' von Haller's... Sendschreiben an seine Familie, worinn er ihr seinen Rücktritt in die römisch-katholische Kirche eröffnet. Nach der zweyten vermehrten französischen Original-Ausgabe. 8. Freyburg in der Schweiz 1821.

— Sendschreiben an seine Familie, um ihr seinen Uebertritt zur kathol. Kirche anzuzeigen. Aus d. Französ. v. A. Räß u. N. Weis. gr. 8. Mainz 821. Müller. 8 gK

— Sendschreiben an seine Familie, um ihr seinen Uebertritt zur kathol. Kirche anzuzeigen. Aus d. Franz. v. A. Räß u. N. Weiß. 3te A. gr. 8. Mainz 821, Müller.

— dass. 8. Rotweil, Herder.

— dass. geprüft v. W. T. Krug. gr. 8. (Leipz., Rein.) 821.

— Dass. 8. Luzern 821. Anich. 6 gK

— Dass. 8. Reutl. 821. (Marken). 4 gK

— dass. 8. Luzern 822, Anich.

— Dass., französ. u. deutsch, mit Beleuchtungen v. H. E. G. Paulus. gr. 8. Stuttg. 822. Metzler. 16 gK

— Theorie d. geistl. Staaten u. Gesellschaften. 1r Bd. gr. 8. Winterth. 822. Steiner. 1 ₰ 18 gK (Ist d. 4e Bd. d. Restauration ꝛc.)

—— die wahren Ursachen und die einzig wirksamen Abhülfsmittel der allgem. Verarmung und Verdienstlosigkeit. gr. 8. (II und 116 S.) Schaffhausen 850, Hurter'sche Buchh.

(Haller, C[arl] L[udwig] von.) Was ist die alte Ordnung? Eine Neujahrs-Rede an Stadt und Land. 4. ([Bern] 1814.)

(Haller, C[arl] L[udwig] von.) Was sind die Unterthanen-Verhältnisse? 8. *o. O.* Im August 1814.

Haller, (L. A.,) neueste Entdeckung beim Firnißsieden der Buchdrucker ꝛc. Mit 1 Abbild. gr. 8. Bern 822, Jenny. (Erlangen, Palm u. E.)

Haller, Lilli. Jeremias Gotthelf. Studien zur Erzählungstechnik. 8. *Ausg. A:* (Kapitel 1—4.) Diss. Phil. Bern ... von Elisabeth (*d. i.* Lilli) H' aus Bern. IV + 72 S. Bern, Buchdr. Büchler & Co., 1905.
Vollständige Ausg. B: ... von Dr. L' H'. VI + 95 S. Bern, Verlag von A. Francke, 1906. [fr. 2. —]

Haller, Ludov.: De actione quasi institoria. Hamburgi (1864). (72 S.) 8°
Berlin, Jur. Diss. v. 9. Nov. 1864

Haller, Ludov., de actione quasi institoria. Dissertatio inauguralis. gr. 8. (IV, 73 S.) Berlin 864. (Puttkammer & Mühlbrecht.) n. — 80

Haller, Ludw., Alles in Allen. Metalogik. Metaphysik. Metapsychik. gr. 8. (XV, 480 S.) Berlin 888, C. Duncker. *

Haller, Ludw., das Verhältniß d. deutschen Strafgesetzbuchs zu den landesgesetzl. Strafbestimmgn. üb. den Concurs. Zugleich als Material f. das zu § 2. d. Einführungsgesetzes in Aussicht gestellte declarator. Bundesgesetz. gr. 8. (53 S.) Leipzig 871. W. Mauke. n. 1. —

(Haller, M. J.): „Sechs Briefe über den Handel der Hansestädte, besonders mit Beziehung auf die Angriffe des Manuscripts aus Süd-Deutschland. Von einem Hamburger", Bremen 1821. — Vorh.: Com. Bibl. Hamburg und Bücherei der Industrie- und Handelskammer Leipzig.

(Haller, M. J.): „Ueber die vorgeschlagene Einführung teutscher Reichszölle, zur Aufnahme der Industrie", o. O. 1814. — Vorh.: Com. Bibl. Hamburg.

Haller, M. J. Vide: Worte (Einige) über die Errichtung.

(Haller, M. J.): „Einige Worte über die Errichtung einer Darlehns-Anstalt", Hamburg im December 1806. — Vorh.: Com. Bibl. Hamburg.

Haller, Max, d. Fuhrwerke d. k. u. k. Heeres. Charakteristik der vorhand. 76 Wagen-Typen d. Train-, Artillerie- u. Pionier-Fuhrwerke. gr. 8. (V, 69 S. m. 70 Abb.) Wien 896. (C. v. Hölzl.) Geb. in Leinw. n. 3. 60

Haller, Max, Geschichte v. Schlosshof. Culturhistor. Skizze des k. u. k. Lustschlosses Schlosshof a. d. March. Mit 4 Vollbildern u. 32 Text-Illustr. (III, 135 S.) gr. 8. Wien 903. C. v. Hölzl. n. 4. —

Haller, Max, das neue Gesetz üb. die Invaliditäts- u. Altersversicherung. Eine Darlegg. in Gesprächsform f. Jedermann. 12. (58 S.) Leipzig 890. Alb. Berger. n. — 60
Die 2. Aufl. s.: Hallbauer, M.

Haller, Max, Haller als religiöse Persönlichkeit. Ein Vortrag. (27 S.) 8. Bern 909. A. Francke. — 65

Haller, Max., Handbuch f. den berittenen Offizier der k. k. Fusstruppen. gr. 8. (118 S. m. 2 Taf.) Wien 886. (v. Hölzl.) n. 3. —

Haller, Max, die Kleinfärberei, s.: Scherf, Carl Frdr.

Haller, Max, Reit-Handbuch f. den Nicht-Cavalleristen. 2., umgearb. u. verm. Aufl. des „Handbuchs f. den berittenen Officier der k. k. Fußtruppen". Mit 1 Lichtdr.-Bilde, 2 Taf. u. 6 Illustr. im Texte. 12. (VI, 234 S.) Wien 894. C. v. Hölzl. Geb. in Leinw. n. 4.

Haller, Max, von Bern: Religion, Recht und Sitte in den Genesissagen. Ein religionsgeschichtlicher Versuch. Bern 1905. 159 S. 8°.
Bern. Theol. Diss. 1904/1905.

Religion, Recht und Sitte in den Genesissagen. Ein religionsgeschichtl. Versuch von Lic. Max Haller. Bern 1905. Grunau. 159 S. 8°
Ersch. auch als Inaug.-Diss. Bern 1905

Haller, Max, Religion, Recht u. Sitte in den Genesissagen. Ein religionsgeschichtl. Versuch. (III, 160 S.) gr. 8. Bern 905. G. Grunau. n. 2. 80

— s.: Schriften, die, des Alten Testaments in Auswahl.

Haller, Max. Warum? Predigt, gehalten in der Kirche zu Herzogenbuchsee am 18. August 1907, dem Sonntag nach dem grossen Brandunglück in Thörigen. 14 S. 8. Herzogenbuchsee, Hilfskomite (Buchdr. U. Dürrenmatt). fr. —. 50
Der Reinertrag ist für die Brandbeschädigten bestimmt.

Haller, Michael

Haller, Mich., die hl. Caecilia, s.: Bonn, Fr.

Haller, Mich., cantica in honorem Beatae Mariae Virginis ad 2 voces cum organo comitante. Op. 14. Partitura. gr. 4. (28 S.) Regensburg 877. Pustet. n. 1. 20

— frisch gesungen! Ausgewählte Lieder f. 1 Singstimme m. Klavierbegleitg. Zum Gebrauche in Mittelschulen u. höheren Töchterinstituten. Lex.-8. (IV, 100 S.) Regensburg 894. A. Coppenrath's Verl. n. 3. 50

— Jugend-Liederkranz. Ausgewählte 3- u. 4stimm. Lieder f. Sopran- u. Altstimmen. Zum Gebrauche in Mittelschulen u. höheren Töchterinstituten gesammelt, bezw. bearb. u. hrsg. (Partitur.) Lex.-8. (VII, 108 S.) Ebd. 894. n. 2. 50; geb. in Leinw. n. 3. 30

— dasselbe. Stimmen: 1. u. 2. Sopran u. Alt. qu. 12. (VIII, 176; VIII, 176 u. VIII, 180 S.) Ebd. 893. à n. — 60; geb. in Leinw. à n.n. — 95

Haller, Mich. Kompositionslehre f. polyphonen Kirchengesang m. besond. Rücksicht auf die Meisterwerke d. 16. Jahrh. gr. 8. (VIII, 399 S.) Regensb. 891, Coppenrath's Verlag. * 6 40

— Liederhort. Eine Auswahl v. 2-, 3- u. 4stimm. Liedern f. Sopran- u. Altstimmen m. Begleitg. des Klaviers od. Harmoniums. Zunächst f. den Gebrauch in Mittelschulen u. höheren Töchterinstituten bearb. u. hrsg. (Partitur.) Lex.-8. (III, 120 S.) Ebd. 894. n. 3. 50

— dasselbe. Stimmen: Sopran u. Alt. qu. 12. (VI, 164 u. VI, 112 S.) Ebd. 894. à n. — 60; geb. in Leinw. à n.n. — 95

— litaniae lauretanae. Partitur. hoch 4. (8 S.) Ebend. 875. n. — 40; Stimmen. gr. 4. (16 autogr. S.) n. — 40

— 12 Motetten zu 3, 4, 5 u. 6 Stimmen. hoch 4. (102 S.) Regensburg 874. Manz. 5. 10

— missa „assumpta est" ad IV voces aequales cum organo vel trombonis comitantibus. Op. VI. Partitur. gr. 4. (27 S.) Ebend. 877. n. 1. 80

— missa prima pro Canto, Alto et Basso. Op. IV. Partitur. hoch 4. (12 S.) Ebend. 875. n. 1. —; Stimmen (12 S.) n. — 50

— missa secunda pro Canto, Alto et Basso. Op. V. Partitur. hoch 4. (12 S.) Ebend. 875. n. 1. —; Stimmen (12 S.) n. — 50

— missa tertia ad II voces cum organo vel harmonio comitante. Op. VII. Partitur. gr. 4. (19 S.) Ebend. 877. n. 1. —

— missa quarta ad II voces cum organo vel harmonio comitante. Op. VIII. Partitur. gr. 4. (19 S.) Ebend. 877. n. 1. —

— missa quinta. „Requiem" ad II voces aequales cum organo. Op. IX. Partitur. hoch 4. (16 S.) Ebend. 877. n. 1. —; Stimmen n. — 40

Haller, Mich., Mozart. Ein Lebensbild in 2 Aufzügen v. Frz. Bonn. Für Sopran- u. Altstimmen m. Begleitg. des Pianoforte comp. v. H. Op. 28. Text- u. Regiebuch. (48 S.) 12. Regensburg (904). A. Coppenrath's Verl. n. — 20

— Requiem, ad 4 voces cum 4 trombonis ad libitum. Partitur. hoch 4. (20 S.) Ebend. 875. Pustet. n. 1. —; Singstimmen. Imp.-4. (26 autogr. S.) n. — 50; Instrumentalstimmen. (8 autogr. S.) n. — 25

— Sonnenwende. Nach e. Idee aus Kohls gleichnam. dramat. Märchen gedichtet v. Frz. Lehner. Für 3stimm. Frauenchor m. Pianofortebegleitg. komp. v. H. Op. 51. Textbuch. 12. (16 S.) Ebd. 894. n. — 20

Haller, Mich., te deum laudamus f. 4 Singstimmen m. Begleitg. der Orgel od. e. Posaunenchores, resp. 2 Trompeten in D, 1 Basstrompete in A, Posaune u. Bombardon. Partitur. gr. 4. (22 S.) Regensburg 873. Pustet. n. 1. 60; Instrumentalstimmen n. — 40; Singstimmen n. — 40

— Übungsbuch zum „Vademecum f. Gesangunterricht". Eine prakt. Lese-, Treff- u. Vortragsschule. 3. Aufl. 8. (IV, 115 S.) Regensburg 892. F. Pustet. Kart. n. 1. —

Haller, Mich., Übungsbuch zum „Vade mecum f. Gesangunterricht". Eine prakt. Lese-, Treff- u. Vortragsschule. 5. Aufl. 8. (IV, 115 S.) Regensburg 902. F. Pustet. Kart. n. 1. —

— Uebungsbuch zum „Vade mecum f. Gesangunterricht". Eine prakt. Lese-, Treff- u. Vortragsschule. 6. u. 7. Aufl. (IV, 115 S.) 8. Regensburg 905. F. Pustet. Kart. n. 1. —

— Übungsbuch zum „Vade mecum f. Gesangunterricht". Eine prakt. Lese-, Treff- u. Vortragsschule. 8. Aufl. (115 S.) 8. Ebd. 910. 1. —

— Vade mecum f. Gesangunterricht. Eine vollständ. Gesanglehre. 8. (VIII, 144 S.) Ebend. 876. n. 1. —

Haller, Michael. Vade mecum für Gesangunterricht. 7. Auflage. Regensburg 1893.

— Vade mecum f. Gesangunterricht. Eine vollständ. Gesanglehre. 9. Aufl. 8. (XII, 144 S.) Ebd. 899. Kart. n. 1. —

Vade mecum für Gesangunterricht. Eine vollst. Gesang- u. Elementarmusiklehre, bearb. von Michael Haller. 11. Doppel-Aufl. Regensburg: F. Pustet 1905. (VIII, 144 S.) 8° [Ant. u. F.] [07. 1863]

Haller, Mich., Vade mecum f. Gesangunterricht. Eine vollständ. Gesang- u. Elementarmusiklehre. 12., verb. Aufl. (VIII, 144 S.) 8. Regensburg 910. F. Pustet. Kart. 1. —

— der hl. Wolfgang, s. a. Bonn, Frz.

Der heilige Wolfgang. Oratorium f. Bariton u. Chor mit Klavierbegl. u. verbind. Text mit oder ohne lebende Bilder. Dichtung von Franz Bonn. Musik von Michael Haller. (Op. 58.) Textbuch. (Enthält auch: Franz Lehner: Zur Erinnerung an † Franz Bonn.) Regensburg: F. Pustet 1894. (4, 24 S.) 8° [F.] [07. 1864]

Haller, N. W. Chronik der Stadt Wolgast. Greifswald 1829.

Haller, N[ikolaus]

Haller, N., u. P. Züscher, Bilder aus der Geschichte des trierischen Landes u. Volkes, bearb. f. Schule u. Haus. 8. (X, 216 S.) Trier 895. Loewenberg. n. 2. —; geb. in Leinw. n. 2. 50

Haller, N., u. P. Züscher, Trierische Geschichte. Bilder aus der Geschichte des trier. Landes u. Volkes, bearb. f. Schule u. Haus. 2., gänzlich umgearb. u. erweit. Aufl. 1. Tl. Vorrömische u. röm. Zeit. (VIII, 152 S.) gr. 8. Trier 903. Loewenberg. n.n. 1. 40; geb. n.n. 2. —

Haller, R., vaterländische Geschichte f. die Oberstufe der Volksschulen m. besond. Berücksicht. der Geschichte des Reg.-Bez. Trier, nach d. Minist.-Erlaß v. 31. I. 1908 u. der Verfügg. der kgl. Regierg. zu Trier v. 19. III. 1909 bearb. 8., unveränd. Aufl. (80 S.) gr. 8. Trier 910. Loewenberg. nn — 30

Haller, R., Geschichtsbüchlein f. d. Mittelstufe d. Volksschule. (40 S. m. Abb.) 8. Trier 910. Loewenberg. nn — 30

(Haller, Otto.) Die Wahrheit über den Prozess Oscar Konetzky contra Comptoir d'Escompte du Jura ([in Basel. Von dessen ehemal.] Direktor O' H'. 1902 Juni 27). 15 S. 8.

Haller, Paul (Hrsg.), s. Alpina.

Haller, Paul, a. Plauen: Comenius und der naturwissenschaftliche Unterricht. Leisnig 1906: H. Ulrich. (131 S.) 8°
Leipzig, Phil. Fak., Ref. Volkelt, Wundt, Diss. v. 30. Mai 1900
[Geb. 14. Juli 77 Plauen; Wohnort: Leisnig; Staatsangeh.: Sachsen; Vorbildung: Seminar Plauen Wahlfähigkeitszeugnis 1 v. Nov. 01; Studium: Leipzig 6 S.; Rig. 14. Mai 06.]

Haller, Paul: Comenius und der naturwissenschaftliche Unterricht. Leisnig 1906: H. Ulrich. (2 Bl., 131 S.) 8°
Leisnig, R u. PG OP 1906 (714)

Haller, Paul. Das Jahr 1857. Ein Rückblick. Separat-Abdruck aus dem Berner «Intelligenzblatt». 55 S. 8. [Bern, Haller,] 1907.

Studie über die Thätigkeit der Schwestern in den schweizerischen Logen. Statistische Notizen bis zum Ende des Jahres 1885. gesamm. von C. Besson [d. i. Paul **Haller**]. Bern 1886: Haller. 37 S. 8⁰
[Umschlagtit.:] 1887.
Aus: Al. 12 (1886) S. 257—264, 278—284, 293 bis 296, 310—316, 327—332, 344—350, 367—370.
Recens: FZ. 41 (1887) S. 189—191.
1886 in 193. 358; 1887 in 157.

Die Weihe der Freimaurerei im XIX. Jahrhundert. Zum Andenken an die der Vereinigung der schweizer. Bauhütten im Jahre 1844 vorangegangenen Unterhandlungen und Schlussnahmen. Der Loge Modestia cum libertate am Or. von Zürich dankbar und hochachtungsvoll gewidmet von P[aul] H[aller?]. Als Ms. f. Br.·. gedr. [Zürich 1844]: Orell, Füssli & Co. 8 Bl. 8⁰
Gedicht: „Als einst in trüben, finstern Tagen . . ."

Haller, Peter, Biostatik der Stadt Narva nebst Vorstädten u. Fabriken in den J. 1860—1885, m. e. Anh. üb. die Morbilität daselbst. gr. 8. (121 S.) Dorpat 886. (Karow.) n. 2.—

Haller, Pet., Arnold Winkelried. Volksschauspiel in 3 Akten. 8. (137 S.) Luzern 901. J. Schill. (Nur direkt.) n. 1.60

Haller, Phil. G., die kleinen Feinde der Phylloxera. Studie. gr. 8. (15 S. mit 1 lithogr. Taf. in qu. 4.) Heidelberg 878, C. Winter's Universitäts-Buchh. *

Haller R.: Die Zerstörung der organischen Körper durch die Fäulnis. (56). Budweis R. 90.
Progr.

Haller, Rob., Gullivers Reisen, s.: Swift, Jonath.

Haller, Sam., die heil. Haberilia aus dem Bregenzerwalde. 16. (72 S. mit 1 Steintaf.) Bregenz 880. Teutsch. n. — 40

Haller, Sigm. v., Encyclopädie der Bayerischen Gesetzgebung für die sieben älteren Kreise, enthaltend alle einzelnen in den Gesetzblättern der Jahre 1818 bis 1852 befindlichen Gesetze u. Gesetzesstellen alphabetisch geordnet, mit Bemerkung der inzwischen vorgekommenen Abänderungen, Beifügung aller darauf Bezug habenden Vollzugs-Instructionen, Erläuterungen und Plenar-Beschlüsse, u. Hinweisung auf die älteren desfalls erschienenen Verordnungen. Ein praktisches Handbuch für jeden bayerisch. Staatsbürger. 4 Bde. Fürth 853—55. Schmid. gr. 8. (IV, 320; 318; 650 S.) Jeder Bd. n. 1 ℛ 10 ℊ

Haller, Sigm. v., Encyclopädie der bayerischen Gesetzgebung für die sieben älteren Kreise, enth. alle einzelnen in den Gesetzblättern der J. 1818 bis 1852 befindl. Gesetze und Gesetzesstellen alphabetisch geordnet, mit Bemerkung der inzwischen vorgekommenen Abänderungen, Beifügung aller darauf Bezug habenden Vollzugs-Instructionen, Erläuterungen und Plenar-Beschlüsse, und Hinweisung auf die älteren desfalls erschienenen Verordnungen. Ein prakt. Handbuch für jeden bayer. Staatsbürger. 1—4. Bd. gr. 8. Fürth, Schmid's Buchh. [1. (IV und 320 S.) 2. (318 S.) 3. und 4. (650 S.) 854—55. à Bd. * 1 Thlr. 10 Ngr.] *

Haller, Stanislaus Dr. „Ueber die Brennpunktskurven zweier besonderer Gruppen von Kegelschnittsystemen". pg. 3—31. 8°. Mit Textfig. H. Kutzner.
München, Progr. 1904/05

Haller, Stanisl. Dr. „Ueber die Brennpunktskurven von Kegelschnittsystemen". pg. 2—35. 8°. Mit Textfiguren. (Forts. von 1904/05.) Franz X. Seitz.
München, Progr. 1907/08

Haller, Stanislaus: Untersuchung der Brennpunktskurve eines Kegelschnittbüschels mit besonderer Berücksichtigung der gestaltlichen Verhältnisse. 1903. 42 S. 8⁰
¶ Aus: Archiv d. Mathematik u. Physik. Reihe 3, Bd 7. 1904.
München, Dr.-Ing.-Diss. v. 6. 3. 1902

Haller, Stephan [aus Freiburg i. B.]: Beiträge zur Kenntniss des Pseudocumidins . . . . Berlin, Druck C. Schwabe, 1886; 19 S. 8°.
Freiburg i. B., Phil. Fak., Inaug.-Diss. v. 1886.

Haller, Stephan, Beiträge zur Kenntniss des Pseudocumidins. Diss. Freiburg i. B. 1886, Fr. Wagnersche Univ.-Buchh. 8⁰. 49 S.

Haller, Victor. Ueber den Einfluss der concomitierenden Krankheiten und des Berufes auf den Krebs. Diss. Med. Bern ... von Viktor H'. 16 S. 8. Bern, Haller, 1910.

Haller, Vinz, Auszug v. Predigten aus Handschr. ꝛc. 8. Bern, Haller. 778.

— — ders. Fortsetz. 8. Ebend. 778.

Haller, W., neue Holzbrandvorlagen. 1.—3. Hft. qu. Fol. (à 12 Bl.) Freiburg i/B. 897—898. H. Schick. à 2.50

Haller, W., das Konzil zu Konstanz, s.: Für die Feste u. Freunde d. Gustav-Adolf-Vereins.

Haller, W., was muß man v. Hypnotismus u. Suggestion wissen? Allgemeinverständlich beantwortet. gr. 8. (69 S.) Berlin (901). H. Steinitz. n. 1. —

Haller, Guilielmus. De discrepantia numeri in lingua Hebraica dissertatio philologica I. Diss. Jenae 1775.

Haller, Wilh., Erklärung d. Luther-Brenzischen Katechismus in 41 Stunden. gr. 8. (IV, 172 S.) Ludwigsburg 898. Ungeheuer & Ulmer. n. 2. 20

Nürnberg: [Lithogr.] Gedanken ueber die Gesellen Constitution der ger. u. vollk. □ zu den drey Pfeilen von Wilh. v. Haller. 5806. [Nürnberg 1806.] 28 Bl. 4° [Umschlagtit.]

Haller, Wilh., Handbuch f. den praktischen Schuldienst in der evangelischen Volksschule Württembergs. 2., völlig veränd. u. verm. Aufl. des 1890 v. Wilh. Glauner hrsg. Handbuchs. 2 Lfgn. (XII, 558 S.) 8. Stuttgart 906. W. Kohlhammer. n. 7. — ; in 1 Bd. geb. n. 8. —

— Jovinianus, d. Fragmente s. Schriften, d. Quellen zu s. Geschichte, s. Leben u. s. Lehre, s. a. Texte u. Untersuchungen z. Geschichte d. altchristlichen Literatur.

Jovinianus. Die Fragmente seiner Schriften, die Quellen zu seiner Geschichte, s. Leben u. s. Lehre. Zsgest., erl. u. im Zshange dargest. v. Lic. th. Dr. ph. Wilhelm Haller, Stadtpf. in Ludwigsburg. *Leipzig: J. C. Hinrichs 1897.* (4 Bl., 159 S.) 8.
= Texte u. Untersuchgn z. Geschichte d. altchristl. Literatur. Bd 17, 1
[97. 6089

— Lehre Muhameds von Gott a. d. Koran. 8. Altenb. (Academ. Buchhdl. in Jena) 779.

— Mohameds Lehren von Gott, aus d. Koran gezogen. 8. Altenb. 779. (Hennings in Neisse). 1 ℛ

Haller, Wlh., (†...) Proben e. neuen Bibelübersetzung, mit Anmerkk. u. e. Berichtigung des Grundtextes alten Bundes. gr. 8. Gotha 793. Ettinger. 12 ℊ

— s.: Stellen, d. in d. württemberg. Perikopen noch nicht verwendeten, d. Neuen Testaments.

Haller, Wilh., das württemberg. Volksschullehrergesetz v. 8. VIII. 1907, m. einigen Nachträgen als Anh. z. „Handbuch f. d. prakt. Schuldienst 1906" hrsg. (III, 88 S.) 8. Stuttgart 908. W. Kohlhammer. 1.—; geb. 1.40

Haller v. Hallenstein, Nutzen der grossen Hüte. Eine Karikatur auf die grossen Damenhüte, mit eigenhändig. geschrieb. Gedicht des genannten Malers: Schön kolorirte Incunabel der Lithographie, 1804. (20 Mk. E. Frensdorff, 1906.)

Augustin Haller von Hallerstein

Observationes astronomicae ab anno 1717 ad annum 1752 Pekini Sinarum factae et ab Augustino [Haller von] Hallerstein...collectae atque operis ed. Maximiliano Hell. (Pars[1.] 2.) Vindibonae 1768: Trattner. 1 Bd 4°

[Haller v. Hallerstein, Christ. Jak. Wilh. Nürnberger Mägde. Um 1815.]
11 Bl. Bleistift- und Federskizzen. 4°.

Haller

— von Hallerstein, Christoph Joachim (Kalckreuth, Puckenhof), De judiciis communitatum quae vulgo Ehafft=Gerichte dicuntur. Präs. Johann Heumann. Altdorf (Johann Adam Hessel) 4. V. 1745. 48 S., tlws. dtsch. (6.—) 12898
Widm. v.: Christoph Friedrich Tresenreuter, Präs.

Haller von Hallerstein, F[riedrich]

v. Haller v. Hallerstein, F. Baron, Lehrbuch d. Elementar-Mathematik. Für die durch Allerhöchste Verordn. v. 4. Febr. 1844 festgesetzte Eintritts- oder Portepéefähnrichs-Prüfung in d. Königl. Preuß. Armee. Mit 6 Kupfertaf. gr. 8. Berlin 846, Nauck u. Comp. n. 3 1/4 ℛ

Haller von Hallerstein, F., Lehrbuch der Elementar-Mathematik. Für die durch Allerh. Verordnung vom 4. Febr. 1844 festgesetzte Portépéefähnrichs-Prüfung der Königl. Preuß. Armee. Mit 6 Kpfrtaf. (in Fol.) 3. Aufl. Berlin 857. Nauck u. Co. gr. 8. (X, 485 S.) n. 2 ℛ 20 ngr

Haller v. Hallerstein, F., Lehrbuch der Elementar-Mathematik. Für die Portepeefähnrichs- u. Seekadetten-Prüfung in der Königl. preuß. Armee und Marine bearb. 2 Thle. 5. Aufl. Berlin 863. Nauck & Co. gr. 8. n. 2 ℛ 16 ngr.
Inhalt: 1. Thl.: Arithmetik. (IX, 274 S.) n. 1 ℛ 6 ngr. — 2. Thl.: Geometrie. (IV, 322 S. m. Holzschn.) n. 1 ℛ 10 ngr.

Haller v. Hallerstein, F. Baron, Lehrbuch der Elementar-Mathematik. Für die Portepeefähnrichs-Prüfung in der königl. preußischen Armee u. Eintritts-Prüfung in der königl. preußischen Marine bearb. 2 Thle. 7. Aufl. Berlin 870. Nauck & Co.
1. Arithmetik. (VIII, 285 S.) n. 1 ℛ 6 ngr.
2. Geometrie. (IV, 336 S. mit eingedr. Holzschn.) n. 1 ℛ 10 ngr.

Haller v. Hallerstein, F. Baron, Lehrbuch der Elementar-Mathematik. Für die Portepeefähnrichs-Prüfung in der königl. preuß. Armee und die Prüfung zum Eintritt in die kaiserl. Marine. 2. Thl.: Geometrie. 8. Aufl. Hrsg. von Maier. gr. 8. (IV, 355 S.) Berlin 877, Nauck und Comp. *
1. Thl.: Arithmetik. Ebendas. 1870. *M. 3,60.

Haller v. Hallerstein, F. Baron, Lehrbuch der Elementar-Mathematik. Für die Portepeefähnrichs-Prüfung in der königl. preuß. Armee und die Prüfung zum Eintritt in die kaiserl. Marine bearb. 1. Thl.: Arithmetik. 8. Aufl. Hrsg. von Maier. gr. 8. (VIII, 250 S.) Berlin 881, Nauck und Comp. *
2. Thl. Ebendas. 1877. *M 4,20.

Haller v. Hallerstein, F. Baron, Lehrbuch der Elementar-Mathematik. Nach dem Lehrplane des königl. preuß. Cadetten-Corps bearb. von Maier. 1. Thl.: Pensum der Quarta und Unter-Tertia. 3. Aufl. gr. 8. (III, 168 S.) Berlin 882, Nauck und Comp. *
2. Thl. Ebendas. 1870 ist vergriffen.
1. und 2. Aufl. waren nicht im Handel.

Haller v. Hallerstein, F. Baron, Lehrbuch der Elementar-Mathematik. Für die Portepeefähnrichs-Prüfung in der königl. preuß. Armee und die Prüfung zum Eintritt in die kaiserl. Marine bearb. 2 Thle. 9. Aufl. gr. 8. Berlin 885, Nauck und Comp. *
Inhalt:
Thl. 1. Arithmetik. Neu bearb. von C. Strübing und B. Hülsen. (VIII, 305 S.) *M 3.60.
» 2. Maier, Geometrie. (IV, 344 S.) *M 4.20.

—— dass. — Nach dem Lehrplane für das königl. preuß. Cadetten-Corps. 8 Thle. gr. 8. Ebendas. geb. **

Inhalt:

Tl. 1. Pensum der Quarta und Unter-Tertia. Bearb. von Maier. 4. Aufl. (IV, 167 S.) 885. **ℳ 2.70.
- 2. Pensum der Ober-Tertia. Bearb. von C. Strübing und B. Hülsen. 2. Aufl. (IV, 188 S.) 887. *ℳ 3.90.
- 3. Pensum der Sekunda. Bearb. von C. Strübing und B. Hülsen. 2. Aufl. (IV, 218 S. mit eingedr. Fig.) 886. **ℳ 4.60.

Daraus einzeln:

— dasselbe. Arithmetisches Pensum der Ober-Tertia, nach dem Lehrplane f. das königl. preuß. Cadetten-Corps bearb. v. C. Strübing u. B. Hülsen, gr. 8. (III, 130 S.) Ebend. 885. n. 2. 20

Haller v. Hallerstein, F. Baron, Lehrbuch der Elementar-Mathematik. Nach dem Lehrplane f. das königl. preuß. Kadetten-Corps bearb. v. K. Strübing u. B. Hülsen. 1. u. 2. Tl. gr. 8. Berlin, A. Nauck & Co. geb. n. 6. 70
1. Pensum der Quarta u. Unter-Tertia. 5., umgearb. Aufl. (VI, 184 S. m. 80 Fig.) 890. n. 2. 80
2. Pensum der Ober-Tertia. 2. Aufl. (IV, 188 S.) 887. n. 3. 90

Haller v. Hallerstein, F. Baron. Lehrbuch der Elementar-Mathematik. Für die Portepeefähnrichs-Prüfg. in der königl. preuß. Armee u. die Prüfg. zum Eintritt in die kaiserl. Marine bearb. 10. Aufl. Hrsg. u. erweitert v. Bruno Hülsen. 1. Tl.: Arithmetik. gr. 8. (VIII, 334 S.) Berl, 892, Nauck u. Comp. * 4 20; geb. * 4 80
2. Tl. Ebd. 1885. * 4 20.
—— dass. — Nach dem Lehrplane f. das königl. preuß. Kadetten-Corps bearb. v. K. Strübing u. B. Hülsen. 1. Tl.: Pensum der Quarta u. Unter-Tertia. 5. gänzlich umgearb. Aufl. gr. 8. (VI, 184 S. m. 89 Fig.) Ebd. 890. geb. ** 2 80
2. u. 3. Tl. Ebd. 1886,87. geb. ** 8 50.

— dasselbe. Nach dem Lehrplane f. das königl. preuß. Kadetten-Korps bearb. v. Bruno Hülsen. 2. Tl. Pensum f. Ober-Tertia. 3. Aufl. gr. 8. (IV, 190 S.) Ebd. 894. Geb. n.n. 3. 40

— dasselbe. Für d. Portepeefähnrichs-Prüfg. in d. kgl. preuß. Armee u. d. Prüfg. z. Eintritt i. d. kaiserl. Marine bearb. 10. Aufl. Hrsg. u. erweitert v. Bruno Hülsen. 2. Tl. Geometrie. gr. 8. (VI, 445 S. m. Fig.) Ebd. 895. n. 5. 60; geb. n. 6. 20

— dasselbe. 3. Tl. Pensum d. Sekunda. 3. Aufl. gr. 8. (V, 242 S.) Ebd. 895. Geb. in Halbldr. n. 4. 40

Haller v. Hallerstein, F. Baron, Lehrbuch d. Elementar-Mathematik. Nach d. Lehrplane f. d. kgl. preuß. Kadetten-Korps bearb v. Bruno Hülsen. 1. Tl. Pensum d. Quarta u. Unter-Tertia. 6. Aufl. gr. 8. (VI, 187 S. m. Fig.) Berlin 897. A. Nauck & Co. Geb. n. 2. 80

Haller v. Hallerstein, F. Baron, Lehrbuch der Elementar-Mathematik. Nach dem Lehrplane f. das königl. preuß. Kadetten-Korps bearb. v. Bruno Hülsen. 2. u. 3. Tl. 4. Aufl. gr. 8. Berlin, A. Nauck & Co.
Geb. in Halbldr. n.n. 7. 60
2. Pensum d. Ober-Tertia. (VIII, 192 S. m. Fig.) 901. n.n. 3. 40
3. Pensum der Sekunda. (VIII, 227 S.) 902. n.n. 4. 20

— dasselbe. Für die Portepeefähnrichs-Prüfg. in der königl. preuß. Armee u. die Prüfg. zum Eintritt in die kaiserl. Marine bearb. 11. Aufl. Hrsg. u. f. den Gebrauch in der Prima der Gymnasien u. Realgymnasien erweitert v. Bruno Hülsen. 1. Tl. Arithmetik. gr. 8. (VIII, 411 S.) Ebd. 902. Geb. in Leinw. n. 5. 60

Haller v. Hallerstein, F. Baron, Lehrbuch der Elementar-Mathematik. Nach dem Lehrplane f. das königl. preuß. Kadetten-Korps bearb. v. Bruno Hülsen. 1. Tl. Pensum der Quarta u. Unter-Tertia. 7. Aufl. (VIII, 177 S. m. Fig.) gr. 8. Berlin 903. A. Nauck & Co. Geb. n. 2. 80

— dasselbe. Für die Portepeefähnrichs-Prüfg. in der königl. preuß. Armee u. die Prüfg. zum Eintritt in die kaiserl. Marine bearb. 11. Aufl. Hrsg. u. f. den Gebrauch in der Prima der Gymnasien u. Realgymnasien erweitert v. Bruno Hülsen. 2. Tl. Geometrie. (VIII, 552 S. m. Fig.) gr. 8. Ebd. 906. n. 6. 80; geb. n. 7. 50
1. Tl. Ebd. 902. Geb. n. 5. 60.

Haller von Hallerstein

— — **Johann Jacob** (Puckenhof, Weyerhaus), De insignibus ordinis equestris veterum Romanorum. Exercit. acad. Präs. Christian Gottl. Schwarz. Altdorf (Magn. Dan. Meyer) 24. IX. 1715. 48 S. (6.20) 12900
Gew.: Gustav Georg Tezel v. Kirchensittenbach (Vorra, Artelshofen). — Widm. v. Präs.

— — — De jure primariarum precum imperatrici Augustae competente. Exercit. jur. publ.-eccles. Präs. Georg Friedrich Deinlin. Altdorf (Joh. Georg Meyer) 5. IV. 1743. 48 S. (6.—) 12901

Tucher, Joh. Christoph v.: Trauer-Rede welche zum rühmlichen Andenken eines sehr werthen Mitgliedes unsers ehrw. M[ops-] Ordens zu N[ürnberg] Joh. Christoph v. Tucher, welcher am 29. des Christmonaths 1747 im 22 sten Jahre seines Alters dieses Zeitliche gesegnet, gehalten worden, von J[oh.] J[ak.] **Haller v. Hallerstein.** [Nürnberg 1747.] 4 Bl. 4° [Umschlagtit.]
Sehr selten. 341.

— — **Johann Joachim** (Kalkreuth, Pukenhof), De visitatione finium provincialium atque publicorum. Von Besichtigung der Land- und Herrschafftl. Gränzen. / Exercit. acad. Präs. Heinrich Hildebrand. Altdorf (Magn. Dan. Meyer) Okt. 1716. 64 S., tlws. dtsch. (6.50) 12902
Gew.: Joh. Joach. Haller v. Hallerstein (Vater). — Widm. v.: Christoph Sonntag, Präs., Christian Gottlieb Schwartz, Jac. Wilh. Feuerlin, Georg Christoph Erlabeck, Christoph Paul Müller (Hersbruck), Jo. Paul Fleischmann, F. M. v. Lersner.

— — — Dasselbe. Altdorf. (Jod. Wilh. Kohles) 1717. (6.50) 12903

— — **Philipp Jacob**, De patriciis, vulgo: Denen Adelichen Geschlechtern. Diss. jur. publ. Präs. Achaz Christian Ranger. Königsberg März 1684. Ed. nova. Lpz. (Trog) 1739. 47 S. (6.20) 12904

Haller von Hallerstein, Philipp Jacob. Dissertatio de Patriciis. Editio nova . . . Giess. 1740. H: *Günderode, Johann Maximilian von.* (Adel)

Haller von Hallerstein, Sigmund Freiherr [app. Arzt aus Speyer]: Aus d. med. Klinik d. Univ. Kiel. Drei Fälle von Luftdrucklähmung. . . . Kiel, Druck v. A. F. Jensen, 1889; 35 + 1 S. 8°
Kiel, Med. Fak., Inaug.-Diss. v. 16. März 1889

Haller v. Hallerstein, S. Frhr., drei Fälle v. Luftdrucklähmung. Inaug.-Diss. gr. 8. (35 S.) Kiel 889. (Lipsius & Tischer.) n. 1. —

Häller, Johann. Oeffentliche Antwort an Hrn. Jak(ob) Rob(ert) Steiger ... auf sein Schreiben vom 16. Jänner 1846, abgedruckt in Nro. 76 der Neuen Zürcher-Zeitung. Ein Beitrag zur Würdigung des „edelsten Eidgenossen". 8. *o. O.* 1846.

(Haller, J[ohann].) Nothgedrungene Replik auf Jakob Robert Steigers Antwort in Nr. 106 der N. Zürcherzeitung. 8. *o. O.* 1846.

Hallerbach, Wilh., die Chrombeizen. Ihre Eigenschaften u. Verwendg. (VI, 109 S.) 8. Wien 904. A. Hartleben. n. 2 —; geb. n. 2. 80

Hallerbach W. d. Chrombeizen. (109 S) (Bibl. Chem.-techn. 279) Wien 1904

Hallerbach, Wilh., Formeln, Moleculargewichte u. procentische Zusammensetzung chemischer Körper. Zusammengestellt u. berechnet. gr. 8. (III, 108 S.) Bonn 902. C. Georgi. n. 2. —

HALLERER, R. (M.?). In weiblicher Peitschenzucht. Nach Tagebuchaufzeichnungen einer Amerikanerin. Hamburg, J. G. Nissen, 1903. 8⁰. (Mk. 4—.) (3 Mk. M. Glogau jr., Hamburg, 1906.)

Hallerfeier. (Albrecht von) H'-F' in Bern am 15. und 16. Oktober 1908. Festbericht. 123 S. 8. Bern, K. J. Wyss, 1908. [fr. 2.—]

Hallerianer: Der Hallerianer
v. Korrespondenzblatt des A.H.V. der Studentenverbindung «Halleriana».

Hallermann, August (geb. am 23 Febr. 1843 in Holthausen bei Dortmund): Beitrag zur Erkenntniss der „Purpura" ... Bonn, Druck v. C. Georgi 1869. 33 S., 1 Bl. 8.
Bonn, Med. Fak., Diss. v. 15 Mai 1869

Hallermann, Gul. (geb. Holthausen in Westf. 1826): De diaphragmatis situ in morbis. Berolini (1851) (30 S.) 8°
Berlin, Med. Diss. v. 2. Jan. 1851

Hallermann, Wilhelm, aus Dortmund (Westfalen): **Die Verwendbarkeit des Holocains in der operativen Augenheilkunde.** *Würzburg 1898: A. Boegler.* (21 S.) 8°
Würzburg, Med. Diss. v. 1898

Hallermund, Hedwig Gräfin v. Platen zu
s. Platen zu Hallermund. [09. 1179]

Hallersee. Die Familie. s. Schauspiele f. Preußen.

Hallerstein, s.: Haller v. Hallerstein, F. Baron.

Hallerstein, August

Hallerstein, A., Observationes astronomicae ab 1717—1752 Pekini Sinarum factae, c. Hell. 4. maj. Wien, Tendler. 768.

***Hallerstein*, August, († 1772.) observationes astronomicae ab a. 1717—52. Pekini Sinarum factae, edidit Max. Hell. 4maj Wien 768. Trattner. 4 ₰**

Hallervorden, E., Abhandlungen zur Gesundheitslehre d. Seele u. Nerven. I. 1.—3. Hft. gr. 8. Würzburg, A. Stuber's Verl. n. 3. 80
1. Arbeit u. Wille. E. Kapitel klin. Psychologie, z. Grundlegg. d. Psychohygiene. 1. Hft. (VI, 41 S.) 896. n. 1. 20
2. Dasselbe. Personenkunde od. klin. Psychologie z. Grundlegg. d. Psychohygiene. 2. Hft. (VI, 50 S.) 896. n. 1. 20
3. Dasselbe. 3. Hft. (VIII, 60 S.) 897. n. 1. 40

— d. Interferenzprinzip als Grundprinzip aller Energieverwandlg. u. aller Entwickelg. gr. 8. (7 S.) Ebd. 897. — 30

— d. Zusammenhang chemischer u. nervöser Vorgänge überhaupt u. im Wochenbett. gr. 8. (58 S.) Ebd. 896. n. 1. 50

... Lectiones cursorias, quas ... Eugenius **Hallervorden** **Med. Dr.** sub titulo „Ueber seelische Einwirkung" ad docendi facultatem rite impetrandam d. VIII. m. Julii ... habebit, indicit Hermannus Kuhnt Med. Dr. P. P. O. Ord. Med. h. t. Decanus. Regimonti Bor., typ. Liedtkianis, 1896; 1 Bl. 4.

Hallervorden, J., das Haus Bernhard. 2 Bde. 8. Leipzig 869. Gera, Griesbach's Verlag.

Hallervorden, J., das Haus Bernhard. Roman. 2 Bde. Leipzig 869. Grunow. 8. (239 u. 220 S.) 2 ₰ 20 ngr.

Hallervorden, J., Gleich und gleich. Roman. 2 Bde. 8. (256; 210 S.) Berlin 875, [Wedekind und Schwieger.] Commissions- und Export-Buchh. von Neufeld.

Hallervorden, Julie [Übers.]
s. Dickens, Charles: Nicht aus noch ein. 1868.

Hallervorden, Julie, Genrebilder. 12. (III, 180 S.) Berlin 886. Haude & Spener. n. 2. —

Hallervorden, Julie [Übers.]
s. Wood, Ellen: Der Vorabend des St. Martinstages. 1867.

Hallervorden, Julius, Assistenzarzt am Krankenh. Bethanien (innere Abt.) zu Berlin: Aus d. Heilstätte f. Nervenkranke 'Haus Schönow' in Zehlendorf (Direktor: Prof. M. Laehr.) Über Heilerfolge bei nervösen Invalidenversicherten. Berlin: Schoetz 1909. 20 S. 8° ¶(Aus: Ärztl. Sachverständigen-Zeitung. Jg. 15.)
Königsberg, Med. Diss. v. 4. Juni 1909, Ref. Meyer
[Geb. 21. Okt. 82 Allenberg, Kr. Wehlau; Wohnort: Berlin; Staatsangeh.: Preußen; Vorbildung: Friedrichs-Koll. Königsberg i. P. Reife M. 02; Studium: Königsberg 10 S.; Coll. 19. Febr. 09; Approb. 31. Dez. 08.]
[U 09. 2373

Hallervorden, Oskar [aus Pommern]: Ein papilläres Sarkom der weiblichen Urethra ... Greifswald, Druck v. J. Abel, 1896; 24 S. 8.
Greifswald, Med. Fak., Inaug.-Diss. v. 17. Febr. 1896

Hallervordt, J.P.: De foedere salis. – Lips. 1701.

Hallesby, Ole: Johannes Volkelts Erkenntnistheorie. Eine Darstellung u. Kritik. Erlangen 1909: Junge. 75 S. 8°
Erlangen, Phil. Diss. v. 27. Febr. 1909, Ref. Falckenberg
[Geb. 5. Aug. 79 Aremark; Wohnort: Christiania; Staatsangeh.: Norwegen; Vorbildung: Gymn. Christiania Reife Juli 97; Studium: Christiania 12 S.; Rig. 12. Febr. 09.]
[U 09. 814

HALLESCH, ANTON: Geschichtliche Darstellung über die Abstammung und Begründung des heutigen katholischen Bürgerspitals zum heiligen Ladislaus in Pressburg. Pressburg 1857: Alois Schreiber. 18 S. 2 1. - 4°

Halleur, D. G. C. Herrm., die Kunst der Photographie. Eine Anleitung zur Erzeugung photograph. Bilder in jeder beliebigen Farbe und auf jedem beliebigen Material, für Anfänger und Geübtere, sowie für Graveure, Holzschneider etc. Nebst einem Anhange über die Stellung und Kleidung der zu portraitirenden Personen von F. Schubert. 8. (XIV und 150 S.) Berlin 853. [Leipzig, Voigt und Günther.] *

Halleur, G. C. Herm., die Kunst der Photographie. Eine Anleitung zur Erzeugung photographischer Bilder in jeder beliebigen Farbe und auf jedem beliebigen Material für Anfänger und Geübtere, sowie für Graveure, Holzschneider etc. Nebst einem Anhang über die Stellung u. Kleidung der zu portraitirenden Personen von F. Schubert. Leipzig 853. Simion. (Voigt u. Günther.) 8. (XIV, 147 S. m. Holzschn. im Text.) n. 25 ngr

Halleur, Herrm., das Leben der Neger West-Afrika's mit Rücksicht auf den Sklavenhandel. Ein Vortrag gehalten am 21. April 1850. gr. 8. (40 S.) Berlin 850, Hertz. *

Halleur, Otto *Friedrich Carl Julius* [Assistenzarzt an d. Provinzial-Irren-Pflege-Anst. Kosten]: Ueber den Keimgehalt der Frauenmilch ... Leipzig, Druck v. A. Edelmann, *1893*; 38 S. 8.
Leipzig, Med. Fak., Inaug.-Diss. v. 18. Dez. 1893

Nicht für den Austausch

Hallety, A., d. Gemeindeordnung f. Elsaß-Lothringen v. 6. Juni 1895, nebst d. zu derselben ergang. Ausführungsbestimmgn. 8. (VIII, 379 S.) Straßburg 896. K. J. Trübner, Verl. Geb. in Leinw. n. 5.—

Hallety, A., die neue Gemeindeordnung f. Elsaß-Lothringen verglichen m. den Bestimmungen der geltenden Gemeindegesetzgebung. 8. (VII, 228 S.) Straßburg 894. K. J. Trübner Verl. n. 3. 50; geb. n. 4.—

Hallety, A., die Gesetze u. Verordnungen üb. Jagd u. Vogelschutz in Elsaß-Lothringen. Zusammengestellt u. erläutert. 12. (V, 103 S.) Straßburg i/E. 890. Trübner, Verl. cart. n. 1. 50

Halley, Edmund, s. H a l l e i

Hallgarten, F. [aus New-York]: Ueber Derivate des Anthranols.... Berlin, Buchdr. v. Gustav Schade (Otto Francke) (1889); 77 + 1 S. + 1 Bl. 8°
Berlin, Phil. Fak., Inaug.-Diss. v. 1?. März 1889

Hallgarten, Robert, Dr. jur.: Die Anfänge der Schweizer Dorfgeschichte. München 1906: C. Wolf. (97 S.) 8°
München, Phil. Fak., Ref. Muncker, Diss. v. 25. Juli 1904
[Geb. 10. März 70 New-York; Wohnort: Frankfurt a. M.; Staatsangeh.: Preußen: Vorbildung: Gymn. Frankfurt a. M. Reife O. 89; Studium: Jur.: München 3, Berlin 4, Heidelberg 2; Phil.: Berlin 2, München 10 S.; Rig. 25. Juli 04.]

Hallgarten, Rob., die Anfänge der schweizer Dorfgeschichte. (97 S.) gr. 8. München 906. (A. Buchholz.) n. 1. 80

Hallgarten, Rob., die kommunale Besteuerung des unverdienten Wertzuwachses in England, s.: **Studien, Münchener volkswirtschaftl.**

Die kommunale Besteuerung des unverdienten Wertzuwachses in England. Von Robert Hallgarten, Dr. jur. *Stuttgart: J. G. Cotta 1899.* (x, 206 S.) 8°
= Studien, Münchener Volkswirtschaftl. Stück 32.

Hall- und Jubel-Jahr, Das große, ... in der Fastenzeit vorgetragen ...
O. O. 1756. V: *Renz, Joh. Seb.* (Bibliotheca Norica Williana. Altdorf 1772—78. I, 3, 313).

Halliburton, Aus dem Osten, s.: **Bibliothek, Europäische**, 237. Bd.

— der alte Richter, s.: **Bibliothek, Europäische**, 223. 247. u. 248. Bd.

Halliburton, William Dobinson

Halliburton, W. D., **Grundzüge der chemischen Physiologie**. Deutsch bearb. v. K. Kaiser. gr. 8. (VIII, 156 S. m. 74 Holzschn.) Heidelberg 894. C. Winter. n. 4. —; geb. in Leinw. n. 4. 80

— **Lehrbuch** der chemischen Physiologie u. Pathologie. Unter Mitwirkg. d. Verf. deutsch bearb. v. K. Kaiser. Mit üb. 100 Holzschn. 5 Abthlgn. gr. 8. (XII, 883 S.) Heidelberg 891 — 893. C. Winter. à n. 4. — (kplt. geb.: n. 21. 60)

Halliburton, William Dobinson.
Lehrbuch der chemischen Physiologie und Pathologie. Unter Mitwirkung des Verfassers Deutsch bearbeitet von K. Kaiser. Heidelberg, 1894. 8vo.

Hallier, E. (Hrsg.), s. S e i d e n b a u - Z e i t u n g für Norddeutschland.

Hallier, E., Cigarrenschrank, s.: **Mobilien-Entwürfe.**

Hamburg. Gesellschaft z. Beförderung d. Künste u. nützl. Gewerbe. (Patriot. Gesellsch.) Bericht über die bisherige Entwicklung der öffentlichen Bücherhalle in Hamburg 1899–1905. (Verf.: Dr. Ed[uard] **Hallier**.) Hamburg 1905: F. W. Rademacher. (16 S.) 4°

Hallier, Eduard [Referendar]: Die Sonderrechte der Aktionäre ... Hamburg, Druck d. Verlagsanst. u. Druckerei Act.-Ges., 1892; 50 S. 8.
Göttingen, Jur. Fak., Inaug.-Diss. v. [29. Juli] 1892

Hallier, Ed., die Sonderrechte der Aktionäre. Diss. gr. 8. (50 S.) Hamburg 892. (Göttingen, Vandenhoeck & Ruprecht.) n. 1. 20

Hallier, Emil, Lucreti carmina e fragmentis Empedoclis adumbrata. Dissertatio philologica. 8. (III und 39 S.) Jena 857, (Doebereiner.) *

Hallier, Emil, Joachim Heinr. Campe's Leben und Wirken. Bausteine zu einer Biographie. 1. u. 2. Aufl. Soest 862. Schulbuchhandlung. 8. (70 S.) n. 12 ngr.

Hallier, Ernst. Aesthetik der Natur. Für Künstler, Naturkundige, Lehrer, Gärtner, Land- u. Forstwirthe, Reisende, Geistliche, sowie Freunde der Natur überhaupt ausgearb. gr. 8. (XII, 400 S. m. Abbildgn. u. 5 Taf.) Stuttg. 890, Enke. * 10 —; geb. * 11 —

— u. A. **Federer**, Atlas der Pflanzenwelt. Mit erläut. Text v. E. H., illustrirt v. A. F. Fol. (12 farb. Doppeltaf. m. 198 S. Text.) Fürth 891. G. Löwensohn. Kart. n. 4. 50

Hallier, Ernst, Ausflüge in die Natur, s.: **Bibliothek für Wissenschaft und Literatur.**

Hallier (E.). Ausfluege in die Natur. Berlin, 1876. 8°. Ed. 2. 1879.
Vol. xii. of the Bibliothek fuer Wissenschaft und Literatur.

Hallier, Ernst, **Ausflüge in die Natur.** Allgem. verständl. Schilderungen. Mit (eingedr. Holzschn.-)Abbildgn. 2. (Titel-)Ausg. gr. 8. (III, 284 S.) Berlin 879. Th. Hofmann. n. 5. 40

Hallier E, allgemeine Botanik. (Weber's illustr. Katechismen 16) Leipzig 1879

Hallier, Ernst, das Cholera-Contagium. Botanische Untersuchungen, Aerzten und Naturforschern mitgetheilt. gr. 8. (IX und 40 S. mit 1 ill. Kpfrt. in gr. 4.) Leipzig 867, Engelmann. *

Hallier, Ernst, de Cycadeis quibusdam fossilibus in regione Apoldensi repertis. Dissertatio philosophica. gr. 8. (24 S.) Jena 858, (Doebereiner.) *

Hallier, Ernst, Cyperaceae et Gramineae, s.: **Schlechtendal, D. F. L. v.**

Hallier, Ernst, Excursionsbuch enth. praktische Anleitung zum Bestimmen der im deutschen Reich heim. Phanerogamen durch (eingedr.) Holzschn. erläutert. 8. (IV, 288 S.) Jena 874, Dufft. *

— Excursionsbuch enth. prakt. Anleitg. zum Bestimmen der im Deutschen Reich heim. Phanerogamen, durch (eingedr.) Holzschn. erläutert. 2. verm. Ausg. 8. (XVI, 288 S.) Jena 876. Dufft. n. 3. —

Hallier, Ernst, Flora v. Deutschland, s.a. Schlechtendal, D. F. L. v.

HALLIER (E.). Deutschland's Flora, oder Abbildungen und Beschreibung der daselbst wildwachsenden Pflanzen. Ed. 7. Leipzig, [1864–8]. 4°. Ed. 9. [Dresden, 1873–5.]
Ed. 9. is the first to bear any author's name, the earlier editions having been anonymous.

—— Deutschlands Flora oder Abbildung und Beschreibung der wildwachsenden Pflanzen in der mitteleurop. Flora. Mit 500 color. Kpfrt. Neueste durchaus neu bearb. Aufl. In 100 Lfgn. hoch 4. (224 S.) Leipzig [Dresden] 873—75, Baensch. à Lfg. * ℳ 1. *

— Flora der Wartburg u. der Umgegend v. Eisenach. Für natursinn. Besucher der Wartburg u. zum Schulgebrauch ausgearb. 8. (VIII, 84 S.) Jena 879. Fischer. cart. n.n. 1. 20

— Gährungserscheinungen. Untersuchungen über Gährung, Fäulniss u. Verwesung, mit Berücksichtigung der Miasmen u. Contagien, sowie der Desinfection. Für Aerzte, Naturforscher, Landwirthe u. Techniker. Leipzig 867. Engelmann. gr. 8. (VII, 116 S. mit eingedr. Holzschn. u. 1 Kpfrtaf. in qu. 4.) 27½ ngr.

HALLIER (E.). Botanische Garten zu Jena. Leipzig, 1864. 8°

Hallier, Ernst, der großherzoglich sächsische botanische Garten zu Jena. Eine Anleitung für Studirende und Freunde der Pflanzenkunde. Leipzig 864. Engelmann. 8. (2 Bl., 59 S.) 7½ ngr.

—— Grundzüge der landschaftlichen Gartenkunst, e. Aesthetik d. Landschaftsgärtnerei. Mit E. Petzold's Bildniß (in Lichtdr.) u. 41 Holzschn. gr. 8. (VII, 236 S.) Lpz. 891, Haessel Verlag. * 6 —; geb. * 7 —

Hallier, Ernst, Grundzüge d. landschaftl. Gartenkunst, e. Aesthetik d. Landschaftsgärtnerei. Mit E. Petzold's Bildniß (in Lichtdr.) u. 41 Holzschn. Neue wohlf. [Titel-]Ausg. gr. 8. (VII, 236 S.) Leipzig (891) 896. G. H. Meyer. n. 4. —; geb. in Leinw. n. 5. —

Ⓡ Hallier, Ernst, Grundzüge d. landschaftl. Gartenkunst. 896. (KBΣ 29.) Jetzt: Berlin, J. Wunder.

— d. Hefe d. Alkoholgährg., insbes. d. Biergährung. Neue Untersuchungen. gr. 8. (IV, 63 S. m. 2 Taf.) Weimar 896. C. Steinert. n. 2. —

— Helgoland. Nordseestudien. Mit 27 in den Text gedr. Holzschn. u. 8 lith. Taff. 2. (Titel-)Ausg. Hamburg (863) 869. O. Meißner. 8. (VIII, 336 S.) geb. 1 ℛ

— Helgoland unter deutscher Flagge. Neue veränd. Ausg. 8. (336 S. m. Holzschn. u. 8 lith. Taf.) Hamburg 892. O. Meißner's Verl. Geb. in Leinw. n. 2. 40

—— Katechismus der allgemeinen Botanik, s.a. Weber's, J. J., illustrirte Katechismen.

— Katechismus der allgemeinen Botanik. Mit 95 in den Text gedr. (Holzschn.-)Abbildungen. 8. (XV, 267 S.) Leipzig 879. Weber. cart. n. 2. —

— Katechismus d. Botanik, 2. Aufl., s.: Dennert, E.

—— s. Koch, Wilh. Dan. Jos., Taschenbuch der deutschen und schweizer. Flora.

HALLIER (E.). Krankheit der Seidenraupen. Potsdam, 1868. 8°.

— Kulturgeschichte des 19. Jahrh., in ihren Beziehungen zu der Entwickelung der Naturwissenschaften geschildert. gr. 8. (VIII, 847 S. m. 180 Abbildgn.) Stuttgart 889. Enke. n. 20. —

— Darwin's Lehre u. die Specification. Hamburg 865. O. Meissner. 8. (67 S.) 7½ ngr.

Hallier, Ernst, die welterobernde Macht. Ein Mahnruf an die deutsche Nation. gr. 8. (III, 39 S.) Leipzig 886. M. Hesse. n. — 50

— Naturwissenschaft, Religion u. Erziehung. gr. 8. (XII, 272 S.) Ebend. 875. n. 4. —

— Nordseestudien. Mit 27 in den Text gedr. Holzschn. u. 8 lith. Taf. Hamburg 863. O. Meißner. gr. 8. (VIII, 336 S.) 1 ℛ 15 ngr.

— die Parasiten der Infectionskrankheiten bei Menschen, Thieren u. Pflanzen. Für Naturforscher, Mediciner, Land- u. Forstwirthe u. Gärtner geschildert. 1. Buch. A. u. d. T.: Die Plastiden der niederen Pflanzen, ihre selbständige Entwickelung, ihr Eindringen in die Gewebe, u. ihre verheerende Wirkung. Mit 4 (lith.) Taf. gr. 8. (92 S.) Leipzig 878. Fues. n. 5. —

— die pflanzlichen Parasiten des menschlichen Körpers. Für Aerzte, Botaniker u. Studirende, zugleich als Anleitung in das Studium der niederen Organismen. Leipzig 866. Engelmann. gr. 8. (IV, 116 S. mit 4 Kpfrtaff., wovon 2 color., in gr. 8. u. 4.) 1 ℛ 6 ngr.

- die Pestkrankheiten (Infektionskrankheiten) der Kulturgewächse. Nach streng bakteriolog. Methode unters. u. in völl. Uebereinstimmg. m. Rob. Kochs Entdeckgn. geschildert. gr. 8. (XV, 144 S. m. 7 Taf.) Stuttgart 895. E. Nägele. n. 8. —

-- die Pflanze u. der Mensch in ihrer Wechselbeziehung, s. a. Volksschriften, deutsche.

HALLIER (E.). Die Pflanze und der Mensch in ihrer Wechselbeziehung . . . Breslau, 1879. 16°.
Contained in Deutsche Volksschriften, vol. iv.

—— Phytopathologie. Die Krankheiten der Culturgewächse. Für Land- und Forstwirthe, Gärtner und Botaniker bearb. gr. 8. (X, 373 S. mit 32 eingedr. Holzschn., 3 Kpfrt. und 2 lithogr. Taf., wovon 1 in Buntdr., in 4. und qu. gr. 4.) Leipzig 868, Engelmann. *

Hallier, Ernst, Pilz-Regulativ. Gesundheitsregeln für Jedermann, insbesondere für die Verpflegung der Verwundeten, für die Lazarethe etc. Nach eigenen Erfahrungen mitgetheilt. Jena 870. Mauke's Verlag. gr. 8. (48 S.) n. 8 ngr.

Hallier (E.). Die Plastiden der niederen Pflanzen. Leipzig, 1878. 8°.

— die sozialen Probleme u. das Erbrecht. Eine rechtsphilosoph. Studie. gr. 8. (45 S.) München 892. Münchener Kunst- u. Verlagsanstalt Dr. E. Albert & Co. n. 1. —

— Reform der Pilzforschung. Offenes Sendschreiben an Herrn Professor de Bary zu Strassburg. gr. 8. (14 S.) Ebend. 875. — 50

—— s.a. Schlechtendal, D. F. L. v., L. E. Langethal und E. Schenk, Flora von Deutschland.

—— Schlechtendal, Langethal u. Schenk, Flora v. Deutschland. 5. Aufl.

— Schule der systematischen Botanik. Mit in den Text gedr. (Holzschn.-)Abbildungen. gr. 8. (VIII, 302 S.) Breslau 878. Korn. n. 6. —

— Synopsis d. deutschen u. schweizer Flora, s.: Koch, W. D. J.

— Untersuchungen über Diatomeen, insbesondere über ihre Bewegungen u. ihre vegetative Fortpflanzung. Mit 2 Taf. in Farbendr. 8. (32 S.) Gera 880. Köhler. 1. 50

— parasitologische Untersuchungen bezüglich auf die pflanzlichen Organismen bei Masern, Hungertyphus, Darmtyphus etc. Mit 2 color. Kpfrtaff. (in qu. 4.) Leipzig 868. Engelmann. gr. 8. (VIII, 80 S.) 1 a₿

— die Ursache der Kräuselkrankheit. [Aus: „Zeitschr. f. Parasitenkde".] Mit 1 (lith.) Taf. (in qu. gr. 4.) gr. 8. (74 S.) Ebend. 875. n. 2. —

—— die Vegetation auf Helgoland. Ein Führer für den Naturfreund am Felsen und am Seestrand. Zugleich als Grundlage zu einer Flora von Helgoland. 8. (VIII und 48 S. mit 4 Stnt. Abbild.) Hamburg 861, O. Meißner. 10 Ngr.; geb.

—— die Vegetation auf Helgoland. 2., mit einer vollständ. Flora verm. Ausg. 8. (III und 56 S. mit 4 Stnt. Abbild.) Hamburg 863, O. Meißner. 7½ Ngr.; geb.

— die Weltanschauung d. Naturforschers. gr. 8. (XIII, 249 S.) Ebend. 875. n. 4. —

Hallier, Ernst (Hrsg.), s. Zeitschrift für Parasitenkunde.

— das Coelibat. Novelle. 8. (139 S.) Hamburg 890. O. Meißner's Verl. 1. 50

Hallier, G., siehe: *Koch, W. D. J.*

Hallier, Hans, Indonesische Acanthaceen, s.a. Acta, nova, academiae caesareae Leopoldino-Carolinae germanicae naturae curiosorum.

Indonesische Acanthaceen v. Dr. Hans Hallier. M. 8 Taf. ... *Halle: Dr. v. E. Korros: In Comm. bei W. Engelmann in Leipzig 1897.* (48 S., 8 Taf.) 4.
= Acta, Nova, Academiae Caes. Leopoldino-Carolinae Germ. naturae curiosorum. T. 70. No 3. 99. 1899

Hallier, Hans [aus Jena]: Beiträge zur Anatomie der Convolvulaceen ... (Aus: Engler's Bot. Jahrb., Bd. XVI: Versuch e. natürl. Gliederg d. Convolvulaceen auf morpholog. u. anatom. Grundlage: II. Tl: Anatomie.) Leipzig, W. Engelmann, 1893; 45 S. 8.
Jena, Phil. Fak., Inaug.-Diss. v. 1893

Hallier, Hans, Beiträge zur Morphogenie der Sporophylle u. des Trophophylls in Beziehung zur Phylogenie der Kormophyten. (110 S. m. 1 Taf.) Lex.-8. Hamburg 902. (L. Gräfe & Sillem.) n. 4. —
Sonderabdruck aus: „Jahrb. d. Hambg. wiss. Anstalten. 3. Beiheft".

Hallier Hans: Convolvulaceae a Dr. Alfr. Pospischil anno 1896 in Afrika orientali collectae et in herbario universitatis Vindobonensis conservatae. S. 107. L. 48 . . „ —.20
Separatabdruck

— Convolvulaceae a. Alfr. Pospischil anno 1896 in Africa orientali collectae et in herbario universitatis Vindobonensis conservatae. [Aus: „Sitzungsber. d. k. Akad. d. Wiss."] gr. 8. (5 S.) Wien 898. (C. Gerold's Sohn.) n. — 20

— Diptoropeltis, eine neue Poraneengattung aus Kamerun. Lex.-8. (7 S. m. 1 Taf.) Ebd. 899. n. 1. —

Hallier, Hans. Vorläufiger Entwurf des natürlichen ⟨phylogenetischen⟩ Systems der Blüthenpflanzen. Extrait du Bulletin de l'Herbier Boissier. 2de série [Tome 3] ⟨1903⟩. No 4. p. 306—317 ⟨12 p.⟩. 8. [Genève, Impr. Romet.]

Hallier, Hans, üb. Juliania, e. Terebinthaceen-Gattung m. Cupula u. die wahren Stammeltern der Kätzchenblütler. Neue Beiträge zur Stammesgeschichte nebst e. Übersicht üb. d. natürl. System d. Dicotyledonen. (210 S.) gr. 8. Dresden 908. C. Heinrich. 6. —

— über Kautschuklianen u. andere Apocyneen, nebst Bemerkgn. üb. Hevea u. e. Versuch zur Lösung der Nomenklaturfrage. Lex.-8. (S. 19—216 m 4 Taf.) Ebd. 900. n. 7. —

Hallier, Hans, zur Convolvulaceenflora Amerika's. Lex.-8. (S. 19—56.) Hamburg 899. (L. Gräfe & Sillem.) n. 1. 50

— zwei Convolvulaceensammlungen des botan. Museums zu Hamburg. [Aus: „Jahrb. d. hamburg. wissensch. Anstalten".] Lex.-8. (8 S.) Hamburg 898. (L. Gräfe & Sillem.) n. — 80

— neue Schlaglichter auf das natürliche System der Dikotyledonen. Phylogenetische Betrachtgn. (15 S.) Lex.-8. Gera-Untermhaus 905. W. Koehler. n.n. 1. 50

— Sycadenia, e. neue Section der Argyreieengattung Rivea. Lex.-8. (S. 11—16.) Ebd. 899. n. 1. —
4 Sonderabdrucke aus: „Jahrb. d. hamburg. wiss. Anstalten. 3. Beiheft".

— über die Verwandtschaftsverhältnisse bei Engler's Rosalen, Parietalen, Myrtifloren u. in anderen Ordnungen der Dikotylen. (98 S.) gr. 4. Hamburg 903. L. Friederichsen & Co. n. 4. —
Sonderabdruck aus: „Abhandlgn. a. d. Geb. der Naturwiss."

— über die Verwandtschaftsverhältnisse der Tubifloren u. Ebenalen, den polyphiletischen Ursprung der Sympetalen u. Apetalen u. die Anordnung der Angiospermen überhaupt. Vorstudien zum Entwurf e. Stammbaumes der Blütenpflanzen. gr. 4. (112 S.) Hamburg 901. L. Friederichsen & Co. n. 4. —
Sonderabdruck aus: „Abhandlgn. a. d. Geb. d. Naturwiss."

— neue Vorschläge zur botanischen Nomenklatur. — Propositions nouvelles pour la nomenclature botanique. — New propositions to botanical nomenclature. (S. 31—46.) Lex.-8. Hamburg 905. (L. Gräfe & Sillem.) n. — 50

Hallier, Ludw. Untersuchungen üb. die edessenische Chronik, s. Texte u. Untersuchungen z. Geschichte d. altchristlichen Literatur.

Hallier, Ludwig: Untersuchungen über die Quellen, die Abfassungszeit und die dogmatische Stellung des Verfassers der Edessenischen Chronik ... [Erschien vollst. 1892 als 1. Heft des IX. Bds v.: Texte u. Untersuch. z. Gesch. d. altchristl. Lit.] Leipzig. Druck v. A. Pries, 1892; 2 Bl., 83 S. 8.
Strassburg, Phil. Fak., Inaug.-Diss. v. 1892

Hallifax, Graf von

— zwölf Abhandll. über d. Weissagungen, welche d. christl. u. besond. d. der röm. Kirche betreffen. Aus d. Engl. 8. Zürich 781. Geßner. 12 gr.

v. Hallifax, Graf, Neujahrsgeschenk an seine Tochter; aus d. Engl. 8. Frankf. 780. Brönner. 8 gr.

Hallig, Karl, Musiklehre u. Musikgeschichte. Merkbuch f. d. Schulgebrauch. (IV, 31 S.) 8. Dresden 909. A. Huhle. Kart. — 60

Hallin, Olga, Eva's Sohn. Eine psycholog. Novelle. gr. 16. (77 S.) Leipzig 894. Schaumburg-Fleischer. 1, 50; geb. n. 2. —

[F. u. Ant.] Beiträge zur Familiengeschichte des Geschlechtes Callisen v. Dr. med. A(dolph) Halling. Als Ms. gedr. *Glückstadt: Dr. v. J. J. Augustin 1898.* (2 Bl., 290 S., 1 Bl., 14 Portr., 4 Taf., 1 Portr.-Taf., 2 Facs., 1 Stammtaf.) 1 Bd 4.(8.)

[F. u. Ant.] Beiträge zur Familiengeschichte des Geschlechtes Halling v. Dr. med. A(dolph) **Halling.** Als Ms. gedr. *Glückstadt: Dr. v. J. J. Augustin 1896.* (2 Bl., 243 S., 1 Portr., 13 Taf., 9 Portr.-Taf., 4 Tab.) 1 Bd 4.(8.)

Halling, Adolf (Hrsg.), s. Säkular-Feier der Stadt- und Landgemeinde Glückstadt 1901.

Die ersten 100 Semester der Burschenschaft Teutonia in Kiel. Hrsg. in Veranlassung d. Jubelfeier d. 50jähr. Bestehens d. Verbindung von Dr. A(dolf) **Halling.** Als Ms. gedr. Glückstadt 1906: J. J. Augustin. (313 S.) 4°(8°)

Stammtafel der Familie Callisen, zsgest. nach gedr. u. ungedr. Quellen, Kirchenbuch-Eintragungen u. privaten Mitteilungen von Dr. A[dolf] **Halling.** Als Ms. gedr. Glückstadt 1907: J. J. Augustin. (1 Bl. 115×75 cm.) [Kopft.]

Meine Vorfahren und ihre Verwandtschaften. Von Dr. med. A(dolf) **Halling,** Kreisarzt. Als Ms. gedr. Bd 1. 2. Glückstadt 1905: J. J. Augustin. 2 Bde 4°(8°)

Der Aufenthalt der Königlichen Familie in Memel und die Reformgesetzgebung im Jahre 1807. Mit Bezug auf das in Memel zu errichtende Nationaldenkmal. Von Schulrat [C.] **Halling.** Memel 1907: F. W. Siebert. (8 S.) 8° [Umschlagt. F. u. A.]
Aus: Memeler Dampfboot v. 30. u. 31. Aug. 1907. 10

Halling, K., s. Th. Fischart, gen. Menzer.

Halling, Karl, Exercitatt. Herodotearum spec. De flava gente Budinorum dissert. 8maj. Berlin 833. Nauck; jetzt Bethge. 1/2 Thlr.

Halling, Car., Exercitationum Herodotearum spec.: De flava gente Budinorum dissert. 8 maj. (2½ B.) Berolini 834, Nauck.

Halling, Karl, Direktor: Geschichte der Anstalt ⟨75 Jahre⟩. Memel 1905: F. W. Siebert. (S. 3—25.) 4°
Memel, st. HM P 1905 [173]

— Geschichte der Deutschen von der ältesten Zeit bis zur Gegenwart. 1r Bd. (1e – 3e Abthl.) A. u. d. T.: Geschichte der Skythen. 1r Bd. (1r – 3e Abthl.) Asien. Mit 1 Karte. gr. 8. Berlin 833, 34. (Nauck.) 2 1/3 Thlr. — 4e u. 5e Abthl. A. u. d. T.: Geschichte der Skythen u. Deutschen bis zur Gegenwart. Aus den Quellen bearbeitet. (Mit histor. Karten des Verfass.) 1r Bd. A. u. d. T.: Geschichte der Skythen. 1r Bd. Asien. 1r Thl. Die Länder u. Völker des ältesten Mittelasiens, besonders Skythens. 4e u. 5e letzte Abthl. gr. 8. Ebd. 835. 1 1/6 Thlr. Alle 5 Abthll. n. 3 1/3 Thlr.

—— **Geschichte d. Skythen u. Deutschen bis zur Gegenwart. Aus d. Quellen bearb. 1. Bd. — A. u. d. T.: Gesch. d. Skythen. 1. Bd. Asien. 1. Thl. Die Länder u. Völker d. ältesten Mittelasiens, besonders Skythiens. (5 Lfgn.) Mit 1 histor. Karte gez. v. Verf. gr. 8. (32¼ B.) Berlin (833—)35, (Nauck.) Thlr.**

— altdeutsche Schauspiele. Ihrer Schönheit wegen f. die Bühne unserer Zeit bearbeitet. 16 Bdchn. Floretto. Lstspl. in 5 Aufz. 8. Berlin 834. (Nauck.) n. 2/3 Thlr.

Haellingk, Präparation zu Caesar, bellum gallicum. 2 Hefte Buch I—IV u. V—VII. (144 u. 143 S.) 8. Münster 908. Aschendorff. à 1. 10

Haellingk, Guil. M. Tullium Ciceronem libros de inventione inscripsisse rhetoricos, s. Commentationes in honorem Guilelmi Studemund.

Halliwell, F. R. S., James Orchard, the early history of Freemasonry in England. A. u. d. Ttl.: Aelteste Urkunde d. Freimaurer in England. Uebersetzt v. C. W. Asher. (Engl. u. Deutsch.) 8. (3¾ B.) Hamburg 842, Hoffmann u. Campe.

—— Urgeschichte der Freimaurerei in England. Deutsch v. Herm. Marggraff, mit e. Nachw. v. C. C. Gretschel. Gedruckt als Manuscript f. Brüder. gr. 8. (3¾ B.) Leipzig 842. [Rößling'sche Buchh.]

Urgeschichte der Freimaurerei in England. Von James Orchard Halliwell[-Phillipps]. Deutsch von Herm. Marggraff, mit einem Nachw. vom Br. C[hristian] C[arus] Gretschel. Gedr. als Ms. f. Brr. Leipzig:. Peter 1842. XII, 47 S. 8°
Auszug in: Fallou, F. A.: D. Mysterien d. Frmr. 1848 S. 399—404 [Mit Anmerk.]; 2. Aufl. 1859; Findel, J. G.: Gesch. d. Frmrei. 1 (1861) S. 97—106; [dasselbe] 2. Ausg. 1863; 2. Aufl. 1866 S. 819—825; 3. Aufl. 1870 S. 800—806; 4. Aufl. 1878 S. 780—786.
Recens: Katsch, F.: D. Entstehung u. d. wahre Endzweck d. Frmrei. 1897 S. 531 bis 570.
Kl. 2873, Tt. 299. Übertrag. des vollständ. Regius-Ms in deutsche Reimverse.

Aelteste Urkunde der Freimaurer in England. Hrsg. von James Orchard Halliwell [-Phillipps]. Uebers. von C[arl] W[ilh.] Asher. Hamburg: Hoffmann & Campe 1842. 60 S. 8⁰ [Nebentit.:] The early History of freemasonry in England. By James Orchard Halliwell [-Phillipps]. London: Rodd 1840.
Kl. 2872, Tt. 298. Übers. in freien Reimen mit dem Urtexte, nicht vollst.: „Die Ars quatuor coronatorum" (Vers 491—794) fehlt.

Hallman, Daniel

Dan. Hallman diss. inaug. de στεφάνῳ ἐξ ἀκανθῶν. Rostoch. 1757. 4. *Cum tab. aen.* (Cfr. Geo. Müller *de spinis coronae Christi* in Sylloge disputt. selectior. ad illustr. V. et N. T. loca in Germania conscriptar. Amstelod. 1701. 1702. f.)

Hallmann, Ant., Kunstbestrebungen der Gegenwart. gr. 8. Berlin 842, Berliner Lesecabinet. 1/2 ß

Hallmann, Anton. Kunstbestrebungen der Gegenwart. Berlin 1847. 8⁰.

Hallmann, G., Briefe über d. Grafschaft Glaz. Von Reisenden als Wegweiser zu gebrauchen. Mit Vorwort von Tiede. 8. Reichenb. 824. (Liegnitz, Leonhardt). 16 gr

Hallmann, E.

— Bemerkungen, die Untersuchung der Temperatur-Verhältnisse der Quellen betreffend, siehe: Jahrbuch, geographisches, I.

Hallmann, E., zwei mit Wasser behandelte Fälle von Abdominaltyphus nebst einigen auf diese Fälle bezügl. Aktenstücken. Eine Vertheidigungsschrift. gr. 8. (IV und 60 S.) Koblenz 850, (Bädeker.) *

Hallmann, E., die Geschichte des Ursprungs der belgischen Beghinen nebst e. authent. Berichtigung der im 17. Jahrh. durch Verfälschung von Urkunden in derselben angestifteten Verwirrung. Mit Abbild. auf 3 Taf. gr. 8. Berlin 843, Reimer. 1 ß

Hallmann, Ed., die vergleich. Osteologie d. Schläfenbeins. Zur Vereinfachung d. herrsch. Ansichten bearb. gr. 4. (17 1/4 B. u. 4 Kpfrt.) Hannover 837, Hahn'sche Hofbuchh. *

Hallmann, E(duard): Ueber eine zweckmäßige Behandlung des Typhus. Ein Beitrag zur wissenschaftlichen Begründung der Wasserheilkunde für Aerzte. 190 S., gbd.

Berlin: Reimer 1844

JB 2.737

Hallmann, Eduard. (geb. Juli 1813): De cirrhosi hepatis. Berolini (1839). (32 S.) 8⁰
Berlin, Med. Diss. v. 25. Jan. 1839

Hallmann, E., die Temperaturverhältnisse der Quellen. Eine meteorolog. Untersuchung. 1. Bd. gr. 8. (XX und 543 S. mit einigen in den Text eingedr. Fig. in Holzschn. und 12 lithogr. Curventaf. in Fol. und gr. Fol.) Berlin 854, G. Reimer. *

— dass. — 2. (letzter) Bd. gr. 8. (XXXVI und 480 S.) Ebds. 855. *

Hallmann, H. G., das Existenz-Gesetz. Die Lösung der socialen Frage. Ein Wort zur Zeit. gr. 8. (31 S.) Hamburg 878. Kramer in Comm. n. — 60

— das Existenz-Gesetz. Das Morgenroth goldener Zeit. Der Anbruch besserer Lebenstage. Ein Wort zur Zeit. 2., verm. Aufl. gr. 8. (119 S.) Ebend. 880. n. 1. —

— **Das Morgenroth goldener Zeit. Der Anbruch besserer Lebenstage. Ein Wort zur Zeit. 2. verm. Aufl. (des obigen). gr. 8⁰. Ebd. 1880.**

Hallmann, Johann Christian

— — Historischer Innhalt Derer in Hoch-Teutscher Poesie Gesetzten Zwey Opern, Deren die Erste . . . Auff den . . . Vier- und Sechzigsten Geburts-Tag Unsers . . . Kaysers Leopoldi . . . erfunden ist Und Das Frohlockende Hirten Volck Oder Der Gekrönte Schäffer Lionato Tituliret wird, Die Andere Opera aber Denen Gerechten Kriegs-Waffen Des Spanischen Monarchens Caroli Tertii . . . gewidmet Und Der Rechtmässige Kron-Printz Oder Der Triumphirende Salomon Tituliret wird . . . (mit Widmung von *J. Chr. Hallmann*). Ebd. [1704/5]. Fol. 4 Bll. (Ebd.: Yv 981, 14.)

— — Innhalt Derer . . . Sechs Sinnreichen Opern, Welche . . . In der . . . Stadt Breszlau Auf einem mit Machinen ausgeziertem Theatro Werden vorgestellet werden Im September und October 1704. (Widmung von *J. Chr. Hallmann*. Darauf: 1. Das Frohlockende Hirten-Volck etc. 2. Der Rechtmässige Kron-Printz etc. 3. Die himmlische Liebe Oder Die Groszmüthige Märterin Sophia. 4. Die Schau-Bühne des Glückes Oder Der Tapffere Heraclius. 5. Die Sterbende Unschuld etc. 6. Die Betrogene Keuschheit Oder Die Entehrte Paulina). Ebd. Fol. 12 Bll. (Ebd. Yv. 981, 15.)

— — Innhalt Der jenigen Drey Schau-Spiele, Welche Denen . . . Kayser- Und Königlichen Majestäten Zu . . . Ehren . . . In Breszlau Werden vorgestellet werden Im October 1700. (Widmung an Kaiser Leopold, die Kaiserin Eleonora und König Joseph von: *Johannes Christianus Hallmann*. Advocatus et Autor. Darauf: 1. Die Triumffirende Gerechtigkeit Oder Der Vergnügte Alexander Magnus. 2. Die Tyrannische Regiersucht, Oder Die Unbarmhertzige Laodice, Königin in Armenien. 3. Die merckwürdige Klugheit, Oder Der Siegprangende Ariaspes, König in Ponto. Fol. 6 Bll. (Ebd.: Yv 981, 13.)

— — Die unüberwindliche Keuschheit, oder die grossmüthige Printzessin Liberata. Trauer-Spiel in hochteutscher Poesie. Bresslau 1700. 4⁰. 80 S. Sehr rar!

Die Sinnreiche Liebe Oder der glückselige Adonis und vergnügte Rosibella Pastorell, Mit Poetischer Feder aufgeführt von J.C.H. Nun aber mit 40. in Kupffer gestochenen Figuren ausgeziert, so alle neu inventiert und gestochen Von Joh. Andrea Thelot, in Augspurg ... Druckts David Zacharias. (1717.)

— — Die sinnreiche Liebe, oder der glückselige ADONIS und (die) vergnügte ROSIBELLA, PASTORELL. Mit Poetischer Feder aufgeführt von *J. C. H.* Nun aber mit 40 in Kupffer gestochenen Figuren (im Texte, 1/3 Blattgröße) ausgeziert, so alle neu inventiert u. gestochen von Joh. Andrea Thelot, in Augspurg, bey welchem diß Wercklein auch in Verlag zu finden. Cum Privilegio, S. Rom. & Cathol. Maj. Druckts Dav. Zacharias (ca. 1750). 4⁰. (16 Mk. Harrassowitz, Lpz.; 20 Mk. Baer, Frkft. a. M.) Rar!
107 S. (incl. Tit., auf dessen Rücks. poet. Zuschr. an den Leser, u. 1 S. Personen-Verz.).

§ * — — Das von der Liebe handelnde Sinn- und Lehr-reiche Pastorell-gedicht, ... Aufgesezzet von .... *Joh. Chrn. Hallmann*, u. die verschiedene Leidenschafften .... von .... Joh. Andr. Thelot sehr inventios in Kupffer gebracht. Augsburg 1750. 4°.
13½ Bog. Mit 40 Kpfrn. (Ex. mit ausgezeichneten Abdrücken 20 Mk. Baer; 16 Mk. Harrassowitz.)

* — — Dasselbe. Derselbe Druck, nur auf dem Titel die Jahrzahl 1759. 4°.

HALLMANN, U[LR.] C[HR.], Rede bey Grund-Legung des ersten Steins, zu Erbauung einer neuen evangelisch-luth. Kirche in Ottensen, A. 1735, d. 13. Julii. Altona. 4. P.

Hällmayer, Frz., Ausflug in die Schweiz. In Briefen. gr. 12. (1½ B.) Mainz 846. (Kirchheim, Schott u. Thielmann.)

Hällmayer, Frz., Pilgerfahrt nach Rom. 8. (XVI und 237 S.) Regensburg 860. Pustet.

Hallmeyer, Theodor, approb. Arzt aus Indersbach: Aus d. Ohrenabt. d. Kgl. Universitätspoliklinik (Doc. Dr. Haug) zu München. Die Gicht in ihren Beziehungen zu den Krankheiten des Ohres. *München 1901: Kastner & Lossen.* (28 S.) 8°
München, Med. Diss. v. 1901

Hällmeyer, ..., s.: Pilger, der christliche.

Hallo!: 1892?–1895?
Humorous weekly. Subtitle: Hausers humoristisches Wochenblatt. Large quarto, each issue 16 pages. Edited by Carl Hauser, & published by Carl Hauser & Co.
New York, NY

Hallo! Hauser's humorist. Wochenblatt. Unter der artist. Leitg. von C. v. Grimm. Red.: Carl Hauser. 1. u. 2. Jahrg. à 52 Nrn. (1½ Bog. m. Illustr.) gr. 4. New-York 892. 893. (International News Company.) à Nr. n. —25

Hallo der Zweite. Leipzig 1797. V: *Sintenis, Christian Friedrich.* (EE) (Ky)

Hallo der Zweite, vom Verf. d. Ersten (Chr. Fr. Sintenis). 8. Leipz. 797. Gr. Fleischer. 2 ₰

HALLO d. Jüngere (ps.), Wahre Charakteristik des Adels. London (Heilbronn, Class) 1798.
Weller, fing. Druckorte, p. 172.

Hallo, Herman S[ybrand]: Die Eigenschaften des Kaskadenumformers und seine Anwendung. Berlin: Springer 1910. 99 S., 1 Taf. 8° ¶ Auch in: Arbeiten aus d. Elektrotechn. Institut d. Großherzogl. Technischen Hochschule Fridericiana zu Karlsruhe. Bd 2. 1910–1911. 1911 [Nr 2012].
Karlsruhe, Dr.-Ing.-Diss. v. 28. 1. 1910

Hallo, H. S., u. H. W. Land, elektrische u. magnetische Messungen u. Messinstrumente. Eine freie Bearbeitg. u. Ergänzg. des holländ. Werkes: Magnetische en elektr. Metingen v. G. J. van Swaay. (XII, 517 S. m. 343 Fig.) 8. Berlin 906. J. Springer.
Geb. in Leinw. n. 15.—

Hallo, H[erman] S[ybrand], Dr.-Ing.: Die Spaltpol-Umformer. Berlin: Springer 1910. 32 S. 8° ¶ Auch in: Arbeiten aus d. Elektrotechn. Institut d. Großherzogl. Technischen Hochschule Fridericiana zu Karlsruhe. Bd 2. 1910–1911. 1911 [Nr 2012].
Karlsruhe Te. H., Hab.-Schr. v. 26. 7. 1910

Hallock, W(illiam) A., der Bergmüller. Eine wahre Geschichte. 8. (28 S. mit 2 eingedr. Holzschn.) New-York 852. (Bremen, Heyse's Verlag.) **

— Leben des Harlan Page, od. die Kraft des Gebetes u. der persönlichen Bemühungen für die Seelen einzelner Personen. Aus dem Engl. übers. 12. (269 S.) New-York 851. (Philadelphia, Schäfer & Koradi.) n. ½ ₰

Hallock, W. A., Harlan Page oder der Segen treuer betender Arbeit an den Seelen. Freie Bearbeitung nach dem Engl. 8. (147 S.) Basel 857. (Bahnmaier's Verlagsh.) *

Hallodri, Eusebius, — patentirter Spaßmacher in Juxhausen. Lustige Bocksprünge oder das Postbüchel pro 1856 in rosigster Laune. Verfaßt von — —. Wien, 1856. Gedr. bei J. Holzwarth. (24 S. 8.)

Halloh! Neueste Revue v. Clownscherzen- u. Clown-Zwiegesprächen. Gesammelt v. Clown Dolly. (48 S. m. Abbildgn.) kl. 8. Dresden (910). E. Neumann & Co. —75

Hallopeau, s.: Muséo, le, de l'Hôpital de Saint-Louis.

Halloran, der Tabuletkrämer. Eine irländische Geschichte: Der Gesellschafter 1828, Nr. 38/41, unterz.: Bärmann. V: Miss *Jameson*. Die Erz. stand in dem engl. Taschenb.: The British Wreath for 1829 (Leipzig, Industrie-Comptoir), doch erschien B.s Übers. vor der Ausgabe des Taschenbuchs. Vgl. Gesellsch. 1828, S. 727. Eine Übers. auch in der Wiener Ztschr. 1829, S. 117/20 und in K. v. Krelings Engl. Bibliothek, 1. Bd. Karlsruhe 1834. (DARP)

Halloren, die,. Singsp. von Schlicht. 8. Magdeb. Scheidbauer. 785.

Halloren, Die, und ihre alte Tracht. [Halle 1888.] V: *Kirchhoff, Alfred.* (Cat. d. Stadtbibl. Zürich. Zürich 1864—97.)

Halloren, die, in ihrer alten Tracht, ein Bilderwerk in (8) Farbendr., nach Originalen gemalt, mit e. erläut. Abhandlg. v. Alfr. Kirchhoff. (Neue Ausg.) 8. (23 S.) Halle a/S. 890. (Reichardt.) n. 1.—

Hallorenfest, Das; ein Singspiel in drei Aufz. Magdeburg 1784. V: *Schlicht, Friedrich Gustav von.* (MGT)

Hallos glücklicher Abend, (v. Chr. Fr. Sintenis). 2 Thle. 8. Leipz. 783. 2e A. 785. (W. Vogel). 1 ₰ 12 gr Mit 6 Kpf. 2 ₰ 4 gr

Hallos glücklicher Abend, (v. C. F. Stutenis.) 2 Thle, 8. Lpz. Crusius. (W. Vogel.) (a. Daisenberger, Augsb.) 785. Rthlr.
Mit 6 Kupf.
Die Kupf. apart

v. Halloy, Ign., Annalen d. Oekonomie für d. adelige u. bürgerl. Landgutsbesitzer rc. A. u. d. T.: d. Ganze d. Landwirthschaft. 2 Thle. 8. Grätz 804. Ferstl. 1 ₰

Halloy, J. v., das Ganze d. Landwirthschaft. 2 Thle. 8. Grätz, Ferstl. 804.

Halloy, P. de, Origo et genealogia Starhembergensis. Cum tabulis geneal. etc. Viennae 1729.

Hallstatt [Schlagwort]

Hallstatt, s.: Geologische Karten. Spezialkarte (Oesterr.-Ung.)

Hallstein: Massnahmen zur Liquiderhaltung der Einzel- und Zentralgenossenschaft. Darmstadt 1910.

Hallström, Per, Florentinischer Abendtraum. Erzählungen u. Novellen. Aus dem Schwed. übertr. v. Francis Maro. Autoris. Ausg. 8. (287 S.) Leipzig (902). H. Seemann Nachf. n. 3. —

Hallström, Per, der tote Fall. Ein Roman. Autoris. Ubertragg. v. Francis Maro. (233 S.) kl. 8. Leipzig 905. Insel-Verlag. n. 3. —; geb. in Leinw. n. 4. —

— Frühling. Autoris. Uebertragg. v. Francis Maro. (200 S.) 8. Ebd. 903. n. 4. —; geb. n. 6. —

— eine alte Geschichte. Autoris. Uebertragg. v. Francis Maro. (236 S.) 12. Ebd. 903. n. 4. —; geb. n.n. 5. 50

— ein geheimes Idyll u. andere Novellen. Autoris. Übertragg. v. Francis Maro. (297 S.) kl. 8. Ebd. 904. n. 4. —; geb. n. 5. —

Hallström, Per., verirrte Vögel, s. a. Collection Moos.

[S.] Verirrte Vögel. Skizzen v. Per Hallström. Autoris. Uebs. a. d. Schwed. v. Francis Maro. M. d. Portr. d. Vfs. *Zürich, Erfurt [&] Leipzig: E. Moos 1897.* (4 Bl., 240 S.) 1 Bd 8.
= Collection Moos. Ser. 1. Bd 11. [97. 2170

— verirrte Vögel. Autoris. Ubertragg. v. Francis Maro. (282 S.) kl. 8. Ebd. 904. n. 4. —; geb. n. 5. —

Hallström, R. S. A., Quaestiones Pindaricae. Diss. 1880. 48 S.

Hällström, Gustaf Gabriel

— Von den Lichtbogen am heiteren Himmel. (Annalen der Physik, Jahrg. 1804. Neuntes Stück.)

Hällström, Gust. Gabr., Von den Methoden, die Ausdehnung der Flussigkeiten durch Wärme zu bestimmen. (Ausgezogen von Herrn Adj. Droysen in Greifswald aus der Dissertatio physica de methodis inveniendi dilatationes liquidarum a calorico. Praes. Hallstrom, Phys. Prof., Resp. Palander. Aboae 1801.) (Ann. der Physik, B. 14, St. 3, J. 1803, St. 7.)

Hällström, Gustaf Gabriel, Observationum thermometricarum in Madras, Rio de Janeiro, Plymouth, Salzuflen, Apenroa, Boothia, Porta Carica et Matotschkin-Schar, per omnes fere horas anni institutarum, computus. (Acta Societatis Scientiarum Fennicae, Helsingfors. Bd. 1.)
Helsingfors 1840.

— Untersuchungen über die Volumens-Aenderungen, welche das Wetter durch die Wärme erleidet und Bestimmung der Temperatur, bei welcher dasselbe seine grösste Dichtigkeit besitzt. (Aus den Vetenskaps Academiens Handlingar för år 1823, übersetzt von A. Bromel.) (Ann. der Physik, B. 77, St. 2. J. 1824. St. 6.)

— Versuche und Berechnungen über die Temperatur, bei welcher Wasser die grösste Dichtigkeit hat, und über die Ausdehnung des Quecksilbers durch Wärme. (Ann. der Physik.)

Hallthurm, Luftourstation. 700 m üb. d. Meere. Hôtel u. Pension bei Bad Reichenhall (Bayern). 8. (20 S. m. Abb.) Bad Reichenhall 896. H. Bühler. n. — 20

Hallucinationen und Gegenbeweise. Ein Rechtsfall. Salzburg [1897]. V: *Menn, A.* (STGKöln II, 120)

Hallupp, Emil, drei Liebesgeschichten. 8. (III, 75 S.) Dresden 901. E. Pierson. n. 1. 50; geb. n. 2. 50

Hallwach, s. Hallwachs

Hallwachs, s. a. Halberbach.

Hallwachs — Catalogus bibl. Hallwachsianae. Tub. 740. 8.

Hallwachs, F., s. Waarenverzeichniß, alphabet., zum Vereins-Zoll-Tarif.

HALLWACHS, FLORENTIN. Ueber Amidodicyansäure. Tübingen, 1869.

Hallwachs, Joh. Conrad

— — Commentatio de centena illimitata sive territoriali. Qua judiciorum provincialium, vogtejae superioris, aliarumque jurisdictionis Germanicae specierum vera indoles, ex genuinis fontibus medii aevi, institutis Germanorum judicialibus et chartis ineditis enodatur, usuque moderno illustr. Frankfurt a./M. (Joh. Benj. Andreae & Heinr. Hort) 1746. 144 S., z. gr. Tl. dtsch. (15.—) 12909

— — (Heidenheim), De eo quod justum est circa probationem tabulis testamenti amissis. Diss. jur. Präs. Christian Ferdinand Harpprecht. Tüb. Bauhof & Franke) März 1752. 34 Bl. (7.—) 12910

Hallwachs, Joh. Konr. (Goeppingen)
Theses inaugurales disquisitioni majori praemissae de judiciis centenao et provincialibus von Centh=und Landgerichten.
Gissae 14. Feb. 1743: E.H. Lammers. 16 S. 4°
pro summis in utroque jure honoribus ac privilegiis rite obtinendis.

Hallwachs

— **Jo. Michael** (Tübingen), Biga quaestionum: de juramento athei et religionis, Von Atheisten= und Religions=Eyden, dissertat. academ. Jena (Werther) 1715. 128 S. u. 5 Bl. Reg. (10.—) 12911

— — (Präs.), Carolus Magnus Franciae rex hujus historiam varii generis observationibus illustratam. Tübing. (Schramm) 8. 10. u. 11. IX. 1734. 92 S. (8.50) 12913
Respondenten: Jo. Adam Kurrer (Nicro-Thailfingensis), Christoph Fried. Hauff (Blochingen), Jo. Alexander Luz (Bahlingen), Friedrich Ludwig Moek (Oeschingen), Jo. Gottfried Spittler (Tuttlingen).

Hallwach, I. M., oratio de Schoenborniae gentis meritis. 4. Tub. Metzler. 728.

Hallwachs, Joh. Mich. Dissertatio rerum Ludovici II. imperatoris. 4. Tubingae 1730.

Hallwachs, Joh. Mich. Rerum Rudolphi I. imperatoris pars I. 4. Tubingae 1736.

Hallwachs, Jo. Mich., Satura positionum historicarum imperatoris Lotharii I. res et praecipuae controversiae de Joanna papissa in utramque partem momenta complexarum. Tubingae 1732. 4°. (Titel correkt?) 70 pp. (5 Mk. J. Rosenthal, c. 1903.)

— — Satura positionum historicarum imperatoris Lotharii I. res et praecipua controversiae de Joanna Papissa in utramque partem momenta complexarum. Tübing. (Schramm) 1732. 70 S. (7.50) 12912

Hallwachs, W.: Elektrometrische Untersuchungen .... Leipzig, Druck v. Metzger u. Wittig, 1886; 49 S. u. 1 Taf. 8°.
Leipzig, Phil. Fak., Hab.-Schr. v. 28. Jul. 1886.

Hallwachs, W., elektrometrische Untersuchungen. Hab.-Schr. Leipzig 1886, Gustav Fock. 8°. 49 S. mit einer Tafel.

Hallwachs W. und Safarik Adalbert: Über Verbindungen der Erdmetalle mit organischen Radikalen. S. 33. 569 . . . . —.10
Separatabdruck

Hallwachs, Wilhelm: Zu einer lichtelektrischen Arbeit des Herrn C. Schaefer. Leipzig 1905

Hallwachs, Wilhelm: Über die lichtelektrische Ermüdung. Vortrag. Braunschweig 1906

Hallwachs, Wilhelm: Über die lichtelektrische Ermüdung. Bemerkungen über die Kontaktpotentiale. Vortrag. (Dresden) 1911? (Comptes rendus du congrès international de radiologie et d'électricité, Brüssel 1910. S. 642)

Hallwachs, Wilhelm: Lichtelektrische Ermüdung und Photometrie. Leipzig 1904

Hallwachs, W: Einfaches Handstereoskop mit variabler Konvergenz. Berlin 1903

Hallwachs, Wilhelm (Hrsg.), s. Kohlrausch, Friedrich: Gesammelte Abhandlungen.

Hallwachs, Wilhelm [aus Darmstadt]: Ueber die elektromotorische Kraft, den Widerstand und den Nutzeffekt von Ladungssäulen (Accumulatoren). Berlin, gedruckt in der Reichsdruckerei, 1883. 8. 30 S.

Hallwachs, Wilhelm [app. Arzt]: Ueber die Myocarditis bei Diphtherie ... Leipzig, Druck v. A. Edelmann, Univ.-Buchdr., *1897*; 34 S., 1 Bl. 8.
Leipzig, Med. Fak., Inaug.-Diss. v. 14. Juni 1897

Hallwachs, Wilhelm: Über die Strahlung des Lichtbogens. Leipzig 1904

Hallwachs, Wilh., über den Ursprung der Hippursäure im Harn der Pflanzenfresser. Eine von der medicin. Facultät der Georgia Augusta am 13. Juni 1857 gekrönte Preisschrift. gr. 4. (46 S.) Göttingen 857, (Dieterich'sche Buchh. — Vandenhoeck und Ruprecht's Verlagsh.) Thlr. *

Hallwich, Hermann: Albrecht von Sachsen-Teschen.

Ein Bruchstück aus seinem Leben als Beitrag zur Geschichte Wallenstein's. (Aus: „Hallwich, Dr. Hermann. Gestalten aus Wallenstein's Lager". 2. Bd.)
Leipzig 1885.

Hallwich, Herm., Anfänge der Gross-Industrie in Oesterreich. [Aus: „D. Gross-Industrie Oesterreichs".] gr. 8. (74 S. m. Abb. u. 5 Bildn.) Wien 898. L. Weiss. n. 1.—

— der Reichenberger Bezirk. Heimathskunde f. Schule u. Haus. Hrsg. vom Reichenberger Lehrerverein. Mit e. lith. Karte (in 4.) 8. (IV, 83 S.) Reichenberg 873. Schoepfer. n. — 80

Hallwich, Herm., Böhmen, die Heimat Walthers v. der Vogelweide? [Aus: „Mitteilgn. des Vereins f. Geschichte der Deutschen in Böhmen".] gr. 8. (48 S.) Prag 893. (H. Dominicus.) n. 1. 20

Hallwich, Herm., Wallenstein's Ende. Ungedruckte Briefe u. Acten. 2 Bde. Lex.-8. (LVII, 634 u. CLXXXIII, 565 S.) Leipzig 879. Duncker & Humblot. n. 32.—

Hallwich, Herm., Friedland vor 500 Jahren. (72 S.) gr. 8. Prag 905. (J. G. Calve.) n. — 90
Sonderabdruck aus: „Mittlgn. des Vereins f. Gesch. d. Deutschen in Böhmen".

Hallwich, Herm., 5 Bücher Geschichte Wallensteins. 3 Bde. (VIII, 694; III, 585 u. XXXII, 487 S.) gr. 8. Leipzig 910. Duncker & Humblot. 40.—; geb. 50.—

Hallwich, Herm., Geschichte der Bergstadt Graupen in Böhmen. Mit 3 Beilagen, darunter 29 bisher ungedr. Urkunden (Stadtprivilegien, Zunft- u. Bergwerksordnungen rc.). Prag 868. Credner Lex.-8. (XV, 381 S.) n. 2 ⅔ 20 ngr.

Hallwich, Herm., zur Geschichte d. Teplitzer Thales. Ein Vortrag geh. in der 4. Wanderversammlung d. Vereins f. Geschichte der Deutschen in Böhmen zu Teplitz, am 28.

Septbr. 1871. gr. 8. (14 S.) Prag 871. (Dominicus.) n. — 40

Merode. — **Hallwich,** Dr. Hermann. Gestalten aus Wallenstein's Lager. Biographische Beiträge zur Geschichte des dreissigjährigen Krieges. 1. Bd. Johann ..... Mit einem urkundlichen Anhang. die Schlacht bei Hessisch-Oldendorf betreffend. 2. Bd. Johann Aldringen. Ein Bruchstück aus seinem Leben als Beitrag zur Geschichte Wallenstein's.
8. Leipzig 1885.

Hallwich, Herm., Gestalten aus Wallenstein's Lager. Biographische Beiträge zur Geschichte des 30jähr. Krieges. I. und II. gr. 8. Leipzig 885, Duncker und Humblot. à *M 3.—. *
Inhalt:
I. Johann Merode. Mit einem urkundl. Anhang, die Schlacht bei Hessisch-Oldendorf betreffend. (VII, 127 S.)
II. Johann Aldringen. Ein Bruchstück aus seinem Leben als Beitrag zur Geschichte Wallenstein's. (165 S.)

Hallwich, Dr. Hermann. Kaiser Joseph II. und Josephstadt.
kl. 8. Reichenberg 1882.

— Firma Franz Leitenberger, s.: Beiträge zur Geschichte der deutschen Industrie in Böhmen.

— s.: Mariaschein u. Umgebung.

—— Reichenberg vor dreihundert Jahren. gr. 8. (30 S.) Reichenberg 868, Jannasch.

—— Reichenberg und Umgebung. Eine Ortsgeschichte mit specieller Rücksicht auf gewerbl. Entwicklung. 2 Halbbde. gr. 8. Reichenberg, Jannasch. [1. Halbbd. (S. 1—256.) 872. *M 4.; 2. Halbbd. (VIII, S. 257—548 und Beilagen 112 S.) 874. *M 5,60.]

Hallwich, Herm., Heinrich Matthias Thurn als Zeuge im Proceß Wallenstein. Ein Denkblatt zur dritten Säcularfeier Wallenstein's. gr. 8. (XXXIV, 35 S.) Leipzig 883, Duncker und Humblot. +

— Töplitz. Eine deutschböhm. Stadtgeschichte. Mit 24 Illustr. gr. 8. (XIII, 471 S.) Ebend. 886. n. 8. —; geb. n. 9. 50

Hallwich, die Herrschaft Türmitz. Eine Denkschrift. (1. Abschnitt.) Lex.-8. (VI und 43 S.) Prag 863, Dominicus.

Hallwich, die Herrschaft Türmitz. Eine Denkschrift. (2. Abschnitt.) Lex.-8. (VII und 88 S. mit 1 Tab. in qu. Fol.) Prag 865, Dominicus. * -

Hallwich, Dr. H. Über Wallensteins Verrat. Prag 1879. 16 S.

—— Gindely's „Waldstein". Eine krit. Studie. gr. 8. (48 S.) Prag 887, Dominicus. *
Aus: Mittheilungen des Vereines für Geschichte der Deutschen in Böhmen, besonders abgedruckt.

Hallwich, Dr. Wallenstein und Arnim im Frühjahre 1632. (Separat-Abdruck aus den „Mittheilungen des Vereines für Geschichte der Deutschen in Böhmen". 17. Jahrgang, 2. Heft, 1878—1879.) 8. Prag 1879.

Hallwich, Herm., Wallenstein und Waldstein. Ein offener Brief an Dr. Gindely. gr. 8. (68 S.) Leipzig 887, Duncker und Humblot. * 1 —
Vgl.: Gindely, Ant., zur Beurtheilung des kaiserl. Generals im 30jähr. Kriege Albrechts von Waldstein.

Hallwich, Dr., [illegible] von [illegible]. Ein Beitrag zur Geschichte der [illegible] Bewegung. (Sep.-Abdr. aus den „Mittheilungen des Vereines für Geschichte der Deutschen in Böhmen".) gr. 8. (21 S.) Prag, Dominicus in Comm. 862. 24 kr.

Hallwilersee [Schlagwort]

Hallwilersee, s.: Geologische Karten. Spezialkarten (Schweiz).

Hallwyl, Hans von

Hallwyl, H. v., von fünf Seiten. Betrachtungen e. Laien über das Christenthum. 8. (IV, 151 S.) Basel 887. [Detloff.] R. Reich. n. 1. 60

Hallwyl, Hans von. De saxorum et imprimis Montis Albi iugorum structura. Diss. Phil. [Berolin.]... defendet auctor Joannes ab H'.... [Cum figuris.] 8. Berolini (1858).

(H[allwyl, Hans von].) Tagebuch eines jungen Berners während einer Reise nach Turin, Genua und Mailand im Herbst 1852. 8. Bern 1853.

Hallwyl, Hans v., aus jungen u. alten Tagen. Gedichte. (IX, 285 S.) kl. 8. Konstanz (906). E. Ackermann. n. 3. —

Hallwyl, Hans v., über das Wesen u. die Wirkung der Progressivsteuer. Aarau 869. Sauerländers Verl gr. 8. (23 S.) 3 ngr.

Hally, Arthur, Rechtsanwalt in Dresden: Die Rechtsstellung des Erstehers bei Vermietung oder Verpachtung des Versteigerungsgrundstücks. Borna-Leipzig 1904: R. Noske. (106 S.) 8°
Tübingen, Jur. Fak., Ref. Geib, Diss. v. 30. Juli 1904
[Geb. 18. Aug. 73 Dresden; Wohnort: Dresden; Staatsangeh.: Sachsen; Vorbildung: Gymn. z. heil. Kreuz Dresden Reife O. 93; Studium: Freiburg i. B. 1, Berlin 1, Leipzig 5 S.; Coll. 4. Aug. 04.]

Halm, A., s.: Jahrbuch, Wickersdorfer.

Katalog über die Musik-Codices des 16. und 17. Jahrhunderts auf der Königl. Landes-Bibliothek in Stuttgart. Angefertigt von A. Halm. *Langensalza (1902[-03]): H. Beyer & Söhne.* (58 S.) 8°
— Monatshefte f. Musikgeschichte., 1902 u. 1903. Beil.

Halm von: Dreyfaches Register über das Magazin für Ärzte und die zehen Bände des Neuen Magazins v. Baldinger. 93 S., gbd.

Leipzig: Jacobäer 1790
(Magazin vor Arzte, Reg.)

JB 6.007/Reg.

Halm, Alfred

Halm, Alfr., Beiträge zur Lehre von der Fettembolie. gr. 8. (45 S. mit 4 Lichtdr.-Taf.) München 876. Rieger. n. 2. —

Halm, Alfr., Faust fin de siècle. Eine Um- u. Undichtg. 8. (20 S.) Berlin (900). H. Steinitz. n. 1. —

Halm, Anna, neues, praktisches Kochbuch für die gewöhnliche und feinere Küche oder bewährte und vollständ. Anweisung zur schmackhaften Bereitung der verschiedenartigsten Speisen, Backwerke, Getränke &c. Neue Aufl. 8. (XXII, 290 S.) Reutlingen 877, Enßlin und Laiblin's Verlagsh. cart. 1 50; geb. 1 80

Halm, Anna, neues, praktisches Kochbuch f. die gewöhnliche u. feinere Küche, oder bewährte u. vollständige Anweisung zur schmackhaften Bereitung der verschiedenartigsten Speisen, Backwerke, Getränke &c. 2. Ster.-Aufl. 8. (320 S.) Reutlingen 881. Enßlin & Laiblin. cart. 1. 50; geb. 1. 80

Halm, August

Halm, A., Harmonielehre, s. a. Sammlung Göschen.

Harmonielehre von A. Halm. *Leipzig: G. J. Göschen 1900.* (128, XXXI S.) 16°
(Sammlung Göschen 120.)

Harmonielehre von A[ugust] Halm. Neudr. Leipzig: Göschen 1905. 125, XXXI S. 8°
(Sammlung Göschen. 120.) [II. 14384 II

Halm, Auguste, das goldene Buch f. das Haus- u. Dienstmädchen. 12. (75 S.) Berlin 895. A. Frantz. n. 1. —

Halm, Auguste, das goldene Buch f. d. Haus- u. Dienstmädchen. 2. u. 3. Aufl. 8. (80 S.) Berlin 895. A. Frantz. à n. 1. —

Halm, C. M.: „Zuverlässiger Rathgeber bei verschiedenen politischen und Finanzrechnungen, oder: leichtfassliche Anweisung, wie eine Reihe der im Geschäftsleben, wie in der Staatswirthschaft vorkommenden zusammengesetzten Rechnungsfragen ohne Algebra, ohne Hilfe der Logarithmen und bloss vermittelst der einfachen vier Rechnungsarten leicht, schnell und äusserst genau aufzulösen sei", 2. Ausgabe, Breslau 1857. — Vorhanden: Preuß. Staatsbibliothek Berlin.

Halm, E. J., Taschenbuch für Pferdebesitzer jedes Standes. In 3 Abthlgn. 8. Münster 859, Brunn'sche Buchdruckerei. *
Inhalt:
Abthl. 1. Die Künste und Kniffe betrügerischer Pferdeverkäufer, nebst Anweisung sich vor Prellereien beim Pferdehandel nach angegebenen Grundsätzen und durch Anwendung der einschlagenden (preußisch-landrechtl. und französ.) Gewährsgesetze zu schützen. (VIII und 84 S.) Einzeln * 7½ Ngr.
" 2. Die Fütterung und Pflege der Pferde im Stalle und beim Gebrauche für Pferdebesitzer und Wärter. (36 S.) Einzeln * 3 Ngr.
" 3. Die Pflege und Instandhaltung der Hufe vor und nach dem Beschlage und durch denselben, für Pferdebesitzer und Wärter. (IV und 63 S. mit 6 in den Text gedr. Holzschn.) Einzeln * 6 Ngr.

Halm, Elise, Agnes oder die Verbannten. Neu-Ruppin 867. Leipzig, Oehmigke's Verlag. br. 8. (86 S. mit 1 lith. Titelbilde in Tondr.) cart. 15 ngr.

—— in Liebe dienen. Ein Lebensbild. br. 8. (III und 132 S. mit 1 lithogr. Titelbilde in Tondr.) Neu-Ruppin 867, Oehmigke. cart.

Halm, Elise, Memoiren eines sechszehnjährigen Mädchens. Berlin 863. J. Springer. 8. (232 S.) 27 ngr.; mit 1 (lith.) Titelbild 1 ℛ

Halm, Elise, Memoiren e. 16jährigen Mädchens. 2. Aufl. 8. (230 S.) Leipzig 878. Oehmigke. n. 2. —; geb. n. 3. —

HALM, ELISE. *Memoiren eines sechzehnjährigen Mädchens.* Neu-Ruppin, Oehmigke [ca. 1880]. Titel, 232 S. und ein lithogr. Frontispiz. Kl.-8°. Farbig illustr. Or.Pappband. 8.—
Pensionatsgeschichte. — Etw. fleckig. Einbdrücken teilw. geplatzt.

— Rosen und Dornen aus einem Mädchenleben. Ebend. 863. 8. (2 Bl., 201 S.) 24 ngr.; mit 1 Titelkpfr. 27 ngr.

Halm, Elise, Rosen und Dornen aus einem Mädchenleben. 2. Aufl. 8. (236 S.) Leipzig 885, Oehmigke's Verlag. geb. * 4 —

Halm, Erhard, der Juwelenschatz od.: Der Strandherr v. Dagöe, s.a. Indianer- u. Volksbibliothek. Nr. 343.

Der Juwelenschatz oder: Der Strandherr von Dagöe. Eine Erzählung f. d. Jugend von Erhard Halm. *Berlin: A. Weichert [1899].* (29 S.) 8° [Fr.]
= Indianer- u. Volksbibliothek. 343. [illegible]

Halm, Felix, Lesebuch f. Junggesellen. Zwölf Lesestücke, gesammelt u. hrsg. 1.—5. Aufl. 12. (180 S.) Leipzig 887. Steffens. n. 1. 50

Halm, Fr., Statistik des Regierungsbezirkes Cöln. Im Auftrage der königl. Regierung zusammengestellt. gr. 8. (VI und 259 S.) Cöln 865, J. und W. Boisserée. *

Halm, Friedrich

—— s.a. Münch-Bellinghausen, Eligius Frhr. v.

Halm, Frdr., der Adept, s.a. National-Bibliothek, deutsch-österreichische.

† Halm, Friedr., (v. Münch-Bellinghausen,) der Adept. Trauersp. in 5 Aufz. 8. (8¾ B.) Wien 838, [Gerold's Vrlgh.]

† Halm, Friedr. (v. Münch-Bellinghausen), der Adept. Trauersp. in 5 Aufz. 2. Aufl. 8. (8¾ B.) Wien 843, Gerold, Verl.

— Das Auge Gottes, s.a. National-Bibliothek, allgemeine.

(F) Halm, F., Das Auge Gottes. [Allgem. Nationalbibliothek. Nr. 392 - 393.] 8°. (111 S.) K —.40
Wien: Th. Daberkow's Verlag 1907.

Halm, Frdr. (Elig. Frz. Jos. Frhr. v. Münch-Bellinghausen), Begum Somru, s.: Universal-Bibliothek.

Halm, Frdr. (Eligius Frz. Frhr. v. Münch-Bellinghausen), Camoens, s.a. Bibliothek der Gesamtlitteratur.

† Halm, Friedr. [E. F. J. Frhr. v. Münch-Bellinghausen], Camoens, s.a. National-Bibliothek, deutsch-österreichische.

— dasselbe, s.a. Universal-Bibliothek.

† Halm, Friedr., (v. Münch-Bellinghausen,) Camoens. Dramat. Gedicht in 1 Aufz. 8. (2¾ B.) Wien 838, [Gerold's Vrlgh.] Thlr.

—— Camoens. Dramat. Gedicht in 1 Aufz. 2. Aufl. 8. (2¾ B.) Wien 843, Gerold, Verl.

— der Fechter v. Ravenna, s.a. Meyer's Volksbücher.

—— dass. — s.a. National-Bibliothek, deutsch-österreichische.

– dass., s.a. Universal-Bibliothek.

Halm, Friedr., (Eligius Frhr. v. Münch-Bellinghausen,) der Fechter von Ravenna. Trauerspiel in 5 Akten. 8. (154 S.) Wien 857, Gerold's Sohn. *

Halm's, Friedr., (Elegius Frhr. von Münch-Bellinghausen), der Fechter von Ravenna. Trauerspiel in 5 Akten. 2. Aufl. Wien 866. Gerold's Sohn. 16. (150 S.) n. 1 ℛ 2 ngr. geb. mit Goldschn. u. 1 ℛ 14 ngr.

—— der Fechter von Ravenna. Trauerspiel in 5 Akten. 2. Aufl. 16. (150 S.) Wien 874, Gerold's Sohn. geb.

† Halm, Friedr. [Eligius Frz. Jos. Frhr. v. Münch-Bellinghausen], der Fechter von Ravenna. Trauerspiel in 5 Acten. 3. Aufl. 16. 149 S.) Wien 877, Gerold's Sohn. *M. 3,20.; geb. * 4 80

— der Fechter von Ravenna. Trauerspiel in 5 Acten. 4. Aufl. 16. (150 S.) Wien 888. C. Gerold's Sohn. n. 1. 20; geb. n. 2. —

Halm, Frdr., der Fechter v. Ravenna. Trauerspiel in 5 Acten. 5. Aufl. gr. 16. (149 S.) Wien 892. C. Gerold's Sohn. n. 1. 20

— d. Fechter v. Ravenna. Trauersp. in 5 Acten. 6. Aufl. 12. (149 S.) Wien 894. C. Gerold's Sohn. 1. 20; geb. in Leinw. 2. —

— der Fechter v. Ravenna. Trauerspiel in 5 Akten. 7. Aufl. (149 S.) kl. 8. Wien 905. C. Gerold's Sohn. n. — 80

— Der Fechter v. Ravenna. Trauerspiel in 5 Aufzügen. Für Schule u. Haus hrsg. v. Rud. Schwenk. (103 S.) kl. 8. Münster 908. Aschendorff. Geb. — 85

— die Freundinnen, s.a. National-Bibliothek, allgemeine.

(F) Halm, F., Die Freundinnen. [Allg. Nationalbibliothek. Nr. 388.] 8°. (86 S.) K —.20
Wien: Daberkow 1906.

† Halm, Friedr. (v. Münch-Bellinghausen), Gedichte. 8. (VIII und 316 S.) Stuttgart 850, Cotta'sche Buchh.

—— Gedichte. Verm. und verb. Ausg. (2. Aufl.) 8. (VIII und 383 S.) Wien 857, Gerold's Sohn. *

— Gedichte. 3. Aufl. 8. (VIII, 383 S.) Ebendas. 876. * 5 60
geb. * 7 60

— Gedichte. 3. Aufl. 8. (VIII, 383 S.) Ebend. 877. n. 5. 60

— ausgewählte Gedichte, s.a. Hesse's, Max, Volksbücherei.

— ausgew. Gedichte, s.a. National-Bibliothek, allgem.

— ausgewählte Gedichte, s. a. National-Bibliothek, deutsch-österreichische.

Halm, Friedr., ausgewählte Gedichte. 16. (VI und 352 S.) Wien 865, Gerold's Sohn. geb. mit Goldschn. *

—— ausgewählte Gedichte. 2. Aufl. 16. (VI, 352 S.) Wien 886, Gerold's Sohn. geb. mit Goldschn. * 5 —

—— Griselda. A Drama in 5 acts, transl. from the German by Ralph A. Anstruther. gr. 8. (9¾ B.) London, Dresden and Leipzig 840, Arnold.

– Griseldis, s.a. Bibliothek der Gesamtlitteratur.

— Griseldis, s.a. Meisterwerke, die, der deutschen Bühne. Nr. 16.

—— Griseldis, s.a. National-Bibliothek, deutsch-österreichische.

— dasselbe, s.a. Universal-Bibliothek.

— Griseldis. Dramat. Gedicht in 5 Akten. 8. Wien 837. Gerold. 1 ₰ — 2e Aufl. 8. Ebd. 837. 1 ₰

—— Griseldis. Dramat. Gedicht in 5 Akten. 1—3. Aufl. 8. (à 8¾ B.) Wien 837—41, [Gerold's Brlsh.] à

— Griseldis. Dramat. Gedicht in fünf Akten. 3. Aufl. 8. Ebend. 841. 1 ₰ — 4. Aufl. Ebend. 845. 1 ₰

— Griseldis, poème dram. en 5 actes trad. de l'allemand par M. Millenet. 8. 841. (Gotha, Becker.) 1⅓ ₰

—— Griseldis. Dramat. Gedicht in 5 Akten. 4. Aufl. gr. 8. (8¾ B.) Wien 845, Gerold, Verl.

—— Griseldis. Dramatisches Gedicht in 5 Akten. 5. Aufl. 16. (VIII und 143 S.) Wien 853, Gerold's Sohn. *

—— Griseldis. Dramatisches Gedicht in 5 Akten. 6. Aufl. 16. (VIII und 143 S.), Wien 861, Gerold's Sohn. geb. *

—— Griseldis. Dramatisches Gedicht in 5 Acten. 8. Aufl. 16. (154 S.) Wien 869, Gerold's Sohn. geb. mit Goldschn.

—— Griseldis. Dramatisches Gedicht in 5 Acten. 9. Aufl. 16. (154 S.) Ebendas. 879. * ℳ 3,20.; geb. * 4 80

— Griseldis. Dramatisches Gedicht in 5 Acten. 10. Aufl. gr. 16. (154 S.) Ebd. 892. n. 1. 20

— Griseldis. Dramat. Gedicht in 5 Acten. 11. Aufl. gr. 16. (154 S.) Wien 896. C. Gerold's Sohn. 1. 20; geb. in Leinw. 2. -

Griseldis. Dramat. Gedicht in 5 Akten von Friedrich Halm (d. i. Eligius Frh. v. Münch-Bellinghausen). Mit d. Bilde d. Verf. u. e. Vorbemerkung von H. Marshall. *Halle a. d. S.: O. Hendel (1902).* (75 S.) 8° [J] (Bibliothek d. Gesamtlitteratur d. In- u. Auslandes. No 1622.) [o. 344]

— das Haus an der Veronabrücke, s.a. National-Bibliothek, allg.

(F) Halm, F., Das Haus an der Veronabrücke. [Allg. Nationalbibliothek. Nr. 389--391.] 8°. (128 S.) à K --.20 Wien: Daberkow 1906.

— Vor hundert Jahren. Festspiel zur Säcularfeier des Geburtsfestes Schiller's. 1. u. 2. Aufl. Ebend. 859. 8. (31 S.) n. 8 ngr

—— Iphigenie in Delphi. Schauspiel in 5 Acten. 16. (III und 110 S.) Wien 864, Gerold's Sohn. geb. mit Goldschn. *

Halm, Fr., (v. Münch-Bellinghausen), Charfreitag. Erzählendes Gedicht. Wien 864. Gerold. 16. (97 S.) n. 1 ₰ 10 ngr

– König u. Bauer, s.a. Bibliothek der Gesamtlitteratur.

– dass., s.a. Universal-Bibliothek.

—— König u. Bauer. Lustsp. in 3 Aufz. Nach d. Span. des Lope de Vega Carpio frei bearb. 8. (9¼ B.) Wien 842, Gerold, Verl.

Halm, Friedr. Eine Königin. Dramat. Ged. in 4 Akten und 1 Nachspiel. *Wien* 1857. Druck u. Verl. v. *C. Gerold's S.* 3 Bl. u. 168 S. 8°. 1 Thlr.

— Imelda Lambertazzi. Trauerspiel in fünf Aufzügen. 8. Wien 842, Gerold. 1 ₰

— Die Marquise v. Quercy, s.a. National-Bibliothek, allgem.

(F) Halm, F., Die Marquise von Quercy. [Allgem. Nationalbibliothek. Nr. 394—395.] 8°. (74 S.) K —.40 Wien: Th. Daberkow's Verlag 1907.

Halm, F., die Marzipan-Lise, s. a. Bibliothek, Gabelsberger stenographische.

— Die Marzipanliese, s.a. Bücher, bunte.

— die Marzipan-Lise, s.a. Bücherei, deutsche.

— die Marzipan-Lise, s.a. Familien-Bücherschatz.

— d. Marzipan-Liese, s.a. Goldammer, Leo, e. Hochzeit.

— dasselbe, s.a. National-Bibliothek, allgemeine.

— dasselbe. Die Freundinnen, s.a. Universal-Bibliothek.

— dasselbe, s.a. Volksbücher der deutschen Dichter-Gedächtnis-Stiftg

— die Marzipan-Lise, s.a. Zschokke, Heinr., das Rätsel v. Herbesheim.

(F) Halm, F., Die Marzipan-Liese. [Allg. Nationalbibliothek. Nr. 387.] 8°. (56 S.) Wien: Daberkow 1906. K —.20

— ausgew. Novellen, s.: Hesse's, Max, Volksbücherei.

—— Sampiero. Trauerspiel in 5 Akten. 8. (168 S.) Wien 857, Gerold's Sohn. *

– Der Sohn der Wildnis, s.a. Bibliothek der Gesamtlitteratur.

— der Sohn der Wildnis, hrsg. v. Ant. Schlossar, s.a. Meisterwerke. die, der deutschen Bühne. Nr. 39.

— dasselbe, s.a. Meyer's Volksbücher.

— dasselbe, s.a. National-Bibliothek, deutsch-österreichische.

— dasselbe, s.a. Universal-Bibliothek.

—— der Sohn der Wildniß. Dramat. Gedicht in 5 Akten. 1—4. Aufl. gr. 8. (à 10¼ B.) Wien 843—45, Gerold, Verl. à

Halm's, Friedr., der Sohn der Wildniß. Dramatisches Gedicht. 5. Aufl. Wien 866. Gerold's Sohn. 16. (172 S.) n. 1 ₰ 6 ngr; geb. mit Goldschn. n. 1 ₰ 18 ngr.

—— der Sohn der Wildniß. Dramatisches Gedicht. 16. (178 S.) Ebendas. 877. * ℳ 3,60.; geb. * 5 20

— der Sohn der Wildniß. Dramatisches Gedicht. 7. Aufl. gr. 16. (178 S.) Wien 886. Gerold's Sohn. n. 2. —

— der Sohn der Wildniß. Dramatisches Gedicht. 8. u. 9. Aufl. gr. 16. (178 S.) Wien 892. 894. C. Gerold's Sohn. 1. 20; geb. in Leinw. 2. —

— d. Sohn d. Wildnis. Dramat. Gedicht. 10. Aufl. 12. (178 S.) Wien 896. C. Gerold's Sohn. 1. 20; geb. in Leinw. 2. —

— Der Sohn der Wildnis. Dramat. Gedicht in 5 Akten. Für Schule u. Haus hrsg. v. Rud. Schwenk. (112 S.) kl. 8. Münster 908. Aschendorff. Geb. — 90

—— Szermierz z Rawenny; tragedya w 5 aktach. Na miarowy wiersz polski dosłownie tłomaczona, przez F. A. S. (XI und 175 S.) Leipzig 856, Librairie étrangère.

—— ein mildes Urtheil. Trauerspiel in 5 Aufzügen. 8. (V und 151 S.) Wien 857, Gerold's Sohn. *

—— Verbot und Befehl. Lustspiel in 5 Akten. 8. (180 S.) Wien 857, Gerold's Sohn. *

† Halm's, Friedr., (Eligius v. Münch-Bellinghausen,) Werke. 6 Bände. 8. Wien 856, Gerold's Sohn. *

Inhalt:

Bd. 1. Gedichte. Verm. und verb. Ausg. (VIII und 383 S.)
" 2—6. Dramatische Werke. [Griseldis. Der Adept. Camoens. (350 S.) — Imelda Lambertazzi. König Wamba. Ein mildes Urtheil. (359 S.) — Die Pflegetochter. König und Bauer. Der Sohn der Wildniß. (374 S.) — Sampiero. Eine Königin. (341 S.) — Verbot und Befehl. Der Fechter von Ravenna. (334 S.)]

Halm's, Friedr., (Eligius Frhr. v. Münch-Bellinghausen), Werke. 7. und 8. Bd. 8. Wien 864, Gerold's Sohn. *

Inhalt:

Bd. 7. Neue Gedichte. (IV und 331 S.)
" 8. Dramatische Werke. 6. Bd. (VIII und 291 S.)
1.—6. Bd. Ebendas. * 9 Thlr. — Preis der 8 Bde. geb. * 16 Thlr. 6 Ngr.

† Halm's, Friedrich, [Eligius Frhr. v. Münch-Bellinghausen], Werke. 9.—12. Bd. Hrsg. von Faust Pachler und Emil Kuh. 8. Wien 872, Gerold's Sohn. à Bd. * ℳ 4,80. *

Inhalt:

Bd. 9. Neueste Gedichte. Nachlaß. (XXVIII, 280 S.) Einzeln * ℳ 5,20.
" 10. Dramatische Werke. 7. Bd. Nachlaß. (VIII, 294 S.)

† Halm's, Friedrich, [Eligius Frhr. v. Münch-Bellinghausen], Werke 2c.

Bd. 11. 12. Erzählungen. Nachlaß. 2 Bde. (XIX, 287; XIII, 263 S.) Einzeln * ℳ 10,40.
1.—8. Bd. Ebendas. 1856—64. * ℳ 36,60.

Friedrich Halms (d. i. Eligius Frh. v. Münch-Bellinghausen) Werke. Auswahl in 4 T. Hrsg., m. Einl. u. Anm. vers. von Rudolf Fürst. Berlin, Leipzig, Wien, Stuttgart: Bong [1910]. 8°

1. Gedichte. Dramen 1. Mit e. Lebensbild vers. 2. 3. Dramen. 2. 3. 4. Erzählungen.

(Goldene Klassiker-Bibliothek.) [11. 4394

Halm, Frdr. (Eligius Frz. Jos. Frhr. v. Münch-Bellinghausen), ausgewählte Werke, s.a. Klassiker-Bibliothek, deutsch-österreich.

Halm's, Frdr. (Eligius Frz. Jos. Frhr. v. Münch-Bellinghausen), ausgewählte Werke in 4 Bdn. Hrsg. u. m. Einleitgn. versehen v. Ant. Schlossar. Mit 8 Bildnissen, e. Briefe u. e. Gedichte als Handschriftenproben. (93, 96, 217, 286 u. 160 S.) kl. 8. Leipzig (904). M. Hesse. n. 1. 50; in 1 Leinw.-Bd. n. 2. —; auf besserem Pap. in 1 Halbfrz.-Bd. n. 3. —; Luxusausg. in 1 Liebh.-Halbfrz.-Bd. n. 4. —

(F) Halm, Friedrich, Ausgewählte Werke. II. Bd. Griseldis, der Sohn der Wildnis. [Deutsch-österreichische Klassikerbibliothek. 12. Bd.] 8°. (198 S.) Teschen: Prochaska 1909. geb. K 1.—

— Wildfeuer, s.a. Bibliothek der Gesamtlitteratur.

— dasselbe, s.a. National-Bibliothek, allgem.

— dasselbe, s.a. Universal-Bibliothek.

—— Wildfeuer. Dramatisches Gedicht in 5 Acten. 1. Aufl. 1864. und 2. Aufl. gr. 16. (149 S.) Wien 867, Gerold's Sohn. * 1 Thlr.; geb. mit Goldschn. *

—— Wildfeuer. Dramatisches Gedicht in 5 Acten. 3. Aufl. gr. 16. (149 S.) Wien 870, Gerold's Sohn. geb. mit Goldschn. *

—— Wildfeuer. Dramatisches Gedicht in 5 Acten. 4. Aufl. 16. (151 S.) Ebendas. 877. * ℳ 3,20.; geb. * 4 80

— Wildfeuer. Dramatisches Gedicht in 5 Acten. 5. Aufl. 16. (151 S.) Wien 888. Gerold's Sohn. n. 1. 20; geb. n. 2. —

— Wildfeuer. Dramatisches Gedicht in 5 Acten. 6. Aufl. gr. 16. (151 S.) Wien 894. C. Gerold's Sohn. 1. 20; geb. in Leinw. 2. —

— Wildfeuer. Dramat. Gedicht in 5 Acten. 7. Aufl. gr. 16. (151 S.) Wien 896. C. Gerold's Sohn. 1. 20; geb. in Leinw. 2. —

Wildfeuer. Dramat. Gedicht in 5 Akten von Friedrich Halm (d. i. Eligius v. Münch-Bellinghausen). Mit d. Bilde d. Dichters u. e. Vorbemerkung von H. Marshall. *Halle a. d. S.: O. Hendel (1902).* (72 S.) 8° [G.]
(Bibliothek d. Gesamtlitteratur d. In- u. Auslandes. No 1582.) [03. 334

Halm, H., Entwurf zu liturgischen Gottesdiensten. (Mit Noten.) 1. und 2. Aufl. gr. 16. (31 S.) Schw.-Hall 883,84, German. *

— Skizzen aus dem Frankenland. Nach Vorträgen im fränk. histor. Verein. 8. (VI, 114 S.) Ebend. 884. n. 1. 80

Halm, H., „vom Unterland!“ Mundart, Sitten u. Gebräuche. 2. (Titel=)Ausg. der „Skizzen aus dem Frankenland“. 12. (VI, 114 S.) Schwäb.=Hall 892. W. German. n. — 75

Halm Hans: Zur volkstümlichen Literatur des 17. Jahrhunderts: Mathias Abele. Diss. Innsbruck, Univ.
D: Forschungen zur neueren Literaturgeschichte, Weimar, 1910.
1910 PN 3086 385

Halm, Hedwig. Zur Erinnerung. s. In treuem Gedenken.

Jubiläum. Zum 25 jährigen, der Österreichischen Gesellschaft vom Rothen Kreuze. (Aus: „Das Rothe Kreuz“ Organ der Österreichischen Gesellschaft vom Rothen Kreuz. XX. Jahrg. Nr. 9. Wien, 2. Dezember 1904.) Auf Grund der Generalberichte und stenographischen Protokolle von 1880 - 1904 und sonst nur nach offiziellen Daten zusammengestellt vom Bundessekretär Major Hugo Halm, Redakteur des Organs der Österreichischen Gesellschaft vom Rothen Kreuze 4 Wien 1904.

Versuch einer theoretischen Darstellung des täglichen Ganges der Lufttemperatur. Von Dr. J. **Halm** in Strassburg ... *Halle: In Comm. b. W. Engelmann in Leipzig; Buchdr. d. Dr. Güntzschen Stiftg in Dresden 1895.* (153 S.) 4.
= **Acta**, Nova, **Academiae** Caes. Leopoldino-Carolinae Germ. naturae curiosorum. T. 67. No 2. (97. 2307)

Halm, Jacobus [Bingensis]: Theses. Kiliae, ex offic. Schmidt & Klaunig, 1890; 2 Bl. 4°
Kiel, Phil. Fak. Thes. v. 7. März 1890
(Nicht für den Austausch)

Halm, *Karl Ernst* Jacob [aus Bingen a/Rh.] Über zwei homogene lineare Differentialgleichungen m. nter Ordnung mit m + n + 1 resp. n endlichen singulären Punkten ... Strassburg, Strassb. Druckerei u. Verlagsanst., 1890; 57 S. 8° (vgl. 1889/90 Kiel No. 64)
Kiel, Phil. Fak., Inaug. Diss. v. 17. März 1890

Halm, Karl (Felix)

Halm, Carol. (Felix), Analecta Tulliana. Fasc. I. cont. lectiones uarias ad libros rhetoricos qui ad Herennium inscripti sunt ex codd. collectas cum brevi adnotatione critica. 4maj. (X und 58 S.) Monachii 852, libr. Lindauer. *

— Analecta Tulliana. Fasc. II. contin. lectiones varias ad librum primum de inventione ex IV codicibus excriptas ed. A. Linsmayer. 1853. VIII. 27 S. 1.50

Halm, K. F., Anleitung zu griech. Stylübungen, in Regeln u. Beispielen. 1. od. propädeut. Thl. 1. Curs. — A. u. d. T.: Elementarbuch d. griech. Etymologie, in Beispielen zum Uebersetzen aus d. Deutschen in's Griechische. 1. Curs. Das Nomen u. d. regelmäß. Verbum auf ω. 1. Aufl. (10 B.) 832., 2. A. (12 B.) gr. 8. München 835, Lindauer. à

—— dass. 1. Thl. 2. Curs. — A. u. d. T.: Elementarbuch ꝛc. 2. Curs. Die anomalen Verba u. Lehre v. den Präpositionen. gr. 8. (10 B.) Ebds. 832.

—— dass. 2. od. syntakt. Thl. 1. Curs. — A. u. d. T.: Elementarbuch d. griech. Syntax, in Regeln u. Uebungsaufgaben. 1. Curs.: Die Lehre v. d. Syntax d. Nomens. gr. 8. (13 B.) München 833, Lindauer.

Halm, Carl (Felix), Anleitung zum Uebersetzen aus dem Deutschen ins Griechische. Des 1. oder etymolog. Theils 1. Cursus. 4., umgearb. Aufl. A. u. d. T.: Elementarbuch der griech. Etymologie. 1. Curs. Das Nomen und regelmäß. Verbum auf ω. 4. Aufl. gr. 8. (176 S.) München 847, Lindauer'sche Buchh.

—— dass. — 2., oder syntaktischer Thl. 1. Cursus. 3., verb. Aufl. A. u. d. T.: Elementarbuch der griech. Syntax, in Beispielen zum Uebersetzen aus dem Deutschen in's Griechische. 1. Curs. Die Lehre von der Syntax des Nomens. 3., verb. Aufl. gr. 8. (X und 195 S.) Ebds. 849.

—— dass. — 2., oder syntakt. Thl. 2. Cursus: Die Lehre von der Syntax des Verbi. 2., verb. Aufl. gr. 8. (VIII und 170 S.) Ebds. 849.

—— Anleitung zum Uebersetzen aus dem Deutschen ins Griechische. 1. oder etymolog. Thl. 2. Cursus. 5., verb. Aufl. A. u. d. T.: Elementarbuch der griechischen Etymologie in Beispielen zum Uebersetzen aus dem Deutschen in's Griechische. 2. Cursus. Die anomalen Verba und die Lehre von den Präpositionen. 5., verb. Aufl. gr. 8. (V und 151 S.) München 856, Lindauer'sche Buchh.

—— dass. — Des 2. oder syntakt. Thls. 2. Cursus. 3., durchgängig verb. Aufl. A. u. d. T.: Elementarbuch der griechischen Syntax, in Beispielen zum Uebersetzen aus dem Deutschen ins in's Griechische. 2. Cursus: Die Lehre von der Syntax des Verbums. 3., durchgäng. verb. Aufl. gr. 8. (V und 162 S.) München 856, Lindauer'sche Buchh. Thlr.

— — Des 2. oder syntaktischen Theils 1. u. 2. Cursus. A. u. d. T.: Elementarbuch der griechischen Syntax, in Beispielen zum Uebersetzen aus dem Deutschen in's Griechische. 1. u. 2. Cursus. München, Lindauer. 8. 1 ₰ 2 ngr
1. Cursus: Die Lehre von der Syntax des Nomens. 4. durchges. Aufl. 858. (VI, 174 S.) 16 ngr
2. Cursus: Die Lehre von der Syntax des Verbums. 3. verb. Aufl. 857. (3 Bl., 162 S.) 16 ngr

Halm, Carl, Anleitung zum Uebersetzen aus dem Deutschen ins Griechische. I. Thl. 2 Curse und II. Thl. 2 Curse. gr. 8. München, Lindauer'sche Buchh.
Inhalt:
Thl. 1. Curs. 1. Elementarbuch der griechischen Etymologie, in Beispielen zum Uebersetzen aus dem Deutschen in's Griechische. 1. Cursus: Das Nomen und regelmäßige Verbum auf ω. 6., verb. Aufl. (VI und 149 S.) 861. 12½ Ngr.
" 1. " 2. Die anomalen Verba und die Lehre von den Präpositionen. 6. Aufl. 1859. und 7., durchgeseh. Aufl. (III und 149 S.) 861. 15 Ngr.
" 2. " 1. Elementarbuch der griechischen Syntax, in Beispielen zum Uebersetzen aus dem Deutschen in's Griechische. Die Lehre von der Syntax des Nomens. 4., durchgeseh. Aufl. (VI und 174 S.) 858. * 16 Ngr.
" 2. " 2. Die Lehre von der Syntax des Verbums. 4., durchgeseh. Aufl. (159 S.) 16 Ngr.

Halm, Karl, Anleitung zum Uebersetzen aus dem Deutschen ins Griechische. München, Lindauer. gr. 8.
1. Thl. Elementarbuch der griechischen Etymologie, in Beispielen zum Uebersetzen aus dem Deutschen in's Griechische. 1. Cursus. Das Nomen und regelmäßige Verbum auf ω. 6. verb. Aufl. 861. (VI, 149 S.) — 7. veränd. Aufl. 864. 12½ ngr
2. Cursus: Die anomalen Verba und die Lehre von den Präpositionen. 7. durchgeseh. Aufl. 861. (III, 149 S.) 15 ngr
2. Thl. Elementarbuch der griechischen Syntax, in Beispielen zum Uebersetzen aus dem Deutschen in's Griechische. 2. Cursus. Die Lehre von der Syntax des Verbums. 4. durchgeseh. Aufl. 862. (159 S.) 16 ngr

Halm, Carl (II.), Anleitung zum Uebersetzen aus dem Deutschen ins Griechische. 1. oder etymologischer Theil. A. u. d. T.: Elementarbuch der griech. Etymologie, in Beispielen zum Uebersetzen aus dem Deutschen ins Griech. 1. und 2. Cursus. gr. 8. München, Lindauer'sche Buchh. –
Inhalt:
Curs 1. Das Nomen und regelmäß. Verbum auf ω. 7. Aufl. 1864. und 8., durchgeseh. Aufl. (VI und 128 S.) 867. 12½ Ngr.
" 2. Die anormalen Verba und die Lehre von den Präpositionen. 8., verb. Aufl. (III und 152 S.) 866. 15 Ngr.

—— dass. — 2. oder syntaktischer Theil. A. u. d. T.: Elementarbuch der griech. Syntax, in Beispielen zum Uebersetzen aus dem Deutschen ins Griechische. 1. und 2. Cursus. Ebendas. 868. à Cursus 16 Ngr.

Inhalt:

Curs 1. Die Lehre von der Syntax des Nomens. 6. Aufl. (VI und 155 S.)
" 2. Die Lehre von der Syntax des Verbums. 5. Aufl. (III und 167 S.)

Halm, Carl, Anleitung zum Uebersetzen aus dem Deutschen ins Griechische. 1. oder etymologischer Theil. A. u. d. T.: Elementarbuch der griech. Etymologie, in Beispielen zum Uebersetzen aus dem Deutschen ins Griech. 1. u. 2. Cursus. München, Lindauer'sche Buchh. gr. 8.
1. Cours. Das Nomen u. regelmäß. Verbum auf ω. 8. durchgesl. Aufl. (VI, 128 S.) 867. 12½ ngr.
2. Curs. Die anomalen Verba u. die Lehre von den Präpositionen. 8. u. 9. verb. Aufl. (III, 152 S.) 866, 69. 15 ngr.

Halm, Karl, Anleitung zum Uebersetzen aus dem Deutschen ins Griechische. 1. od. etymolog. Thl. 1. u. 2. Cursus. gr. 8. München 871. 74. Lindauer. 2. 75
1. Elementarbuch der griechischen Etymologie, in Beispielen zum Uebersetzen aus dem Deutschen ins Griechische. 1. Cursus. Das Nomen u. regelmäß. Verbum auf ω. 9. durchgeseh. Aufl. (VI, 128 S.) 1. 25
2. Die anomalen Verba u. die Lehre v. den Präpositionen. 10., verb. Aufl. (V, 152 S.) 1. 50

— dasselbe. 2. od. syntakt. Thl. Elementarbuch der griech. Syntax in Beispielen zum Uebersetzen aus dem Deutschen ins Griechische. 2. Cursus. Die Lehre v. der Syntax d. Verbums. 6. verb. Aufl. gr. 8. (IV, 167 S.) Ebend. 872. 1. 60

Halm, Carl, Anleitung zum Uebersetzen aus dem Deutschen ins Griechische. 1. oder etymolog. Thl. 1. und 2. Cursus. gr. 8. München, Lindauer'sche Buchh.

Inhalt:

Cursus 1. Elementarbuch der griechischen Etymologie, in Beispielen zum Uebersetzen aus dem Deutschen ins Griechische. Das Nomen und regelmäßige Verbum auf ω. 9. durchgeseh. Aufl. (VI, 128 S.) 871. ℳ 1.25.
" 2. Die anomalen Verba und die Lehre von den Präpositionen. 9. Aufl. 1869, und 10. verb. Aufl. (V, 152 S.) 875. ℳ 1.50.

—— dass. — 2. oder syntakt. Thl.: Elementarbuch der griech. Syntax in Beispielen zum Uebersetzen aus dem Deutschen ins Griechische. 2. Cursus: Die Lehre von der Syntax des Verbums. 6. verb. Aufl. gr. 8. (IV, 167 S.) Ebendas. 873.

Halm, Karl, Anleitung zum Übersetzen aus dem Deutschen ins Griechische. A. u. d. T.: Elementarbuch der griech. Etymologie in Beispielen zum Übersetzen aus dem Deutschen ins Griechische. 1. und 2. Kursus. gr. 8. München, Lindauer'sche Buchh. à Kursus * ℳ 1.50. * 3 —

Inhalt:

Kursus 1. das Nomen und regelmäßige Verbum auf ω. 11. gänzlich umgearb. Aufl. von Jos. Pistner. (VI, 131 S.) 885.
" 2. die anomalen Verba. 12. gänzlich umgearb. Aufl. von Jos. Pistner. (IV, 147 S.) 886.

Halm, Karl. Anleitung zum Uebersetzen aus dem Deutschen ins Griechische. 2. Tl.: Elementarbuch der griech. Syntax. 2. Kurs.: Die Lehre v. der Syntax d. Verbums. 9. Aufl., besorgt v. J. Fesenmair. gr. 8. (V, 102 S.) Münch. 891, Lindauer. * 1 20
1. Kurs.: Syntax des Nomens. Ebd. 1887. * 1 —. — Den 1. Tl. bildet das „Elementarbuch der griech. Etymologie", 2 Kurse. Ebd. 1885,86. à Kurs. * 1 50.

Halm, Karl, Anleitung z. Übersetzen aus d. Deutschen ins Griechische. 2. od. syntakt. Tl. 1. Kurs. A. u. d. T.: Elementarbuch d. griech. Syntax in Beispielen z. Übersetzen aus d. Deutschen ins Griechische. 1. Kurs.: Die Lehre v. d. Syntax d. Nomens. 11. Aufl., besorgt v. J. Fesenmair. gr. 8. (VIII, 79 S.) München 895. J. Lindauer. n. 1. —; geb. n.n. 1. 30

—— über die Vossische Bearbeitung der Gedichte Hölty's. Ein Beitrag zur deutschen Literaturgeschichte. gr. 8. (48 S.) München 868, Lindauer'sche Buchh. *
Aus: Sitzungsberichte der k. Akademie der Wissenschaften zu München, besonders abgedruckt.
Vgl.: Hölty.

— Beiträge zur Berichtigung und Ergänzung der Ciceronischen Fragmente. (Abdr. aus den Sitzungsber. d. k. Akad. zu München.) Leipzig 862. Teubner. gr. 8. (IV, 44 S.) n. 8 ngr.

Halm, K., Beiträge zur Kritik und Erklärung der Annalen des Tacitus. Pr. 184 26 S. 4°. 1.

Halm, C. v., Ueber die Beweisführung d. Aeschines in d. Rede gegen Ktesiphon. S.-A. 1875. 16 S.

— catalogus codicum latinorum etc., s. Catalogus.

Halm, Carol., s. Catalogus codicum manuscriptorum bibliothecae regiae Monacensis.

— s. Ciceronis Orationes.

Georgio Jaegero Consiliario regio Rectori Lycei et Gymnasii Spirensis IIIviro rebus scholasticis palatinis administrandis quinque lustris in regimine Gymnasii Spirensis ante hos ipsos XXV annos sub auspiciis Bavaricis instaurati feliciter peractis Collegium Professorum omni qua par est pietate atque observantia gratulatur interprete Carolo Halmio. — Additum est specimen commentarii de M. Tulli Ciceronis pro P. Sestio oratione. — 1842. Spirae, typ. Joan. Frid. Kranzbuehleri. — [a) Gratul. 5 pgg. — b) Index librorum quos in oratione Sestiana illustranda consuluimus. 1 pg. — c) Commentarius p. 1—20.]
Progr. Speier.

Halm, Carol, specimen commentarii de M. T. Ciceronis pro P. Sestio oratione. 4 maj. (3½ B.) Spirae 842. (libr. Neidhard.) *

— s. Cornelius Nepos.

Halm, Karl, über die Aechtheit der dem Justus Lipsius zugeschriebenen Reden. Eine litterarhistor. Untersuchung. gr. 8. (37 S.) München 883. (Leipzig, Teubner.)
Aus: Sitzungsberichte der k. bayer. Akademie der Wissenschaften, besonders abgedruckt.

Halm, K. F., Elementarbuch d. griech. Etymologie, in Beispielen zum Uebersetzen aus d. Deutschen ins Griechische. 1r Cursus, d. Nomen u. d. regelmäßige Verbum auf ω. A. u. d. T.: Anleit. zu griech. Stylübungen, in Regeln u. Beispielen. 1r oder propädeut. Thl. 1r Cursus. gr. 8. Münch. 832. J. Lindauer. 12 gr. 2r Cursus, d. anomalen Verba u. Lehre von den Präpositionen. A. u. d. T.: Anleitung rc. 2r Cursus. gr. 8. Ebd. 832. 12 gr.

Halm, Karl F., Elementarbuch d. griech. Etymologie, in Beispielen zum Uebersetzen aus d. Deutschen ins Griechische. 1r Cursus. Das Nomen und das regelmäßige Verbum auf ω. A. u. d. T.: Anleitung zu griech. Stylübungen, in Regeln und Beispielen. Des ersten od. propädeut. Theiles erster Cursus. 2e verm. u. verb. Aufl. gr. 8. München 835. 3e verb. Aufl. 839. J. Lindauer. (Sauer.) ½ rß — 2r Cursus. Die anomalen Verba und die Lehre von den Präpositionen. A. u. d. T.: Anleitung zu griech. Stylübungen rc. 1r Thl. 2r Cursus. 2e umgearb. Aufl. gr. 8. Ebd. 838. — 3e Aufl. 840. ½ rß — 2r oder syntakt. Theil. 1r Cursus. A. u. d. T., Elementarbuch der griech. Syntax in Regeln u. Uebungsaufgaben. 1r Cursus. Die Lehre von der Syntax des Nomens. gr. 8. Ebd. 833. 2e Aufl. 840. ½ rß — 2r Cursus. Die Lehre von der Syntax des Verbi. A. u. d. T.: Anleitung zu griech. Stylübungen rc. (2r oder syntakt Thl. 2r Cursus.) 8. Ebd. 839. ⅔ rß

Halm, Karl (Felix), Elementarbuch der griech. Etymologie, in Beispielen zum Uebersetzen aus d. Deutschen ins Griechische. 1. Cursus. Das Nomen u. regelmäßige Verbum auf ω. A. u. d. Ttl.: Anleitung z. Uebersetzen aus d. Deutschen ins Griechische. Des 1. od. etymolog. Theiles 1. Cursus. 4., umgearb. Aufl. gr. 8. (11 B.) München 846, Lindauer'sche Buchh.
2. Curs. Ebendas. 1838. 2. Aufl. 15 Ngr.

—— Elementarbuch der griechischen Etymologie, in Beispielen zum Uebersetzen aus dem Deutschen in's Griechische. 2. Cursus: Die anomalen Verba und die Lehre von den Präpositionen. 4., verb. Aufl. A. u. d. T.: Anleitung zum Uebersetzen aus dem Deutschen in's Griechische. 4., verb. Aufl. gr. 8. (171 S.) München 851(52,) Lindauer'sche Buchh.

—— dass. — 1. Cursus: Das Nomen und regelmäß. Verbum auf ω. 5., verb. Aufl. A. u. d. T.: Anleitung zum Uebersetzen aus dem Deutschen ins Griechische. Des 1. oder etymolog. Thls. 1. Cursus. 5., verb. Aufl. gr. 8. (VIII und 100 S.) Ebds. 852.

—— Elementarbuch d. griech. Syntax in Beispielen z. Uebers. aus d. Deutschen in's Griechische. 2. Curs.: Die Lehre von d. Syntax d. Verbi. — A. u. d. T.: Anleit. zu griech. Stilübungen in Regeln u. Beispielen. (2. od. syntakt. Thl. 2. Curs.) 8. (16 B.) München 839, Lindauer'sche Buchh.
1. Curs. Ebendas. 1833. 12 Gr.

—— Elementarbuch der griechischen Syntax in Beispielen zum Übersetzen aus dem Deutschen ins Griechische. 1. Kursus: Die Lehre von der Syntax des Nomens. 10. Aufl., besorgt von J. Fesenmair. gr. 8. (VIII, 79 S.) Ebendas. 887. * 1 —
2. Kursus: Die Lehre von der Syntax der Verba. Ebendas. 1887. *M 1.60.

Halm, C., Emendationes Valerianae. Pr. 1854. 32 S. 4°. 1.20

Emendationes Velleianae. Scrips. Carol. Felix Halm, G. P. — 1836. Ibid. — S. 3—23.
Progr. München.

Halm, Carl Felix, Solemnia anniversaria in novo gymnasio regio Monacensi. — Insunt emendationes Vellejanae. München 1836. 23 S. (5.50)
12914

Halm, C., Erläuterungen zu den Verhandlungen der bayer. Kammer der Abgeordneten vom 10. März 1859. s. Erläuterungen.

Halm, C., Ueb. aufgefundene Fragmente aus den Freisinger Handschriften der fabulae des Hyginus. S.-A. 1870. 10 S.

— Ueb. die Handschriften zu Cicero's Rede pro Murena. S. A. 1861. 48 S.

—— zur Handschriftenkunde der Ciceronischen Schriften. gr. 4. (VIII und 24 S.) München 850, (Lindauer'sche Buchh.) *

— Zur Handschriftenkunde der Ciceronischen Schriften von Carl Halm, R. u. P. — 1850. München, Central-Schulbücherverlag. — S. III—VIII u. 1—24.
Progr. München.

— Interpolationen in Ciceron. Reden aus d. codex Paris. 7794 nachgewiesen. 1858. 29 S.

Halm, C., Ueb. d. Rhetor Julius Victor als Quelle d. Verbesserung d. Quintilianischen Textes. S. A. 1863. 30 S. 1.—

Halm, Carl, zu Lactantius de mortibus persecutorum. [Aus den Sitzungsber. der k. Akad. der Wiss.] Wien 865. (Gerold's Sohn.) Lex.-8. (9 S.) n. 2 ngr.

Lectionum Aeschylearum particula prior. Scrips. Carol. Felix Halm, G. P. — 1835. Ibid. — S. 3—31.
Progr. München.

Lectiones Stobenses. Proposuit Car. Felix Halm, P. in L. et G. Particula prior. — 1841. Heidelbergae, ex off. Richardiana. — S. 1—32.
Progr. Speier.

Lectiones Stobenses. Proposuit Car. Felix Halm, P. in L. et G. Particula posterior. — 1842. Ibid. — S. 33—61. — S. 62 Index scriptorum.
Progr. Speier.

—— Lectiones Stobenses. In II Pts. 4maj. (8¼ B.) Heidelbergae 841, 42, Mohr.

— Griechisches Lesebuch, für die zwei ersten Jahre eines griechischen Lehrkursus bearbeitet. gr. 8. München 838, Lindauer. (Sauer.) ⅔ ₰ — 2e verm. u. verb. Aufl. 8. Ebd. 840. ¾ ₰

—— griechisches Lesebuch f. die zwei ersten Jahre eines griech. Lehrcursus. 3., theilw. veränderte u. verb. Aufl. 8. (24 B.) München 846, Lindauer'sche Buchh.

— Griechisches Lesebuch für die 2 ersten Jahre eines griechischen Lehrcursus. 3. theilweise veränd. u. verb. Aufl. 8. (X u. 372 S.) Ebd. 847. — 4. verb. Aufl. 8. (VIII u. 343 S.) Ebd. 852. 24 ngr

— **griechisches Lesebuch für die zwei ersten Jahre eines griechischen Lehrcurses. 5. verb. u. verm. Aufl. München 862. Lindauer. gr. 8. (VI, 285 S.)** 24 ngr.

—— griechisches Lesebuch für die zwei ersten Jahre eines griechischen Lehrcurses. 5. Aufl. 1862. und 6., verb. und verm. Aufl. gr. 8. (VI und 285 S.) München 868, Lindauer'sche Buchh.

—— griechisches Lesebuch für die zwei ersten Jahre eines griechischen Lehrcursus. 7. Aufl. gr. 8. (VI, 285 S.) München 871, Lindauer'sche Buchh.

Halm, Karl, griechisches Lesebuch für die zwei ersten Jahre eines griechischen Lehrcurses. 8. vielfach verb. Aufl. gr. 8. (VIII, 275 S.) München 877, Lindauer'sche Buchh. 2 50

— **griechisches Lesebuch f. die zwei ersten Jahre e. griechischen Lehrkursus. 9. Aufl. v. Adph. Roemer. gr. 8. (VII, 282 S.) Ebend. 885.** n. 2. 60

— **zu Minutius Felix.** [Aus den Sitzungsber. der k. Akad. der Wiss.] Ebend. 865. Lex.-8. (6 S.) 1½ ngr.

Halm, C., Ueb. ein Pergamentblatt a. e. alten Livius-Handschrift. S.-A. s. a. 5 S.

— s. Quintilianus.

Halm, Carl (Felix), über Cicero's Rede pro C. Rabirio Postumo. Eine krit. Abhandlung. gr. 4. (52 S.) München 855, (Franz.) **
Aus: Abhandlungen der k. bayr. Akademie der Wissenschaften, besonders abgedruckt.

— Ueb. einige controverse Stellen in der Germania d. Tac. S.-A. 1864. 41 S.

Halm, C., Tabelle d. griech. Verba anomala nach Halm's Klasseneinteilung. 1868. 82 S.

Halm, C., Zur Texteskritik der Rhetorik ad Herennium. S.-A. 1860. 88 S.

— Ueb. die Textquellen d. Rhetorik d. Quintilianus. S.-A. 1866. 81 S.

Halm, C., Ueb. die handschriftl. Ueberlieferung d. Chronik d. S. S. S.-A. 1865. 28 S.

Halm, C. v., Ueb. die handschriftl. Ueberlieferung des Salvianus. S. A. 1876. 23 S.

— Ueb. die handschriftliche Ueberlieferung d. V. P. S.-A. O. J. 21 S.

Halm, C., Zu Velleius Paterculus. S.-A. s. a. 10 S.

—— **Verzeichniss der älteren Handschriften lateinischer Kirchenväter in den Bibliotheken der Schweiz. Lex.-8. (54 S.) Wien 865, (Gerold's Sohn.)** *
Vorstehende drei Schriften des Verf. wurden aus: Sitzungsberichte der k. Akademie der Wissenschaften, besonders abgedruckt.

Halm, C., Cornelii Taciti vita Julii Agricolae. Diss. 1910. 103 S. 3.—

Halm, Rép., s. Jak. Brand, Handbuch d. geistl. Beredsamkeit.

Halm, M., die Liebe d. Uebermenschen. Ein neues Lebensgesetz. Briefe an e. Freund. gr. 8. (42 S.) Leipzig 897. M. Spohr. n. 1.—

Halm, M. (Hrsg.), s. Welt-Echo.

Halm, Margarethe (Alberta v. Maytner), vom Baum d. Lebens. Phantasien e. Idealistin. 2. Aufl. 12. (56 S.) Leipzig 897. Literar. Anstalt, A. Schulze. n. 1. —

Halm, Margarethe, aus der Dornenhecke. Methaphysische Gedichte. 12. (102 S.) Dresden-Striesen 882. Heinze. n. 1. 80; geb. m. Goldschn. n. 3. —

Halm, Margarethe, Frau Holdings Herz. Die Geschichte e. Familie. 8. (140 S.) Dresden 895. E. Pierson. n. 2. —; geb. in Leinw. n. 3. —

Halm, Margarethe, e. weiblicher Prometheus. Liebesroman aus der Gegenwart. 3 Bde. 8. (187, 188 u. 183 S.) Leipzig 885. Reißner. n. 6. —

— Wetterleuchten. Skizzen u. Essays. 8. (VI, 106 S.) Leipzig 877. Wartig's Verl. n. 1. 50

Halm, Martha. Treue Wünsche, s. In treuem Gedenken.

Halm, Otto, Brautnacht. Dramatische Skizze in 1 Aufzuge. (III, 26 S.) 8. Dresden (907). E. Pierson. — 75

Halm, P., Ornamente u. Motive d. Rococo-Stiles aus deutschen Kunstdenkmalen. Nach der Natur gezeichnet u. hrsg. 1. Lfg. Fol. (8 Taf.) Frankfurt a/M. 886. Keller. 1. 80

Halm, P., Ornamente u. Motive des Rococo-Stiles aus deutschen Kunstdenkmalen. Nach der Natur gez. u. hrsg. 2.—5. Lfg. Fol. (à 8 Taf.) Frankfurt a/M. 887. Keller. à Lfg. 1. 80 (cplt.: n. 9. —)

Die Häuser am Berge. Roman von Peter Halm. Leipzig, Berlin, Frankfurt a. M., Paris: Grethlein (1910). 218 S. 8° [11. 1909

Die grüne Krähe. Roman von Peter Halm. Leipzig, Berlin, München, Paris: Grethlein [1909]. 282 S. 8° [10. 838 11

Halm, Pet., die Landgrafen u. Grossherzöge v. Hessen-Darmstadt. Nach Orig.-Zeichngn. v. P. H., m. Text v. W. Velke u. F. Soldan. gr. 4. (X, 79 S.) Mainz 894. J. Diemer. Verl. n. 4. —

Halm, Philipp Maria, Bauernhäuser a. Oberbayern, s.: Aufleger, O.

Halm, Philipp Maria [Dr.]: Die Künstlerfamilie der Asam. E. Beitr. z. Kunstgeschichte Süddeutschlands im 17. u. 18. Jh. M. 7 Ill. u. e. Orig.-Radierg v. Prof. Peter Halm. München, J. J. Lentner, 1896; 7 Bl., 72 S. [ohne d. Radirg.] 8.
München, Phil. Fak., Inaug.-Diss. v. 1895

Halm, Philipp Maria, Stephan Rottaler, e. Bildhauer d. Frührenaissance in Altbayern. (VII, 99 S. m. Abb. u. Taf.) Lex. 8. München 908. G. D. W. Callwey. 8. —

— die Türen der Stiftskirche in Altötting u. ihr Meister. Ein Beitrag zur Geschichte der altbayer. Plastik des späteren Mittelalters. (S. 121—142 m. Abbildgn.) Lex.-8. München 905. Gesellschaft f. christl. Kunst. n. 1. 20
Sonderabdruck aus: „Die christl. Kunst".

Halm, R. Zur 100jährigen Jubelfeier der Schlacht bei Liegnitz, 15. Aug. 1760. (VIII. 96.) 8. Mit 1 Karte. 2 Pl. Berlin.

Halm, W., Kunersdorf am 12. August 1759. Berlin 1852. 8.

Halm, Wilhelm [Assistenzarzt an d. ophthalmiatr. Klinik]: Beiträge zur Symptomatologie der Trochlearislähmung .... Tübingen, Druck v. Heinrich Laupp jr., 1888; 1 Bl. + 36 S. 8°
Tübingen, Med. Fak., Inaug.-Diss. v. 1888

Halm, W., Beiträge zur Symptomatologie der Trochlearislähmung. Inaug.-Diss. gr. 8. (36 S.) Tübingen 888. (Moser.) n. — 80

Halma, Abbé, table chronologique, s. Cl. *Ptolomaeus*.

Halma, (l'Abbé,) Table chronologique des rignes, prolongée sur qu'à la prise de Constantinopel par les Turcs Apparition des fixer, de Claude Ptolémée, Théon etc. et Introduction de Geminus aux phénomènes célestes; traduiter pour la premiere fois du grec en français, sur le manuscrit, de la Bibliothèque du Roi, suivier des recherches historiques sur les observation, astronomiques des anciens, trad. de l'all. de M. Ideler etc. etc. pour servir d'intelligence à l'édition grecque et française de l'Almageste. gr. 4. Paris 819, Imprimerie de Bobé. (Rex et Gravier.)
Ce volume forme le 3e de Ptolémée.
Les Hypthéker et époquer des Planiter, machen den 4ten Band aus. 8 Rthlr.

— vergl. Ptolémée.

Halmai, Béla: Beiträge zur Kenntnis der optischen Aktivität und der Entstehung der Naphtene des Erdöls. 1909. 73 S. 8° ¶ Vgl. Berichte d. Deutschen Chem. Gesellschaft. Jg. 43. 1910; Das Erdöl. Hrsg. von C. Engler u. H. v. Höfer. Leipzig 1913. Bd 1. S. 195 ff.
Karlsruhe, Dr.-Ing.-Diss. v. 26. 7. 1909

Halman, Maxim. (Eslovio-Westphalus)
Dissertatio inauguralis juridica de rebus minimis.
Giessae 21. März 1720: Joh. Reinh. Vulpius. (8), 52 S. 4°
pro summis in utroque jure honoribus et privilegiis doctoralibus rite obtinendis

Halmel, A., Kunstgeschichte, s.: Buchner, W.

Halmel, Anton

Halmel, Ant., d. Entstehg. d. Kirchengeschichte d. Eusebius v. Caesarea untersucht. gr. 8. (IV, 60 S.) Essen 896. G. D. Baedeker. n. 1. 20

Halmel Anton: Idealismus der Zweckmäßigkeit, das Prinzip der Aesthetik Kants.
H 1891 PN 658 Diss. Wien, Univ. 50

Halmel, A., der 2. Korintherbrief des Apostels Paulus. Geschichtliche u. literarkrit. Untersuchgn. (VII, 136 S.) gr. 8. Halle 904. M. Niemeyer. n. 4. —

[F.] Die palästinischen Martyrer des Eusebius von Caesarea in ihrer zweifachen Form. E. Untersuchg z. Entstehgsgesch. d. historia ecclesiastica d. Eusebius v. Caesarea v. A. Halmel, Insp. d. ev. Religionsunterr. in Wien, Privatdoz. *Essen: G. D. Baedeker 1898.* (IX, 116 S., 1 Bl.) 1 Bd 8.
[98. 3043

— üb. römisches Recht im Galaterbrief. E. Untersuchg. z. Geschichte d. Paulinismus. gr. 8. (VII, 32 S.) Ebd. 895. n. — 80

Halmel, Ant., der Viercapitelbrief im 2. Korintherbrief des Apostels Paulus. Ein Beitrag zur Geschichte des Urchristenthums. gr. 8. (VI, 23 S.) Essen 894. G. D. Baedeker. n. — 75

Halmer, A., der neue Advokatentarif. Verordng. des Justizministeriums v. 8. VI. 1909, RGBl. v. 10. VI. 1909, Nr. 82. Anh.: Stempelskala u. Kostentarif. (34 S.) 16. Wien 909. G. Schöpperl. — 50

— Substitutionsvollmacht m. dem Advokatentarif. Verordng. d. Justizministeriums v. 8. VI. 1909, RGBl. v. 10. VI. 1909, Nr. 82. Anh.: Stempelskala u. Kostentarif. (50 S.) 16. Ebd. 909. Geb. in Leinw. 1. —

Halmhuber F J, Arbeiten der Bau- und Möbeltischler. 3. Auflage. (48 T) fol Stuttgart

Halmhuber, F. J., s.: Vorlegeblätter f. Zeichnen-Unterricht an gewerblichen Fortbildungsschulen.

Halmhuber, Gustav

Halmhuber, G., architektonische Gedanken. gr. 4. (80 z. Tl. farb. Taf. m. 10 S. Text.) Berlin 897. E. Wasmuth. Kart. n. 20. —

Halmhuber G, Freie Studien. (34 T) fol Stuttgart 1900

Halmhuber, Gust., freie Studien. 1. Folge. 2. Aufl. gr. Fol. (34 z. Tl. farb. Taf. m. VII S. Text.) Leipzig 903. Baumgärtner. Geb. n. 20. —

Halmhuber, L., Mit Gott für König und Vaterland! oder: Preußens Hohenzollern. Ein vaterländ. Geschichtenbuch nebst einem Anhange ausgewählter vaterländ. Dichtungen für den preuß. Bürger, Landmann und Soldaten, mit besond. Rücksicht auf den Jugendunterricht bearb. 8. (VI und 268 S.) Berlin 854, W. Schultze. *

Halmlos, Krohn, s.: Wir Azteken.

Halmschlag J.: Prof. Dr. Franz Fischer †. 3. Wien C.-ROG. II. 77. Progr.

Halmschlag, J.: Prof. Johann Kummer †. 6 S. – Wien, C.-ROG. II, Progr. 1885.

Halmschlag, J. Ueber Lucretius Verhältniss zu s. Quellen. Pr. 1866. 20 S. 4.50

Halmschlag, Johann: Verstaatlichung der Anstalt. 8 (S. 44—48). Progr. Leopoldstädter Communal-Real- u. Oberg. *Wien* 1897. Nicht im Tauschverkehr.

Halmy, Marie, Geschichten f. Kinder von 6–10 Jahren, s. a. Düms' Kinderbibliothek.

Halmy, Marie, Geschichten f. Kinder von 6—10 Jahren. M. 6 Farbendr.-Bildern v. W. Schäfer. 11.—15. Taus. 12. (72 S.) Wesel 898. W. Düms. Geb. — 50

Haloander [Pseud.], s. Heege, Chr.

Haloander [Pseud.], s. Seelig, Peter

Halperin, Jacob, von Volketswil, pract. Arzt in Uster: Aus dem pathologischen Institut in Zürich. Ein Tumor Claviculae von Schilddrüsen-Bau, entstanden aus einem embryonal-versprengten Keime. Ein Beitrag zur Lehre von der Entstehung der Geschwülste. Dübendorf 1907. 27 S. 8°. [20. III. 07.]
Zürich. Med. Diss. 1906/1907.

Halperin, Jacob. Ein Tumor Claviculae von Schilddrüsen-Bau, entstanden aus einem embryonal-versprengten Keime. Ein Beitrag zur Lehre von der Entstehung der Geschwülste. Diss. Med. Univ. Zürich von Jakob H'.... *Kopftitel:* Aus dem pathologischen Institut in Zürich. 27 S. 8. (Dübendorf, Eckinger,) 1907.

Halperin, Isaak: Zur Kenntniss der Thrane und des Walrathöles. 1895. 54 S. 8⁰
Karlsruhe, Dipl.-Diss. v. 31. 1. 1895

Halperin, Catherine. Ueber die Art der Jodausscheidung bei Basedow-Kranken im Vergleich zu Gesunden und Kropfpatienten von K' H' ... s. a. Leykin, Adele. Ueber die Wirkung von Jod....

Halperin, Katherine, aus Odessa (Russland): Ueber die Art der Jodausscheidung bei Basedow-Kranken im Vergleich zu Gesunden und Kropfpatienten. Bern 1907. 15 S. 8°. [24. VII. 07.]. Vorangedruckt ist die Dissertation von Adele Leykin.
Bern. Med. Diss. 1907/08.

Halperin, Owsey, aus Odessa: Esteradditionsprodukte an Zinnhalogenide. Zürich 1910. 61 S. 8°. [17. I. 10.]
Zürich, Univ. Phil. Diss. II. S. 1909/10.

Halperin, Owsey. Esteradditionsprodukte an Zinnhalogenide. Diss. Phil. [II.] Univ. Zürich. 61 S. 8. Zurich, Aktien-Buchdr., 1910.

Halperin, Rebecca, üb. die abnorme Krümmung der Wirbelsäule bei congenitaler Spaltbildung der Leibeswand. [Aus: „Archiv f. Thierheilkunde".] Inaug.-Diss. gr. 8. (20 S. mit 1 lith. Taf.) Berlin 890. (Bern, Huber & Co.) n. — 60

Halpern, Dav. (geb. Bialystok 27. 7. 1849): Ueber das inspiratorische Aussetzen des Pulses mit Anschluss zweier Fälle. Berlin (1877). (29 S.) 8°
Berlin, Med. Diss. v. 26. Juli 1877

Halpern, Georg: Die jüdischen Arbeiter in London. *Stuttgart 1903: Union.* (84 S.) 8° ¶(— Münchener volkswirtsch. Studien, Stück 60.)
München, Staatswirtsch. Diss. v. 1903

Halpern, Geo., die jüdischen Arbeiter in London, s. a. Studien, Münchener volkswirtschaftliche. 60.

Die jüdischen Arbeiter in London. Von Georg Halpern. *Stuttgart & Berlin: J. G. Cotta 1903.* (84 S.) 8°
— Studien, Münchener Volkswirtschaftliche. Stück 60. [03. 1398 8

Halpern Jakob H.: Über das Acetaldol. S. 109. IIb. 908 . . . . vgr.
Separatabdruck

Halpern, Joachim *(geb. Wilna in Rußl. [9. 4. 1843]):* Beiträge zur Geschichte der talmudischen Chirurgie. Breslau (1869). (25 S.) 8°
Breslau, Med. Disc. v. 4. [vielmehr 5.] Juni 1869

Halpern, Isidor, aus Warschau: Der Entwicklungsgang der Schleiermacher'schen Dialektik. *Berlin 1901: G. Reimer.* (42 S.) 8° ¶[Erschien vollst. in: Archiv f. Gesch. d. Philos., Bd 14, H. 2.]
Berlin, Phil. Diss. v. 21. Jan. 1901

Halpern, I., s. Schleiermacher's Dialektik.

Halpern, Karl, die Bestandtheile des Samens der Ackermelde, Chenopodium album L., u. ihr Vorkommen im Brodmehle u. in den Kleien, s. a. Berichte aus dem physiologischen Laboratorium u. der Versuchsanstalt des landwirthschaftlichen Instituts der Universität Halle.

Halpern, *Kolonimos* Karl [aus Wolczyniec bei Stanislau, Galizien]: Die Bestandtheile des Samens der Ackermelde, Chenopodium album L., und ihr Vorkommen im Brodmehle und in den Kleien ... (Aus: Ber. aus d. physiol. Laborat. u. d. Versuchsstation d. landw. Inst. d. Univ. Halle, Heft XI. M. e. Taf.) Halle a. S., 1893; 25 S. 8.
Halle, Phil. Fak., Inaug.-Diss. v. [15. Juli] 1893

Halpern, Max, Anka. Dramatisches Bild in 1 Aufzuge. 8. (39 S.) Berlin 894. L. A. Kuntze. 1. —; geb. in Leinw. m. Goldschn. 1. 80

Die Gallenen. Märchen-Drama in 5 Akten von Max Halpern. *Berlin & Leipzig: J. Cotta [1900].* (171 S.) 8° [F.] [oo. 1634

Halpern, Max, die Gallenen. Märchen-Drama in 5 Akten. gr. 8. (171 S. m. Bildnis.) Berlin (900). Leipzig, H. Lautenschläger. n. 3. —; geb. n. 4. —

Muttersöhne. Ein tragisches Lebensbild in 3 Aufz. von Max Halpern. Mit Umschlagzeichnung von Th. Schinkel. *Berlin & Leipzig: J. Cotta [1900].* (160 S.) 8° [F.] [oo. 1655

Wohlthäter. Ein modernes Drama in 3 Akten von Max Halpern. *Berlin & Leipzig: J. Cotta [1899].* (117 S.) 8° [F.] [oo. 338

Halpersohn, Samuel, Medizinalprakt. am Krankenhause d. Landesversicherungsanstalt Schlesien in Breslau: Metastatische Augenerkrankungen bei Gonorrhoe. Breslau 1907: Breslauer Genossenschafts-Buchdruckerei. (31 S.) 8°

Breslau, Med. Fak., Ref. Uhthoff, Diss. v. 21. März 1908

[Geb. 2. April 83 Breslau; Wohnort: Breslau; Staatsangeh.: Österreich; Vorbildung: Elisabeth-Gymn. Breslau Reife M. 01; Studium: Breslau 5, Berlin 2, Würzburg 1, Breslau 2 S.; Coll. 16. Nov. 07; Approb. 16. März 08.]

Halperson, Josef

Halperson, Jos., aus der k. u. k. Hofreitschule z. Wien. Mit e. Reiterportr. des k. u. k. Oberbereiters Meixner nach dem Gemälde v. Ludw. Koch. 8. (22 S.) Düsseldorf 900. E. Lintz. n. — 50

Halpert, D[avid]

Halpert, die Harmlosen u. ihre Verhaftung. Eine krit. Studie. 8. (48 S.) Berlin (899). P. Stankiewicz. — 50

Halpert, David, Leidensgefährten. Novellen. 8. (129 S.) Berlin 893. Wiener. n. 1. 50

— s: Männer der Wissenschaft üb. d. Friedens-Konferenz.

Halpert, David [Referendar aus Königsberg i. Pr.]: Ueber die juristische Natur der Vertretungs-Sachen nach gemeinem Recht. . . . Berlin, Buchdr. v. Gustav Schade (Otto Francke) (1888); 45 S. 8°

Göttingen, Jur. Fak., Inaug.-Diss. v. 29. Aug. 1888

Halpert, Dav., über die juristische Natur der Vertretungs-Sachen nach gemeinem Recht. Inaugural-Dissertation. gr. 8. (45 S.) Berlin 888. (Göttingen, Vandenhoeck und Ruprecht.) * 1 —

— der „Neid" der griechischen Götter. Eine psycholog. Studie. gr. 8. (16 S.) Breslau 888. Zimmer. n. — 40

— Schneeflocken d. Schicksals. Novellen. 8. (80 S.) Breslau 891. B. Zimmer. n. 1. 20

Halpert, der Prozeß Sternberg. Kriminalistische Randglossen. (29 S.) gr. 8. Berlin 900. Schlachtensee, M. Hildebrandt. n. — 50

Halpert, D., Stiche u. Sprüche. Mit e. Vorwort v. Leo Berg. (39 S.) gr. 8. Berlin(-Halensee) 908. Orion-Verlag. 1. 20

— litterarische Streiflichter. 8. (73 S.) Ebd. 888. n. 1. 20

Halpine, Mary Grace, wessen Schuld?, s.: Berlepsch, Lina Freifrau v., Romanbibliothek. 25. Bd.

Halpitius, Martin Gottlob, De febre lochiali. Diss. med. Präs. Johann Christoph Pohl. Lpz. (Langenheim) 13. IV. 1753. 32 S. (6.50) 12915
Gewidm.: Samuel Friedrich Laurisch, Johann Jacob Schwarz (Guben).

Halprin, A., s.: Kaiser-Jubiläums-Schachturnier, internationales, Wien 1898.

Halpryn, Mittheilungen über die Präparationsergebnisse einer frühzeitigen menschlichen Frucht, s. Mittheilungen aus dem embryolog. Institute der k. k. Universität in Wien.

Hals, Frans. Heliogravures naar zijne schilderijen in Nederland. Tekst van E. W. Moes. Imp.-Fol. (25 Lichtdr.-Taf. m. 7 u. 14 S. Text in deutscher u. holländ. Sprache.) Haarlem 899. J. Kleinmann & Co. In Leinw.-Mappe n. 100. —

Hals', Frans, Biographie u. Charakteristik, s.: Bode, W.

Hals, Frz., und seine Schule, s. Bode, W.

Hals, Frans, die Adriaensschützen, s.: Meisterbilder. Bl. 166.

— Sog. Hille Bobbe v. Haarlem, s.: Meisterbilder. Bl. 72.

Hals, Frans, die singenden Knaben, s.: Bildkunst.

— dasselbe. s.: Blätter. bunte. aus aller Welt.

— der Lautenspieler, s.: Meisterbilder. Bl. 110.

— Der junge Mann m. dem Schlapphut, s.: Blätter, bunte, aus aller Welt.

Hals d. Ältere, Frans, Meisterbild., Weicher's Kunstbücher.

Die Meisterbilder von Frans **Hals** d. Älteren (1580–1666). Eine Auswahl von 60 Reprod. nach Franz Hanfstaengls Orig.-Aufnahmen. Berlin & Leipzig: Weicher 1908. 66 S. 8°
(Weichers Kunstbücher. Nr 9.) [10. 17632

— Meisterwerke, s.: Nöhring's Künstlermappen. 3.

— ein Offizier, s.: Meisterbilder. Bl. 184.

Halsband, das vergiftete. Criminalroman vom Verf. der „Afrikanerin". 3 Bde. Leipzig 868. Kollmann. gr. 16. (III, 191; III, 192 u. III, 166 S.) 2 ₰

Halsband, Bernhard (Hohenholte/Westf.), De dolore faciali Fothergilli. Diss. med.-chir. Bln. (Nietack) 11. IX. 1834. 32 S. mit Biogr. (M.: C. Noever.) (5.—) 12916
Oppon.: F. Stich, E. Frentrop, F. Moeller. — Gew.: Carl Halsband (Bruder).

Halsbänder, Die drei. Eine Gruppe »Vieux Saxe« . . . Leipz. 1853. V: *Schultz, Georg Julius.* (BrVV)

Halsch, F., Versuche über die Reflexion des Schalles in Röhren. Mit 1 Tafel und 2 Holzschnitten. (Aus den Sitzungsberichten der kais. Akademie der Wissenschaften.) gr. 8°. (7 S.) Gerold's Sohn. In Comm. fl. —.20.

Halsch, F., Versuche üb. die Reflexion d. Schalles in Röhren. [Mit 1 Taf. u. 2 Holzschn.] [Aus: „Sitzungsber. d. k. Akad. d. Wiss."] Lex.-8. (7 S.) Wien 887. (Tempsky.) n. — 40

Haelscher, s. H a e l s c h n e r

Hälschner, Hugo (Mitarb.), s. A u f r u f für Schleswig-Holstein an Rheinland-Westfalen.

[*F.*] Beiträge zur Beurtheilung des Entwurfes eines Strafgesetzbuches für den norddeutschen Bund von Dr. Hugo **Hälschner**, ord. Prof. d. Rechtes. (*Widmungsbl.:* Ihrem hochverehrten Collegen Herrn Friedrich Bluhme ... zur Feier seines 50j. Doctor-Jubiläums am 3 Jan. 1870 überreicht von der Juristischen Facultät der rheinischen Friedrich-Wilhelms-Universität.) Bonn, A. Marcus 1870. 4 Bl., 76 S. 8.

Haelscher, Hugo Ph[ilipp] Egmont: De iure gentium quale fuerit apud populos orientis. P. prior. Halis (1842): Hendel. 56 S. 8°
Halle-Wittenberg, Jur. Diss. v. 25. [vielmehr: 26.] Mai 1842
Geb. [Hirschberg (Schlesien) 29. 3. 1817]

Haelschner, Hugo Ph. Egmont (Hirschberg), De jure gentium quale fuerit apud populos orientis pars prior. Diss. jur. Halle (Hendel) 25. V. 1842. 57 Seiten. (6.—) 12614
Oppon.: **Julius Kegler, Wilhelm Scheuerlein, Benjamin Leistritz.** — Gew.: **Heinrich Simon, Fr. Lud. Haelschner** (Vater).

Die Lehre vom Unrechte und seinen verschiedenen Formen. Eine Festschrift von Dr. Hugo **Haelschner**, ... z. Decan d. jur. Fac. — Ihrem ... Collegen und Senior ... Ferdinand Walter ... zur Feier seines 50j. Amts-Jubiläums am 10 März 1869 überreicht von der juristischen Facultät der Rheinischen Friedrich-Wilhelms-Universität. Bonn, Druck v. C. Georgi 1869. 2 Bl., 38 S. 4. ¶ Erschien zugleich selbständig bei Marcus in Bonn.

Hälschner, Hugo, staatsrechtliche Prüfung der gegen das Thronfolgerecht des Augustenburgschen Hauses erhobenen Einwände. Mit besonderer Berücksichtigung des Pernice'schen Gutachtens. Nebst einer Beilage: Eine Urkunde aus dem Oldenburgschen Staatsarchiv. (Abgedr. aus dem 13. Bde. der preuß. Jahrbücher.) Berlin 864. G. Reimer. gr. 8. (45 S.) 7½ ngr.

Hälschner, Hugo, das Recht Deutschlands im Streite mit Dänemark. Bonn 863. Marcus. gr. 8. (2 Bl., 51 S.) 7½ ngr.

Das Recht Deutschlands im Streite mit Dänemark. Von Hugo **Hälschner**. Bonn. 1863.
—— 2. unveränderter Abdruck. Bonn. 1863. 8°.

Hälschner, Hugo, die Staats-Erbfolge der Herzogth. Schleswig-Holstein u. Lauenburg, zugleich als Antwort auf die, dem königl. dänischen offenen Briefe vom 8. Juli d. J. zu Grunde liegende Staatsschrift urkundlich dargestellt u. erörtert. Beilagen. 1. Die dänische Staatsschrift. 2. Die Stammtafel des schauenburgischen Hauses (in gr. 4.) 3. Die Stammtafel des oldenburgischen Hauses (in Fol.) gr. 8. (VIII u. 174 S.) Bonn 847, Marcus. n. ⅚ ℔

Hälschner, Hugo, das gemeine deutsche Strafrecht, systematisch dargestellt. 1. Bd. Die allgemeinen strafrechtl. Lehren. gr. 8. (X, 737 S.) Bonn 881. Marcus. n. 14.—

Hälschner, Hugo, das gemeine deutsche Strafrecht, systematisch dargestellt. 2. Bd. Der besondere Theil d. Systems. 1. Abth. gr. 8. (VII, 464 S.) Bonn 884. Marcus. n. 7. 50 (I. u. II, 1.: n. 19. 50)

Hälschner, H., das gemeine deutsche Strafrecht, systematisch dargestellt. 2. Bd. Der besondere Theil des Systems. 2. Abth. gr. 8. (VIII u. S. 457—1111.) Bonn 887. Marcus. n. 10. — (cplt.: n. 29. 50)

Hälschner, Hugo, das preußische Strafrecht. 1. Thl. A. u. d. T.: Geschichte des brandenburgisch-preußischen Strafrechtes. Ein Beitrag zur Geschichte des deutschen Strafrechtes. gr. 8. (VI und 283 S.) Bonn 855, Marcus. *

Hälschner, Hugo, das preußische Strafrecht. 2. Thl. A. u. d. T.: System des preußischen Strafrechtes. 1. oder allgemeiner Thl. des Systems. gr. 8. (XVI und 554 S.) Bonn 858, Marcus. *
1. Thl. Ebendas. 1855. * 1 Thlr. 10 Ngr.

Hälschner, Hugo, das Preußische Strafrecht. 1. u. 2. Thl. Bonn 855, 58. Weber. gr. 8. n. 4 ℔
1. Thl.: Geschichte des Brandenburgisch-Preußischen Strafrechtes. Ein Beitrag zur Geschichte des deutschen Strafrechtes. (VI, 283 S.) n. 1 ℔ 10 ngr.
2. Thl.: System des Preußischen Strafrechtes. 1. oder allgemeiner Theil des Systems. (XVI, 554 S.) n. 2 ℔ 20 ngr.

—— das preußische Strafrecht. 3. Thl. A. u. d. T.: System des preußischen Strafrechts. 2. Thl.: Die Verbrechen gegen das Recht der Privatperson. gr. 8. (VII und 567 S.) Bonn 868, Marcus. *
1. und 2. Thl. Ebendas. 1855, 58. * 4 Thlr.

— das juristische Studium in Preußen. Ebend. 859. gr. 8. (39 S.) 7½ ngr.

— das Thronfolgerecht des fürstlichen Hauses von Schleswig-Holstein-Sonderburg-Augustenburg in den Herzogthümern Schleswig u. Holstein übersichtlich dargestellt. Nebst einer Beilage. Ebend. 864. gr. 4. (32 S.) n. 12 ngr.

Hälschner, Hugo, die preuß. Verfassungsfrage u. die Politik d. rheinischen ritterbürtigen Autonomen. Veranlaßt durch die Verfassungsfrage v. C. G. R. Rintel. gr. 8. (4⅞ B.) Bonn 846, Marcus. *

Ad audiendam orationem de ratione quam in iure et rebus publicis tractandis secutus est Aurelius Augustinus, quam ad munus prof. ord. adeundum in ordine ictorum d. XIV m. Aug. ... habebit ... invitat Hugo **Haelschner** ... — Inest dissertatio iuris gentium de legum, quae ad ius privatum pertinent, vi et auctoritate quam obtinent ultra civitatis fines. Bonnae, typ. C. Georgii 1851. 12 S. 4. ¶ Erschien zugleich selbständig bei Marcus in Bonn.

***Hülsen*, J. Andr., († 1806.) exercitatio de eo, an polygamia patrum Vet. Test. fuerit licita? 4. Schlesw. 758**

— geistl. Lieder, größtentheils über allerhöchst verordnete neue Texte. 8. Schlesw. 800.

Ansprache an meine geliebte Gemeine, die Lesung und Verbreitung der heiligen Schrift betreffend v. O. M. Hälsen. 2. Aufl. Friedrichstadt. 1816. 8°

HÄLSEN, O[TTO] M[ATTH.], Winke zum Nachdenken über 2. Thess. 2, 1—12. Friedrichsstadt. 1816. P.

Halsgericht, hochnothpeinl., über den Frhrn. Mor. v. Brabeck, wegen des Verbrechens d. beleidigten Majestät, herausg. v. Tob. Trara. gr. 8. Hohnst. 800. (Fleckeisen in Helmst.) 8 gr.

Das in dem Königl. Preuß. Amte Ermsleben bey verschiedenen Executionen bislang gehaltene u. auch künftig bey denen daselbst inhafftirten u. bereits zum Rade . . . verurtheilten 3 Mördern u. Räubern, nämlich: Hans Jürgen **Jeckeln**, Annen Cath. Jahnen u. Eleon. Julianen Bethgen wiederum 1715 zulegende hochnoth-peinliche Hals-Gerichte [usw.]. o. O. 1715.

Halsgerichts-Ordnung, die. (Herausg. v. Reinh. Schmid.) gr. 8. Jena 826. Schmid. — 2e Ausg. unter d. Tit.: Kaiser Karls V. Peinliche Gerichtsordnung, nebst der Bamberger H.-G.-O., nach den Ausgaben von 1533 u. 1507, mit Angabe der Abweichungen d. beiden Projecte der peinl. G.-O. von 1521 u. 1529 u. der Brandenburger H.-G.-O. von 1516. Herausg. v. Reinh. Schmid. 2e Ausg. gr. 8. Jena 835. Schmid. 3/4 Rthl.

Hals-Gerichts-Ordnung, (Bamberger) Peynliche. M.D.LXXX. (1580.) *A. E.:* „*Bamberg*, gedr. zum *erstenmal* (s. Anmerk.) durch Joh. Wagner, 1580. Zum *zweytenmahl* (in Wirklichk. z. 3. mal) durch Geo. Andream Gertner, Hochfurstl. Bambergisch. Hof-Dom-Capitl (!)- u. Academ. Buchdruckern 1738." (Dieses Colophon ist im vorlieg. Expl. mit Tinte corrigirt.) Fol. Name auf d. Titel u. einige Gebrauchsspuren, übrigens schönes Expl. in saub. Hpgmth.

Reproduktion d. alten Holzschnitt-Ausgabe von 1580. — 3 Bll. Vorst. (incl. roth u. schwarz gedr. Holzschn.-Titel), 144 S., 12 Bll. Reg. Die interess. zahlr. grossen Holzschnitte in vortreffl. Abdrücken.

In Wirklichkeit erschien die erste Ausg. Bamberg, durch Joh. Pfeil, 1507. Fol. — Rep. Meyntz, Ivo Schöffer, 1531. Fol. Mit 22 Holzschn.

Halsgerichtsordnung, Die Bambergische. Unter Heranziehung der revidirten Fassung von 1580 und der Brandenburgischen Halsgerichtsordnung ... Halle a. S. 1902. V: *Schwarzenberg, Johann Freiherr von.* (Berl)

Halsgerichtsordnung, die bambergische, in niederdeutscher Uebersetzung Hermann Barkhusens, hrsg. v. J. Kohler u. Willy Scheel, s. a. Carolina, die, u. ihre Vorgängerinnen. III.

Die Bambergische Halsgerichtsordnung unter Heranziehung d. revidierten Fassung von 1580 u. d. Brandenburg. Halsgerichtsordnung zusammen mit dem sog. Correctorium, e. romanist. Glosse u. e. Probe d. niederdeutschen Übers. hrsg. von J[osef] Kohler u. Willy Scheel. Mit 23 Abb. *Halle a. S.: Waisenhaus 1902.* (XCI, 311 S.) 8°
= Carolina. Die, u. ihre Vorgängerinnen. 2. [illegible] 9

Hals- od. peinl. Gerichtsordnung Karls V., s. Universal-Bibl.

Hals- oder peinliche Gerichtsordnung K. Karl V. u. des h. R. Reichs, nach der Originalausg. v. J. 1553. auf das genaueste abgedruckt u. mit der 2. Ausg. v. J. 1534. verglichen, nebst den *Florix'schen* Programmen: Wahre Veranlassung der P. H. G. O. u. einer Vorr. von Jo. Cph. Koch. (Auch als seiner Institt. jur. crim. 2r. Theil.) *Giessen*, Krieger j. 769. 8. — 2e verm. Ausg. *Giess.* 773. 8. — 7e Ausg. *Ebend.* 821. 8. (16 Gr.)

Halsgerichtsordnung, peinliche, K. Carls V. m. Anm. 8. Nürnb. 756.

— die, nach d. Original-Ausgabe von 1533 abgedruckt u. mit d. 2ten Ausg. von 1754 verglichen von J. C. Koch. gr. 8. Marb. 769. N. A. 773, 81, 87. 5e A. 800. 6e A. 815. 7e A. ... 8e A. 824. Krieger. 16 gGr.

— — — 8. Würzb. Stahel. 792.

— — — v. Koch. s. J. C. Koch.

— dies. Gerichtsordnung, nebst d. Bamberger u. Brandenburger Halsgerichtsordnung, nach den Ausg. von 1533, 1505 u. 1516 abgedruckt. gr. 8. Jena 826. Schmid. 1 Rthl.

Kaiser Carl des Funften und des Heiligen Römischen Reichs Peinliche Halsgerichts-Ordnung nebst denen darzu gehorigen Vorreden. Gottingen. 1777. 8°.

— — — u. d. heil. röm. Reichs. 8. Götting. Bossiegel. 777.

— Dies. u. d. h. röm. Reichs. 8. Gött. 777. (Vandenhöck u. R.) 6 gGr.

— peinl., mit Anmerkk. erläutert v. D. J. Beck. 8. Heilbr. 784. Claß. 6 gGr.

— Dies., mit Anmerkk. v. J. J. Beck. 8. Nürnb. 781. Schneider u. W. 12 gGr.

— d. peinl. Gerichts. 8. Augsb. 753. Bürglen. 5 gGr.

Hälsig, K., Wandkarte von Deutschland u. Preußen, für Schullehrerseminarien, Gymnasien u. Volksschulen. In besond. Beziehung auf d. Handbuch zur Kunde von Deutschland u. Preußen, v. Chr. G. Scholz. 12 lithogr. u. ill. Bl. in gr. Fol. Bresl. 828. 2e Aufl., durchgesehen v. C. F. Scholz 832. Hentze. 2 Rthl.

— Wandkarte d. östl. Halbkugel d. Erde für Schulen ꝛc. 12 Blatt. Roy.-Fol. Bresl., Hentze. 2 Rthl.

Hälsig, K., Wand-Karte der Oestlichen u. der Westlichen Halbkugel der Erde. Für Schullehrer-Seminarien ꝛc. 2e von J. C. F. Scholz verb. Aufl. à 12 lithogr. u. ill. Bl. in Roy.-Fol. Breslau 837. Hentze in Berlin. (à 2 Rthl.) 4 Rthl.

Hälsig, K., Wandkarte d. westl. Halbkugel d. Erde. Für Schullehrseminarien, Gymnasien u. Volksschulen. 12 lithogr. u. ill. Bl. in gr. Fol. Bresl. 831. Hentze. 2 Rthl.

Hälsig, (K.,) neue Wandcharte v. Deutschland f. Schulen in 12 Bl. Breslau, Grüson u. C. 1 Rthlr. 4 gr. illum.

Hälsig, K., Neue Wandkarte v. Deutschland für Schulen in 12 Blättern. Breslau [bis 1828].

Halske

— Kurze Darstellung der an den preussischen Telegraphen-Linien mit unterirdischen Leitungen gemachten Erfahrungen. Berlin 1851.

Halske, elektrische Kraftübertragung im Bergbau, s.: Siemens.

— Das für die Indo-Europäische Linie bestimmte automatische Telegraphen-System. (Aus: Zeitschr. d. Telegr. Vereins, Jahrg. XIV.) [1858.]

— Ueber die Umwandlung von Arbeitskraft in elektrischen Strom ohne Anwendung permanenter Magnete. (Auszug aus dem Monatsber. der Kgl. Akad. der Wiss. zu Berlin. Gesammtsitz. vom 17. Jan. 1867.)

— Magneto-elektrische Zeiger-Telegraphen. (Verhandl. des Vereins fur Eisenbahnk. in Berlin 1856–1857. IV. Heft.)

— W., Dr., Die electrische Telegraphie. Berlin 1866.

— Werner, Vorschlag eines reproducirbaren Widerstandsmaasses.

Hals-, Nasen- u. Rachenkrank, s.: Flugschriften, hygienische. 11. Hft.

Halsrecht, Das peinliche, der Teneriffaner; ein Mährchen, wie es mehrere giebt. Osnabrück 1783. V: *Vezin, Heinrich August.* (Ky) (MGT) (BrMm)

Halsrecht, d. peinl., d. Teneriffaner; e. Mährchen wie es mehr. giebt, (v. H. A. Vezin). 8. Osnabr. 783. 2e unveränd. Aufl. 793. (Dessau, Gel. Buchh.) 10 gGr.

Halsschmuck, goldener. Eine Mitgabe f. christl. Jünglinge u. Jungfrauen z. Admission. 16. Zürich 846, Meyer u. Z. 3 ngr.

Hälssig, Arthur [aus Dresden]: Beiträge zur Kenntnis der Paratoluolsulfinsäure ... Dresden, Druck v. W. Ulrich, 1897; S. 8.
Rostock, Phil. Fak., Inaug.-Diss v. [1. Febr.] 1897

Halstenbach, Guilelmus (geb. am 28 Jan. 1835 in Morkenpütz bei Gummersbach): De relatione figurarum planarum, quae cyclatio '(= Kreisverwandtschaft)' dicitur ... Bonnae, form. Carthausianis (1864). 30 S., 1 Bl. 8.
Bonn, Phil. Fak., Diss. v. 19 März 1864

Katechismus der deutschen Unfallversicherungs-Gesetzgebung. Bearb. im Auftr. d. Vorstandes u. Ausschusses d. Rheinisch-Westfäl. Ausbreitungsverbandes d. deutschen Gewerkvereine von Arbeiter-Sekr. Fritz **Halstenberg**, Düsseldorf. *Düsseldorf: Rhein.-Westfäl. Ausbreitungsverband 1902.* (46 S.) 8° [F.]

Halstenberg, Fritz, Katechismus der deutschen Unfallversicherungs-Gesetzgebung. Bearb. im Auftrage des Vorstandes u. Ausschusses d. rheinisch-westfäl. Ausbreitungsverbandes der deutsch. Gewerkvereine. 8. (46 S.) Düsseldorf (Adersstr. 2.) 902. Selbstverlag. —50

Halster, George von

Halster, G. v., im Banne d. Leidenschaft, s.: Bibliothek, interess.

Halster, Geo., auf sumpfigem Boden, s.a. Eckstein's moderne Bibliothek.

Auf sumpfigen (auf d. Umschl.: sumpfigem) Boden. Skizzen aus d. Großstadtleben von George **Halster**. 1.–10. Taus. *Berlin: R. Eckstein Nachf. [1902].* (96 S.) 8°
— **Bibliothek, Ecksteins Moderne.** No 17.

— **eine Eheirrung, s.a. Geschichten, intime.**

Eine Eheirrung. Von G[eorge] v. **Halster**. Berlin: Berliner Roman-Verl. [1905]. (48 S.) 8° [F.]
— **Geschichten,** Intime. 66.

— Graf Leos Eheirrung. Novelle. (108 S.) 8. Mülheim-Ruhr (909). J. Bagel. —30

Halster, G. v., auch Einer. — Knussert, Rud., der Rubinring. Novellen. (99 S.) 8. Mülheim-Ruhr (906). J. Bagel. —30

— **es ist ein Reif gefallen!, s.a. Geschichten, intime.**

Es ist ein Reif gefallen! Von G[eorge] v. **Halster**. Prag: A. Synek [1904]. (48 S.) 8° [F.]
— **Geschichten,** Intime. 43.

— **ist sie schuldig?, s.a. Geschichten, intime.**

Ist sie schuldig? Novellette von G[eorge] v. **Halster**. Berlin: Berliner Roman-Verl. [1905]. (48 S.) 8° [F.]
— **Geschichten,** Intime. 77.

— Blinde Leidenschaft. Roman e. Eheirrg. (272 S.) 8. Berlin (909). R. Eckstein Nachf. 3.—

— Sein Schicksal. Novelle. (96 S.) 8. Ebd. (910). —30

— **d. Tagebuch e. Neuvermählten, s.a. Geschichten, intime.**

Das Tagebuch einer Neuvermählten, niedergeschrieben von G[eorge] v. **Halster**. Berlin: Berliner Roman-Verl. [1905]. (48 S.) 8° [F.]
— **Geschichten,** Intime. 59.

Halstuch, das dicke,. Lustsp. in 1 A. v. A. W. Heldemann. 8. Berlin, (Wilke in Warschau.) 796. -

Halstuch-Toilette, d. neueste, für Herren, oder Anweis., wie man auf d. geschmackvollste Art d. Halstuch tragen müsse, nebst launigen Bemerkk. über den Ursprung d. Halstuchs ꝛc. Nebst Abbild. von 12 neuen Halstuchmoden. 8. Bresl. 830. (Aderholz). 3 gGr

GEISTLICHE Halszierde oder Sammlung der kräftigsten Morgen-, Abend-, Mess-, Beicht- und Communion-Gebete und Andachten auf alle Tage der Woche und auf alle Festtage des ganzen Jahres, mit sehr nützlichen und trostreichen Gesängen des ganzen Jahres. Pest o. J.: Alois Bucsánszky. 544, VIII S. - 12°

KÖNIGLICHE HALS-ZIERDE ... Verschiedene kräftige Gebetter mehrenteils aus denen Psalmen Davids entzogen. Ofen 1751: Nottenstein. (8) 368 S. 4 t.

KÖNIGLICHE Hals-Zierde einer Gott-liebenden Seele. Großdruck. Oedenburg 1783. Gedr. bey Jos. Sieß. 456 S. - 165 mm Martinsberg
- Dass. unter dem Titel: Königliche Hals- Zierde Einer Gottliebenden Seele. In sich begreiffend: Ueberaus kräftige Morgen- Abends- Mess- Beicht- und Kommuniongebether: zu dem hochwürdigen Sakrament des Altars, der allerheiligsten Dreyfaltigkeit, von dem sußen Namen Jesu, Leiden Christi, zu der Mutter Gottes und von verschiedenen Heiligen Gottes. Pressburg o. J. Gedr. bey Johann Michael Landerer. 460 (5) S. - 165 mm
- Dass. Preßburg-Pest 1810. 410 S. 190 mm
- Dass. Pest 1821. 421 S. 170 mm
- Dass. Pest 1821. 370. 180 mm

KÖNIGLICHE Hals-Zierde, oder Sammlung der kräftigsten Morgen-, Abend-, Mess-, Beicht- und Kommuniongebether ... Neue verbess. Auflage. Preßburg-Pest 1794: Landerer. 410 (6) S. 1 t. - 180 mm
- Dass. Preßburg-Pest 1807. 410 S. 7 t. - 190 mm

KÖNIGLICHE Halszierde oder Sammlung der kräftigsten Morgen-, Abend-, Meß-, Beicht- und Communion-Gebete, nebst andern Andachten zu der allerheiligsten Dreifaltigkeit, dem hochwürd. Sakrament des Altars, vom süßen Namen Jesu und dem Leiden Christi, zu der Mutter Gottes, allen heiligen Engeln und verschiedenen Heiligen Gottes; dann andächtige Gebete auf alle Festtage des Jahres. Nebst beigefügten Tagzeiten zu der göttlichen Vorsichtigkeit und der unbefleckten Empfängniß Mariae u.s.w. Neueste verb. Aufl. Preßburg-Pest: Buchhandlung Anton Edler v. Schmid, gedr. mit Landerer'schen Schriften. 1811. 410 (VI) S. - 8° BrUB
- Dass. Pesth 1821. Neue verb. Aufl. Gedr. mit Trattner'schen Schriften. 410, 8 S. 5 t. - 170 mm
- Dass. Pesth 1821: Holdmann, 370 S. 1 t. - 180 mm
- Dass. Preßburg 1841: A. Bucsánszky. Neueste Aufl. 379 S. - 8°
- Dass. Pesth o. J.: Trattner-Károlyi. Neueste verb. Aufl. 320 S. - 8°
- Dass. Preßburg 1855. 285 S.
- Dass. Pesth 1858: A. Bucsánszky. Neue Aufl. 320 S. - 8°
- Dass. Pest 1862.

Halszierde, königliche, in sich begreifend kräftige Gebete und Andachten. 8. Augsburg. Kranzfelder. 819.

Halszierde, Königl., od. Samml. d. kräftigsten Morgen-, Abend-, Meß-, Beicht- u. Communiongebete. 2te Aufl. M. 5 Kupf. gr. 8. Augsb. 827, Kranzfelder.

Hals-Zierde, königl., od. Samml. d. kräftigsten Morgen-, Abend-, Meß-, Beicht- u. Communion-Gebethe; nebst and. Andachten ꝛc. Nebst beigefügten Tagzeiten, Litaneyen, Vesper, heil. Kreuzwegandachten u. a. sehr nützl. Gebethen. 5., verb. Aufl. 8. (24½ B. u. 5 Kpfr.) Augsburg 832, [Kranzfelder'sche Buchh.]

KÖNIGLICHE Halszierde oder Sammlung der kräftigsten Morgen-, Abend-, Mess-, Beicht- und Communion-Gebete, nebst andern Andachten zu der allerheiligsten Dreifaltigkeit, dem hochwürd. Sakrament des Altars, vom süßen Namen Jesu und dem Leiden, Christi, zu der Mutter Gottes, allen heiligen Engeln und verschiedenen Heiligen Gottes; dann andächtige Gebete auf alle Festtage des Jahres nebst beigefügten Tagzeiten zu der göttlichen Vorsichtigkeit und der unbefleckten Empfängniss Mariae usf. Neueste verb. Aufl. Pressburg 1841: Bucsánszky. 379 S. - 8°
- Dass. Neue Aufl. Pest 1858: Bucsánszky. 320 S. - 8°
- Dass. Neueste verb. Auflage. Pesth o. J.: Trattner-Károlyi. S. 320.
- Vgl. Königliche Hals-Zierde. J. 1783. T. 0752.

Hals-Zierde, königliche, od. Sammlung der schönsten u. besten Gebete für alle Zeiten, Gelegenheiten u. Umstände. 6. verb. Aufl. Neu bearb. von Mich. Sintzel. Mit 1 Stahlstich. 8. Augsburg 844, Lampart u. Comp. 7/12 ₰

Hals-Zierde, königliche, oder Sammlung der schönsten und besten Gebete für alle Zeiten, Gelegenheiten und Umstände. 7. Aufl. gr. 8. (327 S. und 1 Stahlst.) Augsburg 847, Lampart und Comp.
Prachtausg. mit 3 Stahlst.

KÖNIGLICHE Halszierde: Ein vollständiges katholisches Gebet- und Andachtsbuch, nebst einer Andacht des heiligen Kreuzweges und Kirchen-Liedern. Mit Holzschnitten. Pest 1855: A. Bucsánszky. 285, 3 S. - 12°

KÖNIGLICHE Halszierde: Enthaltend Morgen-, Abend-, Mess-, Beicht- und Communion-gebete, wie auch den heiligen Kreuz-Weg, nebst Litaneien und Kirchenliedern. Pest 1855: A. Bucsánszky. 285 S. - 16°
- Dass. Pest 1862: A. Bucsánszky. 285 S. - 16°
- Dass. Pest o. J.: A. Bucsánszky. 221 3 S. - 16°
- Vgl. Königliche Halszierde. J. 1841. T. 1638.

Hals-Zierde, königliche, oder: Sammlung der schönsten und besten Gebete für alle Zeiten, Gelegenheiten und Zustände. 8. Aufl. Mit 1 Stahlst. Augsburg 864. Kranzfelder. 8. (VIII, 480 S.) 18 ngr.

Hals-Zierde, königliche, oder Sammlg. der kräftigsten Morgen-, Abend-, Meß-, Beicht- u. Communion-Gebete; nebst anderen Andachten zu der allerheiligsten Dreifaltigkeit, dem hochwürdigsten Sakrament des Altars, vom süßen Namen Jesu u. dem Leiden Christi, zu der Mutter Gottes ꝛc. Nebst beigefügten Tagzeiten zu der göttl. Vorsichtigkeit u. der unbefleckten Empfängniß Mariä ꝛc. Neue verb. Aufl. Wien 870. Gorischek. gr. 8. (480 S. mit 1 Kpfrst.) 15 ngr.

Halszierde einer gottliebenden Seele. 8. Augsb. 787. Rieger. 14 K

— — dieselbe. m. K. 8. Augsb. Kranzfelder. 803.

„Halt' ein!" Ein vertraulich' Wort u. einige Winke, gerichtet an Studierende v. e. Freund der Jugend. 32. (31 S.) Augsburg 891. Literar. Institut v. Dr. M. Huttler. n. — 5

Halt's eng zam, von einem National-Gardisten. Für seine Kameraden der Vorstadt Neubau. [Wien 1848.] V: *Brixner, Joseph.* (Helfert, Der Wiener Parnaß. Wien 1882. Nr. 615.)

Halt, Der feste. Ein Rathgeber für Fragende und Klagende. Diesdorf bei Gäbersdorf [1904]. V: *Becker, W.* (Berl 1904, S. 1398)

Halt, der feste. Ein Ratgeber f. Fragende u. Klagende. Von W. B. (48 S.) 16. Diesdorf bei Gäbersdorf, Kr. Striegau (905). Buchdruckerei der Schreiberhau-Diesdorfer Rettungsanstalten. n. — 10

Halt! Front! E. Antwort a. d. Volke an Ernst Frhrn. v. Wolzogen v. Kyffhäuser. gr. 8. (16 S.) Leipzig 895. G. Wimmer. n. — 30

Halt — mehr rechts! Ein Wort zur Abwehr unwürd. Fremdherrschaft. Von einem niederdeutschen Bauern. 1. Zwanzigtaus. gr. 8. (III, 48 S.) Dresden 891. E. Pierson. n. — 75

— ein, den Schulverderbern! Mahnworte anläßlich der 7. Landes-Lehrerkonferenz in Linz an Schule, Behörden u. Volk. Von e. aufricht. Freunde des Volkes. (39 S.) 8. Linz 904. Preßverein. n. — 20

Halt und Bedenke! Ein handl. Ermahner und Beschützer gegen die Welt und ihre Gefahren. Nach dem Engl. des „Stop!" von Mentor. 1.—5. Tausend. gr. 16. (80 S.) Frankfurt a. M. 887, Koenitzer's Verlagsh. cart. in Leinw. * 1 —

Halt Wacht! Lieder d. freiwill. Feuerwehr zu Wipperfürth. Wipperfürth 1885, 66 S., 8°.

Halt! — Wer da?-Kalender f. den Deutschen Infanteristen. 1890—1892. 12. (à Jahrg. ca. 150 S. m. Illustr.) Berl., [Isleib]. Schuhr. geb. à Jahrg. * — 60
Nicht weiter erschienen.

„Halt! — Wer da?"-Kalender f. den deutschen Infanteristen. 1892. In d. Kaisers 33. Lebensj. hrsg. 12. (163 S. m. Text.-Illustr. u. 1 Portr.) Berlin, G. Schuhr. n. — 60

Halt, Johannes Nepomuk: De Morbis simulatis. 273 S., 8⁰. Med. Diss. Erlangen 1830.

Halt, Marie Rob., histoire d'un petit homme, s.: Bibliothèque française.

Haelt unsere reit. Artillerie Schritt mit der Entwicklung des Heeres? Aphorist. Betrachtung v. einem preuß. Off. Darmstadt 1887. 24 S.

Haltalenzl, Da, von Krotendorf. Soloscene mit Gesang. Wien [1885]. V: *Bartl, Hans.* (EB)

Haltaus, Christian Gottlob

— calendarium medii aevi, praecipue Germanicum, in quo obscuriora mensium, dierum festorumque nomina ex antiquis monumentis tam editis quam MStis eruuntur atque illustrantur etc. 8maj. Leipz. 729. Deutsch verm. u. berichtigt unt. d. T.: Jahrzeitbuch d. Deutschen d. Mittelalters, in e. freien Uebersetzung, mit Zusätzen u. Berichtigungen, (v. W. F. L. Scheffer). 4. Erlang. 797. Palm. 1 ℔ 8 K

Haltaus, C. G., Calendarium med. aevi, praec. german. 8. Lps. Breitkopf. 729.

— — Specimen glossarii fori Germanici ex diplomatibus edit, simulque viro Jacob Heinrich Born (Leipzig) summos in philos. honores gratul. Lpz. (Breitkopf) 20. II. 1738. 16 S. (6.—) 12918

Haltaus, **Chr. Glo., († d. 11. Febr. 1758.) glossarium germanicum medii aevi ed. et c. praef. Jh. Glo. Böhme. II Tom. Fol. Leipz. 758. (Brockhaus).** 6 ℔

— Glossarium germanicum med. aevi. II Tmi. fol. Lps. Gleditsch. 758.

Haltaus, Christian Gottlob. Jahrzeitbuch der Deutschen des Mittelalters ... Erlangen 1797. Ü: *Scheffer, Wilh. Ferd. Ludw.* (Ky) (Ebert) (MGT)

— Jahrzeitbuch d. Deutschen des Mittelalters, in e. fr. Uebers. in Zus. u. Bericht. 4. Erl. Palm. 797.

Haltaus, Christian Gottlob, Memoriam juris publici certi S. R. Imp. ex medio aevo ope diplomatum eruit, memoriamque viri Joh. Friedrich Hager (Leipzig) nuper ipso adscens. Christi festo praematura morte erepti bonis omnibus commendat. Lpz. (Breitkopf) 1735. 32 S. mit Biogr. Hager's. (6.—) 12917

— de turri rubea Germanorum aevi. 4. Leipz. 757. Crusius. (W. Vogel). 3 K

— — De turri rubea Germanorum medii aevi et quae cognati sunt argumenti disserit, simulque viro Jacob Born (Wildenborn, Suxdorf) solennia muneris senatorii semisecularia gratul. Lpz. (Ulrich Christian Saalbach) 1757. 42 S., tlws. dtsch. (6.20) 12919

Haltaus, Ernst, Erzählungen für die Jugend. 1.—5. Bdchn. 8. Stuttgart, Belser's Verlag. cart.

Inhalt:

Bdchn. 1. Zwanzig Geschichten der schönsten evangel. Kirchenlieder nebst einem Anhange. Den Kindern des evangel. Christenvolkes erzählt. 2. verb. und verm. Aufl. (94 S.) 866. 60 Pf.

" 2. Der junge Baron. (102 S.) 870. 90 Pf.

" 3. Der Kameeltreiber. Das räthselhafte Gespenst. Das überraschende Geburtstagsgeschenk. (150 S.) 870. ℳ 1,20.

" 4. 5. Rosamunde von der Schwanenburg. Romantische Erzählung für die reifere Jugend in 2 Thln. (119; 94 S.) 871. ℳ 1,80.

Haltaus, Ernst, sinnige Erzählungen für Kinder von 7—10 Jahren. 1. Aufl. 1864. und 2. Aufl. 16. (III und 196 S. mit 8 lithogr. und ill. Bildern.) Stuttgart 867, Chelius. cart.

Haltaus, Ernst, sinnige Erzählungen f. Kinder v. 8 bis 12 Jahren. 3., verb. u. verm. Aufl. Mit (8) color. Bildern. 16. (271 S.) Leipzig 879. Berndt. cart. 2. 75

Haltaus, Ernst, die Geschichte von den beiden weißen Mäuschen. Ein Mährchen. gr. 16. (VIII und 110 S. mit 5 ill. Stnt.) Berlin 851(52,) Brandis.

—— kleine Geschichten aus dem frühesten Kindesalter für kleine Kinder von 4 bis 8 Jahren. gr. 16. (VIII und 182 S. mit 8 ill. Stnt.) Stuttgart 856(57,) Chelius.

Haltaus, Ernst, kleine Geschichten aus dem frühesten Kindesalter. Für kleine Kinder von 4 bis 8 Jahren. Mit 8 (lith. u.) color. Bildern. 857. — 2. Aufl. Stuttgart 858. Chelius. 16. (VIII. 182 S.) 22½ ngr

Haltaus, Ernst, kleine Geschichten aus dem frühsten Kindesalter. Für kleine Kinder von 4 bis 8 Jahren. 2. Aufl. 1858. und 3. Aufl. gr. 16. (VIII und 182 S. mit 8 lithogr. und ill. Bildern.) Stuttgart 861, Chelius.

—— kleine Geschichten aus dem frühsten Kindesalter. Für kleine Kinder von 4 bis 8 Jahren. 4. Aufl. 16. (VIII und 182 S. mit 8 lithogr. und ill. Bildern.) Stuttgart 868, Chelius. cart. —

— kleine Geschichten aus dem frühesten Kindesalter od. Peterchen u. Gretchen. Für kleine Kinder von 4—8 Jahren. 5. Aufl. Mit 8 (lith. u.) color. Bildern. gr. 16. (190 S.) Leipzig 877. Berndt. 2. 50

—— Geschichten aus dem Leben. Dem deutschen Christenvolk erzählt. 1.—8. Bdchn. 8. Stuttgart, Belser's Verlag.

Inhalt:

Bdchn. 1. Eine Dorfchronik in vier Abschnitten. (167 S.) 869. cart. ℳ 1.20.

" 2. Auf Freiers Füßen. (101 S.) 869. cart. 90 Pf.

" 3. Ein brennendes Schiff. Ein Bauernjunge in der Fremde. Aus dem Franzosenkrieg. Im Stübchen eines Hochgebornen. (130 S.) 869. cart. ℳ 1.20.

" 4. Das Kriegsbuch. Sammlung der einzelnen Erlebnisse, Stimmungen, Thaten und Leiden des deutschen Kriegsheeres aus dem französ. Kriege von 1870 und 1871. (In 13 Abthlgn.) 1. Bdchn. (1. und 2. Abthl.) Der Ausmarsch. Der erste Versuch. (260 S.) 873. ℳ 1.80.; cart. ℳ 2,10.

" 5. —— dass. — 2. Bdchn. (3. und 4. Abthl.) Es geht heiß her. Ein weltgeschichtlicher Tag. (116 S.) 873. ℳ 2,40.; cart. ℳ 2,70.

" 6. —— dass. — 3. Bdchn. (5. und 6. Abthl.) Auf nach Paris! Bitte Stadt Straßburg. (140 S.) 874. ℳ 2,70.; cart. *ℳ 3.

" 7. —— dass. — 4. Bdchn. (7.—9. Abthl.) (IV, 276 S.) 875. ℳ 2,10.; geb. ℳ 2,10.

" 8. —— dass. — 5. Bdchn. (10.—13. Abthl.) (316 S.) 875. ℳ 2,40.; geb. ℳ 2,70.

— 20 Geschichten der schönsten evangelischen Kirchenlieder nebst einem Anh. den Kindern des evangel. Christenvolkes erzählt. Wiesbaden 865. (Jurany & Hensel.) 16. (VIII, 64 S.) cart. n. 6 ngr

—— dass. — 2., verb. und verm. Aufl. 8. (94 S.) Stuttgart 867, Belser's Verlag. cart.

—— die Macht des Gottesvertrauens oder Fritz und Anna. Eine Erzählung für das Volk. 12. (84 S.) Berlin 851, J. A. Wohlgemuth.

— die Macht des Gottvertrauens oder Fritz und Anna. Eine Erzählung für das Volk. 2. mit einer (lith.) Abbildung und einem Musikblatte verm. Ausg. Berlin 863. J. A. Wohlgemuth. 16. (107 S). 7½ ngr

— Marie oder durch Leiden zu Freuden. Eine Hamburger Stadtgeschichte, dem deutschen Volke jeglichen Standes erzählt. Leipzig 860. Violet. 8. (VII, 311 S.) 25 ngr

Haltaus, Ernst, Plaudereien eines Vaters. Zum Vorerzählen für die kleinsten Kinder von 3 bis 5 Jahren. gr. 16. (III, 144 S. mit 8 color. Bildern.) Stuttgart 872, Chelius. [Leipzig, Berndt's Verlag.]

Haltaus, Ernst, d. badischen Bauern Joh. Adam Müller merkwürdige Prophezeiungen auf das Haus Hohenzollern u. das Geschick Frankreichs. Eine Erinnerg. an den Krieg v. 1870. Auf Grund glaubwürdiger Zeugnisse hrsg. br. 16. (68 S.) Stuttgart 871. Belser's Verl. n. — 40

— durch e. Raubmörder. Der schwarze Pilger. Frau Amtmann. Drei Erzählungen f. das deutsche Christenvolk. 8. (180 S.) Schaffhausen 878. Mann. cart. 1. —

— dasselbe. s. a. Hausbibliothek.

Haltaus, Karl (Ferd.)

Haltaus, Karl, Album deutscher Schriftsteller zur vierten Säcularfeier der Buchdruckerkunst. (Mit Guttenberg's Bildn. u. vielen Holzschnitt-Facsimiles.) gr. 8. Leipzig 840. Fest. 2 ℛ Auf fein Velinp. 2½ ℛ

Haltaus, Karl (Ferd.), Gedichte. 1. Aufl. 16. (12¾ B.) 844. 1 Thlr. u. 2., verm. Aufl. 8. (18 B.) Leipzig 845, Fest'sche Vrlgsbuchh.

—— allgem. Geschichte v. Anfang histor. Kenntniß bis auf uns. Zeit. Für höh. Lehranstalten u. Geschichtfreunde bearb. 3 Bde. gr. 8. Leipzig, Fest'sche Vrlgsbuchh.

Bd. 1. Geschichte des Alterthums. (25¼ B.) 840. 1 Thlr.
" 2. Geschichte des Mittelalters. (22½ B.) 841. 1 Thlr.
" 3. Geschichte der neuern Zeit. (36 B.) 843. 1 Thlr. 8 Gr.

Haltaus, Karl, Geschichte des Kaisers Maximilian des Ersten, s. a. Hausbibliothek, historische, 13. Bd.

Haltaus, Carl, Geschichte des Kaisers Maximilian I. Neue (Titel-)Ausg. Leipzig (850) 65. Senf. gr. 8. (VIII, 273 S. mit dem Portr. Maximilian's in Stahlst.) 1 ℛ

Haltaus, K. Geschichte Roms im Zeitalter der punischen Kriege. 1. Vom Anfange des ersten punischen Krieges bis zum Ende des punischen Söldnerkrieges. (40 B.) 8. Leipzig 1846. 10,50.

— Geschichte Roms im Zeitalter d. punischen Kriege, aus den Quellen geschöpft und dargestellt. A. u. d. T.: Geschichte Roms vom Anfange des ersten punischen Krieges bis z. Ende des punischen Söldnerkrieges. 1. Bd. gr. 8. Leipzig 846, F. Fleischer. 3½ ℛ

—— Lehrbuch d. alten Geschichte f. d. unt. u. mittl. Classen gelehrter Schulen, nebst e. histor. Abriß u. synchronist. Tabellen d. alten Geschichte. gr. 8. (14¾ B.) Leipzig 838, Friese.

— Lehrbuch der alten Geschichte für die unteren und mittleren Classen gelehrter Schulen, nebst einem histor. Abriß u. synchronistischen Tabellen der alten Geschichte. gr. 8. Leipzig 839. Friese. 5/6 ₰ — Die Tabellen apart 1/12 ₰

— Lehrbuch der Weltgeschichte für Lehrer u. Schüler der unteren u. mittleren Classen gelehrter Schulen. (2r Thl.) A. u. d. T.: Lehrbuch der mittlern u. neuern Geschichte, nebst einem histor. Abriß u. synchronist. Tabellen der mittlern u. neuern Geschichte. gr. 8. Leipzig 839. Friese. 1 3/4 ₰ (1, 2, geh. 2 7/12 ₰)

—— Liederbuch d. Clara Hätzlerin, s. Bibliothek d. ges. deutsch. National-Literatur., 8. Bd.

—— Theuerdank, s. Bibliothek d. ges. deutsch. National-Literatur., 2. Bd.

— Theuerdank, s. Ebendas.

Halte fest, deutscher Sinn! Zweites Wort der Warnung an den Bürger und Landmann von der Volksversammlung in Magdeburg. Magdeburg, Fabricius u. Schäfer, 1848. 16 S. 8°.

Halte im Gedächtniß Jesum Christum, der auferstanden ist v. den Todten. 4 Dornenkronen m. Blumen. Chromolith. 16. Leipzig 883. (Baldamus.) n. — 80

Halte, was du hast. Ein evangelisches Monatsblatt zu Lehr' u. Erbaug. aus Oesterreich. Hersg. u. Red.: Gust. Trautenberger. Jahrg. 1868—70. à Jahrg. 12 Nrn. (Bgn.) Brünn. (Leipzig, Heitmann.) 8. Jeder Jahrg. n.n. 22 1/2 ngr.

Halte, was du hast. Illustrirtes evangel. Volksblatt zur Lehr' und Erbauung aus Oesterreich. Redact.: Gust. Trautenberger. 1.—3. Jahrg. 1868—1870. à Jahrg. 12 Nrn. (Bog. mit eingedr. Holzschn.) 8. Brünn. (Leipzig, Heitmann.) à Jahrg. *

Halte, was du hast. Illustrirtes evangel. Volks- u. Gemeindeblatt aus Oesterreich. Red.: Gust. Trautenberger. 4. Jahrg. 1871. 12 Nrn. (B. m. eingedr. Holzschn.) 8. Brünn. Leipzig, Heitmann in Comm. n. 2. 25

„Halte was du hast." Zeitschrift für Pastoral-Theologie. Unter Mitwirkung vieler in Wissenschaft und Praxis bewährter evangel. Theologen hrsg. von V. Fr. Oehler. 1.—3. Jahrg. Decbr. 1877—Novbr. 1880. à Jahrg. 12 Hefte. (à 3 Bog.) gr. 8. Heilbronn, Gebr. Henninger. à Jahrg. * 8 —

„Halte was du hast". Zeitschrift für Pastoral-Theologie. Unter Mitwirkung vieler in Wissenschaft und Praxis bewährter evangel. Theologen hrsg. von V. Fr. Oehler. 4.—8. Jahrg. Decbr. 1880—Novbr. 1885. à Jahrg. 12 Hefte. (à Heft 3 Bog.) gr. 8. Heilbronn, Gebr. Henninger. à Jahrg. *

„Halte was du hast." Zeitschrift für Pastoral-Theologie. Unter Mitwirkung vieler in Wissenschaft und Praxis bewährter evangel. Theologen hrsg. von V. Fr. Oehler. 9. und 10. Jahrg. 1886 und 1887. à Jahrg. 12 Hefte. (à Heft 3 Bog.) gr. 8. [Heilbronn, Gebr. Henninger.] Berlin, Reuther's Verlagsh. à Jahrg. * 8 —

—— dass. — 11. Jahrg. 1888. 12 Hefte. (à Heft 3 Bog.) gr. 8. Berlin, Reuther's Verlagsh. * 8 —

—— dass. — Unter Mitwirkung von F. Braun, P. Kleinert, H. A. Köstlin, sowie vieler in Wissenschaft und Praxis bewährter evangel. Theologen. Hrsg. von Eug. Sachsse. 12. Jahrg. Octbr. 1888—Septbr. 1889. 12 Hefte. (à Heft 3—4 Bog.) gr. 8. Ebendas. * 8 —

„Halte was du hast." Zeitschrift für Pastoral-Theologie. Unter Mitwirkung vieler in Wissenschaft u. Praxis bewährter evangel. Theologen hrsg. v. E. Sachsse. 12. 13. Jahrg. Oktbr. 1888—Septbr. 1890. à 12 Hfte. (à 3—4 B.) gr. 8. Berlin, Reuther. à Jahrg. n. 8. —

— dasselbe, hrsg. v. E. Sachsse. Mit e. theolog. Bibliographie v. Th. Gleiniger. 14. Jahrg. Oktbr. 1890—Septbr. 1891. 12 Hfte. (à 3—4 B.) gr. 8. Ebd. n. 8. —; einzelne Hfte. à n. 1. 20

„Halte was du hast". Zeitschrift f. Pastoral-Theologie. Unter Mitwirkg. v. F. Braun, P. Kleinert, H. A. Köstlin, sowie vieler in Wissenschaft u. Praxis bewährter evangel. Theologen hrsg. v. Eug. Sachsse. 15.—18. Jahrg. Oktbr. 1891—Septbr. 1895. à 12 Hfte. (à 3—4 Bog.) gr. 8. Berlin, Reuther & Reichard à Jahrg. n. 8. —; einzelne Hfte. à n. 1. 20

„Halte was du hast". Zeitschrift f. Pastoral-Theologie. Unt. Mitwirkg. v. F. Braun, P. Kleinert, H. A. Köstlin, sowie vieler in Wissenschaft u. Praxis bewährter evangel. Theologen hrsg. v. Eug. Sachsse. 19.—22. Jahrg. Oktbr. 1895—Septbr. 1899. à 12 Hfte. (à ca. 3 Bog.) gr. 8. Berlin, Reuther & Reichard. à Jahrg. n. 8. —; einz. Hfte. n. 1. 20
Kann auch halbjährlich bezogen werden.

„Halte, was du hast". Zeitschrift f. Pastoral-Theologie. Unter Mitwirkg. von F. v. Braun, P. Kleinert, H. A. Köstlin, sowie vieler in Wissenschaft u. Praxis bewährter evangel. Theologen hrsg. v. Eug. Sachsse. 23.—26. Jahrg. Oktbr. 1899—Septbr. 1903. à 12 Hfte. gr. 8. Berlin, Reuther & Reichard. à Jahrg. n. 8. —
23. (VI, 700 S.) — 24. (VI, 717 S.) — 25. (VI, 650 S.) — 26. 1.—9. Hft. (528 S.)

„Halte was du hast". Zeitschrift f. Pastoral-Theologie. Unter Mitwirkg. von F. v. Braun, P. Kleinert, H. A. Köstlin, sowie vieler in Wissenschaft u. Praxis bewährter evangel. Theologen hrsg. v. Eug. Sachsse. 27. Jahrg. Oktbr. 1903—Septbr. 1904. 12 Hefte. (VI, 636 S.) gr. 8. Berlin, Reuther & Reichard. n. 8. —
Fortsetzg., s.: Monatschrift f. Pastoraltheologie.

Halte was du hast! Ein Wort zur Katechismusfrage von Freunden der Kirche. gr. 8. (32 S.) Karlsruhe 881. Reiff. n. — 15

Halte, was du hast, damit Niemand deine Krone nehme! Ein Mahnruf der Kirchenältesten der evangelisch-reformirten Brüder-Gemeinde zu Kassel an ihre Mitältesten in der reformirten Kirche nebst einem gutachtlichen Responsum von Heinr. Heppe. 1. u. 2. Aufl. Kassel 859. J. G. Luckhardt. gr. 8. (40 S.) 5 ngr.

Halte. Dr. Eduard, Die Minerale d. Herzogth. Steiermark. 4. u. 5 Heft gr. 8. (S. 145—212 u. XIV.) Graz, Leuschner & Lubensky. à 50 kr. Compl. 2 fl. 50 kr. 1885.

Haltenberg, Chrph. v., kleine Dramen für Kindertheater. Paderborn 867. Schöningh. 8. (IV, 92 S.) 7 1/2 ngr.

Haltenberger, F., über Chirurgie, Ophthalmologie u. Spitäler in Frankreich u. England. Nürnberg 870. Korn. gr. 8. (71 S. mit eingedr. Holzschn.) n. 15 ngr.

Haltenhoff, George, (Dr.) Etiologie et prophylaxie de la myopie. In-8°, 10 p. Genève et Bâle, Georg. 1878. — 60

— Une extraction de cysticerque du corps vitré. In-8°, 11 p., av. 2 fig. 1886. 1 —
*** Extrait de la „Revue médicale de la Suisse rom."

Haltenhoff, G. (Dr.) De l'Hygiène de la vue au point de vue industriel. Résumé d'une conférence. In-8°, 11 p. Genève et Bâle, Georg. 1878.

Haltenhof, Dr., Note sur la retinite diabétique. 16 pp. in-8. Genève et Bâle, H. Georg. 1. 50
1873.

Haltenhoff. Georges, de Genève: De la périostite et de la nécrose phosphorique. Zur. Zurcher & Furrer Impr. 1866. 61 S., 2 Bl. Tabellen. 1 Bl. 8°.
Zürich. Med. Diss. [v. 8. Dec. 1866].

Haltenhof, G. (Dr.). Présentation d'un cas opéré par névrotisme optico-ciliaire. In-8°, 7 p. Bâle, Genève et Lyon, H. Georg. 1881. — 80
*** Extrait du: „Bulletin de la Société médicale de la Suisse romande".

Haltenhoff, G. (Dr.) Premier rapport de la Clinique pour le traitement des maladies des yeux. In-8°, 61 p. Genève et Bâle, Georg. 1878.

Haltenhoff, Dr. G. 4° rapport de la clinique ophthalmique du Molard (Genève). 1886

Haltenhoff, G. 6° rapport de la clinique ophtalmique du Molard. In-8°. 20 p. Genève, Bâle, Lyon, H. Georg. 1893. — 50

Haltenhoff, G., la Strychnine dans la thérapeutique oculaire. Mémoire. gr. 8. (24 S.) Genève 876. (Basel, Georg.) n. — 80

Haltenhoff, J. G. W., öffentl. Prüfungen der Zöglinge der höhern Bürgerschule zu Bramsche, nebst den betreff. Reden. gr. 8. (2¼ B.) Osnabrück 844, Rackhorst'sche Buchh. Thlr. *

Haltenhoff, Julius, aus Oebisfelde: Zur **Geschichte** des nhd. Adjektivsuffixes -icht und seiner Verwandten. *Guben 1904: A. Koenig.* (89 S.) 8°
Heidelberg, Phil. Diss. v. 1904

Haltenhoff, Jul., die Wissenschaft vom alten Orient in ihrem Verhältnis zu Bibelwissenschaft u. Offenbarungsglauben, s. a. Magazin, pädagogisches. 284. Heft.

Die Wissenschaft vom alten Orient in ihrem Verhältnis zu Bibelwissenschaft und Offenbarungsglauben. Ein Beitrag z. Lösung schwebender Fragen von Dr. phil. Julius **Haltenhoff**, Rektor. Langensalza: H. Beyer & Söhne 1906. (VIII, 69 S.) 8°
— **Magazin**, Pädagogisches. H. 284. [07. 3734 3

Halter, Dr. Josef . . . Salzburg 1872. V: *Steinhauser, Adolph R. v.* (Hr)

Halter, Eduard, meine litterarische Bekehrung. Ein reumüt. Gedicht. (24 S.) 8. Ill-Athen 902. Straßburg i/E. (Universitäts- u. Landesbibliothek) Selbstverlag. n. — 30

[F.] Die Strassburger litterarische 'Besegard.' E. Satire in 4 Abschnitten v. **Eduard Halter** ... *Illstadt; (Strassburg: Buchdr. Ch. Muh & C.) 1899.* (12 Bl.) 1 Bd 8. [98. 13610

Halter, Ed, die Straßburger litterarische „Besegard". Eine Satire in 4 Abschnitten. 8. (23 S.) Illstadt 899. Straßburg i/E. Selbstverlag. n. — 40

Halter, Ed., der Dichter u. die Dichtung. Heitere u. ernste Plaudereien. 12. (IV, 117 S.) Straßburg 900. F. Bull. n. 1. 60

Die Alemannische Mundart Hagenau-Strassburg. Formenlehre, Sprachproben, Wörterverz. von **Eduard Halter**. *Strassburg 1901: (A. Michel).* (207 S.) 4° (8°) [autogr.] [01 9334

— die alemannische **Mundart** Hagenau-Strassburg. Formenlehre, Sprachproben, Wörterverzeichnis. Lex.-8. (207 autogr. S.) Strassburg i/E. (kaiserl. Universitäts- u. Landesbibliothek) 901. Selbstverlag. n.n. 6. —

Halter, Ed., Jesus in der Natur. 8. (48 S.) Straßburg 875, Selbstverlag.

Halter, Ed., Jugendrausch. Lieder und Bilder, nebst „Kloster-Reminiscenzen" und „Jesus in der Natur" [in 2. Aufl.]. gr. 8. (232 S.) [Straßburg 878,] Mannheim, Schneider. * 3 —

—— Kloster-Reminiscenzen. 8. (34 S.) Ebendas. 875.

Halter, Eduard, d. Leiden d. Klosterschülers. (95 S.) kl. 8. Bamberg (907). Handels-Druckerei u. Verlagsh. 1. —

Halter, Eduard, die Mundarten im Elsaß. (145 S.) gr. 8. Straßburg 908. Treuttel & Würtz. 3. —

Halter, Ed., die deutsche Muse im Elsaß. Ein Gespräch. 8. (39 S.) Straßburg 894. C. F. Schmidt. n. — 50

— das neue Narrenschiff. Satirische Dichtg. 8. (64 S.) Straßburg 893. Treuttel & Würtz. n. 1. —

— Noël d'Alsace. Ed. française, augmentée d'une notice sur le mot „noël", sur le fond gaulois de la langue française et sur l'origine des Gaulois. (Petit théâtre de famille.) 8. (26 S.) Strassburg 902. J. Noiriel. n. — 40

— die Urheimat der Elsässer. Ein ethnograph. Bild. (16 S.) gr. 8. Ebd. 903. n. — 30

D'r Nazi. E junger Dichter, wo vum Land in d'Schtadt will. Dichtung in dr Heimetschproch von Edward **Halter**. Schtroßburj 1904: Müh. 47 S. 8° [0. 11270

D'r Nazi in dr Schtadt. E Maiöwe-n-Underhaldung in dr Heimetschbroch von Edward **Halter**. Schtroßburj 1907: (Müh). 47 S. 8° [07. 17626

Halter, Ewald, aus Gr. Sophienthal, Kr. Naugard: **Ein Fall** von Zungenbeinaktinomykose. *Greifswald 1898: J. Abel.* (22 S.) 8°
Greifswald, Med. Diss. v. 30. Sept. 1898

Halter, Josef, gew. II. Assistenzarzt der Klinik: Die Schussverletzungen im Frieden. 122 Fälle von Schussverletzungen aus der Berner chirurg. Klinik 1872—1904. Leipzig 1906. II + 120 S. 8°. [30. XI. 04.]
Bern. Med. Diss. 1905/1906

Halter Josef. Die Schussverletzungen im Frieden. 122 Fälle von Sch' aus der Berner chirurg. Klinik 1872—1904. Diss. Med. Bern. [Mit Figuren. Sep.-Abdr. aus: Deutsche Zeitschrift für Chirurgie, Band 81.] II + 119 S. 8. Leipzig, August Pries, 1906.

Halter, Carl [aus Müllheim, Thurgau]: Das gesetzliche Erbrecht des Kantons Thurgau in historisch-dogmatischer Darstellung. Frauenfeld 1904. 142 + 1 S. 8°.
Bern. Jur. Diss. 1903/1904.

Halter, Carl. Das gesetzliche Erbrecht des Kantons Thurgau in historisch-dogmatischer Darstellung. Diss. Jur. Bern ... von K' H' ... IV + 143 S. 8. Frauenfeld, Huber & Co., 1904.

Halter, Peter. Arnold Winkelried. Volksschauspiel in drei Akten. [Mit illustriertem Umschlag.] 137 S. 8. Luzern, J. Schill, 1901. [fr. 2. —]
(Vaterländische Volksschauspiele, Hochdorf, Ct Luzern. Sommer 1901.)

Halter, Peter. Arnold Winkelried. Volksschauspiel in drei Akten. 2. Aufl. [Mit illustriertem Umschlag.] 136 S. 8. Luzern, J. Schill, 1901. [fr. 2. —]

Halter, Peter. Arnold Winkelried. Volksschauspiel in 3 Akten. Hochdorf Ct. Luzern. (*Umschlag:* Sommer 1902.) (Festspiel-Album [mit dreisprachigem Text. Illustriert].) [28 S.] quer-8. Zürich, Art. Institut Orell Füssli. [fr. —. 50]

Halter, Pet., Arnold Winkelried. Volksschauspiel in 3 Akten. Hochdorf Ct. Luzern Sommer 1902. qu. 8. (24 S. m. Abbildgn.) Zürich (902). Art. Institut Orell Füssli. n. — 50

Ueber die menschlichen Freuden. Eine Rede, gehalten am Johannistage, in der Loge Augusta zur goldnen Krone [in Stargard i. Pr.] von dem Br Redner [d. i. W. F. **Halter**]. Stargard: Kunst. 1780. 6 Bl. 4°

Haltermann, C. D., de formulis jurementorum judaicorum. Rost. 1701. 4.

Haltermann, G., Anleitung zur Zucht u. Ernährung des Rindviehes. Gekrönte Preisschrift. Hannover 867. Schmorl & v. Seefeld. gr. 8. (III, 104 S.) n. 10 *ngr.*

Haltermann, G., Anleitung zur Zucht und Ernährung des Rindviehes. Gekrönte Preisschrift. 2. Aufl. gr. 8. (VI, 114 S.) Hannover 869, Schmorl und v. Seefeld. *

Haltermann, G., Anleitung zur Zucht u. Ernährung des Rindviehes. Von der königl. Landwirthschafts-Gesellschaft in Celle gekrönte Preisschrift. 3., unveränd. Aufl. gr. 8. (VI, 114 S.) Hannover 878. Schmorl & v. Seefeld. n. 1. —

Haltermann, Wilhelm, appr. Arzt a. Kottbus: Aus d. Psychiatr. u. Nervenklinik zu Kiel. Zur Lehre von den akuten Haftpsychosen. Kiel 1908: Schmidt & Klaunig. (26 S.) 8°
Kiel, Med. Fak., Ref. Siemerling, Diss. v. 12. Aug. 1908
[Geb. 27. April 78 Kottbus; Wohnort: Kottbus; Staatsangeh.: Preußen; Vorbildung: Friedrich-Wilhelms-Gymn. Kottbus; Studium: Würzburg 4, Erlangen 2, Würzburg 1, Kiel 3 S.; Coll. 31. Juli 08; Approb. 22. Juli 08.]

Haltern u. die Altertumsforschung an d. Lippe, s. a. Mitteilungen d. Altertums-Kommission f. Westfalen. 2.

Haltern und die Altertumsforschung an der Lippe. Münster i. W. 1901. II: *Philippi, Frdr.* (Berl)

Haltern, Rob. Karl v., Walter König, Nassoviae. Die Geschichte e. Korpsstudenten. (327 S.) 8. Straßburg 908. J. Singer. 4. —

Halte-Tabelle für die hohe [neuere] Visirung. Ostrowo 864. (Priebatsch.) 4. (2 S. u. 4 lith. Taf.) n. 2½ *ngr.*; color. n. 3 *ngr.*

Haltlosigkeit aller von der Lebensversicherungs-Gesellschaft zu Leipzig gegen den Preussischen Beamten-Verein zu Hannover gerichteten Angriffe. (*Hannover: Preuss. Beamten-Ver. [1902].*) (12 S.) 8° [Kopft. F.] [c3. 679

Haltmann, Ernst, 200 Tage im ewigen Eis, s. a. Jugend- u. Volksbibliothek.

Zweihundert Tage im ewigen Eis. Eine Erzählung aus d. Polarmeeren von Ernst **Haltmann**. *Berlin: A. Weichert [1901].* (32 S.) 8° [F.]
— Indianer- u. Volksbibliothek. 306. [03 4450

Haltmeier, S. C., Danck-Rede, am 2. Weihnachtstage, wegen der von Sr. Königl. Majest. siegreich geschehenen Wieder-Einnahme der Schles. Haupt-Stadt Breslau, die am 19. Dec. 1757 nebst der gantzen feindl. Besatzung von den Kön. Truppen erobert worden, vor der Preuss. Garnison in Dresden gehalten. 1758. 4.

Haltmeier, S. C., Bey der festl. Feyer des grossen Sieges, den die Preuss. Armee unter d. höchst. Befehlen Sr. Majestät des Königs am 5. Dec. 1757 unweit Lissa über die Oesterr. Trouppen erfochten, wurde diese Danckpredigt in Dressden gehalten und zum Druck befördert. 1757. 4.

Haltmeier, S. C., Zum Lobe Gottes, zur Ehre des Königs, zum Ruhm seiner tapf. Armee wurde diese Danckpredigt wegen des am 5. Nov. d. J. bey Weissenfels erfochtenen herrl. Sieges in Dressden gehalten u. zum Druck befördert. 1757. 4.

Haltmeier, Sam. Christoph (Resp.): De captivanda Ratione sub fidem, s. Baumgarten, Siegm. Jakob

*Haltmeyer, Alfons: Der Savary'sche Satz der ebenen Kinematik und dessen Anwendung auf einige Konstruktionsaufgaben. S. 3 bis 29. 8. Landes-Unter- u. Kommunal-Obergymn. *Mähr.-Neustadt* 1908.
Progr.

HALTMEYER, Benedikt (Scheidegg): De morbillis.- Landishuti: Rietsch 1848. 8 S.
27.7.1844 - Urk: F 66
Diss. Ingolst.-Landsh.-Mchn.

Jahresbericht über die Steiermärkisch-ständische Ober-Realschule und über den Vorbereitungs-Jahrgang zu den höheren technischen Studien in Gratz für das Studienjahr 1851 — 1852. Berichterstatter: Dr. G. **Haltmeyer**. 4. (30 S.) Gratz, J. A. Kienreich.

Haltmeyer, Geo., s. Mohs, Fr., u. sein Wirken.

(Haltmeyer, Marx, [und] Huber, Christian. Historische) Beschreibung Der Eidgnössischen Statt St. Gallen Gelegenheit, Geschichten und Regiment. Wie auch Des Lebens Hrn. D. von Watt .... [Mit 1 Vignette und illustriertem Vortitel. 2 Theile.] 8. S. Gallen 1683.
[Theil 1.] (... St. Gallische Beschr' [von] M' Haltmeyer, Elter.)
[Theil 2] *u. d. T.:* Ehren-Gedechtnus Deß ... Hrn. Joachim von Watt ... Aus Hr. Johannes Keßler und anderer ... hinderlassnen Schrifften ... von neuem aufgerichtet. Von Ch' Huber. S. Gallen 1683.

Blick' zu dem Stern. Dichtung von Friedr. Holtschmidt, comp. von A[ug.] **Haltnorth.** o. O. 1883. 3 S. 4° [Lithogr.] [Umschlagtit.]
Tt. 2488. Lied mit Noten für Gesang u. Piano: „Blick zu dem Stern, ..."

Festcantate zur Feier des 18. Juni 1873 (an welchem Tage das Logenhaus 100 Jahre Maurerzwecken gedient hat), gedichtet von W[ilh.] Mühe, comp. von [Aug.] **Haltnorth.** [Braunschweig 1873.] 2 Bl. 8° [Kopftit.]
Ohne Noten: „Dem heil'gen Tempel, den wir bauen, ..."

Cantate. Zur Gedenkfeier des hundertjährigen Todestages des Herzogs Leopold von Braunschweig. Gedicht vom Br. Fr[iedr.] Holtschmidt. Musik vom Br. Aug. **Haltnorth.** Gehalten in der ▭ Carl z. gekr[önten] Säule in Braunschweig am 27. April 1885. [Braunschweig 1885: Waisenhaus.] 2 Bl. 8° [Umschlagtit.]
Ohne Noten: „Trauerklänge zittern durch die Luft . . .“

Cantate zur Friedensfeier der Loge Carl zur gekrönten Säule in Braunschweig am 21. März 1871. [Worte von Friedr. Schiller.] Comp. von [Aug.] **Haltnorth.** [Braunschweig 1871.] 2 Bl. 8° [Kopftit.]
Ohne Noten: „Schön ist der Friede! Ein lieblicher Knabe . . .“

Haltons, Dr. Carl, Lehrer der Geschichte an der Thomasschule zu Leipzig. Allgemeine Geschichte, vom Anfange historischer Kenntniss bis auf unsere Zeit. (3 Bde.) Leipzig 1843.

Haltpunkte aus d. Disciplinen d. Volksschule, als Gedächtnißübung f. Schüler. gr. 12. (3½ B.) Leipzig 834, Baumgärtner.

Haltrich, Jos.: Negative Idiotismen der siebenbürgisch-sächsischen Volkssprache. 56 S. 8°. – Schässburg, Progr. 1866.

Haltrich, Josef: Die Macht und Herrschaft des Aberglaubens in seinen vielfachen Erscheinungsformen. Mit einigen Beispielen von Aberglauben aus dem Siebenbürger Sachsenlande, und einem Anhange . . . 2 Auflage. Schässburg 1871. 48 S. 8°.

Haltrich, Josef — Die Stiefmütter, die Stief- und Waisenkinder in der siebenbürgisch-sächsischen Volkspoesie. Den Mitgliedern des Vereines für siebenbürgische Landeskunde zu dessen Generalversammlung in Schäßburg im August 1856. Die Stadt Schäßburg. Wien, 1856. Aus J. B. Wallishaussers k. k. Hoftheater-Druckerei. (36 S. 8.)

Haltrich, Josef, Zur deutschen Thiersage. Kronstadt 1855. 4.
Progr. d. Gymn. Schässburg. . . . . (D.)

Haltrich, Jos., zur Volkskunde der Siebenbürger Sachsen. Kleinere Schriften. In neuer Bearbeitg. hrsg. v. J. Wolff. gr. 8. (XVI, 535 S.) Wien 885. Graeser. n. 7. —

—— deutsche Volksmärchen aus dem Sachsenlande in Siebenbürgen, s. a. Volksbücher, siebenbürgisch-deutsche.

Haltrich, Jos., deutsche Volksmärchen aus dem Sachsenlande in Siebenbürgen gesammelt. Berlin 856. J. Springer. 8. (XX, 337 S.) n. 1 ℛ 14 ngl

Haltrich, Jos., deutsche Volksmärchen aus dem Sachsenlande in Siebenbürgen. 2., verm. Aufl. 8. (XVI, 364 u. IV S.) Wien 877. Graeser. n. 2. 40

— deutsche Volksmärchen aus dem Sachsenlande in Siebenbürgen. 3. Aufl. Mit zahlreichen Illustr. nach Orig.-Zeichngn. v. Ernst Peßler. gr. 8. (VIII, 316 u. Anh. XVI S.) Ebend. 882. n. 4. —; cart. n. 4. 40; geb. n. 5. 20

Haltrich, Josef, Deutsche Volksmärchen aus d. Sachsenlande in Siebenbürgen. 4. Aufl. (Siebenbürgisch-Deutsche Volksbücher. II. Bd.) 8. (VIII u. 316 S. m. Anh. u. Illustr.) Wien, Carl Graeser. 2 fl., cart. 2 fl. 20 kr., eleg. geb 2 fl. 60 kr. 1885.

Haltrich, J.: Aus Siebenbürgens Vorzeit und Gegenwart, s. Frenius, Fr.

Haltrich, Konrad Bemerkungen zu dem evangelischen Religionsunterrichte in unseren Gymnasien. 4 (S. 3—23, 1 S. unp.).
Progr. Ev. G. A. B. u. damit verb. Lehranst. *Schäfsburg* 1893.

Haltung, Pflege und Behandlung, die, der landwirthschaftl. Haussäugethiere im gesunden und kranken Zustande. Zur Selbstbelehrung für Landwirthe, Viehbesitzer, und zum Unterricht an landwirthschaftl. Lehranstalten. Von C. Böhm und andern Thierärzten. 5 Thle. Mit Abbildungen. gr. 8. (XXXVII und 673 S. mit 8 Stnt. in qu. gr. 4.) Reutlingen 847, [Mäcken.]

Haltung, Pflege u. Behandlung, die, der landwirthschaftlichen Haussäugethiere im gesunden u. kranken Zustande. Zur Selbstbelehrung für Landwirthe, Viehbesitzer, u. zum Unterricht an landwirthschaftl. Lehranstalten. Von C. (L.) Böhm u. andern Thierärzten. 2 Thle. Mit 8 (lith.) Taf. Abbildgn. (in qu. gr. 4.) gr. 8. (1: VIII u. 238 S. 2: XX. 432 u. XII S.) Reutlingen 849, Mäcken. 2 ℛ

Halt- u. Wartung, vollständ., d. vorzügl. Stubenvögel. 8. Erf. Hennings. (a. Daisenb. in Augsb.) 801.

Halusa, J. K., Frührot. Gedichte. gr. 16. (VIII, 40 S.) Baden-Baden 898. P. Weber. Geb. in Leinw. n. 1. —

Halusa, Tezelin

— Annus Bernardinus. Lectiones et instructiones ad vitam piam et devotam. E scriptis Doctoris mellifluı selegit et in singulos anni dies distribuit H. (508 S. m. Titelbild.) 16. Steyl 904. Missionsdruckerei. Geb. in Leinw. n. 2. 75

Der heilige Bernhard von Clairvaux, Abt und Kirchenlehrer. Hrsg von P. Tezelin **Halusa,** O. Cist. Mit 1 Plan d. Klosters Cisteaux, 1 Portr. d. Heiligen u. 5 Einschaltbild. Dülmen: A. Laumann 1906. (XI, 308 S.) 8° [F.] [07. 4908 B

Halusa, Tezelin, O. Cist., Bilder aus der deutschen Litteratur des 19. Jahrh. 12. (215 S.) Münster 901. Alphonsus-Buchh. n. 1. 20

— Directorium vitae perfectionis. 16. (71 S.) Ebd. 900. Geb. in Ldr. 1. 35

— Die Empfindliche, s.: Schul- u. Vereinsbühne, christliche.

— Flores S. Bernardi. Lebensweisheit d. hl. Bernhard v. Clairvaux. Als Festgabe z. 8. Centenarium d. Gründg. d. Cistercienser-Ordens gesammelt. 8. (XII, 424 S.) Regensburg 898. Nationale Verlagsanstalt. n. 4. 50

— Robert Hamerling, s. a. Broschüren, Frankfurter zeitgemäße. 20. IV.

Robert Hamerling. Ein Litteraturbild aus Oesterreich. Entw. von P. Tezelin Halusa, O. Cist. *Hamm i. W.: Breer & Thiemann 1901.* (28 S.) 8° [F.]
= Broschüren, Frankfurter zeitgemässe. N. F. Bd 20, H. 4.

— Heinrich Heine. In charakterist. Zügen zum 100. Geburtstag. gr. 8. (38 S.) München 899. [R. Abt.] G. Schuh & Cie. n. — 60

— Die Herrlichkeiten des kostbaren Blutes. (XII, 264 S. m. Titelbild.) 16. Leutkirch (910). J. Bernklau. Geb. in Leinw. 1. 80

— Herz Jesu- u. Herz Maria-Büchlein. Zur Verehrg. d. beiden heil. Herzen hrsg. (309 S. m. 2 Taf.) 16. Essen (909). Fredebeul & Koenen. Geb. in Leinw. — 75

— Lebensweisheit d. sel. Margareta Maria Alacoque. 1. u. 2. Tauf. (VII, 67 S.) kl. 8. Paderborn (910). F. Schöningh. — 50

— das Leiden des Herrn u. seiner schmerzhaften Mutter. Für die christliche Familie hrsg. (264 S. m. Titelbild.) 16. Linz 903. Preßverein. Geb. in Leinw. n. 1. —; in Ldr. n. 1. 50; m. Goldsch. n. 1. 60

— Die Leidensgeschichte des Herrn in Lesungen u. Erwägungen. Den Evangelisten nacherzählt. (88 S. m. 1 Taf.) 16. München 910. F. J. Lentner. — 50

— Der Maimonat des hl. Bernhard v. Clairvaux. (136 S.) 16. Heiligenstadt 910. F. W. Cordier. Geb. in Leinw. — 75

Halusa, Tezelin, O. Cist., Margareta Maria Alacoque-Büchlein zu Ehren des heil. Herzens Jesu. (V, 260 S. m. Titelbild.) 16. Innsbruck 908. F. Rauch. — 80; geb. in Leinw. 1.20; in Ldr. m. Goldschn. 1. 60

Halusa, Tezelin, O. Cist., Marienpredigten. Ein dreifacher Cyklus auf die Hauptfeste der sel. Gottesmutter. Zu Ehren d. hl. Geistes hrsg. gr. 8. (IV, 128 S.) Brixen 902. A. Weger. n. 1. 60

— St. Angela-Büchlein. Zur Jahrhundertfeier ihrer Heiligsprechg. hrsg. (VIII, 223 S. m. 4 Abb.) 16. Graz 907. Styria. — 90; geb. in Leinw. 1. 20

— St. Bernhards-Büchlein. Leben u. Wirken des „Marienlehrers der hl. Kirche", nebst seinen Lieblingsandachten u. e. Anh. (VIII, 164 S. m. Titelbild.) 16. Regensburg 908. F. Pustet. — 40; geb. in Leinw. — 60

— Aus dem Tagebuche e. abgefallenen Priesters. (100 S.) 8. Innsbruck 910. E. Sibler. 2. —

— Tautröpflein. Gedichte. 12. (82 S.) Stuttgart 899. [J. Roth.] München, Allg. Verlags-Gesellschaft. n. 1. —; geb. n. 1. 60

— Der Weg zum Leben. Ein Seelenspiegel f. Weltkinder. (56 S.) 16. Wien (907). G. Eichinger. — 36

Halusa, Tezelin, O. Cist., der Cistercienser-Orden m. bes. Berücksicht. Deutschlands. M. 24 Orig.-Illustr. A. neuern Historikern zur Feier d. 800jähr. Gründung v. Citeaux beschrieben u. allen Freunden d. Ordens gewidmet. Lex.-8. (40 S.) M.-Gladbach 898. A. Riffarth. — 75

Haluschka, Frz., e. Beitrag zur Theorie der Maxima u. Minima v. Functionen. [Aus: „Sitzungsber. d. k. Akad. d. Wiss."] Lex.-8. (18 S.) Wien 881. (Gerold's Sohn.) n. — 40

Haluschka F.: Darstellung der Kettenbrüche nach Scheibner. 3. Die Tafelfunctionen S. u. T. 5. Trautenau R. 84.
Progr.

Haluschka Fr.: Definition und Construction von Kegelschnitten. Deckbeziehungen von Punkten, Geraden, Ebenen. 7 u. 2 Taf. Trautenau R. 84.
Progr.

Haluschka, Fr.: Die Haupteigenschaften des sphärischen Dreiecks. 5 S. – Trautenau, Progr. 1887.

Haluschka, Franz: Z. Kegelschnittlehre. *Wien 1893.*
in: Xenia Austriaca. Bd 2. [97. 3963]

— Zur Kegelschnittlehre. (Mit 2 Tafeln). 24. ibd. 94.
Progr.

— Die dreiseitige Körperecke mit 2 Tafeln. 19 Währing R. 89.
Progr.

Haluschka F.: Zur Methode der Stereometrie. (Mit einer Tafel). (18). Wien XVIII. R. 92.
Progr.

Haluschka Fr.: Ein Vortrag über die absoluten und algebraischen Zahlen, die Addition und Subtraction. 23. Trautenau R. 83.
Progr.

HALUSZCZYNSKYJ, Titus: Die Beziehungen Gregors VII. zur griechischen Kirche und zu den nordslawischen Reichen. — (1904) III, 188 Bl. 8° (Handschr.) . Diss. 951
Diss. Wien, Univ.

Halver, Paul, die Kalkulation im Maschinenbau, s. a. Bibliothek der gesamten Technik.

Die Kalkulation im Maschinenbau. Ein Leitfaden f. d. Unterr. u. d. Praxis von Paul Halver. Hannover: Jänecke 1909. 60 S. 8°
(Bibliothek d. gesamten Technik. Bd 132.) [09. 11604 7]

Halverscheid, [Friedrich], Dir.: Einweihung des neuen Realschulgebäudes. Gevelsberg 1904: Ph. Baltin. (S. 6—19.) 4° [♂]
Gevelsberg i. W., st. R P 1904 (443)

Halverscheid, [Fritz]: Zur Einführung der Kurzstunde.
S. 3. 4.
Städt' Realschule mit Reform-Realgymn. i. E. *Gevelsberg i. W.* 1910 (516)
Progr.

Halvorsen, A.

Halvorsen, Norwegische Totalenthaltsamkeitsbewegung, 1859—1890. 8°. Kristiania 1890.

Halvorsen, A., Prediger. Die norwegische Totalenthaltsamkeits-Gesellschaft 1859—1890. Christiania 1890. 46 S.

Halvorsen, Birger Fjeld [aus Christiania]: Über Hydrazonsäuren. Berlin 1901. 65 S. 8°.
Freiburg i. Schw. Math.-naturw. Diss. 1900/1901.

Halvorsen, Birger Fjeld. Ueber Hydrazonsäuren. Diss. Math.-Naturw. Freiburg in der Schweiz. 66 S. 8. Berlin, A. W. Schade, 1901.

Halvorsen, H., Ueber Diakonissenausbildung. »Theolog. Jahresbericht. Herausgeg. v. Krüger. 20, 51b—523.« Berlin 1900. Schwetschke u. S.

Halwar, Th., ein edles Wild. Romantisches Gemälde aus der Wirklichkeit. 16. (190 S.) Berlin 871, Langmann und Comp. [Posen, Jolowicz.] (*M 1.)

Halwar, Th., e. edles Wild. Romantisches Gemälde aus der Wirklichkeit. 16. (190 S.) Berlin 871. Verlags-Institut. n. 1. —

HALWAR, Th. (ps.). Ein edles Wild. (Mit illustr. Umschlag.) Berlin 1872. 8°. Zahm. (1 Mk. Ed. Fischhaber, vor 1890.)

Halwas, Adf., s. a. Zeughaus, das, zu Berlin.

Halwas, A. Das Zeughaus in Berlin u. seine Sammlungen. Mappe 1—10. Berlin 1887—92. 2°.

Halzer, S., De camphora ejusque vi medica, praesertim in mania. 32 pp. Monach. 8°.
1780

Ham, F. J. v. den, s.: Disputatio pro religione Mohammedanorum adversus Christianos.

Ham, Wilhelm, diplomierter Chemiker aus Amsterdam: Kondensations-Versuche mit Nitrosokörpern. Zürich 1904. 103 S. 8°. [20. IV. 05.]
Zürich. Phil. Diss. II. S. 1904/1905.

Ham, Willem. Kondensations-Versuche mit Nitrosokörpern. Diss. Phil. [II.] Univ. Zürich. 103 S. 8. Zürich, Jean Frank, 1904.

Hamacher, Agnes

Hamacher, A., gegrüßet sei Unsere liebe Frau v. Lourdes. Gebet-Buch zur Verehrg. der unbefleckten Empfängniß. 16. (432 S. m. farb. Titel u. 1 Farbendr.) Saarlouis 893. F. Stein Nachf. 1. 10

[F.] Gegrüsset sei Unsere liebe Frau von Lourdes. Gebet-Buch ... Von A[gnes] **Hamacher** ... *Saarlouis: Hausen & C. [1894].* (432 S.) 1 Bd 8. 98. 4136

[F.] St. Agnesbüchlein. Die Liebe Christi im Leben u. Martyrium d. heil. Agnes ... v. A. **Hamacher** ... *Dülmen i. W.: A. Laumann [1896].* (VIII, 271 S., 1 Bildert., 1 Taf.) 1 Bd 8. [96. 8361

Hamacher, A., St. Agnesbüchlein. Die Liebe Christi im Leben u. Martyrium der hl. Agnes. Der weibl. Jugend gewidmet zur Erbauung. u. Belehrg. 2. Aufl. (VIII, 271 S. m. farb. Titel u. 1 Farbdr.) 16. Dülmen 903. A. Laumann. Geb. in Leinw. n. — 75

[F.] Wallfahrtsbüchlein für Eberhards-Clausen. Gesch. d. Wallfahrt nebst Andachtsübgn. ... Hrsg. v. A[gnes] **Hamacher** ... *Saarlouis: Hausen & C. 1896.* (X, 180 S.) 1 Bd 8. 98. 4137

— Wallfahrtsbüchlein f. Eberhards-Clausen. Geschichte der Wallfahrt nebst Andachtsübgn. zur Verehrg. der schmerzhaften Mutter. 2. Aufl. (X, 186 S. m. Titelbild.) 16. Saarlouis 902. F. Stein Nachf. n. — 45; geb. in Leinw. n. — 60

Hamacher, Franc. Alois., Armatura Dei. Preces et meditationes ex divi Aur. Augustini scriptis thesauroque s. matris ecclesiae deprompta et adornatae. Düsseldorpii 855. Kampmann. 32. (2 Bl., 146 S.) n. 15 ngr

Hamacher, Fr. A., Armatura Dei. Preces et meditationes ex divi Aur. Augustini scriptis thesauroque s. matris ecclesiae depromptae et adornatae. Editio II. auctior et emendatior. 24. (468 S.) Regensburg 857, Manz. ' Thlr. -

—— des Vaterlandes Dank. Rede bei dem feierl. Dankgottesdienste für die glückliche Rettung Sr. Maj. des Königs Wilhelm von Preußen aus drohender Lebensgefahr gehalten den 21. Juli 1861 in der Garnisonkirche zu Düsseldorf. gr. 8. (8 S.) Regensburg 861, Manz. *

Hamacher, Frz. Alois, Marianisches Gebetbuch. 1. Aufl. (32 B. u. 4 Stahlst.) 844. * 17½ Ngr. u. 2., verb. u. verm. Aufl. 8. (35 B. u. 1 Stahlst.) Düsseldorf 846, Stahel'sche Bh. *

— Marianisches Gebetbuch. 4., umgearb u. sehr verm. Aufl. Mit Stahlst. Regensburg 854. Manz. 8. (538 S.) 22½ ngr

—— die Herrlichkeit Gottes und seine Erbarmung. Ein Gebet- und Erbauungsbuch. Aus den Schriften des heil. Augustinus bearb. 16. (VIII und 232 S. mit 1 Stahlst.) Düsseldorf 853, Kaulen. -

—— Kanzelvorträge über die Evangelien der Sonntage des katholischen Kirchenjahres. 1. und 2. Thl. 8. (648 S.) Regensburg 860, Manz. à Thl. * 27 Ngr. *

—— das Kirchlein, gegründet auf dem unerschütterlichen Felsen Jesu Christi und aufgebaut aus den gottgeweihten Bausteinen des heil. Augustinus. Ein vollständ. Gebet- und Erbauungsbuch. 2., verm. und verb. Aufl. 24. (382 S.) Regensburg 857, Manz.

—— ein Lebensbild aus dem Leben für das Leben, dargestellt nach den Bekenntnissen des heil. Augustinus zum Frommen für Jedermann, insbesondere für die studierende Jugend, deutsch und lateinisch. 2., verm. und verb. Aufl. 12. (VIII und 130 S. und: Speculum animae resplendens vitam S. Augustini errantis et poenitentis. 70 S.) Düsseldorf 856, Kampmann.
Blnp. -

—— der verlorene Sohn. Ein Sittengemälde aus dem christl. Haus- und Familienleben. 8. (88 S. mit 1 Stahlst.) Regensburg 859, Manz. -

—— des Kriegers Trauer und Treue am Grabe des höchsten Kriegsherrn Königs Friedrich Wilhelm IV. Majestät. Gedächtnißrede, gehalten den 17. Febr. 1861 in der Garnison-Kirche zu Düsseldorf. gr. 8. (12 S.) Regensburg 861, Manz.

—— Worte des ewigen Lebens (Joh. 6, 69.) in Predigten nach der Ordnung des Kirchenjahres unserer heiligen katholischen Kirche. 1. Aufl. 1857. 1858 und 2. Aufl. 6 Thle. 8. (VIII und 1078 S.) Regensburg 859, Manz. [1—5. Thl. à 15 Ngr., 6. Thl. 12 Ngr.]

Hamacher, Friedrich

Hamacher, F., Telegraphie u. Telephonie, s. a Wissenschaft u. Bildung.

Telegraphie und Telephonie. Von F[riedrich] **Hamacher**. Aachen. Leipzig: Quelle & Meyer 1908. (VI, 146 S.) 8° [F.]
— **Wissenschaft** u. Bildung. 23 [08. 10073

Hamacher, Hilger, drei Anreden bei gemeinsamen Kommunion-Feiern u. Aufnahme d. Neo-Kommunikanten. gr. 8. (2 B.) Cöln 830, DuMont-Schauberg.

—— der priesterl. Beruf. Eine Betracht. f. angeh. Geistliche. gr. 8. (2 B.) Köln 833, DuMont-Schauberg.

Hamacher, Hilger, Predigten u. Homilien. 1. Samml. — A. u. d. T.: Betrachtungen auf Sonn- u. Festtage d. Kirchenjahrs. 8. (18¾ B.) Aachen 835, Cremersche Buchh.

Hamacher, Jakob: Elektrolytische Leitfähigkeit und Hydratation in ihrer Beziehung zur Temperatur. Bonn: Eisele 1910. 36 S. 8°
Bonn, Phil. Diss. v. 23. Febr. 1910, Ref. Kayser
[Geb. 15. Okt. 85 Grottenherten; Wohnort: Jülich; Staatsangeh.: Preußen; Vorbildung: Gymn. Jülich Reife O. 06; Studium: Bonn 1, München 1, Göttingen 1, Bonn 5 S.; Rig. 24. Nov. 09.] [U 10. 374

Hamacher, Joseph [aus Opladen (Rheinprovinz)]: Ueber Stirn- und Gesichtslagen und deren Behandlung .... Würzburg, Druck v. A. Memminger's Buchdr., 1887; 87 S. 8°.
Würzburg, Med. Fak., Inaug.-Diss. v. 1887.

Hamacher, Joseph, über Stirn- und Gesichtslagen und deren Behandlung. Diss. Würzburg 1887, Stahelsche Univ.-Buchh. 8°. 87 S.

Hamacher, Karl, Berichtigung d. Lehre von d. Verbindlichkeit d. Mobiliarerben zur Zahlung d. Schulden, welche zum Ankauf liegender Güter unter d. außergerichtl. Verpfändung gemacht worden sind. 8. Düsseld. 805. Schreiner. 4 gr

— Entwurf e. Lehr- u. Studienplans für jurist. Academien. Nebst Beleuchtung d. Ideen d. Hrn. v. Proff u. A. gr. 8. Düsseld. 804. Dänzer. 3 ℊ

Hamacher, Theodor [pr. Arzt]: **Ein Beitrag zur Lehre vom Lichen ruber.** . . . Breslau, Druck v. Th. Schatzky, 1890; 45+1 S.+1 Bl. 8°
Breslau, Med. Fak., Inaug.-Diss. v. 31. Mai 1890

Hamacher, Wilhelm

Hamacher, W. Ajax: Eine Tragödie des Sophokles. (Übersetzung). 24 S. – Trier, Progr. 1853.

Hamacher, W., De anapaesto in trimetris Aeschyli. Pr. 1867. 24 S. 4°. 1,20

Hamacher, W. De Sophoclis Philocteta. 12 S.
Trier, Progr. 1842

Hamacher, Philoktet, s. Sophokles.

Hamacher. Schedae criticae. Insunt aliquot emendationes Horatianae. 21 S.
Trier, Progr. 1858

Hamacher, die Schlacht bei Salamis nach den Persern d. Aeschylus. Nebst e. Epilog an die Deutschen. gr. 8. (28 S.) Trier 871. Lintz' Verl. n. 1. 50

Hamacher, Studien zu Sophokles. 1—3. Bd. (Elektra. — Antigone. — Trachinierinnen.) Griechisch und deutsch mit kritisch-exeget. Anmerkungen. 8. (VIII und 656 S.) Regensburg 855. 56, Manz. à Bd. 21 Ngr.

Hamacher, Guil. (geb. Aachen 1808): De Sophoclis Trachiniis. Berolini (1831). (55 S.) 8°
Berlin, Phil. Diss. v. 21. Apr. 1831

Hamacher, Wilhelm, aus Odenkirchen: **Untersuchung** über den Einfluß von Eisenkernen auf die Selbstinduktion einer Drahtspule. *Neuwied 1904: Heuser.* (25 S.) 8°
Münster, Phil. Diss. v. [20. Juli] 1904

Hamacher, W.: V i n d i c i a e Venusinae. 24 S. – Trier, Progr. 1872.

Hamacker, s. H a m a k e r

al-Hamadânî Aḥmad b. Ḥusain Abu'l-Faḍl Badî' az-zamân . . . Consessus Hamadanensis vulgo dicti Bedi al Zamaan e codico ms. bibliothecae fratris sui eiusdemque typis Arabicis edidit Iacobus Scheidius. o. O. u. J. 4°.

Hamadani, neun Makamen des, zwei kleinere Episoden des Schahname, nebst vermischten Gedichten, Sprichwörtern u. Sentenzen. Aus d. Arab. u. Persischen übers. v. C. Amthor. gr. 12. Leipzig 841, W. Engelmann. 3/4 ß

Hamagid. (Zeitschrift in hebr. Sprache.) Redact.: D. Gordon. 29. und 30. Jahrg. 1885 und 1886. à Jahrg. 52 Nrn. (à Nr. 2 Bog.) Fol. Lyck, (Wiebe.) à Jahrg. 12 —
—— dass. — 31. und 32. Jahrg. 1887 und 1888. à Jahrg. 50 Nrn. (à Nr. ca. 2 Bog.) Fol. Ebendas. à Jahrg. * 12 —

Hamagid. (Zeitschrift in hebr. Sprache.) Redact.: [D. Gordon], seit 1891 Sam. Fuchs. 33.—36. Jahrg. 1889—1892. à Jahrg. 50 Nrn. (à Nr. ca. 2 Bog.) Fol. Lyck, (Wiebe). à Jahrg. * 12 —
Vom Jahrg. 1892 sind nur 23 Nummern erschienen.

Hamagid. (Zeitschrift in hebr. Sprache.) Red.: J. S. Fuchs u. Adf. Gottlieb. Jahrg. 1901 u. 1902. 46 u. 50 Nrn. gr. 4. (à ca. 12 S.) Wien-Krakau. (Lyck, E. Wiebe.) à Jahrg. n. 12. —
Erschien früher unter dem Titel:
Hamagid l'Israel. (Zeitschrift in hebr. Sprache.) Red.: J. S. Fuchs u. Adf. Gottlieb.

Hamagid. (Zeitschrift in hebr. Sprache.) Red.: J. S. Fuchs u. S. M. Laser. Jahrg. 1903. Etwa 50 Nrn. (à ca. 12 S.) gr. 4. Krakau. Expedition. n. 12. —
Erscheint nicht mehr.

— **Hechadasch.** (Zeitschrift in hebr. Sprache.) Red.. Jos. Fischer. 1. Jahrg. Novbr. 1892—Oktbr. 1893. 50 Nrn. (2 Bog.) Fol. Krakau. (Lyck, E. Wiebe.) n. 12. —

— **L'Israel.** (Zeitschrift in hebr. Sprache.) Red.: Sam. Fuchs. 37. Jahrg. 1893. 50 Nrn. (ca. 2 Bog.) Fol. Ebd. n. 12. —
Beide bilden die Fortsetzg. zu Hamagid, welche seit Nr. 24 des Jahrg. 1892 unter diesen Titeln erscheint.

— dasselbe. Red.: Elias Leib Regels. 38. Jahrg. 1894. 50 Nrn. (ca. 2 Bog.) Fol. Ebd. n. 12. —

Hamagid l'Israel. (Zeitschrift in hebr. Sprache.) Red.: Elias Leib Regel. 39.—42. Jahrg. 1895—1898. à 50 Nrn. (à 8 S.) Fol. Krakau. (Lyck, E. Wiebe.) à Jahrg. n. 12. —
D. 40. u. 41. Jahrg. war von Mendel Pamm, d. 42. von J. S. Fuchs u. Adf. Gottlieb redigiert.

Hamagid l'Israel. (Zeitschrift in hebr. Sprache.) Red.: J. S. Fuchs u. Adf. Gottlieb. Jahrg. 1899 u. 1900. 50 u. 51 Nrn. Fol. (à ca. 12 S.) Ebd. à Jahrg. n. 12. —

„Hamagid" der jüdische Prediger. Eine Sammlung der zu Predigttexten zunächst geeigneten Talmud- Midrasch- und Bibelstellen in exegetisch homiletischer Bearbeitung ... von Adolph Ehrentheil. Gross-Kanischa 1854.

Hamaji, W(aichi), aus Mie (vielm. Miye), Japan: **Ein Fall von doppelseitiger progressiver totaler Ophthalmoplegie.** *Erlangen 1902: E. Th. Jacob.* (26 S.) 8°
Erlangen, Med. Diss. v. 22. Juli 1902

Hamaker, Heinr. Arens

Hamaker, Hnr. Arent., Auctoris incerti etc., s. *Autoris.*

— s. Bibliotheca critica nova.

— Specimen Catalogi codd. mss. orientalium bibliothecae academiae Lugduno-Batavae, in quo multos libros ineditos descripsit, auctorum vitas nunc primum vulgavit; latine vertit et annotationibus illustravit. 4 maj. Leyden 820. (Weigel in Leipz.) 6 ß

Hamaker, Henr. Arentii, Comment. in libellum de vita et morte Prophetarum qui graece circumfertur; sive Disputatio histor.-chorograph. de locis, ubi Prophetae Hebraeor. nati et sepulti esse dicuntur. (Ex III. Classis Instituti Reg. Comment.) 4 maj. (29½ B.) Amstelodami 833. (Lipsiae, Weidmann.)

— Lectiones Philostrateae. Fasc. I. 8 maj. Leyd. 817. (Weigel in Leipz.) 1 ß 8 ℊ

— Lettre a M. Raoul-Rochette, sur une Inscription en caractères Phéniciens et Grecs, récemment découverte à Cyrène. Mit 1 Steint. gr. 4. Leyd. 825. (Weigel in Lpz.) 1 ß

—— Miscellanea Phoenicia, sive comment. de rebus Phoenicum, quibus inscriptiones multae lapidum ac nummorum, nominaque propria hominum et locorum, explicantur, item Punicae gentis lingua et religionis passim illustr. Acced. V tab. lith. (Fol. maj.) 4 maj. (47½ B.) Lugd. Bat. 828, Luchtmans. (Lipsiae, Weidmann; Weigel.)

Hamacker, H. A., De aliquot monumentorum Punicorum, nuper in Africa repertorum, interpretatione. 1822. 71 S. m. 1 Taf. 4°. 2.—

— diatribe philologico-critica. Monumentorum aliquot punicorum nuper in Africa repertorum interpret. exhibens. Cum Reuwersii Periculo. gr 4. Leyd. 822. (Weigel in Leipz.) 5 ₰

— reflexions critiques sur quelques points contestés de l'histoire orientale, p. s. reponse aux éclaircissemens de M. de Hammer, publ. dans le nouv. Journal asiatique 1829. gr. 8. Leyd. 829, Luchtmans. 16 ℊ

Hamaker, H. G., quaestiones de nonnullis Lysiae oratt. 8maj. (6 B.) Lugduni-Batavorum 843, Hazenberg et Socii.

Hamaker, H. J., das internationale Privatrecht, seine Ursachen u. Ziele. Ein Vortrag. Deutsch von Otto Mühlbrecht. gr. 8. (31 S.) Berlin 878. Puttkammer & Mühlbrecht. n. 1. —

SIEG, Der, über die Versuchungen zur Sünde (von *Martin Hamaliar*). Schemnitz 1790.
Anon.-Lex. IV. p. 83 (nach Petrik).

Haman. Tragedya napisana oryginalnie. 16. (219 S.) Leipzig 852, Gerhard.

Der durch den Hochmuth gestürzte Haman u. die durch die Demuth erhöhete Mardochai, wurde in einem Theatralischen Sing-Spiel aufgeführt in Altdorf. Anno 1731. 4o.
Fehlt bei Gottsched.

Haman, Leben des hl. Franz v. Sales, s.: Lager.

Haman, C. F. Die Zukunft der Welt im Lichte der Geschichte und Offenbarung. Vortrag. 8⁰. Basel, Bahnmaier. 1878.

Hamaniade, eine heidnische und jüdische Begebenheit aus dem 4ten Jahrtausend in 3 Aufz. von J. F. C. Brühwein. 8. Breslau, Holdufer. 816.

Hamanklopper, D., Schlachmonaus zu Purim, s. Gedichte und Scherze in jüdischer Mundart.

Hamann. – Johann Georg Hamann.

—— Leben und Mittheilungen aus seinen Schriften, s. Poel, G.

—— als Pädagog, s. Schawaller, Fritz.

Hamann

— s. a. Hamman(n).

Hamann, Haran-Hussein-Dzim. 8. Frankf. 802. Körner. 6 ℊ

Hamann Die Casus der Griech. und Latein. Sprache nach ihrem Verhältniß zur Rection der Verba. 44 S.
Progr. Potsdam 1841

Hamann, über die brüderliche Verfassung unter den Menschen, welche das Christenthum fordert und von jeher gewirkt hat, eine Predigt vor einer versammelten Kreissynode gehalten. gr. 8. Magdeburg, Heinrichshofen. 817.

Hamann, A., Aue, s.: Grohmann, Max, das Obererzgebirge.

Hamann, A., Geschichte des höh. Mädchenschulwesens in England, s.: Schmid, K. A., Geschichte d. Erziehg. V. 2.

Hamann, A., Jüterbog. Ein Führer durch die Stadt Jüterbog u. ihre nächste Umgebg. (III, 112 S. m. Abbildgn., 1 Plan u. 1 Karte.) kl. 8. Berlin 903. (G. Naud.)

Hamann, *Adolf* [Dir. Prof.]: *Der Abschied des Direktors Prof. Dr. Gustav Bolze.* Berlin, Druck v. W. Pormetter, 1896; S. 20. 4.
Berlin, Andreas-RG, P 1896 (92)

Hamann, Adolf, appr. Arzt a. Stettin: Beitrag zur Casuistik der Steißgeschwülste. München 1904: G. Birk & Co. (22 S.) 8°
München, Med. Fak., Ref. v. Bollinger, Diss. v. 20. März 1905
[Geb. 9. Mai 74 Stettin; Wohnort: Stettin; Staatsangeh.: Preußen; Vorbildung: Stadtgymn. Stettin Reife O. 93; Studium: Halle 4, Heidelberg 1, München 3, Tübingen 2 S.; Coll. 13. März 05; Approb. 12. Mai 99.]

Hamann, Adf., Christentum u. Vaterlandsliebe. Eine exegetisch-ethische Studie. 4. (24 S.) Berlin 882. Weidmann. n. 1. —

Hamann, Albert

Hamann, A., üb. die Bedeutung der Pestalozzi'schen Elementarbildung in d. Gesammtausbildung des Menschen. Vortrag gehalten bei der Festfeier Pestalozzi's am 12. Jan. 1846 zu Potsdam. gr. 8. Potsdam 846. Horvath'sche B. 1/4 ₰

Hamann, Alb., s.: Collection d'auteurs français.

Hamann, Alb., s. Echo of spoken German.

— s.: Eco della lingua tedesca parlata.

Hamann, A., an essay on Spenser's Faery Queen. gr. 4. (28 S.) Berlin 888. Gaertner. n. 1. —

An Essay on Spenser's Faery Queen. By Prof. Dr. Albert Hamann. Berlin: Oehmigke 1910. 50 S. 8°
(Hamann: Sketches of Engl. literature. H. 1.) [10. 6411

—— an essay on Tennyson's Idylls of the King. gr. 4. (25 S.) Ebendas. 887. * 1 —

An Essay on Tennyson's Idylls of the king. By Prof. Dr. Albert Hamann. Berlin: Oehmigke 1910. 54 S. 8°
(Hamann: Sketches of Engl. literature. H. 6.) [10. 6416

Hamann, Albert: Ein Fall von pseudoosteomalacischer Beckenform. Halle a. S. 1881: Plötz. 29 S., 2 Taf. 8°
Halle-Wittenberg, Med. Diss. v. 26. Sept. 1881
Geb. Heinrichsberg (Kr. Wolmirstedt) 21. 5. 1854. V.

Hamann, A. Ueber den Gebrauch der Präposition *with*, als Probe einer systematischen Arbeit über den heutigen Gebrauch der englischen Präpositionen. Potsdam, R., 1865. 14 S. 4. Progr.

Hamann, Alb. Neutestamentliche Glaubens- und Sittenlehre. 2 Teile. 18, 34 SS. Progr. Rg. *Potsdam* 1877. 1878.

Hamann, Alb., Grundzüge der Seelen- und Denklehre, zur logischen Vorbildung auf Schulen bearb. Potsdam 856. Riegel'sche Buchhdlg. 16. (72 S.) n. 6 ngr

—— Leitfaden zur Erlernung der französischen Aussprache. 1. Heft. Für Elementar- und untere Klassen. gr. 8. (VI und 100 S.) Potsdam 854, Horvath'sche Buchh. *

—— dass. — 2. Heft. Für obere Klassen. gr. 4. (47 S.) Ebds. 854. *

Hamann, A., und R. Lindemann, vierstimmige Lieder für Gymnasien und Realschulen, vorzügl. zur Benutzung auf dem Turnplatz. gr. 16. (64 S.) Potsdam 858, Riegel'sche Buchh. *

Hamann, A., die Reform der Schule und ihre Verwaltung. Ein Wort an unsere Minister, Volksvertreter und Schulmänner. gr. 8. (V und 51 S. mit 1 Tab. in gr. 4.) Potsdam 848, Riegel's Verlag.

Hamann, Alb., Cola Rienzi, dramat. Gemälde in 5 Aufzügen. gr. 8. (85 S.) Potsdam 878. (Riegel.) n. 1. 25

— Schulausgaben. Nr. 1—4. 8. Leipzig. Dr. P. Stolte. Kart. n. 4. 20

1. Idylls of the king. By Alfr. Tennyson. (Auswahl.) M. Einleitg. u. Anmerkgn. hrsg. v. Alb. Hamann. (XXII, 90 u. Anmerkgn. 34 S.) 896. n. 1. —
2. Jackanapes u. Daddy Darwin's Dovecot. By Juliana Horatia Ewing. M. Einleitg. u. Anmerkgn. hrsg. v. Alb. Hamann. (XI, 84 u. 35 S.) 897. n. 1. —
3. The fifteen decisive battles of the world. By Edward Creasy. (Auswahl.) M. Einleitg. u. Anmerkgn. hrsg v. Alb. Hamann. (XIV, 113 u. Anmerkgn. 26 S.) 897 n. 1. 20
4. The tempest. By Will. Shakespeare. M. Einleitg. u Anmerkgn. hrsg. v. Alb. Hamann. (XXVII, 71 u. 35 S. 897. n. 1. —

— Schulausgaben englischer Schriftsteller. Nr. 2. Wörterverzeichnis. 12. Leipzig, Dr. P. Stolte. n. — 20
Jackanapes u. Daddy Darwin's dovecot. By Mrs. Ewing. (20 S.) (900.)

Hamann's, Alb., Schulausgaben (englischer Schriftsteller). Nr. 2. 5 u. 6. kl. 8. Leipzig, Dr. P. Stolte. n. 3. 40

2. Jackanapes u. Daddy Darwin's dovecot. By Juliana Horatia Ewing. Mit Einleitg. u. Anmerkgn. hrsg. v. Alb. Hamann. 4.—6. Taus. (XI, 84 u. 35 S.) 906. Geb. n. 1. —
5. Short studies of Shakespeare's plots I. (Hamlet, Macbeth, King Lear.) By Cyril Ransome. Hrsg. v. Konr. Meier. (VI, 111 u. 40 S.) 904. n. 1. 20; Wörterverzeichnis. (82 S.) n. — 50
6. St. Winifred's or the world of school. By Farrar. Hrsg. v. Johs. Mättig. (XVI, 124 u. 36 S.) 905. Geb. u. geh. n. 1. 20; Wörterverzeichnis. (31 S.) n. — 30

— Schulausgaben (englischer Schriftsteller.) Nr. 7. kl. 8. Leipzig. Niederlössnitz, Dr. P. Stolte. 1. 40
Ruskin, John. ausgewählte Stücke. Hrsg. v. Rhold. Besser. (XVIII, 116 u. 76 S.) 907. Geb. u. geh. 1. 40

Hamann, A., Scribe et Legouvé Batoille de dames on un duel en amour comédie en trois aches. [Freytag's Sammlung französischer und englischer Schriftsteller.] 1. Aufl. 2. Abdruck. 8°. (VIII, 116 S.) Wien: Tempsky 1909. geb. K 2.—

Hamann, Alb., a sketch of the life and works of John Milton [from a course of lectures held at the Victoria Lyceum during the winter of 1885—1886]. gr. 4. (35 S.) Berlin 886, Gaertner's Verlag. * 1 —

A Sketch of the life and works of John Milton. By Prof. Dr. Albert Hamann. Berlin: Oehmigke 1910. 64 S. 8°
(Hamann: Sketches of Engl. literature. H. 3.) [10. 8413

Hamann, Alb., a short sketch of the history of the English drama from the accession of James I. to the closing of the theatres, 1603—1642 [as a specimen of a larger work on the history of the English drama]. gr. 4. (28 S.) Berlin 884. Gaertner. n. 1. —

A short Sketch of the history of the English drama from the accession of James I. to the closing of the theatres, 1603–1642, by Prof. Dr. Albert Hamann. Berlin: Oehmigke 1910. 58 S. 8°
(Hamann: Sketches of Engl. literature. H. 2.) [10. 8412

Hamann, Albert [Prof. Dr. M. A., Dir.]: A Short Sketch of the Life and Works of Byron. '(From a course of lectures held ut [!] the Victoria Lyceum)'. Berlin, R. Gaertner, 1895; 26 S. 4.
Berlin, Dorotheen-S, OP 1895**

A short Sketch of the life and works of Byron. By Prof. Dr. Albert Hamann. Berlin: Oehmigke 1910. 52 S. 8°
(Hamann: Sketches of Engl. literature. H. 5.) [10. 8415

— a short sketch of the literature of England under queen Anne [from a course of lectures held at the Victoria Lyceum during the winter of 1882 to 1883]. gr. 4. (23 S.) Ebend. 883. n. 1. —

A short Sketch of the literature of England under Queen Anne. By Prof. Dr. Albert Hamann. Berlin: Oehmigke 1910. 52 S. 8°
(Hamann: Sketches of Engl. literature. H. 4.) [10. 8414

[Prof. Dr. Albert Hamann: Sketches of English literature.] H. 1. Berlin: Oehmigke 1910. 8° [10. 8410

— Wörterbuch, s.: Mc Carthy, J., the Indian mutiny.

— Wörterbuch, s.: Tennyson, Lord, Enoch Arden.

Hamann, Alex. Wlh., Darstellung des Wissenswürdigsten der Berliner Bäckerei. gr. 8. Berlin 844, Mittler. n. 1/3 ß

Hamann, Ant., üb. die Nothwendigkeit der Reform des Verfahrens bei Inventur, Revision u. Schätzung v. Fideicommißforsten. Als Beitrag zu e. bekannten forstl. Frage verf. [Aus: „Vereinsschr. f. Forst-, Jagd- u. Naturkde."] gr. 8. (40 S.) Tyniät' 894. (Wien, W. Frick.) n. 1. 20

Hamann, Chr., Anleitung zum Gebrauch des Lesebuches, s.: Richter, Karl Friedrich

— u. H. Paulsen, biblische Geschichten in einf. Darstellg. Ausgew. u. bearb. f. Schule u. Haus. 3., durchgeseh. Aufl. gr. 8. (125 S.) Hamburg 898. C. Boysen Geb. n. — 60

— u. H. Paulsen, biblische Geschichten in einfacher Darstellung. Ausgewählt u. bearb. f. Schule u. Haus. 6., durchgeseh. Aufl. gr. 8. (125 S.) Hamburg 902. C. Boysen. Geb. n. — 60

— u. H. Paulsen, biblische Geschichten in einfacher Darstellung. Ausgewählt u. bearb. f. Schule u. Haus. 7. verb. Aufl. (VI, 130 S.) 8. Hamburg 903. C. Boysen. Geb. n. — 60

Hamann, Chr., u. H. Paulsen, biblische Geschichten. Ausgewählt u. bearb. f. Schule u. Haus. 9. Aufl., durchges. v. C. H. Dannmeyer u. C. Voß. (VIII, 127 S.) 8. Hamburg 910. C. Boysen. Geb. — 70

— s.: Kleist's, Heinr. v., Michael Kohlhaas.

— Friedrich Schiller als Mensch u. Dichter. Ein volkstümlich dargestelltes Lebensbild. 12. (IV, 178 S. m. Bildnis.) Hamburg 892. Herold's Verl. Geb. in Leinw. n. 1. 25

Hamann, Chr., Friedrich Schiller als Mensch u. Dichter. Ein volkstümlich dargestelltes Lebensbild. Mit Illustr. nach Zeichngn. hervorrag. Künstler. 2., verb. u. verm. Aufl. (186 S.) 8. Hamburg 903. Herold. Geb. in Leinw. n. 1. 50

Hamann, Chr., Schülerhefte z. Unterstützung d. Unterrichts in d. Muttersprache. Aufgaben z. schriftl. Übgn im Deutschen im Anschl. an Lesestücke (unt. bes. Berücksicht. d. Aufsatzunterrichts). 2 Hfte. 8. Gera 898. Th Hofmann. n. — 60

1. (2., 3. u. 4. Schulj.) (III, 64 S.) n. — 2[illegible]
2. (5., 6. u. 7. Schulj.) (III, 84 S.) n. — 3[illegible]

Hamann, Chr., was unsere Kinder lesen, s.: Sammlung pädagogischer Vorträge.

Hamann, Dominikus

Hamann Epiphanes, Dominikus: Unumstößlicher Beweis, daß ohne die schleunige Niedermetzlung aller Juden u. den Verkauf aller Jüdinnen zur Sclaverei, die Welt, die Menschheit . . . untergehen müssen. E. Sendschreiben an Grattenauer. o. O. 1804.

Hamann, E., der menschliche Geist. Ein Beitrag zur Psychologie. (82 S.) 8. Leipzig (909). O. Mutze. 1.50

Hamann, Elisabeth Margaretha

Hamann, E. M., s. a.: Harms, E. M.

Hamann, E. M., Abriß der Geschichte der deutschen Literatur. Nach G. Brugier zum Gebrauche an höheren Unterrichtsanstalten u. zur Selbstbelehrg. bearb. 4., durchgeseh. u. verb. Aufl. (IX, 299 S.) gr. 8. Freiburg i/B. 904. Herder. n. 2.50; geb. in Leinw. n. 3.20

— Abriß der Geschichte der deutschen Literatur. Zum Gebrauche an höheren Unterrichtsanstalten u. zur Selbstbelehrg. bearb. 5., vollst. neu bearb. Aufl. (15—20. Taus.) (IX, 319 S.) gr. 8. Freiburg i/B. 907. Herder. 2.70; geb. 3.40

Hamann, E. M., Ferdinande Freiin v. Brackel. Ein Gedenkblatt. (III, 110 S.) 8. Köln 907. J. P. Bachem. 1.—

— Karl Domanig, s. a. Dichter, unsere. 2.

Karl Domanig. Studie von E[lisabeth] M[argarete] Hamann. Ravensburg: Alber 1900. 119 S. 8°
(Unsere Dichter. Samml. von Monographien. Bdch. 2.) A 12. 12079

Hamann, E[lisabeth] M[argarete]: Erhebet Euch! Ein Wort an Mann u. Frau über die Frau. — München: Abt 1899. 125 S. 8°

— s.: Familien-Almanach.

— s.: Frau, die christliche.

— M. Herbert. Eine Dichterstudie. Mit dem Portr. der Dichterin. 12. (112 S.) Stuttgart 899. [J. Roth.] München, Allg. Verlags-Gesellsch. n. 1.—; geb. n. 1.60

(B) — M. Herbert. 899. (KVL 31.) Jetzt: Regensburg, J. Habbel.

Hamann, E. M., aus Marfas Jugendzeit, s. a. Bibliothek f. junge Mädchen.

[F.] Aus Marfas Jugendzeit. Erzählg v. E. M. Hamann. M. 3 ganzseit. Tonbild. u. 10 Textill. v. F. Schwormstädt. *M. Gladbach & New York: A. Riffarth [1897].* (142 S., 3 Taf.) 1 Bd 8.
— Bibliothek für junge Mädchen. Bdch. v. [98. 4373

— Angelika Kauffmann, s.: Erzählungen f. Schulkinder. VII. 11.

[Hamann, Frl. Elisabeth Margaretha.] Joseph Spillmann S. J. 1842–1905. Ein Gedenkblatt. [Nach einer Skizze von Frl. E' M' H'. Mit Porträt-Tafel.] 20 S. 8. Freiburg im Breisgau, Herder, 1905.

— s.: Studienkalender f. kathol. Töchter.

Hamann, Emil, a. Großschönau: Wielands Bildungsideal. Chemnitz 1907: H. Wilisch. (IV, 153 S.) 8°
Leipzig, Phil. Fak., Ref. Volkelt-Köster, Diss. v. 17. April 1907
[Geb. 12. Nov. 74 Groß-Schönau; Wohnort: Stollberg im Erzgeb.; Staatsangeh.: Sachsen; Vorbildung: Seminar Löbau Wahlfähigkeitszeugnis Nov. 97; Studium: Leipzig 6 S.; Rig. 31. Jan. 07.]

Hamann, Aemil. (Car. Augustus) (geb. Breslau 1820): De ictero. Berolini (1847). (20 S.) 8°
Berlin, Med. Diss. v. 15. Jan. 1847

Hamann, Ernst [Dr.]: Englisch am Gymnasium. Schwerin i. M., gedr. in d. Bærensprungschen Hofbuchdr., 1895; 9 S. 4.
Schwerin, grossh. G Fridericianum, OP 1895 (678)

Hamann, Ernst: Der Humor Walthers von der Vogelweide. . . . Rostock, C. Boldt'sche Hof-Buchdr., 1889; 37 S. 8°
Rostock, Phil. Fak., Inaug.-Diss. v. 27. Febr. 1880

Hamann, E., der Humor Walther's v. der Vogelweide. Inaug.-Diss. gr. 8. (37 S.) Rostock 889. (Stiller.) n. 1.20

Hamann, G., die Ausführung v. Felddüngungsversuchen, s. Wagner, Paul.

Hamann, G., Forschungen auf dem Gebiete der Weinbergdüngung, s.: Wagner, Paul.

— Versuche über die Stickstoffdüngung der Kulturpflanzen, s.: Wagner, Paul.

— Versuche üb. Wiesendüngung, s.: Wagner, Paul.

Hamann, Georg, aus Offenbach a. M.: Die Backfähigkeit des Weizenmehles und ihre Bestimmung. *Darmstadt 1901: C. F. Winter.* (122 S.) 8° [J.]
Jena, Phil. Diss. v. (6. Juli) 1900

Hamann, H., Briques suisses ornées de bas-reliefs du 13. au 18. siècle. 2. Mémoire. 4. Basel, Georg. 1876. 10.—

Hamann, H. O., Die Grundlehren der lateinischen Conjugation für den ersten Unterricht dargestellt. Königsberg (Degen) 1822. 16 S. (4.50) 12921

Hamann, H. O., Grundzüge d. latein. Formenlehre für d. untern Klassen d. Gymnasien. gr. 8. Leipz. 826. Leich. 6 gr.

Hamann, Hans *Friedrich Ferdinand* [app. Arzt aus Kiel]: Aus d. patholog. Institute zu Kiel, Jahrgänge 1884–89. Statistik der Tuberkulose im Alter von 16–90 Jahren. . . . Kiel, Druck v. Schmidt & Klaunig, 1890; 10 S., 9 Bl., 1 Taf. 8°
Kiel, Med. Fak., Inaug.-Diss. v. [16. Sept.] 1890

Hamann, Hans. Statistik der Tuberkulose im Alter von 16—90 Jahren. Diss. gr. 8. (11 S. m. 14 S. Tab. u. 1 graph. Taf.) Kiel 890, (Lipsius u. Tischer). * 1 —

Hamann, Heinr. O.

Hamann, H.O.: Ansprache an Eltern und Hauspädagogen. 11 S.– Gumbinnen, Progr. 1853.

Hamann, H. O. Bemerkungen und Wünsche über die Methode u. die Hülfsmittel des geogr. Unterrichts. (Lat.) 8 S.
Progr. Gumbinnen 1828

Hamann, Heinr. O. Beobachtungen über das Abiturienten-Prüfungs-Reglement vom 4. Juni 1834. 17 S.
Gumbinnen, Progr. 1845

Hamann, H. D. Die Feier von Göthes hundertjährigem Geburtstag am 28sten August 1849. Ansprache des Directors und des Gymnasiallehrers Dr. Kossak. 14 S.
Gumbinnen, Progr. 1849

Hamann, H. D. Fragment einer am 3. Aug. 1828 gehaltenen Schulrede über Redeübungen. 6 S.
Progr. Gumbinnen 1836

Hamann, H. D., Zur Gymnasial-Frage. Für die zum 25. Juli d. J. nach Berlin berufene Direktoren-Zusammenkunft auf den kürzesten Ausdruck gebrachtes Gutachten. gr. 8. (8 S.) Gumbinnen 848, Sterzel.

Hamann, H.O.: Deutsche Korrektur-Stunde. 15 S.– Gumbinnen, Progr. 1854.

Hamann, H.D. Der Lehrling der Griechen von Klopstock. 13 S.
Gumbinnen, Progr. 1843

Hamann, H. D. Plan für den Geschichts-Unterricht auf den obern Klassen der Gymn. Preußens. 13 S.
Progr. Gumbinnen 1832

Hamann, Hermann, approb. Arzt aus Ahaus ⟨Westf.⟩: Über subcutane **Frakturen** der Metacarpal- und Metatarsalknochen mit besonderer Berücksichtigung des sogenannten 'militärischen Fussödems.' *Greifswald 1902: J. Abel.* (32 S.) 8°
Greifswald, Med. Diss. v. 19. März 1902

Hamann, Hermann, a. Sammenthin in Brandenburg: Die litterarischen Vorlagen der Kinder- und Hausmärchen und ihre Bearbeitung durch die Brüder Grimm. ⟨T. 1: Einleitung. Die Vorlagen zur 1. Auflage.⟩ (Berlin: Mayer & Müller 1905.) (68 S.) 8° ¶ (Ersch. vollst. als Palaestra, Bd 47.)
Berlin, Phil. Fak., Ref. Schmidt, Roethe, Diss. v. 20. Juli 1905
[Geb. 25. Dez. 78 Sammenthin in der Neumark; Heimatsort: Sammenthin; Staatsangeb.: Preußen; Vorbildung: Gymn. Stargard in Pommern Reife O. 00; Studium: Tübingen 1, Marburg 3, Berlin 6 S.; Rig. 2 März 05.]

Hamann, Herm., die litterarischen Vorlagen der Kinder- u. Hausmärchen u. ihre Bearbeitung durch die Brüder Grimm, s.a. Palaestra. 47.

Die litterarischen Vorlagen der Kinder- u. Hausmärchen u. ihre Bearbeitung durch die Brüder Grimm. Von Dr. Hermann **Hamann.** Berlin: Mayer & Müller 1906. (147 S.) 8°
= **Palaestra.** 47. [06. 9087 4

Hamann, Hugo: Aus d. chir. Universitätsklinik zu Kiel. Ein Fall von Ruptur des Duodenum durch Hufschlag. Kiel 1907: Schmidt & Klaunig. 20 S. 8°
Kiel, Med. Diss. v. 6. Okt. 1908, Ref. Helferich
[Geb. 30. Sept. 80 Hohenzieritz; Wohnort: Hohenzieritz; Staatsangeh.: Mecklenburg-Strelitz; Vorbildung: Gymn. Neustrelitz Reife M. 01; Studium: Leipzig 1, München 2, Kiel 2, Berlin 1, Kiel 4 S.; Coll. 11. März 07; Approb. 19. März 08.] [U 09. 2262

Hamann, J., kaufm. Rechnen, s.: Neeb, Wilh.

Hamann, (J. G. M.,) Erinnerungsbüchlein aus d. Schulunterrichte z. Erleichterung u. Beförderung des Privatfleißes. 8. Magdeb. 824, Heinrichshofen.

Hamann, Johann Georg

– s. A n m e r k u n g e n über Wortfügung.

– s.1. A p o l o g i e d. Buchstaben H.

Hamann, Joh. Ge., Neue Apologie des Buchstabens h oder ausserordentliche Betrachtungen über die Orthographie der Deutschen. Sieh: Hamann, Schriften u. Briefe. Bd. 2. S. 406—435. . . . . (D.)

– s. A r i s t o b u l i.

Hamann, Joh. Georg. Auswahl aus seinen Briefen und Schriften, s. Bibliothek theologischer Klassiker, Bd. 11.

F o r t s e t z u n g d e r A s i a t i s c h e n B a n i s e, oder d e s b l u t i g e n u n d m u t h i g e n P e g u Z w e y t e r T h e i l. (3 Bücher.) Nach Art Herrn Heinr. Ansh. v. Ziegler u. Kliphausen (von *Joh. Georg Hamann* aus Schlesien, † 1733 zu Hamburg). Mit Titelkpfr. Leipzig, bey Johann Grossens Erben, 1724. 8°. (In Berlin: an Yu 8531.)
F o r t s e t z u n g D e r A s i a t i s c h e n B a n i s e, O d e r d e s b l u t i g e n u n d m u t h i g e n P e g u Z w e y t e r T h e i l, Nach Art Herrn Heinrich Anshelm von Ziegler und Kliphausen. Z w e y t e u n d v e r b e s s e r t e A u f l a g e. Mit Titelkpfr. Ebd., 1728. 8°. 8 Bll. u. 766 S. (In Göttingen.)
•— — Dasselbe. D r i t t e u n d v e r b e s s e r t e A u f l a g e. Mit Titelkpfr. Leipzig, In der Großischen Buchhandlung, 1734.

– s. B e i l a g e zu Sokrates Denkwürdigkeiten.

— christl. Bekenntnisse u. Zeugnisse. Ein geordn. Auszug aus dessen gesammtem Nachlasse, mit genauer Hinweis. auf denselben. Nebst e. Anhang vermischter Fragmente. Herausg. von A. W. Möller. 8. Münster 826. Regensberg. 1 ₰ 8 ℊ

Hamann, Johann Georg.

Betrachtungen über die heilige Schrift. Nürnberg 1816. H: *Roth, Friedrich.* (Ky)

— Betrachtt. über d. heil. Schrift. 2 Abschnitte, (herausg. v. Fr. Roth). gr. 12. Nürnb. 816. v. Ebner. 6 ℊ

Hamann, J. G., Betrachtungen über die heilige Schrift. 2 Abschnitte. gr. 12. Nürnberg, Lechner. 817.

– s. B l ä t t e r , Sibyllinische.

Hamann, Joh. Geo., sibyllinische Blätter des Magus, s.: E r z i e h e r zu deutscher Bildung. 5. Bd.

– s. B o l i n g b r o k e u. Hervey.

Hamann's, Joh. Geo., Briefwechsel mit Friedr. Heinr. Jacobi, s. G i l d e m e i s t e r, C. H.

Briefwechsel zwischen (J[ohann] G[eorg]) **Hamann** und (J[ohann] K[aspar] L a v a t e r. Mitgeteilt von Heinrich F u n c k. *Königsberg i. Pr. 1894: R. Leupold.* (53 S.) 8°
Aus: Altpreuß. Monatsschrift. Bd 31, H. 1. 2. [04. 6456 10

– s. B ü c h e r , Fünf, über d. Schuldrama.

– s. D a n g u e i l : Anmerkungen.

– s. D e n k w ü r d i g k e i t e n , Sokratische.

Hamann, Johann Georg, Herausgeber Des Alten Deutschen, Hamburg (1730)
siehe Den Alten Deutschen.

Hamann's, Joh. Geo., v. Königsberg, D i e n s t- u. R u h e j a h r e. [Der Lebensgeschichte anderer Thl.] Männern deutscher Art gewidmet. 8. (256 S.) Gütersloh 879. Bertelsmann. n. 2. 40

– s. E p a g a t h u s Vettius.

– s. E s s a i à la Mosaique.

Fragmente einer apokryphischen Sibylle über apokalyptische Mysterien. [Von Joh. Georg Hamann.] o. O. [1779]. 30 S. 8°
Veranl. durch Starcks Apologie u. gegen ihn gerichtet. Vgl. Allgem. Deutsche Biographie. 10 (1879) S. 464.

– s.a. Golgatha u. Scheblimini.

— Golgatha und Scheblimini! Von einem Prediger in der Wüste. In verbesserter Ausgabe mit Vorrede und Anmerkungen von Jaschem, sonst genannt Imo. 8. Dresden, Hartknoch. 819.

— **Hamanniana, neue. Briefe u. andere Dokumente, erstmals hrsg. v. Heinr. Weber. (IX, 183 S. m. 1 Fksm.) Lex.-8. München 905. C. H. Beck. n. 10. —**

– s. Hexe zu Kadmonbor.

– s. Hirtenbriefe, Fünf.

– s. Kermes du Nord.

– s. *Κογξομπαξ*.

– s. Kreuzzüge der Philologen.

Hamann's, Joh. Geo., Leben u. Werke in geordnetem, gemeinfaßlichem Auszuge. Durch Johs. Claassen. Mit Hamann's (Holzschn.-) Bildniß. 3 Thle. in 1 Bd. 8. Gütersloh, Bertelsmann. n. 4. —
1. Lehr- u. Wanderjahre. (172 S.) 878.
2. Dienst- u. Ruhejahre. [Der Lebensgeschichte anderer Thl.] (260 S.) 879.
3. Lehr- u. Lebenssprüche. Ein geordneter Auszug seiner sämmtl. Schriften. (320 S.) 879.

—— Lehr- und Wanderjahre. Jünglingen deutscher Art gewidmet. 8. (172 S.) Ebendas. 878. * 1 50

Hamann's, Joh. Geo., Lehr- u. Lebenssprüche. Ein geordneter Auszug seiner sämmtl. Schriften. Seinem Volke gewidmet. 8. (320 S. mit Portr. in Holzschn.) Gütersloh 879. Bertelsmann. n. 3. —

– s. Lettre perdue.

HAMANN, Joh. George, Poetisches LEXICON, oder nützlicher u. brauchbarer Vorrath von allerhand Poetischen Redens-Arten. etc. Neue verbess. Aufl. Mit Portr. d. Verfassers (unsign.). LEIPZIG, in der Großischen Handlung, 1737. 8°.
920 S. (incl. Vorst.). Unter den Proben erot. Stellen, z. B. bei dem Stichwort: Brust (Brüste) etc. — Ed. I. c. 1730?

Hamann, Joh. George. Poetisches Lexicon, Oder Nützlicher und brauchbarer Vorrath von allerhand poetischen Redensarten, Beywörtern, Beschreibungen, scharfsinnigen Gedanken und Ausdrückungen, Nebst einer kurzen Erklärung der mythologischen Namen. Neue verbesserte Auflage. Leipzig, Groß, 1751. 8°. 4 Bl. (inkl. *gestoch. Frontispizporträt d. Verfassers*), S. 9—920. Etwas fleck. Pgtbd. d. Z.
FdP. 1403 zitiert eine spätere Auflage des beliebten Handbuchs. Der Verfasser, ein Onkel des berühmten Königsberger Hamanns, wurde 1697 in der Lausitz geboren und starb erst 36jährig in Hamburg, wo er für die Oper einige Textdichtungen geliefert hatte; auch als Kirchenliederdichter und Fortsetzer von Zieglers Asiatischer Banise machte er sich einen Namen.

Johann George Hamanns Poetisches Lexicon, Oder Nützlicher und brauchbarer Vorrath von allerhand poetischen Redensarten, Beywörtern und Beschreibungen, Nebst einer kurzen Erklärung der mythologischen Namen, aus den besten und neuesten Deutschen Dichtern zusammen getragen. Neue verbesserte Auflage ... 1765, in Aurich bey J.G.Luschky.

– s. Magi, Die.

—— Magi und Sokratische Denkwürdigkeiten, s. Universal-Bibliothek Nr. 926.

Hamann, J. G., Mancherley z. Geschichte d. metakrit. Invasion. 8. Königsb. Nicolovius. 800.

– s. Nachrichten, Hamburgische.

– s. Recensionen, Zwei, den Ursprung der Sprache betreffend.

– s. Scherflein, Zwei.

Hamann, Jh. Geo., († d. 21. Juni 1788.) Schriften. Herausg. von Fr. Roth. 7 Thle. 8. Leipz. 821—25. Reimer. 14 ₰ 4 ℊℊ Schrbp. 16 ₰ 10 ℊℊ (a. Riegel u. W. in Nürnb.) 11 ₰ 11 ℊℊ

Hamann's Schriften. Herausgegeben von Fried. Roth. 1r und 2r Thl. Berlin, Reimer. (Nürnberg, Riegel und W.) 821.
Schrbpr.
Velinpap.

Hamann, J. G., Schriften. 8. Thl. 2 Abthlgn. 8. Berlin, G. Reimer. 4 Thlr. 25 Ngr. Schrbp. :
Abthl. 1. Nachträge, Erläuterungen u. Berichtigungen. (Hrsg. v. Gust. Ad. Wiener. (26½ B.) 842. 2 Thlr. — Schrbp. 2 Thlr. 10 Ngr.
" 2. Register. (38½ B. u. H's. Bildn.) 843. 2 Thlr. 25 Ngr. — Schrbp. 3 Thlr. 7½ Ngr.
Bd. 1—7. Ebendas. 1821—25. 14 Thlr. 5 Ngr., Schrbp. 18 Thlr. 27½ Ngr.

Hamann's, Joh. Geo., Schriften und Briefe in 4 Thln. Zu leichterem Verständniß im Zusammenhange seines Lebens erläut. und hrsg. von Mor. Petri. (VIII, 424; IV, 436; IV, 576; IV, 548 S.) Hannover 872—74, Meyer. à Bd. *M 4,50. *
Vgl.: Delff, H. K. Hugo, Lichtstrahlen.

— Schriften u. Briefe. Zu leichterem Verständniß im Zusammenhang seines Lebens erläutert u. hrsg. v. Mor. Petri. 1. Thl. 2. (Titel-)Ausg. gr.8. (VIII, 424 S. mit Stahlst.-Portr.) Hannover (1872) 878. Meyer. **n. 2. 25**

– s. Telonarcho, Chr. Zach.: Prolegomena.

– s.a. Versuch einer Sibylle.

—— einer Sibylle über die Ehe. (Satyre von *Joh. Geo. Hamann.*) O. O. (Riga.) 1775. 8°. 16 SS. (½ Rthl., Scheible, vor 1885.)
Anon.-Lex. IV. p. 302 (nach *Hamann*, Schriften, hrsg. von Roth, Bd. IV, W. v. Maltzahn, Recke-Napiersky u. Kayser).

VERSUCH einer Sibylle über die Ehe. (Leipzig, Hartknoch.) 1775.
In 300 numer. Expl. hergestellter Faksimiledruck, der Gesellschaft der Bibliophilen gewidmet 1925, mit Nachwort von M. Sommerfeld. XVI und 11 S. — Erot. mystisches Capriccio zur Vermählungsfeier seines Freundes und Verlegers Hartknoch. [Verfasser: J. G. Hamann.]

– s. Virbius, Ab.

– s. Warner, Ferd.: Beschreibung der Gicht.

Hamann, J. G., s. Wolken; e. Nachspiel.

Hamann, Ioan. Car. Guil.: De litteris recognitionis sive connossamentis duplicibus. Berolini (1827). (35 S.) 8°
Berlin, Jur. Diss. v. 26. März 1827

Hamann, Jh. Mich., († d. 12. Dec. 1813.) Blätter d. Gefühls u. d. Erinnerung, nebst Melodien ... v. Kanter. 8. Aurich 799. Luschky. 1 ℳ

— Progr. Xenophons Briefe; aus d. Griech. 8. Königsb. 798.

— Progr. Chorum Euripideum e Bacchis excerpsit et illustravit. 8. Königsb. 794.

— Johann Michael (Rektor), Lateinische Deklinations= und Konjugations=Tafeln. Als zum Lesebuche gehörig besorgt. Königsberg (Heinrich Degen) 1798. 4 Bl. (4.50) 12922

— Gedanken über den Unterr. im Latein in den niedern Schulklassen. 4. Königsb. 794.

— kleine Schulschriften, noch seinem Tode gesammelt von L. von Baczko. 8. Königsb. 815. (Hinrichs in Leipz.) 1 ℳ 12 ℊ

Hamann, J. M., kleine Schulschriften, nach seinem Tode gesammelt von Baczko. 8. Königsb. Nicolovius. 815.

— Diss. de Socrate cum discipulis libros veterum tractante. 4. Königsb. 794.

— poetische Versuche. gr. 8. Libau, Friedrich. 791.

— poet. Versuche. gr. 8. Libau 791. (Leipz., Rein). 14 ℊ

Hamann, Karl, e. Ablassbrief v. Giovanni Angelo Arcimboldi aus dem J. 1516, hrsg. u. erläutert. Mit e. Fcsm. in Lichtdr. gr. 4. (17 S.) Hamburg 884. (Nolte.) n.n. 2. —

Lic. Dr. Karl Hamanns Bemerkungen zum Codex S. Simeonis '(im Domschatz zu Trier)' ergänzt u. hrsg. v. Dr. Georg Flügel. '(M. 4 Lichtdr.-Abb.)' *Trier: F. Lintz 1895.* (16 S., 4 Facs.) 1 Bd 4. (96. 3510

Hamann, Karl Beschreibung der Handschriften und alten Drucke der Bibliothek des alten Arnoldinum. Erste Folge. S. 13—20. Progr. *Burgsteinfurt* 1877.

Hamann, Karl. Bildnisse einiger berühmter Persönlichkeiten d. 30jährigen Krieges auf Münzen u. Medaillen teils im Hamburger Münz-Kabinett, teils in eigener Sammlung. gr. 4. (11 S. m. 2 Taf. in Lichtdr.) Hamb. 891, (Herold's Verlag). ** 2 —

[F. u. Ant.] Hamann, Karl [Oberl. Lic. Dr.]: Bildnisse einiger berühmter Persönlichkeiten des dreissigjährigen Krieges auf Münzen und Medaillen teils im Hamburger Münz-Kabinett teils in eigener Sammlung. Herausgegeben . . . Hamburg, gedr. bei Lütcke & Wulff, 1891; 1 Bl., 11 S., 2 Taf. 4°
Hamburg, RG d. Johanneums, OP 1891 (723)

Hamann, Karl [Prof. Dr.]: Bruchstuecke einer Sallust-Handschrift in der Dombibliothek zu Trier. Hamburg, gedr. bei Lütcke & Wulff, 1893; 2 Bl., IV, 10 S. 4.
Hamburg, RG d. Johanneums, OP 1893 (731)

Hamann, Karl Mitteilungen aus dem Breviloquus Benthemianus, einem handschriftlichen lateinischen Glossar des 15. Jahrhunderts. 32 S. Progr. Joh. Rg. *Hamburg* 1879.

Hamann, K., Mitteilungen aus dem Breviloquus Benthemianus, einem handschriftl. Glossar des XV. Jahrhunderts. 3 Tle. (In Teil 3: Beiträge zur Textkritik der Vulgata nebst e. Anhang: Abschnitte aus dem Liber derivationum d. Ugutio v. Pisa.) Pr. 1879, 80 u. 82. 82, 20, 48 S. 4°. à 1.20

— weitere Mittheilungen aus dem Breviloquus Benthemianus, enth. Beiträge zur Textkritik der Vulgata, nebst e. Anh.: Abschnitte aus dem Liber derivationum d. Ugutio v. Pisa. gr. 4. (IV, 48 S.) Ebend. 882. n.n. 2. 80

Hamann, Karl, neue Mittheilungen aus dem Breviloquus Benthemianus, e. handschriftl. latein. Glossar des XV. Jahrh. 4. (20 S.) Hamburg 880. (Nolte.) n.n. 1. 50

Hamann, Karl Sancti Bonaventurae cantus Philomene devotus ex codice suo qui saeculo XIV scriptus est C. H. . . . edidit editionisque vulgaris varias lectiones adiecit. 4 (1 Bl. 10 S.).
Gratulationsschrift z. 60 jähr. Doctorjub. des Pastor G. R. Roepe
Nicht im Tauschverkehr. Rg. des Johanneums *Hamburg* 1887.
Progr.

Hamann, Carolus [Oberl. Lic. Dr.]: De psalterio triplici Cusano. Hamburg, gedr. bei Lütcke & Wulff, 1891; 1 Bl., 15 S. 4°
Hamburg, RG d. Johanneums, OP 1891 (723)

Hamann, L., Bastei-Chronik 1857—1893. Aus dem Archive der „Bastei", Verein jüngerer Buchhändler zu Dresden, gelegentlich d. 36. Stiftungsfestes 1893 hrsg. gr. 8. (56 S.) Dresden 893. (W. Reuter.) Kart. n.n.n. — 75

Hamann, L., Bastei-Chronik 1857—1907. Aus d. Arch. der „Bastei", Verein jüng. Buchhändler zu Dresden. Gelegentlich des 36. Stiftungsfestes 1893 hrsg. Fortgef. u. neu hrsg. zur Feier d. 50. Stiftungsfestes 1907 v. Adf. Beschoren. (87 S.) gr. 8. Dresd. 907. (C. Weiske.) nnn 1. 20

Hamann, Ludw., s.: Buchhändler-Kalender.

— Ehrgn. d. Fürsten Bismarck z. 80. Geburtstage 1895 E. Chronik d. nation. Feiertage, sow. ges. Reden u. Ansprachen f. d. deutsche Volk u. d. Verehrer d. Alt-Reichskanzlers hrsg. gr. 8. (115 S.) Leipzig 895. K. Scholtze, Sep.-Cto. 1. —; geb. n. 2. —; feine Ausg. 1. 50; geb. 2. 50; auf feinstem Pap., geb. in Celluloid 12. —

— die Fahrt ins romantische Land. Bilder aus der Sächs.-Böhm. Schweiz, umkränzt m. Stimmungspoesien. 2. Aufl. qu. 4. (23 Lichtdr.-Taf. m. 52 S. Text.) Leipzig 895. L. Hamann. Geb. in Leinw. n. 4. —; in Prachtbd. n. 5. —

Hamann, Ludw., die Fahrt ins romantische Land. Bilder aus der sächsisch-böhm. Schweiz, umkränzt v. Stimmungspoesien. 3. Aufl. Wohlf. Ausg. qu. gr. 8. (49 S. m. 23 Bildern.) Leipzig (899). [Gutenberg-Druckerei.] L. Hamann. Kart. 3. —; in Prachtbd. 4. —

— Floh-Memoiren. 3 Bde. gr. 8. Leipzig, L. Hamann. à n. 2. —; geb. in Leinw. à n. 3. — (in 1 Bd. n. 5. —; geb. n. 6. —)

I. Hubbigs Abenteuer. Lebenserinnerungen e. Pulex irritans, in kitzl. Reime gebracht. Mit vielen Momentaufnahmen v. Arth. Krüger. (II, 70 S.) (903.)
II. Hubbigs heitere Fahrten. Flohgift 2. Dosis, in kitzl. Reimen verzapft. Mit vielen Momentbildern v. Arth. Krüger. (IV, 70 S.) (904.)
III. Hubbigs letzte Sprünge. Das Testament e. Blutsaugers in heiteren Versen. Mit vielen Momentbildern v. Arth. Krüger u. H. Graf. (IV, 83 S.) (904.)

Hamann, Ludw., Floh-Memoiren. Jetzt: Stargard, W. Prange's Verlag.

Hamann, Ludw., die **Klosterhexe** v. Marienfließ u. der Untergang des pommerschen Herzog-Geschlechts. Histor. Roman, alten Berichten u. Chroniken nacherzählt. (VIII, 312 S.) 8. Berlin (910). (Stargard, M. Mallin.) 3.—; geb. 4. —

Die Klosterhexe von Marienfliess und der Untergang des pommerschen Herzogs-Geschlechts. Hist. Roman alten Berichten u. Chroniken nacherzählt von Ludwig **Hamann**. Berlin: Terra [1910]. 312 S. 8° [11. 4447 9

— Die **Reise** ins **Pharaonenland**. Eine fröhl. Fahrt üb. Venedig nach dem Nilkatarakt, üb. Neapel u. Rom zurück. (VI, 242 S. m. 140 Abbildgn. auf Taf.) gr. 8. Berlin (909). Marquardt & Co. 3.50; geb. 5. —

— der **Umgang** m. **Büchern** u. d. Selbstkultur. gr. 8. (XI, 329 S. m. Abb., illustr. Titel, 13 [4 farb.] Taf. u. 1 Bl. Erklärgn.) Ebd. 898. n. 4. —; geb. in Leinw. n. 5. —; in Ldr. n. 7. —

Der Umgang mit Büchern und die Selbstkultur von Ludwig Hamann. 2. Aufl. *Leipzig: L. Hamann 1899.* (329 S.) 8° [J.] [9. 6643

Hamann, Ludw., s. a.: **Xanthippos.**

Hamann, Marg., Rosamunde Fane oder die Gefangenen im St. James-Palast, s. **Universalbibliothek** für die Jugend.

Hamann O.: In *Gammarus pulex* lebende Cysticerkoiden m. Schwanzanhängen. 1889. [Krabbes Saml.].

Hamann, Otto, die **Abstammung** des **Menschen**, s. a **Zeitfragen**, naturwissenschaftliche. 6. Hft.

Die Abstammung des Menschen. Eine Darstellung d. neueren Ergebnisse d. Anthropologie. Von Otto **Hamann**. Mit 4 Taf. Godesberg: Naturwiss. Verl. [1900]. 64 S. 8°
(Naturwissenschaftl. Zeitfragen. H. 6.) [10. 3039 5

Hamann, Otto, **Beiträge** zur **Histologie** der Echinodermen. 1. u. 2. Hft. gr. 8. Jena, Fischer. n.n. 16. —
1. Die Holothurien. Mit 6 (lith. z. Thl. farb.) Taf. u. 3 (eingedr.) Holzschn. (IV, 100 S.) 884. n. 7. —
2. Die Asteriden, anatomisch u. histologisch untersucht. Mit 7 Taf. u. 3 Holzschn. (IV, 126 S.) 885. n.n. 9. —

Hamann, O., **Beiträge** zur **Histologie** der Echinodermen. 3. u. 4. [Schluss-]Hft. gr. 8. Jena, Fischer. n.n. 29. — (cplt.: n.n. 45. —)
3. Anatomie u. Histologie der Echiniden u. Spatangiden. Mit 13 Taf. u. 2 Holzschn. (VI, 176 S.) 887. n. 15. —
4. Anatomie u. Histologie der Ophiuren u. Crinoiden. Mit 12 Taf. u. 2 Holzschn. (VII, 160 S.) 889. n. 14. —

Hamann, Otto, Echinodermen, s.: **Ludwig**, Hub.

Hamann, Otto, **Entwicklungslehre** u. Darwinismus. Eine krit. Darstellg. der modernen Entwicklungslehre u. ihrer Erklärungsversuche m. besond. Berücksicht. der Stellg. d. Menschen in der Natur. Gemeinfasslich geschildert. gr. 8. (XIX, 304 S.) Jena 892. H. Costenoble. n. 8. —; geb. n. 10. —

— Professor Ernst **Haeckel** in Jena u. seine Kampfesweise. Eine Erwiderg. gr. 8. (VI, 55 S.) Göttingen 893. R. Peppmüller. n. 1. 20

Hamann, Otto, europäische **Höhlenfauna**. E. Darstellg. der in d. Höhlen Europas leb. Tierwelt m. bes. Berücksicht. d. Höhlenfauna Krains. Nach eig. Untersuchgn. M. 150 Abb. auf 5 lith. Taf. gr. 8. (XIII, 296 S.) Jena 896. H. Costenoble. n. 14. —

— Klassen u. Ordnungen des Tier-Reichs, s.: **Bronn**, H. G.

— Natur u. Bibel in der Harmonie ihrer Offenbarungen, s.: **Riem**, Johs.

— Die **Nemathelminthen**. Beiträge zur Kenntnis ihrer Entwickelg., ihres Baues u. ihrer Lebensgeschichte. 1. Heft. gr. 8. Ebd. 891. ** 11 —
Monographie der Acanthocephalen [Echinorhynchen]. Ihre Entwickelg., Histogenie, Anatomie, nebst Beiträgen zur Systematik u. Biologie. 1. Tl. (V, 119 S. m. 10 lithogr. Taf.)
Aus: Jenaische Zeitschr. f. Naturwissensch., besonders abgedruckt.

— die **Nemathelminthen**. Beiträge zur Kenntnis ihrer Entwicklung, ihres Baues u. ihrer Lebensgeschichte. 2. Hft. gr. 8. Ebd. 895. n. 12. —; (1 u. 2.: n.n. 23. —)
I. Monographie d. Acanthocephalen (Echinorhynchen.) 2. (Schluss-) Tl. m. 4 lith. Taf. II. Die Nematoden. 1. Tl. m. 7 lith. Taf. (VII, 120 S.)

Hamann, Otto, der **Organismus** der **Hydroidpolypen**. Mit 6 (lith.) Taf. u. 4 (eingedr.) Holzschn. [Aus: „Jenaische Zeitschr. f. Naturwissensch".] gr. 8. (IV, 72 S.) Jena 882. Fischer. n. 6. —

Hamann, Richard

— u. Fel. **Rosenfeld**, der **Magdeburger Dom**. Beiträge zur Geschichte u. Ästhetik mittelalterl. Architektur, Ornamentik u. Skulptur. (VII, 176 S. m. 182 Abb. u. 7 Lichtdr.-Taf.) 35×24,5 cm. Berlin 910. G. Grote. 20 —
Erweit. Sonderabdr. a.: „Jahrb. d. preuss. Kunstsammlgn."

— **Richard** (Bensberg b. Cöln/Rh.), Über den Einfluss der Respiration auf den Herzstoss. Dissert. med.-chir. Bln. (G. Schade [O. Francke]) 18. X. 1890. 34 S. mit Liter. u. Biogr. (5.—) 12923
Oppon.: Otto Blau, Carl Mallebrein, Oskar Faisst.

Hamann, Richard *Wilhelm Albert* [aus Bensberg (Rheinprov.)]: Über den Einfluss der Respiration auf den Herzstoss. . . . Berlin, Buchdr. v. G. Schade, *1890;* 33 S., 1 Bl. 8°
Berlin, Med. Fak., Inaug.-Diss. v. 18. Okt. 1890

Hamann, Rich., die Frührenaissance der italienischen Malerei, s.: **Kunst, die, in Bildern.**

Hamann, Rich., ein **Gang** durch die Jahrhundert-Ausstellung (1775—1875). I—III. 8. Berlin 906. G. Reimer. à n. — 50
I. Betrachtungen üb. Entwicklung u. Zusammenhänge in der deutschen Malerei von 1775-1820. (Chodowiecki, Graff, W. v. Kobell, Friedrich, J. F. A. Tischbein, Runge.) (III, 39 S.)
II. Dasselbe von 1820—1860. (Wasmann, Ruths, Waldmüller, v. Pettenkofen, Krüger, Blechen, Spitzweg, Hausmann.) (S. 41—96.)
III. Dasselbe nach 1860 (v. Menzel, Böcklin, Feuerbach, v. Marées, Thoma, Leibl). (S. 97—170.)

— Der **Impressionismus** in Leben u. Kunst. Mit 16 Abb. u. zahlr. Notenbeispielen. (320 S.) gr. 8. Köln 907. M. Du Mont-Schauberg. 7.50; geb. in Leinw. 8. 50

— **Rembrandts Radierungen**. (VIII, 329 S. m. 137 Abbildgn. u. 2 Lichtdr.-Taf.) Lex.-8. Berlin 906. B. Cassirer. n. 12. —; geb. n. 14. —

Hamann, Richard, aus Magdeburg: Das Symbol. *Gräfenhainichen 1902: W. Hecker.* (32 S.) 8°
Berlin, Phil. Diss. v. 28. Mai 1902

Hamann, Rich., das **Wesen** der strafrechtlichen Zurechnungsfähigkeit. Eine Kritik der neuesten Bestrebgn. zu e. Reform des Strafrechts. (42 S.) 8. Cöln 907. M. Du Mont-Schauberg. 1. —

Hamann's praktische Bibliothek. 1. u. 2. Bd. kl. 8. Stargard. Kolberg, Prange. 1. 90
Bohnenstengel, A., kurzer Lehrgang der Bienenzucht. Mit Illustr. (VIII, 188 S.) (907). (Bd. 2.) 1.50; geb. in Leinw. 2. —
— Die Obst- u. Beerenweinbereitung. (31 S. m. Abbildgn.) (907). (Bd. 1.) — 40

Hamann's Bücherei. 1. u. 2. Bd. 8. Leipzig 896. L. Hamann. à 2. —
1. Hopläh. Cavalcada. Auf schwanken Bahnen. Zwei Zirkusgeschichten. Von Signor Saltarino. 2. Aufl. (84 u. 106 S.)
2. D. Selbstmord d. Lieutenants v. Mergenthin. Novelle v. Erwin Bauer. (127 S.)

Hamar-Dabanow, Moskowiter u. Tscherkessen. Skizzenbuch, aus d. Russischen. 2 Bde. 8. (23⅝ B. u. 2 Holzschn.) Leipzig 846, Weber. *

Hamâsa od. die ältesten arabischen Volkslieder, gesammelt von Abu Temmâm, übers. u. erläutert von Fr. Rückert. 2 Thle. gr. 8. Stuttgart 846, Liesching's Verl. à n. 2⅙ ₰

أشعار الحماسة — Hamasae Carmina, cum Tebrizii scholiis integris indicibusque perfectis, versione latina et commentario perpetuo, primum ed. G. W. Freytag. Text arab. Pars I.—VIII. 4maj. Bonn 826—28. (Marcus). Pr.-Pr. 17 ₰ 12 gr

Hamasae, carmina cum Tebrizii scholoiis integris, indicibus perfectis, versione latina et Commentario perpetua, primum edid. G. W. Freytag. Texti arabici. Pars I et II. gr. 4. Bonn 826 u. 27, (Weber.) Pr. Pr. à 2 Rthlr. 12 gr.

Hamasae carmina cum Tebrisii scholiis integris edita versione Latina commentarioque illustrav. et indicibus instrux. Geo. Guil. Freytag. Pars posterior contin. versionem Latinam, commentarium et indicem. Fasc. 1—4. (XXX u. 651 S. XVI u. 746 S.) Bonnae 847—51, Marcus. 1: baar 3 ₰ 21 ngr 2: baar 1 ₰ 25½ ngr 3: n. n. 3 ₰ 21 ngr 4: n. n. 5 ₰ 26 ngr (cplt. n. n. 35 ₰ 18½ ngr)

Das städtische Rathhaus in Geldern. Vortrag des Herrn Burgermeisters HAMBACHS in der Versammlung des „Historischen Vereins" zu Geldern am 8. Dezember 1897. Geldern 1898. Druck von L. N. Schaffrath. 8°.

Hambach, Jak., Vorbereitungen zu einem glückl. Tode. Morgen- u. Abendgebete. Vor u. nach d. Beichte. Zum Druck befördert von e. seiner Freunde. 8. Halberst. 799.

Hambach, Joh. Nicol.

— ein Beitrag zur Pastoral. 8. Braunschw. 765. Schröder. 4 gr

Hambach, Jo. Nicolaus, Commentatio qua consistoriorum necessitatem e statu ecclesiae nostrae periculose demonstrat et viro Julius Gottfried Schlüter consistorii directoris dignit. gratul. Wolfenbüttel (Jo. Christoph Meisner) 1749. 28 Seiten. (6.—) 12924

Hambach, Jh. Nicol., (†...) de eccles. christ. et speciat. Lutheranae ecclesia repraesentativa. 4. Braunschw. 753. Schulbuchh. 4 gr

— — Diatribe qua de origine perverse sentiendi licentiae et inde in religionem redundantis detrimenti ex bibliorum versione D. Martini Lutheri non repetenda disserit. Wolfenbüttel (Jo. Christoph Meisner) 1749. 52 S. (6.50) 12925
Gewidm.: Heinrich Bernhard v. Schrader (Schliestedt).

— d. Sonn- u. Festtags-Evangelien durch Fragen zergliedert. 8. Braunschw. 766. Schulbuchh. 12 gr

Hambel, L. C., vollständiges alphabetisches Repertorium zu dem badischen Branntweinsteuergesetz vom 26. März 1852 und sämmtl. darauf Bezug habenden Verordnungen nebst Berechnungstabellen und Maastabellen über die in andern Zollvereinsstaaten eingeführten Branntweinmaaße und deren Verwandlung in bad. Maas. gr. 8. (VII und 40 S.) Karlsruhe 852, Müller'sche Hofbuchh.

Hambel, Ludw. Karl, Münz-, Maaß- u. Gewichts-Tafeln f. d. Großhrzgth. Baden, unt. Zugrundlegung d. Tafeln v. rc. Prof. Dr. Rau in Heidelberg. 2 Blätter Imp.-Fol. Carlsruhe 836, Braun'sche Hofbuchh. *

Hamberg: Physiologische Versuche mit den flüchtigen Substanzen, die sich im Branntwein vorfinden. Wien. 1884.

Hamberg, Axel, astronomische, photogrammetrische u. erdmagnetische Arbeiten der v. A. G. Nathorst geleiteten schwedischen Polarexpedition 1898. (Kungl. svenska vetenskaps-akademiens handlingar. 39. Bd. Nr. 6.) (III, 62 S. m. 8 Fig. u. 1 Karte.) 4. Uppsala 905. (Berlin, R. Friedländer & Sohn.) n.n. 5. 40

— **hydrographische Arbeiten der v. A. G. Nathorst geleiteten schwedischen Polarexpedition 1898.** (Kungl. svenska vetenskaps akademiens handlingar. 41. Bd. Nr. 1.) (III, 56 S. m. 7 Fig. u. 4 Taf.) 4. Ebd. 906. n.n. 4. —

Hamberg, Axel, die Eigenschaften der Schneedecke in den lappländischen Gebirgen, s. a. Untersuchungen, naturwissenschaftliche, des Sarekgebirges in Schwed.-Lappland.

Die Eigenschaften der Schneedecke in den Lappländischen Gebirgen. Von Axel **Hamberg** (Stockholm). Stockholm: C. E. Fritze; Berlin: R. Friedländer & Sohn 1907. (68 S.) 4°(8°) [Umschlagt.]
— **Untersuchungen**, Naturwissenschaftl., d. Sarekgebirges in Schwedisch-Lappland. Bd 1, Abt. 3. Gletscherkunde, Lfg 1. [08. 372]

Studien über Meereis und Gletschereis v. Axel **Hamberg**. M. 2 Taf.... *Stockholm: Boktr. P. A. Norstedt & söner 1895.* (13 S., 2 Taf.) 8.
— **Bihang** till K. Svenska Vet.-Akad. Handlingar. Bd 21. Afd. II. No 2. [97- 3655

Hamberg, D. B. de, Canones S. Hippolyti arabice e codicibus Romanis. 1870. 125 S.

Hamberg, H. E., die Sommernachtfröste in Schweden 1871—1900. (94 S. m. 4 Taf.) 4. Stockholm 904. (Berlin, R. Friedländer & Sohn.) n.n. 6. 90
Sonderabdruck aus: „Svenska Vetenskaps-Akademiens handlingar".

Hamberg, Heinrich. Ein Beitrag zu extraperitonealen Herniotomie. Diss. Dorpat. 8°. 60 pp. 1869.

Hambergen [Schlagwort]

Hambergen, s.: Preussen. Messtischblätter.

Hamberger, A. Dissertatio qua causae motus planetarum explicantur. (Resp. G. F. Eckhard.) Jenae 1769. 4.

Hamberger, Ad. Albr.

— kurzer Entwurf e. Naturlehre. Mit Kpf. 8. Jena 784. Gollner. 10 gr

— Entw. e. Naturlehre. m. Kupf. 8. Jena, Gollner. 780.

Hamberger, Ab. Albr., († 178..) allgem. Experimental-Naturlehre auf eigne Erfahrr. u. Vernunftschlüsse gegründet. 1r Thl., mit Kpf. 8. Jena 774. Fickelscher. 16 gr.

— v. d. Ursach. d. Bewegung d. Planeten. m. K. 8. Jena, Fickelscher. 771.

— d. Ursachen d. Bewegung d. Planeten, d. Schwere u. d. Zusammenhängens d. Körper. Mit Kpf. 8. Jena 772. Fickelscher. 9 gr.

Hamberger, Adolph Friedrich, Adscensus vaporum causas. Präs. Georg Erh. Hamberger (Vater). Jena (Jo. Christoph Croeker) 21. IX. 1743. 38 S. (6.50) 12927

Hamberger, C. H., s. De-Rossi, histor. Wörterbuch der jüd. Schriftsteller ꝛc.

Hamberger, G. E. Histoire de ce qui concerne l'election d'un Roi des Romains ... Gotha 1791. Ü: *Mercau, Carl Hubert.* (MGT)

Hamberger, Georg Albert [Praes.], s. Bernhardi, Adamus Bethmannus: Optica oculorum...

Georgii Alberti Hambergeri, phil. naturalis et mathem. p. atque alumnorum ducalium inſpectoris in academia Jenenſi, faſciculus diſſertationum academicarum phyſico-mathematicarum. Jenae, typis et ſumtibus Gollnerianis, 4. 2 Alph. 8 Kupf. (14 gr.) *1708.*

— **Georg Albert, Jusjurandum Davidis I Sam. XXV, 22.** Diss. philol.-morali. Ed. II. Jena (Jo. Friedr. Ritter) 1723. 38 S. (6.50) 12928

Hamberger, Georg Christoph

— Ausz. a. d. Nachricht. v. d. vornehmst. Schriftstell. 2 Thle. gr. 8. Ebend. 766-67. (1r 1 Rthl. 8 gr. 2r 2 Rthl. 4 gr.)

Hamberger, G. C., das gelehrte Deutschland, s. Meusel, J. G.

— d. gelehrte Deutschland, oder Lexikon d. jetzt lebenden deutschen Schriftsteller. 1r—3r Abschnitt, nebst 2 Nachtrr. gr. 8. Lemgo 767—70. N. verb. A. 772. Meyer. 1 Rthlr. 21 gr. 3e verm. A., fortges. von J. G. Meusel. 8. Ebd. 776. 2 Rthlr. 4e u. 5e A., s. Meusel.

Das gelehrte Teutschland oder Lexikon der jetzt lebenden teutschen Schriftsteller. Angefangen v. **Georg** Christoph **Hamberger.** Fortgesetzt v. Johann Georg **Meusel.** 5. Ausg. Bd. 1—23 Lemgo. 1796—1834. 8°
Bd. 13—23 auch unter dem Titel: Das gelehrte Teutschland im 19. Jahrhundert nebst Supplementen zur 5. Ausg. desjenigen im 18. v. Johann Georg Meusel. Bd. 1—11. ebd. 1808—1834.

Hamberger, Geo. Chrstph., das gelehrte Teutschland, od. Lexicon d. jetzt lebenden teutschen Schriftsteller. Fortges. v. Joh. Geo. Meusel u. Joh. Wilh. Sigism. Lindner, nach d. Letzt. Tode aber v. mehr. Gelehrten unt. Verantwortlichkeit d. Verlagshandl. 22. Bd. (in 2 Lfgn.) u. 23. Bd. 5., durchaus verm. u. verb. Ausg. — A. u. d. T.: Das gelehrte Teutschland im 19. Jahrh. nebst Supplem. z. 5. Ausg. dess. im 18. Jahrh. 10. Bd. 2 Lfgn. v. J. W. S. Lindner u. 11. Bd. gr. 8. Lemgo, Meyer. [22. 1. (43½ B.) 829. 2 Thlr. 12 Gr., 2. (56 B.) 831. 3 Thlr. 12 Gr., 23. (30½ B.) 834. 2 Thlr.]
1—16. Bd. 1796—1812, ungetrennt hrbgn. Pr. 20 Thlr. 8 Gr. — 17—21. Bd. 1820—27. 13 Thlr. Ebendas. — Hamberger († 8. Febr. 1773) legte nur den Grund zu diesem Werke. Meusel († 19. Sept. 1820) war es, der ihm in der 4. u. 5. Aufl. seine gegenwärtige Gestalt gab. Er besorgte die letztere bis zum 17. Bde. Der 18—21. Bd. wurde von Lindner bearb. u. v. Ersch († 16. Jan. 1828) hrsg. Den 22. Bd. gab Lindner († 12. Juli 1831) allein heraus. — Der 13—21. Bd. des Hauptwerks bildet den 1—9. Bd. von: Das gelehrte Teutschland im 19. Jahrh. Ebendas. 1808—27. 20 Thlr.

Hamberger, **Geo. Cph., († d. 8. Febr. 1773.) directorium historicorum medii potissimum aevi post Marq. Freher et iteratas J. D. Köhleri curas recogn. emend., auxit. 4. Götting. 772. Vandenhöck u. R. 1 Rthlr.**

Hamberger, G. C., rituum, quos Romana ecclesia a majoribus suis gentilibus in sua sacra transtulit enarratio. Gotting 1781. 4.

— s. A. Y. Goguet, Untersuch.

— Kurze Nachrichten von den vornehmsten Schriftstellern. Ein Auszug aus dem gröſsern Werke. Lemgo 766. 67. 2 B. 8. 3 rthl. 12 gr.

— Nachricht v. d. vornehmst. Schriftstellern bis 1500. 4 Thle. gr. 8. Lemgo, Meyer. 756-64. (1r 1 Rthlr. 12 gr. 2r 1 Rthlr. 16 gr. 3r 1 Rthlr. 12 gr. 4r 1 Rthlr. 20 gr.)

— zuverläss. Nachrr. von den vornehmsten Schriftstellern, vom Anfange d. Welt bis 1500. 4 Thle. gr. 8. Lemgo 756—64. Meyer. 6 Rthlr. 12 gr. Dass. im Auszuge: kurze Nachrr. von den vornehmsten Schriftstellern vor d. 16ten Jahrh. gr. 8. Lemgo 766, 67. Meyer. 3 Rthlr. 12 gr.

— s. Orphei argonautica.

— de pretiis rerum apud vet. Romanos disp. 4. Götting. 754. (Vandenhöck u. R.; u. Dieterich). 3 gr.

Hamberger, Georg Christoph. Alphabetisches Verzeichniss oder Lexikon der itztlebenden Schwäbischen Schriftsteller ... Nördlingen 1771. II: *Hörner, Otto Fr. dr.* (BrMm)

Hamberger, Georg Erhard

— — **Programma auspicale II de aere corporibus incluso dissertat. sol. de attrahentibus medic. doctorandi Joh. Christian Graff (Lendershausen/Frk.) praemissum.** Jena (Ritter) 13. IV. 1749. 8 S. mit Biogr. G.'s (M.: A. E. Geiling). (5.—) 12931

Programma inaugurale
— — **Dasselbe. IX dissertat. sol. medic. doctorandi Paul Lorenz Elsner (Friedrichstadt/Holst.) de angina epidemica praemissum.** Jena (Fickelscherr) 20. IV. 1755. 8 S. mit Biogr. E.'s. (M.: S. E. Tiedemann.) (5.—) 12936

Hamberger, Ge. Ehrh., resp. M. Jac. Buch, De anxietatibus. 44 pp. Jen. 4°. 1751

Programma inaugurale

— — **Dasselbe. VIII dissertat. sol. medic. doctorandi Christian Gottfried Lange (Bautzen) de apoplexia praemissum. Jena (Fickelscherr) 13. IV. 1755. 8 S. mit Biogr. L.'s. (M.: S. E. Haase.) (5.—)** **12935**

—, Diss. de atonia. Jen. 4°. 1751

Hamberger, G. E., Diss. de atonia. Jen. 4°. 1754

– (Praes.), s. B e c k e r , Joh. Bernh. Gottschalck: De obstructione.

– (Praes.), s. B i e r m a n n , Georg Jacob: De modo agendi medicamentorum terreorum.

– (Praes.), s. B o l s t e r , Jo. H.: De hypnoticis et narcoticis.

– (Praes.), s. B u r g h a r d , J. Chr.: De opio.

Hamberger, Georg Erhard (Präs.), s. D e u t s c h , Karl August: De Purgantibus.

— **Georg Erh.**, Diastolen cordis a sanguine per venas redeunte non perfici. Jena (Jo. Christ. Crocker) 29. II. 1744. 24 S. (6.—) 12929

—, resp. F. Th. **Fischer**, De dolore in genere. 24 pp. Jen. 4°.
1750

Georg Erh[ard] Hambergeri Elementa physices, methodo mathematica in usum auditorii conscripta. Ed. 2. Jenae: Meyer 1735. 643 S. 8°

Georgii Erhardi Hambergeri [Hamberger] Elementa physices, methodo mathematica in usum auditorii conscripta. Ed. 3., aucta praefatione De cautione in experientiis recte formandis et adplicandis adhibenda, et responsione ad dubia obiecta. Jenae: Meyer 1741. 608 S. 8°

—elementa physices, methodo mathemat. conscr. 8. Jena 761. Guith. 1 ₰

—elementa physiologiae medicae, (fortges. v. Dr. Kessel, vollendet u. mit e. Vorrede versehen v. Faselius). 8. Jena 757 et 769. Gollner. 18 ℊ

[Werke, Ausw.] Georgii Erhardi Hambergeri [Hamberger] Elementa physiologiae medicae in usum praelectionum academicarum concinnata. Cum fig. et ind. Ienae: Guth 1757. 636 S. 8°

Hamberger, Georg Erhard (Präs.), s. F r o b e n i u s , Wilhelm Gottfried: De incrassantibus.

Georgius Erh[ardus] Hambergerus [Hamberger]: De Gangraena. [Resp.:] Mauritius Casimirus Wenneker. Ienae (1754:) Ritter. 31 S. 8°

Jena, Med. Diss. v. 20. Juli 1754

Hamberger, Georg Erh. (Präs.), s. H a m b e r g e r , Adolph Friedrich: Adscensus vaporum causas.

— — **Progr. inaug. de perversa valetudinis cura II dissertat. sol. medic. doctorandi Carl Adam Jannau (Riga) de inflammationibus febre acuta stipatis sive de febribus inflammatoriis in genere praemissum. Jena (Ritter) 22. XI. 1750. 8 S. mit Biogr. J.'s. (M.: S. H. Bog.) (5.—)** 12934

* *M. Georg. Erhardi Hambergeri* Leges Perſpectiuae ad Situm Plani transparentis mutatum adplicatae. Jenae. 2¼ Bogen, 1 Kupfertafel.
1749.

— — **Propempticum auspicale quo dissertat. sol. de luxationibus et subluxationibus rite indicit et de ruptura intestini duodeni disserit. Jena (Ritter) 18. XII. 1746. 8 S., mit Biogr. v. Johann Heinr. Hieronymus (Westhaus./Hildburghausen; M.: F. S. Schrot). (5.—)** **12930**

Hamberger G. E.: De respirationis mechanismo et usu genuino dissertatio. Una cum scriptis quae ... ad controversiam de mechanismo illo agitatam pertinent ... Ienae 1748. 182 S. 1 Tvl.

— de respirationis mechanismo etc. c. fig. 4. Ien. Croecker. 748.

— continuatio controversiae de respirationis mechanismo. 4. Goett. 749.

— methodus medendi morbis et edidit, praef. est Er. Gf. Baldinger. 8. Jena 763. Gollner. 4 ℊ

Programma auspicale

— — **Dasselbe. IV. Dissertat. sol. de emeticorum agendi modo et usu medic. doctorandi Friedrich Ludwig Wigand (Corbach/Waldeck) praemissum. Jena (Tennemann) 27. IV. 1749. 8 S. mit genealog. Biogr. W.'s (M.: D. Ch. Ruben). (5.—) 12932**

—, resp. C. A. **Gondela**, De convulsionum natura. 48 pp. Jen. 4°.
1751

Programma auspicale

— — Dasselbe. VIII. Dissertat. sol. de otalgia medic. candid. Johann Christoph Friedrich Spillbiller (Kehl a. Rh.) praemissum. Jena (Ritter) 13. VII. 1749. 8 S. mit Biogr. S.'s (M.: M. E. v. Ranisperg). (5.—) 12933

Georgius Erhardus] Hambergerus [Hamberger]: Ulceris Pathologia. [Resp.:] Paulus Langi. Ienae (1753:) Ritter. 37 S. 8°

Jena, Med. Diss. v. 9. Mai 1753

Georgii Erhardi Hambergeri [Hamberger] Physiologia medica seu De actionibus corporis humani sani doctrina principiis physicis a se ed. itemque mathematicis atque anatomicis superstructa. Cum fig. aenei et ind. Ienae: Güth 1751. 24,804 S. 8°

— physiologia medica de actionibus corporis humani sani doctrina, mathematicis, atque principiis superstructa, cum fig. 4. Jena 751. (Walther in Dresd.) 2 ₰ 20 ℊ

Georg Erhard Hamberger

Georg[ii] Erh[ardis] Hambergeri [Hamberger] Propempticon inaugurale ... quo ... ad dubia, contra mechanismum pectoris mota, respondetur. 2.3. Ienae (1746:) Croeker. 8°

2: Dissertationi solenni de hepate obstructo multorum morborum causa praemissum. (1746.)
[Einladungsschrift zur Dr. med.-Promotion von Johann Christoph Reinmann * 1723, Jena, 24. Apr. 1746.]

3: Dissertationi solenni de cancro mammarum praemissum. (1746.)
[Einladungsschrift zur Dr. med.-Promotion von Johann Christian Schaedel, Jena, 22. Mai 1746.]

Georg Erhard Hamberger

Georgius Erhardus Hambergerus [Hamberger]: Propempticon inaugurale de cyprino monstroso rostrato 1. 4. Jenae (1748:) Ritter. 8°

1: (1748.)
[Einladungsschrift zur Dr. med.-Promotion von Johannes Hieronymus Bolster, Jena, 31. März 1748.]

4: (1748.)
[Einladungsschrift zur Dr. med.-Promotion von Carolus Augustus Heisterbergius viela. Heisterbergk, Jena, 4. Aug. 1748.]

– Quadriga disputationum magico-theurgicarum . . . , s. Mälcke, H. A.

Georgius Erhardus Hambergerus [Hamberger]: De Ruptura intestini duodeni. Ienae (1746:) Ritter. 8 S. 8°

[Einladungsschrift zur Dr. med.- Promotion von Johann Heinrich Hieronymi, Jena, 21. Dez. 1746.]

Georgius Erh[ardus] Hambergerus [Hamberger]: De Scirrho. [Resp.:] Iohannes Christophorus Pagel. Ienae (1751:) Ritter. 35 S. 8°

Jena, Med. Diss. v. 8. Mai 1751

Georg[ius] Erh[ardus] Hambergerus [Hamberger]: De venae Sectione quatenus motum sanguinis mutat. [Resp.:] Dionysius Kreegelius [Kregel]. Ed. nov. Ienae: Croeker 1747. 52 S. 8°

Jena, Med. Diss. v. 3. Dez. 1729

Georgius Erh[ardus] Hambergerus [Hamberger]: De Situ. [Resp.:] Paulus Conradus Tessen. Jenae (1751:) Ritter. 24 S. 8°

Jena, Med. Diss. v. 1. Mai 1751

[Unvollst., S. 25 ff. fehlen.]

[illegible] G. E. [illegible] Jenae 1742

Hamberger, Ge. Erh., resp. Martin Jac. Kubas, De vigiliis. 37 pp. Jen. 4°. 1750

Hamberger, Geo. Erhd., († d. 22. Juli 1755.) semiot. Vorlesungen über Jodok Lommen's medicin. Wahrnehmungen. 4 Thle. 8. Lemgo 767–69. Meyer. 3 ꝑ

Hamberger, Hnr., die Lustfeuerwerkerei, s. Schauplatz, neuer, der Künste ꝛc., 92. Bd.

Hamberger, J: Karbitzer Stempelraubwinde (System Hamberger). Teplitz-Schönau 1909

— Jo. Georg (Jena), Viris Friedrich Wilhelm v. Mecklenburg (Mecklenbg.), Georg Langenbeck (Bremen), Lorenz Clos (Siebenbürgen) sacrarum doctrina litterarum politissimis ex Athenaeo Salano discessum societas gratul. quae ductu auspicioque viri Jo. Christian Blasche. — Praemissa est de necessitate dotis apud Romanos diss. brev. Jena (Fickelscherr) April 1752. 6 Bl. (5.50) 12938
Gratul.: Jo. Adolph Falcke (Jena), Joach. Gottlieb v. Fabrice (Wien), Jo. Adolph Hellbach (Jena), Jo. Georg Pabst (Meiningen), Jo. Ant. v. Seulen (Siebenbürgen), Ludwig Franz v. Zimietzky (Schles.), Jo. Friedrich Falcke (Jena), Jo. Ernst Bas. Wideburg (Jena), Christian Zimmermann (Bremen), Jo. Gottlieb Visbeck (Hannover).

Hamberger, Josef

Hamberger, J., die französische Invasion in Kärnten im J. 1809. 4. (58 S.) Klagenfurt 889. (v. Kleinmayr.) n. 1. –

Hamberger, Jos., die französische Invasion in Kärnten im J. 1809 [III. Thl., 1. Folge], dargestellt nach den Invasionsacten. Progr. Lex.-8. (48 S.) Klagenfurt 892. (F. v. Kleinmayr.) n. 1. —

— dasselbe. C. Die Lage Kärntens während der Anwesenheit der Feinde. (II. Thl.) Progr. gr. 8. (47 S.) Ebd. 894. n. 1. –

Hamberger, Jos., die französische Invasion in Kärnten im J. 1809. (Nach d. Invasionsakten.) C. Die Lage Kärntens während d. Anwesenheit der Feinde. (III. Thl.) Progr. gr. 8. (44 S.) Klagenfurt 896. (F. v. Kleinmayr.) n. 1. —

Hamberger, Julius (Hrsg.), s. Baader, Franz von: Sämmtliche Werke.

Hamberger, Jul., die hohe Bedeutung der altjüdischen Tradition od. der sogenannten Kabalah, nach Molitor's Philosophie der Geschichte dargestellt. 12. (3 B.) Sulzbach 844, v. Seidel'sche Buchh.

Hamberger, Jul., Christenthum und moderne Cultur. Studien, Kritiken u. Charakterbilder. Erlangen 863. Bläsing. (Deichert.) gr. 8. (X, 276 S.) 1 ꝑ

Hamberger, Jul., Christenthum u. moderne Cultur. Studien, Kritiken u. Charakterbilder. Neue Folge. Erlangen 867. Deichert. gr. 8. (XII, 252 S.) 1 ꝑ

Hamberger, Jul., Christenthum u. moderne Cultur. 3. u. letzter Thl. Studien u. Kritiken, Parabolisches u. Contemplatives. gr. 8. (VIII, 283 S.) Erlangen 875. Deichert n. 3. —

Hamberger, Dr. Jul. (verdienter evangel. Theolog, über 53 J. lang Lehrer am Cadettencorps in München, geb. 3. Aug. 1801 zu Gotha, seit 1. Oktob. 1881 im Ruhestand), Erinnerungen aus meinem Leben, nebst einigen kleinen Abhandlungen. Stuttgart, J. F. Steinkopf, 1883. 8°. Eleg. blau Srsb. m. Goldtit. auf Deckel.
108 S. (incl. 1 S. Inh.), nebst S. 109–112 Steinkopf'sche Verlags-Anzeigen von Werken Hamberger's u. A. — S. 75 ff. Anhang: 1. Ein Blick auf Jakob Böhme's Lehrsystem. Zur Böhme-Feier am 30. Novbr. 1875. 2. Ein Wort über Frz. Baader's Ethik u. Politik. 3. Die göttliche Präsenz u. die sittl. Freiheit. 4. Die Präexistenz des Gottmenschen. 5. Der Sternhimmel u. die Bibel.

Hamberger, Jul., die Fundamentalbegriffe von Frz. Baader's Ethik, Politik und Religions-Philosophie. gr. 8. (50 S.) Stuttgart 858, J. F. Steinkopf.

Hamberger, Jul., Gott u. seine Offenbarungen in Natur u. Geschichte. Für alle Freunde christl. Erkenntniß, besond. f. Religionslehrer in höh. Lehranstalten. gr. 8. (31 B. u. 2 Stnt.) München 839, Fleischmann.

Hamberger, Jul., Gott u. seine Offenbarungen in Natur u. Geschichte. Für alle Freunde christl. Erkenntnis, insonderheit auch f. Religionslehrer an höheren Lehranstalten. 2., verb. Aufl. gr. 8. (VI, 347 S.) Gütersloh 882. Bertelsmann. n. 6. —

Hamberger, Jul., Grundlegung zu e. befriedigenden Theorie d homöopath. Heilart, od. d. Werth dies. Heilart auf theoret. Wege dargethan. Ein philosoph. Versuch. gr. 8. (1¼ B.) München 832, Franz.

—— Grundriß der Geschichte der deutschen Literatur zum Gebrauche in höheren Unterrichtsanstalten. 2., verm. und verb. Aufl. bearb. von Friedr. Beck. gr. 8. (179 S.) München 866, L. Finsterlin.

Hamberger, Jul., Grundriß der Geschichte der deutschen Prosa und Poesie, zum Gebrauch in höheren Unterrichtsanstalten. gr. 8. (X und 148 S.) München 847, Finsterlin. -

Hamberger, Jul., die Cardinalpunkte der Franz Baader'schen Philosophie. gr. 8. (47 S.) Stuttgart 855, J. F. Steinkopf.

— Lehrbuch der christl. Religion, zum Gebrauche in den obern Klassen der Gymnasien u. verwandten Lehranstalten. gr. 8. München 839. Fleischmann. ⅔ ᵼβ

— Lehrbuch der christlichen Religion für Gymnasien, technische Schulen und Schullehrer-Seminarien wie auch zum Selbstunterrichte. 2. gänzlich umgearb. Aufl. München 864. Fleischmann. gr. 8. (XV, 200 S.) 22½ ngr

—— die Lehre des deutschen Philosophen Jakob Böhme in ein. systemat. Auszuge aus dess. sämmtl. Schriften dargest. u. mit erläut. Anmerkungen begleitet. gr. 8. (26½ B.) München 844, Literar.-artist. Anstalt.

— das Licht der Geschichte. Mittheilungen aus Johannes v. Müller's Werken. Gotha 870. F. A. Perthes. gr. 16. (IX, 189 S.) n. 20 ngr

— das Licht der Geschichte. Mittheilungen von Johs. v. Müller. 2. (Titel-)Aufl. 8. (VII, 189 S.) Leipzig 877. Siegismund & Volkening. 2. —

Hamberger, Julius s. Müller, Johannes von. (Das Licht der Geschichte.) Mittheilungen. Gotha 1870.

— s. Oetinger, F. C., Selbstbiographie.

— physica sacra oder der Begriff der himmlischen Leiblichkeit u. die aus ihm sich ergebenden Aufschlüsse über die Geheimnisse des Christenthums. Stuttgart 869. J. F. Steinkopf. gr. 8. (320 S.) n. 1 ᵼβ 14 ngr

—— über d. Religions-Unterricht an Gymnasien u. ähnl. Unterrichtsanstalten. gr. 8. (1½ B.) München 835, Lindauer'sche Buchh.

—— Stimmen aus dem Heiligthum der christlichen Mystik und Theosophie, s. a. Stimmen.

— Stimmen aus dem Heiligthum der christlichen Mystik und Theosophie. Für Freunde des innern Lebens und der tiefern Erkenntniß der göttlichen Dinge gesammelt u. herausg. 2 Thle. Stuttg. 857. gr. 8. (X, 357; VI, 376 S.) 2 ᵼβ 27 ngr

— die biblische Wahrheit in ihrer Harmonie m. Natur u. Geschichte. Ein Lehr- u. Lesebuch zur Orientirung in den religiösen Wirren unserer Zeit. gr. 8. (VII, 191 S.) München 877. Merhoff. n. 2. 25

— einige Worte üb. die Messe in der katholischen Kirche. Ein Versuch zur Förderg. der Wiedervereinigg. der getrennten Religionsparteien. gr. 8. (22 S.) München 871. L. Finsterlin. — 30

—— Zur tieferen Würdigung der Lehre Jacob Böhme's (Abdruck der Einleitung zu: Frz. v. Baader's sämmtl. Werke. 2. Hauptabthl. 4. Bd.: Vorlesungen und Erläuterungen über J. Böhme's Lehre.) gr. 8. (56 S.) Leipzig 855, Bethmann. *

Hamberger, Jul. Wilh., († d. 8. Juni 1813.), s. 1) Handbuch, histor.-geograph., zur Kenntniß d. Kriegsschauplatzes. 2) Geschichte d. blauen Hosenbandes.

– s.a. Merkwürdigkeiten bei der röm. Königswahl und Kaiserkrönung.

. (Hamberger, Jul. W.): Merkwürdigkk. b. der röm. Königswahl u. Kaiserkrönung; im Anh. Kaiser Leopolds II. Wahl und Krönung. *Gotha*, Perthes. (790. 791.) 792. 8. m. Kupf. (21 Gr.)

– s. Michaelis, A. B.: Einleitung.

Hamberger, Lor. Andreas: An homicidium absque animo necandi sit capitale?
s. Brückner, Wilh. Hieronymus (Praes.)

Hamberger, Laur. Andr.: Dissertationes iuris rerum praestantia et scriptionis nitore maxime commendabiles ... Cum praef. Jo. Ge. Estoris. de iurisprudentia Q. Horatii Fl[acci]. Francofurti te Lipsiae 1745.

— — u. Conrad Julius Surland (Hamburg), Disputatio de edicto perpetuo. — Access. brev. comment. ad L. XVII sect. I D. pro socio. Jena (Krebs) 1714. 32 S. (6.20) 12911

— — Dasselbe. Ed. II. Jena (Jo. Bernh. Heller) 1738. 36 S. (6.—) 12942
Gew. (v. S.): Conrad Wydow.

— Lorenz Andreas (Ansbach), De incendiis. Disp. jur. Präs. Jo. Philipp Slevogt. Jena (Müller) 1712. 48 Bl. (7.—) 12939

— — u. (Respond.) Lor. Immanuel Vogtherr (Ansbach), dasselbe II. Jena (Müller) 1713. 22 Bl. (6.50) 12940

— — De nonusu stipulationum usuque pactorum in foris Germaniae. Comment. theoret.-pract. Jena (Ernst Claudius Bailliar) 1714. 97 Seiten. (8.—) 12943

Strauchius, Jo.: Diss. de oppignorationibus rerum imperii cum animadversionibus Chr. Thomasii, Nic. Hieron. Gundlingii et Steph. Chrph. Harpprechti recensente Laur. Andr. Hambergero. Ed. nov. Vitembergae 1742.

HAMBERGER, L. A.: Opuscc. ad elegant. jurisprudentiam pertt. — Quaed. de jurisprudentia Q. HORATII. Praef. est J. Ge.] ESTOR. *Jen. et L.* 740. 8. (12 Gr.)

— opuscula ad elegantior. jurisprudent. pertin. 8. Ienae, Ritter. 740.

— — De utilitate ex humanioribus literis in jurisprudentiae studio capienda. Comment. jur. cum interpret. esset origines juris civilis Jani Vincentii Gravinae jurisconsulti et antecess. Romani. Jena (Krebs) 1714. 31 S. (6.—) 12944

Hambergerus, Laur.: De vita Strauchii narratio. (Jenae 1718.)

Hambleton, John, die drei letzten Dinge, oder Tod, Gericht und Ewigkeit. Ins Deutsche übertr. von T. Rubinsohn. 12. (83 S.) Philadelphia 851, Schäfer und Koradi. *

Hamblin, Thos., the lily of the valley. Poetry and prose. gr. 8. (V und 105 S.) Bremen 852, (Löning und Comp.) *

Hambloch, Ant., das mechanisch-technische Laboratorium der Firma Gerhard Herfeldt o. H. in Andernach am Rhein. (16 S. m. Abbildgn.) Lex. 8. Berlin 910. Andernach, A. Hambloch. 1.50
Erweit. Sonderabdr. aus: „Armierter Beton"

Das mechanisch-technische Laboratorium der Firma Gerhard Herfeldt o. H. in Andernach am Rhein. Von Anton Hambloch. ⟨Berlin: Springer 1910.⟩ 16 S. 4°(8°)
Erw. aus: Armierter Beton. April 1910 [10. 12691]

Der Leucittuff von Bell. Erl. von Anton Hambloch in Andernach. Andernach 1904: C. Weigt. (14 S.) 8° [05. 115 2]

Hambloch, Ant., der Luoittuff v. Bell. (14 S. m. 1 Taf.) gr. 8. Andernach a/Rh. 904. Selbstverlag. n. — 60; französ. Ausg. n. — 60

! – Der Lucittuff v. Bell. Jetzt: Coblenz (W. Groos.)

— Die Monographie des Trasses. (13 S.) 8. Andernach 908. (A. Hambloch.) — 60

Die Monographie des Trasses. Von Anton Hambloch, Andernach a. Rh. (Andernach): Selbstverl. 1908. (13 S.) 8° [08. 11112]

Hambloch, Ant., der rheinische Schwemmstein u. seine Anwendung in der Bautechnik. (16 S. m. 3 Fig.) gr. 8. Stuttgart 903. Andernach a/Rh., Selbstverlag. n. — 60

Der Rheinische Schwemmstein und seine Anwendung in der Bautechnik. Von Anton Hambloch. Stuttgart 1903: Stähle & Friedel. (16 S.) 8°
Aus: Baumaterialienkunde. H. 21. Jg. 8. 1903. [04. 2199]

! – Der rhein. Schwemmstein. Jetzt: Coblenz (W. Groos.)

Le Trass et son emploi pratique dans les constructions [Der rhein. Trass als hydraul. Zuschlag in s. Bedeutung f. d. Baugewerbe]. Par Antoine Hambloch. Andernach. (Andernach): L'auteur 1908. (14 S.) 8° [08. 7186 5]

— Der Trass, seine Entstehung, Gewinnung u. Bedeutung im Dienste der Technik. Vortrag m. Demonstrationen v. Lichtbild., geh. im mittelrhein. Bez.-Verein des Vereins deutscher Ingenieure in Koblenz am 2. II. 1909. (40 S. m. 12 Abb.) Lex. 8. Berlin 909. J. Springer. 2.—; geb. in Leinw. n 2.80

— Die rheinische Puzzolane: „Der Trass". Ein Beitrag zur Lösg. der Frage üb. das Wesen der Puzzolane u. ihren Erhärtungsvorgang m. Kalk. (33 S. m. 5 Taf.) Lex. 8. Aachen 908. (Andernach, A. Hambloch.) Geb. in Leinw. 3. —

Die rheinische Puzzolane: 'Der Traß'. Ein Beitrag z. Lösung d. Frage über d. Wesen d. Puzzolane u. ihren Erhärtungsvorgang mit Kalk von Anton Hambloch. Andernach: Selbstverl.; Leipzig: O. Weber in Komm. 1908. (32 S.) 8° [08. 16750]

— der rheinische Trass als hydraulischer Zuschlag in seiner Bedeutung f. das Baugewerbe. (III, 68 S. m. 1 Taf.) gr. 8. Andernach a/Rh. 903. Selbstverlag. n. 2. —; geb. in Leinw. n. 3. —

Trass and its practical use in building [Der rheinische Trass als hydraul. Zuschlag in s. Bedeutung f. d. Baugewerbe]. By Anthony Hambloch, ing., Andernach. (Andernach): The author 1908. (14 S.) 8° [08. 7186 6]

Trass und seine praktische Verwendung im Baugewerbe. Von Anton Hambloch. (Andernach): Selbstverl. 1908. (14 S.) 8° [07. 15856]

— Trass u. seine praktische Verwendung im Baugewerbe. (16 S. m. 1 Taf.) gr. 8. Andernach a/Rh. 908. (Coblenz, W. Groos.) — 60

— dasselbe. (10 S.) gr. 8. Freiburg i/B. (907) J. Bielefeld. — 60
Sonderabdruck aus: „Baumaterialienkunde".

— Versuche auf Adhäsionsfestigkeit zwischen älter. Trass-Mörteln verschiedenen Alters m. frischen Mörteln. Ausgeführt im Auftr. des Hrn. Geheimen Baurat Mönch, vortragender Rat im Reichsmarineamt. Mit e. Anh.: Literaturnachweis der vom Autor bisher verf. Schriften u. s. w. [23 S.] gr. 8. Andernach 909. A. Hambloch. — 80

— Was lehrt uns die Literatur üb. Trass? Eine bibliograph. Studie betr. die wichtigsten üb. Trass erschienen. Schriften. (31 S.) gr. 8. Andernach 908. A. Hambloch. 1.50

Was lehrt uns die Literatur über Trass? Eine bibliogr. Studie ... Von Anton Hambloch. (Andernach): Selbstverl.; O. Weber, Leipzig, in Komm. (1908). (31 S.) 8° [08. 130 .]

Hambloch, Georg, a. Cöln a. Rh.: Die physiokratische Lehre von Reinertrag und Einheitssteuer. Ein Beitrag zur Darstellung des physiokratischen Wirtschafts- und Steuersystems. Bonn 1905: C. Georgi. (84 S.) 8°
Heidelberg, Phil. Fak., Ref. Gothein, Diss. v. 18. Nov. 1905
[Geb. 2. Sept. 76 Cöln a. Rh.; Wohnort: Cöln; Staatsangeh.: Preußen; Vorbildung: Gymn. an Marzellen Cöln Reife O. 99; Studium: Münster 2, Bonn 10 S.; Rig. 2. Aug. 05.]

Hamböck, Carl, practische Schule d. Obstbaues u. der Obstbenutzung. 1. Cyclus. Die Veredlung der Obstgehölze. 8. (29 S. m. Holzschn. u. 6 Modellen in Holzkästchen.) Tabor 883. Janský. n. 6. —

Hamböck, Karl, welche Zwetschken- u. Pflaumensorten eignen sich am besten zum Dörren u. welche Dörr-Apparate haben sich bei demselben bewährt? [Aus: „Fruchtgarten".] (Internationaler land- u. forstwirthschaftl. Congress zu Wien 1890, Hft. 106.) gr. 8. (6 S.) Wien 890. (W. Frick.) n. - 80

Hamborgposten. 1. Aarg. Nr. 1—102. Forlagt af Blok Tøxen, udarbejdet (Nr. 1—52) af J. J. LEINER, (Nr. 53—102) af LARS AMMITZBØLL. Altona. 1833. 4.

Hambrecht, H. (Hrsg.), s. Anzeiger für den schweizerischen Buchhandel.

Hambrecht, Wilhelm, aus Karlsruhe: Über die **Einwirkung** von Schwefelammonium auf fettaromatische **Ketone.** *Freiburg i. B.: Speyer & Koerner 1903.* (39 S.) 8°
Freiburg i. B., Phil. Diss. v. 1903

Hambro, Edward, das Handelsrecht u. Konkursrecht Norwegens, s.: Handelsgesetze, die, des Erdballs.

Den Norske Handelsret og Konkursret. Das Handelsrecht und Konkursrecht Norwegens. Beurb. u. übertr. von Edward **Hambro,** Christiania. (1.) Berlin: R. v. Decker 1906. 4°(8°)
= **Handelsgesetze,** Die, d. Erdballs. Ausg. D. Norwegen. 1.

Hambro, Edward, nordisches Wechsel- u. Seerecht, s.: Tybjerg, Erland.

Hambrook, Baum, Begründung des Einkammersystems. gr. 8. (15 S.) Berlin 848, Schneider und Comp. *

Hambrook, Baum, Beleuchtung der Gesetzesentwurfe uber den Concurs für diejenigen preußischen Landestheile, in denen das allgem. Landrecht und die allgem. Gerichtsordnung Gesetzeskraft haben. gr. 8. (44 S.) Breslau 854, Aderholz.

Hambruch, üb. Körperbild. u Gesundheitspflege in d Schule Elberf. 1863
Schul-/Univ.-Schrift

Hambruch, Ernst: Logische Regeln der Platonischen Schule in der Aristotelischen Topik. Berlin: Weidmann 1904. (33 S.) 4°
Berlin, Askanisches G OP 1904 (56)

Hambruch, Paul, die Anthropologie v. Kaniët. (S. 23—70 m. Fig. u. 5 Taf.) Lex.-8. Hamburg 906. (L. Gräfe & Sillem.) n. 3. —
Sonderabdruck aus: „Jahrb. d. hamburg. wiss. Anstalten".

Hambruch, Paul, a. Hamburg: Wuvulu und Aua (Maty- und Durour-Inseln). Auf Grund d. Sammlung F. E. Hellwig aus d. J. 1902 u. 1904. T. 1: Allgemeiner Teil. (Hamburg 1907: Lütcke & Wulff.) (40 S.) 4° ¶(Erschien vollst. 1908 als „Mitteilungen aus d. Museum f. Völkerkunde in Hamburg" 2,1 in: Beiheft 5 z. „Jahrbuch d. Hamburgischen Wissenschaftl. Anstalten" 25, 1907.)
Berlin, Phil. Fak., Ref. von Luschan, Diss. v. 5. Okt. 1907
[Geb. 22. Nov. 82 Hamburg; Wohnort: Hamburg; Staatsangeh.: Hamburg; Vorbildung: Realgymn. d. Johanneums Hamburg Reife M. 02; Studium: Göttingen 1, Berlin 6 S.; Rig. 25. Juli 07.]

Hambster, C. C. H., Verhaltungsregeln für venerische Kranke. 8. Berl. 820. (Voß). 4 gr.

Hambuch und Maviolt, gründl. u. nach d. Erfahrung unfehlbarer Unterr. im Zuschneiden d. Damen-Kleider aller Gattungen, nach e. richtig berechn. u. wohl geprüften Erfindung d. Eintheilung d. Maaßes v. d. Körperweite, nebst e. Anweis. z. richt. Maaßnehmen. M. 1 Zeichn. (Fol.) 8. (2 B.) Berlin 829, Krause. Thlr.

Hambüchen, Joseph [aus Aldenhoven]: **Ein Beitrag zur** pathologischen Anatomie des Fibroma intracanaliculare mammae ... Würzburg, Becker's Univ.-Buchdr., 1891; 53 S., 1 Bl. 8.
Würzburg, Med. Fak., Inaug.-Diss. v. 1891

Hamburg [Sachliches OW]

Hamburg. Plan der Stadt nebst einem Führer für Fremde, s. a. Brockhaus' Reise-Atlas.

Hamburg; ein poetisches Gemählde. Hamburg 1784. V: *Tanck, Franz Johann Daniel.* (MGT)

Hamburg. (1 : 10000.) London published by C. L. B. Mirbeck, August 10th 1803. Kupferstich. 1 Bl. Fol., ca. 45/42,6 cm (beschn.).

Hamburg. Historisch-topographische u. baugeschichtliche Mittheilungen den Mitgliedern der 15. Versammlg. deutscher Architecten u. Ingenieure dargebracht von dem architecton. Vereine. Hamburg 868. O. Meissner. Lex.-8. (VIII, 160 S. mit 8 Holzschntaff. u. 2 lith. Karten in 4. u. Fol.) cart. n. 1 Thlr 15 ngr

Hamburg. Neuer Wegweiser m. (chromolith.) Plan v. Hamburg-Altona. 8. (13 S.) Hamburg, 880. Schönwandt. — 75

Hamburg. Monatsschrift f. Heimat u. Fremde. 1. Jhrg. Oktbr. 1906—Septbr. 1907. 12 Hfte. (à ca. 60 S.) Lex.-8. Hamburg, F. W. Thaden. n. 12. —

— u. Altona. Ein Journal zur Geschichte d. Zeit, d. Sitten u. des Geschmacks, (herausg. v. J. D. K. Curio u. K. J. Lange). 5 Jahrgg. 8. Hamb. 802—6. Nestler u. M. (à 6 ß) 30 ß

Hamburg und Altona mit Hinsicht auf die umliegende Gegend. 1—6. St. U. St. o. A.

— u. Altona, m. vorzügl. Hinsicht auf ganz Niedersachsen. 12 Hefte. Hamb. Vollmer.

Hamburg, Altona und Lübeck im Porte-Monnaie. Neuestes Fahrplanbuch u. s. w. für Einheimische und Fremde. 1874. No. 1. Juni. 128. (81 S.) Hannover 874, Schmorl und v. Seefeld.

—— Altona und Lübeck im Porte-Monnaie. Fahrplanbuch, Kalender und Führer. 1875—1879. à Jahrg. 4 Nrn. 128. (à Nr. 96 S.) Hannover, Schmorl und v. Seefeld. à Nr. 30 Pf.; à Jahrg. 1 20

— Altona u. Lübeck im Porte-Monnaie. Winter-Fahrpläne 1876/77. Decbr.-Jan. 128. (96 S. mit lith. Karte in gr. 8.) Hannover 877. Schmorl & v. Seefeld. — 30

— **Altona** u. Umgebungen, s. a. Grieben's Reisebibliothek.

—— Altona und Umgebungen. Wegweiser mit (lithogr.) Plan und Strassenverzeichniss. 8. (55 S.) Hamburg 878, Seelig. * — 80

Hamburg u. seine Bauten, unter Berücksicht. der Nachbarstädte Altona u. Wandsbeck. Zur IX. Wanderversammlg. d. Verbandes deutscher Architekten- u. Ingenieur-Vereine in Hamburg vom 24. bis 28. Aug. 1890 hrsg. vom Architekten- u. Ingenieur-Verein zu Hamburg. Lex.-8. (XXIII, 730 S. m. Abbildgn. u. z. Thl. farb. Plänen.) Hamburg 890. (O. Meißner's Verl.) n.n. 25. —; auf Kpfrdr.-Pap. n.n. 30. —; Einbd. in Leinw. n.n. 3. —; in Halbfrz. n.n. 5. —; in Kalbldr. m. Goldschn. n.n. 10. —

Hamburg, Bayreuth, Jena. Beiträge zur freimaurerischen Zeitgeschichte. Leipzig: Findel 1889. V, 70 S. 8°
cf. BrL. 6 (1888—1889) S. 89—90.
Enth. 4 der Bh. 1889 entnommene Abhandlungen, den Konflikt Hamburg-Jena betr.

Hamburg, Das wegen seiner Michaelis-Kirche auswerts schmertzlich beklagte ... Ratzeburg 1750. V: *Kohlreif, Gottfried.* (schr)

Hamburg in naturhistorischer und medicinischer Beziehung. Hamb. 1830. H: *Schmidt, Phil. Frdr. Moses Paul & Frdr. Gg Buck.* (schr)

— in natur-histor. u. medicin. Beziehung. Zum Andenken an die im Sept. 1830 stattgefundene Versammlung d. deutschen Naturforscher u. Aerzte. 8. Hamb. 830. Hoffmann u. C. 1⅓ ℔ 8 g.

— in naturhistorischer u. medicinischer Beziehung. Lex.-8. (VII, 315 S. m. 14 lith. u. chromolith. Taf. in gr. 8., qu. 4. u. Fol.) Hamburg 876. Friederichsen & Co. — Meissner & Behre. n. 10. —

— in naturwissenschaftlicher u. medizinischer Beziehung. Den Theilnehmern der 73. Versammlung deutscher Naturforscher u. Ärzte als Festgabe gewidmet. Lex.-8. (XII, 616 S. m. 254 Abbildgn. u. 5 Taf.) Hamburg 901. L. Voss. Geb. in Leinw. n. 15.—

Hamburg-Bremen. Verzeichniss der Haupt-Exporteure u. Importeure. Nebst Uebersicht der Haupt-Exportländer u. der dahin exportirten Waaren, internationalem Bezugsquellen-Nachweiser, sowie Register in engl., französ. u. span. Sprache u. Verzeichniss der überseeischen Post-Dampfschiffs-Verbindgn. m. Angabe der Entferng. nach Zeit. qu. 12. (170 S.) Hamburg 890/91. (Berlin, Eisenschmidt & Schulze.) cart. n.n. 2.—

— Bremen u. Lübeck, während d. Elbblockade. 8. Hamb. Kratzsch. 806.

Hamburg, buntes, aus Jantje's hinterlass. Papieren hrsg. v. Dr. Wäber, geräuchertem Aalhändler. 1. Hft. 8. (3 B.) Hamburg 841, Berendsohn.

Hamburg, das empörte! Schreckliche Jammerbilder aus dem Revolutionsleben der Gegenwart. 8. (30 S.) Leipzig 848, Koffka.

— and its environs. An illustrated guide for english and american visitors. With a map (in Steindr. in qu. Fol.). Hamburg 869. W. Oncken. 8. (50 S. mit eingedr. Holzschn.) cart. 15 ngr.

Hamburg, Evangelisches. Hamburg 1717. V: *Kempe, Stephan.* (Myl)

— das galante. 16. (48 S.) Berlin 857, Verlags-Magazin.

Hamburg, das galante. Berlin (858). Verlags-Magazin. 32. (48 S.) n. 3 ngr

— ganz, für 21 Schillinge. Malerischer Fremdenführer durch Hamburg, Altona u. deren Umgebungen. Mit 50 Ansichten v. Hamburg u. Altona (in Holzschn.) 8. (X u. 166 S.) Hamburg 848, Berendsohn. n. 18 ngr

— ganz, für 24 Schillinge. Malerischer Fremdenführer durch Hamburg, Altona und deren Umgebungen. 8. (X und 166 S. mit 50 Ansichten von Hamburg und Altona in Holzschn.) Hamburg 850, Berendsohn.

— ganz, für 20 Schillinge, s. a. Wegweiser, neuester, durch Hamburg.

— ganz, für zwanzig Schilling! Neuester u. vollständigster Wegweiser durch Hamburg u. seine Umgebungen, für Fremde u. Einheimische. Mit 1 Plan von Hamburg. 12. Berlin 841, Morin. ½ ℔

— ganz, in der Westentasche, s. Fremdenführer.

— u. d. Gegend, in histor., geograph. u. statist. Hinsicht, mit ill. Kpf 12. Hamb. 805, (Herold jun.) 12 g.

Hamburg, Das gelehrte, oder Verzeichniss aller jetztlebenden Hamburgischen Schriftsteller. Hamburg 1784. V: *Thiess, Johann Otto.* (Ky) (MGT)

Hamburg in seiner gegenwärtigen Gestalt und seine reizende Umgebung. Nach der Natur gez. und in Stahl gest. von berühmten Künstlern. 20 Lfgn. (à Lfg. 3 Stahlst., mit 1 Bl. Text und lithochrom. Titel.) Hamburg 854—56, B. S. Berendsohn. à Lfg. Subscr.-Pr. * 12 Ngr.
(chines. Pap. à Lfg.) *
Ladenpr. cpl. *

Hamburg im Berliner Guckkasten. Leipzig 1847. V: *Christern, Joh. Wilhelm.* (schr) »Hamb.« (A)

Hamburg im Berliner Guckkasten. Leipz. 1847. V: *Glaßbrenner, Adolph Georg Theodor.* (Russell XVI, I, 1, S. 1236)

Hamburg im Berliner Guckkasten. Frei nach der Natur von Prof. Kante. Mit color. Titelkpfr. von Th. Hosemann. 8. (40 S.) Leipzig 847, Jackowitz. ¼ ℔

Hamburg und die Hamburger. Portraits, Zustände und Skizzen. Leipzig 1847. V: *Christern, Joh. Wilh.* (schr) (A)

— und die Hamburger. Portraits, Zustände und Skizzen aus der Gegenwart. 12. (IV und 221 S.) Leipzig 847, Koffka.

Anonym „Die Hansestädte Hamburg, Lübeck und Bremen, oder welche Vortheile entstanden dem Gesammthandel durch deren Unabhängigkeit? Nebst einem Anhange, das jetzige Handelsverhältniss des dänischen Staates und vorzüglich Altonas und Hamburgs betreffend. Von einem Hanseaten", Hamburg o. J. (1807). — Vorh.: Com. Bibl. Hamburg und Buch. der Industrie- und Handelskammer Leipzig.

Hamburg unter französischer Herrschaft. [Weimar 1814.] V: *Köstlin, Ernst Gottlieb.* (schr)

HAMBURG um's Jahr 1610. Fac-Simile eines Kupferstich's von J. Dercksn, im Besitze des Herrn Oberalten Roding. Der Verein für Hamburgische Geschichte seinen Mitgliedern. Links ein Gedicht von W. N. Freudentheil. 1845. Hamburg 1845.

Steindr. v. Speckter & Co., grav. v. Ed. Ritter.
Dasselbe. 2. Auflage des Steindruckes, 1846, aus einem Exemplare des Herrn J. O. W. Patow J. C. Dris ergänzt ... ib 1846. — —

Hamburg vor 200 Jahren. Gesammelte Vorträge v. Th. Schrader, Karl Jacoby, K. J. W. Wolters, Otto Rüdiger u. Rich. Ehrenberg. Hrsg. v. Th. Schrader. gr. 8. (VII, 367 S. m. 6 Abbildgn.) Hamb. 892, Gräfe u. Sillem. geb. * 10 —

Hamburg im vorigen Jahrhundert mit Bemerk. von . . . 1824. V: *Eyssenhardt*. (Biblrort)

Hamburg um d. Jahrhundertwende 1800. gr. 8. (VII, 282 S.) Hamburg 900. A.-G. „Neue Börsenhalle". n. 3.—

Hamburg, Jetztlebendes, oder vollständige Nachricht von den Namen, Characteren und Wohnungen aller . . . Standes-Personen . . . Hamburg 1722. V: *Beuthner, Arnold Christian.* (Schr)

Hamburg, das illustrirte, s. Fremdenführer.

Hamburg-Kiel-Helgoland. Führer für Reisende auf der Eisenbahn zwischen Hamburg und Kiel sowie nach Helgoland, s. Brockhaus' Reise-Atlas.

— das kirchliche. Uebersicht u. Wegweiser, zusammengestellt zunächst f. die Teilnehmer der 66. Generalversammlg. der Vereine der Gustav-Adolf-Stiftg. im Auftrage des Vorstandes des Hamburger Hauptvereins. (62 S. m. 5 Taf.) 8. Hamburg 903. G. Schloeßmann. n. 1. —

— das lustige alte, in Bildern. Illustrationen zu Borcherdt's culturhistor. Werk. Lex.-8. (24 z. Thl. farb. Taf. m. 1 Bl. Text.) Hamburg 890. Dörling. Geb. n. 6. —

Hamburg zur Festung zu machen. Ist es nützlich und ausführbar? kl. 8. Hamburg 1814.

— — und seine Mysterien. Berlin 1872. 8°.

Hamburg, das neue. Redact.: H. Bonfort. Jahrg. 1862. 104 Nrn. (Bog.) gr. Fol. Hamburg, (G. W. Niemeyer.)

Hamburg mit dero Gegend Ostwerts bis Lauenburg sampt denen in Gemeinschaft Lübeck besitzenden Vier Ländern. Johann Strideck jun. excudit. 1 : 320,000. 1 Bl.

Hamburg in Paris. Topographische Karte des Freistaates Hamburg. 1 : 100,000. Fol. Berlin 871, Schropp'sche Landkartenh. *

Pharus-Plan Hamburg. (Kleine Ausg.) Maaßst. 1 : 14,700. [Nebst] Führer durch Hamburg, Altona u. Wandsbek ... *Berlin: Pharus-Verl.* [1903]. (1 Kartenbl. 49×37 cm, 32 S.) 8° [kol.]

Pharus-Plan Hamburg. (Große Ausg.) Maaßst. 1 : 14,700. [Nebst] Führer durch Hamburg, Altona u. Wandsbek ... *Berlin: Pharus-Verl.* [1903]. (1 Kartenbl. 86×65 cm, 32 S.) 8° [kol.]

Hamburg, die Stadt, die Vororte, Gemeinden, Ortschaften u. selbständig benannten Gebietstheile d. Hamburgischen Staats. Topographisch u. historisch dargestellt vom statist. Bureau der Steuer-Deputation. gr. 8. (VI, 109 S.) Hamburg 875. O. Meissner. n. 2.—

Die Städte Hamburg, Lübeck, das Fürstenthum Lübeck und der Wiener Friede vom 30. October 1864. Nachtrag zu dem vom Kronsyndicat erstatteten Rechtsgutachten. 2. Aufl. Hamburg. 1866. 8°.

—— s. Tage, drei, im Hamburg.

Hamburg, topographisch, politisch und historisch beschrieben. Hamburg 1787—92. 2. Aufl. 1810. V: *Hess, Jonas Ludwig von.* (Schles) (Pr) (Ky) (Schr)

Hamburg, topograph., polit. u. histor. beschrieben, (von J. L. v. Heß). 3 Thle. 8. Hamb. 787—92. 2e A., mit Plan u. Karte. 3 Thle. 8. Ebd. 796. Perthes u. B. 13 ß 12 ₰ Wohlfeile Ausg. 810. 11. 6 ß 18 ₰

— u. Umgebung. (25) Kunstblätter in Kpfrdr. Orig.-Aufn. 1895 v. Hugo Schneider. qu. hoch 4. (1 Bl. Text.) Charlottenburg 895. H. Schneider. In Leinw.-Mappe 15. —

Hamburg und Umgebung. Prakt. Reiseführer. 22. Aufl. Neu bearb. von [Nikolaus] Schiller-Tietz. Mit 2 Karten u. 2 Grundr. Berlin: A. Goldschmidt 1908–09. (100, 8 S.) 8°
= Reiseführer, Griebens. Bd 7.

Hamburg und Umgebung. Prakt. Reiseführer. 23. Aufl., neu bearb. von [Nikolaus] Schiller-Tietz. Mit 3 Kt. u. 2 Grundr. Berlin: A. Goldschmidt 1910–11. 158 S. 8°
(Griebens Reiseführer. Bd 7.)

Hamburg und Umgebung. Amtl. Ausg. 1 : 50 000. [1—4.] — (Hamburg: Vermessungsbureau d. Bau-Deputation 1909—[26].) 1 Kt. in 4 Bl. von je 42×39 cm [Kupferdr.]
[1.] Schönfeldt, A.: Hamburg-Süd. 1915—25.
[2.] Klever, C.: Hamburg-Nord. 1909—21.
[3.] Schönfeldt, A.: Vierlande. 1925.
[4.] Klever, C., u. C. Ferk: Walddörfer. [1926.]

Hamburg und Umgebungen. Illustrirter Wegweiser für Fremde und Einheimische. Mit den (lithogr.) Plänen von Hamburg und Altona und der nächsten Umgegend, und einem Führer durch die internationale Gartenbau-Ausstellung nebst einem in Farben ausgeführten (lithogr.) Plan und (lithogr.) Tableau derselben. 8. (XVI, 102 S. mit eingedr. Holzschn.) Hamburg 869, W. Oncken. cart. *

Hamburg und Umgebungen. (Grosse Ausg.) Prakt. Führer neu bearb. v. H. Benrath. 17. Aufl. m. 2 neuen Kt. *Berlin: A. Goldschmidt 1897.* (IV, 142 S., 1 Bl., 1 Kt., 1 Pl.) 1 Bd 8.
= Reisebücher, Griebens. Bd 7.

Hamburg mit den nächsten Umgebungen. Zur Zeit der denkwürdigen Belagerung 1813—1814 nach den besten topographischen Hülfsmitteln dargestellt. Hamburg. 1 Bl. c. K.

—— und seine Umgebungen, s. Buek, F. G.

— u. seine Umgebungen, mit 1 Karte. 8. Hamb. 808. 3e Aufl., herausg. von Dr. Schütz, 827. Nestler u. M. 1 ß 8 ₰ in 12. Ebd. 3e A. 827. 1 ß 8 ₰

—— und seine Umgebungen. Ein Auszug a. d. Werke: Hamburg u. Hamburgs Umgegenden. Ein Handb. f. Fremde. 5. Aufl. — A. m. d. Umschlags-Titel: Ganz Hamburg f. Sechszehn Schilling. 12. (4¼ B., 1 Karte u. 1 Grundr.) Hamburg 841, Nestler u. Melle. *

—— und seine Umgebungen. 16. (18¾ B. u. 2 Ansichten.) Leipzig 841, Weber.

— und seine Umgebungen. (Mit 2 Ansichten.) 16. Leipzig 841, Weber. n. ⅔ ß — (Neue Ausg.) Mit 1 Plan u. 2 Ansichten. 16. Ebend. 842. n. ⅔ ß *

—— u. seine Umgebungen. (Neue Ausg. Nebst 1 Plan mit Angabe der Brandstätte. Entworfen v. Jul. Löwenberg.) 16. (18¾ B. u. 2 Ansichten.) Leipzig 842. [Lerck.] *

—— u. seine Umgebungen. Malerische Ansichten nach Original-Zeichnungen in Stahl gestochen v. A. H. Payne. 4 Hfte. (36 Bl.) Hamburg 843—46, Niemeyer. à *

—— und seine Umgebungen im 19. Jahrh. Eine Reihenfolge v. Stahlstichen, Ansichten v. Hamburg u. d. Umgegend m. Text v. Burk. 1—4. Lfg. 8. Hamburg, Berendsohn. à 1/3 Thlr., col.

— u. Hamburgs Umgegenden. Ein Handbuch für Fremde. 15 Meilen im Umkreis wie auch mit 1 Grundriß der Stadt u. den Wall-Anlagen. 12. Hamburg 835. Nestler u. Melle. 1 1/3 ₰ Mit ill. Plan 1 2/3 ₰ Ohne Plan 1 ₰

—— und Hamburgs Umgegenden. Ein Handb. f. Fremde. 4. Aufl. 12. (9 1/4 B., 2 Karten u. 1 Grundr.) Hamburg 835, Nestler u. Melle.
Mit ill. Grundr.
Ohne Grundr.

— u. Bremen in Gefahr! Sind unsere Hansestädte Hamburg u. Bremen in e. Seekriege m. England in Gefahr u. können sie auf genüg. Schutz durch unsere Flotte u. die Küstenbefestiggn. rechnen? Von „Hansa" (Hoopner). (108 S.) gr. 8. Altona 906. J. Harder, Sort. n. 1.20

— — dasselbe. 5.—6. Taus. (Neu durchgesehen.) (108 S.) gr. 8. Ebd. 906. n. 1.20

Hamburg | in seiner | fürchterlichen Unglückszeit, | den | 5. 6. und 7. Mai | 1842. | (Fig.: *Verschlungene Hände vor rundem Kranz mit Strahlen*, 43 × 54) | Hamburg, 1842.
Ohne Angabe des Druckers, 4 Bl. n. n., 184 × 110, Fig. S. 2: *Rose*, 50 × 35.
LBO Jahrmarktslit. R. c. 1, 3.

Hamburg mit Vororten und den Städten Altona und Wandsbek. 1 : 20000. (Hamburg.) o. J. 1 Bl. 52/44 cm, zsgef. in Buchdeckel. 8° Farbige Lithogr.
[Umschlagt.:] Plan von Hamburg-Altona und Umgegend.

— wie es ist — trinkt und schläft. Scenen aus dem Hamburger Volksleben. Von Peter Klookснuut. Mit 1 color. Abbild. 8. Hamburg 835. Berendsohn. 1/4 ₰

— dass. Neue Folge. 1e u. 2e Abthl. Mit 2 (ill.) Abbildb. (Der Spiegelbilder neue Ausg.) 16. Hamb. 837. Berendsohn. 1/2 ₰

—— wie es ist — und — sein könnte. 4. Hft. Hamburger u. Hamburgerinnen v. Jochen Kalmüselkopp. 8. (3 3/4 B. u. 1 Plan.) Ebds. 830.
1. u. 2. Hft. Ebendas. 1834. à 6 Gr.

— wie es ist — und — sein könnte. 4s Heft. Hamburger u. Hamburgerinnen von Jochen Kalmüselkopp. Mit (k)einem Plan der Hamburg-Magdeburger Eisenbahn. 8. Hamburg 839. Berendsohn. 1/4 ₰

Hamburg wie es ist — und trinkt. Scenen aus dem Hamburger Volksleben. Von Johann Pütjenkieker. 1s Heft. — 2s Heft von Peter Klookснuut. Mit 1 ill. Steindr. u. Titelkpfr. gr. 12. Hamburg 833, 34. Berendsohn. (à 1/4 ₰) 1/2 ₰

Hamburg wie es ist — und trinkt. Scenen aus d. Hamburger Volksleben. 1. Hft. Von Joh. Pütjenkieker. gr. 12. (3 B. u. 1 ill. Stndr.) Hamburg 834, Berendson.

—— dass. 2. Hft. Von Peter Klookснuut. gr. 12. (3 B. u. Ttlkpfr.) Ebds. 834.

Hamburg wie es ist — u. trinkt. 3. Hft. Scenen aus d. Hamburger Volksleben. Von Pet. Klooksnuut. 8. (4 B. u. 1 col. Abbild.) Hamburg 835, Berendsohn. Thlr.

Hamburg wie es ist und — trinkt. Scenen aus dem Hamburger Volksleben. Neue Folge. Erste und zweite Abtheilung. Hamb. 1837. V: *Schleier, L.* (= *Theod. Friedr. Schrader*). (BGE III², 32)

—— wie es ist und — trinkt. Scenen aus d. Hamburger Volksleben. Neue Folge. 1. u. 2. Abthl. (Der Spiegelbilder neue Ausg.) 16. (13 B. u. 2 ill. Abbild.) Ebds. 837.

— wie es ist und — trinkt. Von Pet. Klooksnuut. 2. umgearb. Aufl. Mit 1 color. Abbild. Die Dienstmädchen in Hamburg. 8. Ebend. 843. 1/4 ₰

— — wie es lacht u. stickt u. wie es weint u. flickt. Mit Abbild. Altona 1860. 8°. (1 Mk. 80 Pfg. A. Bielefeld, Carlsruhe, 1876.)

Hamburg wie es rennt und reitet, oder Wandsbeks glorreiche Julitage . . . Hamb. 1835. V: *Fabricius, Joh. Frdr.* (schr)

—— wie es rennt u. reitet, od. Wandsbeck's glorr. Julitage während d. ersten Pferderennens daselbst. In e. humorist. Briefe dargest. v. Paul Hippodromus. 16. (3 B. u. 1 Stnt.) Hamburg 835, Berendsohn.

— wie es war u. ist, oder Ursprung, Entwickelung, Bestand, Ortsbeschreibung, Regierung, Sitten rc. von Hamburg u. seinem Gebiete. Mit 1 Plan. 8. Hamb. 827. (Schubert u. N.) 1 ₰ 12 Gr.

§ — — wie es war und ist, oder Ursprung, Entwicklung, Bestand, Orts Beschreibung, Regierung, Sitten, Gebräuche u. Merkwürdigkeiten von Hamburg u. seinem Gebiete. Hamburg 1827. 8°. (1 Mk. 25 Pfg. L. M. Glogau, Hamburg, 1879.)

— — Dasselbe, tit.: Hamburg, wie es war und ist, oder Ursprung, Entwicklung, Bestand, Ortbeschreibung, Regierung, Sitten, Gebräuche u. Merkwürdigkeiten von Hamburg u. seinem Gebiete, von einem Hamburger. Neue wohlf. Ausgabe. Hamburg 1830, in der P. F. L. Hoffmann'schen Buchhandlung, große Reichenstr. No. 104. 8°. (2 Mk. 50 Pfg., Orig.-Umschl., Südd. Antiqu., München, c. 1905.)
Tit., 2 Bll. Inh., 232 S. (S. 149—157: Denkmäler, Bäder, Gasthöfe, Vergnügungen u. öffentl. Blätter.) Nichts Erotisches, auch nichts über Prostitution u. Theater.

Hamburg in Wort u. Bild. 128 Bilder (in Photozinkogr.) aus d. Prachtwerke „Hamburgs Vergangenheit u. Gegenwart". qu. gr. 4. (128 S. m. untergedr. Text.) Hamburg 898. Wendt & Co. Geb. in Leinw. n. 10.—

Hamburg und der Zollverein. Denkschrift des Vereins für den Anschluß Hamburgs an den Zollverein. Hamburg. 1867. 8°

Hamburg [Schlagwort]

— s. a.: Deutschland. Kürschner-Pelp. — Deutschland. Uebersichtskarte. — Einzelkarten. — Eisenbahnkarten. — Europa. Liebenow. — Europa. Ubersichtskarte. — Hand- u. Reisekarten. 17. — Hannover. Handtke, F. — Hannover, Prov. — Heimatskärtchen. 21. — Heimatskarten. — Mecklenburg, Liebenow, W. — Pharus-Städte Atlas.
— Radfahrerkarten. All Heil. Junghans. Karte. Mittelbach. Strassenprofilkarte. — Radfahrerkarten. Karte. Ravenstein.
— Schleswig-Holstein. Handtke, F. — Stado.

Hamburg, Umgegend, s.a. Wanderkarten.

— s.a. Westentaschen-Sammlung.

Hamburg-Berlin, s.: Automobilkarten. Automobil-Tourenkarte. Mittelbach. Pharus-Auto-Strecke.

Hamburg-Bremen, s.: Automobilkarten. Pharus-Auto-Strecke.

Hamburg-Cuxhaven-Bremerhaven, s.: Automobilkarten. Automobil-Tourenkarte.

Hamburg-Hadersleben, s.: Automobilkarten. Automobil-Tourenkarte. Mittelbach.

Hamburg-Hannover, s.: Automobilkarten. Automobil-Tourenkarte. Mittelbach. Pharus-Auto-Strecke.

Hamburg-Kiel, s.: Automobilkarten. Pharus-Auto-Strecke.

Hamburg-Kiel, s.: Kanalkarten.

Hamburg-Leipzig, s.: Automobilkarten. Mittelbach.

Hamburg-Lübeck, s.: Automobilkarten. Pharus-Auto-Strecke.

Hamburg-Minden, s.: Automobilkarten. Automobil-Tourenkarte.

Hamburg-Osnabrück, s.: Automobilkarten. Automobil-Tourenkarte.

Hamburg-Stralsund, s.: Automobilkarten. Automobil-Tourenkarte.

Hamburg. Adler's, C., Plan v. Hamburg-Altona-Wandsbek u. Umgebung m. projectirter Vororts-Ringbahn u. Alster-Canalisirung bis Ohlsdorf, sowie Elb-Regulirung. Rückseitig 42 Ansichten. 53,5×78 cm. Farbendr. Beschreibender Führer. Namen-Verzeichniss der Strassen, Anlagen etc., Theaterpläne, Daten aus Hamburgs Geschichte u. s. w. 8. (88 S.) Nebenkarte: Hamburg-Helgoland. 1 : 1,000,000. Ausg. 894. Hamburg, C. Adler. Geb. 1.—

— — Plan v. Hamburg-Altona-Wandsbek u. Umgebung m. projectirter electrischer Hochbahn u. Vorortsringbahn. 53,5×78,5 cm. Farbendr. Nebst Text: Electrische Hochbahn f. Hamburg. Nach dem Schwebebahn-System Eug. Langen. 4. (4 S. m. 5 Fig.) Ebd. 894. n. 1.—

Hamburg. Adler's, C., Plan von Hamburg-Altona-Wandsbeck u. Umgebung. Rückseitig 42 Ansichten. Ausg. 1895. 53×78 cm. Farbendr. Nebst: Beschreib. Führer, Namen-Verzeichniss d. Strassen, Anlagen etc., Theaterpläne, Daten aus Hamburgs Geschichte u. s. w., Karte von Hamburg—Helgoland. 12. (40 S.) Hamburg 895. C. Adler. In Karton 1.—

— — dasselbe. 1 : 18,000. Ausg. 1898. 62,5×84,5 cm. Farbdr. Nebst: Beschreibender Führer mit vielseit. geschichtl. u. statist. Angaben. Ausführliches Namen-Verzeichniss der Strassen, Plätze etc. 12. (42 S.) Ebd. 897. In Karton 1.50

Hamburg. Burmester, And., Situationsplan der Speicher u. Anlagen im städtischen Freihafen-Bezirk zu Hamburg. 1 : 1000. 50,5×146 cm. Farbdr. Mit 3 Bl. Erklärgn. 8. Hamburg 903. (Boysen & Maasch.) Auf Leinw. in Leinw.-Decke. n. 50.—

Hamburg. Carly's, H., Plan v. Hamburg nebst Vororten, Altona-Wandsbek u. Umgegend. 49,5×64,5 cm. Farbdr. Nebst Strassenverzeichnis. 12. (20 S.) Hamburg (900). H. Carly. In Decke —50

Hamburg. Gaebler, E., Specialkarte der Umgegend von Hamburg. Chromolith 1 : 125,000 Metz 889. Leipzig, Lang. —25

Hamburg, Lübeck, Bremen und Frankfurt — Die Gebiete der vier freyen Städte — nebst dem Freystaate Krakau: in vier Specialkarten dargestellt von F. W. Streit, königl. Preuss. Hauptmann der Artillerie. Nürnberg bey Fried. Campe. 1825. L. Bayer sc. 1 Bl.

Hamburg, Lübeck und Krakau 1 : 340,000

Bremen, Frankfurt 1 : 82,000

Hamburg. General-Plan vom Friedhof zu Ohlsdorf. 46×48 cm. Farbdr. Neueste Aufnahme m. Einzeichng. e. Rundganges, die Schönheiten u. hervorragendsten Denkmäler bezeichnend, u. m. e. beigehefteten Verzeichnis der besonders hervorrag. Einzel-, Familien- u. Genossenschaftsgräber. (Neue Aufl.) (6 S. m. 1 Taf.) kl. 8. Hamburg 909. C. Boysen. —60

Hamburg — Grundriss der K. freien Reichs-Stadt — im J. 1794. Hamburg in Commission bey Bachmann und Gundermann. 1 : 6,500. 1 Bl.

— Hafen, der, v. Hamburg. Hrsg. v. Bureau f. Strom- u. Hafenbau, Hamburg, J. F. Bubendey. 1 : 10,000. 31,5×69,5 cm. Farbdr. Hamburg 904. (O. Meissner's Sort.) n. 1.50

— Hafen, der, v. Hamburg. Hrsg. vom Bureau f. Strom- u. Hafenbau, Hamburg. 1 : 10,000. Ausg. 1906. 33,5×71,5 cm. Farbdr. Hamburg, (O. Meissner's Sort.) 1.50

— Hafenplan, Hamburger. 1 : 10,000. 44×81,5 cm. Farbdr. Hamburg (908). Eckardt & Messtorff. 1.50

— — dasselbe. 2 Bl. 1 : 7000. 93,5×75 resp. 93,5×70,5 cm. Farbdr. Ebd. (907). 11.—; auf Leinw. 15.—; m. Stäben 19.—

Hamburg — Des H. R. R. fr. Handels- und Ansee Stadt — in einem accuraten Plan und Prosp. entworfen und edirt v. Homann. Erben. Nürnberg 1740? Ohne M. 1 Bl.

— Karte, kleine, der Umgebung v. Hamburg-Altona. 1 : 120,000. 3. Aufl. Lith. qu. 4. Hamburg 887. Voss. —15

— Karte der nächsten Umgebg. v. Hamburg-Altona. (Umschlag: Umgebungskarte v. Hamburg.) 1 : 50,000. 59,5×79,5 cm. Farbdr. Hamburg (909). Gerth, Laeisz & Co. 1.—

— Köhler, J., Plan v. Hamburg-Altona m. den Stadt- u. Vorortsbahnen. 1 : 10,000. 4 Blatt. 2 Blatt à 112×71 u. 2 Blatt à 112×66,5 cm. Farbdr. Hamburg (909). L. Friederichsen & Co. 20.—; auf Leinw. m. Stäben 30.—

Hamburg. Liebenow's, W., Specialkarte f. die Umgegend der freien Städte Hamburg u. Lübeck, f. Reise, Bureau u. Verkehr. 1:300,000. (Volksausg.) 61×69 cm. Farbdr. Frankfurt a/M. (904). L. Ravenstein. n. 1.50

— Lohmann, W., physikalische Wandkarte vom hamburgischen Gebiet nebst Umgebung in der Ausdehng. von Oldesloe bis Lüneburg, von Lauenburg bis Stade. 1:50,000. 4 Blatt. (2 Bl. je 63,5×78,5 cm u. 2 Bl. je 100,5×74 cm.) Farbdr. Hamburg (902). O. Meissner's Verl. n. 12.—; auf Leinw. m Stäben n. 20.—

— Maasch, O., Karte v. Hamburg u. der Umgebung. 1:100,000. 5., veränd. Aufl. Chromolith. Imp.-Fol. Hamburg 888. Voss. n. 1.50; in Carton n. 2.—

— Maasch, Karte v. Hamburg u. Umgegend. 1:100,000. Mit Quadrat-Einteilg. v. je 2,5 Kilometern ab Rathausmarkt berechnet. 58×64 cm. Farbdr. Hamburg (909). C. Boysen. 1.50

— Meissner's, Otto, Plan v. Hamburg, Altona u. Umgegend. 1:10,000. Farbendr. 66×88 cm. Nebst Strassen-Verzeichniss. 8. (15 S.) Hamburg 892. O. Meissner's Verl. n. 2.—; auf Leinw. in Leinw.-Mappe n.n. 3.—

— Meissner's, Otto, Plan von Hamburg, Altona u. Umgebung. 65×86 cm. Farbendr. Mit Strassenverzeichniss. 8. (14 S.) Hamburg 895. O. Meissner's Verl. 1.—

Hamburg. Oschmann, Rhold., neueste Touristenkarte von Hamburg-Altona u. weitere Umgegend. 1:150,000. 55,5×69 cm. Hamburg (909). G. Kramer Verl. —20

— Petroleum-Hafen, der, in Hamburg. Hrsg. vom Bureau f. Strom- u. Hafenbau, Hamburg. 1:3000. 33,5×53,5 cm. Farbdr. Hamburg 904. (O. Meissner's Sort.) n. 1.50

— Petroleum-Hafen, der, in Hamburg. Hrsg. vom Bureau f. Strom- u. Hafenbau, Hamburg. 1:3000. Ausg. 1906. 33×53,5 cm. Hamburg (O. Meissner's Sort.). 1.50

— Pharus-Plan v. Hamburg. 1:14,700. 67,5×88,5 cm. Farbdr. Nebst: Führer durch Hamburg, Altona u. Wandsbek, m. Hinweis auf den Pharus-Plan. schmal 8. (32 S.) Berlin (902). Pharus-Verlag. n. 1.—

— Pharus-Plan. Hamburg. 1:14,700. Kleine Ausg. 38×50 cm. Farbdr. Nebst: Führer durch Hamburg, Altona u. Wandsbek, mit Hinweis auf den Pharus-Plan. (32 S.) schmal 8. Berlin (903). Pharus-Verlag. n. —50

— Pharus-Plan Hamburg u. Umgebung. 1:14,700. 78×102 cm. Farbdr. Nebst: Namensverzeichnis. (21 S.) 8. Berlin (910). Pharus-Verlag. 1.50

Hamburg. Plan, amtlicher. Hrsg. v. der Baudeputation. 1:4000. Sekt. Eichbaum. 56,5×85,5 cm. Kpfrst. Ebd. (900). n. 5.—

— — dasselbe. 1:20,000. Sekt. Langenhorn. 58,5×52 cm. Kpfrst. Ebd. (902). n. 6.—

— Plan, amtlicher, v. Hamburg. 1:1000. Hrsg. von der Baudeputation. Sect.: An der schönen Aussicht, Waisenhaus, Eimsbütteler Kirche, Uhlenhorst, Schützenhof, Eppendorfer Chaussée, Bergedorf, Bahnhof [Bergedorf], Möörken [Bergedorf], Eppendorf, Eppendorf Krankenhaus, Eppendorfer Baum, Hoheluft, Wentorfer Strasse [Bergedorf], Bellevue [Bergedorf], Kamp [Bergedorf], Hundebaum [Bergedorf], Godenberg [Bergedorf], Bismarckstrasse, Grevenweg, Hammer Baum, Neuedeich. Kpfrst. Imp.-Fol. Hamburg 886—889. (O. Meissner's Sort.) à Section n. 9.—

— — dasselbe. 1:4000. Sect.: Eimsbüttel, Rennbahn, Langenhorn, Barmbeck, Fuhlsbuttler Berg, Waltershof, Heidberg, Müssen, Ochsenzoll, Hummelsbüttel, Hamm Kirche, Bergedorf u. Nettelnburg. Kpfrst. Imp.-Fol. Ebd. 886—889. à Section n. 3.—

— Plan, amtlicher, v. Hamburg. Hrsg. v. der Baudeputation. 1:4000. Sekt. Hoisbüttel, Lockstedt, Lombardsbrücke, Stellmoor, Volksdorf, Wensenbalken, Wulfsdorf. Kpfrst. 62,5×91,5 cm. Hamburg 891. 892. (O. Meissner's Sort.) à n. 3.—

— — amtlicher, v. Hamburg. Hrsg. v. der Baudeputation. 1:1000. Sekt. Altersdorf I, Alte Enden, Alter Teichweg, Am Friedrichsberg, Billdeich I, Dulsberg, Eimsbütteler Park, Elbdeich, Eppendorferchaussee, Eppendorfer Krankenhaus, Eppendorfer Marktplatz, Eppendorfer Mühlenteich II, Futterbüttelerstrasse, Gänseweide. Gärtnerstrasse, Hammerdeich II, Hammes Hof, Beim Hellbrook, Hommer Baum, Hoheluft, Hoheluft-Chaussee, Horn I u. II, Irren-Anstalt, Kielkamp, Kleiner Grasbrook II, Klosterstern, Licentiatenberg, Mühlenkamp, Osterbeck, Rothenburgsort, Steilshoperstrasse III, Uhlenhorst, Zeughausmarkt. à 56,5×85,5 cm. Kpfrst. Hamburg (900–902.) (O. Meissner's Sort.) à n. 5.—

— Plan, amtlicher, v. Hamburg. Hrsg. v. der Baudeputation. 1:1000. Sekt.: Alsterdorf I. (Alsterdorferstr.), Alsterufer, Brookkamp, Elbhöhe, Fontenay, Fuchsberg, Godenberg II. (Bergedorf), Hamm Kirche, Harvestehuder Kirche, Hinterkamp I. II/III., Hohe Rade, Holtenklinke, Langergrund, Louisenweg, Pagenfelde/Schiffbeck, Pollhofsbrücke, Sandthor-Hafen, Wentorfer Strasse II., Ziegelei (Bergedorf), Zoologischer Garten. à ca. 57×85,5 cm. Kpfrst. Hamburg (903 bis 906). (O. Meissner's Sort.) à n. 5.—

— — dasselbe. 1:4000. Sekt.: Bergstedt, Heimfeld, Hoher Deich, Kalte Hofe, Ness, Neugraben, Ochsenwärderkirche, Ohlsdorf, Ohlstedt, Ortkathen, Rügelsberg, Spatenlander Ausschlag, Wohldorf, Wulksfelde. à ca. 57×85,5 cm. Kpfrst. Ebd. (903—906). à n. 5.—

— — grosser, v. Hamburg, Altona-Ottensen u. Wandsbeck m. Anschluss des gesamten Freihafengebietes u. der Ortschaften Lengenfelde, Stellingen, Lokstedt, Gross-Borstel, Hinschenfelde u. Schiffbek. Nach den besten Quellen bearb. 1:14,000. 5. Aufl. 63,5×83 cm. Mit e. Verzeichnis der Strassen, Plätze, Quais, Kirchen, Denkmäler u. s. w. 12. (14 S.) Hamburg 898. Verlagsanstalt u. Druckerei. n. —50

— — grosser, v. Hamburg nebst Altona-Ottensen und Wandsbek m. Anschluss des gesamten Freihafengebietes u. der Ortschaften Langenfelde, Stellingen, Lokstedt, Gross-Borstel, Hinschenfelde u. Schiffbek. 1:14,000. 7. Aufl. 64×83 cm. Farbdr. Mit e. Verzeichnis der Strassen, Plätze, Quais, Kirchen u. s. w. in Hamburg u. Altona. 12. (14 S.) Hamburg (902). Verlagsanstalt u. Druckerei. n. —50

— — grosser, v. Hamburg, Altona u. Wandsbeck mit den Ortschaften Langenfelde, Stellingen, Lokstedt, Hinschenfelde u. Schiffbek, sowie des Friedhofes zu Ohlsdorf. 1 : 14,000. 10. Aufl. 66×85 cm. Farbdr. Nebst Verzeichnis der Strassen, Plätze, Kais, Kirchen usw. (53 S.) 8. Hamburg, Hamburger Verlag P. Hartung. Geb. 1.—

— — des Hamburger Hafens. 1 : 10,000. Chromolith. qu. gr. Fol. Nebst kurzer Beschreibg. der f. Handel u. Schiffahrt wicht. Einrichtgn., sowie e. Zusammenstellung der regelmäss. See-Dampfschiffs-Verbindgn. Hamburgs. 1888—89. schmal Fol. (20 S.) Hamburg 888. Friederichsen & Co. In Carton. n. 3.—

— — des Hamburger Hafens. 1 : 10,000. Auf Basis amtl. Pläne. Farbendr. 50×80 cm. Hamburg 891. L. Friederichsen & Co. In Leinw.-Decke. 8.—

— — der Hamburger Hafen-Anlagen unter Berücksicht. der projektierten Erweiterungen. (Nach amtl. Plänen bearb. Ausg. 1910. 41×84,5 cm. Hamburg (I, Hopfensack 18) (910). Freytag & Bielefeld. 1.—; auf Chromo-Karton, m. Metall-Leisten 1. 50

— Plan von Hamburg. 38,5×48 cm. Farbdr. Mit Strassenverzeichnis, 12. (12 S.) u. Verkehrs-Notizen nebst e. Eisenbahnkarte (auf der Rückseite). Hamburg (900). Verlagsanstalt u. Druckerei. —10

Hamburg. Plan v. Hamburg u. Altona. 1 : 20,000. 41,5×55,5 cm. Farbendr. Mit e. alphabet. Verzeichnis der Strassen, Plätze, Kanäle, Gebäude öffentl. od. gemeinnütz. Charakters etc. am Rande. Glogau 894. C. Flemming. —80

— — v. Hamburg-Altona. 1 : 14,000. 50,5×56 cm. Farbdr. Nebst Verzeichnis der Strassen, Plätze, Kais, Kirchen usw. 21. Aufl. (13 S.) kl. 8. Ebd. (906). —50

— Plan von Hamburg-Altona u. Umgebung. 49,5×64 cm. Farbendr. Nebst Strassenverzeichniss. 12. (14 S.) Hamburg 895. H. Carly. In Karton —50

— — v. Hamburg m. Freihafen u. Vororten. Nebst Uebersichtskarte der Tour von Hamburg bis Helgoland. Chromolith. qu. gr. Fol. Mit Ansichten auf der Rückseite. Nebst Text. 8. (39 S.) Hamburg-Uhlenhorst 889. C. Adler. In Leinw.-Decke. 1.—

— — der Städte Hamburg, Altona-Ottensen u. Wandsbek in der Ausdehnung von Bahrenfeld bis Horn, von den Elbinseln bis Lockstedt. Nach den besten Quellen bearb. 1 : 10,000. 2 Blatt. Lith. à 98,5×72 cm. Hamburg 892. O. Meissner's Verl. n. 10.—; auf Leinw. in Mappe n.n. 16.—; m. Stäben n.n. 17. 50

— — dasselbe. 1 : 10,000. 2 Blatt. Lith. Ausg. m. Schraffur. à 98,5×72 cm. Ebd. 892. n. 12.—; Ausg. m. Schraffur u. Farbendr. n. 13.—; f. Aufzug auf Leinw. in Mappe n.n. 6.—; m. Stäben n.n. 7. 50

— — der Städte Hamburg, Altona u. Wandsbek. 1 : 20,000. [Aus: „Griebens Reisebücher“.] 44×53 cm. Farbdr. Mit Strassenverzeichnis. 16. (16 S.) Berlin 901. A. Goldschmidt. n. —50

— — der Städte Hamburg, Altona u. Wandsbeck. [Aus: „Grieben's Reiseführer“.] 1 : 20,000. 44×53 cm. Farbdr. Nebst Verzeichnis aller Strassen, Plätze, öffentl. Gebäude usw. (15 S.) 16. Berlin 904. 905. A. Goldschmidt. In Mappe n. —50

— — von Hamburg u. Umgebung. Amtliche Ausg. Hrsg. v. der Baudeputation. 1 : 10,000. Sekt.: Klein-Borstel u. Langenhorn. à 67,5×61 cm. Kpfrst. Ebd. 905. à n. 5.—

— — dasselbe. Hrsg. vom Vermessungsbureau der Bau-Deputation. 1 : 20,000. 76×62 cm. Kpfrst. Ebd. 906. n. 6.—

— Plan von Hamburg u. Umgebung. Amtliche Ausg. Hrsg. v. der Baudeputation. 1 : 10,000. Sekt. Eppendorf. 75×61 cm. Kpfrst. Hamburg 906. (O. Meissner's Sort.) 5.—

— — von Hamburg u. Umgebung. Amtl. Ausg. Hrsg. vom Vermessungsbureau der Baudeputation. (Neue Ausg.) 1 : 1000. Kpfrst. à ca. 56,5×85,5 cm. Ebd. 906—10. à 5.—
Alsterdorferstrasse. — Barmbeck. — Billstrasse. — Binnenhafen. — Bismarckstrasse. — Brook. — Brookkamp. — Blaue Brücke. — Grüne Brücke. — Eilbeckerweg. — Elbhöhe. — Eppendorfer Baum. — Gänseweide. — Gasanstalt. — Kl. Grasbrook I. — Grevenweg. — Hamburgerstrasse. — Hamm. — Hamm-Kirche. — Harvestehude. — Heiligengeistfeld. — Hoheluft. — Hoheluft-Chaussee. — Landwehr. — Louisenweg. — Lübecker Bahnhof. — Lübecker Thor. — Mittel-Canal. — Müggenkamp. — Pferdemarkt. — Pulver-Magazin. — Rothenburgsort. — Sankt Pauli-Kirche. — Schlump. — Schützenhof. — Stellshoperstrasse III. — Steinthorplatz. — Uhlenhorst. — Werk- u. Armenhaus. — Wichernsweg. — Zollvereinsniederlage.

— — dasselbe. (Neue Ausg.) 1 : 4000. à ca. 56,5×85,5 cm. Kpfrst. Ebd. 906. 10. à 5.—
Bergstedt. — Eimsbüttel. — Holsbüttel. — Ohlstedt. — Rothenburgsort. — Rügelsberg. — Wohldorf. — Wulksfelde.

— — neuester, v. Hamburg—Altona—Wandsbeck mit Vororten. 1 : 18,000. 46×62,5 cm. Farbendr. Nebst Namen-Verzeichniss der Strassen, Plätze, versch. Anlagen u. s. w. 8. (18 S.) Hamburg 896. C. Adler. In Karton —50

Hamburg — Prospect und Grundriss der K. Freien Reichs und Ansee Stadt — sammt ihrer Gegend edirt durch Joh. Bapt. Homann in Nürnberg 1712? 1 : 40,000. 1 Bl.

— Richter's Städtepläne. Stadtplan v. Hamburg u. Altona. 1 : 15,500. 25. Aufl. 48×55 cm. Farbdr. Mit e. Verzeichnis der Strassen, Plätze, Kirchen usw. (12 S.) kl. 8. Hamburg (910). Verlagsanst. u. Druckerei-Gesellschaft. —50

— — dasselbe. Grosser-Plan v. Hamburg-Altona u. Wandsbek, m. den Ortschaften Langenfelde, Stellingen, Lokstedt, Hinschenfelde u. Schiffbek u. m. Separatplan des Ohlsdorfer Friedhofes sowie m. Verkehrsnotizen u. e. Verzeichnis der Strassen, Plätze, Kais, Kirchen usw. 1 : 15,500. 11. Aufl. 66×84,5 cm. Farbdr. Mit Text. (32 S.) kl. 8. Ebd. 908. 09. 1.—

Hamburg. Seelig's Plan v. Hamburg u. Altona nebst Ottensen u. Wandsbeck. 1 : 12,000. Chromolith. qu. gr. Fol. Mit Strassenverzeichniss. 8. (10 S.) Hamburg 889. Verlagsanstalt u. Druckerei, A.-G. n. —50

— Seelig's Plan v. Hamburg u. Altona-Ottensen, nebst Wandsbek u. Umgegend. 1 : 12,000 11. Aufl. Farbendr. 49×65 cm. Nebst Strassenverzeichniss. 12. (10 S.) Hamburg 891. Verlagsanstalt u. Druckerei, A.-G. Kart. n. —50

— **Spezialkarte** der weiteren Umgebung v. Hamburg-Altona, Bremen, Kiel, Lübeck usw. (Umschlag: Neueste Spezial-Karte der Umgegend v. Hamburg, Bremen-Lübeck, Cuxhaven-Bremerhaven, Schleswig-Kiel, Lüneburg-Uelzen.) 1 : 200,000. 96,5×102 cm. Farbdr. Hamburg (910). Kramer's Sort. — 60

— **Spezialkarte** der weiteren Umgegend v. Hamburg u. Altona. (Umschlag: 30 Kilometer rund um Hamburg.) 1 : 100,000. 57,5×70,5 cm. Farbdr. Hamburg (905). Gerth, Laeisz & Co. n. 1. —

— **Taschen-Atlas** d. Städte Hamburg-Altona-Wandsbek. (68 S. m. farb. Plänen u. Text.) 16. Hamburg (904). Hamburg. Verlagsanstalt. Kart. n. — 80

Hamburg. Uebersichts-Karte vom Hamburger Freihafengebiet. Mit genauer Bezeichnung der Blocks u. Schuppen der neuen Häfen u. Quais, der Fährverbindgn., der Zollstellen, der Lösch- u. Ladestellen u. s. w. 40,5 × 48 cm. Farbendr. Mit Text. gr. 8. (2 S.) Hamburg (894). Eckardt & Messtorff. n. 1. —

— **Uebersichtsplan** der Hamburgischen Zollgrenze m. Bezeichnung d. Zollstellen. 1 : 10,000. Chromolith. Imp.-Fol. Hamburg 888. O. Meissner's Verl. n.n. 1. 50

— — **Wasserkarte** v. Hamburg u. Umgebung insbesondere die Entwässerungsgebiete der Alster u. Bille. Nach den Messtischblättern gezeichnet. 1 : 100,000. 58×51,5 cm. Farbdr. Hamburg (901). (O. Meissner's Sort.) n. 5. —

— **Wegkarte** v. Hamburg u. Umgegend. 1 : 100,000. Chromolith. gr. Fol. Hamburg 888. (Temps.) n. 1. 20; auf Leinw. n.n. 2. —

— **Wichmann**, E. H., Atlas zur Geschichte Hamburgs. 8. (6 farb. Karten in qu. 4 m. 4 S. Text.) Hamburg 889. Herold's Verl. n. — 60; geb. n. 1. —

— **Wichmann**, E. H., Atlas zur Geschichte Hamburgs. Auf Veranlassg. der Oberschulbehörde hrsg. 2. Aufl. 8. (6 farb. Karten m. 4 S. Text.) Hamburg 896. Herold's Verl. Geb. n. 1. —

— **Wichmann**, E. H., Atlas zur Geschichte Hamburgs. Auf Veranlassg. der Oberschulbehörde hrsg. Eine Beigabe zu Kollhoffs Grundriss der Geschichte Hamburgs. 3. Aufl. 8. (6 farb. Karten m. 4 S. Text.) Hamburg 899. Herold. Kart. n. 1. —

— — **Wandkarte** vom hamburgischen Gebiete. 1 : 30,000. 4 Blatt à 78,5 × 94 cm. Farbendr. Hamburg 895. O. Meissner's Verl. n. 20. —; auf Leinw. m. Stäben n. 30. —

Ⓑ — **Wichmann**, E. H., Wandkarte des Hamburgischen Gebiets. (KBL. 80) Auf Leinw. m. Stäben Ern. Pr. 20. —

— **Wichmann**, E. H., Wand-Karte v. Hamburg, Altona u. Umgegend. 1 : 6000. 4 Blatt. Farbendr. à 68×89 cm. Hamburg 891. O. Meissner's Verl. n. 15. —; auf Leinw. m. Rollen n. 25. —

Hamburg [Verfasser]

Hamburg A Max: Über einige neue Derivate der Gallussäure. S. 107. IIb. 847 . . . . vgr.
Sonderabdruck

Hamburg, F. F., Kritische Untersuchungen über Militärdienst-Versicherung. gr. 8°. Jena 1881.

Hamburg, Joseph (Judaeus, Mogonus), De arthritide. Diss. med. Mainz (Joh. Jos. Alef, Haeffner's Erb.) 1788. 7 Bl., 39 S. (6.20) 12945

Hamburg, Joseph (geb. Wilna 23. 12. 1853): Ueber acute Endocarditis in ihrer Beziehung zu Bacterien. Berlin (1879). (35 S.) 8°
Berlin, Med. Diss. v. 11. Okt. 1879

Hamburg, Schmerko [Semaria]: Ueber die 1. (sog. Eröffnungs-) Periode der menschlichen Geburt. 1. Capitel. Ueber die Grenzen des bei der Geburt der Eröffnung unterliegenden Uterinbezirkes (Area der Eröffnung resp. der Dehnung); nebst einer Einleitung. Strassburg, Universitäts-Buchdruckerei von J. H. Ed. Heitz, 1882. 8. 86 S.

Hamburg-Altona. Billiger pract. Wegweiser und (lithogr.) Plan der Städte Hamburg, Altona und Umgebung (in qu. 4. und qu. Fol.). 1.—5. verm. und verb. Aufl. 16. (14 S.) Hamburg 869—75, Gassmann's Verlag. *

Hamburg-Altona und Umgebung. Wegweiser mit großem Plan der Städte Hamburg, Altona-Ottensen und Wandsbek, einer Karte der Elbufer bei Hamburg . . . 39. Aufl. Hamburg 1908/09. 8°

Die Hamburg-Amerika Linie im sechsten Jahrzent ihrer Entwicklung 1897—1907. Berlin 1907.

Hamburg Berichter: July 21, 1871 – 1873.
Democratic weekly. Slight variations in title. Circulation: 1872, 600. Edited & published by J. Marburger & W. L. Tyson, July 21, 1871 – 1872, by Joseph Marburger, 1872 – 73.
Hamburger, PA

Hamburgensien-Sammler, der. Hrsg. v. H. Haase 2 Mappen. 4. Hamburg (Jürgensen & Becker). In Leinw.-Mappe à n. 6. 50
1. 1896. (16 Lichtdr.-Taf. m. II, 4 S. Text.)
2. 1897. (15 Lichtdr.-Taf. m. 5 S. Text.)

Der **Hamburger**. Hrsg.: Paul Bröcker. Jg. 1, Nr 1. (Hamburg: Bröcker) 1910. 4° [11. 3194 9

Hamburger, Die vertriebenen. Im Januar 1814. O. O. V: *Perthes, Friedrich Christoph.* (Schr)

Hamburger. Ber. üb. Entstehg u. Tätigkt d. Vereinslazaretts d. Königsstadt u. d. Spandauer Reviers i. Exerzierhause d. K. Alexander Garde-Gren.-Regim. No. 1. 1870/71. Berlin 1872.

Hamburger, Alexander, a. Moskau: Über die N-Methylolverbindungen einiger aliphatischer Säureamide, insbesondere des Harnstoffs. München 1907 (Nördlingen: C. H. Beck). (VIII, 67 S.) 8°
München, Phil. Fak., Ref. v. Baeyer, Diss. v. 3. Juli 1907
[Geb. 11. Dez. 80 Moskau; Wohnort: Burghaßlach (Mittelfranken); Staatsangeh.: Bayern; Vorbildung: Maximilians-Gymn. München Reife Juli 99; Studium: München Techn. Hochsch. 1, Univ. 14 S.; Rig. 3. Juli 07.]

Hamburger, Anna, a. Breslau: Aus der physikalisch-chemischen Abteilung des chemischen Instituts der Universität Breslau. Über die festen Polyjodide der Alkalien. Breslau 1906: Grass, Barth & Co. (72 S.) 8°
Breslau, Phil. Fak., Ref. Ladenburg, Diss. v. 12. Mai 1906
[Geb. 5. Juni 73 Breslau; Wohnort: Breslau; Staatsangeh.: Preußen; Vorbildung: Realgymn. Reichenbach i. Schl. Reife M. 00; Studium: Heidelberg 1, Breslau 10 S.; Rig. 25. April 06.]

Hamburger Artur: Kondensationen von Phtalaldehydsäure mit Aceton und Acetophenon. S. 107. IIb. 478 . . . . vgr.
Sonderabdruck

Hamburger, Arthur, a. Berlin: Über die Restabschätzung bei asymptotischen Darstellungen der Integrale linearer Differentialgleichungen zweiter Ordnung. (Berlin 1905: G. Schade.) (58 S.) 8°
Berlin, Phil. Fak., Ref. Schottky, Diss. v. 25. Nov. 1905
[Geb. 6. März 81 Berlin; Wohnort: Berlin; Staatsangeh.: Preußen; Vorbildung: Friedrichs-Gymn. Berlin Reife O. 99; Studium: Berlin 8 S.; Rig. 17. Juli 05.]

Hamburger, Bernh., s.a. **Maimonides' Einleitung in die Mišna.**

Hamburger, Bernhard, cand. phil.: Maimonides' Einleitung in die Mišna. Arab. Text mit umgearb. hebr. Uebers. d. Charizi u. Anmerkungen. *Berlin 1902: H. Itzkowski.* (17, 73 S.) 8°
Straßburg, Phil. Diss. v. 1901

Hamburger, E., über die Irrlehre von der Plica polonica. gr. 8. (V und 165 S.) Berlin 861, A. Hirschwald.

Hamburger, Edwin, der Antisemitismus u. die deutsche Studentenschaft, s. a. Cyclus akademischer Broschüren.

Hamburger, Edwin, Der Antisemitismus u. die deutsche Studentenschaft. Eine Entgegnung auf Curt Müllers »Das Judentum in der deutschen Studentenschaft«. Leipzig 1891. 8.
Ist: Cyclus akad. Broschüren. Jhg. 2. H. 1.

Hamburger, Eman., die Cholera und ihre Heilung durch kohlensaure Alkalien. gr. 8. (III und 41 S.) Breslau 850, Kohn. Thlr.

Hamburger, Emanuel (*geb Lissa in Pos 1. 5. 1817*): Symbolae quaedam ad doctrinam de plantarum metamorphosi. Vratislaviae (1842). (49 S., 2 Taf.) 4° [*Im Buchhandel 1842 bei Freund in Breslau.*]
Breslau, Med. Diss. v. 16. Sept. 1842

Hamburger, E., Symbolae quaedam ad doctrinam de plantarum metamorphosi. Commentatio botanico-morphologica. Cum II tabulis lapidi incisis. 4maj. Vratislaviae 842, Freund. (Trewendt.) 1/2 ₰

Hamburger, Emil W., die Heilmittel von Franzensbad in ihrer Beziehung zu den Krankheiten des Weibes populär dargestellt für gebildete Frauen. 8. (93 S.) Prag 870, Bensinger.

Hamburger, Emile W., les remèdes de Franzensbad dans leurs rapports avec les maladies de la femme. Ouvrage populaire. 8. (78 S.) Prag 873. Bensinger. 2. —

Hamburger, Ernst [pr. Arzt]: Ueber die Art und Weise des Uebergangs von Bakterien in die Luft ... Breslau, Druck v. P. Cohn, *1892*; 39 S. 8.
Breslau, Med. Fak., Inaug.-Diss. v. 28. Juli 1892

Hamburger, Ernst, üb. die Art u. Weise des Uebergangs v. Baktorien in die Luft. Diss. gr. 8. (37 S.) Breslau 892. (L. Köhler.) n. 1. —

Hamburger, Felix [pr. Arzt aus Görlitz]: Ueber die Diagnose tuberkulöser Prozesse. . . . Berlin, Druck v. W. Axt, 1889; 36 S. 8°
Berlin, Med. Fak., Inaug.-Diss. v. 13. Jul. 1889

Hamburger, Felix (Görlitz), Ueber die Diagnose tuberkulöser Prozesse. Diss. med.-chir. Bln. (W. Axt) 13. VII. 1889. 36 S. mit Biogr. (5.—) 12946
Oppon.: Landsberger, Rubinstein, Bluth. — Krankengesch. v.: Therese Fehringer, Gottlieb Baudach, Ernst Müller, Schenkwirt Schröder, August Wenzel.

Arteigenheit und Assimilation. Von Dr. Franz **Hamburger**, Assist. in Wien. *Leipzig & Wien: F. Deuticke 1903.* (73 S.) 8° [03. 13073]

Hamburger, Frz., Arteigenheit, Assimilation u. Vererbung, s. Beilage, wissenschaftliche, zum 21. Jahresbericht der philosoph. Gesellschaft an der Universität zu Wien.

— Allgem. Pathologie u. Diagnostik der Kindertuberkulose. (VI, 147 S.) Lex. 8. Wien 910. F. Deuticke. 3. 50

Hamburger, Friedrich *Carl Ludwig* [aus Breslau]: Über die Elektrizitätsleitung in schlechtleitenden Flüssigkeiten ... Berlin, Buchdr. v. G. Schade, *1894*; 48 S., 1 Bl., 2 Taf. 8.
Leipzig, Phil. Fak., Inaug.-Diss. v. [20. Aug.] 1894

Hamburger, Fritz, Referendar: Die Ausbeutung der Rechtskraft gegen die guten Sitten. Ein Beitr. z. Lehre von d. materiellen Rechtskraft. Berlin 1909: Ebering. 112 S. 8°
Jena, Jur. Diss. v. 4. Febr. 1909, Ref. Löning
[Geb. 7. Febr. 83 Kattowitz; Wohnort: Berlin; Staatsangeh.: Preußen; Vorbildung: Wilhelms-Gymn. Berlin Reife O. 02; Studium: Freiburg i. B. 1, Berlin 5 S.; Rig. 7. Juli 08.] [U 09. 2090

Hamburger, Georg, Referendar am Kgl. Landgericht Liegnitz: Die staatsrechtlichen Besonderheiten der Stellung des Reichslandes Elsass-Lothringen im deutschen Reich. T. 1. *Breslau: M. & H. Marcus 1901.* (32 S.) 8° *[Erschien vollst. 1901 als: Abhandlungen aus d. Staats- u. Verwaltungsrecht, H. 5.]
Breslau, Jur. Diss. v. 23. Mai 1901

Hamburger, Geo., die staatsrechtl. Besonderheiten der Stellung d. Reichslandes Elsass-Lothringen im deutschen Reiche, s. a. **Abhandlungen aus dem Staats- u. Verwaltungsrecht. 5. Hft.**

Die staatsrechtlichen Besonderheiten der Stellung des Reichslandes Elsass-Lothringen im deutschen Reiche von Georg **Hamburger**. *Breslau: M. & H. Marcus 1901.* (VI, 103 S.) 8°
= **Abhandlungen** aus d. Staats- u. Verwaltungsrecht. 5. [01. 11051 3

Hamburger, Gust. (geb. Züll 27. 5. 1817): De gastrorrhagia. Berolini (1840). (36 S.) 8°
Berlin, Med. Diss. v. 2. Mai 1840

Hamburger, Hans, der Staatsbankrott d. Herzogt. Wirtemberg nach Herzog Ulrichs Vertreibung u. die Reorganisation des Finanzwesens. Ein Beitrag zur wirtemberg. Finanzgeschichte in den J. 1508—1531. (IV, 78 S.) gr. 8. Schw. Hall 909. W. German. 2. —

Hamburger, Harry [Rechtspraktikant]: Die Beweislast bei der negativen Feststellungsklage ... München, *Druckerei v. A. Osterrieth in Frankfurt a. M.*, 1894; 35 S. 8.
Erlangen, Jur. Fak., Inaug.-Diss. v. 1894

Ein Apparat, welcher gestattet, die Gesetze von Filtration und Osmose strömender Flüssigkeiten bei homogenen Membranen zu studiren. Von Dr. H[artog] J[akob] **Hamburger**. *Amsterdam: J. Müller 1895.* (16 S.) 4°(8°)
= **Verhandelingen** d. Kkl. Akademie van Wetenschappen te Amsterdam. Sectie 2. D. 4, No 8. [04. 5613 4

Hamburger, H. J., osmotischer Druck u. Ionenlehre in d. medicinischen Wissenschaften. Zugleich Lehrbuch physikalisch-chem. Methoden. 1. Bd. Physikalisch-chem. Grundlagen u. Methoden. Die Beziehgn. zur Physiologie u. Pathologie des Blutes. gr. 8. (XIII, 539 S. m. 23 Abbildgn.) Wiesbaden 902. J. F. Bergmann. n. 16. —

Hamburger, H. J., osmotischer Druck u. Ionenlehre in den medicinischen Wissenschaften. Zugleich Lehrbuch der physikalisch-chem. Methoden. 2. u. 3. Bd. Lex.-8. Wiesbaden 904. J. F. Bergmann. n. 34. —
2. Circulirendes Blut. Lymphbildung. Hydrops. Resorption. Harn u. sonst. Secrete. Elektrochemische Aciditätsbestimmg. Reactions-Verlauf. (X, 516 S. m. 28 Abbildgn. u. 1 Taf.) n. 16. —
3. Isolirte Zellen. Colloide u. Fermente. Muskel- u. Nervenphysiologie. Ophtalmologie. Geschmack. Embryologie. Pharmakologie. Balneologie. Bacteriologie. Histologie. (XIII, 508 S. m. 8 Abbildgn. u. 1 Taf.) n. 18. —
Bd. 1. Ebd. 902. n. 16. —.

Eine Methode zur Trennung und quantitativen Bestimmung des diffusibelen und nicht-diffusibelen Alkali in serösen Flüßigkeiten von H[artog] J[akob] Hamburger. *Amsterdam: J. Müller 1897.* (34 S.) 4°(8°)
— Verhandelingen d. Kkl. Akademie van Wetenschappen te Amsterdam. Sectie 1. D. 6, No 1. [04. 3626 4

Ueber die Reglung der osmotischen Spannkraft von Flüssigkeiten in Bauch- und Pericardialhöhle. Ein Beitrag z. Kenntniß d. Resorption von Dr. H[artog] J[akob] Hamburger. *Amsterdam: J. Müller 1895.* (96 S.) 4°(8°)
— Verhandelingen d. Kkl. Akademie van Wetenschappen te Amsterdam. Sectie 2. D. 4, No 6. [04. 3613 4

HAMBURGER, Hermann (Moskau): Ueber die Entstehung embolischer Aneurysmen. Mit 6 Abb.- München: Wolf 1910. 28 S.
12.1.1911 - Chr 1910/11,24; U 11.3636
Diss. Ingolst.-Landsh.-Mchn.

Der Konitzer Mord. Ein Beitrag z. Klärung. (Verf.: Dr. med. [Hermann] H[amburger].) 1.–10. Taus. *Breslau: Preuss & Jünger 1900.* (48 S.) 8° [ℌ] 103. 11625

Hamburger, Hermann [pr. Arzt]: Über die Wirkung des Magensaftes auf pathogene Bacterien. . . . Breslau, Druck d. Bresl. Gen.-Buchdr., E. G., 1890; 54 S. + 1 Bl. 8°
Breslau, Med. Fak., Inaug.-Diss. v. 4. Jun. 1890

Hamburger, J. [aus Nördlingen (Schwaben)]: Ueber Abkömmlinge des Aethyliden-Anilins. Nördlingen 1898. 32. S. 8°.
Basel. Phil. Diss. 1897/98.

Hamburger, J., Geist der Hagada. Sammlung hagadischer Aussprüche aus den Talmuden und Midraschim . . . In alphabetischer Ordnung bearbeitet. Buchstabe A. [= Schriften herausgegeben vom Institute zur Förderung der israelitischen Literatur II.] Leipzig 1857.

Hamburger, J[akob]

Hamburger, J., das Alte in dem Neuen! Jubel-Predigt zur Feier des 100jährigen Bestandes der Synagoge zu Altstrelitz. Neustrelitz 863. (Leipzig, Leiner.) gr. 8. (16 S.) n. 4 *ngr.*

Hamburger, J., Geschichte der rabbinischen Litteratur, s.: Winter, J., u. Aug. Wünsche, die jüdische Litteratur seit Abschluss des Kanons.

Jesus von Nazaret. Geschichtl., objektive Darstellg s. Lebens, Wirkens u. Todes. Von Dr. J[acob] Hamburger, Ober-. . . Rabbiner in Strelitz i. M. 2. Aufl. *Berlin: Gergonne & C. 1895.* (46 S.) 1 Bd 8. [96. 3534

— Jubelfest-Predigt zur Feier der goldenen Hochzeit Ihrer königl. Hoheiten des Grossherzogs u. der Grossherzogin v. Mecklenburg-Strelitz. Geh. den 28. Juni d. J. in den Synagogen des Landes. gr. 8. (11 S.) Neustrelitz 893. (R. Jacoby's Verl.) n. — 50

Hamburger, J., die Nichtjuden u. die Sekten im talmudischen Schriftthum. Vortrag, gehalten in der 35. diesjährigen Versammlung deutscher Philologen u. Schulmänner, Sektion der Orientalisten, zu Stettin. 2. Aufl. gr. 8. (16 S.) Neustrelitz 880. Barnewitz. n. — 60

—— Real-Encyclopädie für Bibel und Talmud. Biblisch-talmudisches Wörterbuch zum Handgebrauch für Theologen, Juristen, Gemeinde- und Schulvorsteher, Lehrer und andere Bibelfreunde. (In 4 Heften.) 1. Heft. Lex.-8. (S. 1—248.) Neu-Strelitz 866, (Barnewitz.) *

—— dass. — 2. Heft. Lex.-8. (S. 249—542.) Strelitz 867. Berlin, Poppelauer. *

Hamburger, J., Real-Encyclopädie für Bibel und Talmud. Biblisch-taldmudisches Wörterbuch zum Handgebrauch für Bibelfreunde, Theologen, Juristen, Gemeinde- und Schulvorsteher rc. 1. Abthl.: Die biblischen Artikel. 3.—5. Heft. Lex.-8. Neustrelitz, Barnewitz. [3. und 4. Heft. (S. 543—1044.) 869,70. à Heft. *ℳ 3,60.; 5. Heft. (IV, S. 1045—1102.) 870. *ℳ 1.] *
1. und 2. Heft. Ebendas. 1866,67. *ℳ 7,20.

—— dass. — 2. Abthl. 1. Heft. Lex.-8. (176 S.) Ebendas. 874. *

Hamburger, J., Real-Encyclopädie für Bibel und Talmud. Wörterbuch zum Handgebrauch für Bibelfreunde, Theologen, Juristen rc. 2. Abthl. 2.—4. Heft. Lex.-8. (S. 177—656.) Wien 875—78. Neustrelitz, Barnewitz. à Heft *ℳ 3. *
1. Abthl. und 2. Abthl. 1. Heft. Ebendas. 1866—74. *ℳ 18,40.

—— Real-Encyclopädie für Bibel und Talmud. Wörterbuch zum Handgebrauch für Bibelfreunde, Theologen, Juristen rc. 2. Abthl.: Die talmudischen Artikel. 5.—8. (Schluß-)Heft. gr. 8. Strelitz. (Leipzig, K. F. Köhler.) [5.—7. Heft. (S. 657—1136.) 880,81. à **ℳ 3.; 8. Heft. (VIII, S. 1137—1331.) 883. **ℳ 3,75.] **
compl. **
1. Abthl. und 2. Abthl. 1.—4. Heft. Wien und Strelitz 1866—78. **ℳ 27.
—— dass. — Wörterbuch zum Handgebrauch für Bibelfreunde, Theologen, Juristen, Gemeinde- und Schulvorsteher, Lehrer rc. 2. verm. und verb. Aufl. 1. Abthl. 1. Heft. gr. 8. (S. 1—138.) (Ebendas.) 884. **

Hamburger, J., Real-Encyclopädie für Bibel und Talmud. Wörterbuch zum Handgebrauch für Bibelfreunde, Theologen, Juristen, Gemeinde- und Schulvorsteher, Lehrer rc. Suppl.-Bd. zur 1. und 2. Abthl. Ausg. a. Für Inhaber der 2. Aufl. der 1. Abthl. gr. 8. (VIII, 158 S.) Leipzig 886, (K. F. Koehler.) ** 3 —
—— dass. — Ausg. b. Für die übrigen Besitzer der Real-Encyclopädie. gr. 8. (VIII, 158 S. und 1. Abthl. 2. Aufl. 138 S.) (Ebendas.) 886. ** 4 —
1. und 2. Abthl. (Ebendas.) 1866—81. **ℳ 39.75.

— Real-Encyclopädie f. Bibel u. Talmud. Wörterbuch zum Handgebrauche f. Bibelfreunde, Theologen, Juristen, Gemeinde- u. Schulvorsteher, Lehrer rc. 2. Suppl.-Bd. zur 1. u. 2. Abtlg. gr. 8. (V, 177 S.) Leipzig 891. (K. F. Koehler.) n.n. 3. 40
— dasselbe. 3. Suppl.-Bd. zur 1. u. 2. Abtlg., nebst Hauptregister, deutsch u. hebräisch, zu allen Teilen dieses Werkes. gr. 8. (IV, 166 S.) Ebd. 892. n.n. 3. —
— dasselbe. 3., durchgeseh. u. verb. Aufl. 1. Abth. 4 Lfgn. gr. 8. (1102 S.) Ebd. 894. n.n. 16. —

— Real-Encyclopädie d. Judentums. Wörterbuch z. Handgebr. f. Bibelfreunde, Theologen, Juristen, Staatsmänner, Gemeinde- u. Schulvorsteher, Lehrer, Schulinspektoren u. a. m. I. u. II. Abtlg. gr. 8. Leipzig, K. F. Koehler's Sort. n.n. 37. 50
I. Biblische Artikel. 7 Hfte. (1102 S.) 896. à Hft. n.n. 2. 50
II. Talmud u. Midraschim. 8 Hfte. (II, 1331 S.) 897. à Hft. n.n. 2. 50

— dasselbe. III. Abtlg. 1.–4. Suppl. gr. 8. (IV, 158; III, 177; 166 u. VI, 138 S.) Ebd. 896–897. à n.n. 2. 50

Hamburger, J., Real-Encyclopädie d. Judentums. Wörterbuch zum Handgebrauch f. Bibelfreunde, Theologen, Juristen, Staatsmänner, Gemeinde- u. Schulvorsteher, Lehrer, Schulinspektoren u. a. m. III. Abthg. 5. u. 6. Suppl., Schlußhft. gr. 8. (IV, 146 u. VIII, 128 S.) Leipzig 900. 901. (K. F. Koehler's Sort.) à n.n. 3. —; (kplt. n.n. 54. —)

Hamburger, Joseph: Lager-Katalog. ⟨Lfg. 1.⟩, Nr. 9. ⟨Lfg. 2.⟩, Nr. 10. — (Frankfurt a. M. 1909: Kunz & Gabel.) 8° [Kopft.]
⟨1.⟩, Nr. 9. Städte-Münzen u. -Medaillen u. Privatpersonen.
⟨2.⟩, Nr. 10. Münzen u. Medaillen der Deutschen Geistlichkeit.

Hamburger, Julius (geb. Bojanowo 25. 4. 1818): De hydropneumothorace e phthisi pulmonum tuberculosa profecto. Berolini (1842). (32 S.) 8°
Berlin, Med. Diss. v. 7. Juli 1842

Hamburger, Jul., des Kaisers Monument. Festgedicht zum 22. III. 1897. Gedenkblatt f. d. Hundertjahr-Feier. gr. 8. (4 S.) Berlin 897. E. Bloch. n. — 60

Hamburger, Karl

Hamburger, C., Anleitung, die Maximaldosen leicht u. sicher zu erlernen, s.: Ille, O.

Hamburger, Carl [app. Arzt, Gleiwitz]: Casuistische Beiträge zur Lehre des gonorrhoischen Rheumatismus. Aus d. dermatolog. Abteilg d. Allerheiligen-Hospitals zu Breslau ... Breslau, Druck v. Th. Schatzky, *1895;* 31 S., 1 Bl. 8.
Leipzig, Med. Fak., Inaug.-Diss. v. 14. Okt. 1895

Hamburger, Karl, grammatische Darstellung der Mundart des Dorfes Ottenheim. Lautlehre. Diss. Freiburg i. B. 1887. 8°. 37 S.
Sonder-Abdruck aus: Beiträge zur Geschichte der deutschen Sprache und Litteratur, hrsg. von Herm. Paul und Wilh. Braune. XIII. Band 2. Heft. Halle, Max Niemeyer. 6 M.

Hamburger, Karl [Assistenzarzt am städt. Wenzel Hancke'schen Krankenh. in Breslau]: '(Aus d. physiolog. Institute zu Breslau.)' Vergleichende Untersuchung über die Einwirkung des Speichels, des Pankreas- und Darmsaftes sowie des Blutes auf Stärkekleister ... (Aus: Arch. f. d. ges. Physiol., Bd. 60.) Bonn, E. Strauss, 1895; 1 Bl., 35 S., 1 Bl. 8.
Breslau, Med. Fak., Inaug.-Diss. v. 2. Mai 1895

Hamburger, Clara, aus Breslau: Beiträge zur Kenntnis von Trachelius ovum Ehrbg. (Mit 2 Taf. u. 4 Textfig.) *Jena: G. Fischer 1903.* (32 S.) 8°
Heidelberg, Naturw.-math. Diss. v. 1903

Leo **Hamburger,** Frankfurt a. M.: Catalog. Münzen u. Medaillen aus verschiedenem Besitz, u. a. eine Sammlg. Salzburger. ... Auction am Montag, 8. Mai 1905 u. folgende Tage. Mit 9 Lichtdr.-Taf. — Frankfurt a. M. 1905: Osterrieth. 126 S. 8°
[Umschlagt.:] **Hamburger:** Sammlungen aus verschiedenem Besitz. Münz-Auction.

Hamburger, Leop. (geb. Hirschberg in Schles. 30. 3. 1810): Experimentorum circa sanguinis coagulationem specimen primum. Berolini (1836). (46 S.) 8°
Berlin, Med. Diss. v. 26. Juli 1836

Gedächtnisrede auf Immanuel Lazarus Fuchs (geb. am 5. Mai 1833; gest. am 26. April 1902). Geh. von M[artin] **Hamburger** im Math. Verein d. Univ. Berlin 1902. Mit ... e. Verzeichn. s. Schriften. Leipzig & Berlin: Teubner 1902. 16 S. 8°
Aus: Archiv d. Math. u. Physik. Bd 3, H. 3. 4. [10. 1034 7

— über die singulären Lösungen der algebraischen Differentialgleichungen höh. Ordng. gr. 8. (6 S.) Berlin 899. (G. Reimer). n. — 50
Sonderabdruck aus: „Sitzungsber. d. preuss. Akad. d. Wiss."

Hamburger, Max *(geb. Breslau 24. 9. 1859)*: Untersuchungen über die Zeitdauer des Stosses elastischer cylindrischer Stäbe. Breslau 1885. (27 S., 1 Taf.) 8° *[Im Buchhandel 1885 bei Köhler in Breslau.]*
Breslau, Phil. Diss. v. 6. Juni 1885

Hamburger, M[eyer]: • De functionis algebraicae evolutionibus in series convergentes secundum potestates variabilis. 15 Bl. 2°
Halle-Wittenberg, Phil. Diss. v. 24. Okt. 1865
Geb. [Posen 5. 4. 1838]
Vom Verf. ersch.: Ueber die Entwickelung algebraischer Functionen in Reihen. In: Zeitschrift f. Mathematik u. Physik. Bd 16. Leipzig 1871. S. 461 bis 491.

Hamburger, Paul, Untersuchungen über Ulrich Fürtrers Dichtung von dem Gral u. der Tafelrunde. I. Zur Metrik u. Grammatik. Stil u. Darstellungsweise. gr. 8. (44 S.) Strassburg 882. Trübner. n. 1. 20

Hamburger, Richard. Ueber die paarigen Extremitäten von Squalius, Trigla, Periophthalmus und Lophius. Diss. Phil. Bern. Mit 2 Tafeln [nebst Tafel-Erklärungen]. (Extrait de la Revue suisse de Zoologie. T. 12, 1904.) *Kopftitel:* (Aus dem zoologischen Institut der Universität Bern.) IV S. + S. 71—148. 8. Genève, Kündig & fils, 1904.

Hamburger, Robert [pr. Arzt aus Strassburg '(Els.)']: Die Therapie des Lichen ruber m. bes. Berücks. seiner Arsenbehandlg ... Strassburg i. E., Buchdr. Ch. Müh & C., 1895; 39 S. 8.
Strassburg, Med. Fak., Inaug.-Diss. v. 1895

Hamburger, Sophie

Hamburger, S., Einführg. in d. Gebrauch d. deutschen Leitfadens, — Leitfaden f. den ersten Unterricht im Deutschen, } s.: Alge, S.

Hamburger, S. u. Rippmann, W.. Leitfaden für den ersten Unterricht im Deutschen; unter Benützung von Hölzel's Wandbildern für den Anschauungs- und Sprachunterricht. Zum Gebrauch f. Schüler aller Nationalitäten. Erster Teil. Mit 4 Bildern. Dritte Auflage. 8°. IV, 196 S. St. Gallen, Fehr'sche Buchhandlung. 1900 Geb. 1 80

— English lessons for German, French and Italian pupils, after S. Alge's method for the first instruction in foreign languages with Ed. Hölzel's pictures. gr. 8. (XVII, 211 S. m. 8 Bild.) St. Gallen 898. Fehr. Geb. n. 2. 40

Hamburger, S. English Lessons. *After S.* Alge's Method for the first instruction in foreign languages. *With Ed.* Hölzel's Pictures. Second edition. 8°. XII, 252 S. u. 9 Tafeln. St. Gallen, Fehr'sche Buchhandlung. 1900. Gebd. 2 80

Hamburger, S[ophie]. English Lessons. After S[ines] Alge's Method for the first Instruction in Foreign Languages. With Ed[uard] Hölzel's Pictures [9 Plates]. 3d Edition. XII + 246 p. 8. St. Gallen, Fehr, 1901. [geb. fr. 3. —]

Hamburger, Sophie. English Lessons after S[ines] Alge's Method for the first Instruction in Foreign Languages. With Ed[uard] Hölzel's Pictures [9 Plates]. X + 246 p. 8. St. Gallen, Fehr. [geb. fr. 3. —]
4th, revised Edition. 1903.
5th Edition. 1905.

— English lessons. After S. Alge's method for the first instruction in foreign languages with Ed. Hölzel's pictures. 5. ed. (X, 246 S. m. 9 Bildern.) 8. St. Gallen 905. Fehr. — Leipzig, F. Brandstetter. Geb. n. 2. 40

Hamburger, S[ophie]. English Lessons ..., reformed for Adults by E Turrell Bendir. St. Gallen 1907 s. Bendir, E Turrell.

— English lessons. According to the Alge method with Ed. Hoelzel's pictures reformed for adults by E. Turrell Bendir. 2. ed. (IV, 185 u. 62 S. m. 6 Taf.) 8. St. Gallen 907. Fehr. (Leipzig, F. Brandstetter.) Geh. 2. 60

— English lessons after S. Alge's method for the first instruction in foreign languages. With Ed. Hölzels pictures. 8. ed. (XI, 249 S. m. 9 Taf.) 8. Ebd. 910. Geb. in Leinw. 2. 70

Hamburger, Siegfried [pr. Arzt]: Die Verbiegungen der Nasenscheidewand und deren operative Behandlung . . . Breslau, Druck v. L. Freund, 1893; 28 S., 1 Bl. 8.
Breslau, Med. Fak., Inaug.-Diss. v. 21. Juni 1893

Hamburger, Siegfr., die Verbiegungen der Nasenscheidewand u. deren operative Behandlung. Diss. gr. 8. (28 S.) Breslau 893. (L. Köhler.) n. 1. —

Hamburger, Vict., Sealsfield-Postl. Bisher unveröffentlichte Briefe u. Mittheilungen zu seiner Biographie. 8. (VII, 149 S.) Wien 879. Rosner. n. 2. 40

Hamburger, W., Klinik der Oesophaguskrankheiten m. diagnost. Verwerthg. der Auscultation dieses Organs. Mit 1. Tabelle behufs der Differentialdiagnosen (in Fol.) gr. 8. (XIV, 261 S.) Stuttgart 871. Enke. n. 4. —

Hamburger, Wolfg., Entwurf e. natürl. Systems d. Medicin u. genet. Darstellung d. Krankheiten der Bildungssphäre. gr. 8. (24 1/8 B.) Dresden u. Leipzig 840, (Arnoldische Bh.) *

—— das Mutterkorn und seine außerordentl. Heilwirkungen in Nervenkrankheiten, nach eigenen zahlreichen Beobachtungen und Versuchen dargestellt. 8. (VIII und 216 S.) Leipzig 848, Arnoldische Buchh.

Hamburger, Wolfg., medicinische Topographie u. Geschichte der Gräfl. Clam-Gallasschen Herrschaft Lämberg und der benachbarten Stadt Gabel, Mit 1 Karte. gr. 8. Prag 837. Haase Söhne. 1 1/6 ℛ

Hamburger, Wolfg., Vorschlag zur Heilung der Lungenschwindsucht, gestützt auf jahrelange Beobachtung eines merkwürd. Verfahrens der Naturheilkraft. 8. Dresden 843, Arnoldische Buchh. 1/2 ℛ

Hamburger, Wolfg., üb. das Wesen der asiat. Brechruhr u. die Behandlung derselben m. Secale cornutum. gr. 12. (X u. 116 S.) Leipzig 849, Arnold. 21 ngl

Hamburger, Wolfg. (ev. Taschkogel ... Pos. 14. 6. 1832/1): De struma epidemica. Vratislaviae 1862. (30 S.) 8°
Breslau, Med. Diss. v. 9. Mai 1862

Hamburger, Zach. Siegfr., über die Farbstoffe der Quercitronrinde. Inaugural-Dissertation. gr. 8. (49 S.) Göttingen 879. (Vandenhoeck & Ruprecht.) n. 1. —

Hamburgers Anleitung z. Stickzeichnung in 12 K. gr. Fol. (Geistinger, Wien in Commission) schwarz.
illum.

Hamburgische Criminalgeschichte, siehe Criminalgeschichte.

Hamburg's Alterthümer, oder Hammonia u. Nordalbinien vor 1000 Jahren, mit Kpf. 8. Hamb. 803. Meyer. 1 ℛ 16 ß

Hamburgs Anschluß an das deutsche Zollgebiet. Verhandlungen zwischen Senat und Bürgerschaft. Nr. 2: Antrag des Senats an die Bürgerschaft vom 3. Juli 1882. Bericht der Senats-Commission für die Vorbereitung des Zollanschlusses. Mit 4 Plänen in Farbendr. gr. 8. (IV, 72 S.) Hamburg 882, O. Meißner. *
Nr. 1 s. Eberstein, Herrm.

Hamburgs Befreyung, Schauspiel in 5 Akten nach Rambach von Josefin. 8. Wien, Wallishauser. 817.

— außerordentl. Begebenheiten u. Schicksale in den Jahren 1813 u. 14, mit Kpf. u. Kart. 8. Hamb. 814. (Campe). 1 ℛ

— Besetzung durch d. Dänen im J. 1801. Geschichte, Gründe, Folge derselben ꝛc. 8. Hamb. 801, Kratzsch. 10 ß

Hamburgs tiefste Erniedrigung in den letztverflossen. Jahren; von einem Hamburger. 8. Hamburg, Hoffmann u. Campe. 814.

—'s allgem. **Gartenbau-Ausstellung** im J. 1897. E. Sammlg. v. Kunstblättern d. hervorragendsten Gebäude, Parkparthien u. Ausstellungsobjecte. Nach Orig.-Aufn. hrsg. u. reproduciert v. J. C. W. Wendt u. C. E. L. Kappelhoff. qu. gr. 4. (144 photozinkogr. Taf. m. 1 Bl. Text.) Ebd. (897). Geb. in Leinw. n. 16. —
Erschien auch in 15 Lfgn. à n. 1. —.

Hamburg's Glanzpuncte wie sie sind u. waren. Ein Gedenkemein f. Fremde u. Einheimische. 1—3. Hft. qu. 8. (1 1/2 B. u. 18 Stnt.) Hamburg 842, Hamburg-Altonaer Bh. à *

— bestes Glück nicht von Außen, von e. Hamburger, (J. L. v. Heß). gr. 8. Hamb. 801.

Hamburg's Handel im J. 1868. Hrsg. auf Veranlassung der Handelskammer. 4. (63 S. mit 1 Tab. in Fol.) Hamburg 869, (Grüning.) *

—— dass. — im J. 1869. 4. (68 S. mit 1 Tab. in Fol.) Ebendas. 870. *

—— dass. — im J. 1870. 4. (68 S. mit 1 Tab. in Fol.) Ebendas. 871. *

—— dass. — im J. 1871. gr. 8. (72 S. mit 1 Tab. in Fol.) Ebendas. 872. *

—— dass. — im J. 1872. 4. (68 S. mit 1 Tab. in Fol.) Ebendas. 873. *

Hamburg's Handel i. d. J. 1900 u. 1901. Sachverständigen-Berichte, hrsg. auf Veranlassg. d. Handelskammer. 4. (125 u. 132 S.) Hamburg (901. 902.) (C. Boysen). à n.n. 1. 50

Hamburg's Handel im J. 1902. Sachverständigen-Berichte, hrsg. auf Veranlassg. der Handelskammer. (128 S.) 4. Hamburg (903). (C. Boysen.) n. 2. —

— dasselbe in d. J. 1903 u. 1904, s.: Jahresbericht der Handelskammer zu Hamburg.

Hamburg's Handel u. Schiffahrt, s.: Uebersichten, tabellarische, d. Hamburgischen Handels.

Hamburg's Handel u. Verkehr. Export-Handbuch der Börsen-Halle. gr. 8 (VIII, 412 u. 103 S.) Hamburg 886. Actien-Gesellschaft „Neue Börsen-Halle“. geb. n. 4. —

Hamburgs Handel u. Verkehr. Export-Handbuch der Börsen-Halle 1888/90. gr. 8. (XI, 1124 S. m. eingedr. Illustr. u. Taf.) Hamburg 889. Verlag der Actien-Gesellschaft „Neue Börsen-Halle“. geb. 7. 50

— **Handel u. Verkehr.** Illustrirtes Export-Handbuch der Börsen-Halle 1892/94. gr. 8. (XI, 487; 282, 400, 66 u. 223 S. m. Abbildgn., Taf., Etiketten etc.) Hamburg 892. Actiengesellsch. „Neue Börsenhalle“. Geb. in Leinw. n. 7. 50

— **Handel u. Verkehr.** Illustr. Export-Handbuch d. Börsen-Halle 1897/99. gr. 8. (XII, 515, 292, 655, 72 u. 351 S.) Hamburg, Act.-Ges. „Neue Börsen-Halle“. Geb. in Leinw. n. 7. 50; in 2 Bdn. n. 9. —; in 4 Bdn. n. 10. —

— Handel u. Verkehr. Illustr. Export-Handbuch d. Börsen-Halle 1901/3. gr. 8. (XIV, 592, 366, 724 u. 403 S. m. Abbildgn. u. Taf.) Hamburg 901. A.-G. „Neue Börsen-Halle". In 2 Leinw.-Bdn. n. 10.—; in 4 Leinw.-Bdn. n. 12.—

— Handel u. Verkehr. Illustriertes Export-Handbuch der Börsenhalle 1905/7. 5 Tle. (X, 763, 411, 672 u. 493 S.) gr. 8. Hamburg 905. Hamburger Börsenhalle. In 2 Leinw.-Bdn. n. 10.—; in 4 Leinw.-Bdn. n. 12.—

— fünf Hauptkirchen. Vorträge der hamburg. Hauptpastoren. Hrsg. vom Männerverein zu St. Michaelis-Hamburg. (IV, 127 S. m. Abbildgn.) 8. Hamburg 906. C. Jensen. Geb. in Leinw. n. 3. 60
Hieraus einzeln (à n. —75):
Behrmann, St. Michaelis. (24 S. m. Abbildgn.)
Broecker, v., St. Jakobi. (38 S. m. Abbildgn.)
Grimm, St. Nikolai. (15 S. m. Abbildgn.)
Rode, St. Petri. (25 S. m. Abbildgn.)
Stage, St. Katharinen. (25 S. m. Abbildgn.)

Hamburgs berüchtigte Häuser. Dargestellt in histor., criminalist. und socialer Beziehung. 8. (278 S.) Hamburg 851, Engel.

Hamburg's Krisis und die Verwalter seiner Handels-Interessen. Hamburg 858. O. Meißner. 8. (32 S.) 3 ngr

— merkantilische Lage u. Wirkungskreis d. Darlehns ꝛc. 8. Hamb. 807. Kratzsch. 8 gℛ

— denkwürdige Männer in Bildnissen dargestellt. Neue Folge. 1. u. 2. Liefg. Hamburg (853, 56). Trupp in Comm. 4. Jede Liefg. (à 4 lith. Bl. mit 4 Bl. Text) n. 15 ngr

Hamburg's März-Jubelfeier. Gedenkblätter an die Feier des 18. März 1813, 1838 und 1863 in Hamburg. Mit 10 Portraits (in Holzschn.). 2. Aufl. Hamburg 863. Richter. gr. 8. (144 S.) n. 10 ngr

— Neubau. Protest wider die Broschüre: Der Neubau u. die Feuerkassengelder. Hamburgs Bürgern gewidmet, von einem abgebrannten Grundeigenthümer. gr. 8. Hamburg 842. (Nestler u. Melle.) n. ⅙ ℛ

— Neubau. 1.—7. Hft. qu. Fol. (Jedes mit 5 Steindrucktaf.) Hamburg 844—46, Fuchs. (Leipzig, Klinkhardt.) Subscr.-Pr. à n. ½ ℛ Chin. Pap. in qu. gr. Fol. (à) n. 1 ℛ

— Neubau. Sammlg. sammtl. Façaden der Gebäude in den neubebauten Strassen. 8—12. Hft. qu. gr. Fol. (à 5 lith. Taf.) Hamburg 847. 48, Fuchs. (Leipzig, Klinkhardt.) à n. ½ ℛ (1—12: n. 6 ℛ) Chin. Pap. à n. 1 ℛ (1—12: n. 12 ℛ)

Hamburgs Privatbauten. Hrsg. vom Architekten- und Ingenieur-Verein. 1. Bd. und 2. Bd. 1. und 2. Heft. Fol. Hamburg, Strumper und Comp. [1. Bd. (72 Lichtdr.) 877,78. In Mappe ℳ 60.; 2. Bd. 1. und 2. Heft. (à 12 Lichtdr.) 882,85. à ℳ 10.] *

— Schicksal u. Hamburgs Trost. Ein getreuer Bericht des Hamburg am 5. Mai betroffenen schrecklichen Brandunglücks, vom ersten Entstehen an bis zum Ende der Verwüstung. gr. 8. (1 B.) Hamburg 842, Berendsohn. *

— Schulen in alter, neuer u. neuester Zeit. gr. 8. (16 S.) Hamburg 892. G. Fritzsche. n. 40

— Umgegend. qu. gr. 8. Lith. Kiel 817, Akadem. Buchhandlg. n. 3 ngr

— Unglückstage. Uebersichtl. u. genaue Beschreibung der furchtbaren Feuersbrunst am 5., 6., 7., 8. Mai. 8. (1 B.) Berlin 842, Krause.

— Vergangenheit u. Gegenwart. Eine Sammlg. v. Ansichten d. hervorragendsten u. histor. bekannten alten u. neuen Hafen- u. Quai-Anlagen, Schiffen, Plätze, Märkte, Strassen, Gebäude, Pläne, Typen, Trachten, Scenen etc. Hamburgs v. 11. Jahrh. bis auf d. Gegenwart. Ges., reproduciert u. hrsg. n. alten Radirgn., Stahlstichen, Ölgemälden, Aquarellen, Photographien, Handzeichngn., Lithographien u. original-photograph. Aufn. von I. C. W. Wendt u. C. E. L. Kappelhoff. qu. gr. 4. (III, 400 S. m. untergedr. Text.) Hamburg 898. Wendt & Co. Geb. in Leinw. n. 25.—

— Vergangenheit, Gegenwart u. Zukunft. 8. Hamb. 808. Kratzsch. 14 gℛ

Hamburgs Versorgung mit gutem Trinkwasser. Ein Gutachten der techn. Abtheilung des Gewerbe-Vereins in Hamburg. gr. 8. (24 S.) Hamburg 876, Boysen. ** —50

— neueste Zeit. 1842—1866. 10 Blatt. Lithogr. und ill. qu. Fol. (7 Sp. Text.) Hamburg 866, (Grüning.) In Mappe. *

— neueste Zeit. 1843—1860. Ebend. 866. gr. 8. (XVI, 695 S.) n. 1 ℛ 18 ngr

— — Ebend. 866. gr. 8. (XVI, 695 S. mit 1 Cyclus von 8 lithogr. Karten, wovon 5 in Buntdr., in Fol. u. gr. Fol.) cart. n. 2 ℛ 7½ ngr

— Zukunft, in Aussicht gestellt durch: „Ein Wort aus und über Hamburg" als Handschrift Ende Septbr. an die Mitglieder der preuß. Kammer vertheilt. Neuer Abdr. mit einem Nachwort zur Beherzigung für die Bürger Hamburgs. 8. (43 S.) Hamburg 849, Hoffmann und Campe.

Hamburgum, Hodiernum florens, litteratum anni hujus 1722. Hamburgi 1722. V: *Fogel, Carl Johann.* (schr)

Hamburgum literatum anni 1704. Calendis Maji editum. Hamburgi 1704. V: *Lehmann, Peter Ambrosius.* (schr)

Hamburgum litteratum anni 1716. Hamburgi 1719. V: *Capell, Dietrich Matthias.* (schr)

Hamdi, Hassan, Dr., Kais. ottom. Militärarzt: **Die histologischen Veränderungen der Lymphdrüsen bei der Pest des Menschen.** *Leipzig 1904: B. Georgi.* (48 S.) 8°
Leipzig, Med. Diss. v. (5. Febr.) 1904

Hamdorf, Adolf [aus Zechlinerhütte bei Rheinsberg]: Ueber die Bestandtheile des modernen Pariser Argots .... Berlin. Druck v. Max Kettner (1886): 4 + 86 + 2 S. 8°.
Greifswald, Phil. Fak., Inaug.-Diss. v. 11. Aug. 1886.

Hamdorf, Adolf, über die Bestandtheile des modernen Pariser Argots. Diss. Greifswald 1886, Jul. Bindewald. 8°. 86 S.

Hamdorf, Max [app. Arzt aus Hadersleben '(Schleswig-Holst.)']: **Beitrag zur Aetiologie umschriebener Verkalkungsherde der Leber** ... Würzburg, P. Scheiner's Buchdr., 1895; 21 S. 8.
Würzburg, Med. Fak., Inaug.-Diss. v. 1895

Hamdorff, G., s.: Archiv f. das Volksbildungswesen aller Kulturvölker.

Hamdorff, G. [Oberl.]: Zur Stellung des naturwissenschaftlichen Unterrichts in den höheren Lehranstalten. (Schluß d. P-Beil. 1888.) Malchin, Druck v. C. H. Heese, 1890; S. 3–21; 4°
Malchin, RG, OP 1890 (644)

Hamdorff, Karl Fünfzig Jahre Geschichte des Realschulwesens der Stadt Guben. 22 S. Progr. *Guben* 1884.

Hamdorff, (Karl), Dir. Dr.: **Geschichte des Realgymnasiums zu Guben** ⟨1874—1900⟩. *Guben (1900): A. Koenig.* (XIV S.) 4°
Guben, G, RG u. R, P 1900 (78)

Hamdorff, *Karl: Prorektor a. D. Karl Heinrich Leopold Michaelis, geboren am 6. 1. 1809 zu Berlin, gestorben am 6. April 1895 zu Guben.* 4 S. XVI).
Progr. G., Rg. u. Rsch. *Guben* 1896

Hamdorff, Carolus: De superficiebus algebraicis in planum explicabilibus. Halis Saxonum (1863): Ploetz. 34 S. 8°
Halle-Wittenberg, Phil. Diss. v. 21. Febr. 1863
Geb. Berlin 7. 3. 1842. V.

Hamdy Bey et M de Launay, les costumes populaires de la Turquie en 1873. Ouvrage publié sous le patronage de le commission impériale Ottomane pour l'exposition universelle de Vienne Phototypie de Sébah Fol. (VII, 329 S. m. 64 Phototypien.) Constantinopel 873. (Berlin, Lichtwerck.) n. 120. —

Hameaux, Wilhelm (Giessen)
Die Usucapio und longi temporis Praescriptio. Eine historisch-dogmatische Erläuterung der const. un. Cod. de usuc. transf. etc. (7.31.).
Giessen: Heyer 1835. 230 S.
[Zur Habilitation eingereicht.]
Habil. jur. 5.10.1836. vorh. 36.

Hamecher, Hans Adolf Karl Franz, a. Berlin, appr. Zahnarzt in Dresden: Aus dem physiologischen Institut ⟨Geh. Medizinalrat Professor Dr. Ellenberger⟩ der kgl. tierärztlichen Hochschule zu Dresden. Vergleichende Untersuchungen über die kleinen Mundhöhlendrüsen unserer Haussäugetiere. Borna-Leipzig 1905: R. Noske. (XI, 108 S.) 8°
Leipzig, Phil. Fak., Ref. Eber u. Chun, Diss. v. 11. Apr. 1905
[Geb. 22. Apr. 79 Berlin; Wohnort: Dresden; Staatsangeh.: Preußen; Vorbildung: Kreuzgymn. Dresden Reife O. 99; Studium: Göttingen 3, Berlin 3, Leipzig 2, Erlangen 1, Leipzig 2 S.; Rig. 2. März 05.]

Hamecher, Heinr., das Celluloid. Theoretische u. practische Untersuchungen seiner Eigenschaften insbesondere als Befestigungsmittel für den künstlichen Zahnersatz. Mit 7 (eingedr.) Holzschn. gr. 8. (54 S.) Leipzig 880. Denicke. n. 1. 60

Hamecher, Peter

Hamecher, Pet., entrechtet! Eine Apologie, nebst e. Gedichtfolge: „Von der stillen Fahrt" u. e. Anh.: „Gedichte eines Toten". (83 S.) 8. Leipzig 906. M. Spohr. n. 1. 50

Peter **Hamecher**. Gedächtnis. Ein Versbuch. Jauer in Schl.: O. Hellmann [1907]. (63 S.) 8 [08. 2382

Hamecher, Pet., Gedächtnis. Ein Versbuch. (63 S.) 8. Jauer (908). Glogau, Hellmann. Kart. 2.—; auf Büttenpap. 4. —

Hamecher, Pet., zwischen den Geschlechtern. 8. (X, 134 S.) Zürich 901. C. Schmidt. n. 2. —

Hamel, d. Flachsbaumwolle a. d. London. Ausstellg. Petersburg 1852

Hamel, Carl, s. Hamel, Karl

Hamel, F., Die Förderung im Gebiet des linksniederrheinischen Bergbaus. Berlin, 1910. 33 S. mit 10 Abb.

Hamel, F., Die Wasserhaltung im Gebiet des linksniederrheinischen Bergbaus. Berlin, 1910. 17 S. mit 1 Abb.

Denkschrift über die Staubecken in Schlesien. Hierzu e. Übersichtsplan 1:400000. Bearb. im Auftr. d. Herrn Ministers d. öffentl. Arbeiten ... durch Oberbaurat [Friedrich] **Hamel** u. Wasserbauinspektor [Kurt] Weidner. Breslau: Kern 1910. 29 S. 8° [11. 8432

Hamel, Rück- u. Ausblicke auf den Ausbau der Oder, s. a. Verbands-Schriften d. deutsch-österr.-ungar. Verbandes f. Binnenschiffahrt. N. F. 11.

Rück- und Ausblick auf den Ausbau der Oder. Von Reg.- u. Bau-R. [Friedrich] **Hamel**-Breslau. *Berlin: A. Troschel 1901.* (18 S.) 8°
= Deutsch-Oesterr.-Ung. Verband f. Binnenschiffahrt. Verbands-Schriften. N. F. No 11, 1. [02. 1126

Hamel, Friedrich Albert [Bremen]: Molière-Syntax ... Halle, *Druck v. A. Guthe, Buchdr. in Bremen,* 1895; 140 S., 2 Bl. 8.
Halle, Phil. Fak., Inaug.-Diss. v. [29. Nov.] 1895

Hamel, Georg, Dr. phil., Assist. f. theoret. Mechanik: Die Lagrange-Euler'schen Gleichungen der Mechanik. 1903. 57 S. 8° ¶ Aus: Zeitschrift f. Mathematik u. Physik. Bd 50. 1904.
Karlsruhe Te. H., Hab.-Schr. v. 19. 12. 1903

Hamel, Geo., die Lagrange-Euler'schen Gleichungen der Mechanik. (57 S.) gr. 8. Leipzig 903. B. G. Teubner. n. 1. 60
Sonderabdruck aus: „Ztschr. f. Mathematik u. Physik".

Hamel, Georg, aus Aachen: Ueber die Geometrieen, in denen die Graden die Kürzesten sind. *Göttingen 1901: Dieterich.* (90 S.) 8°
Göttingen, Phil. Diss. v. [26. Sept.] 1901

Hamel, Geo., üb. die Geometrieen, in denen d. Graden die Kürzesten sind. Diss. gr. 8. (91 S. m. Fig.) Göttingen 901. (Vandenhoeck & Ruprecht). n. 2. 40

Hamel, Gust.

Hamel, G., die Bedeutung d. Pulses f. den Blutstrom. Inaug.-Diss. gr. 8. (24 S.) München 889. (Bern, Huber & Co.) n. — 60

Hamel, H., repetitio de actionibus. 4. Wolfenb. Meissner. 707.

Hamel, Heinr., Untersuchungen zur älteren Territorialgeschichte des Kirchenstaates. Diss. gr. 8. (III, 98 S. m. 1 Karte.) Ebd. 899. n. 2. 50

Hamel, J., der Dodo, die Einsiedler und der erdichtete Nazarvogel. Vorgetragen in der kaiserl. Akademie der Wissenschaften. gr. 8. (47 S.) St. Petersburg 848. (Leipzig, Voss.) *

—— Tradescant der Aeltere 1618 in Russland. Der Handelsverkehr zwischen England und Russland in seiner Entstehung. Rückblick auf einige der älteren Reisen im Norden. Geschichtliche Beiträge, mitgetheilt der kaiserl. Akademie der Wissenschaften zu St. Petersburg. Imp.-4. (264 S. mit Tradescant's lithogr. Portr. und 1 Karte in Kpfrst. und in Fol.) St. Petersburg 847, Eggers und Comp. (Leipzig, Voss.) **

Hamel, J. A. van, Staats- u. Verwaltungsrecht des Königr. der Niederlande. s.a. **Bibliothek** des öffentlichen Rechts.

Staats- und Verwaltungsrecht des Königreichs der Niederlande. Von Dr. J. A. van **Hamel**. Hannover: Jänecke 1910. VII, 148 S. 8°
(Bibliothek d. Öffentlichen Rechts. Bd 18.) (10. 6366

Hamel, Joh. Geo., Friedrich II. mit dem silbernen Bein, Landgraf von Hessen-Homburg, bei der Belagerung von Kopenhagen 1658—59 und in der Schlacht bei Fehrbellin 1675. Berlin 861. v. Decker in Comm. gr. 8. (20 S.) 7½ ngr.

Hamel, Joh. Geo., Hessen-Homburgische Reim-Chronik. Homburg 860. (Frankfurt a. M., Goar.) gr. 8. (VI, 292 S. u. 3 Tab. in 4. u. Fol.) n. 1 ₰ 4 ngr.

Hamel, Jos.

Hamel, J., Beschreibung zweyer Reisen auf den Montblanc, unternommen im August 1820. (Aus dem Conversationsblatt besonders abgedruckt.) Mit einer Ansicht des Montblanc und einer Charte des Chamounythals und seiner Umgebung. gr. 8. Wien, Gerold. 821. Rthlr. –

Hamel, Ritter Jos., Beschreib. zweier Reisen auf den Montblanc, unternommen im August 1820. (Aus d. Conversationsblatt besond. abgedr.) Mit 1 Kpf. u. 1 Karte. gr. 8. Wien 821. Gerold. 12 gr

— Reisen auf den Montblanc im August 1820. (Aus d. Biblioth. universelle übersetzt). 8. Basel 820. Neukirch. 4 gr

— d. gegenseitige Unterricht; Gesch. seiner Einführung u. Ausbreitung durch Bell, Lancaster u. A. Ausführl. Beschreib. seiner Anwendung in den engl. u. französ. Elementarschulen rc. Mit 12 Kpf. u. d. Bildn. v. Bell u. Lancaster. gr. 8. Paris 818. (Barth in Leipz.) 2 ₰ 16 gr

Hamel, Karl

Hamel, s.a. **Heilstätten**, deutsche, f. Lungenkranke.

Hamel, deutsche Heilstätten f. Lungenkranke, s.a. **Tuberkulose-Arbeiten** aus dem kaiserl. Gesundheitsamte.

Deutsche Heilstätten für Lungenkranke. Geschichtl. u. statist. Mitteilungen. Berichterstatter: Dr. [Karl] **Hamel**. 1. Berlin: J. Springer 1904. 4° (8°)
= **Tuberkulose-Arbeiten** aus d. Kais. Gesundheitsamte. H. 2. (5. 4033

Hamel, Carl [app. Arzt, aus Düren '(Rheinl.)']: Über angeborene Sacraltumoren ... Düren, Hamel'sche Buchdr., 1895; 39 S. 8.
München, Med. Fak., Inaug.-Diss. v. 1895

Hamel, M. de. Le cheval mécanique. Stuttgart 1862. 24 S.

Hamel, Otto, approb. Arzt aus Hamburg: Aus d. Kgl. chirurg. Klinik zu Kiel. Ueber **Harnröhrenstricturen.** *Kiel 1902: P. Peters.* (31 S.) 8°
Kiel, Med. Diss. v. [8. Okt.] 1902

Hamel, Richard

Hamel, R., das deutsche Bürgerthum unter Kaiser Wilhelm II. im Kampfe m. dem Junkerthum u. seiner Gefolgschaft. Eine prinzipielle Prüfg. der alten u. der neuen Welt- u. Staats-Auffassung unter dem Gesichtspunkt e. Politik der stetigen Entwicklung. 1. u. 2. Aufl. 8. (XII, 282 S.) Halle a/S. 890. R. Schrödel. n. 3. —

Hamel, Rich., Hannoversche Dramaturgie. Kritische Studien u. Essays. gr. 8. (XII, 301 S.) Hannover 900. M. & H. Schaper. n. 4. —; geb. n. 5. —

(B) **Hamel, Rich.,** hannov. Dramaturgie. 900. (KBL 31.) Jetzt: Hannover, E. Geibel. Ladenpr. aufgehob.

Hamel, Rich., Klopstock-Studien. 1—3. Hft. gr. 8. Rostock 879. 80. Meyer. n. 9. 20
1. (62 S.) n. 1. 20. — 2. (VIII, 143 S.) n. 3. 20. — 3. (XXIV, 204 S.) n. 4. 80

Hamel, Rich., Klopstock-Studien. 2. und 3. Heft. gr. 8. Rostock 880, Meyer. [2. Heft. (VIII, 143 S.) * ℳ 3,20.; 3. Heft. (XXIV, 204 S.) * ℳ 4,80.] *
Das 1. Heft bildet: Hamel, Rich., zur Textgeschichte des Klopstock'schen Messias. — Vgl.: XVI. Bd. 1. Abthl. S. 536.

—— deutsche Lieder, s. Jahn, Herm. Ed.

— epigrammatisches Lustgärtlein. Bismarck-Epigramme u. andere. 8. (21 S.) Rostock 881. Meyer. — 75

— zwei Meister. Komödie in 4 Aufzügen. 8. (V, 86 S.) Berlin (901). E. Bloch. n. 2. —

Zwei Meister. Komödie in 4 Aufz. von Richard **Hamel**. *Berlin: E. Bloch [1902].* (86 S.) 8° [J.] (02. 3817

Mittheilungen aus Briefen der Jahre 1748—68 an Vincenz Bernhard von Tscharner, herausgegeben von Dr. *Richard Hamel.* In-8°, 62 S. Rostock, Carl Meyer. 1881.

Hamel, Rich., aus Nacht u. Licht. Gedichte. 8. (XI, 206 S.) Görlitz 885. Dünnhaupt. geb. 3. 50

— dasselbe. 2. Aufl. 8. (XI, 206 S.) Görlitz 886. Foerster's Verl. geb. n. 2. —; in Goldschn. n. 2. 50

Die Schulreformer. Schauspiel in 5 Akten von Richard **Hamel**. Als Ms. vervielfältigt. *Mannheim: F. Raisberger 1893.* (135 S.) 8° [J.] (03. 681

— die reaktionäre Tendenz der weltsprachlichen Bewegung. Nebst Untersuchgn. üb. Wesen u. Entwicklg. der Sprache. gr. 8. (VII, 83 S.) Halle 889. Tausch & Grosse. n. 1. —

Hamel, Rich., zur Textgeschichte des Klopstock'schen Messias. I. Metrische Beobachtungen. [Inaugural-Dissertation.] II. Aphorismen aus der weiteren noch ungedruckten Arbeit. gr. 8. (62 S.) Rostock 879. [Werther's Verlagsb.] Meyer's Buchh. *

—— ein Wonnejahr. gr. 16. (VI, 171 S.) Rostock 879, Werther's Verlag.
geb. mit Goldschn. *

— ein Wonnejahr. 2. Aufl. 12. (II, 171 S.) Rostock 881. Werther. 3. —; geb. m. Goldschn. 4. —

—— Ein Wonnejahr. 3. verm., zum Theil umgestaltete, u. 4. (Titel-) Aufl. gr. 8. (175 S.) Ebd. 889,90. * 4 —; geb. * 5 —

— dasselbe. 4. (Titel-) Aufl. gr. 8. (175 S.) Ebd. 891. n. 4. —; geb. m. Goldschn. n. 5. —

HAMEL, R. Ein Wonnejahr der Liebe. 4. Aufl. Halle 1891. 8°. (Mk. 4—.) (2 Mk., Origbd., Ernst Geibel, Hannov., 1907.)

„In dem „Wonnejahr" tritt uns eine hochbedeutsame poetische Begabung entgegen. Das ganze Werk ist ein Preis der Geliebten, ein Hoheslied der Liebe. Zwar wechselt Poesie mit Prosa und in letzterer tritt uns zuweilen tiefe philosophische Reflexion entgegen, aber alles hat nur den einen Brennpunkt, die geliebte Gattin (Anunziata) und selbst die Prosa ist durch und durch poetisch. Die Dichtung umspannt ein Jahr und schließt mit Trauerakkorden über den frühen Verlust der Geliebten." Leimbach, „Die deutschen Dichter der Neuzeit und Gegenwart".

— Zauber der Ehe. 4. zum Tl. neugestaltete u. verm. Aufl. der Dichtg. „Ein Wonnejahr". 8. (XX, 186 S.) Berlin 900. A. Duncker. n. 3.—; geb. n. 4.—

Ⓑ — Zauber d. Ehe. 900. (KBB 31.) Ladenpr. aufgehob.

Hamel, W., Hamburg. Wechselbuch. 8. Hamb. 722.

du Hamel du Monceau, s. *Duhamel*.

Hamel du Monceau, du, Abhdl. v. d. Ackerbaue, nach d. Grunds. d. H. Tull. m. Kupf. 8. Dresd. Walther. 752. Rthlr. -

— Abhandl. v. Bäumen Staud. u. Sträuchen, welche in Frankr. wild wachsen. 3 Thle. gr. 4. Nrnb. Campe. 762—766. (jed. Thl. einz. 2 Rthlr. 16 gr.)

— u. de la Mare, Abhandl. v. Fischereyen u. Gesch. d. Fische, übers. v. Schreber. 2 Thle. m. K. gr. 4. Königsb. Unzer. 775.

Hamel, du, de Monceau, Anfangsgründe der Schiffsbaukunst, aus dem Franz. M. Kupf. gr. 4. Berlin. 792. Ist jetzt Verlag von Nelmer und der Preis

— Anweis. z. Schiffbaukunst, a. d. Franz. v. Müller. m. K. gr. 4. Berl. Pauli. 791.

— Beschr. d. Weinstöcke, m. K. 4. Nrnb. Winterschmidt d. jung. 784.

— Ergänzung s. Tractats v. Erhalt. d. Getreides. 8. Leipz. Junius. 768.

— v. d. Erhaltung d. Getreides, bes. des Weitzens, a. d. Frz. 2 Thle. m. K. 8. Lpz. Gleditsch. 755.

— Erklär. d. Kunstwörter a. d. Botanik. u. d. Landbaue. gr. 4. Nürnb. Felsecker. 766.

— Fällung d. Wälder, od. Anw., w. d. Schlaghölzer anzuwenden. 2 Thle. m. K. gr. 8. Nrnb. Felsecker. 766-67. Schreibp.

— v. d. Holzsaat ist Abhandl. v. Bäumen 3r.

— d. Kunst des Dachdeckers, herausgegeb. v. Schreber. m. K. gr. 4. Königsb. Hartung. 767.

— d. Kunst des Kohlenbrennens, a. d. Franz. m. K. gr. 4. Königsb. Hartung. 762.

— — dasselbe. m. K. 4. Marburg, Krieger. 762.

— Kunst, Karten z. machen, a. d. Frz. m. K. gr. 4. Berl. (Hartung in Königsb. a. C. F. Günther in Glogau.) 764.

— Kunst versch. Art. Leim z. machen, a. d. Franz. m. K. gr. 4. Königsb. Hartung. 772.

— Kunst des Nadlers. gr. 4. Marb. Krieger.

— Kunst des Schlossers, a. d. Frz. m. K. gr. 4. Köngsb. Hartung. 769.

— — dasselbe. m. K. gr. 4. Glogau, C. F. Günther. 769.

— Kunst des Tuchmachers, vornehml. in fein. T., a. d. Franz. m. K. gr. 4. Ebend. 766.

— Kunst d. Wachsziehens, a. d. Frz. m. K. gr. 4. Ebend. 763.

— Kunst, türk. Tapeten z. weben, herausg. v. Schreber. m. K. gr. 4. Königsb. Hartung. 768.

— — dasselbe. m. K. Marb. Krieger. 768.

— d. Kunst, d. Eisen z. Drath z. ziehen, v. Halle. m. K. gr. 4. Berl. Pauli. 790.

— Kunst Lichter z. ziehen, a. d. Frz. m. K. gr. 4. Ebend. 762.

Hamel du Monceau, du, Kunst d. Zuckersiedens, a. d. Franz. m. Kupf. gr. 4. Königsb. Hartung. 765. Rthlr.

— — dasselbe. m. K. 4. Marb. Krieger. 775.

— Fourcroy u. Gallon, Mauer- u. Dachziegel zu streichen. m. K. gr. 4. Glogau, 765.

— Naturgesch. d. Bäume, v. d. Zerglieder. d. Pflanzen. 2 Thle. gr. 4. Nrnb. Winterschmidt d. j. 764-65. Schreibp.

— Naturgesch. od. Beschr. d. Erdbeerpflanze. m. K. gr. 4. Nrnb. Felsecker. 775.

— pomona gallica, od. v. Obstbäumen. 3 Bde. gr. 4. Nrnb. Winterschmidt d. jung. 771-83.

— Seifensiederkunst v. Halle. m. K. gr. 4. Berlin, Pauli. 788.

— — die Seifensiederkunst. Hat jetzt Maurersche Buchhdl. und Nücker in Berlin.

— Traité des Arbres et arbustes que l'on cultive en France en pleine terre, av. fig. col. d'apr. Reduté. Livrais. I-XXXII. gr. fol. Paris et Strasbourg. Treuttel et W. 806. 807. (à 12 Rthlr.) Velinp. 38

— — le même, pet. fol. ibidem. 806. (à 7 Rthl. 12 gr.) 24

— Traité des Arbres fruitiers Livr. I—VI. av. fig. impr. en coul. fol. Francf. Jäger. (à 9 Rthl. 12 gr.) 5

— d. Tuchfrisirerkunst, herausgegeb. v. Schreber. m. K. gr. 4. Königsb. Hartung. (a. C. F. Günther in Glogau.) 767.

Hämel, A., schlesisches Feuerwehr-Liederbuch. Eine Sammlung der beliebtesten Vaterlands-, Volks-, Liebes-, Gesellschafts- u. Feuerwehrlieder. (VIII, 112 S. m. 1 Bildn.) 16. Kattowitz (908). Phönix-Verlag. Geb. —50

Hämel, Adalb., der Cid im spanischen Drama des 15. u. 16. Jahrh., s.a. **Zeitschrift f. romanische Philologie.**

Hämel, Adalbert: Der Cid im spanischen Drama des XVI. und XVII. Jahrhunderts. Halle a. S. 1910: Karras. VIII, 104 S. 8° ¶ (Ersch. vollst. als: Zeitschrift f. roman. Philol. Beih. 25.)
Würzburg, Phil. Diss. v. 15. März 1910, Ref. Voßler
[Geb. 18. Okt. 85 Straubing; Wohnort: Straubing; Staatsangeh.: Bayern; Vorbildung: Gymn. Straubing Reife Juli 04; Studium: Theol. u. Phil. Eichstätt Lyz. 4, Phil. Erlangen 1, Würzburg 4 S.; Rig. 3. Dez. 09.] [U 10. 4392

Der Cid im spanischen Drama des 16. und 17. Jahrhunderts. Von Adalbert Hämel. Halle: Niemeyer 1910. X, 109 S. 8°
(Zeitschrift f. romanische Philologie. Beih. 25.) [10. 11620 2

Hämel, Adb., Meßgesänge f. d. Volksschule. Op. 5. 2., durch Meßgebete verm. Aufl. 16. (32 S.) Straubing 895. C. Attenkofer. n.n. — 25

Hamelbeck, Henr. Gerard. (geb. Wadersloh in Westf. 14. 11. 1833): De balneis maritimis. Berolini (1858). (32 S.) 8°
Berlin, Med. Diss. v. 20. Aug. 1858

Hamelbeck, *Wilhelm*: ⏑ ⏑ ‒ ‒ Der ionicus a maiore mit aufgelöster erster Länge in den lyrischen und chorischen Dichtungen der Griechen. Mülheim a. Rh., Druck v. C. G. Künstler Wwe, *1896;* 35 S. 4.
Mülheim a. Rh., RG m. Gymnasialkl., OP 1896 (401)

Hamelbeck, ⏑ ⏑ ‒ ‒ Der ionicus a maiore m. aufgelöster erster Länge in d. lyrischen u. chorischen Dichtgn. d Griechen. Progr. gr. 4. (35 S.) Mülheim a/Rh. 896. Hamelbeck. 1. —

Hamelbeck, Wilhelm: Ausgewählte Oden des Horaz. Im Versmasse der Urschrift ins Deutsche übertragen. *Mülheim a. Rh. 1898: C. G. Künstler Wwe.* (32 S.) 4°
Mülheim a. Rh., G m. Realkl., P 1898 (475)

Hamelbeck, W. [Hülfsl.]: Die rhythmischen Verhältnisse in den lyrischen und chorischen Dichtungen der Griechen. I. Teil. Die rhythmischen Verhältnisse in den daktylischen Partieen der Chorlieder des Aischylos. Strassburg i. E., Buchdr. v. M. Dumont-Schauberg (1890); 48 S. 4°
Oberehnheim, PG, MP 1890

Hamelbeck, Wilhelm [Lehrer]: Die rhythmischen Verhältnisse in den lyrischen und chorischen Dichtungen der Griechen. II. Tl. Die rhythm. Verhältnisse in d. daktyl. Partieen d. Chorlieder d. Sophokles. [Forts. d. P-Beil. Oberehnheim 1890.] Neuss, Druck v. L. Schwann, *1895;* 33 S. 4.
Neuss, k. G, OP 1895 (404)

Hamelberg, Ernst. Durchs Thal der Elsava. Eine Wandererinnerg. 8. (99 S.) Mannh. 891, Bensheimer's Verlag. * 1 50

Hamelberg, Heinr., auf rauher Bahn nach Kanaan. (16 S.) 8. Lemgo (906). O. Mai. n. — 10

— der Waldpoet. Erzählung. (92 S.) 8. Ebd. (906). n. 1. —

Hamelberg, Thdr., die doppelte Buchführung. Dargestellt in einem fingirten, 6 Monate umfass. Commissions- u. Waaren-Geschäfte. Ein Hülfsbuch für angeh. Comptoiristen. Mit genauen Erläuterungen versehen u. unter specieller Berücksichtigung der hies. Usancen bearb. Hamburg 866. (Jowien.) gr. 8. (320 S.) n. 1 ₰ 6 ngr.

Hamelberg, Thdr., die doppelte Buchführung. Dargestellt in e. fingirten, 6 Monate umfass. Commissions- u. Waaren-Geschäfte. Ein Hülfsbuch f. angeh. Comptoiristen. Mit genauen Erläutergn versehen u. unter specieller Berücksicht. der hies. Usanzen bearb. 2., nach den neuen Münz-, Maas- u. Gewichts-Verhältnissen gänzlich umgearb. u. vielfach verm. Ausg. gr. 8. (330 S.) Hamburg 875. Jowien. n. 4. —

Hameleff, s. Hammeleff.

Hamélius, Édouard: Anweisungen zur flammenlosen Cupol-Methode.
Luxemburg: Bück 1879. – 10 S. 8°

Die Kritik in der englischen Literatur des 17. und 18. Jhs v. Paul Hamelius. *Bruxelles: Off. de Publicité 1897.* (3 Bl., 206 S., 1 Bl.) 1 Bd 8.
= Bibliothèque de la faculté de philosophie et lettres de l'Univ. de Liége. Fasc. III. [98. 10994

Hamelius, Paul, die Kritik in d. engl. Literatur d. 17. u. 18. Jahrh. gr. 8. (206 S.) Leipzig 897. Th. Grieben. n. 3. —

Hamelmann, Friedr., die Fahrkunst. Gründliche Unterweisung für Equipagenbesitzer und Kutscher über rationelle Behandlung und Dressur des Wagen-Pferdes, Anspannung und Fahren. 1. Aufl. (XII, 228 S. mit eingedr. Holzschn.) 1872. * ℳ 4,50.; und 2. verm. und verb. Aufl. 8. (XVI, 251 S.) Leipzig 875, Weber. * ℳ 3.; geb. *

Hamelmann, Frdr., die Fahrkunst. Gründliche Unterweisg. f. Equipagenbesitzer u. Kutscher üb. rationelle Behandlg. u. Dressur d. Wagen-Pferdes, Anspanng. u. Fahren. 3. Aufl. Mit 21 in den Text gedr. Abbildgn. 8. (XII, 251 S.) Leipzig 885. Weber. n. 3. —; geb. n. 4. 50

Hamelmann. Die Fahrkunst (Aus: „Weber's Illustrierte Katechismen." No. 188.) Leipzig 1885.

Hamelmann, H. H., Rede in d. Versammlung d. Hülfsbibelvereins. gr. 8. Petersb. 819. (Halle, Schwetschke u. S.) 4 gGr.

Hamelmann's, Herm., geschichtl. Werke, s.a. **Veröffentlichungen der histor. Kommission der Prov. Westfalen.**

Hamelmann's, Herm., geschichtliche Werke. Kritisch neu hrsg. v. Heinr. Detmer. I. Bd.: Schriften zur niedersächsisch-westfäl. Gelehrtengeschichte. 1. Hft.: De quibusdam Westphaliae viris scientia claris, qui explosa barbariae puritatem Romanae linguae toti Germaniae attulerunt, oratio. (Veröffentlichungen d. histor. Kommission d. Prov. Westfalen.) gr. 8. (96 S.) Münster (902). Aschendorff. n. 2. —

Hamelmann's, Herm., geschichtliche Werke. Kritisch neu hrsg. v. Heinr. Detmer. I. Bd.: Schriften zur niedersächsisch-westfäl. Gelehrtengeschichte. 2. Heft: Oratio de Rodolpho Langio. De vita, studiis, itineribus, scriptis et laboribus Hermanni Buschii. (Veröffentlichungen der histor. Kommission f. Westfalen.) (VIII, 112 S.) gr. 8. Münster 905. Aschendorff. n. 2. —
I. Bd. 1. Hft. Ebd. 902. n. 2. —.

Hameln [Sachliches OW]

Hameln u. Bad Pyrmont. Wegweiser m. 2 (1 lith. u. 1 chromolith.) Plänen. 8. (15 S.) Hameln 883. Fuendeling. — 50

Hameln und Bad Pyrmont, Wegweiser mit 2 Plänen. 2. Aufl. 12. (16 S.) Hameln 887, Fuendeling.

Hameln [Schlagwort]

Hameln, s.: **Deutschland. Karte (Abt. Preussen).**

Hameln, s.: **Woerl's Reisehandbücher**

Hameln [Verfasser]

Die Memoiren der Glückel von **Hameln**, geboren in Hamburg 1645, gestorben in Metz 19. September 1724. Autor. Übertragung nach d. Ausgabe d. Prof. Dr. David Kaufmann von Bertha Pappenheim. Wien: Meyer & Pappenheim 1910. 320 S. 4°(8°) 10. 6931

Hamelsveld, Ysbrand van. Biblische Geographie; a. d. Holl. Hamburg 1793—96. Ü: *Jänisch, Rudolph.* (Ky)

v. Hamelsveld, Ysbr., bibl. Geographie; aus d. Holländ., (von R. Jänisch), 3 Bde, mit 2 Karten. gr. 8. Hamb. 793—96. (Campe). 4 ₰ 16 gl.

Hamelsveld, Isbr. van, oratio de statu rei christianae hodierno, laeto an tristi etc. 4. maj. Trajecti ad Rhen. (Weidmann. Lps.) 786.

Hamelwörden [Schlagwort]

Hamelwörden, s.: Geologische Karten. Karte (Preussen).

Hamelwörden. s.: Preussen. Messtischblätter.

Hamer, H., praktische Winke in bezug auf Holzladungen, Höhe der Decklast u. anderes. (III, 32 S. m. 8 Taf.) gr. 8. Oldenburg 904. G. Stalling's Verl. Kart. n. 2. 25

HAMERLE, Andreas

(F) Der Bock als Gärtner oder die Protestanten als Hüter des Evangeliums. Von P. Andreas Hamerle, C. SS. R. (Sammlung zeitgemässer Broschüren. Nr. 2.) Graz. 1901. Styria. 8°. 15 S. K—.10

(F) **Hamerle,** A., Jesus Christus im heiligsten Altars-Sacramente oder wie das deutsche Volk um seinen grössten Schatz betrogen wurde. [Sammlung zeitgemässer Broschüren Nr. 23.] 4. Aufl. 8°. (46 S.) Graz: Styria 1902. K —.20

Hamerle, Andr., C. Ss. R., Christus u. Pilatus. Ein altes Gemälde in neuem Rahmen. 7 Vorträge üb. die religiöse Gleichgiltigkeit. 1.—3. Aufl. 12. (à 146 S.) Münster 899. 902. Alphonsus-Buchh. — 90

Hamerle, Andr., C. Ss. R., Christus u. Pilatus. Ein altes Gemälde in neuem Rahmen. 7 Vorträge üb. die religiöse Gleichgiltigkeit. 4. Aufl. (146 S.) kl. 8. Münster 905. Alphonsus-Buchh. n. — 90

Hamerle, Andr., C. Ss. R., ecce Panis Angelorum! od. d. allerheiligste Altarssakrament u. d. Priester. Vorträge f. Priester-Exerzitien. 8. (VI, 270 S. m. 1 Stahlst.) Regensburg 896. F. Pustet. n. 2. —; geb. in Halbchagrin n. 2. 50
86*

Hamerle, Andr., C. Ss. R., Ecce panis angelorum! od. Das allerheil. Altarssakrament u. der Priester. Vorträge f. Priesterexerzitien. 2., verb. Aufl. (VI, 255 S. m. farb. Titelbild.) 8. Regensburg 907. F. Pustet. 2.—; geb. in Leinw. n 2. 50

HAMERLE, Andreas

(F) Ferk und die Arbeiter. Von P. Andreas Hamerle. C. SS. R. (Sammlung zeitgemässer Broschüren Nr. 8.) 5. Auflage. Graz. 1901. Styria. 8°. 38 S. K—.10

— Geschichte der Päpste. Volkstümlich erzählt. 3 Bde. Hrsg. v. der St. Josef-Bücherbruderschaft in Klagenfurt. Lex. 8. Klagenfurt, Buch- u. Kunsth. des St. Josef-Vereines. 3.50; geb. in Leinw. 5. —
1. (VII, 248 S. m. Abb. u. 1 farb. Taf.) (907.) 1.50; geb. 2.10
2. (VIII u. S. 249—464 m. Abbildgn.) (908.) 1. —
3. (VII u. S. 465—640.) (909.) 1. —

Hamerle, Andreas. Der Gottesbau der katholischen Kirche mit Rücksicht auf Luthers Leben. Klgft., St. Josefs-Druck., 1901. 256 S.

— der Gottesbau der katholischen Kirche, m. Rücksicht auf Luthers Leben u. die Folgen seiner Lehren u. Thaten. 2. unveränd. Aufl. (256 S. m. Abbildgn.) 8. Klagenfurt 903. Buch- u. Kunsth. des St. Josef-Vereines. n. — 84

— ist die Religion nur f. das Volk? f. a. Volksaufklärung. Nr. 80.

HAMERLE, Andreas

(F) Ist die Religion nur für das Volk? Beantwortet von P. Andreas Hamerle, C. SS. R. 3. Auflage. (Sammlung zeitgemässer Broschüren, Nr. 6.) Graz. 1901. Styria. 8°. 24 S. K—.10

Hamerle, Andr., Die kathol. Kirche am Ende des 19. Jahrhunderts. Abhandlungen. Münster, Alphonsus-Buchh., 1899, 12°, 200 S. 1.—3. Aufl., 1 Mk.

Das in dem Schriftchen durchgeführte Thema: „Die kath. K. hat sich im 19. Jahrh. in Wahrheit als der von Gott gepflanzte Lebensbaum erwiesen." Den Nachweis dafür liefern die einzelnen Abhandlungen in höchst anziehenden, psychologisch wirkungsvollen Zeichnungen. Vgl. Deppe, Litt. Handw. 1900, S. 102.

Hamerle, Andr., C. Ss. R., Licht od. Irrlicht? Gemeinverständl. Antwort auf die Frage: Warum bin ich Katholik? gr. 8. (146 S.) Münster 896. Alphonsus-Buchh. n. 1.

Licht oder Irrlicht? Gemeinverständl. Antwort auf d. Frage: Warum bin ich Katholik? Von P. Andreas **Hamerle**, C. Ss. R. 2. Aufl. *Münster i. W.: Alphonsus-Buchh. 1901.* (227 S.) 8° [F.]

— Luther u. sein Werk. Ein Erinnerungsblatt z. 30jähr. Jubiläum der Wiederherstellg. der kathol. Religion in Steiermark. Den deutschen Bewohnern dieses Landes gewidmet. 12. (IV, 75 S.) Graz 900. (Styria). n. — 20

— Mutter od. Stiefmutter. Eine weitere Antwort auf d. Frage: Warum bin ich Katholik? 12. (206 S.) Münster 902. Alphonsus-Buchh. n. 1.—

— der katholische Priester e. Volksmann, s. a. Sammlung zeitgemäßer Broschüren. Nr. 31.

(F) **Hamerle,** P. A., Der katholische Priester ein Volksmann. [Sammlung zeitgemäßer Broschüren. Nr. 31.] 8°. (25 S.) K —.20 Graz: Styria 1904.

(F) **Hamerle,** A., Protestanten als mutterlose Waisen, oder über die Marien Verehrung. [Sammlung zeitgemasser Broschüren Nr. 20.] 8°. (38 S.) Graz: Styria 1902. K —.20

(F) **Hamerle,** A., Die Prügelknaben der modernen Religionsfreunde und Volksbeglücker in Oesterreich oder die beschimpften Ordensgenossenschaften. (Sammlung zeitgemässer Broschüren. Nr. 19.) 8°. (21 S.) Graz: Styria 1902. K —.10

HAMERLE, Andreas

(F) Der neue Don Quixote und dessen Knappe Sancho Pansa oder Pastor Bräunlich und Peter Rosegger auf dem Kampfplatze der „Los von Rom"-Bewegung. Von P. Andreas Hamerle. C. SS. R. (Sammlung zeitgemässer Broschüren Nr. 9.) Nach der Confiscation 2. Anflage. Graz. 1901. Styria. 8°. 38 S. K—.20

[F. u. Ant.] P. Andreas **Hamerle** C. Ss. R. Religion und Brot! Sechs Vortr. ... *Münster i. W.: Alphonsus-Buchh. (1897).* (127 S.) 1 Bd 8. 98. 8361

Hamerle, Andr., Religion u. Brot. 6 Vorträge. Münster, Alphonsus-buchh., 1899, 12°, 130 S., 2. Aufl., 90 Pf.
Angezeigt Litt. Handw. 1899, S. 477—8 (Deppe).

— Religion u. Brot! 6 Vorträge. 2. Aufl. (126 S.) kl. 8. Münster 909. Alphonsus-Buchh. — 90

— s.: Sammlung zeitgemäßer Broschüren.

— der Schaden der gemischten Ehen, s.a. Sammlung zeitgemäßer Broschüren. Nr. 32.

— Der Schaden der gemischten Ehen, s.a. Volksaufklärung.

(F) Hamerle, P. A., Der Schaden der gemischten Ehen. 2. Aufl. [Sammlung zeitgemäßer Broschüren. Nr 32.] 8°. (31 S.) Graz: Styria 1904. K —.20

HAMERLE, Andreas
(F) Der Schlamm-Vulcan von Stettin oder Robert Grassmanns Schmählibell gegen den heiligen Alphonsus. Von P. Andreas Hamerle. C. SS. R. Graz. 1901. Styria. 8°. 20 S. K—.10

HAMERLE, Andreas
(F) Der Schlamm-Vulkan von Stettin oder Robert Grassmanns Schmählibell gegen den heiligen Alphonsus. (4. Auflage.) Von P. Andereas Hamerle, C. SS. R. Sammlung zeitgemässer Broschüren. Nr. 1. Graz. 1901. Styria. 8°. 20 S. K—.10

— ein Stich ins Herz der österreichischen Katholiken od. Die Beleidigung des Allerheiligsten Altarssakramentes. (32 S.) kl. 8. Wien 905. St. Norbertus. n. — 20

— Trau, schau, wem! oder Ist Religion Privatsache? E. Wort d. Liebe an d. christl. Arbeiter u. ihre wahren Freunde. 12. (30 S.) Ebd. 897. — 10

— die neue Türkengefahr f. Österreich od. Der Ansturm gegen die Unauflösbarkeit der Ehe. (39 S.) kl. 8. Ebd. 905. n. — 20

— das Versuchskaninchen od. Das Kind u. der Verein „Freie Schule". (30 S.) kl. 8. Ebd. 906. n. — 20

— Weg u. Irrwege od. Die kathol. Religion ist die sicherste, s.a. Volksaufklärung. Nr. 21.

(F) Hamerle, A. Weg und Irrwege oder die kathol. Religion ist die sicherste. [Sammlung zeitgemässer Broschüren Nr. 21.] 8°. (31 S.) Graz: Styria 1902. K —.10

(F) Hamerle, A., Die Wühlmäuse im Acker der Kirche Gottes oder die Lästerer der heil. Beicht. 2. Aufl. (Sammlung zeitgemässer Broschüren. Nr. 18.) 8°. (56 S.) K —.30
Graz: Styria 1902.

— zu wem sollen wir gehen? od. Wo ist Christus? Zeitgemäße Vorträge zur Wende des Jahrhunderts, geh. in der Stadtpfarrkirche v. Leoben. 1. bis 7. I. 1900. gr. 8. (IX, 105 S.) Wien 900. H. Kirsch. n. 1. —

— ein Zyklus religiöser Vorträge f. das Kirchenjahr. 1. u. 2. Bd. gr. 8. Graz, Styria. n. 6. 10
1. Vom 1. Adventsonntage bis zum Osterfest. 2., verb. Aufl. (IV, 311 S.) 907. n. 2. 70
1. Aufl. (VI, 307 S.) 906.
2. Vom Ostersonntag bis zum 24. Sonntag nach Pfingsten. (IV, 412 S.) 906. n. 3. 40

— Ein Zyklus religiöser Vorträge f. das Kirchenjahr. 2. u. 3. Bd. gr. 8. Graz, „Styria". à 3. 40
2. Vom Ostersonntag bis zum 24. Sonntag nach Pfingsten. 2., verb. Aufl. (IV, 415 S.) 907.
3. Vorträge f. die Fastenzeit. Vorträge üb. das Herz Jesu. Vorträge üb. die christliche Familie. Vorträge bei besonderen Gelegenheiten. (VI, 403 S.) 910.

Hamerling, Robert

Hamerling, Rob., Ahasver in Rom. Eine Dichtung in sechs Gesängen. Mit einem Epilog an die Kritiker. 4.—11. neu durchgeseh. Aufl. 8. (276 S.) Hamburg 869—75, Richter. * geb. *
Vgl.: Goldscheider, B.

Hamerling, Rob., Ahasver in Rom. Eine Dichtung in 6 Gesängen. Mit einem Epilog an die Kritiker. 12. neu durchgeseh. Aufl. 8. (277 S.) Hamburg 877, J. F. Richter. *

Hamerling, Rob., Ahasver in Rom. Eine Dichtung in 6 Gesängen. Mit einem Epilog an die Kritiker. 13., neu durchgeseh. Aufl. 8. (V, 279 S.) Hamburg 881. J. F. Richter. n. 3. —

Hamerling, Rob., Ahasver in Rom. Eine Dichtg. in 6 Gesängen. 14. Aufl. Mit dem Portr. d. Dichters in Radirg. gr. 8. (280 S.) Hamburg 885. J. F. Richter. n. 6. —

— dasselbe. Mit Illustr. v. E. A. Fischer-Cörlin. gr. 4. (241 S.) Ebend. 885. geb. m. Goldschn. n.n. 50. —; auch in 18 Lfgn. à n. 3. —

Hamerling, Rob., Ahasver in Rom. Eine Dichtung in sechs Gesängen. 14. neu durchges. Aufl. gr. 8. (280 S. mit dem Portr. des Dichters in Radirung.) Hamburg 885, Verlagsanstalt und Druckerei, A.-G. *

—— dass. — gr. 4. (241 S. mit Illustr. von E. A. Fischer-Cörlin.) Ebendas. 886. geb. mit Goldschn. **

—— Ahasver in Rom. Eine Dichtg. in 6 Gesängen. Mit e. Epilog an die Kritiker. 16.—23. Aufl. 8. (III, 279 S.) Ebd. 890—92. * 4 —; geb. * 5 —

Hamerling, Rob., Ahasver in Rom. Eine Dichtung in 6 Gesängen. Mit e. Epilog an die Kritiker. 16. Aufl. 8. (III, 279 S.) Hamburg 890. Verlagsanstalt u. Druckerei, A.-G. n. 4. —; geb. n. 5. —

Hamerling, Rob., Ahasver in Rom. Eine Dichtg. in 6 Gesängen. Mit e. Epilog an die Kritiker. 21. Aufl. 8. (III, 279 S.) Hamburg 892. Verlagsanstalt u. Druckerei. n. 4. —; geb. n. 5. —

Hamerling, Rob., Ahasver in Rom. Eine Dichtg. in 6 Gesängen. Mit e. Epilog an d. Kritiker. 23. Aufl 8. (III, 279 S.) Hamburg 892. Verlagsanstalt u. Druckerei. n. 4. —; geb. n. 5. —

— dasselbe. Drama in 5 Akten. Dichtung v. H. Für die Bühne Bearb. v. Jul. Horst. gr. 8. (IV, 150 S.) Ebd. 900. n. 1. 50

— Ahasver in Rom. Eine Dichtg. in 6 Gesängen. Mit e. Epilog an die Kritiker. 27. Aufl. gr. 8. (231 S.) Ebd. (902). Geb. in Leinw. n. 3. 50

— Ahasver in Rom. Eine Dichtg. in 6 Gesängen. Mit e. Epilog an die Kritiker. 28. Aufl. (226 S.) 8. Ebd. (910.) Geb. in Leinw. 2. —

Hamerling, Rob., Ahasverus in Rom. Eine Dichtung in 6 Gesängen. Mit einem Epilog an die Kritiker. 1—6. Aufl. Hamburg 865—69. J. F. Richter. gr. 16. (278 S.) n. 1 Thlr; geb. n. 1 Thlr 10 ngr

HAMERLING, Rob., Amor und Psyche, eine Dichtung in 9 Gesängen. Mit vielen reizenden Illustrationen, Vignetten etc. Leipzig, Titze, 1882. 4°. (20 Mk., neu, Bielefeld.)
Nicht erotisch!

— Amor und Psyche. Eine Dichtung in sechs Gesängen. Illustrirt von Paul Thumann. 1.—4. Aufl. gr. 4. (142 S. mit eingedr. Holzschn. und 9 Lichtdr.-Taf.) Leipzig 882,83, Titze. geb. mit Goldschn. *

— dasselbe. Illustrirt v. Paul Thumann. 5. Aufl. gr. 4. (142 S. m. eingedr. Holzschn. u. 9 Lichtdr.-Taf.) Leipzig 885. Titze. geb. m. Goldschn. n. 20. —

— Amor und Psyche. Eine Dichtg. in 6 Gesängen. Mit e. Orig.-Titelzeichng. v. E. A. Fischer-Cörlin. 8. (133 S.) Ebend. 886. n. 3. —

— Amor u. Psyche. Eine Dichtg. in sechs Gesängen. Illustr. v. P. Thumann. 6. Aufl. gr. 4. (142 S. m. eingedr. Holzschn. u. 9 Lichtdr.-Taf.) Leipzig 887. Titze. geb. m. Goldschn. n. 20. —

— dasselbe. Illustr. v. P. Thumann. 7. Aufl. Fol. (112 S. m. eingedr. Illustr. u. 9 Photograv.) Ebd. 889. geb. m. Goldschn. n. 20. —

— Amor u. Psyche. Eine Dichtg. in 6 Gesängen. Illustr. v. Paul Thumann. 8. Aufl. Imp.-4. (112 S. m. Text-Illustr. u. 8 Taf. in Heliograv.) Leipzig 891. A. Titze. Geb. in Leinw. m. Goldschn. n. 20. —
— dasselbe. 9. Aufl. (Neue bill. Ausg.) 4. (142 S. m. Textabbildgn. u. 8 Lichtdr.) Ebd. 893. Geb. in Leinw. m. Goldschn. n. 12. —
— dasselbe. 11. Aufl. Imp.-4. (112 S. m. Abbildgn., Titelbild u. 8 Photograv.) Ebd. 894. Geb. in Leinw. m. Goldschn. n. 20. —

— Amor u. Psyche. E. Dichtg. in 6 Gesängen. 9. Aufl. Mit e. Orig.-Titelzeichng. v. E. A. Fischer-Cörlin. 8. (III, 133 S.) Ebd. 895. n. 3. —; geb. n. 4. —

Hamerling, Rob., Aspasia. Ein Künstler- u. Liebesroman aus Alt-Hellas. 3 Bde. 8. (VII, 261; 237 u. 234 S.) Hamburg 876. Richter. n. 12. —

— Aspasia. Ein Künstler- u. Liebesroman aus Alt-Hellas. 2., durchgeseh. Aufl. 3 Bde. 8. (VII, 261; 237 u. 236 S.) Hamburg 876. J. F. Richter. n. 12. —

— Aspasia. Ein Künstler- u. Liebesroman aus Alt-Hellas. Illustrirt v. Herm. Dietrichs. 3. durchgeseh. Aufl. 3 Bde. Lex.-8. (VIII, 267; 244 u. 241 S.) Hamburg 884. J. F. Richter. n. 15. —

Hamerling, Rob., Aspasia. Ein Künstler- u. Liebesroman aus Alt-Hellas. 6. durchgeseh. Aufl. (VII, 593 S.) gr. 8. Hamburg 908. [Verlagsanstalt u. Druckerei.] Leipzig, M. Hesse. n. 6. 50; geb. in Leinw. n. 8. —

— Aspasia. Ein Künstler- u. Liebesroman aus Alt-Hellas. 7—9. Aufl. (781 S.) 8. Ebd. (909. 10.) Geb. in Leinw. 8. —

Hamerling, R., Aspasia. Herausgegeben von Josef Pohl. [Freytag's Schulausgaben und Hilfsbücher für den deutschen Unterricht.] 8°. (217 S.) Wien: Tempsky 1910. geb. K 1.80

Hamerling, Rob., Aspasia. Für den Schulgebrauch gekürzt u. bearb. v. Jos. Pohl. (217 S.) kl. 8. Leipzig 911. G. Freytag. — Wien, F. Tempsky. Geb. 1. 50

— die Atomistik des Willens. Beiträge zur Kritik der modernen Erkenntniß. 2 Bde. gr. 8. (XIX, 297 u. V, 270 S.) Hamburg 891. Verlagsanstalt u. Druckerei, A.-G. n. 12. —; geb. n. 16. —

— Blätter im Winde. Neuere Gedichte. 1. und 2. Aufl. 8. (XI, 324 S.) Hamburg 887,88, [J. F. Richter.] Verlagsanstalt und Druckerei, A.-G. * geb. mit Goldschn. *

— Blätter im Winde. Neuere Gedichte. 1. u. 2. Aufl. 8. (XI, 324 S.) Ebd. 887. 889. n. 5. —; geb. m. Goldschn. n. 6. 50

— das Blumenjahr in Bild und Lied. Eine Blütenlese neuerer deutscher Lyrik. 8. (X, 247 S. mit 12 Chromolithogr. und 12 Photogr.) Frankfurt a. d. O. 882, Waldmann's Verlag. geb. mit Goldschn. *
— dass. — 2. durchgeseh. Aufl. gr. 8. (XII, 248 S. mit 12 Chromolithogr. und 12 Lichtdr.-Portr.) Ebendas. 882. geb. mit Goldschn. *
— dass. — Pracht-Ausg. Mit 12 Aquarellen von Johanna Brehmer. Imp.-4. (X, 192 S.) Ebendas. 882. geb. mit Goldschn. *

— dass. — Pracht-Ausg. 2. Aufl. 4. (X, 192 S. mit 12 Aquarellen von Johanna Brehmer.) Ebendas. 885. geb. mit Goldschn. *

— das Blumenjahr in Bild und Lied. Eine Blütenlese neuerer deutscher Lyrik. 4. durchges. Aufl. gr. 8. (VII, VIII, 247 S. mit 12 Chromolithogr. und 12 Dichter-Portr.) [Frankfurt a. O. 887, Waldmann's Verlag.] Leipzig, Baldamus. geb. mit Goldschn. *

— das Blumenjahr in Bild u. Lied. Eine Blütenlese neuerer deutscher Lyrik. Mit 12 Aquarellen v. Johanna Brehmer. 5. u. 6. Aufl. gr. 8. (XV, 247 S. m. 12 Lichtdruck-Portr.) Leipzig 888. Baldamus. geb. m. Goldschn. n. 9. —

— dasselbe. Pracht-Ausg. gr. 4. (X, 192 S.) Ebd. 888. geb. m. Goldschn. n. 30. —

— ungedruckte Briefe, s. a. National-Bibliothek, allgem.

Hamerling, Robert. Ungedruckte Briefe. Wien [1897-1901]. H: *Böck-Gnadenau, Jos.* (Berl)

HAMERLING, Robert
(F) Ungedruckte Briefe. Von Robert Hamerling. 3. Theil. [Allgemeine National-Bibliothek. 252—259.] Wien. [1900.] Daberkow. 8°. 284 S. K 1.60

HAMERLING, Robert
(F) Ungedruckte Briefe von Robert Hamerling. 1. Theil. Wien. [1901.] Daberkow. 8°. 448 S. mit 1 Tafel. Geb. K 6.—

— Danton und Robespierre. Tragödie in 5 Aufzügen. 1.—3. Aufl. gr. 8. (X, 179 S.) Hamburg 871—75, Richter. * geb. *

— Danton u. Robespierre. Tragödie in 5 Aufzügen. 3. Aufl. gr. 8. (X, 179 S.) Ebend. 873. n. 3. —

Hamerling, Rob., Danton u. Robespierre. Tragödie in 5 Aufzügen. 4., neu durchgeseh. Aufl. 8. (X, 179 S.) Hamburg 877. J. F. Richter. n. 3. —

— gesammelte kleinere Dichtungen. — Venus im Exil. — Ein Schwanenlied der Romantik. — Germanenzug. — Verb. Gesammtausg. 1. Aufl. 1871, und 2. Aufl. 8. (192 S.) Hamburg 873, Richter. *ℳ 3.; geb. *

— gesammelte kleinere Dichtungen. [Venus im Exil. — Ein Schwanenlied der Romantik. — Germanenzug.] Verb. Gesammtausg. 3. Aufl. 8. (191 S.) Ebend. 877. n. 3. —

Hamerling, Rob. Gesammelte kleinere Dichtungen. [Venus im Exil. — Ein Schwanenlied der Romantik. — Germanenzug.] Verb. Gesamtausg. 4. Aufl. 8. (192 S.) Hamb. 890, Verlagsanstalt u. Druckerei, A.-G. * 3 —; geb. * 4 —

Hamerling, Robert, seine Dichtungen und deren Beurtheilung. Ein Beitrag zur Literaturgeschichte der Gegenwart. gr. 8. (55 S.) Berlin 869, Internationale Buchh. [Hamburg, Richter.] (50 Pf.)

— Albert Guzmann's, k. k. Lieutenants, Erinnerungen aus dem italienischen Feldzuge des Jahres 1859. Mit lyrischem Anhang. Aus dem Nachlasse des Verstorbenen herKg. Wien 864. [Brünn, Karafiat.] 8. (XVI, 276 S., u. Anh. 44 S.) n. 1 ⁄ 10 ngr.

Hamerling, Robert, Albert Guzmann's, k. k. Lieutenants, Erinnerungen aus dem italienischen Feldzuge des Jahres 1859. Mit lyrischem Anhang. Aus dem Nachlasse des Verstorbenen herausgegeben. 8. (XVI. 276 S. Anhang 44 S.) Wien, Schönewerk. 1864. 2 fl.

— Gesammelte Erzählungen. Studien u. Skizzen. Mit dem Bildniß d. Dichters in Radierg. (Neue [Titel-] Ausg. v. „Prosa“.) 3 Tle. in 2 Bdn. (XII, 452; III, 227 u. III, 214 S.) 8. Leipzig [891] (907). Hesse & Becker Verl. Geb. in Leinw. à 4. —

— Eutychia od. Die Wege zur Glückseligkeit, s. a. Bücherei, allgem. N. F. Nr. 1.

HAMERLING, Robert

(F) Eutychia oder die Wege zur Glückseligkeit. Lyrisch-didaktisches Gedicht von Robert Hamerling. Nach der Widmungs-Handschrift neu herausgegeben und eingeleitet von Dr. Max Vancsa. [Allgemeine Bücherei. Neue Folge I.] Stuttgart und Wien. [1900.] Roth. 8°. 48 S. K —.24

Hamerling, Rob, hesperische Früchte. Verse u. Prosa aus dem modernen Italien. Deutsch v. R. H. 8. (X, 185 S.) Teschen 884. Prochaska. n. 3. —; Einbd. n.n. — 50

Hamerling, Rob., Germanenzug. Canzone. Wien 864. Gerold. 8. (21 S.) n. 8 ngr.

—— Germanenzug. Canzone. 4. Aufl. 16. (22 S.) Hamburg 873, Richter. *ℳ 1,50.; geb. *

— Germanenzug. Canzone. 5. Aufl. 16. (27 S.) Ebd. 890. n. 1. —; geb. n. 2. —

Programm des k. k. akademischen Gymnasiums in Grätz. Veröffentlicht am Schlusse des Studienjahres 1854 durch Alex. Kaltenbrunner. 4. (36 S.) Grätz. Aus der C. Tanzer'schen Buchdruckerei. 1854.

Inhalt: Ueber die Grundideen der griechischen Tragödie, von Robert Hamerling. — Schulnachrichten.

— letzte Grüße aus Stiftinghaus. Lyrischer Nachlaß. Hrsg. v. Osk. Linke. 8. (XV, 264 S.) Hamburg 894. Verlagsanstalt u. Druckerei. n. 4. —; geb. in Leinw. m. Goldschn. n. 5. —

— Letzte Grüße aus Stiftingshaus. Lyrischer Nachlaß. Hrsg. v. Osk. Linke. (Neue [Titel-]Ausg.) (XV, 264 S.) 8. Leipzig [894] (907). Hesse & Becker Verl. 2.50; geb. in Leinw. m. Goldschn. 3. —

—— Homunculus. Modernes Epos in zehn Gesängen. 1.—5. Aufl. 8. (III, 320 S.) Hamburg 888, [J. F. Richter.] Verlagsanstalt und Druckerei, A.-G. * geb. *

— Homunkulus. Modernes Epos in 10 Gesängen. 8. Aufl. (263 S.) 8. Ebd. (907.) 2.50; geb. in Leinw. 3. —

—— der König von Sion. Epische Dichtung in zehn Gesängen. 1.—6. durchgehends neu verb. Aufl. gr. 8. (309 S.) Hamburg 869—74, Richter. *ℳ 3.; geb. *

— der König v. Sion. Epische Dichtg. in zehn Gesängen. 7., neuerdings sehr verb. Aufl. gr. 8. (III, 277 S.) Ebend. 876. n. 3. —

— der König von Sion. Epische Dichtung in 10 Gesängen. 8. neuverb. Aufl. (319 S.) Ebend. 879. n. 3. —

—— Der König v. Sion. Epische Dichtg. in 10 Gesängen. 9. neu verb. Aufl. 8. (336 S.) Ebd. 889. * 4 —; geb. m. G. * 5 —
—— dass. — Illustr. v. Adlb. v. Roeßler u. Herm. Dietrichs. In 30 Lfgn. Fol. (VII, 356 S.) Ebd. 890,91. à Lfg. * 2 —; * 60 — geb. * 75 —

— der König v. Sion. Epische Dichtg. in 10 Gesängen. 16. Aufl. (289 S.) gr. 8. Ebd. (903). Geb. in Leinw. n. 4. 50

— Der König v. Sion. Epische Dichtg. in 10 Gesängen. 17. Aufl. (V, 288 S.) 8. Ebd. (910.) Geb. in Leinw. 2. —

— Lehrjahre der Liebe. Tagebuchblätter u. Briefe. 3. Aufl. (III, 288 S. m. 1 eingedr. Fksm.) 8. Ebd. 890. 5. —; geb. in Leinw. m. Goldschn. n. 6. —
Auch die übrigen Hamerling'schen Schriften aus dem Verlage d. ehemal. Verlagsanstalt u. Druckerei in Hamburg sind in M. Hesse's Verl. übergegangen.

— Lehrjahre der Liebe. Tagebuchblätter u. Briefe. (Neue [Titel-]Ausg.) (III, 288 S.) 8. Ebd. [900] (907.) 2.50; geb. in Leinw. m. Goldschn. 3. —

—— Lord Lucifer. Lustspiel in 5 Aufzügen. 8. (VII, 140 S.) Hamburg 880, J. F. Richter. *

Hamerling: Proben aus einer Uebersetzung von Dschami's Beharistan..Aus dem Persischen. 4 S.–Triest, Progr. 1856

— Prosa. Skizzen, Gedenkblätter u. Studien. Mit dem Portr. d. Verf. in Radirg. 2 Bde. gr. 8. (XII, 452 S.) Hamburg 884. J. F. Richter. n. 10. —

—— Prosa. Skizzen, Gedenkblätter u. Studien. Neue Folge. 2 Bde. (III, 227; III, 214 S.) Ebd. 891. * 10 —; geb. in Leinw. * 12 —
1. Reihe. 2 Bde. Ebd. 1884. * 10 —.

— Prosastücke, s. a. National-Bibliothek. allgemeine.

(F) Hamerling, R., Prosastücke. [Allg. National-Bibliothek. Nr. 399—400.] 8°. (93 S.) Wien: Daberkow 1908. K —.40

— Ralph u. Blanka u. andere Erzählungen, s.: Hesse's, Max, Volksbücherei.

Hamerling, Robert

s. Rosegger, P.K.: Persönliche Erinnerungen an Robert Hamerling. 1891.

Hamerling, Rob., ein Sangesgruss vom Strande der Adria. 16. (IV und 59 S.) Triest 857, Schimpff. *

— s.: Scheichl, F.

—— ein Schwanenlied der Romantik. Mit einem Anhange von Hymnen. 8. (IV und 96 S.) Prag (861)62, Kober. *

Hamerling, Rob., Schwanenlied der Romantik. 4. Aufl. 16. (91 S.) Hamburg 873, Richter. *M. 1,50.; geb. *

— ein Schwanenlied der Romantik. 5. Aufl. 12. (99 S.) Ebd. 889. n. 1. 50; geb. n. 2. 50

—— Sinnen und Minnen. Ein Liederbuch. 16. (X und 244 S.) Prag 860, [Kober.] geb. *

—— Sinnen und Minnen. Ein Jugendleben in Liedern. 2., um die Hälfte verm. Aufl. 16. (III und 368 S.) Hamburg 868, J. F. Richter. *
geb. mit Goldschn. *

—— Sinnen und Minnen. Ein Jugendleben in Liedern. 3.—5. neu verb. Aufl. gr. 8. (VI, 352 S.) Hamburg 870,78,75, Richter. *M. 3.; geb. *

— Sinnen u. Minnen. Ein Jugendleben in Liedern. 6., verb. Aufl. 8. (VI, 352 S.) Ebend. 877. n. 3. —

— Sinnen u. Minnen. Ein Jugendleben in Liedern. 7. verb. Aufl. 8. (XIII, 352 S.) Ebend. 886. n. 5.—

— Sinnen u. Minnen. Ein Jugendleben in Liedern. 8. Aufl. (205 S.) 8. Leipzig (909). Hesse & Becker Verl. 2.50; geb. in Leinw. 3. —

— Stationen meiner Lebenspilgerschaft. 1. u. 2. Aufl. 8. (VII. 447 S.) Ebd. 889. n. 6. —; geb. n. 8. —

— Sylvanus, s.: Ciampoli, Domenico.

—— Teut. Ein Scherzspiel in 2 Akten. 1. und 2. Aufl. 8. (VIII, 112 S.) Hamburg 872, Richter. *M. 2.; geb. *

— Teut. Ein Scherzspiel in 2 Akten. 3., neu durchges. Aufl. 8. (VIII, 112 S.) Ebend. 877. n. 2. —

—— die sieben Todsünden, s.a.Breitkopf und Härtel's Text-Bibliothek Nr. 139.

—— die sieben Todsünden. Ein Gedicht. 2. und 3. Aufl. gr. 8. (VII, 131 S.) Hamburg 873, Richter. *M. 3.; geb. *

—— die sieben Todsünden. Ein Gedicht. 4. und 5. neu durchgeseh. Aufl. 8. (VII, 131 S.) Ebendas. 876,77. *

— die sieben Todsünden. Ein Gedicht. 6., neu durchgeseh. Aufl. 8. (VII, 147 S.) Ebd. 887. n. 3. —; geb. n. 4. —

—— Venus im Exil. Ein Gedicht in 5 Gesängen. Mit lyrischem Anhang. 16. (VII und 142 S.) Prag 858, [Kober.] *

—— Venus im Exil. Ein Gedicht in 5 Gesängen. 4. Aufl. 16. (95 S.) Hamburg 873, Richter. *M. 1,50.; geb. *

— Venus im Exil. Ein Gedicht in 5 Gesängen. 5. Aufl. 12. (94 S.) Ebd. 889. n. 1. 50; geb. n. 2. 50

Hamerling, Robert
Die Waldsängerin. Erzählung. Berlin 1881.
In: Roman-Zeitung, Deutsche. Bd 1.

— die Waldsängerin. Novelle. 12. (90 S.) Berlin (1880) 881. Janke. n. 1. 20; geb. m. Goldschn. n. 2. 40

—— die Waldsängerin. Novelle. 1.—3. Aufl. 12. (90 S.) Berlin 882, Janke. *

—— Die Waldsängerin. Novelle. 4. Aufl. 16. (62 S.) Ebd. 890. * 1 50; geb. * 2 50
Vgl. Allram, Jos. — Kleinert, Karl Erasm. — Polzer, Aurelius. — Rosegger, P. K. — Schelchl, F.

— was man sich in Venedig erzählt. Nach italien. Quellen. 8. (96 S.) Ebd. 894. n. 2. —; geb. in Leinw. n. 3. —

Hamerling's, Rob., Werke. Volksausg. in 4 Bdn. Ausgewählt u. hrsg. v. Mich. Maria Rabenlechner. Mit e. Geleitwort v. Pet. Rosegger. 8. (XVI, 658, 664, 481 u. 822 S.m.Bildn.) Hamburg (900). Verlagsanst. u. Druckerei. Geb. in Leinw. à n. 5. —; auch in 35 Lfgn. à n. — 50

Hamerling's, Rob., Werke. Volksausg. in 4 Bdn. Ausgewählt u. hrsg. v. Mich. Maria Rabenlechner. Mit e. Geleitwort v. Pet. Rosegger. 2. Aufl. 8. (XII, 658, 664, 562 u. 818 S. m. Bildnis.) Ebd. (901). Geb. in Leinw. n. 20. —

Hamerling's, Rob., Werke in 4 Bdn. Ausgewählt u. hrsg. v. Mich. Maria Rabenlechner. Mit e. Geleitwort v. Pet. Rosegger. 3. [Titel-] Aufl. (XIV, 658, 664, 562 u. 818 S. m. Bildnis.) 8. Leipzig [901] (907). Hesse & Becker Verl. Geb. in Leinw. 20. —

Hamerling: Ein Wort über die Neuplatoniker, mit Uebersetzungsproben aus Plotin. 24 S.–Triest, Progr. 1858

Hamerling's, Robert, Lebensbild, s.: Polzer, A.

Hamernik, Josef

Hamernik, Jos., die Cholera epidemica. Mit besond. Berücksicht. der allgemeinen patholog. und allgemeinen therapeut. Beziehungen bearb. (Cholera-Rapport an das hohe Ministerium des Innern und des öffentl. Unterrichtes.) Lex.-8. (VIII und 360 S.) Prag 850, Calve'sche Vrlgsh.

Hamernik, Jos., Contagium, Epidemie u. Vaccination. Prag 867. Dominicus. gr. 8. (37 S.) n. 8 ngr.

Hamernik, Jos., zur Geschichte u. Bedeutung der Pocken u. der sogenannten Kuhpocken-Impfg. [Aus der „Politik".] 8. (35 S.) Prag 872. Skrejšovsky. — 30

—— die Grundzüge der Physiologie und Pathologie des Herzbeutels. Als Anh. zu meinem Werke: Das Herz und seine Bewegung. gr. 8. (VII und 167 S.) Prag 864, Dominicus.

Hamernik, Prof. Dr. Josef — Ein Gutachten über die Vaccination. Von — —. (Aus der Wiener medizinischen Wochenschrift 1856 besonders abgedruckt.) Gedr. bei A. Pichlers Witwe & Sohn. (15 S. 8.)

Hamernik, Jos., das Herz und seine Bewegung. Beiträge zur Anatomie, Physiologie und Pathologie des Herzens, des Herzbeutels und des Brustfelles. gr. 8. (XXV und 240 S.) Prag 858, Dominicus. *

—— physiologisch-pathologische Untersuchungen über die Erscheinungen an den Arterien und Venen und die quantitativen Verhältnisse des Blutes im Verlaufe verschied. Krankheiten. gr. 8. (XIV und 314 S.) Prag 847, Ehrlich.

Hamernik, Jos., üb. die sogenannte Vaccination u. Variola. [Aus: „Politik".] gr. 8. (30 S.) Prag 884. (Dominicus.) n. — 60

Hamers, Max, a. Crefeld: Verhalten der Halogenverbindungen des Quecksilbers in reinem und in bei 18° mit Wasser gesättigtem Äthylacetat. Gießen 1906: Heppeler u. Meyer. (46 S.) 8°
Gießen, Phil. Fak., Ref. Naumann, Diss. v. 7. Juli 1906
[Geb. 24. Aug. 78 Crefeld; Wohnort: Crefeld; Staatsangeh.: Preußen; Vorbildung: Realgymn. Crefeld Reife O. 97; Studium: Bonn 4, Zürich Polytechn. 1, Gießen 9 S.; Rig. 6. März 06.]

Hamers, Willy: Der Braunkohlenbergbau in der Kölner Bucht. Eine volkswirtschaftl. Untersuchung s. Geschichte, gegenwärt. Lage u. Bedeutung. Stuttgart: Enke 1910. X, 135 S. 8°
¶(Auch als: Tübinger staatswiss. Abhandlungen. H. 9.)
Tübingen, Staatswiss. Diss. v. 10. Nov. 1910, Ref. Fuchs
(Nur in beschränkter Anzahl für den Austausch)
[Geb. 2. Nov. 84 Uerdingen; Staatsangeh.: Preußen; Vorbildung: Oberrealsch. Krefeld Reife M. 03; Studium: Kiel 3, München 2, Tübingen 4 S.; Rig. 3. März 10.] [U 11. 4421

Hamers, Willy, der Braunkohlenbergbau in der Kölner Bucht, s. a. Abhandlungen, Tübinger staatswissenschaftliche.

Der Braunkohlenbergbau in der Kölner Bucht. Eine volkswirtschaftl. Untersuchung s. Geschichte, gegenwärt. Lage u. Bedeutung von Dr. Willy **Hamers**. Stuttgart: Enke 1910. X, 135 S. 8°
(Tübinger Staatswissenschaftl. Abhandlungen. H. 9.) [10. 13610

Hamerschlag Adolf: Die Junker von Prag.
1878 PN 107 Diss. Wien, Univ. 1840

Hamersleben [Schlagwort]

Hamersleben, s.: Preussen, Messtischblätter.

Hamerski: Wie gelangte Rom durch die siegreichen Kämpfe gegen Karthago zur Weltherrschaft? 12 S. – Neu-Sandec, Progr. 1856.

Hamerton, Ph. G., French and English, s.: Collection of British authors.

Hamester, Adf., Führer durch das Nordseebad Helgoland. (63 S. m. 5 Taf. u. 1 Plan.) 8. Cuxhaven 907. A. Rauschenplat. — 50

Hameth d'Iny, Armide. Mémoires de deux victimes de l'erreur et de la politique du règne de Louis XVIII. et de son successeur. 2 Vol. 8. (44¾ B.) Basle 843, Schabelitz. Thlr. *

Hameth d'Iny, (Comtesse,) Armide. Mémoires de deux victimes de l'erreur et de la politique du règne de Louis XVIII et de son successeur. 2 Vols. gr. 8. (VII und 704 S.) Basle 848, Schabelitz.

Hamfeldt, H. H., der Schulmann Herr M. Sierck und die Emancipation der Schule von der Kirche. gr. 8. (42 S.) Kiel 849, Schröder und Comp. *.

Hamid, Meinungen üb. d. Marokkanisch. Briefe. 8. Presb. Mahler. 785.

Hamidt('s) Meynungen über die Marokkanischen Briefe. An seinen Freund Sidi. Leipzig 1785. 8°. (Auch in Marburg, Univ.-Bibl.)
Weller's Lex. Ps. hat „Hamid" und „1787" (?).

Hämig, Gottfried, med. pract. aus Uster [Kt. Zürich]: '(Aus dem Privatlaboratorium des Privatdocenten Herrn Dr. Hanau in Zürich.)'. Anatomische Untersuchungen über Morbus Basedowii. Mit einer Tafel. (S.A. aus: Archiv für klinische Chirurgie, Bd 55 [S. 1–68]). Berl. L. Schumacher Dr. 1897. 1 Bl., 68 S., Tafel I. 8°.
Zürich, Med. Diss. [v. 19. Aug. 1897].

Hamilton, Alexander, s. Harrower, George Hatfield.

HAMILTON: Jurist. Entscheid. der Frage: Ob einer einem andern wegen Furcht vor Gespenstern die Hausmiethe wieder aufsagen könne? Nach d. Latein. Text in's Teutsche übers. v. Chr. THOMASIUS. *Halle.* 711. 4.

Hamilton, Recueil de Gravures, voyez Recueil.

Hamilton, Säße a. d. Physik u. med. Electricität. Erf. 8°. 1792

von Hamilton. Schreiben .... über das Erdbeben in Calabrien und Sicilien. Aus dem Französischen übersetzt. Strasburg 1784. 4°.

v. **Hamilton**. Veni, vidi, Deus vicit, sagt mit Carolo V. der Kriegs-Held Eugenius von Savoyen bey dem Entsatz von Turin. 4. s. l. & a.

Hamilton, Alexander

— Abhandl. über d. Hebammenkunst; aus d. Engl. von J. D. P. C. Ebeling. gr. 8. Leipz. 782. Weidmann. 14 gr.

Hamilton, Alexander: Briefe an Dr. William Osborn...gewisse, in seinen Versuchen über die praktische Entbindungskunst geäußerte Grundsätze betreffend. (Letters to Dr. William Osborn...on certain doctrines contained in his essays on the practice of midwifery. Dt.) (Übers. von Christian Friedrich Michaelis.) 86 S. (S. 319 - 404), gbd.
(Leipzig: Siegert 1794)
in: Osborn, William: Versuche über die Geburtshülfe in natürlichen und schweren Geburten. (Essays on the practice of midwifery... Dt.) Übers. von Ch. F. Michaelis. 1794
JB 3.932

— über d. Pflichten e. Feld- u. Wundarztes. Aus d. Engl. frei übers. v. J. Hunczovsky. gr. 8. Wien 790. Schaumburg u. C. 1 rthl 4 gr.

Hamilton, Alex., Unterr. in Behandl. d. Frauenzimmer- u. neugebornen Kinder-Krankheiten; aus d. Engl. gr. 8. Leipz. 793. Hertel. 1 rthl

Hamilton, Andrew, Rheinsberg, Friedrich der Grosse u. Prinz Heinrich v. Preussen. Mit Bewilligung des Verfassers aus dem Englischen übersetzt von Rud. Dielitz. (In 2 Bdn.) 1. Bd. 8. (XIV, 325 S.) Berlin 882. v. Decker. 6. —; geb. n. 7. —

Hamilton, Andrew, Rheinsberg, Friedrich der Grosse u. Prinz Heinrich v. Preussen. Mit Bewilligg. des Verf. aus dem Engl. übers. v. Rud. Dielitz. [In 2 Bdn.] 2. Bd. gr. 8. (X, 330 S.) Berlin 883. v. Decker. n. 6. —; geb. n. 7. — (1. u. 2.: n. 12. —; geb. n. 17. —)

Hamilton, Angus, Korea. Das Land des Morgenrots. Nach seinen Reisen geschildert. Autoris. Uebersetzg. aus dem Engl. Mit 114 Abbildgn. nach photograph. Aufnahmen sowie e. Karte des Kriegsschauplatzes in Ostasien. (XXXI, 296 S.) gr. 8. Leipzig 904. O. Spamer. n. 7. —; geb. in Leinw. n. 8. 50

HAMILTON, Comte Antoine (1646—1720). — Die vergnügten Abwechselungen der Geschäfte auf dem Lande, oder Begebenheiten des Grafen von Grammont, aus dem Französischen des Grafen *Anton Hamilton* übersetzt. Stockholm u. Leipzig 1745. 8°.
Probe daraus in: Lindwurm, Arnold, Ueber die Geschlechtsliebe in social-ethischer Beziehung. Leipzig 1879. S. 166—167.

GRAMMONT, Philibert Comte de (né en 1621, † à Londres en 1707, à l'âge de 86 ans). — Begebenheiten, Anmuthige, des Grafen von Grammont, oder die vergnügten Abwechselungen der Geschäfte auf dem Lande. (Aus d. Französ. des *Antoine* Comte *de Hamilton*, beau-frère de Grammont, né en Irlande vers 1646, † 1720 à St. Germain en Laye près Paris.) Stockholm, b. Gottfried Kiesewetter, 1745. 8⁰. 1 Alphab. 2 Bogen. (1 fl. 36 xr. Scheible; jetzt theurer!) Rar!
O. M. V. 1745. D 4b; Cat. Meissner.

— — Andre Uebers., tit.: Denkwürdigkeiten des Grafen von Grammont. Uebersetzt von Fr. Jacobs. 2 Bde. Mit 1 Kupferstich. Zürich 1806—7. 8⁰. (48 xr. Beck, Nördlingen, vor 1880.)

Hamilton, Anthony. Denkwürdigkeiten aus dem Leben des Grafen v. Grammont. A. d. Französ. 8. Leipzig 1853. — 16. ib. 1853.

— — Feenmährchen des Grafen *Hamilton*. (Auch titulo: Die blaue Bibliothek aller Nationen. [Hrsg. von Friedr. Julius Bertuch.] Bd. 2.) Gotha 1790. 8⁰.

Hamilton, Graf Antoine, Feenmährchen. 8. Weimar 790 Industr.-Compt. 8 ℛ

— — Schöne und anmuthige Historia von der Prinzessin Flördepina, wie sie in dem scheußlichen Gewahrsam 'ner grimmigen Unholdinn gesessen und endlichen durch List eines mannhaften Ritters Papperlapap genannt, daraus befreit worden, als 'ne Beylage zu tausend und einer Nacht, gestellt durch'n Grafen *Anton Hamilton*; nunmehr aber ins Deutsche gedollmetscht durch Görg Bider (d. i. Wilh. Christhelf Sigm. Mylius, nicht Zachariae), dermalen Boten zu Lauchstädt. O. O. 1776. 8⁰.
Almanach d. deutsch. Musen. 1777. S. 99 ff.

— — Der englische Hof unter Karl II, von *Ant.* Grafen *Hamilton*. In deutscher Uebertragung, Leipzig 1843. 8⁰. (1 Mk. 20 Pfg., Hfrz., Geiger & Jedele, Stuttg., 1896.)

— — Drei hüpsche kurzweilige Mährlein. Gestellt u. beschrieben durch'n Grafen *Anton Hamilton*. Nunmehr (aus d. Französ.) in's Teutsche gedolmetscht durch Görg Bider, erbern Schustergesellen (d. i. Mylius). Begreifend: Historiam der Flördepina. — Historiam der vier Fakkardine. — Historiam 'nes Widders. Hintendran ein Vokabularius. Im Jahre nach unsers HERRN Gepurt. 1777. O. O. (Halle, Hendel.) 8⁰. 582 S. und „An Madam Z**" 1 Bl. (In Breslau, Kgl. u. Univ.-Bibl.) (4 Mk. Scheible, vor 1890; 5 Mk. B. Seligsberg, Bayreuth, 1906; 12 Mk., hübsches Expl., Max Jaeckel, Potsdam, 1910.)
Bearbeitung von: Histoire de fleur d'epine, conte. Par M. le Cte *Antoine Hamilton*. Paris, J.-Fr. Josse, 1730. 12⁰. (In Wolfenb.) Les quatre facardins, conte. — Ibid. 12⁰. (In Wolfenb.) Rep. La Haye, J. Neaulme, 1737. 12⁰. 92 pp. — Les quatre facardins, conte. Paris, J.-Fr. Josse, 1730. 12⁰. (In Wolfenb.) Nouv. éd. La Haye, J. Neaulme, 1737. 12⁰. 114 pp. — Le Bélier, conte; nouv. éd. Ib. eod. a. 122 pp. (Th. 2 der „Oeuvres".) 12⁰. (In München.) u. ö.
In Wolfenbüttel 2 Gesammtausgaben: Oeuvres du comte (Antoine) d'Hamilton, ... 5 tomes. Utrecht, Et. Neaulme, 1731. 12⁰. — Oeuvres .... Par le C. Antoine Hamilton S. l. (Paris) 1777. 8⁰. VII. (P. I. II. Mémoires ducte de Grammont. P. III. Le belier, conte. P. IV. Histoire de fleur d'epine, conte. P. V. Les quatre facardins, conte. P. VI. Oeuvres mêlées en prose et en vers. P. VII. Oeuvres diverses.) (Vgl. Cat. Milchsack.)

HAMILTON, Anthony Graf (geb. 1646 in Irland, † im August 1720 zu Saint-Germain-en Laye), Memoiren des Grafen von Grammont, aus Hamiltons Brieftasche. Aus d. Französ. (übers. von Joh. Carl Hess). Leipzig 1780.
Anon.-Lex. III. p. 129 (nach Meusel). Kayser hat: „Aus d. Engl. übers. von Heinr. Aug. Ottocar Reichard."

— — Dasselbe, titulo: Memoiren des Grafen Grammont. Der englische Hof unter Karl dem Zweiten, geschildert von —. In deutscher Uebertragung nebst geschichtlichen Erläuterungen nach englischen Quellen (von A. Heller). Leipzig, Hermann Costenoble. 1853. Gr. 8⁰. (In Dresden: Hist. Brit. B. 1096 p.)
XVI—330 S. (incl. S. 267 Anhang: Geschichtliche Erläuterungen nach englischen Quellen). Deutsche Lettern. Schöne Ausgabe.

Hamilton, Anthony, Memoiren des Grafen Grammont. Der englische Hof unter Karl dem Zweiten. In deutscher Uebertragung nebst geschichtl. Erläuterungen nach engl. Quellen. A. u. d. T.: Supplement zu Thom. Babington Macaulay's Geschichte von England. gr. 8. (XVI und 331 S.) Leipzig 853, Costenoble. *

—— dass. — (Taschenausg.) gr. 16. (XVI und 351 S.) Ebds. 853. *

Hamilton, Anthony. Mémoires de la vie du comte (Philibert) de Grammont. 12. Rotterdam 1711. — 12. Cologne 1713. — 12. ib. 1715. — 8. Rotterdam 1716. — 12. Lahaye 1731. — 12. ib. 1741. — Avec des notes de Hor. Walpole. 4. Strawsbury-Hill 1763. — 4. ib. 1772. — 2 v. 18. Londres (Paris) 1781. — 4. Londres 1783. — 3 v. 18. Paris 1783. — 4. Londres, s. a. (1792.) — 4. ib. 1812. — 2 v. 8. ib. 1812. — 2 v. 18. Paris 1812. — Éd. par L. S. Anger. 3 v. 16. Paris 1813. — 2 v. 12. ib. 1815. — 2 v. 18. ib. 1819. — 2 v. 12. ib. 1820. — 2 v. 32. ib. 1823. — 8 ib. 1825. — 8. ib. 1828. — Avec des notes par A. Lesourd. 2 v. 32. ib. 1826. — Publ. par de Lescure. ib. 1876.

— — Naide, ein Mährchen. Aus d. Französ. des Grafen *von Hamilton*. Hamburg 1749. 8⁰. Rar!

Hamilton, Ant. Comte, oeuvres. VII Vols. 8. Berl. 777. Rottmann. 6 ß 12 ℛ

— die Familie v. Popoli; aus d. Engl. 4 Thle. 12. Wien 816. Kaulfuß. 1 ß 16 ℛ

Hamilton; die Familie Popoli 2c. ist Verlag von Schaumburg in Wien.

Hamilton, Graf Ant., auserlesene Schriften; aus d. Engl. übers. v. Fr. Jacobs. 1r, 2r Thl., mit Titelkpf. 8. Zürich 806. Geßner. 2 ß 12 ℛ

— auserles. Schriften. 2 Thle. Enth. Denkwürdigkt. des Grafen v. Grammont. (Aus d. Französ. übers. v. Fr. Jacobs 12. Zürich 806. Geßner. 2 ß 14 ℛ

Hamilton, August, Eine während der Brennperiode 1870—71 dringend nöthige Auskunft über I. die 12stündige Gährung. — II. Die Anwendung des Grünmalzes überhaupt und bei der Schnell-Gährung und Hefe insbesondere. — III. Das Wichtigste bei Anwendung des Sacharometers. — IV. Was hat man hauptsächlich zu beobachten, um bei Anwendung von schwefliger Säure die grösstmöglichste Spiritus-Ausbeute von möglichst bester Qualität zu erziehen? — V. Nutzen, den continuirliche und andere Hamilton'sche Brenn-Methoden gewähren und unter welchen Bedingungen man solche einführt. 4. (8 S.) Wien, Faesy & Frick. 1870. 1 fl.

Hamilton, Aug., wichtige Auszüge u. unentbehrliche Nachträge aus u. zu meinen sämmtlichen Schriften über Branntweinbrennerei. gr. 8. (IV, 64 S.) Leipzig 881. Thiel. 3. —

Hamilton, Aug., erste vollständige Belehrung über das Wesen des Gährungsmittels oder über noch nicht verbreitete Methoden der Hefenbereitung, sowohl bei langer, wie bei kurzer Gährdauer mit sogleich eintretender und dauernd kräft. Wirkung. 4. gänzl. umgearb. Aufl. 8. (IV, 40 S.) Leipzig 875, (Kirchner.)

Hamilton, Aug., erste vollständige Belehrung üb. das Wesen d. Gährungsmittels od. üb. noch nicht verbreitete Methoden der Hefenbereitg., sowohl bei langer, wie bei kurzer Gährdauer m. sogleich eintret. u. dauernd kräft. Wirkg. 4., gänzl. umgearb. Aufl. 2. Ausg. 8. (IV, 40 S.) Leipzig 876. (Kirchner.) n. 5. —

— erste vollständige Belehrung über das Wesen des Gährungsmittels oder über viele noch nicht verbreitete Methoden der Hefenbereitung, sowohl bei langer wie bei kurzer Gährdauer mit sogleich eintretender u. dauernd kräftiger Wirkung. 5., umgearb. u. verm. Aufl. gr. 8. (48 S.) Leipzig 878. (Kirchner.) n. 5. —; Sep.-Abdr. d. 3. Bog. (16 S.) n. 3. —

—— erste vollständige Belehrung über das Wesen continuirlicher Schnell-Gährungsmethoden, und über des Verf. eigenthüml. Verfahren, ganz ohne Angährungsgefäße, bei einer Malzersparniß von mehr denn 50 Procent bei gleicher Gährdauer, eine um ¾ bis 1½ Grad bessere Verjährung zu bewirken. 3. gänzlich umgearb. Aufl. 8. (VIII, 52 S.) (Ebendas.) 878. (*ℳ 15.) *
Die 1. und 2. Aufl. waren nicht im Handel.

— erste vollständige Belehrung über das Wesen continuirlicher Schnell-Gährungsmethoden, u. über des Verfassers eigenthümliches Verfahren, ganz ohne Angährungsgefäße, bei einer Malzersparniß von mehr denn 50 Procent bei gleicher Gährdauer, eine um ¾ bis 1½ Grad bessere Vergährung zu bewirken. 3., gänzlich umgearb. Aufl. 8. (52 S.) Ebend. 879. n. 15. —

— kritische Bemerkungen über einige Ansichten der Herren Prof. Dr. Gust. Kühn-Möckern u. Dr. Delbrück-Berlin, sowie üb. die zu erwart. Resultate der Versuchsstation f. Brennerei. 1. Lfg. gr. 8. (4 S.) Ebend. 875. n. — 20

Hamilton's, Aug., Branntwein-Brennerei-Erfahrungen. Als Manuscr. gedr. gr. 8. (VIII und 139 S. mit 3 Stnt. in gr. 4. und Fol. und vielen Tabellen.) Leipzig 849, (Spamer.) **

Hamilton's, Aug., Brennerei-Erfahrungen in 4 Abschnitten. 4. bedeutend verb. u. verm. Aufl. Mit mehreren Holzschn. (im Text) u. 1 lith. Taf. (in Fol.). Leipzig 853. Reichenbach. gr. 8. (XXVIII, 319 S. u. 2 Tab. in Fol.) 2 ℳ

— Brennerei-Erfahrungen aus 35 Brennperioden die Quintessenz der Branntweinbrennerei m. besond. Berücksicht. der verschiedenen Steuer- u. Localverhältnisse in Deutschland u. Oesterreich. 5., gänzlich umgearb. u. verm. Aufl. Mit Abbildgn. (in eingedr. Holzschn.) 8. (XXVII 464 S.) Leipzig 873. Schmidt & Günther. 7. 50

— dasselbe. 5., gänzlich umgearb. u. verm. Aufl. 2. Ausg Mit vielen Abbildgn. (in eingedr. Holzschn.) gr. 8. (XXVII 464 S.) Ebend. 875. n. 4. 50

Hamilton's, Aug., neue Brennerei-Erfahrungen. Königsberg 863. — Leipzig, Kirchner. gr. 8. (68 S.) 15 ngr.

— — Nebst 2. unveränd. Ausgabe der neuen offenen Briefe u. vielen Tabellen. Ebend. 863. gr. 8. (152 S.) 1 ₰

— wichtige Brennerei-Nachrichten f. die Brennperiode 1875/76 u. krit. Bemerkgn. [2. Aufl.] .(1. Lfg.) gr. 8 (16 S.) Leipzig 875. (Kirchner.) — 50

— dasselbe. 2. u. 3. [selbstständ.] Bemerkg. gr. 8. (IV 28 S.) Ebend. 876. n. 1. —

—— offene Briefe über Branntweinbrennerei an seine Geschäftsfreunde in Deutschland überhaupt, und den k. k. österreich. Staaten insbesondere. 1. Heft. gr. 8. (III und 40 S.) Königsberg 856. (Leipzig, Kirchner.)

Hamilton's, Aug., offene Briefe über Branntweinbrennerei an seine Geschäftsfreunde in Deutschland überhaupt, und den k. k. österreich. Staaten insbesond. 2. Heft. gr. 8. (IV und 84 S.) Königsberg 857. Leipzig, (Kirchner.) Thlr.
1. Heft. (Ebendas.) 1856. 20 Ngr.

— neueste Erfahrungen bei der Schnellgährung aus der Brenncampagne 1878/79. Wichtiger Nachtrag zu des Verfassers Mscr.: „Erste vollständige Belehrung über das Wesen continuirlicher Schnellgährungs-Methoden." 8. (16 S.) Ebend. 880. 2. —

Hamilton, Aug., neue unparteiische Kritiken betr. einige in der Zeitschrift f. Spiritus-Industrie enthaltene Artikel üb. Branntweinbrennerei — zugleich prakt. Anweisgn. u. Rathschläge. gr. 8. (IV, 12 S.) Leipzig 884. (C. G. Naumann.) 5. —

— unparteiische Kritiken der in der Zeitschrift für Spiritusindustrie u. in anderen Fachschriften enth. Artikel über Branntweinbrennerei. 2., unveränd. (Titel-)Aufl. gr. 8. (IV, 56 S.) Ebend. 881. n. 3. —

—— unparteiische Kritiken der in der Zeitschrift für Spiritus-Industrie und in anderen Fachschriften enthaltenen Artikel über Branntweinbrennerei. 1. und 2. unveränd. (Titel-Aufl.) gr. 8. (IV, 56 S.) Leipzig 881,82, (C. G. Naumann.) *

—— die Maisbrennerei nach alter und neuer Methode. gr. 8. (16 S.) (Ebendas.) 878. *
Aus: Das Wichtigste der Getreidebrennerei und Preßhefenfabrikation, besonders abgedruckt.

Hamilton, Aug., nur allein nützliche, noch nicht verbreitete Methoden bei Verwendung von Grünmalz und bei Bereitung von Roggenmalz. 3. verm. und veränd. Aufl. 8. (16 S.) Leipzig 879, (Kirchner.) (*ℳ 5.) *
Die 1. und 2. Aufl. waren nicht im Handel.

Hamilton, Aug., Resultate bei Besichtigungen von Brennereien aus der Brennperiode 1861/62 nebst Empfehlung einer in deutschen und außerdeutschen Ländern fast gar nicht gekannten sehr vorzügl. Kartoffel zur Saat. gr. 4. (8 S.) Königsberg 862. (Leipzig, Kirchner.)

—— das Wichtigste der Getreidebrennerei und Preßhefenfabrikation oder einige nicht verbreitete, leicht auszuführende Methoden, durch welche viel Branntwein und viel und gute Preßhefe erzeugt wird, sowie faßl. Belehrung über das Wesen des Saccharometers. 1. Aufl. (48 S.) 1877; 2. verm. Aufl. gr. 8. (64 S.) (Ebendas.) 878. *

David Hamilton

[Teils.] Davidis Hamilton, Tractatus duplex. Prior De praxeos regulis, alter De febre miliari. Acc. Febris miliaris historiarum fasciculus. Juxta ex. Londinense. Ulm: Bartholomae 1711. 176 S. 8°

[Sondert.:] Tractatus de febre miliari.

David Hamilton

[Teils.] Davidis Hamilton, Tractatus duplex. Prior de praxeos regulis, alter De febre miliari. Acc. Febris miliaris historiarum fasciculus. Juxta ex. Londinense, Ulm: Bartholomae 1712. 176 S. 8°

[Sondert.:] Tractatus de febre miliari. 1711.

Hamilton, (E.,) die Bewohner v. Glenburnie, aus d. Engl. v. C. Arnold. 8. Berlin 827, Schüppel.

Hamilton, Elisabeth, Briefe üb. Erziehung. A. d. Engl. v. Fr. Karl Meier. 2 Thle. 8. (30 B.) Jena 832, Frommann.

Hamilton, Miß Elisabeth, die Hütten-Bewohner von Glenburnie; aus d. Engl. v. C. Arnold. 8. Berl. 827. Schüppel 1 ₰ 12 gl

Hamilton, Miß Elisab., die Hüttenbewohner von Glouburnie. Aus d. Engl. v. Karl Arnold. 8. Berl. 828. (A. Förstner.) 1½ ₰

Hamilton, F. H., Knochenbrüche u. Verrenkungen Nach der soeben erschienenen 5. Aufl. d. engl. Ori ginals unter Mitwirkg. d. Verf. ins Deutsche über tragen v. A. Rose. Mit 342 in den Text gedr. Holz schn. 1. Hälfte. gr. 8. (416 S.) Göttingen 876. Van denhoeck & Ruprecht's Verl. n. 10. –

Hamilton, F. H., Knochenbrüche u. Verrenkungen. Nach der soeben erschienenen 5. Aufl. des englischen Originals unter Mitwirkung des Verfassers ins Deutsche übertragen von A. Rose. Mit 343 in den Text gedr. Holzschn. 2. Hälfte. gr. 8. (VIII u. S. 417—823.) Göttingen 877. Vandenhoeck & Ruprecht's Verl. n. 10. — (cplt.: n. 20. —)

Hamilton, George. Cap. Edwards Reise um die Welt in den Jahren 1790—1792 . . . a. d. Engl. . . . Berlin 1794. Ü: *Meyer, Frdr. Ludwig Wilhelm.* (Ky)(MGT) (EngG)

Hamilton, G., Reise um d. Welt in d. J. 1790—92. Aus d. Engl. (v. F. L. W. Meyer). Mit Anmerkk. v. J. R. Forster. gr. 8. Berl. 794. N. A. 804. Voß. 10 gl (Vergl. Magazin d. neuen Reisebeschreibb. 11r Bd.)

Hamilton, Gotthold [aus Willkeim]: Beiträge zur Kenntniss der Structur der Hydroxylaminderivate .... Königsberg i. Pr., Ostpreussische Zeitungs- u. Verl.-Druck. (1885); 4 + 32 S. 8°.
Königsberg, Phil. Fak., Inaug.-Diss. v. 8. Dez. 1885.

Hamilton, H., Reise nach England. Eine kurze prakt. Anleitung zum mündl. Gebrauch der engl. Sprache. 8. (118 S. mit einem lithogr. Panorama der Themse und Plan von London.) Elberfeld 851. [Iserlohn,] Bädeker.

Hamilton, H., die Reise nach London. Praktische Anleitung zum mündl. Gebrauche der engl. Sprache. 2., verm. Aufl. 8. (141 S.) Iserlohn 857, Bädeker.

— Voyage à Londres, s.: Millhouse, J.

Hamilton, H. P.

— Elemente der Quaternionen. Deutsch von Paul Glan. I. und II. Band. Leipzig 1882, 84.

Hamilton, H. P., Lehre von d. Kegelschnitten in 5 Büchern, in welcher nach einer neuen, rein geometr, Methode aus den Eigenschaften d. Kegelfläche d. Eigenschaften d. Schnitte auf d. leichteste Weise begleitet werden. Uebers. v. J. J. Feldhoff. Mit Vorrede von K. D. v. Münchow. Mit 11 Steintaf. in gr. 4. Coblenz 825. Hergt. 2 ₰

Hamilton, (H.,) Lehre v. d. Kegelschnitten in 5 Büchern, in welcher nach einer neuen, rein geometr. Methode aus d. Eigenschaften d. Kegelfläche d. Eigensch. d. Schnitte auf d. leichteste Weise hergeleitet werden. Uebers. v. J. J. Feldhoff. Mit Vorrede v. C. D. v. Münchow. Mit 11 Steintaf. in gr. 4. Coblenz 825. Neue Gelehrten-Buchh.

Hamilton, H. P., System d. Kegelschnitte, analyt. dargest. A. d. Engl. v. J. H. Benckendorff. M. 4 Fig.-Taf. (gr. 4.) gr. 8. (12 B.) Berlin 828, Oehmigke.

Hamilton, Herbert Bruce

Hamilton, H. B. On the Portrayal of the Life and Character of Lord Byron in the Novel by B. Disraeli entitled "Venetia". Diss. Leipzig 1884. 66 S. Progr.

Hamilton, Herbert Bruce, on the portrayal of the life and character of Lord Byron in the novel by B. Disraeli entitled „Venetia". gr. 8. (66 S.) Leipzig 885. (Fock.) n. 1.20

Hamilton, (J.,) Bemerkk. üb. d. Nutzen u. d. Anwendung d. abführenden Mittel in verschied. Krankheiten. A. d. Engl. d. 6ten Ausg. v. J. Müller. gr. 8. Leipz. 823. Cnobloch.

Hamilton, J. C., leichteste Art der Redekunst. 8. Leipzig, Weidmann. 712.

Hamilton, J. P., Leben u. Sitten in Nordamerika. A. d. Engl. übers. v. Frz. Bauer. 2 Bde. gr. 12. (28⅔ B.) Quedlinburg 834, Basse.

—— die Menschen u. d. Sitten in d. verein. Staaten v. Nordamerika. N. d. 3. engl. Aufl. übers. v. L. Hout. 2 Bde. gr. 8. (28 B.) Mannheim 834, Hoff.

—— Reisen in d. innern Provinzen v. Columbia. A. d. Engl. (A. d. „ethnogr. Archiv" abgedr.) (2 Abthln.) gr. 8. (20½ B.) Jena 827, Bran.

—— dass., s. Bibliothek, neue, der wichtigst. Reisebeschreibungen, 47. Bd.

Hamilton, J. P.: Reisen durch die inneren Provinzen von Columbien. Nach dem Englischen. Weimar 1828. 456 S. 8°.

Hamilton, M. Jacob, Ad lectiones philosophicas . . invitat, simulque pauca quaedam de criteriis veritatis praefatur. Erfurt (Goerling) 1791. 15 S. (4.50) 12951

Hamilton, Jacob Immanuel

— — De non rescindendo contractu conductionis ob metum spectrorum. Diss. jur. Präs. Christian Thomasius. Halle (Chr. Henckel) 10. IV. 1711. 46 S. (6.50) 12955

— — Dasselbe. 1725. (6.50) **12956**

— — Dasselbe. Halle (Joh. Christian Hendel) 1732. (6.50) 12957

— — (Pommern), De deditione personarum noxiarum. Diss. jur. naturalis et civilis. Präs. Jacob Friedrich Ludovici. Halle (Chn. Henckel) Okt. 1708. 44 S. (6.50) 12953

— — Dasselbe. Halle (Joh. Christ. Grunert) 1741. 46 S. (6.50) 12954

— Jacob Immanuel, Religio, hominis et boni civis naturalis, vindicata ab objectionibus & exceptionibus Bened. Spinosae & Th. Hobbesii. Präs. M. Immanuel Proele (Stolp/Pomm.) Lpz. (Joh. Heinrich Richter) 20. I. 1703. 16 Bl. (6.50) 12952

Hamilton, James, prakt. Bemerkungen üb. verschied. geburtshilfl. Gegenstände, Ergebnisse e. 50jähr. Erfahr. Deutsch bearb. v. e. prakt. Arzte. gr. 8. (13 B.) Berlin 838, Plahnsche Buchh.

Hamilton, J., Bilder aus Eden. 8. Gotha 874. Leipzig, Lehmann. *

Hamilton, James, Bilder aus Eden. Frei nach dem Eng übersetzt. 8. (VI, 123 S.) Gotha 874. Schloeßmann. n. 1. 6

Hamilton, James, Eduard, oder die Eisenbahn des Lebens, s. Lese-Cabinet, illustrirtes.

Hamilton, James, das Leben im Ernst, s. Leben, das, im Ernst.

—— der Oelberg, s. Schatzgräber, der.

Tagebuch eines Generalstabsoffiziers während des russisch-japanischen Krieges [A staff officer's Scrap-Book during the Russo-Japanese war] von Sir Jan Hamilton. Autor. deutsche Bearb. von Paul v. Heydebreck u. Georg Schröder, Hauptm. Mit 27 Skizzen u. 16 Kt. Berlin: Siegismund 1910. 391 S. 8° [09. 16407

Hamilton, John

Hamilton, (J.,) the english Declaimer and academic Speaker and Reader. gr. 8. Hamb. 826, Hofmann et C.

— an Introduct. of the English Language. A. u. d. T.: Erstes Lese- u. Uebungsbuch f. Anfänger. 2te Aufl. gr. 8. Hamburg 824, Campe.

Hamilton, John, englisches Lesebuch. 8. Altona, Bechtold. 808.

Hamilton, John, engl. Lesebuch. 8. Hamb. 808. Campe. 12 gr 2e Aufl. unt. d. Tit.: an Introduct. of the English Language. A. u. d. T.: Hamburg. engl. Lesebuch f. Anfänger. 8. Ebd. 822. N. A. 824. 12 gr

— letter to a young english student at the university of Jena. 8. Strassb., König. 18 gr

— Modèle de lettres, voyez Modèle.

— the english Reader etc. Hamb. 809. Hauf. 14 gr

— hanseat. Taschenbuch d. engl. Literatur. Containing Anecdotes, Characters, Characteristics and Essays interspersed with Poetry. 8. Lübeck 821. Niemann. 9 gr

Hamilton, Jos., d. Barometer u. d. muthmaßl. Ursachen d. Phänomene desselben; oder Anweis., wie d. Barometer zu benutzen u. d. Phänomene zu erklären sind. 4. Erfurt 792.

— M. Joseph, De reflexione lucis ejusque refractione pauca disserit. Erfurt (I. C. Goerling) 20. IX. 1792. 20 S. (5.—) 12958

Hamilton, Ios. Rud. de, Quinquaginta rationes et motiva, cur in tanta varietate religionum et confessionum fidei in christianitate moderno tempore vigentium sola religio Romana sit eligenda et omnibus aliis praeferenda. Coloniae 1710, in 12°.

Hamilton, Louis, The practical Englishman. Lehrbuch f. öffentl. Lehranstalten u. f. den Privatunterricht. (163 S.) 8. Berlin 905. Weidmann. Geb. n. 2. 80

Hamilton, Louis, the English news-paper reader. Compiled, explained, and annotated by L. H. (365 S.) kl. 8. Leipzig 908. G. Freytag. — Wien, F. Tempsky. Geb. 4. —

Hamilton, (Marie.) s. Rittler, die Unvermählte.

Hamilton, Mary. Die Unvermählte; a. d. Engl. Kaschau 1823. Ü: *Kittler, Franz.* (Ky)

Hamilton, Neena, aus Hamilton-Ohio, N.-Amer.: Die Darstellung der Anbetung der heiligen drei Könige in der toskanischen Malerei von Giotto bis Lionardo. *Strassburg 1901: J. H. E. Heitz.* (VI, 82 S.) 4°(8°) ¶ (Erscheint gleichzeitig vollst. als: Zur Kunstgeschichte d. Auslandes, H. 6.)
Heidelberg, Phil. Diss. v. 1901

Hamilton, Neena, die Darstellung der Anbetung der hl. drei Könige in der toskan. Malerei v. Giotto bis Lionardo, s. a. Zur Kunstgeschichte d. Auslandes. VI.

Die Darstellung der Anbetung der heiligen drei Könige in der Toskanischen Malerei von Giotto bis Lionardo von Dr. Neena Hamilton. Mit 7 Taf. *Strassburg: J. H. E. Heitz 1901.* (X, 118 S.) 4°(8°)
— Kunstgeschichte, Zur, d. Auslandes. H. 6. [01. 18438

Hamilton, Robert

— Bemerkk. über den Biß toller Hunde u. and. wüth. Thiere; aus d. Engl. von Chr. Fr. Michaelis II. Mit 1 Kpf. 8. Leipz. 787. Barth. 14 gr

Robert Hamilton
1721 - 1793

R[obert] Hamilton's [Remarks on the means of obviating the fatal effects of the bite of a mad dog. Deutsch:] Bemerkungen über die Mittel wider den Biß toller Hunde und andrer wütenden Thiere, nebst Widerlegung des Jrrthums vom Wurmschneiden. Aus d. Engl. übers. u. mit einigen Anm. begleitet vom Christian Friedrich Michaelis [1727-1804]. Leipzig: Haug 1787. XXXII,203 S. 8°

— Bemerkk. über d. Nutzen u. d. Anwend. d. abführenden Mittel in verschied. Krankheiten. Aus d. Engl. d. 6ten Ausg. von J. Müller. gr. 8. Leipz. 823. Cnobloch. 1 rthl 6 gr

Robert Hamiltons [Hamilton: Observations on scrophulous affections. Deutsch:] Beobachtungen über die Skrophelnkrankheit, Drüsenverhärtung, Krebs und englische Krankheit. Aus d. Engl. Leipzig: Böhme 1793. 165 S. 8°

— Beobachtt. über d. Skrophelkrankheit, Drüsenverhärtung, Krebs u. engl. Krankheiten; aus d. Engl. gr. 8. Leipz. 793. (Cnobloch). 12 gr

Hamilton, R., Handbuch d. militär. Arzneikunde, für Feldärzte rc.; aus d. Engl. 3 Thle. gr. 8. Leipz. 789, 90. Weygand. 3 rthl 20 gr

Hamilton, R(obert): Handbuch der militairischen Arzneikunde für Feldärzte und Wundärzte in Garnisonen und Kriegslazarethen. (The Duties of a regimental surgeon considered, with observations on his general qualifications. Dt.) Th.1 - 2, gbd.

Leipzig: Weygand 1790

JB 3.574

— üb. die Pflichten des Feld- und Wundarztes, aus dem Engl. frei übersetzt mit Anmerk. v. J. Hunczowsky. gr. 8. Wien, Schaumburg und C. 790.

Hamilton, R(obert): Über die Pflichten der Regimentschirurgen. (The Duties of a regimental surgeon considered, with observations on his general qualifications. Dt.) Frey übers., und vorzüglich zum Gebrauche der österreichischen Feldchirurgen mit Anmerkungen versehen von Joh(ann Nepomuk) Hunczovsky. 376 S., gbd.

Wien: Stahel 1790

JB 3.573

Hamilton, Thomas. Handbüchlein f Auswanderer nach Na. Gekrönte Preisschrift. 2d enl ed. Basel, 1855.

--Die Menschen u die Sitten in d VS v Na. Mannheim, 1834.

Hamilton, W., Aegyptiaca, od. Bemerk. üb. den alten u. neuen Zustand des alten u. neuen Aegypten, s. Bibliothek der neuesten und wichtigsten Reisebeschreibung. 49r Bd.

Hamilton, W. G., parlamentar. Logik. A. d. Engl. übers., u. nach Materien geordnet. 8. (6 B.) Tübingen 823, Laupp.

Hamiltons, W. G., parlamentarische Logik, Taktik u. Rhetorik. Aus dem Engl. übers. u. nach Materien geordne 2. Aufl. gr. 8. (IX, 80 S.) Tübingen 872. Laupp. n. 1. 5

Hamilton's, W. G., parlamentarische Logik, Taktik und Rhetorik. 2. Aufl. gr. 8. Tübingen 872. Freiburg i. B., Mohr. *

Hamilton, William

——— Neuere Beobachtungen über die Vulkane Italiens und am Rhein. Aus dem Französischen von G. A. R. Frankfurt und Leipzig 1784. 8. Mit 1 Karte.

Hamilton, Wilhelm, Beobachtungen uber den Vesuv, den Aetna und andere Vulkane, in einer Reihe von Briefen. (Aus dem Engl.) Berlin 1773.

— Beobachtungen üb. d. Vesuv ꝛc. m. K. 8. Bresl. Haude. 775

— Beobachtt. über den Vesuv ꝛc., mit Kpf. 8. Berl. 775. Haude u. Sp. 20 gl

Hamilton, W. & Jean Louis Giraud Soulavi. Beobachtungen über die Vulkane Italiens und am Rhein. A. d. Franz. Nürnberg 1784. Ü: *Rucker, Georg Albrecht.* (Ky)

— u. Soulavi, Beobachtt. über d. Vulkane Italiens u. am Rhein. Aus d. Französ. v. G. A. R. (Rucker). 8. Nürnb. 784. Schneider u. Weigel. 16 gl

Hamilton, William. Bericht vom gegenwärtigen Zustande des Vesuvs . . . Dresden 1787. Ü: *Walther, Conrad Salomo.* (Ky) (MGT) (Gatterer, Repert. d. mineral. Litt. Giessen 1798--99. II, 333.)

— Bericht vom gegenwärt. Zustande d. Vesuvs; aus d. Engl. (v. K. S. Walther). 4. Dresd. 787. Walther. 4 gl

Hamilton, W. Beschreibung des Aetna; a. d. Engl. [Hann. 1773.] V: *Heise, Joh. Chn Frdr.* (MGT)

Hamilton, Will., Briefe über d. nördl. Küste d. Grafschaft Antrim ꝛc. Aus d. Engl. v. F. Th. Kühne; nebst v. Veltheim's Abhandl. über Bildung d. Basalts u. e. Vorrede v. Lor. v. Crell. gr. 8, Leipz. 787. Weygand. 12 gl

Hamilton, Will., Denkschaft über Lord Elgin's Erwerbungen in Griechenland. Nach der 2. Ausg. des Engl. bearb. Leipzig u. Altenburg 1817. 8.

Hamilton, W. Nachricht von dem letzten Erdbeben in Calabrien und Sicilien . . . A. d. Engl. Altona 1783. Ü: *Wittenberg, Albrecht.* (MGT)

— Nachr. von d. letzten Erdbeben in Calabrien u. Sicilien; aus d. Engl. v. A. Wittenberg. 8. Altona 783.

— Nachr. von d. neuesten Entdeckungen in d. im J. 1779 am 24. Aug. verschütteten Stadt Pompeji; aus d. Engl. übers., mit Zusätzen von C. G. v. Murr. Mit 13 Kpf. gr. 4. Nürnb. 780. 2e A. Ebd. 783. Campe. 1 ℛ 12 gl

— Nachr. v. d. Entdeckungen in der Stadt Pompeii, a. d. Engl. mit K. gr. 4. Nrnbg. Campe. 776.

Hamilton, William John: Reisen in Kleinasien, Pontus und Armenien nebst antiquarischen und geologischen Forschungen. Deutsch von Otto Schomburgk. Nebst Zusätzen und Berichtigungen von Heinrich Kiepert und einem Vorworte von Carl Ritter. Bd. 1. 2. Leipzig 1843. 1 Bd. XVIII, 516 S., 2 Tf., 1 Krt.; VIII, 396 S. 2 Tf., 1 Krt. 8°.

Hamilton, W. J., Reisen in Kleinasien, Pontus u. Armenien, nebst antiquar. u. geolog. Forschungen. Deutsch v. Otto Schomburgk. Nebst Zusätzen u. Berichtigungen v. H. Kiepert u. ein. Vorw. v. Carl Ritter. 2 Bde. gr. 8. (58⅞ B., 1 Ans. u. 2 Kart.) Leipzig 843, Weidmann'sche Buchh.

Hamilton, Will. Rowan, Elemente der Quaternionen. Hrsg. von seinem Sohne Will. Edwin Hamilton. Deutsch von Paul Glan. 2 Bde. gr. 8. Leipzig, Barth. [1. Bd. 1. Thl. und 2. Thl. 1. Abthl. (XII, S. 1—276 mit eingedr. Holzschn.) 881. à *M 4.; 2. Thl. 2. Abthl. (VIII, S. 277—412.) 882. *M 4.; 3. Thl. (XXIV, S. 413—745.) 882. *M 8. — 2. Bd. 1. Hälfte. (I—XXII, S. 1—220.) *M 6,70.; 2. Hälfte. (XXIII—LXXIII, S. 221—436.) 884. *M 7,30.] *

Hamilton-Anzeiger 1879 Stratford, Ont.

Die Hamilton National-Zeitung: 1867? –1890?

Democratic weekly; supported Tilden. United with Volks-Stimme, to form Volks-Stimme und National Zeitung. Circulation, 1880, 976, 1890, 960. Edited Johann Peter Dietz, & published by L. B. De la Court, 1867? –1871; edited & published by L. B. De la Court, 1872–90.
Hamilton, OH

Haemisch, Ernst, approb. Arzt aus Angermünde: Ueber die Behandlung intracapsulärer Schenkelhalsfrakturen. *Leipzig 1904: B. Georgi.* (31 S.) 8°
Leipzig, Med. Diss. v. (8. März) 1904

Hamkens, Emilie, Wente Frese. Roman aus Alt-Husum u. dem Wattenmeer. (230 S.) 8. Dresden 903. E. Pierson. n. 3. 50; geb. n. 4. 50

Hamkens, Hermann [pract. Arzt aus Rodenäs (Schleswig)]: Ueber Aortenaneurysmen im Anschluss an zwei Fälle . . . . München, M. Possenbacher'sche Buchdr. (Eigenthümer Max Franz), 1886; 27 S. 8°.
München, Med. Fak., Inaug.-Diss. v. 1886

Hamkens, Hermann, ueber Aortenaneurysmen im Anschluss an zwei Fälle. Diss. München 1886. A. Buchholz. 8°. 27 S.

Der Hamkens'sche Webstuhl. Seine Bauart u. Handhabung u. e. Anleitung z. Weben in d. Smyrna-, ... sowie Leinenbindung. Erl. durch 150 Abb. u. mit e. begleit. Text versehen von Louise Hamkens. Hrsg. von d. Nordschlesw. Verein f. Hausweberei. Flensburg: Nordschlesw. Ver. f. Hausweberei 1908. 78 S. 4° [illegible]

Hamlet. Trauersp. in 6 Aufz. v. Shakespeare, übersetzt v. Aug. Klingemann. 8. Leipz. u. Altenb. Brockhaus. 815.— 18

Hamlet von Shakespeare, für das deutsche Theater bearbeitet von K. J. Schütz. Neue Ausg. gr. 8. Leipzig, Jacobäer. 819.

— Derselbe übers. von A. W. Schlegel. gr. 8. Berlin, Reimer. 818.
(Aus d. 3ten Bd. d. Werke bes. abgedruckt.)

Hamlet. Schauerliche u. congreßl. Tragödie. Festspiel bei der 10. Versammlg. der deutschen otolog. Gesellschaft zu Breslau, den 24. V. 1901. gr. 8. (32 S.) Jena (901). (G. Fischer). n. 1. —

Hamlet, Advokat. Schauspiel in 4 Acten. Leipz. 1870. V: *Laube, Heinrich Rud. Constanz* & *Emil Claar.* (EB)

Hamlet in der Politik. Ein Memoire über das Ministerium Sigmaringen-Auerswald. Hamburg 859. Hoffmann & Campe. 8. (44 S.) 7½ ngr.

Hamlet, Prince of Denmark. A tragedy by W. Shakespeare, published by K. Wagner. gr. 8. Brschwg. Schulbuchhdl. 802.

— — the same, with explanatory notes. 8. Götting. Bossiegel. (Vandenhök et R.) 784.

— — the same, with explan. not. the whole being carefully printed from S. Johnson's and C. Steeven's edition of Shakespeare's Works. 12. Wien, Sammer. 800.

Hamlet, Prinz von Dänemark. Ein Trauerspiel in sechs Aufzügen. Zum Behuf des Hamburgischen Theaters. Hamb. 1777. Ü u. B: *Schröder, Friedrich Ludwig.* (Litzmann, Schröder. Hamb. u. Leipz. 1894. II, 202.)

Hamlet, Prinz von Dänemark. Ein Trauerspiel in sechs Aufzügen. Zum Behuf des Hamburgischen Theaters. Neue Aufl. Hamb. 1780. Neue Aufl. Hamb. 1784. B: *Schröder, Friedrich Ulrich Ludwig.* 3. Aufl. Berlin 1795. (Biblport)

Hamlet, Prinz von Dänemark, ein Trauerspiel. Hamb. [Mannh.] 1781. Ü: *Klinger, Frdr. Max. v.* (Wr)

— — dasselbe. 8. Mannh. Schwan. 781.

— — dasselbe, in 6 A. nach W. Shakespeare rc. 8. Berlin, Voß. 795.

Hamlet, Prinz, von Dänemark, Marionettenspiel. Berlin 1799. V: *Schink, Joh. Frdr.* (Schr) (EE) (Ky) (BrMm) (GGr)

Hamlet, Prinz von Dänemark. Marionettenspiel (v. J. F. Schink).. Sein Momus u. sein Kuckkasten im 4n Theile.

— Prinz v. Dänemark. Marionettensp. (b. a. d. Tit.: Momus u. sein Kuckkasten.) 8. Berlin, Himburg. 799.

— — dass. in 5 A. neu übers. v. A. W. Schlegel. gr. 8. Berlin, Schadr. 800.

Hamlet, Prinz v. Dännemark. Trauersp. v. W. Shakespeare, in 5 A. v. Schröder. gr. 8. Hamb. (Hahn in Hannov.) 804. Uhlr.

— E. Trauersp. in 5 A. v. Shakespeare. gr. 8. Zürich; Orell, F. u. Comp. 805.

— n. Shakespeare, für d. deutsche Theater bearb. v. J. Schütz. gr. 8. Leipz. Jacobäer. 806.

Hamlet, Der travestirte, Prinz von Dännemark. Karrikatur in drei Akten. Wien 1807. V: *Giesecke, Carl Ludwig.* (Ky)

— der travestirte, Prinz von Dännemark. Karrikatur in 3 A. (v. Karl Ldw. Giesecke). 8. Wien 807. Wallishausser. 6 g/. s. auch Perinet.

Hamlet's, Prinz, Briefe. (208 S.) kl. 8. Berlin 909. Reichl & Co. 3.—; geb. 4.—

Hamlet, P. P., s. a. Goethe-Geheimnis, das.

[J.] Das Goethe-Geheimnis. E. sensationelle Enthüllg v. P. P. Hamlet. *Berlin: A. Hofmann & C. 1897.* (30 S.) 1 Bd 8.

Hamm [Schlagwort]

Hamm, s. a. Arnsberg, Reg.-Bez.

Hamm. Kreis, s. a. Westfalen. Wegekarte.

Hamm. Weber, Otto (Th. Otto), Moment-Orientiergs.-Plan der Stadt Hamm in Westf. (Ermöglicht die augenblickl. Auffindg. aller Strassen u. Plätze.) 1 : 15,000. 36×45,5 cm. Farbdr. Nebst Text. (IV S.) 8. Hamm (910). E. Griebsch. — 30

Katalog der Bibliothek der Johannis-Loge „Zur alten Linde" im Or.·. Dortmund. [Zsgest. von **Hamm.** Leipzig] 1886: [Findel]. 19 S. 8°

Hamm, das großh. hess. Währschaftsgesetz vom 15. Juli 1858, in leicht faßl. Form dargestellt. gr. 8. (12 S.) Büdingen 890. (Gießen, E. Trenckmann.) n. — 30

— Zusammenstellung der auf die Führung der Standes-Register bezüglichen gesetzlichen u. reglementären Bestimmungen. Mit Erläutergn. u. Beispielen hrsg. gr. 8. (29 S.) Ebd. 890. n. 1. —

Hamm, Albert, approb. Arzt aus Illkirch-Grafenstaden i. E.: Gibt es eine physiologische puerperale Bradycardie? *Straßburg i. E.: J. Singer 1905.* (130 S.) 8°
Straßburg, Med. Diss. v. 1905

Hamm, Alfred, Recept-Handbuch der prakt. Destillation. Anweisung zur Fabrikation aller Spriete, Branntweine, Liqueure, der flüchtigen Oele rc. Nach den besten französ. Quellen bearb. Bevorwortet, durchgesehen und bedeutend verm. von Wilh. Hamm. 8. (XVI und 394 S.) Leipzig 850, Arnoldische Buchh.

Hamm, Alfr., Recept-Handbuch der praktischen Destillation. Anweisung zur Fabrikation aller Spriete, Branntweine, Liqueure, der flüchtigen Oele, Essenzen, künstl. Weine, der Essige, Syrupe rc. Nach den besten französ. Quellen bearb. Bevorwortet, durchgesehen und bedeutend verm. von Wilh. Hamm. 2. (Titel-) Aufl. 8. (XVI und 394 S.) Leipzig 856(57,) Arnoldische Buchh. Thlr.

Hamm, August

Hamm (II.) u. Moewes. Geschichte d. 1. westfälischen Feld-Artillerie-Regiments Nr. 7. Auf dienstl. Veranlassg. bearb. gr. 8. (V, 409 S. m. 1 Bildniß.) Berl. 891, Mittler u. Sohn. * 8 —

Hamm u. Moewes, Geschichte des 1. westfälischen Feldartillerie-Regiments Nr. 7, 2. Aufl., s.a. Zwenger.

Geschichte des 1. Westfälischen Feldartillerie-Regiments Nr. 7. [Von Aug. **Hamm** u. Premierlt. Kurt Moewes.] Auf dienstl. Veranl. neu bearb. von [Hans] Zwenger, Hauptm. im Regim. 2. Aufl. Mit Bildn. *Berlin: E. S. Mittler & Sohn 1901.* (IX, 477 S.) 8° [F.] [illegible]

Hamm, die Hinaufrückung der Strafmündigkeit vom 12. auf das 14. Lebensjahr, s.: Sammlung pädagogischer Vorträge.

Hamm, Bernhard von (Frankfurt/M.), De ratificatione confessionis in tormentis factae. Diss. jur. Marburg (Phil. Casim. Müller) 24. III. 1735. 44 Seiten. (6.50) 12959

Hamm, Bernhard Hermann, s. Hamm, Hermann

Hamm, Bruno [aus Dortmund]: Aus d. patholog. Institut d. Univ. Bonn. Eine Kiemengangscyste. . . . Bonn, Buchdr. J. Bach Wwe., 1891; 43 S. 8°
Bonn, Med. Fak., Inaug.-Diss. v. [24.] Jun. 1891

Hamm, Carl, s. Hamm, Karl

Hamm, Carl Friedrich, s. Hamm, Karl Friedrich

Hamm, Chrn., Zeit- und Charakterbilder aus dem Volk, für das Volk. Der Geschichte Frankens entnommen. 8. (VIII, 233 S.) Würzburg 861, (Julien.) [Kreßner.]

Hamm, Franz: Zur Aetiologie des Rheumatismus Articulorum acutus ... München, Buchdr. Kastner & Lossen, 1896; 31 S. 8.
München, Med. Fak., Inaug.-Diss. v. 1896

Hamm, Franz, Dr. d. Staatsw.: Geschichte der Steuermoral in der Kirche. ⟨2. Mittelalterliche Epoche.⟩ Trier 1907: Paulinus-Druckerei. (61 S.) 8° ¶ (Soll vollst. erscheinen.)
Breslau, Kath.-theol. Fak., Ref. Laemmer, Diss. v. 6. März 1907
[Geb. 24. Juli 72 Coblenz a. Rh.; Wohnort: Coblenz; Staatsangeh.: Preußen; Vorbildung: Gymn. Coblenz Reife O. 91; Studium: Innsbruck 5, Erlangen 1, Berlin 2, Munchen 2, Berlin 3 S.; Rig. 20. Dez. 06.]

Hamm, Frz., zur Grundlegg. u. Geschichte der Steuermoral. (XIV, 320 S.) gr. 8. Trier 908. Paulinus-Druckerei. 6.—; geb. 7.50

Hamm, Franz, Pfarrer von Rhaunen a. D.: Die Wirtschaftsentwicklung der Markgenossenschaft Rhaunen. I. Die fränkische Hundertschaft und Markgenossenschaft auf dem Hundertsrück (Hunsrück). Trier: F. V. Lintz 1905. (VII, 70 S.) 8° ¶ (= Trierisches Archiv. Ergänzungsheft 7. Trier, Lintz 1906.)
München, Staatswirtsch. Fak., Ref. Brentano, Diss. v. 12. Mai 1905
[Geb. 24. Juli 72 Koblenz; Wohnort: Koblenz; Staatsangeh.: Preußen; Vorbildung: Gymn. Koblenz O. 91; Studium: Priesterseminar Trier 3, Innsbruck 5, Erlangen 1, Berlin 2, München 2 S.; Rig. 12. Mai 05.]

Hamm, Frz., die Wirtschaftsentwicklung der Markgenossenschaft Rhaunen, s.a. Archiv, trierisches. 7. Erg.-Hft.

Die Wirtschaftsentwicklung der Markgenossenschaft Rhaunen. Von Franz **Hamm.** 1. 2. Trier: Lintz 1906–07. 8°
[Aus: Trierisches Archiv. Erg.H. 7. 8.]
(Hamm: Hunsrücker Wirtschaftsleben vom frühen Mittelalter bis heute. 1. 2.) [illegible]

— Hunsrücker Wirtschaftsleben heutzutage. Die ehemal. Markgenossenschaft Rhaunen um die Jahrhundertwende. Eine nationalökonom. Studie. (IV, 52 S.) gr. 8. Trier 909. F. Lintz. 1.20
Sonderabdruck aus „Trier. Archiv".

— dasselbe in der Feudalzeit (mittelalterliche Epoche der Markgenossenschaft Rhaunen), s.a. Archiv, trierisches.

Hunsrücker Wirtschaftsleben vom frühen Mittelalter bis heute von Franz **Hamm.** 1–3. Trier: Lintz 1909. Getr. Pag. 8° [Umschlagt.]
1. Die Wirtschaftsentwicklung d. Markgenossenschaft Rhaunen. 1. Die fränk. Hundertschaft u. Markgenossenschaft auf d. Hundertsrück ⟨Hunsrück⟩. 1906.
2. Hunsrücker Wirtschaftsleben in d. Feudalzeit. Mittelalterl. Epoche d. Markgenossenschaft Rhaunen. ⟨Die Wirtschaftsentwicklung d. Markgenossenschaft Rhaunen. 2.⟩ 1907.
3. Hunsrücker Wirtschaftsleben heutzutage. Die ehemalige Markgenossenschaft Rhaunen um d. Jahrhundertwende. 1909.
Sonderausg. aus: Trierisches Archiv. H. 15 [vielm. Erg.H. 7. 8 u. H. 15].

— **Georg Sebastian** (Regensburg), De atheo ex structura *ΤΟΥ ΕΓΚΕΦΑΛΟΥ* convincendo. Diss. acad. Präs. Joh. Friedrich Wucherer. Jena (Müller) Okt. 1708. 32 S. (6.50) 12960

Hamm, Ger. Ern.: Advocatia Ubio-Agrippinensis ab urbe condita diss. historica. Coloniae 1771.

G. E. Hamm, Moneta Ubio-Agrippinensis. Colon. 1771.
Mit vielen in den Text gedruckten Münzabbildungen.

Hamm, Ger. Ern.: Scabinatus Ubio-Agrippinensis ab urbe condita diss. historica. Coloniae 1751.

Hamm, Ger. Ern.: Stapula Ubio-Agrippinensis ab urbe condita diss. histor. Coloniae 1774.

Hamm, Hermann

Hamm, [illegible] I. Teil. [illegible] 8°
[illegible] Phil. Diss. v. 2. Juli 1881

Hamm, Hermann [Dr phil., approb. Arzt aus Osnabrück]: Ueber den Echinococcus der Respirationsorgane . . . . Osnabrück, Druck v. F. Nolte, 1887; 66 S. 8°
Würzburg, Med. Fak., Inaug.-Diss. v. 1887

Hamm, J., die Einführung einheitlicher Strafregister. [Ein Amendement zur deutschen Strafprozeßordng.] gr. 8. (1 S.) Mannheim 876. Bensheimer. n. — 3

Hamm, I. ab, Exerc. de ara interiori. 8. Herb. (Andreä, Frft.) 715.

Kupferschmidt, Caesar: Nachruf für C. Kupferschmidt, von J. M. **Hamm.** London, 9. Jan. 1902. 12 S. 1 Bild. 8°
cf. Bbl. 16 (1902) S. 309 (G. Diercks). 25.281.

Hamm, J(oh.) B(apt.), 24 vierstimmige Gesänge für höhere Schul-Anstalten und zur geselligen Unterhaltung componirt. qu. gr. 4. (24 S.) Trier 856(57,) Gall's Vrlgsb. *

—— praktischer Singlehrer. 3., verb. und erweiterte Aufl. qu. gr. 8. (40 S.) Trier 856, Gall's Vrlgsb. *

—— dass. — 2. Abthl.: 56 zwei- und dreistimmige Lieder. qu. gr. 8. (56 S.) Ebds. 856(57.) *

(Hamm, J. B.), Vaterlandslieder, s.a. Vaterlandslieder.

— 6 drei- und 2 vierstimmige Vaterlandslieder der Jugend Preußens gewidmet. Ebend. 858. gr. 8. (16 S.) n. 4 ngr

— **Johann Daniel** (Wimpfen/Schwaben), De recusatione judicis suspecti in genere, et in specie de illicita recusatione supremorum Sac. Rom. Imperii tribunalium. Diss. jur. Marburg (Phil. Casim. Müller) 9. VIII. 1727. 28 S. (6.50) 12961
Widm. v.: J. N. Funccius.

Hamm, Josef

Hamm, Josef *Alexander* [aus d. Rheinprovinz]: Aus d. pharmakolog. Institut d. Univ. Greifswald. Beitrag zur Kenntnis der Pilocarpinwirkung. . . . Greifswald, Druck v. J. Abel, 1890; 40 S. 8°
Greifswald, Med. Fak., Inaug.-Diss. v. 24. Dez. 1890

Hamm, Joseph (geb. Cöln a. Rh. 1823): Pindari carmen Olympicum primum a Ludovico Legionensi Hispanice redditum. Adjunctis in verba Graeca et Hispanica annotationibus. Berolini (1846). (44 S.) 8°
Berlin, Phil. Diss. v. 22. Aug. 1846

Hamm, Josef Alexander, s. Hamm, Josef

Hamm, Jul., der Ausschlagwald. gr. 8. (VIII, 267 S. m. 7 Taf.) Berlin 896. P. Parey. n. 7. —

HAMM, Julius: Die Forstwirthschaft auf dem Bodenseemolassegebiete mit besonderem Bezuge auf den Forstbezirk Stockach. - Stockach 1879. 47 S., 3 Tab.

HAMM, Julius: Leitsätze für den Mittelwaldbetrieb. - Berlin 1900. 12 S.

Hamm, Justus Ferdinand

Hamm, J. F., de statutorum collisione et praeferentia in causis successi ab intestato. 8maj. Erlang. 792. Palm. 7 gr

Hamm, Karl: Der Arbeitsvertrag nach österreichischem Recht, mit Anführung d. bisher veröffentlichten Entscheidungen d. Gewerbegerichte. Von –. Linz-Urfahr: Selbstverl. 1902. 40 S. 8°

Hamm, Karl, der Arbeitsvertrag nach österr. Recht, m. Anführung der bisher veröffentlichten Entscheidungen der Gewerbegerichte. (40 S.) gr. 8. Linz-Urfahr 902. (Wien, G. Szelinski.) — 90; erh. Pr. n. 1. —

(F) **Hamm,** K., Die Exekutionsordnung samt Einführungsgesetz. [Zwergausgabe österr. Gesetze. Bd. 8.] 16°. (IV, 292 S.) Wien: Szelinski 1908. geb. K 1.80

(F) **Hamm,** K., Das österr. allg. bürgerl. Gesetzbuch und das Ratengesetz. [Zwergausgabe österr. Gesetze. Bd. 3.] 16°. (VI, 409 S.) † Wien: Szelinski 1902.

Hamm, Carl, Gloria in excelsis deo. Ehre sei Gott in der Höhe. Alte kathol. Weihnachtsvolkslieder. br. 8. (24 S.) Berlin 863, (Jansen.)

Hamm, Carl, gloria in excelsis Deo. Ehre sei Gott in der Höhe. Alte katholische Weihnachtsvolkslieder. Berlin 864. Jansen in Comm. 8. (24 S.) 3 ngr

— Handausgabe österreichischer Gesetze m. Erläutergn. aus den Materialien u. rechtsvergleichender Darstellung der einschlägigen fremden Rechte. 1. Bd. 12. Wien, G. Szelinski. n. — 90; erh. Pr. n. 1. —
Das Gesetz vom 4. I. 1903, R.-G.-Bl. Nr. 10, m. welchem einige abändernde u. ergänzende Bestimmungen zu dem Gesetze vom 1. IV. 1895, R.-G.-Bl, Nr. 67, betr. die Organisierung der Börse, erlassen werden. Mit Erläutergn., Inhalts- u. Sachverzeichnis hrsg. (55 S. u. S. A—C.) (903.) n. — 90; erh. Pr. n. 1. —. 2., durch die Durchführungsverordngn. ergänzte Aufl. (66 S. u. S. A—C.) n. — 90; erh. Pr. n. 1. —.

(F) **Hamm,** K., Die Jurisdiktionsnorm. Die Zivilprozeßordnung. [Zwergausgabe österr. Gesetze. Bd. 7.] 16°. (III, 400 S.) Wien: Szelinski 1908. geb. K 2.40

(F) **Hamm,** K, Das Strafgesetz und seine Nebengesetze. [Zwergausgabe österr. Gesetze. Bd. 1.] 16°. (VIII, 307 S.) † Wien: Szelinski 1902.

(F) **Hamm,** K., Das Strafgesetz und seine Nebengesetze. 3. Aufl. [Zwergausgabe österr. Gesetze. Bd. I.] 16°. (VIII, 358 S.) Wien: Szelinski 1906. geb. K 1.80

(F) **Hamm,** K., Die Strafprozeßordnung und Gendarmerieinstruktion. [Zwergausgabe österr. Gesetze. Bd. 2.] 16°. (VIII, 364 S) Wien: Szelinski 1908. Geb. K 1.80

(F) **Hamm,** K., Die Strafprocessordnung und die Gesetze der Militär- und Landwehrgerichtsbarkeit. [Zwergausgabe österr. Gesetze. Bd. 2.] 16°. (VIII, 279 S.) † geb. K 1.60 Wien: Szelinski 1902.

Hamm, Karl, Strafrechtsvademecum. Eine kurzgefasste Darstellung des österreich. materiellen u. formellen Strafrechts, nebst e. Anh. von Straffällen. (VIII, 207 S.) kl. 8. Wien 905. [Stähelin & Lauenstein.] G. Szelinski. n. 3. 50

Hamm, Karl, Zwergausgabe österreichischer Gesetze. 1.—3. Bd. 16. Linz-Urfahr. (Wien, G. Szelinski.) Geb. in Leinw. n. 4. 30
1. Das Strafgesetz u. seine Nebengesetze, m. Verweisgn., Inhaltsverzeichnis u. Sachregist. hrsg. (VIII, 307 S.) 902. n. 1. 40
2. Die Strafprozeßordnung u. die Gesetze üb. die Militär- u. Landwehrgerichtsbarkeit, m. Inhaltsverzeichnis u. Sachregist. hrsg. (VIII, 279 S.) 902. n. 1. 40
3. Das österr. allgemeine bürgerl. Gesetzbuch u. das Ratengesetz m. Anmerkungen aus d. dasselbe ergänzenden Dekreten, Gesetzen ꝛc. (VI, 407 S.) 902. n. 1. 50

Hamm, Karl, Zwergausgabe österreichischer Gesetze. Bd. 2. 3. 4a. 6. 6a. 7. u. 8. 11×7,5 cm. Wien, G. Szelinski. 11. 10
2. Die Strafprozeßordnung u. die Gesetze üb. die Militär- u. Landwehrgerichtsbarkeit, sowie die Gendarmerie-Instruktion, m. Inhaltsverzeichnis u. Sachregister. 3. Aufl. (VIII, 364 S.) 908. Geb. 1. 80
3. Das österreich. allgemeine bürgerl. Gesetzbuch u. das Ratengesetz m. Anmerkgn. aus den dasselbe ergänzenden Dekreten, Gesetzen ꝛc. 2. Aufl. (VI, 432 S.) 907. Geb. in Leinw. 1. 80
4a. Gesetz üb. die Reform der Reichsvertretung, das allgemeine Wahlrecht u. die neue Reichsratswahlordnung. (III, 93 u. 4 S.) 907. — 50
6. Die neue Gewerbeordng. Das Handelsgesetzbuch. Die Wechselordng. 2. Aufl. (IV, 332 u. 5 S.) 907. Geb. in Leinw. 1. 80
6a. Die Gewerbeordnung. Textausg. der österreich. Gewerbeordng. (Gesetz vom 20. XII. 1859, RGBl. Nr. 227) m. Berücksicht. aller durch die bisher. Novellen, einschließl. das Gesetz vom 5. II. 1907, RGBl. Nr. 26 vorgenomm. Abändergn. u. Ergänzgn. (106 u. 3 S.) 907. 1. —
7. Die Jurisdiktionsnorm. Die Zivilprozeßordnung. (IV, 400 S.) 907. Geb. 2. 40
8. Die Exekutionsordnung samt Einführungsgesetz. (IV, 292 S.) 908. Geb. 1. 80

— Zwergausgabe österreichischer Gesetze. 1. u. 4.—6. Bd. 16. Ebd. Geb. in Leinw. n. 6. 30
1. Das Strafgesetz u. seine Nebengesetze mit Verweisungen. Inhaltsverzeichnis u. Sachregister. 3. verm. Aufl. (VIII, 361 S.) 906. Geb. in Leinw. n. 1. 50
4. Die Staatsgrundgesetze, m. Verweisgn., Inhaltsverzeichnis u. Sachregister hrsg. (VII, 268 u. 6 S.) Linz-Urfahr. 903. n. 1. 60
5. Das Militärstrafgesetz, m. Verweisg., Inhaltsverzeichnis u. Sachregister hrsg. (VIII, 334 S.) 903. Linz-Urfahr. n. 1. 60
6. Die Gewerbe-Ordng. Das Handelsgesetz. Die Wechselordng. (IV, 331 u. 6 S.) 904. n. 1. 10

Hamm, Karl Friedrich

Hamm, Car. Frid. (geb. Königsberg i. Pr. 31. 3. 1816): De encephalomalaciae diagnosi. Berolini (1840). (25 S.) 8°
Berlin, Med. Diss. v. 28. Juli 1840

Hamm, L. Alb., s.: Luther's, Mart., kleiner Katechismus in Fragen u. Antworten.

Hamm, O., s.: Juristen-Zeitung, deutsche.

— Verbrechen u. Vergehen gegen den Staat. Abschnitte 1—5. (Hochverrat, Landesverrat, Verbrechen u. Vergehen gegen die Unverletzlichkeit des Staatsoberhauptes, in Beziehg. auf die Ausübg. staatsbürgerl. Rechte u. gegen ausländ. Staaten.) (87 S.) gr. 8. Berlin 910. J. Guttentag. — 80
Sonderabdruck aus „Die Reform d. Reichsstrafgesetzb."

Hamm, Othmar, appr. Arzt: Ueber substernale Strumen mit besonderer Berücksichtigung der Symptomatologie. München 1903: Kastner & Callwey. (38 S.) 8°
München, Med. Diss. v. 1903.

Hamm, Otto [app. Arzt aus Soosen. z. Z. Einj.-Freiw. Arzt im Art.-Reg. v. Scharnhorst zu Hannover]: Beiträge zur Pleuritis. . . . Göttingen, Druck d. Dieterichschen Univ.-Buchdr., 1890; 84 S. 8°
Göttingen, Med. Fak., Inaug.-Diss. v. [16. Jul.] 1890

Hamm, Otto, Beiträge zur Pleuritis. Diss. gr. 8. (34 S.) Göttingen 890. (Vandenhoeck & Ruprecht.) n. — 80

Hamm, Ulricus (geb. Coln a. Rh. 13. 2. 1831): De typho abdominali. Berolini (1853). (28 S.) 8°
Berlin, Med. Diss. v. 18. Aug. 1853

Hamm, Wilhelm, s. Anleitung zur Aufzucht der Enten.

Hamm, Wilhelm: Anleitung zur Aufzucht der Enten, s. Belehrungen, leichtfaßliche, über die gesammten Zweige der Viehzucht.

Hamm, Wilhelm, s. Anleitung zur Aufzucht der Hühner.

Hamm, Wilhelm: Anleitung zur Aufzucht der Hühner, s. Belehrungen, leichtfaßliche, über die gesammten Zweige der Viehzucht.

Hamm, Wilhelm, s. Anleitung zur Aufzucht der Pferde.

Hamm, Wilhelm, s. Anleitung zur Aufzucht der Schafe.

Hamm, Wilhelm, s. Anleitung zur Aufzucht der Truthühner.

Hamm, Wilhelm: Anleitung zur Aufzucht der Truthühner, s. Belehrungen, leichtfaßliche, über die gesammten Zweige der Viehzucht.

Hamm, Wilhelm: Anleitung zur Bienenzucht, s. Belehrungen, leichtfaßliche, über die gesammten Zweige der Viehzucht.

Hamm, Wilhelm: Anleitung zur einträglichsten Seidenraupenzucht, s. Belehrungen, leichtfaßliche, über die gesammten Zweige der Viehzucht.

Hamm, Wilhelm, s. Anleitung zur Taubenzucht.

Hamm, Wilhelm: Anleitung zur Taubenzucht, s. Belehrungen, leichtfaßliche, über die gesammten Zweige der Viehzucht.

Hamm, Wilhelm, s. Anleitung zur Zucht der Ochsen.

Hamm, Wilhelm, s. Anleitung zur Zucht der Pferde.

Hamm, Wilhelm, s. Anleitung zur Zucht der Schweine.

Hamm, Wilhelm, s. Anleitung zur Zucht der Ziegen.

—— Anweisungen zum Gebrauch der wichtigsten landwirthschaftlichen Maschinen und Geräthe. 1. Heft. gr. 8. (44 S. mit 29 in den Text gedr. Abbild. in Holzschn.) Leipzig 857, Expedition der Agronomischen Zeitung. *
Vgl.: Preis-Courant.

Hamm, Wilh., Atlas der Land- u. Hauswirthschaft 1 Taf. in Holzschn. (in qu. Fol.) nebst erläut. Text [Separat-Ausg. aus der 2. Aufl. d Bilder-Atlas.] hoch (60 S.) Leipzig 873. Brockhaus. n. 4. —; geb. n. 5. 2

— Belehrungen über die gesammten Zweige der landwirthschaftlichen Viehzucht, s. Belehrungen.

Hamm, Wilh., die Benutzung des Rindviehs zur Arbeit, s. Belehrungen, leichtfaßliche.

Hamm, Wilh., chemische Bilder aus dem täglichen Leben. Nach J. F. W. Johnstohn's chemistry of common life. 2 Bde. Leipzig, Weber. [1. (XVIII und 485 S. mit eingedr. Holzschn.) 854., 2. (XVI und 513 S. mit 400 eingedr. Holzschn.) 855. à Bd. * 1 Thlr.] *

— landwirthschoftliche Bilderbogen. Nr. 1—3. Leipzig (858). Thomas. gr. Fol. Jede Nr. (à 1 Bgn. m. Holzschn. im Text) n. 2 ngr; color. n. 10 ngr
Inhalt: Nr. 1. Viehzucht I. Rindvieh: Nr. 1. — Nr. 2. Die Ernte. Geräthe und Maschinen zum Abbringen der Früchte Nr. 1. — Nr. 3. Obstbau Nr. 1.

Hamm, Wilh. v., der Fieberheilbaum od. Blaugummi-Baum [Eucalyptus globulus.] Ueber dessen Anbau u. seine Eigenschaft der Gesundmachg. v. Sumpfländereien. Nach e. Vortrag d. Prof. Béntley in der kön. botan. Gesellschaft zu London m. vielen Zusätzen hrsg. im Auftrage d. k. k. Ackerbauministeriums. Mit Abbildg. (Holzschntaf.) gr. 8. (32 S.) Wien 876. Faesy & Frick. n 1. —

— der Fieberheilbaum oder Blaugummi-Baum [Eucalyptus globulus]. Sein Anbau u. seine Eigenschaft der Gesundmachung von Sumpfländereien. 2., vollständig umgearb., bedeutend verm. Aufl. Mit (eingedr. Holzschn.-) Abbildungen. 8. (55 S.) Wien 878. Faesy. n. 1. 20

—— die künstliche Fischzucht, s. Belehrungen, leichtfaßliche, über die gesammten Zweige der Viehzucht.

Hamm, Wilh., Freischaar-Novellen. Schilderungen u. Episoden aus e. Kriegszug in Schleswig-Holstein. 8. (XIV u. 186 S.) Leipzig 850, Avenarius & Mendelssohn. 1 rf

Hamm, Wilh., das Ganze der Landwirthschaft in Bildern. Ein Bilderbuch zur Belehrung u. Unterhaltung für Jung u. Alt, Groß u. Klein. Leipzig 866, 67. Arnoldische Buchh. gr. 4. (VIII, 320 S. mit 157 Abbild. in eingedr. Holzschn. u. erläut. Text.) n. 3 rf 6 ngr

— das Ganze der Landwirthschaft in Bildern. Ein Bilderbuch zur Belehrg. u. Unterhaltg. f. Jung u. Alt, Groß u. Klein. Mit 719 Abbildgn. (in eingedr. Holzschn.) erläut. Text. 2., wohlfeile Ausg. gr. 4. (VIII, 320 S. Leipzig 872. Arnold. 4. 5

Hamm, W., Gedichte, s.: Universal-Bibliothek.

Hamm, Wlh., die landwirthschaftl. Geräthe u. Maschinen Englands. Mit besond. Berücksichtigung d. landwirthschaftl. Mechanik u. einer Uebersicht der Verhältnisse der engl. Agricultur. Mit gegen 600 Holzschnitten. 1.—5. Liefg. gr. 8. Braunschweig 845, 46, Vieweg u. Sohn. à n. 1/2 ß

— die landwirthschaftl. Geräthe u. Maschinen Englands. Mit besonderer Berücksichtigung der landwirthschaftl. Mechanik 2c. Mit eingedr. Holzschn. 6—9. Lfg. gr. 8. (S. 481—821.) Braunschweig 847. 49, Vieweg & Sohn. 6 u. 7. à n. 1/2 ß 8 u. 9. n. 5/6 ß (cplt. n. 4 1/3 ß)

—— die landwirthschaftlichen Geräthe und Maschinen Englands. Ein Handbuch der landwirthschaftl. Mechanik und Maschinenkunde, mit einer Schilderung der brit. Agricultur. 2., gänzlich umgearb. und bedeutend verm. Aufl. 1—3. Lfg. gr. 8. (XI und S. 1—288 mit 700 in den Text gedr. Holzschn. und 1 Tab. in qu. gr. 4.) Braunschweig 856, Vieweg und Sohn. à Lfg. * 15 Ngr. *

—— die landwirthschaftlichen Geräthe und Maschinen Englands. Ein Handbuch der landwirthschaftl. Mechanik und Maschinenkunde, mit einer Schilderung der brit. Agricultur. 2., gänzlich umgearb. und bedeutend verm. Aufl. Mit 711 in den Text gedr. Holzschn. 4—10. (Schluß-)Lfg. gr. 8. (S. XIII—XX und S. 289—952.) Braunschweig 857. 58, Vieweg und Sohn. à Lfg. * 15 Ngr. *
1—3. Lfg. Ebendas. 1856. * 1 Thlr. 15 Ngr.

—— die neuesten und nutzbarsten Geräthe und Maschinen für Land- und Hauswirthschaft, abgebildet und beschrieben. 1. (Reihe.) hoch 4. (S. 1—16 mit 41 Abbild. in eingedr. Holzschn.) Leipzig 850, Expedition der agronom. Zeitung. *

—— dass. — 2. Reihe. Illustrirter Preis-Courant der Fabrik und Niederlage landwirthschaftl. Maschinen und Geräthe. Fortsetzung Nr. 1. hoch 4. (16 S. mit 38 Abbild. in eingedr. Holzschn.) Ebds. 852. *

— landwirthschaftlicher Geschichts-Kalender auf alle Tage des Jahres. [Aus: „Oesterr. landw. Wochenbl."] 8. (113 S.) Ebend. 877. n. 2. —

— allgemeine Grundsätze der landwirthschaftl. Thierzucht, s.: Belehrungen üb. die gesammten Zweige d. Viehzucht.

—— die Grundzüge der Landwirthschaft. Ein Lehrbuch für den Selbstunterricht und zum Gebrauch in landwirthschaftl. Lehranstalten. Nach dem Cours élémentaire d'agriculture der Professoren Girardin und Du Breuil selbstständig bearb. Mit 1500 in den Text eingedr. Holzschn. 1. Bd. 1—8. Lfg. gr. 8. (XIX und S. 1—743.) Braunschweig 850—51, Vieweg und Sohn. à Lfg. * 15 Ngr. Thlr. *

—— die Grundzüge der Landwirthschaft. Nach dem Cours élémentaire d'agriculture des Girardin und Du Breuil selbständig bearb. 2. Bd. gr. 8. (XX und 812 S. mit 1500 in den Text eingedr. Holzschn. und 1 Tab. in qu. Fol.) Braunschweig 854, Vieweg und Sohn. *
1. Bd. Ebendas. 1851. * 4 Thlr.

Hamm, Wilh., Grundzüge der Physiologie der Pflanzen und Thiere für den Landwirth. Zum Selbststudium und für Schulen. Mit vielen in den Text gedr. Abbildgn. (Holzschn.). Leipzig 855. Voigt u. Günther. gr. 8. (XII, 312 S.) n. 1 ß 20 ngr

—— Grundzüge der Physiologie der Pflanzen und Thiere für den Landwirth. Zum Selbststudium, wie für Schulen. gr. 8. (XII und 312 S. mit in den Text gedr. Abbildungen in Holzschn.) Leipzig 856, Voigt und Günther. *

— die Habsburg-Lothringer in ihren Beziehungen zur Bodencultur. Festschrift zur Feier d. 25. Jahrestages der Vermählung Ihrer Majestäten des Kaisers Franz Joseph I. u. der Kaiserin Elisabeth. gr. 8. (IV, 58 S.) Wien 879. Braumüller. n. 1. 60

Hamm, W., Handbuch, Praktisches, der gesamten Tierheilkunde etc. Von einer Gesellschaft praktischer Tierärzte. Mit einer Vorrede von Major S. v. Tennecker. 2. verm. u. verb. Aufl. 2 Bde. gr. 8. (1676 S. mit 8 Steintafeln.) Bernburg 45—49. Reiter. M. 10.50

—— **Katechismus des praktischen Ackerbaues**, s.a. **Weber's, J. J., illustrirte Katechismen.**

Hamm, W., Katechismus d. prakt. Ackerbaus. 3. Aufl., umgearb. v. A. G. Schmitter. 8. (XVI, 214 S. m. 138 Abbildgn.) Leipzig 890. J. J. Weber. geb. n. 3.—

—— Katechismus der Ackerbauchemie, s.a. Weber's Illustr. Katechismen.

— Katechismus d. Ackerbauchemie, Bodenkunde u. Düngerlehre. Ein Buch f. alle Landwirthe, Lehrer u. Schulen. Mit zu Grund-Legung der 17. Aufl. von Johnston's Catechism of Agricultural Chemistry and Geology. Mit 26 eingedr. Holzschnitten. 8. (VIII u. 81 S.) Leipzig 847, Spamer. n. 5/12 ß

— Katechismus d. Ackerbauchemie, der Bodenkunde u. Düngerlehre. Mit 33 in den Text eingedr. Holzschn. 2. verb. u. verm. Aufl. 8. (XIV u. 98 S.) Leipzig 851, Weber. n. 1/3 ß

—— Katechismus der Ackerbau-Chemie, der Bodenkunde und Düngerlehre. 3., vielfach verb. und verm. Aufl. 8. (XII und 94 S. mit 33 in den Text gedr. Holzschn.) Leipzig 854, Weber. *

Hamm, Wilhelm.
Katechismus der Ackerbau-Chemie. . . . Fünfte Auflage. Leipzig, 1871. 8vo. Ill.

—— Katechismus der Drainirung oder Entwässerung des Bodens durch unterird. Abzüge. 8. (VII und 69 S. mit 45 in den Text gedr. Abbildungen in Holzschn.) Leipzig 852, Weber. *

—— Landwirthschaft in Bildern. Ein Lesebuch und Bilderbuch für Landwirthe und Freunde der Landwirthschaft, insbesondere zum Gebrauche der landwirthschaftl. Fortbildungsschulen mit Berücksicht. der Verhältnisse Oesterreichs. 4 Hefte. gr. 4. (384 S. mit 260 Abbild. in eingedr. Holzschn.) Wien 871, 72, Gerold's Sohn. à Lfg. * M. 2,50. *

Hamm, Wilh., Landwirthschaft in Bildern. Ein Lesebuch u. Bilderbuch f. Landwirthe u. Freunde der Landwirthschaft, insbesondere zum Gebrauche der landwirthschaftl. Fortbildungsschulen m. Berücksicht. der Verhältnisse Oesterreichs. 4 Hfte. Mit 760 Abbildgn. (in eingedr. Holzschn.) gr. 4. (384 S.) Wien 871. 72. Gerold's Sohn. n. 2. 50

Hamm, W., Emanuel Fellenberg's Leben u. Wirken. Zur Erinnerung für seine Freunde, Schüler u. Verehrer. 8. Bern 845, Jenni, Sohn. 1/4 ß

—— Lust, Lob und Trost der edlen Landwirthschaft. Lieder- und Lebensbuch für den Landwirth in einer Auswahl von deutschen Gedichten. 8. (XV und 307 S.) Frankfurt a. M. 862, Sauerländer's Verlag.

—— die Mästung des Rindviehes, } s. Belehrungen, leichtfaßliche.
—— Milchwirthschaft, }

Hamm W.: Milchwirthschaft u. Molkereibetrieb. Rathschläge ... 2. gänzl. umgearb. u. verm. Anfl. Hamm 1863. (36) S. Fig. P.

— die Naturkräfte in ihrer Anwendung auf die Landwirthschaft, s.a. Naturkräfte, die.

Hamm W v, die Naturkräfte in ihrer Anwendung auf die Landwirtschaft. (Naturkräfte 20) München 1876

— Ordnung u. Schönheit am häuslichen Herd. Haushaltungskunst u. Gesundheitspflege auf wissenschaftl. Unterlagen. Den deutschen Frauen gewidmet. Als 2. Aufl. der „Chemischen Bilder aus dem tägl. Leben". Jena 867. Costenoble. br. 8. (XIV, 242 S.) cart. n. 28 ngr.

—— Ordnung und Schönheit am häuslichen Herd. Haushaltungskunst und Gesundheitspflege auf wissenschaftl. Unterlagen. Den deutschen Frauen gewidmet. Als 3. Aufl. der Chem. Bilder aus dem tägl. Leben. 2. Ausg. 8. (XIV, 242 S.) Jena 872, Costenoble. geb. *

— Ordnung u. Schönheit am häuslichen Herd. Haushaltnngskunst u. Gesundheitspflege auf wissenschaftl. Unterlagen. Den deutschen Frauen gewidmet. Als 3. Aufl. der chem. Bilder aus dem tägl. Leben. 2. Ausg. 8. (XIV, 242 S.) Jena 873. Costenoble. geb. n. 2. 80

— Ordnung u. Schönheit am häuslichen Herd. Haushaltungskunst u. Gesundheitspflege für deutsche Frauen. 3. Aufl. der Chemischen Bilder aus dem tägl. Leben. 3. (Titel-)Ausg. 8. (XIV, 242 S.) Jena 887. Costenoble. n. 2. —; geb. n. 2. 80

Hamm, Wilhelm, s. Papst, H. W. von: Lehrbuch der Landwirtschaft

— illustrirter Preis-Courant der Fabrik landwirthschaftlicher Maschinen und Geräthe. Leipzig 857. (Ph. Reclam.) gr. 4. (22 S. u. 2 Holzschnitttaf. in Fol.) n. 5 ngr.

— illustrirtes Recept-Handbuch der praktischen Destillation für Industrie, Land- und Hauswirthschaft. Anweisung zur Herstellung aller Spriete, Branntweine, Liqueure ꝛc. 3. bedeutend verm. u. verb. Aufl. Mit 20 in den Text gedr. Abbildgn. (in Holzschn.) Leipzig 863. Arnold. 8. (XV, 360 S.) 1 ℛ 6 ngr.

Hamm, Wilh. Ritter v., gesammelte kleine Schriften. Nach dessen Tode hrsg. von Leo Přibyl. 2 Bde. Mit dem (lith.) Portr. d. Verf. gr. 8. (VIII, 332 u. VIII, 352 S.) Wien 881. Hartleben. 10. —; geb. n. 12. —

—— die Schweiz. Topographisch, ethnographisch und politisch. 2 Thle. 1. Thl. Die Urcantone, die westl. Schweiz und Bern. 2. Thl. Die östliche und die nördl. Schweiz. 8. Leipzig, Weber. [1. (XII und 350 S., mit 1 ill. Karte in qu. 4. und 1 Portr. in Holzschn.) 847., 2. (VIII und 362 S. und 3 Holzschn. in qu. gr. 4.) 848.] *

— Shelley. Biographische Skizze. 1. u. 2. Aufl. Leipzig 858. Thomas. 8. (VI, 170 S.) 25 ngr.

— die Sprengcultur. Versuche u. Erfahrungen über Bodenlockerung u. Stockrodung mittelst Dynamitsprengung. Mit 12 Orig.-Abbildungen (in eingedr. Holzschn.). gr. 8. (IV, 44 S.) Leipzig 877. H. Voigt. n. 1. 20

—— in der Steppe, s. Universal-Bibliothek Nr. 1336.

— südöstliche Steppen und Städte. Nach eigener Anschauung geschildert. Frankfurt a. M. 862. Sauerländer. gr. 8. (XV, 349 S.) 1 ℛ 15 ngr.

— der landwirthschaftliche Theil der Weltausstellung zu Paris im J. 1855. (Ein Bilder-Album der neuesten und nutzbarsten Maschinen u. Geräthe der Landwirthschaft. Mit einem Anhang: Die europäische Nutzthierschau. Mit 100 sorgfältig ausgeführten Abbildungen (Holzschn. im Text). Leipzig 856. O. Wigand. gr. 4. (VI, 85 S.) n. 2 ℛ

—— allgemeine Thier-Produktions-Lehre, s. Belehrungen, leichtfaßliche.

Hamm, Wilh., die Thierwelt u. der Aberglaube. Ein Lesebuch f. Jedermann. 8. (VIII u. 159 S.) Ebd. 852. n. 1/3 ℛ

— der praktische Viehzüchter. Belehrungen über die gesammten Zweige der land- u. hauswirthschaftlichen Viehzucht. 2 Bde. 2. verm. u. verb. Aufl. Mit zahlreichen Abbildungen (in Holzschn. u. 21 Holzschntaf.) Hamm (Berlin) 861, 63. Grote. Jeder Bd. 1 ℛ 15 ngr.

Inhalt: 1. Bd. Die kleine Viehzucht. Enthaltend: Der Federviehhof u. das Bienenhaus, sowie die Seidenraupen- u. künstliche Fisch-Zucht. Nebst ausführlicher Belehrung über die künstliche Ausbrütung der Eier. (XII, 308 S.) — 2. Bd. Die große Viehzucht. (IX, 347 S.)

—— die Wahl der Milchkühe, s. Belehrungen, leichtfaßliche

— das Weinbuch. Wesen, Cultur u. Wirkung des Weins; Statistik u. Charakteristik sämmtl. Weine der Welt; Behandlung der Weine im Keller. Nach Shaw, Denman, Franck, Jullien u. mit Benutzung officieller u. directer Mittheilungen sowie eigner Erfahrung bearb. Leipzig 865. Weber. gr. 8. (XX, 435 S. mit 13 in den Text gedr. Abbild. in Holzschn.) n. 2 ℛ

— das Weinbuch. Der Wein, sein Werden u. Wesen: Statistik u. Charakteristik sämmtl. Weine der Welt; Behandlg. der Weine im Keller. 2. gänzlich umgearb. u. bedeutend verm. Aufl. Mit 40 Abbildgn. (Holzschn.) im Texte u. dem Portrait d. Verf. in Stahlst. 8. (XXVII, 584 S.) Leipzig 874. Weber. geb. n. 10. —

Hamm, Wilh., das Weinbuch. Der Wein, sein Werden u. Wesen; Statistik u. Charakteristik sämtl. Weine der Welt; Behandlung der Weine im Keller. 8., bedeutend verm. Aufl., bearb. von Frhrn. A. v. Babo. Mit 36 in den Text gedr. Abbildgn. gr. 8. (XVI, 620 S.) Leipzig 886. Weber. geb. n. 12. —

Hamm, Wilh., Weinkarte von Europa. Für Weinbauschulen, landwirthaftl. Institute, Ackerbauschulen wie für Weinhändler, Weinliebhaber, Hôtelbesitzer und Restaurateure. 1. Aufl. 1869, und 2. verb. Aufl. Fol. Jena 872, Costenoble. In Carton *

— das Wesen u. die Ziele der Landwirthschaft. Beiträge zur wissenschaftl. u. volkswirthschaftl. Begründung u. Entwickelung der Bodenproduction. Jena 866. Costenoble. gr. 8. (XVI, 369 S.) n. 2 ℛ

— das Wesen u. die Ziele der Landwirthschaft. Beiträge zur wissenschaftl. wie volkswirthschaftl. Begründg. u. Entwickelg. der Bodencultur. 2., wesentlich verb. Ausg. gr. 8. (XVI, 368 S.) Jena 872. Costenoble. n. 6. —

— die Wurzellaus der Rebe Phylloxera vastatrix, ihr Auftreten in Frankreich u. Oesterreich. gr. 8. (32 S.) Ebend. 875. n. — 80

—— s. a. Zeitung, agronomische.

— agronomische Zeitung. 7. Jahrg. od. Neue Folge. 1. Jahrg. 1852. 52 Nrn. gr. 4. (à B. m. eingedr. Holzschn.) Leipzig, Expedition. (Ph. Reclam jun.) n. 8 ℛ (siehe: Zeitung, agronomische.)

— agronomische Zeitung. 8—13. Jahrg. 1853—58. à 52 Nrn. (à 2 Bgn. mit Holzschn. im Text.) Leipzig. (Ph. Reclam.) 4. Jeder Jahrg. n. 8 ℛ

— agronomische Zeitung. 14—19. Jahrg. oder Neue Folge. 8—13. Jahrg. 1859—64. à 52 Nrn. (à 2 Bgn. m. Holzschn.) Leipzig, Expedition. (Ph. Reclam jun.) 4. Jeder Jahrg. n. 8 ℛ

— agronomiſche Zeitung. 20—24. Jahrg. oder Neue Folge 14—18. Jahrg. 1865—69. à Jahrg. 52 Nrn. (à 2 Bgn. mit eingedr. Holzſchn.) Leipzig, Expedition. (Ph. Reclam jun.) gr. 4. Jeder Jahrg. n. 8 ngr

— — Jahrg. 1870, ſ. Zeitung, agronomiſche.

—— das Ziergeflügel, ſ. Belehrungen, leichtfaßliche, über die geſammten Zweige der Viehzucht.

Hamm, Wilh., Zucht ꝛc. der Gänſe, ſ. Belehrungen, leichtfaßliche, über die geſammten Zweige der Viehzucht.

Hamm, Wilhelm: Die Zucht und die Haltung der Milchkühe, s. Belehrungen, Leichtfaßliche

Hamm, Wilhelm: Die Zucht der Pferde, s. Belehrungen, Leichtfaßliche

—— die rationelle Zucht, Haltung und Nutzung der Hühner. Erfahrungen aus der Praxis über Aufzucht, Fütterung, Pflege, Mäſtung der Hühner, Kennzeichen der guten Legehennen u. ſ. w. gr. 8. (VIII und 148 S. mit 12 Abbild. in eingedr. Holzſchn.) Leipzig 858, O. Wigand. Thlr. *

Hamm, Wilhelm: Die Zucht der Schafe, s. Belehrungen, Leichtfaßliche

Hamm, Wilhelm: Die Zucht der Schweine, s. Belehrungen, Leichtfaßliche

Hamm, Wilhelm: Die Zucht der Ziegen, s. Belehrungen, Leichtfaßliche

Hamm, Wilh. Alex., der Fall Portz in ſeiner aktenmäß. Entwickelung. Material zum Studium preuß. Rechtsverhältniſſe. (113 S.) 8. Vierſen (Hauptſtr. 20) 908. (Geſellſchaft f. Druck & Verlag.) 1.20

Hamma & Co.: Catalog der Saiten-Jnstrumenten-Fabrik. Stuttgart 1891?

Hamma, Muſterlehrer, die Verhältniß-Rechnungen nach der Methode des Pfarrers Knappich für den Gebrauch in d. Volksſchulen gemeinfaßlich dargeſtellt. gr. 8. Rotweil 836. Willmann. (Herder'ſche Buchh.) 7/12 ngr

Hamma, Alfred, a. Metz ⟨Lothringen⟩: Über Morbus Basedowii. Die chemische Schilddrüsentheorie und die Berechtigung der Schilddrüsenoperation. Emmendingen: Druck- u. Verlags-Ges. vorm. Dölter 1907. (54 S.) 8°
Freiburg i. B., Med. Fak., Ref. Kraske, Diss. v. 1907
[Geb. 17. März 83 Metz; Wohnort: Metz; Staatsangeh.: Elsaß-Lothringen: Vorbildung: Gymn. Metz Reife M. 01; Studium: Straßburg 5, München 1, Freiburg i. B. 4 S.; Coll. 3. Dez. 06; Approb. 3. Dez. 06.]

F. Hamma. Von dem Was die Irrenhäuser füllt ⟨Pollutionen u. Syphilis. *Bologna: Selbstverl. 1903.* (22 S.) 8° [04. 11333]

Hamma, Frz., adoremus. 100 cantica sacra ad 3 voces aequales (C. I, II et A. vel T. I, II et B.). Op. 23. 8. (IV, 208 S.) Metz 894. Diedenhofenerstr. 26. Hamma-Friedinger. Kart. n. 1.80

Hamma, Frz., katholiſches Geſangbüchlein für Kinder. Sammlung kathol. Kirchenlieder, ein- u. zweiſtimmig für Schule, Kirche u. Haus bearb. u. hrsg. 8. (78 S.) Metz 878. Even. n. — 60

Hamma, Frz., katholiſches Geſangbüchlein für Kinder. Sammlung kathol. Kirchenlieder, ein- und zweiſtimmig für Schule, Kirche und Haus bearb. und hrsg. 2. Aufl. 8. (78 S.) Metz 886, Gebr. Even. **

Hamma, Frz., der Geſangunterricht in der Schule als Grundlage des Chorgeſanges. Syſtematiſch-methodiſche Anleitung zum Singen als Beigabe zu des Verf. „Liederſammlung". Stuttgart 867. Metzler's Verlag. 8. (32 S.) n. 2 ngr

Hamma, Frz., der deutsche Kunstgesang. Seine Begründg. u. Entwickelg. nach physiolog. Gesetzen u. künstler. Principien. 8. (VII, 85 S.) Berlin 873. Schlesinger'sche Buchh. 2. —

— Liederſammlung zum Gebrauche bei dem ſyſtematiſch-methodiſchen Geſangunterricht. Für Volksſchulen u. höhere Lehranſtalten in 3 Abthlgn. Stuttgart 867. Metzler's Verlag. 8. [1. Abth. (24 S.) n. 1½ ngr, 2. Abth. (40 S.) n. 2 ngr, 3. Abth. (40 S.) n. 2½ ngr] n. 6 ngr

—— Liederſammlung zum Gebrauch bei dem ſyſtematiſch-methodiſchen Geſangunterricht. Für Volksſchulen und höhere Lehranſtalten in 3 Abthlgn. 2. Aufl. 12. Stuttgart 874, Metzler's Verlag. [1. Abthl. * 12 Pf.; 2. Abthl. * 18 Pf.; 3. Abthl. * 24 Pf.] *

Hamma, Frz., Liederſammlung zum Gebrauche bei dem ſyſtematiſch-methodiſchen Geſangunterricht. Für Volksſchulen und höhere Lehranſtalten in 3 Abthlgn. hrsg. 8. Stuttgart, Metzler'ſche Buchh. [1. Abthl. 3. und 4. Aufl. (S. 1—24.) 877,84. ** 12 Pf.; 2. Abthl. 3. Aufl. (S. 25—64.) 880. ** 18 Pf.; 3. Abthl. 3. Aufl. (S. 65—103.) 878. ** 24 Pf.] **

—— Liederſammlung zum Gebrauche bei dem ſyſtematiſch-methodiſchen Geſangunterricht. Für Volksſchulen und höhere Lehranſtalten in 3 Abtlgn. hrsg. 3. Abtl. 3. Aufl. 8. (S. 65—103.) Stuttgart 887, Metzler'ſche Buchh., Verlag. *
1. und 2. Abtl. Ebendaſ. 1880,84. * 30 Pf.

— Liederſammlung zum Gebrauche bei dem ſyſtematiſch-methodiſchen Geſangunterricht. Für Volksſchulen u. höhere Lehranſtalten in 3 Abtlgn. hrsg. 1. Abtlg. 5. Ster.-Aufl. 8. (24 S.) Stuttgart 894. J. B. Metzler's Verl. n. — 12

— Liederſammlung für Volksſchulen. 3 Hfte. 8. Metz 878—80. Even. n. — 76
1. Unterſtufe. Das ſyſtemat. Gehörſingen. 2. Aufl. (24 S.) n. — 20
2. Mittelſtufe. Das ſyſtemat. Notenſingen. 3. Aufl. (28 S.) n. — 28
3. Oberſtufe. (32 S.) n. — 28

—— Liederſammlung für Volksſchulen. 3 Hefte. 8. Metz, Gebr. Even. *
Inhalt:
Heft 1. Unterſtufe. Das ſyſtemat. Gehörſingen. 3. Aufl. (24 S.) 883. * 20 Pf.
" 2. Mittelſtufe. Das ſyſtemat. Notenſingen. 4. Aufl. (28 S.) 883. * 28 Pf.
" 3. Oberſtufe. 2. und 3. Aufl. (32 S.) 880,83. * 28 Pf.

Hamma, Frz., Liederſammlung für Volksſchulen. 3 Hefte. 8. Metz, Gebr. Even. *
Inhalt:
Heft 1. Unterſtufe. Das ſyſtematiſche Gehörſingen. 4. Aufl. (24 S.) 885. * 20 Pf.
" 2. Mittelſtufe. Das ſyſtematiſche Notenſingen. 5. und 6. Aufl. (28 S.) 885,87. * 28 Pf.
" 3. Oberſtufe. 4. und 5. Aufl. (32 S.) 885,87. * 28 Pf.

—— Violinschule für Präparandenanstalten und Lehrerseminarien, sowie für den Privatunterricht. Op. 15. 8. (57 lithogr. S.) Ebendas. 879. *

— Zollern u. Hohenberg im Lichte der Geſchichte u. d. Chronik. Eine hiſtoriſch-kritiſch-genealog. Unterſuchg. 2. Aufl. 8. (IV, 47 S.) Metz 890. Even. n. — 80

Hamma, Matth., Geſchichte u. Grundfragen der Metaphyſik. gr. 8. (XII, 147 S.) Freiburg i/Br. 876. Herder. n. 2. —

Hamma, Matthias, Geschichte u. Grundprobleme der Philosophie. I u. II. gr. 8. Münster, Theissing. 8. —
I. Geschichte der Philosophie, im Grundriß dargestellt. 2., verm. u. verb. Aufl. (XVI, 84 S.) 908. 1. 20
II. Grundprobleme der Philosophie. Versuch e. Systems der Metaphysik. 2., durchgeseh. u. ergänzte Aufl. (XV. 135 S.) 908. 1. 80

Hamma, Matthias: Grundprobleme der Philosophie. Versuch e. Systems d. Metaphysik. Von —. 2., durchges. u. erg. Aufl. Münster: Theissing 1908. XV, 135 S. 8°
(Hamma: Geschichte u. Grundprobleme d. Philosophie. 2.)

Hammacher, Carl, s. Hammacher, Karl

Hammacher, Emil, Referendar in Cöln: Der Charakter der Notstandshandlung vom rechtsphilosophischen und legislativen Standpunkte. Borna-Leipzig 1907: R. Noske. (IX, 81 S.) 8° [F.]
Leipzig, Jur. Fak., Diss. v. 18. Febr. 1907
[Geb. 21. März 85 Cöln a. Rh.; Wohnort: Cöln; Staatsangeh.: Preußen; Vorbildung: Friedrich-Wilhelms-Gymn. Cöln Reife O. 03; Studium: Genf 1, Heidelberg 1, Berlin 2, Bonn 2 S.; Rig. 30. Mai 06.]

Hammacher, Emil: Die philosophischen Entwicklungsbedingungen des Marxismus. Bonn 1908: F. Eisele. (54 S.) 8° ¶ (Erscheint vollst. u. d. T.: Die philosoph. u. ökonom. Grundlagen d. Marxismus.)
Bonn, Phil. Fak., Ref. Erdmann, Diss. v. 20. Mai 08
[Geb. 21. März 85 Cöln; Wohnort: Cöln; Staatsangeh.: Preußen; Vorbildung: Friedrich-Wilhelms-Gymn. Cöln Reife O. 03; Studium: Genf, Heidelberg, Berlin, Bonn; Rig. 12. Jan. 08.]

Hammacher, Emil, das philosophisch-ökonom. System des Marxismus. Unter Berücksicht. seiner Fortbildg. u. des Sozialismus überhaupt dargestellt u. kritisch beleuchtet. (XI, 730 S.) gr. 8. Leipzig 909. Duncker & Humblot. 17. —

Hammacher, F., Vortrag über das Berggesetz vom 24. Juni 1865. Essen, 1865. 23 S. [Kh 15

Hammacher, Karl

Hammacher, Carl, Liederbuch für Schule und Haus. 72 volksthümliche Lieder mit zweistimmigen Singweisen. Unna 855. Rubens. 12. (48 S.) n. 2½ ngr

Hammacher, C., Liederbuch für Schule und Haus. 74 volksthümliche Lieder mit meist zweistimmigen Singweisen. 2. Aufl. 863. — 3. Aufl. Unna 864. Rubens. 8. (48 S.) n. 2½ ngr

Hammacher, Ludov. (geb. Camen in Westf. 29. 3. 1827): De pulmonum emphysemate. Berolini (1851). (31 S.) 8°
Berlin, Med. Diss. v. 17. Apr. 1851

Hammacher-Festschrift, Berliner, jungliberale, neue Ausg., s.a. Dix, Arth., Bruno Marwitz, Osk. Brensgen, Hjalmar Schacht, jungliberale Abhandlungen.

Hammacher-Festschrift, Berliner jungliberale, hrsg. von Arth. Dix, Bruno Marwitz, Osk. Poensgen, Hjalmar Schacht. (VII, 312 S.) gr. 8. Berlin 904. H. Paetel. n. 5. —; geb. n. 6. —

Hamman, s.a. Hamann

Hamman, Georg Friedrich (Bautzen/Laus.), Nullum excessum usurarum in pacto antichretico esse tolerandum. Präs. Gottfried Ludwig Mencken. Lpz. (Langenheim) 18. XI. 1745. 24 S. (6.—) 12963

Hammann, s.a. Hamann

Hammann, H., Briques suisses ornées de bas reliefs du XIII au XVI siècle. 2e mémoire. 32 pp. in-4. et 10 planches doubles. Genève et Bâle. H. Georg. 10. —
* ** Fait suite au: Portefeuille artistique et archéologique de la Suisse 1e série 1868 fr. 26. Le 1er mémoire des „Briques" y est contenu.

Hammann, Hermann: Cystoide Entartung der kleineren hepatischen Äste der vena portarum. *Würzburg 1897: P. Scheiner.* (23 S.) 8°
Würzburg, Med. Diss. v. 1897

Hammann, Hermann. Portefeuille artistique et archéologique de la Suisse. 1re série [seule parue]. La première série se compose de 72 pages de texte et de 48 planches in-quarto. Elle contient des dessins recueillis dans les cantons de Genève, de Vaud, du Valais, de Fribourg, de Neuchâtel, de Berne, de Soleure, d'Argovie, de Schaffhouse, de Lucerne, d'Uri et des Grisons, y compris ([des] Études sur la maison particulière dans le seizième siècle [et]) le Mémoire sur les briques suisses, ornées de bas-reliefs du treizième siècle. ([3] Livraisons.) 4. Genève et Bâle (1864–)1868.

Hammann, Hermann. Les représentations graphiques de l'Escalade. Monographie par H' H'. accompagnée du facsimile d'une représentation de l'Escalade inconnue et de deux gravures sur bois. 4. Genève & Bâle, Décembre 1868.

Hammann, Johann, Referendar a. Berlin: Zur Lehre vom Erwerb und Verlust des Besitzes an Grundstücken nach römischem Recht mit besonderer Berücksichtigung der l. 34 pr. D. 41,2. Berlin 1907: A. W. Hayn's Erben. (50 S.) 8°
Heidelberg, Jur. Fak., Ref. Endemann, Diss. v. 9. Juli 1907
[Geb. 10. Aug. 83 Berlin; Wohnort: Bernau, Mark; Staatsangeh.: Preußen; Vorbildung: Kgl. Luisengymn. Berlin Reife O. 02; Studium: Heidelberg 1, Berlin 1, Genf 1, Berlin 3 S.; Rig. 28. Mai 07.]

Hammann, Johann Friedrich (Bautzen/Laus.), De juribus et obligationibus mediatorum inter gentes liberas. Quaestio jur. controv. Präs. Christian Heinr. Breuning. Lpz. (Rumpf) 11. III. 1772. 16 S. (5.—) 12964

— — De senatusconsultorum vi et autoritate. Diss. jur. civilis. Präs. Rudolph Christoph Henne. Erfurt (Heinr. Rud. Nonne) 4. X. 1773. 22 Seiten. (6.—) 12965

Hammann, Johs., Blumenzeichnungen. Heft 1—4. Hannover (855.) C. Hornemann. qu. Fol. Jedes Heft à 6 lith. Bl. n. 22½ ngr

Hammann, Johs., Blumenzeichnungen. 1—4. Heft. (à 6 Stnt. in Tondr.) qu. gr. Fol. Hannover 856, Hornemann'sche Hofkunsth. à Heft * 22½ Ngr. *

Hammann, Josef [aus Simmern]: Über Strictur des Ösophagus bei Magencarcinom ... Würzburg, Etlinger's Buchdr., 1893; 21 S., 1 Bl. 8.
Würzburg, Med. Fak., Inaug.-Diss. v. 1893

Hammann, Otto, offener Brief an Hrn. Heßler, Director des Stadttheaters in Straßburg i. E. [Aus: „Dramaturg. Blätter".] gr. 8. (4 S.) Leipzig 878. A. Krüger. — 10

Hammann, Otto, die kommunist. Gesellschaft, s.a. Zeitfragen. Hrsg. v. Vaterlands-Verein.

Hammann, Otto, die kommunistische Gesellschaft. Lehren u. Ziele der Socialdemokratie. gr. 8. (64 S.) Berlin 891. R. Wilhelmi. n. 1. —

[F. u. Ant.] Die kommunistische Gesellschaft. Lehren u. Ziele d. Socialdemokratie. Von Otto **Hammann,** Dr. jur. 2. Aufl. *Berlin: Vaterlandsver.; (Christl. Zeitschriftenver.) 1897.* (79 S., 2 Bl.) 8.
— Zeitfragen. Vaterlands-Verein. H. 7. [97. 6611

— zwei Komödien in Versen. (Maria. Romant. Komödie in 3 Aufzügen. — Der Teufel im Jägerhaus. Ein Fastnachtsspiel, ersonnen und in schön Verslein gebracht von einem fahrenden Scholaren.) gr. 8. (48 und 23 S.) Leipzig 876, Mutze. ** 1 50

— zur Rettung Lessings. gr. 8. (19 S.) Berlin 881. J. Luckhardt. n. — 60

Hammann, O., die deutschen Standesherren und ihre Sonderrechte. gr. 8. (138 S.) Donaueschingen 888. Mory. n. 2. —

— was nun? Zur Geschichte der socialist. Arbeiterpartei in Deutschland. gr. 8. (VIII, 135 S.) Berlin 889. Wilhelmi. n. 2. 40

Hammann, Paul A(lfred) L(eo): Über Acrodermatitis. Straßburg i. E. 1905: J. Singer. (32 S.) 8°
Straßburg, Med. Fak., Ref. v. Krehl, Diss. v. 20. April 1905
[Geb. 1. Sept. 77 Bischweiler, U.-Els.; Wohnort: Straßburg; Staatsangeh.: Elsaß-Lothringen; Vorbildung: Gymn. Weißenburg Reife 99; Studium: Straßburg 6, Berlin 1, Straßburg 3 S.; Coll. 16. März 05; Approb. 28. Mai 04.]

Hammann, R., 4000 alphabetisch geordnete Adressen v. deutschen Consum- u. Verbrauchs-Vereinen aller Art. gr. 8. (55 S.) Meiningen 894. (Leipzig, Eisenschmidt & Schulze.) n.n. 5. —

Hammann W, die Baudenkmäler Heilbronns. (12 T) fol Heilbronn 1868

Hammann W, Plan der Gewerbe- und Industrie-Ausstellung in Heilbronn 1869. fol In Mappe. Heilbronn 1869

Hammann, Wilhelm, Oberlehrer in Darmstadt: Erklärung von Psalm 24, eine biblisch-theologische Untersuchung. Darmstadt 1905: C. F. Winter. (87 S.) 8°
Tübingen, Phil. Fak., Ref. Seybold, Diss. v. 10. Juni 1905
[Geb. 12. Jan. 76 Biebesheim; Wohnort: Darmstadt; Staatsangeh.: Hessen; Vorbildung: Gymn. Darmstadt Reife O. 95; Studium: Halle 2, Berlin 1, Gießen 4 S.; Rig. 7. März 05.]

Hammann, Wilhelm: Katalog über Theatermalerei und Bühnenbau. 4. Ausg. Düsseldorf (1910?)

Hammann, W(ilhelm), Dr.: Das Leben des Landgrafen Kasimir Wilhelm von Hessen-Homburg 1690—1726. Nach archivalischen Quellen dargestellt. Darmstadt 1907: G. Otto. (S. 3—29.) 4° [F.]
Darmstadt, großh. Ludwig-Georgs-G OP 1907 (793)

Hammann, Wolfg., der Streit um das Seebeuterecht. Seine histor. u. polit. Grundlagen. (84 S.) gr. 8. Berlin 907. Puttkammer & Mühlbrecht. 1. 20

Hammar, J[ohan] Aug.: Einige Plattenmodelle zur Beleuchtung der früheren embryonalen Leberentwickelung. Von –. Mit 2 Taf. Stockholm 1893: Centraldr. (34 S.) 4°
in: Acta, Nova, Reg. Societatis Scient. Upsaliensis. Ser. 3. Vol. 16.

Hammar, Rauha: Aus d. Universitätsklinik f. Hals- u. Nasenkranke zu Berlin. Dir.: Fränkel. Über doppelseitige Posticuslähmung als Frühsymptom der Tabes dorsalis. Berlin 1910: G. Schade. 35 S. 8°
Berlin, Med. Diss. v. 26. Nov. 1910, Réf. Passow
[Geb. 15. Febr. 78 Neustadt, Finnland; Wohnort: Oulu; Staatsangeh.: Rußland; Vorbildung: Lyz. Åbo Reife 98; Studium: Helsingfors 18, Berlin 2 S.; Rig. 26. Nov. 10.] [U 11. 61

Hammarberg, Carl: Studien über Klinik und Pathologie der Idiotie nebst Untersuchungen über die normale Anatomie der Hirnrinde. Von –. Mit 7 Taf. Nach d. Tode d. Verf. aus d. Schwed. übers. von Walter Berger u. hrsg. von Prof. Dr. S[alomon] E[berhard] Henschen.
Uppsala 1895: Berlin. (126 S.) 4°
= Acta Nova Reg. Societatis Scient. Upsaliensis. Ser. 3, Vol. 17, Fasc. 1, Sectio 2, 1.

Hammarberg, Carl, Studien üb. Klinik u. Pathologie d. Idiotie, nebst Untersuchgn. üb. d. normale Anatomie d. Hirnrinde. N. d. Tode d. Verf. a. d. Schwed. übers. v. Walt. Berger u. hrsg. v. S. E. Henschen. gr. 4. (V, 127 S. m. 7 Taf. u. 7 Bl. Erklärgn.) Upsala 895. (Leipzig, K. F. Koehler's Sort.) n.n. 20. —

Hammard, E. F. E., Reise durch Oberschlesien z. russisch. Armee nach der Ukraine. 1r Bd. gr. 8. Gotha, Ettinger. 787.

Hammard, E. F. E., (Aug. Fr. Ephr. Hammer), Reise durch Oberschlesien zur russ. Armee nach d. Ukraine. 1r Bd., mit Plan u. Kpf. gr. 8. Gotha 787. Ettinger, 20 K

Hammarsten, Olof, zur Kenntniss des Caseïns u. der Wirkung d. Labfermentes. gr. 4. (75 S.) Upsala 877. (Akad. Buchh.) n. 4. —

Hammarsten, Olof: Zur Kenntnis der Lebergalle des Menschen. Von –. Upsala 1893: E. Berling. (44 S.) 4°
in: Acta, Nova, Reg. Societatis Scient. Upsaliensis. Ser. 3. Vol. 16.

Hammarsten, Olof, Lehrbuch d. physiologischen Chemie. Nach der 2. schwed. Aufl. übers. u. etwas umgearb. vom Verf. Mit e. Spectraltaf. Lex.-8. (VII, 426 S.) Wiesbaden 891. Bergmann. n. 8. 60

Hammarsten, Olof, Lehrb. d. physiolog. Chemie. 3., völlig umgearb. Aufl. Lex.-8. (X, 647 S. m. 1 Spektraltaf.) Wiesbaden 895. J. F. Bergmann. n. 14. 60

Hammarsten, Olof, Lehrb. d. physiologischen Chemie. 4. völlig umgearb. Aufl. Mit 1 Spektraltaf. gr. 8. (X, 656 S.) Wiesbaden 899. J. F. Bergmann. n. 15. —

Hammarsten, Olof, Lehrbuch der physiologischen Chemie. 6. völlig umgearb. Aufl. Mit 1 Spektraltaf. (VIII, 836 S.) Lex.-8. Wiesbaden 907. J. F. Bergmann. n. 19. 60; geb. n. 21. 60
5. Aufl. (VIII, 715 S.) 904. n. 17. —; geb. n. 19. —.

Hammarsten, Olof, Lehrbuch der physiolog. Chemie. 7. völlig umgearb. Aufl. (VIII, 948 S. m. 1 Spektraltaf.) Lex. 8. Wiesbaden 910. J. F. Bergmann. 23. —

Hammarsten, Olof, Untersuchungen üb. die Faserstoffgerinnung. [Aus: „Nova acta regiae societatis scientiar. Upsaliensis“.] gr. 4. (130 S.) Upsala 876. Akad. Buchh. n. 5. —

Hammarstrand, Swen Fromh. Attika's Verfassung zur Zeit des Königthums. Akademische Abhandlung. Leipzig 1873. Ü: *Schömann, Georg Friedrich.* (Russell VII, 2, 1021)

Hammarstrand, Swen Fromhold, Attika's Verfassung zur Zeit des Königthums. Akademische Abhandlung. (Deutsch von G. F. Schömann.) gr. 8. (40 S.) Leipzig 874, Teubner. ∸
Aus: Jahrbücher für classische Philologie, besonders abgedruckt.

Hammarström, Nanny. Die Abenteuer zweier Ameisen. Einzig berechtigte Übersetzung von Francis Maro [= Marie Franzos]. [Illustriert.] IV + 68 S. kl.-4. Aarau, Edward Erwin Meyer; München ..., [1909]. [geb. fr. 4.—]

Hammarström, Nanny, die Abenteuer zweier Ameisen. (Einzig berecht. Übersetzg. v. Francis Maro. (IV, 68 S. m. farb. Abbildgn.) gr. 8. München (909). Etzold & Co. Geb. 3.—

Hammarström, Nanny. Frau Frosch. Einzig berechtigte Übersetzung von Marie Franzos ⟨Franzis Maro⟩. [Illustriert.] 111 S. kl.-4. Aarau, Edward Erwin Meyer; München ..., [1909]. [geb. fr. 4.—]

Hamme, H. van, e. Hochzeit in Bosnien, s.: Gaul, F.

Hamme, Lievin de, s. Robinson Wilfried C

Hammel, Der versteckte,
oder die gelernte Liebe. Ein Schäferspiel. O. O. 1743. V: *Kost, Johann Christoph.* [Wahl, Rost. Leipzig 1902. S. 54.]

Hammel, Der wohlgenützte,
oder kurzweilige Liebes- und Diebeshistorie ... O. O. 1789. V: *Bernritter, Frdr.* (GGr) (MGT)

Hammel, Engelb. v., Oldenburg vom Tilsiter Frieden bis zu seiner Einverleibung in das französische Kaiserreich, s.a. Beiträge f. die Geschichte Niedersachsens u. Westfalens. 7. Hft.

Hammel, Engelbert von, a. Cloppenburg ⟨Großherzogtum Oldenburg⟩: Oldenburg vom Tilsiter Frieden bis zu seiner Einverleibung in das französische Kaiserreich. Mit besonderer Berücksichtigung der Persönlichkeit des Herzogs Peter Friedrich Ludwig. T. 1. Hildesheim 1906: A. Lax. (65 S.) 8° [J.] ¶(Erscheint vollst. als: „Beiträge für die Geschichte Niedersachsens und Westfalens" H. 7 im gleichen Verlage.)
Münster, Phil. Fak., Ref. Erler, Diss. v. 15. Nov. 1906
[Geb. 7. Nov. 81 Cloppenburg; Wohnort: Cloppenburg; Staatsangeh.: Oldenburg; Vorbildung: Gymn. Vechta Reife M. 01; Studium: München 1, Heidelberg 1, Berlin 1, Freiburg i. B. 1, Münster 5 S.; Rig. 11. Juni 06.]

Hammel, Gustav, Referendar: Die rechtliche Natur der Zahlung unter Vorbehalt. Cleve 1906: Koch. (50 S.) 8°
Greifswald, Jur. Fak., Ref. Stampe, Diss. v. 7. März 1906
[Geb. 27. Aug. 83 Molsheim, Elsaß; Wohnort: Stettin; Staatsangeh. Preußen; Vorbildung: Gymn. Dillenburg Reife O. 02; Studium: Marburg 3, Berlin 1, Greifswald 2 S.; Rig. 1. Nov. 05.]

Hammel, Ludw., der Elektromotor im Kleingewerbe u. Handwerk unter besond. Berücksicht. der Kostenpunktsfrage u. Wirtschaftlichkeit. (VII, 154 S. m. 142 Abbildgn., Skizzen u. 13 Tab.) gr. 8. Frankfurt a/M. 910. J. D. Sauerländer. 3.—; geb. in Leinw. 3.50

Hammel, Mor. Mart., Verkäufer u. Publikum! Praktische Winke. (19 S.) 12. Frankfurt a/M. (903). C. Blazek. n. —25

Hammel, Otto, malerische Ausschmückung v. Kirchen- u. Profanbauten im romanischen, goth., Renaissance-, Barock- u. Rococo-Stil. 12 Taf. in reichstem Farbendr. Erläuternder Text v. Herm. Leisching. gr. Fol. (4 S. Text.) Berlin 899. M. Spielmeyer. In Mappe n. 30.—

Hammel, Otto, ornamentale Motive des Barock- u. Rokokostils m. Rücksicht auf die praktische Verwendung. 1. Sammlg. Fol. (38 Photolith. m. Titel.) Leipzig 893. E. A. Seemann. In Mappe. n. 12.50

Hammelbacher, Angelo, aus München Aus d. chirurg. Universitäts-Kinderklinik zu München. Über Radikaloperationen von Inguinal-Hernien im Kindesalter. Mit 1 Abb. *München 1899: B. Heller.* (48 S.) 8°
München, Med. Diss. v. 1899

Hammelburg [Sachliches OW]

Hammelburg, Truppen - Uebungsplatz, s.: Militärkarten.

Hammelburg [Schlagwort]

Hammelburg, s.: Bayern. Karte.

Hammeleff, Erich (Kopenhagen), De liberos legitimandi modis secundum juris Danici inprimis hodierni praecepta. Disp. jur. Präs. Adolph Fried. Trendelenburg. Kiel (Christian Friedrich Mohr) 30. V. 1797. 40 S. (6.—) 12966
Gewidm.: Andreas Peter Grf. v. Bernstorff (Bernstorff, Borstel ..), Christian v. Brandt, — Widm. v. Präs.

Hammeleff, H. Th., vermischte Ideen, physiognom. u. physikal. Inhalts. 8. Kopenh. 822. (Brummer). 10 ℛ

Hammeleff, (J. P.,) Vorlegeblätter z. Elementarunterricht in d. deutschen Schönschrift. 4. Altona 827, Busch.

Hammeley, Karl, die Kollektivbeleidigung, s.a. Abhandlungen, strafrechtliche.

Die Kollektivbeleidigung. ⟨Beleidigung von Personengesamtheiten u. von Einzelpersonen durch Gesamtbezeichnung.⟩ Gekr. Preisschrift d. Berl. Juristenfak. Von Dr. Karl **Hammeley**. Breslau: Schletter 1910. 67 S. 8°
(Strafrechtliche Abhandlungen. H. 121) [10. 16511 2

Hammelmann, Herm., opera genealogico-hist. de Westphalia et Saxonia inferiore. 4. Lemgov. Meyer. 711.

Hammelmann, Nic. Reisen, als tapferer Nachfolger Nils Etales nach unbekannten Inseln und Ländern. 4 Thle. 8. Frankf. 740—60.

Hammelrath, Emil, Pfarre u. Pfarrkirche zum hl. Petrus in Düsseldorf. Nebst e. Anh.: Die neue St. Antonius-Kirche am Fürstenplatze. (71 S. m. Abbildgn.) gr. 8. Düsseldorf 906. W. Deiters. n. 1.—

Hammelrath, Frz., kurze Belehrg. üb. d. Natur-Heilweise m. bes. Berücksicht. d. Wasserbehandlg. gr. 8. (22 S.) Köln 896. (Chemnitz, M. Winter.) —30

— der Heil-Magnetismus u. s. Stellg. in d. Naturheilweise. 2., verm. Aufl. 8. (46 S.) Chemnitz 898. M. Winter. —60

Hammelrath, Frz., der Heil-Magnetismus u. seine Stellung in der Naturheilweise. 3. verm. Aufl. 8. (51 S.) Chemnitz 899. M. Winter. —60

Hammelrath, Hans, u. Chrph. Stephan, Übungsstücke zum Übersetzen ins Lateinische f. Sekunda u. Prima im Anschluß an die Lektüre. 1.—4. Hft. gr. 8. Berlin, Weidmann. Kart. n. 3.20
1. Übungsstücke im Anschluß an Livius. (62 S.) 899. n. —80
2. Übungsstücke im Anschluß an Cicero. (80 S.) 900. n. 1.—
3. Übungsstücke im Anschluß an Sallust, Tacitus, Cicero. (62 S.) 902. n. —80
4. Wörterverzeichnis. (45 S.) 903. n. —60

[Kopft.:] **Hammelrath,** Johann: Grammatisch-stilistische Beiträge zu den prosaischen Schriften des L. Annäus Seneca. (Th. 1.) *Emmerich, 1895;* 21 S. 4.
Emmerich, k. G. P 1895 (450)

Hammelrath, Johann Bemerkungen zu den Dialogen und Episteln des L. Annaeus Seneka. 4 (S. 21—27). G. *Siegburg* 1888 (428).
Progr.

Seneca. Hammelrath, Johann Grammatisch-stilistische Bemerkungen zu den prosaischen Schriften des L. Annäus Seneca. 4 (21 S.). **Progr.** Kgl. G. *Emmerich* 1895 (450).

Hammelrath, [Johann]: Zur Erinnerung an den verstorbenen Direktor, Herrn Dr. Peter Doetsch. S. 3. 4.
Progr. Gymn. (Mit wahlfr. Engl.) *Euskirchen* 1905 (525).

Hammelrath, [Johann]: Feier der Einweihung des neuen Gymnasialgebäudes. Euskirchen (1908): Doepgen. S. 3—24. 4°
Euskirchen, Kaiserin Auguste Viktoria-G P 1908 (578) [S 08. 160

Hammelrath, Joh[ann], Direktor Prof. Dr.: Rede, gehalten am 27. Januar 1906. Euskirchen 1906: Gebr. Doepgen. (S. 3—10.) 4°
Euskirchen, st. G. P 1906 (549)

Hammelrennen nach Canossa! od. die Jesuiten kommen! Heil kommt von Babel, nicht v. Nazareth! Zeitgemäße Betrachtgn. von N. Orgler. (39 S.) 8. Zürich (903). Leipzig, Verlags-Anstalt M. Minde. n. — 50

Hammelspring [Schlagwort]

Hammelsprung, s.: Geologische Karten. Preussen 67.

Hammenber, L., Geisterbanner. s. in Romanen.

Hammer [Sachliches OW]

Hammer, d., (von Adlf. Glo. Lange); eine Freimaurerschrift. 8. Altenb. 831.

Der Hammer: Mar.–Oct. 1876.
Radical socialistic labor paper. Edited & published by Ludwig Geissler & Jakob Müller.
New Orleans, LA

Der Hammer: Jahrgang 1–6, no. 7, Nov. 1, 1882–July 1887.
Monthly. Socialistic; Ely states that it is "permeated through and through with the doctrines of Marx." Published in English and German; most issues have three pages in German, with German title, and one page in English, with title THE HAMMER. Sub-title: Officielles Organ der „Metall-Arbeiter-Union" von Nord-Amerika. Place of publication varies: Baltimore, Md., Feb.–July 1887. Small folio, each issue 4 pages. Circulation: 1883, 800. Edited & published by Charles Braun, 1882–87.
Philadelphia, PA

Hammer, der. Zeitschrift d. deutsch-nation. Arbeiterbundes in Wien f. sociale Reform auf nation. Grundlage. Hrsg. u. Schriftleiter: Frz. Stein. 1. u. 2. Jahrg. April 1895—März 1897. 12 Nrn. (à ca. 10 S.) Fol. Wien. Eger, Schriftleitg. u. Verwaltg. „Der Hammer".
à Jahrg. n.n. 1.50

— dasselbe. Zeitschrift d. Deutsch-nation. Arbeiterschaft. 3. Jahrg. April 1897—März 1898. 12 Nrn. (à 10 S.) Fol. Ebd. n.n. 4.

— dasselbe. 4. Jahrg. April 1898—März 1899. 21 Nrn. (à ca. 8 S.) Fol. Ebd. n.n. 6.—

— der. Zeitschrift der deutschvölk. Arbeiterschaft f. soziale Reformen. Mit der Beilage: „Für den Feierabend". Hrsg. u. Schriftleiter: Frz. Stein. 6. u. 7. Jahrg. 1900 u. 1901. à 52 Nrn. Fol. (à ca. 8 S. u. Beilage. [gr. 4.] à 4 S. m. Abbildgn.) Eger, Schriftleitung u. Verwaltung.
à Jahrg. n.n.n. 6.—
Nicht durch den Buchhandel zu beziehen.

Hammer. Monatsblätter f. deutschen Sinn. Schriftleiter: Theod. Fritsch. Jahrg. 1902. 12 Nrn. gr. 8. (à ca. 24 S.) Leipzig, Th. Fritsch. 2.—

Hammer. Blätter f. deutschen Sinn. Red.: Th. Fritsch. 2.—4. Jahrg. 1903—1905. à 24 Nrn. (592, 576 u. 576 S.) gr. 8. Leipzig, Th. Fritsch. à Jhrg. 4.—

— dasselbe. 5. Jahrg. 1906. 24 Nrn. (760 S.) gr. 8. Ebd. 6.—

Hammer. Blätter f. deutschen Sinn. (Parteiloses Organ f. nationales Leben.) Red.: Th. Fritsch. 6—9. Jahrg. 1907—1910. à 24 Nrn. (VIII, 768; VIII, 768; VIII, 744 u. VIII, 672 S.) gr. 8. Leipzig, Th. Fritsch.
à Jhrg. 6.—

Hammer, Anna, s.a. Zeitbilder, neue deutsche.

Hammer, Anna. Ein Roman ... Eisleben 1850. V: *Temme, Jodocus Deodat Hubert.* (Ky)

Hammer u. Glocke, ein lustiges Gesellschaftsspiel. 12. Ulm, Jak. Ebner.

— — dass. mit 5 illum. Charten u. deutsch u. ungrischer Erklär. im Schuber. Pesth, Hartleben.

Hammer u. Glocke. Ein Gesellschaftsspiel mit 5 Karten u. 8 Würfeln. Französ., deutsch u. italienisch. Wien, Müller. 1 ₰ Dass., ordin. Ausg. Ebd. 12 ₰

Hammer, Sr. Wohlgeborn dem k. k. Polizei-Commissär Herrn Johann, ... Bregenz 1856. V: *Weiss, Gebhard.* (Margr)

Hammer [Schlagwort]

Hammer-Unterwiesenthal, s.: Sachsen. Messtischblätter.

Hammer [Verfasser]

Hammer, v., Attika. 3.-4. 1821. 15 S. u. 2 Kart. 4°.

Hammer, (Director), ..., d. Dampfbett. Mit 11 Abbildd. Lithographirt. Fol. Berl. 831. (Stuhr). 8 ₰

Hammer et Dietrich, memoire sur les arbres, qui peuvent être employés aux plantations le long des routes etc. franç. et allemand. gr. 8. Strasb. Levrault.

Hammer, Dr. ..., Vorschlag e. specifischen u. rationellen Verfahrens zur sichern u. schnellen Heilung d. asiat. Cholera, begründet durch Untersuchungen üb. d. Specifische in d. Krankheiten, Heilmethoden u. Heilmitteln. Deutschlands Aerzten zur Prüfung mitgetheilt. 8. Hanau 831. (König). 8 ₰

Hammer, A., die Anwendung des Schwefeläthers im Allgemeinen und insbesondere bei Geburten. gr. 8. (32 S.) Mannheim 847, Bensheimer.

Hammer, A., Carta postale dell' Italia dissegnata secondo le più moderne opere geografiche. 1868—1870. *ℳ 1,80., und 1871—1875. Fol. Nürnberg, Serz und Comp. *

Hammer, A., Post- und Eisenbahn-Karte vom europäischen Russland und den kaukasischen Ländern. 1 : 6,700,000. Nach russ. Orig. bearb. Neue Ausg. Fol. Nürnberg 868—72, Serz und Comp. *

Hammer, A., Rom, die Volksschule u. d. allgem. Wahlrecht. gr. 8. (110 S.) Leipzig 898. F. Jansa. n. 1. —

Hammer's, A. M., Schul-Atlas der neuesten Erdkunde. 15 color. Karten in Stahlst. Nürnberg 865. Serz & Co. qu. Fol. n. 1 ℛ 2 ngr

— — 18 color. Karten in Stahlst. 3., verm. Aufl. Ebd. 868. gr. Fol. n. 1 ℛ 6 ngr

— — 9 color. Karten in Stahlst. Mit einem Vorwort von Reuschle. 3. Aufl. Ebend. 868. Fol. n. 16 ngr

— — 24 color. Karten in Stahlst. 4. verm. Aufl. Ebd. 869. Fol. n. 1 ℛ 12 ngr

Hammer's, A. M., Schul-Atlas der neuesten Erdkunde. Neun color. Karten in Stahlst. Mit e. Vorwort v. Reuschle. 4. Aufl. Fol. (4 S. Text u. 10 Karten.) Nürnberg 871. Serz & Co. n. 1. 60

— dasselbe. 24 color. Karten in Stahlst. 5. verm. Aufl. Fol. Ebend. 871. n. 4. 20

Hammer, A. Th., Juda u. die deutsche Gesellschaft. Eines freisinn. Mannes Gedanken über die Judenfrage. gr. 8. (46 S.) Berlin 881. Mrose. n. 1. —

— Wahrheiten u. Hypothesen. Zerstreute Betrachtungen über Religion u. Theologie. gr. 8. (VI, 86 S.) Ebend. 881. n. 2. —

Hammer, Ad., Europas Tierwelt in Bildern. Für die reifere Jugend zusammengestellt. gr. 8. (XVI, 464 S. m. 168 Abbildgn.) Leipzig 891. J. Klinkhardt. Geb. in Leinw. n. 5. —

Hammer, Adolph Levin (Quedlinburg), De natura et interpretatione sponsionum. Diss. jur. Präs. Jac. Friedr. Ludovici. Halle (Chph. Andr. Zeitler) 3. X. 1704. 36 S. (6.50) 12967
Gew.: Christian Friedrich Scharschmid. — Dtsche. Widm. v.: Friedrich Johann Voigt, A. J. G. Diez.

— — Dasselbe. Halle (Joh. Christ. Grunert) 1747. 32 S., ohne d. dtsch. Widm. (6.—) 12968

Hammer, Alexander (Praes.), s. Dangel, Georg Anton: De eo, quod jure publico universali circa collegia, praesertim litteraria, juris est.

Hammer, Alex.: Commentatio politico-publica de jure principis circa sacra. Bambergae et Wirceburgi 1771.

Hammer, Alex., commentatio pol. publ. de jure principis circa sacra. 4. Bamb. Goebhard. 771. Rthlr.

Verzeichniss der von dem hochwürdigen Herrn Jubilar-Priester Alexander Hammer, Pfarrer zu Nienberge bei Münster i.W., hinterlassenen Bücher. Münster i.W. 1900. (169 S.) 4° [Umschlagt.; Text autogr.]

Hammer, Andr., die Gemüsetreiberei. Eine prakt. Anleitg. zur Erziehg. u. Cultur der vorzüglichsten Gemüse in den Wintermonaten. gr. 8. (47 S.) Wien 892. A. Hartleben. n. — 90

— **August Ferdinand** (Marchicus [Mark Brandenburg]), De notione irritabilitatis nonnulla. Diss. med.-chir. Bln. (Nietack) 4. IX. 1834. 32 S. mit Biogr. (M.: Beyer.) (6.—) 12969
Oppon.: A. Beckhaus, R. Schweitzer, C. v. Weys. — Gew.: E. H. Hammer (Bruder).

Hammer, Aug. Fr. Ephr., (†180..), s. C. F. E. Hammard.

Hammer, B., der Aufstand der Colonien, s.: Jugendbibliothek, dramatisch-deklamatorische.

Hammer, B., s. Reden zur Gedächtnisfeier der Schlacht bei Näfels.

Hammer, B., De τε particulae usu Herodoteo, Thucydideo, Xenophonteo. Diss. 1904. 95 S. 3.—

Hammer, Bernhard [aus Düsseldorf]: Über das Verhalten von Kernteilungsfiguren in der menschlichen Leiche. . . . Berlin, Buchdr. v. G. Schade, *1891*; 39 S. 8°
Berlin, Med. Fak., Inaug.-Diss. v. 31. Jul. 1891

Hammer, Bonaventura. Der Apostel v. Ohio. Ein Lebensbild d. hochw. Ed. Dominik Fenwick, aus dem Dominikanerorden, ersten Bischofs v. Cincinnati, Ohio. Mit Schildergn. aus s. Zeit u. Lebensskizzen s. hervorragendsten Mitarbeiter. 8. (XII, 168 S. m. Bild.) Freib. i. Br. 890, Herder. * 1 60

Hammer, Bonav., Bilder aus dem Leben Jesu. 16 Bilder in Farbendr. m. erklär. Text. gr. 4. (38 S.) Münster i/W. 892. Aschendorff. Kart. n. 2. 50

Brod der Engel. Vollst. Gebetbuch f. Katholiken aller Stände, bes. f. Erstcommunicanten. Von P. Bonaventura Hammer, Priester d. Franciscaner-Ordens. *Einsiedeln, Köln: Benziger & Co. [um 1902].* (478 S.) 8° [F.] [illegible]

Hammer, Bonaventura. Gott, Christus und die Kirche. Erklärende Abhandlungen, Widerlegung von Einwürfen und Beispiele. Zusammengestellt von P. B' Hammer O. F. M. [Mit Vignetten und 1 Tafel.] 391 S. 8. Einsiedeln *etc.*, Benziger & Co. A. G., 1908. [geb. fr. 2.2[illegible]]
[1. Aufl.] — | 2. Aufl N 6771

— die hl. Familie. Ein Handbuch f. die Mitglieder des Vereins der hl. Familie. Zugleich e. vollständig. Unterrichts- u. Gebetbuch f. christl. Eltern. Ausg I in kleinerem Druck u. Format. 24. (510 S. m. Illustr., farb. Titel u. 1 Farbendr.) Einsiedeln 893. Benziger & Co. Geb. in Leinw. n. 1. —

— dasselbe. Ausg. II m. großem Druck. gr. 16. (672 S. m. Illustr. u. 1 Stahlst.) Ebd. 893. Geb. in Ldr. m. Goldschn. n. 2. —

— die Franciscaner in den Vereinigten Staaten Nordamerica's. Von der Entdeckg. durch Columbus bis auf unsere Zeit. gr. 8. (VIII, 143 S. m. 16 Abbildgn.) Köln 892. J. P. Bachem. n. 2. 50

--Gedank-Büchlein der St Johannes Bapt Gmde in Cinci. Festgabe zum 30 jhr Jub . . . Cincinnati, 1895.

Hammer, Bonaventura: Geisterspuk u. Aberglaube, s. Jugendbibliothek, dramatisch-deklamatorische.

Hammer, Bonaventura, O. F. M., Gott, Christus u. die Kirche. Erklärende Abhandlgn., Widerlegg. v. Einwürfen u. Beispiele. 2. Aufl. (391 S. m. Titelbild.) kl. 8. Einsiedeln 908. Verlagsanstalt Benziger & Co. Geb. in Leinw. 1. 80

Hammer, Bonaventura: H e r r u. Diener, s. J u g e n d b i b l i o t h e k , dramatisch-deklamatorische.

Hammer, Bonaventura. Herz Jesu Grüsse, Gedichte. Cincinnati, 1890. UC

--Die Kath Kirche in den VS Nordamerikas. NY. 1897.

--Kirche, Schule u Haus. Lesefrüchte u Erfahrungen zur Belehrung und Erbauung. Cinci. 1890. The Rattermann Coll of the U of Cinci contains the 339 numbered ms sheets of this work.

— Columbus, s.a.: Jugendbibliothek, dramatisch-deklamatorische.

Columbus. Schauspiel in 5 Aufz. Für deutsch-amerikan. Jugendbühnen bearb. von P. Bonaventura **Hammer**, O. S. F. Chicago: Mühlbauer & Behrle [1892]. (62 S.) 8° [F. u. Ant.]
= **Jugendbibliothek**, Dramatisch-deklamatorische. H. 23.

— Die hl. Nothelfer. Maria, die Hilfe der Christen, u. die als die 14 Nothelfer verehrten Heiligen. Unterweisungen, Legenden, Novenen u. Gebete. 2. Aufl. (552 S. m. Abb. u. 1 Stahlst.) 16. Ebd. (909.) Geb. in Leinw. 1. 20

Hammer, Bonaventura: P r o l o g e , Gratulationen u. Gelegenheitsgedichte, s. J u g e n d b i b l i o t h e k , dramatisch-deklamatorische.

Hammer, C., Bericht üb. die auf die griechischen Rhetoren u. spät. Sophisten bezügl., v. Anfang 1890 bis Ende 1893 erschien. Schriften. [Aus: „Jahresber. üb. d. Fortschritte d. class. Altertumswissenschaft".] gr. 8. (73 S.) [Berlin 896. S. Calvary & Co.] O. R. Reisland. n. 3. —

Hammer, C. A., der rechtskundige Gast- u. Schankwirt. Eine Sammlg. der wichtigsten auf das Wirtsgewerbe Bezug hab. „Gesetze, Verordngn. u. Verfüggn.", nebst vielen einschläg. „Entscheidgn. v. Gerichten u. sonst. Behörden", unter Berücksicht. des neuen bürgerl. Gesetzbuches. 8. (VIII, 144 S.) Stuttgart 900. Zeller & Schmidt vorm. E. Kupfer. Kart. 1. 50

— s.: Wirts-Taschenbuch.

Hammer, Carl, s. H a m m e r , Karl

Hammer, Carl Friedrich, s. H a m m e r , Karl Friedrich

Hammer, Caspar, s. H a m m e r , Kaspar

— **Christian Ernst Immanuel** (Wahren/Misnicus), Tumorum morbosorum in cerebro observationes novas. Dissert. anatom.-pathol. Präs. Johann Christian Rosenmueller. Lpz. (Joach. Bernh. Hirschfeld) 5. IX. 1817. 34 S. u. 1 Taf. Abb. (J. C. Rosenmüller del. J. F. Schröter sc. Lipsiae). (6.—) 12970
Gew.: Johann Christian Rosenmueller.

— **Christian Robert** (Leipzig), De partu praematuro artificiali. Diss. med. Lpz. (Staritz) 27. VI. 1843. 35 S. (5.50) 12971
Gew.: Christian Ernst Immanuel Hammer (Vater), Friedrich Peter Ludwig Cerutti.

Hammer, E., die Behandlung v. Lungenkrankheiten mittelst der transportabeln pneumatischen Apparate. Zur Belehrung für Laien. 8. (36 S.) Leipzig 880. Wöller. n. — 50

Hammer, E., de computandis etc., s. Bohnenberger, J. G. F.

Hammer, E., f. Kranke jeder Art. Ueber die Krone aller Naturheilmethoden, üb. Hammer's Radical-Curen. gr. 8. (IV, 30 S.) Leipzig-Reudnitz 890. (Schnurpfeil.) n. — 50

Hammer, E. F.

— u. R. Kuhn, Fibel nach den Grundsätzen der Schreiblesemethode. [Aus dem Lesebuch f. die 3 ersten Schuljahre.] 8. (50 S.) Ebend. 872. n. — 20

Hammer, E. F., Handfibel für den Schreibleseunterricht u. die Rechtschreibung. 8. Königsberg 841, Bon. n. $^{1}/_{12}$ ß — 2. verm. Aufl. Ebend. 844. n. $^{1}/_{12}$ ß

Hammer, E. F., Handfibel f. d. Schreibleseunterricht u. die Rechtschreibung, auch zum Gebr. nach d. gewöhnl. Lautir- u. Buchstabir-Methode. 2. Aufl. (4 B. u. $^{1}/_{2}$ B. Schreibschrift.) 844 u. 3., verm. Aufl. gr. 12. ($2^{2}/_{3}$ B. u. 4 Bl. lith. Vorschriften.) Königsberg 846, Bon, Vrlgsh. à *

Hammer, E. F., Handfibel für den Schreibleseunterricht u. die Rechtschreibung, auch zum Gebrauch nach der gewöhnl. Lautir- u. Buchstabir-Methode. 5. verb. Aufl., mit den fünf Hauptstücken des Luther'schen Katechismus. [Neuer Abdr.] 8. (72 S. wovon 8 lith.) Königsberg 851, Bon. n. $^{1}/_{12}$ ß

Hammer, E. F., Handfibel für den Schreibleseunterricht und die Rechtschreibung, auch zum Gebrauch nach der gewöhnl. Lautir- und Buchstabir-Methode. 28.—31., bericht., mit den 5 Hauptstücken des Lutherschen Katechismus verseh. Aufl. 8. (80 S., wovon 8 lithogr.) Königsberg 867,68, Bon's Verlag. *

Hammer, E. F., Handfibel für den Schreibleseunterricht und die Rechtschreibung, auch zum Gebrauch nach der gewöhnl. Lautir- und Buchstabir-Methode. 32.—44. berichtigte, mit den fünf Hauptstücken des Lutherschen Katechismus verseh. Aufl. 8. (80 S.) Königsberg 868—75, Bon's Verlag. *
geb. *

Hammer, E. F., Handfibel für den Schreibleseunterricht und die Rechtschreibung auch zum Gebrauch nach der gewöhnl. Lautir- und Buchstabir-Methode. 45. bericht., mit den 5 Hauptstücken des Luther'schen Katechismus verseh. Aufl. 8. (80 S.) Königsberg 877, Bon's Verlag. * — 25

Hammer, E. F., Handfibel für den Schreibleseunterricht und die Rechtschreibung, auch zum Gebrauch nach der gewöhnlichen Lautir- und Buchstabir-Methode. 46.—49. mit den fünf Hauptstücken des Luther. Katechismus versehene Aufl. 8. (88 S.) Königsberg 878—80, Bon's Verlag. *

Hammer, E. F., Handfibel für den Schreibleseunterricht und die Rechtschreibung, auch zum Gebrauch nach der gewöhnlichen Lautir- und Buchstabir-Methode. 50.—58. mit den fünf Hauptstücken des Lutherischen Katechismus versehene Aufl. 8. (88 S.) Königsberg 881—86, Bon's Verlag. *

—— Lehrgang f. d. Schreibleseunterr., mit besond. Rücksicht auf d. Rechtschreibung. Mit e. Vorr. v. Slupmer. 8. (5 B.) Königsberg 841, Bon.

—— Lehrgang für den Schreibleseunterricht mit besond. Rücksicht auf die Rechtschreibung, mit einer Vorrede von Slupmer. 2., verm. und verb. Aufl. 8. (VI und 74 S.) Königsberg 850, Bon, Vrlgsh.

Hammer, E. F., und R. Kühn

—— —— Lesebuch für die drei ersten Schuljahre nach den Grundsätzen der Schreiblesemethode. Mit einem Vorworte vom Sem.-Lehrer A. Radtke. 35.—42. Aufl. von Hammer's Handfibel. Der neu umgearb. Ausg. 1.—3. Aufl. gr. 8. (96 S.) Königsberg 869—74, Bon's Verlag. * 30 Pf.; geb. *

— und R. Kuhn, Lesebuch für die drei ersten Schuljahre nach den Grundsätzen der Schreiblesemethode. Mit einem Vorworte von A. Radtke. 43. und 44. Aufl. von Hammer's Handfibel. Der neu umgearb. Ausg. 4. und 5. Aufl. gr. 8. (96 S.) Ebendas. 876,78. * — 30

—— und R. Kuhn, Lesebuch für die drei ersten Schuljahre nach den Grundsätzen der Schreiblesemethode. 45.—49. Aufl. gr. 8. (96 S.) Ebendas. 878,79. *

— — dasselbe. Unter Berücksicht. der für die preuß. Schulen amtlich angeordneten Rechtschreibung neu bearb. v. Kalleß. 50. Aufl. Der neuen Ausg. 1. Aufl. 2 Tle. 8. (VIII, 64 u. 72 S.) Ebend. 880. à n. — 25

—— —— dass. — Unter Berücksicht. der vom königl. preuß. Kultusministerium angeordneten Orthographie neu bearb. von Kalleß. 2 Tle. (1. Fibel. — 2. Lesebuch.) 51. und 52. Aufl. Der neuen Ausg. 2. und 3. Aufl. 8. (VIII, 64; IV, 72 S.) Ebendas. 882,84. à Tl. ** 25 Pf. **

—— und R. Kuhn, Lesebuch für die drei ersten Schuljahre nach den Grundsätzen der Schreiblesemethode bearb. Unter Berücksicht. der vom Königl. Preuß. Cultusministerium angeordneten Orthographie neu bearb. von Kalleß. 1. Tl. (Fibel.) 53. Aufl. [Der neuen Ausg. 4. Aufl.] gr. 8. (VIII, 64 S.) Ebendas. 885. * 25 Pf.; geb. *
2. Tl. (Lesebuch.) 53. Aufl. Ebendas. 1884. * 25 Pf.

—— Wandfibel f. d. Schreibleseunterricht u. die Rechtschreibung nach d. Lautir- u. Buchstabir-Methode. Nebst Bemerkungen üb. den Gebrauch. gr. 8. (1 B. Text 10 Wandtaf.) Königsberg 846, Bon, Vrlgsh. *

Hammer, E. G., die Vertheidiger der Vivisection u. das Laien-Publicum. gr. 8. (28 S.) Leipzig 879. F. Schneider. n. — 50

Hammer, E. M., d. Kampf u. d. Sieg geg. d. Trunksucht unt. d. Fahne d. blauen Kreuzes. 8. (61 S.) Leipzig 896. W. Friedrich. n. — 75

Hammer, E. S., Mortuorum in vitam revocatio sermon. Christi hist. interpretat. ope vindicata. 4. Lps. Sommer. (Hinrichs. et. Graffé.) 794.

Hammer, Ed.

Hammer, E., e. Beitrag zur Lösung der Währungsfrage. gr. 8. (24 S.) Berlin 890. Puttkammer & Mühlbrecht. n. 1. —

Hammer, Ed., Beitrag zur Ordnung der wirthschaftlichen Frage. gr. 8. (39 S.) Wien 879. (Helf's Sort.) n. 1. —

— zur Beseitigung des Agios. Die Grundbegriffe d. Geld- u. Währungs-Wesens. gr. 8. (47 S.) Leipzig 888. Duncker & Humblot. n. 2. —

Hammer, Ed., das Geheimniß oder Graf Hartenfels und sein Erbe. Criminal-Roman in 5 Bdn. 8. (236; 224; 211; 162; 211 S.) Altenburg 874, Blücher. [Leipzig, Zander.] (*M* 18.)

— Grundprincipien für die österreichische Wirthschaft. gr. 8. (XXXII, 64 S.) Wien 880. Perles in Comm. n. 2. 40

Hammer, Ed., Grundsätze f. d. Reform uns. staatlichen Lebens. gr. 8. (34 S.) Wien 895. (C. Konegen.) n. — 60

Hammer, Ed. Die Hauptprincipien d. Geld- u. Währungswesens u. die Lösg. der Valutafrage. gr. 8. (32 S.) Wien 891, Konegen. * 2 —

— die Herstellung der Valuta. Projectirt v. E. H. gr. 8. (27 S.) Ebd. 892. n. 1. —

—— das Libell. Criminal-Roman in 4 Bdn. 8. (232; 236; 239; 251 S.) Altenburg 874, Blücher. [Leipzig, Zander.] (*M* 16,50.)

— die Maßnahmen zur Herbeiführung definitiv geregelter Valuta-Verhältnisse. gr. 8. (30 S.) Ebd. 894. n. 1. —

—— der Verrath auf Pondichery. Historischer Roman aus der Zeit Ludwigs XIV. 2 Bde. 8. (208; 224 S.) Altenburg 874, Blücher. [Leipzig, Zander.] (*M* 6.)

— Eduard Sneedorf (Herlufmaglen u. Tybergen/Dänemark), Mortuorum in vitam revocatio sermonibus Christi historicae interpretationis ope vindicata. Göttingen. Lpz. (Sommer) 1794. 54 S. (6.50) 12972

Hammer, Emil, neuester Liebes-Briefsteller. Enthaltend zahlreiche Musterbriefe für alle Fälle des Liebeslebens. 1.—4. Aufl. (80 S.) 1879,80; 5.—13. Aufl. 8. (96 S.) Oberhausen 881—84, Spaarmann. *

Hammer, Emil, neuester Liebes-Briefsteller. Enth. zahlreiche Musterbriefe für alle Fälle des Liebeslebens. 8. Aufl. 8. (III, 96 S.) Oberhausen 882. Spaarmann. n. — 50

Hammer, Emil, neuester Liebes-Briefsteller. Enth. zahlreiche Musterbriefe f. alle Fälle d. Liebeslebens. 13. Aufl. 8. (96 S.) Oberhausen 884. Spaarmann. n. — 50

Hammer, E., neuester Liebes-Briefsteller. Enth. zahlreiche Musterbriefe f. alle Fälle d. Liebeslebens. 21. Aufl. 8. (96 S.) Styrum 890. Spaarmann. n. — 50

Hammer, Ernst

Hammer, E., zur Abbildung d. Erdellipsoids. Ergänzung zu d. Verf. Schrift: Ueber die geographisch wichtigsten Kartenprojectionen. [Aus: „Zeitschr. f. Vermessungswesen"] gr. 8. (40 S.) Stuttgart 891 K. Wittwer's Verl. n. 1. —

Hammer, Ernst, neue Beiträge zur Kenntnis der Histologie u. Entwicklung v. Sycon raphanus. (S. 289—334 m. 6 Taf.) Lex. 8. Berlin 908. R. Friedländer & Sohn. nn 8. —
Sonderabdruck aus „Archiv f. Biontol."

Hammer, E.: Die Berechnung der trigonometrischen Vermessungen mit Rücksicht auf die sphäroidische Gestalt der Erde. Deutsche Bearbeitung der Abhandlung De computandis etc. von J. G. F. Bohnenberger. Stuttgart 1885.

Hammer. Darstellung einer Erdhalbkugel in Cassini-Soldners Projection.

Hammer, Ernst, der tote Gott. Märchen u. Gedichte. (139 S.) 8. Flensburg (908). G. Soltau. 2. —

Hammer, Ernst, der arme Heinrich. Drama. (46 S.) 8. Kiel (906). R. Cordes. n. — 80

Hammer, E., üb. die geographisch wichtigsten Kartenprojektionen, insbesondere die zenitalen Entwürfe, nebst Tafeln zur Verwandlg. v. geograph. Koordinaten in azimutale. Mit 8 Fig. im Text, 23 Seiten Zahlentafeln u. 4 lith. Beilagen. gr. 8. (XI, 148 S.) Stuttgart 889. Metzler's Verl. n. 5. —

Hammer, E., Lehr- u. Handbuch der ebenen u. sphärischen Trigonometrie. Zum Gebrauch beim Selbstunterricht u. in Schulen, besonders als Vorbereitg. auf Geodäsie u. sphär. Astronomie. 3. erweit. Aufl. (XVIII, 644 S. m. 1 Tab.) 8. Stuttgart 907. J. B. Metzler. 10. 60

Hammer, E., Lehrbuch der ebenen u. sphärischen Trigonometrie. Mit Anwendgn. auf prakt. Geometrie u. sphär. Astronomie u. zahlreichen Übungsbeispielen. Zum Gebrauch in höheren Lehranstalten u. beim Selbstunterricht bearb. gr. 8. (X, 312 S.) Stuttgart 885. Metzler's Verl. n. 3. 20

Hammer, E., Lehrbuch d. ebenen u. sphär. Trigonometrie. Zum Gebr. beim Selbstunterr. u. in Schulen, bes. als Vorbereitg. auf Geodäsie u. sphär. Astronomie bearb. 2., umgearb. Aufl. gr. 8. (XIV, 572 S. m. Fig. u. 1 Tab.) Stuttgart 897. J. B. Metzler's Verl. n. 7. 40; geb. n.n. 7. 90

Hammer, [illegible] Stuttgart 1889.

Hammer, Ernst, appr. Zahnarzt aus Dresden: ⟨**Aus d. Anat.** Institut d. Universität Berlin.⟩ Das **Löwengehirn.** *Leipzig: G. Thieme 1902.* (42 S.) 8° ¶(Aus: Internat. Monatsschrift f. Anat. u. Phys., Bd 19.)
Berlin, Phil. Diss. v. 17. März 1902

— Mess- u. Rechen-Übungen zur prakt. Geometrie. 4. Aufl. Zusammengestellt Septbr. 1904. A. Ausg. f. Bau-Ingenieure. (198 S. m. Fig.) 23×11 cm. Ebd. 910. Geb. in Halbleinw. 3. 30

— dasselbe B. Ausg. f. Maschineningenieure u. Architekten. (78 S. m. Fig.) 23×11 cm. Ebd. 910. Geb. in Halbleinw. 1. 40

[illegible] 1885.

Astronomisches Nivellement durch Württemberg etwa entlang dem Meridian 9° 4′ östlich von Greenwich. Bestimmung d. Polhöhe u. d. meridionalen Lotabweichung auf d. 11 Stationen: Bitz ... Mit 18 Fig. im Text u. 1 Taf. Im Auftr. d. K. Minist. d. Kirchen- u. Schulwesens bearb. von Dr. E[rnst] Hammer, Prof., Stuttgart. *Stuttgart 1901: Union.* (VII, 156 S.) 4°
= **Veröffentlichung** d. K. württemb. **Kommission** f. d. internat. Erdmessung. H. 4. [01. 4300

— 2. astronomisches Nivellement durch Württemberg im Meridian 8° 33′ östlich v. Greenwich. Bestimmung der Polhöhe u. der meridionalen Lotabweichungskomponente auf den acht Stationen: Schwenningen, Horgen, Oberndorf, Schopfloch, Durrweiler, Ettmannsweiler, Wildbad, Schwann. (Im Anh.: Polhöhen in Stuttgart u. in Tübingen.) (Württemb. Veröffentlichg. f. die internationale Erdmessg.) Im Auftrag des k. württemberg. Ministeriums d. Kirchen- u. Schulwesens bearb. (VI, 118 autogr. S.) Lex. 8. Stuttgart 909. (K. Wittwer.) nn 5. —

—— Nullmeridian u. Weltzeit s.a. XVIII. Bd. 2. Abthl. S. 915: Zeit u. Streitfragen, deutsche, 43, 44.

Hammer, Ernst: Nullmeridian und Weltzeit. Mit einer Abbildung (Deutsche Zeit- und Streit-Fragen Heft 43/44) Hamburg 1888. 68 S. 8° [B 1354

Hammer, E. [illegible] Karte von Afrika. 1889.

— der logarithm. Rechenschieber u. sein Gebrauch. Eine elementare Anleitg. z. Verwendg. d. Instruments für Studirende u. für Praktiker. Mit 4 Fig. im Text. gr. 8. (60 S.) Lahr 898 Ebd. n. - 40

Hammer, E., der logarithmische Rechenschieber u. sein Gebrauch. Eine elementare Anleitg. zur Verwendg. des Instruments f. Studierende u. f. Praktiker. 2., durchgeseh. Aufl. gr. 8. (VIII, 69 S. m. 6 Fig.) Lahr 902. (Stuttgart, J. B. Metzler.) n. — 50

Hammer, E., der logarithmische Rechenschieber u. sein Gebrauch. Eine elementare Anleitg. zur Verwendg. des Instruments f. Studierende u. f. Praktiker. 3., durchgeseh. Aufl. (VIII, 71 S. m. 6. Fig.) 8. Lahr 904. (Stuttgart, J. B. Metzler.) n. — 70

Hammer, E., der logarithmische Rechenschieber u. sein Gebrauch. Eine elementare Anleitg. zur Verwendg. d. Instruments f. Studierende u. f. Praktiker. 4., durchgeseh. Aufl. (VIII, 80 S. m. 6 Fig.) gr. 8. Stuttgart 908. K. Wittwer. 1. —

Hammer, Ernst, Savonarola. Trauerspiel in 5 Aufzügen u. e. Vorspiel „Die Borgias". gr. 8. (V, 116 S.) Berlin 899. (C. Skopnik.) n. 4. —

Hammer, E., der Hammer-Fennel'sche Tachymeter-Theodolit u. die Tachymeterkippregel zur unmittelbaren Lattenablesung von Horizontaldistanz u. Höhenunterschied. (D. R. Patent Nr. 122,901.) Beschreibung u. Anleitg. zum Gebrauch des Instruments. Erste Genauigkeitsversuche. gr. 4. (III, 52 S. m. 16 Fig. u. 2 lith. Taf.) Stuttgart 901. K. Wittwer. n. 2. 80

— sechsstellige Tafel der Werte $\log \frac{1+x}{1-x}$ Für jeden Wert d. Arguments log x v. 8.0 — 10 bis 9.99000 — 10. (Vom Argument 9.99000 — 10 an bis 9.999700 — 10 sind die log. $\frac{1+x}{1-x}$ nur noch fünfstellig angegeben, v. dort an vierstellig. Lex.-8. (IV, 73 S.) Leipzig 902. B. G. Teubner. Kart. n. 3. 60

— Tafeln zur Berechng. d. Höhenunterschieds aus gegeb. horizontaler Entferng. u. gemess. Höhenwinkel. Für Entferngn. bis 400 m u. Höhenwinkel bis 25° (alte Teilg. des Quadranten) gr. 8. (VII, 25 S.) Stuttgart 895. J. B. Metzler's Verl. n. 1. —

Triangulirung zur Verbindung des Rheinischen Netzes mit dem Bayrischen Hauptdreiecksnetz. Mit 36 Fig. u. 1 Taf. Im Auftr. des K. Minist. d. Kirchen- u. Schulwesens bearb. von E[rnst] **Hammer.** Stuttgart: J. B. Metzler 1892. (IV, 91 S.) 4°
= **Veröffentlichung** d. K. Württemb. Kommission f. d. internat. Erdmessung. H. 3. [06. 11077

Hammer. [illegible] 1885.

— Vergleichg. ein. Abbildgn. e. kleinen Stücks d. ellipsoidischen Erdoberfläche (Karte v. S. W.-Deutschland), s.a. Acta, nova, academiae etc. naturae curiosorum.

Hammer, Ernst: Vergleichung einiger Abbildungen eines kleinen Stücks der ellipsoidischen Erdoberfläche '(Karte v. S.W.-Deutschland)'. Von —. . . . Halle: Dr. v. E. Karras; In Comm. bei W. Engelmann in Leipzig 1898. (24 S.) 4.
= Acta, Nova, Academiae Caes. Leopoldino-Carolinae Germ. naturae curiosorum. T. 71. No. 9.

— über den Verlauf der Isogonen im mittleren Württemberg. Mit 6 Fig. im Text, e. Karte u. 3 Taf. gr. 8. (VII, 58 S.) Ebend. 886. n. 2. 80

— **Zeitbestimmung** (Uhr-Kontrole) ohne Instrumente durch Benützung der Ergebnisse e. Landesvermessung. Allgemein verständlich dargestellt. Mit Tafeln der Sonnen-Deklination u. der Zeit-Gleichg. f. 1893—1896 u. e. Fig. gr. 8. (III, 47 S.) Stuttgart 893. J. B. Metzler's Verl. n. 2. —

— s.: Zeitschrift f. Vermessungswesen.

Hammer, Eugen, der Beruf u. das Herz der Frau. Ein duftendes Bouquet an die Welt gebildeter Frauen. gr 16. (31 S.) Leipzig 871. Pardubitz. n. — 75

Hammer, Eug., der Damenfreund, s. Grünau, Arth.

Hammer, Eug., die Kunst, Männer zu fesseln, s.: Grünau, Arth.

— die **Lehre Christi** u. die christliche Religion im Geiste der Gegenwart beleuchtet. 8. (30 S.) Leipzig 875. (Wölfert.) n. — 50

Hammer, Eug., Liebe, Verlobung, Hochzeit u. Ehe, s.: Grünau, Arth.

— der **Schritt** zur Ehe durch Vermittelung. gr. 8. (14 S.) Leipzig 876. Dreschke. n. — 50

— das **Wesen** der Seele u. des Herzens im Lichte der Wahrheit. gr. 16. (24 S.) Leipzig 871. Pardubitz. n. — 50

Hammer, F., De Jove Homerico. Pr. 1855. 28 S. 4°.

Hammer, F., Qualem Minervam finxerit Homerus. Pr. 1861. 30 S. 4°.

— Quid Homerus de rebus infernis censuerit. Pr. 1867. 27 S. 4°.

Hammer, F., über das Ulcus molle. (Aus dem Katharinenhospital in Stuttgart.) (8 S.) gr. 8. Leipzig 904. Verlag der Monatsschrift f. Harnkrankh. n. — 50
Sonderabdruck aus: „Monatsschr. f. Harnkrankh. u. sex. Hygieue."

Hammer, F. L.

— s. Jh. Hermann, observationes, et ejusd. mémoire aptérologique.

Hammer, F. L., Jeux instructifs pour exercer les enfans à parler la langue française. 8. Nürnb. 792.

— Livre élémentaire pour apprendre aux enfans les élémens de la langue française. 8. Nürnb. 792. 2e A. 810. Felssecker. 1 ₰ 2 Kr

Hammer, F. W. Das Koniglich Preußische Heer in seiner gegenwartigen Uniformirung. Nach den neuesten Bestimmungen und Proben zusammengestellt und herausgegeben von F. W. Hammer. Berlin. In Commission bei E. H. Schroeder. [1862—1865]
Tit. : Bl. 30 farb. Taf. nach A. von Werner und R. Meinhardt. qr. 2°.

Hammer, Fr., Blütenzweige. Christliche u. sinnige Gedichte aus alter u. neuer Zeit. 12. (XII, 306 S. m. 1 Chromolith.) Reutlingen 883. Kocher. geb. m. Goldschn. n. 3. —

Hammer, Fr., Blütenzweige. Christl. und sinnige Gedichte aus alter und neuer Zeit gesammelt. 3. Aufl. 8. (308 S.) Reutlingen 885, Kocher. geb. mit Goldschn. *

Hammer, Fr., Blütenzweige. Christl. u. sinn. Gedichte aus alter u. neuer Zeit, ges. v. H. 4. Aufl. 12. (XII, 308 S. m. farb. Titel u. Widmungsbl.) Reutlingen 896. Fleischhauer & Spohn. Geb. in Leinw. m. Goldschn. n. 3. —

Hammer, Fr., Blütenzweige. Christliche u. sinn. Gedichte aus alter u. neuer Zeit. 6. Aufl. 12. (XII, 308 S. m. farb. Titel u. Titelbild.) Stuttgart (901). Fleischhauer & Spohn. Geb. in Leinw. m. Goldschn. n. 3. —

Hammer, Fr., goldene Worte. Beschauliches u. Erbauliches in Liedern. Mit 1 Titelbilde in Heliogr., sowie 8 Vollbild. 8. (120 S.) Leipzig (893). F. Cavael. Geb. in Leinw. m. Goldschn. 3. —

Hammer, Friedlieb, aus gemischter Ehe. Zur Belehrung u. Warnung. 12. (56 S.) Paderborn 881. Bonifacius-Druckerei. — 25

Hammer, F., aus gemischter Ehe. Zur Belehrg. u. Warng. 12. (64 S.) Paderborn 889. Bonifacius-Druckerei. — 25

Hammer, Frdr., Allerhand aus Schtadt ond Land. Gedichte in schwäb. Mundart. (VIII, 71 S.) kl. 8. Stuttgart (905). Fleischhauer & Spohn. n. 1. —

Hammer, Friedr. Ueber den Einfluss d. Lichtes auf die Haut. gr. 8. (56 S.) Stuttg. 891, Enke. * 1 60

Hammer, Frdr., die Kreuzfahrer vom Rhein od.: Knappentreue! Ein ritterl. Schauspiel in 3 Akten. (44 S.) gr. 8. Pilsen 903. C. Maasch. n. 1. 80; geb. n. 3. 20

Hammer, Friedrich Martin Reinhard, s. Hammer, Martin

Hammer, Fritz, über Seereisen. (6 S.) 8. Leipzig 909. B. Konegen. 1. —
Sonderabdruck aus „Reichs-Medizinal-Anzeiger".

Hammer, Fritz, Bad Steben, s.: Stifler, Max.

Hammer, Fritz, aus Landau i. Pf.: Stieltorsion bei Ovarientumoren und deren klinische Bedeutung. *Würzburg 1902: C. J. Becker.* (55 S.) 8°
Würzburg, Med. Diss. v. 1902

Hammer, Geo., Liederschatz für die Jugend, oder 66 Lieder für den Schulgebrauch. qu. 4. Würzburg 845, Voigt u. Mocker. ¾ ₰

— **Georg Friedrich** (Eilenburg), Breviter commemorans Crypto-Calvinianos Vitembergenses qui post obitum b. Lutheri Vitembergam orthodoxiae sedem turbarunt. Disp. histor. Präs. Jo. Adam Calo. Wittbg. (Koberstein) Febr. 1714. 40 S. (7.—) 12973
Widm. v.: Präs., M. Christoph Nic. Speiser (Rottlebr. Cher.), Stephan Meyer (Stade/Brem.), Ch. Otto, Ernst Reinhard Goldner (Eilenburg; dtsch.), Adolph Friedrich Mylius (Eilenburg), Andr. Smaler.

— **Georg Philipp** (Gansen. Magdeburg), De eo quod justum est circa probationem per testes domesticos. Diss. jur. Präs. Joh. Gottfr. Kraus. Wittbg. (Gottfried Gaeberdt) Dez. 1724. 40 S. (6.50) 12974
Widm. v.: Präs., Joh. Christian Hedler (Vit. Sax.), C. F. Hartwig (Mansfeld; dtsch.), C. H. Richter (Zerbst), Joh. Christian Kühn,* Joh. Christian LohrEngel (dtsch.).

Hammer, Gotthold, bacc. jur.: Das Wesen des Gründungsaktes bei der Simultangründung der Aktiengesellschaft nach dem Handelsgesetzbuch für das Deutsche Reich vom 10. Mai 1897. Leipzig 1910: Hoffmann. 73 S. 8°
Leipzig, Jur. Diss. v. 9. Juni 1910
[Geb. 10. Febr. 87 Grunhainichen: Wohnort: Leipzig; Staatsangeh.: Sachsen; Vorbildung: Nikolaisch. Leipzig Reife O. 06; Studium: Leipzig 6 S.; Rig. 12. Juli 09.] [U 10. 2723

Hammer, Guido, Hubertus-Bilder. Ein Album für Jäger und Jagdfreunde gezeichnet und erzählt. gr. 4. (IV und 76 S. mit 65 eingedr. Holzschn., ausgeführt von H. Bürkner.) Glogau 856, Flemming's Verlag. Thlr.

Hammer, Guido, Hubertus-Bilder. Ein Album für Jäger u. Jagdfreunde. 2., umgearb. u. verm. Aufl. Mit 4 Bildern in Farbendr. u. 65 (eingedr.) Holzschn., ausgeführt v. H. Bürkner. gr. 4. (IV, 74 S.) Glogau 877. Flemming. geb. n. 10. 50

Hammer, Guido, Jagdbilder und Geschichten. Aus Wald und Flur, aus Berg und Thal. Lex.-8. (V und 160 S. mit 8 Illustr. vom Verf. In Holzschn. ausgeführt von Hugo Bürkner.) Glogau 863, Flemming. geb. 1

Hammer, G., Jagdbilder u. Geschichten aus Wald u. Flur, aus Berg u. Thal. Mit 8 Bildern vom Verf., in Holzschn. ausgeführt v. H. Bürckner. 2. Aufl. gr. 8. (VII, 127 S.) Glogau 889. Flemming. geb. 4. —

— Wild-, Wald- u. Weidmannsbilder. Mit Illustr. vom Verf. Lex.-8. (VIII, 311 S.) Leipzig 891. Keil's Nachf. n. 5. —; geb. n. 6. —

Flottenlied. Text von Frau Langensiepen. Musik von H. **Hammer.** *Bochum i./W.: Selbstverl. [1900].* (3 S.) 4° [ou. 4465 B

Hammer, H., s. Tarde, G., d. sozialen Gesetze.

Hammer, H. B., zur rechten Zeit gerettet, s.: Trewendt's Jugendbibliothek.

Hammer, H. G., die Electricität als fortlaufend bildende und erhaltende Kraft, von ihrem atomist. Ursprung bis zur vollständ. Ausbildung der Organe. 8. (VII und 144 S.) Dresden 855, Adler und Dietze.

Hammer, H. G., die Magnet-Electricität in ihren Wirkungen auf den kranken menschl. Organismus beobachtet. gr. 12. (56 S.) Dresden 851, (Adler und Dietze.) *

Hammer, Hans, Kammergerichtsrefer.: Ministerverantwortlichkeit im Deutschen Reiche. Forst ⟨Lausitz⟩ 1909: Hoene. 123 S. 8°

Heidelberg, Jur. Diss. v. 4. Nov. 1909, Ref. Jellinek

[Geb. 12. Juni 87 Forst i. L.; Wohnort: Forst; Staatsangeh.: Preußen; Vorbildung: Gymn. Kottbus Reife O. 05; Studium: München 3, Berlin 4 S.; Rig. 7. Aug. 09.] [U 10. 1883

Hammer, Heinrich von [Übers.]
s. Dickens, Ch.: Große Erwartungen. 1862.

Hammer, Heinr., Josef Schöpf 1745—1822. Mit allgemeinen Studien üb. den Stilwandel der Fresko- u. Tafelmalerei Tirols im 18. Jahrh. (IX, 190 S. m. 1 Abb. u. 22 Taf.) gr. 8. Innsbruck 908. Wagner. 3. —

Hammer, Heinr. v., offenes Sendschreiben an Ed. Hülsmann zu Dahl. 1. u. 2. Aufl. gr. 8. (à 2 B.) Elberfeld 836, (Becker.) à *

—— zweites Sendschreiben. 1. u. 2. Aufl. gr. 8. (à 2 B.) Ebds. 836. à *

—— drittes Sendschreiben (üb. Bibel-Ausleg.) gr. 8. (2¼ B.) Ebds. 836. *

Hammer, Hella, s.: Ramberg, Ada.

Hammer, Hieronymus: Geschichte des Kitzinger Bauernkriegs, in: Cronthal, Martin: Die Stadt Würzburg im Bauernkriege.

Hammer, Hugo, appr. Arzt: Ueber die Beziehungen der Phlegmonen und Fistelbildungen in der Gegend des Tränensackes zu den Nebenhöhlen-Eiterungen der Nase. Rostock 1904: C. Hinstorff. (38 S.) 8°

Rostock, Med. Fak., Ref. Peters, Diss. v. 2. Jan. 1905

[Geb. 25. Mai 80 Berlin; Wohnort: Rostock; Staatsangeh.: Preußen; Vorbildung: Friedrichs-Gymn. Berlin Reife M. 99; Studium: München 1, Berlin 1, Freiburg i. B. 1, Rostock 6 S.; Coll. 8. Juli 04; Approb. 1. Juli 04.]

Hammer, Joachim, Referendar: Die Vereinbarung nach § 607 Abs. II B.G.B. Greifswald 1909: Abel. 53 S. 8°

Greifswald, Jur. Diss. v. 3. Mai 1909, Ref. Frommhold

[Geb. 20. März 83 Marienfelde, Kr. Marienwerder; Wohnort: Graudenz; Staatsangeh.: Preußen; Vorbildung: Gymn. Marienwerder Reife O. 04; Studium: Heidelberg 1, Breslau 1, Kiel 1, Berlin 1, Greifswald 3 S.; Rig. 5. Nov. 07.] [U 09. 1457

Hammer, Jh. Fr., Aphorismen über das Wesen u. die Mittel d. Fortbildung des evangel.-christl. Geistlichen. Nebst einigen Nachrichten von dem Grimmaischen Prediger-Vereine u. zwei Vorträgen von K. G. Vater. gr. 8. Grimma 837. Gebhardt. n. 5/12 ℳ

Hammer, Joh. Friedr., über die Neubelebung des Institutes der Kirchenvisitationen u. über Schulkommissionen, welche in kleinern Bezirken jeder Diöcese auf dem Lande aus Geistlichen u. Lehrern zu bestellen sind. Eine Denkschrift in zwei Abhandlungen. Grimma 851. (Gensel.) gr. 8. (4 Bl., 54 S.) n. 7½ ngr

Hammer, Jos. v., s.a. Hammer-Purgstall.

Hammer, Josef, a. Riedlingen: Der Feingehalt der griechischen und römischen Münzen. Ein Beitrag zur antiken Münzgeschichte. Berlin 1906: W. Pormetter. (144 S.) 8°
* (Aus: Zeitschrift f. Numismatik.)

Tübingen, Phil. Fak., Ref. v. Schwabe, Diss. v. 5. Febr. 1907

[Geb. 17. Okt. 80 Riedlingen; Wohnort: Tübingen; Staatsangeh.: Württemberg; Vorbildung: Gymn. Ehingen Reife M. 99; Studium: Tübingen 8 S.; Coll. 7. März 06.]

v. Hammer, Jos., s. Nacht, 1001.

Hammer, Jos., das Recht des Angestellten an seinen Erfindungen. Eine Sammlg. der neueren reichsgerichtl. Entscheidgn. u. Reformvorschläge. (78 S.) 8. Nürnberg 907. C. Koch. n. 1. —

— s. Rosenöl.

Hammer, Jul., Adlig und Bürgerlich. Novelle. gr. 12. Leipzig 838. Engelmann. 1¼ ℳ

Hammer, Jul., Einkehr und Umkehr. Roman. 2 Thle. Leipzig 856. Brockhaus. 8. (4 Bl., 313; 2 Bl., 214 S.) n. 2 ℳ 20 ngr

Hammer, Jul., die Familie u. ihr Einfluß auf die Gesellschaft. gr. 8. (36 S.) Dresden 851, Türk. n. ⅙ ℳ

Hammer, Jul, Gedichte. (Auswahl.) 8. (VIII, 351 S.) Davos 898. H. Richter, Verl. Geb. in Leinw. m. Goldschn. n. 4. —

— fester Grund. Dichtungen. 16. (XIV und 168 S.) Leipzig 856(57,) Brockhaus. *

— Fester Grund. Dichtungen. 2. Aufl. Ebend. 863. 16. (XIV, 182 S.) n. 24 ngr; geb. n. 1 ℳ

Hammer, Jul., Fester Grund. Dichtungen. 3. Aufl. Leipzig 868. Brockhaus. 16. (XIV, 184 S.) n. 24 ngr; geb. mit Goldschn. n. 1 ℳ

Hammer, Jul., fester Grund. Dichtungen. 4. Aufl. 16. (VIII, 184 S.) Leipzig 882. Brockhaus. geb. m. Goldschn. n. 3. —

— Unter dem Halbmond. Ein osmanisches Liederbuch. Ebend. 860. 16. (XXXI, 174 S.) n. 24 ngr.; geb. n. 1 ℛ

—— Leben und Heimath in Gott, s. a. Leben und Heimath.

— Leben und Heimath in Gott. Eine Sammlung Lieder zu frommer Erbauung u. sittlicher Veredelung. Leipzig 861. Amelang. 8. (XXI, 730 S. u. 1 Stahlst.) 2 ℛ

— Leben u. Heimath in Gott. Eine Sammlung Lieder zu frommer Erbauung u. sittl. Veredlung hrsg. 4. Aufl. Ebend. 867. 8. (XXIV, 744 S. mit 2 Stahlst.) geb. mit Goldschn. 2 ℛ

Hammer, Jul., Leben und Heimath in Gott. Eine Sammlung Lieder zu frommer Erbauung und sittl. Veredlung. 5. Aufl. (XXII, 722 S.) 1872, und 6. Aufl. Mit 2 Stahlst. und 16 fein ausgeführten Bildern (Holzschntaf. und eingedr. Holzschn.) von Füllhaas u. A. 8. (VII, 724 S.) Leipzig 874, Amelang's Verlag. geb. mit Goldschn.

— Leben u. Heimath in Gott. Eine Sammlung Lieder zu frommer Erbauung u. sittl. Veredelung. 7. Aufl. Mit 18 (Holzschn.-)Illustr. 8. (VII, 708 S.) Leipzig 877. Amelang. geb. 6. —

Hammer, Jul., Leben u. Heimat in Gott. Eine Sammlung Lieder zu frommer Erbauung u. sittl. Veredlg. 10. Aufl. Mit 17 Illustr. v. Carl Gehrts u. A. 8. (VII, 708 S.) Leipzig 886. Amelang. geb. m. Goldschn. 6. —; in weiß. Pergt. 9. —

Hammer, J., Leben u. Heimat in Gott. Eine Sammlg. Lieder zu frommer Erbaug. u. sittl. Veredelg. 11. Aufl. Mit 13 Illustr. v. Carl Gehrts in Holzschn. u. 1 Stahlst. 8. (VIII, 708 S.) Leipzig 888. Amelang. geb. in Leinw. m. Goldschn. 6. —; in weiß Pergament 9. —

Hammer, Jul., Leben u. Heimat in Gott. Ein Sammlg. Lieder zu frommer Erbaug. u. sittl. Veredlg. 12. Aufl. Mit 13 Illustr. v. Carl Gehrts in Holzschn. u. 1 Stahlst. 8. (VII, 708 S.) Leipzig 891. Amelang. Geb. m. Goldschn. 6. -

— Leben u. Heimat in Gott. Eine Sammlg. Lieder zu frommer Erbaug. u. sittl. Veredlg. 13. Aufl. M. 13 Illustr. v. Carl Gehrts in Holzschn. u. 1 Stahlst. 8. (VII, 595 S.) Leipzig 896. C. F. Amelang. Geb. in Leinw. m. Goldschn. 6. —

Hammer, Jul., Leben u. Heimat in Gott. Eine Sammlg. Lieder zu frommer Erbaug. u. sittl. Veredlg. 14. Aufl. Gesichtet u. ergänzt v. Paul Mehlhorn. Mit 12 Illustr. v. Carl Gehrts in Lichtdr. 8. (IX, 542 S.) Leipzig 900. C. F. Amelang. Geb. in Leinw. m. Goldschn. 6. —

Hammer, Jul., Leben u. Heimat in Gott. Eine Sammlg. Lieder zu frommer Erbaug. u. sittl. Veredlg. 15. Aufl. Gesichtet u. ergänzt von Paul Mehlhorn. Mit 10 Abbildgn. v. Carl Gehrts in Lichtdr. (X, 498 S.) kl. 8. Leipzig 905. C. F. Amelang. Geb. in Leinw. m. Goldschn. n. 6. —

— Leben und Traum. Novellen. 2 Thle. gr. 12. Leipzig 839. Engelmann. 2½ ℛ

— Lerne, liebe, lebe. Dichtungen. Leipzig 862. Brockhaus. 16. (X, 190 S.) n. 24 ngr.; geb. n. 1 ℛ

— lerne, liebe, lebe. Dichtungen. 2. Aufl. Ebend. 866. 16. (X, 190 S.) n. 24 ngr.; geb. mit Goldschn. n. 1 ℛ

— lerne, liebe lebe. Dichtungen. 3. Aufl. 16. (190 S.) Leipzig 874. Brockhaus. n. 2. 40; geb. m. Goldschn. n. 3. —

— lerne, liebe, lebe. Dichtungen. 4. Aufl. 16. (X, 190 S.) Leipzig 882. Brockhaus. geb. m. Goldschn. n. 3. —

— lerne, liebe, lebe. Dichtungen. 5. Aufl. 16. (X, 190 S.) Leipzig 891. F. A. Brockhaus. Geb. in Leinw. m. Goldschn. n. 3. —

—— das Nordlicht, s. Nordlicht.

— die Psalmen der heiligen Schrift. In Dichtungen. Nebst Einleitung und Erläuterungen. Leipzig 861. Brockhaus. 8. (LXXII, 477 S.) n. 2 ℛ; geb. n. 2 ℛ 10 ngr.

— Schau um Dich u. Schau in Dich. Dichtungen. 16. (XII u. 170 S.) Leipzig 851, Brockhaus. n. 24 ngr.; in Engl. Einb. m. Goldschn. n. 1 ℛ

— dasselbe, s. a. Bibliothek der Gesamtlitteratur d. In- u. Auslandes.

— dasselbe, s. a. Meyer's Volksbücher.

— dasselbe, s. a: Universal-Bibliothek.

—— Schau um dich und Schau in dich. Dichtungen. 2. Aufl. 1853, 3. Aufl. 1854. und 4—6. Aufl. 16. (XIII und 174 S.) Leipzig 855—56, Brockhaus. *

—— Schau um dich und Schau in dich. Dichtungen. 7—11. Aufl. 16. (XIII und 174 S.) Leipzig 857—61, Brockhaus * geb. *

—— schau um dich und schau in dich. Dichtungen. 12.—17. Aufl. 16. (XIII und 174 S.) Leipzig 863—68, Brockhaus. * 24 Ngr.; geb. mit Goldschn. *

Hammer, Jul., Schau um dich und Schau in dich. Dichtungen. 18.—23. Aufl. 16. (XIII, 174 S.) Leipzig 870—75, Brockhaus. * geb. mit Goldschn. *

— Schau um dich und schau in dich. Dichtungen. 24., 26. und 27. Aufl. 16. (XIII, 174 S.) Leipzig 877—79, Brockhaus. * 2 40 geb. mit Goldschn. * 3 —

— dass. — 25. Aufl. (Jubelausg.) gr. 8. (XVI, 174 S.) Ebendas. 878. * M. 4,50.; geb. * 6 —

—— Schau um dich und schau in dich. Dichtungen. 28. und 29. Aufl. 16. (XIII, 174 S.) Ebendas. 881,84. geb. mit Goldschn. *

—— Schau um dich und schau in dich. Dichtungen. 30. und 31. Aufl. 16. (XIII, 174 S.) Leipzig 885,88, Brockhaus. geb. mit Goldschn. *

— schau um dich u. schau in dich. Dichtungen. 32. Aufl. 16. (XIII, 174 S.) Leipzig 889. Brockhaus. geb. m. Goldschn. n. 3. —

— schau um dich u. schau in dich. Dichtungen. 33. Aufl. 16. (XIII, 174 S.) Ebd. 892. Geb. in Leinw. n. 2. —

Hammer, Jul., schau um dich u. schau in dich. Dichtungen. 16. (110 S.) Leipzig 893. M. Werther. Geb. n. 1. 20

— dasselbe. gr. 16. (XV, 174 S.) Stuttgart 898. Greiner & Pfeiffer. Geb. in Leinw. m. Goldschn. n. 2. —

— Schau um dich u. Schau in dich. Dichtgn. 8. (IV, 96 S.) Davos 898. H. Richter, Verlag. Geb. in Leinw. m. Goldschn. n. 1. 80

— dasselbe. 12. (VI, 141 S.) Leipzig 896. G. Fock, Verlag. Geb. in Leinw. m. Goldschn. n. 1. 20

— dasselbe. 2. Aufl. gr. 16. (XV, 174 S.) Stuttgart 895. Greiner & Pfeiffer. Geb. in Leinw. m. Goldschn. n. 2. —

Hammer, Jul., schau um dich u. schau in dich. Dichtungen (XI, 176 S.) 12. Leipzig (903). H. Lautenschläger. Geb. in Leinw. m. Goldschn. n. 2. —

Hammer, Jul., schau um dich u. schau in dich. Dichtungen. (141 S. m. Titelbild.) kl. 8. Reutlingen (908). R. Bardtenschlager. Geb. in Leinw. m. Goldschn. 2. 20

Hammer, Jul., Stadt- u. Landgeschichten. 2 Bde. 8. Altenburg 845, 46, Pierer. (à 1 ℛ) 2 ℛ

— Zu allen guten Stunden. Dichtungen. 16. (VIII und 256 S.) Leipzig 854, Brockhaus. *

— Zu allen guten Stunden. Dichtungen. 854. (VIII 256 S.) n. 1 ℛ 6 ngr. — 2. Aufl. Ebend. 857. 16. (VIII, 195 S.) n. 24 ngr.

— zu allen guten Stunden. Dichtungen. 3. Aufl. 16. (VIII und 195 S.) Leipzig 863, Brockhaus. geb. mit Goldschn. *

— Zu allen guten Stunden. Dichtungen. 4. Aufl. 16. (VIII, 195 S.) Leipzig 870, Brockhaus. * geb. mit Goldschn. *

Vgl.: Ende, Gb. G. Ernst am.

Hammer, Jul., zu allen guten Stunden. Dichtungen. 5. Aufl. 16. (VIII, 195 S.) Leipzig 886. Brockhaus. geb. m. Goldschn. n. 3. —

— für stille Stunden. E. Auswahl christl. Lieder u. Gedichte zu frommer Erbaug. u. sittl. Veredlg. Neue Ausg. 8. (320 S. m. 12 Illustr.) Reutlingen 898. Enßlin & Laiblin. Geb. in Leinw. m. Goldschn. 4. 50

Hammer, Jul., Auf stillen Wegen. Dichtungen. Leipzig 859. Brockhaus. 16. (VIII, 188 S.) n. 24 ngr.; geb. n. 1 ℛ

— auf stillen Wegen. Dichtungen. 2. Aufl. 16. (VIII und 190 S.) Leipzig 865, Brockhaus. * geb. mit Goldschn. *

— auf stillen Wegen. Dichtungen. 3. Aufl. 16. (VIII, 190 S.) Ebend. 878. n. 2. 40; geb. m. Goldschn. n. 3. —

— **Justin David Friedrich** (Ipsheim/Frk.), Veneni canis rabidi pathologico-therapeuticam. Dissert. med. Rector Christoph Ignaz v. Guden. Präs. Joh. Andr. Fischer. Erfurt (Grosch) 27. II. 1725. 36 S. (6.50) 12981
Widm. v.: Johann Friedrich Depre.

Hammer, Karl

Hammer, Carl: Ein experimenteller Beitrag zur Frage der peripheren degenerativen Neuritis bei Tuberculose. (M. Taf. I II.) *Leipzig 1898: A. Pries.* (53 S. mit Taf.) 8°
Heidelberg, Med. Hab.-Schr. v. [5. März] 1898

Hammer, Carl [pr. Arzt aus Tangerhütte in Preussen]: Zur Kasuistik der myopathischen und der spinalen Form der progressiven Muskelatrophie. ... Weimar, Druck v. R. Wagner, 1890; 1 Bl., 24 S. 8°
Jena, Med. Fak., Inaug.-Diss. v. [10. Sept.] 1890

Hammer, Carl, zur Kasuistik der myopathischen u. der spinalen Form der progressiven Muskelatrophie. Diss. gr. 8. (24 S.) Weimar 890. (Rudolstadt, Dabis.) n. — 80

Hammer, Karl, Magistrat u. Stadtverordnete nach der östlichen Städteordnung vom 30. V. 1853. (VIII, 104 S.) gr. 8. Berlin 907. F. Vahlen. 2. 40

Hammer, Karl: Das Verhältnis zwischen Magistrat und Stadtverordneten-Versammlung nach der Städteordnung für die sechs östlichen Provinzen der Preußischen Monarchie vom 30. Mai 1853. Dessau 1909: Buchdr. Gutenberg. VIII, 104 S. 8°
Breslau, Jur. Diss. v. 15. Sept. 1909, Ref. Brie, Gretener
[Geb. 26. April 67 Waldenburg i. Schl.; Wohnort: Waldenburg; Staatsangeh.: Preußen; Vorbildung: Gymn. Waldenburg Reife O. 88; Studium: Breslau 8 S.; Rig. 11. Nov. 08.] [U 10. 492

Hammer, Karl Friedrich

Hammer, C. F. Das Königreich Bayern, nach den besten Hilfsmitteln gezeichnet. Nürnberg 1838. 2 Bl. c. K. Ff.

Hammer, C. F., Deutschland, oder die deutschen Bundes-Staaten nach ihrer Bildung vom Jahre 1811. M. 1 : 1600000. Würzburg, Stahel, 1824. Imp.-Fol.

Hammer, C. F. Das Königreich Griechenland nach seiner Gestaltung 1832. Nürnberg. 1 Bl. c. K. Ff.

Hammer, C. F. Charte von dem Fürstenthum Hohenlohe und der Grafschaft Limpurg, auf welcher auch das Fürstenthum Salm-Krautheim und das Schwäbisch-Hallische Gebiet mit enthalten sind. Nürnberg 1806. 1 Bl. K. v.

Hammer, C. F. 1) Karte von Oberfranken. 2) Karte von Mittelfranken. Mit der Eintheilung in Land- und Herrschaftsgerichte. Nürnberg. 2 Bl. c. K. Ff.

Hammer, C. F. Charte von dem Grossherzogthum Würzburg nebst dem Fürstenthum Schwarzenberg, den Grafschaften Castell und Limpurg-Speckfeld, der Herrschaft Wiesentheid u. s. w. Nürnberg 1805 und 1806. Je 1 Bl. c. K. v.

Hammer, Karl Frdr., Der Fraenkische Kreis nebst den angrenzenden Ländern nach vielen bisher noch nicht benützten Handzeichnungen ... verzeichnet ... Nürnberg 1804. Kupf., kolor. . . . . (Br. Mus.; RPA.; D.)

Hammer, C. F., (8 Kreis-Karten) des Königreichs Bayern. Nach den besten Hilfsmitteln neu bearb. Kpfrst. und ill. Imp.-Fol. Mit je 6—10 S. Text in 8. Nürnberg 857, Lotzbeck. à Karte * 15 Ngr. *
Inhalt:
Mittelfranken. — Niederbayern. — Oberbayern. — Oberfranken. — Oberpfalz und Regensburg. — Die Pfalz. — Schwaben und Neuburg. — Unterfranken und Aschaffenburg.

— Specialkarte von Mittelfranken des Königr. Bayern. Nach neuesten Hülfsmitteln bericht. und ergänzte Ausg. Kpfrst. und color. qu. gr. Fol. Nebst: Statistische Angaben über das Königr. Bayern nach den neuesten Erhebungen des kgl. bayer. statistisch-topograph. Bureaus bearb. 5. verm. und verb. Aufl. 8. (48 S.) Regensburg 877, Coppenrath. In Carton *

Hammer, C. F. Der Unter-Mayn-Kreis des Königreichs Baiern mit der Eintheilung in Land- und Herrschafts-Gerichte. 1821. 1 Bl. c. K. Ff.

Hammer, Karl Ludwig, a. Straßburg i. E.: Die geographische Verbreitung der vulkanischen Gebilde und Erscheinungen im Bismarckarchipel und auf den Salomonen. Gießen 1907: v. Münchow. (62 S., 1 Karte.)
Gießen, Phil. Fak., Ref. Sievers, Diss. v. 8. Mai 1907
[Geb. 17. Jan. 76 Straßburg i. E.; Wohnort: Offenbach a. M.; Staatsangeh.: Hessen; Vorbildung: Neues Gymn. Darmstadt Reife O. 94; Studium: T.H. Darmstadt 5, Univ. Gießen 4 S.; Rig. 20. Nov. 06.]

Hammer, Kaspar

De Apsine Rhetore. — Von Casp. Hammer, Stdl. — 1876, Günzburg, Gotteswinter (in München). — S. 3—36⁸.
Progr. Günzburg a. d. D. (Schwaben), Isol. lat. Schule

Quintilianus. Hammer, *Caspar* Beiträge zu den 19 grösseren quintilianischen Deklamationen. 8 (58 S.).
Progr. Kgl. Wilhelms-G. *München* 1893.
I. Die Entstehung der quintilianischen Deklamationen. II. Die handschriftliche Überlieferung der quintilianischen Deklamationen. III. Auszüge aus den XIX quintilianischen Deklamationen. IV. Sprachliche und textkritische Bemerkungen.

Hammer, *Caspar* [Prof.]: Beiträge zu den 19 grösseren quintilianischen Deklamationen. München, Druck v. H. Kutzner, 1893; 58 S. 8.
München, K. Wilhelms-G, P 1893

Demetrius *περὶ ἑρμηνείας*. Ein literar-historischer Versuch. — Von C. Hammer, Stdl. — 1883, Landshut, ibid. — S. 3—78⁸.
Progr. Landshut, K. Gymn.

Nekrolog auf den K. Gymnasialprofessor a. D. Adolf Ullerich. — Von Kaspar Hammer, G.-R. — Jahresbericht p. 68—69.
Progr. Würzburg, K. Altes Gymn.

Hammer, Casp., Rhetorik der Griechen u. Römer, s.: Volkmann, Rich.

Commentatio de Ciceronis Topicis. — Von Caspar Hammer, Stdl. — 1879, Landavi, ibid. — S. 3—39⁸.
Progr. Landau (Pfalz), K. Gymn.

Hammer, Kurt, Ref. am Kgl. Amtsgerichte Dresden: Das Pfandrecht des Spediteurs nach dem Deutschen Handelsgesetzbuche. Leipzig 1906: W. Wigand. (83 S.) 8°
Leipzig, Jur. Fak., Diss. v. 10. Mai 1906
[Geb. 10. Aug. 83 Dresden; Wohnort: Dresden; Staatsangeh.: Sachsen; Vorbildung: Gymn. z. heil. Kreuz Dresden Reife O. 02; Studium: Berlin 3, München 1, Leipzig 2 S.; Rig. 1. Juli 05.]

Hammer, Martin, Festschrift zur Feier des 50jähr. Bestehens des Turnvereins Nürnberg, Nürnberg 1896, 54 S., 8°.

Hammer, *Friedrich* Martin *Reinhard* [aus Berlin]: Die locale Verbreitung frühester romanischer Lautwandlungen im alten Italien ... Halle a. S., Druck v. Wischan & Wettengel, 1894; 2 Bl., 41 S., 1 Bl., 5 Kt. 8.
Halle, Phil. Fak., Inaug.-Diss. v. 20. Jan. 1894

Hammer, Max: Untersuchungen über Hertz'sche stehende Schwingungen in Luft. Halle a. S. 1909: Kaemmerer. 54 S. 8°
Halle, Phil. Diss. v. 5. Juni 1909, Ref. Dorn
[Geb. 5. Febr. 83 Halle a. S.; Wohnort: Halle; Staatsangeh.: Preußen; Vorbildung: Stadt-Gymn. Halle Reife M. 02; Studium: Halle 4, Bonn 2, Halle 5 S.; Rig. 7. Dez. 08.] [U 09. 1654

Hammer, Otto

Hammer, O, die Lehre vom Schadenersatze nach dem Sachsenspiegel u. den verwandten Rechtsquellen, s.a. Untersuchungen zur deutschen Staats- u. Rechtsgeschichte.

Hammer, Otto, Die Lehre vom Schadenersatze nach dem Sachsenspiegel und den verwandten Rechtsquellen. Ein Beitrag zur Geschichte der Schadenersatzverbindlichkeit in Deutschland. Breslau 1885. 8.
A. u. d. T.: Unters. z. d. Staats- u. Rechtsgesch. H. 19. . . . .

Hammer, O., Tod u. Auferstehung Christi u. das Leben der Christen in Ihm. 3 Predigten. gr. 8. (32 S.) Stettin 871. v. der Nahmer. n. — 40

Hammer, P., Die deutschen Kartenspiele . . . . (1815). s. u.: Taschenbuch f. Kartenspieler . . . .

Hammer, P., ein Wort üb. d. Versicherung d. Eigenthums geg. Feuersgefahr. Mit besond. Hinsicht auf die von d. Handels-Deputation zu Hannover errichtete Feuer-Versicherungs-Anstalt. 8. (3 B.) Hannover 830, (Helwing.)

Hammer, Paul, in Würzburg: Haftung der Eisenbahnen bei Verletzung und Tötung von Personen nach dem RG. vom 7. Juni 1871. München: J. Schweitzer 1906. (82 S.) 8° [J.]
Würzburg, Jur. Fak., Ref. Mayer, Diss. v. 22. Okt. 1906
[Geb. 9. März 81 Landshut; Wohnort: Würzburg; Staatsangeh.: Bayern; Vorbildung: Wilhelms-Gymn. München Reife Juli 99; Studium: München 8 S.; Rig. 7. Febr. 06.]

Hammer, Peter [Pseud.], s.a. Goerres, Jac. Josef

Hammer, Peter, (J. Görres), Schriftproben. 4. Heidelb. 808. Mohr. 8 gr.

Hammer, Philipp, Altarssakraments- u. Herz-Jesu-Predigten. (V, 188 S.) gr. 8 Paderborn 910. Bonifacius-Druckerei. 2.—; geb. in Halbfrz. 3.—

Hammer, Ph., H. Gaspar, Pfarrer in Stadtbredimus u. seine Schrift: „Populäre Philosophie d. Staates". Kritische Beleuchtg. gr. 8. (32 S.) Luxemburg 872. Brück. — 60

Hammer, Philipp: Die Erziehung d. weiblichen Jugend. — Paderborn: Bonifacius-Dr. 1901. 56 S. 8⁰

Hammer, Philipp [wirkl. Name], s. Freimuth, Philalethes [Pseud.]

Hammer, Phil., neuester Jesuitenspiegel, worin nicht blos die schlechte Moral der Jesuiten, sondern auch die nicht minder schlechte der Ultramontanen zur Schau gestellt ist. Speyer 869. Kleeberger. gr. 8. (129 S.) n. 15 ngr.

Hammer, Phpp., katholisch ist Trumpf. I u. II. [Aus: „Bonifacius-Broschüren".] 12. Paderborn, Bonifacius-Druckerei. à — 30
I. A. Der Protestantismus u. der kathol. Glaube. (65 S.) 893.
II. B. Der Sozialismus u. der kathol. Glaube. (52 S.) 894.

Hammer, Phil., Leitsterne zur Orientirung in politischen Fragen f. die Katholiken aller Stände. 8. (XVIII, 386 S.) Brixen 870. Weger. n. 2. 50

Hammer, Phil., das Lied von der neuen Mode in allen Tonarten ausgepfiffen. Würzburg 869. Stahel. 8. (IV, 112 S.) 12 ngr.

Hammer, Philipp, Marien-Predigten. 2., verb. Aufl. (260 S.) gr. 8. Paderborn (906). Bonifacius-Druckerei. n. 2. 70
1. Aufl. (III, 274 S.) 904. n. 2. 70.

— Marien-Predigten. 3., verb. Aufl. (261 S.) 8. Ebd. 909. 2. 70

— die christliche Mutter in ihrem Berufe. 8. (193 S.) Ebend. 873. — 60

Hammer, Phpp., die christliche Mutter in ihrem Berufe. 12. (72 S.) Paderborn 879, Bonifacius-Druckerei. — 30

Hammer, Phpp., die christliche Mutter in ihrem Berufe. 2. Aufl. 12. (77 S.) Paderborn 881. Bonifacius=Druckerei. — 30

Hammer, Phpp., die christliche Mutter in ihrem Berufe. 3. Aufl. 8. (XXIV, 196 S.) Paderborn 897. Bonifacius=Druckerei. 1. —

— die christliche Mutter in ihrem Berufe. 4. Aufl. 8. (XXIV, 199 S.) Ebd. 901. n. 1. 20

— die christliche Mutter in ihrem Berufe. 5. Aufl. (XXIV, 198 S.) 8. Ebd. 904. n. 1. —

— Myrthensträußchen zu Ehren der lieben Gottesmutter, s.: Blüten aus dem Himmelsgarten.

—— zeitgemäßer Neujahrsgruß, zunächst an die katholischen Oesterreicher, dann auch an die übrigen kathol. Deutschländer gewissenhaft und mit gehör. Respect ausgerichtet. 8. (IV, 116 S.) Soest [Münster] 869, Nasse's Verlag. *

— d. wahre u. falsche Patriotismus. [Aus: „Bonifacius=Broschüren".] 12. (48 S.) Ebd. 895. — 20

— Predigten f. die Feste des Herrn. 1. u. 2. Abtlg. gr. 8. Ebd. 7. 70
1. Enth. Predigten f. Weihnachten, Neujahr, Epiphanie u. Namen=Jesu=Fest. (III, 355 S.) 907. 3. 20
2. Enth. Predigten f. Karfreitag, Ostern, Christi Himmelfahrt, Pfingsten, Fronleichnam, sowie vom kostbaren Blute. (III, 510 S.) 909. 4. 50

— 7 Predigten üb. des Menschen Ziel u. Ende u. letzten Dinge. 8. (VIII, 208 S.) Fulda 894 Fuldaer Actiendruckerei. n. 1. 80

— sieben Predigten üb. d. Menschen Ziel u. Ende u. letzten Dingen. 2. Aufl. gr. 8 (XI, 208 S.) Fulda 896. Fuldaer Actien=Druckerei. n. 1. 80

— sieben Predigten üb. des Menschen Ziel u. Ende u. letzten Dinge. 3. Aufl. (XVI, 208 S. m. Bildnis.) 8. Fulda 905. Fuldaer Actiendruckerei. n. 1. 80

— Predigten auf die Sonntage des Kirchenjahres. (V, 362 S.) gr. 8. Paderborn 906. Bonifacius=Druckerei. n. 3. 20

— Predigten auf die Sonntage des Kirchenjahres. 2., verb. Aufl. (372 S.) gr. 8. Ebd 907. 3. 20

— die Presse, e. Großmacht, oder e. Stück moderner Versimpelung? Würzburg 868. Stahel. gr. 8. (VII, 126 S.) n. 15 ngr.

Hammer, Ph., der Rosenkranz, e. Fundgrube f. Prediger u. Katecheten, e. Erbauungsbuch für katholische Christen. 1. Bd. gr. 8. (XX, 446 S.) Paderborn 890. Bonifacius=Druckerei. n. 3. 60

— der Rosenkranz, e. Fundgrube f. Prediger u. Katecheten, e. Erbauungsbuch f. kathol. Christen. 1. u. 2. Bd. 8. Paderborn, Bonifacius=Druckerei. à n. 3. 60
1. 2. Aufl. (XXIV, 456 S.) 893. — 2. (XXIV, 423 S.) 892.

— d. Rosenkranz, e. Fundgrube f. Prediger u. Katecheten, e. Erbauungsbuch f. kathol. Christen. 3. Bd. gr. 8. (VIII, 400 S.) Paderborn 896. Bonifacius=Druckerei. n. 3. 40 (1.—3.: n. 10. 60)

— der Rosenkranz, e. Fundgrube f. Prediger u. Katecheten, e. Erbauungsbuch f. kathol. Christen. IV. Bd. gr. 8. (VII, 452 S. m. Bildnis.) Paderborn 899. Bonifacius=Druckerei. n. 3. 60

— der Rosenkranz, e. Fundgrube f. Prediger u. Katecheten, e. Erbauungsbuch f. kathol. Christen. 1.—4. Bd. gr. 8. Ebd. n. 14. 20
1. 4. Aufl. (XXIV, 456 S.) 902. n. 3. 60
2. 3. Aufl. (XXIV, 430 S.) 902. n. 3. 60
3. 4. Aufl. (VIII, 400 S.) 903. n. 3. 40
4. 2. Aufl. (VII, 451 S. m. Bildnis.) 906. n. 3. 60

— der Schmuck der Myrten. 16. (XII, 412 S. m. Titelbild.) M. Gladbach (900). A. Riffarth. Geb. in Leinw. n. 1. 50

—— Status quaestionis; oder: Um was handelt es sich? Nützlicher Handgriff, die Rechnung des Lebens so zu machen, daß die Probe herauskommt. 8. (86 S.) Soest [Münster] 868, Nasse's Verlag. *

—— der christliche Vater in seinem Berufe. 8. (239 S.) Ebendas. 883. *ℳ 1.; cart. *

Hammer, Phpp., der christliche Vater in seinem Berufe. 2. Aufl. 8. (239 S.) Paderborn 885. Bonifacius=Druckerei. 1. —

— der christliche Vater in seinem Berufe. 3. Aufl. 8. (274 S.) Paderborn 899. Bonifacius=Druckerei. 1. —

— der christliche Vater in seinem Berufe. 4. Aufl. (280 S.) 8. Ebd. 904. n. 1. —

Hammer, Phil., Was es um die Stellung gewisser deutscher Professoren zum Konzil ein absonderlicher Standpunkt ist. Soest, Nasse, 1870. 8°, 43 S., 50 Pf.
Geißelt den Hochmut u. Wissensstolz moderner Gelehrten, die dem Urteil der Kirche ihre Unterwerfung verweigern, wobei er aber von Geschmacklosigkeiten im Ausdruck sich nicht frei hält.

Hammer, Philipp, Die Zusammenkunft, welche der hl. Geist, der hl. Vater u. die kathol. Bischöfe demnächst mitsammen haben werden. Soest, Nasse, 1869, 16°, 67 S., 50 Pf.
Das Schriftchen bringt in geschmackloser Form einige recht gute Gedanken über den Papst u. seine centrale Stellung in der Kirche.

Hammer, R. und Steenstrup, K. J. V. Die Westküste Grönlands zwischen Godhavn und Prøven. 1:600000. Gotha 1883. 1 Bl. c. A. Ff.

Hammer, T. F., Handfibel für den Schreibleseunterricht u. die Rechtschreibung, auch zum Gebrauch nach der gewöhnl. Lautir= u. Buchstabir=Methode. 3. verm. Aufl. gr. 12. (Mit 4 Bl. lith. Vorschriften.) Königsberg 846, Bon. n. 1/12 ℔

Hammer, Th., Briefsteller für alle Verhältnisse des Lebens. Musterbuch zur Abfassung aller Arten v. Briefen geschäftl. u. privaten Inhalts, Contracten, Testamenten, Vollmachten, Wechseln, Quittungen, Eingaben ꝛc. Nebst einer Abhandlung über Briefstyl u. einer Zusammenstellung der Titulaturen. 8. (64 S.) Hamburg 877. Kramer. n. — 50

Hammer, Thdr., d. kirchl. u. sittl. Bewahrung d. Jugend. E. Beitrag z. sozialen Frage. gr. 8. (20 S.) Königsberg 896. W. Koch. n. — 40

— s.: Gott m. uns!

Hammer, Th., Dr. Martin Luther's kleiner Katechismus, f. Anfänger im Unterrichten erklärt. gr. 8. (IV, 109 S.) Marienwerder 890. Boehnke. n. 1. 50

— evangelisches Schul=Gesangbuch, unter Mitwirkg. v. W. Schulz bearb. u. hrsg. 8. (76 S.) Königsberg 887. Gräfe & Unzer. geb. n.n. — 55

—— Evangelisches Schul-Gesangbuch, unter Mitwirkg. v. Wilh. Schulz bearb. u. hrsg. 4. Abdr. 8. (76 S.) Königsb. i. Pr. 891, Gräfe u. Unzer. — 40

Hammer, Thdr., evangelisches Schul-Gesangbuch, unter Mitwirkg. v. Wilh. Schulz bearb. u. hrsg. 5. Abdr. 8. (II, 76 S.) Königsberg 894. Gräfe & Unzer's Verl. n. — 40

— evang. Schul-Gesangbuch, unt. Mitwirkg. v. Wilh. Schulz bearb. u. hrsg. 6. Abdr. 8. (II, 76 S.) Berlin 897. C. R. Dreher. n. — 40

Hammer, Thdr., evangelisches Schul-Gesangbuch. 9., verm. u. verb. Ausg. Mit Berücksichtig. der Bedürfnisse der Lehrerbildungsanstalten. (III, 82 S.) 8. Graudenz 905. G. Röthe. Geb. n.n. — 75

Hammer, V., die Befreyung von Akri, ein hist. Ged. mit Noten. 4. Wien, Degen. 796.

Hammer, W.

Beiträge zur Genealogie des fürstl. Hauses Hohenlohe für den Zeitraum v. J. 1220 bis zum Erlöschen der beiden Linien Brauneck und Möckmühl und bei der noch blühenden Hohenlohe'schen Linie bis zum Jahr 1490 (von W. Hammer). Mit Stammtfln. Oehringen 1843. 4. Nicht im Handel.

Hammer, W., und **C. Ohmann**, Generalkarte von Deutschland und den Nachbarländern. Revidirt von Richard Kiepert. M 1:1000000. Berlin. D. Reimer. 1885. 9 Bll.

Hammer, W., über Kanalstrahlen, s.: Dechend, H. v.

Hammer, W., Olivingesteine aus dem Nonsberg, Sulzberg u. Ultenthal. gr. 8. (48 S. m. 6 Fig. u. 1 Karte.) Stuttgart 899. E. Schweizerbart. n. — 80
Sonderabdruck aus: „Zeitschrift f. Naturwissenschaft."

Hammer, W., Reisekarte vom nordwestlichen Deutschland, Hannover, Oldenburg, Braunschweig, Holstein, Mecklenburg, Anhalt, nebst Theilen der Preussischen Provinzen Pommern, Brandenburg, Sachsen u. Westfalen. 1 : 1000000. (Neue Ausgabe.) Berlin, D. Reimer. 1854. gr. Fol. Lithochrom. 2/3 ℛ

Hammer, W., Säulen-Ordnungen nach Vignola. Als Unterrichtsmittel für Baugewerkenschulen geordnet. Imp.-Fol. (16 Stnt.) Dresden 870, (Bach.) *

Hammer, W., Säulen-Ordnungen nach Vignola. Als Unterrichtsmittel für Baugewerkenschulen geordnet. 2. Aufl. gr. Fol. (16 Steintaf.) Dresden 878. Bleyl & Kämmerer. 9. —

Hammer, W. A., Gedicht-Reigen. 12. (36 S.) Wien 900. (W. Braumüller.) n. 1. —

Hammer W. A.: Der französische Konjunktiv vom psychologischen Standpunkte. 21. Römerstadt R. 03.
Progr.

Hammer, W. A., s.: Nicht rasten u. nicht rosten!

Hammer, W. A., Ferdinand v. Saar, s.: Litteraturbilder fin de siècle.

Hammer W. A.: Das Substantivum in Schillers Übersetzung „Der Neffe als Onkel". 17. Wien VII. R. 00.
Progr.

— Vogelsang. Märchen aus d. Wienerwalde. 8. (128 S.) Linz 900. Wien, Oesterreich. Verlagsanstalt. n. 2. 40

Hammer, Walter

Hammer, W.: Eissport und Eisspiele. Elberfeld & Leipzig 1911. 62 S. m. Abb.

Hammer, Walt., wir Kinder Gottes. Betrachtungen über wahres Christentum. (16 S.) 8. Werdohl 906. Leipzig, E. Maerter. n.n. — 60

Hammer, Walt., Lebensreform u. Politik. (24 S.) gr. 8. Schöneberg-Berlin (910). Verlag Lebensreform. — 35

— Schlittensport, s.a. Lehrmeister-Bibliothek.

Hammer, W.: Schlittensport. Leipzig 1910. 48 S. m. Abb. (Lehrmeister-Bücherei. 26.)

Hammer, Wenzel, Geschichte der Volksschule Böhmens v. der ältesten Zeit bis zum J. 1870. Mit Portr. des Bischofs F. Kindermann u. k. k. Landes-Schulrates J. Maresch u. alphabet. General-Register am Schlusse. (VII, 211 S.) gr. 8. Warnsdorf 904. (A. Opitz.) n. 3. 75

Hammer, Wildrich, die zuverlässigste Hilfe gegen die Insectenplage durch 114 der wirksamsten und wohlfeilsten Mittel zur Vertilgung des Haus- und Gartenungeziefers. Nebst Nachweis über die Eigenschaften und die Erlangung des pers. [kaukas.] Insectenpulvers. Nach Jon. Lee, C. Koch und vieler Anderer Erfahrungen mitgetheilt. 8. (40 S.) Leipzig 851 (52,) Spamer. *

Hammer, Wilh., sieben Abhandlungen üb. Vernunft, Naturwissenschaft u. Religion. (III, 48 S.) 8. Berlin (904). P. Raatz. n. 1. —; geb. n. 1. 75

Hammer, Wilh., seelenkundliche Bemerkungen z. Prozesse Regina Riehl in Wien. (19 S.) gr. 8. Leipzig 907. Verlag der Monatsschr. f. Harnkrankh. 1. —

— Bericht üb. die Verhandlungen des Allgemeinen Fürsorge-Erziehungstages am 11. bis 14. VI. 1906 zu Breslau. Erstattet unter Benutzg. des stenograph. Protokolls. — Eine persönl. Bemerkg. zum Breslauer Fürsorge-Erziehungs-Tage. Nachruf zum Breslauer Fürsorgetag. (84 S.) gr. 8. Ebd. 907. 2. 40

— Dirnentum (Prostitution), s.a. Zur Psychologie unserer Zeit. 7.

Dirnentum (Prostitution). Wissenschaftl. Übersicht z. Beleuchtung d. Sittengeschichte unserer Zeit. Von Dr. med. Wilhelm **Hammer**-Berlin. 1.–10. Taus. Berlin-Leipzig: J. Singer & Co. [1906]. (39 S.) 8°
— **Psychologie**, Zur, unserer Zeit. H. 7.

— über Dirnentum u. Mutterschutz. (24 S.) gr. 8. Leipzig 906. Verlag der Monatsschr. f. Harnkrankh. n. 1. —
Sonderabdruck aus: „Monatsschr. f. Harnkrankh. u. sex. Hygiene."

— die geschlechtliche Eigenart der gesunden Frau m. eingehender Würdigung der mannweiblichen Uebergangsformen. (VII, 150 S. m. 22 Abbildgn.) Ebd. 8. (906.) n. 3. —

— geschlechtliche Enthaltsamkeit u. Gesundheitsstörung. (5 S. m. 2 Abbildgn.) gr. 8. Ebd. 904. n. — 50

— über e. Fall von typischem Uranismus e. jungen Mädchens. (9 S.) gr. 8. Ebd. 904. n. — 60
2 Sonderabdrucke aus: „Monatsschr. f. Harnkrankh. u. sex. Hygiene".

— Über gleichgeschlechtliche Frauenliebe m. besond. Berücksicht. der Frauenbewegung. (17 S.) gr. 8. Ebd. 907. — 80
3 Sonderabdrucke aus „Monatsschr. f. Harnkrankh. usw."

— die gesundheitlichen Gefahren geschlechtlicher Enthaltsamkeit. (20 S. m. 2 Abb.) gr. 8. Ebd. 904. n. — 80

— Geschlechts-Elend der Frau u. die Mittel zu seiner Linderung. (XVI, 150 u. 90 S. m. 22 Abbild.) 8. Ebd. (907.) 5. —

HAMMER, Dr. med. W., Großstadtdokumente. Bd. 20. Hrsg. von Hans Ostwald-Berlin, Schweizer, 1906.

— Die Frankfurter Hautärztezusammenkunft, Pfingsten 1908. (Eigenbericht der „Monatsschr. f. Harnkrankheiten, Psychopathia sexualis u. sexuelle Hygiene".) (52 S.) gr. 8. Ebd. 908. 1. 80
Sonderabdruck aus „Monatsschr. f. Harnkrankh. usw."

— zehn Lebensläufe Berliner Kontrollmädchen u. zehn Beiträge zur Behandlung der geschlechtlichen Frage, s.a. Großstadt-Dokumente. 23. Bd.

Zehn Lebensläufe Berliner Kontrollmädchen u. zehn Beiträge z. Behandlung d. geschlechtl. Frage von Dr. med. Wilhelm Hammer, Berlin. 11. Aufl. Berlin & Leipzig: H. Seemann Nachf. [1905]. (103 S.) 8° [F.]
= Großstadt-Dokumente. Bd 23. [illegible]

— s. Le Sage, Weitr. 8r Bd.

— Licht- u. Schattenseiten geschlechtlicher Enthaltsamkeit, unter gleichmässiger Berücksicht. beider Geschlechter dargestellt. (II, 48 S.) gr. 8. Berlin (906). J. Singer & Co. n. 1. 20

(B) – Licht- u. Schattenseiten. 906. (KBL 93.) Infolge Rechtsspruches unbrauchbar gemacht.

— Das Liebesleid der Frau u. die Mittel zu seiner Einschränkung. (VII, 90 S.) 8. Leipzig (907). Verlag der Monatsschr. f. Harnkrankh. 2. —

— s.: Monatsschrift f. Harnkrankheiten usw.

Hammer, Wilh, Napoleon als Feldherr, Regent, Staatsmann u. Politiker. In einer Auswahl seiner denkwürdigsten Urtheile u. Ansichten üb. Kriegskunst, Politik, Gesetzgebung, Verwaltung, ausgezeichnete Personen 2c. Mit besonderer Berücksichtigung seiner höchst wichtigen Weissagungen über die politischen Ereignisse der jüngsten Vergangenheit, der Gegenwart u. nächsten Zukunft unserer Zeit, u. einer interess. Vergleichung zwischen Napoleon u. Friedrich d. Großen. 8. Stuttgart 833, Scheible's Buchh., jetzt Gaul u. Tonger in Cöln. 1 ₰

Hammer, Wilhelm [Dr.]: Ortsnamen der Provinz Brandenburg. I. Tl. Berlin, R. Gaertner, 1894; 32 S. 4.
Berlin, Neunte St. R '(HB)', OP 1894 (124)

Hammer, Wilhelm [Dr.]: Ortsnamen der Provinz Brandenburg. II. Tl. [Forts. d. P-Beil. 1894.] Berlin, R. Gaertner, 1895; 30 S. 4.
Berlin, Neunte St. R '(HB)', OP 1895 (125)

Hammer, Wilh., Ortsnamen der Prov. Brandenburg. Progr. 4. (32 S.) Berlin 894. R. Gaertner. n. 1. —

Hammer, W., Das Berliner Polizeimerkblatt. — Gesetzlicher Ammenschutz, e. erfüllte u. e. zu erfüll. Forderg. [Aus: „Monatschr. f. Harnkrankh. usw."] (13 S.) gr. 8. Leipzig, Verlag der Monatschrift f. Harnkrankh. —. 80.
1908.

— über Prostitution u. Homosexualität, zugleich e. Beitrag zur Lehre v. den Enthaltsamkeitsstörungen. (8 S.) gr. 8. Leipzig 905. Verlag der Monatsschrift f. Harnkrankh. n. — 60
Sonderabdruck aus: „Monatsschr. f. Harnkrankh. u. sex. Hygiene".

Hammer. Über Prostitution und venerische Krankheiten in Stuttgart und die praktische Bedeutung des Gonococcus. Wien 1897. Gr. 8°. 24 S. (S.-A.)

— die Prügelstrafe ärztlich beleuchtet, m. Benutzung der Briefsammlungen John Bull beim Erziehen u. Amerika beim Erziehen. (VII, 127 S.) gr. 8. Leipzig (906). Leipziger Verlag. n. 4. —

HAMMER, Dr. med. Wilh., Berlin, Die Prügelstrafe ärztlich beleuchtet .... Leipziger Verlag, G. m. b. H., Leipzig. (Mk. 4—.) (4 Mk., br., O. Rauthe, 1909.)

Hammer, Wilh., über ärztl. „Sachverständigen"-tätigkeit hinsichtlich Abweichungen des Liebestriebs. (12 S.) gr. 8. Leipzig 907. Verlag der Monatsschrift f. Harnkrankh. — 60
2 Sonderabdrucke aus „Monatsschr. f. Harnkrankh. usw."

Hammer, Wilhelm: Die Sprache der anglonormannischen Brandanlegende. Halle a/S. 1885: Karras. 45 S. 8°
Halle-Wittenberg, Phil. Diss. v. 1. Juni 1885
Geb. Berlin 6. 3. 1861. V.
Um e. angehängten kl. Absatz verm. Abdr. in: Zeitschrift f. roman Philologie. Bd 9. Halle 1886. S. 75—115.

— s.: Tagebuch e. Erziehungshäftlings.

Hammer, Wilhelm, Dr. med., approb. Arzt zu Berlin: Aus d. med. Poliklinik zu Freiburg i. B. (Direktor: Hofrat Prof. Dr. L. Thomas.) Ueber Thymuserkrankungen und Thymustod. *Berlin 1903: E. Rieger.* (39 S.) 8°
Freiburg i. B., Med. Diss. v. 1903

— die Tribadie Berlins. s.a. Großstadt-Dokumente. 20. Bd.

HAMMER, Die Tribadie Berlins. Ebd., o. J. (c. 1905). 8°. (l. c., Cat. 277, no. 630.)

— Der Weg zum Familienglück, s.: Gruner, Osk.

— Wilhelm Ferdinand (Bennungen/Thür.), De organorum abdominis rupturis vi externa provocatis. Diss. pathol. Bln. (Nietack) 3. IX. 1836. 31 S. mit Biogr. (M.: C. Buerger.) (6.—) 12982
Oppon.: L. Wipprecht, C. Breithaupt, F. Allendorff.

Hammer, Wilhelm Martin, Referendar in Zwickau: Die Haftung des Kommanditisten nach dem neuen Handelsrecht. *Zwickau, Sa. 1902: P. M. Goering.* (46 S.) 8°
Leipzig, Jur. Diss. v. 1902

Hammer, William J., Radium, s.: Ruhmer, Ernst.

Hammer-Purgstall (Jos. v.), Abhandlung über die Siegel der Araber, Perser und Türken. 4. (58 S. und 1 Kpfrt. in Fol.) Wien 850, (Gerold, Verlag.) •

Hammer-Purgstall, Josef von, s. A b u l - Maanis.

— Über das Wort Aleman bei den Persern und Arabern. S. 1. 94 . . . . vgr.
Separatabdruck

v. Hammer, Ritter Jos., topograph. Ansichten, gesammelt auf e. Reise in d. Levante. Mit Kpf. u. Kart. 8. Wien 811. Schaumburg u. C. 3 ₰ 16 ₰ Velinp. 6 ₰

Hammer-Purgstall. Ansprache des Hofraths Freiherrn Hammer-Purgstall's bei der Aufstellung seines Porträts in der k. k. orientalischen Akademie. [Ost-Deutsche Post. No. 28. 1855.] [Wien 1855.]

Ṣārī ad-Dīn Ḥaidar Ḫān. [Hammer, J. v.,] Anzeige des Siebenmeers nebst einem Verzeichnisse mit Wörtern germanischer Sprachen verwandter persischer. Aus den Jahrbüchern der Literatur besonders abgedruckt. Wien 1831.

— Auszüge aus dem handschriftlichen Werke Ahmed Ibn-el-Omeris: Die Bekanntmachung mit der edlen Terminologie. S. 12. 592 . . . . K —.30
Separatabdruck

Hammer-Purgstall, Josef von, s. B a k i ' s Divan.

— d. Befreiung v. Akri, ein histor. Gedicht mit Noten. 4. Wien 796. Degen. (Mörschner u. J.) 9 gr.

— Über den 3. Band von Charrieres „Négociations de la France dans le Levant". S. 12. 623 . . . . vgr.
Separatabdruck

—— Wien's erste aufgehobene türk. Belagerung, zur 300jähr. Jubelfeyer ders., zum Theil aus bisher unbekannten christl. u. türk. Quellen erzählt. M. 30 Beiln. v. Tagebüchern, Auszügen aus türk. Geschichtschreibern u. Urkunden, von denen 9 oriental. Text in neuer Nestaalikschrift, u. deren letzte d. Ebenbild d. Fertigung u. d. Siegels d. Großvesirs Ibrahimpascha. Lex.-8. (12¼ B. u. 1 Tab.) Pesth 829, Hartleben. Thlr.

— Bericht über den 2. Band von Charrières „Négociations de la France dans le Levant". S. 6. 5 . . . . vgr.
Separatabdruck

— Bericht über das auf Kosten Sr. Majestät des Königs von Preußen herausgegebene Werk: „Die altchristlichen Baudenkmäler Konstantinopels", von Salzenberg. S. 15. 348 . . . . vgr.
Separatabdruck

Hammer-Purgstall, Jos. v., Bericht über die Fortsetzung des Druckes der Osmanischen Reichsgeschichte zu Konstantinopel. (Aus d. Sitzungsberichten d. k. Akad. d. W.) (Wien 855. Gerold.) gr. 8. (16 S.) n. 4 ngr

—— Bericht über die Fortsetzung des Druckes der osmanischen Reichsgeschichte zu Konstantinopel. Lex.-8. (16 S.) Wien 856, (Gerold's Sohn.) *

— Bericht über die zu Konstantinopel in Druck erscheinende Geschichte des osmanischen Reiches Chairullah Efendis und über die höchst seltene Handschrift Ahmed Ibn-el-Omers, betitelt: Die Bekanntmachung mit der edlen Terminologie. S. 12. 581 . . . . vgr.
Separatabdruck

— Bericht über das Werk „Histoire civile et réligieuse de la Colombo". Von Felix Bognerts. (Anvers, 1847.) S. 1. 187 . . . . vgr.
Separatabdruck

— Bericht über Dr. Friedrich Dietericis Kommentar des Ibn Akil zur Elfije Ibn Malik's. 1. Abteilung. S. 5. 862 . . . . vgr.
Separatabdruck

— Bericht über den von Herrn Dr. Friedrich Dieterici herausgegebenen Kommentar des Ibn Akil zur Elfije Ibn Malik's. 2. Abteilung. S. 11. 158 . . . . vgr.
Separatabdruck

v. Hammer-Purgstall, Jos. Frhr., Bericht über den zu Kairo im J. d. H. 1251 [1835] in 6 Fol.-Bdn. erschienenen türk. Commentar des Mesnewi Dschelaleddin Rumi's. [Aus d. Sitzungsbericht 1851 d. k. Akad. d. Wiss.] Lex.8. (112 S. m. 1 lith. Taf.) Wien 852. (Braumüller.) n. ⅔ ℔

— Bericht über Dr. Franz Ernest Pipitz' „Mirabeau". S. 5. 728 . . . . . vgr.
Separatabdruck

— Bericht über Prof. Wenrichs handschriftlichen Nachlaß. S. 1. 80 . . . . . . vgr.
Separatabdruck

— Bericht über Charrières „Négociations de la France dans le Levant". S. 3. 368 vgr.
Separatabdruck

— Bericht über A. Auers Werk: „Die Sprachenhalle". (Wien 1844—1847 in Folio.) S. 1. 150 . . . . vgr.
Separatabdruck

— Bericht über Reinauds französische Übersetzung von Abulfedas Geographie. S. 3. 39 . . . . vgr.
— — Schluß dieses Berichtes. S. 3. 85 . . . . vgr.
Separatabdruck

— Bericht über die seit dem Jahre 1848 zu Konstantinopel gedruckten und lithographierten Werke. S. 6. 215 . . . . vgr.
Separatabdruck

— Bericht über die in den letzten vier Jahren (1845—1848) zu Konstantinopel gedruckten und lithographierten Werke. S. 3. 158, 174, 251, 306, 301 . . . . vgr.
Separatabdruck

— Berichtigung d. oriental. Namen Schiltbergers. gr. 4. Münch. 825, (Franz). 8 gr. (Auch in d. Denkschriften d. Acad. d. W.)

— über Bogen u. Pfeil, den Gebrauch u. die Verfertigung derselben bei den Arabern u. Türken. Mit 3 (lith.) Taf. [Aus den Denkschr. d. k. Akademie d. Wiss. abgedr.] Fol. (36 S.) Wien 852. (Braumüller.) n. 1⅓ ℔

—— über Bogen und Pfeil, den Gebrauch und die Verfertigung derselben bei den Arabern und Türken. Fol. (36 S. mit 3 Stnt.) Wien 852, (Gerold's Sohn.) *

— Über sein Chronogramm zur Bewillkommung Kemal Efendis. S. 6. 38 . . . . . . vgr.
Separatabdruck

Hammer-Purgstall, Josef von, s.a. C o d i c e s Arab. Pers. etc.

Hammer, Iosephus de, Codices Arabicos, Persicos, Turcicos, Bibliothecae Caesareo-Regio-Palatinae Vindobonensis. Vindobonae 1820.

Hammer, J. v., Denkmal auf das Grab der zwei letzten Grafen von Purgstall. Gedruckt als Handschrift für Freunde. Mit Wappenabbildg., 2 Portr. etc. Wien 1821. 8.

v. Hammer, (J.,) Memnons Dreiklang, nachgekl. in Dewajani, einem indischen Schäfersp., Anahid, ein persisches Singspiel, u. Sophie, einem türkisch. Lustspiel. gr. 12. Wien 823, Wallishauser.

v. Hammer, Jos., Dschafer, oder der Sturz der Barmegiden. Histor. Trspl. Mit e. Vorrede v. Matth. v. Collin. 8. Wien 813. Ant. Doll 16 gr.

Hammer-Purgstall, Jos. v., Duftkörner, aus pers. Dichtern gesammelt. gr. 8. (13 B.) Stuttgart 836, [Scheible, Rieger u. Sattler.] Thlr.

Hammer-Purgstall, Duftkörner, aus persischen Dichtern gesammelt. 2. verb. Aufl. mit einer Einleitung von Frdr. Bodenstedt. Stuttgart 860. Rieger. 16. (208 S. u. 1 Stahlst.) 1 ℔ 6 ngr.

— Über die Entdeckung der Ruinen des Palastes Sehra, aus einem Schreiben des Professors Pascual de Gayangos in Madrid. S. 12. 509 . . . . vgr.
Separatabdruck

—— über die Encyklopädie der Araber, Perser und Türken. Imp.-4. (28 S.) Wien 857, (Gerold's Sohn.) *

—— Fortsetzung der Auszüge aus encyklopädischen Werken der Araber, Perser und Türken. Aus dem Durret-et-Tadsch (Perle der Krone) Mahmud Schirasi's. Imp.-4. (17 S.) Wien 857, (Gerold's Sohn.) **

—— (zweite) Fortsetzung der Auszüge aus encyklopädischen Werken der Araber, Perser und Türken. Aus dem Durret-et-Tadsch (Perle der Krone) Mahmud Schirasi's. gr. 4. (44 S.) Wien 857, (Gerold's Sohn.) *

—— Falknerklee, s. Falknerklee.

Hammer-Purgstall, Josef von, s. F a s l i : Gül u. Bülbül.

Hammer-Purgstall, Josef von, s. F o n t a n a , . . . , Copie.

Hammer-Purgstall, Josef von, s. F u n d g r u b e n .

— die Gallerinn auf der Rieggersburg. Historischer Roman m. Urkunden. 3 Thle. 2. (Titel-)Aufl. Mit 14 Kpfrtaf. gr. 8. (531. 319 u. 292 S.) Wien (845) 849, Gerold in Comm. n. 6 ℔

Hammer, Jos. v., das älteste persische romant. Gedicht, s. Wamik.

Hammer-Purgstall, Josef von, s. G e f ä h r t e , Der.

Gegenrede wider die Einrede der Vertheidiger der Templer. Von Joseph v. Hammer [-Purgstall]. [Wien 1857.] 58 S. 2°.
(Denkschriften der Philos.-Histor. Classe der Kaiserl. Akademie der Wissenschaft.)

— die Geisterlehre der Moslimen. [Aus d. Denkschriften d. k. Akad. d. Wiss.] Fol. (42 S. mit 1 Lithochrom.) Wien 852. (Braumüller.) n. 1 ℛ 6 ngr (siehe auch: Denkschriften etc. Philosoph.-histor. Classe. III. Bd.)

—— die Geisterlehre der Moslimen. Fol. (42 S. mit 1 Lithochrom.) Wien 852, (Gerold's Sohn.) *

—— Gemäldesaal d. Lebensbeschreibungen großer moslim. Herrscher d. ersten 7 Jahrh. d. Hidschret. 6 Bde. gr. 8. Darmstadt, Leske.
Bd. 1. I—V.: Mohammed. — Ebubekr. — Omar. — Osman. — Ali. (23⅛ B. u. Titvign.) 837. 1 Thlr. 16 Gr.
" 2. VI—XV.: Die Chalifen aus d. Familien Omeje u. Abbas. (17⅛ B. u. Titvign.) 837. 1 Thlr. 12 Gr.
" 3. XVI—XXV.: Seifeddewlet. — Abderrahman I. — Hakem I. — Abderrahman II. — Abderrahman III. — Hakem II. — Jusuf Ben Taschfin. — Abdolmumin. — Moiseddin lillah. — Hakim biemrillah. (16⅛ B. u. Titvign.) 837. 1 Thlr. 8 Gr.
" 4. XXVI—XXXV.: Abdallah Ben Tahir. — Amru Ben Leis. — Naßr Ben Ahmed. — Kabus. — Adhadeddewlet. — Mahmud. — Kutbeddin Ibek. — Alaeddin. — Firus. — Toghluk. — Ahmed Ibn Taulun. (17⅛ B. u. ill. Titvign.) 838. 1 Thlr. 8 Gr.
" 5. XXXVI—XLV.: Toghrul. — Alparslan. — Melekschah. — Berkjarok. — Sindschar. — Ridhwan. — Taghtigin. — Amadeddin Sengi. — Nureddin. — Melik Ssalih Ben Ismail. (16 B. u. 1 ill. Titvign.) 838. 1 Thlr. 8 Gr.
" 6. XLVI—L.: Ssalaheddin. — Mohammed Alaeddin Chuaresmschah. — Mohammed Mankburni. — Beibars Bondokdari. — Kilawin (Kulaun), mit ein. (ill.) Portr. u. der z. erstenmal vollständig gegeb. Stammtafel d. Herrschers Ejub. (19 B.) 839. 1 Thlr. 12 Gr.

— über die arabische Geographie von Spanien. (Aus den Sitzungsberichten d. k. Akad. d. W.) (Wien 854. Gerold.) gr. 8. (64 S.) n. 10 ngr

Die Geschichte der Assassinen, aus morgenländischen Quellen, durch Jos. [Frh.] v. Hammer[-Purgstall]. Stuttgart u. Tübingen: Cotta 1818. VIII, 341 S. 8°
Kl. 2277. Selten. Erwähnt S. 337—338 die Ähnlichkeit der Assasinen mit den Tempelherren, Illuminaten u. Frmrn.

—— Geschichte der Chane der Krim unter osmanischer Herrschaft. Aus türkischen Quellen zusammengetragen mit der Zugabe eines Gasels Schahingerai's. Als Anhang zur Geschichte des osman. Reichs. Lex.-8. (263 S. mit 1 photograph. Taf. in 4.) Wien 856, (Gerold's Sohn.) *

— Geschichte der Chane der Krim unter osmanischer Herrschaft. Aus türkischen Quellen zusammengetragen mit der Zugabe eines Gasels Schahingerai's. Als Anhang zur Geschichte des osman. Reichs. Wien 856. Gerold. 8. (363 S. u. 1 photograph. Taf. in 4.) n. 2 ℛ

—— Geschichte d. osman. Dichtkunst bis auf uns. Zeit. Mit e. Blüthenlese aus 2200 Dichtern. 4 Bde. Lex.-8. Pesth, Hartleben.
Bd. 1. Von d. Regierung Sultan Osman's I. bis zu d. Sultan Suleiman's 1300—1521. (22 B. u. Titvign.) 836. 2 Thlr. 18 Gr.
" 2. Von d. Regierung Sultan Suleiman's d. Gesetzgebers bis zu d. Sultan Murad's III. 1521—1574. (36⅛ B. u. Titvign.) 837. 4 Thlr.
" 3. Von d. Regierung Sultan Murad's III. bis zu Ende d. Regierung Sultan Mohammed's IV. 1574—1687. (40 B. u. 2 Titvign.) 837. 4 Thlr.
" 4. Von d. Regierung Sultan Suleiman's II. bis auf uns. Zeit. 1687—1838. (40⅛ B.) 838. 4 Thlr.

— Geschichte der Goldenen Horde in Kiptschak, das ist: Der Mongolen in Rußland. Mit 9 Beilagen u. 1 Stammtafel nebst Verzeichniß von vierhundert Quellen, Beurtheilung von Krug, Fraehn und Schmidt, Antwort darauf, und Namen- u. Sachregister. gr. 8. Pesth 840. Hartleben. (Leipzig, Frohberger.) 5 ℛ

Hammer-Purgstall, Jos. v., Geschichte der Ilchane, das ist der Mongolen in Persien. Mit 9 Beilagen u. 9 Stammtafeln. 2 Bde. gr. 8. Darmstadt, Leske. [1. (28½ B.) 842, 2. (26½ B.) 43. à 3 Thlr.]

—— dass. Sach- u. Namenregister. Lex.-8. (11½ B.) Ebds. 844.

— Geschichte d. schönen Redekünste Persiens vom 4ten Jahrh. der Hedschira, d. i. vom 10ten d. christl. Zeitrechnung bis auf unsere Zeit. Mit e. Blüthenlese aus 200 pers. Dichtern. gr. 4. Wien 818. Volke. 7 ℛ Velinp. 10 ℛ

—— Geschichte d. Osmanischen Reiches, grossenth. aus bisher unbenützten Handschriften u. Archiven. 10 Bde. Mit Karten u. Vign. gr. 8. Pest, Hartleben. Sub.-Pr. à 5 Thlr., Vlnp. à 7 Thlr. Jetzt zusamm. 60 Thlr., Vlnp.
Bd. 1. Von d. Gründung d. Osman. Reichs b. z. Eroberung Constantinopels. 1300—1453. (46 B., 1 Karte u. Vign.) 827.
- 2. Von d. Erob. Constant. b. z. Tode Selim's I. 1453—1520. (48½ B., 1 Karte u. Vign.) 827.
- 3. Vom Regierungsantritte Soleiman I. b. z. Tode Selim's II. 1520—1574. (51¼ B., 1 Karte u. Vign.) 828.
- 4. Vom Regierungsantr. Murad III. b. z. zweiten Entthronung Mustafa's I. 1574—1623. (47 B., 1 Karte u. Vign.) 829.
- 5. Vom Regierungsantr. Murad IV. b. z. Ernennung Mohammed Köprili's zum Grosswesir. 1623—1656. (49 B., 1 Karte u. Vign.) 829.
- 6. Von d. Grosswesirschaft Mohammed Köprili's b. z. Carlowiczer Frieden. 1656—1699. (49½ B. u. 1 Karte.) 830.
- 7. Vom Carlowiczer b. z. Belgrader Frieden. 1699—1739. (40½ B., 1 Karte u. Vign.) 831.
- 8. Vom Belgrader Frieden b. z. Frieden v. Kainardsche. 1739—1774. (38½ B., 1 Karte u. Vign.) 832.
- 9. Schlussrede u. Uebersichten I—X. (46½ B. u. Vign.) 833.
- 10. Verzeichnisse, Hauptregister u. Anhang. Mit d. Plane Constantinopel's (gest. v. Frz. Karacs in Pest. Imp.-Fol.) (45½ B. u. Vign.) 835.

—— Geschichte d. Osman. Reiches, großenth. a. bisher unbenützten Handschriften u. Archiven. 2., verb. Ausg. In 4 Bdn. (1—17. Lfgn.) gr. 8. Pesth, Hartleben. à Lfg.
Bd. 1. Von d. Gründung d. osman. Reiches b. z. Tode Selim's I. 1300—1520. (51½ B. u. 2 Karten. kl. Fol.) 834.
" 2. Vom Regierungsantr. Suleiman I. b. z. zweiten Entthronung Mustafa I. 1520—1623. (54½ B. u. 2 Karten. kl. Fol.) 834, 35.
" 3. Vom Regierungsantr. Murad IV. b. z. Frieden v. Carlowicz. 1623—1699. (60 B. u. 2 Karten. kl. Fol.) 835.

—— Geschichte d. osman. Reiches, großenth. aus bisher unbenützten Handschriften u. Archiven. 2., verb. Ausg. 18—23. Lfg. (od. 4. Bd.) gr. 8. Pesth 835, 36, Hartleben. à
Bd. 4. Vom Karlowiczer Frieden bis zum Frieden v. Kainardsche. 1699—1774. (55 B. u. 4 Kart.)
1—17. Lfg. od. 1—3. Bd. Ebendas. 1834, 35. à L. 12 Gr. — 4 Bde. cart. 12 Thlr. 12 Gr.

—— dass. — 2., verb. Aufl. Neue Ausg. 23 Lfgn. (od. 4 Bde.) gr. 8. (225½ B. u. 8 Kart.) Ebds. 840.

Hammer-Purgstall Josef Freiherr von, Dr.: Wassafs Geschichte. Persisch herausgegeben und deutsch übersetzt. I. (einziger) Band. Wien, 1856. 4° . . . . „ 30.—

Hammer-Purgstall, Josef von, s. Hafi's Moham. Divan.

—— Samachschari's goldene Halsbänder. Als Neujahrsgeschenk arab. u. deutsch. 8. (6⅛ B.) Wien u. Pesth 835, Hartleben. *

— - über drei arabische Handschriften der gothaer Bibliothek. Lex.-8. (39 S. und 1 Tab. in Fol.) Wien 855, (Gerold's Sohn.) *

[Hammer, Josef von, Die Morgenländischen Handschriften der K. K. Hofbibliothek.] [Wien] o. J.

— *Μάρκου Αντονίου Αὐτοκράτορος τῶν εἰς ἑαυτον περσιστὶ μεθερμηνεύσατος Ἰωσεφ Αμμερ.* Griechisch u. Persisch. 4. Leipz. 831, Hartleben. Prachtausg. 6 ℛ 12 Gr. Ausg. in gr. 8. 3 ℛ 6 Gr.

—— Μάρκου Ἀντονίνου Αὐτοκράτορος τῶν εἰς ἑαυτόν. Βιβλ. ιβʹ. Περσιστι μεθερμενευσαντος Ιωσηφ Ἀμμερ. — (Griech. u. Persisch.) gr. 8. (21½ B.) Ἐν Βιέννῃ 831, ἐκ τῆς τυπογραφιας Αντ. Στραους. (Pesth, Hartleben.) 8 Thlr. 6 Gr., Vlnp.
Die Velinausg. hat breiten Rand.

Hammer-Purgstall, Josef von [Hrsg.], s. I b n a l - F a r i d : Táijet

— Von der Inschriftverbrämung der Kleider als Souveränitätsrecht der Frauen im Morgenlande. S. 1. [illegible] . . . . vgr.
Separatabdruck

Hammer-Purgstall, Josef von, s. I t a l i a .

— das K a m e l. Aus d. Denkschriften der k. Akad. d. W. Wien 854. (Gerold.) gr. 4. (1 Bl., 84 S.) n. 1 ß 25 ng

— O K i n d ! die berühmte ethische Abhandlung Ghasali's. Arabisch und Deutsch, als Neujahrsgeschenk. gr. 12. Wien 838. (Leipzig, Hartleben's Verlags-Expedition.) n. ¾ ß

H a m m e r, J. v., morgenl. K l e e b l a t t, bestehend aus persischen Hymnen, arab. Elegieen und türkischen Eklogen. Mit 6 Kupf. und Vign. 4. Wien, Ant. Doll. (Leipzig, Liebeskind in Comm.) 818.

— Constantinopolis u. d. Bosporus, örtl. u. geschichtl. beschrieben. 2 Bde, mit 120 griech., latein., arab., pers. u. türk. Inschriften. 2 Planen u. Register. gr. 8. Pesth 822. Hartleben. 10 ß

—— über d. L ä n d e r v e r w a l t u n g unt. d. Chalifate. Eine von d. kgl. Akad. d. Wissensch. zu Berlin am 3. Juli 1832 gekr. Preisschr. Lex.-8. (17½ B.) Berlin 835, (Dümmler.) *

—— K h l e s l' s, des Cardinals, Directors des geheimen Cabinets Kaiser Mathias, Leben. Mit der Samml. von Khlesl's Briefen, Staatsschreiben, Vorträgen, Gutachten ꝛc. und anderen Urkunden, beinahe 1000, bis auf einige wenige bisher ungedruckt. 4 Bde. Wien, [Gerold, Verlag.] [1. (XXX, 2:33 und 428 S. mit Khlesl's Portr.), 2. (405 S. und Khlesl's Facsim.) 847. à * 3 Thlr., 3. (680 S.) 850. * 4 Thlr., 4. (677 S.) 851. * 3 Thlr. 15 Ngr.] *

— Literaturgeschichte der Araber. Von ihrem Beginne bis zu Ende des 12. Jahrh. der Hidschret. 1. Abth.: Die Zeit vor Mohammed u. die ersten drei Jahrh. der Hidschret. 3 Bde. 4. 1. Das Jahrh. vor der Hidschret u. die ersten vierzig Jahre nach derselben. (CCXXIV u. 631 S.) 2. Unter der Herrschaft der Beni Omeijé vom J. der Hidschret 40 [661] bis 132 [750]. (IV u. 750 S.) 3. Unter der Herrschaft der Beni Abbás, vom ersten Chalifen Ebúl Abbás bis zum Tode des neunten Chalifen Wasik, d. i. vom J. d. H. 132 [749] bis 232 [846]. (IV u. 985 S.) Wien 850—52, Gerold. (1 u. 2: n. 9⅓ ß 3: n. 13⅓ ß) n. 22⅔ ß

— L i t e r a t u r g e s c h i c h t e der Araber. Von ihrem Beginne bis zu Ende des XII. Jahrhunderts der H,idschret. I. Abth. Die Zeit vor Mohammed und die ersten drei Jahrhunderte der H,idschret. 4. Band. Unter der Herrschaft der Benî ʿAbbâs, vom zehnten Chalifen Motewek,k,il bis zum einundzwanzigsten Chalifen Mottaki, d. i. vom Jahre der H,idschret 232 (846) bis 333 (944). Wien 853. (Gerold.) gr. 4. (2 Bl., 915 S.) n. 6 ß 20 ng

— — II. Abth. Von dem Regierungsantritte Mostek,fi-billah's bis zum Ende des Chalifates zu Bagdád im Jahre 656 (1258). 5. Bd. Von der Regierung des 22. Chalifen Mostek,fi-billah bis ins eilfte Jahr der Regierung des 26. Chalifen Káimbiemrillah, d. i. vom Jahre der H,idschret 333 (944) bis 433 (1041). Ebend. 855. gr. 4. (2 Bl., 1117 S.) n. 8 ß

— — II. Abth. 6. Bd. Vom eilften Jahre der Regierung des 26. Chalifen Káimbiemrillah bis in das achte Jahr der Regierung des 31. Chalifen Mokteff-biemrillah, d. i. vom Jahre der H,idschret 433 (1041) bis 538 (1143). Ebend. 855. gr. 4. (2 Bl., 1172 S.) n. 8 ß

— — II. Abth. 7. Bd. Vom achten Jahre der Regierung des 31. Chalifen Mok,teff-biemrillah, bis zum Falle Bagdád's, d. i. vom Jahre der H,idschret 538 (1143) bis 656 (1258). Ebend. 856. gr. 4. (2 Bl., 1382 S.) n. 10 ß 20 ng

Hammer-Purgstall, Josef von, s.a. M e m n o n s Dreiklang.

— Über die Menschenklasse, welche von den Arabern „Schoubije" genannt wird. S. 1. [illegible] . . . . vgr.
Separatabdruck

Hammer-Purgstall, Jos. de, M i t h r i a c a, ou les Mithriaques. Mémoire académique sur le culte solaire de Mithra. Publié par J. S p e n c e r S m i t h. Mit 24 Kupfertafeln. Caen u. Paris 1833, gr. 8°.
Der berühmte Orientalist Hammer-Purgstall bewarb sich mit dieser Schrift um einen 1825 von der Pariser Akademie ausgeschriebenen Preis, den er zwar nicht erlangte, erhielt aber eine ehrenvolle Erwähnung. Wurzbach, Biogr. Lex. Teil 7, S. 275.

—— M i t h r i a c a, ou les Mithriaques. Mémoire académique sur le culte solaire de Mithra. Publié par J. Spencer Smith. gr. in-8. (12½ B. u. 24 Kpfrt. qu. ½ Fol.) Caen et Paris 833, (Mercklein.)

Hammer-Purgstall, Josef von, s. M o h a m m e d .

Hammer-Purgstall, Josef von, s. M o k e n e b b i .

— Mysterium Baphometis revelatum, s.a. F u n d g r u b e n d. Orients, VI. 1.

— Mysterium Baphometis revelatum, seu fratres Militiae Templi, qua Gnostici et quidem ophiani apostosiae, idoloduliae et impuritatis convicti sunt per ipsa eorum monumenta. Cum V tabb. aen. Fol. Wien 818. Heubner. (Aus d. Fundgruben abgedr.)

M y s t e r i u m Baphometis revelatum, seu Fratres militiae templi, qua gnostici et quidem ophiani apostasiae, idoloduliae et impuritatis convicti per ipsa eorum monumenta. [Unterz.: J o s. Frh. v.] Hammer[-Purgstall]. Viennae: Schmid 1818. 120 S. 5 Taf. 2°
Aus: Fundgruben d. Orients. 6 (1818) S. 3—120.
Recens: °Journal des Savans. 1819 (F. J. M. R a y n o u a r d), übers. in: °Hermes. 3 (1819) Nr 4 Anh.; H a v e m a n n, W.: Gesch. d. Ausgangs d. Tempelherrenordens. 1846 S. X. cf. °Hermes. 3 (1819) S. 245—267; AQC. 19 (1906) S. 209—228 (E. J. C a s t l e).
Kl. 2278.

v. Hammer-Purgstall, Jos. Frhr., über die Namen der Araber. [Aus den Denkschriften der k. Akademie der Wissenschaften.] Fol. (72 S.) Wien 852. (Braumüller.) n. 24 ng (siehe auch: D e n k s c h r i f t e n etc. Philosoph.-historische Classe. III. Bd.)

—— über die N a m e n der Araber. Fol. (72 S.) Wien 852, (Gerold's Sohn.) *
Aus: Denkschriften der k. Akademie der Wissenschaften, besonders abgedruckt.

—— N e u e s t e s zur Förderung der Länder-, Sprachen- und Völkerkunde Nord-Afrika's. Lex.-8. (35 S. mit 1 Tab. in qu. Fol.) Wien 852, (Gerold's Sohn.) *
Aus: Sitzungsberichte der k. Akademie der Wissenschaften J. 1852, besonders abgedruckt.

H a m m e r, Jos. v., sur les o r i g i n e s Russes, s.a. S u r.

Hammer-Purgstall, Joseph Freih. von. Sur les origines Russes ... St. Pétersb. 1827. H: *Fraehn, Chn. Mart.* (BrMm)

— sur les origines Russes. Extraits de Manuscrits Orienteaux, adressée à Mr. le Comte N. de Romanzoff, dans une suite de lettres depuis l'an 1816 jusqu'à l'an 1825. (Mit d. Text d. Originale.) gr. 4. St. Petersb. 825, 27. (Cnobloch in Leipz.) 1 ꝑ 12 ℊ

—— das Pferd bei den Arabern. Imp.-4. (96 S. mit 1 chromolithogr. Taf.) Wien 856, (Gerold's Sohn.) *
Aus: Denkschriften der k. Akademie der Wissenschaften, besonders abgedruckt.

—— Porträtgallerie des steiermärkischen Adels, s. Porträtgallerie.

Hammer-Purgstall, Josef von, s. Posaune d. heil. Kriegs.

— Rede bei der feierlichen Eröffnung der Kaiserlichen Akademie der Wissenschaften am 2. Februar 1848. F. S. 1848 . . . . —.30
Separatabdruck

—— Rose und Nachtigall, s. Fasli.

— Mahmud Schebisteri's Rosenflor des Geheimnisses. Persisch u. Deutsch. Mit 2 Ansichten: des Dorfes Schebister und der Grabstätte von Tebris. gr. 4. Pesth 838. Hartleben. (Leipzig, Frohberger.) n. 2 ꝑ

— Rumeli u. Bosna, s. Mustafa Ben Abdalla Hadschi Chalfa.

Hammer-Purgstall, Josef von, s. Schirin, e. morgenländ. Gedicht

— Schreiben des korrespondierenden Mitgliedes Pascual de Gayangos an denselben. S. 15. 3 . . . . vgr.
Separatabdruck

—— die Schuld der Templer. gr. 4. (36 S. mit 7 Kpfrt. von denen 1 in qu. Fol.) Wien 855, (Gerold's Sohn.) *

Die Schuld der Templer. Von [Jos.] Frh. Hammer-Purgstall. Mit 7 Taf. Wien 1855: Kaiserl.-Königl. Hof- u. Staatsdr. 36 S. 2°
Aus: Denkschriften der Philos.-Histor. Classe der Kaiserl. Akademie der Wissenschaft. 6.

— über die Siegel der Araber, Perser u. Türken, s.a. : Denkschriften der k. Akademie der Wissenschaften. Philosoph.-historische Classe, I. Bd.

— Über die Siegel der Araber, Perser und Türken (mit 1 Taf.) D 1. I. 1 . . . . . vgr.
Separatabdruck

— die Staatsverfassung u. Staatsverwaltung des osmannischen Reichs, dargestellt aus den Quellen s. Grundgesetze. 2 Bde. gr. 8. Wien, Camesina. 814.

— d. Staatsverfassung u. Staatsverwaltung d. osmann. Reichs, dargestellt aus den Quellen seiner Grundgesetze. 2 Bde. gr. 8. Wien 815, 16. (Wolke). 5 ꝑ Velinp. 7 ꝑ 8 ℊ

— üb. einen halb budhistischen halb moslimischen Talisman, s.a. Denkschriften der k. Akademie der Wissenschaften. Philosoph.-historische Classe, I. Bd.

— Über einen halb buddhistischen, halb moslimischen Talisman (mit 1 Taf.). D 1. I. 327 . . . . vgr.
Separatabdruck

— Über Dr. Alfred Freiherrn von Kremers (in den Denkschriften Bd. V und VI abgedruckte) Topographie von Damaskus. S. 13. 183 . . . . vgr.
Separatabdruck

Hammer-Purgstall, Baron Jos. von, Ueber die rechtmässige Thronfolge nach den Begriffen des moslimischen Staatsrechtes, besonders in Bezug auf das osmanische Reich. [A. aus den AWA. III. Bd. Abth. III.] [Wien 1841.] K 405. 4°.

— über die Ueberlieferung des Wortes Mohammeds. Als Fortsetzung des Auszuges aus dem Commentar des Mesnewi. (Aus d. Sitzungsberichten d. k. Akad. d. W.) (Wien 853. Gerold.) gr. 8. (58 S.) n. 10 ngr

— Uebersicht der Literaturgesch. d. Araber, s.a. Denkschriften der k. Akademie der Wissenschaften. Philosoph.-histor. Classe. II. Bd.

— Übersicht der Literaturgeschichte der Araber. D 2. I. 1 . . . . vgr.
Separatabdruck

—— Umblick auf einer Reise von Constantinopel nach Brussa und dem Olympos, und von da zurück über Nicäa und Nicomedien. Mit Kupf. 4. Pesth, Hartleben. 818.

—— über die Verhandlungen mit Herrn v. Rosenberg während des Einfalls des Passau'schen Kriegsvolkes in Böhmen i. J. 1611. gr. 4. (5 B.) Prag 845, Calve'sche Vrlgsh. *
Aus: Abhandlungen d. kgl. böhm. Gesellschaft d. Wissensch. etc. besond. abgedruckt.

Hammer-Purgstall, Freiherr v., Verzeichniss der hinterlassenen werthvollen Bibliothek weiland des Herrn Josef Freiherrn v. Hammer-Purgstall. Wien 1857.

— Vorbericht zu der für die Denkschriften eingereichten Abhandlung über die Siegel der Araber, Perser und Türken. S. 1. 21 . . . . vgr.
Separatabdruck

— Vortrag über das Prachtwerk: Die alt-christlichen Baudenkmäler Constantinopels. (Aus d. Sitzungsberichten d. k. Akad. d. W.) (Wien 855. Gerold.) gr. 8. (15 S.) n. 4 ngr

Hammer-Purgstall Josef Freiherr von, Dr. Vortrag über die Herausgabe orientalischer Werke, und zwar zuerst der Geschichte Wassafs. S. 1. 9 . . . . vgr.
Separatabdruck

— Vortrag über die Vielsprachigkeit, gehalten in der feierlichen Sitzung der Kaiserlichen Akademie der Wissenschaften am 29. Mai 1852. F. S. 1852 . . . . —.34
Separatabdruck

— über die arabischen Wörter im Spanischen. (Aus den Sitzungsberichten d. k. Akad. d. W.) (Wien 854. Gerold.) gr. 8. (48 S.) n. 8 ngr

—— über die arabischen Wörter im Spanischen. Lex.-8. (48 S.) Wien 855, (Gerold's Sohn.) *
Letztere vier Schriften des Verf. wurden aus: Denkschriften und: Sitzungsberichte der k. Akademie der Wissenschaften, besonders abgedruckt.

Hammer-Purgstall, Josef von, s.a. Zeichnungen auf e. Reise von Wien über Triest.

v. Hammer, (J.) Zeichnungen auf e. Reise v. Wien über Triest nach Venedig u. von da zurück durch Tyrol u. Salzburg. Mit Plan. u. Karte. 2te Aufl. 8. Berlin 822, Sander.

Hammer-Purgstall, Josef von [Hrsg.], s.a. Zeitwarte des Gebetes in sieben Tageszeiten

—— Zeitwarte des Gebetes in sieben Tageszeiten. Ein Gebetb. arabisch u. deutsch. 12. (5½ B.) Wien 844. (Pesth, Hartlebens Vrlgsexpedit.) *

Hammeran, A., Ansichten von Frankfurt am Main im 18. Jahrh., s.: Rebender, Joh. Kasp.

Hammeran, A., Urgeschichte v. Frankfurt a. M. u. der Taunusgegend. Mit einer archäolog. (chromolith.) Fundkarte. gr. 4. (102 S.) Frankfurt a/M. 882. Mahlau & Waldschmidt. n. 4. 50

Hammeran, S. A.: Illustrierte Festblätter zu dem ersten allgemeinen deutschen Bundesschießen. Abgehalten zu Frankfurt am Main in den Julitagen des Jahres 1862. Fr., 1862, 4°.

Hammeran, V.

— Schmiedeiserne Gitterverzierungen. (9 T) 4° Frankfurt a. M.

Hammeran V, in Frankfurt am Main. Vollständiges Musterbuch von Gitterornamenten mit Preisliste. 2 Teile. fol Frankfurt a. M.

Hammerbacher, H: Neuere Drahtzugs-Maschinen unter Berücksichtigung der Nürnberger leonischen Jndustrie. (München 1898)

Hammerdörfer, C. (Hrsg.), s. A p p i a n u s Alexandrinus: Römische Geschichte.

Hammerdörfer, Karl, († d. 17. April 1794.) vier kleine philos. Aufsätze. 2e Aufl. 8. Celle 787. (W. Nauck in Leipz.) 6 gr. (Die 1e Aufl. erschien anonym ebd. 782. unt. d. Tit.: Fragmente zur Philosophie d. 18. Jahrh.)

Hammerdörfer, K., vier kl. philos. Aufsätze. 8. Celle. (Sommer, Lpz.) 787.

— Beitrr, zur innern Kenntniß u. Geschichte von Sachsen. 2 Stcke. 8. Leipz. 785. Beer. 16 gr.

— Beyträge z. innern Kenntn. von Sachsen. 2 Stck. Lpz. Graffé. 785.

Hammerdörfer, Karl, s. B r i e f e e. Beobachters über England.

JULIENS u n d K a r l s g e s a m m e l t e B r i e f e, eine wahrhafte Geschichte (freier Roman von *Carl Hammerdörfer*). Leipzig 1780. 8⁰. Selten!
Anon.-Lex. I. p. 272 (nach Kayser u. Meusel).

Hammerdörfer, Karl, s. B r i e f w e c h s e l zwischen Friedrich II. u. Suhm.

— Holländ. Denkwürdigkeiten, oder Geschichte d. Unruhen in den Niederlanden. 8. Leipz. 788. Graffé. 6 gr.

— und Kosche, E u r o p a, ein geogr. hist. Lesebuch. 5 Bde. gr. 8. Lpz. Weidmann. 785—92. (1r 2 Rthlr. 8 gr. 2r 2 Rthlr. 12 gr. 3r 1 Rthlr. 16 gr. 4r 2 Rthlr. 5r 5 Rthl.) 1

Hammerdörfer, Karl, s. F i g a r o ' s Reise nach u. in Spanien.

— Gallerie von Menschenhandlungen; e. Wochenblatt. 4 Thle. 8. Leipz. 787, 88. Graffé. 2 Rthlr.

— Geographie u. Statistik d. ganzen österr. Monarchie. 1r Thl. gr. 8. Leipz. 793. Voß. 1 Rthlr.

Hammerdörfer, Karl, s. G e s c h i c h t e d. Ukrain. Kosaken.

— Geschichte d. Königr. Polen. 3 Thle. gr. 8. Dresd. 790—94. Richter. 3 Rthlr. 12 gr.

Hammerdörfer, Karl: G e s c h i c h t e der Reformation und des deutschen Krieges. 8. Halle 1791.

— Geschichte d. Luther. Reformation u. d. deutschen Krieges. 1r Thl. gr. 8. Leipz. 793. Weidmann. 1 Rthlr. 4 gr.

— an Joseph's Grabe, s. Grabe, an Joseph's

— Grundzüge d. allgem. Weltgeschichte. Nebst e. tabellar. Uebersicht. 8. Leipz. 789. Barth. 8 gr.

HAMMERDÖRFER, Karl 1758 - 1794
Carl Hammerdörfers ... Grundzüge der allgemeinen Weltgeschichte zum Gebrauch beim Unterricht nebst einer leichten Uebersicht in einer Zeittafel.
Leipzig: Haug. 1789. 4, 106 S. 8°.
Bayerische Staatsbibliothek München

[H a m m e r d ö r f e r, Carl, und K o s c h e, Christian Traugott.] Helvetien. [Mit 1 Karte. A.] 8. [Leipzig 1784.]

Hammerdörfer, Karl, s. K o s a k e n, Die.

— Leben Friedrichs II. d. Groß. 8. Lpz. Hinrichs (a. Graffé.) 786.

— Leben Friedrichs II, d. Großen. Mit Portr. 8. Leipz. 786. 2e A. 787. Hinrichs. 6 gr. Französ. von Thynon. 8. Paris u. Berl. 787.

HAMMERDÖRFER, Karl 1758 - 1794
Leitfaden der allgemeinen Weltgeschichte oder die vornehmsten Weltbegebenheiten nach der Zeitfolge geordnet und zum Gebrauch für Lehrer und Lernende eingerichtet von Karl Hammerdörfer.
Leipzig: Beer. 1786. 8, 160 S. 8°.
Bayerische Staatsbibliothek München

— Leitfaden d. allgem. Weltgeschichte für Schulen. 8. Leipz. 786. Graffé. 6 gr.

— u. Kosche, geograph.-histor. Lesebuch zum Nutzen d. Jugend u. ihrer Erzieher. 5 Bde. gr. 8. Leipz. 785—92. Weidmann. (1r Bd. West- u. Süd-Europa. 2e A. 792. 2 Rthlr. 8 gr. 2r Bd. Nord- u. Ost-Europa. 785. 2 Rthlr. 12 gr. 3r Asien 786. 1 Rthlr. 16 gr. 4r Afrika 787. 2 Rthlr. 5r Amerika 788. 3 Rthlr.) 11 Rthlr. 12 gr.

HAMMERDÖRFER, Karl - Christian Traugott **KOSCHE**
Amerika ein geographisch-historisches Lesebuch zum Nutzen der Jugend und ihrer Erzieher von K. Hammerdörfer ... und C. T. Kosche ...
Fünfter Band, als eine Fortsetzung von Europa
Erste [- Zweyte] Abtheilung.
Leipzig: Weidmann. 1788. 8°.
Universitätsbibliothek Wien
Hammerdörfer - Kosche, Geographisch-historisches Lesebuch zum Nutzen der Jugend und ihrer Erzieher, Bd. 1-4, Leipzig 1785-1787: Bd. 1 u. 2: Europa, Bd. 3: Asien, Bd. 4: Afrika.
Sabin 30080: ungenau. Palmer: unvollständige Angabe.
Karl Hammerdörfer, 1758-1794
Christian Traugott Kosche, 1754-1789

Hammerdörfer, Karl, s.a. L i e b e, Die, e. Briefsammlung.

LIEBE, D i e. E i n e B r i e f s a m m l u n g. (Roman von *Karl Hammerdörfer*, 1758—94.) 2 Bdchn. Mit Titelvignetten (von G e y s e r u. R o s m a e s l e r). Leipzig, im Verlage der Dyk'schen Buchhandlung. 8⁰. (In Warmbrunn.) (2 Rthl. Scheible, v o r 1875; 15 Mk., Expl. auf starkem Pap., Friedr. Meyer, Lpz., 1908.)

— u. J. E. E. Fabri, neue histor. geograph. Monatsschrift. 12 Stücke. 8. Halle 788. Schwetschke u. S. 3 Rthlr. Fortsetzung, s. Journal, histor.

Hammerdörfer, Karl, s. N e b e n s t u n d e n e. Staatsmannes.

— — z u r P h i l o s o p h i e d e s a c h t z e h n t e n J a h r h u n d e r t s (von *Carl Hammerdörfer*). Leipzig 1782.
Anon.-Lex. II. p. 115 (nach Meusel). Kayser hat „Celle". — Hammerdörfer auch Verfasser sehr liederlicher Romane.

Hammerdörfer, Karl, s. R o b i n s o n, Neuer sächsischer.

Hammerdörfer, Karl, s. R o b i n s o n, Der sächsische.

Hammerdörfer, Karl, s.a. R o s e n, Karl, und Wilhelmine Wagner.

ROSEN, K a r l, u n d W i l h e l m i n e W a g n e r (von *Karl Hammerdörfer*, Vf. liederlicher Romane etc.). 2 Thle. Leipzig, Dyck, 1794. 8⁰. (1½ Rthl.) Sehr selten!

Hammerdörfer, Karl, s. Saules, Frz.: Geschichte.

Hammerdörfer, Karl, s. Scherer, J. B.: Geschichte.

Hammerdörfer, Karl, s. a. Timon, der Zweite.

TIMON der Zweyte. Leben und Meinungen eines wohlwollenden Menschenfeindes. Vom Verfasser der Liebe. (Freier Roman von *Carl Hammerdörfer.*) Leipzig 1793. 8°. 542 S. (8 Mk. H. Streisand, Berlin, 1908.) Selten!
Fehlt im Anon.-Lex.

HAMMERDÖRFER, Karl 1758 – 1794
Allgemeine Weltgeschichte von den ältesten bis auf die neuesten Zeiten. Ein Lesebuch, auch für Nichtgelehrte, von Karl Hammerdörfer ...
Erster [- Vierter] Band.
Halle: Waisenhaus. 1789 [- 1791]. 8°.
Bayerische Staatsbibliothek München

Hammerdörfer, Karl, s. a. Wendelheim, Die Familie.

* WENDELHEIM, Die Familie. Eine Geschichte aus unsern Tagen von dem Verfasser der „Liebe". (Pikanter Familien- und Studentenroman von *Carl Hammerdörfer,* 1758—94.) Leipzig, im Verlage der Dykschen Buchhandlung. 1792. 8°. (In Berlin: Yw 3616; schönes, wie neues Expl.)

Hammerdörfer, K. Geschichte der Ukrainischen u. Saporogischen Kosaken. (200) 8. Leipzig 1789.

Hammeren [Schlagwort]

Hammeren, s.: Bornholm.

Hammerer, Joh. Fried. (Strassburg), Ex historia Henrici Sancti Imp. Rom. Germanici selecta quaedam, quorum pensum prius. Präs. Joh. Heinrich Feltz. Strassburg (Joh. Friedr. Spoor's Wwe.) 9. XI. 1712. 32 S. (6.—) 12983
Tl. II s. Cadensky, S. T. (Nr. 4857).

— — De juramento calumniae. Germanis Vom Eyd der Gefährde. Positiones jurid. Strassburg (Joh. Friedr. Spoor's Wwe.) 27. II. 1713. 3 Bl., 10 S. (6.—) 12984
Widm. v.: Joh. Heinr. Feltz, Joh. Heinrich Boecler, Joh. Georg Scherz, J. E. Linck, Jo. Andr. Hammerer (Bruder).

— **Ludw. Heinrich** (Strassburg), Exhib.-positiones de jure monetandi statibus Imperii Romano-Germanici competente. Diss. jur. Strassburg (Joh. Heinrich Heitz) 21. VIII. 1760. 16 S. (6.—) 12985

Hammerer, Otto [Rechtspraktikant]: Der Einfluss des Rechtsirrtums auf die Bestrafung nach Deutschem Reichsstrafrecht. . . . München, Theodor Ackermann, k. Hof-Buchh., 1890; 2 Bl. + 81 S. 8°
München, Jur. Fak., Inaug.-Diss. v. 1890

Hammerer, O., der Einfluss d. Rechtsirrtums auf die Bestrafung nach deutschem Reichsstrafrecht. gr. 8. (81 S.) München 890. Th. Ackermann's Verl. n. 1. 80

Hämmerer
v. Makkabi.

Hammerich, Ernst Friedrich [Hrsg.], s. Kalender, Neuer Schleswig-Holsteinischer

Hammerich, Frederik, St. Brigitta, die nordische Prophetin u. Ordensstifterin. Ein Lebens- u. Zeitbild aus dem 14. Jahrh. Deutsche autoris. Ausg. v. Alex Michelsen. Mit dem (lith.) Bildniß der heil. Brigitta. gr. 8. (XVI, 296 S.) Gotha 872. Schloeßmann. n. 4. 50

— aelteste christliche Epik der Angelsachsen, Deutschen u. Nordländer. Ein Beitrag zur Kirchengeschichte. Aus dem Dän. v. Al. Michelsen. Mit 6 Holzschn. (auf 1 Taf. in qu. gr. Fol.) gr. 8. (VIII, 280 S.) Gütersloh 874. Bertelsmann. n. 4. 50

Hammerich, Frederik, die erlösten Seelen in ihrem Zwischenzustande zwischen Tod und Auferstehung. Eine Schriftbetrachtung. Aus dem Dänischen von Al. Michelsen. gr. 8. (53 S.) Gütersloh 875, Bertelsmann. * — 90

Über die dänische Sprache in Angeln und die [illegible] der Adlerschen Agende; v. [illegible] Hammerich. Schleswig 185[illegible]. 8°.

Hammerich, Hugo, die deutschen Reichsmünzen. Ein Handbuch aller von 1871—1904 stattgehabten Auspräggn., m. e. Anh. üb. die auf deutschen Münzstätten f. Rechng. fremder Staaten hergestellten Münzsorten, sowie der einschläg. Gesetze, Verordngn. pp. Für Sammler, Bank- u. Kassenbeamte, National-Oekonomen, Statistiker etc. nach amtl. Material bearb. (VII, 140 S.) Lex.-8. Berlin (S. W. 48, Puttkamerstr. 14) 905. Rud. Kube. Geb. in Leinw. n.n. 7. 50

Hammerich, H. Die deutschen Reichsmünzen. Ein Handbuch aller von 1871—1904 stattgehabten Ausprägungen, mit einem Anhang über die auf deutschen Münzstätten für Rechnung fremder Staaten hergestellten Münzsorten, sowie der einschlägigen Gesetze, Verordnungen usw. Berlin 1905.
Nachtrag I, enthaltend die Prägungen und Gesetze der Jahre 1905 und 1906, sowie Ergänzungen, Berichtigungen, Beschreibung der Probemünzen usw. Berlin 1907.

HAMMERICH, HUGO. Ueber die Carbaminsäurechloride der drei isomeren aromatischen Basen: Dibenzylamin, p-Ditolyamin und Benzyl-p-tolylamin und einige Derivate derselben. (Basel) Berlin, 1891.

Hammerich, Martin

Hammerich, Mart., die Kunst gemeinfaßlicher Darstellung. [1. Die Redekunst u. ihre Lehrer. 2. Die Kunst der lehrhaften Darstellg.] Aus dem Dän. v. Al. Michelsen. 8. (VIII, 215 S.) Leipzig 884. Fr. Richter. n. 3. —

Hammerich, M., Thorvaldsen u. seine Kunst. Ein Lebensbild. Aus dem Dän. gr. 8. (XII, 164 S. m. 4 Holzschntaf.) Gotha 876. Schlößmann. n. 3. —

HAMMERL, FRANZ, S. J.: Eine Wallfahrtskirche des heiligen Franz Xaver in Kroatien.
In: Nachr. d. Österr. Provinz d. Ges. J. Jg. 1909, S. 112-120.

Hammerl, Hans, die Aufgaben der technischen Wissenschaften in der Hygiene. (6 S.) gr. 8. Bonn 906. M. Hager. n. — 15

Hammerl, Herm., I. Die elektrische Anlage im physikal. Cabinete d. k. k. Oberrealschule in Innsbruck. II. Über Apparate: a) Zur Sichtbarmachg. d. Verlaufes d. Ströme in Gramme's Ringinductor bei Gleich-, Wechsel- u. Drehstrom; b) z. Erklärg. d. Gleichstrom- u. Drehstrommotors. Progr. gr. 8. (38 S. m. 2 Taf.) Innsbruck 895. (Wagner.) n. 1. 20

— Über Apparate: a) Zur Sichtbarmachung des Verlaufes der Ströme in Gramme's Ringinductor bei Gleich-, Wechsel- und Drehstrom; b) zur Erklärung des Gleichstrom- und Drehstrommotors. (Mit 1 Tafel). (16).
Progr.

Hammerl, Hermann Beitrag zum Fall auf der schiefen Ebene und zur Pendelbewegung. 8 (S. 3—16). Staats-Oberg. *Mähr.-Trübau* 1889.
Progr.

Hammerl Dr. Hermann: Beitrag zur Förderung des physikalischen Unterrichtes an den österr. Mittelschulen. (16). Innsbruck R. 90
Progr.

— Beiträge zur Kenntnis der Hydratbildung von Salzen. S. 85. II. 984 . . . . . . vgr.
Separatabdruck

— Über die Bestimmung des Schmelzpunktes des sechsfach gewässerten Chlorkalziums und die Existenz eines bis jetzt unbekannten kristallisierten Hydrates mit 4 Molekülen Wasser. S. 72. II. 967 . . . . „ —.10
Separatabdruck

Hammerl, Herm., über die Kältemischung aus Chlorcalcium u. Schnee. [Mit 1 (lith.) Taf.] [Aus: „Sitzungsber. d. k. Akad. d. Wiss."] Lex.-8. (21 S.) Wien 878. (Gerold's Sohn.) n. — 80

— Die Lage des Reflexzentrums für den *Musculus tensor tympani* (mit 1 Taf.). S. 110. III. 328 . . . . „ —.40
Separatabdruck

— Über die Löslichkeit des Chlorkalziums in Wasser. S. 72. II. 287 . . . . „ —.10
Separatabdruck

Hammerl Dr. Hermann: Photometrische Messungen über die Lichtvertheilung in den Classen und Sälen an der k. k. O. R. in Innsbruck bei künstlicher directer und indirecter Beleuchtung. 13. Innsbruck R. 00.
Progr.

Hammerl Hermann: Kleinere Mitteilungen aus dem physikalischen Laboratorium der Universität Innsbruck: 1. Über die Siedepunkte der Chlorkalziumlösungen. S. 72. II. 8 . . . . „ —.10
Separatabdruck

— über Regenbogen, gebildet durch Flüssigkeiten von verschiedenen Brechungsexponenten. [Aus: „Sitzungsber. d. k. Akad. d. Wiss."] Lex.-8. (10 S.) Ebend. 882. n.n. — 25

Hammerl, Herm., üb. die Siedepunkte der Chlorcalciumlösungen. [Aus: „Sitzungsber. d. k. Akad. d. Wiss."] Lex.-8. (5 S.) Wien 875. (Gerold's Sohn.) — 15

Hammerl, Herm., Studie üb. das Kupfervoltameter. [Aus: „Sitzungsber. d. k. Akad. d. Wiss."] Lex.-8. (17 S.) Wien 883. (Gerold's Sohn.) n. — 40

— über e. Wickelung d. Gramme'schen Ringes m. entsprechend geformten Bürsten zur Schwächung der schädlichen Vorgänge in demselben. [Mit 1 Taf. u. 4 (eingedr.) Holzschn.] [Aus: „Sitzungsber. d. k. Akad. d. Wiss."] Lex.-8. (15 S.) Ebend. 884. n. — 80

Hammerl, Traugott, mecklenburgisches Kochbuch f. d. herrschaftl., sow. f. d. feinere bürgerl. Küche. 8. (VIII, 290 S. m. 1 Taf.) Wismar 898. Hinstorff's Verl. Geb. in Leinw. n. 5. —

— norddeutsches Kochbuch f. d. herrschaftl., sow. f. d. feinere bürgerl. Küche. gr. 8. (VIII, 290 S. m. 1 Taf.) Ebd. 898. Geb. in Leinw. n. 5. —

Hammerle, A., Predigt, geh. am Feste des heil. Gebhard auf dem Gebhardsberge bei Bregenz am 27. Aug. 1887. 12. (16 S.) Bregenz 887. Teutsch. — 20

Hammerle, A. J. —. Neue Erinnerungen aus den Bergen Tirols. Alpenbilder. Ein Beitrag zur Volks-, Landes- und Naturkunde von — —. Innsbruck. 1855. Gedruckt bei Felician Rauch. (36 S. 8.)

Hammerle, A. J. — Neue Erinnerungen aus den Bergen Tirols, Innsbruck und seine Umgebung. Das Kaiser Maximilians-Bad am Venusberge. Von — —. 16. (36 S.) Innsbruck. Gedruckt bei A. Witting. 1854.

Hammerle, A. J. [Red.], s. Tagblatt, Innsbrucker.

Hammerle, Alois Jos., Lobsprüche in Reimen zu Ehren d. heil. Bischofs Rupert u. der heil. Aebtissin Ehrentraud vom Jahre 1601, verf. v. Joh. Stainhauser in Salzburg, u. Beiträge zur Geschichte der 11—13hundertjähr. Säcularfeier in den Jahren 1682, 1782 u. 1882. 8. (32 S.) Salzburg 882. Mittermüller. n. — 24

Hammerle, Alois Jos., Skizzen und Beiträge für ein allgemeines salzburgisches biographisches Lexikon. 1. und 2. Heft. 8. (96 S.) Salzburg 879. (Mayr'sche Buchh.) à Heft 60 Pf. 1 20

Hammerle, Alois Jos., Skizzen und Beiträge für ein allgemeines salzburgisches biograph. Lexikon. 3. und 4. Heft. 8. (S. 97—192.) Salzburg 879,80. (Mayrische Buchh.) à Heft 60 Pf.

Hammerle, Ambr., Predigt, gehalten am Feste des heil. Gebhard auf dem Gebhardsberge bei Bregenz am 27. Aug. 1887. 12. (16 S.) Bregenz 887, Teutsch.

HAMMERLE, Jakob (Weitersweiler): Ueber die Aetiologie des Typhus.- München: Gotteswinter & Mössl 1872. 15 S.
15.7.1871 - Urk (Titel: De aetiologia typhi.); F 72; Chr 1871/72,19
Diss. Ingolst.-Landsh.-Mchn.

Hammerle, Vincenz: Katalog der Lehrerbibliothek des k. k. ersten Staatsgymnasiums im II. Bezirke von Wien. 8 (80 S.).
Progr. K. k. erstes Staatsg. im II. Bezirke *Wien* 1899.

Hämmerle, Kastoll-Murrhardt. [Aus: „Der obergerm.-raet. Limes d. Römerreiches".] gr. 4. (13 S. m. Abb., 1 Taf. u. 1 Karte.) Heidelberg 894. O. Petters. n. 2. —

Hämmerle A.: Einige Worte über hebräische Poesie. 21. Brixen 82.
Progr.

Hämmerle, Alois, der Pappenheimer Altar im Dom zu Eichstätt. Ein Beitrag zur Geschichte der deutschen Plastik im 15. Jahrh. Studie. Progr. (64 S. m. Abbildgn. u. 6 Taf.) gr. 8. Eichstätt 906. (Ph. Brönner.) n. 1. 60

Hämmerle, Alois, die ehemalige Kloster- u. Wallfahrtskirche zu Bergen bei Neuburg a. D., ihre Geschichte u. Beschreibung. Leben u. Werke des Meisters ihrer Fresken, des Augsburger Kunst- u. Historienmalers Johann Wolfgang Baumgartner 1712—1761. Ein Beitrag zur Kunstgesch. insbes. d. 18. Jahrh. Mit 22 Abb. im Text u. 14 Taf. (103 S.) gr. 8. Eichstätt 907. Ph. Brönner. 3. —
Sonderabdr. aus „Sammelbl. d. hist. Ver. Eichstätt".

Haemmerle, Aloisius [Augustanus]: „Studia Salviana" ... [= Progr. v. Landshut 1893.] (Forts. soll folgen.) *Landshut,* typ. J. Thomanni, 1893; 41 S., 1 Bl. 8.
Erlangen, Phil. Fak., Inaug.-Diss. v. 1893

Haemmerle, Alois [Gymnasialassist.]: Studien zu Salvian, Priester von Massilia. 1. Tl. [= Inaug.-Diss. v. Erlangen 1893.] Landshut, Druck d. J. Thomann'schen Buchdr., *1893;* 41 S., 1 Bl. 8.
Landshut, k. Humanist. G, P 1893*

Hämmerle, Alois [Dr.]: Studien zu Salvian, Priester von Massilia. II. Tl. (Forts. d. P-Beil. Landshut 1893.) Neuburg a. d. D., Griessmayersche Buchdr., *1897;* 46 S. 8.
Neuburg a. d. D., k. Humanist. G, P 1897*

Hämmerle, Alois, Dr.: **Studien** zu Salvian, Priester von Massilia. T. 3. *Neuburg a. d. D. (1899): Griessmayer.* (52 S.) 8° ¶(Forts. d. P.-Beil. Landshut 1893 u. Neuburg a. d. D. 1897.)
Neuburg a. d. D., k. Humanist. G, P 1899*

Hämmerle Ambros: Der Vorarlberger Dialect-Dichter Dr. Caspar H a g e n. (21). Brixen 94.
Progr.

Hämmerle, Heinr., die autonome G e m e i n d e. Ein Leitfaden für Gemeindevorstände u. Ausschüsse zur Ausübg. des selbstständ. Wirkungskreises der Gemeinden. In Fragen u. Antworten u. mit 100 Formularien erläutert. 2. verm. u. verb. Aufl. Wien 868. (Klemm.) gr. 8. (VIII, 372 S.) n. 1 ß 10 *ngr.*
Erschien zu gleichem Preise in italien. Sprache.

H a e m m e r l e, Heinr., Handbuch für die Gemeinden über den selbständigen und übertragenen Wirkungskreis der Gemeinden und die Organe zur Ausübung desselben. Durch 200 Formularien erläutert. 3. verb., vielfach verm. Aufl. des Handbuches: „Die autonome Gemeinde". In drei Hauptstücken. gr. 8. (XVI, 622 S.) Wien 876, Manz'sche Hofbuchh. * 8 —

Haemmerle, Heinr., Handbuch f. die Gemeinden über den selbständigen u. übertragenen Wirkungskreis der Gemeinden u. die Organe zur Ausübung desselben. Durch 212 Formularien erläutert. 4., verb., vielfach verm. Aufl. gr. 8. (XVI, 639 S.) Wien 881. Manz. n. 8. —

Haemmerle, Heinr., Handbuch f. die Gemeinden üb. den selbständigen u. übertragenen Wirkungskreis d. Gemeinden u. die Organe zur Ausübung desselben. Durch 212 Formularien erläutert. 5., verb., vielfach verm. Aufl. gr. 8. (XV, 746 S.) Wien 884. Manz. n. 8. —; geb. n. 9. 20

Haemmerle, H., Handbuch f. die Gemeinden üb. den selbstständigen u. übertragenen Wirkungskreis der Gemeinden u. die Organe zur Ausübung derselben. Durch 208 Formulare erläutert. 6., verm. Aufl. gr. 8. (XVI, 897 S.) Wien 890. Manz. n. 10. —

H ä m m e r l e, Heinr., Handbuch über die Polizei-Gesetze und Verordnungen. gr. 8. (XIV und 856 S.) Wien 865, (F. Klemm.) *

— S a m m l u n g von Gesetzen u. Verordnungen über Gesundheitspolizei. Ebend. 865. gr. 8. (III, 274 S.) n. 1 ß

— — aus den J. 1865 bis 1868. Ebend. 870. gr. 8. (III, 128 S.) n. 12 *ngr.*

H a e m m e r l e, Heinr., S a m m l u n g der Polizei-Gesetze und Verordnungen aus den J. 1865 bis 1868. Für den Amtsgebrauch der k. k. polit. und Polizei-Behörden und der Gemeinde-Aemter in den deutsch-österreich. Ländern. gr. 8. (VII, 389 S.) Wien 869, (Klemm.)

Hämmerle, J., zur Organisation v. Acer Pseudoplatanus, s.a. B i b l i o t h e c a botanica. 50. Hft.

Zur Organisation von Acer Pseudoplatanus. Von Dr. J. **Hämmerle**, Ass. am Pflanzenphysiol. Inst. zu Göttingen. Mit 2 Fig. *Stuttgart: E. Nägele 1900.* (101 S.) 4°
= Bibliotheca botanica. H. 50. 1893

Hämmerle, Juan, aus Hamburg: Zur physiologischen Anatomie von Polygonum cuspidatum Sieb. et Zuccar. *Göttingen 1898: Dieterich.* (70 S.) 8°
Göttingen, Phil. Diss. v. [10. Aug.] 1898

Hämmerle, J(uan): Bestimmungstabellen für die im Amte Ritzebüttel wachsenden Dikotylen. Cuxhaven (1910): Rauschenplat. 39 S. 8°
Kuxhaven, h. Staats-S, G u. R P 1910 (998) [S 10. 157

Hämmerle, Lor., über die Siedepunkte der Schwefelsäurehydrate unter verschiedenem Drucke. Mit 1 (lith.) Taf. (in qu. Fol.) [Aus den Sitzungsber. der k. Akad. der Wiss.] Wien 869. (Gerold's Sohn.) Lex.-8. (11 S.) n. 5 *ngr.*

Hämmerle, Ludwig [aus Freiburg i. B.]: Zur Anatomie der Brustflosse des Periophthalmus Koelreuteri ... Freiburg i. B., Druck v. C. A. Wagner, 1896; 17 S. 8.
Freiburg i. B., Med. Fak., Inaug.-Diss. v. 1896

Haemmerle, Rich., 25 Jahre Schmalspurbahn in Bosnien. 1879—1904. Ein kurzer Ueberblick der Entwicklg. der bosn.-hercog Schmalspurbahnen, verf. aus Anlass des 25. Jahrestages der Eröffnung der ersten Linie Bosnisch-Brod—Zenica (35 S.) 8. Sarajevo 904. (J. Studnicka & Co.) n. 1. —

Haemmerle, Wilhelm: Die körperschaftlichen oder Oberamtssparkassen im Königreich Württemberg unter besonderer Berücksichtigung ihrer Vermögensanlagen. Borna-Leipzig 1908: Noske. 70 S. 8°
Erlangen, Phil. Diss. v. 2. Dez. 1908, Ref. v. Eheberg
[Geb. 19. Mai 83 Kirchentellinsfurt; Wohnort: Charlottenburg; Staatsangeh.: Württemberg; Vorbildung: Oberrealsch. Reutlingen Reife O. 03; Studium: Erlangen 6 S.; Rig. 28. Juli 08.] [U 09. 823

Hämmerlein, Heinz, Schule u. Eltern. Ferienbriefe e. Familienvaters. gr. 8. (24 S.) Berlin 901. Herm. Scherk jr. — 50

Hämmerli, Meister, s.a.: K u n s t, die, Propaganda für sein Geschäft zu machen!

Hämmerli. Die Kunst, Propaganda für sein Geschäft zu machen! Von Meister Hämmerli. [Illustriert.] IV + 16 S. 8. Bern, Büchler & Co., 1902. Einzelpreis fr. —. 30; von 10 Ex. an, à fr. —. 15 Q
Schweizer. Gewerbe-Bibliothek.... Nr. 11.

Hämmerli, Abr., der Rechtsfreund für den Canton Aargau. Oder: Anleitung, die im Leben vorkomm. Rechtsgeschäfte nach den bestehenden Gesetzen u. Uebungen abzuschließen. (1. Abthl.) 8. Zürich 842, Schultheß. 1/3 ß

Haemmerli-Marti, Sofie, m i s C h i n d l i. E. Liederkranz f. junge Mütter. M. e. Vorworte v. J. Winteler. 12. (80 u. XIV S.) Zürich 896. K. Henckell & Co. Geb. in Leinw. n. 2. —

Haemmerli-Marti, Sofie, Mis Chindli. Ein Liederkranz f. junge Mütter. Mit e. Vorworte v. J. Winteler. 2., verm., m. dem Bildnis der Verf. versch. Aufl. 8. (68 S.) Aarau (899). E. Wirz. Kart. 1. 50

Haemmerli-Marti, Sophie, Mis Chindli. Ein Liederkranz f. junge Mütter. Mit e. Vorworte v. J. Winteler. 3. verm. Ausg. m. d. Bildnis der Verf. (VII, 115 S.) 16. Aarau 907. E. Wirz. Geb. in Leinw. 3. —

Hammerlied. [Elbing o. J.: Mohr.] 1 Bl. 8°. [Kopftit.]
Ohne Noten: „Willkommen, ihr Brüder, aus Süden und Norden" ...

Das Hammer-Lied. o. O. [ca 1820]. 2 Bl. 8° [Kopftit.]
Ohne Noten: „Auf, Brüder vom Norden, ..."

Haemmerlin, M., à-bas les protestants. Notice historique. 8. (51 S.) (Basel 873. Bahnmaier.) — 80

Hammerling, Louis Nicholas

--(ed). Unsere Bischöfe. Kurze Schilderungen aus d Leben u Wirken der verstorbenen Bischöfe der VS ... Louisville. 1872.

Hammermann, F., die Kunst glücklich zu sein. Ernstgemeinte Plaudereien. 2. [Titel-]Aufl. 8. (55 S.) Hann.-Münden (896) 897. R. Werther. n. — 80

Hammermann, Frdr., Eltern- u. Volksunterhaltungs-Abende, s.: Ehrecke, Gfr.

Hammermann, F., deutsches Lesebuch f. mehrklass. Volksschulen, s.: Ehrecke, G.

Hammermann, Frdr., Deutsche Rechtschreibung, s.: Ehrecke, Gottfr.

HAMMERMAYER, Georg (Ingolstadt): Ueber Scharlach.- München: Wolf 1881. 23 S.
1.3.1881 - Urk (Titel: De scarlatina.); Chr 1880/81,15
Diss.Ingolst.-Landsh.-Mchn.

Hammermeister, W., praktische Anleitung zur Vorbereitung f. den Kommunalverwaltungsdienst. (VII, 178 S.) 8. Berlin 905. A. W. Hayn's Erben. Geb. in Leinw. n. 3. 60

Praktische Anleitung zur Vorbereitung für den Kommunalverwaltungsdienst. Hrsg. von W[ilhelm] **Hammermeister**, Büreauvorst. 2. Aufl. [Nebst] Anhang. Berlin: A. W. Hayn 1907. (VII, 301, 125 S.) 8° [F.] [07.7361

Hammermeister, Wilhelm: Praktische Anleitung zur Vorbereitung für den Kommunalverwaltungsdienst. Von –. 4. Aufl. Berlin: Hayn 1910. X, 326, 127 S. 8°

Hammermeister, W., prakt. Anleitung z. Vorbereitung f. d. Kommunalverwaltungsdienst. 5. Aufl. (X, 326 u. II, 129 S.) 8. Berlin 911. A. W. Hayn's Erben. Geb. in Leinw. 5. 50

— Einkommmensteuergesetz in der Fassung vom 19. VI. 1906 nebst Ausführungsanweisung vom 25. VII. 1906. Nebst Gesetz betr. die Abänderg. des Einkommensteuergesetzes u. d. Ergänzungssteuergesetzes. V. 26. V. 1909. Unter Berücksicht. d. neuest. Entscheidgn. d. Oberverwaltungsgerichts erläutert. (XI, 327 u. 8 S. m. 2 Formularen.) 8. Ebd. 909. Geb. in Leinw. 6. 50

— Das neue Einkommensteuer-Gesetz, Aufstellg. d. Steuererklärung. Erläutert v. M. (Einem Vortrage entnommen.) (20 S.) kl. 8. Ebd. (910). — 25

Hammermüller, Bruno: Laaland-Falster. Entwicklung des Bodenreliefs, Stromtäler und Küstenbildung. Mit 10 Abb., Profilen u. 1 Karte. Leipzig(-R.) 1907 (E. Glausch). (132 S.) 8°
Leipzig, Phil. Fak., Ref. Partsch-Credner, Diss. v. 14. April 1908
[Geb. 5. Juni 66 Freiberg; Wohnort: Leipzig-Gohlis; Staatsangeb.: Sachsen; Vorbildung: Sem. Nossen Wahlfähigkeitszeugnis Nov. 88; Studium: Leipzig 6 S.]

HAMMERMÜLLER, HENR. CPH., Decas controversiarum juris positionum. Kilonii. 1677. 4. P. [Praes. Nic. Martini].

Hammerschlag A[illegible] Bakteriologisch-chemische Untersuchungen der Tuberkelbazillen. S. 97. [illegible] vgr.
Separatabdruck

Hammerschlag, Alb., Untersuchgn. üb. d. Magencarcinom. [Aus: „Archiv f. Verdauungskrankheiten".] gr. 8. (56 S. m. 1 lith. Taf.) Berlin 896. S. Karger. n. 2. —

Hammerschlag, D. R., Haus u. Kloster. Ein zeitgeschichtl. Roman. 8. (413 S.) Frankfurt a/M. 875. Kauffmann. n. 4. —

Hammerschlag, Emil: Geltung und Tragweite des Satzes: „Universitas non delinquit" nach gemeinem Civilrecht. *Halle a. S. 1898: C. A. Kaemmerer & C.* (60 S.) 8°
Erlangen, Jur. Diss. v. 1. Jan. 1898

Hammerschlag, Louis [app. Arzt aus Scherfede]: Über den Knochenabscess ... Würzburg, Druck v. F. Fromme, 1894; 33 S. 8.
Erlangen, Med. Fak., Inaug.-Diss. v. [22.] Juli 1893

Hammerschlag, Meta, s. Frauen-Zukunft.

Hammerschlag, Paul, d. Scheckgesetzentwurf. Vortrag, geh. in d. Wiener jurist. Gesellschaft. [Aus: „Jurist. Blätter".] gr. 8. (40 S.) Wien 896. Manz. n. 1. 20

Hammerschlag, Paul, das Gesetz üb. die Effectenumsatzsteuer. Für die prakt. Anwendg. dargestellt. gr. 8. (117 S.) Wien 893. Manz. n. 2. 40

— dasselbe. 2., verm. Aufl. gr. 8. (126 S.) Ebd. 893. n. 2. 40

— das Gesetz v. 9. III. 1897, R. G. Bl. Nr. 195, üb. d. Effectenumsatzsteuer. F. d. prakt. Anwendg. dargest. gr. 8. (VI, 179 S.) Ebd. 897. n. 4. —

Hammerschlag, Paul, über die Rückforderbarkeit d. Deckung bei Differenzgeschäften. Mit e. Zusammenstellg. der einschläg. Entscheidggn. des obersten Gerichtshofes. gr. 8. (III, 79 S.) Wien 901. Manz. n. 1. 50

Hammerschlag. Der österreichische Scheckgesetzentwurf. Deutsche Juristenzeitung Nr. 14 vom 15. Juli 1905.)

Hammerschlag, Sigfr., Lehrb. d. operativen Geburtshilfe. (XII, 498 S. m. 191 z. Tl. farb. Abb. Lex. 8. Leipzig 910. S. Hirzel. 16.—; geb. 17. —

Hammerschlag, Sigfrid [aus Magdeburg]: Trional als Schlafmittel ... Berlin, Buchdr. v. G. Schade, *1893*; 36 S., 1 Bl. 8.
Berlin, Med. Fak., Inaug.-Diss. v. 14. März 1893

Hammerschlag, Vict., Beitrag z. Entwickelungsgeschichte d. Corti'schen Membran, s.: Czinner, Hugo Ignatz.

Hammerschlag, Vict., die Lage des Reflexcentrums f. den Musculus tensor tympani. gr. 8. (8 S. m. 1 Taf.) Wien 901. (C. Gerold's Sohn.) n. — 40

HAMMERSCHLAG, Victor
Über die Reflexbewegung des Musculus tensor tympani und ihre centralen Bahnen von Dr. Victor Hammerschlag. (Mit 1 Tafel und 7 Textfiguren.) Aus den Sitzungsberichten der kaiserl. Akademie der Wissenschaften in Wien. Mathem.-naturw. Classe; Bd. CVIII. Abth. III. Jänner 1899. Wien. 1899. In Comm. Gerold's Sohn. Gr.-8°. 29 S. fl. —.55

Hammerschlag, V., s.: Simulation.

Hammerschlag, Vict., Therapie der Ohrenkrankheiten, s.a. Handbibliothek, medicinische. 5. Bd.

Hammerschlag, V., Therapie der Ohrenkrankheiten. [Medicinische Handbibliothek. 5. Bd.] 8°. (ill. VIII, 257 S.) geb. K 3.80

Hammerschläge und Hammerklänge von einem Vaterlandsfreunde. 8. ([Aarau] 1840.)

Hammerschmid, Ant., O. S. Fr., Excursionsflora f. Tölz u. Umgebung, Walchensee, Kochelsee, Tegernsee, Schliersee u. d. angrenz. bayerischen Alpen. 12. (VI, 305 S.) Landshut 897. J. Hochneder. Geb. in Leinw. n. 3. —

Hammerschmid, I. Flor., prodromus gloriae Pragenae, contin. urbium Pragenar. fundationes etc. fol. Prag. 723.

Hammerschmidt, s.: Selbstverwaltung, d. prov., Westfalens.

Hammerschmidt, A., Festansprache, gehalten am 29. märkischen Lehrer-Gesangfeste in der Kirche zu Haspe. 2. Aufl. Hagen 869. (Hammerschmidt.) gr. 8. (9 S.) n. 2½ ngr.

Hammerschmidt, A., Rienzi. Trauerspiel in 5 Aufzügen. 8. (166 S.) Elberfeld 884. Bädeker. n. 3. —; geb. m. Goldschn. n. 4. —

Andreas **Hammerschmidt.** Dialogi oder Gespräche einer gläubigen Seele mit Gott. Für Vocalstimmen m. Instr.Begl. Bearb. von A. W. Schmidt. Th. 1. *Wien: Artaria & Co. 1901.* 2°
= **Publikationen** d. Gesellschaft z. Herausgabe d. Denkmäler d. Tonkunst in Österreich. Jg. 8, T. 1. (01. 513)

Ausgewählte Werke von Andreas **Hammerschmidt.** Hrsg. von Hugo Leichtentritt. Leipzig: Breitkopf & Härtel 1910. XXIII, 122 S. 4° (11. 17017 6

Hammerschmidt, Carl E., s. Hammerschmidt, Karl E.

Hammerschmidt, F. W. M., Geschichte d. Augsburg. Confession, nebst e. genauen Abdrucke ders. mit d. Lesearten d. ersten Ausg. Melanchthons. Zur Vorbereit. auf d. 300jähr. Jubelfeier d. Uebergabe dieses Bekenntnisses. 8. (10 B.) Barmen 829. (Elberfeld, Hassel.)

Hammerschmidt, F. W. M., Geschichte d. Augsburg. Confession, nebst einem genauen Abdrucke derselben, mit den Lesearten d. ersten Ausgabe Melanchthons. 8. Bremen 829. (Hassel in Elberf.) 15 gr.

Hammerschmidt, F. W. M., Lebensgeschichte d. Conrectors Pet. Heinr. Holthaus. 8. (5 B.) Schwelm 832, Scherz.

Hammerschmidt, Franz: Zur Geschichte der Leibesübungen in den Franckeschen Stiftungen. 4 (S. 1—30, 9 eingedr. Abb.).
[illegible] Vorgesc[illegible] der Franckeschen Stiftungen
Progr. [illegible]

[J.] **Hammerschmidt,** Franz [Dr.]: Uber Jugendspiele. Halle a. S., Druck d. Buchdr. d. Waisenhauses, 1894; 18 S. 4.
Halle a. S., RG u. R d. Franckeschen Stiftungen, OP 1894 (265)

Hammerschmidt, G.

—— Kirche und Staat vom Standpunkte des Rechtes aus. gr. 8. (XI, 212 S.) Ebendas. 883. *

Hammerschmidt, G., die vorzüglichsten eßbaren Pilze der Prov. Westfalen und der anstoßenden Gebiete, s. Pollner, L.

Hammerschmidt, Hermann [aus Jastrow]: Zwei Fälle von kyphotischen Becken ... Halle a. S., Druck v. Wischan & Wettengel, 1897; 1 Bl., 39 S., 1 Bl., 4 Taf. 8.
Halle, Med. Fak., Inaug.-Diss. v. 3. März 1897

Hammerschmidt J, die sanitären Verhältnisse und die Berufskrankheiten der Arbeiter. Wien 1873

Hammerschmidt, Joh., üb. d. feineren Bau u. die Entwicklung der Spermien v. Planaria lactea O. F. Müller, s.: Arbeiten aus d. zoolog. Institut zu Graz. VIII, 7.

— Beiträge z. Entwicklung d. Phasmatiden, s.: Arbeiten aus d. zoolog. Institut zu Graz. IX, 2.

—— Rundschau im Gesammtgebiete der Naturwissenschaften u. ihre neuesten Fortschritte. gr. 8. (XV. 291 S.) 1863. Ebds. 2 fl. 80 kr.

Hammerschmied, Dr. Johann, System der Medicin. In 3 Bdn. 1. Bd. Theoretische Medicin. 1. Abth. gr. 8. (XV. 291 S.) Wien, 1863. Rospini. 2 fl. 80 kr.

Hammerschmidt, J(oan.) Bernh(ard.) M(aximil.) (geb. Altena in Westf. 24. 6. 1828): De peritonitide. Berolini (1853). (30 S.) 8°
Berlin, Med. Diss. v. 21. Sept. 1853

Hammerschmidt, Karl [Dr., Kgl. Gymnasiall.]: Ueber die Grundbedeutung von Konjunktiv und Optativ und ihr Verhältnis zu den Temporibus. Auf grund d. homer. Epen erörtert. Erlangen, Druck d. Univ.-Buchdr. v. E. Th. Jacob, 1892; 46 S. 8.
Erlangen, Phil. Fak., Inaug.-Diss. v. 1892

[J.] **Hammerschmidt,** Karl [Dr.]: Die Ornithologie des Aristoteles. Speier, Druck d. Dr. Jäger'schen Buchdr., 1897; 2 Bl., 80 S. 8.
Speier, k. Humanist. G, P 1897*

Hammerschmidt, Karl E., Beschreibg. einiger Oxiurus-Arten, s.: Abhandlungen, naturwissenschaftl., hrsg. v. W. Haidinger, I. Bd.

— Beschreibung eines neuen Mexikan. Schmetterlinges Zeuzera (Cossus) Redtenbacheri, siehe: Abhandlungen, naturwissenschaftl., herausggb. v. W. Haidinger, II. Bd.

Hammerschmidt, Carl E., s. Zeitschrift, allgem. Oesterr., f. d. Landwirth rc.

Hammerschmidt, Ludwig [aus Stargard i. Pom.]: Über Anwendung der Kochsalzinfusion in der Geburtshülfe im Anschluss an zwei glücklich verlaufene Fälle .... Berlin, Buchdr. v. Gustav Schade (Otto Francke) (1888); 28 S. + 2 Bl. 8°
Berlin, Med. Fak., Inaug.-Diss. v. 3. März 1888

Hammerschmidt, M., the little english reader, od. erstes engl. Lesebuch f. d. Jugend. 8. (23 B.) Hanau 839, Edler'sche Bh.

Hammerschmidt, Max, Ernst Joachim Frühauf's, des Tischlergesellen Wanderungen, Fahrten u. Abenteuer zu Wasser u. zu Lande in vier Welttheilen. Nach Frühauf's Tagebuch u. mündl. Berichten zusammengestellt. 60 Hfte. gr. 8. (1920 S. m. 60 Bildertaf.) Dresden 893. R. H. Dietrich. 9. —; geb. in 3 Bde. 13. 50

Hammerschmidt, Max, Ernst Joachim Frühauf's des Tischlergesellen Wandergn., Fahrten u. Abenteuer zu Wasser u. zu Lande in vier Welttheilen. S. Schicksale u. Erlebnisse als Lehrling, Handwerksbursche, Pferdebändiger, Freischärler, Flüchtling, Schiffskoch, Orient-Reisender, Wüstenpilger, Steward, Busch- u. Prärie-Jäger, Farmer, Goldgräber, südamerikan. Haziendabesitzer rc. rc. M. 60 Holzschn. u. Zeichngn. v. E. Marx. Roman in 3 Bdn. Nach Frühauf's Tagebuch u. mündl. Berichten zusammengest. 2.—60. (Schluß-)Hft. gr. 8. (S. 32—1912.) Dresden (893—894). R. H. Dietrich. à — 15

Hammerschmidt, R. [Hrsg.], s. Revue, Russische

Hammerschmidt, Richard [aus Berlin]: Ueber das spezifische Drehungsvermögen von Gemengen optisch aktiver Substanzen. . . . Berlin, Druck v. A. Haack, 1889; 48 S. 8°
Rostock, Phil. Fak., Inaug.-Diss. v. 16. März 1889

HAMMERSCHMIDT, RICHARD. Ueber das spezifische Drehungsvermögen von Gemengen optisch-aktiver Substanzen. (Rostock) Berlin, 1889.

Hammerschmidt, Rich., zur Umrechnung des aus Calciumcarbid entwickelten Rohacetylons auf die für Handelsware geltenden Normalien. 8. (15 S. m. 1 Taf.) Halle 901. C. Marhold. n. — 40

Hammerschmidt, W., allgem. Briefsteller für solche, die sich eines edlern Briefstyls befleißigen wollen; enthaltend Anweisungen zum Abfassen aller im gemeinen Leben vorkomm. Arten von Briefen u. Geschäftsaufsätzen. Mit vielen Beispielen versehen. 8. Hamm 829. Wundermann. 1 gr.

Hammerschmidt, Wilhelm: Geschichte der Baumwollindustrie in Rußland vor der Bauernemanzipation. Straßburg: K. J. Trübner 1906. (XII, 124 S.) 8°
Straßburg, Rechts- u. staatsw. Fak., Ref. Knapp, Diss. v. 27. Juli 1906
[Geb. 31. März (a. St.) 83 St. Petersburg; Wohnort: Bonn; Staatsangeh.: Rußland; Vorbildung: Gymn. St. Petri Petersburg Reife Sommer 00; Studium: Bonn 4, Straßburg 8 S.]

Hammerschmidt, Wilh., Geschichte der Baumwollindustrie in Russland vor der Bauernemanzipation, s.a. Abhandlungen aus dem staatswiss. Seminar zu Strassburg i. E. 21. Hft.

Geschichte der Baumwollenindustrie in Rußland vor der Bauernemanzipation. Von Wilhelm **Hammerschmidt**, Dr. d. Staatswiss. Mit 1 Karte. Strassburg: K. J. Trübner 1906. (XIV, 124 S.) 8°
— **Abhandlungen** aus d. staatswiss. Seminar zu Strassburg. H. 21. [14. 1583]

Hammerschmidt, Wilhelm. Ueber die Morphium-Chloralhydrat- und die M'-Urethan-Narkose bei intravenöser Injection. Aus dem med.-chem. und pharmakol. Institut der Universität Bern .... Diss. Vet.-Med. Bern. (Sonder-Abdruck aus der Zeitschrift f. exp[erimentelle] Pathologie u. Therapie. Band 8.) 28 S. 8. Berlin, L. Schumacher, 1910.

Hammerschmied, Frz., des Lehrers Beschwerderecht. Ein Beitrag z. Orientierg. üb. d. Rechtsverhältnisse d. Lehrerstandes u. üb. den Administrativ-Prozeß in Österr. Seinen Berufs-, Kampf- u. Leidensgenossen gewidmet. (85 S.) 8. Wien 908. A. Pichler's Wwe. & Sohn. 1. 50

— Strafgesetz u. Schule. (89 S.) 8. Ebd. 909. — 60

Hammerschmied, J., Ord. Molit., das Prager Jesukindlein u. s. Verehrg. 16. (120 S. m. Titelbild.) Einsiedeln 898. Verlagsanstalt Benziger & Co. Geb n. — 35

Hammerschmied, Joh., die menschliche Familie in ihren wichtigsten körperlichen u. geistigen Zuständen. Eine statist. Studie. gr. 8. (IV, 24 S.) Wien 872. Czermak. n. — 60

— das Ozon u. seine Wichtigkeit im Haushalte der Natur u. d. menschlichen Körpers. Mit e. Anh. üb. allgemeine, chemisch-physikal. Fragen. 8. (161 S.) Wien 873. Gerold's Sohn. n. 2. —

— die Physik auf Grundlage e. rationellen Molecular- u. Aethertheorie zur Erklärg. sämmtl. Natur-Erscheingn. 8. (XIV, 111 S.) Ebend. 872. n. 2. —

Hammerschmied, Joh., Rundschau im Gebiete der Naturwissenschaften. 2. (Titel-)Aufl. Wien (863) 870. Czermak. gr. 8. (XVI, 291 S.) n. 1 Thlr.

Hammerschmied, Joh., System der Medicin. 1. Bd. Theoretische Medicin. 1. Abth. A. u. d. T.: Rundschau im Gesammtgebiete der Naturwissenschaften u. ihre neuesten Fortschritte. Wien 863. Rospini. gr. 8. (XVI, 291 S.) 1 Thlr. 24 ngr.

Hammerschmied, Joh., die sanitären Verhältnisse u. die Berufskrankheiten der Arbeiter bei den k. k. oesterreich. Berg-, Hütten- u. Salinenwerken u. Forsten. Auf Veranlassg. der beiden hohen k. k. Ministerien f. Finanzen u. Ackerbau m. Benützg. amtl. Quellen dargestellt. gr. 8. (VIII, 181 S.) Wien 873. Gerold's Sohn. n. 4. —

Hammer-Schriften. Nr. 1 u. 2. gr. 8. Leipzig, Th. Fritsch. — 80
Frage, die österreichische. Eine Antwort auf d. Scotus-Viator-Broschüre. Von e. Deutsch-Oesterr. (24 S.) 908. (Nr. 1) — 50
Lehmann-Hohenberg, die Bedeutung d. Mittelstandsbeweg. u. ihr Kulturziel. E. Vortrag m. Zusätzen. (24 S.) 908. (Nr. 2) — 30

Hammersdörfer, Karl, s. Hammerdörfer

Hammer- u. Glockenspiel, das, eine neue Unterhaltung für kleinere u. größere Gesellschaften. Mit 5 Karten u. 8 besond. Würfeln. Nebst Erklärung in deutscher u. franz. Sprache. 16. Wien 835. Müller. 5/6 Thlr. Ohne Würfel 2/3 Thlr.

Hammerstein's kurze Geschichte der Stadt Crefeld u. ihres Bezirks. Neue Aufl. Als Anhang: Beschreibung der Feierlichkeiten der Stadt Crefeld am 12. März 1703 bei Gelegenheit der Besitznehmung der Clev-, Mörs- u. Geldrischen Provinzen durch Preußen. 8. Crefeld 844, Funcke'sche Buchh. n. 1/6 Thlr.

Hammerstein, A. Frhr. v., der tropische Landbau. Anleitung zur Plantagenwirthschaft u. zum Anbau der einzelnen trop. Kulturgewächse m. besond. Rücksicht auf die deutschen Kolonieen. Mit 32 in den Text gedr. Abbildgn. gr. 8. (VIII, 71 S.) Berlin 886. Parey. cart. n. 2. —

Hammerstein, C. u. E. Frh. v., Geschlechtsalbum der Freiherren von Hammerstein. Hannover 1892. Imp.-fol.

Hammerstein, Carl Ludolph von, s. Hammerstein, Karl Ludolph

Hammerstein, Chr. Frhr. v., Grundsätze d. Ackerbaues (v. Will. Bland jun.), a. d. Engl. u. mit einigen Anmerkn. begleitet. gr. 8. (7¾ B.) Lüneburg 836, Herold u. Wahlstab.

Hammerstein, Chrstn. Frh. v., über d. Cultur u. Verbesserung d. natürl. u. künstl. Schafweiden u. üb. d. vortheilhaft. Anlegung d. letzteren. Eine gekr. Preisschr., mit e. Nachtr. üb. d. Aussaat u. Gewinnung d. Grassaamens. Mit e. Vorr. d. Kgl. Großbrit. Hannov. Landwirthschafts-Gesellsch. (A. bess. „landw. Schriften" 2. Bd. abgedr.) 8. (12 B. incl. 2 Tab. 4.) Celle 832, Schulze.

—— landwirthschaftl. Schriften. 2. Bd. — A. u. d. T.: Neue landwirthschaftl. Schriften. — Ueber d. Cultur u. Verbesser. d. natürl. u. künstl. Schafweiden, u. üb. d. vortheilhaft. Anlegung d. letzteren. Eine gekr. Preisschr., mit e. Nachtr. üb. d. Aussaat u. Gewinnung d. Grassamens. Mit e. Vorr. d. Kgl. Großbrit. Hannov. Landwirthschafts-Gesellsch. 8. (24 B. u. 2 Ctnt.) Celle 832, Schulze.
(1. Bd.) Braunschweig, Vieweg. 1827. 1 Thlr. 4 Gr.

Hammerstein, Frhr. Chr. v., Ueber die Verbesserung des Zustandes des Landmannes im Fürstenthum Lüneburg; ein Versuch, allen, die sich für das Wohl des Landmannes in dieser Provinz interessiren und dazu mitwirken können, zur Ansicht, Prüfung und Berücksichtigung vorgelegt. 8°. Lüneburg, Herold u. Wahlstab, 1832.

Hammerstein, Christophorus (geb. am 18 Dez. 1818 in Linz a. Rh.): Quaestiones Horatianae criticae ... Coloniae, form. Guil. Clouthii (1846). 3 Bl., 53 S., 1 Bl. 8.
Bonn, Phil. Fak., Diss. v. 8 Aug. 1846

Hammerstein, Etta Freifrau v., geb. Freiin v. Oppenheim, die Kunst preiswert u. gut zu essen. Eine Sammlg. ausgewählter u. erprobter Kochrezepte f. die gute Küche des tägl. Lebens u. f. Festlichkeiten. Gesammelt u. hrsg. (192 S.) 8. Bernkastel (Mosel) 904. Selbstverlag. Geb. n. 6. 50

Hammerstein, Eugen Frhr. v., Aristipp in Hamburg u. Altona. Ein Sitten-Gemälde neuester Zeit. gr. 8. (15½ B.) Celle 840, Schulze'sche Buchh.

Auch ein offener Brief. (Gedicht gegen den offenen Brief Christians VIII v. Eugen **Hammerstein**.) o. O. u. J. 8°

v. Hammerstein, Eugen Frhr., auch ein offener Brief. 2. Aufl. 8. Celle 846, Capaun. n. 1/8 ℛ

Hammerstein, Eugen v., Aufruf zum Kampf! Auch ein offener Brief. (Gedicht.) 3., verm. Aufl. April 1848. 8. (8 S.) Lütjenburg 848, Kems und Comp. *

Hammerstein, Eugen Frhr. v., der Eremit an d. Heerstraße, s. Eremit.

HAMMERSTEIN, EUG. V., Frankreich und seine Revolution in Beziehung auf Deutschland. Altona. U. A. [1838]. P.

—— kurze Geschichte der Stadt Crefeld u. ihres Bezirks. Neue Aufl. Als Anh.: Beschreibung der Feierlichkeiten der Stadt Crefeld am 12. März 1763 bei Gelegenheit der Besitznehmung der Clev-, Mörs- u. Geldrischen Provinzen durch Preußen. 8. (2½ B.) Crefeld 841, Funcke'sche Buchh. *

— das Gymnasium zu Celle. Mit 1 Lithogr. 8. Celle 843, Schulze. n. 2/3 ℛ

Hammerstein, Eugen v., Holsaten-Lied. Schleswig-Holsteins wackern Söhnen gewidmet. 4. (½ lithogr. Bog.) Lütjenburg 848, Kems und Comp. Thlr.

—— Memoiren. gr. 8. (19¼ B.) Altona 838, Blatt. Thlr.

Hammerstein, Eug. v., Memoiren. 2., wohlf. (Titel-)Ausg. gr. 8. (304 S.) Hamburg 852, Kittler.

—— das Schwert der Gerechtigkeit, oder: kurzer Beitrag zu dem Criminal-Verfahren im Königr. Hannover in dem J. der Gnade 1847, nach authentischen Mittheilungen, nebst einigen Bemerkungen gegen die Anwendung der Todesstrafe. gr. 8. (52 S.) Braunschweig 847, Oehme und Müller.

Hammerstein, Eugen, s. Volks-Freund, Hannoverscher.

—— der Volksfreund an Stände und Volk. Deutsches Lied für 1848. gr. 8. (7 S.) Kiel 848, Naeck.

— Wilhelmine. Gedenkschrift zeitgenössischer Zustände u. Charaktere. gr. 12. Lüneburg 840, Herold u. Wahlstab. ½ ℛ

— Worte. Gewidmet allen Handwerkervereinen Deutschlands u. dem deutschen Volke. Gesprochen in der Handwerkerschule zu Preetz am Sonntag den 6. Februar 1848. gr. 8. (10 S.) Ebd. 848. n. 2 ngr

Hammerstein, Hans

—s.a. Beitr. zur Geschichte d. Grafen u. Freiherren v. Hammerstein,

Hammerstein, H. v., Beiträge zur Geschichte der Grafen und Freyherrn von Hammerstein, von den frühesten Zeiten bis zur Mitte des 15. Jahrh. Mit 3 Tabellen u. 1 Kpfr. Göttingen 1806. 8.

v. Hammerstein, (Frhr.,) u. v. Hohenhausen, üb. d. wahre Ortsbestimmung d. Hermannsschlacht. Herausgeg. v. H. C. A. Eichstädt. 8. Altenb. 821. (Lit. Cntr. in Zwickau.)

v. Hammerstein, Frhr. Hs., u. Leop. v. Hohenhausen, über d. wahre Ortsbestimmung d. Hermannsschlacht. Herausg. v. H. K. A. Eichstädt. 8. Altenb. 821. (Weber in Ronneb.) 9 ⅙

v. Hammerstein, Graf Hans, alte Sagen zu Fallrum, am Teutoburger Walde, d. Hermannsschlacht betreffend. 8. Hannov. 815. Hahn. 5 ⅙

v. Hammerstein, Frhr. Hans Detlef, Nachlaß, s. Mittheilungen aus d. literar. Nachlasse des weyl. Königl. Großbritann.-Hannover. Geheim. Raths etc. H. D. v. Hammerstein.

— **Hermann** (Osterode/Ostpr.), Ein Fall von Syphilis congenita tarda. Diss. med.-chir. Bln. (A. Haack) 16. III. 1889. 32 S. mit Biogr. (5.—) 12990

Oppon.: Hugo Davidsohn, Martin Meyer, Simon Finkelstein.

Hammerstein, Julius, a. Mohrungen, Ostpr., Referendar am kgl. Amtsgericht: Die Schenkung auf den Todesfall nach dem B.G.B. Berlin 1905: P. Funk. (49 S.) 8°

Erlangen, Jur. Fak., Ref. Siber, Diss. v. 24. Nov. 1905

[Geb. 10. Dez. 79 Mohrungen; Wohnort: Mohrungen; Staatsangeh.: Preußen; Vorbildung: Gymn. Bartenstein Reife O. 01; Studium: Breslau 2, Berlin 1, Königsberg 3 S.; Rig. 28. Juli 05.]

Hammerstein, Karl Ludolph

Hammerstein, Carl Ludolph von (Westfälischer Adel), De contractu non praelecto. Dissert. jur. Präs. Justus Henning Böhmer. Halle (Chph. Andr. Zeitler) Febr. 1700. 56 S. (6.20) 12988

— — Dasselbe. Halle (Joh. Chn. Hendel) 1741. 56 S. (6.—) 12989

Hammerstein, Louise v., Erzählungen und Novellen. Frankfurt a. M. 858. Boselli. 8. (2 Bl., 332 S.) n. 1 ℛ 6 ngr

Hammerstein, Louise v., Erzählungen und Novellen. 2. Bd. Frankfurt a. M. 860. Gebhard & Körber. 16. (2 Bl., 324 S.) n. 1 ℛ 6 ngr

Hammerstein, Ludwig von

Hammerstein, L. v. Arbeiter-Katechismus. 12. (82 S.) Köln-Ehrenfeld 892, B. Brandts. — 25

Arbeiter-Katechismus. Von L(udwig) v. Hammerstein, Priester d. Ges. Jesu. 2. verm. Aufl. (Hrsg.: Viktor Cathrein, S. J.) *Trier: Paulinus-Dr. 1903.* (75 S.) 8° [F.]

— Arbeiter-Katechismus. 3. verm. Aufl. (IV, 77 S.) 8. Ebd. 904. n. — 35

— Begründung des Glaubens. 3 Thle. gr. 8. Trier, Paulinus-Druckerei. n. 9. —; geb. n. 12. 40
1. Gottes-Beweise. Eine Ergänzg. zu „Edgar od. vom Atheismus zur vollen Wahrheit". 1.—3. Tauf. (VIII, 253 S.) 891 n. 2. 50; geb. n.n. 3. 70
2. Das Christenthum. 1.—4. Tauf. (VIII, 371 S.) 893. n. 3. —; geb. n. 4. 20
3. Katholizismus u. Protestantismus. Mit e. graph. Darstellg. der hauptsächlichsten christl. Konfessionen. 1.—5. Tauf. (XI, 473 S.) 894. n. 3. 50; geb. n. 4. 50

— dasselbe. 1. Thl. Gottesbeweise u. moderner Atheismus. 4., verm. u. verb. Aufl. gr. 8. (XI, 254 S.) Ebd. 894. n. 2. 50; geb. n. 3. 70

— Begründung d. Glaubens. III. (Schluß-) Thl. gr. 8. Ebd. 896. n. 3. 50; geb. n.n. 4. 50
Katholizismus u. Protestantismus. M. e. graph. Darstellg. d. hauptsächlichsten christl. Konfessionen. 2. Aufl. (XI, 481 S.)

— Begründung des Glaubens. 2. u. 3. Thl. gr. 8. Ebd. n. 6. 50; geb. n. 8. 90
2. Das Christentum u. seine Gegner, Judenthum, Buddhismus, Dr. Paulus, David Strauß, Renan, Harnack, v. Egidy u. A. 3. Aufl. 8. u. 9. Tauf. (XII, 367 S. m. 1 graph. Darstellg.) 900. n. 3. —; geb. n. 4. 20
3. Katholizismus u. Protestantismus. Mit e. graph. Darstellg. der hauptsächlichsten christl. Konfessionen. 4. Aufl. (9. u. 10. Tauf.) (XI, 460 S.) 901. n. 3. 50; geb. n. 4. 70

Hammerstein, L. v., Betrachtungen f. alle Tage des Kirchenjahres, m. besond. Rücksicht auf religiöse Genossenschaften. 2 Bde. 8. Freiburg i/Br., Herder. n. 8. 50; geb. n. 12. —
1. Vom 1. Adventsonntag bis zum Dreifaltigkeitssonntag. Mit 1 Karte v. Palästina zur Zeit Christi. (XX, 846 S.) 888. n. 4. 50; geb. n. 6. 40
2. Vom Dreifaltigkeitssonntag bis zum 1. Adventsonntag. (IX, 696 S.) 889. n. 4. —; geb. n. 5. 60

— Betrachtungen f. alle Tage d. Kirchenjahres, m. besond. Rücksicht auf religiöse Genossenschaften. 2 Bde. gr. 8. Freiburg i/B. 892. Herder. n. 8. 50; geb. n. 12. —
1. Vom 1. Adventssonntag bis zum Dreifaltigkeitssonntag. 2., verm. u. verb. Aufl. Mit 1 Karte v. Palästina zur Zeit Christi, aus R. v. Rieß' Bibel-Atlas, u. 1 Grundriß v. Jerusalem zur Zeit d Todes Jesu. (XX, 846 S.) n. 4. 50; geb in Halbfrz. n. 6. 40
2. Vom Dreifaltigkeitssonntag bis zum 1. Adventssonntag. 2., verb. u. durch e. Sachregister verm. Aufl. (IX, 702 S.) n. 4. —; geb. in Halbfrz. n. 5. 60

— Betrachtungen für alle Tage des Kirchenjahres, m. besond. Rücksicht auf religiöse Genossenschaften. 2 Bde. 3. verb. Aufl. gr. 8. Freiburg i/B., Herder. n. 9. —; geb. in Halbfrz. n. 12. 50
1. Vom ersten Adventssonntag bis zum Dreifaltigkeitssonntag. Mit e. Karte von Palästina z. Z. Christi, aus R. v. Rieß' Bibel-Atlas u. e. Grundriß von Jerusalem z. Z. des Todes Jesu. (XX, 816 S.)
2. Vom Dreifaltigkeitssonntag bis zum ersten Adventssonntag. (IX, 702 S.)

— Meister Breckmann, wie er wieder zum Glauben kam u. aufhörte Socialdemokrat zu sein. 1.—3. Aufl. 8. (IV, 115 S.) Trier 888—890. Paulinus-Druckerei. n. 1. —

— Meister Breckmann, wie er wieder zum Glauben kam u. aufhörte, Socialdemokrat zu sein. 3. Aufl. Neue (Titel-)Ausg. gr. 8. (IV, 115 S.) Trier 894. Paulinus-Druckerei n. — 50

— Meister Breckmann, wie er wieder z. Glauben kam u. aufhörte, Sozialdemokrat zu sein. 4. (insbes. durch e. graph. Darstellg. u. e. alphabet. Inhaltsverzeichnis verm.) Aufl. 8. (IV, 115 u. II S.) Ebd. 898. n. — 50

— Charakterbilder aus d. Leben d. Kirche, vertheilt auf d. Sonntage d. Kirchenjahres. 1.—3. Tausf. gr. 8. (VI, 587 S. m. 6 Illustr.) Ebd. 897. n. 5. —; geb. n. 6. 50

— Charakterbilder aus dem Leben der Kirche. Mit mehreren Illustr. 2. u. 3. Bd. gr. 8. (IX, 458 u. X, 512 S.) Trier 900. 902. Paulinus-Druckerei. à n. 4. 50; geb. à n. 6. —
Bd. 1 Ebd. 897 n. 5. —; geb. n. 6. 50.

— Charakterbilder aus dem Leben der Kirche, vertheilt auf die Sonntage des Kirchenjahres. 1. Bd. 3. Aufl. 7.—9. Tausf. (X, 587 S. m. 6 Abbildgn.) gr. 8. Ebd. 903. n. 5. —; geb. n. 6. 50

— graphische Darstellungen. I. Graphische Darstellg. d. hauptsächlichsten Religionen. II. Graphische Darstellg. einiger d. bekannteren christl. Konfessionen. 2 Blatt à 87×69 cm. Trier 895. Paulinus-Druckerei. n. — 40

Hammerstein, Ludw. de, ecclesia et statu juridico consideratis. Praemittitur epistola encyclica „Immortale Dei" sanctissimi domini nostri Leonis Papae XIII. de civitatum constitutione christiana, d. d. 1. Novembris 1885. gr. 8. (XI, 239 S.) Trier 886. Paulinus-Druckerei. n. 3. 20

— Edgar oder vom Atheismus zur vollen Wahrheit. 1.—3. Aufl. (VIII, 256 S.) 1886,87; 4. Aufl. [Mit Anhang I und II.] gr. 8. (VIII, 276 S.) Ebendaf. 888. * 3 —

— Edgar, od. vom Atheismus zur vollen Wahrheit. 5. u. 6. verm. u. verb. Aufl. [Mit Anh. I. u. II.] gr. 8. (VIII, 279 S.) Trier 889,90, Paulinus-Druckerei. * 3 —

— Edgar od. vom Atheismus zur vollen Wahrheit. 8., verm. u. verb. Aufl. (Mit Anh. I u. II u. e. graph. Darstellg. der hauptsächl. Konfessionen.) gr. 8. (VIII, 293 S.) Ebd. 894. n. 3. —; geb. in Leinw. n. 4. 20

[F.] Edgar od. Vom Atheismus zur vollen Wahrheit. 9. Aufl. Von L[udwig] v. Hammerstein, S. J. ... *Trier: Paulinus Dr. 1898.* (291 S.) 8.
— Hammerstein, L. v.: Ausgew. Werke. Billige Volksausg. Bd 1. [Th.] 1.

— Edgar od. Vom Atheismus zur vollen Wahrheit. 10. Aufl. Mit Anh. I u. II u. e. graph. Darstellg. der hauptsächl. Konfessionen.) gr. 8. (VIII, 296 S.) Ebd. 901. n. 3. —; geb. n. 4. 20

(Hammerstein, L. v.): Das Eherecht im „Entwurf eines bürgerl. Gesetzbuches für das Deutsche Reich". Freiburg i. B. 1888.
(Ausschn. a.: Stimmen aus Maria-Laach. Kathol. Blätter. Bd 34, Jg. 1888, H. 5, S. 495 ff.)

Hammerstein, L. v., Erinnerungen eines alten Lutheraners. gr. 8. (VIII, 176 S.) Freiburg i/Br. 882. Herder. n. 2. —

— Erinnerungen e. alten Lutheraners. 2., verm. u. verb. Aufl. gr. 8. (XI, 232 S.) Freiburg i/Br. 883. Herder. n. 3. —

— Erinnerungen e. alten Lutheraners. 3., verm. u. verb. Aufl. 8. (XII, 285 S.) Freiburg i/Br. 890. Herder. n. 2. 60

— Erinnerungen e. alten Lutheraners. 4., abermals verm. u. verb. Aufl. gr. 8. (XVI, 341 S.) Freiburg i/B. 898. Herder. n. 3. —; geb. in Leinw. n. 4. —

— Erinnerungen e. alten Lutheraners. 5. Aufl. (XV, 329 S.) gr. 8. Freiburg i/B. 904. Herder. n. 3. —; geb. in Leinw. n. 4. —

— das Fegfeuer, s.a. Flugschriften, katholische zur Wehr u. Lehr'.

Hammerstein, L. v., Das Fegfeuer. Berlin, Germania, 1894. 16°. 63 S., 10 Pf. (Flugschr. zur Wehr u. Lehr' Nr. 89.)

— Freiheit den Orden. Gedanken üb. die Behandlg der religiösen Orden in Deutschland. Von Socialis Politicus (L. v. H.). 16. (30 S.) Trier 894. Paulinus-Druckerei n. — 25

— die Gegner „Edgar's" u. ihre Leistungen. 2., unveränd. Aufl. gr. 8. (72 S.) Trier 887. Paulinus-Druckerei. n. — 80

— die religiöse Gleichgültigkeit, der gewöhnliche Weg zum Unglück, s.: Flugschriften, katholische zur Wehr u. Lehr'.

— das Glück, katholisch zu sein. gr. 8. (IV, 166 S.) Ebd. 897. n. 1. 20; geb. n. 2. —

[F.] Das Glück, katholisch zu sein. Von L[udwig] v. Hammerstein, 2. Aufl. ... *Trier: Paulinus Dr. 1898.* (293—438 S., 1 Taf.) 8.
— Hammerstein, L. v.: Ausgew. Werke. Billige Volksausg. Bd 1. [Th.] II.

Hammerstein, L. v., S. J., das Glück, katholisch zu sein. 2. Aufl. (IV, 166 S.) 8. Trier 909. Paulinus-Druckerei. 1.20; geb. 2. —

—— Gottes-Beweise. Eine Ergänzg. zu „Edgar od. Vom Atheismus zur vollen Wahrheit". gr. 8. (VIII, 253 S.) Trier 891, Paulinus-Druckerei. * 2 50; geb. ** 3 70

Hammerstein, L. v., die Jesuiten-Moral. Offener Brief an Adolf Harnack. 1.—3. Taus. gr. 8. (13 S.) Trier 893. Paulinus-Druckerei. n. — 25

— zum 25jähr. Jubiläum d. Kulturkampfes, s.a. Flugschriften, katholische.

[F.] Zum 25jähr. Jubiläum des Kulturkampfes. Von L[udwig] v. Hammerstein S. J. *Berlin: Germania (1896).* (62 S.) 1 Bd 8.
= Flugschriften, Kathol., z. Wehr u. Lehr. No 114. [98. 10676

— kann ein Katholik Socialdemokrat sein?, s.: Flugschriften, katholische, zur Wehr u. Lehr'.

Hammerstein, L. v., 1. Kann ein Katholik Socialdemokrat sein? (Katholische Flugschriften, Nr. 18.) 16°. Berlin, Germania, 1891.

Katholizismus und Protestantismus. Mit e. graph. Darstellung d. hauptsächlichsten christl. Konfessionen. Von L[udwig] v. **Hammerstein**, Priester d. Ges. Jesu. 2. Aufl. *Trier: Paulinus-Dr. 1896.* (XI, 481 S.) 8° [F.]
= Hammerstein, v.: Begründung d. Glaubens. Th. 3 [... 1717 6

Katholizismus und Protestantismus. Mit e. graph. Darstellung d. hauptsächlichsten christl. Konfessionen. Von L(udwig) v. **Hammerstein**, Priester d. Ges. Jesu. 4. Aufl. *Trier: Paulinus-Dr. 1901.* (XI, 449 S.) 8° [F.]
= Hammerstein: Begründung d. Glaubens. Th. 3. [01. 6799

— Kirche u. Staat vom Standpunkte d. Rechtes aus. gr. 8. (XI, 212 S.) Ebend. 883. n. 2. 40

— das Kirchenjahr. Unterweisgn. zur häusl. Andacht f. Jedermann. 8. (XI, 360 S.) Ebd. 899. n. 2. 10; geb. n. 3.—

— d. Confession d. Kinder aus gemischten Ehen, s.a. Flugschriften, kathol., z. Wehr u. Lehr'.

[F.] Die Confession der Kinder aus gemischten Ehen. Von L[udwig] v. Hammerstein, S. J. *Berlin: Germania (1896).* (47 S.) 1 Bd 8.
= Flugschriften, Kathol., z. Wehr u. Lehr. No 108. [98. 10677

Konfession u. Sittlichkeit. Replik auf die Broschüre: „Konfessionelle Bilanz od. wie urtheilt der Jesuitenpater v. Hammerstein üb. die Unsittlichkeit (Selbstmord, unehel. Geburten, Prostitution) unter den Konfessionen. Von e. Deutschen". 1.—3. Taus. gr. 8. (35 S.) Trier 893. Paulinus-Druckerei. n. — 50

Hammerstein, Ludwig v.: Kontrovers-Katechismus. Kurze Begründung d. kathol. Glaubens u. Widerlegg d. gewöhnlichen Einwände. Von —. 1. bis 5. Aufl. Trier: Paulinus-Dr. 1896. (2 Bl., 64 S. 1 Taf.) 1 Bd 8.

— Kontrovers-Katechismus. Kurze Begründg. d. kathol. Glaubens u. Widerlegg. d. gewöhnlichsten Einwände. 6.—8. Aufl. 8. (IV, 64 S. m. 1 Tab.) Trier 896. Paulinus-Druckerei. n. — 50; geb. n.n. — 85

— Kontrovers-Katechismus. Kurze Begründg. des kathol. Glaubens u. Widerlegg. der gewöhnlichsten Einwände. 9.—10. Aufl. gr. 8. (IV, 64 S. m. 1 Tab.) Ebd. 901. n. — 50; geb. n.n. — 85

— Kontrovers-Katechismus. Kurze Begründung des kathol. Glaubens u. Widerlegg. d. gewöhnlichsten Einwände. 11—13. Taus. (IV, 64 S. m. 1 Tab.) 8. Trier 906. Paulinus-Druckerei. n. — 50; geb. n.n. — 85

Hammerstein, Ludwig von: D. Lehre v. d. Rechtfertigg. durch d. Glauben allein. D. Fundament d. Protestantismus, s.a. Flugschriften, Katholische.

Hammerstein, L. v., Die Lehre von der Rechtfertigung durch den Glauben allein. Das Fundament des Protestantismus. Berlin, Germania, 1898, 16°, 39 S., 10 Pf.. (Flugschr. zur Wehr u. Lehr' Nr. 127.)

— geistliche Lesungen f. Priester. 2. Aufl. (3.—4. Taus.) 12. (III, 192 S.) Ebd. 901. n. 1. —; geb. n. 1. 50

Hammerstein, Ludwig von: Maria, Mutter Gottes, s.a. Flugschriften, Katholische.

Hammerstein, L. v., Maria, Mutter Gottes. Berlin, Germania, 1895, 16°, 60 S., 10 Pf. (Kath. Flugschr. zur Wehr u. Lehr' Nr. 102.)

— nochmals: Konfession u. Sittlichkeit. Antwort auf die Schrift des Verfassers der „Konfessionellen Bilanz": „Die Protestanten — doch unsittlicher!?" gr. 8. (14 S.) Ebd. 893. n. — 30

Hammerstein, Ludwig von: Ein Ordensberuf am Ende d. 19. Jahrh., s. Flugschriften, Katholische, zur Wehr u. Lehr'.

Hammerstein, d. kathol. Ordenswesen, s.a. Stimmen aus Maria-Laach.

[F. u. Ant.] Das katholische Ordenswesen. Von L[udwig] v. Hammerstein S. J. ... *Freiburg i. B.: Herder 1896.* (VII, 158 S.) 1 Bd 8.
= Ergänzungshefte zu d. 'Stimmen aus Maria-Laach'. H. 65. [96. 486

Hammerstein, Ludwig von: Eine Perle, welche den Protestanten verloren ging (Das heiligste Altarssacrament), s.a. Flugschriften, Katholische, zur Wehr u. Lehr'.

Hammerstein, L. v., Eine Perle, welche den Protestanten verloren ging. (Das hlste Altarsjakr.) Berlin, Germania, 1893, 16°, 94 S., 20 Pf. (Kath. Flugschr. zur Wehr u. Lehr' Nr. 71 u. 72.)

Hammerstein, Ludwig von: Der heilige Rock zu Trier, s. Flugschriften, Katholische, zur Wehr u. Lehr'.

— d. Sacrament d. Buße, s.a. Flugschriften, kathol.

Hammerstein, L. v., Das Sakrament der Buße. Berlin 1895, 16°, 64 S., 10 Pf. (Flugschr. zur Wehr u. Lehr' Nr. 93.)

Hammerstein, Ludwig von: D. mosaische Schöpfungsbericht u. and. Erzählgn. d. Alten Testamentes, s.a. Flugschriften, Katholische.

Hammerstein, L. v., Der mosaische Schöpfungsbericht u. andere Erzählungen des A. Testam. Berlin, Germania, 1898, 16°, 55 S., 10 Pf.

— die Schulfrage. gr. 8. (III, 114 S.) Ebend. 877. 1. 50

— dasselbe. 2., verm. u. verb. Aufl. gr. 8. (VII, 128 S.) Ebend. 877. 1. 70

— das preußische Schulmonopol m. besond. Rücksicht auf die Gymnasien. gr. 8. (VII, 295 S.) Freiberg i B. 893. Herder. n. 4. —

-- Sincerus, e. evangelischer Theologe in der Urkirche. 1. u. 2. Aufl. gr. 8. (IV, 70 S.) Ebd. 890. n. —80

— Sonn- u. Festtags-Lesungen f. d. gebild. Welt. 4. Aufl. gr. 8. (VII, 645 S.) Trier 898. Paulinus-Druckerei. n. 4. —; geb. in Leinw. n. 5. 50; m. Goldschn. n. 6. 50

— die Sozialdemokratie, bei Lichte besehen, s.: Flugschriften, katholische.

Hammerstein, Ludwig von: Die Wahrheit üb. Christus u. die Evangelien gegen socialdemokratische Wissenschaft vertheidigt, s.a. Flugschriften, katholische, zur Wehr u. Lehr'.

Hammerstein, L. v., Die Wahrheit über Christus u. die Evangelien, gegen socialdemokratische Wissenschaft verteidigt. Berlin, Germania, 1894, 16°, 62 S., 10 Pf.

Hammerstein, L. v., S. J., ausgewählte Werke. Bill. Volksausg. (In ca. 45 Lfgn.) 1.—7. Lfgn. 8. Trier 898. Paulinus-Druckerei. à n. — 30
1. Bd. I. Edgar od. Vom Atheismus z. vollen Wahrheit. II. Das Glück, katholisch zu sein. (438 S. m. 1 graph. Taf.)

Hammerstein, L. v., S. J., ausgewählte Werke. Billige Volksausg. 8.—42. (Schluß-)Lfg. 8. Trier, Paulinus-Druckerei. à n. — 30; (kplt. 6 Bde. n. 12. 60; Einbde. in Leinw. à n. — 90)
2. Bd. Sonn- u. Festtags-Lesungen 5. Aufl. (512 S.) 899. (Kplt. n. 2. 40)
3. Bd. Begründung des Glaubens. 1. Thl. Gottesbeweise u. moderner Atheismus. 5. verm. u. verb. Aufl. (260 S.) 899. (Kplt. n. 1. 20)
4. Bd. Das Christenthum u. seine Gegner. (Begründung des Glaubens Thl. II.) 2. verm. u. verb. Aufl. 5.—7. Taus. (393 S. m. 1 Tab.) 899. (4. Bd. kplt. n. 1. 80)
5. Bd. Katholizismus u. Protestantismus. (Begründung des Glaubens Thl. III.) 3. Aufl. (480 S. m. 1 Tab.) 899. (5. Bd. kplt. n. 2. 40)
6. Bd. Charakterbilder aus dem Leben der Kirche, vertheilt auf die Sonntage d. Kirchenjahres. 2. Aufl. 4.—6. Taus. (584 S.) 900. (6. Bd. kplt. n. 2. 70)

Hammerstein, Ludw. v., S. J., ausgewählte Werke. Billige Volksausg. 4. Bd.: Das Christentum u. seine Gegner. (Begründung des Glaubens Thl. II) 4. Aufl. (392 S. m. 1 Tab.) 8. Trier 906. Paulinus-Druckerei. n. 1.80; geb. n. 2. 70

—— Winfried, od. das sociale Wirken der Kirchen. 1.—3. Aufl. gr. 8. (VIII, 352 S.) Ebd. 889,90. * 3 —

-- Winfrid od. d. soziale Wirken d. Kirche. 4., sehr verm. u. verb. Aufl. gr. 8. (XI, 495 S.) Ebd. 895. n. 5. —; geb. n. 6. 40

Hammerstein, Ludwig von: Wunder, s.a. Flugschriften, katholische, zur Wehr u. Lehr'.

Hammerstein, Ludw. v., Wunder. Berlin, Germania, 1891, 16°, 56 S., 10 Pf.
Kathol. Flugschriften zur Wehr u. Lehr'. Nr. 79.

— d. Zukunft d. Religionen. gr. 8. (VII, 181 S. m. 1 Tab. u. 1 farb. Karte.) Ebd. 898. n. 2. —; geb. n. 3. 50

Hammerstein, Olga v., was Gott zusammengefügt. Roman. (257 S.) 8. Berlin 908. M. Warneck. 4.—; geb. in Leinw. 5.—

Hammerstein, Wilhelm, s. Antrag Hammerstein.

Hammerstein, Wilhelm, s. Benecke, Heinr.: Die evangelische Hierarchie.

Hammerstein, [Wilh.] Baron v., die Fürsorge für die Lehrlinge, s. Flugschriften für Innere Mission.

Hammerstein, Wilhelm, s. Schmidt, Herm.: Der Antrag von Hammerstein und das Manifest des Protestantenvereins.

Hammerstein-Equord, Heino Frhr. v., Beitr. z. Genealogie d. Familien v. Hammerstein, v. Oldershausen, v. Gustedt, v. Flemming. Bearb. u. m. Quellenangaben versehen. (93 S.) gr. 8. Görlitz 907. (C. A. Starke.) 4. —
Sonderabdruck aus „Vierteljahrsschr. f. Wappen-, Siegel- u. Familienkde."

Hammerstein-Gesmold, Frhr. v., die rumänische Armee, die Schöpfung König Carols I. (V, 116 S. m. 6 Kartenskizzen.) gr. 8. Berlin 909. E. S. Mittler & Sohn. 3.50; geb. 4. 50

Hammerstein-Gesmold, C. Frh. v., Urkunden und Regesten zur Geschichte der Burggrafen und Freiherren v. Hammerstein. Mit Stamm- u. Siegeltfln. u. Abbildgn. Hannover 1891. 8.

Hammerstein-Gesmold, Carl, s. Hammerstein-Gesmold, Karl

Hammerstein-Gesmold, Emil

Hammerstein-Gesmold, E. Frh. v., Geschichte der freiherrlich von Hammersteinschen Familie. Mit Kpfrn. u. Stammtfl. Göttingen 1856. Nicht im Handel.

Hammerstein-Gesmold, Emil Frhr. v., s.: Urkunden u. Regesten zur Geschichte der Burggrafen u. Freiherren v. Hammerstein.

Hammerstein-Gesmold, Karl

von Hammerstein-Gesmold, Carl Frh. [Referendar]: Das Fideikommiss auf den Ueberrest ... Göttingen, Druck d. Univ.-Buchdr. v. W. F. Kaestner, 1896; 68 S. 8.
Göttingen, Jur. Fak., Inaug.-Diss. v. [28. Jan.] 1897

Hammerstein-Loxten, W. C. C. Frhr. v., der Bardengau. Eine histor. Untersuchg. über dessen Verhältnisse u. über den Güterbesitz der Billunger. Nebst e. (lith. u. color.) Karte des Bardengaues (in gr. Fol.). Hannover 869. Hahn'sche Hofbuchh. gr. 8. (X, 638 S.) n. 4 ℳ

Hammersten, O. Lehrbuch der physiologischen Chemie. Wiesbaden, 1895.

Hammerstrand, S. F.

— Attikas Verfassung z. Zeit d. Königsthums S.-A. 1878. 39 S.

Hammes, livre clément, p. apprendre aux enfans la langue franç. 8. Nrnbg. Felsecker. 810.

Hammes, Franz, approb. Arzt aus Trier: Aus d. Universitäts-Frauenklinik zu Bonn. Beitrag zur Kenntnis der diagnotisch [!] wichtigen Komplikationen des Uterusmyoms und der Peritonealtuberculose. *Bonn a. Rh. 1904: S. Foppen.* (45 S.) 8°
Bonn, Med. Diss. v. 4. Aug. 1904

Hammes, Friedrich: Das Zwischenspiel im deutschen Drama von seinen Anfängen bis zum Auftreten der englischen Komödianten. Berlin: Felber 1910. 91 S. 8° ¶ (Vollst. als: Literarhistor. Forschungen. H. 45.)
Heidelberg, Phil. Diss. v. 3. Sept. 1910, Ref. v. Waldberg
[Geb. 30. Okt. 83 Karlsruhe i. B.; Wohnort: Mannheim; Staatsangeh.: Baden; Vorbildung: Gymn. Offenburg Reife Juli 02; Studium: Heidelberg 3, München 1, Heidelberg 5 S.; Rig. 16. Febr. 09.] [U 11. 2262

Hammesfahr, Alexander: Zur Comparation im Altfranzösischen. Strassburg, Karl J. Trübner, 1881. 8. IV, 40 S.

Hammesfahr, Arthur [aus Solingen]: Aus d. chirurg. Klinik zu Bonn. Das Aneurysma arterioso-venosum ... Wald, Druck v. F. W. Vossen & Söhne, 1893; 43 S., 1 Bl. 8.
Bonn, Med. Fak., Inaug.-Diss. v. [16. Mai] 1893

Hammesfahr, F., Getreidehandel u. Terminbörsen. gr. 8. (49 S.) Antwerpen 897. (O. Forst.) n. 2. —

Getreidehandel und Terminbörsen. Von F. **Hammesfahr**. *Antwerpen: Selbstverl.; Leipzig: Th. Thomas [in Komm.] 1897.* (49 S.) 8° [o]. 1908 6

Hammesfahr, F., die Grundlagen der Volkswirtschaft. (III, 100 S.) gr. 8. Leipzig (903). B. Franke. n. 2. —

Hammesfahr, G: Musterbuch der Stahlwaren-Fabrik. Mit Nachtrag. Solingen-Foche (1902?)

Hammesfahr, G: Preisbuch der Stahlwaren-Fabrik. Solingen-Foche 1902

Hamminck-Schepel, Annette, ausführliche Bearbeitung der „4 Monatsgegenstände" im Pestalozzi-Froebel-Hause. Eine Ergänzg. zur Kunstmappe: „Unsere Kinder", Skizzen aus dem Pestalozzi-Froebel-Hause zu Berlin v. Fritz Grotemeyer. gr. 8. (84 S.) Berlin 893. H. Walther. n. 1. 50

Hamming, E. T. A., Knallerbsen u. Feuerräder, oder du sollst u. mußt lachen. Eine Samml. lustiger Einfälle, Anekdoten 2c. 8. Quedlinb. 829. Ernst. 12 gr

Hammitzsch, Mart., der moderne Theaterbau, s.a. **Beiträge** zur **Bauwissenschaft. 8. Hft.**

Hammitzsch, Martin: Der moderne Theaterbau. Der höfische Theaterbau, der Anfang der modernen Theaterbaukunst, ihre Entwicklung und Betätigung zur Zeit der Renaissance, des Barock und des Rokoko. Mit 142 Ill. u. 228 Anm. Berlin: Wasmuth 1906. VIII, 207 S. 4⁰ ¶ Auch als: Beiträge zur Bauwissenschaft. H. 8.
Dresden, Dr.-Ing.-Diss. v. 22. 12. 1904

Hammon, Chr. Dr. „Die Adhäsionen mit ihren resultirenden Erscheinungen". pg. 3—9. 4°. J. B. Dorn.
Kaufbeuren, Progr. 1859/60

Hammon, Ch. Dr. „Ueber die Diffusion des Weingeist-Dampfes durch thierische Membranen". pg. 3—11. 4°. J. B. Dorn.
Kaufbeuren, Progr. 1862/63

Hammon, Ch., Leitfaden für den ersten Unterricht der Chemie an Gewerb-Schulen. Kaufbeuren 864. (Mayr.) gr. 8. (VII, 83 S.) 9 ngr

Hammon, G., Einiges aus dem Tagebuche e. Feldgeistlichen im Kriege 1870/71. 12. (175 S.) Kempten 887. Dannheimer. n. 1. 80; geb. n. 2. 40

Hammon, Rud., Gesundet. Erzählung. (100 S.) 8. Stuttgart 905. Strecker & Schröder. n. 1. 50; geb. n. 2. 50

Ⓖ **Hammon, Rud.,** gesundet. 905. -- Herbes u. Liebes. 904. (KVL 83.) Leipzig, Haupt & Hammon. Aus d. Buchh. zurückgezogen.

— Herbes u. Liebes. Gedichte. (88 S.) kl. 8. Ebd. 904. n. 1. 50; geb. n. 2. 40

— Vikar Lonhard. Ein Stück Lebensgeschichte. (168 S.) 8. Ebd. 905. n. 2. —; geb. n. 2. 80

— Requiescat. (Titelvignette u. Umschlag v. Karl Köster.) (125 S.) 8. Leipzig 908. Haupt & Hammon. 3.30; geb. in Leinw. 4. 75

— Die Sünde wider den Geist. (110 S.) 8. Ebd. 909. 2.—; geb. 2. 80

Hammond, William A.

Hammond, W. A., sexuelle Impotenz beim männlichen u. weiblichen Geschlechte. Autoris. deutsche Ausg. v. L. Salinger. Mit e. Vorwort v. E. Mendel. gr. 8. (X, 192 S.) Berlin 889. H. Steinitz's Verl. n. 5. —

Hammond, Will., sexuelle Impotenz beim männlichen u. weiblichen Geschlecht. Autoris. deutsche Ausg. v. Leo Salinger m. e. Vorwort v. E. Mendel. 2. Aufl. gr. 8. (XIV, 214 S.) Berlin 892. H. Steinitz' Verl. n. 5. —

Hammond, William A., sexuelle Impotenz beim männlichen u. weiblichen Geschlecht. Autoris. deutsche Ausg. v. Leo Salinger, m. e. Vorwort von E. Mendel. 3. Aufl. (272 S.) 8. Berlin 904. H. Steinitz. n. 4. —

Hammond, William *Alexander* [M. A.]: On the notion of virtue in the dialogues of Plato, with particular reference to those of the first period and to the third and fourth books of the Republic ... (Aus: Harvard Studies in Class. Philol. Vol. III. 1892.) Boston, U. S. A., Ginn & C., 1892; 2 Bl., 131—180 S., 1 Bl. 8.
Leipzig, Phil., Fak., Inaug.-Diss. v. [6. Mai] 1892

Hammonia, eine Zeitschrift für gebildete Leser. Herausg. v. Karl Wilh. Reinhold. 1r—9r Jahrg. 1817—25. Jeder in 12 Heften. gr. 4. Hamb., (Campe). (Jahrg. 1817 4 rß 1818—25. à 5 rß 8 gr) 46 rß 16 gr 10r u. 11r Jahrg. 1826, 27. gr. 4. Hamb., Nestler. (1826 4 rß 12 gr 1827 4 rß) 8 rß 12 gr 12r Jahrg. 1828. gr. 4. Ebd., Cranz. 4 rß

— dess. 10r u. 11r Jahrg. 826—27. gr. 4. Hamb. (Christiani.) 826 4 Rthlr. 12 gr. 827 (Nestler.)

Hammonia. Organ des norddeutschen Stenographen-Bundes. Hrsg. vom Vorstande des Bundes. Redact.: Aug. Davids. 1.—7. Jahrg. 1875—1879. à Jahrg. 12 Nrn. (à ½ Bog.) Mit Gratisbeilage: Lesefrüchte. 8. Hamburg. (Hannover, Schulbuchh.) à Jahrg. ** 3 —

Hammonia. Organ des norddeutschen Stenographen-Bundes. Hrsg. vom Vorstande des Bundes. Redact.: Aug. Davids. 8. Jahrg. 1880. à Jahrg. 12 Nrn. (à Nr. ½ Bog.) Mit Gratisbeilage: Lesefrüchte. 8. Hamburg. (Hannover, Schulbuchhandlung.) * *
Nicht weiter erschienen.

Hammonia. Festgedicht bei der 300jährigen Jubelfeier der Oberaltenweihe ... Hamburg 1828. V: *Schöne, Carl Frdr.* (GGr) (schr)

Beförderungs-Institut „Hammonia". Fleethörn Nr. 16. Postkarte (Hammonia-Karte) und 2 Marken. Eingegangen Mai 1896. Bei: Stadtbriefbeförderung „Courier". 8°.

Hammonia, die neue. Journal für Wilh. Stolze'sche Stenographie. Hrsg. u. Red.: G. v. Duhn. 1. Jahrg. 1877. Mit der humoristischen Beilage: Die Laterne. Red.: K. Grospitz. 12 Nrn. (autogr. B.) 8. Hamburg, Kampmann in Comm. n.n. 2. —

— dasselbe. 2. Jahrg. 1878. 12 Nrn. (heliogr. B.) 8. Ebend. n. 3. —

Hammurabi's Gesetz. I. Bd. gr. 8. Leipzig 904. E. Pfeiffer. n. 8. —; geb. n. 9. 20
Uebersetzung, juristische Wiedergabe, Erläuterung. Von J. Kohler u. F. E. Peiser. (V, 146 S.)

Hammurabi's Gesetz, v. J. Kohler u. A. Ungnad. II bis IV. Bd. Lex. 8. Leipzig, E. Pfeiffer. 41.—; geb. 44.60
II. Syllabische u. zusammenhängende Umschrift nebst vollständig. Glossar. Bearb. v. Arth. Ungnad. 2 Abtlgn. (VII, 184 S.) 909. 16.—; geb. 17.20
III. Uebersetzte Urkunden, Erläuterungen. 3 Abtlgn. (VII, 271 S.) 909. 17.—; geb. 18.20
IV. Dasselbe. (Forts.) (VI, 99 S.) 910. 8.—; geb. 9.20
Bd. I. Ebd. 904. 8.—; geb. 9.20

Die Gesetze **Hammurabis** Königs von Babylon um 2250 v.Chr. Das älteste Gesetzbuch d. Welt. Übers. von Dr. Hugo Winckler. Mit 1 Abb. Leipzig: J. Hinrichs 1902. (42 S.) 8° [F.]
= Orient, Der alte. Jg. 4, H. 4.

Die Gesetze **Hammurabis** in Umschrift und Übersetzung hrsg. von Hugo Winckler. Dazu Einl., Wörter-, Eigennamen-Verz., die sog. sumerischen Familiengesetze u. d. Gesetztafel. Brit. Mus. 82–7–14, 988. *Leipzig: J. C. Hinrichs 1904.* (XXXII, 116 S.) 8° [04. 5549

Die Gesetze **Hammurabis** und ihr Verhältnis zur mosaischen Gesetzgebung sowie zu den XII Tafeln. Text in Umschrift, deutsche u. hebr. Übers., Erl. u. vergleichende Analyse. Von Dr. Dav. Heinr. Müller, Prof. in Wien. Mit 1 Faks. *Wien: A. Hölder 1903.* (285 S.) 8° [03. 15098

Keilschrifttexte der Gesetze Ḫammurapis [Hammurabi]. Autographie der Stele sowie der altbabylon., assyr. u. neubabylon. Fragmente von Arthur Ungnad. Leipzig: Hinrichs 1909. V, 42 S. 2°(4°) [09. 15524

Ḫammurapi
s. Hammurabi.

Hamning, C. T. A., Knallerbsen u. Feuerräder, od. du sollst u. mußt lachen. Eine Samml. lust. Einfälle, Anekdoten, Satyren ꝛc. Nebst e. kleinen satyr. Wörterbuche. 8. (10 B.) Quedlinburg 829, Ernst.

Hamon, s.: Betrachtungen f. Geistlich u. Weltlich auf alle Tage d. Jahres.

Hamon, A., Psychologie d. Berufssoldaten. Ins Deutsche übertr. v. A. Ackermann. gr. 8. (VIII, 100 S.) Bern 895. [A. Siebert] Steiger & Co. n. 1. 50

— dasselbe. Beiträge zu e. Psychologie d. Gesellschaft. Nach d. 7. Aufl. aus d. Franz. übers., v. Verf. rev. u. autor. deutsche Ausg. 8. (188 S.) Leipzig 896. A. Dieckmann. n. 2. 50

Leben des heiligen Franz von Sales, Fürstbischof von Genf [Vie de saint François de Sales, évêque et prince de Genève]. Nach d. Franz. [des André Jean Marie **Hamon**] bearb. von Dr. [Joh. Christian] Lager, Domkapitular. 2., verb. Aufl. *Paderborn: Bonifacius-Dr. 1903.* (IV, 710 S.) 8° [F.] [03. 4005

Hamon, E., S. J., Beyond the grave. From the French by Anna T. Sadlier. 8. (300 S.) Freiburg i/B. 898. Herder. Geb. in Leinw. n. 4.—

Hämorrhoiden, Die. Den Freunden dauerhafter Gesundheit gewidmet. Berlin u. Stettin [Mannh.] 1777. V: *May, Frz Ant.* (AarK) (Call) »1775« (Wr) (MGT) (Ky)

Hämorrhoiden, die, den Freunden dauerhafter Gesundheit gewidmet (von Frz. May). 8. Manh. 775. N. T. 805. Schwan u. G. (Leipz., Fr. Fleischer). 8 ℊℊ

Hämorrhoiden, die, d. Freund. dauerh. Gesundh. gewidm. (von May.) 8. Mannh. Schwan. 802.

— — dasselbe. 8. Berlin und Stettin. (W. Fleischer in Lpz.) -

Hämorrhoiden. Radicale, sichere und gefahrlose Heilung aller Hämorrhoidalbeschwerden … Hamburg 1852. 7. Aufl. 1870. V: *Günther, W.* (Ky) (Schr)

Hämorrhoiden. Radicale, sichere u. gefahrlose Heilung aller Hämorrhoidalbeschwerden in kürzester Frist, faßlich dargestellt von e. Nichtarzte (W. Günther). 7. (Titel-)Aufl. Hamburg (852) 870. Verl.-Comptoir. 8. (24 S.) 5 ngr

— u. andere Mastdarmkrankheiten, s.: Miniatur-Bibl.

Hämorrhoiden, die, ihr Wesen u. ihre Heilung. Ein zweckmäss. Wegweiser f. Hämorrhoidarier v. G. St. 12. (16 S.) Leipzig 900. Ficker's Verl. n. — 30; neue Ausg. 1. —

Hämorrhoiden, das krankhafte Wesen, und deren einzig mögliche gründliche Heilung ohne Medicin. Mit Porträt. 8. (24 S.) —.45

Hæmostasin ⟨Adrenalin, Paranephrin, Suprarenin⟩ in der praktischen Medicin. [Hrg. vom] Schweiz. Serum- und Impfinstitut, Bern. II + 16 S. 8. [Bern, A. Benteli, 1905.]

HAMP, Anton (Krumbach): Der Medullarkrebs, hauptsächlich in pathologisch-anatomischer Beziehung.- Bamberg 1841. 56 S.
29.8.1839 - Urk; F 64
Diss. Ingolst.-Landsh.-Mchn.

Hamp, Carl: Die zusammengesetzten Praepositionen im Lateinischen .... Leipzig, Druck v. B. G. Teubner. 1888: 1 Bl. + 47 + 1 S. 8°
Erlangen, Phil. Fak., Inaug.-Diss. v. 1888

Hamp, Karl, Übungsbuch z. griech. Syntax. 2 Tle. gr. 8. München, J. Lindauer. 4.—; geb. 4. 60
1. Für die 6. Gymnasialklasse. (Untersekunda). (VIII, 137 S.) 907. 1.80; geb. 1. 80
2. Für die 7—9. Gymnasialklasse. (IV, 182 S.) 908. 2.50; geb. 2.80

Hamp, P.: Die Vegetationsverhältnisse von Neusatz-Peterwardein und deren nächster Umgebung. 11 S. 8° – Neusatz, R., Progr. 1859.

Hampden, John, siehe Macaulay, Königsberg 1850.

Hampden, John. Vide: Venedey, J.: John Hampden und die Lehre vom gesetzl. Widerstande.

Hampe, d. Erbauung v. Heilstätten f. Lungenkranke, s.: Gebhard.

Hampe, Alwin, praktischer Unterricht in der heutigen Wollenfärberei, s.: Lau, Louis.

Hampe, August

Hampe, A., d. particulare braunschweig. Privatrecht. gr. 8. (XV, 673 S.) Braunschweig 896. F. Vieweg & Sohn. n. 11. —

Hampe, A., das particulare braunschweigische Privatrecht. 2. auf Grund der neuen Reichsgesetzgebg. völlig umgearb. Aufl. gr. 8. (XIV, 587 S.) Braunschweig 901. F. Vieweg & Sohn. n. 12. —; geb. in Leinw. n. 13. —

Hampe, C. R. L., de veterum fato dissert. 4maj. (3¼ B.) Clausthaliae 831, libr. Schweiger.

Hampe, Clemens, s. H a m p e , Klemens

Hampe, Daniel (Sorbiga [Zörbig]/Misnico), Litterarum obligatio a doctorum erroribus vindicata. Diss. jur. Präs. Heinrich Bodin. Halle (Joh. Jacob Krebs) Nov. 1713. 24 S. (6.—) 12992

— — Dasselbe. Von Schrifftlichen Verbindungen oder Handschrifften. Halle (Hendel) 1723. (6.—) 12993

Hampe, (Georg Ferd.) Ernst (geb. Blankenburg a. H. 19. 12. 1856): Ueber infectiöse Augenkrankheiten. Berlin (1880). (30 S.) 8°
Berlin, Med. Diss. v. 4. Aug. 1880

Hampe, Ernst, enumeratio Muscorum hactenus in provinciis Brasiliensibus Rio de Janeiro et Sào Paulo detectorum. gr. 8. (IV, 92 S.) Kopenhagen 879. Höst & Sohn. n.n. 4. —

Hampe, Ernst, flora hercynica od. Aufzaehlg. der im Harzgebiete wildwachs. Gefaesspflanzen. Nebst e. Anh., enth. die Laub- u. Lebermoose. gr. 8. (383 S.) Halle 873. Schwetschke's Verl. n. 7. —

Hampe, Er., Icones Muscorum novorum vel minus cognitorum. Decas I—III. 8maj. (Mit lith. Taf.) Bonnae 844, Henry et Cohen. à n. 2/3 ℛ

HAMPE, Ernst: Prodromus florae hercinlae oder Verzeichniss der in dem Harzgebiete wildwachsenden Pflanzen. Nach dem Sexualsystem geordnet. - Halle 1836. 90 S.

Hampe (E.). Ein Referat ueber die columbischen Moose . . . Halle, 1847. 8°.

Hampe, Fr. Ldw., († d. 27. Oct. 1818.) über d. Entstehung, Erkenntniß u. Kur d. Knochenbrüche. 1r Thl., mit Kpf. 8. Bremen 805. Müller. (Heyse). 18 *K*

Hampe, Georg Carl Theodor. s. H a m p e , Georg Karl Theodor

Hampe, Georg Ferdinand Ernst, s. H a m p e , Ernst

Hampe, Georg Karl Theodor

H a m p e , Georg Carl Thdr., Entwürfe zu Leichenpredigten. 1. und 2. Heft. 8. Gießen 857,58, Ferber'sche Universitäts-Buchh. *
Inhalt:
Heft 1. Ueber die Evangelien der Sonn- und Festtage. (VIII und 96 S.) * 10 Ngr.
„ 2. Ueber die Episteln der Sonn- und Festtage. (XVI und 154 S.) * 15 Ngr.

Hampe, Geo. Karl Thdr., Entwürfe zu Leichenpredigten in ausführlichen Skizzen, so wie in kurzen Andeutungen, nach der Verschiedenheit der vorkommenden Fälle in 24 Abtheilungen klassificirt. Gießen 860. Ferber. (Roth.) 8. (151 S.) n. 20 ngr.

— **Heinr. Fried. Ferd.** (Alt-Brandenburg), Examen communis doctrinae de delictis exceptis. Diss. jur. Präs. Heinr. Jo. Otto Koenig. Halle (Orphanotrophei) 1800. 32 S. (5.50) 12995
Widm. v.: Valentin Remmert, Carl Maurer.

Jo. H. H a m p e de scarificatione oculari Hippocratica. Duisburg 1721. 4.

Hampe, Jh. Hnr. prakt. System d. physikal. Metallurgie; aus d. Engl. u. mit Anmerkk. versehen von J. G. S. gr. 8. Dresd. 778. Walther. 20 *K*

Hampe, Jul., d. Geisteskrankheiten infolge Schwefelkohlenstoff-Vergiftg. gr. 8. (51 S.) Leipzig 895. Veit & Co. n. 1. 60

Hampe, Jul., über den Schwachsinn, nebst seinen Beziehungen zur Psychologie der Aussage. Mit e. Anh.: Vereinsbesprechung u. 2 Gutachten. Für Aerzte, Juristen, Eltern, Lehrer. Nach e. am 29. III. 1906 im Verein für Naturwissenschaft in Braunschweig geh. Vortrage. (79 S.) 8. Braunschweig 907. F. Vieweg & Sohn. n. 2. —

Hampe, Julius [app. Arzt aus Braunschweig]: Über psychische Störungen infolge Schwefelkohlenstoff-Vergiftung ... Leipzig, Veit & C., 1895; 51 S. 8.
Leipzig, Med. Fak., Inaug.-Diss. v. 6. Juni 1895

Hampe, Karl (Hrsg.), s. A b h a n d l u n g e n , Heidelberger, z. mittleren u. neueren Geschichte.

— **Über e. Ausgabe d. Capuaner Briefsammlung d. Cod. lat. 11867 der Pariser Nationalbibliothek,** s.a.: **S i t z u n g s b e r i c h t e d. Heidelberger Akademie der Wissensch. Philol.-histor. Kl. 1910. VIII.**

Hampe, Karl: Über eine A u s g a b e der Capuaner Briefsammlung des Cod. lat. 11867 der Pariser Nationalbibliothek. Von –. Heidelberg: Winter 1910. 16 S. 8°
(Sitzungsberichte d. Heidelberger Akad. d. Wiss. Philos.-hist. Kl. Jg. 1910. Abh. 8.)

— s.a. **Beiträge z. Gesch. d. letzten Staufer.**

Hampe, Karl, Beiträge zur Geschichte der letzten Staufer. Ungedr. Briefe aus d. Samml. d. Magisters Heinrich von Isernia. Leipzig 1910. 8°.

— Kaiser Friedrich II., s.a. **Bücherei, deutsche.**

Hampe, K., Kaiser Friedrich II. gr. 8. (42 S.) München 899. R. Oldenbourg. n. — 80
Sonderabdruck aus: „Histor. Zeitschrift".

Hampe, Karl *Ludwig* [aus Bremen]: Geschichte Konradins von Hohenstaufen ... (Erscheint vollst. im gl. Verl.) Innsbruck, Wagner'sche Univ.-Buchdr. — Selbstv., 1893; 4 Bl., 33 S. 8.
Berlin, Phil. Fak., Inaug.-Diss. v. 21. Juni 1893

— **Deutsche Kaisergeschichte in der Zeit der Salier u. Staufer,** s.a. **Bibliothek d. Geschichtswissenschaft.**

Hampe, Karl: Deutsche K a i s e r g e s c h i c h t e in der Zeit der Salier und Staufer. Von –. Leipzig: Quelle & Meyer 1909. (VIII, 269 S.) 8° (Bibliothek d. Geschichtswissenschaft.)

Mitteilungen aus der Capuaner Briefsammlung I, II. Von K[arl] **Hampe.** Heidelberg: Winter 1910. 44 S. 8°
(Sitzungsberichte d. Heidelberger Akad. d. Wiss. Philos.-hist. Kl. Jg. 1910, Abh. 13.)
[11. 3456

Hampe, Karl: S c e n e n aus der Geschichte Friedrichs des Grossen, s. S c h a d o w , G.

Hampe, Karl, Urban IV. u. Manfred, s.a. **A b h a n d l u n g e n , Heidelberger, zur mittleren u. neueren Geschichte. 11. Hft.**

Urban IV und Manfred (1261–1264) von Karl **Hampe.** Heidelberg: C. Winter 1905. (VIII, 101 S.) 8°
= Abhandlungen, Heidelberger, z. mittl. u. neueren Geschichte. H. 11. [05-779

Hampe, Karl Ludwig, s. H a m p e , Karl

Hampe, Klemens

Clemens H a m p e diss. inaug. med. litterar. exhibens loimographos saeculi XV. Vindob. 1832. 8.

Hampe, Clemens, s. Zeitschrift, österr., für Homöopathie.

Hampe, L., über die Entstehung, Erkenntniß und Cur der Knochenbrüche. 2 Thle. mit K. 8. Bremen, Müller. 805. -

Hampe, L., über die Entstehung rc. der Knochenbrüche. 1r Thl. 16 St. 8. Bremen. 805. Ist jetzt Verl. von Heyse und der Pr.

[F.] Gedenkblätter aus der Geschichte der Turngemeinde Göttingen 1848—1898. Z. fünfzigsten Stiftgsfeste vf. v. L[ouis] Hampe. *Göttingen: Dr. v. E. A. Huth 1898.* (67 S.) 1 Bd 8. [09.16507

Hampe, Otto: • De canone Alexandrinorum. 48 S. 4° (2°)
Halle-Wittenberg, Phil. Diss. v. 27. Okt. 1874
Geb. [Halle a. d. S. 15. 9. 1849]
Vom Verf. ersch. eine überarb. deutsche Behandlung des gleichen Themas: Ueber den sogenannten Kanon der Alexandriner. Jauer 1877: Opitz. 18 S. 8° (4°) Ev. Gymn., Progr.

Die Geschichte der Loge St. Martin zu den drei goldenen Aehren in Jauer während der Jahre 1849—1899 dargest. von [Otto] Hampe. Breslau [1899]: Grass, Barth & Co. 37 S. 8° [Umschlagtit.]
Nebst Verzeichn. der Beamten der Loge ausser den vors. Mstrn.

Hampe, Thdr., die Entwicklung des Theaterwesens in Nürnberg von der 2. Hälfte des 15. Jahrh. bis 1806. Mit e. Namen- u. Sachregister. gr. 8. (378 S.) Nürnberg 900. J. L. Schrag. n. 6.—
Sonderabdruck aus: „Mitteilgn. d. Ver. f. Gesch. d. Stadt Nürnberg"

— Gedichte vom Hausrat aus dem XV. u. XVI. Jahrh., s.: Drucke u. Holzschnitte des XV u. XVI. Jahrh. in getreuer Nachbildung. II.

Katalog der Gewebesammlung des Germanischen Nationalmuseums im Auftr. d. Direktoriums verf. von Dr. Theodor Hampe, Sekr. am Germ. Nationalmus. (2 von Dr. Hans Stegmann, Konservator). Mit Abb. T 1.2. Nürnberg: German. Mus. 1896–1901 4°
1. Gewebe u. Wirkereien, Zeugdrucke. 1896.
2. Stickereien, Spitzen u. Posamentierarbeiten. Mit 17 Taf. 1901

Hampe, Thdr., deutsche Kunst u. deutsche Litteratur um die Wende d. 15. Jahrh. Vortrag. gr. 8. (32 S.) Nürnberg 893. S. Soldan'sche Hofbuchh. n. — 60

— die fahrenden Leute in der deutschen Vergangenheit, s.a. Monographien zur deutschen Kulturgeschichte. 10.

Hampe, Theodor: Die fahrenden Leute in der deutschen Vergangenheit. Von — Mit 122 Abb. u. Beil. nach Orig., grösstenteils aus d. 15. bis 18. Jh. Leipzig: E. Diederichs 1902. (127 S.) 4°(8°)
= Monographien z. deutschen Kulturgeschichte. Bd. 10.

— das germanische Nationalmuseum von 1852 bis 1902. Festschrift zur Feier seines 50jähr. Bestehens, im Auftrage des Direktoriums verf. (Buchschmuck gezeichnet v. Geo. Kellner.) gr. Fol.) (150 S. m. 23 z. Tl. farb. Taf.) Leipzig (902). (J. J. Weber.) n. 12.—

Hampe, Theodor [aus Bremen]: Über Die Quellen der Strassburger Fortsetzung von Lamprechts Alexanderlied und deren Benutzung. Bremen, Eduard Hampe, 1890; 2 Bl. + 38 S. + 1 Bl. 8°
Bonn, Phil. Fak., Inaug.-Diss. v. 11. Jul. 1890

Hampe, Thdr., die Quellen der Strassburger Fortsetzung v. Lamprecht's Alexanderlied und deren Benutzung. gr. 8. (III, 110 S.) Bremen 890. Hampe. n. 2. —

Hampe, Th., Nürnberger Ratsverlässe üb. Kunst u. Künstler im Zeitalter der Spätgotik u. Renaissance, s.a. Quellenschriften f. Kunstgeschichte u. Kunsttechnik. XI. XIII.

Hampe, Th., Nürnberger Ratsverlässe über Kunst und Künstler im Zeitalter der Spätgotik und Renaissance (1449) 1474—1618 (1633). I. Bd. (1449) 1474—1570. 2. Bd. 1571—1618 (1633). [Quellenschriften für Kunstgeschichte und Kunsttechnik des Mittelalters und der Neuzeit. XI. u. XII. Bd.] Gr.-8°. (XXXIV, 618 und 541 S.) I. Bd. K 18.—, 2. Bd. K 15.—

Hampe, Th., Nürnberger Ratsverlässe über Kunst und Künstler im Zeitalter der Spätgotik und Renaissance (1449—1618). 3. Bd. Personen-, Orts- und Sachregister. [Quellenschriften für Kunstgeschichte und Kunsttechnik des Mittelalters und der Neuzeit. Neue Folge. 13. Bd] Gr.-8°. (VI, 137 S.) K 5.—

Hampe, W., Blüten u. Perlen englischer Dichtung. Eine Anthologie eigener u. fremder Übersetzgn. aus dem Englischen. 8. (VIII, 187 S.) Holzminden 887. Müller. geb. m. Goldschn. n. 3. —

Hampe, Wilhelm

Hampe, W., über die Analyse der Sprengstoffe. gr. 4. (26 S. mit eingedr. Holzschn.) Berlin 883, Ernst und Korn.
Aus: Zeitschrift für das Berg-, Hütten- und Salinen-Wesen im preuss. Staate, besonders abgedruckt.

Hampe, W Ueber die Assimilation von Harnstoff und Ammoniak durch die Pflanzen. Abdruck. Göttingen. 1867/68

——— Ueber die Bestimmung des Kupferoxyduls im Kupfer. (Z. f. analyt. Ch.) Wiesbaden 1878. 8.

——— Die Bestimmung des Zinks in seinen Erzen. (Preuss. Zeitschr.) Berlin 1878. 4.

Hampe, W Ueber das Bor. Leipzig. 1876.

Hampe, W Zwei neue Manganbestimmungsmethoden. Abdruck. Cöthen, 1883.

Hampe, W., über Rentabilität der Rübenzuckerindustrie. gr. 8. (26 S.) Göttingen 867, Deuerlich'sche Buchh. *
Aus: Journal für Landwirthschaft, besonders abgedruckt.

Hampe, W Ueber lachsfarbenen Schnee. Abdr. Braunschweig 1898.

Hampe, W., Tafeln zur qualitativen chemischen Analyse. gr. 8. (III S. und 11 Tab. in gr. 4. und Fol.) Clausthal 868, Grosse'sche Buchh. cart. *

Hampe, W., Tafeln zur qualitativen chemischen Analyse. 2., verb. u. verm. Aufl. gr. 8. (14 Tab. m. VII S. Text.) Klausthal 878. Grosse. cart. n.n. 4. 50

Hampe, W., Tafeln zur qualitativen chemischen Analyse. 3., verb. u. verm. Aufl. gr. 8. (VII S. m. 14 Tab.) Clausthal 893. Grosse. Geb. in Leinw. n. 4. 50

Hampe, W., Tafeln zur qualitativen chemischen Analyse. 4., verb. u. verm. Aufl. gr. 8. (VII S. u. 15 Tab. in gr. 4.) Clausthal 897. Grosse.
Geb. in Leinw. n. 4. 80

Hampe, Wilhelm [aus Berlin]: Untersuchungen über das Eisenoxydhydrat. Berlin, Druck v. Blossfeld & Müller (1889); 52 S. 8°
Berlin, Phil. Fak., Inaug.-Diss. v. 31. Mai 1889

Hampe, Wilh(elm), aus Blankenburg am Harz: Untersuchungen über das Pentabromid des as.m-Xylenols. *Leipzig-R. 1899: O. Schmidt.* (53 S.) 8°
Heidelberg, Naturw.-math. Diss. v. [3. März] 1899

Hampe, W. Untersuchungen über die salpetrigsauren Salze. Dissertation. Göttingen, 1862.

Hampel, Aloys [pr. Arzt aus Lassoth]: Fremdkörper im Oesophagus und deren Entfernung aus demselben, einschliessl. e. Beitr. hierzu ... Leipzig, Druck v. A. Edelmann, Univ.-Buchdr., *1894*; 18 S., 1 Bl. 8.
Leipzig, Med. Fak., Inaug.-Diss. v. 20. Apr. 1894

Hampel, C., s.a. H a m p e l , J. C. G.

Hampel, Carl, s. H a m p e l , Karl

Hampel, Chr.

Hampel, C., Anweis. z. Magazin-Bienenzucht. 8. Frft. Hermann. (a. Gräff in Lpz.) 784.

Hampel, Chr., (+ 1797.) prakt. Anweis. für Magazin-Bienenzucht, nebst e. Anweis. zur Waldbienenzucht. 8. Frankf. a. M. 784. Hermann; (a. Wienbrack in Leipz.) 8 gr.

Hampel, Conrad Josef, s. H a m p e l , Konrad Josef

Hampel, E., De apostrophae apud Romanorum poetas usu. Diss. 1908. 1.25

Hampel, Emil, aus Tschirnkau: Untersuchungen über das lateinische Patriarchat von Jerusalem von Eroberung der heiligen Stadt bis zum Tode des Patriarchen Arnulf. ⟨1099 bis 1118.⟩ Ein Beitrag zur Geschichte d. Kreuzzüge. *Breslau 1899: Schles. Volkszeitungs-Buchdr.* (76 S.) 8°
Erlangen, Phil. Diss. v. 25. Okt. 1898

Hampel, Ernst, Dr.: Fischarts Anteil an dem Gedicht 'Die Gelehrten die Verkehrten'. *Naumburg a. S. 1903: H. Sieling.* (72 S.) 8°
Naumburg a. S., st. RG m. R u. VS ⟨Reformanst. i. E.⟩, OP 1903 (314)

Hampel, Ernst: Schülerfehler im englischen Anfangsunterricht der Realschule nach dem Elementarbuch von Dubislav-Boek. Naumburg a. S. 1909: Sieling. 16 S. 8°
Naumburg a. S., st. RG m. R OP 1909 (353) [S 09. 156

Hampel, Ernst: Die Silbenmessung in Chaucer's fünftaktigem Verse. 1. T. *Halle 1898.* (45 S.) 8°
Halle, Phil. Diss. v. [16. Febr.] 1898

Hampel, Erwinus, Costriniensis: De apostrophae apud Romanorum poetas usu. Jena 1908: G. Neuenhahn. (53 S.) 8°
Jena, Phil. Fak., Ref. Goetz, Diss. v. 1. Juni 1908
[Geb. 27. März 86 Krotoschin; Wohnort: Krotoschin; Staatsangeb.; Preußen; Vorbildung: Gymn. Küstrin Reife O. 04; Studium: Jena 2, Berlin 3, Jena 3 S.; Rig. 18. Jan. 08.]

Hampel, F. J., Adreß-Buch der Miethș-Agenten v. West- u. Ostpreußen, Posen, Schlesien, Pommern, Berlin rc. Contrakte, Miethsformulare, ortsübl. Löhne u. Provisionen, Zieh- u. Miethș-Zeiten, Entferng. der östl. Provinzstädte v. Berlin, Hamburg, Bremen, Dresden rc., Fahrpreise enth. Anh.: Preußische Gesinde-Ordng. u. Alters- u. Invaliditäts-Gesetz. gr. 16. (IV, 172 S.) Berlin 892. (Oranienburg, E. Freyhoff.) n. 3. —

Hampel, Frdr., Hand-Receptbuch f. d. Thee- u. Mehlspeisküche. M. Berücksicht. e. handschriftl. Nachlasses v. A. Radlmacher, sow. nach Angaben and. Chefs u. Köche d. k. u. k. Wiener Hofküche etc. zusammengest. u. registrirt. 8. (XVIII, 156 S.) Wien 896. A. Hartleben. Geb. in Leinw. n. 3. 60

Hampel, Frdr. Jos., Rezept-Buch f. Teegebäck, Mehlspeisen u. Getränke. Mit Berücksicht. e. handschriftl. Nachlasses des k. u. k. Hof-Koches A. Radlmacher u. d. Beiträge anderer Chefs u. Köche v. Hof-Küchen u. Hotels hrsg. 2., vollständig neu bearb. Aufl. (XVI, 173 S.) 8. Wien (904). A. Hartleben.
Geb. in Leinw. n. 3. 60

— der Saucier. E. Anleitg. z. Bereitg. v. Saucen u. einschläg. Artikeln f. Herrschafts-, Hotel- u. bürgerl. Küchen, sow. f. Kochinstitute. 8. (XI, 140 S.) Ebd. 897. Geb. in Leinw. n. 3. 60

Hampel, G. Neun Novitäten aus der Elementar-Geometrie. Breslau. 1836.

Hampel, Georg: Beitrag zur chirurgischen Behandlung von Morbus Basedowii mit besonderer Berücksichtigung von sieben in der Greifswalder chirurgischen Klinik zur Operation gelangten Fällen. *Greifswald 1898: J. Abel.* (44 S.) 8°
Greifswald, Med. Diss. v. 25. März 1898

Hampel, Giovanni, ave Maria per Soprano. Alto, Tenore e Basso. op. 39. gr. 8. (5 S.) Prag 874. Steinhauser. n. 2. —

Hampel, H., und V. Rastawiecki: Bericht über drei an Patent-Wellrohrkesseln und Cylinderkesseln vorgenommene Heiz- und Verdampfversuche, mit einem Nachtrage von Schulz, Knaudt & Co. in Essen. Berlin 1884 (Aus: Glaser's Annalen f. Gew. u. Bauw. Bd 15 H. 7)

Hampel, Hans, Kammergerichts-Referendar: Was versteht das Bürgerliche Gesetzbuch unter „Schadenersatz wegen Nichterfüllung?" ⟨Mit besonderer Berücksichtigung der §§ 325, 326 B.G.B.⟩ Berlin 1905: B. Paul. (80 S.) 8°
Rostock, Jur. Fak., Ref. Bernhöft, Diss. v. 15. Jan. 1906
[Geb. 31. Dez. 80 Berlin; Wohnort: Berlin; Staatsangeh.: Preußen; Vorbildung: Friedr.-Wilh.-Gymn Berlin Reife M. 99; Studium: Berlin 6 S.; Rig. 14. Aug. 05.]

Hampel, Hugo, das Gemeindeleben in Schlesien. 1.—9. Thl. 8. Teschen, Prochaska. [1. Thl. 2. verb. und vervollständ. Aufl. (384 S.) 870. *M 3,20.; 2. Thl. (III, 223 S. mit 2 Tab. in qu. Fol.) 868. *M 2,40.; 3. Thl. (391 S.) 868. *M 2,80.; 4. Thl. (388 S.) 868. *M 2,80.; 5. Thl. (306 S.) 870. *M 2.; 6. Thl. (335 S.) 870. *M 2,20.; 7. Thl. (104 S.) 874. *M 1,20.; 8. Thl. (599 S.) 874. *M 7,60.; 9. Thl. (192 S.) 874. *M 3,20.] *

—— dass. — 10. Thl.: Index zu den vorhergehenden 9 Thln. 8. (104 S.) Ebendas. 875. *

Hampel, J. C. G., Anleitung z. Bestimmung d. Widerlagerstärke d. Gewölbe; sowol durch einfache Konstrukzion, als auch durch Berechnung. Ein Hülfsb. f. Bau- u. Gewerbeschulen, f. Baumeister u. Maurer. gr. 8. (4½ B. u. 1 Figtaf.) Breslau 835, Pelz. (Leipzig, Hunger.)

— Anweisung zum Blumenzeichnen, und: Uebungen im Zeichnen kl. Genrebilder, s. F. v. Korff.

— die Arbeiten des Maurers, s. Schauplatz, neuer, der Künste u. H., 23. Bd.

— die Arbeiten des Zimmermanns, s. Schauplatz d. K. u. H., 47.—49. Bd.

—— Baukasten. Ein Hülfsmittel d. Kinder mit gefälligen Formen vertraut zu machen, und eine feste Grundlage für d. Zeichnenunterricht zu legen. 2., höh. Stufe. M. 10 Taf. z. Nachbauen. 8. (¼ B. Text.) Breslau 837, Pelz. (Leipzig, Hunger.)
Vgl. Bräuer, K.

Hampel, J. C. G., Darstellung dessen, was d. Architekt, d. Feldmesser u. d. Bau-Professionist lernen müssen, wenn sie den, gegenwärtig an sie zu machenden Forderungen genügen wollen. Nebst e. Abhandl. üb. Einrichtung techn. Schulen, u. insbesond. üb. Bau- u. Bergwerks-Schulen. gr. 8. (5½ B.) Breslau 831, Graß, Barth u. Comp.

Hampel, J. C. G., die Fixsterne sind keine Sonnen. Eine allen denk. Freunden d. Natur aufgestellte Hypothese. M. 1 Fig.-Taf. (gr. 4.) breit 8. (4 B.) Breslau 832, Pelz. Thlr.

— Gallerie d. Griechen u. Türken in getreuen Abbildd.; mit einer Beschreib. von C. E. Menzel. 16 Heft. gr. Fol. Bresl. 822. J. F. Korn. 1 ℛ 8 ℊ

— arithmetisches Handbuch für Feldmesser, Militairs, Forstmänner, Oekonomen, Maurer, Zimmerleute, Müller, Steinmetze rc. Eine Sammlung von Aufgaben u. Beispielen aus der Longimetrie, Planimetrie, Trigonometrie u. Stereometrie; nebst Anleitung zum Rechnen mit Dezimalbrüchen, zum Ausziehen der Wurzeln, zum Verwandeln verschied. Maaße in einander, zum Bestimmen der Dimensionen bei den Futtermauern, u. zum Toisiren. Mit 3 Figurentaf. gr. 8. Breslau 834. Pelz. 2 ℛ

—— geometr. Konstructionen. gr. 8. (28 B. u. 15 Stnt.) Weimar 839, Voigt.

Hampel, J. C. G., geometrische Konstructionen. Ein Handbuch, sowohl für Bau- u. Gewerbeschulen als auch für den Selbstunterricht, für Architekten, Bergleute, Forstmänner rc. 2. Ausg. Mit 15 Steintaf. gr. 8. Weimar 844, Voigt. 2 1/2 ℛ

—— Lamento! Keine neue Welt! Eine unparthei. Beleuchtung d. Schrift: „Victoria! Eine neue Welt!"; welche auf e. totale Temperatur-Veränderung d. Erdballs hindeutet. 1., unverm. Aufl. 8. (3 B.) Breslau 835, Pelz. (Leipzig, Hunger.)

— vollständ. Lehrbuch der höhern Zimmerkunst. Für Bau-Academieen, Bauschulen, Baumeister u. Zimmerleute verfaßt. Mit 35 Figurentafeln. gr. 8. Leipzig 839. Baumgärtner. 4 ℛ

— s. Magazin, polnt.

—— neue Novitäten aus d. Elementar-Geometrie. 8. (1 B. u. 1 Figtaf.) Breslau 836, Pelz. (Leipzig, Hunger.)

— s. Palmen

— die Restauration alter u. schadhaft geword. Gemälde rc., s. Schauplatz d. Künste u. H., 147. Bd.

Hampel, Johann

Hampl, P. Johann, Gebet- und Gesangsbüchlein für die katholische Schuljugend. 24. (288 S.) Winterberg, Steinbrenner. Mit Leinenwandrücken, Reliefprägung, Farbschnitt und Schuber. fl. —.25.
1887.

— — Mit Lederrücken, Reliefprägung, Metallschnitt und Schuber Ebd. fl. —.35

Hampel, P. Johann, Modernster Leinwandband mit Feingoldschnitt und Schuber. Ebd. fl. —.50.

— — Feiner Chagrinlederband mit Reliefprägung und Kreuz in Golddruck. Feingoldschnitt und Schuber. Ebd. fl. —.65.

Hampel, Jos, Alterthümer der Bronzezeit in Ungarn. 127 Taf. m. 1300 Abbildgn. gr. 8. (16 S. u. 127 S. Erklärgn.) Budapest 887. Kilián. n. 8. —

Hampel, Jos., Alterthümer der Bronzezeit in Ungarn. 2. (Titel-) Aufl. 127 Taf. m. 1300 Abbildgn. gr. 8. (16 S.) Budapest 890. Kilián. n. 4. —

Hampel, Jos., Alterthümer des frühen Mittelalters in Ungarn. Beschrieben u. erläutert. 3 Bde. Lex.-8. Braunschweig 905. F. Vieweg & Sohn. n. 60. —
1. Systematische Erläuterung. Mit 2359 eingedr. Abbildgn. u. 2 Taf. (XXXIV, 853 S.)
2. Fundbeschreibung. Mit vielen Abbildgn. (XVI, 1006 S.)
3. Atlas. Enth. 539 Taf. (XIV S. Text.)

Hampel, Jos.: Bibliothekskatalog. 17 S. Prachatitz, St. G., Progr. 1904

— das mittelalterliche Drahtemail. Ein Abschnitt ungar. Kunstgeschichte. Mit 23 (eingedr.) Taf. Abbildgn. Lex.-8. (45 S.) Ebd. 888. n. 2. —

HAMPEL, JOSEF: Die Folgen der Einführung des Christenthums in Ungarn. Gekrönte Preisarbeit. Pest 1866: Robert Lampel. Druck v. Wodianer. 32 S. - 8°

— der Goldfund v. Nagy-Szent-Miklós, sogenannter „Schatz d. Attila". Beitrag zur Kunstgeschichte der Völkerwanderungsepoche. Lex.-8. (190 S.) Ebend. 885. n. 6. —

Hampel, Josef: Grundlehren der Logik, übersichtlich dargestellt. (1. Hälfte.) S. 3—25. 8.
K. k. Staats-Gymn. mit deutscher Unterrichtssprache *Prag*,
Progr. *Neustadt*, Stephansgasse 1910.

Hampel, Josef: Katalog der Lehrerbibliothek des deutschen Staatsgymnasiums Prag-Neustadt (Stephansgasse). IV. Teil. S. 97 bis 100. 8.
K. k. Staats-Gymn. mit deutscher Unterrichtssprache *Prag*,
Progr. *Neustadt*, Stephansgasse 1907.

Hampel: Skizzen aus der Vergangenheit der k. Freistadt Pest mit besonderer Rücksicht auf den Handel. 22 S.–Pest H., Progr. 1855

Hampel Dr. Josef: Die innere Wahrnehmung als Erkenntnisquelle der Psychologie. 20. Prachatitz 03.
Progr.

Hampel, Jos., was lehrt Aischylos' Orestie f. die Theaterfrage? Eine Untersuchg. üb. den Standort der Schauspieler im Dionysostheater zu Athen im V. Jahrh. Lex.-8. (67 S.) Prag 899. J. G. Calve. n. 1. 60

Hampel, Julius (app. Arzt aus Leobschütz OS.): Ueber Arthritis gonorrhoica chronica ... Leobschütz, Druck v. W. Witke's Druckerei, *1891*; 27 S. 8.
Erlangen, Med. Fak., Inaug.-Diss. v. 27. Apr. 1891

Hampel, Karl

Hampel, Carl, hundert kleine Gärten. Plan, Beschreibung u. Bepflanzung, entworfen u. bearb. f. Gärtner, Baumeister u. Villenbesitzer. gr. 8. (IV, 155 S. m. 100 Abbildgn.) Berlin 894. P. Parey. Kart. n. 5. —

Hampel, Carl, 125 kleine Gärten. Plan, Beschreibg. u. Bepflanzg., entworfen u. bearb. f. Gärtner, Baumeister u. Villenbesitzer. 2. verm. Aufl. v. „100 kleine Gärten". gr. 8. (IV, 178 S) Berlin 902. P. Parey. Kart. n. 5. —

Hampel, Carl, 150 kleine Gärten. Plan, Beschreibg. u. Bepflanzg., entworfen u. bearb. f. Gärtner, Baumeister u. Villenbesitzer. 3., verm. Aufl. von „100 kleine Gärten". (IV, 202 S.) Lex.-8. Berlin 906. P. Parey. Kart. n. 5. —

Hampel, Carl, 150 kleine Gärten. Plan, Beschreibg. u. Bepflanzg., entworfen u. bearb. f. Gärtner, Baumeister u. Villenbesitzer. 4. verm. Aufl. v. „100 kleine Gärten". (V, 202 S.) Lex. 8. Berlin 910. P. Parey. Geb. in Halbleinw. 5. —

— Gartenbeete u. Gruppen. 333 Entwürfe f. einfache u. reiche Ausführg. m. mehrfachen u. erprobten Bepflanzgn. in verschiedenen Jahreszeiten, nebst ziffernmäss. Angabe d. Pflanzenbedarfs. hoch 4. (VII, 366 S. m. Fig.) Ebd. 893. Geb. in Leinw. n. 12. —

— Gartenbeete u. Gruppen. 338 Entwürfe f. einfache u. reiche Ausführg. m. mehrfachen u. erprobten Bepflanzgn. in verschiedenen Jahreszeiten, nebst ziffermäss. Angabe des Pflanzenbedarfs. 2. [Titel-] Ausg. gr. 4. (VII, 366 S. m. Abbildgn.) Ebd. [893.] 901. Geb. in Leinw. n. 7. 50

— Gartenbuch f. Jedermann. Anleitung zur prakt. Ausübg. aller Zweige d. Gärtnerei. Aus d. Praxis f. die Praxis. 4., verm. u. verb. Aufl., hrsg. v. F. Kunert. (XII, 523 S. m. 259 Abb.) gr. 8. Ebd. 909. Geb. in Leinw. 7.—

— s.: Garten-Kalender, deutscher.

— die deutsche Gartenkunst, ihre Entstehung u. Einrichtg., m. besond. Berücksicht. der Ausführungsarbeiten u. e. Geschichte der Gärten bei den verschiedenen Völkern. Bearb. f. Gärtner, Gartenbauschulen u. Freunde der schönen Gartenkunst. gr. 8. (VII, 301 S. m. 34 Abbildgn.) Leipzig 902. H. Voigt. n. 4. 50; geb. n. 5. 50

Hampel, Carl, Gartenrasen u. Parkwiesen, ihre Anlage u. Unterhaltg. gr. 8. (IV, 74 S. m. Abb.) Berlin 895. P. Parey. n. 1. —

Hampel, C. (Hrsg.), s. Plankammer, Gärtnerische.

— gärtnerische Schmuckplätze in Städten, ihre Anlage, Bepflanzg. u. Pflege. Für Gärtner, Architekten u. Stadtverwaltgn. entworfen u. bearb. 24 Taf. nebst Text. Fol. (31 S.) Ebd. 897. Kart. n. 6. —

— Stadtbäume. Anleitg. zum Pflanzen u. Pflegen der Bäume in Städten, Vororten u. auf Landstraßen. gr. 8. (IV, 73 S. m. Abbildgn.) Berlin 893. P. Parey. n. 1. 50

— Die moderne Teppichgärtnerei. 175 Entw. m. Angabe d. Bepflanzg. 7., verm. u. vollst. neu bearb. Aufl. (VII, 187 S. m. z. Tl. farb. Abb.) Lex. 8. Ebd. 907. Geb. in Leinw. 6. —

— Theorie d. Gartenkunst. 5 Bd. Leipz. 1779-85, à c. 200-370 S. Fig. 7 Tvl. 4°.

Hampel, Konrad Josef

Hampel, Conr. Jos., Anleitung zum Gesange. Bearb. f. mehrstimmige Männer-Gesangvereine. gr. 8. (16 S.) Breslau 850, Graß, Barth & Co. Verl. n. 2 ngr

— Freude der Jugend. Vierzig neue Lieder ernsten und heiteren Inhalts aus dem geistl. Blumensträuße von Fürstbischof Melch. Frhrn. von Diepenbrock, und anderen Dichtern für höhere Töchterschulen, für die oberen Klassen der Stadt- und Landschulen und für die unteren Klassen der Gymnasien und Realschulen eingerichtet, und für 3 Singstimmen componirt. 1. Heft. gr. 8. (VI und 35 S.) Breslau 850, Graß, Barth und Comp., Vrlgsh. *

— die singende Jugend. Sammlung von 100 zwei-, drei- und vierstimmigen Liedern ernsten und heitern Inhalts für die untere, mittlere und obere Klasse der Stadt- und Landschulen. 1. Ausg. (108 S.) 1848. und neue unveränd. Ausg. qu. gr. 8. (VI und 99 S.) Breslau 851, Leuckart. *

(1. Ausg.: s.a. Jugend, die singende.)

Hampel, Ludw., s.: Mitteilungen d. Forstvereine f. Niederösterreich, Steiermark, Krain-Küstenland, Kärnten.

Hampel, Ludw., forstlicher Pflanzen-Kalender. 16. (6 z. Thl. color. S. auf Carton.) Wien 882. Faesy. n. — 80

Hampel, Ludw., forstlicher Pflanzen-Kalender. 2. Aufl. 16. (15 S.) Wien 894. C. Fromme. n. 1. 60

— üb. d. Verfassg. d. Tagebuches f. d. forstliche Staatsprüfung. gr. 8. (16 S.) Wien 895. (C. Gerold's Sohn.) n. 1. —

Hampel, Maria Magdl., Anleitung zur gründlichen Erlernung e. schönen u. geläufigen Handschrift u. e. regelrechten Federhaltung sowie zu radicaler Beseitigung des Schreibkrampfes ꝛc. Für den Schul- u. Selbstunterricht ꝛc. In 8 Lectionen bearb. Mit 1 (lith.) Taf. Abbildgn. 1. u. 2. Heft. Dresden 870. (Leipzig, Wartig.) Fol. (VI, 88 S. mit 2 Steintaff.) Jedes Heft n. 20 ngr

Hampel's, Magdalena, System f. das Schnell-Schön-Schreiben e. eleganten Handschrift. Praktischer Selbstunterricht in 4 Lectionen, m. lith. Uebungshefte u. bildl. Erläutergn. Zur Benutzung f. die rechte u. linke Hand, f. Einarmige, wie auch [m. Unterstützg. der Schreibhand] f. Schreibkrampfleidende jeder Altersstufe. Deutsch. gr. 4. (17 S. m. 41 lith. Vorlagen u. 1 Steintaf. in qu. Fol.) Dresden 872. (Schöpff.) n.n. 7. 50

— dasselbe. Latein. gr. 4. (17 S. m. 35 lith. S. Vorlagen u. 1 Steintaf. in qu. Fol.) Ebend. 872. n.n. 6. 75

Hampel, Paul, d. Schrift im Handwerk, s.: Bornemann, Ernst.

Hampel, W., Gartenbuch f. Jedermann. Anleitung für Gärtner u. Gartenbesitzer zur prakt. Ausübg. aller Zweige der Gärtnerei. gr. 8. (XV, 424 S. m. eingedr. Abbildgn.) Berlin 890. Parey. geb. n. 6. —

Hampel, W., Gartenbuch f. Jedermann. Anleitg. f. Gärtner u. Gartenbesitzer z. prakt. Ausübg. aller Zweige d. Gärtnerei, nebst Beschreibg. u. Kulturanweisg. d. f. d. verschied. Zwecke geeignetsten Sorten Gemüse, Obst, Zierbäume, Sträucher, Rosen, Blattpflanzen u. Blumen. A. d. Praxis f. d. Praxis bearb. 2., neu bearb. Aufl. gr. 8. (XII, 416 S. m. Abb.) Berlin 895. P. Parey. Geb. in Leinw. n. 6. —

Hampel's, W., Gartenbuch f. Jedermann. Anleitg. zur prakt. Ausübg. aller Zweige der Gärtnerei. Aus der Praxis f. die Praxis. 3., verm. u. verb. Aufl., hrsg. v. F. Kunert. gr. 8. (X, 472 S. m. 198 Abbildgn.) Berlin 902. P. Parey. Geb. in Leinw. n. 6. —

Hampel, W., Handbuch der Frucht- u. Gemüse-Treiberei. Vollständige Anleitg., um Ananas, Erdbeeren, Wein, Pfirsiche, Aprikosen ꝛc., sowie alle besseren Gemüse zu jeder Jahreszeit m. gutem Erfolg zu treiben. Aus der Praxis f. die Praxis bearb. Mit 32 Text-Abbildgn. nach Zeichngn. d. Verf. gr. 8. (IX, 232 S.) Berlin 885. Parey. geb. n. 7. —

— Handbuch d. Frucht- u. Gemüsetreiberei. Vollst. Anleitg. um Ananas, Erdbeeren, Wein, Pfirsiche, Aprikosen ꝛc., sow. alle bess. Gemüse zu jeder Jahreszeit m. gutem Erfolg zu treiben. Aus d. Praxis f. d. Praxis bearb. 2., neu bearb Aufl. M. 48 Textabb. nach Zeichngn. d. Verf. gr. 8. (IX, 232 S.) Ebd. 898. Geb. in Leinw. n. 7. —

Hampel, W., Tafel zur Berechnung v. Trockenanlag. (14 S. m. 1 Fig. u. 2 Taf.) Lex. 8. Wien 910. F. Deuticke. Geb. 1. —
Sonderabdr. aus „Techn. Blätter".

Hampel, W., die moderne Teppichgärtnerei. 36 lithogr. Taf. nebst erläut. Text. Lex.-8. (43 S.) Berlin 880, [Wiegandt, Hempel und Parey.] Parey. cart. *

— die moderne Teppichgärtnerei. 120 Entwürfe m. Angabe der Bepflanzg. 2., umgearb. u. verm. Aufl. hoch 4. (VIII, 96 S. m. eingedr., z. Thl. color. Fig.) Ebend. 885. geb. n. 6. —

— die moderne Teppichgärtnerei. 184 Entwürfe m. Angabe der Bepflanzg. 3., umgearb. Aufl. hoch 4. (133 S.) Ebd. 887. geb. n. 6. —

Hampel, W., die moderne Teppichgärtnerei. 147 Entwürfe m. Angabe der Bepflanzg. 4., umgearb. u. verm. Aufl. Lex.-8. (147 S.) Berlin 891. P. Parey. Geb. in Leinw. n. 6. —

Hampel, W., die moderne Teppichgärtnerei. 160 Entwürfe m. Angabe d. Bepflanzg. 5., umgearb. u. verm. Aufl. Lex.-8. (150 S.) Berlin 896. P. Parey. Geb. in Leinw. n. 6. —

— die moderne Teppichgärtnerei. 150 Entwürfe m. Angabe der Bepflanzg. 6. Aufl. Lex.-8. (150 S.) Ebd. 901. Geb. in Leinw. n. 6. —

Die moderne Teppichgärtnerei. Von W. **Hampel,** Koppitz. 175 Entwürfe mit Angabe d. Bepflanzung. 7., verm. u. vollst. neu bearb. Aufl. (Hrsg.: Max Hesdörffer.) Berlin: P. Parey 1907. (VI, 187 S.) 4°(8°) [07. 11338

Haempel, Jos. Jac., praes. Jo. Jac. **Baier,** De pudore in curanda valetudine noxio. 16 pp. Altd. 4°. 1709

Haempel, Oskar: Über die sogenannte Kauplatte der Cyprinoiden. Stuttgart: E. Schweizerbart 1907. (21 S.) 8°
München, Phil. Fak., Ref. Hertwig, Diss. v. 26. Juli 1907
[Geb. 12. Mai 82 Malec in Galizien; Wohnort: Malec; Staatsangeh.: Österreich; Vorbildung: K. k. Staats-Obergymn. Mähr.-Weißkirchen Reife Juni 02; Studium: Hochsch. f. Bodenkultur Wien 2, T.H. München 3, Univ. 4 S.; Rig. 26. Juli 07.]

Hampelmann, s.a. Herr.

Hampelmann, Der, oder die Landparthie nach Königstein . . . Frankf. a. M. 1833. V: *Malss, Carl.* (GGr)

— Herr, oder die Landparthie nach Königstein. Frankfurter Lokal-Skizze in 4 Bildern. Vom Verf. d. Bürgercapitains. 3e Aufl. Mit 1 color. Abbildg. 8. Frankf. 836. (Varrentrapp.) 1/3 ₰

Hampelmann, Herr, im Eilwagen. Hampelmanniade in sechs Bildern. Vom Verfasser des Bürgercapitains. Frankfurt a. M. 1834. 2. Aufl. 1837. V: *Malss, Carl.* (EE) (GGr)

Hampelmann, Herr, im Eilwagen. Hampelmanniade in sechs Bildern. Vom Verfass. des Bürgercapitains. Mit 1 ill. Abbild. 8. Frankfurt a. M. 834. (Varrentrapp.) 1/2 ₰

Hampelmann, Herr, sucht ein Logis. Lokal-Lustspiel in fünf Bildern . . . Frankfurt 1834. 2. Aufl. 1837. V: *Malss, Carl.* (EE) (GGr)

— Herr, sucht ein Logis. Lokal-Lustspiel in 5 Aufzügen. Vom Verf. d. Burgercapitains. 8. Frankf. 834. (Varrentrapp.) 1/3 ₰

Hampelmann, Herr, auf Reisen. Ein Buch für kleine Leute. gr. 4. (18 ill. Stnt. mit Text.) Frankfurt a. M. 851, Lizius.

Hampelmann's Bad- u. Reiseabentheuer. Lokal-Posse in 2 Abthln. 8. (7¾ B.) Frankfurt a. M. 839. Döring'sche Bb.

Hampeln, P., die Behandlung seröser u. eitriger pleuritischer Exsudate. gr. 8. (16 S. m. eingedr. Fig.) Riga 879. Deubner. n. — 80

Hampeln, P., üb. Erkrankungen d. Herzmuskels. gr. 8 (47 S.) Stuttgart 892. F. Enke. n. 1. 60

Hampeln, P., über die Gicht. Erstes Referat auf dem livländ. Aerztetage in Riga im Septbr. 1908. (28 S.) gr. 8. Riga (909). (N. Kymmel.) 2. —

Hampeln, P., das Kinder-Krankenhaus. Seine hygien. Bedeutg. erörtert f. Aerzte u. Nichtärzte. gr. 8. (28 S.) Berlin 883. Hirschwald. n. — 60

Hampeln, Paul, Rigenser. Ein Beitrag zur Anatomie der Iris. Diss. Dorpat. 8°. 16 pp. mit einer lithographirten Tafel. 1869.

Hampeln, Paul von, in Jena: Die staatsrechtliche Stellung der deutschen Schutzgebiete. Borna-Leipzig 1908: R. Noske. (IX, 53 S.) 8°
Leipzig, Jur. Fak., Diss. v. 29. Juli 1908
[Geb. 10./22. Juli 83 Assern b. Riga (Rußland); Wohnort: Jena; Staatsangeh.: Sachsen-Weimar; Vorbildung: Gymn. Weimar Reife O. 03; Studium: Grenoble 1, Königsberg 1, Leipzig 2, Jena 1, Leipzig 2, Jena 1 S.; Rig. 17. Juli 08.]

Hampen, J. Praktisches System der Metallurgie. (Aus dem Engl. übersetzt.) Dresden. 1778. 8.

Hampen, J. H. Praktisches System der Metallurgie. Aus dem Englischen übersetzt. Dresden. 1878.

Hamperl, Burkhart, von Kamnitz nach Herrnskretschen durch das Felsenthal d. Kamnitzbaches. gr. 16. (23 S. m. 1 Abbildg.) B. Kamnitz 890. Hamperl's Selbstverl. n. — 40

— dasselbe. 2. Aufl. gr. 16. (30 S. m. 2 Abbildgn.) Ebd. 890. n. — 40

Hampes, s.a. Herr.

Hampes, Herr, als Staatsrath, oder: Die Stadtrathwahl. Mainzer Lokal-Posse in 1 Akt. 8. Wiesbaden 834. (Mainz, Kirchheim, Schott u. Thielmann.) 1/3 ₰

Hämpfeli, E. Lieder. 1853. V: *Burckhardt, Jacob.* (Dtsche. Rundschau. 94, 1898, 396).

Hampke, das Genossenschaftswesen. 4 Vorträge. (77 S.) Hamburg 1903

Hampke, Dr., Die Lage des Hausiergewerbes im Regierungsbezirk Posen. Schriften d. Vereins f. Sozialpol., Bd. 80, gr. 8°. Leipzig 1899.

Hampke, Die Verhältnisse der Angestellten u. Arbeiter der Strassenverkehrsgewerbe in Posen. Schrift. d. Ver. f. Soc.-Pol., Bd. 99. gr. 8. Leipzig 1902.

Hampke, C., das Ausgabebudget d. Privatwirthschaften, s.: Sammlung nationalökon. u. statist. Abhandlungen.

Hampke, Carl, s. H a m p k e , Karl

Hampke, Georg: Die rechtliche Natur des Lebensversicherungs-Vertrages. *Rostock 1903: C. Hinstorff.* (104 S.) 8°
Rostock, Jur. Diss. v. [6. Dez.] 1903

Hampke, Georg, prakt. Arzt in Schwerin a. W.: Ueber Veronal-Vergiftung. Leipzig 1906: B. Georgi. (25 S.) 8°
Leipzig, Med. Fak., Ref. Curschmann, Diss. v. 17. Febr. 1906
[Geb. 12. Aug. 66 Elbing; Wohnort: Schwerin a. W.; Staatsangeh.: Preußen; Vorbildung: Gymn. Göttingen Reife O. 86; Studium: Tübingen 1, Göttingen 3, Königsberg 1, Göttingen 2, Königsberg 4 S.; Coll. 17. Febr. 06; Approb. 9. Dez. 02.]

Hampke, H., Krit. u. exeget. Bemerkungen über das 1. Buch der Politik des A. Pr. 1863. 22 S. 4°. 1.50

Hampke, H.: Drei Schulreden aus den Jahren 1870 bis 1872. – Lyck, Progr. 1872.

Hampke. H. Studien zu Thucydides. Pr. 1876. 35 S. 4°. 1.25

Hampke, Herm. (geb. Brandenburg a. H. 17. 9. 1835): De eudaemonia, Aristotelis moralis disciplinae principio. Brandenburgi a. H. (1858). (67 S.) 8°
Berlin, Phil. Diss. v. 13. Apr. 1858

Hampke, *Hermann Ernst* Einführungsrede. 4 (S. XIV—XVI der Schuln.). **Progr.** G. *Meseritz* 1890 (151).

Hampke, Hermann *Ernst Professor Dr. Otto von Golenski, † 8. März 1893.* 4 (S. XX). **Progr.** Kgl. G. *Meseritz* 1893 (160).

Hampke, *Hermann Ernst* Die dreihundertjährige Jubelfeier des Göttinger Gymnasiums. 4 (17 S.). G. u. Rg. *Göttingen* 1887 (286). **Progr.**

Hampke, H. [Dir. Prof. Dr.]: Rede . . . gehalten bei der Gedächtnisfeier für Kaiser Friedrich. Göttingen, Druck v. L. Hofer, 1889; S. 7–13; 4°
Göttingen, k. G u. RG, OP 1889 (290)

Hampke, Karl

Hampke, Carl [aus Halle]: Das Ausgabebudget der Privatwirtschaften . . . . Jena, Gustav Fischer, 1887; 1 Bl. + 90 S. + 1 Bl. 8°
Halle, Phil. Fak., Inaug.-Diss. v. [12. Dez. 1887

Festschrift der Handelskammer zu Posen aus Anlass ihres 50-jährigen Bestehens 1851–1901, im Auftr. d. Kammer verf. von deren Synd. Dr. [Karl] **Hampke.** 1. Theil: Handel u. Gewerbe im Regierungsbez. Posen bis z. J. 1851 von Dr. Kurt Schottmüller, Assist. am Kgl. Staatsarch. zu Posen. *(Posen 1901: W. Decker & Co.)* (167 S.) 4° [F.] (01.11895

Hampke, Karl: Die H o l z s ä g e - I n d u s t r i e . Von –, Syndikus, Posen.
Berlin: (Handelsvertragsverz.) 1902. (21 S.) 8°
= Interesse d. deutschen Industrie an d. Handelsverträgen. H. 11.

Verband d. amtl. Handelsvertretungen Posens u. Westpreußens. Die Schädigung des Handels in d. Provinzen Posen und Westpreußen durch die staatliche Unterstützung der landwirtschaftlichen Genossenschaften. Im Auftr. d. Verbandes verf. von Dr. [Karl] **Hampke,** Handelskammer-Syndikus. Posen 1906: W. Decker & Co. (72 S.) 4° (8°) [F.] 1.6. 5901

Hampke, Thilo

Hampke Th. d. neuere österr. Aktion z. Hebung d. Kleingewerb. (21 S) Hamburg (1899)

Hampke, Thilo [aus Brandenburg]: Der Befähigungsnachweis im Handwerk ... [Erschien vollst. 1892 als 1. Heft d. 8. Bds d. Samml. nationalök. u. statist. Abh. d. staatswiss. Sem. zu Halle.] Halle a S., 1892; 4 Bl., 82 S. 8.
Halle, Phil. Fak., Inaug.-Diss. v. [4. Febr.] 1892

Hampke, Thilo, der Befähigungsnachweis im Handwerk, s.a. Sammlung national-ökonomischer u. statistischer Abhandlungen.

Hampke, Dr. Thilo,
Der Befähigungsnachweis im Handwerk. (Sammlung nat.-ökon. und stat. Abh. des staatswiss. Seminars zu Halle a. d. S., Bd. 8, Heft 1.) gr. 8°. Jena, Fischer, 1892.

Hampke T, die Entwicklung der Hamburger Industrie, des Handwerks und des Kunstgewerbes. (55 S) Hamburg 1908

Hampke Th, das Fortbild.- u Fachschulwesen. Vortrag. (19 S) Hamburg (1901)

Hampke T, staatliche Gewerbeförderung und die sogenannten Trimbornschen Anträge. (120 S) Sonderdruck. Jena 1903

— Handwerker- oder Gewerbekammern? Ein Beitrag zur Lösung der gewerblichen Organisationsfrage. 8°. Cöthen, Schriften-Niederlage d. evang. Vereinshauses, 1893.

--- Handwerker- od. Gewerbekammern? Ein Beitrag zur Lösung der gewerbl. Organisationsfrage. gr. 8. (X, 271 S.) Jena 893. G. Fischer. n. 4. 50

Hampke T, die deutschen Handwerkerorganisationen. (61 S) Jena (1903)

Hampke Th, der 6. deutsche Handwerks- und Gewerbekammertag zu Köln. (1905) (19 S) Jena (1906)

Hampke, Thilo, Die Hamburgischen Innungen. Festgabe für J. Conrad, hrsg. v. H. Paasche. gr. 8°. Jena, G. Fischer, 1898.

Hampke, Thilo, d. Kanalisierung d. Fulda v. Münden bis Cassel. Denkschrift z. Eröffng. d. Fuldaschiffahrt, im Auftr. d. Stadtrates u. d. Handelskammer zu Cassel verf. gr. 8. (VIII, 83 u. 34 S. m. 4 Karten u. Plänen.) Cassel 895. Th. G. Fisher & Co. n. 2. 40

Untersuchung über die Wirksamkeit der schleswig-holsteinischen Innungen v. Thilo **Hampke.** Ende 1893. Altona. 1894. (Separatabdruck aus dem Jahresberichte d. K. Commerz-Collegiums zu Altona für 1893.) Fol.

Hampl, Johann, s. H a m p e l

Hampl, Max, gereimtes Allerlei. 16. (III, 68 S.) Prag 893. F. Ehrlich. Geb. in Leinw. n. 2. 40

— Siesta Dora. Florian Becher. gr. 8. (III, 98 S.) Ebd. 896. 1. 50

Hampl, Max, Nieten. (162 S.) 8. Brünn 909. F. Irrgang. 2.50

Hampl, Max, Gräfin Nikolasine. gr. 8. (223 S.) Troppau 895. E. Zenker. 3. —

Hampp, Phpp., d. Gesangunterricht in d. Volksschule. Auf Grundlage d. Münchener Lehrplanes u. m. bes. Berücksicht. d. Grell'schen Gesanglehre bearb. [Aus: „Schulanzeiger f. Oberbayern".] gr. 8. (61 S.) München 896. R. Oldenbourg, Abteilg. f. Schulbücher. n.n. — 75

— dasselbe. Mit Anh.: Monatslehrziele f. ungeteilte u. 2- bis 6teil. Schulen. gr. 8. (78 S.) Ebd. 897. n.n. 1. —

Hampp, Philipp, der Gesangunterricht in der Volksschule. 2., veränd. Aufl. (72 S.) gr. 8. München 905. R. Oldenbourg. n.n. 1. —

Hampp, Philipp, Liederb. f. Schulen. Mit besond. Berücksicht. d. Einführg. in d. Treffsingen auf Grundlage d. Kadenzdreiklänge bearb. 1. Tl. 3., veränd. u. verm. Aufl. (120 S.) 8. München (910). R. Oldenbourg. Geb. nn — 50

— Liederbuch f. Volks- u. Mittelschulen. Mit besond. Berücksicht. der Einführg. in das Treffsingen auf Grund der Kadenzdreiklänge bearb. I. Tl. (56 S.) 8. Ebd. 906. n.n. — 25

— Liederbuch f. Volks- u. Mittelschulen. Mit bes. Berücksicht. der Einführg. in d. Treffsingen auf Grund der Kadenzdreiklänge bearb. I. u. II. Tl. 2. Aufl. 8. Ebd. nn — 65
I. (56 S.) (908.) — 25. II. (102 S.) (909.) — 40

Hampson, J., Leben Jh. Wesley's, Stifters d. Methodisten, u. Geschichte d. Methodismus; aus d. Engl., mit Anmerkk., Zusätzen u. Abhandll. v. A. H. Niemeyer. 2 Thle. 8. Halle 793. Waisenh.-B. 20 ℛ

Hampson, W., Natur-Paradoxe, s. a. Schäffer, C.

Natur-Paradoxe. Ein Buch f. d. Jugend z. Erklärung von Erscheinungen, die mit d. tägl. Erfahrung in Widerspruch zu stehen scheinen. Nach Dr. W. Hampson's 'Paradoces of nature and science' bearb. von Dr. C[äsar] Schäffer. Mit 4 Taf. u. 65 Textbild. Leipzig & Berlin: B. G. Teubner 1908. (VIII, 179 S.) 8⁰ [F. u. Ant.]

Hampton, Wolver, der Doppelmord in Wilmington, s. a. Detectiv-Romane, amerikanische. 14. Bd.

Der Doppelmord in Wilmington. Aus d. Erinnerungen eines New-Yorker Detektives. Kriminalroman von Wolver Hampton. Ins Deutsche übers. von E[gon] Berg. 3.–4. Taus. *Berlin: R. Jacobsthal [1899].* (244 S.) 8° [F.]
= Kriminal- u. Detektiv-Romane, Moderne. Bd 14.

Hamre, I., Berechnungsbuch f. Bäcker. gr. 8. (35 S.) Kristiania 901. (Berlin, E. Hofmann & Co.) Kart. n.n. 6. —

Hamsun, Knut, Abendröte. Schauspiel in 3 Aufzügen. Autoris. Uebersetzung aus dem Norweg. von Christian Morgenstern. (174 S.) 8. München 904. A. Langen. n. 2. —; geb. n. 3. —

Hamsun, Knut, Benoni. Roman. Einzige berecht. Übersetzg. aus d. Norweg. v. Gertr. Ingeborg Klett. (334 S.) 8. München 909. A. Langen. 4.—; geb. in Leinw. 5.—; in Halbfrz. 7. —

Hamsun, Knut, neue Erde. Roman. Autoris. Übersetzg. aus dem Norweg. von M. v. Borch. 8. (439 S.) Köln u. Paris 894. A. Langen. n. 1. —

— neue Erde. Roman. Einzige berecht. Uebersetzg. aus dem Norweg. von Maria v. Borch. 2. durchgeseh. Aufl. (431 S.) 8. Ebd. 904. n. 4. —; geb. n. 5. —

— unter dem Halbmond. Reisebilder aus der Türkei. Einzige berecht. Uebersetzg. aus dem Norweg. v. Gertr. Ingeborg Klett. (169 S.) 8. Ebd. 906. n. 3. —; geb. n. 4. —

— Unter Herbststernen. Die Erzählg. e. Wanderers. Einzige berecht. Übersetzg. aus d. Norweg. v. Pauline Klaiber. (229 S.) 8. Ebd. 908. 3. —; geb. 4. —; in Halbfrz. 6. —

Hamsun, Knut. Hunger, s. a. Bibliothek, nordische.

— Hunger. Roman. Autoris. Übersetzg. aus dem Norweg. von M. v. Borch. (2. Aufl.) 8. (240 S.) Berlin 893. S. Fischer Verl. n. 2. —; geb. n. 3 —

Hamsun, Knut, Hunger. Roman. Autor. Übersetzg. aus d. Norweg. v. Maria v. Borch. 2. Aufl. 8. (272 S.) München 898. A. Langen. n. 3. 50

Hamsun, Knut, Hunger. Roman. Einzig berecht. Übersetzg. aus dem Norweg. v. Maria v. Borch. 3. Aufl. 8. (274 S.) München 901. A. Langen. n. 3.50; geb. n. 4.50

— die Königin v. Saba u. andere Novellen. Einzig autoris. Übersetzg. aus dem Norweg. v. Ernst Brausewetter. 1. u. 2. Aufl. 8. (à 255 S.) Ebd. 899. n. 3. —; geb. n. 4. —

— kämpfende Kräfte. Novellen. Einzig berecht. Uebersetzg. aus dem Norweg. v. Herm. Kiy. (261 S.) 8. Ebd. 905. n. 3. —; geb. n. 4. —

— Redakteur Lynge. Roman. Autor. Übersetzg. aus d. Norweg. v. Maria v. Borch. 8. (278 S.) Ebd. 898. n. 3. 50

— Im Märchenland. Erlebtes u. Geträumtes aus Kaukasien. Einzige berecht. Uebersetzg. aus dem Norweg. v. Cläre Greverus Mjöen. (280 S.) 8. Ebd. 905. n. 3. —; geb. n. 4. —

— Mysterien. Roman. Einzig autoris. Übersetzg. aus dem Norweg. von M. v. Borch. 8. (498 S.) Köln u. Paris 894. A. Langen. n. 5. —

— Mysterien. Roman. Einzige berecht. Uebersetzg. aus dem Norweg. von Maria v. Borch. 2. durchgeseh. Aufl. (512 S.) 8. Ebd. 904. n. 4. —; geb. n. 5. —

— Pan. Aus Lieutenant Thomas Glahns Papieren. Autor. Übersetzg. aus d. Norweg. v. M. v. Borch. 8. (212 S. m. Bildn.) Paris u. Leipzig 895. Ebd. n. 2. —; geb. n. 3. 50

— Pan. Aus Lieutenant Thomas Glahns Papieren. Autoris. Übersetzg. aus dem Norweg. von Maria v. Borch. 2. Aufl. 8. (212 S.) Ebd. 899. n. 2. 50

— Pan. Aus Lieutenant Thomas Glahns Papieren. Einzig berecht. Uebersetzg. v. Maria v. Borch. 3. Aufl. (212 S.) 8. Ebd. 903. n. 2. 50

— an d. Reiches Pforten. Schausp. in 4 Aufz. Autor. Übers. a. d. Norweg. v. Marie Herzfeld. 8. (271 S.) Ebd. 895. n. 3. —

— Rosa. Roman. Einzige berecht. Übersetzg. aus dem Norweg. v. Gertr. Ingeborg Klett. (296 S.) 8. Ebd. 909. 4.—; geb. 5.50; in Halbfrz. 7. —

— **Das Sausen des Waldes.** Übertr. durch Heinr. Goebel. (Gesammelt u. übertr. durch Heinr. Goebel. Porträt-Radierung v. Joh. Lindner.) (IV, 83 S. m. Bildnis.) gr. 8. Leipzig 909. Xenien-Verlag. 2. —

— Schwärmer. Roman. Einzige berecht. Uebersetzg. Aus dem Norweg. v. Herm. Kiy. (181 S.) 8. Ebd. 906. n. 3. — ; geb. n. 4. —

HAMSUN, Kn., Sklaven der Liebe, u. andre Novellen. Uebers. v. Math. Mann. München 1902. 8°. (Mk. 4—.) (2 Mk. 50 Pfg., wie neu im Orig.-Lwdbd., Adolf Weigel, c. 1905.)

— Spiel d. Lebens. Schauspiel in 4 Aufzüg. Autoris. Übersetzg. aus d. Norweg. v. Christian Morgenstern. (166 S.) 8. München (910). A. Langen. 2.—; geb. 3.50

— die Stimme des Lebens, s.: Bibliothek Langen, kleine.

— Königin Tamara. Einzige berecht. Uebersetzg. aus dem Norweg. v. Gertr. Ingeborg Klett. (VII, 181 S.) 8. Ebd. 903. n. 2. —; geb. in Leinw. n. 3. —

— Munken Vendt. Einzige berechtigte Uebersetzg. aus dem Norweg. v. Gertr. Ingeborg Klett. (V, 322 S.) gr. 8. Ebd. 904. n. 3. — ; geb. in Leinw. n. 4. —

— Victoria. Die Geschichte e. Liebe. Autoris. Übersetzg. aus dem Norweg. v. Mathilde Mann. 8. (162 S. m. Bildnis.) München 899. A. Langen. n. 3. —; geb. n. 4. —

— Victoria. Die Geschichte e. Liebe. Autoris. Uebersetzg. aus dem Norweg. v. Mathilde Mann. 3. Taus. (162 S.) 8. Ebd. 903. n. 3. —; geb. in Leinw. n. 4. —

Hamvassy, Tihamér. Entwurf e. einheitl. Erläuterung der Energien. Aus d. Ung. v. Fel. Gál. (VIII, 214 S.) gr. 8. Jena 910. H. Costenoble. 4. —

Hamvasztás.* Ungarische Feuerbestattungszeitung. Red. Dr. Wilh. Frigyes, Budapest. 1. Jahrg. 1907 u. ff.

Jonas **Hamvay** Beschreibung der neuesten Reichsveränderungen in Persien, worinnen . . . vornehmlich die Geschichte des berühmten Eroberers Nadir Kuli . . . enthalten. Hamburg und Leipzig. 1754.
Jonas Hamvay zuverlässige Beschreibung seiner Reisen. Th. 2. 1 .. k.

Hamy, E. T., s.: Beiträge, ethnographische.

Hamza b. Hasan al-Isbahânî. Hamzae Ispahanensis annalium libri X. Edidit I. M. E. Gottwaldt. Tom. I. Textus Arabicus. Tom. II. Translatio Latina. I. Petropoli-Lipsiae 1844. II. Lipsiae 1848.

Hamza (Ispahanensis) annalium libri X. Ed. J. M. E. Gottwaldt. Tom. I. Textus arabicus. 8. (17⅛ B.) Petropoli. Lipsiae 844. (Voss.) Thlr. *

Hamzae (Ispahanensis) annalium libri X. Edid. J. M. E. Gottwaldt. Tom. II.: Translatio latina. 8. (XII und 200 S. mit 1 Tab. in qu. 4.) Lipsiae 848, Vogel. *
Tom. I. Petropoli 1844. (Lipsiae, Voss.) * 2 Thlr. 10 Ngr.

Kolibri 360 GmbH
Ferdinand-Jühlke-Straße 7
99095 Erfurt, Deutschland
produktsicherheit@kolibri360.de